U0343967

《中国环境规划与政策》（第十六卷）编委会

中国环境规划与政策

Chinese Environmental Planning and Policy Research

（第十六卷）

生 态 环 境 部 环 境 规 划 院

王金南 陆 军 万 军 严 刚 主编

中国环境出版集团・北京

图书在版编目（CIP）数据

中国环境规划与政策. 第十六卷/王金南等主编. —北京：中国环境出版集团，2020.10
ISBN 978-7-5111-4408-9

Ⅰ. ①中… Ⅱ. ①王… Ⅲ. ①环境规划—研究—中国②环境政策—研究—中国 Ⅳ. ①X32 ②X-012

中国版本图书馆 CIP 数据核字（2020）第 150817 号

出 版 人 武德凯
责任编辑 宾银平 陈金华
助理编辑 史雯雅
责任校对 任 丽
封面设计 彭 杉

出版发行 中国环境出版集团
（100062 北京市东城区广渠门内大街 16 号）
网 址：http://www.cesp.com.cn
电子邮箱：bjgl@cesp.com.cn
联系电话：010-67112765（编辑管理部）
010-67113412（第二分社）
发行热线：010-67125803，010-67113405（传真）
印 刷 北京建宏印刷有限公司
经 销 各地新华书店
版 次 2020 年 10 月第 1 版
印 次 2020 年 10 月第 1 次印刷
开 本 787×1092 1/16
印 张 37.5
字 数 910 千字
定 价 149.00 元

序

生态环境部环境规划院是中国政府环境保护规划与政策的主要研究机构和决策智库，其主要任务是根据国家社会经济发展战略，专门从事生态文明、绿色发展、环境战略、环境规划、环境政策、环境经济、环境风险、环境项目咨询等方面的研究，为国家环境规划编制、环境政策制定、重大环境工程决策和环境风险与损害鉴定评估提供科学支撑。在过去的十九年间，生态环境部环境规划院完成了一大批国家环境规划任务和环境政策研究课题，同时承担完成了一批世界银行、联合国环境规划署、亚洲开发银行以及经济合作与发展组织等国际合作项目，并取得了丰硕的研究成果。

根据美国宾夕法尼亚大学发布的《2019 年全球智库报告》，生态环境部环境规划院在全球环境智库类顶级智库中排第 25 名，在人选的中国智库中排名第一。另外，根据中国社会科学评价研究院发布的《中国智库综合评价 AMI 研究报告（2017）》，生态环境部环境规划院在全国生态环境类智库排名第一。为了让研究成果发挥更大的作用，生态环境部环境规划院将这些课题研究的成果汇集编写成《重要环境决策参考》，供全国人大、全国政协、国务院有关部门、地方政府以及公共政策研究机构等参阅。十九年来，生态环境部环境规划院已经编辑了 290 多期《重要环境决策参考》。这些研究报告得到了国务院政策研究部门和国家有关部委的高度评价和重视，而且许多建议和政策方案已被相关政府部门采纳。这也是我们持续做好这项工作的动力所在。

为了加强对国家环境规划、重要环境政策和重大环境工程决策的技术支持，让更多的政府公共决策官员、环境管理人员、环境科技工作者分享这些研究成果，生态环境部环境规划院对这些专题研究报告进行了分类整理，编辑成《中国环境政策》一书，已经分十卷公开出版。从第十一卷开始，更名为《中国环境规划与政策》。相信《中国环境规划与政策》的出版，对有关政府和部门研究制定环境规划与政策具有较好的参考价值。在此，感谢社会各界对生态环境部环境规划院的支持，同时也热忱欢迎大家发表不同的观点，共同探索新时期习近平生态文明思想指导下的中国生态环境保护，推动中国生态环境保护事业蓬勃发展。

生态环境部环境规划院院长

中国工程院院士

2020 年 9 月 8 日

目　录

环境规划与战略

环境绩效与绿色核算

环境管理与执法监督

环境评估与调查

目录

环境规划与战略

- 中国 338 个城市 $PM_{2.5}$ 年均浓度达标时间路线图
- 英国清洁空气战略 2018 报告
- 绿色未来：英国改善环境 25 年规划
- 建立中国国家公园管理体制：经验借鉴和发展方向
- 加快补齐农村人居环境突出短板的对策研究
- 2017 年可持续发展目标指数和指示板全球报告分析
- 中美贸易争端的环境影响分析及对策建议

中国338个城市$PM_{2.5}$年均浓度达标时间路线图[①]

The Roadmap of Standard Attainment Time for Annual Average $PM_{2.5}$ Concentration in 338 Chinese Cities

王金南　雷宇　燕丽　贺晋瑜　周佳　王旭豪[②]

摘　要　本文梳理分析了2013—2017年我国338个城市$PM_{2.5}$年均浓度变化趋势和发达国家部分城市$PM_{2.5}$年均浓度改善经验，设计了我国城市$PM_{2.5}$浓度改善情景，通过自下而上的计算方法，提出了我国城市$PM_{2.5}$年均浓度达标时间路线图。结果表明，三种情景下，全国城市$PM_{2.5}$年均浓度都将在“十四五”期间达到35 μg/m³，到2035年前后，达标城市的比例分别达到95.6%、98.8%和100%。三种情景下，汾渭平原11个城市将分别在2034年、2032年和2031年前后全部实现达标；长三角地区41个城市将分别在2032年、2031年和2029年前后全部实现达标；京津冀及周边地区“2+26”城市在情景一和情景二下分别有12个城市和3个城市在2035年之后才可实现达标，在情景三下到2035年区域内城市$PM_{2.5}$年均浓度可全部实现达标。

关键词　338个城市　$PM_{2.5}$年均浓度　达标路线图　情景分析

Abstract　Reports of decreasing $PM_{2.5}$ concentrations in some developed countries and regions，as well as the trends of annual average concentrations of $PM_{2.5}$ in the 338 cities of China from 2013 to 2017 were analyzed. Based on previous $PM_{2.5}$ rates，the different scenarios of decreasing $PM_{2.5}$ concentration in Chinese cities for the future decades were proposed. Future $PM_{2.5}$ concentration was calculated for each of the Chinese cities，and the milestones for key areas were analyzed. The results showed that the annual average concentration of $PM_{2.5}$ in China could meet the national air quality standard before 2025 under three scenarios. Around 2035，the proportion of cities that attain the standard will be respectively 95.6%，98.8% and 100% under three scenarios. The $PM_{2.5}$ concentrations of 11 cities in Fenhe-Weihe Plain could meet the standard in 2034，2032 and 2031，and the 41 cities in Yangtze River Delta area could meet the standard in 2032，2031 and 2029 under three scenarios. Under scenario 1 and scenario 2，12 cities and 3 cities in Beijing-Tianjin-Hebei and surrounding areas will meet the standard after 2035. Under scenario 3，

① 本报告是国家重点研发计划项目“全国和重点区域大气污染控制技术和政策路线图研究”（2016YFC0207505）和大气重污染成因与治理攻关项目“区域大气承载力与空气质量改善路径”（DQGG0302）的中期成果。

② 本书凡不标注作者单位的均为生态环境部环境规划院（北京，100012）。

the average annual $PM_{2.5}$ concentrations of all cities in the area could meet the standard by 2035.

Keywords 338 cities，annual average concentration of $PM_{2.5}$，roadmap，scenario analysis

自从 2013 年国务院印发《大气污染防治行动计划》（简称“大气十条”）以来，全国的环境空气质量改善非常明显，全国和重点区域的空气质量改善目标均超额完成，细颗粒物（$PM_{2.5}$）浓度显著下降。但是，我国城市 $PM_{2.5}$ 平均浓度依然是世界卫生组织（WHO）推荐值的 4 倍以上，$PM_{2.5}$ 一直是影响城市空气质量的首要污染物。为此，2018 年 7 月，国务院又发布了《打赢蓝天保卫战三年行动计划》，提出了 2020 年“四个明显”的目标。改善空气质量既要打攻坚战，更要有打持久战的准备。制定全国 $PM_{2.5}$ 浓度长期持续改善时间路线图也是实现我国 2035 年“美丽中国”生态环境质量根本性好转的重要基础。为此，在梳理总结 2013—2017 年我国 338 个城市和发达国家部分城市 $PM_{2.5}$ 年均浓度变化趋势的基础上，综合分析各城市 $PM_{2.5}$ 年均浓度与《环境空气质量标准》（GB 3095—2012）中的二级标准浓度限值之间的差距，提出了未来我国城市 $PM_{2.5}$ 年均浓度达标时间路线图。

1 制定城市 $PM_{2.5}$ 达标路线迫在眉睫

1.1 城市大气环境质量达标是城市人民政府的政治责任

2013 年国务院印发的《大气污染防治行动计划》，要求“地方各级人民政府对本行政区域内的大气环境质量负总责，要根据国家的总体部署及控制目标，制定本地区的实施细则，确定工作重点任务和年度控制指标，完善政策措施，并向社会公开；要不断加大监管力度，确保任务明确、项目清晰、资金保障”。

2015 年实施的新修订的《环境保护法》，明确要求“地方各级人民政府应当根据环境保护目标和治理任务，采取有效措施，改善环境质量”“未达到国家环境质量标准的重点区域、流域的有关地方人民政府，应当制定限期达标规划，并采取措施按期达标”。

2016 年实施的新修订的《大气污染防治法》，明确要求“未达到国家大气环境质量标准城市的人民政府应当及时编制大气环境质量限期达标规划，采取措施，按照国务院或者省级人民政府规定的期限达到大气环境质量标准”“编制城市大气环境质量限期达标规划，应当征求有关行业协会、企业事业单位、专家和公众等方面的意见”“城市大气环境质量限期达标规划应当根据大气污染防治的要求和经济、技术条件适时进行评估、修订”。

2016 年印发的《“十三五”生态环境保护规划》，明确指出“实施城市大气环境质量目标管理，已经达标的城市，应当加强保护并持续改善；未达标的城市，应确定达标期限，向社会公布，并制定实施限期达标规划，明确达标时间表、路线图和重点任务”。

2018 年公布的《中共中央 国务院关于全面加强生态环境保护 坚决打好污染防治攻坚战的意见》，明确要求“生态环境质量达标地区要保持稳定并持续改善；生态环境质量不达标地区的市、县级政府，要于 2018 年年底前制定实施限期达标规划，向上级政府备案并向社会公开”。

1.2 制定城市 $PM_{2.5}$ 达标路线图有助于打赢蓝天保卫战

《2017 中国生态环境状况公报》显示，在全国 338 个地级及以上城市（以下简称 338 个城市，不包括港澳台）中，只有 99 个城市环境空气质量达标（即六项污染物浓度均达标），仅占城市总数的 29.3%。就 $PM_{2.5}$ 而言，全国仅有 121 个城市的 $PM_{2.5}$ 浓度低于《环境空气质量标准》（GB 3095—2012）中的二级标准浓度限值（35 $\mu g/m^3$），达标率为 35.8%；全国依然有 217 个城市 $PM_{2.5}$ 浓度超标，超标率为 64.2%。2017 年，338 个城市发生重度污染 2 311 天次、严重污染 802 天次，其中以 $PM_{2.5}$ 为首要污染物的天数占重度及以上污染天数的 74.2%，以 PM_{10} 为首要污染物的占 20.4%，以 O_3 为首要污染物的占 5.9%。

2018 年 7 月发布的《打赢蓝天保卫战三年行动计划》的目标是：经过 3 年努力，大幅减少主要大气污染物排放总量，协同减少温室气体排放，进一步明显降低 $PM_{2.5}$ 浓度，明显减少重污染天数，明显改善环境空气质量，明显增强人民的蓝天幸福感。到 2020 年，二氧化硫、氮氧化物排放总量分别比 2015 年下降 15%以上；$PM_{2.5}$ 未达标地级及以上城市浓度比 2015 年下降 18%以上，地级及以上城市空气质量优良天数比率达到 80%，重度及以上污染天数比率比 2015 年下降 25%以上；提前完成“十三五”目标任务的省份，要保持和巩固改善成果；尚未完成的，要确保全面实现“十三五”约束性目标；北京市环境空气质量改善目标应在“十三五”目标基础上进一步提高。

打赢蓝天保卫战，是党的十九大作出的重大决策部署，事关满足人民日益增长的美好生活需要，事关全面建成小康社会，事关经济高质量发展和美丽中国建设。但是，目前打赢蓝天保卫战依然存在诸多挑战，最直接、最主要的影响因素是各城市 $PM_{2.5}$ 浓度能否按期完成目标。制定中国城市 $PM_{2.5}$ 达标路线图，具有重大的现实意义、科学的理论来源，路线图能科学合理地展现中国城市 $PM_{2.5}$ 达标时间，有助于打赢蓝天保卫战。

1.3 科学改善空气质量迫切要求制定 $PM_{2.5}$ 达标路线图

“大气十条”实施 5 年后，我国取得了显著的大气污染治理成效，但 2017 年依然有 217 个城市 $PM_{2.5}$ 浓度超标，超标率为 64.2%。其中，北京、上海、天津、重庆四大直辖市均超标，山西、江苏、江西、河南、湖北、湖南等部分省份的所有城市均超标，河北、辽宁、吉林、黑龙江、浙江、安徽、山东、广西、四川、陕西、宁夏、新疆等省（区）的大部分城市超标，内蒙古、广东、贵州、西藏、甘肃、青海等省（区）的部分城市超标，福建、海南、云南等省份的所有城市均未超标。由此可以看出，大部分超标城市属于经济较发达、人口较稠密的区域，从而造成由大气污染所导致的人体健康损失风险和环境风险较大。城市 $PM_{2.5}$ 浓度现状及其后续治理难度不容乐观。

就全国重点区域而言，2017 年京津冀地区 $PM_{2.5}$ 浓度较高，亟须继续加强治理；长三角地区 $PM_{2.5}$ 浓度依然超标，需要继续治理；珠三角地区 $PM_{2.5}$ 浓度刚好达标，依然需要治理以达到更好的空气质量，走在全国的前列。2017 年，京津冀地区 13 个城市优良天数比例为 38.9%～79.7%，平均为 56.0%，比 2016 年下降 0.8 个百分点；平均超标天数比例为 44.0%，其中轻度污染为 25.9%，中度污染为 10.0%，重度污染为 6.1%，严重污染为 2.0%。8 个城市优良天数比例为 50%～80%，5 个城市优良天数比例低于 50%。超标天数中，以 $PM_{2.5}$、O_3、PM_{10} 和 NO_2 为首要污染物的天数分别占污染总天数的 50.3%、41.0%、8.9% 和 0.3%，未出现以 CO 和 SO_2 为首要污染物的污染天。2017 年，长三角地区 25 个城市优良天数比例为 48.2%～94.2%，平均为 74.8%，比 2016 年下降 1.3 个百分点；平均超标天数比例为 25.2%，其中轻度污染为 19.9%，中度污染为 4.4%，重度污染为 0.9%，严重污染为 0.1%。6 个城市优良天数比例为 80%～100%，18 个城市优良天数比例为 50%～80%，1 个城市优良天数比例小于 50%。超标天数中以 $PM_{2.5}$、O_3、PM_{10} 和 NO_2 为首要污染物的天数分别占污染总天数的 44.5%、50.4%、2.3% 和 3.0%，未出现以 SO_2 和 CO 为首要污染物的污染天。2017 年，珠三角地区 9 个城市优良天数比例范围为 77.3%～94.8%，平均为 84.5%，比 2016 年下降 5.0 个百分点；平均超标天数比例为 15.5%，其中轻度污染为 12.5%，中度污染为 2.4%，重度污染为 0.6%，未出现严重污染。6 个城市优良天数比例为 80%～100%，3 个城市优良天数比例为 50%～80%。超标天数中，以 O_3、$PM_{2.5}$ 和 NO_2 为首要污染物的天数分别占污染总天数的 70.6%、20.4% 和 9.2%，未出现以 PM_{10}、SO_2 和 CO 为首要污染物的污染天。

在“大气十条”5 年实施期间，大气污染治理力度大幅增强，大部分城市对于在一定程度上降低 $PM_{2.5}$ 浓度增强了信心，然而与此相对的，多数城市对于实现 $PM_{2.5}$ 浓度达标充满焦虑，大部分城市没有空气质量改善直至达标的时间预期和中长期路线图。随着大气污染治理进入深水区，叠加上我国经济结构转型和国际形势变化，大气污染治理难度与日俱增，成本不断上升，不同城市 $PM_{2.5}$ 浓度和治理现状导致科学合理达到相关 $PM_{2.5}$ 治理目标的难度非常艰巨，需要我国对未来城市 $PM_{2.5}$ 达标情况进行整体规划与评估。制定中国城市 $PM_{2.5}$ 达标路线图，有助于统一政府各部门和公众对于达标预期的认识，推进四大结构调整，引导城市科学、系统、精准、有序地治理大气污染。

2 国内外城市 $PM_{2.5}$ 浓度下降历程

2.1 发达国家 $PM_{2.5}$ 浓度下降历程

2.1.1 美国

20 世纪 90 年代末至今，美国制定并不断提高 $PM_{2.5}$ 环境空气质量标准，先后出台了《清洁空气能见度条例》《清洁空气州际条例》等法规，通过技术改造和总量控制等控制措施对电厂锅炉以及相关工业设施的 $PM_{2.5}$ 及其前体物排放进行了严格控制。在严格的环境标准和一系列管理措施控制下，美国 $PM_{2.5}$ 污染控制取得显著成效。监测数据显示，2000—

2016 年，美国全国 $PM_{2.5}$ 年均浓度从 13.5 μg/m^3 下降至 7.8 μg/m^3，共计下降 42.2%，年均下降 3.4%（图 1）。

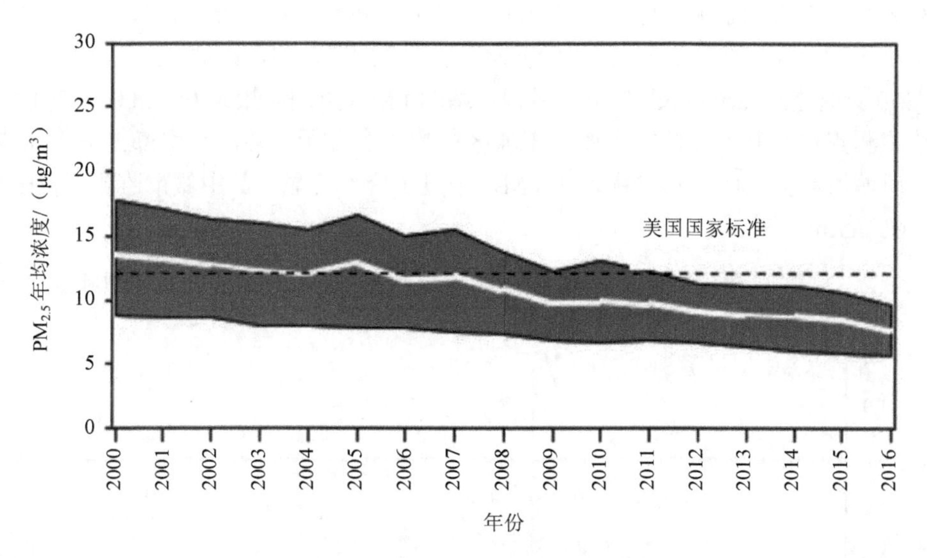

图 1　2000—2016 年美国 $PM_{2.5}$ 浓度变化

数据来源：美国国家环保局（EPA）。

加利福尼亚州（加州）位于美国西部太平洋海岸，是美国人口最多、经济总量最大的州，曾是空气污染最严重的地区之一。经过几十年的治理，加州未达标地区的 $PM_{2.5}$ 年均浓度均有显著下降。加州空气资源委员会的环境空气质量监测结果显示，1999—2013 年，加州南海岸、圣华金河谷等 5 个地区 $PM_{2.5}$ 年均浓度的年均下降比例达到了 2.0%～5.2%；洛杉矶市 $PM_{2.5}$ 年均浓度从 1999 年的 25.7 μg/m^3 下降至 2016 年的 12 μg/m^3，共计下降 53.3%，年均下降比例超过 4%（图 2）。

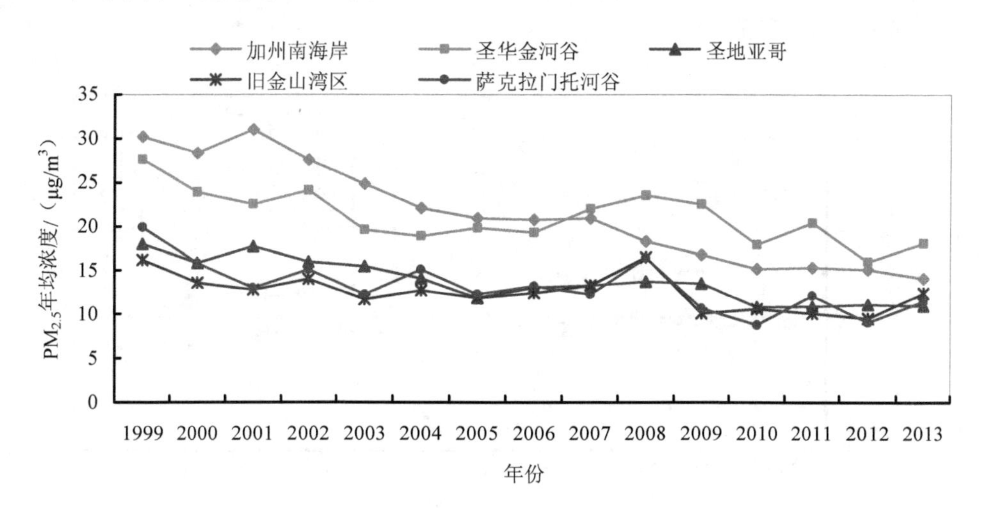

图 2　1999—2013 年加州部分地区 $PM_{2.5}$ 年均浓度变化

数据来源：加州空气资源委员会。

2.1.2 欧盟

欧盟开展 $PM_{2.5}$ 监测较晚，其从 2006 年才开始进行系统监测，2012 年欧盟多数站点 $PM_{2.5}$ 的浓度集中在 10～25 μg/m³ 的较低水平。从欧盟 28 国可比的 61 个城市监测点位、47 个城市交通监测点位以及 22 个农村背景站的 $PM_{2.5}$ 监测结果来看，2006—2012 年，城市交通监测点位和其他点位（主要是工业区）的浓度有所下降，平均每年下降 0.4 μg/m³ 左右；而城市监测点位和农村背景站 $PM_{2.5}$ 浓度下降不明显，其中城市监测点位平均每年下降 0.01 μg/m³（图 3）。

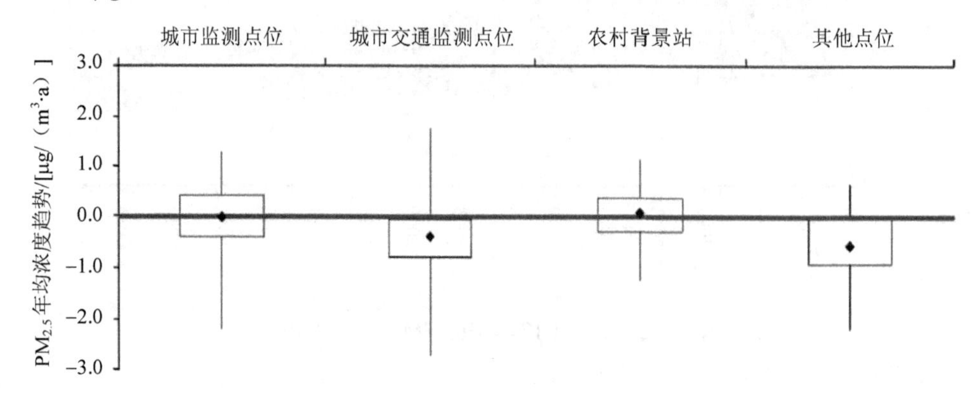

图 3 2006—2012 年欧盟各类站点 $PM_{2.5}$ 浓度变化趋势

数据来源：欧盟环保署（EEA），2014 年欧洲空气质量报告。

2.1.3 日本

2001—2010 年，日本城市站 $PM_{2.5}$ 年均浓度从 23 μg/m³ 下降至 16 μg/m³，共计下降 30.4%，年均下降 4.0%；路边站 $PM_{2.5}$ 年均浓度从 30 μg/m³ 下降至 17 μg/m³，共计下降 43.3%，年均下降 6.1%（图 4）。

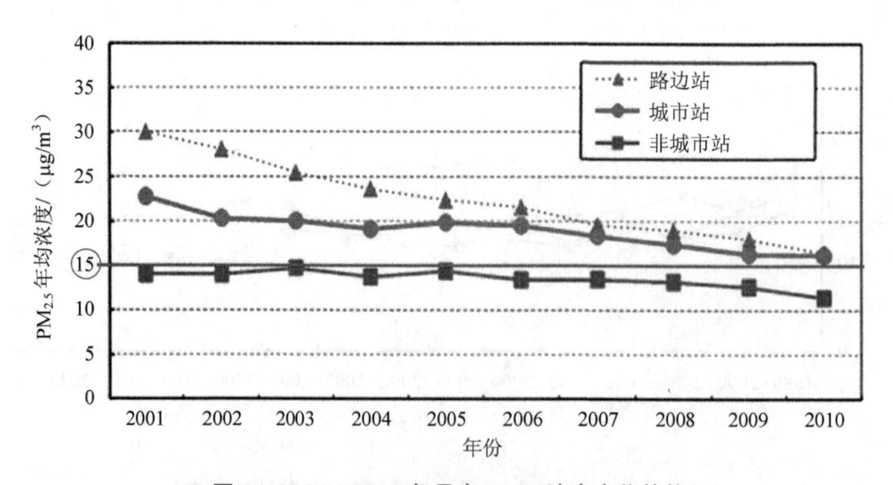

图 4 2001—2010 年日本 $PM_{2.5}$ 浓度变化趋势

数据来源：燕丽等. 欧盟、美国、日本的 $PM_{2.5}$ 污染控制经验和启示。

2010 年之后，日本城市站和路边站 $PM_{2.5}$ 年均浓度继续下降。城市站 $PM_{2.5}$ 浓度从 2011 年的 15.4 μg/m^3 下降至 2015 年的 13.1 μg/m^3，共计下降 14.9%，年均下降 3.8%；路边站 $PM_{2.5}$ 浓度从 2011 年的 16.1 μg/m^3 下降至 2015 年的 13.9 μg/m^3，共计下降 13.7%，年均下降 3.5%。

2.1.4 发达国家历程小结

（1）发达国家和地区的 $PM_{2.5}$ 污染状况较轻，在开展 $PM_{2.5}$ 监测时，$PM_{2.5}$ 年均浓度已基本下降至 30 μg/m^3 以下。从美国、日本等发达国家和地区 $PM_{2.5}$ 年均浓度变化情况来看，$PM_{2.5}$ 年均浓度在 30 μg/m^3 以下时，仍可保持年均 2%～4%的持续下降（表 1）。

表 1　部分发达国家/地区 $PM_{2.5}$ 年均浓度年均下降率

<table>
<tr><th colspan="2">国家/地区</th><th>时间阶段</th><th>起始年 $PM_{2.5}$ 年均浓度/（μg/m^3）</th><th>$PM_{2.5}$ 年均浓度年均下降率/%</th></tr>
<tr><td colspan="2">美国</td><td>2000—2016 年</td><td>13.5</td><td>3.4</td></tr>
<tr><td colspan="2">加州南海岸</td><td>1999—2013 年</td><td>28.3</td><td>5.2</td></tr>
<tr><td colspan="2">圣华金河谷</td><td>1999—2013 年</td><td>23.9</td><td>2.9</td></tr>
<tr><td colspan="2">圣地亚哥</td><td>1999—2013 年</td><td>15.8</td><td>3.5</td></tr>
<tr><td colspan="2">旧金山湾区</td><td>1999—2013 年</td><td>13.6</td><td>2.0</td></tr>
<tr><td colspan="2">萨克拉门托河谷</td><td>1999—2013 年</td><td>15.8</td><td>3.8</td></tr>
<tr><td colspan="2">洛杉矶市</td><td>1999—2016 年</td><td>25.7</td><td>4.4</td></tr>
<tr><td rowspan="4">日本</td><td rowspan="2">城市站</td><td>2000—2010 年</td><td>23</td><td>4.0</td></tr>
<tr><td>2011—2015 年</td><td>15.4</td><td>3.8</td></tr>
<tr><td rowspan="2">路边站</td><td>2000—2010 年</td><td>30</td><td>6.1</td></tr>
<tr><td>2011—2015 年</td><td>16.1</td><td>3.5</td></tr>
</table>

（2）根据经济发展水平的预测，预计到 2035 年我国人均 GDP 约为 2.2 万美元，相当于发达国家 20 世纪 90 年代初期水平。发达国家与我国 2035 年处于同等经济发展水平时，$PM_{2.5}$ 年均浓度介于 20～30 μg/m^3，平均约为 25 μg/m^3，相当于世界卫生组织第二阶段过渡目标。

（3）我国 $PM_{2.5}$ 年均浓度如果从现状到 2035 年达到发达国家历史同期水平，需要下降 42%。从污染物排放的国际对比分析来看，要实现 2035 年 $PM_{2.5}$ 浓度全面达标，我国需要比相同经济发展时期的发达国家，实现更低的大气污染物排放强度，未来我国的大气污染治理仍需持续加强。

2.2 “大气十条”以来我国 $PM_{2.5}$ 浓度下降历程

随着“大气十条”的颁布实施，我国空气质量进入了快速改善期。2013—2017 年，74 个实施新标准第一阶段监测的城市（以下简称 74 个城市）$PM_{2.5}$ 年均浓度平均下降 35%。

重点区域 $PM_{2.5}$浓度显著下降，相比 2013 年，2017 年京津冀地区、长三角地区和珠三角地区 $PM_{2.5}$年均浓度平均下降 39%、34%和 28%（图 5）。

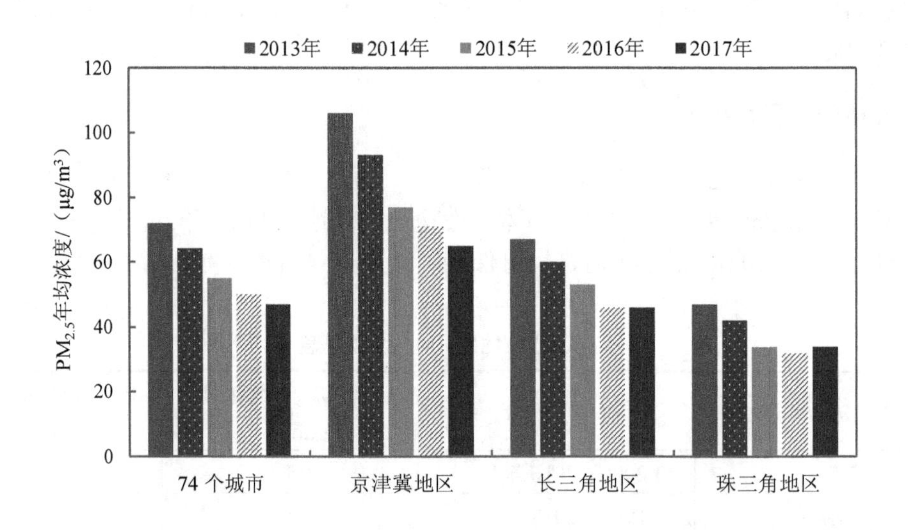

图 5　2013—2017 年 74 个城市及重点区域 $PM_{2.5}$年均浓度改善情况

2.2.1　74 个城市改善情况

我国大规模开展 $PM_{2.5}$监测是从 2013 年开始的，以 74 个城市为对象，按 2013 年 $PM_{2.5}$年均浓度超标情况，分类统计了 $PM_{2.5}$浓度的年均降幅（表 2、图 6）：① 2013—2017 年 74 个城市 $PM_{2.5}$浓度年均降幅平均为 9.5%。其中，2013 年 $PM_{2.5}$年均浓度达标的城市年均降幅平均为 6.8%；超标 20%及以内的城市年均降幅平均为 7.1%；超标 20%～50%（含 50%）的城市年均降幅平均为 7.2%；超标 50%～100%（含 100%）的城市年均降幅平均为 10%；超标 100%以上的城市年均降幅平均为 10.5%。②超过 90%的城市 $PM_{2.5}$浓度年均下降比例达到 6%以上。③80%的城市 $PM_{2.5}$浓度年均下降比例为 6%～12%。

表 2　2013—2017 年 74 个城市 $PM_{2.5}$年均浓度改善情况

2013 年 $PM_{2.5}$超标情况	城市数量/个	年均降幅平均值/%
达标	3	6.8
超标 20%及以内	7	7.1
超标 20%～50%（含 50%）	8	7.2
超标 50%～100%（含 100%）	23	10
超标 100%以上	33	10.5

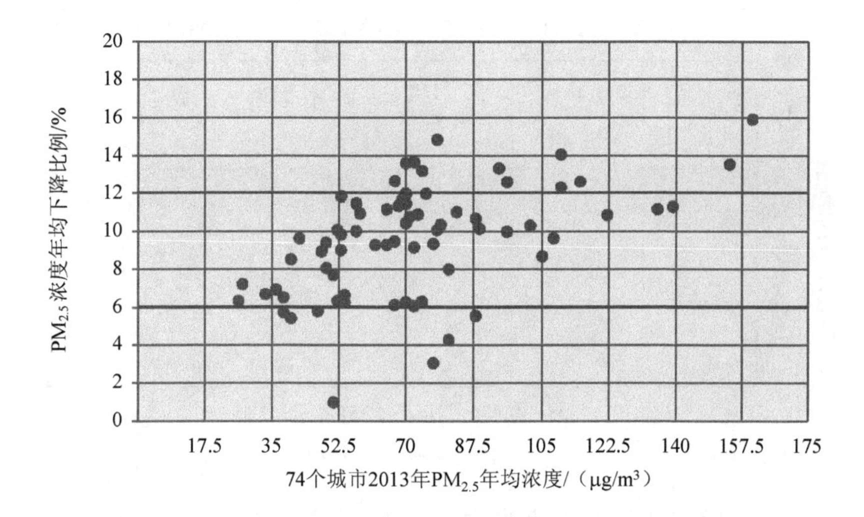

图 6 2013—2017 年 74 个城市 $PM_{2.5}$ 浓度年均降幅

2.2.2 338 个城市改善情况

按 338 个城市 2015 年 $PM_{2.5}$ 年均浓度超标情况，分类统计了 $PM_{2.5}$ 浓度年均降幅（表 3）：① 2015 年 $PM_{2.5}$ 年均浓度达标的城市年均降幅平均为 3.5%；②超标 20%及以内的城市年均降幅平均为 4.5%；③超标 20%～50%（含 50%）的城市年均降幅平均为 6.3%；④超标 50%～100%（含 100%）的城市年均降幅平均为 6.0%；⑤超标 100%以上的城市年均降幅平均为 11.0%。

表 3 2015—2017 年 338 个城市 $PM_{2.5}$ 年均降幅情况

2015 年 $PM_{2.5}$ 超标情况	城市数量/个	年均降幅平均值/%
达标	76	3.5
超标 20%及以内	51	4.5
超标 20%～50%（含 50%）	64	6.3
超标 50%～100%（含 100%）	102	6.0
超标 100%以上	45	11.0

2.2.3 国内改善情况小结

2013—2017 年，我国 $PM_{2.5}$ 浓度下降速度之快前所未有，“大气十条”期间我国城市 $PM_{2.5}$ 改善的实践经验表明，在维持当前治理力度的情况下，$PM_{2.5}$ 污染严重的城市，年均下降 6%左右是可以实现的（图 7）。

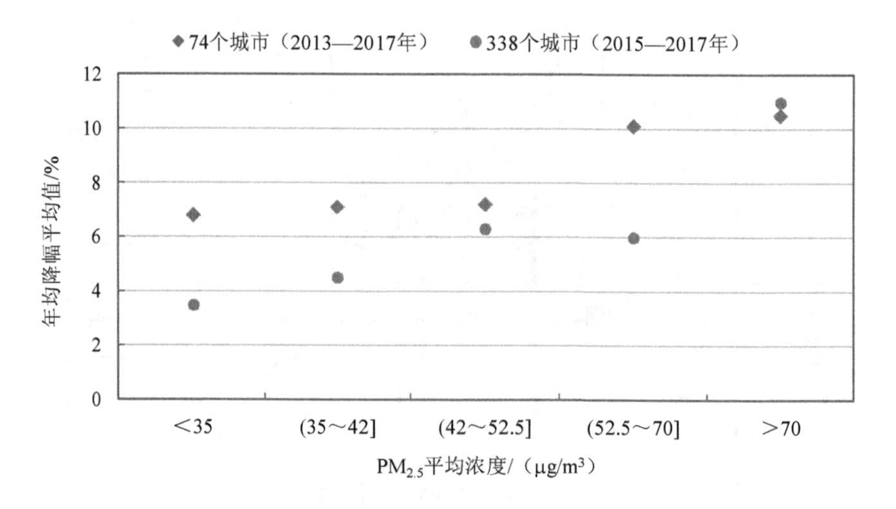

图 7　2013—2017 年我国城市 $PM_{2.5}$ 浓度年均降幅分类统计

3　我国城市 $PM_{2.5}$ 年均浓度超标情况分布特征

3.1　不同超标程度的城市分布特征

发达国家和我国的经验均表明，在 $PM_{2.5}$ 浓度较高时，其浓度下降的速率相对更快；随着 $PM_{2.5}$ 浓度的降低，污染物排放削减和大气环境管理的边界成本逐渐升高，$PM_{2.5}$ 浓度的下降速度总体而言有所降低。因此城市 $PM_{2.5}$ 年均浓度下降比例的预期应与其 $PM_{2.5}$ 浓度相关。

为后续分析方便，本研究根据 $PM_{2.5}$ 年均浓度超过国家空气质量二级标准限值的程度，设计了超标等级，将城市进行了分类：年均浓度超标 20%及以内的为轻度超标，超标 20%～50%（含 50%）的为中度超标，超标 50%～100%（含 100%）的为重度超标，超标 100%以上的为严重超标（表 4）。

表 4　污染物超标程度分析标准

污染物	超标等级	超标程度
$PM_{2.5}$ 年均浓度	未超标	—
	轻度超标	超标 20%及以内
	中度超标	超标 20%～50%（含 50%）
	重度超标	超标 50%～100%（100%）
	严重超标	超标 100%以上

在上述分类体系下，2017 年全国 338 个城市中 $PM_{2.5}$ 年均浓度达标的城市 111 个，占 32.8%；超标 20%及以内的城市 58 个，占 17.2%；超标 20%～50%（含 50%）的城市 77 个，占 22.8%；超标 50%～100%（含 100%）的城市 72 个，占 21.3%；超标 100%以上的城市 20 个，占 5.9%（图 8）。

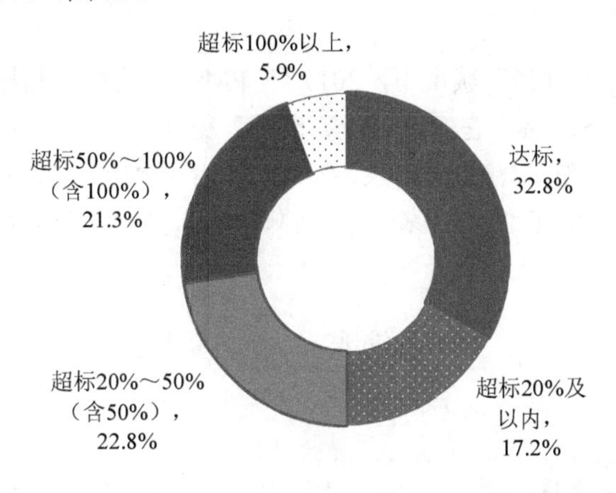

图 8　2017 年 338 个城市 $PM_{2.5}$ 超标程度分类统计

3.2　省（区、市）超标程度分析

2017 年，全国 31 个省（市、区）中福建、海南和云南 3 个省份的地级及以上城市 $PM_{2.5}$ 年均浓度全部实现了达标；贵州、西藏、青海、广东和内蒙古等省（区）$PM_{2.5}$ 年均浓度达标城市的占比达到 50%以上。$PM_{2.5}$ 年均浓度超标 50%以上的城市主要分布在北京、天津、河北、山西、安徽、山东、河南、山西和新疆等省（区、市），其中河南省所有地级及以上城市 2017 年 $PM_{2.5}$ 年均浓度均超标 50%以上（图 9）。

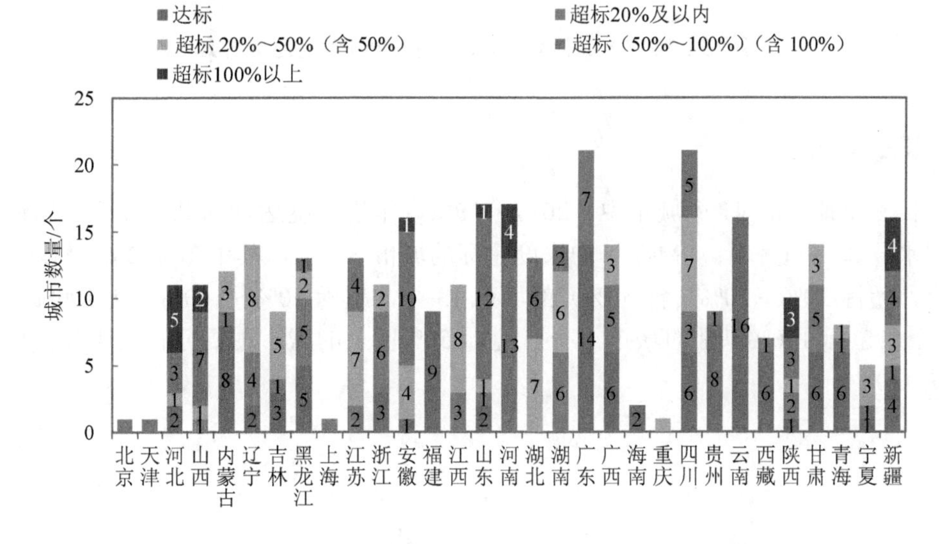

图 9　2017 年 31 个省（区、市）城市 $PM_{2.5}$ 超标程度分类统计

3.3 重点区域超标程度分析

3.3.1 京津冀及周边地区

在京津冀及周边地区“2+26”城市中，2017 年 $PM_{2.5}$ 年均浓度超标 50%～100%（含 100%）的城市 19 个，占 67.9%，它们是菏泽、濮阳、德州、太原、开封、滨州、唐山、新乡、沧州、淄博、晋城、鹤壁、济南、阳泉、天津、长治、廊坊、北京和济宁；超标 100%以上的城市 9 个，占 32.1%，它们是石家庄、邯郸、保定、安阳、邢台、焦作、衡水、聊城和郑州（图 10）。

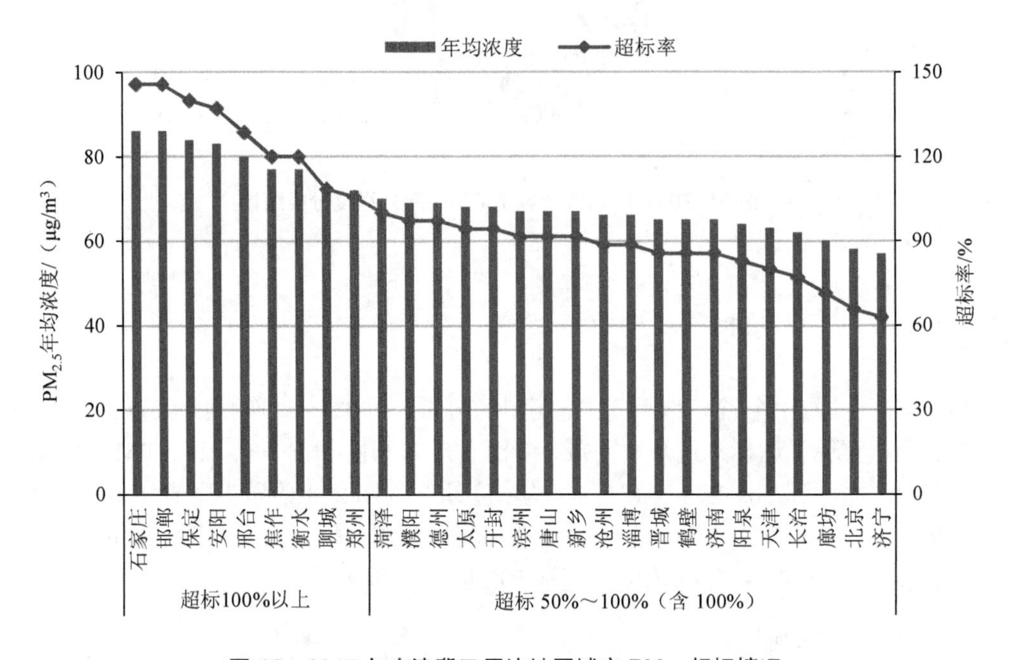

图 10 2017 年京津冀及周边地区城市 $PM_{2.5}$ 超标情况

3.3.2 长三角地区

在长三角地区的 41 个城市中，2017 年 $PM_{2.5}$ 年均浓度达标的城市 4 个，它们是台州、丽水、黄山和舟山；$PM_{2.5}$ 年均浓度超标的城市 37 个，其中超标 20%及以内的城市 9 个，超标 20%～50%（含 50%）的城市 13 个，超标 50%～100%（含 100%）的城市 14 个，超标 100%以上的城市 1 个。超标 50%以上的城市主要分布在江苏省和安徽省（图 11）。

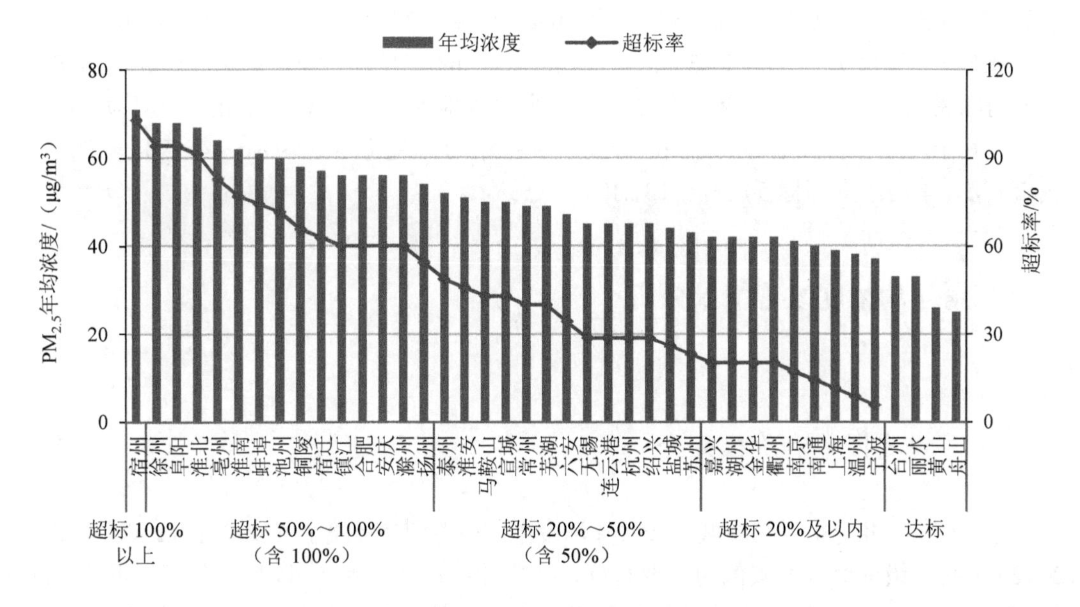

图 11　2017 年长三角地区城市 $PM_{2.5}$ 超标情况

3.3.3　汾渭平原

在汾渭平原的 11 个城市中，2017 年 $PM_{2.5}$年均浓度超标 50%～100%（含 100%）的城市 5 个，它们是晋中、三门峡、宝鸡、吕梁和铜川；超标 100%以上的城市 6 个，它们是临汾、咸阳、洛阳、运城、西安和渭南（图 12）。

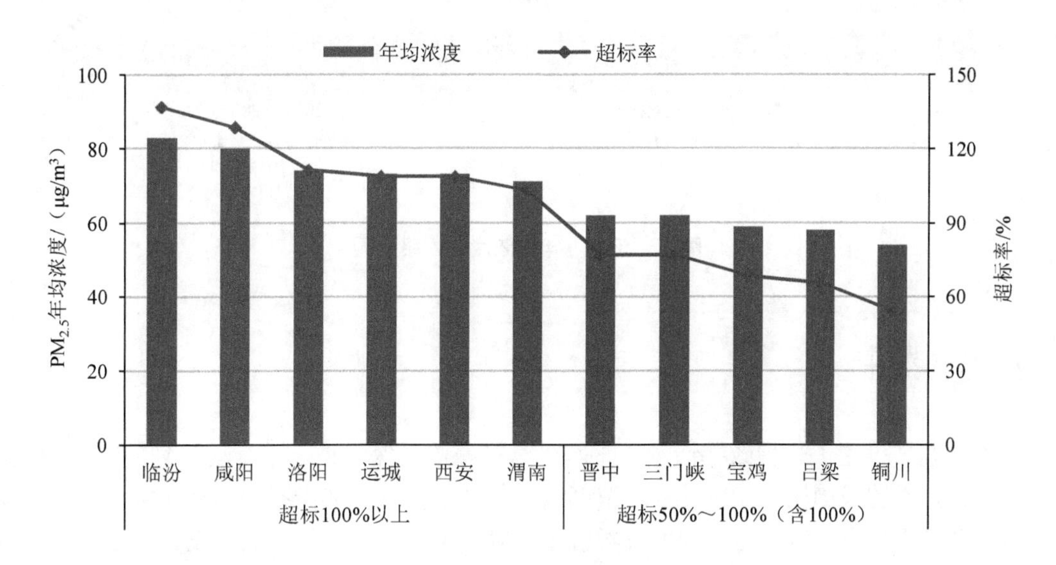

图 12　2017 年汾渭平原城市 $PM_{2.5}$ 超标情况

从超标程度的分析来看，目前我国 $PM_{2.5}$ 污染依然严重，达标任务艰巨。①城市 $PM_{2.5}$ 达标率较低。2017 年全国 67.2%的城市 $PM_{2.5}$ 年均浓度超标，其中，超标 20%及以内的城市 58 个，占 17.2%；超标 20%～50%（含 50%）的城市 77 个，占 22.8%；超标 50%～100%（含 100%）的城市 72 个，占 21.3%；超标 100%以上的城市 20 个，占 5.9%。②区域性 $PM_{2.5}$ 污染问题突出。2017 年京津冀及周边、汾渭平原等地区城市 $PM_{2.5}$ 年均浓度超标均在 50% 以上，其中，京津冀及周边“2+26”城市 $PM_{2.5}$ 年均浓度超标 62.9%～145.7%，汾渭平原城市 $PM_{2.5}$ 年均浓度超标 54.3%～137.1%。

4 $PM_{2.5}$ 年均浓度改善情景分析

4.1 主要考虑因素和阶段划分

本研究的情景分析以我国城市 $PM_{2.5}$ 浓度年均值达到《环境空气质量标准》（GB 3095—2012）中的二级标准浓度限值为主要目标，考虑因素主要包括：①以打赢蓝天保卫战，2035 年基本实现美丽中国目标为总体战略要求；②国内外 $PM_{2.5}$ 年均浓度改善经验；③城市 $PM_{2.5}$ 污染现状。

结合打赢蓝天保卫战和基本实现美丽中国目标的战略要求，以及我国国民经济与社会发展阶段性规划的时限要求，总体上将 $PM_{2.5}$ 年均浓度改善路线划分为 2018—2020 年、2021—2025 年、2026—2030 年和 2031—2035 年四个阶段（图 13）。

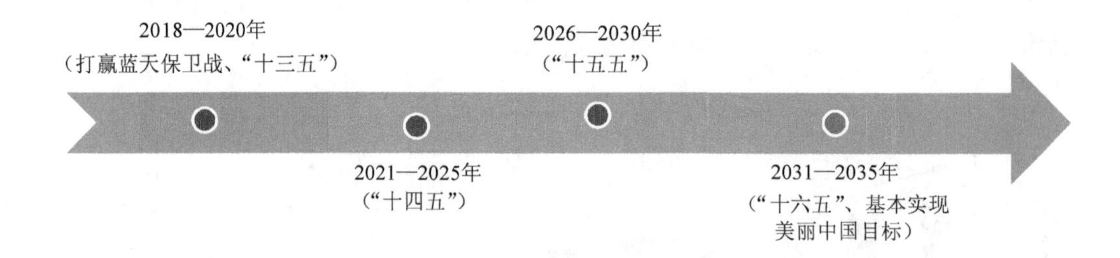

图 13 $PM_{2.5}$ 年均浓度改善路线图

4.2 情景设计

本研究共设置了三种改善情景：①基于《打赢蓝天保卫战三年行动计划》$PM_{2.5}$ 浓度下降目标，设置我国城市 $PM_{2.5}$ 年均浓度改善的基准情景；②借鉴国内外 $PM_{2.5}$ 浓度改善经验，并基于城市 $PM_{2.5}$ 污染程度分类确定 $PM_{2.5}$ 年均浓度下降比例，设置了分类改善情景；③在分类改善情景的基础上，将京津冀及周边地区、长三角地区、汾渭平原等重点区域作为大气污染防治的主战场，在大气污染防治措施、资金投入等方面将持续加大力度，以加快改善进程，设置了重点区域强化情景。具体如表 5 所示。

表 5　城市 $PM_{2.5}$ 年均浓度改善情景

情景	情景说明			
情景一（基准情景）	已达标	保持达标，$PM_{2.5}$ 浓度不反弹		—
	未达标	年均下降比例设为 3.8%（基于《打赢蓝天保卫战三年行动计划》未达标城市 $PM_{2.5}$ 浓度下降目标计算）		每 5 年下降 18%
情景二（分类改善情景）	已达标	持续改善（年均下降 2%左右）		每 5 年下降 9.6%
	超标 20%及以内	年均下降 3.5%左右		每 5 年下降 16%
	超标 20%～50%（含 50%）	年均下降 4%左右		每 5 年下降 18.5%
	超标 50%～100%（含 100%）	年均下降 5%左右		每 5 年下降 22%
	超标 100%以上	年均下降 6%左右		每 5 年下降 26%
情景三（重点区域强化情景）		重点区域	其他地区	
	已达标	持续改善（年均下降 2%左右）	持续改善（年均下降 2%左右）	每 5 年下降 9.6%
	超标 20%及以内	年均下降 3.5%左右	年均下降 3.5%左右	每 5 年下降 16%
	超标 20%～50%（含 50%）	年均下降 4.5%左右	年均下降 4%左右	每 5 年下降 18.5%～20%
	超标 50%～100%（含 100%）	年均下降 6%左右	年均下降 5%左右	每 5 年下降 22%～26%
	超标 100%以上	年均下降 7%左右	年均下降 6%左右	每 5 年下降 26%～30%

4.3　计算方法

为尽量减少气象因素、经济波动等对大气质量的影响，本研究以 338 个城市 2015—2017 年 $PM_{2.5}$ 年均浓度滑动平均值为基数。

假设未来 338 个城市 $PM_{2.5}$ 浓度变化趋势呈现单调递减，采用自下而上的计算方法，以地级及以上城市为基本单元，按各情景所设定的 $PM_{2.5}$ 年均浓度下降比例，逐年计算城市 $PM_{2.5}$ 浓度。并以此为基础，计算省（区、市）、重点区域和全国 $PM_{2.5}$ 年均浓度改善预期。计算方法如式（1）和式（2）所示：

$$c_{i,j} = c_{i-1,j} \times (1-r) \tag{1}$$

$$c_{i,p} = \frac{\left(\sum_{i=1}^{n} c_{i,j}\right)}{n} \tag{2}$$

式中，c——$PM_{2.5}$ 年均浓度，$\mu g/m^3$；

i——年份；

j——城市；

r——$PM_{2.5}$年均浓度下降比例，%；

p——省（区、市）或区域；

n——省（区、市）或区域所包含的城市数量，个。

4.4 计算结果

4.4.1 全国$PM_{2.5}$平均浓度改善路线

根据所设计的$PM_{2.5}$浓度改善情景计算，到2020年前后，在情景一、情景二、情景三下全国$PM_{2.5}$平均浓度分别为38 μg/m³、37 μg/m³和36 μg/m³；到2025年前后，在情景一、情景二、情景三下全国$PM_{2.5}$平均浓度分别为34 μg/m³、31 μg/m³和31 μg/m³；到2030年前后，在情景一、情景二、情景三下全国$PM_{2.5}$平均浓度分别为32 μg/m³、28 μg/m³和27 μg/m³；到2035年前后，在情景一、情景二、情景三下全国$PM_{2.5}$平均浓度分别为32 μg/m³、25 μg/m³和25 μg/m³。在情景一、情景二、情景三下，全国$PM_{2.5}$年均浓度将分别在2024年、2022年和2021年前后达到国家环境质量二级标准浓度限值（附表1、图14）。

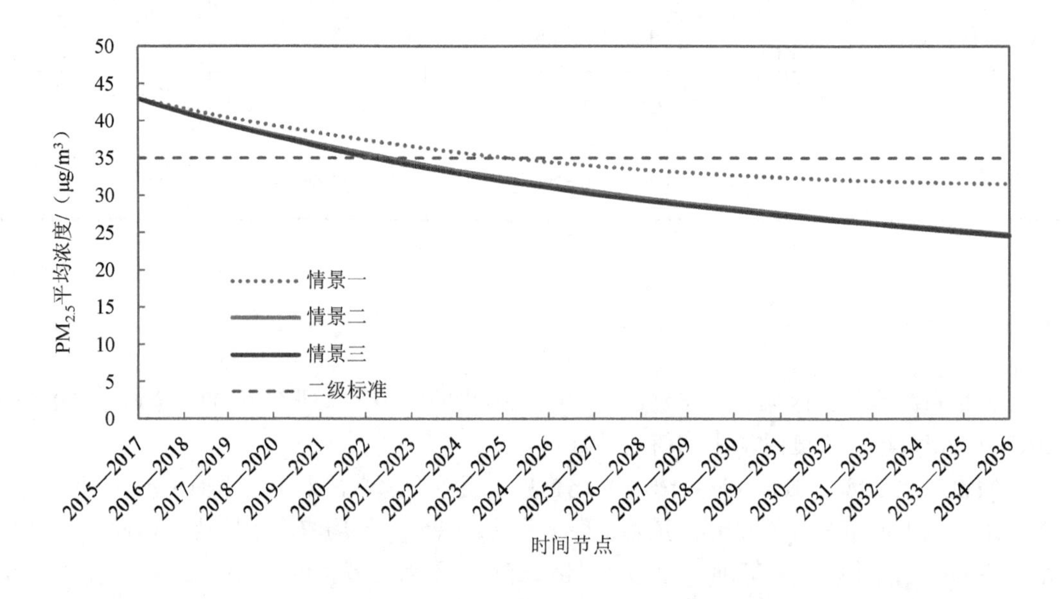

图14 三种情景下全国$PM_{2.5}$平均浓度改善预期

4.4.2 省（区、市）$PM_{2.5}$浓度改善路线

根据城市$PM_{2.5}$年均浓度计算的结果统计了三种情景下各阶段所辖城市$PM_{2.5}$年均浓度全部达标的省份，见表6。结果显示：到2035年前后，在情景一下河北、山东、河南、新疆仍存在不达标城市；在情景二下河北、新疆仍存在不达标城市；在情景三下全国31省（区、市）所有城市均可实现达标（图15）。

表 6　三种情景下各阶段达标省份（所辖城市全部达标）

时间节点	情景一	情景二	情景三
2019—2021 年	福建、广东、海南、贵州、云南、西藏、青海	福建、广东、海南、贵州、云南、西藏、青海	福建、广东、海南、贵州、云南、西藏、青海
2024—2026 年	内蒙古、上海、浙江、福建、广东、广西、海南、重庆、贵州、云南、西藏、甘肃、青海、宁夏	内蒙古、上海、浙江、福建、广东、广西、海南、重庆、贵州、云南、西藏、甘肃、青海、宁夏	内蒙古、上海、浙江、福建、广东、广西、海南、重庆、贵州、云南、西藏、甘肃、青海、宁夏
2029—2031 年	内蒙古、辽宁、吉林、上海、浙江、福建、江西、湖南、广东、广西、海南、重庆、贵州、云南、西藏、甘肃、青海、宁夏	内蒙古、辽宁、吉林、黑龙江、上海、江苏、浙江、福建、江西、湖南、广东、广西、海南、重庆、贵州、云南、西藏、甘肃、青海、宁夏	北京、天津、山西、内蒙古、辽宁、吉林、黑龙江、上海、江苏、浙江、安徽、福建、江西、湖南、广东、广西、海南、重庆、贵州、云南、西藏、陕西、甘肃、青海、宁夏
2034—2036 年	除河北、山东、河南、新疆外	除河北、新疆外	31 个省（区、市）

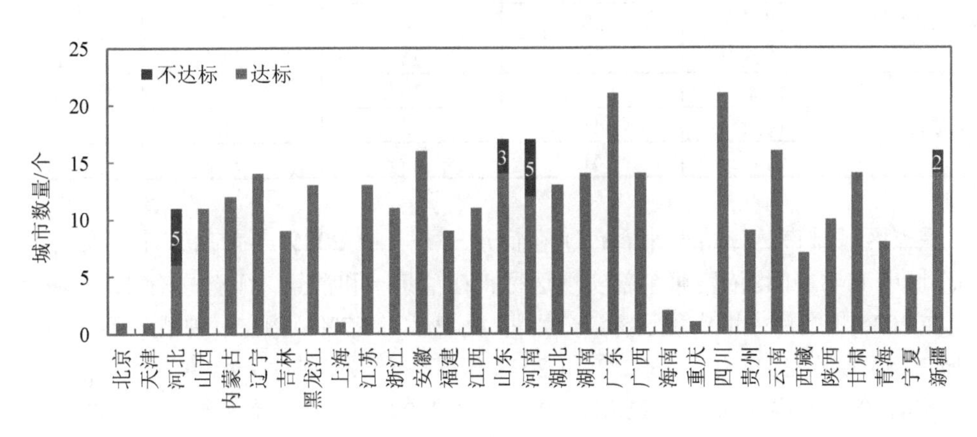

（a）情景一

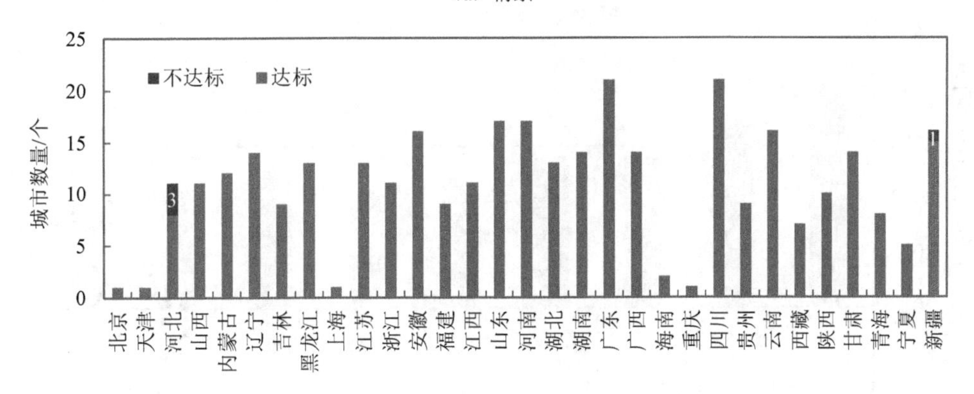

（b）情景二

图 15　2035 年各省（区、市）城市达标情况

4.4.3 重点区域 $PM_{2.5}$ 浓度改善路线

根据城市 $PM_{2.5}$ 年均浓度计算结果，分别对京津冀及周边地区、汾渭平原、长三角地区、珠三角地区、成渝地区的分阶段改善预期进行了测算。三种情景下，重点区域各阶段 $PM_{2.5}$ 平均浓度见表 7 和附表 2。

表 7 重点区域 $PM_{2.5}$ 平均浓度阶段改善预期 单位：μg/m³

区域	情景	2019—2021 年	2024—2026 年	2029—2031 年	2034—2036 年
京津冀及周边地区	情景一	62	51	42	36
	情景二	58	46	38	33
	情景三	56	43	36	32
汾渭平原	情景一	51	42	37	34
	情景二	49	40	34	31
	情景三	48	39	33	30
长三角地区	情景一	42	36	34	34
	情景二	41	35	30	28
	情景三	40	34	30	27
珠三角地区	情景一	31	31	31	31
	情景二	29	26	23	21
	情景三	29	26	23	21
成渝地区	情景一	41	36	34	34
	情景二	41	35	31	28
	情景三	41	35	31	28

从重点区域城市达标情况来看：①在情景三下，到 2035 年前后京津冀及周边地区“2+26”城市 $PM_{2.5}$ 年均浓度可全部实现达标，在情景一和情景二下分别有 12 个城市和 3 个城市在 2035 年之后才可实现达标，分别占 42.8%和 10.7%；②在三种情景下，汾渭平原 11 个城市将分别在 2034 年、2032 年和 2031 年前后全部实现达标；③在三种情景下，长三角地区 41 个城市将分别于 2032 年、2031 年和 2029 年前后全部实现达标（图 16）。

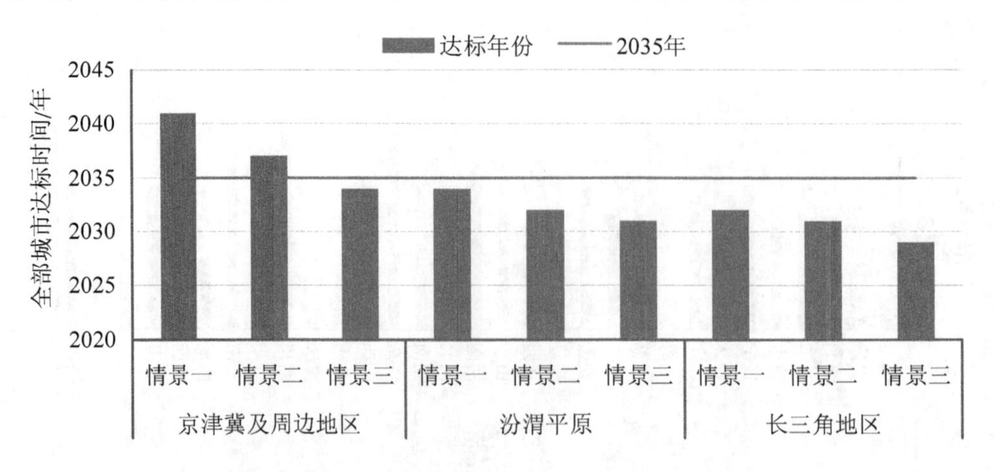

图 16 重点区域内全部城市 $PM_{2.5}$ 年均浓度达标时间

4.4.4 城市 $PM_{2.5}$ 浓度改善路线

根据所设计的 $PM_{2.5}$ 浓度改善情景计算了全国 338 个城市 $PM_{2.5}$ 年均浓度和达标城市的比例。结果显示：在情景三下，到 2035 年全国 338 个城市 $PM_{2.5}$ 年均浓度可全部实现达标。到 2020 年前后，三种情景下全国 $PM_{2.5}$ 年均浓度达标城市的比例分别达到 48.8%、47.0%和 47.0%；到 2025 年前后，三种情景下全国 $PM_{2.5}$ 年均浓度达标城市的比例分别达到 66.0%、65.1%和 65.7%；到 2030 年前后，三种情景下全国 $PM_{2.5}$ 年均浓度达标城市的比例分别达到 84.0%、86.1%和 89.9%；到 2035 年前后，三种情景下全国 $PM_{2.5}$ 年均浓度达标城市的比例分别达到 95.6%、98.8%和 100%（表 8、图 17）。

表 8 各阶段 338 个城市 $PM_{2.5}$ 年均浓度达标预期

时间节点	项目	情景一	情景二	情景三
2019—2021 年	达标城市数	165	159	159
	达标比例/%	48.8	47.0	47.0
2024—2026 年	达标城市数	223	220	222
	达标比例/%	66.0	65.1	65.7
2029—2031 年	达标城市数	284	291	304
	达标比例/%	84.0	86.1	89.9
2034—2036 年	达标城市数	323	334	338
	达标比例/%	95.6	98.8	100

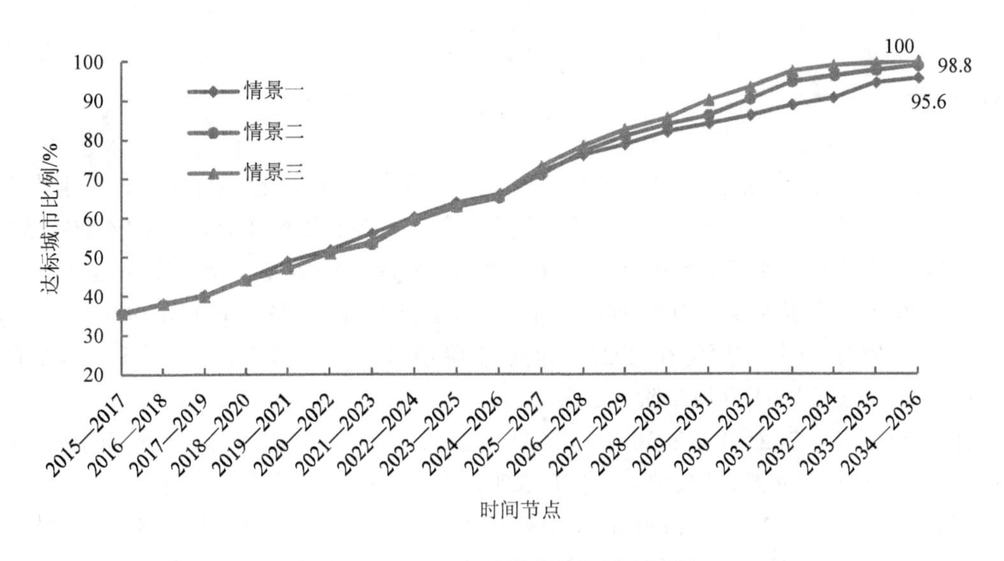

图 17 $PM_{2.5}$ 年均浓度达标城市比例

三种情景下，到 2020 年前后达到 WHO 第二阶段过渡目标的城市分别为 48 个、63 个和 63 个，占全国 338 个城市的 14.2%、18.6%和 18.6%；到 2025 年前后达到 WHO 第二阶段过渡目标的城市分别为 48 个、78 个和 78 个，占全国 338 个城市的 14.2%、23.1%和

23.1%；到 2030 年前后达到 WHO 第二阶段过渡目标的城市分别为 48 个、105 个和 105 个，占全国 338 个城市的 14.2%、31.1%和 31.1%；到 2035 年前后达到 WHO 第二阶段过渡目标的城市分别为 48 个、141 个和 141 个，占全国 338 个城市的 14.2%、41.7%和 41.7%（图 18）。

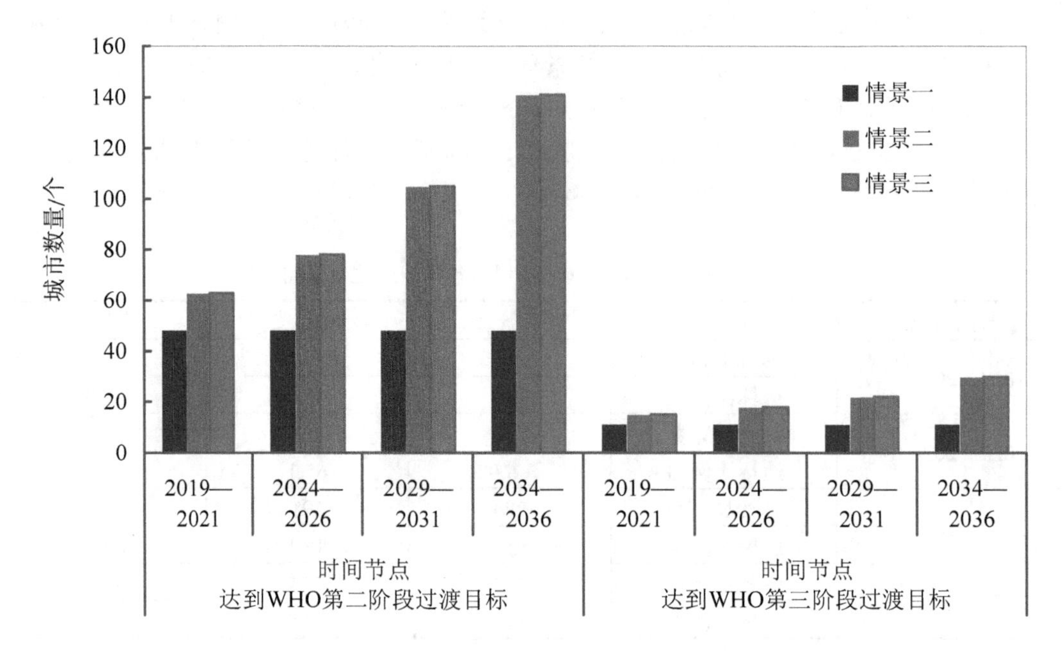

图 18　$PM_{2.5}$ 年均浓度达到 WHO 第二、第三阶段过渡目标城市数量

4.5　小结

（1）按照重点区域强化情景（情景三）设计的下降比例——已达标城市按照年均下降 2%左右持续改善，未达标城市依据 $PM_{2.5}$ 污染程度分别按照年均 3.5%、4%～4.5%、5%～6%和 6%～7%下降，到 2035 年全国 338 个城市 $PM_{2.5}$ 年均浓度可全部实现达标。

（2）2035 年实现 $PM_{2.5}$ 浓度全面达标预期下的分阶段改善路线图（图 19）：

①全国 $PM_{2.5}$ 平均浓度将在 2021 年前后下降至 35 $\mu g/m^3$ 以下，到 2035 年前后达到 25 $\mu g/m^3$，基本达到 WHO 第二阶段过渡目标；

②到 2020 年、2025 年、2030 年和 2035 年前后，$PM_{2.5}$ 年均浓度达标城市的比例分别为 47.0%、65.7%、89.9%和 100%，到 2035 年，全国 338 个城市全部达标。

③到 2020 年、2025 年、2030 年和 2035 年前后，京津冀及周边地区 $PM_{2.5}$ 年均浓度分别下降至 56 $\mu g/m^3$、43 $\mu g/m^3$、36 $\mu g/m^3$ 和 32 $\mu g/m^3$；汾渭平原 $PM_{2.5}$ 平均浓度分别下降至 48 $\mu g/m^3$、39 $\mu g/m^3$、33 $\mu g/m^3$ 和 30 $\mu g/m^3$；长三角地区 $PM_{2.5}$ 平均浓度分别下降至 40 $\mu g/m^3$、34 $\mu g/m^3$、30 $\mu g/m^3$ 和 27 $\mu g/m^3$。京津冀及周边地区、汾渭平原和长三角地区将分别在 2035 年、2031 年和 2029 年前后实现区域内全部城市 $PM_{2.5}$ 年均浓度达标。

④按所辖城市全部实现达标统计，到 2020 年前后实现达标的省（区）包括福建、广

东、海南、贵州、云南、西藏和青海；在 2021—2025 年实现达标的省（区、市）包括内蒙古、上海、浙江、广西、重庆、甘肃和宁夏；在 2026—2030 年实现达标的省（市）包括北京、天津、山西、辽宁、吉林、黑龙江、江苏、安徽、江西、湖南和陕西；在 2031—2035 年实现达标的省（区）包括河北、山东、河南、湖北、四川和新疆。

	打赢蓝天保卫战（2018—2020 年）	“十四五”（2021—2025 年）	“十五五”（2026—2030 年）	“十六五”（2031—2035 年）
全国	达标城市比例达到 47.0%左右	$PM_{2.5}$ 平均浓度下降至 35 μg/m^3 以下；达标城市比例达到 66%左右	达标城市比例达到 90%左右	$PM_{2.5}$ 平均浓度下降至 25 μg/m^3 以下；达标城市比例达到 100%左右
区域	京津冀及周边地区 $PM_{2.5}$ 浓度下降至 56 μg/m^3；汾渭平原 $PM_{2.5}$ 浓度下降至 48 μg/m^3；长三角地区 $PM_{2.5}$ 浓度下降至 40 μg/m^3	京津冀及周边地区 $PM_{2.5}$ 浓度下降至 43 μg/m^3；汾渭平原 $PM_{2.5}$ 浓度下降至 39 μg/m^3；长三角地区 $PM_{2.5}$ 浓度下降至 34 μg/m^3	京津冀及周边地区 $PM_{2.5}$ 浓度下降至 36 μg/m^3；汾渭平原 $PM_{2.5}$ 浓度下降至 33 μg/m^3；长三角地区实现区域内城市全部达标	京津冀及周边地区和汾渭平原实现区域内城市全部达标
省（区、市）	福建、广东、海南、贵州、云南、西藏和青海所辖城市全部达标	内蒙古、上海、浙江、广西、重庆、甘肃和宁夏所辖城市全部达标	北京、天津、山西、辽宁、吉林、黑龙江、江苏、安徽、江西、湖南和陕西所辖城市全部达标	河北、山东、河南、湖北、四川和新疆所辖城市全部达标

图 19　2035 年实现 $PM_{2.5}$ 浓度全面达标预期下的分阶段改善路线图

（3）在三种情景下，到 2030 年前后我国达到 WHO 第二阶段过渡目标的城市比例分别达到 14.2%、31.1%和 31.1%，到 2035 年前后分别达到 14.2%、41.7%和 41.7%。由于情景一未对已达标城市提出 $PM_{2.5}$ 浓度下降比例的要求，其达到 WHO 第二阶段过渡目标的城市明显少于情景二和情景三。适时修订空气质量标准，对已达标城市制定 $PM_{2.5}$ 浓度改善目标，有利于推进我国空气质量的持续改善。

5　结论与建议

5.1　形成 $PM_{2.5}$ 长期持续下降和打大气污染治理持久战的共识

随着我国大气污染防治工作进入深水期，部分地方对于空气质量持续改善的畏难情绪有所增长。实践表明，发达国家通过持续的技术进步，产业、能源结构调整和精细化管理，在 $PM_{2.5}$ 浓度较低的情况下，仍然保持 $PM_{2.5}$ 浓度较快下降的稳定趋势。美国、日本等国

$PM_{2.5}$年均浓度在 30 μg/m^{3}以下时，仍可保持年均 2%～4%的持续下降。我国在$PM_{2.5}$污染防治方面有技术后发优势，产业、能源、交通运输和用地结构调整远未到位，精细化管理程度和发达国家差距明显，$PM_{2.5}$浓度进一步持续下降的空间仍然非常大，应当合理设置各地$PM_{2.5}$浓度下降中长期目标和引导机制，推动污染严重的城市尽快达标，已达标的城市积极向世界卫生组织提出的目标靠拢。

5.2 实现 2035 年全部城市$PM_{2.5}$达标要长期强化区域防治力度

情景分析结果表明，如果所有城市都以《打赢蓝天保卫战三年行动计划》中“$PM_{2.5}$年均浓度每 5 年降低 18%”要求自己，则到 2035 年，京津冀及周边地区和新疆将仍有 15 个城市不能达标；只有按照“分类改善、强化重点”的原则，长期持续对$PM_{2.5}$浓度较高的地区加大工作力度，才能保证 2035 年前，全国地级及以上城市$PM_{2.5}$浓度基本全部达标。

5.3 善于运用法律保障推进城市大气环境质量达标管理工作

《大气污染防治法》明确指出各级地方政府对其辖区内的大气环境质量负责。建议尽快研究制定城市大气环境质量限期达标管理办法，详细规定在推进我国各城市$PM_{2.5}$年均浓度达标的工作中国家、省和城市等各级政府的责任和工作流程。推动$PM_{2.5}$等污染物不达标的城市由政府组织编制空气质量达标规划，规划应符合国家对于$PM_{2.5}$浓度下降的总体预期和要求，规划内容和各年度执行情况应向当地人民代表大会进行报告，并随着工作推进，适时对规划的主要目标和任务进行必要调整。通过城市空气质量达标规划的管理，在达标的目标和生产、生活等领域所需的基本支持方面，形成社会共识，从而切实督促城市人民政府履行治污责任，实现城市大气环境质量按期达标。

5.4 适时修订《环境空气质量标准》，推进$PM_{2.5}$浓度持续降低

我国自 1982 年首次制定《大气环境质量标准》（GB 3095—82）以来，经历了两次标准整体修订和两次以修改单进行的修订，平均近 10 年修订一次。目前我国实施的《环境空气质量标准》（GB 3095—2012）中对于$PM_{2.5}$年均浓度的要求和世界卫生组织关于$PM_{2.5}$浓度下降第一阶段目标的建议要求一致，是世界卫生组织$PM_{2.5}$浓度指导值的 3.5 倍。为了实现空气质量改善、保护人体健康，我国还需要进一步提高对$PM_{2.5}$浓度下降的要求。情景分析结果表明，“十四五”期间，我国城市平均$PM_{2.5}$年均浓度将下降到 35 μg/m^{3}以下（2018 年环境空气质量标准修改单实施后，此目标可能在“十三五”期间达到）；到 2025 年，全国$PM_{2.5}$年均浓度达标城市比重将超过 50%，将有 10 个以上的省份实现所有城市$PM_{2.5}$年均浓度达标。在这种情况下，有必要及时启动《环境空气质量标准》（GB 3095—2012）的修订工作，缩小$PM_{2.5}$浓度标准和世界卫生组织指导值的差距，推动$PM_{2.5}$浓度相对较低的城市进一步积极主动开展工作，持续降低$PM_{2.5}$浓度。

参考文献

[1] United States Environmental Protection Agency. Particulate Matter（$PM_{2.5}$）Trends [EB/OL]. [2018-04-10]. https://www.epa.gov/air-trends/particulate-matter-pm2.5-trends.

[2] California Air Resources Board. Air Quality and Meteorological Information System [EB/OL]. [2018-04-10]. https://www.arb.ca.gov/adam/trends/trends1.php.

[3] 孟露露，单春艳，李洋阳，等．美国 $PM_{2.5}$ 未达标区控制对策及对中国的启示[J]．南开大学学报（自然科学版），2016（1）：54-61.

[4] European Environment Agency. Air quality in Europe—2014 report [R]. Denmark，2014.

[5] 燕丽，王金南，杨金田，等．欧盟、美国、日本的 $PM_{2.5}$ 污染控制经验和启示[J]．重要环境信息参考，2013，9（24）：1-67.

[6] Ministry of the Environment Government of Japan. Annual Report on Environmental Statistics 2017 [EB/OL]. [2018-04-10]. http://www.env.go.jp/en/statistics/e2017.html.

[7] 吴舜泽，万军，秦昌波，等．正视差距，瞄准问题，突出重点，转变方式，妥善应对好“十三五”环境质量改善的供需矛盾[J]．重要环境信息参考，2015，11（14）：1-60.

[8] 中华人民共和国生态环境部．2017 中国生态环境状况公报[EB/OL]. [2018-11-27]. http://www.mee.gov.cn/hjzl/zghjzkgb/lnzghjzkgb/201805/P020180531534645032372.pdf.

[9] 薛文博，付飞，王金南，等．基于全国城市 $PM_{2.5}$ 达标约束的大气环境容量模拟[J]．中国环境科学，2014，34（10）：2490-2496.

[10] United States Environmental Protection Agency. Air Pollutant Emissions Trends Data[EB/OL]. https://www.epa.gov/air-emissions-inventories/air-pollutant-emissions-trends-data.

[11] European Environment Agency. Air pollutant emissions data viewer 1990-2016 [EB/OL]. https://www.eea.europa.eu/data-and-maps/dashboards/air-pollutant-emissions-data-viewer-1.

[12] Office of Air Quality Planning and Standards，US EPA. National Air Pollutant Emission Trends：1900-1998[R]. NTIS，1995.

[13] 陈健鹏，李佐军，高世楫．跨越峰值阶段的空气污染治理——兼论环境监管体制改革背景下的总量控制制度[J]．环境保护，2015，43（21）：31-34.

[14] 中国清洁空气联盟．空气污染治理国际经验介绍之伦敦烟雾治理历程[R]．北京，2013.

[15] 孟露露，单春艳，白志鹏，等．中国城市 $PM_{2.5}$ 空气质量改善分阶段目标研究[J]．中国环境监测，2017，33（2）：1-10.

[16] 王金南．控制 $PM_{2.5}$ 污染：中国路线图与政策机制[M]．北京：科学出版社，2016：316.

[17] 中国清洁空气联盟．京津冀如何实现空气质量达标？基于情景分析的京津冀地区 $PM_{2.5}$ 达标情景研究[R]. 2016.

[18] 中国清洁空气联盟．长三角如何实现空气质量达标？上海、江苏、浙江的 $PM_{2.5}$ 达标情景分析[R]. 2016.

附表 1　全国 $PM_{2.5}$ 平均浓度改善情景分析结果

	时间节点	情景一	情景二	情景三
$PM_{2.5}$ 平均浓度/（$\mu g/m^3$）	2019—2021 年	38	37	36
	2024—2026 年	34	31	31
	2029—2031 年	32	28	27
	2034—2036 年	32	25	25
达标城市比例/%	2019—2021 年	48.8	47.0	47.0
	2024—2026 年	66.0	65.1	65.7
	2029—2031 年	84.0	86.1	89.9
	2034—2036 年	95.6	98.8	100

附表 2　重点区域 $PM_{2.5}$ 平均浓度改善情景分析结果

		时间节点	情景一	情景二	情景三
京津冀及周边地区	$PM_{2.5}$ 平均浓度/（$\mu g/m^3$）	2019—2021 年	62	58	56
		2024—2026 年	51	46	43
		2029—2031 年	42	38	36
		2034—2036 年	36	33	32
	达标城市	2019—2021 年	—	—	—
		2024—2026 年	—	—	—
		2029—2031 年	太原、阳泉、长治、晋城	太原、阳泉、长治、晋城	北京、天津、沧州、廊坊、太原、阳泉、长治、晋城、济宁、滨州、开封、鹤壁
		2034—2036 年	北京、天津、唐山、沧州、廊坊、太原、阳泉、长治、晋城、济南、淄博、济宁、滨州、开封、鹤壁、濮阳	除石家庄、保定、邢台以外城市	全部 28 个城市
汾渭平原	$PM_{2.5}$ 平均浓度/（$\mu g/m^3$）	2019—2021 年	51	49	48
		2024—2026 年	42	40	39
		2029—2031 年	37	34	33
		2034—2036 年	34	31	30
	达标城市	2019—2021 年	—	—	—
		2024—2026 年	吕梁	吕梁	吕梁、铜川
		2029—2031 年	晋中、吕梁、铜川、宝鸡	晋中、吕梁、三门峡、西安、铜川、宝鸡	除洛阳以外城市
		2034—2036 年	全部 11 个城市（100%）	全部 11 个城市（100%）	全部 11 个城市（100%）

		时间节点	情景一	情景二	情景三
长三角地区	$PM_{2.5}$ 平均浓度/（μg/m³）	2019—2021 年	42	41	40
		2024—2026 年	36	35	34
		2029—2031 年	34	30	30
		2034—2036 年	34	28	27
	达标城市	2019—2021 年	宁波、温州、衢州、舟山、台州、丽水、黄山	宁波、温州、衢州、舟山、台州、丽水、黄山	宁波、温州、衢州、舟山、台州、丽水、黄山
		2024—2026 年	上海、南京、苏州、南通、连云港、盐城、浙江省全部城市、黄山、六安、池州、宣城	上海、南京、苏州、南通、连云港、盐城、浙江省全部城市、黄山、六安、池州、宣城	上海、南京、无锡、苏州、南通、连云港、盐城、浙江省全部城市、黄山、六安、池州、宣城
		2029—2031 年	除徐州、宿州以外城市	除宿州以外城市	全部 41 个城市
		2034—2036 年	全部 41 个城市	全部 41 个城市	全部 41 个城市

英国清洁空气战略2018报告*

United Kingdom Clean Air Strategy 2018 Report

张鸿宇　曹　东　薛文博

摘　要　《清洁空气战略2018》是英国计划脱欧后实施的系列环境政策之一，侧重于对国民健康的保护。本文归纳提炼了该战略的主要内容，详细介绍了英国空气污染的现状、空气污染物的减排目标以及行动计划；强调了创新、立法政策、信息公开、地方执行力等方面的独到做法，可为我国加大大气污染防治力度、打赢蓝天保卫战提供政策参考。

关键词：英国　国民健康　清洁空气战略　环境政策

Abstract　*The Clean Air Strategy 2018* is one of the main environmental policies that United Kingdom plan to implement after leaving the European Union，focusing on the protection of national health. This article summarizes the main content of the strategy，and introduces the current situation of air pollution in the United Kingdom，air pollution reduction targets and corresponding action plans；It emphasizes unique approaches in innovation，legislative policy，information disclosure，and local enforcement，which provides policy references for China to increase its efforts to prevent and control air pollution and win the Blue Sky Protection Campaign.

Keywords　United Kingdom，national health，clean air strategy，environmental policy

英国政府于2018年5月发布了《清洁空气战略2018》（以下简称《战略》）的征求意见稿，并计划于2019年英国脱离欧盟后正式发布。该战略提出了提高英国空气质量的计划和措施，是英国实现绿色脱欧的系列保障之一。本文对该战略的征求意见稿进行了编译和节选，梳理编制出对我国打赢蓝天保卫战有借鉴意义的内容。

---

* 此报告撰写于2018年11月。

1 排放与监测

1.1 重点关注的空气污染物

在监测和控制污染物方面，英国政府关注的是总释放量（国家的年度总排放量）。《战略》草案旨在降低国家污染物排放量、减少本地污染，并尽量减少人体暴露于高浓度污染物下。

英国政府按照欧盟的法规有义务将特定污染物浓度维持在一定水平以下[1]。目前路边是二氧化氮浓度尚未达标的唯一区域，这个问题同样困扰着欧洲其他国家[2]。同时英国政府在国家空气质量标准中对 13 种空气污染物做了规定，其中，重点关注以下 5 种破坏性空气污染物：①细颗粒物（$PM_{2.5}$）；②氨气（NH_3）；③氮氧化物（NO_x）；④二氧化硫（SO_2）；⑤非甲烷挥发性有机化合物（NMVOC）。

英国政府对这 5 种空气污染物制定了 2020 年和 2030 年的宏伟减排目标（表 1）。英国自 2011 年以来已达到当前的目标[3]。相比之下，五个欧盟国家（奥地利、德国、匈牙利、西班牙和瑞典）在 2015 年仍超出 2010 年的排放上限。但英国制定的 2020 年和 2030 年的目标更加严格，旨在减少一半以上空气污染物对人类健康造成的危害。《战略》制定了新的政策和行动计划，将有助于英国实现这些目标。

表 1 英国 5 种重点空气污染物减排计划

污染物	2005 年基准值/10^3 t	2020 年减少比例/%	2030 年减少比例/%	2020 年上限值/10^3 t	2030 年上限值/10^3 t
NO_x	1 714	55	73	771	463
SO_2	773	59	88	317	93
NMVOC	1 042	32	39	709	636
$PM_{2.5}$	127	30	46	89	69
NH_3	288	8	16	265	242

1.1.1 细颗粒物（$PM_{2.5}$）

英国的颗粒物约 15%为本地自然来源，1/3 来自其他欧洲国家，约一半来自英国人为来源。颗粒物以两种途径影响健康：①颗粒物本身毒性；②颗粒物表面携带的有毒化合物。颗粒物可以在浓度升高时的一天内产生短期健康影响，并且会因在整个生命过程中的低水平暴露而产生长期影响。对弱势群体（包括幼儿、老年人以及其他年龄段患有哮喘等呼吸疾病的人群）的影响将会扩大。英国卫生部下属的空气污染物医学效应独立委员会（COMEAP）对英国颗粒物浓度在死亡率方面的长期影响进行了量化，发现其相当于损失 340 000 寿命年。

英国一次颗粒物排放量的38%来自家用明火和固体燃料炉中的木材和煤炭燃烧，12%来自道路运输（如燃料相关排放，轮胎和制动器磨损）[3]，13%来自溶剂使用和工业生产过程（如炼钢、制砖、采石场、建筑）。1970—2016 年，一次 PM_{10} 排放量下降了 73%，一次 $PM_{2.5}$ 排放量下降了 78%。然而，自 2009 年起，PM_{10} 和 $PM_{2.5}$ 排放量相对稳定。英国的目标是到 2020 年将 $PM_{2.5}$ 的排放量与 2005 年基准相比减少 30%，到 2030 年减少 46%。

1.1.2 氨气（NH_3）

农业是 NH_3 排放的主要来源（2016 年英国农业 NH_3 排放量占总 NH_3 排放量的比例为 88%），排放通常发生在粪肥、粪浆和肥料的贮存和扩散期间；4%的 NH_3 排放来自废物领域；其余的 NH_3 排放则主要是车辆和工业等来源的弥散性混合[3]。

NH_3 排放造成的主要问题是形成颗粒物质以及影响人体健康。NH_3 通过与 NO_x 和 SO_2 混合发生反应，生成细颗粒物质的氨化合物。这些颗粒物通过远距离运输，增加了大气中颗粒物的悬浮背景水平。英国卫生部将 2014 年伦敦的烟雾部分归因于农业 NH_3 排放。

从 1980 年到 2015 年，NH_3 排放量下降了 13%。然而，自那时以来，化肥的使用导致 NH_3 排放量增加了 3.2%[3]。英国的目标是到 2020 年将 NH_3 排放量与 2005 年基准相比减少 8%，到 2030 年减少 16%。

1.1.3 氮氧化物（NO_x）

英国 NO_x 的主要来源是道路运输（34%），能源生产（22%）（如发电站和炼油厂），家庭和工业燃烧（19%），其他运输（17%）（如铁路和航运）[4]。英国的目标是到 2020 年将 NO_x 排放量与 2005 年的基准相比减少 55%，到 2030 年减少 73%。

1.1.4 二氧化硫（SO_2）

煤炭中的硫在 1952 年伦敦烟雾事件对健康的影响中起到了关键作用，估计死亡人数为 8 000～12 000 人。20 世纪 70 年代至 80 年代，SO_2 排放对北半球森林和淡水栖息地造成了严重危害。在采取协调行动减少 SO_2 排放量后，英国未再发生此类情况。

SO_2 排放主要来自固体和液体燃料的燃烧。随着国家对液体燃料硫含量的限制以及对煤炭使用量的减少，SO_2 排放量显著降低。然而，家用燃煤会导致室内环境 SO_2 浓度较高。英国的目标是到 2020 年将 SO_2 排放量与 2005 年的基准相比减少 59%，到 2030 年减少 88%。

1.1.5 非甲烷挥发性有机化合物（NMVOC）

排放 NMVOC 的产品和过程具有极大的多样性，不仅包括工业过程（占总排放量的 22%），还包括家用产品（占总排放量的 18%），农业（占总排放量的 14%），民用燃烧和运输（各占总排放量的 5%）[4]。

NMVOC 主要来源于燃料燃烧。其他来源包括家具、地毯、室内装潢、清洁和抛光产品、空气清新剂、个人护理产品，如香水、除臭剂和头发造型产品。英国的目标是到2020年将NMVOC排放量与2005年的基准相比减少32%，到2030年减少39%。

1.2 维持强有力的实证基础

为了解空气污染物的总排放量及其随时间的变化情况，英国政府每年都会制作并公布一份国家空气污染物清单，并根据现有的国际标准进行测量和公告。这些清单能够追溯至1970年，为空气污染变化趋势提供了良好实证（图1）。

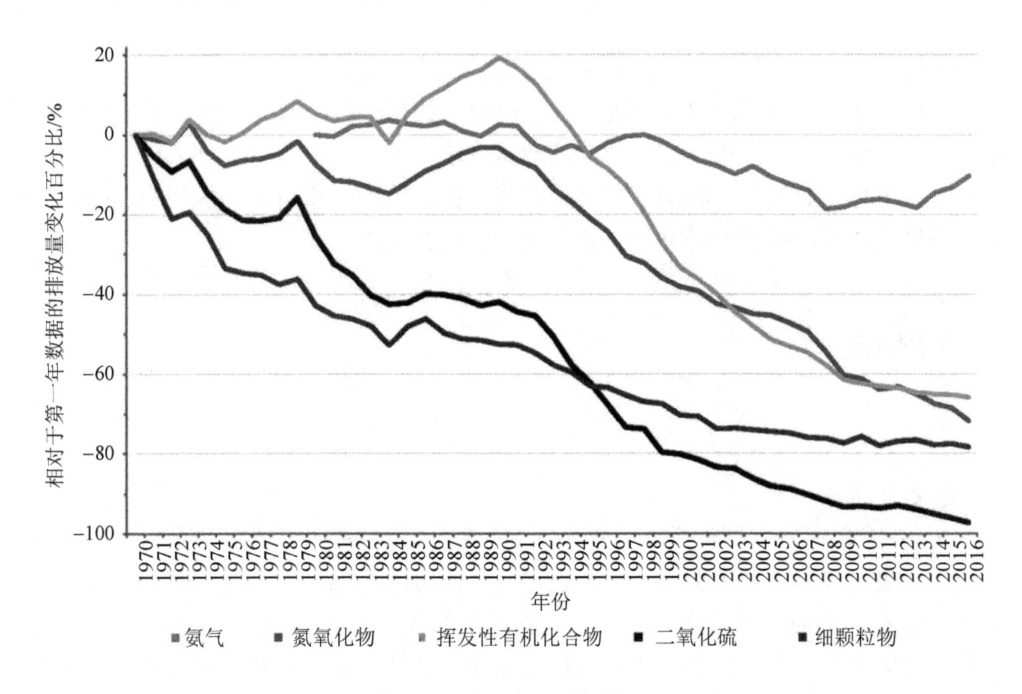

图1 英国近几十年空气污染物浓度变化[3]

注：氨气排放量的记录从1980年开始，其余污染物的记录从1970年开始。

英国拥有一个国家空气质量监测网络，该网络由英国境内的287个监测点组成，用于测量附近环境中各种空气污染物的浓度。该网络由环境署代表政府进行运营，其数据每小时更新一次。因此，通过该网络可以在线获取来自168个监测点的近实时测量数据。

由于很难对每个地点进行空气质量监测，因此通过建模方式，可以使政府在无监测站的情况下，评估某地的空气质量。通过模拟总排放量与当地浓度测量值之间的相互作用，可以更好地了解人体暴露于空气污染对健康的影响。UK-AIR提供的国家监测和建模专门用于履行英国的国际义务。除此之外，地方当局还运行了其自身的监测网络和当地模型，以支持其履行地方级别的法律义务。鉴于当前趋势和规定，政府还对2030年的未来预期排放量作出了预测，以便进一步采取行动，从而减少空气污染。

英国政府对空气质量评估方法的透明度以及公众、行业、研究人员和其他人员获取空气质量数据的便利性均作出了强有力的承诺。有关如何进行空气质量评估[5]的详细信息以及易于获取的空气污染物排放数据，均可在国家大气排放清单（NAEI）网站上获取。

2018 年，在保加利亚索非亚的排放清单和预测（TFEIP）会议上，英国在年度专案组中获得了最完整清单的国际大奖，领先 40 多个发布了排放数据公告的国家。

政府与现有的空气质量专家小组保持密切合作，听取宝贵的咨询意见；同时与研究团队建立更广泛的跨学科合作网络，以进一步提高英国对空气污染源及其影响的认识，并鼓励利用创新性手段，在面临许多技术挑战的情况下，进一步改善英国的空气质量。

1.3 采取的行动计划

为了提高理解空气污染问题及其解决方案的能力，《战略》提出：

（1）投资 1 000 万英镑用于改进英国的建模、数据分析工具，以便更准确地了解当前和未来空气质量以及未来提高空气质量的政策影响。

（2）为了提高透明度，将国家和地方监测数据汇集到一个可访问的门户网站，以便获得空气质量监测和建模信息，并通过科学活动促进公众参与。

2 保护国民健康

2.1 健康证据

空气污染是一项主要的公共健康问题，其风险等级与癌症、心脏病和肥胖症并列。它的伤害比吸入二手烟造成的伤害更大。世界卫生组织（WHO）的一项审查表明，长期暴露于空气污染会增加因肺癌、心脏病和循环系统疾病造成的死亡率，从而降低预期寿命。这就是《战略》正在采取行动以加快改善空气质量，从而降低当代人和后代人需要面对的健康风险的原因。

为采取行动解决空气污染问题，需要了解排放造成的损失和实施干预措施的益处。经济评估工具提供了释放到大气中的每吨污染物造成的健康和环境影响成本的货币估值。到目前为止，这些估值主要集中于人们对健康的重视。这是一个非常重要的影响，但并非唯一的因素。过去，不大可能对这些影响进行量化，但大量研究工作正在推动英国对这些影响的理解。英国可以估计空气污染造成的各种影响，包括冠心病、中风、肺癌和哮喘。

英国卫生部（PHE）是负责保护国家免受公共卫生事件影响的独立机构，它将空气污染防治确定为行动的首要任务。英国卫生部最近的研究发现，英格兰空气污染（$PM_{2.5}$ 和 NO_2）带来的卫生和社会保健成本，到 2035 年可能达到 53 亿英镑。这是与空气污染密切相关的疾病累积成本，如冠心病、中风、肺癌和儿童哮喘。当关联性较弱的疾病同样增加时，包括慢性阻塞性肺疾病、糖尿病、低体重新生儿和痴呆症，到 2035 年成本可能达到 186 亿英镑。包括所有疾病在内，预计从现在到 2035 年，英格兰空气污染将导致 240 万例新病例。在这段时间内，仅 $PM_{2.5}$ 即可造成约 350 000 例冠心病病例和 44 000 例肺癌病例。但小的改变会带来很大的不同：到 2035 年，$PM_{2.5}$ 浓度降低 1 μg/m^3 可预防 50 000 例新发冠心病病例和 9 000 例新发哮喘病病例。

基于污染影响提供了强有力的实证基础，政府通过两个独立的专家委员会——英国卫生部的空气污染物医学效应独立委员会（COMEAP）和英国环境、食品与农村事务部（Defra）的空气质量专家组（AQEG），一直在定期审查新出现的证据。通过与卫生科学社区密切合作，进一步了解从出生到死亡的整个生命周期受到空气质量的影响，并对新兴领域展开更深入的研究。

专栏一　英国心脏基金会和爱丁堡大学的空气污染研究

自 2010 年以来，英国心脏基金会已投入 320 万英镑用于研究空气污染，特别是关于细颗粒物和超细颗粒物如何能够使现有心脏病情恶化以及增加弱势群体心脏病发作或中风的可能性。

爱丁堡大学的研究显示了颗粒物如何导致心血管疾病。科学家 Mark Miller 博士使用无害的金纳米颗粒来模拟在空气污染中发现的超细颗粒物。这些颗粒的尺寸与柴油机尾气富含的纳米颗粒的尺寸相似。志愿者吸入这些纳米粒子 2 h 后，通过其身体进行追踪。在 24 h 内，一部分纳米颗粒已经从肺部进入血液，3 个月后仍可检测到。这表明吸入颗粒物产生的健康风险在暴露后可能会持续很长时间。

Miller 博士团队还测试了纳米颗粒如何影响因动脉内脂肪斑块积聚而导致中风的患者。研究人员发现，这些斑块内部积聚着金纳米颗粒。虽然金纳米颗粒无害，但如果其他颗粒的行为途径与此相同，则可能会导致心脏病。这些研究结果表明空气污染物中的颗粒物可能会导致心脏病发作或中风的发生，并且这些研究结果将有助于政府制定旨在降低人类心血管健康风险的政策。

2.2　健康信息

有效传播有关空气污染的健康信息可以挽救生命，并提高许多人的生活质量。随着人们对空气质量对健康状况短期和长期影响的认识有所提高，政府意识到必须以透明和可获取的方式传达信息。

许多造成空气污染的日常活动也会增加我们自己和家人的个体暴露风险。例如，一种常见的误解是，繁忙道路上汽车外面的空气比汽车内部污染更严重。然而，伦敦与其他欧洲城市的研究表明，车内司机和乘客暴露于空气污染的程度高于在同样城市路线步行或骑自行车的人群。即使在交通繁忙的地方，步行者和骑行者受到的空气污染程度也低于驾驶者。

同样，大多数人认为他们家中的空气比室外的空气更清洁。但是，情况并非如此。家中的空气污染物水平可能比室外高得多。例如，若室内多次使用清洁产品、安装新地毯和家具，特别是在经常使用燃木火炉或明火的地方，NMVOC 和微粒会积聚在家中较狭窄的空间内。简单的措施，如燃烧更清洁的燃料和打开窗户通风可以产生很好的减排效果。人们需要直接实用的措施，以便减少自己产生的排放量，为自己和邻居谋求利益。

儿童、老年人以及心肺和呼吸系统疾病患者极易受到空气质量不良的影响，因此提供清晰透明的信息和空气质量预报非常重要。最近一项为更好地了解公众对空气质量的看法而开展的工作表明，某些团体需要更多关于空气质量的信息，其中 1/3 的公众要求了解如何最大限度地减少其自身所产生的排放量，以及希望更多地了解如何保护自身健康。

政府已提供了有关当地和国家空气质量的信息，即在英国空气质量网站上向公众提供了多日空气质量预报服务。它提供了有关空气污染的最新信息，并有一个邮政编码搜索工具，以便搜索当地信息。政府还提供健康咨询服务，以便在空气质量不良的情况下为易受影响的人群提供服务；同时与重要卫生利益相关群体密切合作，在高污染事件期间提供警报。政府将提高空气质量信息的质量和可用性，特别是对于弱势群体和高污染事件。

2.3 准确的数据

当前空气质量不良对健康的影响并未在卫生专业教育和培训中得到良好的体现。因此，Defra 正与皇家医学院和总医疗委员会合作解决此问题。通过提供更准确的数据，为政府决策者提供政策制定依据。

政府正在审查当前证据，以便为实施干预措施提供建议，从而大幅减少《战略》草案所涵盖的由于多领域的空气污染所造成的危害。这建立在 Defra《英国解决路边二氧化氮浓度计划》和英国国家卫生与临床优化研究所（NICE）《空气质量和健康指南》上。此外，国家卫生研究院将进一步采取行动，以减少不良空气质量对公众健康造成的风险。

中央和地方政府紧密合作，为地方当局公共卫生主管部门提供支持，以采取行动解决地方空气污染问题，并通过规划避免造成空气污染问题。2017 年 3 月，Defra、PHE 和地方政府联合发布了《空气质量：公共卫生主管部门简报》。它为公共卫生主管部门及其团队提供了信息、案例研究、指导和通信工具，方便主管领导制定下一步适宜的政策。同时这也得到了当地健康卫生专家大规模培训计划的支持，以促进实地分享良好的实践规范和创新。

2.4 重点减少暴露于 $PM_{2.5}$ 的人群

减少人体暴露于污染物的所有想法均将带来积极的健康益处。这就是为何政府签署在 2020 年和 2030 年达到目标排放限额，以及现在为何想要进一步设定新目标以减少暴露于 $PM_{2.5}$ 的人群的原因。

英国设定了空气质量目标，并对各种来源的信息进行了通报。其中包括世界卫生组织 2008 年的指南，该指南被公认为是制定空气质量标准的国际基准。

英国现行的 $PM_{2.5}$ 目标来自欧盟法律。英国已经达到欧盟 25 $\mu g/m^3$ 的限值，并有望到 2020 年达到 20 $\mu g/m^3$ 的第二阶段限值。在这方面，英国领先于若干个仍超出这些限值的欧洲国家。

由于颗粒物具有远距离扩散的属性，英国高达 50%（英格兰东南部更高）的 $PM_{2.5}$ 来自英国以外的地区（如欧洲大陆）。这就是为何英国政府需要协调国际行动的原因。颗粒物也在整个英国范围内移动，从而远离最初的排放源。该《战略》旨在降低整个英国的颗粒物排放量，并给存在问题的当地提供更强大的力量来解决颗粒物排放问题。

世界卫生组织 2008 年的指南建议将 10 μg/m^3 的 $PM_{2.5}$ 浓度定为最终目标。这是目前欧盟限值的一半，且世界卫生组织认识到这是一个重大挑战。目前全球 92%的人口生活在超过此目标值的地区[6]。因此，世界卫生组织建议采取逐步减少污染的办法来达到这一目标。

2.5 采取的行动计划

（1）根据世界卫生组织的建议，英国将制定一个大胆的新目标，以逐步减少公众暴露于颗粒物污染的情况。英国将减少 $PM_{2.5}$ 排放量以便到 2025 年，生活在 $PM_{2.5}$ 浓度超过 10 μg/m^3 的地区的居民人数减少一半。

（2）英国将以一套全面的新政策来支持这些目标，以便在具有空气污染问题的地区采取有针对性的地方行动。

（3）英国将于 2022 年审查本国的进展，考虑是否应为实现世界卫生组织目标制定更具挑战性的目标；英国正在建立一个新的独立法定机构以帮助政府评估环境目标，经磋商后，可以在审查空气质量政策和任何其他有关空气质量的战略中发挥作用。

（4）英国将开发和提供个人空气质量信息系统，以通知公众，尤其是那些易受空气污染影响的人群，并提供更清晰的空气污染事件和健康咨询信息。

（5）英国将完善本国提供的关于空气污染、健康影响和人们为减少暴露和改善空气质量所采取的简单行动的信息。

（6）英国计划在 2018 年开发一套新的评估工具和配套指南，以便在制定的每项相关政策决策中考虑空气污染对健康的影响。

（7）英国将配备健康卫生专家，通过与皇家医学院和总医疗委员会合作，将空气质量纳入卫生专业的教育和培训中，以便发挥更大的作用。国家会与地方政府和公共卫生主管部门合作，使它们能够引导当地决策，从而更有效地提高空气质量。

（8）国家将与 NHS、医院、急诊部门、全科医生和地方当局合作，收集有关患者何时、何地、如何报告以及如何处理空气质量相关健康状况的信息，以便帮助评估提高空气质量行动的有效性。这将有助于首席医务官就最近有关空气污染报告提出建议。

3 保护环境

3.1 清洁的空气和环境

人类健康和自然环境蓬勃发展这一愿景的两个方面是相辅相成的，而清洁的空气是这一愿景的核心。19 世纪的社会改革者 Octavia Hill 等通过城市公园以及被称为“绿肺”的绿化带网络为城市居民提供了自然环境。在 20 世纪，新鲜空气和锻炼成为个人健康的代名词。这项《战略》是更广泛的政府愿景中的一部分，旨在创造和维护人们可以生活、工作、照顾家庭和享受空闲时间的繁荣地区。

《绿色未来：英国改善环境 25 年规划》（*A Green Future：Our 25 Year Plan to Improve the Environment*）阐述了英国政府为确保获得洁净空气和水、保护自然遗产、创新以实现清洁增长和提高资源效率的计划。这将有益于环境和经济，并且帮助为后代提供一个生活条件更好的星球。

过去，污染有时被政府视为不得不付出的代价，但这是过时的想法。政府现在知道，城市和农村地区的清洁、绿色和健康环境是进步的重要组成部分，而并非经济发展的障碍。政府已制定了绿色英国脱欧的愿景，其中环境标准不仅得到维护，而且得到加强，其正在协商建立一个新的领先、独立法定机构，以便在脱离欧盟后为环境提供发言权，支持和维护环境标准。

3.2 污染的影响和改进

空气污染对环境具有直接影响，并且空气污染是导致许多受保护地点保护状况不佳的一个因素。随着时间的推移，大气污染物的排放对许多栖息地的植物和动物群落产生了不利影响。减少空气污染将减少对自然栖息地和动物的压力，并使受影响地区开始恢复。

专栏二　酸雨问题研究

20 世纪 70 年代和 80 年代期间，英国燃煤电厂排放的 SO_2 给英国和斯堪的纳维亚造成了相当大的“酸雨”损害。发电厂和其他工业设施以及移动源（如船舶等的化石燃料燃烧）将 SO_2 排放到空气中，当 SO_2 在空气中沉积时，会破坏植被、土壤和水道。酸沉降扰乱了微妙的养分平衡，当其进入河流和湖泊时，会损害或杀死鱼类、水生植物、无脊椎动物和树木。

酸雨造成的破坏表明空气污染的跨界性质，并促成了第一个国际组织协议，以及 1979 年联合国欧洲经济委员会《远距离越境空气污染公约》，该公约确定了空气污染跨界合作的共同框架。自此以后，硫排放量大幅减少，部分原因是不再把煤炭作为能源生产的主要来源。大自然已经慢慢开始恢复，敏感物种回归到该国的大片地区。这一成功案例告诉我们，适当的行动可以实现真正持久的环境改善。

3.3 氮对环境的影响

如图 2 所示，2014 年，英国 63%的敏感栖息地氮沉积量高于其应对能力[7]。这比 1996 年的水平提高了 12%，但自 2009 年以来并无进一步的变化。估计英格兰按地区划分的特殊保护区约有 80%受到大气氮破坏。一旦土壤质量和物种平衡发生变化，恢复速度便极为缓慢且成本高昂。

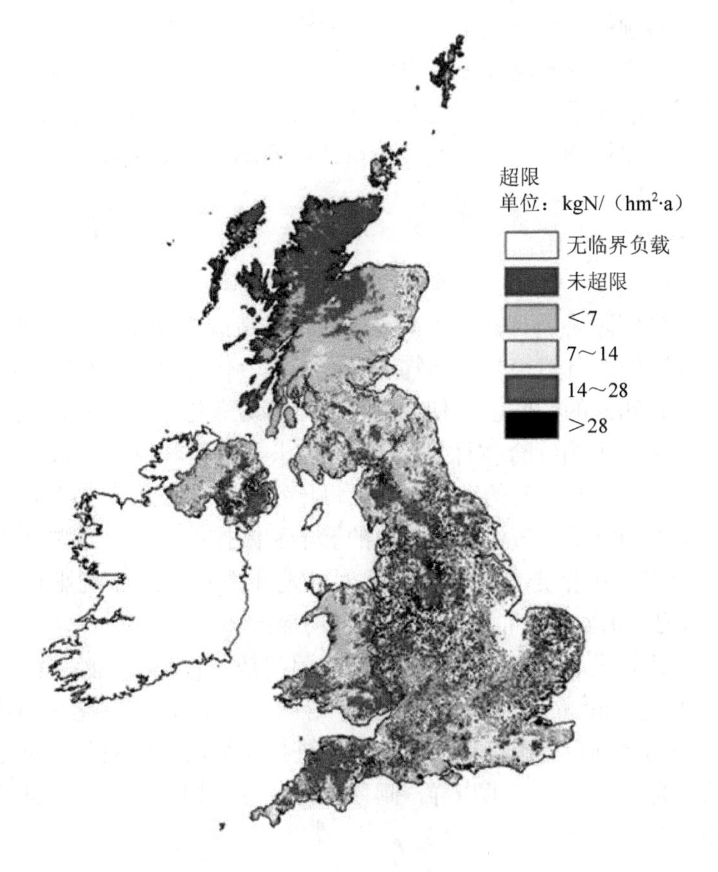

图 2 英国全境氮沉积情况

3.4 地表臭氧对环境的影响

地表臭氧会影响植物生长、开花，降低作物产量，影响自然、农业和园艺。对作物的损害可能包括直接影响经济价值的叶片损害，尤其是菠菜、生菜和洋葱。据估计，在英国的代表性年份，臭氧使小麦、马铃薯和油菜的产量下降 5%[8]。

3.5 颗粒物质对环境的影响

英国的重点主要集中于减少汽车尾气排放，但驾驶过程中的摩擦也会产生细小颗粒。它们增加了 $PM_{2.5}$ 和 PM_{10} 的浓度，使人们暴露在环境中的同时也对环境产生影响。特别是轮胎和道路涂料的磨损会产生微塑料颗粒，它们主要从道路径流进入河流和湖泊，最终可能会沉积到海洋中。微塑料颗粒有许多来源，它们的产量随着全球塑料产量的增加而增加（20 世纪 50 年代为 150 万 t，到 2015 年超过 3 亿 t [9]）。研究估计，来自轮胎的微粒占海洋中堆积的微粒沉积物的 5%～10%，对海洋野生动物和食物链的影响很大。

英国政府正在投资 20 万英镑用于普利茅斯大学的研究，以提高公众对道路上汽车轮胎摩擦产生的微塑料颗粒如何通过下水道进入海洋的认识。这项由 Defra 资助的研究将弥补目前证据方面的缺陷；观察海洋环境中各种来源的微塑料的流向，以及人们未来如何解决这个问题。英国政府关于空气污染的独立科学咨询机构空气质量专家组（AQEG）也在研究轮胎摩擦产生的颗粒物如何影响空气质量，以便向政府提供建议。

3.6 政府的领导力

英国早已认识到国际协调行动对于减少空气污染造成的环境破坏的重要性。1987 年，英国策划了“空气污染对自然植被和作物影响的国际合作计划”。该计划制定了国际标准，阐述了臭氧、重金属和氮的影响，以便根据时间推移对各国的进展情况进行评估。

英国政府还为另一个国际合作计划（ICP）提供了建模和制图。该计划模拟整个英国陆地上沉积的 SO_2、NO_x 和 NH_3 的数量，并且每年都会公布陆地上的植物暴露于这些污染物的浓度。这项工作确定了大气污染物排放的影响和减排的影响。这些计划已成为在修订后的国家排放上限指令中报告监测空气质量对陆地和淡水生态系统影响的国际要求的关键。第一份报告将于 2018 年发布，并将采取行动保护环境。

英国政府正在计划采取全面行动来控制农业氨排放，详见《战略》第 7 章。预计这些措施将保护另外 20 万 hm^2 的自然栖息地（面积等同于沃里克郡），避免氮沉降过多。

除这些监管控制之外，英国正在采取行动改进控制氮沉降对自然栖息地累积影响的方式。今后，英国将为地方政府提供指导，阐释如何通过规划系统减轻和评估氮沉降对自然栖息地的累积影响。

3.7 采取的行动计划

（1）减少农业氨排放的行动计划。

（2）监测空气污染对自然栖息地的影响并且每年进行报告，以便可以在减少空气污染对环境造成的危害方面制订进展计划。

（3）为地方当局提供指导，阐释如何通过规划系统减轻和评估氮沉降对自然栖息地的累积影响。

4 确保清洁增长并推动创新

4.1 清洁增长

清洁增长是指在提高国民收入的同时，解决空气污染、保护自然环境并减少温室气体排放。《战略》中是指通过改善空气质量、有效利用资源以及迈向低碳经济而提高生产能力。

英国政府正在众多前沿阵地采取行动，加速清洁增长。清洁增长战略是使英国经济继续实现去碳化的计划，并将一直持续到22世纪20年代。清洁增长战略促使政府致力于在气候变化、空气质量和环境等诸多方面采取全面行动。《绿色未来：英国改善环境25年规划》是与清洁增长战略相得益彰的姊妹文件，它提供了又一个重要组件，共同制订了英国促进自然复苏和健康的长期计划。《战略》进行了全面的设想，促使人们采取行动，改善空气质量，提高公众健康水平，保护环境并且推动经济增长。

更加清洁的空气能够改善公众健康，减少疾病，并且通过营造对商业和公众极具吸引力的环境，最终提高生产效率。例如，据估计，颗粒物质、NO_2和O_3在2012年造成的生产力总损失高达27亿英镑[10]。

在清洁和绿色技术领域，英国有很大的机会成为全球领导者。在2015年到2030年，英国的低碳经济估计每年有可能增长11%，速度比其他经济体快4倍[11]；2030年与之有关的产品和服务出口销售额将在600亿～1 700亿英镑。通过展示领导能力并且支持空气清洁技术和解决方案的发展，我们能够早日实现空气质量目标，提高英国在欧盟范围之外的贸易竞争能力，收获更多机遇。

为了使以上机遇变为现实，“工业战略”（industrial strategy）宣布了一项《清洁增长重大挑战》，重点在于使英国工业的优势最大化，推动全球向清洁增长转变。作为上述计划的一部分，英国希望在专门解决空气污染的产品和服务领域成为世界领导者，如减排技术、监测设备和建模技能。

4.2 创新

当前的空气质量与人们对10年内和以后的预期存在差异，而弥补这一鸿沟需要我们采取各种行动。在迈向清洁经济的过程中，目前已经有许多技术和解决方案可以为之提供支持，例如，电动汽车、更加节能的产品以及减排技术。不过，在某些情况下尚无法大规模应用这些现成的技术来应对空气污染的问题。而在这种情况下，鼓励措施、制约措施、行为转变以及监管之类的杠杆工具可能有助于克服这些障碍，如信息或意识缺失，或者缺少融资渠道的问题。

此外，还有些人尚暴露在没有商业化解决方案的空气污染源下。创新可以在开发全新解决方案和提高现有技术的效率、降低成本或改善效果方面发挥关键作用。经学术界、工业界和NGO的研讨，人们确定了众多需要优先考虑的领域，通过创新资金融资渠道，支持英国实现空气质量的目标。主要有如下领域：①工业燃烧、轮胎磨损、工业生产过程和民用燃烧形成的颗粒物质排放；②重型运输车辆零排放或超低排放；③工业生产过程和生产配方形成的挥发性有机物排放；④非道路移动机械的零排放和超低排放方案；⑤农业的氨排放。

通过现有的创新融资渠道，可以对上述众多领域开展研究，比如创新英国（Innovate UK）的开放式融资竞争，它向所有的企业部门开放，允许在空气质量方面拥有颠覆性创新的企业获取补助资金。许多工业战略性挑战基金的计划也制定了有利于提高空气质量的目标，特别是高达9 000万英镑的转变食品生产方式和转变建筑产业战略性挑战基金。英国鼓励创新公司博取这些资金。

英国研究与创新中心（UK Research and Innovation）近期也宣布了一个5 000万英镑的试验计划，该计划将于2019年结束，旨在为中小企业（SME）在接下来两年中提供贷款，用于提高创新技术的利用速度，同时为创新公司营造试验环境。另外，政府也在其他多个相关领域采取行动，其中包括：

（1）投入近15亿英镑，支持超低排放车辆的使用；

（2）通过“法拉第挑战”（Faraday challenge）计划，在电池的设计、开发和制造上投入2.46亿英镑；

（3）支持新能源技术，包括进一步降低可再生能源（如近海风能）成本（1.77亿英镑）以及智能电力系统和储能成本（2.65亿英镑）。

同时，《战略》还宣布成立绿色财务工作小组，制定雄心勃勃的提案，进一步加快投资，支持清洁增长。在加速绿色财务报告中，一个重要主题是如何提高资金的利用率，支持创新型清洁技术和解决方案的商业化应用。

不过，仍然任重而道远。另外，通过与英国研究与创新中心缔结伙伴关系，将致力于寻求在清洁空气创新领域进一步进行投资的途径，以便开发新颖的技术和解决方案，解决工业、车辆、产品、燃烧和农业的排放问题，为提高空气质量和去碳化提供支持。

专栏三　通过联合途径开展创新

工业生产和发电可以造成空气污染、全球变暖和土壤污染。“能源催化剂”（energy catalyst）出资创建的“拯救地球”（earth save）项目旨在减少对环境影响，并提高现有燃煤和厌氧消化工厂、生物质锅炉和许多能源密集型行业的工业生产过程的工艺效能。

通过使用一套全新的“湿法洗涤”系统，该项目致力于开发一种热回收系统原型。该系统既可以提供制冷、发电和热水服务，同时又能够减少空气污染物和CO_2排放。

研究联盟的成员已经测试过“湿法洗涤”系统，结果表明它能够把颗粒物质的排放量减少90%，NO_x的排放量减少超过80%。同时CO_2的排放量可以减少20%，另外还可以生产清洁用水，以便在湿法洗涤系统中循环利用。

4.3　应对气候变化并提高空气质量

许多技术和解决方案可以为清洁增长的方方面面提供支持。例如，电动汽车的发展支持去碳化和空气质量的改善。不过，有些技术也可以加剧紧张局势。例如，燃烧生物质可以支持去碳化，但如果未经适当减排，它会加剧空气污染，除非不用污染严重的燃料（如煤炭）。如果燃烧地点位于或靠近城区，上述问题将会更加突出。

人们将会认识到降低气候变化幅度与提高空气质量的机遇与挑战并存。例如，英国将确保工业部门减少空气污染的路线图与去碳化方案高度契合。由于存在上述紧张局势，英国必须采取更加均衡的方法，在整体上支持清洁增长。实际上，这意味着把空气质量和气候变化的问题一起整合到政府政策中，如能源和农业。另外，它也意味着必须确保创新基金在可能的情况下同时关注空气质量和去碳化的问题，所以政府鼓励开发具有多重收益的技术和解决方案，避免造成意外后果。

例如，《可再生供热激励计划》（RHI）是一项政府补贴计划，主要针对合格的可再生供热技术，其中包括生物质。RHI 提出空气质量要求，使用生物质的参与者在该计划下获取支持之前必须满足这些要求。上述空气质量要求对颗粒物（PM）和 NO_x 排放设定了上限。另外，还要求参与者使用针对其锅炉类型批准的可持续性燃料。

未来的能源、供热和工业政策将一起发力，提高空气质量并解决气候变化的问题。逐步淘汰燃煤发电厂、提高能效并且转向更清洁的能源，减少空气污染物和碳的排放。

专栏四　低排放制冷技术

Sainsbury 是全球首家采用液氮发动机为冷藏运输卡车提供制冷的公司，由此消除了所有与制冷有关的排放。这种零排放制冷装置是制冷技术专业公司 Dearman 及其合作伙伴供应的产品，取代为车辆提供制冷功能的传统柴油发动机，从而显著降低了排放量。

从传统角度来看，许多冷藏卡车需要装备两台柴油发动机，一台为车辆提供动力，另一台则为制冷单元服务。新系统利用液氮急剧膨胀的原理，提供零排放动力和制冷功能。Dearman 认为，更具持续性的制冷解决方案不久将越来越多地出现在英国公路上。

在为期三个月的试验中，Dearman 声称一辆新系统卡车产生的 NO_x 和颗粒物质与类似的柴油系统相比分别减少了 37 kg 和 2 kg。

作为 Dearman 特殊项目的主管，David Rivington 表示，“对于价格适中的零排放方案而言，市场上的差距非常明显”。Sainsbury 的物流主管 Nick Davies 说：“身为英国最大的零售商，我们深刻认识到减少排放的重要性，这也是我们正在付出巨大努力的原因，希望在 2005 年到 2020 年把碳排放量降低 30%。”

4.4　清洁增长的激励因素

英国非道路机械以优惠税率（低于道路柴油机税率的 1/5）使用的柴油机达到 15%[12]。2016 年，上述柴油机排放的 NO_x 和细颗粒物质分别占 21%和 7%[13]。非道路移动机械（NRMM）大部分采用柴油动力，而且是城区空气污染热点区域污染物的主要贡献者，“清洁空气区域”（clean air zones）正在这些城区落实到位，不鼓励使用污染最为严重的道路车辆。例如，伦敦 NRMM 的 NO_x 排放量占 7%[14]，而英国的这个地区在降低 NO_2 浓度的方面面临着严重的挑战。

虽然人们通常认为减税柴油机主要用于农业部门，但在众多非农业部门应用的比例却高达 75%，包括铁道、航运、船舶、固定燃烧源（如发电机和锅炉）以及各种非道路移动机械（包括建筑、采矿和机场支持车辆）。

尽管当前的低排放技术正在日益变得切实可行，如运输制冷、低排放燃料以及供热和发电采用的技术，但对于需要使用柴油机的场所而言，现行的非道路柴油机减税政策使柴油机成为一种成本较低的方案，目前正在影响低排放技术的市场。在税率方面，非道路柴油机的减税政策每年耗费的公共开支达到 24 亿英镑。

在决定 2018 年度预算之前，政府将对此进行审核，确定现行的汽油和柴油替代燃料税率是否合适。政府已经启动证据征集工作，涉及非道路移动机械的使用、对空气质量的影响以及使用柴油与采纳清洁技术之间的相互影响（特别是城区）。

4.5 采取的行动计划

（1）英国将充分利用工业的优势，推动全球向清洁增长转变，在解决空气污染的技术、系统和服务的开发、制造和应用领域引领全球。

（2）通过与英国研究与创新中心缔结伙伴关系，政府将致力于寻求在清洁空气创新领域进一步进行投资的途径，以便开发新颖的技术和解决方案，解决工业、车辆、产品、燃烧和农业的排放问题，为提高空气质量和去碳化提供支持。

（3）未来的能源、供热和工业政策将一起发力，提高空气质量并且解决气候变化的问题。逐步淘汰燃煤发电厂、提高能效并且转向更清洁的能源，减少空气污染物和 CO_2 的排放。随着逐步淘汰燃油和燃煤供热，英国将确保上述变革尽可能改善空气质量和成本效益。此外，在未来的低碳发电和供热政策中，政府将对生物质发挥的作用开展跨部门审核，重点关注它们对空气质量的影响。在最终的《清洁空气战略》中，将确定人们提出的发展方向。

（4）英国将在最大限度上降低可再生供热激励计划对空气质量的影响，例如，如果是处于供气网中的城区，将禁止生物质燃烧。除此之外，英国还将商讨煤炭转化为生物质的问题，在未来不同的体系中，使煤炭在诸轮合同分配过程中不再具有入选资格。

（5）《清洁增长战略》披露，英国将从 2018 年秋季开始举行年度绿色大不列颠活动。其中包括诸多赛事、公共参与活动以及媒体活动，主要关注全英国的气候和空气质量问题。

（6）英国将征集非道路柴油机的使用证据（主要在城区），考虑对空气质量的影响以及潜在的市场扭曲。财政部还宣布，在 2018 年度预算落槌之前，将审核如何统一替代燃料税率与汽油和柴油税率的问题。

5 减少运输排放的行动

5.1 运输对于清洁空气的重要性

高效的运输系统是现代生活和健康经济的重要组成部分。自英国政府首次开始采集 NO_2 的统计数据以来，该物质的路边平均水平已经降至其最低水平。NO_x 的排放量在 2010 年到 2016 年下降了 27%，处于开始记录以来的最低水平。不过，公路运输、航运、空运和铁道运输在空气污染物的排放源中占据很大的比例：NO_x 达到 50%，$PM_{2.5}$ 为 16%，而 NMVOC 则为 5%[4]。

因此，运输在减排和政府实现环境和公共健康的目标方面发挥着关键作用。道路运输会影响当地空气质量，因此道路运输减排便成为一个焦点问题，但政府已经承诺减少各种形式的运输活动产生的空气污染。2017 年，政府公布了英国降低路边 NO_2 浓度的计划，目前已经投入 35 亿英镑，以期减少运输排放，达到清洁空气的目标。

5.2 确定运输的战略方向

2017 年公布的《清洁增长战略》提供了减少运输部门的 CO_2 排放和空气污染物排放的诸多措施，其中包括使用低排放道路车辆，以及短途出行采用更具活力的旅行方式（步行和骑自行车）；还包括加快货物运输从道路转向铁路。

为了大幅减少空气污染物的排放，英国需要变革运输网络以及使用运输网络的方式。目前已经可以提供有助于实现上述目标的工具和技术。许多方法能够实现更加广泛的效益，同时也可以提高空气质量，比如增强能源安全以及减轻拥堵。在 2017 年公布的工业战略中，制定了“未来移动出行”的重大挑战，旨在使英国成为移动出行领域的世界领导者。

英国即将公布环境零负荷（road to zero）计划，旨在减少道路车辆的废气排放。该计划将与《英国解决路边二氧化氮浓度计划》一起，确定解决道路运输废气排放的方法。

在《战略》中，英国还制订了雄心勃勃的计划，旨在降低每一个重要运输部门的排放量，包括针对航运和空运即将出台的战略。

5.3 道路运输

5.3.1 已采取的行动

道路运输的尾气排放造成大气中 NO_x 超标，尤其在 NO_x 浓度超过法律规定的区域，减少 NO_x 的排放成为当地最为迫切的空气质量挑战。《英国解决路边二氧化氮浓度计划》要求英国境内 28 个地方主管部门在最短时间内制订解决道路超标问题的当地计划。2018 年 3 月 23 日，政府指导另外 33 个地方主管部门开展可行性研究，制定使 NO_2 浓度在最短时间内达到要求的措施。

另外，对于安装了严禁使用的失效装置的车辆，制定了全新的管理条例，进一步强化现有的权力。政府也在考虑道路基础设施对空气污染的影响。道路投资战略（RIS）有一笔价值 1 亿英镑的专项资金，致力于解决与现有和新建道路基础设施有关的空气质量问题。

5.3.2 采取进一步行动

非废气来源的颗粒排放是刹车所需的摩擦力以及在公路上维持牵引力导致的后果，这些作用力对于公路安全至关重要。不过，上述颗粒对人体健康和环境十分有害，而且是海洋塑料微粒的一个来源。在采取措施减少其他来源的排放后（包括车辆废气排放标准），非废气来源的排放比例已经在逐步增加。将开始征集与轮胎和刹车磨损有关的证据。鉴于此，英国将与国际合作伙伴开展合作，通过联合国欧洲经济委员会，制定针对轮胎和刹车颗粒排放的全新国际管理条例。

5.4 海运

政府正在致力于减少船舶的排放，降低海运部门的排放对环境和公众健康的影响。2016 年，国内航运（船舶运输的始终点均局限在英国境内）的排放量占英国国内 NO_x 总排放量的 11%、$PM_{2.5}$ 的 2%以及 SO_2 的 7%[4]。此外，由于船运航线问题以及发动机在英国港口时仍然处于工作状态，国际航运（船舶来往于国际目的地）的排放对英国的空气质量具有重大影响。

5.4.1 已采取的行动

迄今为止，英国将解决船舶排放问题置于首要地位，这种做法已经在国际层面上产生了影响。针对航运污染物排放问题，英国在国际限制谈判中起到主导作用，例如，通过北海排放控制区（ECA），2015 年在该区域推出的硫上限为 0.1%（是 2010 年提出的限值 1%的 1/10）。最近，国际海事组织（IMO）同意从 2020 年起把 ECA 范围之外的全球航运硫上限定为 0.5%，比当前的上限降低 3%。另外，IMO 同意从 2021 年起在北海划出 NO_x 排放控制区域，对于在该区域船舶从事的新作业而言，NO_x 排放上限将大约降低 3/4。

英国一直奋战在 IMO 前线，致力于推进一个宏伟的战略，希望减少航运的温室气体（GHG）排放，4 月，成员国承诺在 21 世纪尽早逐步减少航运的 GHG 排放，2050 年至少降低 50%。上述行动传达了一条极为清晰的信息，切换到零排放的技术当前已经在面前现身并且将为空气质量带来诸多收益。

环境将成为 2050 年海运愿景的关键主题。作为该愿景的一个组成部分，英国将与利益相关方开展合作，在 2019 年春季制订第一个《英国清洁海运计划》，将推出众多政策，旨在同时减少航运的温室气体和污染物的排放，并且为零排放航运的长期愿景提供支撑。

专栏五　伦敦港的绿色关税

2017 年 1 月 1 日，伦敦港务局（PLA）针对低排放船只推出入港税的优惠政策，其中船只的环境航运指数（ESI）的分数必须达到 30 分或以上。

ESI 是由世界港口气候计划（WPCI）编制的指数，基于诸多因素对船舶的环境绩效进行评级，其中包括二氧化氮、硫氧化物和二氧化碳的排放量。它可以对优于现行国际海事组织排放标准的船舶进行评级。在泰晤士河上，符合要求的船舶有可能在泰晤士船舶管理费中获得 5%的优惠。为了达到要求，船舶必须在 ESI 体系中注册且其 ESI 分数必须达到 30 分或以上。

另外，PLA 还制定了空气质量战略，希望解决泰晤士河出现潮汐时的空气质量问题。该战略在 2017 年 12 月公布并供磋商，旨在减少泰晤士河在特丁顿到绍森德之间出现潮汐时的沿河空气污染，该战略将通过五年行动计划（2018—2022 年）正式登场。

专栏六　政府为英属马恩岛使用清洁能源——氢燃料的船舶提供技术支持

2016 年，英国政府的“创新英国”为 Cheetah Marine 主导的一个项目提供了财政支持，这是一家位于英属马恩岛的公司，建造并成功测试了一艘采用氢动力的 9.95 m 双体船。该双体船是第一个采用氢内燃机能源（HICE）技术的海运范例，其中包括绕岛航行 100 km 的航程。

该财团由 10 个合作伙伴组成，包括专营氢生产设施的 ITM Power、为燃料加注程序提供用户接口软件的 IBM 以及负责制订学校计划的 Arcola，该计划邀请儿童参与其中并且提高儿童对氢可能成为未来燃料的意识。该项目激起了海运行业的浓厚兴趣，进一步展示了零排放技术的潜力。

5.4.2　采取进一步行动

利用全面的海运排放实证基础，英国将采取如下行动：

（1）2019 年 3 月，将对国内新管理条例的方案进行磋商，以便减少国内船舶的污染物排放量。通过实施国际排放标准可以实现上述目标。

（2）2019 年 3 月，将对扩大英国水域的现行排放控制区域（ECA）的方案开展磋商。

（3）2019 年 5 月，英国所有港口均应当推出空气质量战略，制订各自的计划，降低港口区域的排放量，包括船舶和岸边活动。定期对这些计划进行审查，确定这些措施是否得到有效执行或者是否需要政府采取行动。

（4）2018 年夏，将建立全新的政府领导的清洁海运委员会，把海运部门的不同组成部分整合到一起，促进使用更清洁的技术和更环保的燃料。

5.5　铁路

铁道运输常被视为更加清洁的运输方式，与其他运输方式相比，它的总排放量对空气质量的影响相对较小（从全国范围来看，在 NO_x 排放量中占 4%，在 $PM_{2.5}$ 排放量中占 1%）。不过，在整个铁路行业降低排放量和提高空气质量方面可以也应该做得更多，尤其是从绝对意义上说，铁道排放量在总体上处于上升态势。

5.5.1　已采取的行动

政府要求该行业组建工作小组，研究如何通过减少铁路行业产生的有害排放，促进铁路行业的去碳化并且改善空气质量。该工作小组采取的措施着眼于全局，在更广泛的层面上对这个行业开展研究，例如，在车站内部和周边地区，出租车交通流量产生的影响。该行业工作小组将在 2018 年秋季汇报进展。

作为上述工作的一部分，政府也要求工作小组找到某种让这个行业实现其雄心壮志的方法，即在 2040 年完全停止使用所有仅配备柴油机的列车（包括货车和客车牵引车）。上述做法既是工作范围的延伸，也是一项挑战，这就要求采纳新技术和创新思想，包括采用替代燃料的可能性，如电池和氢。

自 1999 年以来，我们已经逐步推出更加严格的排放标准，降低新型铁路机车的排放，而且已经开始执行第五阶段的标准，这些标准将在 2020 年出台，要求新型列车的 PM 和

NO_x的排放量比1999年前的列车减少90%以上。

英国为铁路特许经营权设定了碳目标，希望减少温室气体排放，这就要求使用新型列车取代老式柴油列车，而新型列车可以是符合更严格排放限制的电动、柴油或双模式列车。

5.5.2 采取进一步行动

（1）英国正在寻找证据并测试常规燃料的替代方案。特别需要指出的是，在诸多项目中，政府正在通过Transport Systems Catapult项目开展的研究探讨使用替代燃料的可行性，包括氢燃料电池。该技术目前已经在德国投入应用，而且正在进一步深化研究，在接下来的数年内将在英国大展身手。

（2）在2018年全年和2019年年初，政府将与去碳化工作小组密切合作，制定众多的方法措施，在更广泛意义的铁路行业中，解决其去碳化和空气质量问题，其中包括车站内部的问题。

（3）基于国家基础设施委员会的货车研究成果，政府正在制定诸多方案，在其他许多来源中，减少已经探明情况的货运列车排放。

（4）政府正在为许多车站的空气质量独立评估提供资助，确定是否存在更加普遍的问题。上述评估工作将在2019年年初结束。

5.6 空运

在空中、起飞和降落的过程中，飞机都会造成空气污染。飞机起飞和着陆过程对国内的影响最大（分别占全国NO_x和SO_2排放总量的1%[4]）。此外，机场的场地规模宏大，情况复杂，排放源众多，因此也是影响当地空气质量的问题所在。

5.6.1 已采取的行动

政府努力提高飞机排放的国家标准，同时要求机场和地方主管部门（视情况而定）改善当地的空气质量。空运行业正在采取措施减少与机场有关的排放，其中包括更加高效地经营飞机、引入新的低排放技术和规范、减少机场范围内的车辆排放以及改善连接机场的公共交通状况。

2017年7月，政府发布了一项全新的空运战略，要求为其征集证据，基于上述举措，2017年晚些时间将就全新的空运战略展开磋商。

5.6.2 采取进一步的行动

政府将讨论2018年的空运战略，其中包括旨在改善空气质量的诸多措施。

5.7 转换运输方式实施减排

除为上述运输行业减排采取的措施之外，在减少运输排放方面，运输方式切换为低排放模式仍然在其中起到核心作用。政府将继续鼓励采用更具可持续性的运输模式，如自行车、步行和公共交通，同时让货运从公路转换到铁路上。

5.7.1 货运

公路的货运量是铁路和水路总和的3倍多；因此，使其他运输方式接纳上述运量在中短期内难以实现。不过，英国的货运方式转换补贴使一年内从英国公路上分流的卡车运货次数超过80万趟。

为了采取进一步的措施减少货运排放量，英国将为行业研究提供支持：

（1）支持针对铁路货运排放和空气质量的行业研究，以便更好地与载重货物车辆排放进行比较，了解从公路转换到铁路为何是减少空气污染物排放的最佳途径。

（2）制定和部署具有成本效益的方案，使更多的货运从公路转向铁路，包括运送到城区的低排放铁路货运，这种货运方式在“最后一英里”的送货过程中可以达到零排放标准。

5.7.2 活力旅行

鼓励在短途旅行中更多地采用自行车和步行方式，减少道路运输导致的交通拥堵和排放量，同时更具活力的生活方式也有益于身体健康。《我们的自行车和步行投资战略》宣布，2016年到2021年，将在自行车和步行领域投资12亿英镑，希望骑自行车的次数在2025年能够翻倍，同时扭转步行下降的趋势。其中包括通过《城市自行车雄心》（*Cycle City Ambition*）计划投资1.01亿英镑，改善并延伸8座城市的市中心、当地社区以及主要用工和零售地点之间的自行车路线，让更多的人骑上自行车，同时为支持当地项目投资8 000万英镑，涵盖使自行车和步行更加安全和更加便捷的培训和资源。

5.7.3 公共交通

2017年，英国推出公共汽车服务法案，其中包括众多措施，希望通过特许经营和更好的合作关系改善公共交通服务。同时，英国还宣布了价值17亿英镑的城市改造基金，在英国某些最大的城市里，希望通过改善公共交通的连通性提高生产率水平。该方案旨在通过增加大城市的公共交通，解决拥堵问题，这将对废气和非废气排放均产生影响。

运输方式转换为铁路（特别是在电气化线路上），有助于减少公路交通的拥堵和排放。交通部（DfT）与铁路行业密切合作，以期减少后者的排放。特许经营鼓励增加列车长度和服务频率，最终鼓励乘客利用铁路旅行。

5.8 非道路移动机械

非道路移动机械（NRMM）是指一类范围广泛的机械，这种机械可以移动或设计用于移动（机动式或非机动式）并且配备一台内燃机。其中包括农业机械、建筑设备、非海运船舶、船只以及各种工业设备，如越野卡车、路面重铺机器、移动式破碎机以及小型家用机械，如割草机和发电机。

该类别可以排放NO_x、PM、SO_2和VOC。设定燃料的最高硫含量且使其余的主要污染物符合设定最高排放水平的管理条例（对于英国市场上的发动机所在地点而言，属于强制要求，对于安装该发动机的产品亦然），即可以控制 SO_2 排放量。

英国已经实施了更为严格的排放标准，这些标准对于 NRMM 使用的各种发动机均一视同仁。随着 NRMM 保有量的周转，上述做法对减排起到促进作用，不过，我们需要更佳的数据了解减排速度以及还需要进一步采取哪些措施。

6 减少家庭排放的行动

6.1 家庭排放

目前，与空气污染有关的公开讨论主要集中于户外空气污染源，尤其是汽车和其他车辆的排放问题。《战略》的一个目标是提高人们对导致空气污染的各种日常活动的重视程度。在上述活动中，许多活动都发生在家中或家庭附近。政府优先考虑的问题是最大限度地减少人们接触空气污染的机会，因此有必要采取措施减少家庭排放。

室内空气污染物的主要形态是 $PM_{2.5}$ 和 NMVOC。许多烹饪以及家庭供热方式均可以产生 $PM_{2.5}$，在明火和炉子的燃烧过程中尤其显著。许多化学制品都可以散发 NMVOC，这些化学制品可以见之于毯子、室内装潢、油漆、清洁产品和个人护理产品等。以明火形式燃烧煤炭可以散发 SO_2。

室内空气污染可以增加个人暴露机会并且增加全国的排放量，因为上述大多数室内排放都会以排向大气而告终。为了减少暴露机会，可以采取简单且实用的措施，例如，确保家庭通风良好以及在知情的情况下对所使用的产品做出选择。政府的目标是使人们重视家庭空气污染的潜在影响，确保消费者使用可靠的信息武装自己，从而在诸多方面做出知情选择，保护好自己、家人和邻居。

6.2 民用燃烧

近几年来，明火和燃木炉越来越流行。在城市和农村地区，上述做法成为目前许多家庭的另一种采暖方式；对于少部分人来说，也许这是唯一的热源。此外，人们发现生物质锅炉在家庭采暖中呈增长态势。这就增加了民用燃烧固体燃料的机会，从而影响到空气质量，如今固体燃料已经成为全国颗粒物排放的最大单一来源，其比例达到 38%[15]。上述数据是与工业燃烧（16%）和道路运输（12%）对比的结果。人们燃烧的材料以及使用的燃具对于排放具有重要影响。根据伦敦国王学院最近的报告，基于当地浓度的测量结果，发现燃烧木材的排放量在伦敦城区的 $PM_{2.5}$ 排放量中占 31%[16]。上述行为变化意味着在 20 世纪 50 年代确立的烟雾管制区边界（在该区域，建筑物烟囱排烟属于非法）不再与民用燃烧水平较高的区域完全吻合。虽然上述法规仍然有助于减少这些区域燃烧所产生的影响，但有必要推出更具普遍性的应对措施。

自 20 世纪 50 年代以来，民用燃烧和其他来源的排放量已经大幅下降，然而空气污染对健康造成不良影响的证据在此期间却在增加，这表明空气污染会导致严重伤害，即便现在的污染物水平要比当时低得多。政府更加深刻地认识到室内空气污染的影响，以及家庭明火和炉子影响人们的途径。另外，政府对通过大气传播的污染物有了更好的理解：一个区域的污染可能影响到很远的地方。因此，考虑采用全国性的方法减少民用燃烧对空气质量和所有国民健康的影响更为合适。

6.3 减少民用燃烧造成的影响

并非所有形式的民用燃烧产生的污染都相同。燃具（如炉子）、使用和维护方法的优劣以及在燃具中燃烧的品种对产生污染的多寡都具有很大的影响。与老式炉子或明火相比，使用新型高效燃具可以对空气质量产生有利影响。家庭可以采取一些简易措施控制室内外的排放量。在合格人员安装的更清洁的燃具中使用更清洁的燃料、了解使燃具高效工作的方法以及确保定期清扫烟囱，所有这些都会带来很大的不同。环境、食品与乡村事务部已经为所有地方主管部门制定了简易指南，以便与居民分享上述简易措施。

6.3.1 赋予地方政府新权力

烟雾管制区是地方议会指定的特殊区域，在该区域中，建筑物烟囱排放烟雾被视为非法。在该区域仅能够燃烧经过批准的燃料，或使用在该区域获准使用的燃具（如炉子）。但人们对烟雾管制区的法律意识很低，很少有人把民用燃烧与空气污染关联起来。有些地方主管部门正在试图提高人们对烟雾管制区的意识，同时重新评定这些区域的边界。不过，烟雾管制区的落实难度很大。

未来政府将侧重于在全国范围内进行烟雾控制即出于此原因，而且这方面的控制应当以地方主管部门的工作为基础。在高污染地区，政府将向地方主管部门下放权力，使其在监管工作中可以走得更远。例如，探讨政府可以进一步采取哪些措施，让地方主管部门在高污染时段鼓励人们参与“无燃烧日”。

6.3.2 确保仅购买和安装最清洁的炉子

2022 年，将出台针对所有新型家用炉子的更严格的排放标准。该举措将提高全国的燃具标准。

对于固体燃料设备而言，这些排放限制要求更为严格，但同时也必须提供更为有效的测试方法。政府正在与英国工业部门开展磋商并使用某种方法对房屋进行测试，以便更好地体现在家庭中使用燃具的方式。

6.3.3 确保仅销售最清洁的燃料

我们将简化和更新保护消费者的法律法规，确保仅能销售最清洁的燃料。2018 年 1 月，政府颁布征集证据的要求，涉及家用燃煤、无烟煤、加工固体燃料以及小批量销售并可直接使用的含水木材。其目的是对人们能够大量购买并且在家中继续进行干燥的木材采取恰当的措施，并且减少未干燥木材的销量，因为这种木柴在燃烧时造成的污染较大。此外，国家希望了解逐步减少污染最大的矿物燃料的销售会产生什么影响，如家用烟煤或含硫量很高的无烟燃料。

此外，当前进入市场的燃料是使用各种废弃物和可回收利用的制品生产而成。政府鼓励创新，但确保所有产品的安全使用以及消费者对正在购买的产品有所了解均相当重要。政府将与该行业合作，为进入市场的新型固体燃料制定相应的测试标准。

6.3.4 自愿工业计划

在提倡采用能够减轻对空气质量造成影响的燃料、炉子和烟囱时，炉子、燃料和烟囱清扫行业对自身及其客户将从中获益持积极态度。客户由此更易理解清洁的燃料、燃具和烟囱能够带来收益。

Woodsure 的“直接燃烧”计划得到政府的支持，可以让消费者轻松识别干燥木材，直接可以带回家并且点上火，而不是那种在燃烧之前必须干燥 2 年之久的含水木柴。上述做法能够把排放量减少 50%，在某些情况下更能够做到物超所值。

6.4 生物质锅炉

在燃烧生物质的家庭中，约 2%的家庭使用生物质锅炉为家庭供热。在通常情况下，这些装置对空气质量的影响相对于明火和炉子而言要低得多，不过它们仍然可以在局部造成影响。然而，与炉子类似，排放量的多少取决于设备的质量、所使用的燃料以及维护方法。通过与行业开展的合作以及为地方主管部门、监管机构和家庭制定的明确指导，政府将唤起人们对这些因素的重视，以期减少生物质设备对空气质量的影响。此外，如第 4 章所述，政府将致力于减少《可再生供热激励计划》对空气质量的影响。

6.5 非甲烷挥发性有机化合物（NMVOC）

挥发性有机物（VOC）是指能够在室温下蒸发到空气中的化学品。许多来源均可以散发这些物质，包括生产过程、家用化学制品、溶剂以及不同的燃烧类型。NMVOC 是指除甲烷（天然气）之外的 VOC。

化石燃料可以直接通过产物（如汽油蒸汽）的方式产生 NMVOC，也可以间接通过副产品（如车辆尾气）的方式产生 NMVOC。另外，NMVOC 在油漆、地毯、家具、黏合剂、清洁产品、个人护理产品以及其他各种建筑和内饰材料中也很常见。如果产品的味道很浓，则极有可能含有 NMVOC。

过去，大部分 NMVOC 排放主要来自规模较大的点污染源，如精炼厂和输油管道。不过，随着这些地方受到越来越完备的管制，面源的比例大幅升高，如在家庭中使用含 NMVOC 的产品。许多 NMVOC 在单独存在时的毒性极低，但可以通过反应形成有害程度高得多的化学品。

使用含有 NMVOC 的产品时，家里的浓度通常超过户外环境浓度，在通风不良的情况下尤其如此。家庭通风效果是居家者的行为、所提供的通风系统以及家里的天然泄漏水平共同作用的结果。因此，政府鼓励人们经常对家庭通风。室内 NMVOC 浓度也会提高英国 NMVOC 总排放水平。

在室外，NMVOC 在阳光下可以与空气中的其他污染物发生反应，形成地面臭氧和颗粒物。除损害生态系统外，臭氧还可以导致短期的身体症状，如口腔、眼睛、鼻子、喉咙和肺部炎症。工业 NMVOC 排放受到众多控制措施的制约。通过要求生产厂商和用户申请环境许可，政府可以限制因为使用各种工业溶剂导致的 VOC 排放，包括印刷、表面清洁、车辆涂层、干洗以及鞋类和医药产品的生产制造。

6.5.1 减少居家接触 NMVOC 的机会

在室内，NMVOC 不会像室外一样与阳光发生反应，但仍然会在空气中发生反应，形成其他化学物质。例如，许多家庭常用的芳香剂和个人护理产品均含有柠檬烯和α蒎烯（形成柑橘和松木的香味）。它们的毒性很低，但释放到室内的空气中会发生反应，形成新的化学物质。其中包括有害的物质，如甲醛，这是一种为人们熟知的芳香化学品二次产物。

有许多实用的方法可以减少 VOC 造成的室内空气污染，最简单的方式莫过于换用 VOC 含量较低的替代品，如无香型清洁产品，同时应确保房屋通风良好，避免多种来源的排放发生累积。

目前，除油漆管理条例之外，限制家庭用品中 VOC 含量的规定尚不多见。政府将进一步了解家庭内接触 VOC 的情况，并且与行业、学术界和卫生组织开展合作。通过了解高 VOC 产品在家庭和通风良好的户外造成的影响，政府希望使用各种低 VOC 替代品取代许多家用产品。

对于室内使用含 VOC 的产品而言，研究其影响的科学技术发展极快。政府将与行业开展合作，考虑上述新出现的实证基础。政府希望在尽可能的情况下出台具有自愿性质的方法，同时根据需要对监管事宜开展研究。

7 减少农业排放的行动

7.1 农业和空气质量

农业是农村社区的核心内容，既可以生产高品质的食品，也可以营造和维持令人心旷神怡的美丽景观。农事活动能够保持空气和河流的清洁、改良土壤并且为野生动植物提供栖息地，因此在保护环境方面发挥着重要作用。根据《25 年环境规划》（*25 Year Environment Plan*）的规定，政府将为农民和土地管理者提供支持，以便供应公共产品，同时使他们遵守控制污染的规则。

在粪肥和粪浆的贮藏、土地撒肥和沉积以及在施用无机肥料的过程中都会散发 NH_3。农业是氨的主要来源，在英国 2016 年的排放量中占 88%。氨可以与氮氧化物和 SO_2 发生反应，形成二次颗粒物质，极大地影响人体健康。最为显著的是，氨能够在城市地区形成烟雾。另外，氨也能损害敏感的栖息地。

同时，农业约占甲烷排放量的 51%，NMVOC 排放量的 14%[4]。上述物质都会导致臭氧形成，使人体健康以及主要的农作物和开花植物深受其害。

7.2 现存的法规和政策

限制农业氨排放的现行框架众多。集约化养猪场和家禽养殖场是氨排放的主要点源，如果超过一定的规模，则必须接受英国环境许可条例的监管。当集约化养殖场超过指定的规模，经营者必须获得环境许可，要求在其生产过程中采用最佳可行技术，减少向空气、水和土壤中的排放。采用上述技术可以将这些设施的排放大约减少 30%。当前，英国约 1 260 个养猪场和家禽养殖场持有上述许可。正处于规划阶段的制度将在保护栖息地的过程中发挥重要作用，因为这些栖息地对氨排放源的氮沉降问题相当敏感，如畜舍和粪浆蓄积处。诸多政策（如《农业用水规定》《硝酸盐管理条例》以及在现有农业环境和农场建议方案下采取的措施）同样也有助于减少氨排放。

7.3 减少氨排放

农民可以采取切实可行的措施减少 NH_3 排放。包括但不限于：①遮盖粪浆和沼渣贮存处以及粪肥堆或者使用粪浆袋；②使用低排放技术在田地里施用粪浆和沼渣（例如，采用喷注法、从蹄式撒粪设备或拖管技术）；③粪肥施用后立即翻进土壤（至少在 12 h 内）；④使用后尽快清洗牲畜粪便收集站；⑤确保家畜饮食中的蛋白质水平与营养需求相匹配；⑥把尿基肥料换为硝酸铵，后者的排放更低，还可以把尿素注入土壤或者与尿素酶抑制剂一起使用。

氨排放源（粪浆、粪肥等）也可以使硝酸盐和磷酸盐污染地表水和地下水。在英国的威尔士境内，据估计农业导致硝酸盐流失到水环境中的比例高达 60%，而从全国范围来说，流失到河流的磷酸盐为 25%，农业造成的河流沉积物负荷高达 75%，而地下水的硝酸盐污染则达到 80%。上述减少氨排放的举措有助于提高氮的利用率，从而改善水质并且减少温室气体排放。有些措施还可以为农民节省使用无机肥的开支。

根据政府设定的 2030 年目标，在农业部门广泛落实上述措施有望减少氨的排放量。除这些措施以外，还需要对氨排放问题采取特定的局部行动，帮助国家实现既定的自然目标。

7.3.1 借鉴国际经验

通过采用这种方法，欧洲其他国家开展的行动已经有效地减少了氨排放。

专栏七 荷兰氨减排经验

1990—2016年，荷兰通过以下举措将氨排放量减少了64%，其中包括：

（1）加强监管，确保使用低排放喷洒设备施用粪肥；

（2）加强监管，确保粪浆贮存处均得到遮盖；

（3）为粪肥储库提供资金，以便为适宜耕种的农场供应大量粪肥，同时减少禽畜饲养场过量施用；

（4）为自愿性质的行业战略提供财政支持，研制和安装低排放畜舍；

（5）加强监管，确保2007年以来的所有新建畜舍达到低排放标准；由政府通过认证体系对符合要求的畜舍予以认可；

（6）为创新性粪肥管理技术的研究提供津贴，同时提供补助和税收减免，支持对新技术的投资；

（7）建立农场网络，以便进行知识转化和对等支持；

（8）荷兰营养物质管理整体改善计划估计每年需要支出5亿欧元，但每年产生的社会效益高达9亿～37亿欧元，包括农民在肥料上节省的1.5亿欧元。

7.3.2 现行措施

政府已经采取行动帮助农民减少氨排放。迄今为止，行动主要侧重于使农民投资有助于实现该目标的设备。第一步，国家通过《农场氨减排补助计划》（*Farming Ammonia Reduction Grant Scheme*）为农民提供切实可行的帮助，该计划资助了粪浆池盖，并提供农场作业建议。目前通过《农村生产力计划》（*Countryside Productivity Scheme*）提供资金，帮助农民购买粪肥管理设备，包括低排放撒肥机，同时通过《农村监管计划》（*Countryside Stewardship Scheme*），在重点集水区为农民提供粪浆池和污水池盖。

另外，国家还与农业组织开展合作，更多地采纳最优方法，并通过多种途径为低排放农场设备和基础设施提供资助。国家将支持《农业环境运动》（*Campaign for the Farmed Environment*）牵头的行业行动，该行动在2018年春季为减少氨排放和提高营养利用率举行了多次专题讨论会。同时，国家还推出了一项价值300万英镑的计划，在接下来的3年中为农民提供支持。上述举措将以2018年秋季全国性的示范性活动拉开序幕，其中将展示低排放撒肥设备并为其他实用的减排方法提供指导，如粪浆和粪肥贮存、畜舍、牲畜饲养以及肥料利用。在高优先集水区，2018年年末将通过集水敏感区的农业官员为农民提供有助于减少氨排放的实用方法。

国家将推出良好的农业实践咨询性规范，加强与农业组织的合作，减少氨的排放，该准则将在晚些时候公布。在面向农民的更广泛的黄金标准中，我们将探讨上述准则是否能够奠定清洁空气标准的基础。

7.4 厌氧消化的氨排放

厌氧消化（AD）是一种能够有效处理有机废物的方法，它可以生产可再生燃料、热能或能量、营养丰富的副产品，以及可以用作肥料的沼渣。另外，AD也可以避免与粪肥贮存和采用填埋法处置废物有关的温室气体排放。

除上述对环境产生的积极影响之外，在AD工序、贮存和沼渣喷施过程中释放的氨排放量约占英国氨排放的 3%[4]。采用遮盖贮积场所以及使用低排放撒肥设备可以减少沼渣产生的氨排放量。许多 AD 设施需要获得环境许可，其中要求对沼渣贮积场所进行遮盖，从而减少氨排放。与很可能会取而代之的肥料相比，沼渣的氨排放量更大。施用沼渣在 AD 的排放量中占据大头，所以根据良好的作业指导进行施肥相当重要。

国家正在考虑诸多方案，对于通过政府鼓励采用的 AD 产生的沼渣，确保未来能够使用最优技术施用。未来的 AD 工厂必须经过体系认证，确保遵循最优方法行事，推出这方面的规定是实现这一目标的途径之一。

8 减少工业排放的行动

8.1 工业和空气质量

工业流程（包括公司和家庭的电力供应）、商品和食品制作都会产生污染。为避免对人们的健康和环境产生潜在的大影响，这些工序均经过悉心管理。目前通过该途径已经显著减少了空气污染，但是，工业造成的排放对英国的空气污染仍然有贡献。除对其源头进行治理外，还需要进一步采取其他措施，减少污染物的排放，减少污染对周边居民和生活地区的影响。图 3 为 2016 年英国工业各部门空气污染物排放情况。

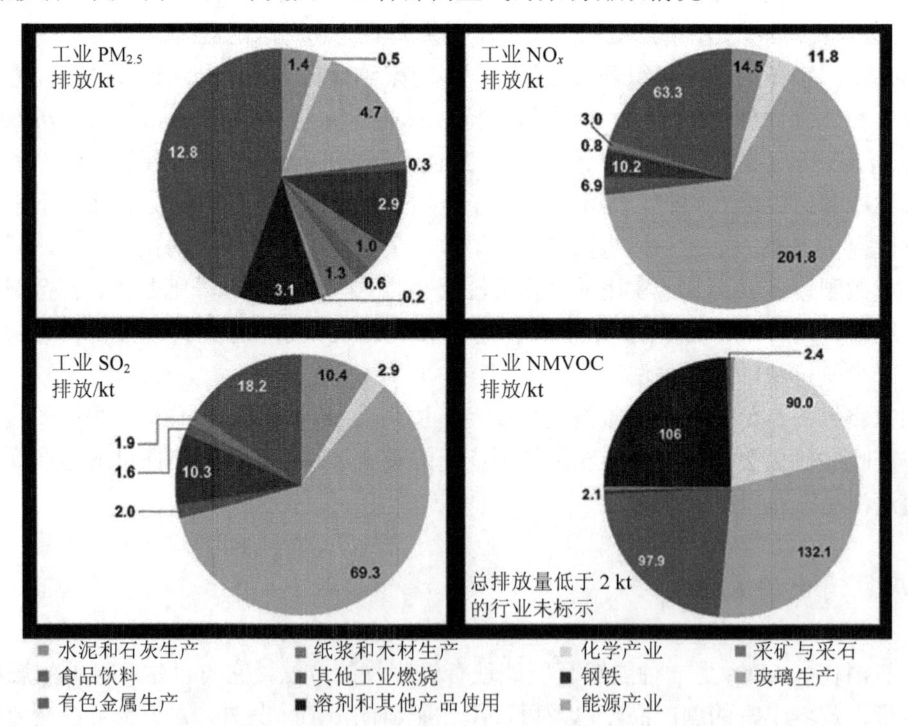

图 3 2016 年英国工业各部门空气污染物排放情况

资料来源：国家大气排放清单（2018 年）。

8.2 现存的法规和政策

在减少工业污染、使用法规框架要求工业提升环境绩效方面，英国已经处于世界前列。工业企业通过投资和创新的方式来满足法规标准。例如，国家设定了发电站 NO_x 排放限值，规定了液体燃料中的含硫量并要求重新设计燃料泵吸收汽油蒸汽。但我们需要继续降低工业空气污染物排放量，考虑更多的扩散源，如产品使用及较大排放的污染源。

根据 1990 年的《环境法》，英国引入了一套集成式方法控制空气、水和土地污染，并引入了最佳可行技术的概念。这些方法最终均获采纳，并通过《工业排放指令》在全英国应用。《工业排放指令》为最具污染性的产业制定了具有挑战性的行业标准。

《工业排放指令》旨在预防和减少英国的有害工业排放物，同时促进对污染物减排技术和节能技术的使用。

最佳可行技术是指在防止或减少排放和环境影响方面最有用的技术。“技术”包括使用的技术以及装置设计、制造、维护、运营和废弃的方式。欧洲委员会制定了最佳可行技术参考指南（BREF）。例如，针对集约农业，最佳可行技术参考指南提供了搭建猪饲养装置的最佳可行技术；以及针对纺织业，最佳可行技术参考指南提供了纺织制造选料的最佳可行技术。

通过执行《工业排放指令》以及最佳可行技术，自 1990 年开始，工业的 NO_x 排放量减少了 74%，SO_2 排放量减少了 97%，以及挥发性有机物的排放量减少了 73%。但是，工业排放量仍然在英国污染物总排放量中占较大比例。2016 年，英国污染物总排放量中 35%的 NO_x、65%的 SO_2、27%的颗粒物和 53%的挥发性有机物来自工业[4]。图 4 为 1990—2016 年英国工业各部门污染物排放情况。

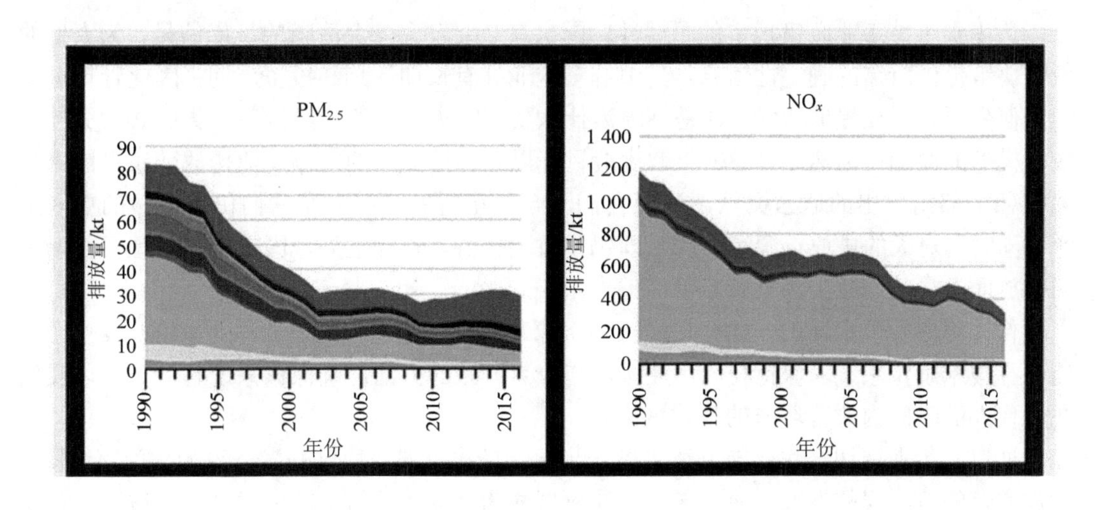

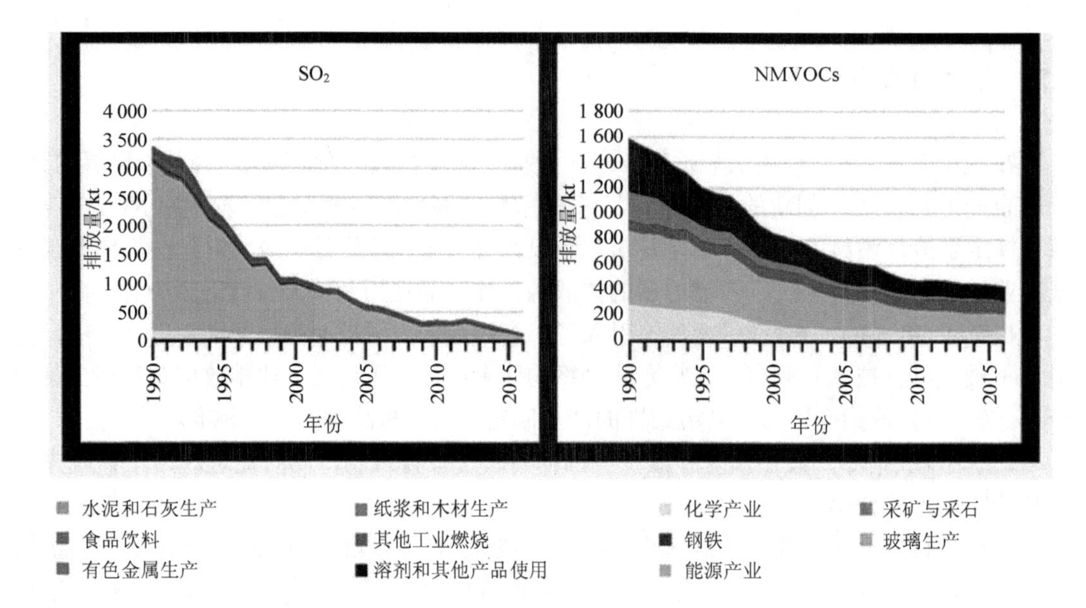

图 4　1990—2016 年英国工业各部门污染物排放情况

《工业排放指令》主要侧重于较大型工厂（热输入超过 50MW 的工厂）。如果国家致力于进一步减少空气污染，那么较小型工业工厂的排放，以及办公室、大型建筑、学校和医院的排放均需进行控制。这也是国家最近引入立法减少重要的及先前未规范管理的污染源排放的原因，包括中型燃烧设备和发电机的排放控制。

8.3　持续改进的承诺

认识到维持工业政策稳定的重要性，国家有必要发出一个清晰的长期信号，为人们的投资决策提供所需的确定性信息。其中许多企业拥有长期计划和投资周期，因此管理框架的任何变更均需要提前通知。这是英国为什么要清晰承诺脱欧后维持现有集成式污染控制成功模型的原因。为达成 2030 年的挑战目标以及维护国家的宏伟工业排放政策，国家会关注各个部门做出的适当贡献，认识它们迄今为止所做的努力及它们仍需要做的更多工作。同时，对大的排放点源污染的治理仍是首要任务，除此之外，国家还将处理日益增多的排放面源，从而减少污染背景值。

作为更好管理承诺的一部分，国家还将探索潜在机遇完善此框架。国家将开发一个最佳可行技术确定系统，保持与《工业排放指令》一致的方法，确保该系统有助于实现我们在一代人的时间内改善环境的整体承诺。

通过与行业密切合作，国家还将进一步探索减排机遇，通过开发一系列部门路线图，制定宏伟的可实现的标准，使英国在工业领域成为世界清洁技术的领导者。路线图会帮助国家确定何种工业部门需要采取额外措施，聚焦最具污染性的产业以及具备最大潜力推动空气质量改善的产业。

国家将与污染最严重的产业部门一起召开一系列研讨会，包括能源和精炼厂、钢铁、制造、溶剂、化学品和其他工业部门（如水泥生产）。通过这种措施，开始探索迄今为止工业上的减排效果、潜在的进一步改善空气质量的承诺以及承诺的技术和财务可行性。一旦脱欧，英国便有机会思考长期的工业排放法规框架，并且政府正在就如何更好地开发这些框架以及是否采取措施（如以市场为基础的方法）征询意见。国家还将探索是否能够改进较小型工业场所的标准，并确定减少室内外非甲烷挥发性有机物的措施。

针对较小型工厂，国家会评估证据并考虑未来是否采取额外措施进一步减少中型燃烧设备和发电机的排放。

国家还计划继续采取适当的方法，这是为什么正在计划修改近期已实施的发电机控制方法的原因，确保将研究和开发用发电机排除在外。这个小变化将确保与《中型燃烧设备指令》和《工业排放指令》的目标一致，且该方法对空气质量无重大影响。

8.4 治理工业排放的措施

（1）作为世界领先的清洁绿色经济体的一部分，英国将维持持续改善工业排放的长期政策，以现有的良好实践为基础，为企业提供一个稳定和可预测的管理环境。这意味着英国在脱欧后仍将维持现有成功的集成式污染控制模式。但是英国也要探索如何随时间推移发展该框架，例如，探索以市场为导向的方法的使用，从而进一步减少工业排放。

（2）国家将就如何改进现有框架，使其更好地为环境、公众和英国工业服务征询意见。

（3）国家将与行业部门合作，审查迄今为止的改进情况，并通过一系列部门路线图探索发展机遇，超越最低标准，使英国在工业领域成为世界清洁技术的领导者，确保2018—2030年进一步减少工业排放。

（4）国家将制定一套英国式方法，确定工业部门的最佳可行技术。同下级行政部门、管理者、工业和其他利益方共同审查现有指南。

（5）国家将审查现有指南，以支持较小型工业场所的有效排放控制，并考虑是否需要采取进一步措施强化现有管理框架。

（6）随着有关中型燃烧设备和发电机立法的实施，国家将考虑在排放源上使用最严格标准。

（7）国家将填补现有生态设计与中型燃烧设备管理之间的管理缺口，治理热输入范围在500 kW至1 MW的设备排放。

9 各级领导力

9.1 在清洁空气方面的国际领导

空气污染并不会在国家边界停止。英国清楚在本国、欧洲大陆甚至全球产生的排放都可能会影响英国的空气质量。类似地，在英国境内产生的排放也会对周边国家的居民健康和环境造成影响。作为《1979 年联合国欧洲经济委员会远途越境空气污染公约》的原始签署国之一，英国在采取国际措施治理越境空气污染方面一直处于世界前列。

根据此联合国公约，英国支持国际计划以推动对空气污染排放及其影响的科学理解，并建设性地参与制定标准和减排承诺协定，鼓励采取跨北半球的行动，并成为全球标杆。在英国为努力实现 2020 年和 2030 年减排承诺的同时，这份公约将继续作为英国对国际空气质量承诺的基石。它将是长期跨领域挑战合作的关键论坛。英国也会继续支持联合国环境规划署和世界卫生组织等团体，将越境空气污染提上全球议程。

英国在履行 2020 年和 2030 年减排承诺上采取的措施与其他国家类似。英国会继续积极与周边国家合作，分享经验和最佳实践。在致力于为全英国人带来更清洁空气的同时，英国会继续成为欧洲国家和世界上其他国家的可靠合作伙伴、心甘情愿的盟友和亲密的朋友。

9.2 在清洁空气方面的国家领导

政府承诺使我们这一代的环境比上一代交给我们时更加美好。英国最重要的环境优先事项之一是减少空气污染物的总体排放，以及减少人们与局部高浓度污染物的接触。《战略》阐述了为实现具有挑战性的国家减排目标而制定的下一步措施。2018 年 2 月，这些措施已列入英国立法。2019 年 4 月，根据立法要求，英国将开展《国家空气污染控制计划》。该计划介绍了实现减排的详细途径，以及排放如何影响局部浓度和人类与污染物接触。英国会继续依据国际认可的法律框架，监督和汇报英国的空气质量。

9.2.1 确保绿色脱欧

脱离欧盟意味着英国将收回环境立法控制权。这为英国提供了独特机会来制定政策，从而根据国家的需求推动环境改善。英国的愿景是绿色脱欧，既要维持环境标准，也要强化环境标准。在英国脱欧后，鉴于对公司和利益方的最大肯定，《欧盟退出法》将确保现有的欧盟环境法律继续对英国具有法律效力。目前，英国减排承诺得到了欧盟委员会的监督。欧盟委员会有权采取措施执行标准的一致性。英国减排承诺也得到了《联合国欧洲经济委员会远途越境空气污染公约》的监督，未来会继续如此。

政府认识到目前由欧盟委员会提供的一些监督机制在英国脱欧后将不复存在。为确保这中间不出现管理缺口，政府正在协商建立一个全新的独立的法定机构，监督政府在脱欧后履行环境承诺。该法定机构得到了关于环境原则的新的政策声明的支持。确保英国实现清洁空气宏伟目标的方式具有透明度和问责制将是这项工作的当务之急。

9.2.2 立法框架

英国将尽早提出立法，从而确保有一个更加清晰的立法框架来治理空气污染。新的清洁空气立法使交通大臣有权利迫使制造商召回排放控制系统失灵的车辆和机械，利用排放控制系统处罚违法行为。同时它将以单独清晰的立法框架替换现有的零碎法规，帮助地方当局改善空气质量，并在次国家层面应用创新结果更新法律，使空气质量责任落实到实处。它将更新过时的烟囱黑烟法规和未充分利用的控烟区条款，使它们在21世纪拥有更灵活、更恰当的执法权。最后，它将为清洁空气区创建新的法定框架，简化目前清洁空气区、空气质量管理区和控烟区重叠的框架，建立一种覆盖所有空气污染来源的单一方法。

除基本立法外，英国政府将确保制定更加连贯的立法框架，以采取行动治理空气污染。

9.3 绿色政府承诺

在国际层面上完成法律规定的减排目标要求全社会共同采取行动，英国政府准备在此方面成为以身作则的典范。

考虑到更广阔的环境，英国政府将改善空气质量的承诺延伸至如何改进对建筑和房地产的运营方式，以及通过《政府采购标准》，对车辆、服务和清洁产品实施可持续采购。

英国环境、食品与农村事务部还制订了《可持续旅行计划》，鼓励公众进行可持续的出行。该计划旨在减少飞行里程数和私家车行驶里程数，鼓励使用自行车出行，为骑车和步行去开会的人员提供补助金，并通过鼓励远程办公取消出行需求。

政府还计划进一步将大气污染物排放量低的产品纳入可持续采购。2017年12月发布的《政府汽车采购标准》显示了国家在加快发展零排放或超低排放汽车的决心，从而能够通过使我们城镇的空气更清洁来改善人们的健康和生活质量。

9.4 在清洁空气方面的地方领导

在首部《1956年清洁空气法案》出台以前，地方政府已经成了清洁当地空气的主要代理人。《战略》阐述了对不同活动产生的空气污染的治理情况。这些活动形成了21世纪生活的一个重要组成部分。空气污染的影响和所采取的治理措施与地方政府的首要任务高度相关，涉及健康、住房、交通、教育、地方经济、绿色空间和生活质量。随着空气质量的持续改善，对当地热点的关注度会继续提升，地方措施依然必不可少。

鉴于地方或国家的评估机制均证实空气污染超出了法律限制，因此地方当局在治理空气污染方面长期以来拥有特殊的执法权。他们同样拥有长期治理民用烟囱排放和工业源排放的义务。除这些特殊义务，在交通、规划和公共卫生等方面，地方政府采取的战略决策均与当地社区民众呼吸的空气质量息息相关。

根据地方《清洁空气区》战略，在遭受污染最严重的地区，国家会赋予地方政府新的法律权限以使其采取决定性措施，减少交通领域以外的其他更广泛的源排放，这些权力包括：①当柴油动力机械可能产生空气污染问题时，控制柴油动力机械的新执法权；②尤其是当民用焚烧可能产生空气污染问题时，确保更加清洁的民用焚烧的新执法权；③当生物质和气体能源生产燃烧活动可能产生空气污染问题时，控制生物质和其他燃烧形式的新执法权。

地方政府对道路周边NO_2积聚区的治理措施。地方当局目前面临的最迫切和紧急的空气质量挑战是治理道路周边的NO_2浓度。英国政府发布了《英国路边二氧化氮浓度治理计划》，并提出了“清洁空气区”的概念。在该区域内将采取针对性措施改善空气质量，同时给予资源优先权和协调处置，以改善卫生红利和支持经济增长的方式打造城市环境。

《清洁空气区》对所有地方当局而言均具备可用性，能够治理各类污染源（包括颗粒物），通过采取一系列适合于特定地点的措施，减少公众与颗粒物的接触。《清洁空气区》框架为地方当局提供了一个创新型的总排放工具，以清洁当地空气，但地方当局对该工具潜力的认识不够。对于根据《空气质量计划》采取快速措施的 28 个地方当局，国家会密切留意，以便帮助其他地方当局学习他们的活动经验。

专栏八　地方当局处理 NO_2 超限的措施

2017 年 7 月发布的《英国路边二氧化氮浓度治理计划》宣布向 28 个地方当局资助 2.55 亿英镑，以推动他们的空气质量计划，在最短时间内实现法律合规。《2017 年 11 月财政预算》宣布了将另一笔 2.2 亿英镑资金用作新的清洁空气基金（CAF），可由地方当局支配，以支持受影响的个人和公司改善空气质量。2017 年 11 月 22 日至 2018 年 1 月 5 日，对清洁空气基金可能使用的用于支持 28 个地方当局的措施进行征询意见。2018 年公布了意见回复总结和指南。总之，政府承诺投资 3.5 亿英镑改善空气质量，促进实现更加清洁的交通运输。

国家正与各个层面的地方当局合作，治理路边 NO_2。联合空气质量部门向 28 个地方当局提供了综合性技术支持和指南，专门用于开发和实施地方计划，改善空气质量。每个地方当局都有专门的账户管理人，负责与相关地方当局合作和沟通，并追踪项目进展。我们提供指南和研讨会式支持，以及跨政府融资渠道。

9.5　英国各公国的空气清洁行动

根据《国家排放上限指令》和《哥德堡协议公约》，英国已经就国际减排承诺在全国范围内达成一致。英国政府每年会编制一份符合国际标准的国家大气排放清单，并要求汇报所取得的成就。尽管如此，空气质量是一个政策下放管理区：苏格兰、北爱尔兰和威尔士在其各自领地均有相关政策。鉴于空气污染的越境属性，英国各公国间的亲密合作必不可少。英国政府正同下放的行政机构共同合作，以管理越境空气污染并改善英国空气质量。

每个行政机构都面对不同的减排挑战。因此要求在英国采取不同的方法应对这些挑战，治理特殊的污染源和排放。图 5 和图 6 说明了与整个英国的变化相比，英格兰、北爱尔兰、苏格兰和威尔士空气污染排放的相对变化情况，以及 2015 年各公国产生的排放量占全英国排放量的比例。

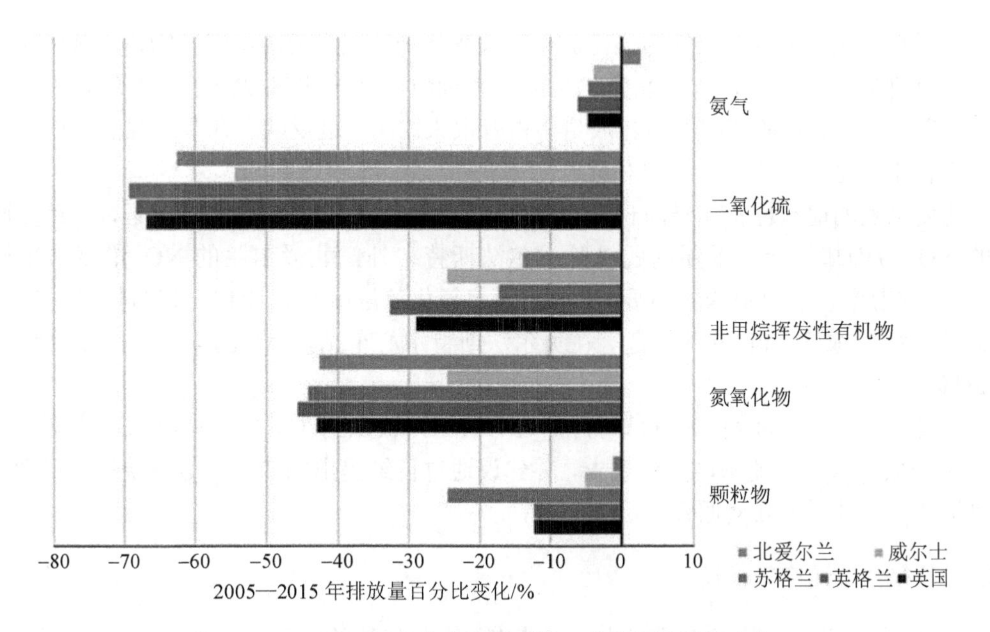

图 5 2005—2015 年各公国空气污染物的排放量变化

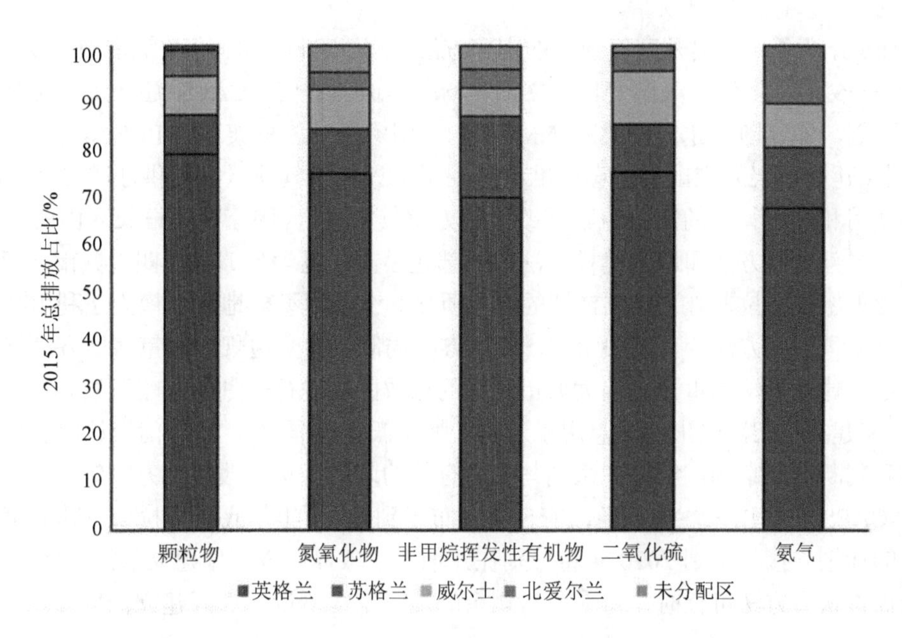

图 6 2015 年各公国产生的排放量占全英国排放量的比例

9.5.1 北爱尔兰清洁空气行动

北爱尔兰的空气污染主要有三种来源：道路交通产生的氮氧化物，特别是柴油车排放的氮氧化物；家居固体燃料焚烧产生的颗粒物，特别是燃煤；农业活动中的氨排放，如肥料存储、处理和播撒。

最近几年北爱尔兰的空气污染排放量已大幅降低，这与英国氮氧化物、二氧化硫和挥发性有机物的总体情况相似。北爱尔兰的氨和颗粒物减排比率要低于英国总体的减排比率，但它们的排放量在英国的总排放量中占有很大比例。这反映了北爱尔兰的土地使用性质以及农业对北爱尔兰经济的相对重要性。

北爱尔兰的地理位置和沿海位置确保其拥有稳定的良好空气供应。但是，道路交通产生的 NO_2 污染却是一个重要问题。除贝尔法斯特之外，北爱尔兰的 NO_2 浓度水平符合《空气质量指令》中规定的限值要求。《英国二氧化氮浓度治理计划》宣布将进一步采取措施降低 NO_2 浓度。自 1994 年起，在贝尔法斯特中心车站，NO_2 的年平均浓度已经减少了 36%。

北爱尔兰农业、环境与农村事务部（DAERA）认识到在贝尔法斯特因道路交通产生的 NO_2 排放使得其未能满足限值要求，并建议通过已经提出的诸多计划解决这一问题，其中包括基础设施和公共交通投资。

9.5.2 苏格兰清洁空气行动

2015 年 11 月，苏格兰政府发布了《苏格兰更加清洁的空气——通往更健康未来之路》（CAFS）战略，这是苏格兰首个单独的空气质量战略。CAFS 详细介绍了未来几年苏格兰打算如何进一步改善空气质量。

CAFS 介绍了一个提升空气质量的国家方法。该战略包括 40 个关键措施，覆盖 6 个政治领域——交通、卫生、气候变化、立法、场所建造和通信。CAFS 还介绍了两个重要的新政策计划，即《国家建模框架》（NMF）和《国家低排放框架》（NLEF）。

《国家建模框架》推出了一套标准方法，用于评估空气质量，提供证明支持行动和有关土地使用和交通管理的决策流程，改善地方空气质量。《国家建模框架》由两个建模方法组成：局部建模方法和地区建模方法。局部建模方法包含为苏格兰四大城市（亚伯丁、敦提、爱丁堡和格拉斯哥）建立详细的空气质量和交通模型。地区建模方法利用在荷兰使用的空气质量建模方法论，反映事实，即地方当局制定的交通规划决策对地方空气质量的影响。地区建模方法侧重于对四大城市周边的行政区域进行规划的战略开发。

《国家建模框架》输出的信息用于通告《国家低排放框架》。它专门设计用于使地方当局评估和判断商业案例，实施一系列与交通有关的政治干预，改善地方空气质量。

自 CAFS 发布以来，苏格兰政府已经宣布了到 2018 年年底在格拉斯哥建立第一个低排放区的计划。接下来到 2020 年将分别在亚伯丁、敦提和爱丁堡建立低排放区。到 2030 年，当评价认为方法可行时，将在所有剩余的地方空气质量管理区建立低排放区。

9.5.3 威尔士清洁空气行动

威尔士政府致力于建设更加健康的社区和更好的环境。在威尔士，清洁的空气在创造适当的条件提供良好的健康状况、福祉和更多体育活动方面发挥着核心作用。2017 年 9 月，威尔士发布了国家战略——《共同繁荣》[17]。该战略介绍了在减排以及通过规划、基础设施、管理和健康交流方法显著改进空气质量方面的跨政府承诺。

威尔士政府为威尔士的空气政策提供了战略方向，将一系列复杂的管理和运营责任纳入其中。

威尔士政府最近通过的《2015 年后代福祉法案》和《2016 年环境法案》强化了自身立法框架。《2016 年环境法案》设定了到 2050 年至少减少 80%排放量的法律目标，并要求威尔士部长设定一系列中期目标（2020 年、2030 年和 2040 年）和碳预算。这些预算将设定一个威尔士 5 年总排放限值作为跳板支撑，确保向长期目标迈进时能够取得常规进展。

2018 年年末，威尔士政府将在立法中制定中期目标和首批两个碳预算，提供清晰确定的信息，以推动投资。威尔士政府还将介绍他们如何到 2019 年年底通过政策和提案实现首个碳预算，宣布他们的低碳实现计划。这些措施将涵盖主要部门，如能源、建筑、农业和土地使用、工业和商业、废弃物和交通。

为有效治理空气质量污染，有必要采取跨政府的方法。为实现该目标，威尔士政府今年夏天将建立一个跨政府的《威尔士清洁空气计划》，减少糟糕的空气质量给人类健康和自然环境带来的负担。近期内，威尔士政府将采取相关要求行动，履行欧洲和国内立法中规定的空气质量责任。

参考文献

[1] Set by the Air Quality Directive（2008/50/EC）：http://eur-lex.europa.eu/LexUriServ/LexUriServ.do?uri=OJ:L2008:152:0001:0044:EN:PDF.

[2] European Environment Agency（EEA）. Air Quality in Europe 2017. 2017. https://www.eea.europa.eu/publications/air-quality-in-europe-2017.

[3] Defra. Emissions of air pollutants in the UK，1970 to 2016. 2018. https://assets.publishing.service.gov.uk/government/uploads/system/uploads/attachment_data/file/681445/Emissions_of_air_pollutants_statistical_release_FINALv4.pdf.

[4] Defra. UK emissions inventory submission under NECD and CLRTAP. 2018. http://cdr.eionet.europa.eu/gb/eu/nec_revised/inventories/envwnwqzg/Annex_I_Emissions_reporting_template2018_GB_v1.0.xls.

[5] UK Informative Inventory Report 1990 to 2016. 2018. https://uk-air.defra.gov.uk/assets/documents/reports/cat07/1803161032_GB_IIR_2018_v1.2.pdf.

[6] World Health Organisation（WHO）. Ambient air pollution：A global assessment of exposure and burden of disease（2016）. http://www.who.int/phe/publications/air-pollution-global-assessment/en.

[7] Midpoint of three year averages quoted. Trends Report 2017：Trends in critical load and critical level exceedances in the UK. Defra. 2018. https://uk-air.defra.gov.uk/library/reports?report_id=955.

[8] Report to Defra. Scoping Study for NECD Reporting for Effects of Ozone on Vegetation in the UK under contract AQ0833（International Cooperative Programme on Effects of Air Pollution on Natural Vegetation and Crops 2014-2017. 2017. http://sciencesearch.defra.gov.uk/Document.aspx?Document=14177_NECDreportICPVegetationWP7_AQ0833_submitted.pdf.

[9] International Union for Conservation of Nature. Primary Microplastics in the Oceans：a Global Evaluation of Sources. 2017. 9.

[10] Ricardo-AEA. Valuing the Impacts of Air Quality on Productivity. 2014. https://uk-air.defra.gov.uk/assets/documents/reports/cat19/1511251135_140610_Valuing_the_impacts_of_air_quality_on_productivity_Final_Report_3_0.pdf.

[11] Ricardo Energy and Environment for the Committee on Climate Change. UK business opportunities of moving to a low carbon economy. 2017. https://www.theccc.org.uk/publication/uk-energy-prices-and-bills-2017-report-supporting-research/

[12] Internal analysis of UK tax receipts relating to purchase of diesel fuels.

[13] Defra analysis of 2016 NO_x and $PM_{2.5}$ emissions from the National Atmospheric Emissions Inventory（NAEI）2018，full inventory will be published in summer 2018.

[14] London Environment Strategy：Draft for Public Consultation. 2017. https://www.london.gov.uk/sites/default/files/london_environment_strategy_draft_for_public_consultation.pdf.

[15] Defra analysis of 2016 $PM_{2.5}$ emissions from the National Atmospheric Emissions Inventory（NAEI）2018.

[16] Fuller F，et al. Airborne particles from wood-burning in UK cities. 2017. https://uk-air.defra.gov.uk/assets/documents/reports/cat05/1801301017_KCL_WoodBurningReport_2017_FINAL.pdf.

[17] Welsh Government. Prosperity for All：the National Strategy. 2017. http://gov.wales/docs/strategies/170919-prosperity-for-all-en.pdf.

绿色未来：英国改善环境 25 年规划

A Green Future：Our 25 Year Plan to Improve the Environment

曹 东　张鸿宇　王金南

摘 要 《绿色未来：英国改善环境 25 年规划》是英国计划脱欧后实施的系列环境政策之一，强调恢复自然生态，改善健康福祉；贯彻环境优先方针，提高自然效率。本文归纳提炼了该战略的主要内容，详细介绍了规划的目标、政策措施和实施举措；突出了影响规划目标的指标体系、监督问责机制以及自然资本法等特色亮点，为我国"十四五"生态环境保护规划、中长期生态环境保护战略提供政策参考。

关键词 英国　环境规划　自然生态

Abstract *A Green Future*: *Our 25 Year Plan to Improve the Environment* is one of the main environmental policies that United Kingdom plan to implement after leaving the European Union，focusing on the recovery of our nature and improving our health and well-being，while also prioritizing environment in different fields and enhancing the nature capital efficiency. This article summarizes the main content of the plan，and details the goals，policies and action plans；It highlights the characteristics of the indicator system，supervision and accountability mechanism and natural capital law that affect the plan goals，and provides policy references for China's "14th Five-Year Plan" for ecological environmental protection planning and medium and long-term ecological environmental protection strategies.

Keywords United Kingdom，environmental planning，natural ecology

《绿色未来：英国改善环境 25 年规划》（以下简称《规划》）阐述了政府为帮助自然界恢复并保持良好的健康状态而施行的措施。旨在为城市和乡村景观提供更清洁的空气和水资源、保护受威胁的物种以及提供更加富饶的野生动物栖息地。《规划》要求在农业、林业、土地利用和捕鱼业等领域将环境问题置于首位。

《规划》希望英国能够做到绿色脱欧——把握住这独一无二的机会，改革农业和渔业管理方法；改革恢复自然环境的方法；改革保护土地、河流和海洋的方法。这一宏大提案将解决日益严重的废物排放和土壤退化等影响城市及农村地区的环境问题。通过治理居民区的环境污染，以及为各个年龄段和背景的人们提供自然界所带来的身心健康收益，来实现社会公平。

另外，《规划》还阐述了如何应对气候变化的影响——由于陆地和海洋温度升高，海平面上升，以及极端天气模式和海洋酸化对海洋物种造成危害，气候变化仍可能是自然环境所面临的最为严重的长期风险。

在国内外环境保护和改善方面，英国政府发挥了积极作用。英国政府试图在环境保护、气候变化、土地使用、全球可持续食品供应和海洋健康方面发挥全球领导作用。将倡导可持续发展，引领环境科学的发展，开拓创新以实现清洁增长，提高资源利用效率，为环境和经济创造效益，在将我们的地球交给下一代时，兑现改善环境的承诺。

此外，《规划》还制定新的评估标准——引入“自然资本法”。通过在世界范围内使用该方法作为决策工具来引领他国。考虑环境为国家福祉、健康和经济繁荣等方面带来的隐性收益，并为其提供科学和经济依据。

1 《规划》的主要目标

《规划》计划在未来 25 年内实现十大目标。前六项是根据自然资本委员会制定的自然资本框架，围绕健康环境提供的六种主要产品和收益，制定的未来 25 年的增加环境收益的目标。后四项是为减轻环境压力，管理对环境造成压力的人类行为而设立的目标。

1.1 清洁的空气

《规划》通过以下措施确保空气清洁：

- 达到法律规定的目标，减少氨气、氮氧化物、非甲烷挥发性有机物、细颗粒物和二氧化硫 5 种空气污染物的排放。实现 2030 年之前空气污染对健康的影响减半。
- 2040 年之后不再出售使用传统汽油和柴油的新轿车和货车。
- 依靠现有的良好实践和成功的监管框架，持续改进工业排放措施。

1.2 清洁和充足的水资源

《规划》通过以下措施保障清洁和充足的水资源。在切实可行的情况下，尽快改善至少 3/4 的水域，使其接近自然状态：

- 减少河流和地下水的破坏性抽取，确保 2021 年符合环境标准的地表水体水量比例从 82%增加至 90%，达到这一标准的地下水体水量比例从 72%增加至 77%。
- 根据河流流域管理计划，受到特别保护的河流、湖泊、沿海和地下水水质应达到或超过生物多样性标准和饮用水卫生标准。
- 支持英国水务监管机构（OFWAT）制定的漏水目标，最大限度地减少因漏水造成的水量损失，据水务公司预计，到 2025 年平均泄漏量至少会减少 15%。

☞ 在 2030 年前尽量减少指定游泳水域中的有害细菌，并继续提高水域的清洁度。确保潜在泳客将会收到任何有关短期污染风险的警告。

1.3 欣欣向荣的植物和繁衍兴旺的野生物种

《规划》计划打造一片植物和野生动物更为丰富、生机勃勃且具有复原力的土地、水域和海洋环境。在海洋方面，英国通过以下措施实现：

☞ 扭转海洋生物多样性下降的势头，并在可行情况下加以恢复。

☞ 提升保护和管理得当的海域的比例，更好地管理现有的受保护地点。

☞ 确保关键物种种群可持续繁衍并具有适当的年龄结构。

☞ 确保海底栖息地富饶多产并足够广阔，以维持健康、可持续的生态系统。

在陆地和淡水中，英国将通过以下措施实现：

☞ 将 75%的陆地和淡水受保护场地（面积达 100 万 hm^2）恢复至良好状态，从而长期保护其野生物种的价值。

☞ 除受保护的区域外，创建或恢复 50 万 hm^2 富有野生物种的栖息地[①]，优先选取能够提供大量环境收益的栖息地，以便推广土地改革管理经验。

☞ 采取行动恢复濒危的、标志性的或具有重要经济意义的动物、植物和真菌[②]，并尽可能阻止英格兰和海外领土上的人为灭绝和已知受威胁物种的灭绝。

☞ 在 2042 年年底前形成 18 万 hm^2 林地，使英格兰到 2060 年林地面积增加 12%。

1.4 降低环境危害风险

《规划》通过以下方式减少人员、环境和经济因洪水、干旱和海岸侵蚀等自然灾害而受损的风险：

☞ 确保每个人都能够获得必要的信息，以评估洪水和海岸侵蚀对其生活、健康和业务所造成的风险。

☞ 联合公共部门、私营部门和第三方，与社区和个人合作，减少灾害造成的风险。

☞ 确保包括关乎社会发展在内的土地规划决策能够反映当前和未来的洪灾风险水平。

☞ 确保将长期干旱天气和旱灾期间的供水中断次数降至最少。

☞ 提高家庭、企业和基础设施的长期适应能力。

1.5 更加可持续和高效地利用自然资源

《规划》拟确保更加可持续和高效地利用自然资源（如食物、鱼类和木材）。并通过以

---

① 作为 2020 年后自然战略的一部分，英国将制定更为详细的目标。英国会重点关注受保护栖息地或优先栖息地（《自然环境和农村社区法》规定的主要栖息地）。

② 例如蜜蜂和其他授粉昆虫。

下措施实现：

- ☞ 将人们从资源中获得的价值和收益最大化，到2050年将资源生产率提高1倍。
- ☞ 改进土壤管理方法：到2030年，希望英格兰的所有土壤均得到可持续管理，此外，英国将利用自然资本思维制定适当的土壤指标和管理方法。
- ☞ 增加木材供应。
- ☞ 确保所有鱼类种群恢复并维持能够产出最大可持续产量的水平。
- ☞ 确保食品的可持续生产和盈利。

1.6 美化自然环境、增加遗产保护及环保参与度

《规划》拟保护和美化自然环境，并确保人人均可欣赏、使用和保护自然环境，通过以下措施实现：

- ☞ 保护和美化自然景观，提高其环境价值，同时对其遗产作出考量。
- ☞ 确保人们的生活和工作场所（尤其是城市地区）附近拥有高质量的可进入自然空间，并鼓励更多人亲近自然，以改善健康和福祉。
- ☞ 集中精力加强行动，改善社会各方面的环境。

1.7 减缓并适应气候变化

《规划》尽可能采取行动减缓并适应气候变化，以减少其影响。通过以下措施实现：

- ☞ 继续减少温室气体排放，包括来自土地使用、土地使用变革、农业部门的温室气体排放，此外，还应继续减少使用含氟气体。《2008年英国气候变化法》规定，到2050年英国必须将温室气体总排放量缩减至少80%（相较1990年水平）。
- ☞ 确保所有政策、计划和投资决策均考虑到21世纪内气候变化的影响。
- ☞ 实施可持续并且有效的第二项国家适应计划。

1.8 废物最小化

《规划》会使废物最小化，尽可能重复利用材料，对即将废弃的材料进行管理，尽量减少对环境的影响。通过以下措施实现：

- ☞ 努力实现在2050年消除可避免的浪费的宏愿。
- ☞ 在2042年年底前，努力实现消除可避免塑料废物的目标。
- ☞ 达成所有有关现有废物的目标（包括垃圾填埋、再利用和回收利用），并制定远大的新目标。
- ☞ 在本规划的整个周期内，努力根除浪费行为和取缔非法经营的废物处理厂，优先处理浪费风险最高的场所。大幅减少垃圾生成和垃圾乱抛的行为。
- ☞ 大幅减少并尽可能预防各种海洋塑料污染，特别是由于陆地材料引起的海洋塑料污染。

1.9 管理化学品暴露风险

《规划》拟确保化学品的安全使用和管理，并使流入环境的有害化学品（包括通过农业流入）显著减少。通过以下措施实现：

- 根据英国在《斯德哥尔摩公约》中的承诺，着重争取在 2025 年之前取消使用多氯联苯（PCB）。
- 到 2030 年将陆地排放至空气和水中的汞减少 50%。
- 到 2030 年将大幅消灭持久性有机污染物（POPs）的数量或使其无法逆向转变，以确保其对环境的排放量忽略不计。
- 按照英国最新的“国家实施计划”列出的《斯德哥尔摩公约》，履行我们的承诺。

1.10 加强生物安全

《规划》拟加强生物安全，保护野生物种和牲畜，并提高植物的生态恢复力。通过以下措施实现：

- 控制并减少现有动植物疾病的影响；降低新疾病风险；处理侵入性非本地物种。
- 达到《2018 年树木健康恢复计划》中详述的目标。
- 利用脱欧的机会，确保英国边界得到强有力的生物安全保护。
- 与工业部门合作降低地方性疾病的影响。

2 英国将采取的行动

为了实现上述的目标，《规划》确定了六个关键行动措施，概要如下。

2.1 以可持续方式使用和管理土地

脱欧时，英国拥有千载难逢的机会来改变土地管理方式，以便未来保护和提高环境效益。新的土地管理方法将建立和加强自然资产与遗产的价值体系，考虑一系列土地用途和活动的负面影响，以便于符合成本效益的方式利用土地，确保其可持续发展。采取的行动主要有：

- 在发展规划中嵌入“环境净收益”原则，包括住房和基础设施建设。
- 改进土地管理方法，激励土地管理，包括设计和提供新的土地环境管理体系。
- 改善土壤健康，恢复和保护泥炭地，这将包括开发土壤健康指数和终止园艺中泥炭的使用。
- 扩大林地覆盖范围，确保将其诸多效益最大化，这将包括支持开发新的北部森林和任命国家树木保护者，以支持此项行动。

☞ 采取措施降低洪水和海岸侵蚀造成危害的风险，包括更多地利用自然方法减轻洪水危害。

2.1.1 在发展规划中嵌入“环境净收益”原则，包括住房和基础设施建设

《规划》反映了政府对大幅增加住房建设（在未来 10 年的中期每年增加 30 万套额外住房）和基础设施投资的雄心壮志。但英国希望将环境作为规划和发展的核心，为人们创造更好的生活和工作场所。

英国努力在发展规划中嵌入“环境净收益”原则，以便在当地和全国范围内实现环境改善。这将有助于住房开发，而不会增加开发商的整体负担。

当前的政策是规划应尽可能提供生物多样性净收益。英国探索加强对规划部门确保各地区环境净收益的要求，并就如何达成强制性措施进行磋商（包括可能需要的任何豁免）。这将使管理机构能够制定因地制宜的地方主导性战略，改善自然环境，创造更大的确定性和一致性，以及避免增加开发商（包括那些追求小规模发展的开发商）的负担。预计该做法应对整体发展产生净积极影响。

某些地方当局、主要私人开发商和基础设施建设公司已经实施了净收益法。该方法的直接目标是与其他政府机构、当地规划机构和开发商合作，将现有生物多样性净收益方法的使用纳入发展规划系统的主流，更新其支持工具并降低开发商的工艺成本。英国已在规划和开发过程中实施了一项创新性战略方法，以实现大冠蝾螈授权许可，并将着眼于建立和进一步简化受保护物种许可。

未来，英国希望扩大用于生物多样性的净收益方法的使用范围，以包含更广泛的自然资本收益，如防洪能力的提升以及水和空气质量的改善。

2.1.2 改进土地管理方法，激励土地管理

共同农业政策（common agricultural policy）是过去 45 年来土地使用和管理的主要方法，但造成了重大的环境损害。环境政策作为英国绿色脱欧后的核心政策，农业及农业政策也将成为重点关注的关键领域。

（1）设计并提供全新的土地管理体系

英国拟推出新的土地管理体系来激励和奖励土地管理者恢复和改善自然资本和农村遗产，为农民和土地管理者提供支持，推动土地管理朝着更有效应用“污染者付费”原则（即污染成本由负责人承担）的道路发展。

保留并改进对复杂环境进行改善的针对性措施，并由专家予以建议和指导。探索新的资金供应方式和交付机制作为新土地管理体系的一部分；这些可能包括生态系统服务的私人支付、逆向拍卖和环境保护契约。在实施新的土地管理体系时，英国将监测和评估其实现可持续农业目标的有效性。

英国致力于减少官僚主义，设计更加人性化的申请流程，且将继续投入资金与技术，以支持农民和土地管理者提供成果，并帮助他们共同合作，在景观和流域层面获得效益。英国还将探索资金补助如何长期支持可持续土地管理的应用。

（2）引入全新的农业耕作用水规则

农业是当前英国水污染和氨气排放的最显著污染源。2017 年，英国针对所有土地管理者发布了旨在减少农业水污染的新简化规则。这些新规则于 2018 年 4 月 2 日生效。新规则要求每个农民识别和管理其土地上的水资源风险，采取预防措施减少氨气排放，从而减少污染和土壤侵蚀，并提高资源利用效率。同时英国会审查 3 年后新规则的进展情况。

（3）与农民合作，以有效使用肥料

肥料和泥浆贮存不当会产生有害化学物质和有害气体，如氨气（2015 年英国超过 4/5 的氨气排放来自农业）的排放。这可能导致酸雨与交通和工业污染结合后形成烟雾，损害土壤和植被。通过“农业氨减量补助计划”，英国为泥浆存放覆盖提供资金，从而为农民提供实际帮助，在贮存过程中可减少高达 80%的氨气排放量。英国将建立一个强有力的框架，将肥料、泥浆和化学物质等富氮肥料限制在有效经济发展的水平，并确保其被安全存放和使用；同时引入明确的规则、建议和财政支持（如适当）；进一步与业界合作鼓励使用低排放肥料，并利用英国化肥实践调查的数据检验吸收水平。

（4）保护作物，同时减少农药对环境的影响

英国必须保护人类和环境免受农药可能造成的危害。同时，农民需保护其农作物。英国将确保对农药的监管继续按照科学的方法进行，从而保护人类和环境；将以“综合害虫管制”（IPM）作为整体办法的核心，制定和实施相应政策，鼓励和支持可持续农作物的保护，使用最少量的杀虫剂；审查 2018 年《英国可持续使用农药行动计划》；根据科学证据，支持对新烟碱类杀虫剂的进一步限制；限制使用农药，仅在环境风险显示极低的情况下允许使用。

2.1.3 改善土壤健康，恢复和保护泥炭地

健康肥沃的土壤是农业和林业的基础。为了确保土壤更加健康，首先，英国将获得更多的土壤健康信息。通过与业界合作更新 2001 年作物培植和优化耕作选择指南；制定土壤健康指标体系并在全国农场进行测试；实施调查研究和更新监测方法，以便清楚地了解土壤健康状态。

其次，到 2030 年，英国将全面恢复泥炭地，并终止园艺产品中泥炭的使用。政府将继续资助园艺行业的研究，以克服商业园艺中替代泥炭的障碍。

2.1.4 关注林地，将其诸多效益最大化

英国拟通过增加树木种植来创建新的森林，并酌情激励私营者在生产力极低的农业土地上进行树木的额外种植。这将支持英国种植 1 100 万棵树木的计划。

英国还将与业界合作，支持本土生长的树木，增加英格兰建筑业对于国产木材的使用量，在家庭和建筑物中创建一条锁定碳的输送链。商业造林将带来广泛的经济和环境效益，并满足日益增长的木材需求。然而，英国不仅关注新树木的种植，还将加强对现有树木和森林的保护。害虫和疾病会影响人们从树木等植物中获取利益，英国希望确保树木能够抵挡未来的风险。

除经济利益外，政府也认识到古林地和古树的重要遗产价值和不可替代性。英国致力

于确保对古林地进行更强有力的保护，确保对其进行可持续管理，从而提供广泛的社会、环境和经济效益。

（1）支持新的北部森林的发展

国家将与土地所有者、农民、利益相关方以及当地居民合作，确定最适合营造林地并可能从中受益最多的地区；支持公有林，使其能够在城市树木种植中发挥主导作用，既是“北部森林”的一部分，也是更广泛伙伴关系的一部分，将树木和绿色基础设施带到英格兰的城镇和城市；同时推动“北部森林”计划成为“北方经济引擎”倡议的关键贡献因素。

（2）支持更大规模的林地建设

鉴于当前形势和规划的强劲需求，英国希望增加本国种植树木所生产的木材的长期供应量。英国将维护本国的公益林产业，使其处于国家代托管状态，反映其提供的社会和环境效益的价值，以便后代能够永续享受。

英国将为林业和林地扩张的长期计划的实现提供政策框架，帮助英国走“清洁增长战略”中提出的碳减排道路。英国将加强国内碳补偿机制，鼓励私营部门投资，并开拓国内碳减排市场。这将鼓励更多的企业通过种植树木的方式补偿其排放，从而节省成本。英国还将探索如何将这种方法扩展到其他土地活动。

英国将鼓励营造更大规模的林地和森林，并鼓励针对“林业投资区”的生产性种植进行直接商业投资。这将有助于创造与增加碳封存相关的条件，增强对国内木材供应和相关经济效益的信心。生产性林业种植会带来广泛的环境效益，如果投资区在景观尺度上得到规划和开发，且与基于流域的洪涝风险管理方法一致，那么这些环境效益将会最大化。

（3）评选全国植树冠军

英国将任命一位国家“植树冠军”，以推动树木和森林所提供的社会、经济和环境效益的融合，并确保在生物安全、物有所值、空气质量影响和生物多样性等方面符合《英国林业标准》，将合适的树木种植在合适的地方。英国将与“植树冠军”和林业委员会合作，设计和制订旨在大规模植树造林的未来补助计划，以实现碳减排目标和更广泛的环境效益。

2.1.5 降低洪灾和海岸侵蚀风险

洪灾和海岸侵蚀无法消除，但可以对其进行管理，以保护生物、社区，保证经济增长，例如通过改建城市中心和发展城市旅游业。气候变化正在不断增加洪灾和海岸侵蚀的风险，而人口增长意味着更多的人可能生活在受灾地区。确保土地的安全经济和有效利用可以促进生产力的提高，这是“产业战略”的一个关键目标。

（1）拓展自然洪水管理解决方案的应用

利用自然过程，人类可以更好地保护自己免受洪水等危害。自然洪水管理涉及采用各种措施，包括植树，修复河岸，修建小型木坝，将河流与河漫滩重新连接，以及将水暂时储存在开阔地。良好的综合洪水管理将把这些措施更好地纳入传统的洪水防御措施中。

到 2021 年，英国将投资 1 500 万英镑用于进一步探索自然洪水管理的应用，其更广泛的益处包括更好的野生动物栖息地、水质和更多的休闲游乐机会。英国将利用 1 500 万英镑的自然洪水管理基金学习并开拓有关的知识，确定并推动落实本地的实用解决方案。

（2）建立更多可持续的排水系统

地表水泛滥造成了日益增加的洪涝风险，并可能导致下水道泛滥和环境污染。英国将对“地方防洪主导机构”、供水和污水处理公司、高速公路管理机构和其他风险管理机构就如何通力合作进行管理。

可持续排水系统，如渗透水表面、储水池和池塘，可降低地表水泛滥的风险。实现可持续排水系统将有助于社区适应气候变化，增强社区对自然灾害的抵抗力。英国将修改《规划实践指南》，阐明可持续排水系统在新开发项目中的建设意义，对长期有效的《国家规划政策框架》和《建筑规范》做出更改以鼓励可持续排水系统的建设。利用“地方防洪主导机构”和其他风险管理机构（包括水务公司）提供的成果，改进管理地表泛滥的现有要求和方法。

（3）提高“危房”抵御洪水的能力

并非所有洪灾均可预防。处于洪灾当中的房产应当具有很好的适应力，并且配备相应的设备以防止洪水涌入，且在洪水涌入时也能够快速处理应对。有效的措施包括拦洪坝、废水管上的止回阀、空心砖覆层和墙上的抗洪涂层。

2016 年的《政府和行业行动计划》表明消费者对这些措施缺乏信心。英国将支持保险和建筑行业制定自愿性行业准则，以促进消费者和企业信任，降低洪涝对建筑物以及在建筑物内生活和工作的人员的影响。

2.2 恢复自然生态，改善景观之美

英国充分了解乡村和自然景观对人类的重要意义，在 2015 年进行的调查中，将近 60% 的受访人员都认为乡村和自然景观最值得英国引以为傲。

在 2016 年，公有森林产业的游览数为 2.26 亿人次，预计每年有 9 500 万人到国家公园及其周边地区旅游，花费金额 40 亿英镑，可以提供 68 000 个就业岗位。英国的目标是确保政策能够维持日益增长的社会需求与能够接触绿色空间之间的平衡。将采取的行动主要有：

- 开发“自然恢复网络”对野生物种进行保护和恢复，提供机会以便引入在英国农村地区损失的物种。
- 保护并美化自然景观，审查 21 世纪“国家公园和杰出自然风景区”（AONB），包括评估是否需要设置更多的公园和风景区。
- 尊重自然，以可持续方式利用水资源。

2.2.1 自然保护和恢复

英国将支持过去 50 年间受到损害的大自然的恢复和重塑工作，将编制自然保护战略，以便应对生物多样性的损失。英国将开发“自然恢复网络”用于补充和连接野生物种栖息地，为物种保育和重新引入本土物种提供机会。英国还将研究实施有关保护契约的政策。这些措施都将有助于创建更加健康、丰富的自然环境。

（1）发布自然保护战略

英国最重要的目标是实现在诸如《生物多样性公约》（CBD）等国际协定框架下做出的关于生物多样性和自然保护的承诺。

为了在国内实现其国际承诺，英国将在当前战略（即《生物多样性 2020》）的基础上编制新的自然保护战略。确保该战略能够与其他计划和战略对接，包括海洋环境、传粉者和泥炭地方面的战略。在适当的情况下，国家将持续与相关政府机构合作，以便在全英国范围内采取统一、协调的措施。该战略有助于保护最重要的野生物种栖息地和野生物种，同时通过政府资助的方式引入新的投资。该战略将是英国在国内采取的最佳实践方式，有助于英国在应对栖息地退化和物种损失方面占据国际领先地位。

（2）开发自然恢复网络

通过调整当前的土地管理方式，英国将开发“自然恢复网络”，新增 500 000 hm^2 的野生物种栖息地，更加有效地连接现有保护区和风景区，以及城市绿地和基础设施。“自然恢复网络”能够促进野生物种恢复的同时，还能够带来很多其他效益，如更多的公共游憩场所、授粉、碳捕获、水质改善和洪水管理。

与政府协调用地，以便实现“自然恢复网络”的 500 000 hm^2 自然恢复区的新增；同时研究如何在“自然恢复网络”中建设景观规模的富含野花的草地、草坪和石南原恢复区，在为公众提供游憩场所的同时，促进传粉昆虫栖息地的恢复；研究未来两年内“自然恢复网络”的具体部署方案，对新的土地环境管理系统进行开发和试点，研究使用创新性融资机制的可行性；在实施开发的过程中对更广泛的经济和社会效益进行评估。

（3）为重新引入本土物种提供机会

当前野生物种保护计划的重点在于保护最珍稀物种或者濒危物种。过去 10 年间，保护区的条件有所改善，部分濒危物种的数量开始恢复。尽管如此，英国还是损失了很多英格兰以前的本土物种，如白尾海雕、橘斑绿蜻蜓和海狸。

英国将在《国际自然保护联盟准则》 的基础上编制标准和规范，确保相关方案能够带来明确的经济或社会效益，并充分意识到这种做法可能给公众、环境或者企业带来的风险。在开发“自然恢复网络”的过程中，英国也将为本地物种恢复和重新引入提供机会。英格兰自然局将持续与合作伙伴和当地社区合作，执行物种重新引入和恢复项目，支持自然保护，确保达成相关经济和社会目标。

（4）研究如何向个人和机构提供机会，实现长期保护

英国将评估《保护契约》在自然保护方面的潜在作用。其主要机制是使土地所有者在土地开发过程中承担具有法律约束力的责任，以便后代能够获得长期持续的自然保护效益。

上述契约将由一个专门的负责机构进行监督。该机构将负责编制并维护相关标准，要求土地所有者从纯粹利他的角度出发，保护其土地上的珍稀物种，如珍稀树木或林地。在部分情况下，还可以与企业签署相关的保护契约，确保现有的或新设置的野生物种或自然遗产区域能够得到长期维护。

（5）提高生物安全性，保护自然

白蜡树是生物安全性风险的最新受害者，导致白蜡树受到破坏的具体原因是在各个县

之间快速传播的疾病——白蜡树枯消病。白蜡树枯消病是一种慢性真菌疾病，已经蹂躏了全欧洲范围内的所有白蜡树，可能会导致英国最常见的这种阔叶树损失90%以上。疾病并非唯一威胁，非本土物种入侵也会导致本土植物和动物物种消退。非本土物种入侵甚至会导致本土物种灭绝，对稀有自然保护区造成严重的、长期持续的损害和影响。随着入侵的非本土物种的增殖，可能会导致当地生态系统出现不利变化，而气候变化可能会使其进一步加剧。

英国已经采取了强有力的保护措施，包括更加严格的边境控制措施。未来英国还将持续采取国际上较为严格的生物安全性保障措施。新任命的树木专员将与英国环境部的首席植物健康官员密切合作，推动全英格兰树木保护工作。修订后的《2020年植物健康生物安全性战略》将提供保护植物健康的战略框架，英国将持续推进《英国侵入性非本土物种战略（2015）》的实施，以便保护英格兰境内的自然资产，防止其受到非本土物种侵入的影响。

2.2.2 保护和美化自然景观

部分英格兰最美的风景区和地质多样性已经通过多种措施进行了保护，其中包括国家公园和突出的自然风景区。部分景观还获得"联合国教科文组织世界遗产"和"世界地质公园"等称号（如湖区国家公园、康沃尔和西德文矿业遗址以及北奔宁山）。总体而言，其中包括了英格兰最独特、最珍稀和最具价值的自然资产。

未来的25年内，英国希望能够确保这些景观不但得到保护，而且得以美化。规划中列示的很多政策将推动这些景区变得更加美丽。

英国的第一个国家公园是在政府《1947年霍布豪斯报告》的基础上，根据1949年的《国会法案》进行建立，至今依然是英格兰境内绝大多数受保护风景区的基本模式。

在70年之后，政府将会根据21世纪的情况对该政策进行审查；与国家公园管理机构合作，在2016—2020年持续实施"国家公园八点计划"，目前国家公园管理机构已经实现了其目标，即每年有超过60 000名来自学校的青少年游览了国家公园和风景区，预计这一数据在未来将会翻倍；与国家公园管理机构、突出的自然风景区合作机构以及自然保护委员会合作，实施环境改善方案，包括实施示范项目、通过强制性管理计划促进社区参与等；识别确定英格兰境内159个国家指定区域的环境改善机会，监控景观特征和质量的相关指标，改善景观，增进人类、场所和自然之间的联系。

2.2.3 在水资源利用方面尊重自然

为未来维持可持续的水资源供应极其重要。英国认为这需要同时降低需求和增加供给。

（1）改变取水方法

取水是指从水源处抽取水的过程，包括临时取水和永久性取水，绝大多数水资源都被用于灌溉或饮用。地下水或者河流可以通过降雨或者融雪得到天然补充。如果抽取的水量过多或者抽取速度过快，则水资源可能会耗竭，即"过度取水"。在部分情况下，水资源耗尽之后可能需要数十年时间才能恢复。

英国的指标表明，约有1/5的地表水存在过度取水状况。这会导致水体发生物理变化以及其他一些相关变化，造成植物和动物多样性减少。英国希望取水者能够以高效的方式取水，并将持续修订许可证的相关政策以防止不可持续取水的情况，鼓励并支持创新性取水方式。英国将使水务公司在解决水资源不可持续利用问题过程中占据领导地位；到2022年，对历史上享有豁免权的取水行为进行管理，确保其依然能够在水体环境保护中起到一定作用；到2021年，更新十项取水许可战略，其余的战略将在2027年之前更新完毕，以便对协商确定的集水区环境压力应对方案做出明确规定。

（2）增加水资源供应，鼓励提高用水效率，减少个人用水量

水务公司必须编制并实施稳健的长期计划，以便必要时能够开发新的水资源。同时鼓励提高用水效率，减少个人用水量。英国在2018年对《水资源国家政策声明》进行磋商，根据《工业战略》的相关规定统一新的大型基础设施建设的规划流程，确保能够获得净环境收益；将与水资源行业进行合作，确定五年业务规划周期，确保通过长期战略增加弹性，对水资源供给和需求进行管理；与行业机构和非政府组织 Waterwise 合作，提高水资源利用效率，鼓励客户参与，探索研究引入新的高效水资源管理措施可能导致的影响；采取实用和符合成本效益的积极措施，大幅节约用水；与行业机构合作，确定合适的个人耗水量目标以及达成相关目标需要采取的措施。

2.3 亲近自然环境，改善人们健康和福祉

在自然环境中停留，无论居住还是游览都能够改善人们的精神健康状态，提高幸福感。自然环境能够缓解压力、疲劳、焦虑和抑郁，并有助于促进免疫系统健康和增强身体活力，可以降低诸如哮喘等慢性疾病的风险。在自然环境中停留还能够克服孤独感，与社区紧密联系起来。为此英国计划采取以下行动，确保人们能够获得这些福利。

- 通过使用绿色空间，帮助人们改善健康和福祉，包括提供精神健康服务。
- 鼓励儿童在学校内外亲近自然，尤其是贫困地区的儿童。
- 通过创建绿色基础设施，在城区种植一百万棵树，“绿化”城镇和城市。
- 将2019年定为“环保行动年”，与 Step Up To Serve 和其他合作伙伴合作，帮助所有背景的儿童和青年接触自然，改善环境。

2.3.1 通过使用绿色空间，帮助人们改善健康和福祉

英国的目标是让更多的人不论其背景如何，都能够在日常生活中进入绿色和蓝色空间并在其中停留。英国将会对将人与绿色空间更加系统地连接起来的方式和措施做出规定，以便改善人体健康，并使用自然环境作为资源来预防和治疗精神疾病。

（1）研究如何在精神健康服务中使用环境疗法

英国拟考虑如何使英格兰的国家医疗服务体系（NHS）精神健康服务供应商和环境志愿者机构建立新的合作协议，在自然环境中为轻度和中度精神疾病患者提供适宜的环境疗法，如园艺、室外锻炼和护理农场，同时帮助这些患者克服孤独感和疏离感。

同时广泛传播和分享现有社交活动获得的经验，确保其他人能够采纳最佳实践。为服务供应商开发标准化工具，以便在全英格兰推行社交活动。英国将为项目提供种子资金，

相关项目将由“保护志愿者”牵头完成，并由英格兰 NHS 提供支持。

（2）通过自然环境改善健康和福祉

英国将启动一项“自然环境改善健康和福祉”三年计划，重点支持地方政府机构、卫生组织、卫生专家、教师和规划者，以便将提升自然环境作为改善健康和福祉的一种方式。英国将成立环境和健康方面的跨政府联盟，设计并监督“自然环境促进健康和福祉”计划；为上述跨政府联盟提供支持的具体措施包括证据分析、工具开发，并为地方政府机构、地方长官和专家提供支持。

2.3.2 鼓励儿童在学校内外亲近自然

户外玩耍和学习是儿童生活的重要组成部分，有助于儿童健康成长。部分幸运的儿童家里有花园，但其他孩子可能没有这种机会。因此，非常重要的一点是必须找到其他途径，使儿童能够更加便捷地定期接触绿色空间，如地方公园、湖泊或者游乐场等，这对于儿童的身体和精神健康都非常重要。

英国的《规划》提出了各项计划，主要目的都在于鼓励和支持室外活动，尤其是家里没有花园的儿童。政府将提供 1 000 万英镑资金，为这些项目提供支持。

（1）帮助小学建立环境友好型场地

英国将启动一项“环境友好型学校”计划，帮助更多的社区创建环境友好型场地，使儿童能够了解自然世界，并保持健康快乐。政府将为最贫困地区的学校提供支持，帮助其建设环境友好型场地，设计并实施各种活动，使儿童能够与自然环境接触，保障其健康和福利。

（2）支持更多学生与当地自然环境接触

英国希望学生和学生收容机构能够定期带学生到自然空间中游览，使学生能够在更健康、幸福的环境中学习。英国将实施开发性格的计划，支持英格兰最贫困地区学校和学生收容机构建立持续性的计划，使学生能够与自然环境接触，这些学校预计将于 2019 年秋季开学；支持学校将课外活动扩展到当地社区的森林中；支持国家护理农场扩展计划，到 2022 年将英格兰儿童和成人的每年可访问农场数量翻 3 倍，达到 130 万所。

2.3.3 绿化城镇和城市

居住环境中的绿色和蓝色空间对于健康和福祉而言非常重要。当前，城市内部的绿色空间分布不均匀。英国将会提供更多更好的城市绿色基础设施，其中包括绿化树木，可以使我们的城镇和城市变为富有吸引力的工作和生活场所，并能够长期改善居民健康。更好的绿色基础设施能够促进当地的社会交流，通过参与和成就分享建立强有力的社区网络。

（1）建设更多绿色基础设施

英国的目标是改善现有绿色基础设施，鼓励更多投资，同时确保能够实现可持续发展目标。最初英国将重点放在当前可使用的绿色基础设施缺乏的地区，或者相关基础设施质量较差的地区。英国将确定绿色基础设施的国家标准框架，确保新开发项目中包含可用的绿色空间，且没有或者几乎没有绿色空间的地区可以进行改善，以促进社区福利的提升。英国将支持公园行动小组的工作，帮助英格兰的公园和绿色空间满足当前和未来的社区需求；在 2018 年，英国将继续与艾克赛特大学合作开展开拓性的工作，更新世界领先的“室外休闲评估工具”(ORVal)；成立由英格兰自然局牵头的跨政府项目，到 2019 年夏季之前，完成现有绿色基础设施标准的审查和更新工作；支持地方政府机构根据新标准要求对绿色基础设施进行评估；与住房部、社区和当地政府合作，研究是否可以将绿色基础设施承诺纳入国家规划和政策。

（2）在城镇和城市中或附近种植更多的树

在城镇和城市中或附近的靠近人们生活和居住的区域种植更多的树，能够使居民更亲近自然，改善空气质量，并带来积极的健康效应。

在城市地区，英国将与利益相关方合作，种植 100 万棵树。这不包括在全英格兰乡村地区种植 1 100 万棵树的计划的范围内。在确定方法是否能够完成 2060 年树木总覆盖率达到 12%的目标时，英国将考虑在尽可能接近人居区域的位置种植树木。英国将持续与利益相关方合作，制订并实施相关计划，编制并实施相关手册，供当地政府机构和其他城市造林机构使用，对城市树木的采购和维护实践做出规范。引入新的要求，确保在砍伐街道绿化树木时向城市议会进行通报和咨询。

2.3.4 将 2019 年定为“环保行动年”

英国的目标是让更多各种背景的人参与到改善自然世界的项目中。英国将把 2019 年定为“环保行动年”，同时重点关注儿童和青年。在此“环保行动年”内，将重点支持运行环境项目的组织，同时还鼓励更广泛的群体参与。

相关证据表明，当前已经有很多人非常希望能够参与环境项目，英国的目标也是鼓励尽可能多的人参与。在青年人群中，根据政府资助的“国家青年社会活动调查 2016”调查结果，在 10～20 岁年龄段的青年中，42%已经参与了有意义的社会活动，而其他的则未参与任何社会活动。

（1）帮助各种背景的儿童和青年接触自然，改善环境

英国将与 Step Up to Serve 和#iwill 等活动伙伴以及其他青年环境合作伙伴合作，为 2019 年的#iwill 运动确定环境主题（2018 年活动主题是健康，与 NHS 的 70 周年庆典有关)。

#iwill 运动是所有行业参与的一项运动，目标是在 2020 年使所有 10～20 岁的青年都能够投入部分时间，参与有意义的社会活动。将会与环境和青少年行业的合作伙伴进行合作，推广环境相关的社会活动，吸引各种背景的青年参与。作为活动的一部分，将与 “国家公民服务（NCS）信托基金”合作，确保更多参与者能够在 NCS 体验之旅和后续阶段接触自然，并参与改善自然环境的活动。

（2）支持 2019 年绿色行动

政府将举办活动庆祝国家公园建立 70 周年和林业委员会成立 100 周年，同时还将举办 2019 年#iwill 活动，鼓励成年人和儿童采取积极措施，改善自然环境。英国将重点关注一些普通人能做的简单事宜，以及这些事宜如何促进良好的健康状况。在 2019 年，英国还将举办其他一系列参与式活动，主题涉及减少垃圾、更清洁的空气以及其他有利于环境的行为。英国将使企业、社区和志愿者参与到这些活动中，并要求他们和教育部门一起编

制自己的全年计划，以促进社区参与和提升意识。英国预计 2019 年将成为五年计划的基础，能够将《规划》中的承诺付诸行动。

2.4 提高资源效率，减少污染和浪费

对于企业和住户而言，每年处理垃圾污染的成本为数百万英镑。另外，垃圾污染还会对环境和野生物种造成严重损害。污染是指会扩散到环境中的一种垃圾，如扩散到大气、水、土地和海洋中。

在未来的 25 年内，英国认为必须大幅降低所有形式污染物的排放量，缓解环境压力，必须确保噪声污染和光污染能够得到有效管控。并将采取以下行动：

☞ 确保以更有效的方式利用资源，通过提倡再利用、重新加工和回收，减少资源浪费并降低对环境的影响。

☞ 计划到 2050 年消除所有可以避免的垃圾，到 2042 年年底消除所有可避免的塑料垃圾。

☞ 根据《清洁空气战略》治理空气污染，减少空气污染，降低化学品的影响。

2.4.1 到规划期末实现资源效率最大化和环境影响最小化

英国承诺将继续努力，确保到 2050 年实现可避免垃圾零排放的目标，同时在《规划》的实施过程中，将资源生产率提高 1 倍。为了达成上述目标，提高在资源寿命周期内从中获取的价值，需要考察从生产到使用、直到寿命结束整个寿命周期如何利用资源。英国已经承诺将会在 2018 年出台新的《废物和资源战略》（WRAP），使英国成为资源利用效率方面的世界领导者。英国将会制定减少垃圾、扩大次生材料市场的相关措施，鼓励生产者设计更好的产品。在产品使用寿命结束时，制定更好的废物管理措施，以便降低环境影响。

（1）到 2042 年年底达成可避免塑料垃圾零排放目标

塑料是一种通用材料，是目前很多产品的主要成分。作为包装材料，塑料具有安全、牢固、卫生和廉价等优点。塑料非常坚韧耐用，如果处置不当会给环境造成灾难性影响。绝大多数塑料均通过化石燃料生产。在其使用寿命结束之后，很难在不损害自然环境的情况下进行处置。

根据估算，从 20 世纪 50 年代开始，塑料的总生产量约为 83 亿 t。如果不能立即采取措施降低对塑料的需求，预计到 2050 年，这一数值将会达到 340 亿 t，其中绝大多数塑料废物都被送入垃圾填埋场，或者污染世界上的各大陆和海洋。因此，为了确保地球的未来，需要立即采取措施减少海洋和开放环境中的塑料垃圾。

英国将对塑料整个寿命周期进行研究。在 2018 年搜寻证据，研究如何改进税费系统，以便减少塑料废物的使用量。在生产阶段，英国将鼓励生产者承担产品更多的环境影响责任，促使其在生产过程中合理使用各种不同类型的塑料产品，措施包括：①与行业机构合作，采用合理的包装方式和包装材料，确保有更多的塑料产品易于回收，同时能够提高回收的塑料产品的质量；②改进生产者责任系统（包括包装废物管理规定），激励生产者承

担产品更多的环境影响责任；③制定微粒产品禁用制度。在消费阶段，减少一次性塑料使用量，进而减少塑料废物量，措施包括：①中央政府禁令；②延伸塑料袋收费制度到小型零售店领域；③建设饮用水加注点网络。在使用结束阶段，英国将通过下列方式，使用户能够更便捷地回收塑料产品，措施包括：①持续支持行业牵头的包装回收标签系统；②持续实施“垃圾减少战略”；③实施自愿和强制性干预措施。在使用寿命结束/废物管理阶段，英国将提高回收利用率，措施包括：①根据“高级一致性框架”，WRAP 将与行业和当地政府机构合作，确保所有地方政府机构都能够按照一致标准回收材料；②与废物管理行业和再加工行业合作，大幅提高收集和回收利用的塑料包装所占的比例；③在国家“生物经济战略”框架下，将与研究理事会合作，协助制定一套生物可降解塑料袋标准。

在行业合作行动中，WRAP 正在努力开发跨部门（企业、政府和非政府组织）机制，以便处理塑料废物问题。该机制将与 Ellen MacArthur 基金会的“新塑料经济”一致，首先关注塑料包装问题。在国际领导力方面，英国将进一步帮助发展中国家处理污染问题，减少塑料废物，包括通过英国援助机制提供帮助；与联合国、“七国集团”（G7）和“二十国集团”（G20）合作，在国际层面处理海洋塑料污染问题；与国际海事组织合作，控制和预防来自船舶的污染。

（2）减少食品供应链中的排放和废物

政府正在努力采取措施，以便使英国的食品和饮料行业更加具有可持续性。根据此目标，到 2025 年，英国需要将食品和饮料行业内的温室气体排放量减少 1/5，同时还要将人均食品消费量降低 1/5。通过此举可以使英国达成更加宏大的联合国目标：到 2030 年，达到零售和消费者层面的人均全球食物消费量水平目标。

此工作将在《2025 年考特尔德承诺》框架下进行，这是一项自愿协议，涉及从生产者到消费者的农业食品供应链中的所有组织机构。英国将继续与 WRAP、食品企业、地方政府机构和其他利益相关方密切合作，确保履行《2025 年考特尔德承诺》；确保在即将续约的食品和餐饮服务合同中，中央政府部门及其下属机构能够采取“平衡计分板”制度，以保障环境、消费者和企业的利益；为将多余的食物分配给需要帮助的食品企业提供补助基金。

（3）减少垃圾和乱丢垃圾的行为

在“减少垃圾战略”中，对国家清洁、减少垃圾和乱丢垃圾的行为设定了目标，具体措施包括加强教育、强化执法行为和优化“垃圾桶基础设施”设置（公共垃圾桶的设计、数量和位置等）。

“减少垃圾战略”还为所有在减少垃圾领域进行投资的企业提供了可观的经济激励：企业可以采取自愿措施提高废物回收率或者减少垃圾，也可以通过产品设计、行为研究和宣传投资的方式达成上述目标。还将与相关行业合作，处理一些具体的难题，如被丢弃的速食品包装、吸烟相关的垃圾以及口香糖垃圾等的处置问题。

英国还将开展一项新的全国范围的减少垃圾活动，努力营造一种文化，并教育年轻人不要随意乱丢垃圾。对于乱丢垃圾的人，英国将采取强力措施。根据已经通过国会审批的新规定，伦敦之外的市议会有权对乱丢垃圾的车辆车主采取处罚措施。另外，英国已经制定了新的规定，提高对乱丢垃圾行为的固定罚金额度。英国还将提供修改后的指导原则，对如何合理使用这些权利进行了规定，鼓励市议会提高执法的透明度。

最后，英国还将改善垃圾处置方面的基础设施。通过与“英格兰高速公路”合作，将处理高速公路上乱丢垃圾的行为，并更新《拒绝乱丢垃圾行为规范》，对相关标准进行更新。英国还将编制关于“垃圾桶基础设施”的新的指导原则，帮助地方减少垃圾量，达成在“减少垃圾战略”中规定的目标。英国将继续鼓励从行为的角度出发，开发并测试减少垃圾的新途径；还将启动新的“垃圾创新基金”，试点并评估具有较广泛应用潜力的小规模地方研究项目。

（4）改善残余废物的管理

从 2000 年开始，英国通过建设转废为能设施，大幅减少了来自垃圾填埋场的废物垃圾（即无法再利用或回收的垃圾）的数量。通过废物回收的能源基本上都被用于发电。2016—2017 年，地方政府机构收集的约 38%的废物垃圾被用于转废为能，只有约 16%的垃圾进入了垃圾填埋场。尽管如此，英国表示还能做得更多。英国希望确保对垃圾废物进行合理管理，能够最大化实现其资源价值，尽可能减少对环境的影响。

英国将研究除发电之外的各种废物垃圾管理方案，包括运输用的生物质燃气和其他创新技术；寻找能够提高废物垃圾热转化效率的方法，例如供热网络的更好连接方式，以便提高这些设施的效率、减少 CO_2 排放量；研究能够减少转废为能设施的 CO_2 排放量的方法，例如对废物垃圾中的塑料含量进行控制等。英国将抓住机会，尽可能回收更多塑料或减少使用量。

（5）打击乱丢垃圾者和浪费者

和废物排放相关的犯罪行为会对自然环境造成长期持续的影响，会导致空气、水和陆地受到污染。乱丢垃圾和管理不善的垃圾处理设施也会导致烟雾、粉尘、寄生虫和虫害等问题。另外，焚烧垃圾可能会对公路、铁路、学校等设施造成严重影响，降低附近居民的生活质量。

根据环境服务协会估算，在 2013 年，废物排放相关犯罪为英国经济增加了约 8.08 亿英镑的成本；在 2015 年，上述成本至少为 6.04 亿英镑。这种行为破坏了合法的商业经营，造成偷税漏税，还会导致政府部门数百万英镑的清洁处理成本。2016—2017 年，地方政府机构处理乱丢垃圾的清洁成本约为 5 770 万英镑。在这些数据中，尚未包括其他土地所有者处理非法丢弃的垃圾过程中产生的成本。英国将在《规划》期间，寻求减少废物排放相关犯罪的方法，其中较高风险的具有较高优先级；与行业机构合作，研究对废物垃圾进行电子跟踪的方案；作为将在 2018 年出台的《废物和资源战略》的一部分，开发新战略，以便预防、监测和阻止废物排放相关犯罪行为；与行业、监管机构和地方政府机构合作，处理相关问题。

（6）减轻废水对环境的影响

如果废水（包括住宅中流出的生活污水、工业废水和受污染的雨水）不能得到合理的收集和处理，则可能会对水体环境造成严重损害。

在向英国水务监管部门提交的战略政策说明中，政府明确指出希望监管部门对水务和污水处理公司提出要求，要求其改进废水管理的方式，以便在满足消费者需求的同时可以保护环境。例如，泰晤士河潮汐隧道是一条全新的 15 km 长的“超级污水管道”。此隧道可以将从伦敦地区污水系统中大量溢出并排入泰晤士河中的污水引走，保证泰晤士河水体的清洁。

我们将与行业机构合作，编制更加稳健的废水处理计划；编制相关投资流程，确保消费者和环境均可获得切实利益；继续支持泰晤士河潮汐隧道项目，此项目具有巨大的环境效益，能够显著提高泰晤士河的生物多样性。

2.4.2 减少空气污染

生活在城市中心或者靠近繁忙公路区域的人们（通常是收入最低的群体）经常会暴露在危险的空气污染中。流行病学研究结果表明，长期暴露在此种类型的空气污染中会缩短预期寿命。因为严重的空气污染会导致心血管和呼吸道疾病并增加肺癌患病率。

在减少空气污染和改善空气质量方面，英国当前处于世界前沿水平。1956 年颁布的《清洁空气法案》对于英国城市和城镇的空气污染具有重大影响，有效地缓解了历史上多次出现的“黄色浓雾”现象。英国采取综合方法治理工业污染，确保工业企业随时采取可用的最佳实践，包括对工业设置较高的排放标准等。事实证明，这些措施具有创新性，而且在减少排放方面具有切实的效果。英国的国际合作伙伴也开始采纳这种方法。

另外，随着严格的法律法规框架的建立，空气质量也得到了大幅改善。从 1990 年开始，英国的 SO_2 排放量降低了将近 95%。严格的污染排放限值迫使企业投资开发更加清洁的工艺流程和减排技术。燃料和产品的配方也进行了调整，以便从源头处减少排放量。另外，逐渐减少煤炭的使用量、增加清洁能源的使用量，也能够有效改善空气质量。

英国还承诺达成下列宏大的、具有法律约束力的目标，从而强化英国改善空气质量的决定。上述目标是指减少 5 种污染物的排放量，包括氨气、氮氧化物、非甲烷挥发性有机物、细颗粒物以及二氧化硫。到 2020 年大幅减少排放量，到 2030 年进一步大幅减少。英国表示达成上述具有法律约束力的目标的承诺，不会受到英国脱欧的影响。英国的目标是让所有人都能够更加愉悦地生活在自然环境中。为了达成上述目标，英国将会启动《清洁增长战略》中规定的各项计划。

为了防控化学品风险，促进化学品的安全生产、运输和使用，英国对化学品行业制定了一系列法律法规，以便尽可能降低化学品对人体健康和环境的潜在影响。尽管英国的化学品行业增速较快，但事实证明上述法律法规能够提供有效的控制手段和措施，可以有效防止英国的危险物质排放。

英国是四项多边环境协定（MEA）的签约国，也是积极参与者。英国将与国际社会合作达成既定目标，同时为发展中国家提供支持。通过维持综合性的排放指标，从 1990 年开始，英国国内的很多有害物质的排放量都显著降低，包括《斯德哥尔摩公约》禁止的汞和所有持续性有机污染物。但是，英国还需要研究制定相关措施，以防止有害物质排放至空气、水和土壤中。

（1）发布《清洁空气战略》

英国在 2018 年公布新的《清洁空气战略》。根据该战略，英国将持续改善公众健康，保护环境，支持清洁增长，努力实现控制英国空气污染物排放量上限值的目标。在该战略中，英国将研究如何采取措施，改变农民使用化肥的方式，以便减少空气中的氨气排放量。

该战略还将研究如何采取措施使居民使用固态燃料进行房屋采暖，以减少空气污染问题。

英国将定期对该战略进行审查和分析，并公布在减少全国空气污染物排放量方面取得的进展。

（2）抑制燃烧设备和发电机的污染物排放

中型燃烧设备（MCP）主要用于为大型建筑物供暖和发电，是一种未受到合理管制的严重空气污染源。英国表示必须控制此类型设备对环境造成的影响。

类似地，随着低成本、小规模、灵活性发电机组的快速发展且未受到合理控制，也带来了非常严重的空气污染风险。这些发电机组通常使用柴油作为燃料，会排放大量的NO_x，严重威胁地方和全国的空气质量。

因此，英国将推进立法，为中型燃烧设备和发电机组的污染物排放量设定限值以处理其污染物排放问题。基本目标是将SO_2排放量降低43%，将颗粒物排放量降低9%，将氮氧化物排放量降低22%，以确保实现2030年目标。另外，这些控制措施还能够有效降低城市地区的NO_2浓度。

（3）发布《化学品战略》

化学品能够为社会带来很多效益，在工业、农业、食品行业和家庭中均得到广泛利用，但也导致了严重的土地、水、空气和食品污染问题。英国将公布新的《化学品战略》，使用现有方法在全国范围内处理化学品污染问题。英国将研究相关方案，进行综合性监控和背景扫描工作，开发预警机制，确保在出现化学品相关问题时能够及时识别；研究如何解决产品中的化学品问题，减少化学品回收和再利用过程中的障碍，同时能够有效防止有害化学品风险；与国际社会合作，进一步推动化学品安全评估的标准化工作，以便支持使用双方共同接受的数据识别和分享化学品相关信息，处理相关问题，开发新的风险评估方法。

（4）尽量降低水域中的化学污染风险

化学品会通过各种污染源进入水域，其中包括水处理厂、农用杀虫剂、矿井等废弃基础设施、大气沉降以及道路径流。英国希望能够应对英国水域（包括地下水系统）的化学污染风险，确保进入淡水水体中的污染物水平（可能会输送到海岸区域和海洋中）不会提高，也不会导致污染。

英国将实施新的战略，对存在的问题进行优先级排序，如抗生素抵抗、药物产品污染以及微塑料污染等。英国的目标是改善水质，防止地下水恶化，减少有害物质的排放量；与利益相关方（包括水务公司和“Blueprint For Water”）合作，编制针对一种或多种化学品的处理路线图，为化学品管理、河流流域管理和水务行业管理工作设置时间表；与农业部门合作，优先解决作物保护产品导致的污染，如杀虫剂和除草剂，对自愿计划取得的进展进行评估，与相关部门进行协商、合作；与国内、国际学术专家、产业、政策决策者和监管机构进行合作，在实证基础上确定待解决问题的优先级顺序以及需要进一步研究的领域和问题。

（5）确保继续拥有清洁的休闲水域，针对临时污染发出警告

游泳和冲浪的人员必须确保其所在水域清洁干净。英国已经确定了一些“游泳水域”，以便公众可以放心使用。英国将重点关注人最多的水域。过去数十年间，英国已经大幅清

洁处理了很多的游泳水域：在 2017 年，98.3%的水域都能够满足洁净水标准。

较为清洁的水域能够降低健康风险，这是为公众带来的最直接的利益。另外，较为清洁的水域还可以促进当地旅游业的发展，因此对于地方经济具有长期的促进作用。政府将与环境部门和水务公司合作，维持较高的游泳水域水质标准；确保所有相关方都能够采取措施改善水质，例如拆除错误连接的管道，改进地表水排放方式和土地管理方式，将私人污水系统维持在较高标准等；持续开发环境局的预测和警告系统，在可能出现短期污染问题时，能够及时向使用游泳水域的公众提出警告，强降雨导致污水系统溢出、用于放牧的土地上的回潮等因素都会导致这种临时污染。这些措施能够提高公众对游泳水域的信心。

2.5 确保清洁、健康、多产和具有生物多样性的海洋

海洋是人们历史、经济和生活方式中不可分割的一部分。海洋几乎提供了人类呼吸所需要的一半氧气量，并吸收了人类产生的 1/4 的 CO_2。海洋在水循环和气候系统中扮演了重要角色，对生物多样性和生态系统服务具有决定性作用。海洋环境提供了关键岗位、海产品和原材料，支撑着经济。

英国拥有 17 820 km 的大陆岸线，并拥有欧洲所有沿海水域中最大范围的海洋栖息地。这片海洋栖息地是多种多样的浮游生物、无脊椎动物、鱼类和较高级食肉类动物的家园，动植物种类约达 8 500 种。在不受人类干扰的情况下，海洋生态系统的诸多方面都有持续性的自我恢复能力。

然而，过于频繁的人类活动使得海洋储备消耗的速度远超海洋自身的恢复和再生功能。直接结果包括海洋酸化和珊瑚礁破坏。海洋酸化是因人类在世界范围内活动产生 CO_2 排放而直接引起的，仅能通过国际层面进行有效处理。英国签署的《因为海洋》宣言强调了海洋保护与《巴黎协定》执行的相关性，并号召协议各方采取减缓与适应行为兼顾的方式将海洋保护列入各自的国家自定贡献方案中，包括保护或构建重要的碳封存海洋栖息地。因此需要在全球层面对海洋酸化走向进行持续且分布广泛的监测。英国会继续支持这项工作，并与其他国家一起推动监测工作和数据收集工作等方面的创新以便支持弱势海洋地区的政策和活动。这项工作有助于促进人们对海洋酸化环境和生态系统对海洋酸化反应的理解，优化对海洋酸化及其影响的预报作用。

长久以来，珊瑚礁都承受着直接压力。英国的宏远目标是拥护并支持在英国国内、海外领地（OTs）水域内及世界范围内的珊瑚礁和生物多样性保护。国际珊瑚礁学会（ICRI）将 2018 年定为国际珊瑚礁年，英国对此表示支持。国际珊瑚礁学会是一家由英国公认的，致力于珊瑚礁和相关栖息地保护的主要国际机构。英国会加强与国际珊瑚礁学会的密切联系，与海外领地合作鼓励采取最佳的可持续方法管理珊瑚礁及其相关生态系统。英国期望提供可持续的渔业，在维护社会和文化健康的同时确保食品安全。

英国正在采取措施获取国际自然资本，以便实现多种成效。例如，红树林在健康的海洋生态系统中扮演着重要角色，它能吸收碳、支持水产养殖及促进沿岸社区的健康发展与繁荣。英国已投资 1 010 万英镑，与沿岸社区合作用于保护印度尼西亚马达加斯加岛上以

及遍布东南亚地区的红树林。

海洋没有地区或国际界限。鉴于海洋环境的跨界属性，为有效达成目标，与其他国家合作是明智之举。期待与英国所有行政部门，以及根据《东北大西洋环境保护公约》与英国邻海的其他国家合作，传递英国在海洋环境上的宏远目标。对海洋的可持续性利用和管理需要多边合作。这为国际外交提供机遇，而英国几十年来一直孜孜不倦。英国对传递可持续发展目标（SDG）的承诺，包括第 14 项“为可持续发展，保护和可持续地使用海洋资源”，将指导英国在多处优先领域的工作。英国将根据 SDG 14 在国内、国际传递自己的承诺。

整体而言，英国海洋环境的某些方面正在改善。大约 30%的鱼类资源现已达到可持续水平，例如，自 2010 年以来，北海大型鱼类的比例已大幅攀升至 20 世纪 80 年代以来前所未见的水平。英国表示必须继续寻求减少人类活动影响的措施，尤其是对海床栖息地和鱼类种群的影响。

英国需要对海洋环境的整体价值有所了解，并在决策中将这种理解体现出来，这是《规划》中所述自然资本方法的关键。对海洋经济、社会、历史和环境价值的理解有助于对支持管理和可持续性的行为规范进行激励。应用此方法要求英国在选择如何更好地保护和管理海洋环境，以及如何看待与海洋有关的价值等方面态度鲜明。

自然资本在渔业上的运转是一个很好的例子。这个至关重要的行业依赖于健康的海洋环境。英国需要确保拥有健康的鱼类资源，无持久性污染物和重金属，且鱼类资源可进行可持续开发，保证渔业的长期生存能力。在可持续水平内进行的捕捞作业将有助于人们更广泛地保护海洋生态系统，保障人类所依赖的鱼的种类。

为此，英国不能单看鱼类资源。海洋环境是它们重要的栖息地，英国必须加以保护，通过地方利益者的力量介入，寻求最恰当的方法以可持续的方式引入海洋财富资源，从而保护和改善海洋环境。将采取以下行动：

- 在弃用《通用渔业政策》后实施可持续的渔业政策。
- 在允许水产业兴旺发展的同时，使海洋环境状况得到良好改善，并完成管理良好的海洋保护区（MPAs）的生态协调网络建设。

2.5.1 在弃用《通用渔业政策》后实施可持续的渔业政策

英国政府将利用脱欧这一机遇引入世界一流的渔业管理系统，该系统以最大化可持续产出为原则，帮助修复和保护海洋生态系统。英国将与授权的行政机构、英国渔业和其他利益者合作统一政策，实施正确的激励措施，收集数据、科学决策。实施方案中进行了科学基础规划，要求对渔业进行可持续管理，以期尽可能在最短时间内使鱼类资源恢复至可持续水平。一旦脱离欧盟，英国政府将根据自身利益发布年度鱼类资源状态报告。

英国将在新渔业法案出台前发布渔业白皮书，介绍脱欧后将进一步采取的可持续性管理方法；在各层面采取行动落实方法，包括同欧盟和其他国家进行渔业谈判。

2.5.2 在海洋产业蓬勃发展的同时，实现良好的海洋环境状态

脱欧使英国有机会审视如何更好地管理海洋。英国海洋战略介绍了英国在海洋环境上

的整体抱负、所要达成的目标以及如何实现这些目标。

基于对海洋环境价值认识的提高，英国将对海洋进行有效管理，确保海洋在提供品种齐全的食物和服务时能够适应气候变化。规划愿景的发布需要英国顶住压力进行管理工作，从海洋污染和富营养化（水体过度营养）到渔业和其他海事的发展。

物种并非一成不变，海洋环境亦互相关联，这一认识会让英国同其他政府部门和国家采取更紧密的合作。为实现紧密合作，我们将：①审查所有海洋目标和指标，将其与《规划》介绍的目标进行比对；开发海上在线评估工具，监视海洋环境及影响海洋环境的因素；②发布必要的海洋空间规划和许可系统，用于促进行业发展，为行业和投资者提供更大确定性的同时支持对海洋环境的适当管理。

2018 年，英国将完成自 2012 年以来海洋与良好环境状态间的主要差距评估。同时应用评估结果审视目标，实施能够达成《规划》目标和相关国际海洋义务的最新战略，定期审查确保动态的追踪。在 2018 年上半年讨论第三部分海洋保护区，并在讨论日后的 12 个月内确定指定区。这样有助于完成东北大西洋海洋保护区的国际生态协调网络，将在英国领海发现的具有代表性的物种和栖息地囊括在内。2019 年，实现工作对外延伸，将保护印度尼西亚当地红树林以及东南亚更多地区的红树林。2021 年，将完成英国海洋规划完整系列，确保其与类似的海洋规划紧密结合，无论该等规划是否由英国或邻近国家开发。将继续实施海洋许可管理制度，在保护自然资本和维持海洋环境健康的同时支持可持续发展。所有具有沿海利益的当地机构在 2021 年都将签署《沿海协定》。

以现有规划为基础，完成管理良好的海洋生物保护区生态协调网络的构建。英国将采取自有方法应对海洋环境的变化压力，包括气候变化，并发明新的创新性技术进行协助管理。这些创新性技术包括遥感技术、地球观测卫星和无人驾驶汽车。这将保护海洋栖息地及栖息地内的物种，增强它们的恢复力。海洋资源由此能更好地应对长期压力和人类破坏性活动，并能快速从单一事件中恢复，诸如暴风雨和污染事件。

2.6 保护和改善全球环境

我们居住在同一个星球上，不能抛开全球环境而单独改善英国的环境——我们必须对两者共同保护和加强。陆地生态系统、海洋、淡水及存在于它们间的气候共同主宰着地球上的生命。人类造成的破坏会不断扩大，继而危及地球上的生物。有效的应对则要求全球国家共同合作。要确保热带雨林、珊瑚礁、丰富的野生物种和自然中幸存的美丽物种都能茁壮成长，为下一代生活提供支撑。

《工业战略》中宣布的“清洁发展重大挑战”确保在经济机遇和生产力促进方面从思想上接近这些挑战。各地的环境压力与日俱增。维持几十亿人的主要生态系统（如海洋）正在遭受威胁。自然灾害、气候变化和地球灾变环境退化引发了全球经济问题。污染没有国界。对一个国家的土地、空气和水有影响的污染排放物也会给其他国家的生态系统和人体健康造成有害影响。

世界上最穷的人和国家往往最为脆弱，其遭受的自然环境退化影响打击可能最严重，自然环境包括土壤、水、海洋、森林和野生物种。气候变化、自然环境恶化是导致贫穷、食品不安全和不稳定的主要因素，将有可能引发冲突和移民。

非法野生物种贸易是世界上第四大利润丰厚的跨界犯罪，每年的犯罪估值达 170 亿英镑。不仅动物被偷猎和捕杀，在全球范围内珍贵的热带阔叶树木也被非法砍伐和偷运。对森林资源的掠夺破坏了森林动物的传统食物来源、清洁水资源、原住民的药材资源和建筑材料资源。

实现全球变化并非易事。但是通过展示国际领导人职责、支持发展中国家及减少自身的环境足迹，我们可以使世界与众不同。全球环境正处于危急关头，我们需要携手合作面对紧迫挑战。整个英国正全力以赴投身于这项最伟大的事业（图 1）。

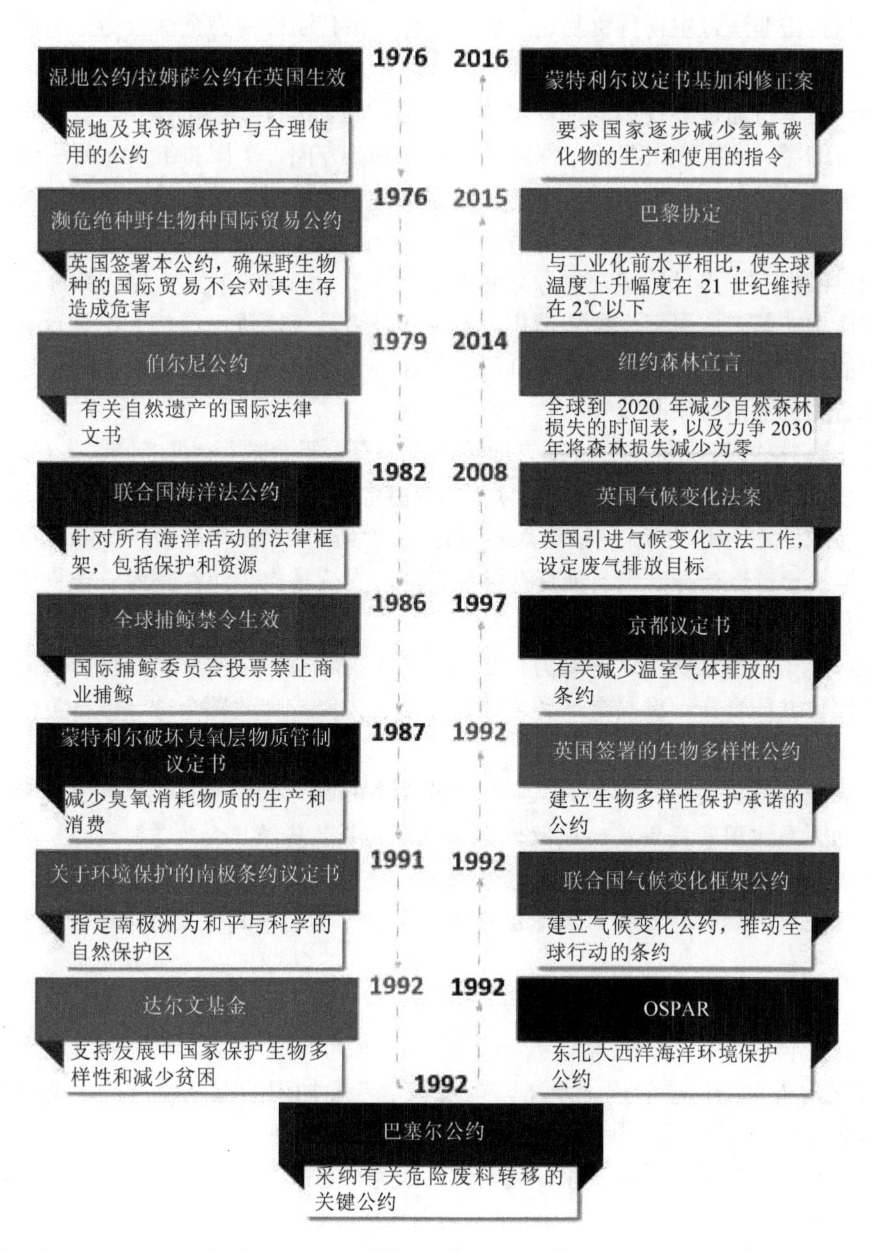

图 1　英国作出的环保承诺与对应的时间线

英国在国际环保合作上处于领先地位。2016 年，根据《蒙特利尔议定书》，英国在维护减少氢氟碳化物温室气体使用的全球协议方面发挥了关键作用，为避免到 21 世纪末全球变暖 0.5℃提供了助力。为履行《巴黎协定》中的承诺，英国已承诺在 2016—2020 年通过国际气候融资提供至少 58 亿英镑资金，用于帮助发展中国家减少并适应气候变化带来的影响，减少森林砍伐，促进更清洁的经济增长。

在处理非法野生物种贸易方面，英国也向世界展示了全球领导人职责。2014 年，英国环境、食品和农村事务部、英国国际发展署、内政部、外交和联邦事务部等部门紧密合作在英国成功召开了第一届国家非法野生物种贸易会议。会议上，40 多个国家政府就采取紧急联合行动打击非法野生物种贸易达成多项协议。该会议被视为全球合力打击破坏活动的转折点。

英国一贯支持通过各种不同的环境协议加强对脆弱海洋物种的保护。无论国内国际，在保护所有鲸类、海豚和鼠海豚，保障其生存福利等方面，英国将继续做好引导工作。英国在国际捕鲸委员会一直扮演积极角色，强烈支持全球禁止商业捕鲸，并将继续呼吁那些仍然从事商业捕鲸活动的国家停止捕鲸。

英国已经发布了多项政策严禁象牙贸易。每年有近 20 000 头大象因象牙贸易而遭屠杀。英国计划在英国全面禁止象牙销售，不论其是否从英国进出口，不论是否直接或间接造成大象的持续性非法捕杀，仅少量有限豁免除外。这些措施使英国在结束象牙贸易方面处于全球合力的前沿和中心位置。

在禁止森林砍伐、支持宏大行动方面英国也一直处于全球行动前列。这些行动包括《联合国气候变化框架公约》（UNFCCC）项下的 REDD+框架，要求国家合力减少森林砍伐和森林退化所致的 CO_2 排放量；《纽约森林宣言》，承诺到 2020 年减少一半森林砍伐损失，到 2030 年禁止自然森林砍伐，恢复森林和耕地，支持私人企业在关键农作物供应链中减少森林砍伐。

由此，英国将继续保持这种动力，必须尽力保护和改善全球环境，使所有政府相关部门和利益团体共同合作，巩固全球环境保护行动。为保护和改善全球环境，英国将采取以下行动：

- 在处理气候变化、保护和改善国际生物多样性方面以身作则，发挥国际领导力；
- 向发展中国家提供援助，做好灾害规划，帮助其保护和改善环境；
- 支持和保护国际森林与可持续农业；
- 强化可持续性，支持零毁林供应链，在全球环境中减少生态足迹。

2.6.1 以身作则，发挥国际领导力

在保护和改善世界自然环境上，英国将走在前列，推动国际社区采用更高标准。鉴于英国在国内外对高标准的永恒承诺，以及科学专业知识的深度和质量，英国的领导权在某些程度上得到了尊重。从与发展中国家合作，到担任犀牛保护工作组主席，再到继续强烈支持禁止在南极洲商业开采，英国俨然成为一名精力充沛且信守承诺的环境变革拥护者。

英国一直利用国际论坛会员资格，在关键环境问题上提出高水准协议。英国是 300 多

项条约和协定的成员国。这些条约和协定涉及海洋和地球环境、食品和农业、化学品和废物、基因资源、植物和动物健康，每一项条约和协定在保护和改善自然环境中都发挥着至关重要的作用。

在面对关键性环境挑战上，英国将继续以身作则，完成在协定中承诺的宏远目标。随着现有协定的发展，或协议的重新签订，或新方法的提出，英国将利用自身影响力，维护对全球目标的国际承诺，不论该目标如何宏大。

（1）应对气候变化

如上所述，英国于 2008 年实施了《气候变化法案》，代表了先期领导的典范。《气候变化法案》介绍了一种针对温室气体的 5 年管理方法，即所谓的“碳预算”。该行动作为范例已广泛应用于世界各地，且在《巴黎协定》中有所反映。英国将继续树立榜样，到 2050 年将温室气体排放至少减少至 1990 年的 80%，并在 2018 年公布第二批可持续有效的国家适应项目。英国也将利用在国际舞台上的外交手段鼓励采取更多雄心勃勃的全球行动。

英国近来的《清洁增长战略》是另一项国内对可持续环境发展的承诺。其他国家在制定 2020 年之前的长期二氧化碳减排计划时，可以此为参考。同样地，英国也会在国际工作中反映这些承诺。《清洁增长战略》的核心是英国承诺到 2025 年逐步淘汰有增无减的燃煤电力。

《巴黎协定》根据《联合国气候变化框架公约》建立。英国将督促国际社会实现《联合国气候变化框架公约》的先导作用，以及本文所述目标，尤其是维护健康完整的规则和标准。当前协定下的全球承诺不足以让平均温度提升幅度控制在 2℃以下，而这对未来的环境安全尤为重要。

（2）保护和改善国际生物多样性

将利用英国的影响为 2020 年后国际生物多样性宏大战略提供支撑，继续发挥英国主导作用。我们将与国际伙伴合作，确保在 2020 年举行的第十五次生物多样性公约缔约国大会上，有坚实的证据表明 2020 年后的宏大目标、实际目标和重大目标已获采纳。这些目标有助于巩固自然资本方法，并将各个层面的决策制定方式变为重视、保护和恢复全球生物多样性，进而维持地球健康，为全人类带来必要福祉。

英国将继续推进由《濒危野生物种国际贸易公约》目的产生的活动，确保野生物种合法贸易的可持续性，保护狮子、大象和儒艮（一种与海牛有关系的海洋哺乳动物）等物种。英国担任《濒危野生物种国际贸易公约》提议工作组主席，意在打击非法捕杀和贩卖犀牛。在我们关于保护野生物种数量承诺中的一项重要工作是打击非法贸易。英国将取缔非法野生物种贸易产品市场，确保法定框架的有效性，强化法律执行力及提供可持续的替代生活方法。为实现这一远大抱负，2018 年我们将邀请全球领导人齐聚伦敦参加国际非法野生物种贸易大会，组织一次全球联盟抵制非法野生物种贸易，并在最高层面对政策承诺进行再次确认。

英国的海外领地物产丰富，是全球重要的生物多样性栖息地，拥有许多世界其他地方未曾发现的物种以及各种壮观的海洋和陆地生态系统。因具有巨大的海洋区域，英国海外领地在海洋保护方面提供了领先世界的机遇。我们将开发新技术管理海外领地内的保护区，如遥感、地球观测卫星和无人驾驶汽车；同海外领地合作，继续实施蓝带项目，包括对大范围保护区进行有效监控和支持；

极地的气候变化带来了戏剧性的结果，这些结果对全球都有影响。英国在保护北极和南极环境方面始终走在前列，并将继续发挥其在南极条约系统中的领导角色，利用在南大西洋的主权利益保护南极洲和南部海洋。2009 年英国在南极水域建立了第一批海洋保护区，并将继续在南部海洋周边致力于保护区网络的开发。英国将继续与北极国家合作，进一步加深了解，强化对脆弱环境的保护，并提出可持续发展和负责任开发只能在北极地区进行。

2.6.2 帮助发展中国家保护和改善环境

气候变化给发展中国家带来的影响通常最为严重，因此发展中国家采取的措施对改善全球环境至关重要，尤其是当未来 10 年其经济有所增长时。如果要保护和改善全球环境，英国必须与发展中国家合作，支持他们巩固自身在气候变化情况下的恢复力，支持可持续发展和保护生物多样性。

（1）提供援助及支持灾害规划

英国将利用政府开发援助和科技专业知识帮助发展中国家理解并可持续地管理环境，继续协助支持发展中国家推行优先级的环境项目；进一步帮助发展中国家防治污染、减少塑料废物。同时英国政府已经许诺在 2016—2020 年完成至少 58 亿英镑的国际气候融资。以英国的优势和经验为基础，在资金具有变革性影响的领域集合基金，利用未来金融。英国政府将继续从事达尔文基金和“达尔文+”基金，志在向英国海外领地和发展中国家传递自然环境的长期战略成果。

英国将继续支持国家行动适应项目和灾害风险计划。通过所资助的项目如培养应对极端气候和灾害的韧性和适应能力，英国能够发挥全球先导作用，减少人道主义灾害影响。英国将进一步在国家、地区和国际范围内支持参与起草适应规划流程，尤其是与气候有关的政策。

过去 25 年，英国在提升自身经济和能源系统的同时积累了丰富的专业知识。我们与受 12 亿英镑政府繁荣基金资助的伙伴国家共同分享经验。到 2025 年，帮助伙伴国家掌握规划制定能力（弥补现有国家和地区规划），发展小岛屿发展地区的蓝色经济。继续促进低碳项目的资金流通，确保对清洁能源市场的合理管理。这有助于新兴市场提升中期管理水平。

（2）支持并保护国际森林和可持续的全球农业

森林支撑着世界上 90%的生物多样性，能够调节水质，并通过吸收和存储空气中大量的 CO_2 减缓气候变化。世界上超过 16 亿人依赖森林提供食物、药品和生计。非法砍伐增加了温室气体排放，并导致生物多样性损失。非法砍伐对居住在森林内或依靠森林提供生计的人们也有毁灭性的影响。

然而，目前针对日益增长的农业生产需求采取了一项平衡举措。农业可持续性尤为重要。在发展中国家，小农耕作支撑着 20 亿人口。这些农民生产了全球 70%以上的粮食。2050 年，全球人口有望达到近 100 亿人，如果要确保充足的粮食供应，农场主必须更加多产。

英国不能继续使大片森林和其他自然栖息地转变为耕地。尽管全球供应有所增长，但食物不安全和营养失调的水平依然偏高。气候变化加大了可持续生产食物和其他农作物的压力。

为应对这些挑战，国家正在通过战略投资使农业系统面对气候变化时更加多产、可持续且更有韧性。即通过工业战略挑战基金“转变食品生产：从农场到餐桌”，使英国处于全球高效农业行动前列。凭借国际气候融资的支持，我们正在帮助国家走正确的农业发展方向，协助发展中国家停止森林砍伐，保护世界上最大森林的生物多样性和建立可持续生计消除贫困。

为了实现上述目标，我们将确保森林砍伐在将来政府开发援助的资助中享有优先权；继续与多边发展机构合作，在关键环境问题上保持良好发展势头；坚决承诺禁止非法砍伐、打击森林砍伐，以及提出新方法支持和认可森林治理的改进工作。

2.6.3 在全球环境中减少生态足迹

英国对未来自然环境的期望是经济发展与环境保护齐头并进。无论身处世界何方，该理论都是《工业战略》的核心。避免“逐底竞争”是每个人的最佳利益诉求。几个世纪以来，英国已成为一个大型贸易国家，其直接成果是在理解和推动环境重要性方面，英国居于领先地位。

（1）巩固可持续性

对于全部环境工作，英国树立了良好典范，着重聚焦于如何在世界范围内创建和起草标准，并将在确保自然资本的消耗和影响在国内外均可持续的情况下开展此项工作。

英国相信环境可持续性在全球生产和贸易中占有重要地位，将不遗余力地宣传此理念。并将开发一个支持国内外政策、可持续性、环境目标和发展目标的贸易框架。使用此方法帮助英国确认全球环境得到恰当保护，促使物种灭绝危险大大降低。

英国将与同行业伙伴合作，探索开发支持企业认同可持续供应链的额外工具的可行性；建立合适机制，筛选对海外环境具有潜在负面影响的政策和战略；利用创新者优势，开发新方法和新技术，协助考虑核算资本；主持国际会议，讨论将自然资本法纳入长期决策的新方法。

（2）保护和管理危害风险

英国承诺在贸易协议中采取高标准保护消费者、工人和环境。

作为国际舞台的一部分，英国将基于《国际化学品管理战略方法》等框架，在 2020 年之后在国际舞台上制定长期的进取性目标，并在其中扮演领导角色。我们支持其他国家制定有效的化学品和废料管理制度，推动当前和未来的贸易活动，同时使有害化学品和废物的不利影响风险最小化。

英国将开发对高关注物质进行鉴别的方法，从而可持续地减少因危险化学品和废物导致的死亡和疾病。利用现有多边环境协议，如《斯德哥尔摩公约》和《巴塞尔公约》，禁止和限制化学品对全球的不利影响，并开发指南支持危险废物进行国际安全转移。

（3）支持零毁林供应链

英国决定兑现其承诺，支持公司实施零毁林供应链行动。这源自对《阿姆斯特丹宣言》

和《纽约森林宣言》的认可。

英国将继续投资以降低关键的资源型国家的环境风险。例如，根据森林合作伙伴项目，英国直接与当地生产商合作。森林合作伙伴项目支持由私营企业主导的零毁林承诺，并在帮助可持续农业实践转变的同时深化市场对可持续产出商品的需求。它展示了在发展中国家可持续贸易如何帮助推动经济增长。

棕榈油和可可粉是与森林砍伐有关的主要商品。英国已针对这两种商品采取了可持续的方法，并应用该方法与行业伙伴合作。英国计划将此种方法推广到其他与森林砍伐有关的国际贸易商品中。我们的目标是在国内为可持续性国际资源需求方提供奖励，在贸易伙伴国家通过较好资源管理的介入与投资促进供应方改善，此方案以致力于生产更多独特的可持续商品的现有伙伴国家为基础。

英国将在 2018 年建立跨政府的全球资源计划，与企业、非政府组织、生产国和中间国家合作。召集世界主要国家和机构共同确定供应链行动，改善产品可持续性，减少森林砍伐。召集圆桌会议，讨论选定的商品的范围界定，以开发可持续性关键供应链。

3 将《规划》付诸实践

《规划》是未来 25 年的生态环境蓝图。它是一项宏大的项目，在英国首创的自然资本方法下尤其如此。欲使愿景变为现实需要坚实的基础：全面可靠的数据；强有力的治理；一个人人都可以发挥自身作用的稳固的框架。同时英国将：

- 协商建立一个新的独立机构负责政府决策，以及制定一套新的环境方针以支持决策。
- 制定一套指标用于评估 25 年目标进展，并在 2022 年年初实施第二个“国家生态系统评估”倡议。
- 定期更新 25 年环境规划，以确保重点关注正确的优先事项，所用数据最新，并更好地实现资金的价值。
- 通过更好的地方规划、更有效的伙伴关系以及从 4 个先驱项目中习得的经验，加强领导力和交付能力。
- 建立一个新的绿色商业委员会，探索成立自然环境影响基金的可能性。
- 明年与众多利益相关者密切合作，确定其对《规划》中规定目标的贡献。

《规划》将在未来 25 年进行不断的修订和更新，以适应技术、科学、数据和社会的快速变化。英国将从以下几个方面明确自己的出发点。

3.1 适应新的证据和环境，灵活确定清晰、长期的方向

本文件前面列示了下一个 25 年的目标。它们提供了一个人人皆可参与的长期议程。还概述了政府将与利益相关者合作接下来采取的政策方案。本届和未来的政府需要根据科学和经济的认识，以及社会和自然世界的变化，建立和完善这些政策。《规划》符合英国

脱离欧盟时提出的空前绝后的机会。英国将充分利用机会改善环境政策框架，使之与英国设定的宏伟目标一致，并追求世界各地的更高标准。

《欧洲联盟（退出）法案》将确保欧盟现行法律（包括环境法）在英国继续占据主导地位。现行立法的基本原则，如“污染者付费”原则和预防原则，反映在这项立法和欧洲法院的历史性判决中，也涵盖在该法案内。英国将就制定环境原则的政策声明进行磋商，以支持退出欧盟后的政策制定。这将为英国脱离欧盟时最大限度地确定环境法规提供依据。

3.1.1 衡量实现目标的进展

英国认识到需要进行严格审查，并将创建一个具体说明如何评估进展的框架。目前，英国拥有多方面完善的环境监测系统，但这些系统尚需开发以适应《规划》的需要，并更强调使用自然资本的方法。

英国将在以下方面采取更好的措施：土壤健康；生态系统如何运作；与良好环境相关的人类健康益处；国内消费的海外影响。

在今后的 6 个月里，英国将广泛地参与开发一整套用于监测进展的指标。第一步，将审查目前的指标和监测方案中哪些仍然是相关的，可以在考虑自然资本后进行修订。

表 1 目标与对应的现有指标实例

25 年目标	与各目标有关的现有指标实例*
清洁的空气	主要污染物排放量；重度或中度空气污染天数；空气污染过度的脆弱栖息地
清洁和充足的水资源	河流、湖泊、海水和地下水的水质；海洋环境中有害物质的输入
欣欣向荣的植物和繁衍兴旺的野生物种	陆地和海洋保护区的范围和状况；野生物种和栖息地的现状和趋势
降低环境危害	能够更好地避免洪灾的家庭数量
更加可持续和高效地利用资源	可持续管理和收获的林地面积；在安全限度内收获的鱼类种群；人均消费量和资源生产率
美化自然环境，增加遗产保护及环保参与度	林地面积；参观自然环境和志愿从事保护活动的人

* 还需要衡量环境方面的压力，如温室气体排放和消除、废物和资源管理、化学排放以及有害生物/非本土物种的形成。

我们计划评估针对目标采取的行动（“绩效措施”）和长期进展情况（“结果指标”）。这将能够在长期情况下了解每年检查项目进展情况，展望《25 年环境规划》的所有目标。了解不同干预措施对许多结果的贡献将有助于审查其有效性并加强它们之间的协同作用。

3.1.2 利用更好证据的效益制定更好的决策

良好的证据是制定有效政策的基石。在制定决策时，自然资本的方法将有助于最先考虑科学和经济证据，确保政策与人们期望的环境结果一致，并使花费的每一英镑都产生最佳收益。

为了提高对自然资本的了解，我们将：

- ☞ 继续与国家统计局合作，为英国开发一整套自然资本账户，使全世界的人们广泛了解和分享。这些账户将以新的成果指标为依据，提供更丰富的环境随时间变化的图景。
- ☞ 通过自身研究和与研究社群合作，以及在适当的情况下学习国外的最佳实践，提高对自然资本效益的认识和评价。
- ☞ 将全方位的自然资本和其提供的利益价值更好地纳入政府的分析和评价中。还将开发新的数字工具和地图，使每个人都更易于利用稳健的经济价值。
- ☞ 改进政策的监测和评估，以便在今后的分析中更准确地预估成本和收益。

3.1.3 更新《25 年环境规划》

英国计划在进度审查后至少每五年一个周期对《规划》进行更新。在第一个五年期间，可能会更频繁地更新计划，以利用脱离欧盟的机会。

3.2 关于进展、治理和问责制的报告

透明度和问责制是成功改革方案的关键特征，并将纳入英国的环境改革中。环境、食品和农村事务部门（Defra）将代表政府担任《规划》的“所有者”。该部门将领导未来的迭代，并在战略层面监督计划的实施，与其他政府部门、地方当局、企业、公众和其他利益相关者密切合作。

3.2.1 报告进展

英国将定期和透明地报告新指标的进展情况（包括议会）。计划每年就规划本身进行报告。报告将涵盖绩效指标的进展情况和最近的成果指标监测分析结果。由于不同成果指标的监测周期将在频率和时间上有所不同，因此每份年度报告都将更加重视建立一套稍有不同的度量标准，并在此基础上逐步建立一个更全面的关于 25 年目标总体进展概况。

除了政府内部的合作伙伴，如国家统计局以及包括环境组织在内的有关各方以外，英国将继续公布官方和国家定期统计数字，向每个人提供有关环境变化的信息。将遵守《英国统计实践准则》，确保所有统计数据均可信且高质量，满足用户的需求。

此外，政府将安排约每隔 10 年对自然资本进行全面评估。《英国国家生态系统评估》（NEA）于 2011 年完成，是对英国生态系统服务状态进行的第一个全面评估。它已受到英国、自治政府和国际自然环境政策发展的巨大影响。第二次评估于 2022 年开始，将提供英国脱欧的环境状态的最新情况。它将依据年度进度报告，对政策和措施的有效性进行更详细的评估。评估将在 25 年期末时再次进行，以便评估成果并制定未来规划。

3.2.2 确保独立监督和问责制

英国对《规划》的进展进行有力和彻底的监督。政府将在 2018 年年初召开讨论会，

以建立一个新的、世界领先的独立法定机构，为环境发声，在退出欧盟后倡导和坚持环保标准。将就新机构的具体职能、移交和权力进行广泛讨论。

3.3 支持强有力的地方领导和交付

目前，许多组织和合作伙伴在不同领域和边界贯彻其自身的计划。在一些地方，它们之间进行了良好的协调，但在其他地方却错过了整合和融合环境工作的机会。

在地方层面，希望环境工作以《规划》所概述的目标为指导，同时也要反映当地需求和优先事项，并力求更加全面和高效。工作已经启动。Defra 小组中的大型环境实施机构已联合 14 个地区共同布局。现在，每个地区都有自己的区域综合计划（实际为环境署、自然英格兰和林业委员会之间的联合意向声明），建议将其发展为自然资本规划。这些计划将与《25 年环境规划》（确保与英国政府清晰关联）保持一致，但各具地域特色。

其目标是使 14 个区域共同努力，利用自然资本，吸引其他合作伙伴，使环境效益最大化，这可以通过更好地协调各区域的职权来实现。随着先驱项目的自然资本规划在各区域的制定和实施，项目的经验教训将提供重要的信息。它们也为测试方法提供了宝贵的机会。

根据需求，参与的组织可因区域的不同而有所不同，但应包括当地企业合作伙伴、龙头企业和公共事业公司、地方性质合作伙伴、流域合作伙伴、地方部门、国家公园部门和水务公司，使每个计划均共同设计和交付。

最后，希望找到一种方法，使用“系统操作员”根据各自当地计划对自然资本进行战略管理，将 14 个区域作为一个系统进行规划和管理。人们认识到，这是一项长期任务，需要大量工作确定该做法在实践中的运作方式。英国将继续探索创新理念，如旨在为约定的优先事项提供资金的自然资本信托理念，以便取得进展。

3.4 筹资、融资和激励自然资本的改善

目前拥有强有力的证据证明自然资本如何支撑经济、支持长期增长和造福人类健康和福祉。人们清楚地认识到，对自然资本资产投资可以带来巨大的经济价值，并产生与传统基础设施投资创造的收益相媲美的经济回报。当自然资本委员会审查第三次政府报告的一系列自然资本投资类型时，发现收益成本比为 3∶1 到 9∶1。换言之，每花费 1 英镑，国家便得到 3～9 英镑的经济回报。英国将采取各种措施对保护和改善自然资产项目进行投资。

3.4.1 持续进行公共投资

《25 年环境规划》的初始迭代结合了确定的政策和长期目标，并在未来几年内得到进一步宣传。公共资金来源将继续在保护和加强自然环境方面发挥重要作用。目前，绝大部分的英国纳税人资金都将通过欧洲委员会获得。英国脱欧带来了独特的机会，确保公共资金用于载入《规划》的最紧迫优先事项，通过拉动民间投资等实现最大的影响。例如，政

府在北部森林的约600万英镑投资将有助于开放更多来源广泛的投资，这些来源能为国家经济贡献超过20亿英镑。

一个新的土地管理制度将通过简单有效的管理，利用公共资金提供公共产品。政府还承诺通过欧盟的“生活计划”，担保欧盟为英国项目（甚至是英国脱离欧盟后继续开展的项目）提供竞争性基金。将与合作伙伴合作，制定退出欧盟后的安排，增加新的资金来源和激励机制，包括征税和收费。

3.4.2 促进民间投资

私营部门对自然资本投资的增加同样至关重要。自然资本思维、数据和工具的发展将创造更多机会，从改善自然环境的项目中获得收益。通过衡量自然资本改善带来的利益，将加强私营部门投资的商业案例，并帮助开拓新的市场，为自然环境项目提供资金和私人融资。政府将采取措施鼓励私营部门投资，尽可能将公共资金用于提供纯公共产品的项目。

英国支持一系列创新的市场机制，创新的市场机制可以从自然环境中获取更多利益并实现货币化，从而产生收入来源或节约成本。如上市公司可以投资植树和泥炭地恢复项目，抵消多余碳排放，如利用林地碳规范或泥炭地规范。住房和基础设施开发商可以投资栖息地创造项目，将其作为一种符合成本效益的方式履行国家政策规划框架下的栖息地损失补偿。再如基础设施供应商可以投资自然洪水管理项目，以增强其复原能力。“绿色联盟和国家信托”的自然基础设施计划，探讨了成本规避型区域市场如何通过整合土地管理者群体，将自然服务（如防洪）出售给受益人群体，从而实现环境改善。

英国希望《规划》能帮助组织开启更多创新理念。为实现这一目标，政府将：

- 建立更强有力的国内碳补偿机制和碳保障计划。这些措施将鼓励私营部门投资，开发国内碳封存市场。鼓励企业种植树木，将其作为一种具有成本效益的方法抵消剩余碳排放；我们还将探讨如何将这种做法推广到其他土地活动。
- 在发展规划中嵌入“环境净收益”原则，包括住房和基础设施发展规划，并探索在英国法律中引入保护盟约制度的方案。这将提供长期保证，确保补偿栖息地按照要求的标准进行维护。
- 在适当的地方测试、鼓励和嵌入自然洪水管理解决方案，并在需要时加入更传统的防御措施，包括新的筹资方案。
- 与合作伙伴共同考虑环境产品和供应链认证计划的基准是否可以使消费者满意，并推动制定更高标准。
- 考虑自然英格兰的BITC园林企业网络方法在Hampshire Avon流域试点的结果，评估如何鼓励才能更好地利用此方法。
- 与合作伙伴共同确定成立国内自然环境影响基金的潜力。该方案可以为使用上述市场机制的项目提供技术援助和融资。
- 政府将建立一个绿色商业委员会，并设置正确的条件激励环保企业家精神。

3.5 与社会共同努力确保持久性改变

英国希望人人均可参与《规划》，包括公民、地方议会、慈善机构、非政府组织、企业。重要的是，每个对环境产生影响并从中受益的人都将发挥自身作用。国家需要采取长期、坚定的“多贡献，少伤害”的方针。

显然，积极变化的势头正在发展，我们必须在今后数月和数年内利用这一势头。政府将以各种方式促进变革，在必要时利用激励机制和规章制度，确保对环境负责的态度成为常态。许多企业也在发挥自身的作用。快餐店正推出独立的回收垃圾箱，为纸杯、塑料和液体单独分区，以示“不向垃圾填埋场输送垃圾”。有些零售商将塑料吸管换成纸吸管，用木质搅拌棒替代塑料咖啡搅拌棒。另一个实例是水务公司、高街零售商、咖啡店和运输中心的工作，将协助为英格兰每个主要城市和城镇的新建水站提供瓶子充水服务。水利行业也将提供资金开发应用程序，使人们能够找到距离最近的加油站。消费者开始意识到他们的塑料棉签的寿命远远超过其短暂的使用期限，但仍需进一步努力。

《规划》说明了政府是如何引领实施的。将在 2019 年与社会各界和所有经济部门合作，确定其对改善环境的贡献。

4 结论

人类和地球上数量惊人的其他生物完全相互依赖。美丽的绿色和蓝色星球是人们共同的唯一家园。英国可以做出选择，选择为了短期利益破坏和减少自然资本，为子孙后代留下贫瘠的遗产；或者是保护和改善这个世界——为了我们自己，也为了子孙后代和所有与我们共同生活在地球上的其他生物。

政府选择了保护和改善的道路。英国的《规划》为今后 25 年制定了一项宏大的议程。《规划》的实施不仅需要政府的支持，还需要来自全国各地的组织和个人的不懈努力。这需要大家共同努力，政府计划与全国和全球的伙伴共同合作来实现这一伟大愿景。呼吁全球和全国的所有组织和个人加入改善环境的行动中来。

建立中国国家公园管理体制：经验借鉴和发展方向*

Establishing a National Park Management System in China：Experience and Future Direction

谢 婧 刘桂环 朱媛媛 文一惠 马 娅 王夏晖

摘 要 本文梳理了《建立国家公园体制总体方案》出台的背景，分析了我国自然保护地管理现状及存在的问题，回顾了我国 10 个国家公园试点建设的进展。结合国际上国家公园建设和管理的主要做法及经验，系统解读了《建立国家公园体制总体方案》，明确了国家公园的核心理念，并针对解决自然保护地管理的碎片化问题，建立严格、专业、高效的管理制度提出了政策建议。

关键词 国家公园 管理体制 生态保护

Abstract The history and background of the enacting of the scheme for establishing national park system are reviewed in the research. The status quo and the existing problems of management for nature reserves in China are analyzed，and the progress of 10 pilot projects for national parks in China are reviewed.Combined with the main practice and experience of national park construction and management in the world，this paper systematically interprets the scheme for establishing national park system，defines the core concept of national park，and puts forward policy suggestions for solving the fragmentation problem of nature reserves management and for establishing a strict，professional and efficient management system.

Keywords national park，management system，ecological protection

建立国家公园体制是我国生态文明制度建设的重要内容，《建立国家公园体制总体方案》的正式印发标志着我国国家公园建设进入实质性推进阶段。因此，为深入理解我国国家公园体制战略部署，进一步推进落实国家公园体制建设，有必要深入研究《建立国家公园体制总体方案》的最新要求，通过分析近年来国家公园试点的推进成效、国家公园建设管理的国际经验，对我国国家公园体制建设的主要领域和工作重点提出相应建议。

* 此文撰写于 2017 年 11 月。

1 建立国家公园体制的必要性

1.1 我国自然保护地体系现状

我国的保护地主要包括自然保护区（禁止各种开发，实行严格生态保护）、风景名胜区（保护自然人文景观，同时进行旅游开发）、森林公园（森林资源景观保护、旅游开发）、国家湿地公园（重要湿地生态完整性保护）、地质公园（重要地质遗迹保护）、水利风景区（基于水利工程的重要生态价值保护）等（表 1），基本覆盖了我国绝大多数重要的自然生态系统和自然遗产资源，这些自然保护地构成了我国的生态保护体系，各类自然保护地在保护生物多样性、重要生态系统、自然文化遗产资源等方面发挥了应有的作用。我国各种类型自然保护地的管理和保护工作分散在 10 余个部门，涉及的部门包括林业、农业、国土、住建、水利、海洋、中国科学院等，按行业和生态要素分类建立，各级各类生态保护区域类型多，自然保护区、森林公园、风景名胜区、地质公园、湿地公园、世界文化自然遗产、饮用水水源地等保护地数量达 10 000 多处，约占国土面积的 16%。

表 1 中国保护地的主要类型*

保护地类型	功能定位	主管单位
自然保护区	严格保护有代表性的自然生态系统、珍稀濒危野生动植物物种和有特殊意义的自然遗迹	环保部、林业局、农业部、国土资源部、水利部、海洋局
风景名胜区	在保护自然与人文景观的前提下，开展旅游活动	住建部
森林公园	保护和合理利用森林风景资源，发展森林生态旅游，促进生态文明建设	林业局
湿地公园	保护湿地生态系统，合理利用湿地资源	林业局
地质公园	保护重要地质遗迹与过程	国土资源部
城市湿地公园	维护生态平衡，营造优美舒适的人居环境，推动城市可持续发展	住建部
文物保护单位	重点保护文物保护单位本体及周围一定范围	文物局
水利风景区	保护基本水利工程，具有重要生态功能、文化价值与景观价值的区域	水利部
A 级旅游景区	促进旅游业发展	旅游局

注：* 资料整理截至 2016 年年底。

截至 2013 年年底，我国已建成 2 697 处自然保护区、2 900 处森林公园、184 处国家地质公园、588 处国家级水利风景区、428 处国家级水产种质资源保护区；截至 2012 年年底，已建成 962 处风景名胜区、298 处国家湿地公园、56 处海洋公园，其总面积约占国土面积的 16%。

表 2　我国现有保护地的数量和面积不完全统计

保护区类型	截至年度	数量/个	面积/万 hm^2
自然保护区[1]	2013	2 697	14 631
森林公园[2]	2013	2 900	1 750
国家湿地公园[3]	2012	298	178
风景名胜区[4]	2012	962	1 937
国家地质公园[5]	2013	184	300
水利风景区[6]	2013	588	—
海洋公园[7]	2012	56	690
国家级水产种质资源保护区[8]	2013	428	—

1.2　我国自然保护地体制与管理存在的问题

1.2.1　法律体系不协调

我国经济社会快速发展，人民群众对生态产品的需求日益增加，但生态保护有关法律法理依据不统一、权力配置不当等现实和历史原因导致我国自然保护地的管理实践中存在一定问题：

（1）法理依据不统一。我国现有生态保护法律体系是按照要素立法，如《森林法》《草原法》《水法》《野生动物保护法》等，生态系统因其包含要素多、涉及范围广、权属复杂，其保护与管理职责也被分解到林业、海洋、农业、水利、环保、国土等多个部门。在自然保护地的实际管理中，各职能部门保护与管理制度出发点不同、目标不同、依据不同、位阶不同，既存在管理重叠和管理交叉，又存在管理真空和管理漏洞。且现有法律法规原则性较强、针对性不够，给实际操作带来难度。

（2）权力配置不当。权力的类型可以划分为命令权、指挥权和建议权。在保护地的管理中，命令权表现为国家通过保护地立法赋予特定的环保职能部门和行政机关一定的环境管理职责，具有法律上的强制性，若违反该职责需要承担不利的法律后果；指挥权表现为具体的享有环境管理权者通过授权的方式指挥和支配指定的部门或人员行使管理权，如我国的特许经营权；建议权是指组织成员有权进行监督并提出建议。在保护地立法中，这 3 种权力的配置应当是平衡的，但反观我国保护地现有的立法和制度，大部分是命令性权力，指挥权和建议权的规定数量极少，也正是由于权力配置不当，导致在具体的管理中出现管理不到位、缺乏监督等问题。

1.2.2　管理主体权责未理顺

（1）自然保护地管理主体权责重复交叉，“九龙治水”。目前，我国生态空间的保护与管理职责被分解到林业、海洋、农业、水利、环保、国土等多个部门。在实际操作中，各部门职责边界不清、生态空间权属不明，各部门在同一区域重复投资建设，导致同一个区域具有多块“牌子”、多个管理目标；而在出现问题时又难以界定责任。例如，九寨沟有 5

A级旅游景区、国家级风景名胜区、地质公园、森林公园及自然保护区5块牌子。这种部门纵向分割式管理模式，实行的是属地管理与部门管理相结合的体制，保护地既受管委会或管理局的领导，又受其主管部门的制约，规划和管理矛盾突出，易造成“公地悲剧”。截至2014年，428个国家级自然保护区中，有110个保护区与国家级风景名胜区、国家森林公园、国家地质公园重叠或交叉。226个风景名胜区中，与国家森林公园、国家地质公园、国家湿地公园重合或交叉的有153个，有的保护地甚至同时具备5个管理类别属性；3类国家级公园之间相互重叠的也较多。

（2）管理主体多头导致管理标准不统一。各类保护地分属于不同管理部门、不同行政区，均有各自的管理规章和要求，制定背景、主导思想和侧重点各不相同，空间范围相互交叉重叠又不完全相同，在保护理念、投入机制、经费使用、经营权等方面缺乏统一标准，实际操作难度较大，甚至上下游、左右岸分属于不同的管理制度，割裂生态系统完整性。此外，不同类型的保护地的管理条例和规划建设规范在保护对象、保护强度、资源利用方式、规划建设要求等方面均有所差异。不同的管理目标和管理要求同时在同一个保护地中实施，有些会直接导致建设和管理上的冲突。其中涉及不同利益相关群体的，各方都会在管理条例中寻找对自身利益最有利的条款来实施，最终牺牲的则是保护地的整体利益。

（3）管理权、经营权、监管权未能实现有效分离。与发达各国普遍将国家公园作为全体国民共有资产，实行管理和经营分离不同，我国多数保护地管理部门既是保护、规划与建设主体，又是经营与服务主体，在实践中生态保护责、权、利互相背离，管理权、经营权、监管权未实现有效分离，对生态系统服务功能、文化资源等保护的监管缺位。

因此，从我国自然保护发展过程来看，中央各部门按职能分头设立并管理自然保护区、风景名胜区、森林公园等各类自然保护地，已不能满足“保护自然生态系统的原真性和完整性，给子孙后代留下一些自然遗产”的新要求。

1.2.3 公众参与不够

目前，公众参与保护地建设管理已成为许多国家保护地管理的趋势，社区和公众监督已经成为促进生态环境保护的主要力量。而我国公众和社区参与力度不够，未发挥带动保护地周边社区经济社会发展的作用。部分保护地因土地涉及的拆迁、征用和使用等问题，与周边地区居民矛盾十分尖锐，对保护地管理造成阻力。生态保护与管理信息公开力度不够，公众的知情权、表达权、参与权和监督权尚未得到充分保障，第三方监督机制尚未建立，公众参与主体数量少、参与阶段不全面、参与范畴太窄、参与形式被动、参与保障机制空缺等，是目前保护地公众参与存在的普遍问题。

1.3 国家公园体制在我国建立的必要性

1.3.1 生态文明体制改革的重要内容

我国正处在生态文明建设关键阶段，长期过度的经济开发导致生态环境恶化，自然保护和利用的矛盾愈演愈烈。目前，我国已经从过去的重视自然资源开发向现在的重视生态保护转变，国家高度重视生态文明体制改革，中共中央、国务院先后印发《关于加快推进生态文明建设的意见》《生态文明体制改革总体方案》，中央全面深化改革领导小组审议通过 40 多项生态文明建设和环境保护具体改革方案，出台了一系列保护自然资源、加快生态文明建设的政策文件；其中，建立国家公园体制是实行最严格的生态环境保护制度以及完善生态环境管理制度的重要组成，是实现自然生态系统原真性、完整性保护的重要手段，也是我国正在着力推进的国土空间开发保护制度与主体功能区政策的有力配套。因此，国家公园制度符合生态文明体制改革要求，对我国生态文明建设具有积极意义。

1.3.2 我国保护地体系改革的必然趋势

我国的保护地体系有其优势所在，但也存在诸多问题，保护地由不同政府部门分头设置、分头管理，存在重复命名、多部门管理、体制混乱、权责模糊、重开发轻保护等现象；在长期的发展中体制机制问题不断暴露，保护地体系改革势在必行。国家公园作为国际上最受欢迎的自然保护形式之一，重视整个生态演替过程的保护，在较为严格保护自然环境的同时允许适度开发，以保护为前提的适度游憩，为人们提供了接近自然、了解自然、接受生态环境教育的机会。近年来，我国国家公园试点实践中取得可喜成绩，以云南省为例，香格里拉普达措国家公园开启了我国国家公园体制建设的第一步。2008 年 6 月，云南省被列为国家公园建设试点单位，先后建立了西双版纳、大围山、丽江老君山等 8 个国家公园，与国家公园建立前相比，保护面积大幅扩大，各个国家公园及社区居民年收入均显著提高。在各级政府的支持下，国家公园相应基础设施得以完善，旅游服务能力和吸引力得到增强，旅游总人次呈现持续增长趋势。普达措国家公园实现了对全区面积 97.7%的有效保护和 2.3%的开发利用[10]。普达措国家公园 2010 年的旅游生态效率，是四川九寨沟自然保护区的 4.7 倍，福建福州国家森林公园的 31.3 倍，江西省庐山风景名胜区的 32.2 倍。一系列试点成绩说明国家公园体制在我国具有可行性，可推动实现我国自然文化遗产的更好保护。

1.3.3 发展和保护实现双赢的有效措施

在“保护优先，合理利用”大前提下，国家公园在保护生态环境的同时，能够有效带动地方经济发展和居民就业，兼具科研、生态教育、休闲游憩和社区发展等功能，即对自然资源提供最大限度的保护和极小程度的开发，这种保护方式实现了经济发展和生态保护的双赢。严格的自然保护，虽然对生态保护具有积极意义，但是不利于经济发展，不能满足地方政府和人民发展经济提高物质生活水平的需求，必然导致环保积极性的下降，加剧了开发和保护的矛盾。而过度宽松的资源开发利用的自然保护方式，短期看虽然繁荣了经济，但是生态环境恶化的巨大代价也必然导致长远利益受损，不符合可持续发展理念。总之，国家公园体制具有我国其他保护地不具备的独特优势，建立国家公园体制，在保护生态系统的基础上，其游憩功能可以促进地方旅游业的发展，拓宽原住民的谋生渠道，同时催生许多旅游副业，提供了更多创业就业机会，保护生态的同时繁荣了地方经济，甚至为国家经济发展助力。

2 国家公园体制试点进展

2.1 生态文明制度建设推动国家公园体制建立

建立国家公园体制是党的十八届三中全会提出的全面深化改革重点任务之一，是我国生态文明制度建设的重要内容。党的十八大将建设生态文明提到关系人民福祉、关乎民族未来长远大计的认识高度，把“生态文明建设”纳入中国特色社会主义事业和“五位一体”的总体布局，提出建设 “美丽中国”、实现民族永续发展的目标。党的十八届三中全会从国家生态治理体系和治理能力现代化的改革总目标出发，提出了建立国家公园体制这一生态文明制度建设的重要改革举措；此后党和国家印发了一系列文件和试点方案，全方位推进国家公园体制试点工作。

2013 年 11 月 12 日，中共中央在十八届三中全会上通过的《关于全面深化改革若干重大问题的决定》首次明确提出要建立国家公园体制：“要划定生态保护红线。坚定不移实施主体功能区制度，建立国土空间开发保护制度，严格按照主体功能区定位推动发展，建立国家公园体制。”这是中央层面首次将主体功能区、国土空间开发保护和国家公园体制关联在一起，是党中央关于国土空间分功能使用和文化与自然遗产地（以下简称遗产地）管理思路的重大创新，是为加快推进生态文明制度建设、建设美丽中国而作出的政治承诺；标志着国家公园体制建设上升为国家战略，同时预示着我国国家公园建设作为生态文明建设的一项重大举措而开始紧锣密鼓地实施。对于按照主体功能区定位分类保护国土、改善遗产地保护利用、建设生态文明和美丽中国、更好地满足人民群众文化需求有重大意义。

2015 年 1 月，国家发改委等 13 部委联合通过了《建立国家公园体制试点方案》，提出了试点的 5 项内容，主要包括突出生态保护、统一规范管理、明晰资源归属、创新经营管理和促进社区发展。确定了北京、吉林、黑龙江、浙江、福建、湖北、湖南、云南、青海 9 个国家公园体制试点省（市），要求每个试点省（市）选取 1 个区域开展试点；试点时间为 3 年，2017 年年底结束。3 月，国家发改委又发布了《建立国家公园体制试点 2015 年工作要点》《国家公园体制试点区试点实施方案大纲》。

2015 年 4 月 25 日，《中共中央 国务院关于加快推进生态文明建设的意见》发布，提出要“建立国家公园体制，实行分级、统一管理，保护自然生态和自然文化遗产原真性、完整性”，正式确定了我国国家公园体制的战略方向和定位。

2015 年 9 月 21 日，中共中央、国务院印发的《生态文明体制改革总体方案》对建立国家公园体制提出了具体要求，强调“加强对重要生态系统的保护和永续利用，改革各部门分头设置自然保护区、风景名胜区、文化自然遗产、地质公园、森林公园等的体制，对上述保护地进行功能重组，合理界定国家公园范围。国家公园实行更严格保护，除不损害生态系统的原住民生活生产设施改造和自然观光科研教育旅游外，禁止其他开发建设，保护自然生态和自然文化遗产原真性、完整性。加强对国家公园试点的指导，在试点基础上研究制定建立国家公园体制总体方案。构建保护珍稀野生动植物的长效机制”。

2015 年 10 月召开的党的十八届五中全会通过了《中共中央关于制定国民经济和社会发展第十三个五年规划的建议》，提出要“整合设立一批国家公园”；2016 年 3 月 17 日发布的《中华人民共和国国民经济和社会发展第十三个五年规划纲要》再次明确了要“建立国家公园体制，整合设立一批国家公园”。

2015 年 12 月 9 日召开的中央全面深化改革领导小组第十九次会议审议通过了《中国三江源国家公园体制试点方案》。会议指出，在青海三江源地区选择典型和代表区域开展国家公园体制试点，实现三江源地区重要自然资源国家所有、全民共享、世代传承，促进自然资源的持久保育和永续利用，具有十分重要的意义。要坚持保护优先、自然修复为主，突出保护修复生态，创新生态保护管理体制机制，建立资金保障长效机制，有序扩大社会参与。要着力对自然保护区进行优化重组，增强联通性、协调性、完整性，坚持生态保护与民生改善相协调，将国家公园建成青藏高原生态保护修复示范区，三江源共建共享、人与自然和谐共生的先行区，青藏高原大自然保护展示和生态文化传承区。

2016 年 1 月 26 日，习近平主席主持召开了中央财经领导小组第十二次会议，会议强调：“要着力建设国家公园，保护自然生态系统的原真性和完整性，给子孙后代留下一些自然遗产。要整合设立国家公园，更好保护珍稀濒危动物。要研究制定国土空间开发保护的总体性法律，更有针对性地制定或修订有关法律法规。”

2016 年 12 月 5 日召开的中央全面深化改革领导小组第三十次会议审议通过了《大熊猫国家公园体制试点方案》《东北虎豹国家公园体制试点方案》。会议指出，开展大熊猫和东北虎豹国家公园体制试点，有利于增强大熊猫、东北虎豹栖息地的联通性、协调性、完整性，推动整体保护、系统修复，实现种群稳定繁衍。要统筹生态保护和经济社会发展、国家公园建设和保护地体系完善，在统一规范管理、建立财政保障、明确产权归属、完善法律制度等方面取得实质性突破。

2017 年 6 月 26 日召开的中央全面深化改革领导小组第三十六次会议审议通过了《祁连山国家公园体制试点方案》。会议指出，祁连山是我国西部重要生态安全屏障，是黄河流域重要水源产流地，也是我国生物多样性保护优先区域。开展祁连山国家公园体制试点，要抓住体制机制这个重点，突出生态系统整体保护和系统修复，以探索解决跨地区、跨部门体制性问题为着力点，按照山水林田湖草是一个生命共同体的理念，在系统保护和综合治理、生态保护和民生改善协调发展、健全资源开发管控和有序退出等方面积极作为，依法实行更加严格的保护。要抓紧清理关停违法违规项目，强化对开发利用活动的监管。

2017 年 7 月 19 日，中央全面深化改革领导小组第三十七次会议审议通过了《建立国家公园体制总体方案》（以下简称《总体方案》）。会议强调，建立国家公园体制，要在总结试点经验的基础上，坚持生态保护第一、国家代表性、全民公益性的国家公园理念，坚持山水林田湖草是一个生命共同体，对相关自然保护地进行功能重组，理顺管理体制，创新运营机制，健全法律保障，强化监督管理，构建以国家公园为代表的自然保护地体系。这标志着国家公园建设已经成为我国大陆国土空间开发保护的重大战略举措。

2017 年 10 月 18 日，中国共产党第十九次全国代表大会开幕，习近平总书记代表十八届中央委员会向大会作报告，报告中提出要构建国土空间开发保护制度，完善主体功能区配套政策，建立以国家公园为主体的自然保护地体系。

自 2013 年党的十八届三中全会正式提出建立国家公园体制以来，党和国家在建立国家公园体制领域提出了一系列新思想、新要求，出台上述一系列纲领性文件作为政策指导，为国家公园建设提供了许多便利条件和方向指引，充分体现了我国建设国家公园的决心和其在我国存续的必要性，为科学建设国家公园、进一步优化和完善我国生态保护体系指明了前进方向和战略部署，强有力地推动了国家公园体制在我国的发展。

2.2 国家公园体制顶层设计初步完成

到《总体方案》出台前，我国已设立 10 个国家公园体制试点，分别是三江源、东北虎豹、大熊猫、祁连山、湖北神农架、福建武夷山、浙江钱江源、湖南南山、北京长城和云南普达措国家公园体制试点。经过近两年多的试点，《总体方案》于 2017 年 7 月由中办、国办正式印发，这标志着我国国家公园体制的顶层设计初步完成，国家公园建设进入实质性推进阶段。

《总体方案》强调，坚持以人民为中心的发展思想，加快推进生态文明建设和生态文明体制改革。建立国家公园体制是党的十八届三中全会提出的重点改革任务之一，是我国生态文明制度建设的重要内容，要构建统一、规范、高效的中国特色国家公园体制，建立分类科学、保护有力的自然保护地体系。

《总体方案》明确了科学定位、整体保护，合理布局、稳步推进，国家主导、共同参与等基本原则。提出到 2020 年，国家公园体制试点建设基本完成，分级统一的管理体制基本建立，国家公园总体布局初步形成；到 2030 年，国家公园体制更加健全，分级统一的管理体制更加完善，保护管理效能明显提高。

《总体方案》强调要坚持生态保护第一、国家代表性、全民公益性的国家公园理念。国家公园被定位为我国自然保护地最重要类型之一，属于全国主体功能区规划中的禁止开发区域，纳入全国生态保护红线管控范围，实行最严格的保护。要优化完善自然保护地体系，改革分头设置自然保护区、风景名胜区、文化自然遗产、地质公园、森林公园等的体制。

《总体方案》明确以自然资源资产产权制度为基础，建立统一事权、分级管理体系。整合相关自然保护地管理职能，由一个部门统一行使国家公园自然保护地管理职责。部分国家公园由中央政府直接行使所有权，其他的由省级政府代理行使，条件成熟时，逐步过渡到国家公园内全民所有的自然资源资产所有权由中央政府直接行使。

《总体方案》提出要建立资金保障制度，建立以财政投入为主的多元化资金保障机制。以政府投入保证国家公园回归公益属性。在确保国家公园生态保护和公益属性的前提下，探索多渠道、多元化的投融资模式。构建高效的资金使用管理机制。建立财务公开制度，确保国家公园各类资金使用公开透明。

《总体方案》强调要完善自然生态系统保护制度。以系统保护理论为指导，强化自然生态系统保护管理。统筹制定各类资源的保护管理目标，着力维持生态服务功能，提高生态产品供给能力，实施差别化保护管理方式。完善责任追究制度，建立国家公园管理机构自然生态系统保护成效考核评估制度，对领导干部实行自然资源资产离任审计和生态环境损害责任追究制。

《总体方案》指出要构建社区协调发展制度。建立社区共管机制。引导当地政府在国家公园周边合理规划建设入口社区和特色小镇。健全生态保护补偿制度。建立健全志愿服务机制和社会监督机制。依托高等学校和企事业单位等建立一批国家公园人才教育培训基地。

此外，《总体方案》还就加强组织领导、完善法律法规、培养国家公园文化、抓好试点任务、强化督促落实等实施保障工作进行了具体安排。

《总体方案》的出台，不仅清晰勾勒出中国国家公园的轮廓，而且设定了建成具体时间表，这标志着建立国家公园在中国进入了新阶段，将开启我国自然生态系统保护和自然遗产保护的新篇章，对推进自然资源科学保护和合理利用、促进人与自然和谐共生、推进美丽中国建设具有极其重要的意义。

2.3 我国国家公园试点情况

2015 年 5 月 18 日，国务院批转《发展改革委关于 2015 年深化经济体制改革重点工作意见》，提出在 9 个省份开展“国家公园体制试点”。同年年初，发改委同中央编办、财政部、国土部、环保部、住建部、水利部、农业部、林业局、旅游局、文物局、海洋局、法制办等 13 个部门联合印发了《建立国家公园体制试点方案》；发改委办公厅还印发了《发改委国家公园体制试点区试点实施方案大纲》和《发改委建立国家公园体制试点 2015 年工作要点》。根据《建立国家公园体制试点方案》，国家拟在北京、吉林、黑龙江、浙江、福建、湖北、湖南、云南、青海开展国家公园体制试点。每个试点省份选取 1 个区域开展试点。试点时间为 3 年，2017 年年底结束。到《总体方案》出台前，我国已有三江源、大熊猫、东北虎豹、神农架等 10 个国家公园体制试点。

《建立国家公园体制试点方案》印发以来，各级部门有力、有序、有效推进试点各项工作，在自然资源资产分级统一管理、探索多样化保护管理模式、构建制度保障体系、实现人与自然和谐共生等多个方面进行先行先试，取得了阶段性成效。

（1）创新体制，实现自然资源资产分级统一管理。试点省（市）在体制机制方面进行了大胆探索和创新，大多已对现有各类保护地的管理体制进行整合，明确管理机构，整合管理资源，实行统一有效的保护管理。

（2）突出生态保护“主旋律”，探索多样化保护管理模式。试点省（市）始终将自然生态系统和自然遗产保护放在第一位，试点各项工作最大限度服务和服从于保护。

（3）谋划政策规划“组合拳”，构建制度保障体系。试点省（市）从政策、规划、立法等多个方面创新制度供给，谋划总体设计、制定部署意见、落实配套政策。

（4）打好社区发展“攻坚战”，实现人与自然和谐共生。试点省（市）立足我国人多地少、发展仍处初级阶段的实际国情，牢固树立共建共享理念，在国家公园体制试点中，注重建立利益共享和协调发展机制，实现生态保护与经济协调发展、人与自然和谐共生。

2.3.1 三江源国家公园体制试点

青海三江源地处世界“第三极”青藏高原腹地，总面积 39.5 万 km^2，是国家重要的生态安全屏障。作为“中华水塔”的三江源，发挥着极其重要的水源涵养生态服务功能，是长江、黄河、澜沧江等大江大河的发源地，年均向下游提供约 600 亿 m^3 的清洁水。区域内自然资源景观典型而独特，发育和保持着世界上原始、大面积的冰川雪山、草原草甸、湖泊湿地等高寒生态系统。雪豹、藏羚羊、黑颈鹤等特有珍稀物种比例高，素有“高寒生物自然种质资源库”之称。历史悠久的格萨尔文化积淀深厚，逐水草而居的游牧文化特色鲜明，成为维育三江源地区生态健康的重要因素。三江源因其不可替代的生态保护价值、典型自然景观展示价值和原真历史文化价值，深受国内外广泛关注，是开展国家公园体制试点的理想区域。

2015 年 1 月，中国首部国家公园建设规划——《青海三江源国家公园建设规划》编制完成。2015 年 12 月，中央深改组第十九次会议审议通过《三江源国家公园体制试点方案》。2016 年 3 月，中办、国办印发了试点方案，明确三江源国家公园由黄河源园区、长江源园区和澜沧江源园区组成，由此确立了我国国家公园体制探索的真正开端。

2016 年，我国首个国家公园体制试点——三江源国家公园体制试点获批。三江源国家公园体制试点面积 12.31 万 km^2，也是目前试点中面积最大的一个。

2016 年 6 月，青海省组建成立三江源国家公园管理局，将原来分散在林业、国土、环保、住建、水利、农牧等部门的生态保护管理职责划归三江源国家公园管理局，整合了所涉 4 县的国土、环保、农牧等部门编制、职能及执法力量，建立了覆盖省、州、县、乡的 4 级垂直统筹式生态保护机构，实行集中、统一、高效的生态保护规划、管理和执法。

2017 年 8 月 1 日，我国首份国家公园地方性法规——《三江源国家公园条例（试行）》开始施行，为推进三江源国家公园建设提供了法律依据。同年，青海省编制完成《三江源国家公园总体规划》，制定印发了三江源国家公园科研科普、生态管护公益岗位、特许经营、预算管理、项目投资、社会捐赠、志愿者管理、访客管理、国际合作交流、草原生态保护补助奖励政策实施等 10 个管理办法，形成了“$1+N$”制度体系。

目前，青海省已结合精准脱贫新设 7 421 个生态管护综合公益岗位，确保每个建档立卡贫困户有 1 名生态管护员，让贫困牧民在参与生态保护的同时分享保护红利，使牧民逐步由草原利用者转变为生态守护者。

2.3.2 大熊猫国家公园体制试点

2017 年 4 月，《大熊猫国家公园体制试点方案》印发。划定了总面积 27 134 km^2 的国家公园范围，涉及四川、甘肃、陕西三省，将国家公园划分为岷山片区、邛崃山—大相岭片区、秦岭片区和白水江片区。其中位于四川的两个片区占地 20 177 km^2，占整个国家公园面积的 74.4%。尽管大熊猫的灭绝风险从“濒危”下调为“易危”，但其栖息地碎片化问题严重。国家公园体制试点应加强大熊猫栖息地廊道建设，连通相互隔离的栖息地，实现隔离种群之间的基因交流。

四川省已组建领导小组推动大熊猫国家公园体制试点落地实施，省发展改革委、林业厅、住建厅、国土厅等21个部门参与其中，《大熊猫国家公园体制试点实施方案（2017—2020年）》已于2017年8月发布，相关总体规划正在编制中。四川省林业厅已基本确定了大熊猫国家公园的建设思路：注重功能区分，按照差别化保护原则，结合国内外国家公园经验和四川实际，细分为核心保护区、生态修复区、游憩科普区和传统利用区。

大熊猫国家公园下一步建设工作主要包括：①将结合大规模绿化全川行动，在国家公园生态修复区、传统利用区开展大熊猫栖息地植被重建，建设大熊猫走廊带，进一步修复、恢复、扩大野生大熊猫栖息地。②重点建设土地岭、泥巴山、黄土梁、施家堡等地的大熊猫栖息地生态廊道，使相互隔离的栖息地连通，实现隔离种群之间的基因交流。③将建立大熊猫野外种群遗传档案，实现种群的精细化管理。④着力推动“人工繁育—野化训练—放归复壮野生种群”工作，新建大相岭、岷山L种群大熊猫野化放归基地，对大熊猫国家公园内多个局域小种群实施人工放归和种群复壮。目前，位于雅安市荥经县的大相岭放归基地建设已接近尾声，位于都江堰市龙溪虹口国家级自然保护区的岷山L种群大熊猫野化放归基地建设已经启动[9]。

目前，四川省已暂停受理大熊猫国家公园核心保护区、生态修复区内新设探矿权、开矿权等审批，积极探索已设矿业权的有序退出机制，除国家和省已规划的重大基础设施项目外，林业部门暂停受理核心保护区、生态修复区内征占用林地、林木采伐等审批。陕西省积极开展野外巡护和监测工作，大熊猫野生种群和栖息地状况持续改善。

四川、陕西、甘肃省编制了大熊猫国家公园试点范围内居民转移安置实施方案，分散的居民点实行相对集中居住，扶持发展替代生计。

2.3.3 东北虎豹国家公园体制试点

野生东北虎是世界濒危野生动物之一，目前仅存不到500只。东北豹属金钱豹东北亚种，是目前世界上最为濒危的大型猫科动物亚种之一，被世界自然保护联盟濒危动物红皮书列为极危物种，其野生数量只有50只左右，大部分生活在中俄边境地带。东北虎豹等大型野生动物的活动半径非常大。东北虎豹国家公园体制试点区位于吉林、黑龙江两省交界的老爷岭南部（珲春—汪清—东宁—绥阳）区域，总面积1.46万km^2。东北虎豹国家公园试点的主要任务是有效恢复东北虎豹栖息地生态环境、创新管理体制机制等，逐步形成野生东北虎豹稳定栖息地，成为生态文明建设综合功能区域，建成野生动物跨区域合作保护典范。

2017年年初，中办、国办先后印发《东北虎豹国家公园体制试点方案》《关于健全国家自然资源资产管理体制试点方案》，明确东北虎豹国家公园试点区域全民所有自然资源资产所有权由国务院直接行使，试点期间，委托国家林业局代行。

东北虎豹国家公园立足国有林地占比高的优势，探索全民所有自然资源所有权由中央政府直接行使，2017年8月19日，东北虎豹国家公园国有自然资源资产管理局、东北虎豹国家公园管理局挂牌成立，是我国首个由中央直接管理的国家自然资源资产和国家公园管理机构。东北虎豹国家公园国有自然资源资产管理局下设10个分局：珲春局、天桥岭局、汪清局、大兴沟局、绥阳局、穆棱局、东京城局、珲春市局、汪清县局、东宁市局，实行两级垂直管理；计划在2017年年底前完成国有自然资源资产所有者职责整合；于

2018 年中旬完成试点区 80%以上国有自然资源确权登记，以及各类自然保护地管理机构、生态功能的重组整合，对有关自然资源运营机构实行统一管理，由国家林业局统一代行所有权。东北虎豹国家公园管理局同样下设 10 个分局，各分局下设保护站，实行垂直管理体制。

东北虎豹国家公园体制试点要求，2017 年年底前，基本完成试点任务，主要建立管理体制，组建各级机构、明确职责、理顺领导和运行机制，编制总体规划和专项规划，制定国家公园管理制度、管理局内部管理制度，建立健全生态与资源保护制度等。

截至 2017 年 11 月，吉林省已对试点区承包经营活动进行严格规范，对到期的承包经营项目，一律暂停发包，对没有到期的经营项目，加强日常监管，最大限度地降低人为干扰，有效改善了东北虎豹生存活动空间。黑龙江省积极开展野外巡护，适时开展反盗猎及野外补饲工作，确保了东北虎豹野外种群的生存繁衍安全。两省编制了东北虎豹国家公园试点范围内居民转移安置实施方案，分散的居民点实行相对集中居住，扶持发展替代生计。

2.3.4 湖北神农架国家公园体制试点

神农架国家公园体制试点位于湖北省西北部，总面积 1 170 km^2，占神农架林区总面积的 35.97%，拥有被称为“地球之肺”的亚热带森林生态系统、被称为“地球之肾”的泥炭藓湿地生态系统，是世界生物活化石聚集地和古老、珍稀、特有物种避难所，被誉为“北纬 31°的绿色奇迹”。这里有珙桐、红豆杉等国家重点保护的野生植物 36 种，金丝猴、金雕等重点保护野生动物 75 种。试点区位于神农架林区，面积为 1 170 km^2。

2016 年 5 月，经中央建立国家公园体制试点领导小组同意，国家发改委以发改社会〔2016〕1 042 号函批复了《神农架国家公园体制试点区试点实施方案》。2016 年 11 月 17 日，神农架国家公园管理局挂牌成立，是我国继三江源之后成立的第二个国家公园管理局。该局整合了原神农架国家级自然保护区管理局、大九湖国家湿地公园管理局以及神农架林区林业管理局有关神农架国家森林公园的保护管理职责，统一承担 1 170 km^2 试点范围的自然资源管护等职责，按照“管理局—管理区（管理处）—网格管理小区（网格小区管护中心）”三级管理模式运行。新设立的神农架国家公园管理局核定编制是 279 名，为正县级事业单位，由省政府垂直管理，委托神农架林区政府代管。神农架国家公园管理局的书记、局长分别由林区党委书记和区长兼任。同时，利用网格管护小区将神农架国家公园社区居民优先聘为护林员、环卫工人等生态管护人员。

湖北省人大常委会将《神农架国家公园管理条例》列为 2017 年省人大立法“1 号”议案，条例经省政府常务会议审议后已通过省人大常委会立法会一审。《神农架国家公园总体规划》《神农架国家公园管理分区规划》和《神农架国家公园保护专项规划》等规划正在编制当中。

在下一步工作中，神农架国家公园将整合神农架国家级自然保护区、国家地质公园、国家森林公园和大九湖国家湿地公园的自然资源，极力理顺管理体制，增强保护地的联通性、协调性、完整性，加强生物多样性保护。同时，按山系水系、资源情况、社区发展分布和保护程度需求，将神农架国家公园划分为严格保护区、生态保育区、游憩展示区和传统利用区等 4 类功能区。

2.3.5 浙江钱江源国家公园体制试点

2016 年 6 月 17 日，国家发改委正式批复同意《钱江源国家公园体制试点区试点实施方案》。这是继青海三江源、湖北神农架、福建武夷山之后，全国第四个获得正式批复的国家公园体制试点方案。

钱江源国家公园体制试点位于钱塘江南源上游，面积 252 km^2，包括了浙江省开化县境内的古田山国家级自然保护区、钱江源国家森林公园、钱江源省级风景名胜区以及上述自然保护地之间的连接地带。与安徽、江西两省交界，生物资源丰富，是全国 9 个生态良好地区之一。这里是钱塘江的发源地，拥有大片原始森林，是中国特有的世界珍稀濒危物种、国家一级重点保护野生动物——白颈长尾雉、黑麂的主要栖息地。

2017 年 3 月，中共钱江源国家公园工作委员会和钱江源国家公园管理委员会正式成立，整合现有的开化国家公园管理委员会、古田山国家级自然保护区管理局、钱江源国家森林公园管理委员会等的业务职能，由省政府垂直管理，构建“一体化”管理体系。

依据试点区保护对象的敏感度、濒危度、分布特征和遗产展示的必要性以及居民生产、生活与社会发展的需要，钱江源国家公园体制试点区被划分为核心保护区、生态保育区、游憩展示区和传统利用区等 4 类功能区，制定了不同的保护和发展策略，实施差异化管理。

从 2 015 开始，开化县就依托“多规合一”试点工作，将国家公园体制试点区总体规划纳入全县“多规合一”体系，出台了山水林田河管理办法，启动了自然资源资产确权登记。针对集体林地占比高的问题，采取置换等方式逐步降低集体土地占比。制定实施《钱江源国家公园山水林田河管理办法》，设置环境资源巡回法庭，开展乡镇领导干部自然资源资产离任审计。对钱江源国家公园体制试点区及周边企业进行淘汰或搬迁，确保试点区内的生产生活强度与生态环境、资源、野生动植物保护的相协调。下一步工作包括做好对试点区社区居民点按搬迁型、控制型和聚居型 3 类进行分类调控，推行国家公园“低票价”等重点工作。

2.3.6 福建武夷山国家公园体制试点

武夷山是全球生物多样性保护的关键地区，保存了地球上同纬度最完整、最典型、面积最大的中亚热带原生性森林生态系统，也是珍稀、特有野生动物的基因库。武夷山国家公园试点位于福建省北部，试点范围包括武夷山国家级自然保护区、武夷山国家级风景名胜区和九曲溪上游保护地带等。

2016 年 9 月 26 日，福建省人民政府下发《福建省人民政府办公厅关于建立武夷山国家公园体制试点工作联席会议制度的通知》（闽政办〔2016〕158 号），正式建立武夷山国家公园体制试点工作联席会议制度，明确了武夷山国家公园体制试点工作联席会议主要任务：组织《武夷山国家公园体制试点区试点方案》的实施；提出武夷山国家公园管理体制和运行机制的具体构建方案；制定《武夷山国家公园体制试点区工作方案》，明确各成员单位的职责分工、工作要求、责任人并监督实施，协调、解决实施过程中的重大问题，全力推进试点区改革工作。

2017 年 6 月 16 日，武夷山国家公园管理局正式组建。2017 年 9 月，福建省人大常委会会议提交了本次会议二审的《武夷山国家公园条例（试行）（草案修改稿）》，提出设立武夷山国家公园管理局，执行相对集中的行政处罚权，履行资源环境综合执法职责，以承担林业、国土、水资源、水土保持、河道管理等执法工作。

出台《武夷山国家公园试点区财政体制方案》，将武夷山国家公园管理局作为省本级一级预算单位管理，按照管理权与经营权相分离的原则，试点区内企业包括武夷山市属国有企业的管理权与税收等按属地原则归属武夷山市本级财政，试点区内的风景名胜区门票收入、竹筏和观光车等特许专营权收入、资源保护费收入等作为省本级收入，纳入预算管理，直接上缴省级财政。

将武夷山国家公园作为独立自然资源登记单元，印发《武夷山国家公园体制试点区自然资源统一确权登记实施方案》。自深入开展茶山整治以来，累计处置违规开垦茶山 5.8 万亩，完成造林面积 3.4 万亩。

截至 2017 年 9 月，武夷山国家公园试点已完成如下工作：①自然资源确权登记。制定武夷山国家公园体制试点区自然资源统一确权登记实施方案，截至目前，试点区 982.59 km^2 范围内的自然资源已全面完成预登记，在全国 9 个国家公园体制试点区中率先完成确权登记。②跟踪落实总体规划编制。目前，武夷山国家公园管理局正按照购买服务流程，委托第三方机构以公开招投标方式确定编制单位。③建立健全管理机制。严格按照主体功能定位和保护目标，修改完善合作管理、产业引导等 10 项管理机制配套文件。落实《特许经营管理办法》采购资金，聘请专业机构编制；建立武夷山国家公园生态管护队员、信息员管理制度。④扎实推进项目建设。梳理筛选重点建设项目 21 个，预算总投资为 5.74 亿元，其中 2017 年在建项目 12 个、投资 2.84 亿元，已到位项目资金 8 069 万元。

此外，福建省成立的联合保护委员会优先从村民中选聘相关服务人员，在起草《武夷山国家公园管理条例》过程中多次组织召开社区座谈会，充分听取村委会和当地村民意见。

2.3.7 其他国家公园体制试点情况

（1）湖南南山国家公园体制试点

试点区位于湖南省邵阳市城步苗族自治县，整合了原南山国家级风景名胜区、金童山国家级自然保护区、两江峡谷国家森林公园、白云湖国家湿地公园 4 个国家级保护地，还新增了非保护地但资源价值较高的地区。这里植物区系起源古老，是生物物种遗传基因资源的天然博物馆，生物多样性非常丰富；还是重要的鸟类迁徙通道。

（2）北京长城国家公园体制试点

北京长城国家公园体制试点区总面积是 10 个试点中最小的，也是少有的展现了八达岭长城世界文化遗产这种人文景观的国家公园。试点区位于北京市延庆区内，整合了延庆世界地质公园的一部分、八达岭－十三陵国家级风景名胜区的一部分、八达岭国家森林公园和部分八达岭长城世界文化遗产。试点区要追求人文与自然资源协调发展。

北京市积极探索以文化遗产保护带动自然生态系统的保育和恢复，实现多头管理向统一管理、分类保护向系统保护的转变。

（3）云南普达措国家公园体制试点

位于云南省迪庆藏族自治州香格里拉市的普达措国家公园试点拥有丰富的生态资源，拥有湖泊湿地、森林草甸、河谷溪流、珍稀动植物等，原始生态环境保存完好。

2015 年 11 月 26 日，云南省第十二届人大常委会第 36 号公告《云南省国家公园管理条例》于 2016 年 1 月 1 日起施行。这是我国大陆首部国家公园地方立法，标志着云南省国家公园建设与管理在全国率先走上法制化轨道。《云南省国家公园管理条例》明确界定了国家公园的定义，明确了国家公园的管理体制、与其他保护地的衔接问题，以及国家公园的经营服务项目实行特许经营制度。

2017 年，云南省已全面启动试点区自然资源资产确权登记，已完成森林、湿地资源调查。

（4）祁连山国家公园体制试点

祁连山是我国西部重要生态安全屏障，是我国生物多样性保护优先区域、世界高寒种质资源库和野生动物迁徙的重要廊道，还是雪豹、白唇鹿等珍稀野生动植物的重要栖息地和分布区。试点包括甘肃和青海两省约 5 万 km^2 的范围。祁连山局部生态破坏问题十分突出，多个保护地碎片化管理问题比较严重。试点要解决这些突出问题，推动形成人与自然和谐共生新格局。

3 国际上国家公园建设管理主要做法

1994 年，世界自然保护联盟（IUCN）在布宜诺斯艾利斯召开的世界自然保护大会上提出了“IUCN 自然保护地分类体系”，根据不同国家的保护地保护管理实践，将各国的保护地体系总结为 6 类，其中就包括国家公园。截至 2014 年 3 月，世界保护区委员会数据库统计的国家公园的数量为 5 219 个[11]。世界各国的国家公园管理模式大体可分为 3 类：第一类是以美国为代表的垂直管理体系，第二类是以德国为代表的地方自治管理体系，第三类是以日本、加拿大为代表的多重管理体系。这 3 种管理模式均取得了良好的效果，对中国国家公园管理体系建立具有积极的指导意义（表 3）。

表 3 世界各国主要国家公园管理模式一览表

类型	特征	国家
中央集权型（垂直管理型）	成立国家公园管理局，建立统一管理标准，从国家层面出台相关法律体系并逐渐完善，地方政府无权介入国家公园的管理。突出国家公园的公益属性、非营利属性、自然生态保护地属性	美国、挪威
地方自治型	自然生态保护由联邦政府和地方政府共同负责。国家层面制定《联邦自然保护法》，负责政策发布、立法等，地方政府负责监督实施并制定地方管理办法。强调中央与地方共建、共管，政府与社区共享、共赢	德国、澳大利亚
多重管理型	具中央集权和地方自治两种体制，既有政府部门参与，又有地方政府的自治权，私营和民间机构在取得许可之后，也可参与建设管理	日本、加拿大

3.1 美国垂直管理体系

3.1.1 国家公园概念

美国的国家公园即“国家公园体系”，是指由国家公园管理局（National Park Service，NPC）管理的，包括国家公园、文物古迹、游憩区、历史地段等所有的陆地和水域。自 1872 年美国建立世界上第一个国家公园——黄石国家公园以来，截至 2011 年，美国国家公园的数量为 398 个，占地面积 341 279 km^2，约 3 413 万 hm^2，分别被界定为国家公园、国家战争公园、国家历史公园、国家战争地、国家纪念地、国家历史地、国家保护区、国家湖岸、国家海岸、国家娱乐区和公园路等 20 个不同类型[12]，已成为美国文化的象征，世界自然保护形式的典范，被誉为“美国有史以来的最佳创意”[13]。

3.1.2 国家公园法律体系

在法律体系上，美国已形成了包括国家公园基本法在内的一系列法律、法规、标准与指导原则、公约、执行命令（共有 60 项之多，其中涉及国家公园管理局的联邦法律约 20 个）。其中，1916 年的《组织法》规定了国家公园管理的基本组织框架，奠定了国家公园管理的基础；1965 年的《特许经营法》，要求国家公园体系内全面实行特许经营制度，在经营规模、经营质量、价格水平等方面必须接受国家公园管理者监管；1998 年的《国家公园管理综合法》对土地使用特许权转让、管理者培训、科学研究、公园使用费等做了全面的规定。

3.1.3 国家公园选定标准

国家公园管理局按照重要性、可行性等原则，对自然保护区域、历史遗产区域等区域进行筛选确定国家公园范围，确保国家公园保护的是最优越的自然生态资源。主要包括三方面：①重要性。要入选美国国家公园体系，必须具有国家级重要的意义以及生态价值，是特定类型资源的典型代表，能够为人类的游憩活动以及自然科学研究提供最优越的场所，并且具有高度的完整性。②适宜性。该区域所代表的自然资源、历史遗迹等类型是现有的国家公园体系中不存在的，或者是还没有能够充分体现出来的、不可比较的，具有典型性、独特性和重要的生态服务价值。③可行性。主要是指与该区域相关的地理因素、社会因素、经济因素以及政府管理因素等，包括土地所有权、人类可以游憩享用的潜在价值、可进入性、获取成本、地方支持度、资源威胁程度、经济影响等，使经济效益与生态效益达到平衡状态。

3.1.4 国家公园管理机制

自 1872 年美国建立世界上第一个国家公园——黄石公园以来，美国国家公园的管理体系不断完善。美国国家公园采用垂直管理体制，地方政府无权介入国家公园的管理，每一个国家公园管理局的工作人员以管家或服务员的身份为全体国民守护自然文化遗产[14]。直接管理国家公园的行政管理机构被称为国家公园管理局，隶属美国联邦政府，直属上级单位为美国内政部。国家公园管理局总部下依照地理区位划分设置7个地方局，包括东南部地区、西部地区、中部地区、北部地区、西部山区地区、阿拉斯加地区以及华盛顿首都地区。地方局下面再设立16个公园组及16个支持系统。地方局直接管辖所属区域的国家公园机构，地方政府无权管辖。美国国家公园的规划设计由国家公园管理局下设的丹佛规划设计中心（Denver Service Center）全权负责，规划设计在上报以前必须先向地方及州的居民广泛征求意见，一方面确保了规划设计的质量，另一方面又防止了违背规划的事情发生[15]。

从监督机制来看，美国在监督机制上，做到了信息公开、依法监督和公众参与。美国各类保护地建立在完善的法律体系之上，几乎每一类保护地系统都有独立立法，如《国家公园组织法》（1916年）、《荒野法》（1964年）、《国家森林管理法》（1976年）等，相应管理部门的各项政策也都以联邦法律为依据，重大举措必须向公众征询意见乃至进行一定范围的全民公决。

从社区参与来看，美国国家公园也非常看重其经济功能，主要是对周边社区的经济效益和就业产生促进作用，强调社区共建、共管、共享，国家公园既提高了居民保护环境的主动性，也深化了居民的环境教育[16]。

3.1.5 国家公园经营机制

美国国家公园在经营机制上一直以来都实行管理与经营分离制度。国家公园本身不从事任何营利性的商业建设项目，而是以特许经营权的方式转让或委托给企业和个人，国家公园的管理机构对这些特许经营项目进行监督，并收取一定比例的费用用于国家公园的维护与建设管理。

国家公园的经营模式采取特许经营的出让方式，即首先通过公开招标的方式进行招标，然后由国家公园管理局的地区主任和政府与中标企业签订特许经营出让合同。出让的期限一般不超过10年，通过参议院、众议院两院批准的，最多不超过20年。在特许经营权出让期间，如果企业违反合同规定，存在严重违约，如出现损坏保护区生态状况等现象，或者企业违反了国家公园保护的相关法律、法规、规章及政策，国家公园管理局有权单方面终止合同。

3.2 德国地方自治管理体系

3.2.1 国家公园概念

德国人口密度较高，对自然环境改变大，开发利用时间长，国家公园体制建设起步较晚，受传统利用方式的影响较大。德国的国家公园一般指具有法律约束力和独特性两个性质的面积较大的自然保护区。通常具有3个特点：①归属于国家公园的区域大部分应首先满足自然保护区的前提条件；②国家公园划定的区域应当很少受到人类活动的干扰；③国家公园的主要特征是公益性，主要目的为维持生态平衡，保护自然生态环境。

德国的国家公园建设是德国生物多样性战略的重要内容。自 1970 年建立了首个国家公园，截至 2014 年，德国共建立了 15 个形态迥异的国家公园[17]，主要承担生态保护、科研、环境教育和休憩功能，同时允许不破坏生态完整前提下的探索、开采，国家公园对德国的自然资源和生物多样性保护发挥了重要作用。

3.2.2 国家公园法律体系

依宪法规定，德国的自然保护工作由联邦政府和州政府共同开展，共同负责。1976 年的《联邦自然保护法》是德国自然保护和管理的基本法，具体规定了自然保护区的管理原则、宗旨及各政府部门的权利、义务等。1987 年的《自然和景观保护法》规定了包括国家公园在内的 6 种不同形式的保护区的建立原则[18]。各州都根据自身实际情况并以《联邦自然保护法》为基础，制定了各自的国家公园相关法律，具体规定了各州国家公园的功能、属性、建立宗旨、目标及相应的公园管理机构等，这些法律作为各州国家公园建设、管理的具体规范，确保国家公园管理中“一区一法”“一园一法”。

3.2.3 国家公园的选定标准

根据《联邦自然保护法》，国家公园区域的选定必须符合下列标准：①资源的典型性、完整性、独特性；②该备选区域内的资源符合相关自然保护区规定；③该区域必须受人类影响的程度较低，远离人类主要活动范围，原始生态环境保存状况良好，受破坏较小。

3.2.4 国家公园管理机制

德国在国家公园管理上实行地方自治模式，政府制定政策，以地方为单位开展保护工作[19]。德国联邦政府只负责政策发布、立法等面上的工作，而具体管理事务则全部交由地方政府负责。在德国，州环境局（部）负责成立国家公园管理处，负责国家公园日常运营管理工作，联邦政府部门不参与具体管理。

德国国家公园土地基本归各州所有，但大范围的国家公园建设不免会将部分私有林地划入其中，还会涉及常住居民及其传统的资源利用方式问题，国家公园建设要求生态完整性保护，导致了国家公园的权属纠纷和原住民的利益纷争，应采用协调或征收补偿的方式确保公园土地用途管制。

3.2.5 国家公园经营机制

在经营机制方面，德国国家公园在发展过程中经过逐渐探索，形成了自己的特色，主要表现在以下 3 个方面：①强化社区共建。国家公园与其他相关政府机构、周边生活区域、旅游公司、公交公司等建立了良好的发展关系和合作机制，这一经营机制推进了多方的共赢，实现了生态、人、社区的和谐发展。②通过发展旅游业，实现公众参与生态保护监管。③开展环境教育，提高公众环保意识。

3.3 日本多重管理体系

3.3.1 国家公园概念

日本的国家公园依据《自然公园法》由政府指定并管理，按保护级别分为国立公园、国定公园、都道府县立自然公园 3 类。

3.1.2 国家公园法律体系

日本的国家公园保护与管理主要基于《自然公园法》以及《自然公园法施行令》《自然公园法施行规则》等配套法规，此外，日本还出台了《国立公园及国定公园候选地选定方法》《国立公园及国定公园调查要领》《国立公园规划制订要领》等重要文件，国家公园保护与管理法律体系较为完善。国家公园保护也通过《鸟兽保护及狩猎正当化相关法》《自然环境保全法》《自然环境保全基本方针》《自然再生推进法》《濒危野生动植物保护法》《国内特定物种事业申报相关部委令》《国际特定物种事业申报相关部委令》《特定未来物种生态系统危害防止相关法》等施行令与施行规则，全面强化国家公园及重点物种保护。

3.3.3 国家公园的选定标准

日本不同类型的国家公园选定标准不同。国立公园的选定是根据环境大臣听取都道府县和环境审议会的意见，确定区域后指定的，是具有全国风景代表性的自然风景胜地（包括海洋景观）。国定公园首先由相关都道府县向环境大臣提出申请，再由环境大臣听取中央环境审议会的意见，最后确定区域后指定，是参照国立公园标准的自然风景胜地。国立公园及国定公园的指定，必须在前项的公示之后才正式生效。

3.3.4 国家公园管理机制

在日本，环境省按地区设立相应的自然保护事务所，负责管理辖区内的国立公园。日本环境省在全国设有 11 个自然保护事务所，在自然保护事务所下还设有 67 个自然保护官事务所，主要负责管理国立公园的主要事务。除辖区内每个国立公园均设有自然保护官事务所对国立公园实行现地管理外，在国立公园数量较多的地区，还设有二级管理机构——自然环境事务所。

国家公园的管理主要涉及自然保护官及相关人员和组织，包括护林员、志愿者等。为进一步加强自然公园的保护与管理，公园管理者还采取了多种形式，开展与当地居民与民间团体之间的协作，同时开展环境教育。

3.3.5 国家公园经营机制

日本国家公园经营特点是国家与地方政府共同参与，但实行特许经营制度时，政企分开。政府负责制定相关管理标准，并允许团体和个人在国家公园内进行经营设施的建设。任何国家公园内的经营活动必须取得经营许可，必须符合国家公园管理标准。提倡团体和个人在建设经营服务设施时以合理的方式保护国家公园，在不影响生态环境质量的前提下，适度开展旅游活动，并通过旅游业发展促进生态保护与环境教育。

3.4 加拿大多重管理体系

3.4.1 国家公园概念

加拿大国家公园机制探索较早，1911 年建立的加拿大公园管理局，是世界上最早出现的国家公园管理机构。加拿大国家公园是保护不同地域特征的自然空间，由加拿大公园管理局管理，在不破坏园内野生动物栖息地的情况下可以供市民使用的区域。截至 2015 年，加拿大共建立国家公园 46 个，其中有许多被列为世界遗产。

3.4.2 国家公园法律体系

加拿大高度重视国家公园相关立法，立法层次高、体系完善，涉及面广，可操作性强，为世界各国国家公园建设的典范。《加拿大国家公园法》为国家公园的保护、运营管理提供了法律保障；《加拿大国家公园法》规定了国家公园管理体系；《加拿大遗产部法》《国家公园法》为国家公园管理机构的设立提供了法律依据；《历史遗迹及纪念地法》《海洋保护区法》针对国家公园范围内的自然资源和历史文化遗产保护制定了相应保护规范[20]。同时，几乎各省都制定了《省立公园法》，作为指导省立公园发展建设的重要依据。每个国家公园必须以保持生态完整性为首要目标，制定规范的管理规划，定期对规划进行一次评估。加拿大形成了相对完善的国家公园法律体系，确保了国家公园各项工作的开展有法可依。

3.4.3 国家公园的选定标准

加拿大公园管理局负责加拿大国家公园保护体系计划的实施，根据生态标准将加拿大分为 39 个自然区域，范围从山地、平原到滨海及北部森林冻土，内容包括森林、草地、河流、湖泊等。国家公园一般是选取具有重要生态服务功能、重要生态系统的典型分布区。国家公园体系保护目标是保护独特的自然栖息地、野生动物和生态系统多样性。

3.4.4 国家公园管理机制

加拿大的自然保护体系在国际自然保护中居领先地位，是典型的多重管理型国家公园管理模式。联邦政府下设的国家公园局是加拿大国家公园管理的最高机构，对自然、文化遗产保护发挥重要作用，国家公园管理局负责保护地体系建设，各保护区所在地负责具体管理规划的编制[21]。公园管理局在实际管理过程中，又以联邦政府、各省、地区、委员会及有关当局共同合作、共同负责的方式主导国家公园的管理运营。

从公众参与来看，《国家公园行动计划》规定，必须使民众获得机会参与到国家公园决策、管理规划制定的过程中。加拿大国家公园管理局十分重视与研究结构、私营企业及原住民的合作，共同致力于国家公园的生态完整性保护[22]。一系列相关政策都保证了国家公园的建设集公众力量于一身。公众参与，尤其是利益密切相关者参与到国家公园建设管理过程中，保证了管理决策的可实施性，降低了矛盾产生的可能性。

从对原住民的管理来看，国家公园建设势必涉及原住民利益，加拿大狩猎文化源远流长，许多原住民依靠传统狩猎方式生活，加拿大法律明确禁止国家公园范围内各种形式的资源开采，但存在例外规定，对于新建的国家公园，土著居民赖以生存的传统资源利用方式可以继续保留，传统狩猎方式得到允许。加拿大最高法院规定，尊重土著居民的权利，在自然保护前提下，可在国家公园内划出相应范围允许土著居民狩猎活动，国家公园管理机构在做出相关决策时应考虑这一问题。同时，加拿大非常重视国家公园管理和生态完整性建设中原住民的作用，许多原住民直接参与到国家公园管理中。

3.4.5 国家公园经营机制

加拿大国家公园具有高效的经营管理模式，经加拿大国家公园管理局允许，国家公园可以特许经营制度吸纳私营机构和个人参与到国家公园的部分商业性经营领域，实行了公园管理权和经营权分离的高效经营管理体制。私营机构和个人可通过租赁、特许经营等方式获得经过国家公园管理局审批核准的部分基础设施建设、服务项目和土地有限使用权，以协议形式获得的土地使用权还须付给联邦政府相应特许经营费用或租金，这些收入会用到国家公园建设中。加拿大国家公园也允许旅游开发，只是规定开发利用要建立在维护公园生态完整性基础之上，实现了公园保护和利用双赢的局面。

4 推动完善国家公园体制的建议

4.1 国家公园内涵

目前世界上已有100多个国家建立了近万个国家公园，但由于政治、经济、文化背景和社会制度特别是土地所有制不同，各国对国家公园的内涵界定不尽相同。

1994年，IUCN在布宜诺斯艾利斯召开的世界自然保护大会上提出了“IUCN自然保护地分类体系”。IUCN根据不同国家的保护地保护管理实践，将各国的保护地体系总结为6类，国家公园为第二类，定义为：大面积自然或近自然区域，用以保护大尺度生态过程以及这一区域的物种和生态系统特征，同时提供与其环境和文化相容的精神的、科学的、教育的、休闲的和游憩的机会。因此，建立国家公园的首要目标是保护自然生物多样性及其所依赖的生态系统结构和生态过程，推动发展环境教育和游憩，提供包括当代和子孙后代的“全民福祉”。不能用于大规模的旅游开发和其他自然资源的商业性开发。

在我国国家公园体制试点过程中，由于理解上的偏差和缺少明确规定，曾一度出现各部门、各地方纷纷设立不同类型的所谓“国家公园”的情况，形式、目的各异，导致公众对国家公园产生了认识误区。国家公园虽然带有“公园”二字，但它既不是单纯供游人游览休闲的一般意义上的公园，也不是主要用于旅游开发的风景区。

《总体方案》的发布明确了我国国家公园的内涵和定位，指出国家公园是指由国家批准设立并主导管理，边界清晰，以保护具有国家代表性的大面积自然生态系统为主要目的，实现自然资源科学保护和合理利用的特定陆地或海洋区域。同时，国家公园被定位为我国自然保护地最重要类型之一，属于全国主体功能区规划中的禁止开发区域，纳入全国生态保护红线管控范围，实行最严格的保护。除不损害生态系统的原住民生活、生产设施改造和自然观光、科研、教育、旅游外，禁止其他开发建设活动。

《总体方案》对国家公园的定位意味着其是中国自然保护地体系中的一个新的类型，要坚持生态保护第一、国家代表性和全民公益性的原则，实现国家所有、全民共享、世代传承的目标。建立国家公园的首要目标是保护自然生物多样性及其所依赖的生态系统结构和生态过程，推动发展环境教育和游憩，提供包括当代和子孙后代的“全民福祉”。国家公园的首要功能是重要自然生态系统的原真性、完整性保护，同时兼具科研、教育、游憩等综合功能。国家公园，就是要把最应该保护的地方保护起来，世代传承，给子孙后代留下珍贵的自然遗产。

国家公园是众多自然保护地类型中的精华，是国家最珍贵的自然瑰宝。与一般的自然保护地相比，国家公园的自然生态系统和自然遗产更具有国家代表性和典型性，面积更大，生态系统更完整，保护更严格，管理层级更高。相比以审美体验为主要目标的风景区，国家公园是中国生态价值及其原真性和完整性最高的地区，是最具战略地位的国家生态安全高地；在已有的国家公园体制试点中，三江源、大熊猫、东北虎豹、神农架和武夷山等国家公园体制试点都具有这样的特征。

与其他国家的国家公园相比，我国的国家公园同样具有国家代表性，三江源、大熊猫、东北虎豹、神农架和武夷山等国家公园体制试点地区都是美丽中国的“华彩乐章”，是国家形象高贵、生动的代言者，也是激发国民国家认同感和民族自豪感的精神源泉；同样具有全民公益性，国家公园的“绿水青山”和“金山银山”是先辈传承的最为珍贵稀有的自然遗产，需要完整真实地传递给子孙后代，也是一项全民共享的亲近自然、体验自然、了解自然的国民福利。不同的是，世界上其他国家公园，有的以审美体验为主要目标，有的以美景保护为初始目标，相比之下，我国国家公园生态保护的战略定位更高。《总体方案》明确，坚持生态保护第一，把最应该保护的地方保护起来。中国国家公园体制建设立足大尺度生态过程和生态系统保护，是保障中国国土生态安全的重大举措。

值得注意的事，设立国家公园不是孤立地进行，也不是完全取代或替代原有的自然保护地类型，而是要以此为契机，制定中国国家公园和其他类型自然保护地的标准，按照统一的标准和框架对中国现有各种类型的自然保护地进行科学的分类和梳理，建立中国自然保护地管理分类体系。

4.2 国家公园体制建设重点领域

作为生态文明体制改革的重要内容，国家公园体制建设是一项复杂的系统工程，必然涉及众多责、权、利的调整，核心是体制创新，必须破解碎片化、多头管理的“九龙治水”局面。因此，要把创新体制和完善体制放在优先位置，做好体制机制改革过程中的衔接，成熟一个设立一个，有步骤、分阶段推进。现阶段要突出做好以下几方面工作：①建立统一事权、分级管理体制，建立健全监管机制。合理划分中央和地方事权，构建主体明确、责任清晰、相互配合的国家公园中央和地方协同管理机制，划清不同所有者边界，归属清晰、权责明确。②完善自然生态系统保护制度。通过健全严格保护管理制度、实施差别化保护管理方式、完善责任追究制度，建立起全方位的保护责任机制。③健全监测监管机制，通过对国家公园生态环境状况、自然资源资产、生态文明制度执行情况及人为活动系统长期的监测调查及评价，结合社会监督与公共参与，强化对国家公园生态保护等工作情况的监管。

4.2.1 明晰自然资源权属

生态保护地存在所有权、使用权、经营权、处置权、获益权等方面的归属问题。我国《物权法》规定森林、山岭、草原、荒地、滩涂等自然资源，属于国家所有，但法律规定属于集体所有的除外（第四十八条）；《中华人民共和国物权法》规定土地承包经营权人依法对其承包经营的耕地、林地、草地等享有占有、使用和收益的权利（第一百二十五条），并有权将土地承包经营权采取转包、互换、转让等方式流转（第一百二十八条）。因此，生态保护地在土地权属方面需有明确界定，要建立生态用地用途管制制度，避免其在经济利益驱使下，生态用地在“合法”的外衣下流转，在经营权、获益权等权属不清晰的情况下，让位于开发利用。明晰自然资源权属是明确国家公园管理机构权责范围的基础，应研究确定统一的自然资源分类方法，以便对各类自然资源和文化遗产的权属进行统一登记；研究不同权属主体的重要资源如何实现国家所有，并制定相关管理保障制度，特别是土地利用方案。

要实现国家公园自然保护有效性和全民公益性这两个根本目标，关键在于国家公园边界内的土地是否能够公有、公管、公用。目前，有些国家公园试点地区几乎全部土地承包给农牧民，有些是60%以上的土地承包给农民。因此，应尽快开展潜在国家公园地区土地权属摸底和土地赎回可行性研究，同时必须把握目前土地流转和国家公园建设这一最佳窗口期，采用协商和补偿性征收等方式，以一次性赎回、分年度赎回、地役权（easement）或其他创新手段，尽快开展国家公园相关地区已承包土地的赎回，确保国家公园土地和权益的国有性[23]。

4.2.2 建立统一事权、分级管理体制

（1）建立统一管理机构

整合相关自然保护地管理职能，设立国家公园专门管理机构，统一行使国家公园自然保护地管理职责，负责国家公园事务管理，并且国家公园专门管理机构具有唯一性，可以下设其他机构辅助其管理，而政府部门、企事业单位、私人机构、民间团体及个人只能以合作伙伴关系参与到国家公园的管理中，确保一园一主，高效统一管理，减少人力资源浪费，避免一个国家公园多重管理的混乱现象。同时，国家公园设立后整合组建统一的管理机构，履行国家公园范围内的生态保护、自然资源资产管理、特许经营管理、社会参与管理、宣传推介等职责，负责协调与当地政府及周边社区关系。可根据实际需要，授权国家

公园管理机构履行国家公园范围内必要的资源环境综合执法职责。

（2）分级行使所有权

我国目前基本形成了以国家级、省级保护地为主的分级管理模式，而这些保护地也必将成为国家公园体系的主要组成部分。统筹考虑生态系统功能重要程度、生态系统效应外溢性、是否跨省级行政区和管理效率等因素，国家公园内全民所有自然资源资产所有权由中央政府和省级政府分级行使。其中，部分国家公园的全民所有自然资源资产所有权由中央政府直接行使，其他的委托省级政府代理行使。条件成熟时，逐步过渡到国家公园内全民所有自然资源资产所有权由中央政府直接行使。按照自然资源统一确权登记办法，国家公园可作为独立自然资源登记单元，依法对其区域内水流、森林、山岭、草原、荒地、滩涂等所有自然生态空间统一进行确权登记。划清全民所有和集体所有之间的边界，划清不同集体所有者的边界，实现归属清晰、权责明确。进行国家公园分级，一方面能有效利用目前保护地分级成果，减少国家公园改革阻力；另一方面，分级管理模式有助于实现行政、财政等资源有序有效的配置。

（3）构建协同管理机制

合理划分中央和地方事权，构建主体明确、责任清晰、相互配合的国家公园中央和地方协同管理机制。中央政府直接行使全民所有自然资源资产所有权的，地方政府根据需要配合国家公园管理机构做好生态保护工作。省级政府代理行使全民所有自然资源资产所有权的，中央政府要履行应有事权，加大指导和支持力度。国家公园所在地地方政府行使辖区（包括国家公园）经济社会发展综合协调、公共服务、社会管理、市场监管等职责。

（4）实行管理与经营分离制度

国家公园管理机构负责公园的生态保护、管理和监督，同时实行特许经营制度，允许企业和个人以特许经营方式参与到国家公园的非公共产品经营领域，参与到与消耗性利用公园资源无关的服务中，即公园的食宿等旅游经营服务中，同时由公园管理机构对其进行监督，实现国家公园管理权和经营权分离的高效资源运作管理体制。同时明确企业的权利义务，保证经营行为在保护生态完整性基础上进行，并收取特许经营费用，用于公园的建设管理，缓解国家财政压力。

4.2.3 完善自然生态系统保护制度

通过健全严格保护管理制度、实施差别化保护管理方式、完善责任追究制度，建立起全方位的保护责任机制。

（1）健全严格保护管理制度

国家公园的首要任务是保护并维持自然生态系统的完整性和原真性，并且能够世代传承下去，因此，在处理保护和开发的关系中，生态系统、生态过程和生态多样性的保护是首位的，人类的需求要受自然和生态的约束和规范。要坚持“尊重规律、科学施策”的保护原则，建立健全严格、专业、高效的保护管理制度；以自然恢复为主，结合生物措施和其他措施合理实施生态系统修复；严格规划建设管控，禁止不符合国家公园保护管理目标的开发建设活动，逐步清理国家公园区域内不符合保护和规划要求的各类设施、工矿企业、已设矿业权等；着力维持生态服务功能，提高生态产品供给能力。但“保护第一”并非要打造“无人区”式的国家公园。在满足国家公园生态效益的前提下，应拿出极小比例的面积作为游憩展示区，进行最低限度的必要设施建设，并通过规范的管理引导民众进入，使民众能够感受自然之美，发挥国家公园的教育、游憩等综合功能。

1）积极推动制定与生态保护红线制度、自然生态空间用途管制办法、自然资源管理体制改革要求相衔接的国家公园保护管理办法。坚持生态优先、区域统筹、分级分类、协同共治的原则，确保依法保护的生态空间面积不减少，生态功能不降低，生态服务保障能力逐渐提高。国家公园管理采用正面清单管理模式，仅限于有利于生态功能保护和提升的科研、教育、生态旅游等活动进入；除不损害生态系统的原住民生产、生活设施改造和自然观光、科研、教育、旅游外，国家公园范围内严禁不符合主体功能定位的各类开发建设活动，严禁任意改变土地用途，严格禁止任何单位和个人擅自占用和改变用地性质；如有国家重大战略资源勘查需要，在不影响主体功能定位的前提下，经依法批准后予以安排。国家公园内的原有居住用地和其他建设用地，不得随意扩建和改建；因地制宜推进国家公园内现存的不符合保护和规划要求的各类设施、工矿企业等逐步搬离，已设的矿业权逐步有序退出。对国家公园范围内合法的生产生活活动实行严格监控，明确采取休禁措施的区域的规模、布局、时序安排，防止过度垦殖、放牧、采伐、取水、渔猎、旅游等对生态功能造成损害，确保自然生态系统的稳定。围绕山水林田湖草生命共同体，科学规划、统筹安排荒地、荒漠、戈壁、冰川、高山冻原等生态脆弱地区的维护、修复和提升生态功能的生态建设，生态系统修复坚持以自然恢复为主，生物措施和其他措施相结合；建立和完善生态廊道，提高生态空间的完整性和连通性。

2）鼓励和指导已成立和正在筹备建立的国家公园着手制定保护、修复、科研、游憩等工作手册。指导各个国家公园针对自然生态维护、生态修复、科学研究、环境教育和休闲游憩活动等领域的日常管理工作制定专业详细的工作方案，出台科研科普、生态管护公益岗位、特许经营、预算管理、项目投资、社会捐赠、志愿者管理、访客管理、国际合作交流等领域管理办法。坚持保护生态结构和过程，尊重自然规律，明确在不同时间、不同地点对不同保护对象应采取的保护手段和方式，是否需要人为措施干预以及干预程度如何等。设置开发限度和范围，坚持人与自然和谐相处，明确合法开发活动的准入资质、开发限度、运营形态、设施设备标准、访客人数规模、参观游憩形式和路径安排、生态环保宣教主题和负责主体等。将国家公园保护管理各方面工作的主客体、主要环节、不同情境下处理方法细化到操作层面。

专栏1　尊重自然规律、促进人与自然和谐的管理

1．美国国家公园管理过程中，认为自然引燃的火是自然系统的组成部分，是自然生态系统演替的重要驱动因素。因此，美国国家公园对自然火，除了其危害到基础设施或人身安全后会进行必要的管控，此外不对自然火进行过多人为干预。

2．美国国家公园访客管理：国家公园提供自驾、徒步、野营、摄影、爬山、游泳等多种符合国家公园管理目标的休闲活动，国家公园管理人员承担大部分的环境教育和解说服务，包括由训练有素的解说员带队的徒步活动。在游憩活动中，不允许访客把食品留在旅游点，防止招引野生动物，使野生动物养成习惯并攻击人。

3．人与自然和谐共生：国家公园的严格保护，并不意味着完全严禁任何人为生产活动，而是应该围绕自然规律，促进人与自然和谐发展。比如朱鹮对生境的条件要求较高，只喜欢在具有高大树木可供栖息和筑巢，附近有水田、沼泽可供觅食，天敌又相对较少的幽静的环境中生活。晚上在大树上过夜，白天则到没有施用过化肥、农药的稻田、泥地或者清洁的溪流等环境中去觅食。无论是完全禁止农业生产，或是稻田受到污染，都达不到朱鹮对生境质量的要求。日本的“佐渡岛稻田-朱鹮共生系统”就是人与自然和谐共生的严格管理模式成功案例，不仅结束了日本本土朱鹮在 21 世纪初灭绝的状态，还被列入全球农业文化遗产名录。

（2）实施差别化保护管理方式

1）科学编制国家公园相关规划。建设国家公园，首先要明确发展战略，编制国家公园总体规划及专项规划。规划编制必须经过严格的考证，在国家公园统一管理机构的统筹领导下工作，要认真听取生态、气候等方面专家的意见，根据国家公园生态系统类别、生物多样性特点设置不同的管理目标，明确国家公园的空间布局，统筹生态、生活、生产空间布局，明确功能分区以及开发利用边界，细化在分区、保护、利用、保护利用管制、经营管理和建设等领域的工作任务。如针对特殊野生动物划定的国家公园，主要管理目标为形成稳定的野生动物栖息地并建成野生动物跨区域合作保护典范。抓住主要问题可使保护更加精准，也能够带动食物链及森林等整个生态系统保护。

同时，规划编制也要做好与相关制度的衔接。

一方面，国家公园体制建设要与其他生态文明制度协同配合。《总体方案》中明确指出，建立国家公园体制是党的十八届三中全会提出的重点改革任务，是我国生态文明制度建设的重要内容；国家公园是我国自然保护地最重要类型之一，属于全国主体功能区规划中的禁止开发区域，纳入全国生态保护红线管控范围，实行最严格的保护。因此，国家公园体制建设是生态文明制度建设的重要内容之一，国家公园总体规划及专项规划要与国家生态文明制度建设全方位结合，不能孤立进行，尤其是要与主体功能区规划、划定和管好生态保护红线紧密结合。

另一方面，国家公园总体规划及专项规划应坚持山水林田湖草是一个生命共同体。山水林田湖草作为生态系统的重要要素，彼此之间存在紧密联系，国家公园的发展目标与工作任务必须统筹考虑保护与利用，按照自然生态系统整体性、系统性及其内在规律，对国家公园实行整体保护、系统修复、综合治理。在更大范围内，国家公园相关规划还应考虑与其他类型自然保护地之间连接区域的“连通性保护”。通过国家公园和其他类型自然保护地的综合规划，全面提升自然保护地体系的生态代表性，均衡地保护各种类型的生态系统和野生动植物，保障国家和地方的生态安全。

同时，国家公园是区域可持续发展的一个重要组成部分，必须把国家公园和其他类型的自然保护地的空间规划整合到经济社会发展规划、土地利用规划、生态文明制度建设规划、自然生态保护规划中，形成多规合一的一个综合规划，在规划中体现国家公园保护的优先地位，并将国家公园管理保护情况纳入各级党政绩效考核指标中。

2）合理制定差别化分区管理方案。国家公园分区管理是国际上普遍采取的管理方式，实行分区管理有利于发挥保护地的多种功能、充分考虑保护地内及其周边社区居民的合法利益，促进资源保护和社区经济的协调发展，有利于根据保护地自然资源分布的特点，制定和采取相应的保护和管理措施。与其他国家相比，我国具有人口众多这一特殊性，目前世界上没有任何一个国家的自然保护区内拥有像中国这么多人口。这意味着中国在建立国家公园过程中，将面临更严峻的挑战。由于生态系统的复杂性以及涉及人口较多，功能分区应是我国国家公园制度设计中必不可少的核心内容，须在功能分区方案中明确国家公园保护和利用的具体空间和管控要求。根据国家公园自身发展状况制订保护计划，通过对不同区域实施短期或长期经营计划进行区域划分。国家公园不应以资源商业化为目的，任何商业行为只可以在不违背保护目的的前提下小范围开展。

首先，要科学合理地进行功能分区。加快研究国家公园功能分区指标体系，尽快出台国家公园功能分区技术指南。以国家公园的资源特性、土地利用形态、保护对象的分布特征、保护要求、影响及威胁因子等自然环境因素为主，综合考虑社区发展和旅游业发展特征等人类活动因素，兼顾指标的重要性、系统性和可获得性，建立国家公园功能分区指标体系，继而通过分析土地利用数据、气候数据、土壤数据、野生物种数据、人口及牲畜数据以及其他社会经济数据，对国家公园范围内的生态系统服务、重要物种潜在生境、生态敏感性和生态压力进行综合评价，结合系统的现场踏勘，将国家公园范围划分为核心保育区、生态保育修复区、传统利用区、游憩展示区等不同功能区。

其次，尽快制定针对不同功能区的差异化管理方案。核心保育区主要包括最重要的生态系统服务功能区、代表性物种的分布地，对此区域应将生态保护本身的需要作为重中之重，强化保护，严禁开放开发，最大限度地降低人为干扰自然的程度。生态保育修复区主要是重要及脆弱的生态系统类型，包括退化草地以及需要进行湿地修复、沙化治理、鼠虫害防治等重点生态治理工程项目的实施区域，是生态保护和建设的重点区域；针对建立之前被人为因素干扰破坏并在可预见的很长一段时间内无法自我修复的区域实施自然复原和生态治理工程。核心保育区及生态保育修复区区域内居民要逐步实施生态移民搬迁，集体土地在充分征求其所有权人、承包权人意见基础上，优先通过租赁、置换等方式规范流转，由国家公园管理机构统一管理。传统利用区拥有相对丰富的人文资源以及第一产业，生态状况稳定，可在一定约束条件下利用，在保持并提升生态服务功能的前提下，适当发展生态农业、林下经济、生态有机畜牧业。游憩展示区主要包括开放的、具有重要宣教意义的自然和人文景观，可以合理建设游憩设施、发展野外娱乐活动、开发游憩资源，是为满足公园必要的经济发展和当地居民生活要求而设立的区域，是生态旅游和特许经营产业发展的支撑基地，推动国家公园内原住民通过旅游等新业态实现增收和产业转型，同时充分发挥国家公园在生态宣传教育领域的优势作用；在分区策略的基础之上，结合专业知识，确保满足游客自然娱乐体验的需求，设计合理的旅游路线，并配备专业人员进行游客指导和监管；慎重选择特许经营单位，严格监管生态旅游活动，避免对自然生态资源造成负面影响。

专栏 2　其他国家和地区国家公园分区管理实践

1．台湾地区国家公园分区管理

由于台湾地区的各个国家公园地域资源、历史文化、景观特色等皆存在差异，功能区划分的过程并不是一成不变的，而是以客观实际为准绳，对国家公园的各个功能区都进行了灵活的划分。国家公园不一定五区俱全，也会由于各种原因的存在而出现部分功能区缺失的情况，以此充分体现出因地制宜的分区管理特点。

功能分区	定义
生态保护区	为研究生态而保护的天然生物环境及其生育环境地区
特别景观区	敏感脆弱的、特殊的自然景观，应该严格限制开发的地区
史迹保存区	具有重要史前遗迹、史后文化遗址以及有价值的历史古迹的地区
游憩区	可以发展野外娱乐活动，并适合兴建游憩设施、开发游憩资源的地区
一般管制区	资源景观质量介于保护与利用地区之间的缓冲区，获得准许可改变原有土地利用形态的地区

2. 美国黄石国家公园分区化控制

黄石国家公园按照科研、环境保护教育、娱乐休闲、生态保护等功能分为生态保护区、特殊景观区、历史文化区、游嬉区和一般控制区，针对不同功能区的特点进行不同密度的开发利用，达到人与自然的和谐可持续发展。

生态保护区拥有一些生态资源和独特景观，具有稀少性、破坏不可再生性、生态自我修复脆弱性等特点，具有很高的研究价值。这个区域只对科研人员、工作人员开放，不对游人开放，目的是尽量保持其野生状态。特殊景观区具有美学价值高、景观独特、整体视觉良好等特征，有利于游人摆脱单调的城市工业文明。这些地区严格限制开发，除必要的基础设施以外，如游客安全及救护、卫生、交通等保障设施，不得建造任何建筑物。此外，还对建筑物的取材、设计、功能等进行严格要求，不能对周围的景观和生态进行破坏。

历史文化区多为历史文化遗迹。对其进行重点的保护和监控，以增强国人的民族和历史文化认同感。在不影响历史原貌的原则下，其附近可以适当建设卫生设施、保护设施和绿化，做好历史的延续性。游嬉区是专门为游客提供娱乐休闲服务的区域，游客和设施最为集中，服务最为密集。其边缘应修建隔离带，防止污染物外泄。尽管这个区域的建筑要求有所降低，但是建筑风格、尺寸、用地规模等都要与周围的环境特点相符合。一般控制区属于黄石国家公园的边缘区域。除了上述几种区域，其余都是一般控制区。

3）完善考核和责任追究制度。考核和责任追究是确保国家公园严格保护管理制度切实落实的外部约束力，《国民经济和社会发展第十三个五年规划纲要》中明确：以市县级行政区为单元，建立由空间规划、用途管制、领导干部自然资源资产离任审计、差异化绩效考核等构成的空间治理体系。

首先，建立完善考核和责任追究制度，应明确国家公园管理机构、当地政府和相关部门，以及国家公园内原住民、生态环境保护维护人员、游憩展示服务开发管理方、访客等各类利益相关方在国家公园管理中各自的责任，制定责任清单。要强化国家公园管理机构的自然生态系统保护主体责任，细化国家公园管理机构和政府相关部门的责任分工，避免出现责任缺失或重复、权责不清、无从考核问责的情况。国家公园管理机构通过获得管辖范围内的资源环境综合执法权，或与相关部门配合，定期组织国家公园保护管理情况检查督查，对破坏生态空间的行为及时责令相关责任主体纠正、整改，严厉打击违法违规开发矿产资源或其他项目、偷排偷放污染物、偷捕盗猎野生动物等各类环境违法犯罪行为。国家公园周边地区政府绩效评估中也应将保障国家公园的保护目标的实现放在重要地位。

其次，推动研究和出台针对国家公园管理机构、当地政府和相关部门、国家公园生态环境保护维护人员、游憩展示服务开发管理方的考核办法。建立国家公园管理机构自然生态系统保护成效考核评估制度，设计出台国家公园管理机构自然生态系统保护成效考核评估的指标体系、考核方式和流程；以保护生物多样性、保证自然演替不受干扰为国家公园建设管理的首要目标设计国家公园管理质量评估标准体系，综合评估生态保护、管理与发展、周边区域环境保护整合等工作绩效。全面实行环境保护“党政同责、一岗双责”，根据责任清单、考核办法、自然资源资产负债表对领导干部实行自然资源资产离任审计和生态环境损害责任追究制。对违背国家公园保护管理要求、造成生态系统和资源环境严重破坏的要记录在案，依法依规严肃问责、终身追责。在保护目标得以实现的前提下，进行教育、自然体验、森林旅游、科学研究和监测等工作的绩效评估；针对国家公园生态环境保护维护人员、游憩展示服务开发管理方制定生态保护考评体系和退出机制，如果生态环境保护维护人员或游憩展示服务开发管理单位在生态保护方面考评不合格，可酌情取消其工作资质或特许经营权。

4.2.4 建立健全监测监管机制

（1）监测调查与评价

科学制定国家公园的总体与专项规划、合理划定国家公园边界、严格实行自然生态系统保护制度、量化考核与责任追究等重要制度的落实都需要翔实的国家公园监测调查评估数据作为支撑，国家公园统一管理机构应健全国家公园监管制度，完善国家公园保护管理监测与评估指标体系，对国家公园生态环境、自然资源资产及人为活动的监测调查及评估进行指导和管理，加强国家公园空间用途管制，强化对国家公园生态保护等工作情况的监管。利用监测与评价结果，为国家公园保护管理考核和责任追究提供科学依据和技术支撑。

1）制定国家公园生态环境质量、自然资源资产及人为活动监测调查评价技术标准规范。与《生态环境监测网络建设方案》《自然生态空间用途管制办法（试行）》等法规配合衔接，按照国家在土地、森林、草原、湿地、水域、岸线、海洋和生态环境等方面的调查标准基础上，统一国家公园在生态环境质量、自然资源资产数量质量、人为活动规模影响等方面的监测调查布点、频率、监测调查和评价技术标准规范，并根据工作需要及时修订完善。相关技术标准规范应体现不同类型保护对象的国家公园管理目标特点，同时增强国家公园监测调查数据的横向可比性。

2）科学开展国家公园本底资源调查与价值识别，做好自然资源本底情况调查和生态系统监测。按照统一的监测调查评价技术标准规范，以全国土地调查成果、自然资源专项调查和地理国情普查成果为基础进行调查评价，确定国家公园范围内的生态空间用途、权属和分布。充分利用陆海观测卫星和各类地面监测站点开展全天候监测，及时掌握国家公园生态空间变化情况，通过长期对生态系统状况、环境质量的跟踪监测评价明确国家公园生态环境质量和自然资源价值的时空变化情况，评估国家公园自然资源和生态系统保护成效。

3）合理安排国家公园管理的全方位监测和调查。按照统一的监测调查评价技术标准规范对国家公园管理现状和发展进程进行全方位监测调查和评估。收集国家公园建设、经营活动规划及实际建设经营情况数据，结合调查经营管理存在的问题，组织评估专家组或委托第三方机构共同对普查、监测和调查研究中所获得的信息进行科学评估和记录，评估建设经营活动对国家公园生态环境质量以及管理的影响。对国家公园原住民、周边居民、生态保护修复工作人员及志愿者、科研教育宣传工作人员及志愿者、访客进行定期调查，了解国家公园对所在地区产生的积极影响和潜在威胁，评估沟通策略的有效性，改进管理策略，推动区域可持续发展。

4）构建国家公园自然资源基础数据库及统计分析平台。在现有工作的基础上，配合国家生态空间动态监管信息平台建设，构建国家公园自然资源基础数据库及统计分析平台，加强国家公园生态环境质量、自然资源资产及人为活动监测调查数据资源开发与应用，开展大数据关联分析，建立国家公园与管理机构间、国家公园间的信息共享机制，为国家公园保护决策、管理和执法提供数据支持。

5）建立国家公园生态风险动态监测预警机制。及时发布极端天气、生物入侵、土地退化等生态风险预警，并制定生态风险防控方案，保障生态安全。

同时，开放服务性监测市场，制定相关政策和办法，以政府购买服务等形式鼓励第三方评价机构参与国家公园生态系统状况、环境质量变化、生态文明制度执行情况、建设经营情况等的监测调查和利益相关方调查等活动。

专栏 3　德国国家公园管理质量评估计划

在德国国家公园管理质量评估计划中，评估标准和相关内容均是经过实地考察后确定的，根据评估标准设计的自我评估综合量化问卷使得评估结果更具有真实性。由于该标准包含多个方面，涉及多个领域，管理部门可以根据翔实的评估结果发现日常内部监测中无法发现的问题和国家公园面临的潜在威胁，如国家公园选址、游客活动区域是否存在问题，目标是否达成，管理策略是否可行和资源是否有效利用等。通过与专家和工作组的大量讨论，可以推进内外部交流，使管理人员对国家公园形成一个更客观全面的认识，发现管理盲点，提高管理水平和系统稳定性，推进管理策略改革创新，增强公众环境保护意识，为国家公园乃至整个区域的发展建设带来积极影响[24]。

（2）社会监督与公共参与

国家公园的性质决定了其“全民发展、全民共享”的特征，公众参与发挥着民主决策、民主监督、提高公众满意度的作用。如加拿大的《国家公园法》中明确表示：“为了让市民有机会参与到国家公园内的政策管理和规划中来，必须给市民提供这样的一个机会。”[25]公众参与机制构建要多途径协同发展，如法律制度的保障、多样化的参与渠道与沟通机制、基于多方参与的规划指导、针对特殊事项的公众参与技术规程等。

1）建立社会监督体系。建立由社会民众、区域群众，上级管理主体、所在地政府，公园管理局等各方利益相关者共同组成的监督体系，建立社会监督反馈机制以及监督激励机制，确保举报渠道畅通，充分发挥社会舆论和公众的监督作用。搭建公众参与园区管理平台，由民众和社会对国家公园保护运营管理情况进行监督，提出意见，提供建议，从而提升国家公园的整体管理水平和公众参与度。

2）建立国家公园信息公开制度。通过建设国家公园信息发布平台，及时向民众和社会公布公园建设进程、园区内稀有动植物生存状况、园区各项科研监测指标、园区地理气候状况、国家公园各项考核和责任追究结果等，解决信息不对称问题，保障公众的知情权和监督权。

3）明确公众参与主体、目标和模式，健全公众参与机制。①加强国家公园原住民在生态环境保护中的参与，通过合理的利益分配，以将国家公园社区居民优先聘为护林员、环卫工人、游憩经营项目生态环境监督员等生态管护人员等形式，使当地居民从国家公园保护管理中受益并自觉地参与生态保护。②引导建立社会捐赠机制，明确各类捐赠渠道、用途，建立社会捐赠激励机制；建立志愿者机制，明确志愿者招募标准、管理制度、激励机制等；推进社会组织、个人、科研机构参与合作管理机制构建，搭建与国际组织、非政府组织的合作平台，确定合作方式、明确合作双方权利与义务；同时加强国家公园相关规划和建设方案制定时对公众意愿的参考。③拓宽和创新宣教手段，利用国家公园的游憩展示功能对访客加强宣传、教育和科普，提高公众生态意识，形成崇尚生态文明、珍爱国家公园的社会氛围。

4.3 推进配套制度建设

4.3.1 完善法律法规

完善的法律制度是维护国家公园建设和管理的重要保障，同时也为国家公园的管理机构在管理过程中解决出现的问题提供了重要的依据。例如美国，对于国家公园的建立和管理已经形成了比较完善的法律制度，几乎每一个国家公园都会制定一个单独的法律制度对其进行保护和管理。在美国的国家公园立法体系中，最为主要的法律制度规范就是《国家公园管理局组织法》和对每个国家公园的授权法规等[26]。在我国，一方面建立一部统一的自然保护高位阶综合性法律，即国家基本法，确保我国自然保护各项工作开展有法可依，遇到法律适用问题时，高位阶立法保障了自然保护专门立法适用上的优先性，确保其在生态保护方面发挥统领全局的重要价值。另一方面，对国家公园进行专门立法，这对我国国家公园体制建设具有不可替代的指导规范作用。我国的自然资源丰富、类型复杂，且保护地土地的所有权、使用权、收益权等产权关系较复杂，因此，需建立上位法来整合各种生态保护地的法律法规，并通过地方立法，对国家公园实行“一园一法”，每个国家公园都制定相应的管理法或条例，实现依法管理，确保国家公园建设和管理有序推进，有效保护自然资源。

4.3.2 建立国家公园设立标准体系

在我国自然资源及保护区的划分方面最为基础的制度就是统一的标准制度，制定标准制度有利于我国国家公园统一管理，为维护生态安全提供重要的保证。参照世界自然资源组织以及世界各国对国家公园设立的标准，我国的保护区域的实际情况可以从保护区域的典型性、生物多样性、适合性三个方面来规定我国国家公园的设立标准：①典型性。是指某种自然资源在所有的资源类型里具有唯一性，其价值不可替代，或者是在保护区域内的特点最为突出，是典型的代表，可根据自然资源的典型性将其分为稀缺性和典型性。②生物多样性。是指我国自然资源因物种繁多，充分考虑我国现有的自然保护区、风景名胜区、湿地公园、地质公园等自然资源的划分评价，结合我国国情，从资源、环境等多个方面进行评估，根据资源设立标准，使其能够完整保存，满足永久存续的需求。③适合性。是指国家公园的建设与其周边的环境及国家的大环境是否适合，区域面积以及范围应如何划定，使其发挥对自然资源的合理利用与保护的价值，对社会经济具有促进作用。

参考文献

[1] 中华人民共和国环境保护部．全国自然保护区名录 [EB/OL]. http://sts.mep.gov.cn/zrbhq/.

[2] 杨超．中国的森林公园[J]．森林与人类，2014（1）：8-13.

[3] 湿地中国．我国已建立国家湿地公园（试点）总数达 298 处[EB/OL]. http://www.shidi.org/sf_62A287572AE4447799E4AF670DEF5AC1_151_sdb.html.

[4] 住房和城乡建设部．中国风景名胜区事业发展公报（1982—2012）[EB/OL]. http://www.chinabuilding.com.cn/article-3365.html.

[5] 凤凰网．中国国家地质公园 2013 年已达 184 处 [EB/OL]. http://finance.ifeng.com/a/20140608/12498380_0.shtml.

[6] 水利风景区．景区名录 [EB/OL].http://slfjq.mwr.gov.cn/.

[7] 中国海洋报．国家海洋局发布新建国家级海洋特别保护区暨首批国家级海洋公园名单[EB/OL]. http://www.gov.cn/gzdt/2011-05/19/content_1866854.htm.

[8] 环境影响评价论坛．水产种质资源保护区名单[EB/OL].（2014-05-29）http://www.eiabbs.cn/forum.php?mod=viewthread&tid=29754.

[9] 大熊猫国家公园将分“四区”建设[EB/OL]. http://scnews.newssc.org/system/20170620/000790482.html.

[10] 唐芳林．国家公园试点效果对比分析——以普达措和轿子山为例[J]．西南林业大学学报，2011，31（1）：39-44.

[11] 王菡娟．国家公园怎么建？[N]人民政协报，2014-12-11（9）.

[12] 王连勇，霍伦贺斯特•斯蒂芬．创建统一的中华国家公园体系——美国历史经验的启示[J]．地理研究，2014（12）：2407-2417.

[13] 高科．公益性、制度化与科学管理：美国国家公园管理的历史经验[J]．旅游学刊，2015，30（5）：3-5.

[14] 杨桂华．旅游景区管理[M]．北京：科学出版社，2006.

[15] 师卫华．中国与美国国家公园的对比及其启示[J]．山东农业大学学报（自然科学版），2008，39（4）：631-636.

[16] 张海霞，汪宇明．可持续自然旅游发展的国家公园模式及其启示——以优胜美地国家公园和科里国家公园为例[J]．经济地理，2010（1）：156-160.

[17] 庄优波．德国国家公园体制若干特点研究[J]．中国园林，2014（8）：26-30.

[18] 谢屹，李小勇，温亚利．德国国家公园建立和管理工作探析——以黑森州科勒瓦爱德森国家公园为例[J]．世界林业研究，2008，21（1）：72-75.

[19] 庄优波．德国国家公园体制若干特点研究[J]．中国园林，2014（8）：26-30.

[20] 周武忠．国外国家公园法律法规梳理研究[J]．中国名城，2014（2）：39-46.

[21] 张振威，杨锐．论加拿大世界自然遗产管理规划的类型及特征[J]．中国园林，2013（9）：36-40.

[22] 刘鸿雁．加拿大国家公园的建设与管理及其对中国的启示[J]．生态学杂志，2001，20（6）：50-55.

[23] 杨锐．防止中国国家公园变形变味变质[J]．环境保护，2015，43（14）：34-37.

[24] 黄颖利，隋婷，宁哲．德国国家公园管理质量评估标准[EB/OL]．http://kns.cnki.net/kcms/detail/11.2080.S.20170919.1334.012.html. 2017.9.19.

[25] 周武忠．国外国家公园法律法规梳理研究[J]．中国名城，2014（2）：39-46.

[26] 马明飞．自然遗产保护的立法与实践问题研究[D]．武汉：武汉大学，2010.

加快补齐农村人居环境突出短板的对策研究

Research on Countermeasures to Accelerate the Compensation of Outstanding Shortcomings of Rural Human Settlement and Environmental Protection

逯元堂 徐顺青 何 军 陈 鹏 高 军 刘双柳 张晓丽 王 波

摘　要　回顾总结了 2008—2016 年农村环境保护在公共服务水平、主要污染物排放和废弃物综合利用等方面取得的成效，分析存在的突出短板及原因。结合陕西、浙江两省调研情况，分析借鉴两省农村环境保护经验，从健全管理体制、实施重大工程、强化市场运作、创新治理模式等方面提出补齐农村环境保护短板的对策建议。

关键词　农村环境保护　成效　补齐短板

Abstract　The results of rural environmental protection in 2008-2016 in terms of public service level, main pollutant discharge and comprehensive utilization of waste were reviewed and summarized. Analyze the outstanding shortcomings and reasons of rural environmental protection. Based on the investigations in Shaanxi and Zhejiang Provinces, analyze the experience of rural environmental protection, and put forward countermeasures and suggestions in terms of improving the management system, implementing major projects, strengthening market operations, and innovating governance models.

Keywords　rural environmental protection, effectiveness, make up the short board

2008 年以来，党中央、国务院高度重视农村环境保护工作，先后出台系列文件对加快推进农村环境保护提出了明确要求和政策措施。但由于历史欠账较多，污染量大面广，农村人居环境“脏乱差”问题仍然突出，且在农村环境保护方面还存在其他一些问题。2017 年年初，按照环境保护部领导的指示，在规划财务司的组织和带领下，课题组赴陕西、江苏两省开展现场调研，一是听取省环保、财政、住建和农业部门汇报，了解掌握全省环境保护基本情况；二是分别召集市、县、乡镇和村四级代表参加座谈会，听取意见和建议；三是赴两省部分农村环境综合整治项目所在地开展现场考察，了解实际效果。结合两省调研情况对农村环境保护问题进行归纳分析并提出有针对性的对策建议，积极推进农村环境质量改善与全面建成小康社会目标的实现。

1　农村环境保护现状与成效分析

2008 年环境保护部实施农村环境综合整治“以奖促治”政策以来，为加快推进农村环境保护工作，国务院及各部委出台《关于深入推进农业供给侧结构性改革加快培育农业农村发展新动能的若干意见》《关于改善农村人居环境的指导意见》《关于全面推进农村垃圾治理的指导意见》《培育发展农业面源污染治理、农村污水垃圾处理市场主体方案》《全国农村环境综合整治“十三五”规划》《农村人居环境整治三年行动方案》等一系列文件，对加快推进农村人居环境整治提出明确要求和政策措施。各地各部门认真贯彻落实党中央、国务院部署，不断加大农村环境保护工作力度，加快污染治理设施建设。2011 年以来，全国农村地区环境公共服务水平明显提升，农村地区环境质量整体有所改善，农业源污染物排放量稳中有降，但污染防治压力仍然巨大，污染防治设施建设仍滞后于广大农民群众日益增长的环境诉求。

1.1　全国农村环境公共服务水平持续提升

（1）全国建制镇生活污水、生活垃圾收集处置体系逐步完善

截至 2016 年年末，建制镇共有污水处理厂 3 409 座，处理能力 1 422.77 万 m^3/d，分别较 2011 年增长 106%、28%，污水处理率达到 52.6%。建成生活垃圾转运站 3.3 万座，环卫专用车辆 12 万台，分别较 2011 年增长 10%、57%，垃圾处理率达到 86%。

表 1　2011—2015 年建制镇生活污水、垃圾治理情况

年份	生活污水治理			生活垃圾治理		
	污水处理厂/座	污水处理能力/（万 m^3/d）	污水处理率/%	生活垃圾中转站/座	环卫专用车辆设备/台	垃圾处理率/%
2011	1 651	1 112.43	—	29 972	76 491	—
2012	2 158	1 475.88	—	35 152	87 266	—
2013	2 060	1 114.80	—	34 167	97 087	—
2014	2 961	1 338.71	—	35 527	105 982	—
2015	3 076	1 423.65	51.0	34 134	115 051	83.9
2016	3 409	1 422.77	52.6	32 914	120 376	86.0

数据来源：2011—2016 年城乡建设统计年鉴。

（2）与建制镇相比，行政村的污水垃圾治理相对缓慢

2016 年年末，全国对生活污水进行处理的行政村比例达到 22%，较 2013 年（9.1%）增长 12.9 个百分点，虽有较大幅度的增长，但仍有 80%左右的行政村未建设污水处理设施。2016 年年末，对生活垃圾进行治理的行政村比例达到 65%，较 2013 年增长 28.4 个百分点，

仍有35%的行政村没有生活垃圾收集处理设施。

表2 2013—2016年行政村生活污水、垃圾覆盖率情况

单位：%

年份	生活污水治理行政村覆盖率	生活垃圾治理行政村覆盖率
2013	9.1	36.6
2014	10.0	48.2
2015	11.4	62.2
2016	22.0	65.0

数据来源：2013—2016年城乡建设统计公报。

1.2 农业源主要污染物排放量稳中有降

根据环境统计年报，农业源化学需氧量、氨氮排放量呈逐年下降趋势，分别由2011年的1 186.1万t、82.7万t下降至2015年的1 068.6万t、72.6万t。农业源总氮、总磷的排放量在个别年份出现了增长，但基本稳定在某一水平，未出现大幅增长现象（图1）。

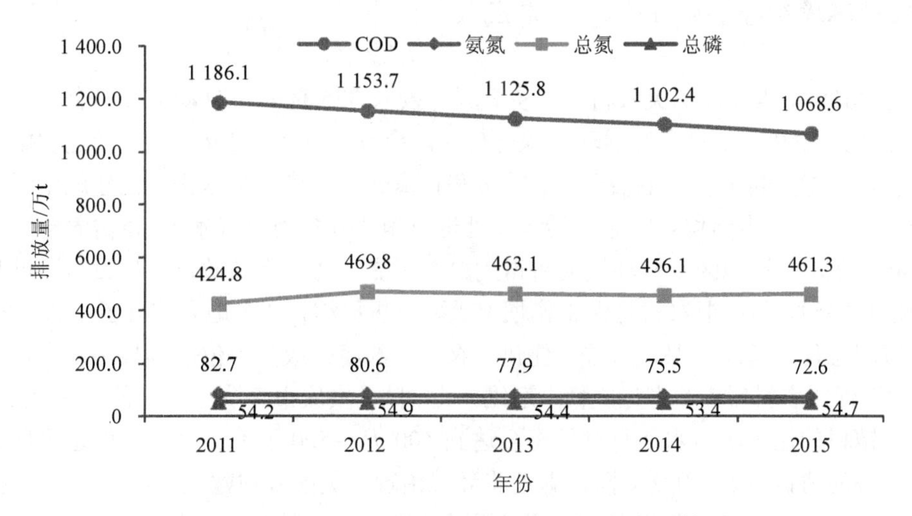

图1 2011—2015年农业源主要污染物排放量情况

数据来源：2011—2015年环境统计年报，2016年数据尚未公布。

1.3 农业废弃物综合利用情况逐年向好

据农业部公开数据，2016年全国主要农作物秸秆可收集资源量为9.0亿t，利用量为7.2亿t，秸秆综合利用率为80.1%，较2010年（70.6%）提升9.5个百分点。2016年全国农膜使用量约为260万t，回收利用率为70%，较2010年（61%）增长9个百分点。2016年全国畜禽粪便综合利用率约为62%，较2010年（43%）增长19个百分点（图2）。

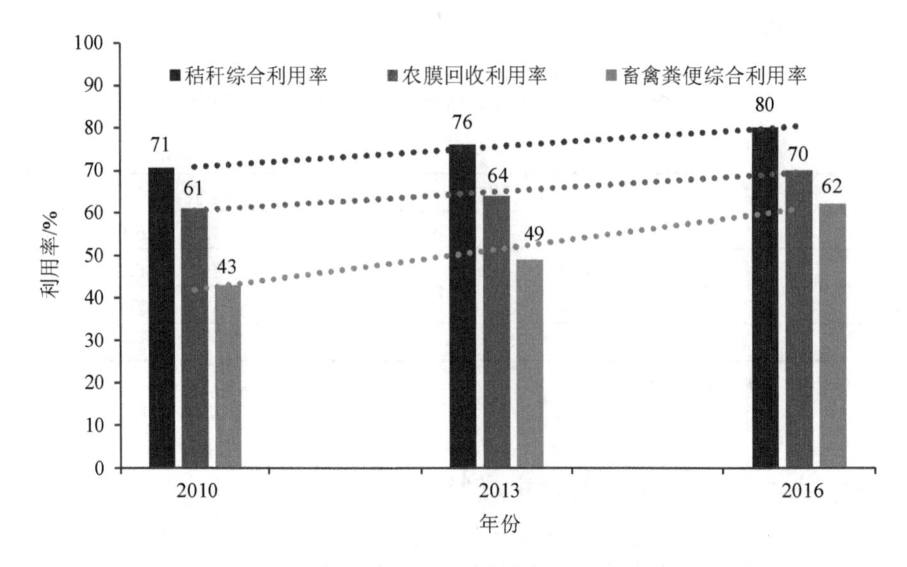

图 2　秸秆、农膜回收及畜禽粪便利用率情况

1.4　农村环境综合整治工作有一定成效

截至 2016 年年底，中央农村环保资金累计投入 375 亿元，带动地方资金投入 378.22 亿元，支持约 12.9 万个村庄开展环境综合整治，受益人口达到 1.9 亿人。通过实施农村环境综合整治，①提高了农村生活污水、垃圾和畜禽养殖污染治理水平，已建成生活污水处理设施 24.8 万套，生活垃圾收集、转运、处理设施 450 多万个（辆），畜禽养殖污染治理设施 14 万套，整治地区农村环境面貌得到改善明显。②促进长效机制建设。通过开展农村环境连片整治，各地把农村环保工作摆上重要议事日程，许多地方成立了由省（区、市）政府负责同志任组长，环保、财政、住建、农业等部门为成员单位的领导小组。各地积极筹措资金，保障农村污染治理设施稳定运维。其中陕西安康市汉滨区尽管属于贫困县（区），每年投入镇村的垃圾、污水运行维护资金达到 400 万～500 万元。③有力促进了环境保护与当地经济的协调发展。江苏、陕西普遍将环境治理与美丽乡村建设相结合，与乡村旅游、特色农产品生产销售等产业相融合，明显提升了当地农民群众收入水平。

2　农村环境保护短板及原因分析

2.1　农村环境保护短板

2018 年 2 月中共中央办公厅、国务院办公厅印发《农村人居环境整治三年行动方案》，提出到 2020 年，实现农村人居环境明显改善，村庄环境基本干净、整洁、有序，村民环境与健康意识普遍增强。与以上目标相比，当前农村环境保护工作主要存在以下四个方面的短板：①污染量大面广，“脏乱差”现象普遍；②环境基础设施严重滞后，公共服务未实现均等化；③已建农村环境治理设施未完全实现预期效果；④农村环境保护监管能力不足，监管机制缺失。

2.1.1 农村污染量大面广，“脏乱差”现象普遍存在

当前，农村地区污染物呈现排放量大、污染面广等特征，一些地区污水乱泼乱倒，垃圾随意丢弃、散落村头屋旁和沟边塘内现象普遍存在。农村生活污水及主要污染物排放量在全国总量中均占据较大比例，据前瞻产业研究院相关研究，2016 年，我国农村生活污水排放量达 202 万 t，占全国废水排放总量的 28.4%，2010—2016 年复合增速超过 10%，预测到 2020 年可达到 300 万 t，废水中化学需氧量、氨氮排放量分别为 1 068.6 万 t、72.6 万 t，分别占全国排放总量的 48.1%、31.6%（图 3）。农村生活垃圾排放量高，但处置率低，2016 年，全国 214 个大、中城市生活垃圾产生量约为 1.89 亿 t，处置量为 1.87 亿 t，处置率达 99%，农村垃圾每年产生量约为 1.5 亿 t，约为 214 个大、中城市垃圾产生量的 80%，而处理率仅为 60%左右。除此之外，农村畜禽粪污产生量约为 38 亿 t/a，其中 40%（约 15.2 亿 t）未有效处理利用，污染严重。

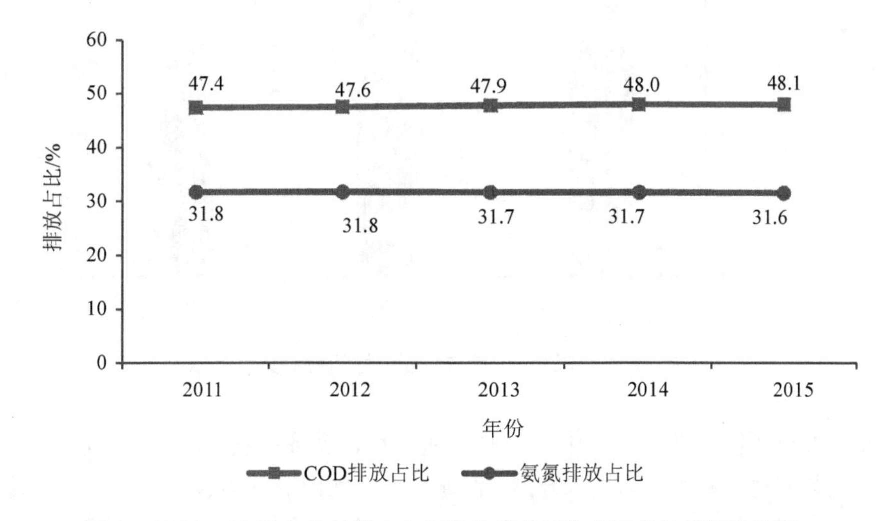

图 3　2011—2015 年农村废水中污染物排放量占全国排放总量的比例

2.1.2 农村环境基础设施严重滞后，公共服务未实现均等化

与城市、县城相比，农村环境基础设施建设严重滞后。2016 年年末，全国城市生活污水、生活垃圾处理率分别为 93.4%、98.5%，全国县城生活污水、生活垃圾处理率分别为 87.4%、93.0%。农村生活污水处理率仅为 22%，分别低于城市、县城 71.4 个百分点、65.4 个百分点（图 4），农村生活垃圾处理率为 65%，分别低于城市、县城 33.5 个百分点、28.0 个百分点（图 5）。农村环境基础设施建设，尤其是农村污水治理设施建设，与城市、县城的差距很大，亟待改善。

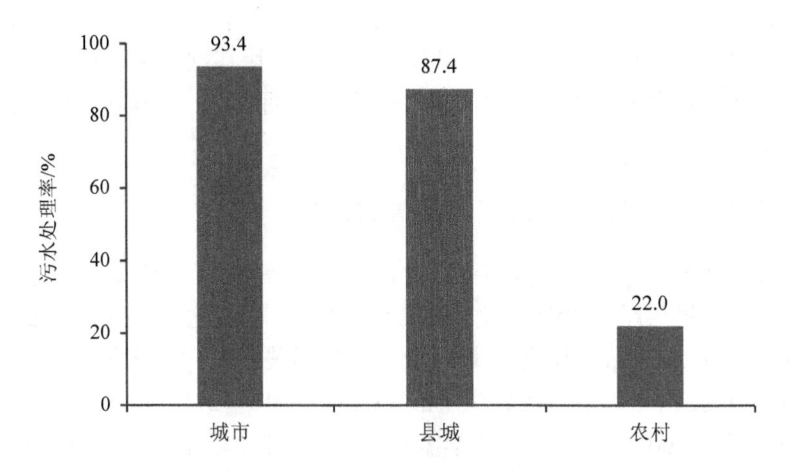

图 4 2016 年城市、县城、农村生活污水处理率情况

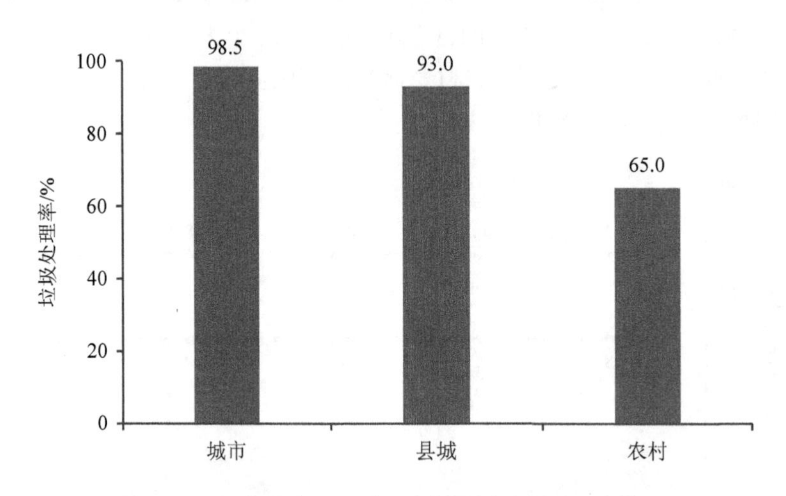

图 5 2016 年城市、县城、农村生活垃圾处理率情况

另外，农村环境治理主要集中在一些交通便利、经济较发达的中心村和社区，大部分村庄特别是贫困村、偏远村庄尚未开展，污水、垃圾处理等基本公共服务尚未实现全覆盖。根据《农村人居环境整治三年行动方案》的行动目标，到 2020 年，要实现东部地区、中西部城市近郊区等有基础、有条件的地区农村生活垃圾处置体系全覆盖、农村生活污水治理率明显提高，中西部有较好基础、基本具备条件的地区 90%左右的村庄生活垃圾得到治理，生活污水乱排乱放得到管控。除东部地区外，中西部地区农村污水垃圾治理覆盖率较以上目标有很大差距。2016 年，东部地区对生活垃圾、生活污水进行治理的行政村比例分别为 83.8%、32.4%，生活垃圾治理与全覆盖目标差距 16.2 个百分点，污水处理覆盖率不足一半；中部地区对生活垃圾、生活污水进行治理的行政村比例分别为 48.2%、12.3%，生活垃圾治理与 90%覆盖率的目标差距 41.8 个百分点，且污水治理的行政村比例低于全国平均水平（22%）9.7 个百分点；西部地区对生活垃圾、生活污水进行治理的行政村比例分别为 46.5%、13%，生活垃圾治理比例与 90%覆盖率的目标差距 43.5 个百分点，污水处理

治理比例低于全国平均水平（22%）9 个百分点（图 6、图 7）。

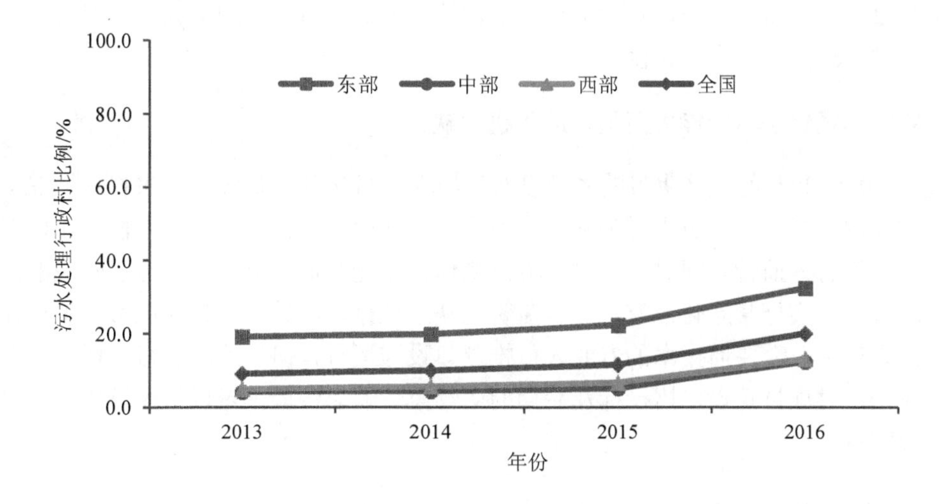

图 6　2013—2016 年东中西部地区进行生活污水处理的行政村比例

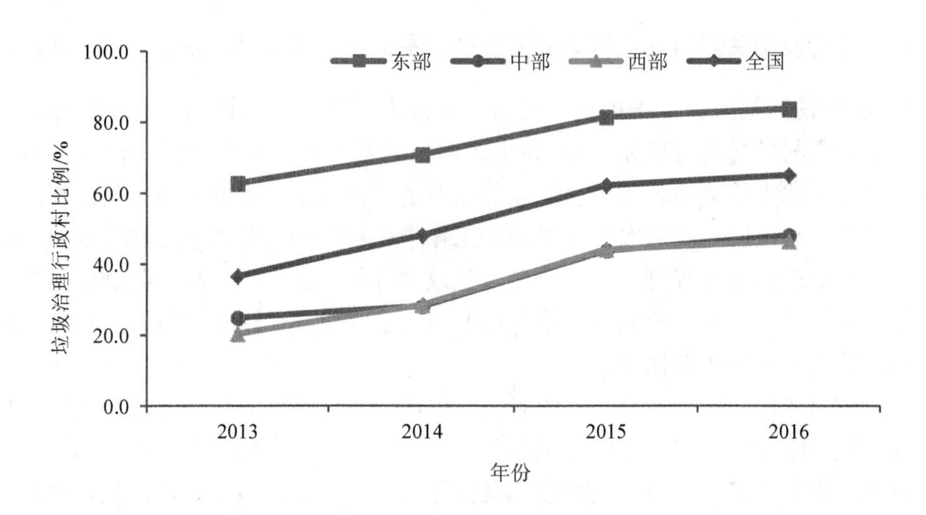

图 7　2013—2016 年东中西部地区开展生活垃圾处理的行政村比例

2.1.3　已建农村环境治理设施未完全实现预期效果

我国大部分农村地区财政状况薄弱，农村生活污水、生活垃圾处理收费机制不完善，仅处于试点示范阶段，除少数安装自来水的地区能够进行较低标准的污水处理收费外，受经济和技术手段限制，其他未安装自来水的地区尚未开展收费工作，生活垃圾处置领域基本没有建立起收费机制。部分地区依靠上级补助仅能支持环境基础设施的建设费用，不能解决后期日常管理及运行维护的资金问题，无法保障设施的长期正常运行，不可避免地出现“晒太阳”工程。据河南省审计厅发布的 2011—2012 年农村环境连片综合整治资金审计结果，在抽查的 2011 年已完工的 248 套污水处理系统中，103 套闲置，139 套不能正常运行，能正常运行的只有6套，绝大部分设施未能发挥合理作用。另外，由于农村环境治理设施数量多、分布较分散，且大部分未引进第三方专业运营，现有人力、财力在保障已建设施运维管理方面也有一定困难。

2.1.4 农村环境保护监管能力不足，监管机制缺失

截至2016年年底，约90%的乡镇没有环境保护机构和人员编制，农村环境保护工作依靠县级环保局推进，人员力量配备明显不足，也缺少必要的监管执法手段，难以对农村环境保护实施有效监管。同时，农村环境监测体系未能全面建立，无法对已建成的污染治理设施运转情况实施常态化监测，环境监管也缺乏依据。此外，农村环境治理工程作为基础设施建设项目，需要懂技术的专业人员推进建设与运行，但现阶段农村环保管理人员大多学历较低，对项目建设、招投标及后期的运营监管缺乏经验，难以保障环境基础设施的正常建设和运行。

2.2 短板原因分析

2.2.1 地方政府及相关部门在农村环境保护中的主体责任不明确，缺乏相应的法律约束力

《环境保护法》第三十三条提出“县级、乡级人民政府应当提高农村环境保护公共服务水平，推动农村环境综合整治”，这是地方政府对农村环境保护承担主体责任的主要法律依据，但该表述为趋势性表述，法律强制性不足，目标定位不够清晰。其他相关的配套法规中对地方各级政府在推进农村环境保护工作中所承担的责任的规定也不够具体。由此造成农村环境治理在很大程度上取决于地方党政领导的意志。由于缺乏明确的法律约束和目标考核要求，即便地方党政领导不作为也很难被追究责任。这是当前农村与城市环境保护水平出现较大差距的主要原因。

同时，政府各部门间职责分工不明确，农村环保工作推动难度大。农村环境保护涉及生活污水处置、垃圾收运、畜禽养殖污染治理、农业面源污染防治等多个方面，关系环保、住建、农业、水利等多个部门。现阶段，农村环境保护工作由多个部门牵头，如住建部门负责人居环境建设，农业部门负责美丽乡村建设，环保部门负责农村环境综合整治，相关职责交叉，任务分工不够明确，容易出现推诿扯皮，给农村环保工作推动带来较大的难度和压力。

2.2.2 农村环境保护缺乏顶层设计，存在与城乡建设规划脱节现象

农村环境保护由于起步晚、起点低，相关顶层设计和配套的政策法规不足，对地方指导和约束力有限，导致各地在实施农村环境保护工作中出现一定程度的偏差，未能真正实现农村环境质量的全面改善。如西北部部分干旱地区由于村庄污水收集困难，建成的污水处理设施成为“晒太阳”工程。部分村庄垃圾在前端未做分类减量的情况下照搬“村收集、镇运转、县处理”模式，导致县级垃圾处理能力严重不足，超负荷运转，甚至出现垃圾到处倾倒的情况，形成“垃圾进城”和“垃圾搬家”现象。农村环境治理项目与城乡建设规

划脱节，没有考虑城镇化进程等因素，造成实际发挥的环境效益有限。如部分撤乡并镇后的污水处理设施日处理量与设计量相比严重缩水。

2.2.3 各级政府农村环境保护投入不足，导致农村环境公共服务水平总体水平不高

现有农村环境保护相关工作的资金主要靠中央政府和地方政府进行投入，投融资渠道较为单一。据初步估算，到 2020 年，乡镇集中式污水处理设施全覆盖尚需投资 1 300 多亿元，行政村生活垃圾收集转运设施全覆盖尚需投资 900 多亿元，生活污水处理设施全覆盖尚需投资 1 100 多亿元，总投资将达到 3 300 亿元，但中央和地方每年合计投入不足 400 亿元，资金缺口很大。受资金限制，全国 54.4 万个行政村中仅有 20%的村庄污水得到治理，即便已经开展环境治理的行政村，仍存在低水平建设、自然村覆盖面不足的问题。农村环保设施建成后，很多地区受财力限制未能有效解决后期日常管理及运行维护的资金问题，无法保障设施的长期正常运行或低水平运维。

2.2.4 农村环境治理市场机制不健全，社会资本参与积极性不高

现阶段，农村环境保护工作未充分体现“谁污染、谁治理，谁受益、谁付费”的原则，农村生活污水、生活垃圾处理收费机制还很不完善，除少数安装自来水的地区能够进行较低标准的污水处理收费以外，受经济和技术手段限制，其他未安装自来水的地区尚无法开展收费工作。农村污染治理设施投资回报机制不健全，且污染治理运维成本高，无法吸引社会资本参与农村环境治理工作。据初步统计，农村环保设施由专业环保服务公司负责运行维护的比重仅为 28%，社会资本参与程度远远不够。

2.2.5 农村环境治理技术与模式过于追求高大上，造成建设和运维成本偏高

农村污水、垃圾处理有其自身特点，行业特点决定了其实施的复杂性。农村污水、垃圾处理量大面广，村庄分布较为分散，治理规模普遍偏小，因此治理难度较大，投资成本和运营成本普遍较高。农村污水、垃圾处理缺乏排放标准和技术规范，部分地区农村污水处理套用城市污水处理要求和思路，往往采用集中处理的方式，在处理标准方面要求达到一级 A 或地表水Ⅳ类，没有因地制宜地选择适合当地条件的污染治理技术，造成建设和运维成本偏高。农村生活污水和垃圾治理需求不稳定，由于农民进城务工等造成的空心村现象较为突出，污水、垃圾产生量随人员流动变化较大，尤其在重大节日，与平时的治理需求存在较大差异，设计处理能力与实际处理量存在较大偏差，运维的持续性难以保障。

3 农村环境保护经验分析与总结

农村环境保护工作对改善农村环境质量至关重要，但由于农村环境问题特征明显、复杂性强，环境保护工作推进难度较大。各地在农村环境保护工作中既有相同之处，也存在较大差异。基于各地实施经验，对推进农村环境保护工作、提高治理成效形成以下几点体会。

3.1 完善体制机制是推进农村环保工作的关键

农村环境保护工作离不开各级政府的大力支持，要由“一把手”领导亲自主抓、主管与协调。调研发现多数区县在组织保障方面做了良好示范。一是政府主导。陕西省洛川县成立了以县长为组长，主管副县长为副组长，环保、财政、监察、审计等部门及各乡镇主要负责人为成员的农村环境连片整治领导小组，设立了整治办公室，统一组织协调全县的农村环境连片整治工作。二是明确责任。南京市根据职能分工，明确由水务部门牵头全市农村污水处理工作。在责任落实方面，陕西省洛川县制定印发了《洛川县环境连片整治工作目标责任书》，明确规定了各乡镇、各成员单位的工作职责和目标任务，有效保障了责任落实。三是建立联席会议和通报制度。扬州市建立了由区财政、环保、发改、审计等部门及各镇参与的综合整治联席会议制度，定期开展检查、督促和考核，及时解决问题。四是制定出台政策保障文件。陕西省合阳县在推进农村环境综合整治过程中，制定项目实施方案、《合阳县农村生活垃圾分类收集处理管理办法》《合阳县农村环境综合整治资金管理办法》等文件，确保了项目规范顺利实施。

3.2 政策落实和协调衔接是推进工作的难点

2008 年以来国务院及相关部门围绕农村环境保护出台了大量的政策文件，在财政补助、绿色金融、税收优惠、价格政策等方面提出了多项政策措施。但从调研的情况来看，部分政策尚未真正落到实处，基本停留在文件层面，部分措施缺乏具体实施细则和责任分工，政策没有得到落地实施。各部门围绕农业经济发展、农村环境质量改善在资金投入、运行管理等方面制定了大量的政策。强化政策衔接与协调，严格落实现有政策，并确保政策发挥实效是当前推进农村环境保护工作的关键所在。

3.3 强化因地制宜是提高治理效率的基础

不同地区农村的环境问题错综复杂，人口数量、经济发展水平、地形地貌、气候条件、分布特征等方面各不相同，决定了农村环境治理的重点、技术路线、运作方式、投融资机制等均存在较大差异。东中西部经济发展不均衡，农村生活水平和环境问题存在一定差异，在污染治理设施规模设计等方面要充分考虑这些差异性，避免造成小马拉大车的现象。如西北干旱地区的农村生活污水处理不宜作为农村环境治理的重点领域，距离县城较远、交通不便的村庄生活垃圾不宜采用县城集中处置的方式推进，农村污水处理设施设计规模应充分考虑人口流动性问题等。农村环境治理工作要充分结合当地地理特征和经济社会发展实际，有针对性地选取适宜的治理技术与治理模式，不可千篇一律，不能简单复制，防止生搬硬套和“一刀切”。

3.4 建立长效机制是农村环境治理设施持续运行的重要保障

农村环境治理需要常抓不懈和持续的投入，建立长效运行机制是发挥农村环境治理成效的关键。各地在建立农村环境治理设施建设运行长效机制方面开展了大量的探索。

在多元化投入方面，陕西省陈仓区按照“财政补一点、部门挤一点、项目整合一点、镇村筹一点、社会捐一点”的思路，区政府每年落实“五个千万”，即区财政预算内安排1 000万元环境综合整治资金，1 000万元绿色陈仓建设资金，争取农村环境综合整治项目资金1 000万元，整合农村一事一议、改水改厕、交通卫生及重点建制镇建设等资金1 000万元，整合突破西山和扶贫重点村建设资金1 000万元。通过多元化的筹资机制，为农村环境治理提供一定程度的资金保障。

在推行污水、垃圾收费方面，陕西省商洛市2015年12月印发的《商洛市农村环境综合整治长效管理机制实施意见》提到，按照“污染者付费”的原则，积极探索镇（办）、村（社区）污水、垃圾收费，引导村民出资出力承担一定的生活垃圾日常保洁义务。大荔县平罗村按照120元/（a·户）的标准征收生活垃收运费，全村共可征收十几万元，有效地保障了设施的正常运行。

在市场化运作方式方面，江苏省宿迁市泗阳县在乡镇污水处理方面，采用BOT方式引进北京桑德集团，投资4.2亿元新建全县14个乡镇的污水处理厂及配套管网，出水达一级A排放标准，日处理能力达2.7万t，乡镇生活污水处理率达75%左右。在BOT方式下，泗阳县环保局作为实施机构，对北京桑德集团的污水处理效果进行考核，根据考核结果支付污水处理费。实施PPP模式不仅使泗阳县乡镇污水处理能力得到较大提升，而且缓解政府短期支出压力，每年仅需支付服务费500万元左右。

在强化实施监管方面，部分地区在农村环境治理过程中建立了严格的管理机制和监督机制。南京市高淳区建立了以设施维护、水体保护、绿化养护、卫生管护等为主的长效管理机制，制定实施《高淳区农村污水处理设施长效运行管理暂行办法》《高淳区农村生活污水处理设施运营维护考核办法》等政策，对污水处理设施运行、维护要求进行明确、细化，对项目组织、日常维护、资金管理、养护成效进行评估、监管，使管理有标准、可评价。宝鸡市陈仓区建立调度督导制度，严格实行周调度、月观摩、季点评、年考核，同时，加强舆论监督，对脏乱差现象和破坏环境的行为予以曝光，有效地推动了农村环境治理工作落实。

3.5 推行PPP模式是提升治理效果的重要途径

财政部、住建部、农业部、环保部四部委出台的《关于政府参与的污水、垃圾处理项目全面实施PPP模式的通知》（财建〔2017〕455号），明确提出政府参与的新建污水、垃圾处理项目全面实施PPP模式，有序推进存量项目转型为PPP模式。传统模式下，工程建设投入以政府投资为主，重建设、轻运营，运营经费难以保障，且造成政府一次性投资压力较大。采用PPP模式，引入社会资本，能够有效缓解政府投资压力，且通过依效付费机制的建立，将政府付费与社会资本运营绩效挂钩，实现财政资金由买工程向买服务、买效果转变，大大提升财政资金使用效率。同时，采用 PPP 模式能够将包括后续运营经费在内的政府付费纳入政府财政预算，加大建设和运营经费的保障力度。因此，在农村环境治理领域推行 PPP 模式能够有效提高农村环境公共产品的供给质量和供给效率。

在地方实践方面，北京市、黄山市、安宁市等地区也在农村污水、垃圾治理方面采用 PPP 模式，积极引入社会资本，开展专业化建设与运维。

3.6 减量化、资源化利用是未来农村环境治理技术的主流发展方向

农村废弃物是农村环境的主要污染源，但同时也蕴藏着丰富的资源。针对当前农村环境存在的突出问题，应推动纯粹以末端污染治理为主的技术向减量化、资源化利用技术转变，在保证废弃物无害化处理的前提下，实现其最大限度的利用。与传统的污染治理方式相比，资源化利用不仅带来新的收益渠道，形成一种新的投资回报机制，而且能够降低能耗、物耗，是一种可持续的治理方式。在生活垃圾、生活污水、污泥、畜禽养殖污染物、农作物秸秆、废矿渣等不同领域，减量化、资源化利用技术研发力度将进一步增强，研发高效、可靠的关键设备，提高污染治理与资源化利用的经济可行性。

3.7 产业融合是有效拓宽农村环境治理市场的重要举措

在投资回报机制不健全的情况下，公益性环境治理项目的市场空间取决于政府资金的投入，政府资金的短缺决定了农村环境治理市场的有限性，使大量农村环境问题无法得到及时有效解决。同时，社会资本的趋利性造成经营性项目的社会资本投入积极性高，公益性项目积极性差。

环境治理与经济活动不能单纯割裂，农村环境治理应当与其他经济活动有效融合，将环境作为资源，将环境治理作为释放环境资源的渠道，实现公益性项目与经营性项目的搭配，以经营性项目收入弥补农村环境治理项目投入，能够有效拓宽和带动农村环境治理市场。采用市场化的运作方式，将农村环境治理与农业开发、生态旅游、林业经济等相关产业深度融合，可进一步释放潜在农村环境治理市场，提升农村环境治理的深度与广度，强化环境治理效果。同时，环保产业的发展能够促进绿色经济的发展，使其成为新的经济增长点。

专栏 1　黄龙岘茶文化村乡村旅游建设与农村环境综合整治

南京市江宁区江宁街道“金陵茶村”都市生态休闲旅游示范村——黄龙岘茶文化村，素有“金陵茶文化休闲旅游第一村”的美誉。是江宁区确定的新一批“金花村”之一。

黄龙岘茶文化村由江宁街道、江宁交通建设集团在 2012 年组建的南京黄龙岘建设开发有限责任公司全力打造，通过深度发掘当地茶文化内涵，着力打造融品茶休憩、茶道、茶艺、茶叶展销—研发—生产、特色茶制品等为一体的特色茶庄。

2013 年 4 月，江宁开发西部美丽乡村，区交通集团携资下乡，建成十几公里长的西部旅游廊道以贯通黄龙岘，对村庄环境进行综合整治，整修了溪流潭坝，拆除了批棚、猪圈、旱厕，对农舍粉刷出新，建起茶文化村街，在竹林茶园里修复了观光道、古驿道。

黄龙岘村社会管理及公共服务水平不断提升，社区公共服务中心为全村村民提供了“一站式”便捷服务。此外在景区内配套设施一应俱全，其中环保公厕 4 座，大型停车场 5 处，可同时容纳 800 辆汽车停放，现有 3 t 压缩式中转垃圾车 1 辆，小型垃圾中转电动车 2 辆，垃圾桶 150 个，物业保洁人员 40 多人，垃圾日产日清，从而使景区内清爽整洁、景色宜人。社区网格化管理和村民自治水平显著提高，现有各类社会组织 12 个，初步形成社会治理新格局。该村已多次承办市级以上现场会，社区的组织建设受到民政部、农业部等国家部委的高度肯定。

3.8 治理模式创新是有效降低污染治理设施建设投资和运营成本的重要手段

农村布局分散、规模偏小等实际问题造成农村环境治理成本相对较高，且传统的污染治理模式和粗放的管理方式，进一步提高农村环境治理运营成本。以农村生活垃圾治理为例，当前鼓励推行的“村收集、镇转运、县处理”的集中式处理处置方式，在村庄分散以及距离县城较远的山区造成转运成本普遍偏高。政府运维费用负担过重，难以保障垃圾处理设施的正常运行。通过采用就地资源化等处理方式，将实现垃圾转运成本的大幅下降，不仅减缓财政压力，同时避免垃圾进城。在保障社会资本合理收益的前提下，积极鼓励社会资本通过创新农村环境治理模式，降低单位污染治理设施建设投资和运营成本，将治理模式创新带来的新增收益让利于社会资本，提高社会资本收益能力，激发社会资本创新动力，有力促进农村环境治理水平提升。

3.9 基层党组织建设是农村环境保护的间接影响因素

从调研中发现，农村基层党组织对农村环境保护影响较大，凡是基层党组织能够发挥积极作用的村庄，其村容村貌、整体环境保护水平都好于其他村庄。如江苏省黄龙岘村，在基层党组织带领下，建立了环境友好的“村规民约”，坚持村集体“一事一议”和村务信息公开，全体党员每天定时义务拾捡垃圾，起到了良好的表率作用。整个村庄在实施环境综合整治后，干净整洁，环境优美，污染设施运维良好，乡村旅游业得到了巨大的发展，农民收入水平大幅增加。

4 推进农村环境保护的对策与建议

为持续改善农村环境质量，着力解决农村突出环境问题，当前要以健全农村环境管理体制，落实治理责任为重点，以 PPP 模式和治理模式创新推动农村环境保护工程实施，建立健全费用分摊、投资回报、常态化监管等机制，落实财政、税收、金融、价格政策，全面推进农村环境保护工作，加快补齐农村环境保护短板。

4.1 健全农村环境管理体制，落实各方责任

落实地方政府农村环境保护主体责任。各级党委政府要对农村环境保护负总责，党政同责，一岗双责，充分发挥相关部门的职能作用。中央层面统筹做好顶层设计和制度安排，建立并完善农村环境保护跨部门协调机制，使其规范化运作。各级地方政府成立主要领导或分管领导为负责人、各相关部门为成员单位的农村环境保护领导小组。充分发挥市、镇两级政府在农村环境保护工作中的衔接、监管作用。建立目标责任制，目标任务逐级分解，切实把地方政府农村环境保护责任落到实处。

加强部门协作，明确部门职责。通过责任清单进一步明晰环境保护部、农业部、住房和城乡建设部等部门在农村环境保护中的权责，明晰各部门在农村环境保护中的事权和监管权。农业部门牵头管理农业生产造成的面源污染的防治，农业废弃物综合利用、无害化处理等事项。住建部门牵头管理农村污水、垃圾处理等事项。环保部门进一步加强农村环境监管。

强化管理机构与人员队伍建设。结合省以下环保机构监测监察执法垂直管理制度改革，强化基层环境监管执法力量，具备条件的乡镇及工业聚集区充实专业人员力量。鼓励各地根据实际情况，在农村地区设立相应的环境监管机构，探索符合地方实际的人员配置模式。建立村庄保洁制度，将村庄保洁与公益岗位设置相结合，建立村庄保洁队伍，增加贫困农户的经济收入。

4.2 实施重大工程，着力解决农村突出环境问题

农村环境保护本着突出重点、循序渐进、因地制宜、分类施策的原则，充分考虑各地区的特点与差异性，结合《生态文明体制改革总体方案》《国民经济和社会发展第十三个五年规划纲要》《“十三五”生态环境保护规划》《全国农村环境综合整治“十三五”规划》以及《水污染防治行动计划》等有关要求，推进农村环境保护重点工程的实施，以大工程带动大治理，着力解决当前农村生活污水处理、生活垃圾处理、饮用水水源地保护、畜禽养殖污染治理，以及农作物秸秆、废旧农膜综合利用和农药化肥减量化等制约农村环境质量改善的突出环境问题。

实施集中与分散相结合的农村生活污水处理工程。城市周边地区、城中村等区域的村庄重点加大管网建设力度，与城市污水处理设施同建共享，实现城乡污水处理一体化。人口密集、经济相对发达的村庄，鼓励合流制收集污水，采取活性污泥法、生物膜法和人工湿地等技术建设集中处理设施。人口分散、干旱半干旱地区、经济欠发达的村庄，鼓励采取无动力或微动力的庭院式小型湿地、污水净化池和小型净化槽等分散式处理技术。

实施以减量化和资源化为重点的农村生活垃圾处理工程。按照先易后难、循序渐进的原则推行农村垃圾分类，建立生活垃圾分类、回收利用和无害化处理相衔接的收转运体系。制定垃圾分类积分兑换等奖励措施，达到激励村民的目的，实现农村生活垃圾前端减量化。集中处置与就地资源化处置模式相结合，在城镇化水平高、经济发达、交通便利的村庄，

采用城乡生活垃圾一体化处置模式。在布局分散、运输距离较远、交通不便的地区，鼓励采用“户分类、村收集、镇转运、就地资源化”的处理技术。

专栏 2　南宁市西乡塘区生活垃圾资源化处理工程

2016 年 1 月 20 日，位于西乡塘区双定镇和强村和平坡的生活垃圾微生物处理厂项目一期工程开始试运行。该项目占地面积约 80 亩，总投资 3 705 万元，设计处理生活垃圾能力为 600 t/d，一期项目投资 1 350 万元，处理生活垃圾能力为 50 t/d。

项目采用 BOO 模式，委托广西鸿生源环保科技有限公司投资并承担工程的设计、建设、运行、维护、培训等工作，西乡塘区政府有关部门将生活垃圾收运至生活垃圾微生物处理厂内，由广西鸿生源环保科技有限公司负责按照规定规范进行处理，西乡塘区人民政府按照 67 元/t 的标准按月支付处理费，并设定保底量。项目采用微生物资源循环利用技术，通过人工分拣、破碎、重力筛分工序将垃圾中可再生利用部分分离开，可利用部分外售利用，不可利用部分通过发酵形成生物有机肥。该方式既处理垃圾又分类回收可用物质并将其资源化，大大减少了垃圾处理的运行成本，真正实现了农村生活垃圾的资源化、减量化、无害化。

实施以资源化为重点的畜禽养殖废弃物、农作物秸秆和废弃农膜综合利用工程。重点加强大中型沼气治理工程及配套三沼综合利用设施建设、小散畜禽粪便集中收集处理设施建设、有机肥加工设施建设等，养殖废水经处理后还田利用。按照“农业废弃物垃圾化、垃圾资源化”原则，建立农作物秸秆、农膜、投入品等资源收储设施。重点加强秸秆收储体系建设，推动秸秆综合利用产业化发展。

实施以调整结构为重点的农药与化肥减量化工程。促进农业农村发展由过度依赖资源消耗、主要满足量的需求，向追求绿色生态可持续、更加注重满足质的需求转变。优化调整农业结构和布局，发展集约化、现代化生态农业，推进环水有机农业发展。建立农企合作机制，开展病虫害统防统治。推广主要农作物测土配方施肥技术，大力推广高效缓释肥料、水溶肥料、生物肥料等新型肥料和水肥一体化技术，鼓励农民增施有机肥，利用沼渣沼液肥田，优先选用理化诱控、生物防治、生态调控，以及施用高效低风险农药等绿色防控措施。

4.3　加强资源整合，强化财政投入引导作用

加强资金整合。参照扶贫资金管理模式，整合相关涉农资金，增强资金合力。对农村环境整治资金、重点生态保护修复治理专项资金、水污染防治专项资金、农村饮水安全资金、沼气推广补助资金、小型农田水利设施建设补助资金、测土配方施肥补助资金、高标准基本农田建设补助资金等相关财政涉农资金开展统筹整合使用，集中资源，形成合力，切实改善农村人居环境。

优化财政资金使用方式。进一步明晰中央政府和地方政府在农村环境保护中的事权和支出责任，加强中央财政资金引导作用。加大财政资金投入，优先支持采用 PPP 模式的项目和创新试点示范项目。修改完善《中央财政农村环保专项资金管理办法》，强化政府财政资金的引导和撬动作用，采取直接投资、投资补助、资本金注入、运营补贴、购买服务

等方式支持农村环境治理，实现从买工程向买服务、买效果转变，切实提高资金使用效益和引导作用。

建立政府主导、村民参与、社会支持的多元化投入机制。采用地方政府投一点、村集体出一点、农民拿一点的筹资方式，筹集农村环境治理资金。鼓励社会资本参与农村环境治理设施建设和运行维护。

4.4 强化市场化运作，大力推行 PPP 模式

鼓励采用 PPP 模式。拓宽社会资本参与农村环境治理的领域和范围，在农村生活污水处理、垃圾收运处置、饮用水水源地保护、废弃物资源化利用、面源污染治理等领域大力推进 PPP 模式，实行农村环境治理设施建管一体化，通过市场机制吸引社会资本合作，增强专业力量，提高农村环境公共产品供给质量和效率。

探索建立农村环境治理缴费制度与费用分摊机制。建立财政补贴、村集体与农户缴费相结合的费用分摊机制。在有条件的地区实行污水、垃圾处理农户缴费制度，畜禽养殖污染治理缴费制度等，保障社会资本获得合理收益。结合经济社会承受能力、农村居民意愿等合理确定缴费水平和标准。已由自来水公司收取的农村污水处理费要返还用于农村污水处理设施运行。

专栏 3 江苏高淳农村自来水收费

2017 年，高淳农村自来水收费为每吨 3.1 元，已与城区水费价格统一，其中每吨有 1.42 元为污水处理费。根据横村和杭村两个自然村 2015 年一年的自来水用水量和收费统计，两个自然村共有农户 219 户、420 人，全年用水总量 10 363 t，高淳区自来水公司实际收取农村污水处理费 14 715.5 元。高淳区每套污水处理设施（以 20 t/d 为例）的运行维护费用是 10 000 元/a，自来水公司收取的污水处理费足够支付该村的污水处理设施运行。但自来水公司收取的农村污水处理费并未用于农村污水处理设施运行。

创新投资回报机制。通过项目打包、“肥瘦搭配”等方式，开展农村污水、垃圾处理与其他资源组合开发，以经营性收益反哺生态环保公益性投入。推进农村污水、垃圾处理与乡村旅游、生态农业等相关产业深度融合，根据各地实际情况与资源禀赋，依托各地自然生态、名胜古迹、风情民俗等资源和美丽乡村建设、特色乡镇建设等，在城镇近郊、自然田园景观较好的村庄发展乡村旅游、休闲娱乐、森林康养、养老度假、观光农业，开发农家乐、渔家乐等特色项目，实施资源组合开发模式，实行一体化开发建设，拓宽农村环境治理公益性项目回报渠道，提高社会资本参与积极性，以特色生态产业发展带动村容村貌改变，提升农村人居环境质量，增强人民群众的获得感。推进环水有机农业与农村污水、垃圾处理组合的 PPP 模式，以生态有机农业开发带动农村污水、垃圾处理。

专栏4　资源组合开发模式案例

（1）桑德环卫广告业务。依托在全国城乡项目所在地的环卫载体资源（含环卫亭、垃圾桶、果皮箱、环卫车辆、环卫服等），在环境清洁作业的同时，配合实现美化城市理念和公益性广告、商业广告的传播及送达，将地方政府信息及品牌商的有效信息，无缝传播给百姓受众群和目标受众群，获得额外收益。

（2）抚仙湖月亮湾湿地资源组合开发模式。云南抚仙湖环境优美，每年吸引着大批的游人，对抚仙湖生态承载力提出了严峻挑战。建设湿地是生态恢复的一种有效途径，月亮湾湿地在这样的背景下孕育而生。月亮湾生态湿地项目投资将近1亿元，是云南省玉溪市澄江县4个重点建设绿化工程之一。本项目由政府提供土地，与周边度假酒店项目捆绑实施，由抚仙湖悦椿度假酒店投资建设并运营管理。与抚仙湖悦椿度假酒店相邻，与抚仙湖零距离，结合游憩、景观、生态三元素，集湿地生态保护、生态观光休闲、生态科普教育等多功能于一体，园内生态环境优美，可与植物园媲美，是海滨观赏日落的绝佳之处。

开展农村环境治理整县推进PPP模式试点示范。鼓励先行先试，探索以县（区）为单元整体推进农村污水、垃圾、农业废弃物资源化等PPP项目。选取条件适合、积极性高、创新能力强的地区和项目开展试点示范，推进投资回报机制和治理模式创新，及时总结试

点实施经验并进一步向其他地区推广。建议中央农村环保专项资金对试点地区予以重点支持。

专栏5 PPP模式整县推进费用测算

以长沙县为例，测算采用PPP模式推进农村污水、垃圾、畜禽养殖污染治理时的政府投资需求。据调研，长沙县18个乡镇的环境治理总投资需求约为3.42亿元，其中乡镇集中式污水处理设施总投资2.75亿元，生活垃圾处理设施总投资0.11亿元，畜禽养殖污染综合处置设施总投资0.56亿元。年运行维护费用约为7 280.8万元，其中，集中式污水处理设施的运行费用约为858.5万元/a，垃圾处置运行经费约为3 850万元/a，畜禽养殖污染治理运行费用约为2 572万元/a。

长沙县乡镇供水收费中未包括对污水处理的收费，根据《关于制定和调整污水处理收费标准等有关问题的通知》，对县城、重点建制镇的居民生活污水处理收费标准定为每吨不低于0.85元，若以此为标准则可征收的污水处理费约为912.1万元。自2015年8月起实施自来水价格调整后，每年可征收生活垃圾处理费约912.6万元。另外，生活垃圾、畜禽养殖资源化回收利用的年收益约为1 146.5万元。由此，通过收费和资源化可获得收益约为2 971.2万元。

按照整县推进的思路，若将该县的污水、垃圾和畜禽养殖污染治理打捆为一个项目，测算采用PPP方式推行的情况下政府的年付费水平。假定政府与社会资本的合作期为20年（含建设期为2年），在保证社会资本全投资内部收益率8%的情况下，政府每年支付的服务费为8 435万元，平均到每个乡镇、每个村庄的政府付费约为468.7万元、29.2万元。

4.5 创新农村环境治理模式，降低建设运维成本

推行农村污水垃圾处理“互联网+”运维管理模式。充分利用“互联网+”技术，建立农村生活污水、垃圾处理数字化运维服务管控平台，降低运维成本。

专栏6 首创环境“互联网+村镇垃圾收运”助力临猗县垃圾处理

2014年10月，临猗县人民政府与首创环境开展合作，启动临猗县农村垃圾收储运项目。项目包括临猗县16个乡镇375个行政村生活垃圾的收集、储运。在此项目上，首创环境利用“互联网+村镇垃圾收运”平台模式全面助力了传统业务优化和创新提升。该平台的特殊优势主要体现在以下几点：

①垃圾清运线路智能优化。基于村、乡镇垃圾处理设施地理位置分布等数据源，建立“垃圾清运点布局”与“垃圾清运线路”模型，确保垃圾及时规范收集、最优线路储运；

②收储运全过程一站式管控。基于物联网技术，实现垃圾收储运全过程监管，有助于提高运营效率；

③项目运营智能预警和风险诊断系统。建立收运任务预警模型，在线设置收运作业规则、异常行为实时报警并自动生成违规报表，通过数据分析、智能诊断，形成风险预警、问题发生及时上报、及时处置的联动机制；

④垃圾清运任务在线调度。基于垃圾清运点地理位置数据，建立车辆清运任务在线调度模型，根据清运需要，智能匹配最近车辆，调度闲置车辆，实时派发任务，保证车辆收运效率达到最佳；

⑤收储运成本精细化管理。基于油耗传感器等技术，对车辆油耗、配件等进行精细化管理，有效降低运输成本，提升公司作业质量；

⑥项目运营指标大数据分析。运用大数据手段，深入分析挖掘海量静态、动态运营成本数据，智能分析风险点，为企业运营提供评判依据。

经过一系列创新，临猗项目获得了比较好的成果：初步建立国内比较先进的村镇“互联网+村镇垃圾收运”模式、16 个乡镇 375 个行政村垃圾减量 90%、90%以上的村庄顺利实现垃圾转运、收运率由原来的不足 40%提升至 90%以上。同时创造了很好的社会效益：较好地解决了农村垃圾处理问题。

探索资源再生回收与农村现代物流业务捆绑开发模式。结合垃圾分类工作的开展，积极构建“互联网+资源回收”新模式，打通生活垃圾回收网络与再生回收网络通道。将资源回收与城乡最后一公里物流相结合，开展双向供应链同城配送服务，承接第三方快递配送服务，提高收运效率，有效降低资源回收成本。

专栏 7　桑德环卫资源回收与现代物流业务

北京桑德新环卫投资有限公司 2015 年启动建设环卫云平台，未来将以传统环卫服务为依托，利用互联网以及云计算等相关科技手段，构建以互联网环卫运营为核心的产业链，形成基层环卫运营、城市生活垃圾分类、再生资源回收、城乡“最后一公里”物流、依托环卫运营的广告、环境大数据服务及其互联网增值服务融为一体的互联网环卫产业群。2017 年已经打通再生资源回收和“最后一公里”物流的通道。开展双向供应链同城配送服务，由项目公司的移动回收车、电动三轮车为商场超市做同城配送，再由移动回收车、电动三轮车将商场超市的商品包装、废旧塑料瓶等运回，结合双向物流，承接第三方快递配送服务。在公司业务覆盖区域内的几个县城，公司的“最后一公里”物流已经占据当地市场的 30%～40%，这充分说明环卫在物流领域的应用潜力。

鼓励城乡统筹与区域整体推进。采用城乡一体、厂网一体、供排水一体、整县或整镇为单元整体推进农村污水、垃圾处理，实现规模化经营，提高社会资本收益能力。鼓励采用 PPP+第三方治理模式，实现规模化畜禽养殖企业与周边养殖小区、散养密集区、散养户畜禽养殖废弃物一体化集中处置。

4.6　加强常态化监管，建立“依效付费”机制

加大农村环境监管力度。将农村环境治理纳入环境督察范围，督察结果向社会公布，并作为对领导班子和领导干部综合考核评价的重要依据。加强农村环境治理设施建设运营监管，建立常态化持续监管机制，逐步将农村环境治理管理责任落实到人。加大环境监察执法力度，进一步压缩散乱企业在农村地区的生存空间。

加强城乡一体环境监管能力建设。建立农村环境监测制度和监测技术体系，出台农村环境监测相关技术规范，开展农村空气质量、饮用水水源地水质、村镇河流（水库）水质、农村土壤环境质量、农村养殖业和面源污染等专项监测。逐步建立覆盖农村地区的环境监测网络，以县为单位配置农村环境空气和水质移动监测车，定期开展流动监测。建立环境保护部门、农业部门等的环境监测信息共享机制。

建立健全依效付费机制。加强绩效考评，开展农村环境治理项目绩效评价，明确不同类型项目的环境治理效果，精准识别绩效指标体系，科学制定绩效考核办法，定期开展绩效考评工作，将绩效考评结果作为支付社会资本可用性费用和运行维护费用的重要依据。

加强公众监督与社会参与。加大对村庄居民的宣传教育力度，提高农村地区环境保护

意识。引导村民全过程参与项目规划、建设、管理与监督。完善村务公开制度，加大农村环境保护工作信息公开力度，健全农村环境治理项目信息公示制度，推行项目公开、合同公开、投资额公开，社会公众监督与评议。

4.7 健全激励政策，加强扶持引导力度

加大金融支持力度。加大政策性银行和开发性金融机构对农村环境保护的支持力度，国家专项建设补助基金向农村环境治理适当倾斜。支持银行业金融机构开展收费权、特许经营权等的担保创新类贷款业务。支持开展股权和债券融资。建立并规范发展融资担保、保险等多种形式的增信机制，提高社会资本的融资能力。

制定土地、电价等的优惠政策。各级政府要优先保障村镇污水、垃圾处置设施建设用地，符合《划拨用地目录》的建设用地要采取无偿划拨方式供地。研究出台将秸秆初加工收储、污水垃圾处理设施、废旧地膜回收利用等占用的土地纳入农用地管理的相应政策。将有机肥生产、污水垃圾处置、废旧地膜回收利用、秸秆初加工等的用电标准由“一般工商业及其他用电”调整为“农业生产用电”。将对化肥的优惠政策调整为对有机肥的优惠政策，把有机肥运输纳入《实行铁路优惠运价的农用化肥品种目录》。对符合固定资产投资审批程序的生活垃圾发电项目积极落实国家可再生能源发电价格政策。

完善税收和收费等优惠政策。对农村污水、垃圾资源综合利用等实施全额返还劳务增值税。探索农村污水垃圾、畜禽养殖污染治理企业所得税减免，免征污水垃圾、畜禽养殖污染治理生产经营性用房及所占土地的房产税和城镇土地使用税。对涉及农村污水治理设施运行维护管理相关的行政事业性收费项目，经批准可以减收或免收。

4.8 培育市场主体，强化产业技术支撑

积极培育农村环境治理市场主体。强化农村环境治理的市场化、专业化和产业化导向，推进农村环境治理市场开放，培育一批农村环境治理市场龙头企业。提高行业准入门槛，建立相关配套政策，防止环保企业低价恶性竞争。建立环保企业信用评价制度，引导公众参与及信息公开，对违约失信的环保企业纳入黑名单进行动态管理。

健全农村环境保护法规标准。修订《水污染防治法》《固体废物污染环境防治法》等有关环境保护法律法规，细化农村环境保护的法律条文。抓紧制（修）订《农村生活污水处理设施技术规范》《农村生活垃圾建议卫生处理处置技术规范》《生活垃圾焚烧污染控制技术规范》和《畜禽水产养殖污染防治技术规范》等。

加强技术研发与推广。鼓励垃圾资源化、沼液沼渣综合利用、秸秆发电、秸秆气化等综合利用技术研发与推广，积极推进科研成果转化。发展面向市场的新型农村环境治理技术研发、成果转化和产业孵化机构。财政专项资金加强对农村环境治理先进技术研发与示范推广的倾斜。

参考文献

[1] 马云泽．当前中国农村环境污染问题的根源及对策——基于规制经济学的研究视角[J]．广西民族大学学报（哲学社会科学版），2010（1）：18-21.

[2] 马静．基于 PPP 模式的我国农村环境治理的研究[D]．天津：天津商业大学，2011.

[3] 陆晓华．常熟首推 PPP 模式治理农村生活污水[N]．苏州日报，2015-12-14.

[4] 叶红玉，王浙明，金均，等．农村生活污水治理政策体系探讨——以浙江省为例[J]．农业环境与发展，2011（6）：90-95.

[5] 逯元堂，宋玲玲，高军．PPP 模式下黑臭水体治理依效付费机制思路与框架设计[J]．环境保护，2016，44（23）：35-37.

[6] 韩冬梅，金书秦．中国农业农村环境保护政策分析[J]．经济研究参考，2013（43）：11-18.

[7] 逯元堂，吴舜泽，陈鹏，等．突破制约瓶颈大力推进环保 PPP[N]．中国环境报，2015-05-26（2）.

[8] 张秋．建立完善农村环境保护的激励机制研究[J]．农村经济，2011（3）：109-112.

[9] 王风文．农村环境保护问题及对策研究[D]．济南：山东大学，2009.

2017 年可持续发展目标指数和指示板全球报告分析①

Analysis on the SDG Index and Dashboards Global Report 2017

周 全 董战峰 李红祥 吴语晗 郝春旭 葛察忠

摘 要 2017 年 7 月，联合国可持续发展解决方案网络与贝塔斯曼基金会（Bertelsmann Foundation）联合发布的《2017 年可持续发展目标指数和指示板全球报告》（*SDG Index and Dashboards Report 2017—Global Responsibilities: International Spillovers in Achieving the Goals*）在世界范围内拥有广泛的影响力。本文以该报告为基础，梳理了可持续发展目标（SDG）指数和指示板的评估方法，从区域和国家层面分别进行比较，并分析了我国排名靠后的原因。在此基础上，从建立更加完善的可持续发展指数采集系统、研究制定我国本土化可持续发展指标体系、落实国际交流与合作、提升我国环境治理水平等角度，为我国开展可持续发展目标评估工作提出了建议。

关键词 可持续发展 可持续发展目标 环境治理 生态环境

Abstract: In July 2017，SDSN and Bertelsmann Foundation jointly issued *SDG Index and Dashboards Report 2017—Global Responsibilities*: *International Spillovers in Achieving the Goals*, enjoying extensive influence worldwide. Based on the report of 2017，this paper first elaborates the assessment methodology of the SDG Index and SDG Dashboards; then it analyzes the global situation of realizing the 2030 sustainable development agenda from the regional and national levels; finally，the paper analyzes reasons for the backwardness in China. Based on all these，the paper proposes suggestions for SDG progress assessment in China from establishing a more comprehensive collection system for SDG index，formulating China's localized SDG indicators system，implementing international communication and cooperation，and advancing environmental governance.

Keywords: sustainable development，SDG，environmental governance，ecological environment

① 本研究得到生态环境部中央财政预算项目“国际组织合作项目”，以及世界自然基金会（WWF）“国别层面可持续发展目标指标体系研究”项目的支持。

2015 年，联合国可持续发展峰会正式通过了《变革我们的世界：2030 年可持续发展议程》（以下简称《2030 年议程》），建立了全球可持续发展目标（Sustainable Development Goals，SDG），确立了 17 项总目标和 169 个具体目标，涵盖社会、经济、环境三大支柱，对 SDG 各个目标的度量和监测是执行 SDG 最重要的环节之一。联合国负责制定可持续发展指标体系工作的跨部门专家组（Inter-Agency and Expert Group on Sustainable Development Goal Indicators，IAEG-SDG）推进对全球 SDG 实施进展的有效监测，于 2017 年公布了包括 232 个指标的 SDG 全球指标框架。

2015 年，联合国可持续发展解决方案网络（SDSN）与贝塔斯曼基金会（Bertelsmann Foundation）发布了《可持续发展目标：富裕国家是否准备好了？》的报告，描述了 34 个经济合作与发展组织（OECD）国家在可持续发展目标方面的实施现状。自 2016 年起，每年由 SDSN 与贝塔斯曼基金会联合发布可持续发展目标指数和指示板全球报告。在此系列报告中，SDSN 等单位提出可持续发展目标指数和指示板，提供了国别层面 SDG 进展的测量方法。可持续发展目标指数和指示板（SDG Index and Dashboards）不是官方监测工具，它是在使用联合国官方 SDG 指标和其他可靠数据以弥补相关数据缺失的基础上，利用 OECD（2008）国家构建综合指标的方法，提出关键性假设，制定出的一套用于国家层面的测量标准，这套指数也是在联合国统计署的支持下，各成员国发起的对 SDG 官方指标的补充和支持。旨在帮助各个国家在实现 SDG 的过程中找出优先问题，理解挑战，明确差距，以促进实现更加有效的可持续发展决策。该系列报告利用 SDG 指数对各国 17 项可持续发展目标的现状进行排名，并通过颜色编码体现 17 个总目标整体实施情况，最终以可持续发展目标指示板（SDG Dashboards）展示，并为每个国家的 SDG 实施现状出具一份详细报告，为比较国家间不同的发展水平提供了可能。

2017 年 7 月，SDSN 与贝塔斯曼基金会联合发布了《2017 年可持续发展目标指数和指示板报告——全球责任：实现目标的国际溢出效应》（*SDG Index and Dashboards Report 2017—Global Responsibilities：International Spillovers in Achieving the Goals*）。报告以 2016 年数据为基础，分析了全球 157 个国家为实现《2030 年议程》所做出的努力，测量了这些国家的 SDG 指数得分，得出了各个国家距离实现 2030 年可持续发展目标的差距，最终以指示板的形式展现。在全球 157 个国家中，排前 5 位的分别是瑞典、丹麦、芬兰、挪威、捷克，排后 5 位的分别是马达加斯加、利比里亚、刚果民主共和国、乍得、中非共和国。2017 年中国的可持续发展目标指数得分为 67.1 分，在 157 个国家中排第 71 位，比 2016 年上升了 5 个名次（149 个国家参评，居第 76 位，得分为 59.1 分）。

1 评估方法学及指标体系变化情况

1.1 指标的选取和数据来源

SDG 指数使用的数据与 SDG 指示板完全一致，为筛选出适用于 SDG 指数和指示板的指标，SDSN 与贝塔斯曼基金会就每项目标提出了基于技术的定量指标，并确保筛选出的指标及相关数据符合以下 5 项标准：

- 相关性和普适性：所选指标与对 SDG 实施监测相关联，且适用于绝大多数国家。这些指标必须可以在全球范围内直接用于国家间的绩效评估和比较。
- 数据统计的准确性：数据的收集和处理基于可靠的统计学方法。
- 时效性：数据序列必须具有时效性，近些年的数据有效且能够获取。
- 数据质量：数据必须是针对某一问题最有效的测度，且来源于国家或国际上的官方数据（如国家统计局或联合国相关机构），或其他国际知名数据库。
- 覆盖面：数据至少覆盖 149 个联合国成员国的 80%以上，覆盖国家的人口规模均超过百万人。

指标获取主要包括以下途径：机构与专家咨询小组（IAEG-SDG）提出的所有符合上述 5 项标准的官方指标；若官方指标存在数据缺失、指标空缺等问题，则通过其他可靠的数据来源和测量方法对 SDG 指数加以完善，包括世界发展指数数据库（World Bank）、人类发展报告（UNDP）、OECD 统计数据（OECD）等国际数据库，研究机构或国际组织正式发布的统计数据和期刊文献等。每项指标具体数据来源见表 1。

表 1　SDG 指数和指示板中指标的数据来源

SDG	描述/标签	标记	UNSC 清单	年份	来源
1	1.90 美元/d 的贫困人口比例（人口百分比）		●	2016	世界数据实验室（2017）
	2030 年预计的 1.90 美元/d 的贫困人口比例（人口百分比）		-	2030	世界数据实验室（2017）
	贫困线为 50%时的贫困人口比例/%	[a]	○	2012—2014	OECD（2017a）
2	营养不良比例/%		○	2015	FAO（2017a）
	5 岁以下儿童发育迟缓患病率/%		●	2000—2015	UNICEF 等（2017a）
	5 岁以下儿童的消瘦率/%		●	2000—2015	UNICEF 等（2017a）
	成人肥胖患病率/%		○	2014	WHO（2017a）
	谷物产量/（t/hm^2）		-	2014	FAO（2017）
	可持续氮管理指数		-	2006/2011	Zhang 和 Davidson（2016）
3	孕产妇死亡率（每 10 万存活新生儿）		●	2015	WHO（2017b）
	新生儿死亡率（每 1 000 名存活新生儿）		●	2015	UNICEF 等（2017b）
	5 岁以下死亡率（每 1 000 名存活新生儿）		●	2015	UNICEF 等（2017c）
	结核病发病率（每 10 万人）		●	2015	WHO（2017c）
	HIV 患病率（每 1 000 人）		○	2015	GBD（2016）
	非传染性疾病死亡率（每 10 万人）		●	2012	WHO（2017d）
	家庭和环境污染死亡率（每 10 万人）		●	2012—2013	WHO（2017e）
	交通死亡人数比例（每 10 万人）		●	2013	WHO（2016）
	出生时的健康期望寿命/岁		-	2015	WHO（2017f）
	青少年生育率（每 1 000 人出生率）		○	2015	UNDP（2017）
	专业医疗人员接生率/%		●	2006—2015	UNICEF（2017）
	接种 2 种世界卫生组织疫苗的婴儿占比/%		○	2015	WHO 和 UNICEF（2016a）

SDG	描述/标签	标记	UNSC 清单	年份	来源
3	全民健康覆盖跟踪指数（0～100）		-	2015	GBD（2016）
	主观幸福感		-	2016	Gallup（2016）
	吸烟成瘾者（%，15 岁以上）（0～10）	[a]	●	2008—2015	OECD（2017a）
4	净小学入学率/%		-	2011—2016	UNESCO（2017）
	期望的教育年限/a		-	1990—2015	UNESCO（2017）
	15～24 岁儿童识字率/%		●	2015	UNESCO（2017）
	接受高等教育的人口占比/%	[a]	-	2013—2015	OECD（2017a）
	PISA 评分（0～600）	[a]	○	2015	OECD（2017b）
5	未满足避孕需求的女性比例/%		●	2000—2015	UNDESA（2017）
	女性受教育年限（%男性）		-	2000—2014	ILO（2017）
	女性劳动参与率（%男性）		-	2014	联合国妇女署（2015）
	国家议会中的妇女占比/%		●	2015—2016	IPU（2017）
	性别工资差距（%男性工资）	[a]	-	2011—2015	OECD（2017a）
6	优质水源获得率/%		●	2011—2015	WHO 和 UNICEF（2016b）
	获得改善的卫生条件的人口占比/%		●	2011—2015	WHO 和 UNICEF（2016b）
	淡水获取量/%		●	2002—2017	FAO（2017c）
	流入地下水枯竭/[m^3/（人·a）]		-	2010	Dalin 等（2017）
7	电力获得/%		●	2014	SE4All（2017a）
	非固体燃料获得/%		●	2012	SE4All（2017b）
	燃料和电力产生的 CO_2/（$MtCO_2$/TWh）		-	2014	IEA（2016）
	最终消费中的可再生能源占比/%	[a]	○	2009—2012	OECD 等（2017）
8	调整后的 GDP 增长率/%		○	2015	世界银行（2017a）
	童工/%		○	2000—2015	UNICEF（2016）
	可获取的银行账户或移动货币（%成人人口）		●	2011—2014	世界银行（2017）
	就业人口比例/%	[a]	○	2015—2016	OECD（2017a）
	未就业，接受教育和培训的青年/%	[a]	●	2013—2015	OECD（2017a）
	失业率/%	[b]	○	2016	ILO（2017b）
9	互联网使用率/%		●	2011—2015	ITU（2017）
	移动宽带订阅率（每 100 人）		●	2015	ITU（2017）
	整体基础设施质量（1～7）		-	2016—2017	Schwab 和 Sala-i-Martin（2016）
	物流绩效指数（1～5）		-	2016	世界银行（2016c）
	前 3 名大学排名平均数（0～100）		-	2016	康奈尔大学等（2017）
	科技期刊论文数（人均篇数）		-	2013	国家科学基金会（2017）
	国内生产总值（%GDP）		●	2008—2014	UNESCO（2017a）
	研发人员数（每 1 000 名从业者）	[a]	○	2010—2015	OECD（2017a）
	专利申请数（每 100 万）	[a]	-	2013	OECD（2017a）
10	基尼系数（0～100）		-	1990—2015	世界银行（2017c）；OECD（2017a）；UNU-WIDER（2017）
	帕尔马比例/%	[a]	-	2012—2014	OECD（2017a）
	PISA 社会公平指数（0～10）	[a]	-	2015	OECD（2017b）

SDG	描述/标签	标记	UNSC 清单	年份	来源
11	城市 $PM_{2.5}$ 浓度/（$\mu g/m^3$）		●	2015	Brauer 等（2016）
	改善的自来水/%		-	2015	WHO 和 UNICEF（2016b）
	租金负担（可支配收入%）	[a]	-	2011—2014	OECD（2017a）
12	电子垃圾量/（kg/人）		-	2013	UNU-IAS（2015）
	废水处理率/%		○	2014	Hsu 等（2016）
	生产产生的人均二氧化硫排放量/（kg/人）		-	2007	Zhang 等（2017）
	流入二氧化硫净排放量/（kg/人）		-	2007	Zhang 等（2017）
	氮生产足迹/（kg/人）		-	2017	Oita 等（2016）
	流入活性氮净排放量/（kg/人）		-	2017	Oita 等（2016）
	未回收城市固体废物量/[kg/（人·a）]	[a]	○	2012	世界银行（2012）；OECD（2017a）
	城市固体废物量/[kg/（人·a）]	[b]	○	2012	世界银行（2012）
13	能源 CO_2 排放量（tCO_2/人）		-	2013	橡树岭国家实验室（2017）
	流入二氧化碳排放量，技术调整（吨二氧化碳/人均）		-	2016	Kander 等（2015）
	气候变化脆弱性（0～1）		-	2014	HCSS（2015）
	有效碳汇率（€/tCO_2）	[a]	-	2016	OECD（2017a）
14	海洋，平均保护面积/%		●	2017	国际鸟类联盟等（2017）
	海洋健康指数-生物多样性（0～100）		-	2016	海洋健康指数（2016）
	海洋健康指数-清洁水域（0～100）		-	2016	海洋健康指数（2016）
	海洋健康指数-渔业（0～100）		-	2016	海洋健康指数（2016）
	鱼类资源过度开发或崩溃/%		○	2010	Hsu 等（2016）
15	陆地，平均保护面积/%		●	2017	国际鸟类联盟等（2017）
	淡水，平均保护面积/%		●	2017	国际鸟类联盟等（2017）
	红色名录物种生存指数（0～1）		●	2017	IUCN 和国际鸟类联盟（2017）
	森林面积每年变化/%		○	2014	Hsu 等（2016）
	流入生物多样性影响（物种/百万人）		-	2016	Chaudhary 和 Kastner（2016）
16	杀人犯（每 10 万人）		●	2010—2014	UNODC（2016）
	监狱人口（每 10 万人）		○	2014—2015	ICPR（2016）
	晚上散步时感觉安全/%		●	2016	Gallup（2016）
	政府效率（1～7）		-	2016—2017	Schwab 和 Sala-i-Martín（2016）
	产权（1～7）		-	2016—2017	Schwab 和 Sala-i-Martín（2016）
	登记出生/%		●	2010—2015	UNICEF（2016b）
	清廉指数（0～100）		○	2016	透明国际（2016）
	奴隶制评分（0～100）		-	2016	自由行基金会（2016）
	常规武器出口/（百万美元/10 万人）		-	2014	斯德哥尔摩国际和平研究所（2017）

SDG	描述/标签	标记	UNSC清单	年份	来源
17	健康、教育和研发支出（%GDP）		-	2009—2015	UNESCO（2017b）；WHO（2017g）
	官方发展援助（%国民总收入）		●	2015	OECD（2017a）
	税收（国内生产总值%）		●	2009—2015	世界银行（2017c）
	避税天堂得分（最佳 0～5 最差）		-	2016	Oxfam（2016）
	保密得分	[a]	-	2015	税收正义联盟（2015）

注：仅用于经合组织国家可持续发展目标指数和指示板（扩充版）的指标分别标记为[a]或[b]，表示在全球指标集中增加或取代相应的指标。与官方数据库中的指标相同或相似的指标（由联合国统计委员会通过）被标注为●和○。

此外，随着数据可用性的提高和统计方法的完善，2016 年、2017 年选取的指标略有不同，并增加了针对国际溢出效应的新指标。相关指标的变化见表 2。

表 2　与 2016 年版相比，2017 年版指标的变化

SDG	指标	变化
1	1.90 美元/d 的贫困人口比例（人口百分比）	新增
	2030 年预计的 1.90 美元/d 的贫困人口比例（人口百分比）	新增
3	HIV 流行率（每 1 000 人）	新增
	非传染性疾病死亡率（每 10 万人）	新增
	家庭和环境污染死亡率（每 10 万）	新增
	健康出生时的预期寿命（年限数）	新增
	全民健康覆盖跟踪指数（0～100）	新增
6	流入地下水枯竭/[m^3/（人·a）]	新增/溢出指标
8	可获取的银行账户或移动货币（%成人人口）	替代为“每 1 000 人拥有的 ATM”
9	物流绩效指数（1～5）	修改方法
	前 3 名大学排名平均数（0～100）	新增
	科技期刊论文数（人均篇数）	新增
11	租金负担（可支配收入%）	仅 OECD 替代“人均空间”
12	电子垃圾量/（kg/人）	新增
	生产产生的二氧化硫排放量/（kg/人）	新增
	流入二氧化硫净排放量/（kg/人）	新增/溢出指标
	氮生产足迹/（kg/人）	新增
	流入活性氮净排放量/（kg/人）	新增/溢出指标
13	技术调整后的 CO_2 排放量	新增/溢出指标
	有效碳汇率/（€/tCO_2）	新增（仅 OECD）
14	平均保护海洋面积/%	替代“完全受保护的海洋区域”
15	平均保护陆地面积/%	替代“完全受保护的陆地区域”
	平均保护淡水面积/%	新增
	流入生物多样性影响/（物种/百万人）	新增/溢出指标
16	奴隶制评分（0～100）	新增
	常规武器出口（百万美元/10 万人）	新增/溢出指标

SDG	指标	变化
17	健康、教育支出（% GDP）	替代“健康、教育和研发支出”
	官方发展援助（% 国民总收入）	新增/溢出指标
	避税天堂得分（最佳 0～5 最差）	新增/溢出指标
	保密评分（最佳 0～100 最差）	新增/溢出指标

1.2 构建可持续发展目标指数（SDG Index）的方法

SDG 指数由 17 项 SDG 目标构成，每项 SDG 目标至少有一项用于表现其现状的指标，个别情况下一项目标对应多项指标。通过两次求取平均值可以得出 SDG 指数得分，即第一次是将对应的指标分别求平均值得出每项 SDG 目标的得分，第二次是将 17 项 SDG 目标的得分加总求平均值得出该国的 SDG 指数。

第一步：统计检验和极值审查

统计检验和极值审查包括偏斜度和峰度常态测试，以及 Shapiro-Wilk 和 Shapiro-Francia 测试，以确定 SDG 指数所包含的变量是否呈正态分布，对于大多数指标，可以忽略在 5% 的显著性水平上的正态假设，违背这一正态假设时，一些常用的统计测试被视作无效，选择剔除该极端值。

第二步：数据标准化

该步骤旨在对指标进行标准化，即将所有指标放在可以进行比较和汇总到综合指数的通用数值范围内。SDG Index 使用目标接近法进行指标构建，指标可以衡量每个国家相对于目标的最差和最佳表现：分别对应 0 分和 100 分。计算指标的通用公式是

$$x' = \frac{x - \text{lower}(x)}{\text{upper}(x) - \text{lower}(x)} \tag{1}$$

式中，x——国家的样本值；

upper——最佳表现的界限；

lower——最差表现的界限；

x'——重新调整后的标准化值。

如果一个国家的值大于 x'，将其指标得分限制为 100。同样，如果一个国家的值小于 x'，将其指标得分设为 0。

通过简单的算数计算，指标得分可被转换为一项在 0～100 范围内的数值，其中 0 代表与目标距离最远（最差），100 代表与目标最接近（最好）。使用“目标接近法”，使评估中的指标得分具有同向性。调节后的变量更容易理解，变量数值为 50 的国家表明该国达到最佳绩效水平的一半；而数值为 75 的国家表明该国已经实现了最佳绩效的 75%。

指标目标值的确定主要根据以下标准、限值或方法：

（1）指标下限的确定：对各项指标从低到高进行排名。有些指标数值最大，表明“水平最差”（如婴儿死亡率），而有些指标数值最大，表明“水平最优”（如预期寿命）。为确定每个指标中的最差值，剔除“最差”中 2.5%的观测值以消除异常值对评分的干扰后即得

到下限，将此下限设为 0。

（2）指标上限通过五步决策树确定：

1）《2030 年议程》中列出了明确的量化目标，且在没有国家已经实现该目标的情况下，则将该目标值设为 100。如零贫困、普及学校教育、普遍获得水和卫生设施等。除此之外，一些 SDG 目标提出了相对的变化（例如，“目标 3.4：……减少 1/3 的非传染性疾病导致的过早死亡”），这些变化不能被转化为今天的全球基线，在这种情况下，将表现最好的 5 个国家的平均值作为临界上限值。

2）在《2030 年议程》中没有提出量化目标的情况下，使用绝对目标临界值来表示每个指数分布的上限。这些变量的临界值来源于理论上可行的最大值，并且通过实现可持续发展目标来确保“不落下任何一个”，如“利用基础设施”的临界上限值设为 100。

3）《2030 年议程》中以科技为基础的目标且要求在 2030 年或更晚达到的，将上限设置为 100。如实现 100%的可持续渔业管理。

4）在指数的上限值超过了《2030 年议程》要求的临界值的情况下，采用理论上的最大值作为最佳结果。如 SDG 要求儿童死亡率降低到 2.5%以下，但一些国家已经超过了这个临界值（儿童死亡率已经在 2.5%以下），则采用零死亡率而不是采用实现 SDG 的临界值，这有利于完善 SDG 指数的整体分布情况。同样，对已经达到 SDG 的临界值，但又落后于其他国家的那些国家也显得尤为重要。

5）所有不符合以上情况的其他指标都使用前 5 名的平均值。

第三步：指标聚合

由于可持续发展目标和具体目标是一个不可分割的整体，又要求到 2030 年实现所有目标，所以 17 个目标下的每一项指标都被赋予相同的权重，且 17 个目标也被赋予相同的权重，以此反映决策者承诺的公平对待每项目标，并将 17 个目标作为一套“完整且不可分割”的目标集。指标聚合主要分为两个步骤：一是将调节后的变量与每项 SDG 的指标相结合，即通过指标得出每项 SDG 目标得分；二是用算术平均来对每一项 SDG 进行聚合，得出 SDG 指数得分。

专栏 1　指标聚合的方法

为保证每个 SDG_j 在数据聚合后的灵活性最大化，可以使用广义均值或者常数替代弹性函数（CES 函数）来获得聚合指数 I。

$$I_{ijk}\left(N_{ij},I_{ijk},\rho\right)=\left[\sum_{k=1}^{N_{ij}}\frac{1}{N_{ij}}I_{ijk}^{-\rho}\right]^{\frac{-1}{\rho}} \tag{2}$$

式中，I_{ijk}——国家 i 的可持续发展目标 SDG_j 中指标 k 的得分；

N_{ij}——某国可持续发展目标 j 的指标数；

ρ——描述了指标各组成部分之间的可替代性，取值范围为 $-1\leqslant\rho\leqslant\infty$（Arrow et al.，1961）。

使用等效的 CES 方程将国家 i 的可持续发展目标指标得分 I_{ij} 汇总到整体国家得分 I_j 中。可持续发展目标指标各个组成部分之间的替代弹性 σ 被定义为

$$\sigma=\frac{1}{1+\rho} \tag{3}$$

所以ρ可表示为

$$\rho = \frac{1-\sigma}{\sigma} \tag{4}$$

CES 函数有三种特殊情况。首先，如果聚合指数的组成部分是完全可替代的（$\sigma=\infty$，$\rho=-1$），这样，一个指标（如基尼指数）的回归可以通过另一个指标抵消（如儿童死亡率）。这种情况通常称为“弱可持续性”，CES 生产函数的各个组成部分具有相同权重，算术平均值为

$$I_{ij}(N_{ij}, I_{ijk}) = \sum_{k=1}^{N_{ij}} \frac{1}{N_{ij}} I_{ijk} \tag{5}$$

其次，当可持续发展目标指标的组成部分不可替代时（$\sigma=0$，$\rho=\infty$），会产生强大的可持续性。在这种情况下，CES 函数转化为具有正交等产量曲线的列昂惕夫生产函数，其中国家 i 和可持续发展目标 j 的分数 I_{ij} 由所有可持续发展目标指标 k 的国家最低分数 I_{ijk} 决定：

$$I_{ij}(I_{ijk}) = \min\{I_{ijk}\} \tag{6}$$

最后，线性可替代性的中间情况由柯布-道格拉斯生产函数给出，$\sigma=1$，$\rho=1$。在这种情况下，SDG 指数 I_{ij} 成为指数 I_{ijk} 的几何平均数：

$$I_{ij}(N_{ij}, I_{ijk}) = \prod_{k=1}^{N_{ij}} \sqrt[N_{ij}]{I_{ijk}} \tag{7}$$

SDG 指数选择了算术平均来对每一项 SDG 进行聚合，主要基于以下两个原因：①建立在合理的替代性基础之上，每项目标都描述了相互补充的优先性政策。②算术平均具有易于沟通的优点。所以 ρ 取-1。

因此，一个国家的总体可持续发展目标指数得分是通过结合公式 4，进行汇总并生成的：

$$I_i(N_i, N_{ij}, I_{ijk}) = \sum_{j=1}^{N_i} \frac{1}{N_i} \sum_{k=1}^{N_{ij}} \frac{1}{N_{ij}} I_{ijk} \tag{8}$$

1.3 构建可持续发展目标指示板（SDG Dashboards）的方法

指示板利用可获取的数据，通过颜色编码来体现 17 项 SDG 的整体实施情况。在利用颜色编码表时，根据所有国家的每个指标引入量化后的临界值，通过对每项目标进行指标聚合算出每个国家在每项可持续发展目标上的总分值。

第一步：设定 SDG 指示板的临界值

为了评估各国在某项指标上的实施进度，注重清晰性和区别性，SDG Dashboards（2017）采用绿色、黄色、橙色、红色 4 种颜色。其中，绿色表示该国在实现 17 项 SDG 上面临的挑战较少，一些目标甚至已经达到了实现该目标所要求的临界值；黄色、橙色、红色表征距实现 2030 年的目标仍存在的差距，且这 3 种颜色代表的差距依次增大。这些临界值来源于 SDG 或其他官方来源，临界值的设定广泛征询专家团队的建议和意见，并且适用于所有国家。详细情况见表 3。

表 3 指标阈值

SDG	描述/标签	最好（值=1）	绿色	黄色	橙色	红色	最差（值=0）
1	1.90美元/d的贫困人口比例（人口百分比）	0%	≤2%	2%＜x≤7.35%	7.35%＜x≤12.7%	＞12.7%	72.60%
	2030年预计的1.90美元/d的贫困人口比例（人口百分比）	0	≤1%	1%＜x≤2%	2%＜x≤3%	＞3%	66.90%
	贫困线为50%时的贫困人口比例	6.80%	≤10%	10%＜x≤12.5%	12.5%＜x≤15%	＞15%	18.60%
2	营养不良比例	0%	≤7.5%	7.5%＜x≤11.25%	11.25%＜x≤15%	＞15%	42.30%
	5岁以下儿童发育迟缓患病率	0%	≤7.5%	7.5%＜x≤11.25%	11.25%＜x≤15%	＞15%	50.20%
	5岁以下儿童消瘦率	0%	≤5%	5%＜x≤7.5%	7.5%＜x≤10%	＞10%	16.30%
	成人肥胖患病率	2.80%	≤10%	10%＜x≤17.5%	17.5%＜x≤25%	＞25%	35.10%
	谷物产量/（t/hm^2）	13.7	≥2.5	2.5＞x≥2	2＞x≥1.5	＜1.5	0.6
	可持续氮管理指数	0	≤0.3	0.3＜x≤0.5	0.5＜x≤0.7	＞0.7	1.2
3	孕产妇死亡率（每10万存活新生儿）	3.4	≤70	70＜x≤105	105＜x≤140	＞140	814
	新生儿死亡率（每1 000名存活新生儿）	1.1	≤12	12＜x≤15	15＜x≤18	＞18	39.7
	5岁以下死亡率（每1 000名存活新生儿）	2.6	≤25	25＜x≤37.5	37.5＜x≤50	＞50	130.1
	结核病发病率（每10万人）	3.6	≤10	10＜x≤42.5	42.5＜x≤75	＞75	561
	HIV流行率（每1 000人）	0	≤0.2	0.2＜x≤0.6	0.6＜x≤1	＞1	16.5
	非传染性疾病死亡率（每10万人）	9.3	≤15	15＜x≤20	20＜x≤25	＞25	31
	家庭和环境污染死亡率（每10万）	0	≤25	25＜x≤50	50＜x≤75	＞75	368.8
	交通死亡人数比例（每10万人）	3.2	≤8.4	8.4＜x≤12.6	12.6＜x≤16.8	＞16.8	33.7
	出生时的健康期望寿命/岁	73.6	≥65	65＞x≥62.5	62.5＞x≥60	＜60	46.1
	青少年生育率（每1 000人出生率）	2.5	≤25	25＜x≤37.5	37.5＜x≤50	＞50	139.6
	专业医疗人员接生率	100%	≥98%	98%＞x≥94%	94%＞x≥90%	＜90%	23.10%
	接种2种世界卫生组织疫苗的婴儿占比	100%	≥90%	90%＞x≥85%	85%＞x≥80%	＜80%	42%
	全民健康覆盖跟踪指数（0～100）	100%	≥80%	80%＞x≥70%	70%＞x≥60%	＜60%	38.20%
	主观幸福感（0～10）	7.6	≥6	6＞x≥5.5	5.5＞x≥5	＜5	3.3
	15岁以上吸烟成瘾者比例	10.70%	≤20%	20%＜x≤22.5%	22.5%＜x≤25%	＞25%	29.80%
4	净小学入学率	100%	≥98%	98%＞x≥89%	89%＞x≥80%	＜80%	53.80%
	期望的教育年限/年	13.2	≥12	12＞x≥11	11＞x≥10	＜10	2.3
	15～24岁人口识字率	100%	≥95%	95%＞x≥90%	90%＞x≥85%	＜85%	45.20%

SDG	描述/标签	最好（值=1）	绿色	黄色	橙色	红色	最差（值=0）
4	接受高等教育的人口比例	48.70%	≥25%	25%＞x≥20%	20%＞x≥15%	＜15%	16.30%
	PISA 评分（0～600）	523.7	≥493	493＞x≥446.5	446.5＞x≥400	＜400	415.7
5	未满足避孕需求的女性比例	0%	≤20%	20%＜x≤35%	35%≤x≤50%	＞50%	85.80%
	女性受教育年限（与男性相比）	100%	≥98%	98%＞x≥86.5%	86.5%＞x≥75%	＜75%	41.80%
	女性劳动参与率（与男性相比）	100%	≥70%	70%＞x≥60%	60%＞x≥50%	＜50%	21.50%
	国家议会中的妇女比例	50%	≥40%	40%＞x≥30%	30%＞x≥20%	＜20%	1.20%
	性别工资差距（与男性工资相比）	0%	≤7.5%	7.5%＜x≤11.25%	11.25%＜x≤15%	＞15%	36.7%
6	优质水源获得比例	100%	≥98%	98%＞x＞89%	89%＞x≥80%	＜80%	50.80%
	获得改善的卫生条件的人口比例	100%	≥95%	95%＞x≥85%	85%＞x≥75%	＜75%	12%
	淡水获取量比例	12.50%	≤25%	25%＜x≤50%	50%≤x≤75%	＞75%	100%
	流入地下水枯竭/[m^3/（a·人）]	0.1	≤5	5＜x≤12.5	12.5＜x≤20	＞20	42.6
7	电力获得比例	100%	≥98%	98%＞x≥89%	89%＞x≥80%	＜80%	9.10%
	非固体燃料获得比例	100%	≥85%	85%＞x≥67.5%	67.5%＞x≥50%	＜50%	2%
	燃料和电力产生的 CO_2/（$MtCO_2$/TWH）	0	≤1	1＜x≤1.25	1.25＜x≤1.5	＞1.5	3.3
	最终消费中的可再生能源比例	94.20%	≥20%	20%＞x≥15%	15%＞x≥10%	＜10%	0.30%
8	调整后的 GDP 增长率	9.10%	≥0%	0%＞x≥-1%	–1%＞x≥–2%	＜–2%	–14.70%
	童工比例	0%	≤2%	2%＜x≤6%	6%＜x≤10%	＞10%	39.30%
	可获取的银行账户或移动货币（与成人人口相比）	100%	≥80%	80%＞x≥65%	65%＞x≥50%	＜50%	8%
	就业人口比例	76.10%	≥60%	60%＞x≥55%	55%＞x≥50%	＜50%	43.70%
	未就业，接受教育和培训的青年比例	8.70%	≤10%	10%＜x≤12.5%	12.5%＜x≤15%	＞15%	28.80%
	失业率	0.50%	≤5%	5%＜x≤7.5%	7.5%＜x≤10%	＞10%	25.90%
9	互联网使用率	100%	≥80%	80%＞x≥65%	65%＞x≥50%	＜50%	2.20%
	移动宽带订阅比例（每 100 人）	100%	≥75%	75%＞x≥57.5%	57.5%＞x≥40%	＜40%	1.40%
	整体基础设施质量（1～7）	6.3	≥4.5	4.5＞x≥3.75	3.75＞x≥3	＜3	1.9
	物流绩效指数（1～5）	4.2	≥3	3＞x≥2.5	2.5＞x≥2	＜2	1.9
	前 3 名大学排名平均数（0～100）	91	≥20	20＞x≥10	10＞x≥0	＜0	0
	科技期刊论文（人均篇数）/篇	2.2	≥0.5	0.5＞x≥0.3	0.3＞x≥0.1	＜0.1	0
	国内生产总值（% GDP）	3.70%	≥1.5%	1.5%＞x≥1.25%	1.25%＞x≥1%	＜1%	0%
	研发人员数（每 1 000 名从业者）	15.1	≥8	8＞x≥7.5	7.5＞x≥7	＜7	0.6
	专利申请数（每 100 万）	94	≥20	20＞x≥15	15＞x≥10	＜10	0.2
10	基尼系数（0～100）	25.6	≤30	30＜x≤35	35＜x≤40	＞40	60.5
	帕尔马比例	0.90%	≤1%	1%＜x≤1.15%	1.15%＜x≤1.3%	＞1.3%	2.60%
	PISA 社会公平指数（0～10）	8.4	≥5.6	5.6＞x≥4.8	4.8＞x≥4	＜4	2
11	城市 $PM_{2.5}$ 浓度/（μg/m^3）	6.3	≤10	10＜x≤17.5	17.5＜x≤25	＞25	87
	改善的自来水比例	100%	≥98%	98%＞x≥86.5%	86.5%＞x≥75%	＜75%	6.10%
	租金负担（可支配收入占比）	13.40%	≤20%	20%＜x≤25%	25%＜x≤30%	＞30%	32.10%

SDG	描述/标签	最好（值=1）	绿色	黄色	橙色	红色	最差（值=0）
12	电子垃圾量（kg/人）	0.2	≤5	5＜x≤7.5	7.5＜x≤10	＞10	23.5
	废水处理比例	100%	≥50%	50%＞x≥32.5%	32.5%＞x≥15%	＜15%	0
	生产产生的人均二氧化硫排放量/（kg/人）	0.5	≤10	10＜x≤20	20＜x≤30	＞30	68.3
	流入二氧化硫净排放量/（kg/人）	0	≤1	1＜x≤8	8＜x≤15	＞15	30.1
	氮生产足迹/（kg/人）	2.3	≤8	8＜x≤29	29＜x≤50	＞50	86.5
	流入活性氮净排放量/（kg/人）	0	≤1.5	1.5＜x≤75.75	75.75＜x≤150	＞150	432.4
	未回收城市固体废物量/[kg/（人·a）]	0.8	≤1	1＜x≤1.25	1.25＜x≤1.5	＞1.5	2.4
	城市固体废物量/[kg/（人·a）]	0.1	≤1	1＜x≤1.5	1.5＜x≤2	＞2	3.7
13	能源 CO_2 排放量/（tCO_2/人）	0	≤2	2＜x≤3	3＜x≤4	＞4	23.7
	流入二氧化碳排放量，技术调整/（tCO_2/人）	0	≤0.5	0.5＜x≤0.75	0.75＜x≤1	＞1	3.2
	气候变化脆弱性（0～1）	0	≤0.1%	0.1%＜x≤0.15%	0.15%＜x≤0.2%	＞0.2%	0.40%
	有效碳汇率/（€/tCO_2）	100	≥70	70＞x≥50	50＞x≥30	＜30	-0.1
14	海洋，平均保护面积	100%	≥50%	50%＞x≥30%	30%＞x≥10%	＜10%	0%
	海洋健康指数-生物多样性（0～100）	100	≥90	90＞x≥85	85＞x≥80	＜80	76
	海洋健康指数-清洁水域（0～100）	100	≥70	70＞x≥65	65＞x≥60	＜60	28.6
	海洋健康指数-渔业（0～100）	100	≥70	70＞x≥65	65＞x≥60	＜60	19.7
	鱼类资源过度开发或崩溃比例	0%	≤25%	25%＜x≤37.5%	37.5%＜x≤50%	＞50%	90.70%
15	陆地，平均保护面积	100%	≥50%	50%＞x≥30%	30%＞x≥10%	＜10%	4.60%
	淡水，平均保护面积	100%	≥50%	50%＞x≥30%	30%＞x≥10%	＜10%	0%
	红色名录物种生存指数（0～1）	1	≥0.9	0.9＞x≥0.85	0.85＞x≥0.8	＜0.8	0.6
	森林面积每年变化	0.60%	≤3%	3%＜x≤4.5%	4.5%＜x≤6%	＞6%	18.40%
	流入生物多样性影响/（物种/百万人）	0	≤0.1	0.1＜x≤0.225	0.225＜x≤0.35	＞0.35	1.1
16	杀人犯（每10万人）	0.3	≤1.5	1.5＜x≤2.25	2.25＜x≤3	＞3	38
	监狱人口（每10万人）	25	≤100	100＜x≤150	150＜x≤200	＞200	475
	晚上散步时感觉安全	90%	≥80%	80%＞x≥65%	65%＞x≥50%	＜50%	33%
	政府效率（1～7）	5.6	≥4.5	4.5＞x≥3.75	3.75＞x≥3	＜3	2.4
	产权（1～7）	6.3	≥4.5	4.5＞x≥3.75	3.75＞x≥3	＜3	2.5
	登记出生	100%	≥98%	98%＞x≥86.5%	86.5%＞x≥75%	＜75%	11.30%
	清廉指数（0～100）	88.6	≥60	60＞x≥50	50＞x≥40	＜40	13
	奴隶制评分（0～100）	100	≥80	80＞x≥65	65＞x≥50	＜50	0
	常规武器出口（100 万美元/10万人）	0	≤1	1＜x≤25.5	25.5＜x≤50	＞50	171.1
17	健康、教育和研发支出（%GDP）	20.70%	≥16%	16%＞x≥12%	12%＞x≥8%	＜8%	5.10%
	官方发展援助（与国民总收入相比）	1%	≥0.7%	07%＞x≥0.525%	0.525%＞x≥0.35%	＜0.35%	0.10%
	税收（%GDP）	30.40%	≥25%	25%＞x≥20%	20%＞x≥15%	＜15%	1.20%
	避税天堂得分(最佳0～5最差)	0	≤1	1＜x≤2.495	2.495＜x≤3.99	＞3.99	5

第二步：SDG 指示板的指标聚合

SDG Dashboards（2017）采用各 SDG 相应指标中得分最低的两个指标的平均值对应的颜色来表示该 SDG 的颜色。如果某国的一项 SDG 下只有一个指标，那么该指标的颜色等级决定了目标的总体评级。新指标的取值为 0～3，0～1 是红色，1～1.5 是橙色，1.5～2 是黄色，2～3 是绿色，并保证每一个间隔的连续性。

对于取得分最低的两个指标的均值来说，还应遵守额外两个规则。第一个规则是取两个指标平均值，对应到等级阈值得出总体评级。在此基础上还应考虑第二个规则，即参照两个指标中评级最低的颜色，如果取均值后评级提高，则仍取两个指标中评级最低的颜色。例如，最差的两个指标对应的评分分别是绿色和红色，根据规则一评级为黄色，但考虑规则而后该 SDG 目标总体评级应为红色。这个规则主要是防止一个指标得分远远高于另外一个指标，那么平均值就不会引起重视。如上例所示，该目标的总体评级在仅应用规则一时为黄色，那么总体看这个目标似乎已经接近要求，或许不会引起该国的重视，但实际情况并不是这样。

2 全球评估结果分析

《2017 年可持续发展目标指数和指示板报告》列出了 157 个国家在实现 17 个可持续目标方面的排名情况。瑞典位居第 1，排名第 2 至第 5 位的依次是丹麦（84.2）、芬兰（84）、挪威（83.9）和捷克（81.9）。排名最后五位的国家分别为马达加斯加（43.5）、利比里亚（42.8）、刚果民主共和国（42.7）、乍得（41.5）和中非共和国（36.7）。在新兴经济体中，中国和印度分别排名第 71 和第 116。具体排名见表 4。

表 4　2017 年全球 SDG 指数

序号	国家	分值	序号	国家	分值
1	瑞典	85.6	16	英国	78.3
2	丹麦	84.2	17	加拿大	78.0
3	芬兰	84.0	18	匈牙利	78.0
4	挪威	83.9	19	爱尔兰	77.9
5	捷克共和国	81.9	20	新西兰	77.6
6	德国	81.7	21	白俄罗斯	77.1
7	奥地利	81.4	22	马耳他	77.0
8	瑞士	81.2	23	斯洛伐克共和国	76.9
9	斯洛文尼亚	80.5	24	克罗地亚	76.9
10	法国	80.3	25	西班牙	76.8
11	日本	80.2	26	澳大利亚	75.9
12	比利时	80.0	27	波兰	75.8
13	荷兰	79.9	28	葡萄牙	75.6
14	冰岛	79.3	29	古巴	75.5
15	爱沙尼亚	78.6	30	意大利	75.5

序号	国家	分值	序号	国家	分值
31	大韩民国	75.5	73	摩洛哥	66.7
32	拉脱维亚	75.2	74	牙买加	66.6
33	卢森堡	75.0	75	巴拉圭	66.1
34	摩尔多瓦	74.2	76	伯利兹	66.0
35	罗马尼亚	74.1	77	阿拉伯联合酋长国	66.0
36	立陶宛	73.6	78	巴巴多斯	66.0
37	塞尔维亚	73.6	79	秘鲁	66.0
38	希腊	72.9	80	约旦	66.0
39	乌克兰	72.7	81	斯里兰卡	65.9
40	保加利亚	72.5	82	委内瑞拉	65.8
41	阿根廷	72.5	83	不丹	65.5
42	美国	72.4	84	波黑	65.5
43	亚美尼亚	71.7	85	加蓬	65.1
44	智利	71.6	86	黎巴嫩	64.9
45	乌兹别克斯坦	71.2	87	阿拉伯埃及共和国	64.9
46	哈萨克斯坦	71.1	88	哥伦比亚	64.8
47	乌拉圭	71.0	89	伊朗伊斯兰共和国	64.7
48	阿塞拜疆	70.8	90	玻利维亚	64.7
49	吉尔吉斯共和国	70.7	91	圭亚那	64.7
50	塞浦路斯	70.6	92	巴林	64.6
51	苏里南	70.4	93	菲律宾	64.3
52	以色列	70.1	94	阿曼	64.3
53	哥斯达黎加	69.8	95	蒙古	64.2
54	马来西亚	69.7	96	巴拿马	63.9
55	泰国	69.5	97	尼加拉瓜	63.1
56	巴西	69.5	98	卡塔尔	63.1
57	马其顿	69.4	99	萨尔瓦多	62.9
58	墨西哥	69.1	100	印度尼西亚	62.9
59	特立尼达和多巴哥	69.1	101	沙特阿拉伯	62.7
60	厄瓜多尔	69.0	102	科威特	62.4
61	新加坡	69.0	103	毛里求斯	62.1
62	俄罗斯联邦	68.9	104	洪都拉斯	61.7
63	阿尔巴尼亚	68.9	105	尼泊尔	61.6
64	阿尔及利亚	68.8	106	东帝汶	61.5
65	突尼斯	68.7	107	老挝人民民主共和国	61.4
66	格鲁吉亚	68.6	108	南非	61.2
67	土耳其	68.5	109	加纳	59.9
68	越南	67.9	110	缅甸	59.5
69	黑山共和国	67.3	111	纳米比亚	59.3
70	多米尼加共和国	67.2	112	危地马拉	58.3
71	中国	67.1	113	博茨瓦纳	58.3
72	塔吉克斯坦	66.8	114	柬埔寨	58.2

序号	国家	分值	序号	国家	分值
115	阿拉伯叙利亚共和国	58.1	137	多哥	50.2
116	印度	58.1	138	布吉纳法索	49.9
117	土库曼斯坦	56.7	139	苏丹	49.9
118	伊拉克	56.6	140	也门共和国	49.8
119	塞内加尔	56.2	141	吉布提	49.6
120	孟加拉国	56.2	142	贝宁	49.5
121	津巴布韦	56.1	143	莫桑比克	49.2
122	巴基斯坦	55.6	144	几内亚	48.8
123	卢旺达	55.0	145	尼日利亚	48.6
124	斯威士兰	55.0	146	马里	48.5
125	肯尼亚	54.9	147	马拉维	48.0
126	埃塞俄比亚	53.5	148	冈比亚	47.8
127	科特迪瓦	53.3	149	塞拉利昂	47.1
128	莱索托	53.0	150	阿富汗	46.8
129	乌干达	52.9	151	尼日尔	44.8
130	喀麦隆	52.8	152	海地	44.1
131	坦桑尼亚	52.1	153	马达加斯加	43.5
132	布隆迪	51.8	154	利比里亚	42.8
133	毛里塔尼亚	51.1	155	刚果民主共和国	42.7
134	赞比亚	51.1	156	乍得	41.5
135	刚果共和国	50.9	157	中非共和国	36.7
136	安哥拉	50.2			

2.1 区域层面

☞ 经合组织国家整体排名表现较好，但在完成可持续发展目标方面仍面临挑战

OECD 成员国在 SDG 指数排名中基本都在前 40 名内，其中，前 20 名全部都为 OCED 成员国，排名最后的是土耳其（第 67 名）。尽管排名靠前，但在实现 SDG 目标方面的成就并不理想。平均来看，OECD 国家约 1/3 的 SDG 评分为“红色”。其中，最艰巨的挑战是采用可持续消费和生产模式（SDG 12）、应对气候变化（SDG 13）、清洁能源（SDG 7）和生态系统保护（SDG 14 和 SDG 15），并且存在明显的国际溢出效应。很大一部分 OECD 国家在实现 SDG 17 上面临巨大挑战，主要是因为这些国家在国际发展与合作领域没有做出积极贡献，资金投入不足。

☞ 东亚和南亚地区排名差距大，虽在实现 SDG 方面表现突出，但在环境可持续发展方面亟待改善

日本（第 11 位）、韩国（第 31 位）和马来西亚（第 54 位）在区域领先，而印度（第 116 位）、孟加拉国（第 120 位）和巴基斯坦（第 122 位）在该地区表现较差。SDG 指数反映了经济、社会、环境 3 个方面的内容，东亚如日本和韩国，在二战后社会经济发展水平有了显著提高，使其在 SDG 指数总分上表现良好。相反，南亚和东南亚的许多国家仍

处于转型期。相比其他发展中国家，该地区各国的 SDG 表现更突出，但仍面临一些问题和挑战。尽管该地区在减少极端贫困方面取得了长足的进步（SDG 1），但同时，该地区的基础设施服务距离实现 SDG 6、SDG 7 和 SDG 9 还有较大差距，在推动环境可持续性方面也面临挑战（SDG 11、SDG 12、SDG 13、SDG 14、SDG 15 以及 SDG 2 中的可持续农业发展问题）。总体来说，该地区各国需要在平衡经济发展和环境保护方面付出更多努力。

☞ 东欧和中亚地区排名基本位居前 50%

排名靠前的是塞尔维亚（第 37 位）、乌克兰（第 39 位）、保加利亚（第 40 位），排名靠后的是波黑（第 84 位）、土库曼斯坦（第 117 位）和阿富汗（第 150 位）。该地区已经基本消除极端贫困（SDG 1），基本实现了提供公共服务和基础设施的目标，但在促进健康（SDG 3）、实现性别平等（SDG 5）、利用可再生能源应对气候变化（SDG 7、SDG 13）、采用可持续消费和生产模式（SDG 12）和生态系统保护（SDG 14、SDG 15）等方面还面临挑战。特别是阿富汗，超过一半的目标都被评级为“红色”，在消除贫困、完善基础设施、开发可持续性能源等方面亟须采取措施。

☞ 拉丁美洲及加勒比地区各个国家的排名分布较为分散

古巴在该地区表现最佳，排在第 29 位，得分为 75.5 分。海地得分最低，排在第 152 位，得分为 44.1 分。该地区面临最严峻的挑战是消除严重的不平等问题（SDG 10），大部分国家暴力事件频发。鉴于 SDG 强调生态环境的可持续性，这使该区域在实现 SDG 12（可持续消费与生产模式）、SDG 13（应对气候变化）、SDG 14（海洋保护）和 SDG 15（保护陆地生态）等方面都面临严峻挑战。作为该地区最贫穷的国家，海地面临的困难和挑战最多。

☞ 中东和北非的干旱地区国家排名较为落后

表现较好的是阿尔及利亚（第 64 位）、突尼斯（第 65 位）、摩洛哥（第 73 位），表现较差的是伊拉克（第 118 位）、苏丹（第 139 位）和也门共和国（第 140 位）。在该地区食品安全、可持续农业发展（SDG 2）和水资源可持续性管理（SDG 6）是最具挑战性和紧迫性的事项。埃及、伊拉克、阿拉伯等国家亟待实现性别公平（SDG 5），同时需要在能源结构的低碳化、应对气候变化（SDG 13）、保护海洋（SDG 14）和保护陆地生态系统（SDG 15）等方面做出努力。此外，该地区的高收入国家对其他国家产生极大的负面溢出效应。

☞ 撒哈拉以南的非洲地区排名集中在后 50%

该地区排名最高的是加蓬，仅位列第 85 位，其次是毛里求斯（第 103 位）和南非（第 108 位）；刚果民主共和国（第 155 位）、乍得（第 156 位）和中非共和国（第 157 位）是该地区表现最差的国家，参评国家的后 30 名中有 1/3 来自该区域。作为世界上最贫困的地区，撒哈拉以南的非洲地区尽管已经取得一些进展，但仍几乎面临可持续发展目标的所有挑战。相比富裕国家，该地区的国家在可持续消费和生产（SDG 12）、应对气候变化（SDG 13）和保护陆地生态系统（SDG 15）等方面的表现要稍好。

2.2 国家层面

☞ 2017 年瑞典以 SDG 指数 85.6 高居榜首

虽然瑞典目前排名第一，在确保健康的生活方式、发展可持续现代能源和建造基础设施（SDG 3、SDG 7、SDG 9）等方面成果显著，但在环境问题上表现较差，仅有的被评级为“红色”的 3 个目标 SDG 12（第 123 位）、SDG 13（第 86 位）、SDG 15（第 72 位）均与环境保护相关。这一情况在排名前五的其他 4 个国家（丹麦、芬兰、挪威、捷克）的指示板上均有体现，如水资源可持续性管理（SDG 6）和促进城市可持续发展（SDG 11）均被评级为“黄色”或“橙色”，SDG 12（可持续消费与生产模式）、SDG 13（应对气候变化）、SDG 14（海洋保护）和 SDG 15（保护陆地生态系统）均被评级为“橙色”及以上。值得注意的是，瑞典虽然在促进城市可持续发展（SDG 11）上排名第一，但仍被评为黄色，说明目前参评的 157 个国家在这一方面都亟须改善。

☞ 2017 年 SDG 指数排名最后五位的国家分别为马达加斯加（43.5）、利比里亚（42.8）、刚果民主共和国（42.7）、乍得（41.5）和中非共和国（36.7）

对于这些国家而言，绝大部分 SDG 目标都被评级为“红色”，主要是因为经济发展水平低、基础设施建设不足、环境管理机制不全等原因，要实现这些目标都面临巨大的挑战。与富裕国家情况相反，这些国家在实现与环境保护相关的目标方面表现较好，在被评级为“绿色”的目标中，刚果在 SDG 13（应对气候变化）上排名第 6，乍得和中非共和国在 SDG 15（保护陆地生态系统）上分别排名第 18 和第 2。但这些国家仍然要注意的是，在今后发展的过程中，也要兼顾环境问题，保持目前已取得的成就，切忌以破坏环境的代价发展经济。

☞ 美国在 2017 年 SDG 指数中排第 42 位

相比于 2016 年的 24 名，美国的排名出现了下降，对于这一点，新增加的溢出指标可能可以解释部分原因。2017 年报告指出，新增的溢出指标使得许多富裕国家的 SDG 指数比 2016 年低，特别是瑞士和美国等几个国家，但是，溢出指标仅代表可持续发展目标的一部分，并不会对可持续发展目标整体排名影响过多。从总体上看，美国在 2017 年表现也不够好，根据指示板显示，美国没有一项评级为“绿色”的目标，且有一半目标评级为“红色”，特别是在 SDG 12（可持续消费与生产模式）、SDG 13（应对气候变化）、SDG 14（海洋保护）和 SDG 15（保护陆地生态系统）等生态环境保护相关的方面仍有较大努力空间。

☞ 在新兴经济体中，排名最高的是巴西（第 56 位），最低的是印度（第 116 位），中国居中（第 71 位）

虽然排名差距较大，但与生态环境相关的目标如 SDG 12（可持续消费与生产模式），SDG 14（海洋保护）和 SDG 15（保护陆地生态系统）均被评级为“橙色”以上，特别是 3 个国家的 SDG 14（海洋保护）评级都为“红色”，排名分别在第 13 位、第 104 位、第 74 位。

2.3 评估数据差距和局限性分析

《可持续发展目标指数和指示板全球报告》发布仅两年，尽管随着方法的开发和可用数据的增加，测算 SDG 指数和指示板的方法和数据都有了改善，如 2017 年中新增加的溢出指标使得结果更加公允，减少了对富裕国家的偏向，但仍具有以下几点局限性。

（1）无法追踪一些国家间的可持续发展目标实施情况

部分 SDG 重点关注国家间的发展目标或全球性公共物品的提供。如 SDG 10 就呼吁减少国家内部及国家间的发展不平等问题。但是 SDG 指数和指示板主要关注各个国家的情况，无法解决区域间的发展不均问题，也无法监测全球性公共物品的提供情况。类似的 SDG 发展目标需要利用其他工具进行分析。

（2）部分国家数据缺失，导致结果出现轻微偏差

考虑到推测可能会出现误差，SDG 指数和指示板未使用模型或推断的数据来填补数据空白。所以，目前只能通过强调数据的重要性来鼓励各国政府和国际体系采取措施以填补数据空白。表 5 总结了一些最重要的指标和数据缺口。

表 5　可持续发展目标的主要指标和数据缺口

SDG 目标	所需的指标
SDG 1（消除贫困）	低于 1.90 美元/d 的贫困人口比例
SDG 2（消除饥饿，实现粮食安全，改善营养状况和促进可持续农业）	种植制度下的农业产量差距 资源使用效率（营养素、水、能源） 食物损失和食物浪费 土地使用中的温室气体排放 饮食和营养不足
SDG 3（确保健康的生活方式，促进各年龄段人群的福祉）	医保的负担能力
SDG 4（确保包容和公平的教育，全民终身学习）	国际上可比较的小学和中学教育成果 幼儿发展
SDG 5（实现性别平等，增强所有妇女和女童的权能）	性别工资差距和其他授权措施 针对妇女的暴力
SDG 6（提供水和环境卫生并对其进行可持续管理）	根据环境影响贸易调整的水 饮用水和地表水的质量
SDG 8（促进持久、包容和可持续的经济增长，促进充分的生产性就业和人人获得体面工作）	体面的工作 童工
SDG 10（减少国家内部和国家之间的不平等）	财富的不平等 纵向流动性
SDG 12（采用可持续的消费和生产模式）	物质流的环境影响 回收和再利用（循环经济） 化学制品
SDG 13（采取紧急行动应对气候变化及其影响）	脱碳领先指标 土地使用中的温室气体排放 气候脆弱性指标
SDG 14（保护和可持续利用海洋和海洋资源以促进可持续发展）	最大可持续收益 公海和跨境捕鱼的影响 按保护级别划分的保护区
SDG 15（保护、恢复和促进可持续利用陆地生态系统，防治荒漠化、土地退化，遏制生物多样性的丧失）	生态系统健康领先指标 濒危物种贸易 按保护级别划分的保护区

SDG 目标	所需的指标
SDG 16（创建和平、包容的社会以促进可持续发展，让所有人都能诉诸司法，在各级建立有效、负责和包容的机构）	现代奴隶制和贩卖人口 诉诸司法 财务保密性
SDG 17（加强执行手段，重振可持续发展全球伙伴关系）	非优惠发展融资 气候融资 不公平税收竞争 贸易实践的发展影响

（3）采用部分非官方指标

鉴于部分国家缺少 SDG 指标的相关官方数据，导致这些国家不适合采用报告中的 SDG 指数和指示板。为此，在咨询专家技术团队后，增加了其他一些测量指标，包括官方指标和具有可靠数据来源的非官方指标。这样做的目的是提供一个尽可能全面的、平衡的可持续发展目标实现情况。

（4）数据更新存在滞后性

不是所有国家的所有可持续发展目标指标的数据每年都会更新。如一些用于计算人口贫困率的调查数据，可能在几年后才可获得。因此，可持续发展目标指标计算时使用的版本可能与以前的版本没有变化，并且可能不能反映每个国家的最新情况。

（5）没有考虑时间序列的数据

本报告中的指标计算所采用的都是最新数据，没有考虑历史数据是因为以时间序列为单位获取的数据非常有限，如需要进行建模预测的健康数据。因此，SDG 指标和指示板仅提供有关国家实施可持续发展目标的现状，而无法取得实现这些目标的进展情况。

3 中国的评估结果

（1）中国可持续发展目标指数得分为 67.1 分，在 157 个国家中排名第 71，在可持续发展目标指数和指示板的表现呈逐步改善趋势

2017 年中国的 SDG 指数相较 2016 年增长 8 分，提高了 13.5 个百分点，相对排名升高了 6%；且在参与评价的指标中表现为红色的指标占比从 2016 年的 22%下降到了 2017 年的 16%；SDG 指示板显示 17 个总目标中表现为红色的目标占比从 2016 年的 52%下降到了 2017 年的 23%。具体指标得分及指示板情况见表 6、表 7、表 8。

表 6　2016—2017 年中国 SDG 各项指标表现情况

目标	序号	指标	2016 年		2017 年	
			分值	区域	分值	区域
SDG 1（消除贫困）	1	1.90 美元/d 的贫困人口比例（人口百分比）	11.2	●	0.7	●
	2	2030 年预计的 1.90 美元/d 的贫困人口比例（人口百分比）*			0.1	●

目标	序号	指标	2016年		2017年	
			分值	区域	分值	区域
SDG 2（消除饥饿，实现粮食安全，改善营养状况和促进可持续农业）	3	营养不良比例（人口百分比）	9.3	●	9.3	●
	4	5岁以下儿童发育不良的比例/%	9.4	●	9.4	●
	5	5岁以下儿童营养不良的比例/%	2.3	●	2.3	●
	6	肥胖率，BMI≥30（成年人口数百分比）*/%			6.9	●
	7	谷物产量/（t/hm^2）	5.9	●	5.9	●
	8	可持续的氮管理指数	0.8	●	0.8	●
SDG 3（确保健康的生活方式，促进各年龄段人群的福祉）	9	产妇死亡率（每10万名新生儿）	27	●	27	●
	10	新生儿死亡率（每1 000个新生儿）	5.5	●	5.5	●
	11	5岁以下儿童死亡率（每1 000个新生儿）	10.7	●	10.7	●
	12	医生密度（每1 000人）**	1.5	●		
	13	结核病发病率（每10万人）	68	●	67	●
	14	HIV患病率（每1 000人）*			0.1	●
	15	因心血管疾病、癌症、糖尿病和慢性呼吸道疾病引起的年龄标准化死亡率，年龄在30～70岁，每10万人*			19.4	●
	16	因家庭空气污染和环境空气污染导致的年龄标准化死亡率，每10万人口*			163	●
	17	交通死亡率（每10万人）	18.8	●	18.8	●
	18	健康出生时的预期寿命（年限数）	68	●	68.5	●
	19	青少年生育率（每1 000名15～19岁的女性）	6.2	●	7.3	●
	20	熟练医疗卫生人员参加的分娩比例*/%			99.9	●
	21	接种8种WHO推荐疫苗的婴儿存活率**/%	99	●		
	22	接种2种WHO推荐疫苗的婴儿存活率*/%			99	●
	23	全民健康覆盖跟踪指数（0～100）*			78.2	●
	24	主观幸福感（阶梯分值0～10）	5.1	●	5.3	●
SDG 4（确保包容和公平的教育，全民终身学习）	25	小学净入学率/%	98.3	●		●
	26	预期教育年限/年	13.1	●	7.6	●
	27	15～24岁人口的识字率/%	99.6	●	99.7	●
SDG 5（实现性别平等，增强所有妇女和女童的权能）	28	未满足避孕需求的女性比例（15～49岁已婚或恋爱女性的百分比）/%	5.4	●	5.4	●
	29	接受教育的女性比例（男性/女性）**/%	83.6	●		
	30	25岁及以上接受教育的女性（男性/女性比例）*/%			90.2	●
	31	女性参与劳动的比例（女性/男性）/%		●	81.6	●
	32	国家议会中妇女所占席位的比例/%	23.6	●	23.6	●
SDG 6（提供水和环境卫生并对其进行可持续管理）	33	获取改善后水资源的人口比例（占人口数的比例）/%	95.5	●	95.5	●
	34	获取完善的卫生设施的人口比例（占人口数的比例）/%	76.5	●	76.5	●
	35	淡水占总可再生水源的比例/%	19.5	●	19.5	●
	36	流入地下水枯竭/[m^3/（a·人）]*			1.6	●
SDG 7（确保人人获得负担得起的、可靠和可持续的现代能源）	37	利用电力资源的人口比例（占人口数的比例）/%	100	●	100	●
	38	利用非化石能源的人口比例（占人口数的比例）/%	54.3	●	54.9	●
	39	单位化石能源燃烧排放的CO_2和发电量（$MtCO_2/TWh$）	n/a		1.7	●

目标	序号	指标	2016 年		2017 年	
			分值	区域	分值	区域
SDG 8（促进持久、包容和可持续的经济增长，促进充分的生产性就业和人人获得体面工作）	40	调整后的 GDP 增长率/%	3.5	●	–2.9	●
	41	5～14 岁的童工比例/%		●		●
	42	自动取款机 ATM 密度（每 10 万成年人拥有的 ATM 数量）	55	●	83.6	●
	43	失业率（占总的劳动力的比例）/%	4.6	●	4.6	●
SDG 9（建造具备抵御灾害能力的基础设施，促进具有包容性的可持续工业化，推动创新）	44	使用网络的人口比例/%	49.3	●	50.3	●
	45	移动宽带使用比例（每百名居民）/%	21.4	●	56	●
	46	基础设施整体质量（1～7）	4.5	●	4.5	●
	47	物流绩效指数：贸易和交通相关的基础设施质量(1～5)	3.7	●	3.7	●
	48	QS 大学排名，前三所大学的平均得分（0～100）*			84.4	●
	49	科学和技术期刊文章数量（人均）*			0.3	●
	50	研发支出（占 GDP 的比例）/%	2	●	2	●
SDG 10（减少国家内部和国家之间的不平等）	51	基尼系数（0～100）	42.1	●	42.2	●
SDG 11（建设包容、安全、有抵御灾害能力和可持续的城市和人类住区）	52	城市地区 PM 值小于 2.5 的年平均浓度/（μg/m^3）	54.4	●	57.2	●
	53	获取安全自来水的比例（占城市人口的比例）/%	87.2	●	87.2	●
SDG 12（采用可持续的消费和生产模式）	54	城市固体废物量/[kg/（a·人）]	1	●	1	●
	55	电子垃圾量/（kg/人）*			4.4	●
	56	经过处理的人为产生污水的百分比/%	18.2	●	27.9	●
	57	生产排放的二氧化硫/（kg/人）*			25.5	●
	58	净二氧化硫排放/（kg/人）*			–5.7	●
	59	活性氮生产足迹/（kg/人）*			22.8	●
	60	活性氮净排放量/（kg/人）*			–12.5	●
SDG 13（采取紧急行动应对气候变化及其影响）	61	能源相关的人均 CO_2 排放量/（tCO_2/人）	6.7	●	7.6	●
	62	技术调整后的 CO_2 排放量/（tCO_2/人）*			–0.8	●
	63	气候变化脆弱性监测（0～1）	0.3	●	0.3	●
SDG 14（保护和可持续利用海洋和海洋资源以促进可持续发展）	64	完全受保护海域的生物多样性/%	3.5	●	18.8	●
	65	海洋健康指数目标–生物多样性（0～100）	78.8	●	81.1	●
	66	海洋健康指数目标–清洁水体（0～100）	34.7	●	34.8	●
	67	海洋健康指数目标–渔业养殖（0～100）	37	●	38.2	●
	68	过度捕捞鱼类的专属经济海域比例/%	14.9	●	14.9	●
SDG 15（保护、恢复和促进可持续利用陆地生态系统，防治荒漠化、土地退化，遏制生物多样性的丧失）	69	生物多样性完全受保护的陆地区域比例/%	31	●	52	●
	70	生物多样性完全受保护的淡水区域比例/%*			41.6	●
	71	濒危物种红色名录指数（0～1）	0.7	●	0.7	●
	72	森林面积年变化率/%	4.2	●	4.2	●
	73	流入生物多样性的影响（每百万人损失的物种）*			0.1	●

目标	序号	指标	2016 年		2017 年	
			分值	区域	分值	区域
SDG 16（创建和平、包容的社会以促进可持续发展，让所有人都能诉诸司法，在各级建立有效、负责和包容的机构）	74	谋杀犯人数（每 10 万人）	1	●	0.8	●
	75	犯罪人数（每十万人）	121	●	121	●
	76	认为夜间单独在城市生活区域行走安全的人数比例/%	75	●		●
	77	政府效率（1～7）	4	●	4.2	●
	78	财产权（1～7）	4.4	●	4.4	●
	79	5 岁以下儿童在民事机关登记注册的比例/%		●		●
	80	清廉指数（0～100）	37	●	40	●
	81	奴隶制评分（0～100）*			80	●
	82	主要常规武器的转移（出口）（固定 1990 年，每 10 万人有 100 万美元）*			6.4	●
SDG 17（加强执行手段，重振可持续发展全球伙伴关系）	83	医疗、教育和研发支出比例（占 GDP 的比例）/%		●		●
	84	对于高收入及 OECD 发展援助委员会中的成员国：国际特许公共财政，包括官方发展援助（占 GNI 的比例）/%		●		●
	85	针对其余所有国家：税收（占 GDP 的比例）/%	28.2	●	9.7	●
	86	避税天堂评分（0 最好，5 最差）*			1	●

注：*代表 2017 年新增指标。**代表仅 2016 年采用，2017 未采用的指标。

●表示距实现 2030 年的目标面临的挑战较少，一些目标甚至已经达到了实现该目标所要求的临界值。

●表示距实现 2030 年的目标面临挑战、有待提升。

●表示距实现 2030 年的目标面临较大挑战，为 2017 年新增色。

●表示距实现 2030 年的目标面临严峻挑战。

●表示没有获取有效数据。

表 7　2016—2017 年中国的 SDG 指示板表现

	SDG 1	SDG 2	SDG 3	SDG 4	SDG 5	SDG 6	SDG 7	SDG 8	SDG 9	SDG 10	SDG 11	SDG 12	SDG 13	SDG 14	SDG 15	SDG 16	SDG 17
2016 年																	
2017 年																	

表 8　2017 年中国 SDG 指数评估结果

目标	SDG 1	SDG 2	SDG 3	SDG 4	SDG 5	SDG 6	SDG 7	SDG 8	SDG 9	SDG 10	SDG 11	SDG 12	SDG 13	SDG 14	SDG 15	SDG 16	SDG 17
SDG 指数得分	99.5	66.8	79.5	74.1	74.8	88.2	67.7	71.9	57.7	52.4	61.6	74.8	58.7	31.1	58.5	69.1	54.5
排名	47	21	62	97	31	60	98	54	29	94	113	66	145	104	90	48	119

（2）17 个可持续发展目标中，中国完成情况表现较好的是：消除贫困（SDG 1，得分 99.5 分、排名第 47）、水和环境卫生的可持续管理（SDG 6，得分 88.2 分、排名第 60）、确保健康的生活方式（SDG 3，得分 79.5 分、排名第 62），得分高于其他领域

SDG 1 的两项指标（当前和 2030 年预计的 1.90 美元/d 的贫困人口比例）均被评为绿色，这得益于在这两项指标上的精准的政策，如确保中国现行标准下的 5 000 多万农村贫

困人口全部实现脱贫，对农村贫困人口实行分类精准扶持，确保实现 2020 年全部脱贫的目标等，但由于人口基数大，未来的减贫任务依然任重道远。根据 SDG 6 指标得分显示，中国在水和环境卫生可持续管理方面效果显著，这与近些年来全面实行最严格水资源管理制度、推进节水型社会建设、启动水资源消耗总量和强度双控行动、落实水污染防治行动计划等均有关联，但是居民饮用水安全以及企业污染防治问题仍值得注意。在用水安全方面，全国分别有 78%、35%的行政村未建污水和垃圾处理设施，与实现 2020 年农村人居环境明显改善目标有很大差距，亟须通过创新机制模式、实施重大工程补齐农村人居环境短板。在水污染防治方面，涉水行业排污许可证制度实施在制度设计与管理执行层面尚存在诸多问题，主要体现于偏重对大气污染物排放管理，对污水间接排放、雨水排放、节水等排放问题未妥善解决。为解决健康公平和可持续发展问题（SDG 3），实现与《2030 年议程》的有机结合，中国于 2016 年制定《“健康中国 2030”规划纲要》，提出“共建共享”的基本路径和“全民健康”的根本目标，立足全人群和全生命周期两个着力点，2017 年中国在预期寿命、青少年生育率方面得分均有提高，在新生儿及产妇死亡率等指标上均保持绿色，但在降低因空气污染问题和交通事故导致的死亡率方面得分较低。

（3）中国在促进城市可持续发展（SDG 11，得分 61.6 分、排名第 113）、应对气候变化（SDG 13，得分 58.7 分、排名第 145）、保护和可持续利用海洋和海洋资源（SDG 14，得分 31.1 分、排名第 104）、保护陆地生态系统（SDG 15，得分 58.5 分、排名第 90）方面表现较差

在城市可持续发展（SDG 11）方面，中国依然是 $PM_{2.5}$ 污染严重的国家；城市内涝、城市拥堵、“老破小”建筑群安全性较差等问题依然突出；城乡低收入人群的居住需求仍未完全满足，住房保障体系仍需完善。在应对气候变化（SDG 13）方面，中国是世界上自然灾害最为严重的国家之一，灾害种类多、分布地域广、发生频率高、造成损失重；中国也正处于经济社会快速发展阶段，能源消费结构仍不合理，对应对气候变化的认识仍有待提高，体制机制和基础能力建设仍有待加强。在保护海洋（SDG 14）方面，中国海洋开发潜在环境风险较高，灾害性生态异常现象频发，防控难度较大；中国仅在防止过度捕鱼领域得分较高，而在海洋生物多样性、清洁水体、渔业养殖方面得分较低，但相较于 2016 年，得分均有不同程度的提高；仍需在强化海洋生态红线管控、推动海洋保护区建设、强化海洋污染防控等方面继续努力。在保护陆地生态系统（SDG 15）方面，中国生态资源稀缺，生态系统退化严重、质量较低，生态系统保护与经济发展矛盾较为突出，生态供给与社会需求仍存在较大差距，亟须采取措施遏制生物多样性下降的总体趋势。此外，与环境相关的指标还有可持续氮管理指数，这一指标被评为红色，主要原因是因为在中国，为降低农民种植成本和保障粮食安全，政府加大了对化肥生产的补贴，促使农民通过增加氮肥使用来提高农作物产量，或者种植氮需求量较高的作物，最终导致化肥施用过量，影响粮食安全和可持续农业的发展。

4 研究结论与政策建议

4.1 研究结论

（1）每个国家都有面临重大挑战的可持续发展目标

SDG 指示板显示每个国家都存在一些评级为“红色”的目标亟待解决。评级为“黄色”和“橙色”的目标被认为有较大的提升空间，同样也是紧迫的挑战，对于发达国家更是如此。发展中国家亟须在消除贫困、增加社会包容、完善基础设施建设以及缓解生态环境恶化等方面采取措施。相对富裕的国家所面临的问题更为具体且严峻，如应对气候变化、消除不平等、构建可持续的全球伙伴关系以及改善营养结构、性别平等和教育等方面存在的问题。

（2）贫穷国家需要别国帮助来实现可持续发展目标

从分析中可以获知，最贫穷的国家面临的挑战最多，任务最为艰巨，所以在实现这些目标过程中不仅需要本国政府的领导，还需要国际社会对其提供大量援助。援助可以有多种形式，如对外直接投资、国际税收改革（以解决海外投资者的偷税问题）、技术分享、能力建设以及更多的官方发展援助计划。

（3）富裕国家的溢出效应显著

富裕国家的行动会影响其他国家实现可持续发展目标的能力。在环境方面，主要表现在国际贸易中的污染问题、资源使用的跨境影响或诸如公海等全球公共领域的使用上。在经济金融方面，主要是和治理相关的外溢，包括一些避税天堂的不公平税收竞争、故意不透明的金融体系，这会导致洗钱、腐败、逃税等事件频发以及全球公共产品融资不足。在安全方面，武器交易和维和行动支持不足会产生严重的安全溢出。富裕国家应在可持续发展目标战略中说明计划如何解决这些溢出效应，使每个国家都能实现可持续发展目标。

（4）与生态环境相关的可持续发展目标评级结果普遍偏低

①水和环境卫生的可持续管理（SDG 6）。该领域在近年来已经获得了较大改善，但大多数国家仍缺少相关的基础设施建设，一些贫困国家还存在用水安全的问题。中国虽在该领域排名靠前，但仍然表现为“橙色”，说明要实现 2030 年的目标面临较大挑战，因为目前中国水资源管理和可持续利用仍面临严峻局面，如近年来凸显的洪涝灾害、干旱缺水、水污染、水土流失等问题。②促进城市可持续发展（SDG 11）。该领域中表现最好的是瑞士，但仍被评为“黄色”，许多国家在基本住房保障、交通运输系统升级、新型城镇化建设方面有待加强。中国在该目标的表现为“橙色”，主要是因为面临城市内涝、城市拥堵、“老破小”建筑群安全性较差等问题，在满足城乡低收入人群的居住需求、住房保障体系、绿色建筑技术创新等方面亟待改善。③采用可持续的消费和生产模式（SDG 12）。在全球参评的 157 个国家中，仅有东帝汶一个国家评级为“绿色”，其他国家包括中国都被评级为“橙色”及以上。大部分国家亟须改善能源消费结构，促进能源利用的低碳化。目前中

国推进绿色消费市场培育尚不充分，消费者购买绿色产品的主观意愿有待加强，相关法律法规还有待健全。④应对气候变化（SDG 13）。相较于其他与生态环境相关的目标，该领域各国整体表现稍好于其他环境指标，得益于近些年来相关政策的广泛宣传，且多个国家共同签订了关于应对气候变化的协议。但中国在该目标的表现为“红色”，说明要实现2030年的目标面临严峻挑战，中国应坚持减缓与适应并重，主动控制碳排放，推进碳排放权交易市场建设，落实应对气候变化行动承诺，推动气候变化“南南合作”，以增强适应气候变化能力。⑤保护海洋（SDG 14）。对这个指标，没有一个国家评级为“绿色”，90%的国家被评为“红色”，各国在改善清洁水体、渔业养殖、生物多样性方面仍需采取措施，中国的表现为“红色”，表明中国同样有待继续加大海洋可持续管理力度。⑥保护陆地生态系统（SDG 15）。目前仅有乍得一个国家这个指标的评级结果为“绿色”，89%的国家被评为“红色”，保护陆地生态系统在全球范围内形势依然严峻。中国应坚持以保护优先、自然恢复为主，推进自然生态系统保护与修复，构建生态廊道和生物多样性保护网络，全面提升各类自然生态系统稳定性和生态服务功能，筑牢生态安全屏障。

（5）中国在 SDG 指数和指示板全球报告中的排名居中这一评估结论，并不能否认中国环境保护工作所取得的积极成效

①《2030 年议程》确定了 17 项可持续发展目标和 169 个具体目标，涵盖社会、经济与环境三大支柱，其中直接涉及环境的目标较少，且大多数环境目标穿插在其他社会经济相关的目标中，SDG 指数得分低说明我国各方面工作都有所欠缺。②中国生态环境仍是可持续发展的短板。结合 SDG 指示板，在参与评价的 17 项总目标中表现为红色（表示实现2030 年的目标面临严峻挑战）的 4 项总目标全部与生态环境相关，且在 83 个具体指标中表现为红色的 14 个指标有 9 个与生态环境相关，占比高达 64%，这是中国 SDG 指数排名较低的客观原因。③《2030 年议程》是站在全球角度设定的目标，没有对不同国家给出具体建议。中国过去 10 多年的环保成效主要体现在环保基础设施建设和主要污染物总量减排方面，这些环境目标的量化指标并没有被 SDSN 和贝塔斯曼基金会采用，中国取得的成绩难以直接反映到 SDG 指数得分中。④数据可获得性以及数据质量对评估结果有决定性影响。从具体的评估指标来看，如海洋健康指数等指标的数据多是一些国际组织通过抽样调查或根据一些研究结论获得，数据的代表性受到质疑。

4.2 政策建议

（1）可持续发展指数研究亟待建立更好的数据收集系统

从全球范围来看，在 17 项可持续发展目标中，仅有 3 项目标（SDG 7、SDG 9、SDG 11）没有明显的数据缺口，在 SDG 2（消除饥饿，实现粮食安全，改善营养状况和促进可持续农业）、SDG 12～15（实现可持续生产方式、应对气候变化、保护生态系统）方面存在尤其明显的数据缺口。从中国结果来看，小学净入学率，5～14 岁的童工比例，医疗、教育和研发支出等数据还存在数据缺失，增加了结果不准确的可能性。因此，建立强大的数据收集系统对更好地实现可持续发展目标至关重要。

（2）建议尽快研究制定中国本土化可持续发展指标体系，推进建立中国 SDG 指标年

度报告制

按照联合国 SDG 指标体系建立原则，借鉴可持续发展指数和指示板以及其他国家和地区的指标体系发展经验，建立本土化、可量化、可监测的指标体系，对评估可持续发展目标实现进展、引导政策制定方向、确保 SDG 的实现具有重要意义。在制定过程中要充分考量指标方法学、指标设定、指标目标值的设定等关键问题，结合我国可持续发展实际设定核心目标，同时注重 SDG 指标选取、评估和数据遗漏值的修补等的实时跟进，真正做到可量化、可监测、可考核，从而保证 SDG 的最终实现。在此基础上，启动国家 SDG 实现进展指标监测与评估报告的编制，可由管理部门来主导编制，也可采取第三方评估和编制的方式，这样不仅宣传了中国落实 SDG 的创新努力和工作成果，还使中国积极参与国际和区域层面的 SDG 实现进展评估工作。

（3）通过落实 SDG 提升我国的环境治理水平

我国的环境问题是可持续发展三大支柱中的短板，水、气候变化、生态多样性等的相关环境目标进入 2030 年可持续发展议程使得治理外部压力增大。长期以来，我国在能源效率和环境管理领域主要依赖于命令、控制手段，如何在新常态下扭转这种被动局面并最终将其转变为预防、可持续性手段成为巨大的治理内在难题。此外，随着综合国力的增强，我国也面临提供更多环境公共产品的压力。我国需要重视可持续发展的环境治理，进一步完善顶层设计，加强战略部署，明确优先实施领域，保持目标、制度、政策法规的一致性和连续性，以确保 2030 年可持续发展议程中多项环境目标的实现。

（4）加强有关 SDG 落实的国际交流与合作

①紧密跟踪国际 SDG 指标实践最新进展，及时掌握国际上 SDG 发展趋势，充分了解中国在 SDG Dashboards 中的表现，可为我国可持续发展相关工作的开展提供国际视角的信息。②加强国际交流，借鉴其他国家的先进经验，包括落实 SDG 的战略、政策、指标等方面的实践经验。③结合“一带一路”“南南合作”等重点工作，借助联合国这一多边平台，通过不同途径向国际社会积极宣介生态文明建设、“一带一路”建设等战略构想，分享中国在消除贫困、推进可持续发展的成功经验，借此增强国际社会对“中国模式”的了解、认可和借鉴。④建立我国 SDG 专家网络，通过 SDG 专家在全球的有效参与，在不同的场合发出声音，扩大中国 SDG 的影响力。

参考文献

[1] United Nations Sustainable Development Solutions Network（UNSDSN）. SDG Index And Dashboards Report 2017[EB/OL]. http://www.pica-publishing.com/.

[2] United Nations Sustainable Development Solutions Network（UNSDSN）. SDG Index And Dashboards Report 2016[EB/OL]. http://www.pica-publishing.com/.

[3] 中华人民共和国外交部.《中国落实 2030 年可持续发展议程进展报告》. http://www.fmprc.gov.cn/web/ziliao_674904/zt_674979/dnzt_674981/qtzt/2030kcxfzyc_686343/.2017-08-24.

[4] 宇传华，王璐. 联合国健康相关 SDG 指标及中国现状[J]. 公共卫生与预防医学，2017，28（1）:

1-7.

[5] 黄梅波，陈冰林．促贸援助与 SDG：中国的角色与定位[J]．国际贸易，2016（2）：24-30.

[6] 薛澜，翁凌飞．关于中国“一带一路”倡议推动联合国《2030 年可持续发展议程》的思考[J]．中国科学院院刊，2018，33（1）：40-47.

[7] 薛澜，翁凌飞．中国实现联合国 2030 年可持续发展目标的政策机遇和挑战[J]．中国软科学，2017（1）：1-12.

[8] 叶江．联合国“千年发展目标”与“可持续发展目标”比较刍议[J]．上海行政学院学报，2016，17（6）：37-45.

[9] 张海冰．G20 与联合国 2030 可持续发展议程[J]．国际观察，2016（5）：47-60.

[10] 邱卓英，郭键勋，杨剑，等．康复 2030：促进实现《联合国 2030 年可持续发展议程》相关目标[J]．中国康复理论与实践，2017，23（4）：373-378.

中美贸易争端的环境影响分析及对策建议

Environmental Impact and Suggestions of Trade Disputes between China and the United States

蒋洪强　张 伟　程翠云　李永源　王金南

摘　要　为研判中美贸易争端的环境影响，基于全球环境经济模拟模型和中国本地多区域模型对2018年3月底的中美贸易争端带来的潜在环境影响进行了定量评估和预判研究，评估了各省份以及重点行业出口带来的经济收益与污染负担，揭示了隐含于出口环境不公平等问题，可以为中美贸易谈判、国内绿色产业链构建以及制定跨区域的大气污染治理措施提供决策支持。

关键词　中美　贸易争端　环境逆差　环境影响分析

Abstract　In order to study the environmental impact of trade disputes between China and the United States，based on the global environmental economic simulation model and China's local multi-regional model，a quantitative assessment of the potential environmental impacts of China-US trade disputes at the end of March 2018 was conducted. The economic benefits and pollution burden brought by the exports of various provinces and key industries were analyzed，the result revealed the problems of environmental inequity hidden in exports，which can provide the support of China-US trade negotiations，the construction of domestic green industrial chains，and the formulation of interregional air pollution control measures.

Keywords　China and the United States，trade dispute，environmental deficit，environmental impact

1　中美贸易争端的背景

在经济全球化背景下，中美作为世界最大的两个经济体和贸易伙伴，全球价值链分工、美国对华高新技术出口限制以及美国过度消费等因素决定了中美贸易存在失衡问题。自中国正式加入世界贸易组织（WTO）之后，中国对美国贸易顺差的规模快速增长。据中方统计，2017年中国对美货物贸易顺差为2 758亿美元，占中国货物贸易顺差的65.3%。美国特朗普政府为了减少中美贸易逆差，自2018年以来开始加大对我国出口商品的贸易保护。

2018 年 1 月 22 日，美国政府对我国宣布“对进口大型洗衣机和光伏产品分别采取为期 4 年和 3 年的全球保障措施，并分别征收最高税率达 30%和 50%的关税”。2018 年 2 月 18 日，宣布“对进口中国的铸铁污水管道配件征收 109.95%的反倾销关税”；2018 年 3 月 9 日，宣布“对进口钢铁和铝分别征收 25%和 10%的关税”；2018 年 2 月 27 日，宣布“对中国铝箔产品厂商征收 48.64%～106.09%的反倾销税以及 17.14%～80.97%的反补贴税”；2018 年 3 月 23 日，美国总统特朗普签署了备忘录，拟对从中国进口的总金额约为 600 亿美元的 1 300 多种商品征收 25%左右的关税，并限制中国企业对美投资并购（表 1）。

表 1 2017 年美国对中国进口征税产品类型及金额

征税清单对应的国民经济行业	征税项目/个	贸易金额/亿美元	占比/%
木材加工及家具制造业	5	3.7	0.8
化学工业	94	7.6	1.6
金属冶炼及压延加工业	108	0.7	0.2
金属制品业	91	16.4	3.6
专用设备	164	64.1	13.9
交通运输设备制造业	75	25.9	5.6
电气、机械及器材制造业	537	200.1	43.3
通信设备、计算机等电子设备制造业	258	143.3	31.0
合计	1 332	461.8	100

注：贸易金额为 2017 年美国进口中国商品数据，来自美国商务部网站。

为了反制，中国商务部随后发布了针对美国进口钢铁和铝产品 232 措施的中止减让产品清单并征求公众意见，拟对自美进口部分产品加征关税，以平衡因美国对进口钢铁和铝产品加征关税给中方利益造成的损失。该清单暂定包含 7 类、128 个税项产品，涉及美对华约 30 亿美元的出口产品，主要包括鲜水果、干果及坚果制品、葡萄酒、改性乙醇、花旗参、无缝钢管、猪肉及制品、回收铝等。随后，又提出对包含大豆、汽车、化工品、飞机等（共 14 类、106 项）约 500 亿美元的进口商品采取加征对等关税措施（表 2）。

表 2 2017 年中国对美国出口商品征税产品类型及金额

征税清单对应的国民经济行业	征税项目/个	贸易金额/亿美元	占比/%	主要商品
农林牧渔业	15	52.8	9.6	黄大豆、黑大豆、其他高粱
食品制造及烟草加工业	17	39.0	7.1	酿造及蒸馏过程中的糟粕及残渣、烟草制的卷烟
纺织业	1	20.1	3.7	棉花制品
化学工业	44	318.1	58.1	液化丙烷、初级形状比重＜0.94 的聚乙烯
交通运输及仓储业	29	117.9	21.5	汽油型≤5 t 的其他货车、越野车、小客车
合计	106	547.9	100	-

注：贸易金额为 2017 年美国出口中国商品数据，来自美国商务部网站。

中美出口产品往往伴随较深的上下游产业链条，中美双方的上述贸易摩擦将如何通过上下游产业链传导到其他行业、如何定量评估和预测相关行业和地区的污染治理的环境影响需要开展提前研判。

2 出口贸易是中国污染问题的重要驱动因素

2.1 出口贸易增长在一定程度上是以环境污染为代价的

随着中国 1978 年实施改革开放政策，尤其是 2001 年加入 WTO，中国逐渐成了世界工厂。2001—2015 年，中国商品出口年均增长率达到 16.1%（图 1）。2016 年，中国贡献了全球 13.2%的商品出口量，成为世界第一大出口国。出口的快速增长也促进了中国经济的迅猛增长，中国已经在 2010 年超过日本成为第二大经济体。然而，中国取得的这些卓越的经济成效在一定程度上是以生态资源消耗和环境污染为代价的。中国在全球贸易体系中崛起的过程中，遭受了严重环境污染，尤其是空气污染。这其中，出口贸易是中国大气污染问题的重要驱动因素之一。相关研究表明，在 2007 年，中国的 15%、21%、23%和 21%的工业一次 $PM_{2.5}$、SO_2、NO_x 以及 VOCs 排放是外贸出口带来的。另外，中国出口导致的 $PM_{2.5}$ 排放分别占美国、日本以及西欧消费端排放的 27%、29%和 26%。出口导致的污染排放也引起全球空气中气溶胶、$PM_{2.5}$、硫酸盐、O_3、黑炭以及 CO_2 等浓度升高，进而引起明显的环境健康问题。根据已有研究估计，中国 2007 年 $PM_{2.5}$ 导致的过早死亡人口中，约 12%是由于出口驱动。

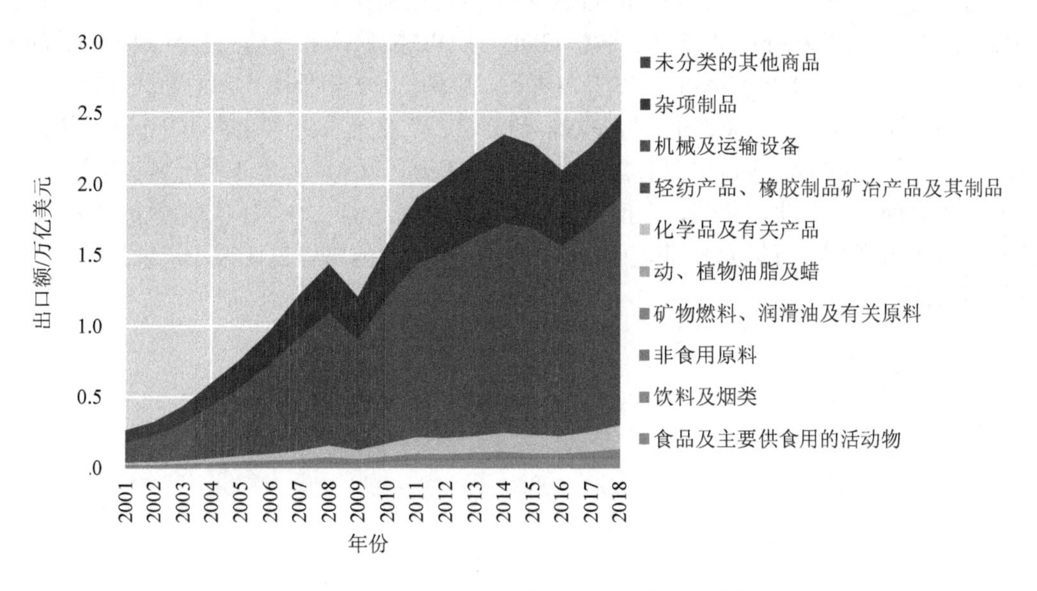

图 1　中国 2001—2018 年各类商品出口价值量

出口不仅是国家间产品的交换，同时也隐藏了CO_2和污染物的转移。从全球尺度来看，已有研究表明发达国家在全球贸易过程中获得了更多份额的GDP，而欠发达国家则承担了更多份额的污染和负面健康影响。对中国来说，由于能源结构和产业结构的不合理，中国在提供能源密集型或污染密集型产品过程中，承受的污染物排放也与其获得的经济收益存在较大不匹配问题。考虑到中国幅员辽阔以及国内显著的区域经济差距，隐含于国内跨地区产业链的污染转移和经济收益转移的不匹配问题同样存在，然而当前却没有受到有关部门足够重视。

2.2 出口贸易加重了中国区域污染排放和经济增长的不均衡

由于区域产业结构、资源禀赋以及技术先进性不同，中国沿海发达地区发展更快，且产品结构主要以高附加值、低排放产品为主，如设备、家电、汽车等；而欠发达的中西部内陆省份生产的产品更多是低附加值、高耗能、高污染工业和制造业，如矿产、钢铁、水泥、火电等。从全国产业分工角度来看，为了满足沿海省份的出口需求，欠发达的中西部省份在生产中间产品供给发达省份过程中承受了大量的大气污染物排放。研究显示，中部、西北以及西南等区域给沿海地区供给污染密集型产品作为沿海省份加工出口品的中间品的过程，导致本地产生了50%左右的大气污染物排放。在京津冀区域——中国大气污染最严重的区域，河北2010年本地排放的8%～30%的大气污染物是由于支持北京的出口商品生产产生的。同时研究显示，发达地区获得的经济收益份额要明显大于其最终承担的大气污染物排放份额，而欠发达地区获得的经济收益份额则要明显小于其最终承担的大气污染物排放份额。因此，中国各省份在开展区域分工协作和出口贸易过程中，存在显著的环境不公平现象。

通过对中国外贸出口产品隐含的GDP和大气污染物排放当量[①]（APE）进行测算（以2012年投入产出表为例），并核算了这些GDP和APE随着产业供给链传导到各区域的量，最终得到各区域的GDP和APE。如图2所示，中国2012年外贸出口总额为13.688万亿元，其中京津地区占出口总额的5%左右，约为7 227亿元；东部沿海占出口总额的35%（4.83万亿元），南部沿海占出口总额的29%（3.92万亿元）。上述3个区域占中国出口总额的69%。西北、东北、北部、东南以及中部5个区域分别占中国出口总额的3%～10%，总共约占31%（4.21万亿元）。其中西北区域面积最大，但出口占比最小，仅为3%，仅为东部沿海的1/11。

① 将SO_2、NO_x和烟粉尘按照排污费征收中的转换系数，折算成大气污染排放当量用于表征3种污染物的综合排放量。

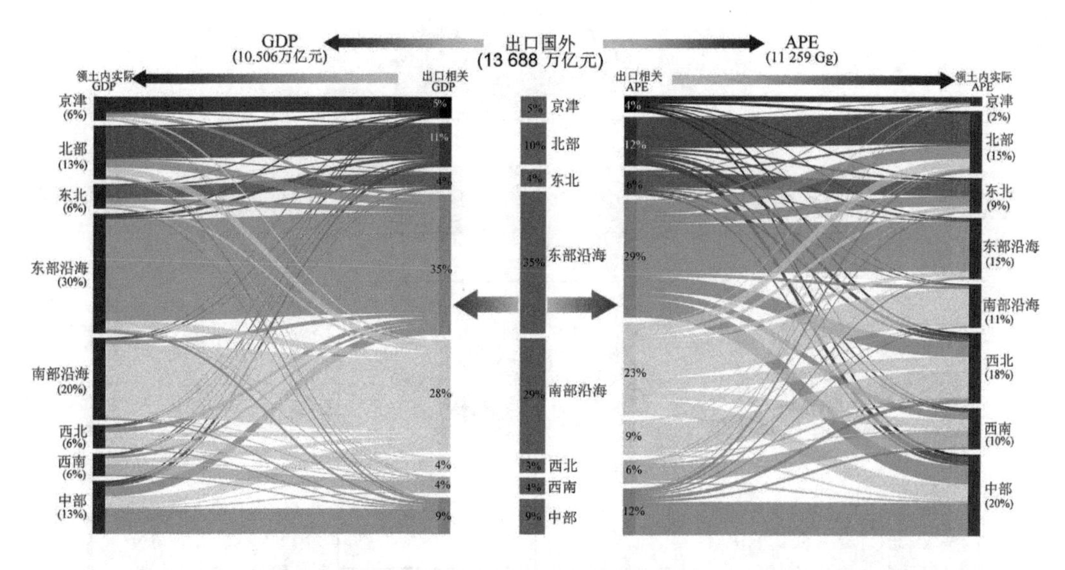

图 2　2012 年中国出口贸易导致的大气污染物排放当量（APE）和 GDP 的转移

从图 2 中可以看出，中国外贸出口总共带动各地区 GDP 增加 10.506 万亿元，其中东部沿海地区隐含的 GDP 最多，占出口隐含 GDP 的 35%；其次是南部沿海地区（28%）和北部地区（11%）。总体来看，各地区出口品隐含 GDP 占比与出口品的全国比重基本相同。但是从 APE 来看，中国外贸出口将导致各地区 APE 排放增加 11 259 kt。从商品隐含 APE 来看，东部沿海出口商品的隐含的 APE 排放为 3 275 kt，占出口带来的总排放的 29%，虽然仍为最多，但相较于其带来的 35%的 GDP 增加，减少了 6%。这表明，东部沿海地区出口产品从全产业链角度来说，其附加值要高于污染排放。同样南部沿海和京津地区出口隐含的 APE 占比也要低于其带来的 GDP 比重，分别为 23%和 4%，较 GDP 比重分别低 5 个百分点和 1 个百分点。而剩下的其他欠发达区域，其出口产品隐含的 APE 占比要明显高于出口带来的 GDP 比重。例如，中部地区出口隐含的 APE 占比为 12%，高出 GDP 比重 3 个百分点；西北地区外贸出口占全国的比重仅为 3%，但隐含的大气污染占比为 9%，其隐含的 GDP 也仅为 4%。这表明，上述区域在出口过程中获得的经济收益要低于其最终承担的大气污染物排放。总体来看，在中国出口过程中，京津和发达沿海地区获得的经济收益要明显大于其最终承担的大气污染物排放，而其他欠发达地区获得的经济收益则要明显小于其最终承担的大气污染排放，经济收益与承担的大气污染物排放差距最大的是西北地区。

3　中美贸易争端环境影响的分析思路与方法

为了定量评估中美贸易争端带来的环境影响以及长期以来中美贸易的环境逆差问题，本报告使用全球多地区投入产出模型（Eora 数据库）和中国 30 个省份多区域投入产出模型（MRIO 模型）开展研究。技术路线如图 3 所示。

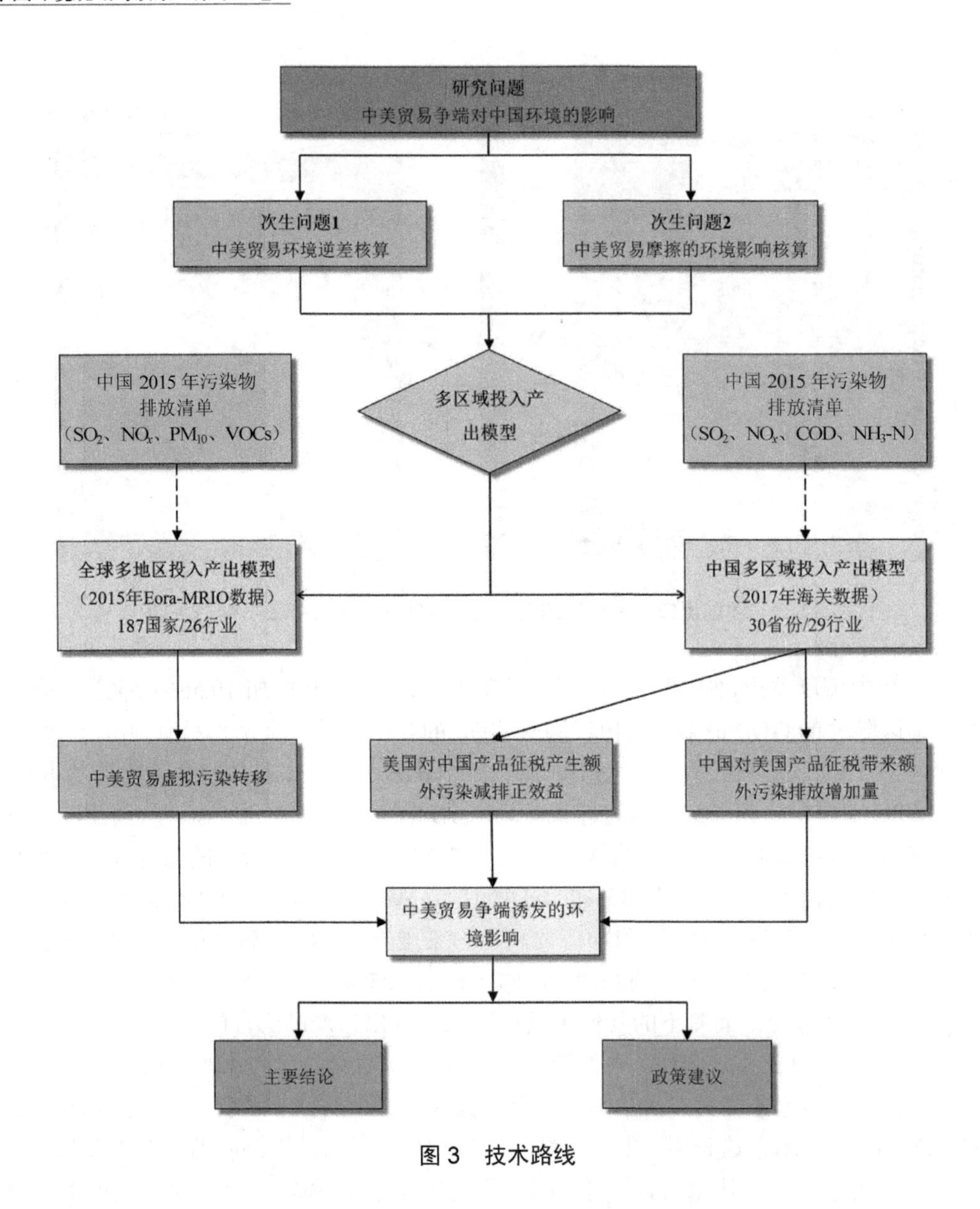

图 3　技术路线

3.1　中美贸易的环境逆差测算模型

Eora 数据库是一个可持续更新的、可靠的、具有多产业及多国投入产出数据的公开数据库。该数据库提供了 26 年（1990—2015 年）多区域投入产出数据，共涉及 187 个国家及 26 种行业。此外，该数据库还提供了与 Eora 多区域投入产出表高度匹配的 35 种环境指标类别的数据，包括空气污染、能源使用、水资源利用和温室气体排放等。采用该模型测算中美双方贸易隐含的污染物排放量（即生产一单位出口产品所需的本国的所有污染物排放量），本报告中包含 SO_2、NO_x、VOCs、PM 4 类指标的测算。

多区域投入产出模型（MRIO 模型）是基于投入产出表来研究一个国家或地区各部门

间贸易诱发的污染因子转移的数量经济方法。MRIO 模型能将多个区域产业部门间的经济联系衔接在一起，通过投入（纵向）和产出（横向）两个方向表达产业部门间、区域间的供应链关系以及跨区域最终产品消费与总产出的关系。将资源环境数据与 MRIO 模型进行高度匹配，可以揭示某区域产品资源消费对其他区域资源消耗和污染排放的影响。

根据 MRIO 表框架，一个国家（区域）的总产出（x_i^r）是由中间消费（$a_{ij}^{rs}x_i^r$）和最终消费（y_i^{rs}）两部分构成，见式（1）：

$$x_i^r = \sum_s \sum_j z_{ij}^{rs} + \sum_s y_i^{rs} \tag{1}$$

式中，x_i^r——r 区域 i 部门的总产出，是一个 $n\times1$ 的列矩阵；

z_{ij}^{rs}——r 区域 i 部门的产出作为中间投入分配给 s 区域 j 部门，是一个 $n\times n$ 的矩阵；

y_i^{rs}——r 区域 i 部门的产出作为最终产品分配给 s 区域，是一个 $n\times m$ 矩阵。

另外，在本报告中，假设 r 区域和 s 区域分别代表中国和美国。

令 $a_{ij}^{rs} = z_{ij}^{rs} / x_j^s$，则式（1）可以写成：

$$x_i^r = \sum_s \sum_j a_{ij}^{rs} x_j^s + \sum_s y_i^{rs} \tag{2}$$

式中，a_{ij}^{rs}——直接消耗系数，表示 r 区域 i 部门以中间投入的形式分配给 s 区域 j 部门的产出占 r 区域 i 部门总投入的比值。

令 $x = x_i^r$，$A = a_{ij}^{rs}$，$y = y_i^{rs}$，则有

$$x = Ax + y \tag{3}$$

为了求出 x，式（3）可以进一步转化为

$$x = (I - A)^{-1} \times y \tag{4}$$

式（4）中，I 表示单位矩阵。

在 MRIO 模型中，需要建立污染因子排放量与贸易商品价值的相关关系。因此，本文将采用一个环境指数（T）表征全球供应链上的污染因子转移情况，有

$$T = \hat{E}x = \hat{E} \times (I - A)^{-1} \times \hat{y} \tag{5}$$

式中，矩阵 T 中的元素（t_{ij}^{rs}）表示 r 区域 i 部门的产出因被 s 区域 j 部门消费所产生污染排放量；列矩阵 E 中的元素（e_i^r）是污染排放强度，由 t_i^r / x_i^r 计算得出，其表示由 r 区域 i 部门单位产出所造成污染物排放量。其中，t_i^r 是由 r 区域 i 部门产出所产生的总污染物排放量；另外，式（5）中“^”代表该列矩阵经过对角化处理。

假设 T^{rs} 表示从 s 区域转移到 r 区域的隐含污染转移量。于是，可以得到

$$T_{net}^{rs} = T^{rs} - T^{sr} \tag{6}$$

式（6）中，T_{net}^{rs} 表示 r 区域与 s 区域双边贸易所引起的污染净转移量。若 $T_{net}^{rs}>0$，则说明隐含的污染净转移从 s 区域流向 r 区域；若 $T_{net}^{rs}<0$，则说明隐含的污染净转移从 r 区域流向 s 区域。

本报告将通过双边贸易净转移的角度，研究中美贸易争端诱发的环境污染转移。

3.2 中美贸易战环境影响测算方法

测算内容主要包括：美国对中国出口商品的征税将带来的碳排放与污染排放影响；我国对美国商品征税将带来的污染排放影响。

美国对我国商品征税主要以电子设备、电器以及专用设备等低排放密集型商品为主，这将导致我国上述行业生产减少，并通过上下游产业链将这一影响传导到其他高污染密集行业（如钢铁、化工、有色、电力等），美国对我国产品征税在对中国出口经济产生负面影响的同时，将有可能给我国带来潜在的环境影响，即订单减少带来污染物排放的减少。根据已有研究表明，我国出口商品的价格弹性大概在 0.4～0.6，表明美国征收 25%的关税将导致相关行业产值下降 12%～15%。具体测算方法：

$$\Delta T_i = \hat{E}x = \hat{E} \times (I - A)^{-1} \times \Delta \hat{y}_i \tag{7}$$

式中，$\Delta \hat{y}_i$——美国对我国产品增税导致的产品产量减少量；

ΔT_i——美国增税导致我国各省份污染物减排量。

对美国产品加征关税将导致美国进口产品价格上升，我国将转向其他区域购买上述商品或本地增加生产。美国出口我国的商品主要以大豆等农产品、汽车及配件以及客机等产品为主，其中农产品国内替代系数大概为 0.6，汽车及配件的国内替代系数大概为 0.7，客机等产品的国内替代系数约为 0.1，表明我国暂时没有生产空中客机的能力。上述产品转为国内生产将带动相关产品和产业的发展，同时也将导致污染物排放的增加。如对美国进口汽车征税将导致进口车成本增加，购买进口车的消费者将更多倾向于购买国产车，将带动汽车产业的发展，也将导致汽车生产过程中污染物的排放。具体测算方法：

$$\Delta T_e = \hat{E}x = \hat{E} \times (I - A)^{-1} \times \Delta \hat{y}_e \tag{8}$$

式中，$\Delta \hat{y}_e$——中国对美国产品增税导致的本国商品产量替代增加量；

ΔT_e——中国增税导致我国各省份污染物排放增加量。

4 结果分析

4.1 中美贸易带来的环境逆差

根据全球 Eora 模型测算，2015 年我国对美国出口引发的 CO_2 排放增加为 4.2 亿 t，约占我国 CO_2 总排放量的 4.3%；引发的 SO_2、NO_x、PM_{10}、VOCs 排放量分别为 66 万 t、64 万 t、32 万 t、45 万 t，分别约占我国相应污染物排放总量的 2.3%、2.8%、2.5%、2.5%。

每年我国从美国进口引发的美国 CO_2 排放量为 4 405 万 t，引发的 SO_2、NO_x、PM_{10}、VOCs 排放量分别为 9 万 t、15 万 t、2 万 t、23 万 t（图 4）。

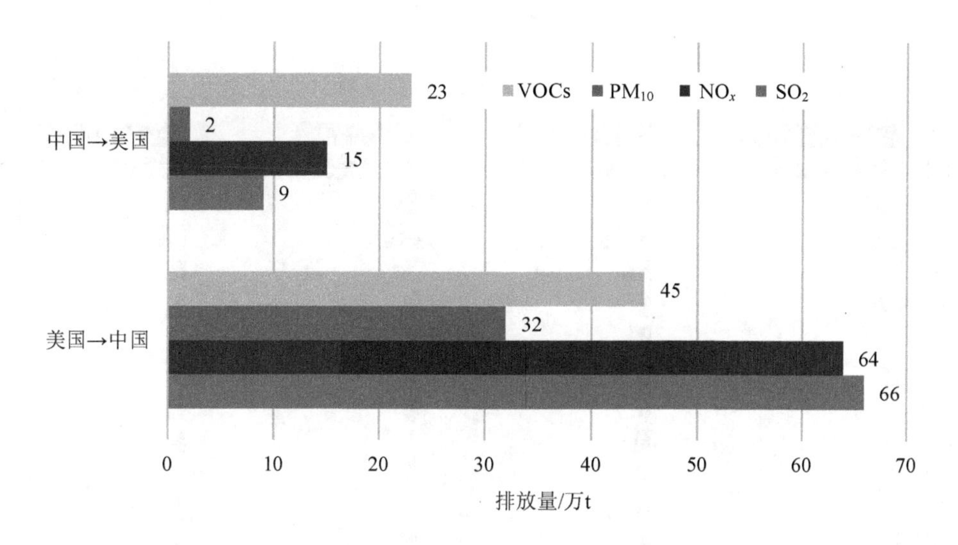

图 4　2015 年中美贸易的环境逆差测算结果

从环境贸易平衡来看，2015 年美国净转移到我国的 CO_2 约为 3.74 亿 t，占我国 CO_2 总排放的 3.8%；净转移到我国的 SO_2、NO_x、PM_{10}、VOCs 分别 57 万 t、49 万 t、30 万 t、22 万 t，占相应污染物排放总量的 2.5%、2.1%、2.3%、1.2%。而我国在中美贸易中获得的经济顺差仅占我国 GDP 的 1.1%，可见经济收益与污染转移存在严重脱钩现象。

4.2　美国对我国产品征税给我国带来的污染物排放减少

从对钢材和有色金属产品出口征税来看，2017 年我国钢材产量约 6 亿 t，出口 7 541 万 t，对美出口仅为 118 万 t，占全国钢材总产量的 0.2%。当年全国钢铁行业 SO_2 和 NO_x 排放量分别为 136.8 万 t 和 55 万 t。假设对美钢材出口完全终止，将带来的 SO_2 和 NO_x 的减排量约为 0.3 万 t 和 0.11 万 t。钢铁上下游炼焦、电力、运输等行业的间接传导，预计将带来的 SO_2 和 NO_x 减排量分别约为 1.5 万 t 和 0.5 万 t。另外，有一定数量的钢材、铝材作为半成品出口其他国家，最终流入美国，考虑到后续美国可能豁免其他主要钢铝产品进口国关税，这部分环境影响难以估计。

从对约 500 亿美元清单商品征税来看，美国对我国贸易征税的产品价值合计为 461.8 亿美元，主要集中在电子设备制造（占 31%）、电器机械设备（占 43%）、专用设备（占 14%）、交通运输设备（占 5.6%）等设备制造行业。美国对我国上述产品加征关税将导致这些行业商品出口价格增加，竞争力减少，产值下降，同时波及上下游产业链。全球经济模型测算表明，这将间接导致我国全产业链 SO_2、NO_x、COD、NH_3-N 分别减少排放 2.3 万 t、2.3 万 t、4 348 t 和 448 t。从区域看，减排主要集中在广东、江苏、浙江、山东等沿海发达出口省份，合计约占总减排量的 60%以上（图 5）。从行业看，大气污染物

（SO_2、NO_x）的减排主要集中在火电、金属冶炼、非金属制品以及化工产品等行业；废水污染物（COD、NH_3-N）的减排主要集中在化工、造纸、电子设备、金属冶炼等行业（图 6）。

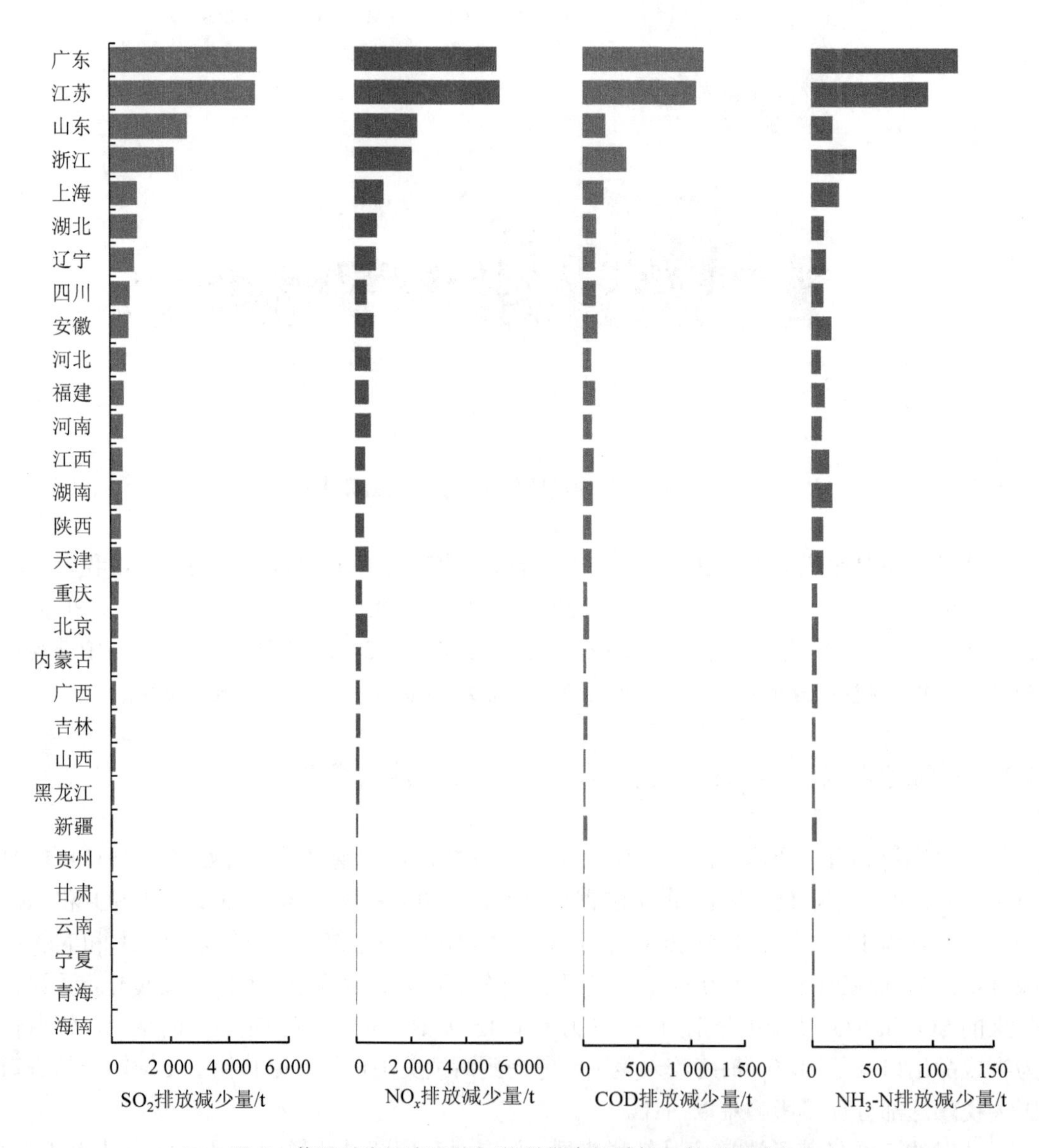

图 5 美国对我国产品加征关税带来的减排正效益区域分布

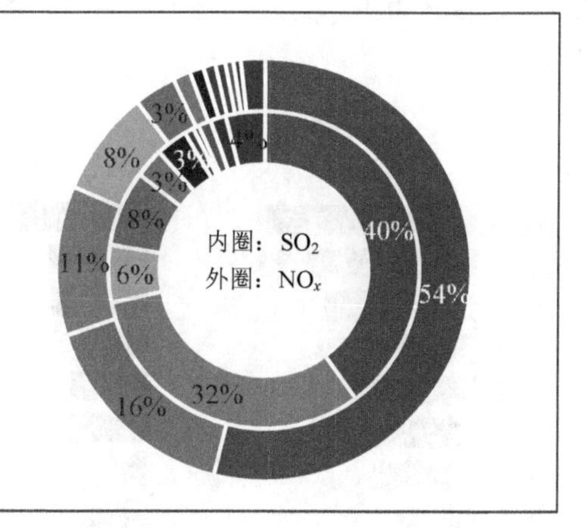

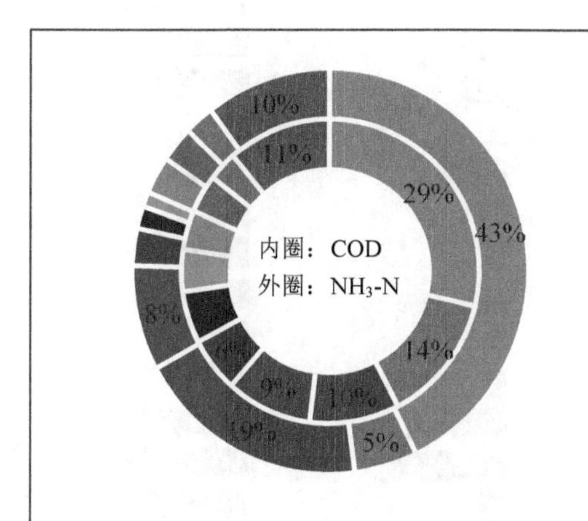

图 6　美国对我国产品加征关税带来的减排正效益行业分布

4.3　我国对美国产品征税带来的污染物排放增加

我国对美国拟征税清单主要以农产品、汽车、化工产品以及废旧金属品为主。如果我国加大农产品征税力度，为了满足国内需求，将加大相关农产品的种植和畜禽养殖力度，可能增加农业面源污染防治压力。如果对汽车、化工产品增加税收，假设将美国征税产品的 30%替代为国内生产产品，那么通过产业链将使全国 SO_2、NO_x、COD、NH_3-N 排放分别增加 1.8 万 t、1.4 万 t、9 823 t 和 1 190 t。从区域看，SO_2、NO_x 排放增加主要分布在江苏、广东、山东、河南、浙江等省份，约占 35%，且主要以金属冶炼、化工为主；COD、NH_3-N 排放增加主要分布在黑龙江、湖南、新疆、河北、江苏等省份（图 7、图 8）。其中黑龙江、吉林、新疆、河北等主要以农业面源排放为主。以大豆生产为例，2017 年我国进口美国大豆 3 200 多万 t，假设由于增加关税有 30%转换为本地大豆种植替代，需要新增化肥 192 万 t，增加 COD 和 NH_3-N 面源排放分别约为 5 604 t 和 574 t，分布省份主要以新疆、黑龙江、吉林为主。另外，化工产品的新增本地需求将导致化工省份如江苏、山东等新增水污染物排放。

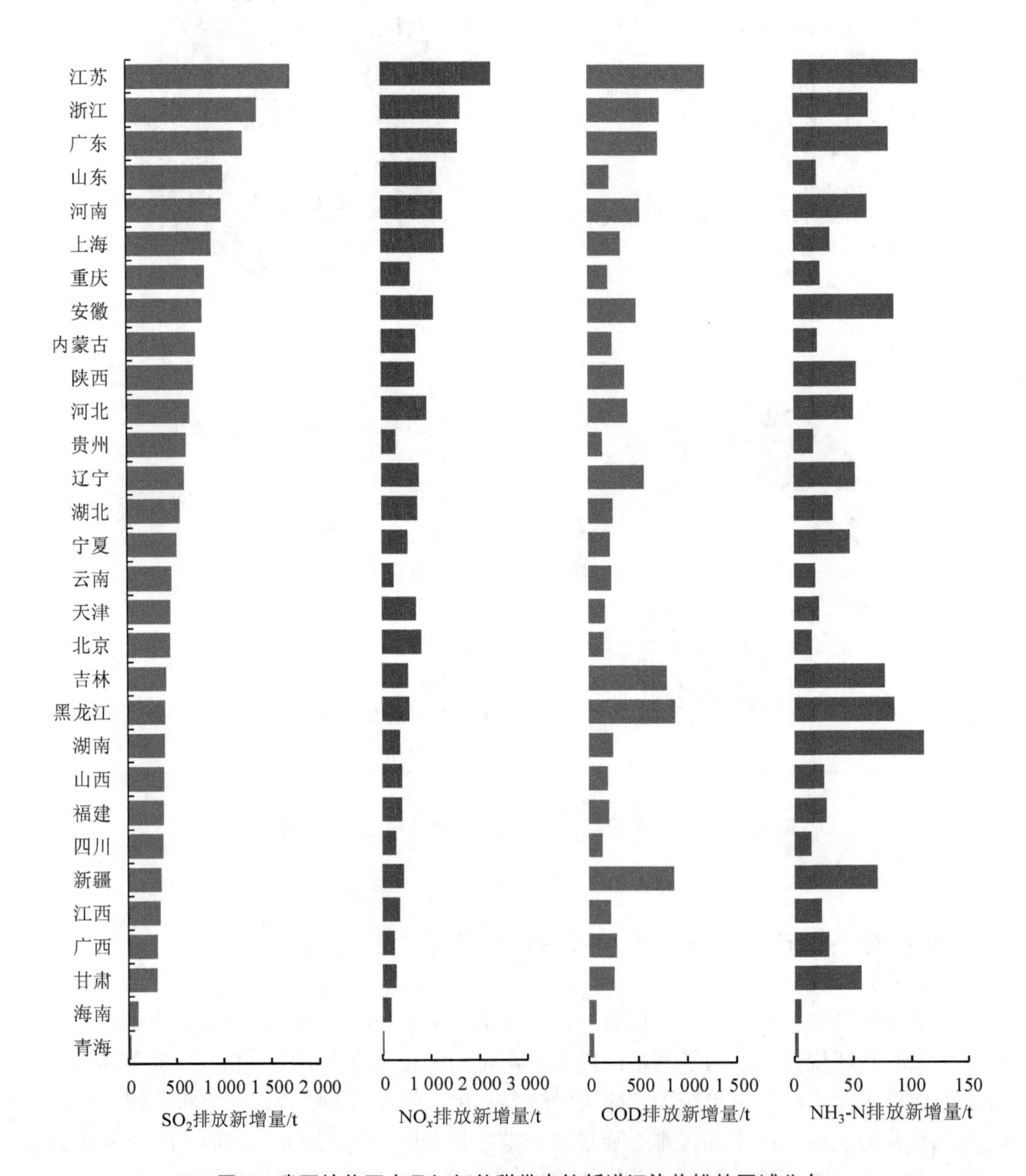

图7 我国给美国产品加征关税带来的新增污染物排放区域分布

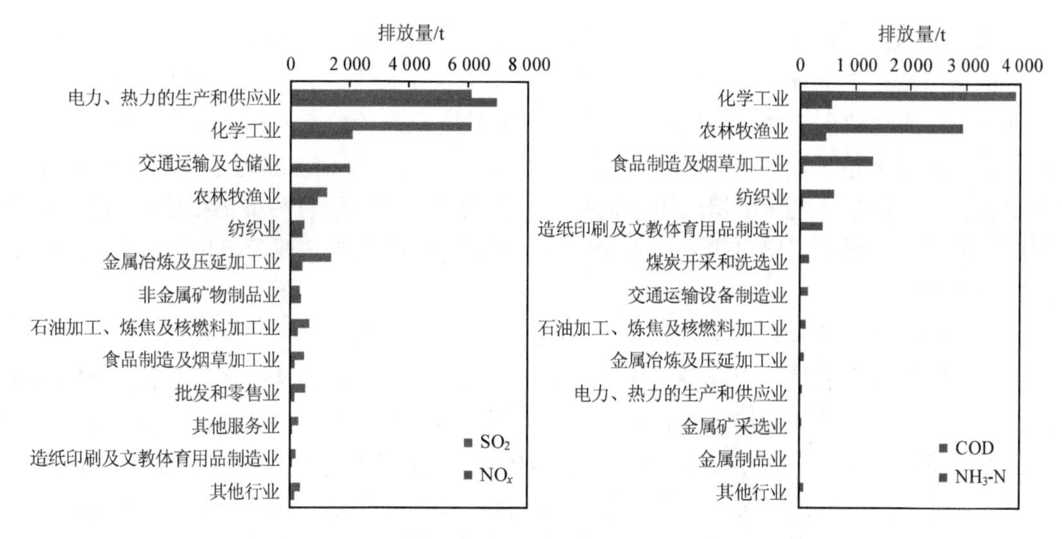

图 8 我国对美国产品加征关税带来的新增污染物排放行业分布

4.4 综合环境影响分析

综合分析贸易争端的正负环境影响，一是将导致我国大气污染物（SO_2、NO_x）分别减排 0.5 万 t 和 0.9 万 t，减排主要集中在沿海发达省份，也就是说在此次贸易争端下，虽然对沿海出口存在经济负面影响，但是也将带来一定正面减排效益，有利于缓解我国长三角、珠三角大气污染防治形势。二是中美贸易争端将导致我国水污染物（COD、NH_3-N）分别增加 2 475 t 和 342 t，主要以东北、华北、新疆等的农业源排放增加为主。

5 主要结论与政策建议

5.1 主要结论

（1）中国出口贸易增长在一定程度上是以生态资源消耗和环境污染为代价的

由于能源结构和产业结构的不合理，中国在出口过程中，承担了更多份额的环境污染和负面健康影响。据研究，2017 年，中国的 15%、21%、23%和 21%的工业一次 $PM_{2.5}$、SO_2、NO_x 以及 VOC_s 排放是出口带来的；$PM_{2.5}$ 导致的过早死亡人口中，约 12%是由于出口驱动的。从中美贸易看，美国每年净转移到我国的 CO_2 约为 3.74 亿 t，占我国 CO_2 总排放量的 3.8%；净转移到我国的 SO_2、NO_x、PM_{10}、VOC_s 分别为 57 万 t、49 万 t、30 万 t、22 万 t，占相应排放总量的 2.5%、2.1%、2.3%、1.2%，而我国在中美贸易中获得的经济顺差仅占我国 GDP 的 1.1%。

（2）中国出口贸易加重了区域污染物排放和经济增长的不均衡

我国仍然处于全球产品价值“微笑曲线”底端，东、中、西部的经济发展差异较大，大量污染密集行业向中西部地区迁移，导致内陆地区在对外贸易过程中获得了较少经济收益分配，但却承担了较多份额的环境污染。例如，东部沿海地区获得了出口带来的 GDP 总额的 30%，但是其最终承担的污染物排放量仅为出口导致的总污染物排放量的 15%；西北地区最终仅获得中国出口带来的 GDP 收益总额的 6%，但是却要承担出口导致的 18%的污染物排放量。

（3）中美贸易争端有利于优化我国产业结构，减少环境逆差

中美贸易争端总体上对我国污染物排放的影响较小，导致的 4 种污染物的新增排放量占比均小于总排放量的 0.2%。从区域看，中美贸易争端对沿海出口省份的大气污染为正效益，分别可实现 SO_2、NO_x减排 0.5 万 t 和 0.9 万 t。我国对美国农产品、化工、汽车产品的征税，在内需不变的情况下，将导致我国上述产品产量增加，进而增加上述产品及上下游产品的污染物排放量，造成黑龙江、吉林、辽宁、新疆、河北等农业大省的农业面源污染防治压力增加，对松花江流域、辽河流域等的水质造成一定负面影响；对水资源短缺、水污染严重的华北平原也将带来一定污染治理压力。

5.2 政策建议

中美贸易争端虽对我国经济产生了一定的负面影响，但是从经济转型与环境治理角度来看却是机遇，应抓住机遇，加快走高质量绿色发展道路。

（1）要高度重视中美的环境逆差问题

我国商品在出口美国过程中虽然获得了一定经济收益，但是承担了大量 CO_2 和污染物排放，造成生态破坏，影响环境健康。在未来中美贸易谈判过程中，建议把环境逆差影响加入谈判，作为一个砝码，促使美国全面认识中美经贸问题和对我国生态环境的影响，最大限度地维护我国人民利益。

（2）大力优化内陆地区的出口贸易结构

我国内陆地区缺少了同全球开展贸易的地理区位优势。“一带一路”发展战略的实施，为西北地区和西南地区乃至部分中部省份提供了发展的机遇。中西部地区应该以“一带一路”倡议为契机，大力加快结构转型和产业升级，优化出口产品的技术和结构，提高产品附加值，通过采用先进技术降低污染物的排放，逐步解决在国内出口产品上下游产业链中的经济收益与环境负担的不对等问题。

（3）加强中西部地区污染控制，建立区域间大气污染减排责任与补偿机制

目前，我国正在京津冀及周边、长三角、汾渭平原这些空气质量较差区域打大气污染防治攻坚战。从一定程度上看，欠发达地区如山西、河南、河北等产生的大气污染有很大份额是为了供应发达地区的产品出口，由于获得的经济收益少、承担的大气污染治理责任大，其减排的能力和动力均呈现不足。因此，需要研究探索建立发达地区与内陆落后污染省份间的大气污染补偿机制。一方面污染治理成本需要通过加严排放标准和加大执法力度使其充分内化到产品价值中；另一方面，通过环保税、排污权交易等环境经济手段为欠发

达地区的环境治理提供更多资金。

（4）谨防在经济下行保增长时放松生态环境监管

实践证明，当经济增速大幅放缓或陷入衰退时，由于宏观调控的主要任务是刺激经济增长，这时很容易放松生态环境监管，从而造成环境恶化。在几次金融危机影响经济的情况下，我国采取了刺激需求等措施，促进经济增长，但同时环境治理投入不足、监管责任不落实等原因，造成严重环境污染。此次中美贸易争端可能对我国钢铁和有色金属冶炼等行业带来利润压缩，企业环境治理投入积极性可能会降低，地方政府可能由于经济增长压力放松对相应企业的环保监管力度，间接影响环境治理效果。因此，越是这种情况下，越要坚持定力，压实环保责任，加严生态环保监管。

（5）抓住窗口期，加快供给侧结构性改革，推动经济高质量发展

中美贸易争端的背后其实是中美高端产业之争，中美贸易争端虽然给我国经济带来一定的负面冲击，但在一定程度上有利于过剩产能调整，有利于污染物和 CO_2 减排。党的十九大报告提出，到 2035 年要实现生态环境根本好转，美丽中国基本实现的目标。应借此时机，发挥生态环保对高质量发展的推动和引领作用，加快修订环保标准，严格环境管理制度，进一步加大钢铁、有色、焦炭、化工、水泥等行业的产能压减，推进产业升级与高端化发展，构建绿色产业链体系，切实减少“环境逆差”，走高质量发展道路。

参考文献

[1] Chan C K，Yao X. Air pollution in mega cities in China[J]. Atmospheric Environment，2008，42（1）：1-42.

[2] Miller R E，Blair P D. Input – Output Analysis：Foundations and Extensions[M]. Cambridge University Press，2009.

[3] Lenzen M，Kanemoto K，Moran D，et al. Mapping the structure of the world economy[J]. Environmental Science & Technology，2012，46（15）：8374-8381.

[4] Zhang W，Wang F，Hubacek K，et al. Unequal exchange of air pollution and economic benefits embodied in China's exports[J]. Environmental Science & Technology，2018，52（7）：3888-3898.

[5] Lenzen M，Moran D，Kanemoto K，et al. Building Eora：A Global Multi-Region Input–Output Database at High Country and Sector Resolution[J]. Economic Systems Research，2013，25（1）：20-49.

[6] Zhao H，Zhang Q，Davis S，et al. Assessment of China's virtual air pollution transport embodied in trade by a consumption-based emission inventory[J]. Atmospheric Chemistry and Physics，2015，15（12）：5443-5456.

[7] Liang S，Zhang C，Wang Y，et al. Virtual atmospheric mercury emission network in China[J]. Environmental Science & Technology，2014，48（5）：2807-2815.

[8] Yu Y，Feng K，Hubacek K. China's unequal ecological exchange[J]. Ecological Indicators，2014，47：156-163.

[9] Prell C，Feng K，Sun L，et al. The Economic Gains and Environmental Losses of US Consumption：A

World-Systems and Input-Output Approach[J]. Social Forces，2014，93（1）：405-428.

[10] Weber C L，Peters G P，Guan D，et al. The contribution of Chinese exports to climate change[J]. Energy Policy，2008，36（9）：3572-3577.

[11] Xu M，Allenby B，Chen W. Energy and Air Emissions Embodied in China−U.S. Trade：Eastbound Assessment Using Adjusted Bilateral Trade Data，[J]. Environmental Science & Technology，2009，43（9）：3378-3384.

[12] 闫云凤. 中国对外贸易的隐含碳研究[D]. 上海：华东师范大学，2011.

[13] 张晓平. 中国对外贸易产生的 CO_2 排放区位转移分析[J]. 地理学报，2009，64（2）：234-242.

[14] 石敏俊，张卓颖. 中国省区间投入产出模型与省区间经济联系[M]. 北京：科学出版社，2012.

附录

附表 1　美国对我国产品加征关税带来的减排正效益

单位：t

省份	SO_2	NO_x	COD	NH_3-N
北京	247	414	51	5
天津	340	468	73	9
河北	538	552	73	7
上海	909	1 032	187	23
江苏	4 931	5 249	1 055	96
浙江	2 157	2 078	401	37
安徽	620	668	134	16
福建	448	490	110	11
江西	409	344	99	14
山东	2 633	2 291	205	17
广东	5 007	5 127	1 127	121
广西	163	123	41	4
重庆	262	213	36	4
云南	43	21	7	1
甘肃	54	46	12	2
宁夏	28	25	5	1
青海	18	11	13	1
新疆	65	62	36	3
海南	16	18	5	0
辽宁	796	746	111	11
湖南	389	347	88	17
湖北	902	800	118	10
吉林	140	145	33	2
山西	139	104	16	2
陕西	340	302	75	9
内蒙古	194	163	23	3
贵州	59	28	8	1
四川	661	422	112	9
河南	421	561	79	8
黑龙江	94	101	17	2

附表 2-1　美国对我国产品加征关税带来的减排正效益行业

单位：t

行业	SO_2	NO_x
电力、热力的生产和供应业	9 205	12 377
交通运输及仓储业	0	3 720
金属冶炼及压延加工业	7 273	2 629
非金属矿物制品业	1 339	1 865
化学工业	1 786	744
石油加工、炼焦及核燃料加工业	693	317
批发和零售业	746	249
农林牧渔业	219	211
纺织业	133	180
造纸印刷及文教体育用品制造业	307	144
其他服务业	368	135
其他行业	929	429

附表 2-2　美国对我国产品加征关税带来的减排正效益行业

单位：t

行业	COD	NH_3-N
化学工业	1 246	192
造纸印刷及文教体育用品制造业	594	23
金属冶炼及压延加工业	423	86
通信设备、计算机及其他电子设备制造业	406	38
食品制造及烟草加工业	257	13
煤炭开采和洗选业	241	8
金属矿采选业	195	5
金属制品业	181	13
纺织业	177	13
电气机械及器材制造业	137	11
其他行业	491	46

附表 3　我国对美国产品加征关税带来的新增污染物排放量

单位：t

省份	SO_2	NO_x	COD	NH_3-N
北京	442	810	156	15
天津	446	699	165	22
河北	660	934	402	51
上海	896	1 294	334	31
江苏	1 718	2 274	1 195	107
浙江	1 376	1 635	739	65
安徽	794	1 077	491	86
福建	370	403	203	27
江西	334	358	222	23
山东	1 020	1 146	220	20
广东	1 228	1 589	719	81
广西	300	238	282	29
重庆	823	602	201	23
云南	459	249	233	18
甘肃	298	286	255	57
宁夏	512	534	220	48
青海	27	23	48	3
新疆	345	442	870	71
海南	97	169	70	6
辽宁	595	772	568	52
湖南	381	362	246	111
湖北	551	744	252	33
吉林	396	533	798	77
山西	373	401	194	25
陕西	701	693	377	53
内蒙古	724	718	245	20
贵州	617	287	145	17
四川	361	279	137	14
河南	1 002	1 268	533	63
黑龙江	386	562	881	85

附表 4-1 我国对美国产品加征关税带来的新增污染物排放量

单位：t

行业	SO_2	NO_x
电力、热力的生产和供应业	6 116	6 952
化学工业	6 117	2 098
交通运输及仓储业	0	2 019
农林牧渔业	1 226	919
纺织业	454	408
金属冶炼及压延加工业	1 368	406
非金属矿物制品业	314	358
石油加工、炼焦及核燃料加工业	638	248
食品制造及烟草加工业	458	141
批发和零售业	513	140
其他服务业	273	81
造纸印刷及文教体育用品制造业	193	69
其他行业	329	161

附表 4-2 我国对美国产品加征关税带来的新增污染物排放量

单位：t

行业	COD	NH_3-N
化学工业	3 904	563
农林牧渔业	2 929	465
食品制造及烟草加工业	1 315	58
纺织业	605	39
造纸印刷及文教体育用品制造业	404	13
煤炭开采和洗选业	165	5
交通运输设备制造业	146	9
石油加工、炼焦及核燃料加工业	106	16
金属冶炼及压延加工业	78	14
电力、热力的生产和供应业	39	2
金属矿采选业	36	1
金属制品业	21	1
其他行业	75	5

环境绩效与绿色核算

- 2018 年全球环境绩效指数（EPI）报告分析
- 新安江流域生态补偿试点实践及成效
- “散乱污”企业的环境成本及其社会经济效益调查分析
- 污水处理 PPP 项目投资回报指标研究——基于财政部 PPP 入库项目
- 全国环境-经济景气指数（EEPI）构建与应用研究
- 2015 年全国经济-生态生产总值（GEEP）核算研究报告
- 2016 年全国经济-生态生产总值（GEEP）核算研究报告

2018年全球环境绩效指数（EPI）报告分析

Analysis on the 2018 Global Environmental Performance Index（EPI）Report

董战峰　郝春旭　李红祥　葛察忠

摘　要　由耶鲁大学等单位发布的《2018年全球环境绩效指数（EPI）报告》具有广泛的影响力。本文对2018年报告的评估指标变化、全球环境绩效指数演变以及我国EPI得分较低的原因进行了系统分析，在此基础上提出了我国下一步推进环境绩效评估指数相关工作的建议：国家尽快启动生态环境绩效评估试点工作，推进建立国家—省—市（县）三层级的生态环境绩效评估长效机制，构建生态环境绩效评估与生态环境质量考核有机结合的双激励机制，加速我国环境管理转型和深化生态文明制度建没的探索。

关键词　环境绩效指数　环境绩效评估　环境管理转型　生态环境质量考核

Abstract　The Global Environmental Performance Index（EPI）Report 2018，published by units such as Yale University，has a broad reach. Based on the systematic analysis of the change of the evaluation index，the evolution of the global environmental performance index and the reasons for the low score of EPI in our country，this paper puts forward the suggestion of promoting the environmental performance evaluation index in the next step: the country should start the pilot work of ecological environment performance evaluation as soon as possible，promote the establishment of the long-term ecological environment performance evaluation mechanism at the three levels of nation-province-city（county），construct the double incentive mechanism of the combination of ecological environment performance evaluation and ecological environment quality evaluation，accelerate the transformation of our country's environmental management and deepen the ecological civilization system construction without exploring.

Keywords　environmental performance index，environmental performance evaluation，transformation of environmental management，assessment of ecological environment quality

环境绩效指数是对国家政策中环保绩效的量化度量，用于反映某一国家或地区在资源环境领域的总体进展。全球环境绩效指数（Environmental Performance Index，EPI）由美国耶鲁大学环境法律与政策中心（YCELP）联合哥伦比亚大学国际地球科学信息网络中心（CIESIN）、世界经济论坛（WEF）每两年发布一次。2018 年 1 月 23 日，美国耶鲁大学环境法律与政策中心、哥伦比亚大学国际地球科学信息网络中心及世界经济论坛联合发布了《2018 年全球环境保护绩效指数（EPI）报告》，这是自 2006 年以耶鲁大学为首的研究组首次发布全球 EPI 报告以来，第 7 次发布该系列报告。报告分析了全球 180 个国家和地区 2016 年各指标得分与基准年（2007 年）相比的变化情况，探究了全球 180 个国家和地区的环境管理短板，测量了 2016 年全球 180 个国家和地区的 EPI 分值，对比分析了 2016 年 EPI 相比基准年的改善情况。在全世界 180 个参加排名的国家和地区中，排前 5 位的分别是瑞士、法国、丹麦、马耳他、瑞典，排最后 4 位的分别是印度、刚果民主共和国、孟加拉国、布隆迪。中国以 50.74 分的得分居第 120 位，在参评国家和地区中列倒数第 61 位。在以往 6 次（2006 年、2008 年、2010 年、2012 年、2014 年、2016 年）的全球 EPI 排名中，中国分别以 56.2 分、65.1 分、49 分、42.24 分、43.00 分、65.1 分，居倒数第 40 位（133 个国家和地区参评）、45 位（149 个国家和地区参评）、43 位（163 个国家和地区参评）、17 位（共 132 个国家和地区参评）、61 位（178 个国家和地区参评）、72 位（180 个国家和地区参评）。

1 评估方法学及指标体系变化情况

1.1 方法学与流程

EPI 是通过选择政策目标—确定政策领域—选择评价指标—数据筛选和处理—赋权和加总等一系列步骤计算得到的综合环境绩效指数。EPI 通过一个或多个环境指标来评估每一类政策类别的表现，部分指标能够直接评估该类政策的绩效，部分则仅能近似反映。对每一国家的每一指标，均计算其目标接近值，以反映该国当前环境状况与政策目标之间的差距。

第一步：指标选择

- 相关性：该指标广泛适用于各国的环境问题。
- 绩效导向：指标可以提供有关周围环境的经验数据或是对所关注问题的确切衡量，抑或是所能获得的最佳数据。
- 已建立的科学方法：指标计算是基于严格审查的科学数据或来自联合国或其他官方权威机构给予的可靠的数据。
- 数据质量：需保证数据的质量和可验证性，指标所采取的数据具备最高的可得性；无法保证数据质量的指标需要被舍弃。
- 时间序列的可用性：数据已经通过时间序列的一致性检验，能够尽可能实现一致估计。
- 完备性：数据集必须从全球尺度和时间序列上来考虑。

第二步：数据标准化处理

变量进行标准化便于不同国家和年份进行比较。例如，温室气体（GHG）排放量必须除以每个国家的经济规模（以 GDP 衡量）来计算碳浓度。

一是进行数据清理。在每个数据集中都标注国家的覆盖范围、涵盖年份以及缺失数据的性质。

二是针对数据偏斜情况进行转换。偏斜的数据集让大多数国家分值集中分布在一端，少数国家分布在其他分值范围内。在这种情况下，通常依靠对数转换来改进对结果的解释，对数转换能够将聚集在原始数据单元中的大量国家进行分散。

图 1 中指标 $PM_{2.5}$ 的暴露揭示了数据转换的有用性。$PM_{2.5}$ 浓度指标较好的国家冰岛和哈萨克斯坦的 $PM_{2.5}$ 浓度差与 $PM_{2.5}$ 浓度指标较差的国家中国和巴基斯坦的 $PM_{2.5}$ 浓度差相同，均为 10 μg/m^3。但 $PM_{2.5}$ 环境浓度的影响实质上是不同的，如果冰岛移到哈萨克斯坦的水平，其恶化程度将比巴基斯坦移到中国的水平更为显著。进行对数转化后的数据表明，绩效的重要差异不在于领先国家和落后国家之间，而在领先国家之间。略微改善 $PM_{2.5}$ 的暴露程度，对哈萨克斯坦的该指标得分有利，但落后国家只能通过大幅降低环境风险来取得重大进展。对数变换根据百分比差异进行适当比较，比绝对差异的比较更重要，对数据进行转换可以改进对国家之间差异的解释，这些国家之间的相对绩效取决于他们所处的范围。

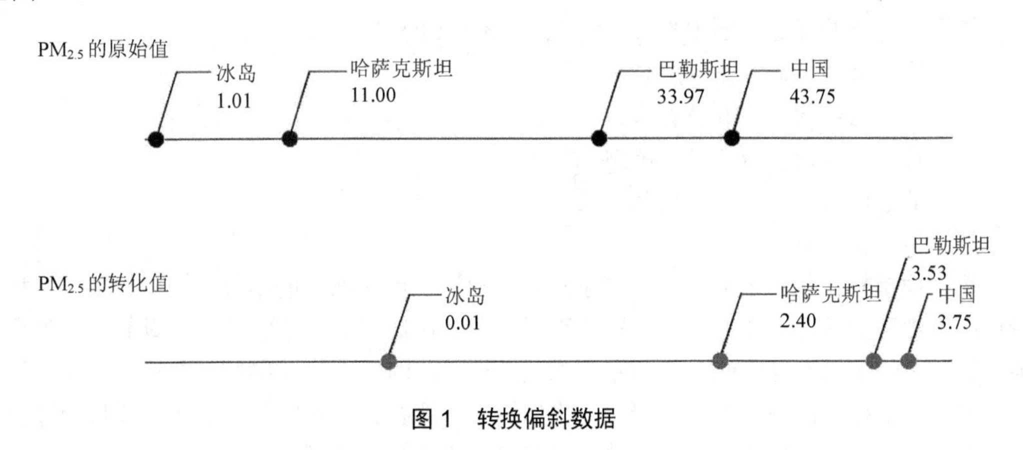

图 1　转换偏斜数据

三是将数据重新调整为 0～100 分。将所有指标放在可以进行比较和汇总到综合指数的通用数值范围内。EPI 使用目标接近法进行指标构建，指标可以衡量每个国家相对于目标的最差和最佳表现——分别对应 0 分和 100 分。计算指标的通用公式是

$$\text{指标得分} = \frac{X - \bar{\bar{X}}}{\bar{X} - \bar{\bar{X}}} \times 100$$

式中，X——国家的样本值；

$\bar{X}$——最佳绩效的目标值；

$\bar{\bar{X}}$——最差绩效的目标值。

如果一个国家的值大于 $\bar{X}$，将其指标得分限制为 100。同样，如果一个国家的值小于

$\bar{\bar{X}}$，将其指标得分设为 0。

通过简单的算数计算，指标得分可被转换为一项在 0～100 范围内的数值，其中 0 代表与目标距离最远（最差），100 代表与目标最接近（最好）。使用“目标渐近法”，使各政策问题以及整个 EPI 评估中的指标得分具有同向性。

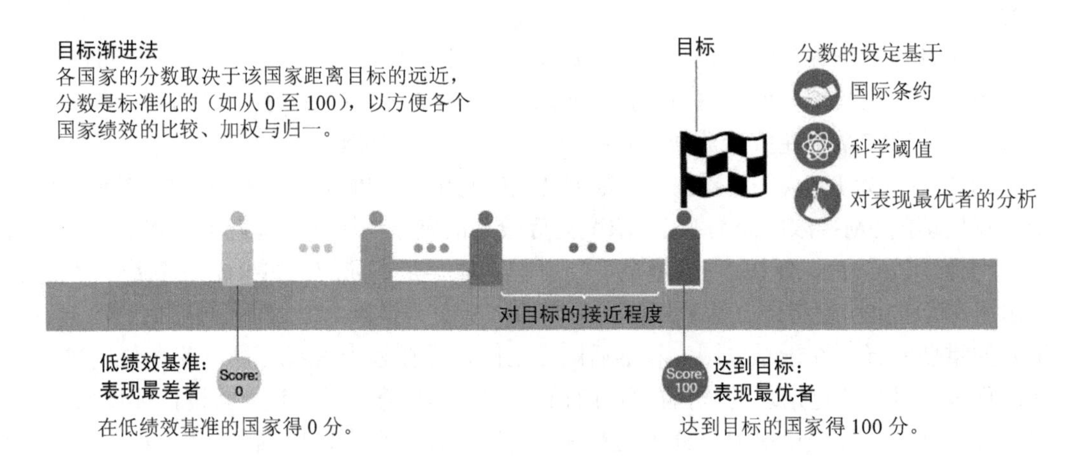

图 2　目标渐进法图解

指标目标值的确定主要根据以下标准、限值或方法：

☞　国际公约中的有关限定值；

☞　国际组织制定的有关标准；

☞　基于科学调查/实验获得的限定值；

☞　基于时间序列所观察到的限值。

第三步：权重赋予

每一项指标在各政策类别下被赋予对应的权重，形成独立的指标得分。权重一般根据指标所用数据的质量设定，也与指标是否适合用于评估某一给定的政策问题有关。如果一项指标所用的数据不可靠或与其他指标相关，该指标的权重将被削减。在框架层次结构的每个层面上根据不同的权重进行聚合，将指标分数聚合到问题类别分数中，再将问题类别分数聚合到政策目标分数，最后将政策目标分数聚合到最终的 EPI 分数。

在环境健康政策目标中，根据 2018 年 EPI 中环境健康风险全球伤残调整生命年（DALYs）损失分布来分配权重（Blanc，2008）。在 2016 年，即估算数据最近的一年，大约 65%的伤残调整生命年归因于空气质量，30%归因于水和卫生设施以及 5%归因于铅暴露。关于空气质量，40%的伤残调整生命年归因于家庭使用固体燃料，60%归因于环境 $PM_{2.5}$ 暴露，权重在两项 $PM_{2.5}$ 指标之间平均分配。关于水质，伤残调整生命年在饮用水和卫生设施之间大致平均分配，每个权重均为 50%。铅暴露是重金属问题的指标，权重为 100%。

鉴于环境健康政策目标衍生权重的经验基础，生态系统活力权重的选择更加主观，权重在每个问题类别的相对严重性和基础数据的质量之间进行平衡。根据环境安全界限模型（Rockströmet et al.，2009），对环境的两种主要威胁是生物多样性丧失和气候变化。生态系统活力各个政策领域权重分别为：生物多样性和栖息地问题类别（25%）、森林指标（10%）、渔业指标（10%）、气候和能源指标（30%）、空气污染指标（10%）、水资源指标（10%）和农业指标（5%）（图 3）。

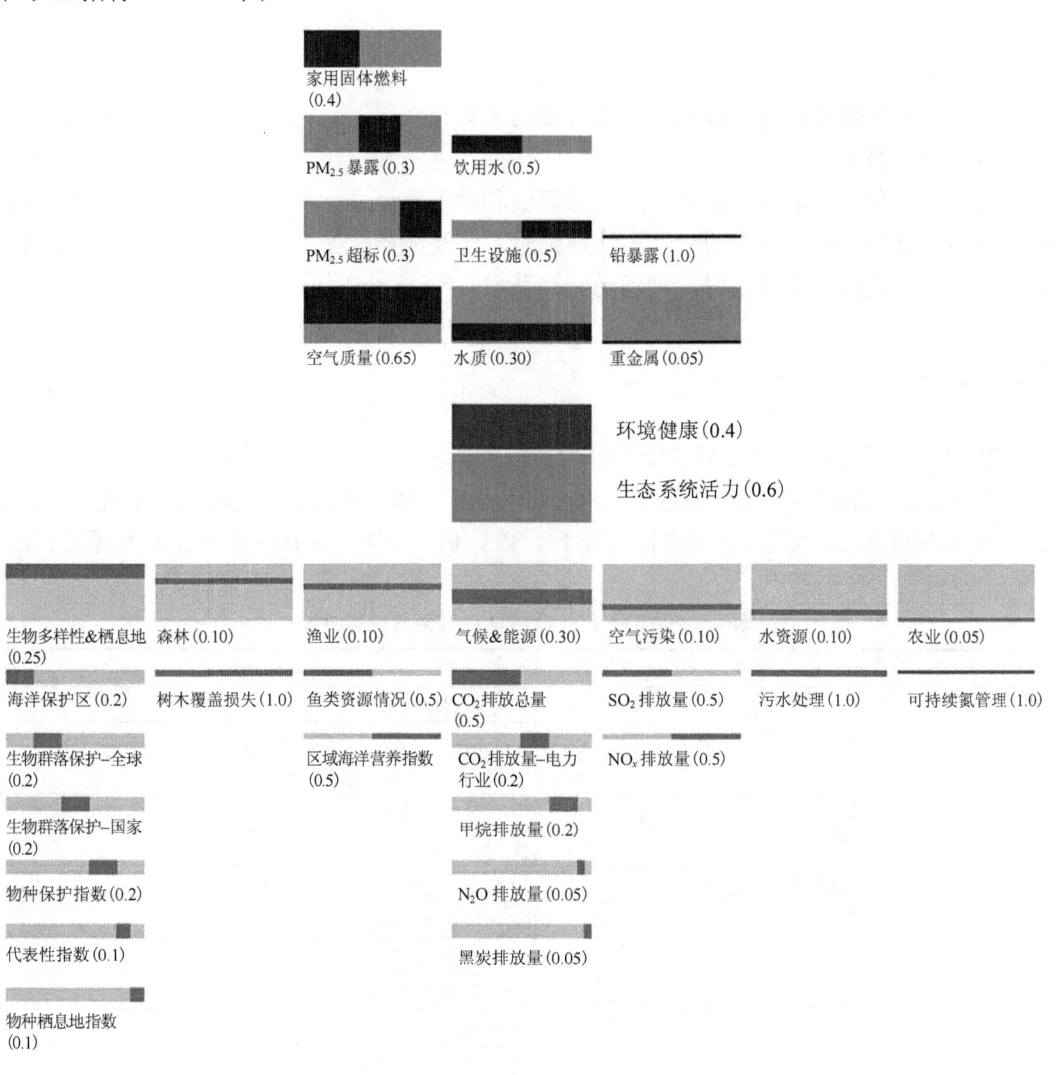

图 3　指标权重

第四步：进行数据准备

包括确定数据源，进行数据审查、筛选；确定指标目标值，进行数据的归一化或标准化处理等。对于数据来源，EPI 的评估采用与多边组织、政府机构和学术机构合作获取的一手数据和二手数据。一手数据主要包括直接由人类或设备监测得到的数据，也包括卫星得到的森林覆盖率和空气质量的估计数据。二手数据包括来自国家统计报告和根据一定质量要求从数据采集单位获取的数据，数据采集单位如国际能源机构（IEA）。2018 年全球 EPI 评估报告中采用的是 2016 年度全球 180 个国家与地区的数据。

评估数据获取主要包括下述途径：

☞　政府或国际组织正式发布的统计数据；

- 研究机构或国际组织汇编的空间或卫星数据；
- 监测数据；
- 调查和问卷调查；
- 学术研究；
- 从实地测量的结果和统计模型得出的估计值；
- 行业报告。

对于所收集到的数据，需要通过专家评估和数据验证进行筛选，有时需要对数据可得性进行明确规定，如在应用绩效导向性规则时，首要选择能够直接反映环境质量或损害的指标，当不能直接获得数据时，则考虑间接获取。

1.2 指标体系与权重

2018 年全球 EPI 在“环境健康”和“生态系统活力”两大目标下确定空气质量、水与卫生、重金属、生物多样性与栖息地、森林、渔业、气候与能源、空气污染、水资源、农业 10 个政策领域共 24 个具体评估指标（表 1），以评估各个国家和地区在各方面的环境表现。

表 1 2018 年 EPI 评估指标框架与权重分配

目标	政策领域	指标
环境健康（0.4）	空气质量（0.65）	家用固体燃料（0.4）
		空气污染-$PM_{2.5}$的暴露平均值（0.3）
		空气污染-$PM_{2.5}$的超标率（0.3）
	水与卫生（0.3）	卫生设施（0.5）
		饮用水（0.5）
	重金属（0.05）	铅暴露（1.0）
生态系统活力（0.6）	生物多样性与栖息地（0.25）	海洋保护区（0.2）
		生物群落保护-全球（0.2）
		生物群落保护-国家（0.2）
		物种保护指数（0.2）
		代表性指数（0.1）
		物种栖息地指数（0.1）
	森林（0.1）	树木覆盖损失（1.0）
	渔业（0.1）	鱼类资源情况（0.5）
		区域海洋营养指数（0.5）
	气候与能源（0.3）	CO_2 排放总量（0.5）
		CO_2 排放量-电力行业（0.2）
		甲烷排放量（0.2）
		N_2O 排放量（0.05）
		黑炭排放量（0.05）
	空气污染（0.1）	SO_2 排放量（0.5）
		NO_x 排放量（0.5）
	水资源（0.1）	污水处理（1.0）
	农业（0.05）	可持续氮管理（1.0）

1.3 2018 年 EPI 的改进与创新

EPI 的每次迭代都需要对方法学进行更新。创新使 EPI 能够利用环境科学和分析方面的最新进展。引入新的数据集、更好的标准化、扩大国家覆盖面及其他更新，可以提高指数的可操作性和实用性。EPI 方法学变化意味着历史 EPI 评分不具有可比性。EPI 分数的差异很大程度上是由于指标的增加和减少、新的权重方案以及方法学的其他方面，而不一定是由于绩效的下降或提高。通过对比分析 2018 年 EPI 与基线 EPI，可以更好地评估一个国家真实的绩效变化。

环境健康目标指标变化。2018 年 EPI 的环境健康政策目标有若干变化。第一，2016 年 EPI 报告引入了环境风险暴露试点指标。这个指标复杂，在方法学上不透明且难以解释，2018 年舍弃了该指标。第二，放弃了把 NO_2 作为指标，因为其数据库不再主动更新，此外，这种污染物与 $PM_{2.5}$ 也很相关。第三，利用卫生计量与评价研究所（IHME）关于铅暴露的数据，增加了与重金属有关的新问题类别。第四，转向专门使用 IHME 的指标衡量几个问题类别。2016 年 EPI 使用了水和卫生方面的额外数据，但这些指标数据与 IHME 数据高度相关，对 EPI 没有增加明显的价值。第五，IHME 指标的计量单位转换为年龄标准化的环境风险导致的伤残调整生命年损失，基数为 10 万人，这些单位提供了不同国家和时间段内更好的可比性，同时还可以衡量直接健康结果。

生态系统活力目标指标变化。2018 年，对生态系统活力的几乎所有问题类别都进行了调整。一是在生物多样性和栖息地类别中，物种保护指标被类似的物种保护指数所取代；增加了保护区代表性指数和物种栖息地指数两个新指标。二是在森林类别中，树木覆盖物损失指标从 14 年平均值变为 5 年移动平均值，以更好地理解森林砍伐趋势对政策决策的响应能力。三是在渔业类别中，增加了新的区域海洋营养指数。四是在气候与能源类别中，增加了 3 个额外的温室气体（GHG）指标：甲烷、一氧化二氮和黑炭。五是 2018 年的 EPI 重新引入了空气污染的问题类别，该指标上一次出现在 2012 年的 EPI 中，仅限于评估对生态系统的影响。两种污染物尤其受到全球关注，SO_2 和 NO_x，并且这些污染物的排放量通过与温室气体排放量相同的方法进行了标准化。六是在农业领域，用可持续氮管理指数替代 2016 年 EPI 使用的两个指标。

2 中国 EPI 评估结果分析

2018 年全球环境绩效指数中国得分为 50.74 分，中国在 180 个国家和地区中居第 120 位。从历年 EPI 排名看，中国的环境绩效排名在全部参与排名的国家和地区中，始终处于靠后位置（表 2）。2006 年，在参与排名的 133 个国家和地区中，中国总得分为 56.2 分（满分 100 分），居第 94 位，倒数第 40 位，低于同等收入国家的平均水平；2008 年，在参与排名的 149 个国家和地区中，中国总得分为 65.1 分（满分 100 分），居第 105 位，倒数第 45 位；2010 年，在参与排名的 163 个国家和地区中，中国总得分为 49 分（满分 100 分），居 121 位，倒数第 43 位；2012 年，在参与排名的 132 个国家和地区中，中国排 116 位，倒数第 17 位。2014 年，在参与排名的 178 个国家和地区中，中国排 118 位，倒数第 61 位。2016 年，在全球 EPI 排名中中国总排名位于第 109 位（共计 180 个国家和地区参评），总体得分 65.1 分（满分 100 分），居倒数第 72 位。

表 2　中国 EPI 排名变化

	2006 年	2008 年	2010 年	2012 年	2014 年	2016 年	2018 年
排名	94	105	121	116	118	109	120
参与国家和地区	133	149	163	132	178	180	180
相对位置	0.71	0.70	0.74	0.88	0.66	0.61	0.67

分析 2018 年 EPI 评估结果可以看出，与基准年相比中国总体环境现状有所改善，EPI 得分由 45.13 分增长到 50.74 分，排名由第 136 位上升至第 120 位。特别是在渔业、气候与能源等方面表现突出，但在空气质量等领域较为滞后，具体得分排名结果见表 3。

在 2018 年 EPI 评估的 10 个政策领域中，中国环境绩效表现较好的是：水与卫生（得分 68.24 分、排第 47 位）、渔业（得分 70.41 分、排第 17 位）、气候与能源（得分 68.62 分、排第 20 位），得分高于其他领域。中国在过去 10 年中，水与卫生政策领域排名由第 77 位上升至第 47 位，渔业由第 46 位上升至第 17 位，气候与能源由第 67 位上升至第 20 位。随着中国近年来经济发展、基础设施改善，中国环境管理能力的提高也使中国在饮用水、N_2O 排放量、鱼类资源情况等指标评估中得分较高，但是中国在水、环境卫生政策领域仍有改善的空间，将来需要做大量的工作。

在 2018 年 EPI 评估中中国在空气质量领域表现较差，特别是空气污染–$PM_{2.5}$ 的暴露平均值、空气污染–$PM_{2.5}$ 的超标率的得分较低是中国在 2018 年 EPI 中得分较低的重要原因。在空气质量领域，中国居第 177 位，"$PM_{2.5}$ 的暴露平均值"指标得分由 0 分提高至 1.05 分；"$PM_{2.5}$ 的超标率"指标得分由 5.84 分上升至 12.44 分。虽然中国已成为世界 $PM_{2.5}$ 超标重灾区，但是，指标得分均有所提高，空气质量有所改善。在空气质量领域，"家用固体燃料"指标相对好些，排第 110 位，与基准年相比排名有所上升。

表 3　2018 年中国 EPI 评估结果

EPI	目标	政策领域	指标	2018 年排名	2018 年得分	基准年排名	基准年得分
环境绩效指数				120	50.74	136	45.13
	环境健康			167	31.72	175	22.13
		空气质量		177	14.39	177	7.33
			家用固体燃料	110	25.85	118	13.95
			空气污染–$PM_{2.5}$ 的暴露平均值	177	1.05	178	0
			空气污染–$PM_{2.5}$ 的超标率	177	12.44	178	5.84
		水与卫生		47	68.24	77	52.71

EPI	目标	政策领域	指标	2018年排名	2018年得分	基准年排名	基准年得分
			卫生设施	56	66.82	79	50.43
			饮用水	37	69.66	65	55
		重金属		130	38.02	137	31.04
			铅暴露	130	38.02	137	31.04
	生态系统活力			39	63.42	44	60.46
		生物多样性与栖息地		100	72.57	81	74.31
			海洋保护区	46	89.28	31	88.95
			生物群落保护-全球	87	83.05	68	82.95
			生物群落保护-国家	108	67.65	87	67.53
			物种保护指数	100	72.21	92	71.43
			代表性指数	118	29.46	108	26.95
			物种栖息地指数	132	71.81	94	94.39
		森林		72	21.89	63	31.44
			树木覆盖损失	72	21.89	63	31.44
		渔业		17	70.41	46	64.38
			鱼类资源情况	16	90.52	46	84.07
			区域海洋营养指数	61	50.3	67	44.7
		气候与能源		20	68.62	67	51.59
			CO_2排放总量	38	63.24	102	42.08
			CO_2排放量-电力行业	57	45.59	57	45.59
			甲烷排放量	15	99	34	67.37
			N_2O排放量	4	99.89	21	76.37
			黑炭排放量	48	61.84	24	82.9
		空气污染		62	57.08	33	70.72
			SO_2排放量	65	60.12	35	75.34
			NO_x排放量	65	54.05	40	66.1
		水资源		66	80.20	66	80.2
			污水处理	66	80.20	66	80.20
		农业		61	34.64	61	34.64
			可持续氮管理	61	34.64	61	34.64

3 全球EPI总况分析

2018年全球EPI报告列出了180个国家在10大政策类别、24个指标方面的绩效排名情况。瑞士位居第一，排名第二至第五位的依次是法国（83.95）、丹麦（81.60）、马耳他（80.9）和瑞典（80.51）。排名最后五位的国家分别为尼泊尔（31.44）、印度（30.57）、刚果民主共和国（30.41）、孟加拉国（29.56）和布隆迪（27.43）。在新兴经济体中，中国和印度分别排第 120 位和第 177 位。塞舌尔是过去 10 年中进步最大的国家。塞舌尔从基准年得分 47.05 上升到 2018 年的 EPI 得分 66.02，排名上升了 86 位。

全球记分卡显示自基准年以来世界的现状和趋势变化。总体来看，全球距实现国际环境目标还有很远的距离，全球 EPI 得分为 46.16 分（表 4）。这比基准年得分 41.69 分稍好。正如在国家层面得到的结果所示，全球分数被环境健康的政策目标分数拉下来，环境健康的分值为 31.50 分。而生态系统的活力强劲，得分为 55.93 分，但仍然有很大的提升空间。

环境绩效指数趋势表明环境质量正在改善，全球环境绩效正在接近其发展目标；但是，进展的步伐尚不够快。在生态系统活力政策目标中，生物多样性和栖息地评分表明，国际社会已经实现生物多样性目标中的海洋保护区达到 10%的海洋保护目标，远早于原定 2020 年实现该目标。但是，笔者发现各国如果要实现陆地生物资源保护区达 17% 的陆地保护目标，就必须加快增加国内边境保护区的规模。

表 4　EPI 全球分数

	当前	基准年
环境绩效指数	46.16	41.69
环境健康	31.50	28.21
空气质量	33.82	32.74
家庭固体燃料	22.10	14.77
$PM_{2.5}$ 的暴露平均值	33.24	36.73
$PM_{2.5}$ 的超标率	50.03	52.72
水与卫生	25.19	17.24
饮用水	25.51	17.75
卫生设施	24.87	16.72
重金属/铅暴露	39.23	34.20
生态系统活力	55.93	50.68
生物多样性和栖息地	58.12	45.91
海洋保护区	100.00	47.90
陆地生物群落的保护	64.30	57.03
物种保护指数	67.73	63.88
代表性指数	37.04	26.57
物种栖息地指数	80.07	94.93
森林/树木覆盖损失	94.04	99.41
渔业	58.22	57.52
鱼类资源情况	65.89	73.17
区域海洋营养指数	50.54	41.87
气候与能源	42.68	37.64
CO_2 排放强度-总量	31.34	25.47
CO_2 排放强度-功率	42.40	40.79
甲烷排放量	64.61	58.16
N_2O 排放量	58.29	52.60
黑炭排放量	53.92	49.71

	当前	基准年
空气污染	47.74	38.06
SO_2排放量	40.48	32.42
NO_x排放量	54.99	43.70
水资源/污水处理	62.13	62.13
农业/可持续氮管理	47.69	44.02

3.1 国家层面

☞ 2018 年瑞士以 EPI 得分 87.42 分领先全球

瑞士排名居首，反映了其在大多数政策类别上的强劲表现，特别是气候与能源和空气污染；在环境健康领域，瑞士在水与卫生方面也很出色。瑞士生物多样性与栖息地分数为 84.20 分，居世界第 62 位，但是，其保护区的代表性指数最高。瑞士（87.42）、法国（83.95）、丹麦（81.60）、马耳他（80.9）和瑞典（80.51）是 2018 年 EPI 排名前五的国家。在环境健康方面，丹麦、马耳他和瑞典在空气质量方面表现突出。此外，马耳他在水和卫生方面名列前茅，瑞典在铅暴露方面的得分最高。在生态系统活力方面，法国，丹麦和马耳他在生物多样性与栖息地政策类别中获得高分。法国和丹麦在海洋保护区方面排名第一，马耳他首先加入了陆地生物群落保护。瑞典在气候和能源方面排名第三，法国和丹麦在可持续氮管理方面表现优异。一般来说，EPI 得分较高的国家和地区对保护公共健康、保护自然资源、温室气体排放与经济活动耦合等方面，表现突出。

☞ 2018 年 EPI 排名最后五位的国家分别为尼泊尔（31.44）、印度（30.57）、刚果民主共和国（30.41）、孟加拉国（29.56）和布隆迪（27.43）

EPI 得分低说明需要在若干方面开展国家可持续性工作，特别是提高空气质量、保护生物多样性和减少温室气体排放。一些排名靠后的国家面临更广泛的挑战，如国内动荡。各国应特别关注空气质量的问题类别。2018 年空气质量 EPI 评分较低的国家，如印度（空气质量评分 5.75）、中国（14.39）和巴基斯坦（15.69），面临需要紧急关注的公共卫生危机。

☞ 美国在 2018 年 EPI 中排第 27 位

美国在水和卫生（90.92）和空气质量（97.52）等问题上得分很高，但在其他方面表现不佳，包括森林砍伐（8.84）和温室气体排放（45.81）。这样的排名使美国 EPI 排名落后于以下工业化国家：英国（第 6 位）、德国（第 13 位），意大利（第 16 位）、日本（第 20 位）、澳大利亚（第 21 位）和加拿大（第 25 位）。

☞ 在新兴经济体中，中国和印度分别排第 120 位和第 177 位，反映了经济快速增长对环境造成了一定的压力

巴西排第 69 位，这表明将可持续发展作为政策优先关注事项能够带来益处，而且发展水平和发展速度只是影响环境绩效的众多因素之一。新兴经济体的可持续性结果仍然极易变化。

☞ 塞舌尔是过去十年中进步最大的国家

塞舌尔从基准年得分的 47.05 分上升到 2018 年的 EPI 得分 66.02 分，排名上升了 86 位，这种改善主要源于其控制温室气体排放所采取的一系列措施与举措。圣多美和普林西比、科威特和东帝汶也由于若干因素而提高了 EPI 得分，其中包括建立保护生物多样性和栖息地的区域。布隆迪、中非共和国、马达加斯加、巴哈马和拉脱维亚的环境绩效大幅下降，主要原因是气候变化表现不佳。

3.2 区域层面

☞ 欧洲和北美的国家与地区环境绩效表现较好

欧洲国家与地区在 EPI 排名前 20 中占 17 位。美国（第 27 位）在全球排名前 30，但其地区排名已经接近最后。许多欧洲和北美国家都是经合组织成员，在联合国的人类发展指数中均高居榜首，这是衡量一个国家生活质量的指标。但是，国家趋势和统计数据往往掩盖了地方的不公平现象。美国密歇根州弗林特的水危机凸显了即使是最发达国家也存在的不成比例的环境负担，并突出了其中的改善重点。

☞ 亚洲国家与地区之间的排名差距比其他任何地区都大

日本（第 20 位）、中国台湾（第 23 位）和新加坡（第 49 位）的环境绩效排名在区域领先，而尼泊尔（第 176 位）、印度（第 177 位）和孟加拉国（第 179 位）是亚洲和全球绩效表现较差的国家和地区。EPI 分数的差异可以用亚洲经济发展水平的不同来解释，亚洲的一些国家在 20 世纪经历了快速的经济增长。东亚国家，如日本和韩国，二战后的经济生产率有了显著提高。这些改进通常会转化为更高水平的人类发展和环境绩效。相反，南亚和东南亚的许多亚洲国家仍处于转型期。印度的分数较低，主要是受到环境卫生政策目标糟糕表现的影响。过去 10 年中 $PM_{2.5}$ 导致的死亡人数有所增加，每年约有 1 640 113 人（数据来源于 2017 年卫生计量与评估研究所）；尽管政府采取了行动，固体燃料、煤炭和农作物残渣燃烧造成的污染以及机动车产生的污染物排放仍然继续严重降低数百万印度人的空气质量。

☞ 拉美国家广泛分布在 2018 年 EPI 排名的中间位置

哥斯达黎加排第 30 位，得分为 67.85 分。圭亚那在该地区获得最低分，排在第 128 位，得分为 47.93 分。拉丁美洲国家的发展水平差异很大，开展了一系列有效的治理，从而为人类健康和生态系统保护提供服务。例如，拉丁美洲拥有超过 40%的地球生物多样性和 25%以上的森林，这对提高环境绩效具有重要意义；此外，该地区还包括亚马逊热带雨林——世界上生物多样性最丰富的地区（联合国环境规划署，2016 年）。尽管拉丁美洲在 2018 年 EPI 中显示出不均衡的绩效表现，但结果仍出现了一些亮点。2017 年，墨西哥创建了 4 个新的海洋保护区（国际自然保护联盟，2017b）；雷维亚希赫多群岛的墨西哥海洋保护区现在是北美最大的禁渔区（国际自然保护联盟，2017a），保护着近 360 种鱼类、众多珊瑚群和 4 种海龟。

☞ 海地（第 174 位）的 EPI 排名远低于对等组中的其他国家，是撒哈拉以南的非洲和亚洲以外唯一一个落入整体排名最低 20 位的国家

加勒比海地区面临若干发展挑战，包括发展面积有限、森林砍伐和依靠进口满足能源

需求，海地作为第七位绩效最差的国家，在历史上面临着重大的政治、经济和社会挫折（联合国环境规划署、联合国开发计划署和世界粮食计划署，2013 年）。海地和多米尼加共和国（第 46 位）共享一个岛屿，但两国的环境条件差异很大。海地在水与卫生、生物多样性与栖息地问题类别方面的表现明显弱于多米尼加共和国，分别为 26.95 分和 72.67 分。这两个国家在农业和森林方面得分都很低，表明水土流失和森林砍伐仍然是该岛屿的关键问题。

☞ 中东和北非国家（MENA）分散在 2018 年全球 EPI 排名中

以色列（第 19 位）、卡塔尔（第 32 位）和摩洛哥（第 54 位）领先区域排名；阿曼（第 116 位）、利比亚（第 123 位）和伊拉克（第 152 位）是该地区表现最差的。许多中东和北非国家有大量的碳氢化合物储量，这往往会对空气质量和气候与能源的关键指标产生不利影响。炼油厂、碳氢化合物发电厂和高化石燃料补贴可能会影响中东和北非国家的绩效表现。许多国家对享有化石燃料补贴的能源定价过低，导致能源浪费和气候和能源问题方面的表现不佳。如阿拉伯联合酋长国作为一个经济资源丰富、生活质量高的国家，排第 166 位；沙特阿拉伯和科威特，在气候和能源问题类别中得分也较低，分别排在第 134 位和第 161 位，尚存在提高环境绩效的机会。中东和北非地区显示出可再生能源的巨大潜力，许多国家已经开始了多元化能源投资组合的进程。

☞ 东欧和欧亚大陆的国家分数范围很广

东欧和欧亚大陆地区有些国家实施了有效的环境法规，14 个国家排在全球前 50 名。俄罗斯是该地区政治和经济上最具影响力的国家，在该地区排名第 15，总体排名第 52。俄罗斯的得分得益于水资源和废水处理问题较好的绩效表现。在森林类别中，俄罗斯的分数很低，但是该地区其他所有国家的森林覆盖率得分均较高。吉尔吉斯斯坦和塔吉克斯坦已经成功阻止了近期的树木覆盖损失。波斯尼亚和黑塞哥维那在该地区的得分最低，总体排第 158 位，在大多数类别中该国得分较低，水资源和污水处理得分为 0 分。据国际货币基金组织称，波斯尼亚和黑塞哥维那可能会在经历数十年的艰辛后不断壮大。关注环境决策和执法可能会提高该国在未来几年的绩效表现（国际货币基金组织，2015 年）。

☞ 太平洋地区的国家覆盖较广的分数范围

新西兰（第 17 位）和澳大利亚（第 21 位）位列地区榜首，表现出强劲的环境管理水平。大多数排名靠后的太平洋地区的国家是经济资源有限、环境管理薄弱或不足的小岛屿发展中国家，瓦努阿图（第 144 位）和所罗门群岛（第 151 位）在该地区 EPI 分数较低。在过去的 10 年中，太平洋地区的国家经历了大量的森林砍伐，森林管理是该地区高度关注的问题。森林问题类别得分低表明，要维持重要的生态系统服务功能，亟待制定强有力的可持续森林管理措施。

☞ 发展中国家，特别是撒哈拉以南的非洲地区，在环境改善方面取得的进步最大

撒哈拉以南的非洲国家得分低于其他任何地区，在 44 个最低排名中占 30 个。加强对清洁水、卫生设施和能源基础设施建设的投资力度，可以帮助这些国家显著提高分数。撒哈拉以南的非洲地区人口的增加会继续给有限的环境资源带来巨大压力。联合国估计，撒哈拉以南的非洲地区约一半的人口每天靠不到 1 美元生活，是世界上最贫穷和最不发达的地区（联合国，2014 年）；生活在贫民窟中的人往往无法获得基本服务，预计到 2020 年人

数将翻一番，达到约 4 亿人，给资源环境带来了更大的压力（联合国，2014 年）。

☞ 撒哈拉以南的非洲仍有可能取得较高绩效，塞舌尔和纳米比亚在某些问题类别上都取得重大进展

塞舌尔在整体排名中位列第 39，并且在该地区排名第一。塞舌尔的进步主要归因于气候与能源问题类别的改善，因为新的政策选择将应对气候变化作为其发展战略的核心。塞舌尔的得分从 10.04 的基准上升了 83.21，塞舌尔现在是全球温室气体排放的净汇区（塞舌尔共和国，2015 年）。纳米比亚（第 79 位）在过去 10 年中生物多样性和栖息地得分大幅提高，在该问题类别中排名第 11。纳米比亚对生物多样性和环境保护的深刻承诺深深植根于其历史，纳米比亚是第一个将环境纳入其宪法的非洲国家；1990 年独立后，政府将其野生动物的所有权归还给人民，采用了一种成功的、以社区为基础的管理体系，赋予其公民创造保护区的权利（世界自然基金会，2011）。目前，纳米比亚拥有 148 个保护区，覆盖其陆地环境的 37.89%和专属经济区的 1.71%（联合国环境规划署世界保护监测中心，2017 年）。

表 5　国家与地区 EPI 与地区排名

环境绩效指数排名	国家	环境绩效指数	地区	环境绩效指数排名	国家	环境绩效指数	地区	环境绩效指数排名	国家	环境绩效指数	地区
1	瑞士	87.42	1	61	科威特	62.28	5	121	泰国	49.88	12
2	法国	83.95	2	62	约旦	62.2	6	122	密克罗尼西亚	49.8	13
3	丹麦	81.6	3	63	亚美尼亚	62.07	17	123	利比亚	49.79	16
4	马耳他	80.9	4	64	秘鲁	61.92	6	124	加纳	49.66	11
5	瑞典	80.51	5	65	黑山共和国	61.33	18	125	东帝汶	49.54	14
6	英国	79.89	6	66	埃及	61.21	7	126	塞内加尔	49.52	12
7	卢森堡	79.12	7	67	黎巴嫩	61.08	8	127	马拉维	49.21	13
8	奥地利	78.97	8	68	马其顿	61.06	19	128	圭亚那	47.93	20
9	爱尔兰	78.77	9	69	巴西	60.7	7	129	塔吉克斯坦	47.85	27
10	芬兰	78.64	10	70	斯里兰卡	60.61	6	130	肯尼亚	47.25	14
11	冰岛	78.57	11	71	赤道几内亚	60.4	2	131	不丹	47.22	15
12	西班牙	78.39	12	72	墨西哥	59.69	8	132	越南	46.96	16
13	德国	78.37	13	73	多米尼加岛	59.38	5	133	印度尼西亚	46.92	17
14	挪威	77.49	14	74	阿根廷	59.3	9	134	几内亚	46.62	15
15	比利时	77.38	15	75	马来西亚	59.22	7	135	莫桑比克	46.37	16
16	意大利	76.96	16	76	安提瓜和巴布达	59.18	6	136	乌兹别克斯坦	45.88	28
17	新西兰	75.96	1	77	阿拉伯联合酋长国	58.9	9	137	乍得	45.34	17
18	荷兰	75.46	17	78	牙买加	58.58	7	138	缅甸	45.32	18
19	以色列	75.01	1	79	纳米比亚	58.46	3	139	科特迪瓦	45.25	18
20	日本	74.69	1	80	伊朗	58.16	10	140	加蓬	45.05	19
21	澳大利亚	74.12	2	81	伯利兹城	57.79	10	141	埃塞俄比亚	44.78	20
22	希腊	73.6	18	82	菲律宾	57.65	8	142	南非	44.73	21
23	中国台湾	72.84	2	83	蒙古国	57.51	9	143	几内亚比绍	44.67	22
24	塞浦路斯	72.6	19	84	智利	57.49	20	144	瓦努阿图	44.55	7
25	加拿大	72.18	20	84	塞尔维亚	57.49	11	145	乌干达	44.28	23

环境绩效指数排名	国家	环境绩效指数	地区	环境绩效指数排名	国家	环境绩效指数	地区	环境绩效指数排名	国家	环境绩效指数	地区
26	葡萄牙	71.91	21	86	沙特阿拉伯	57.47	11	146	科摩罗	44.24	24
27	美利坚合众国	71.19	22	87	厄瓜多尔	57.42	12	147	马里	43.71	25
28	斯洛伐克	70.6	1	88	阿尔及利亚	57.18	12	148	卢旺达	43.68	26
29	立陶宛	69.33	2	89	佛得角共和国	56.94	4	149	津巴布韦	43.41	27
30	保加利亚	67.85	3	90	毛里求斯	56.63	5	150	柬埔寨	43.23	19
30	哥斯达黎加	67.85	1	91	圣卢西亚岛	56.18	8	151	所罗门群岛	43.22	8
32	卡塔尔	67.8	2	92	玻利维亚	55.98	13	152	伊拉克	43.2	17
33	捷克共和国	67.68	4	93	巴巴多斯	55.76	9	153	老挝	42.94	20
34	斯洛文尼亚	67.57	5	94	格鲁吉亚	55.69	21	154	布基纳法索	42.83	28
35	特立尼达和多巴哥	67.36	1	95	基里巴斯	55.26	4	155	塞拉利昂	42.54	29
36	圣文森特和格林纳丁斯	66.48	2	96	巴林岛	55.15	13	156	冈比亚	42.42	30
37	拉脱维亚	66.12	6	97	尼加拉瓜	55.04	14	157	刚果共和国	42.39	31
38	土库曼斯坦	66.1	7	98	巴哈马群岛	54.99	10	158	波斯尼亚和黑塞哥维那	41.84	29
39	塞舌尔	66.02	1	99	吉尔吉斯斯坦	54.86	22	159	多哥	41.78	32
40	阿尔巴尼亚	65.46	8	100	尼日利亚	54.76	6	160	利比里亚	41.62	33
41	克罗地亚	65.45	9	101	哈萨克斯坦	54.56	23	161	喀麦隆	40.81	34
42	哥伦比亚	65.22	2	102	萨摩亚	54.5	5	162	斯威士兰	40.32	35
43	匈牙利	65.01	10	103	苏里南	54.2	15	163	吉布提	40.04	36
44	白俄罗斯	64.98	11	104	圣多美和普林西比	54.01	7	164	巴布亚新几内亚	39.35	21
45	罗马尼亚	64.78	12	105	巴拉圭	53.93	16	165	厄立特里亚国	39.34	37
46	多米尼加共和国	64.71	3	106	萨尔瓦多	53.91	17	166	毛里塔尼亚	39.24	38
47	乌拉圭	64.65	3	107	斐济	53.09	6	167	贝宁	38.17	39
48	爱沙尼亚	64.31	13	108	土耳其	52.96	24	168	阿富汗	37.74	22
49	新加坡	64.23	3	109	乌克兰	52.87	25	169	巴基斯坦	37.5	23
50	波兰	64.11	14	110	危地马拉	52.33	18	170	安哥拉	37.44	40
51	委内瑞拉	63.89	4	111	马尔代夫	52.14	10	171	中非共和国	36.42	41
52	俄罗斯	63.79	15	112	摩尔多瓦	51.97	26	172	尼日尔	35.74	42
53	文莱达鲁萨兰国	63.57	4	113	博茨瓦纳	51.7	8	173	莱索托	33.78	43
54	摩洛哥	63.47	3	114	洪都拉斯	51.51	19	174	海地	33.74	12
55	古巴	63.42	4	115	苏丹	51.49	14	175	马达加斯加岛	33.73	44
56	巴拿马	62.71	5	116	阿曼	51.32	15	176	尼泊尔	31.44	24
57	汤加	62.49	3	117	赞比亚	50.97	9	177	印度	30.57	25
58	突尼斯	62.35	4	118	格林纳达	50.93	11	178	刚果民主共和国	30.41	45
59	阿塞拜疆	62.33	16	119	坦桑尼亚	50.83	10	179	孟加拉国	29.56	26
60	大韩民国	62.3	5	120	中国	50.74	11	180	布隆迪	27.43	46

亚洲	加勒比海地区	东欧&欧亚	欧洲&北美
拉丁美洲	撒哈拉以南的非洲	太平洋地区	中东&南非

3.3 指标分析

（1）环境健康

环境健康政策目标的环境绩效在过去十年中略有增加。相对于 28.16 的基准，全球环境健康指数得分提高了 3.34 分。在全球层面上，仍需要加强环境健康管理，以保护公共卫生和实现全球目标。

空气质量仍然是公共卫生的主要环境威胁。2016 年，卫生计量与评估研究所估计，与空气污染物有关的疾病造成的生命年减少数占与环境有关的死亡和残疾导致的生命年减少数的 2/3。印度和中国等地的污染尤为严重，经济发展水平越高，污染程度越高（世界银行和卫生计量与评估研究所，2016 年）。随着国家的发展，大城市人口增长以及工业生产和汽车运输的增加继续使人们面临严重的空气污染。

随着国家的工业化，政府加强对水和卫生设施的管理。加大对卫生基础设施的投资力度意味着更少人接触不安全的水，从而减少相关风险造成的死亡人数。然而，尽管全球趋势表明，随着各国工业化的发展和全球环境法规的收紧，发展中国家的快速发展仍应是全球的优先事项。各国应继续发展能力，以确保基础设施的增长与人口增长保持同步。但是，为了永续发展，仍然需要采取相当大的行动来确保全世界都能获得安全饮用水和卫生服务。

许多国家仍在努力减少铅中毒。在全球范围内，重金属暴露依然存在，全球铅产量增加，许多国家仍在努力减少铅中毒。法规已被证明有效地限制了包括汽油、油漆和管道在内的污染源的暴露。最值得注意的是，超过 175 个国家逐步淘汰含铅汽油，但在铅电池需求旺盛的发展中国家和城市化国家，问题仍然存在（Landrigan et al.，2017）。平衡经济发展与污染法规，将是减少铅污染对健康影响的关键，并将继续推动全球趋势。

（2）生态系统活力

生态系统活力绩效指数略有提高。相对于 50.68 的基准，全球分数增加了 5.25 分。尽管取得了一些进展，但远未达到生态系统活力的目标。

生物多样性和栖息地方面。世界在保护海洋和陆地生物群系方面取得了重大进展，超过了 2014 年的国际海洋保护目标。然而，衡量陆地保护区的其他指标表明，需要做更多的工作以确保高质量的栖息地不受人类的影响。

森林方面。少数国家的森林砍伐导致全球树木覆盖损失增加。在世界大部分地区，火灾、非法砍伐以及棕榈油生产和其他农业用途的土地转换继续威胁着森林。尽管遥感技术取得了进展，但对森林精确定量测定缺乏手段，以及缺乏统一的监测工作限制了以全面的方式评估森林状况的能力。

渔业方面。全球渔业分数的趋势表明，各国正越来越多地过度捕捞鱼类，同时也捕捞更高等级的热带鱼物种。过度捕捞是造成全球渔业绩效下降的主要原因，鱼类的绩效指数下降了 7.28 分，这一点尤为令人担忧。制定更好的描述捕捞对海洋生态系统影响的新指标，为更详细地收集和报告数据开展更细致的监测工作，对保护全球鱼类资源和依赖它们的生物群至关重要。

气候与能源方面。大多数国家在过去 10 年里都降低了温室气体排放量。参评国家与地区中 3/5 的国家与地区二氧化碳强度下降，而 85%～90%的国家甲烷、氧化亚氮和黑炭排放量下降。这些趋势给人们带来了希望，但必须加快治理步伐，以实现《2015 年巴黎气候协议》的宏伟目标。

空气污染方面。随着全球 SO_2 和 NO_x 排放量在 10 年内的下降，所有国家的空气污染评分都有所提高。尽管空气污染防治在全球层面取得了进展，但发达国家和发展中国家之间仍然存在巨大的不平等。煤炭消耗量大、油气储量大、炼油能力强的国家，其 SO_2 和 NO_x 排放量相对于国内生产总值的水平仍较高。

水资源方面。由于全球污水处理数据的缺乏，全球污水处理的绩效相较于基线并未改变。国家环境绩效的提高与经济发展密切相关。发展中国家的污水处理值难以确定，需要加大基础设施建设规划和数据收集工作，以实现可持续发展目标 6（清洁饮水和卫生设施）中的目标。

农业方面。10 年来氮管理的小幅进步是产量增加而不是效率提高的结果。整个农业行业对氮的管理不善仍然威胁着自然界的健康和可持续性。新指标更好地考虑了氮使用的区域差异以及特定国家贸易基准，能够改善全球监测工作。

在 20 年的经验中，EPI 揭示了可持续发展的两个基本维度间的紧张关系：一是随着经济增长和繁荣而改善的环境健康；二是受工业化和城市化影响的生态系统活力。良好的治理是平衡这些不同维度可持续性的关键因素。图 4 显示了 2018 年 EPI 中环境健康和生态系统活力分项分数间的关系。虽然正相关，但两个维度差异很大，经济增长创造了投资环保的资源，同时增加了污染负担和栖息地压力。

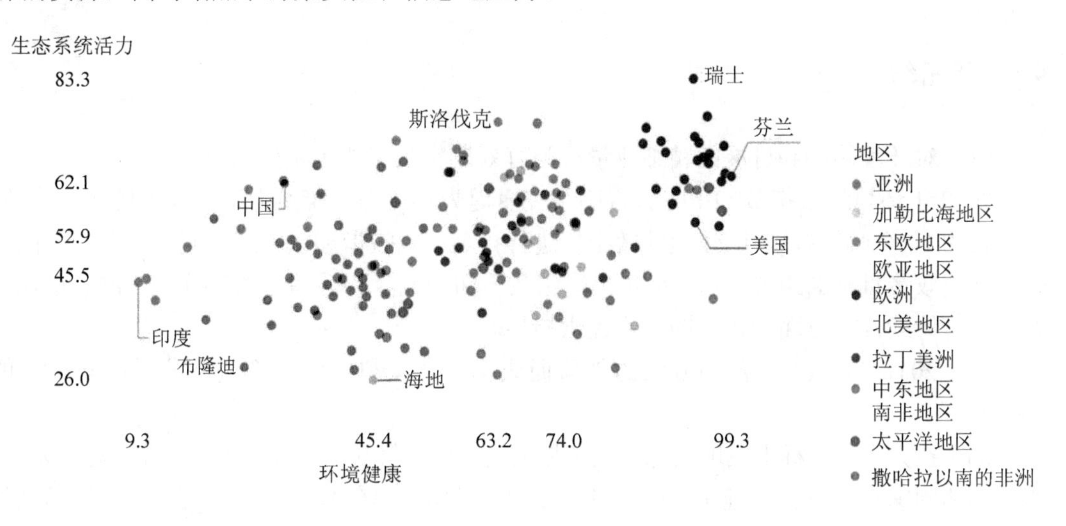

图 4　环境健康与生态系统活力得分关系图

3.4　环境绩效与经济发展的相关性分析

2018 年环境绩效指数与经济发展呈正相关（图 5）。为了实现可持续发展目标，需要重点投资于保护人类健康和生态系统所必需的基础设施上。经济增长通常以环境为代价，特别是开发自然资源和无限制的工业化带来的经济增长，在快速城市化的世界中，建设提升饮用水水源水质、管理废水和减轻污染的设施非常重要。

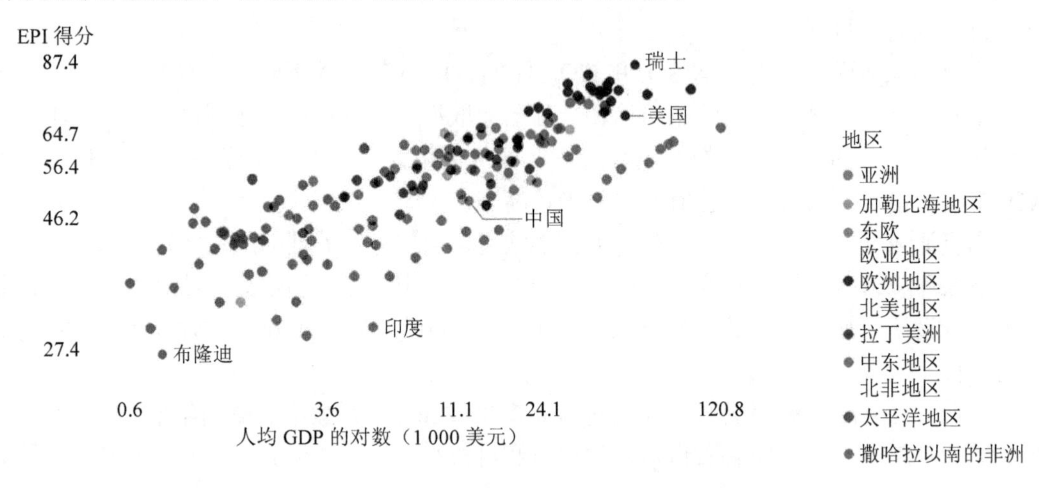

图 5　2018 年环境绩效与经济发展关系图

4　研究结论与政策建议

4.1　研究结论

（1）对环境趋势和进展的精细测量可为有效制定政策奠定基础

2018 年环境绩效指数（EPI）报告围绕环境健康和生态系统活力两大政策目标，对 180 个国家的 10 个政策领域共 24 项绩效指标进行排名。这些指标在国家层面上衡量了各国离既定环境政策目标的距离。EPI 提供环境绩效方面领先者和落后者的计分卡，洞悉最佳实践，在可持续发展方面为领先的国家提供指导。

（2）2018 年 EPI 数据和方法的创新促成基于环境科学和最新进展分析的新排名的确定

瑞士在大多数指标上表现出色，尤其是空气质量和气候保护方面领先全球。总体来说，得分高的国家在保护公共健康、保护自然资源以及将温室气体（GHG）排放与经济活动的耦合方面做出了长期承诺。印度和孟加拉国排名接近垫底。环境绩效指数得分低说明国家需要在多个方面开展可持续性工作，特别是在提高空气质量、保护生物多样性和减少温室气体排放等方面。一些国家得分落后是由于面临更多的挑战，如内乱，但其他国家的低分可归因于治理不力。重点关注 EPI 的决策者必须采取进一步行动解决问题。

（3）世界已经进入了数据驱动的环境决策新时代

随着联合国 2015 年可持续发展目标的实施，政府越来越多地被要求参照量化指标解释其在一系列污染控制和自然资源管理挑战方面的表现。一种以数据为导向的环保方法，可以让人们更容易发现问题，跟踪趋势，突出政策的成功和失败，确定最佳实践，并优化投资环境保护的收益。尽管 EPI 为环境政策制定提供了更严谨的分析框架，但它也显示出一些严重的数据缺口。随着 EPI 项目 20 年来的突出表现，在一系列环境问题中，研究迫切需要更好的数据收集方式。现有缺口在可持续农业、水资源、废物管理和对生物多样性威胁方面尤其明显。因此，支持更强大的全球数据系统对于更好地迎接可持续发展挑战至关重要。

（4）整体 EPI 排名表明了各个国家在应对环境压力方面的能力

从政策角度来看，更大的价值来自深入分析数据以研究特定问题、策略类别、对等组和国家的能力。这种分析有助于完善政策选择，了解环境改善的决定因素，并最大限度地提高政府投资的回报。EPI 揭示了可持续发展两个基本维度之间的关系。一是随着经济增长和繁荣而改善的环境健康；二是生态系统活力受到来自工业化和城市化的影响。良好的治理是平衡这些不同维度的可持续性的关键因素。

（5）关键指标的分析

一是空气质量仍然是公众健康的主要环境威胁。2016 年，卫生计量与评估研究所估计，与空气污染物有关的疾病造成的生命年减少量占与环境有关的死亡和残疾导致的生命年减少量的 2/3。在快速城市化和工业化国家，如印度和中国，空气污染问题尤其严重。二是世界在海洋和陆地生物群落保护方面已取得重大进展。世界在海洋和陆地生物群落保护方面超过了 2014 年的国际海洋保护目标。然而，衡量陆地保护区的其他指标表明，人们需要做更多的工作来保障高质量栖息地不受人类活动的影响。三是大多数国家温室气体排放强度有所改善。EPI 排名中 3/5 的国家 CO_2 浓度降低，而 85%～90%的国家甲烷、N_2O 和黑炭浓度下降。这些趋势给人们带来了希望，但必须加快治理步伐，以实现《2015 年巴黎气候协议》的宏伟目标。

4.2 政策建议

（1）在国家层面上选择 EPI 的评估指标分析特定的环境问题时，并不总是具备较好的分析标准，因此也往往会导致难以充分考虑评估对象异质性特征的争议

环境问题无国界。许多环境问题，当在国家层面上衡量时，就会失去本地的特征。当一个国家像美国、俄罗斯等国家一样疆域辽阔、变化多样时，是否能够采用单一的指标比如空气或水的质量来定义一个国家的环境绩效水平，在国家层面上选择 EPI 评估指标分析特定的环境问题时，并不总是具备好的分析标准。

（2）评估国家正在实施的政策是否能够使气候变化得以缓解，是当今社会面临的最紧迫挑战之一

《2015 年巴黎气候协议》确立了对所有国家应对气候变化行动的期望，但依然难以建立稳定的指标对绩效进行评估。2018 年 EPI 评估中气候与能源指标主要用于说明国家如何实现去碳化的经济增长，而不是评估它们的气候变化政策是否产生了切实的影响。

（3）环境绩效指数研究迫切需要更好的数据收集系统

现有数据缺口在可持续农业、水资源、废物管理和对生物多样性威胁方面尤其明显。因此，支持更强大的全球数据系统对于更好地迎接可持续发展挑战至关重要。EPI 利用卫星技术、遥感技术来建立全球可比的数据集，得到各国政府未能监测或报告的环境数据。这些数据主要是应用于空气质量和林业指标计算，这些指标比之前的模型和国家报告中的指标数据更具有可比性和综合性。

（4）建议尽快启动国家环境绩效评估试点工作，促进建立国家—省—市（县）三层级的环境绩效评估长效机制，分步有序推进环境绩效评估的制度建设，加速我国环境管理转型和深化生态文明制度建设探索

目前，我国环境绩效评估工作还没有建立制度框架，各地开展的绩效评估工作整体上还处于初步探索状态，在国家层面也缺乏技术指导。生态环境部环境规划院此前曾经与耶鲁大学合作试图建立中国省级环境绩效评估体系，但由于数据质量控制和数据透明度方面的分歧而“半途而废”。为了充分发挥绩效测量在环境管理中的作用，建议生态环境部结合我国国情，在大时间尺度上对我国各地环境绩效进行科学的连续监测与评估，为我国及各地区进行科学的环境管理决策提供有力支撑。作为第三方环境绩效评估制度的试点，建议由生态环境部环境规划院联合有关权威科研单位开展研究，推进建立环境绩效评估制度，使环境绩效评估制度成为环境目标责任考核制度的补充。

（5）亟须建立更好的环境评价与指标系统。每一项 EPI 指标的得分都凸显了这一结论

虽然环境评价和指标系统在某些领域已经取得了进展，特别是与卫星数据有关的技术进步和创新，但是许多环境问题缺乏监测或具有可比性的数据。由于数据缺失，淡水质量、物种灭绝、气候适应和废弃物管理仍然是 EPI 评价体系中数据缺失的指标。缺少这些信息，EPI 评估也无法为环境管理提供支撑，环境管理能力将无法得到提升，生态系统与人类健康也就会受到影响。

参考文献

[1] Blanc D L. Towards Integration at Last？The Sustainable Development Goals as a Network of Targets [J]. Sustainable Development，2015，23（3）：176-187.

[2] Landrigan P J，Fuller R，Njr A，et al. The Lancet Commission on pollution and health [J]. Lancet，2017，1（8）：1050.

[3] Rockström J，Steffen W，Noone K，et al. A safe operating space for humanity [J]. Nature，2009，461（7263）：472-475.

[4] Yale Center for Environmental Law and Policy，International Earth Science Information Network（CIESIN），2018 Environmental Performance Index[EB/OL]. Yale University，2018.http://epi.yale.edu.

[5] Yale Center for Environmental Law and Policy，International Earth Science Information Network（CIESIN），2016 Environmental Performance Index[EB/OL]. Yale University，2016.http://epi.yale.edu.

[6] Yale Center for Environmental Law and Policy，International Earth Science Information Network

（CIESIN），2014 Environmental Performance Index[EB/OL]. Yale University，2014.http://epi.yale.edu.

[7] Yale Center for Environmental Law and Policy. 2012 Environmental Performance Index and Pilot Trend Environmental Performance Index[EB/OL]. Yale University，2012.http://epi.yale.edu.

[8] Yale Center for Environmental Law & Policy，International Earth Science Information Network（CIESIN），2010 Environmental Performance Index [EB/OL]. http://epi.yale.edu

[9] Yale Center for Environmental Law & Policy，International Earth Science Information Network（CIESIN），2008 Environmental Performance Index [EB/OL]. http://epi.yale.edu.

[10] Yale Center for Environmental Law & Policy，International Earth Science Information Network（CIESIN），2006 Environmental Performance Index [EB/OL]. http://epi.yale.edu.

[11] Hsu A，Johnson L，Lloyd A. Measuring Progress：A Practical Guide from the Developers of the Environmental Performance Index [EB/OL]. Yale Center for Environmental Law and Policy：New Haven，CT. 2013. Available：http://epi.yale.edu.

[12] Hsu A，Miao W. China's performance on the 2014 Environmental Performance Index：What are the key takeaways？Yale Environmental Performance Index[EB/OL]. 2014-04-03. The Metric. Available：http://epi.yale.edu.

[13] Yale Environmental Performance Index，Indicators in Practice. Basque Country's Environmental Performance Index[EB/OL]. 2015-04-20.

[14] 董战峰，郝春旭．积极构建环境绩效评估与管理制度[J]．社会观察，2015，10：34-37.

[15] 董战峰，张欣，郝春旭．2014 年全球环境绩效指数（EPI）分析与思考[J]．环境保护，2015，2：55-57.

[16] 董战峰，郝春旭，王婷，等．中国省级区域环境绩效评价方法研究[J]．环境污染与防治，201 6，38（2）：154-157.

[17] 郝春旭，董战峰，葛察忠，等．基于聚类分析法的省级环境绩效动态评估与分析[J]．生态经济（中文版），2015，32（1）：154-157.

[18] 郝春旭，翁俊豪，董战峰，等．基于主成分分析的中国省级环境绩效评估[J]．资源开发与市场，2016，32（1）：26-30.

[19] 董战峰，吴琼，李红祥，等．我国环境绩效评估制度建设的六大关键问题[J]．环境保护与循环经济，2013，33（9）：4-11.

[20] Dong Z F，Wu Q，Wang J N，et al. Environmental indicator development in China：Debates and challenges ahead[J]. Environmental Development，2013，7：125-127.

[21] 董战峰，郝春旭，李红祥，等．2016 年全球环境绩效指数中国得分为 65.1 分，中国在 180 个国家和地区中位居第 109 位[R]．重要环境信息参考，2016，12（5）.

[22] 董战峰，郝春旭，张欣，等．2014 年全球环境绩效指数中国得分为 43 分，中国在 178 个国家和地区中排名靠后居第 118 位[R]．重要环境信息参考，2014，10（23）.

[23] 王金南，赵学涛，杨威杉，等．2012 年中国在 132 个国家和地区中的环境绩效指数（EPI）排名后居第 116 位．重要环境信息参考，2012，8（12）.

[24] 王金南，曹颖，曹国志，等．2010 年全球环境绩效指数（EPI）：中国排名第 121 位．重要环境信息参考，2010，6（13）.

[25] 董战峰，王金南．2008 年全球 EPI 中国排名第 105 位：巨大环境代价．重要环境信息参考，2008，4（5）．

[26] 王金南，蒋洪强，李勇．中国在世界环境绩效指数排名中位居第 94 位．重要环境信息参考，2006，2（2）．

新安江流域生态补偿试点实践及成效

Implementation and Effect of Ecological Compensation in Xin'an River Basin

杨文杰 赵 越 续衍雪 马乐宽
王 东 陆 军 王金南 赵康平 孙运海 刘桂环

摘 要 新安江流域生态补偿在跨省流域生态补偿方面具有一定的典型性和示范性，本文总结了新安江流域两轮生态补偿的主要做法和经验，并从生态、经济、社会等方面开展了流域补偿实施成效评估，并对新安江流域下一步生态补偿提出了政策建议。

Abstract Ecological Compensation in Xin'an River Basin was a typical and exemplary case in cross-provincial river basin ecological compensation. This paper summarized the two rounds of Xinan River Basin Ecological Compensation practices and experiences，and evaluated the implementation effect from ecological environment，economic，and social. Some suggestions were put forward for improving ecological compensation mechanism in the Xin'an River Basin.

Keywords Xin'an River Basin，ecological，compensation，effect

为贯彻落实党中央、国务院关于生态文明建设和生态文明体制改革的总体部署，在财政部、环保部指导下，皖浙两省政府于 2012 年正式实施了新安江流域水环境补偿试点，成为全国首个跨省流域水环境补偿试点。目前，新安江流域上下游横向生态补偿试点两轮工作已圆满收官，按照《关于加快建立流域上下游横向生态保护补偿机制的指导意见》（财建〔2016〕928 号）中“对试点工作开展情况进行绩效评估，其结果作为中央资金奖励的重要依据”的要求，生态环境部环境规划院对新安江流域上下游横向生态补偿试点工作实施情况开展绩效评估，并编写完成评估报告。本文系统梳理了两轮试点实施过程中的主要做法及成效，分析存在的问题，提出相关政策建议，对全国其他流域深入开展跨省流域生态补偿提供“新安江模式”的范本和参考。

1 总论

1.1 流域概况

新安江发源于黄山市休宁县六股尖，地跨皖浙两省，为钱塘江正源，是安徽省内仅次于长江、淮河的第三大水系，也是浙江省千岛湖最大的入湖河流。新安江干流长度约 359 km，其中安徽省境内 242.3 km，大小支流 600 多条。流域总面积约 11 452.5 km^2，其中安徽省境内面积 6 736.8 km^2，占流域总面积的 58.8%；黄山市境内 5 856.1 km^2，占流域总面积的 51.1%，宣城市绩溪县境内 880.7 km^2，占流域总面积的 7.7%。新安江经千岛湖、富春江、钱塘江在杭州湾入东海。省界断面多年平均出境水量占千岛湖年均入湖总水量的 60%以上。

千岛湖集水面积为 10 442 km^2，正常水位在 108 m 时，库容为 178.4 亿 m^3，水域面积为 580 km^2，其中 98%的水域面积在浙江省淳安县境内，是浙江省重要的饮用水水源地，也是整个长三角地区的战略备用水源，承担着大型湿地所特有的调节小气候、降解污染、维护生物多样性等生态功能。千岛湖及新安江流域不仅是浙皖两省的重要生态屏障，而且事关整个长三角地区的生态安全，战略地位举足轻重。

1.2 评估内容

评估内容主要包括试点目标、任务完成情况，以及试点产生的环境、经济和社会效益。其中，环境效益主要评估了水环境质量变化、污染减排、治理水平以及生态建设等方面内容；经济效益主要评估了经济发展与产业结构变化、资金投入及拉动效果、污染治理效率与环保投资方向等内容；社会效益主要从政府、企业、公众等角度评估了水环境补偿试点实施带来的社会影响。通过绩效评估为推进下一轮上下游横向生态补偿工作提出相应对策和建议。

1.3 评估方法

新安江流域上下游横向生态补偿试点工作实施情况的绩效评估主要采用定性与定量相结合的方法，从生态环境、经济、社会 3 个方面开展。在定量分析方面，利用水质变化、污染物总量减排、资金投入等相关数据进行了数理统计分析，同时采用模型模拟计算流域氮磷污染负荷；通过建立水质与项目的关联性，模拟项目治理效率、资金投向等内容；根据卫星遥感数据，对流域土地利用情况进行了解译分析，多角度分析补偿实施前后生态环境变化情况。在定性分析方面，通过资料查阅及现场调研，总结了皖浙两省的主要做法、经验及问题，政府、企业和公众在试点实施过程中发挥的作用。

2 试点建立与实施情况

2.1 补偿建立过程

2010 年 10 月，时任全国政协副主席张梅颖率调研组赴新安江流域开展专题调研，形成了《关于千岛湖水资源保护情况的调研报告》。习近平同志在报告上批示："千岛湖是我国极为难得的优质水资源，加强千岛湖水资源保护意义重大，在这个问题上要避免重蹈先污染后治理的覆辙。我认为这份调研报告所提建议值得重视，是否可由发改委牵头研究提出千岛湖水资源保护的综合规划；由环保部牵头对新安江上下游污染防治的协调管理进行研究并提出意见。浙江、安徽两省要着眼大局，从源头控制污染，走互利共赢之路。"党和国家领导人李克强、回良玉等均做出重要批示，要求安徽、浙江两省密切配合做好相关工作，为千岛湖的水资源保护做出贡献。在国家层面的组织协调和皖浙两省的共同推进下，2011 年财政部、环保部牵头启动全国首个跨省流域——新安江生态补偿机制试点，并于2012 年正式实施（首轮试点为期三年，2012—2014 年）。

2014 年年底第一轮试点顺利通过国家验收后，两省积极争取继续实施新一轮试点。2015 年 3 月，李克强总理在新华社关于新安江补偿试点动态清样上做出重要批示，"跨省流域生态补偿机制试点是个有益尝试。发改委、财政部、环保部要会同有关方面认真总结经验，研究提出扩大流域上下游横向补偿机制试点的意见"。10 月，财政部、环保部下发《关于明确新安江流域上下游横向补偿试点接续支持政策并下达2015年试点补助资金的通知》，明确中央财政 2015—2017 年继续对新安江流域上下游横向生态补偿试点工作给予支持，为期三年的第二轮试点正式实施。

与第一轮相比，第二轮体现了"双提高"，即水质目标有所提升，补助资金有所增加。同时，与第一轮相比，体现出"三个转变"：从末端治理向源头保护转变，从项目推动向制度保护转变，从生态资源向生态资本转变。同时，从 2013 年开始，为加大新安江综合治理，安徽省每年在约定数额基础上，进一步追加 2 000 万元。

2.2 试点实施情况

2.2.1 两轮补偿指数（P 值）均达到要求

2.2.1.1 第一轮补偿 P 值情况

2012—2014 年，皖浙两省每年对跨省界街口断面开展 12 次联合监测，3 年 P 值均达到《新安江流域水环境补偿试点实施方案》（财建函〔2011〕123 号，以下简称《实施方案》）要求，且逐年下降，街口断面水质总体保持稳定。街口断面主要水质指标监测数据及 P 值见表 1。

表 1　2012—2014 年街口断面主要水质指标监测数据及 *P* 值

年　份	高锰酸盐指数/（mg/L）	氨氮/（mg/L）	总磷/（mg/L）	总氮/（mg/L）	*P* 值
2008—2010（均值）	1.990	0.085	0.029	1.260	0.85
2012	1.805	0.097	0.029	1.086	0.833
2013	1.967	0.092	0.027	1.118	0.828
2014	1.947	0.099 5	0.022	1.230	0.825

2.2.1.2　**第二轮补偿 *P* 值情况**

2015—2017 年，皖浙两省每年对跨省界街口断面开展 12 次联合监测，3 年 *P* 值均达到《新安江流域上下游横向生态补偿试点实施方案（2015—2017）》要求，省界断面水质总体保持稳定。街口断面主要水质指标监测数据及 *P* 值见表 2。

表 2　2015—2017 年街口断面主要水质指标监测数据及 *P* 值

年　份	高锰酸盐指数/（mg/L）	氨氮/（mg/L）	总磷/（mg/L）	总氮/（mg/L）	*P* 值
2012—2014（均值）	1.906	0.096	0.026	1.145	0.89
2015	1.895	0.077	0.024	1.448	0.886
2016	1.828	0.078	0.023	1.343	0.852
2017	1.699	0.080	0.029	1.337	0.888

2.2.2　试点资金及时拨付

2.2.2.1　**中央及省级资金投入情况**

按照《实施方案》《新安江流域上下游横向生态补偿试点实施方案（2015—2017）》中的资金拨付要求，两轮新安江流域水环境补偿试点资金采用财政专项转移支付形式，由中央财政、浙江和安徽省级财政共同投入支付给上游黄山市和绩溪县。

2010—2017 年，中央财政及浙江、安徽两省共计拨付补偿资金 39.5 亿元，其中，中央财政 20.5 亿元，浙江 9 亿元，安徽 10 亿元。2010—2014 年，第一轮试点中央财政共下达补偿资金 11.5 亿元，浙江、安徽两省拨付补偿资金共 6.4 亿元，合计 17.9 亿元。2015—2017 年，第二轮试点中央财政共下达补偿资金 9 亿元，浙江、安徽两省拨付补偿资金共 12.6 亿元，合计 21.6 亿元。

表 3　2010—2017 年补偿资金拨付情况

单位：亿元

资金来源	2010 年	2011 年	2012 年	2013 年	2014 年	2015 年	2016 年	2017 年	合计
中央	0.5	2	3	3	3	4	3	2	20.5
浙江	—	—	1	1	1	2	2	2	9
安徽	—	—	1	1.2	1.2	2.2	2.2	2.2	10
总计	0.5	2	5	5.2	5.2	8.2	7.2	6.2	39.5

2.2.2.2 地方总体资金投入情况

为保障试点项目顺利实施，2010—2014 年，黄山市、绩溪县在中央及省级财政试点资金的基础上，多渠道筹措资金，分别投入资金 859 000 万元、35 665 万元；2015—2017 年，黄山市、绩溪县继续加大投入力度，分别投入资金 347 000 万元、29 878 万元。两轮试点，黄山市共计投入资金 120.6 亿元，绩溪县投入资金 6.55 亿元。详见表 4。

表 4 地方总体资金投入情况

单位：万元

资金来源	2010—2011 年	2012 年	2013 年	2014 年	2015 年	2016 年	2017 年	合计
黄山市	168 000	194 000	245 000	252 000	45 000	166 000	136 000	1 206 000
绩溪县	10 381	9 379	10 816	5 089	6 982	11 034	11 862	65 543

2.2.3 严格资金与项目管理

2.2.3.1 试点项目全面推进

利用试点专项资金，第一轮新安江流域水环境补偿试点项目已完成投资 90.3 亿元，其中，黄山市 86.0 亿元，绩溪县 4.3 亿元。共安排了农村面源污染、城镇污水和垃圾处理、工业点源污染整治、生态修复工程、能力建设 5 大类 261 个项目，其中，黄山市 192 个，绩溪县 69 个。主要涉及农业农村面源污染防治，城乡污水处理设施及截污管网建设，工业园区基础设施建设，河道清淤疏浚、排水、生态护岸，以及规划编制、科普宣传、监测能力提升等内容。试点资金使用情况详见表 5、表 6。

表 5 2010—2014 年黄山市试点资金使用情况

类 别	项目数/个	项目投资/万元	完成投资/万元	安排试点资金/万元
农村面源污染	102	51 004.6	41 983.0	26 686.2
城镇污水和垃圾处理	34	46 980.8	42 405.0	11 599
工业点源污染整治	14	158 150	104 739	12 617
生态修复工程	31	911 038.5	664 526.0	103 575.8
能力建设	11	12 040	5 895	5 600
合计	192	1 179 213.9	859 548	160 078

表 6 2010—2014 年绩溪县试点资金使用情况

类 别	项目数/个	项目投资/万元	完成投资/万元	安排试点资金/万元
农村面源污染	21	6 510	3 560	2 882
城镇污水和垃圾处理	30	15 003.55	12 620	8 708
工业点源污染整治	10	7 140	6 812	2 100
生态修复工程	5	25 934	18 900	4 812
能力建设	3	1 430	816	420
合计	69	56 107.55	42 708	18 922

第二轮补偿试点项目共分为5大类63个，共完成投资35.6亿元。其中，黄山市安排项目33个，完成投资34.7亿元，绩溪县安排项目30个，完成投资0.9亿元。具体如表7、表8所示。

表7 2015—2017年黄山市试点资金使用情况

类　别	项目数/个	项目投资/万元	完成投资/万元	安排试点资金/万元
农村面源污染	8	288 624	24 150	21 160
城镇污水和垃圾处理	9	98 533	9 605	27 280
工业点源污染整治	4	626 000	146 471	124 130
生态修复工程	5	706 485	166 200	24 200
能力建设	7	1 286	700	1 230
合计	33	1 720 928	347 126	198 000

表8 2015—2017年绩溪县试点资金使用情况

项目类型	项目数/个	项目投资/万元	完成投资/万元	安排试点资金/万元
农村面源污染	14	3 384	2 457	3 384
城镇污水和垃圾处理	6	4 590	2 111	4 590
工业点源污染整治	2	1 200	1 193	1 200
河道整治	7	8 506	3 343	8 506
能力建设	1	320	42	320
合计	30	18 000	9 146	18 000

2.2.3.2 资金项目管理规范

在资金与项目管理方面，安徽省财政厅、环保厅为保障补偿资金及时拨付到各市县，切实管好用好补偿资金，联合印发了《安徽省新安江流域生态环境补偿资金管理暂行办法》（以下简称《资金管理暂行办法》），规定了资金使用范围、项目申报和资金下达以及监督管理等具体内容。黄山市先后印发了《关于进一步加快新安江流域生态补偿机制试点项目建设的通知》（黄政秘〔2012〕43号）、《黄山市新安江流域生态补偿项目管理办法》（黄财新〔2012〕284号）、《黄山市新安江流域生态补偿机制试点项目档案汇编目录》（黄新办〔2012〕2号）、《黄山市新安江流域生态补偿机制试点资金项目验收工作方案》（黄财新〔2013〕105号）、《新安江流域生态补偿资金管理办法》（黄财新〔2017〕554号）等文件；绩溪县研究出台了《绩溪县新安江流域生态补偿资金项目管理办法》（绩政办〔2017〕144号）、《绩溪县环保局项目约谈、调度、验收制度》（环办〔2017〕28号）等文件，严格项目管理，保障项目顺利实施。

2.2.4 建立了一批行之有效的工作机制

2.2.4.1 转变理念，强化推进

安徽省委、省政府把新安江综合治理作为生态强省建设的“一号工程”，建立了常务

副省长主抓，财政厅、环保厅等省直部门和地市联动的工作推进机制，并在省政府目标管理考核中把黄山单列为四类地区，弱化经济指标考核，加大生态环保考核权重。黄山市委、市政府也始终把新安江流域生态建设摆在与经济建设同等重要的位置，分别成立以书记、市长为组长的新安江流域综合治理和生态补偿机制试点工作领导小组。

2.2.4.2 区域联动，协同保护

上下游通过建立跨省污染防治区域联动机制，统筹推进全流域联防联控，水环境保护合力逐渐形成。黄山市和淳安县通过共同制定《新安江流域沿线企业环境联合执法工作实施意见》《新安江流域跨界环境污染纠纷处置和应急联动工作实施意见》，专门成立应急污染事故联络工作小组，建立互访协商机制，加强了新安江流域综合治理情况的协商交流；通过建立联合监测、汛期联合打捞、应急联动、工作信息网络共享、流域沿线污染企业联合执法等机制，以及定期召开联席会议等，共同治理跨界水环境污染，预防与处置跨界污染纠纷。

2.2.4.3 专设机构，落实责任

为加强新安江流域生态建设保护工作，统一协调工作，加强日常监管，黄山市专门成立了新安江流域生态建设保护局，归口财政局管理，专门负责新安江流域水环境保护日常工作，建立并完善与环保、水利、农业等部门相互协调的运行机制。同时，为进一步落实环境保护责任，实行党政同责，促进全市经济社会与环境保护协调可持续发展，建立生态环境保护统一决策、领导、规划、协调的长效机制，黄山市成立了环境保护委员会，由市委书记、市政府主要领导任组长，市分管领导任副主任。委员会办公室设在市环保局，市环保局局长兼任办公室主任。

2.2.4.4 部门协作，强化执法

黄山市建立环保与公安机关联动执法机制，共同开展新安江流域采砂洗砂专项治理、拆除碍航渔网、规范浮动渔网设置等工作，截至 2017 年，共出动警力 780 人次、警车 200 台次，收缴钓鱼、电鱼器具 600 台（件），教育处理 600 人。2017 年，黄山侦办首例非法采砂入刑案，是自 2016 年 12 月 1 日“非法采砂入刑”司法解释正式实施后，黄山市首次对无证非法采砂适用“非法采矿罪”追究刑事责任。

淳安县建立环保公安联动执法机制，设立公安环境犯罪侦查大队，成立环保、公安联络室，制定下发《关于建立淳安县环境执法联动协作机制的意见》和《环保、公安“一月一主题”联合执法行动方案》。

2.2.4.5 规范管理，制度保障

规范项目申报程序，严格执行项目法人制、招投标制、监理制、合同制和竣工验收制等。规范资金管理，严格分账核算，专款专用。强化项目监管，所有试点项目实行纪检监察部门监督检查和竣工验收工程审计，以审计结论作为项目结算依据。先后制定出台了新安江流域综合治理决定、新安江流域生态补偿机制试点工作意见、水环境补偿资金绩效评价管理办法、“河长制”实施方案、项目管理和验收办法、国开行项目偿贷机制、全市禁磷、全民保护方案、新安江流域上下游横向生态补偿试点“十三五”实施方案、关于健全生态保护补偿机制的实施意见等 60 多项制度文件，为流域综合治理提供了政策保障。

2.2.4.6 创新投入，绿色发展

第一轮试点中，黄山市充分利用市场配置资源，鼓励支持社会力量投入新安江保护与建设。安徽省政府与国开行签订的新安江200亿元融资战略协议，目前已获批56.5亿元，专项用于新安江流域综合治理。黄山市城投公司作为融资承接平台，区县作为还款责任主体，试点资金通过项目注入城投，提高平台融资能力，充分发挥试点资金的放大效应。第二轮试点中，黄山市与国开行、国开证券等共同发起全国首个跨省流域生态补偿绿色发展基金，主要投向生态治理和环境保护、绿色产业发展等领域，通过促进产业转型和生态经济发展，推动末梢治理向源头控制转变。积极申报亚行贷款项目，通过PPP模式推进全流域农村垃圾、污水治理。

为加大自然生态系统和环境保护力度，2017年8月，黄山五大发展行动计划领导小组办公室出台了《黄山市绿色发展行动实施方案》，明确了黄山市5年内绿色发展行动总体目标、重点任务和保障措施。成立了以市领导为组长、副组长，市有关部门主要负责同志为成员的绿色发展行动专项小组，对绿色发展行动负总责，各牵头单位和相关区县对重大事项、重点工程负主体责任。方案还列出具体工作目标、时间表和路线图，确保各项工作组织到位、措施到位、责任到位。

2.2.4.7 全民参与，社会共治

黄山市把新安江生态建设与民生工程有机结合，通过推行村级保洁和河面打捞社会化管理，优先聘请贫困和困难户作为保洁员。全市组建75支志愿者队伍，常年开展“保护母亲河”志愿行动。黄山市各乡镇制定村规民约，形成由全体村民共同遵守的民间社会规范。政府门户网站专门建立了新安江保护专栏信息平台及微信公众平台，及时公布试点工作动态，开展意见征求和有奖举报活动。组织开展了环保志愿者文明劝导、有奖知识竞赛、科普培训等活动。所有试点项目均设立标识牌，公开项目建设内容、投资规模、责任单位、管护单位等信息，提高了试点工作的影响力和透明度。试点工作还促进了企业自觉环保履责，建立了重点行业企业环境行为报告制度。

2.3 试点主要做法

2.3.1 加快流域水污染防治

2.3.1.1 强化城镇生活污水治理

水环境补偿试点实施以来，新安江流域内城镇污水处理设施建设取得了较大进展。截至2016年年底，黄山市城镇污水总体设计能力为22.5万t/d，生活污水平均处理率为93%，相比2011年，新增污水处理能力10万t/d，城镇生活污水处理率提高了11个百分点。

2.3.1.2 狠抓工业污染防治

新安江流域内工业废水、COD、氨氮等主要污染指标排放量及排放强度总体呈现下降趋势。根据黄山市环境统计数据，2016年，黄山市工业废水排放量为605.6万t，COD排放量为975.8 t，氨氮排放量为102.2 t；其主要污染物排放强度总体呈逐年下降趋势。

补偿试点实施以来，黄山市累计关停淘汰污染企业170余家，优化升级项目510多个。

同时，为改善环境质量，黄山市环保局制定并印发了《黄山市工业污染源全面达标排放计划工作方案》，到 2017 年年底，水泥、造纸等重点行业实现全面达标排放。黄山市 90 多家工业企业已陆续搬迁至循环经济园中，并加快循环经济园集中治污等环境基础设施建设。目前，已实施循环经济重点建设项目 33 项，累计完成投资 57.78 亿元，实行了集中供热供水、集中治污，减少了治污的总投入，提升了治污的效率。

2.3.1.3 **推进农业污染防治**

（1）农药化肥施用情况

黄山市通过开展测土配方施肥、农作物秸秆综合利用、冷浸田农艺措施和养分管理等综合治理集成技术工作，增加秸秆和畜禽粪便有机肥的利用，减少化肥施用量。2015 年黄山市在全省率先启动农药集中配送，建成了覆盖乡村的配送网点 453 个，研发推广微生物新型有机肥，从源头上控制面源污染。

补偿试点实施期间，黄山市化肥施用强度总体呈现下降趋势。氮肥施用强度为 164.16 t/khm^2，磷肥施用强度为 55.07 t/khm^2，相较于 2010 年，分别下降 31.67%、22.47%。在氮肥和磷肥施用量总体下降的情况下，2010—2017 年，黄山市有机肥销售量呈逐年上升趋势。由 2010 年的 800 t 上升到 2017 年的 1.5 万 t，两轮试点期间，有机肥销售量增长了 16.75 倍。

2017 年，黄山市单位面积农药施用量为 2.53 kg/hm^2，2010—2014 年，黄山市农药施用量与施用强度均有所上升，可能与农药控制试点时间较短，农民种植习惯未得到完全改变，各类防控技术发挥效果还需一定时间，短期内各项措施难以有立竿见影的效果有关。2014—2017 年，农药施用量及施用强度有所下降，农药集中配送体系正逐步发挥环保效益。

专栏 1 黄山建立“七统一”农药集中配送体系

从 2015 年起，黄山市在安徽省率先全面推行农药集中配送，按照“政府采购、统一配送、信息化管理、零差价销售、财政补贴”的原则，通过政府主导、配送主体牵头、相关新型农业经营主体及农药经销商加盟的运行模式，截至 2017 年年底，全市累计完成网点建设 453 个（县级配送中心 3 个、基层网点 300 个，直供点 150 个），乡镇一级网点覆盖率达 98%，村一级网点覆盖率达 50%，配送的高效低毒环保生物农药总额为 4 100 万元，回收农药包装废弃瓶（袋）1 890 万个并进行无害化处理。“七统一”农药集中配送体系建立并有效运转，实现统一采购、统一配送、统一标识、统一零差价销售、统一信息化管理、统一回收与处置、统一财政补贴。农药电子管理系统已试运行，通过招标采购方式，及时配送到基层网点，确保农民零差价购买、农药配送体系有效运转。

（2）规模化畜禽养殖污染治理情况

补偿试点实施期间，黄山市重点实施了规模化畜禽养殖整治等工作，科学制定畜禽养殖规划，截至 2017 年年底，已全面完成禁养区内 124 家畜禽养殖场的关闭或搬迁，关停养殖场畜禽数量（猪当量）为 42 995 头，总投入资金 3 006 万元。

绩溪县出台了《关于印发绩溪县畜禽养殖禁养区划定方案的通知》（绩政办〔2017〕28 号）、《关于印发绩溪县设施农用地征收补偿工作实施方案的通知》（绩政办〔2017〕69 号）和《关于印发绩溪县畜禽禁养区内养殖场关闭搬迁工作实施方案的通知》（绩政办

〔2017〕106 号）等文件，全县新安江流域内已关闭搬迁养殖场 93 户，拆除养殖建筑物面积 4.5 万 m^2，清理家畜 1.7 万头，家禽 2 万羽，通过关闭拆除减少粪污量 1.3 万 t，农业面源污染得到有效治理。

2.3.1.4 加强城乡垃圾处理处置

（1）城市垃圾处理处置

黄山市城市生活垃圾处理处置能力相比于补偿实施前，有较大提高。截至 2017 年年底，黄山市新安江流域共有 3 座垃圾处理场，年处理能力为 22.14 万 t。垃圾收运系统建设趋于完善，收运范围辐射区、县中心及周边重点乡镇。同时，已建成城市生活垃圾渗沥液处理系统，处理能力为 400 t/d。绩溪县城区已建成 1 座垃圾填埋场，位于南郊孔灵马山坞，年处理能力为 4.71 万 t。配套有生活垃圾渗滤液处理系统，处理能力为 100 t/d。

（2）乡村污水、垃圾处理处置

黄山市突出村级保洁，先后建立了覆盖流域所有 68 个乡镇的垃圾处理体系，做到“组收集、村集中、乡镇处置”，聘用农村保洁员 2 791 名。保洁员作为农村公益性岗位，优先聘请农村贫困户和困难户，解决部分农村人口的脱贫。各区县积极落实具体方案，划定责任区，探索政府购买服务推行村级保洁社会化管理。通过健全制度、加大投入、考核评比等，初步建立了农村垃圾处置长效机制。

根据皖浙两省补偿试点第二轮协议规定，黄山市按照“统一规划、统一建设、统一运营、统一考核、统一付费”原则，有序推进农村污水、垃圾两个 PPP 项目，年度付费合计达 1.95 亿元，年限均为 15 年，促进流域环境治理着力从“重建设”向“重运营”转变。先后完成新安江干流和 13 条支流 102 个入河排放口截污改造，实施 97 个农村生活污水处理工程，完成农村改水改厕 23 万户，城镇、农村生活垃圾处理率分别达 100%和 80%，农村卫生厕所普及率达 90%以上。

专栏 2　黄山市“垃圾兑换超市”

黄山市探索建立了以“垃圾兑换超市”为主的新型农村垃圾收集制度。2016 年 7 月 19 日，黄山市流口镇流口村建成了首家垃圾兑换超市。村民可将户内收集的可回收垃圾送至垃圾兑换超市，根据实际需要，按规定兑换标准在垃圾兑换超市自主选择所需的生活用品，该制度依靠财政补贴和政策扶持的支持，通过“垃圾兑换商品”的方法，让村民主动参与垃圾回收处置，村民收集垃圾、保护环境、守护生态的意识逐渐增强，实现了村民从“有利可图”到“应当如此”的价值观念重塑。目前，该制度已在全市逐渐进行推广，建成垃圾超市 24 个，效果良好。

（3）河道（湖面）垃圾打捞清理

为有效减少新安江干流及主要支流河道两边的垃圾、河面漂浮物，减少城乡生活垃圾对水环境的影响，黄山市围绕新安江干流成立了 16 支专门打捞队并实行社会化管理，安排乡镇对 600 多条支流进行定期整治，实行河道日常打捞与专项整治相结合，开展微生物水体修复试点，完善易发流域预警机制和综合整治机制，继续做好重点区域治理，及时清除河面漂浮水生植物，改善河道水环境和景观环境。

淳安县创新湖面垃圾打捞模式。转变原有垃圾打捞方式，对西北湖区垃圾打捞实行市场化运作，确定一家国有企业开展联合打捞。科学设置湖面垃圾拦网，建成小金山大桥水域和南浦大桥水域拦网，第三道威坪水域拦网也已开始建设。淳安县强化垃圾打捞后的资源综合利用，目前，蛟池垃圾卸装码头已建成使用，湖面垃圾资源化综合利用示范工程项目稳步推进。

2.3.2 着力节约保护水资源

黄山市健全各行政区域用水总量控制指标体系，明确区域强度控制要求。严格用水定额和计划管理，强化行业和产品用水强度控制。逐级建立用水总量和用水强度控制目标责任制，继续实施最严格水资源管理制度考核，突出“双控”要求，完善考核评价体系，进一步强化考核结果的运用。

2.3.2.1 严格用水总量控制

（1）严格控制区域取水总量

开展区域与流域水量分配工作，建立取用水总量控制指标体系。根据黄山市“十三五”期间取用水总量控制指标，对黄山市各区县行政区分流域实行用水总量指标分行业分解，并签订分配方案，明确各区县 2020 年年末用水总量，根据区县年度取用水计划申请，在用水总量控制目标内下达各区县年度取用水计划指标。

（2）严格实施取水许可制度

规范取水许可审批管理。按照批准的水资源论证报告书（表），严格取水许可申请审批，新建取水项目能够按照论证、申请、验收、办证的程序，严格把握各环节，新建、延续的取水户能按规定做到资料齐全，延续取水许可证都按照要求进行取用水后评估。市级通过安徽省取水许可证办理系统对区县审批情况进行复核，取水许可办理程序基本规范。利用水利部取水许可管理系统，及时做好取水许可信息录入，做到一个不漏，台账录入到位率达 100%。

2011—2016 年，新安江流域用水总量、农田灌溉用水量、工业用水量 3 项指标总体呈下降趋势。新安江水资源开发利用率由 2011 年的 7.1%下降到 2016 年的 3.8%，水资源开发利用强度总体呈下降趋势。

2.3.2.2 严格用水效率控制

（1）强化用水定额管理

黄山市严格用水定额管理，将 2014 年安徽省新颁布的行业用水定额地方标准作为水资源论证报告编制重要依据，分析取用水合理性。将行业用水定额作为取水许可审批、用水计划核定和企业用水管理的重要依据，将是否符合行业用水定额作为取水许可证延续的依据，不符合定额标准的坚决不予审批取水、暂缓延续取水许可证，直至整改措施落实到位。

（2）加快推进节水技术改造

①积极开展城市生活节水技术改进，加快城镇供水管网改造，推广使用生活节水型器具，减少城市用水“跑冒滴漏”。黄山市工业用水重复利用率为 86.60%，非常规水资源利用率为 18.88%，城市节水型器具普及率达 100%。②开展工业企业节水，按照安徽省百家企业节水行动实施方案，落实企业内部节水制度。③推进农业节水技术改造。大力推进高

效节水灌溉，改进灌溉方式，降低单位面积灌溉用水量，2015—2017年均超额完成农田灌溉水有效利用系数达0.495的目标。④大力推进非常规水源利用，城市建设同步配套建设污水收集、处理设施，注重再生水利用设施的配套建设。

2.3.2.3 严格水功能区限制纳污

黄山市、绩溪县严格入河排污口管理，规范入河排污口设置的论证和审批，认真落实审批前公示制度，建立取水许可和排污口设置管理联动机制，加强入河湖排污口污染源监督检查。黄山市通过入河排污口登记逐个建立档案，对全市入河湖排污口汇编造册。对私设排污口、超标排放污染物等违法行为予以严肃查处，对新安江干流和13条支流入河排放口进行全面排查整治，实施截污改造102个。绩溪县摸排出入河排污口12个，其中市政入河排污口3个，工业企业入河排污口9个，对摸排出的所有排污口分类施策，制定“一口一策”，全部完成整改。

2.3.3 强化水生态保护修复

2.3.3.1 保障河流生态用水

黄山市组织编制了《黄山市重要河流主要控制断面生态流量保障实施方案和枯水期调度方案》，明确取水项目水资源论证报告在确定论证等级时把生态用水作为依据之一，取退水影响论证必须分析生态用水基本流量。2016年开展了新安江源头河流健康评估工作，编制完成了《率水健康评估报告》，选取山区河段、乡镇河段、城区河段对水文水资源、物理结构、水质和生物准则层在河段尺度进行综合评估，通过组织专家进行技术审查得出，率水河流为健康状态。

2.3.3.2 推进河道网箱退养

歙县网箱养殖主要在深渡、新溪口、武阳、坑口、小川和街口6个乡镇；徽州区主要集中在丰乐河流域，共涉及养殖户787户、2 750余人。目前，新安江干支流累计退养6 379只网箱，面积为37.2万m^2，其中歙县5 204只、徽州区1 175只，累计补助试点资金7 400万元，其中歙县7 000万元、徽州区400万元。为了防止退养户生活水平下降，鼓励退养户转产发展，妥善解决其生产、生活及发展问题，巩固网箱退养成果，确保网箱退养“退得出、稳得住、不反弹”，歙县、徽州区政府制定了退养后续扶持政策，包括退养户转产一次性补助、退养户困难救助、退养户转产发展奖励，改善退养区基础设施条件等。

2.3.3.3 禁止河道采砂

黄山市按照总量控制、只减不增、动态管理的原则，严格河道采砂管理，在新安江主干道全线、城乡接合部、主要关节点等区域实施禁采，每年开展河道采砂专项整治，对违规采砂点进行规范整顿，全市河道采砂场数量大幅下降，从原来的125处减少到2016年的21处，累计取缔采砂场104个；查处陆地违法采砂采石企业114家。2017年，绩溪县通过开展采砂制砂专项整治，取缔非法采砂制砂场点15家。

2.3.3.4 施行增殖放流

为加强水生生物保护，黄山市在新安江流域开展重要水域增殖放流，累计组织活动81次、投放鱼苗8 125万尾，增加了滤食性鱼类和土著鱼类的投放比率。实行季节禁渔制度，保障禁渔期（区）面积稳定在全市总水面的85%以上。同时，黄山市联合公安、农业、林业、水利等多部门严厉打击电鱼药鱼偷鱼等违法行为。

2.3.3.5 构建城乡绿化体系

2011 年以来，黄山市实施了为期 5 年的绿色质量提升行动，“还绿”“保绿”“强绿”“存绿”“驻绿”“增绿”，带动全市 100 万亩森林质量及沿线绿化景观效果提升。项目总投资 20.5 亿元，规划建设绿色质量提升点 1 162 个，发展苗木基地 5 万亩，绿化新安江延伸段 130 万 m^2，新造林 31.82 万亩，全面提升城镇道路、节点、学校、社区、单位绿化水平，创建优质生态村 310 个。

2.3.3.6 开展流域综合治理

黄山市在新安江、率水、横江、丰乐、练江等 15 条主要干支流，围绕防洪保安、生态修复、湿地建设、环境整治、水口园林、岸线开发等重点内容，对新安江源头村、齐云山、横江公园、汪村、流口、万安、新安江上下延伸段、江心洲、篁墩、花山谜窟、佩琅河、老街、屯溪三江口、丰乐河公园、呈坎、潜口、西溪南、歙县三江口、渔梁、雄村、深渡、绵潭、漳潭、街口、西递、宏村、漳河城区段、渔亭、凫峰、汤口 30 个关键节点开展整治提升工作，建立生态护岸 65 km，疏浚河道 58.2 km，建设湿地 413 万 m^2，铺设截污管网 68 km，改善了重要节点区域环境，促进了人与自然和谐。

2.3.4 严格水环境风险管控

2.3.4.1 应急处置管理逐步完善

2017 年 4 月 20 日，黄山市政府办公室印发实施修订后的《黄山市突发环境事件应急预案》（黄政办秘（2017）25 号）。同时，为切实落实企业主体责任、提升应急处置能力，环保局印发了《黄山市突发环境事件应急预案管理工作方案》（黄环函〔2017〕38 号），要求各区县对国、省控重点污染源企业，重金属、化工、造纸、矿山尾矿库等重污染企业，涉危险废物企业，污水处理厂、垃圾填埋场、危废处置经营单位，可能影响饮用水水源地环境安全的企业，其他存在较大环境风险应纳入预案管理的企业等六大类企业开展突发环境事件风险评估和应急物资调查，根据企业应急物资储备现状和风险等级修编突发环境事件应急预案。截至 2017 年，黄山市共有 89 家企业已编制突发环境事件应急预案并在市县（区）两级环保部门备案。

2.3.4.2 水环境监测能力显著提升

试点实施以来，黄山市成立了新安江水质监测中心，监测分析能力得到进一步加强。新安江水环境监测网络进一步完善。监测断面由原有 8 个常规断面扩展到 44 个断面（点位），涵盖地表水国控、省控断面，水污染防治考核断面，新安江水环境补偿区县考核断面及主要入新安江支流监控断面，饮用水水源地水质监测断面等；新建了新安江街口省界断面和扬之河新管断面、率水大桥饮用水水源地断面等 3 个水质自动监测站，监测项目达到了 10 项，实现了上游地区水质连续实时在线监测、数据传输和数据分析，填补了黄山市地表水水质自动监测的空白，提升了新安江流域水质监测预警能力。

2.3.4.3 环境监察执法能力进一步加强

黄山市环境监察支队编制由 10 名增加到 20 名，绩溪县环境监察队编制由 8 名增加到 20 名，进一步加强了环境监察执法队伍建设。黄山市增加配置了环境监察执法装备，进一步强化监察执法装备技术力量；实施了黄山市环境监察移动执法系统建设项目，完善了市、县（区）两级环境监察移动执法系统，为新安江流域内环境监管提供了有力的技术保障。

2.3.4.4 环境信息化管理水平得到提高

黄山市实施了新安江流域（黄山片）水环境管理平台建设项目，2017 年，绩溪县启动实施智慧环保监控平台项目，实现了流域基础地理信息、环境管理信息以及水文水质动态变化分析相结合，提高流域水环境预测能力，实现环境质量数据的在线查看、污染源的实时监测和远程监控、环境信息资源共享等功能，进一步推进了环境管理自动化、信息化和智能化，提升了新安江流域环境监管能力及管理水平。

3 生态环境效益评估

3.1 流域水环境质量稳中趋好

3.1.1 省界街口断面

根据皖浙两省联合监测数据，对跨省界街口断面进行水质评价。2012—2017 年，街口断面水质为优，稳定保持Ⅱ类。

主要指标中，高锰酸盐指数浓度优于Ⅰ类标准（2 mg/L）（图 1），氨氮浓度优于Ⅰ类标准（0.15 mg/L）（图 2），总磷浓度优于Ⅱ类标准（0.1 mg/L）（图 3），临界于Ⅰ类标准（0.02 mg/L）；与第一轮（2012—2014 年）相比，第二轮（2015—2017 年）高锰酸盐指数、氨氮、总磷浓度均低于第一轮。

2012—2015 年，总氮浓度呈上升趋势；2016—2017 年，总氮得到有效控制，浓度呈下降趋势（图 4）。

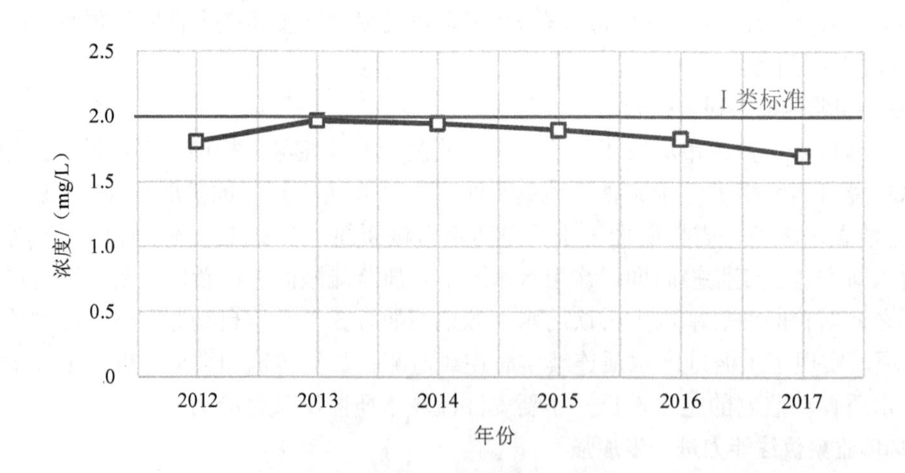

图 1 2012—2017 年街口断面高锰酸盐指数浓度变化趋势

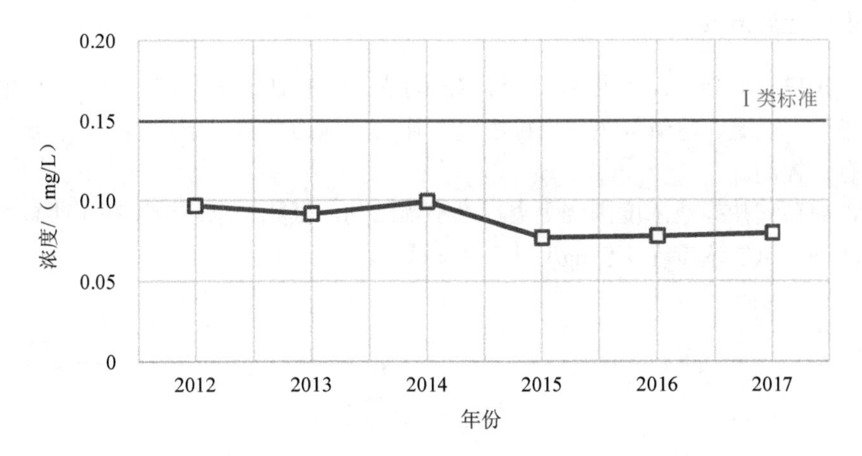

图 2　2012—2017 年街口断面氨氮浓度变化趋势

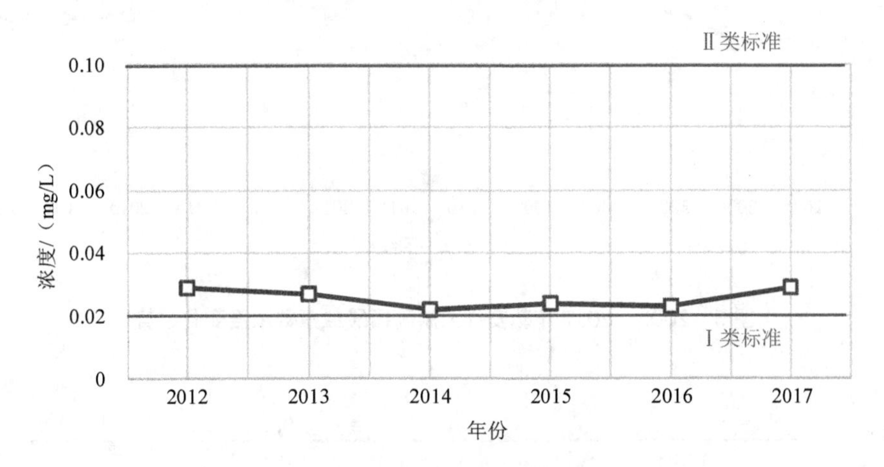

图 3　2012—2017 年街口断面总磷浓度变化趋势

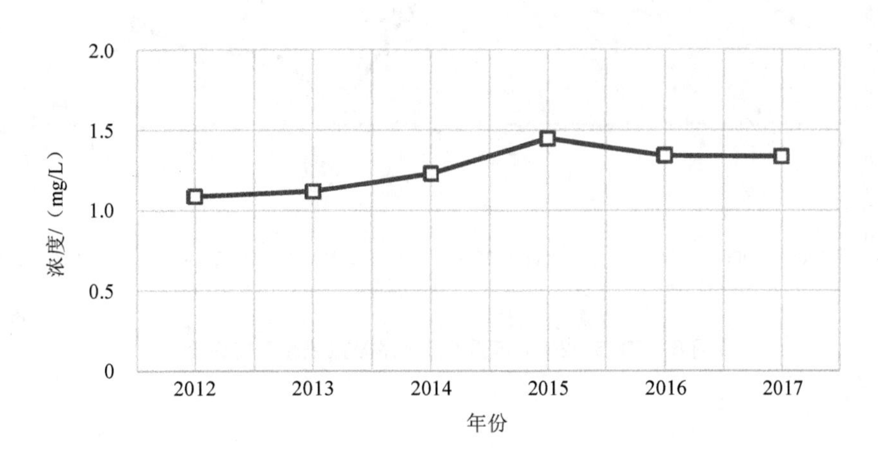

图 4　2012—2017 年街口断面总氮浓度变化趋势

3.1.2 新安江上游流域

2012—2017 年，新安江上游流域总体水质为优。分析 2005—2017 年共 13 年监测数据，高锰酸盐指数、氨氮、总磷等主要指标浓度在补偿实施后总体呈下降趋势，流域上游总体水质得到有效控制。

其中，高锰酸盐指数浓度围绕Ⅰ类标准小幅波动，氨氮、总磷浓度在Ⅰ类标准与Ⅱ类标准之间波动，总氮浓度在 1.5 mg/L 上下波动。

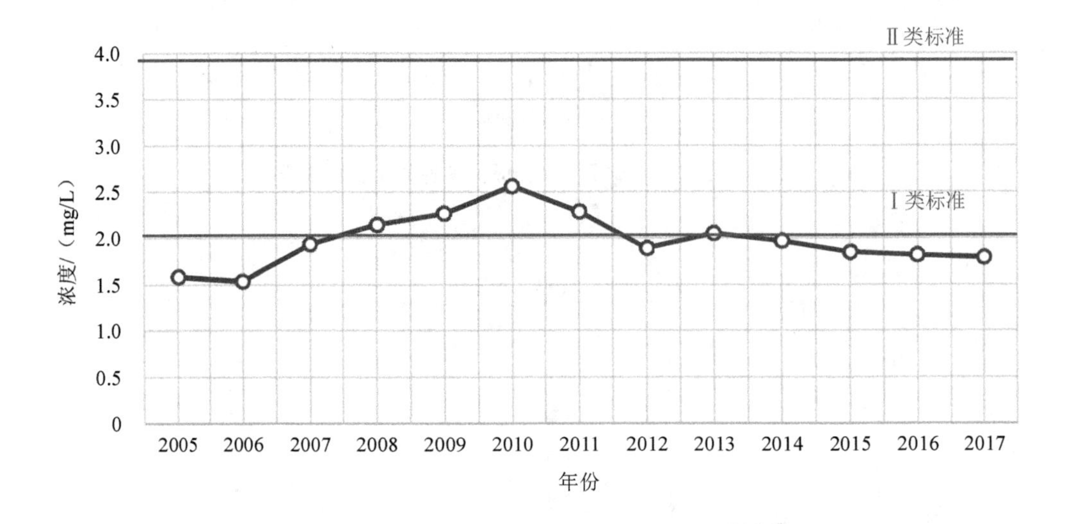

图 5　2005—2017 年新安江上游高锰酸盐指数浓度变化趋势

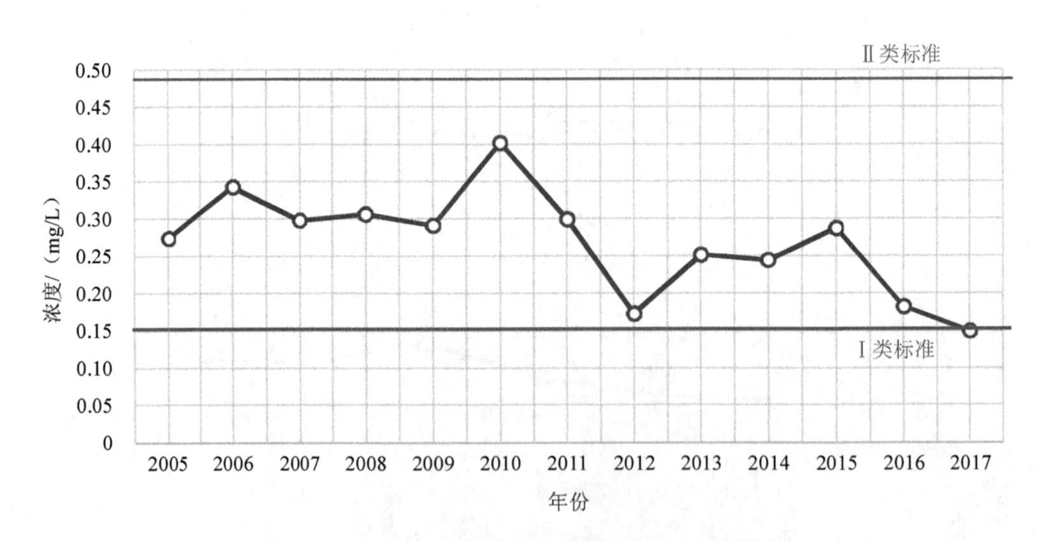

图 6　2005—2017 年新安江上游氨氮浓度变化趋势

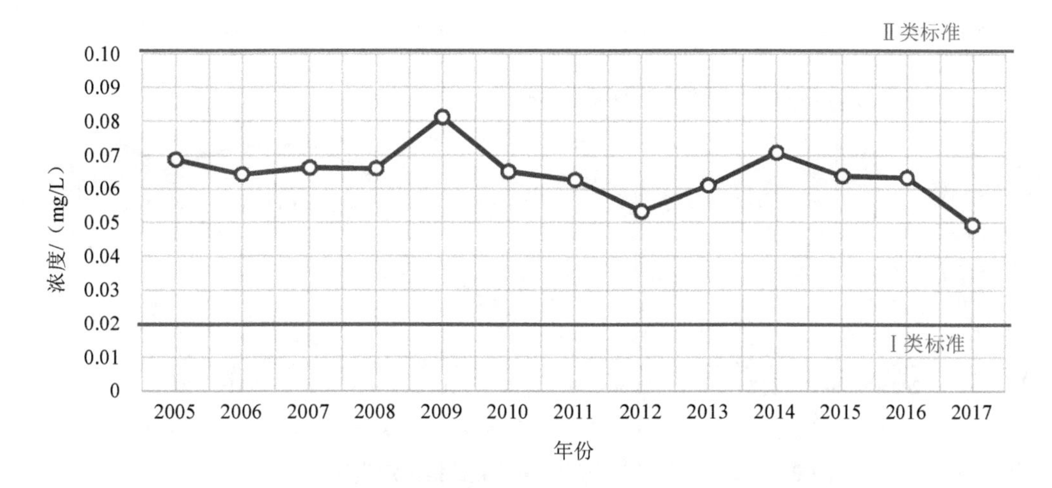

图 7 2005—2017 年新安江上游总磷浓度变化趋势

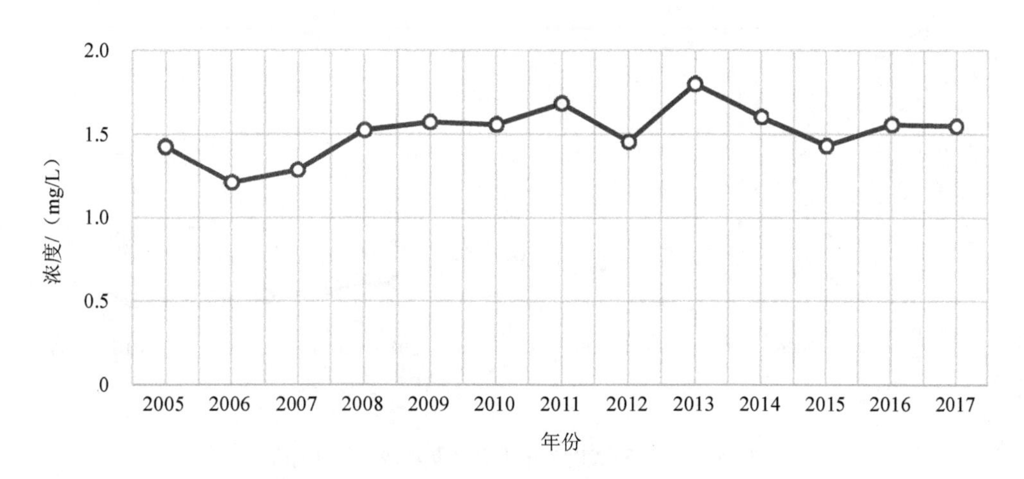

图 8 2005—2017 年新安江上游总氮浓度变化趋势

3.1.3 千岛湖湖体

考虑数据的延续性及可对比性，采用三潭岛、小金山、大坝前 3 个国控断面数据对千岛湖湖体水质开展评价。

2005—2017 年，千岛湖湖体水质总体为优，保持Ⅰ～Ⅱ类。2011 年以后，稳定保持为Ⅰ类。主要指标中，高锰酸盐指数浓度、氨氮浓度均优于Ⅰ类标准，并在 2011 年以后出现拐点，呈下降趋势（图 9、图 10）；总磷浓度在 2010 年前后出现拐点，浓度呈下降趋势，并达到湖库Ⅰ类（0.01 mg/L）（图 11）；总氮浓度总体在 1.0 mg/L 上下波动（图 12）。

近年来，千岛湖营养状态指数逐步下降。2012 年开始由中营养变为贫营养，总体与新安江上游水质变化趋势保持一致（图 13）。

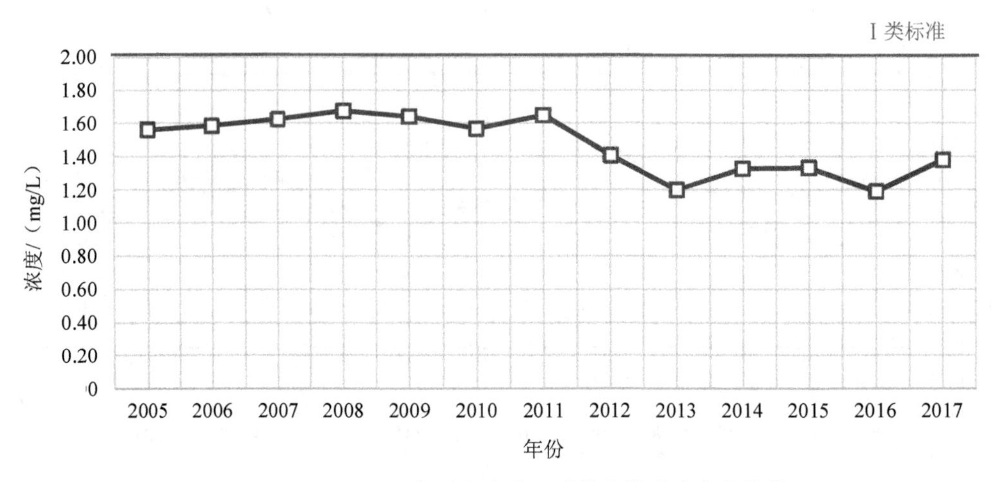

图 9 2005—2017 年千岛湖高锰酸盐指数浓度变化趋势

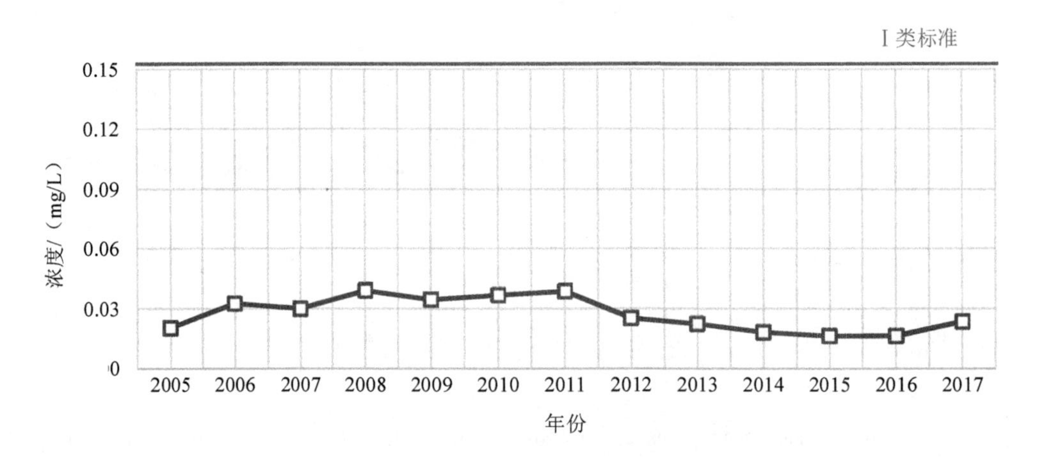

图 10 2005—2017 年千岛湖氨氮浓度变化趋势

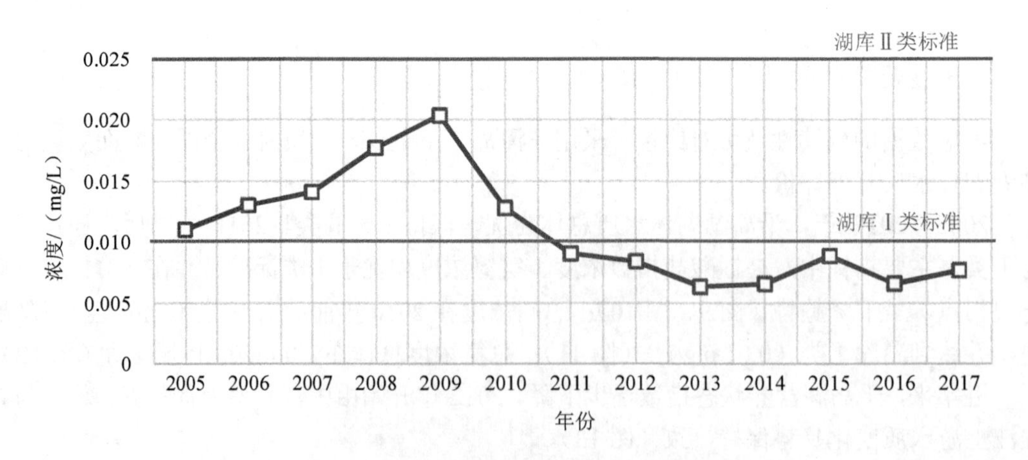

图 11 2005—2017 年千岛湖总磷浓度变化趋势

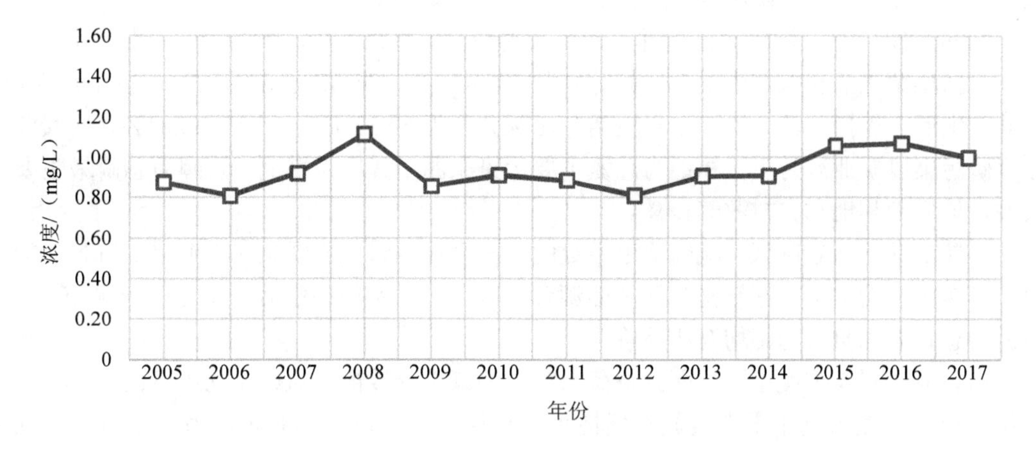

图 12　2005—2017 年千岛湖总氮浓度变化趋势

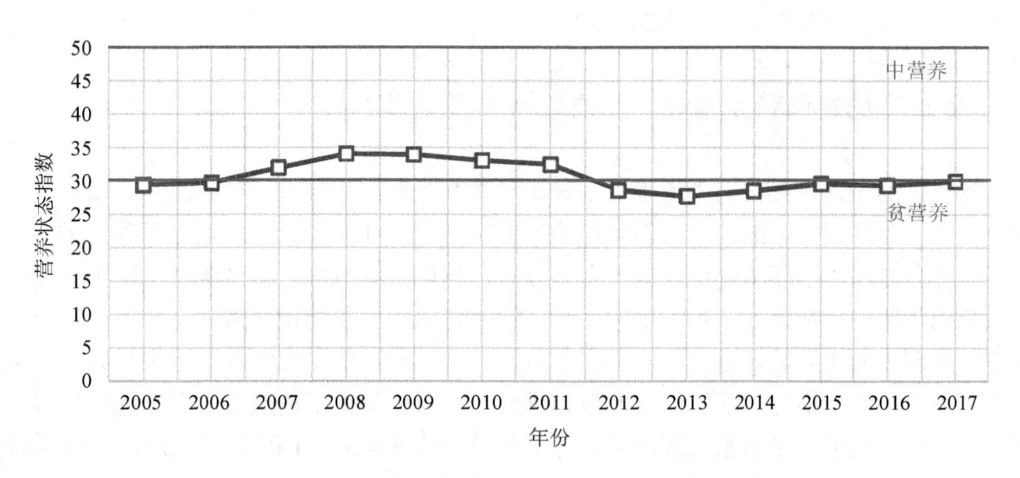

图 13　2005—2017 年千岛湖营养状态指数变化趋势

3.2　流域污染负荷有所降低

3.2.1　流域 COD、氨氮排放量有所降低

污染源普查动态更新的结果显示，2010 年试点前，黄山市主要水污染物 COD、NH_3-N 的排放总量分别为 18 146 t、2 460 t。截至 2016 年年底，黄山市 COD、NH_3-N 排放总量分别为 15 805 t、2 083 t。2010—2016 年，通过试点资金的投入、项目的建设以及其他减排措施的落实，黄山市主要污染物 COD、NH_3-N 排放量分别减少了 2 341 t、377 t。

3.2.2　流域氮、磷污染负荷有所降低

通过运用 CNGWLF 模型计算径流量、运用 SPARROW 模型解析氮磷污染物来源等方

式，模拟了流域内氮、磷污染负荷情况。模拟结果如下：

2009—2017年，污染源结构并未发生大的变化。总氮污染源解析中，农业、工业、生活（包括城镇生活和农村生活）比例分别为75%、1%、24%；总磷污染源解析中，农业、工业、生活（包括城镇生活和农村生活）比例分别为69.32%、0.08%、30.61%。新安江流域氮磷污染以农业源为主，林地为总氮主要污染来源，其次为耕地；茶园为总磷最主要污染源，最后为林地和农村散养畜禽。

氮磷负荷入河量降低。氮磷输出系数的下降直接导致了氮磷负荷入河量的降低。模型模拟了实施补偿与未实施补偿时氮磷面源负荷入河量，实施补偿后，相对于未实施补偿，总氮、总磷面源负荷每年均有所下降。

街口氮磷平均浓度下降。面源负荷入河量的减少导致街口氮磷平均浓度的下降。实施补偿后街口总氮浓度小于未实施补偿情景下总氮浓度。以2009年作为补偿前的基准年时，启动阶段（2010—2011年）总氮浓度平均比未实施补偿情景低0.54 mg/L；一轮期间（2012—2014年）总氮浓度比未实施补偿情景低0.39 mg/L，二轮期间（2015—2017年）总氮浓度比未实施补偿情景低0.20 mg/L。

3.3 生态环境建设稳步推进，生态环境质量总体向好

按照党的十九大提出的“统筹山水林田湖草系统治理”要求，牢固树立“山水林田湖草是一个生命共同体”的理念，新安江流域生态补偿依托新安江综合治理等项目的实施，统筹推进全流域生态环境建设。试点实施以来，林地、草地等生态系统面积逐年增加。生态系统构成比例更加合理，各类生态系统之间转化也以生态建设为重，退耕还林还草、植树造林等政策的实施较好地重构了生态系统，自然生态景观在流域占比达85%以上，呈现出良好的生态景观格局，既保证了城市化进展需求，也促进了流域生态系统健康发展。根据测算，新安江流域生态系统固碳量、释氧量分别为574.3万t和419.3万t，生态系统固碳、释氧的生态服务价值分别为75.8亿元和16.8亿元。

4 经济效益评估

4.1 经济总体保持较快发展

4.1.1 经济保持较快发展

地区生产总值保持快速发展。试点实施以来，流域上游绿色经济发展态势良好。2012—2016年，上游黄山市地区生产总值逐年递增，由424.9亿元上升至576.8亿元，按可比价计算，年均增长7.1%。绩溪县地区生产总值由45.4亿元上升至60.8亿元，年均增长6.8%。

人民生活水平逐步提高。2016年，按常住人口计算，黄山市人均GDP为41 897元，

比2010年增长101.0%；绩溪县人均GDP为34 517元，比2010年增长82.9%。黄山市城镇居民人均可支配收入为24 197元，比2010年增长79.3%；农村居民人均纯收入为10 942元，比2010年增长91.6%。财政收入稳步提高。黄山全市财政收入为99亿元，比2010年增长123.5%。

从业人员总数稳步提高。2016年从业人员共计98.1万人，约占常住人口的71.1%，相比2010年，从业人员比例提高2.4个百分点。其中第三产业从业人员比例由2010年的32.0%提高到2016年的39.1%。

4.1.2 服务业得到较快发展

服务业从业人数总数以及占常住人口的比例均稳步提高。服务业从业人数总数分别由2010年的29.87万人和提高到2016年的39.06万人，服务业从业人数总数占常住人口的比例由2010年的22.0%提高到26.5%。服务业增加值占GDP的比重不断增大。2010年服务业增加值占GDP比重为43.2%，2016年服务业增加值占GDP比重约为51.2%，提高了8个百分点。

试点以来，通过新安江流域水环境综合整治，提升了流域河道景观，改善了旅游基础设施，增强了游客旅行舒适度和满意度，推进了旅游发展。2013年中秋，黄山新安江与北京卢沟桥、杭州西湖、台湾日月潭等一同入选中央电视台新闻频道评选的15处最佳赏月地之一。黄山市在中国旅游研究院发布的全国游客满意度调查中名列全国60个样板城市前三名。

4.1.3 流域上下游经济发展水平存在差异

2010—2016年，黄山市与杭州市相比经济总量发展水平差距较大。2010—2016年，流域上下游4市县人均GDP、城镇居民人均可支配收入、农村居民人均纯收入3项指标，黄山市均低于杭州市和淳安县，并与杭州市保持着较大的差距。其中，黄山市人均GDP与杭州市相差约1.9倍，城镇居民人均可支配收入、农村居民人均纯收入两项指标与杭州市分别相差0.8倍和1.2倍（图14～图16）。

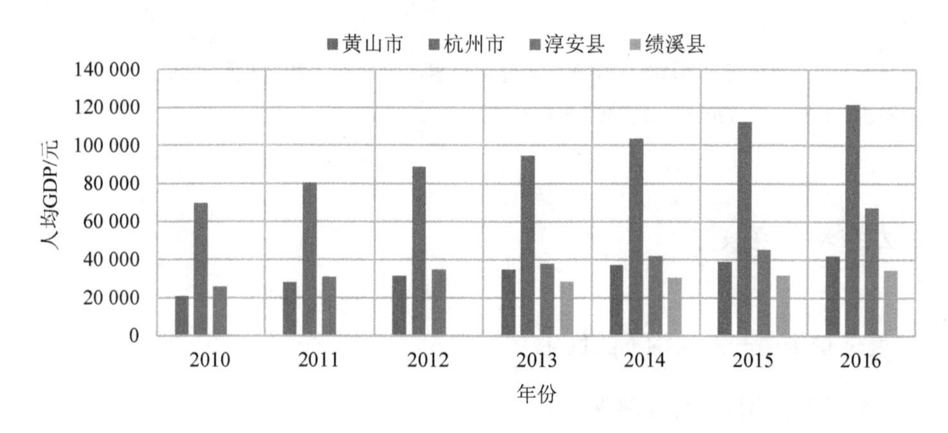

图14 2010—2016年流域各市县人均GDP

注：由于数据获取原因，缺少2010—2012年绩溪县数据。

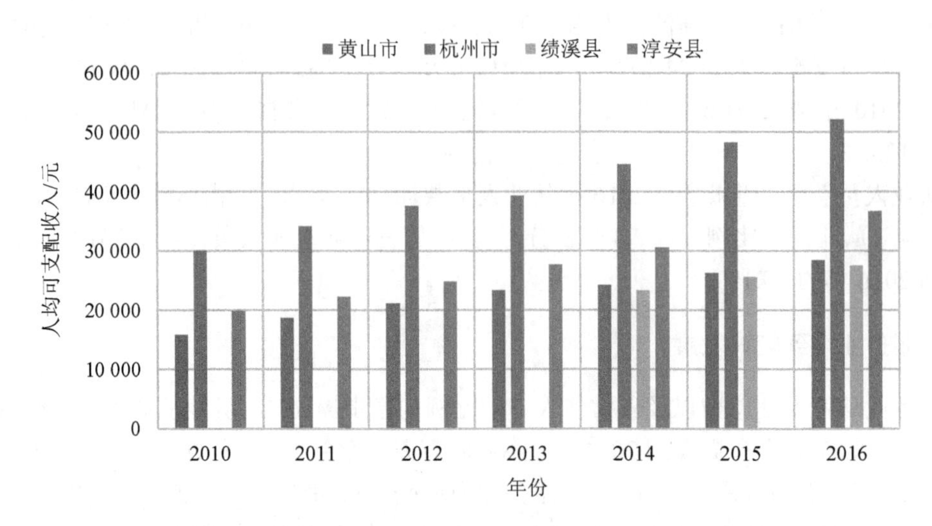

图 15　2010—2016 年流域各市县城镇居民人均可支配收入

注：由于数据获取原因，缺少 2010—2012 年绩溪县数据以及 2015 年淳安县数据。

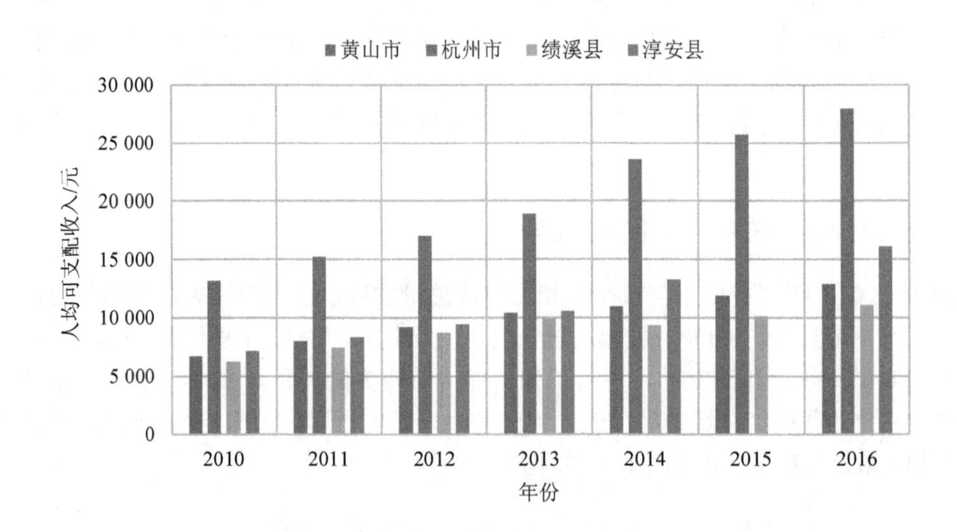

图 16　2010—2016 年流域各市县农村居民人均可支配收入

注：由于数据获取原因，缺少 2015 年淳安县数据。

4.2　大力推动绿色发展

4.2.1　环境保护倒逼产业结构不断优化

4.2.1.1　三次产业结构得到有效调整

2010—2016 年，黄山市三产结构比例由 12.7∶44.1∶43.2 调整至 9.8∶39.0∶51.2，实现由“二三一”向“三二一”的产业结构模式转变（图 17）。三次产业对经济增长的贡献率分别为 2.7%、42.6%和 54.7%，其中，工业对经济增长的贡献率为 38.9%。战略性新兴产业产值为 170.2 亿元，占工业总产值的 75.6%。

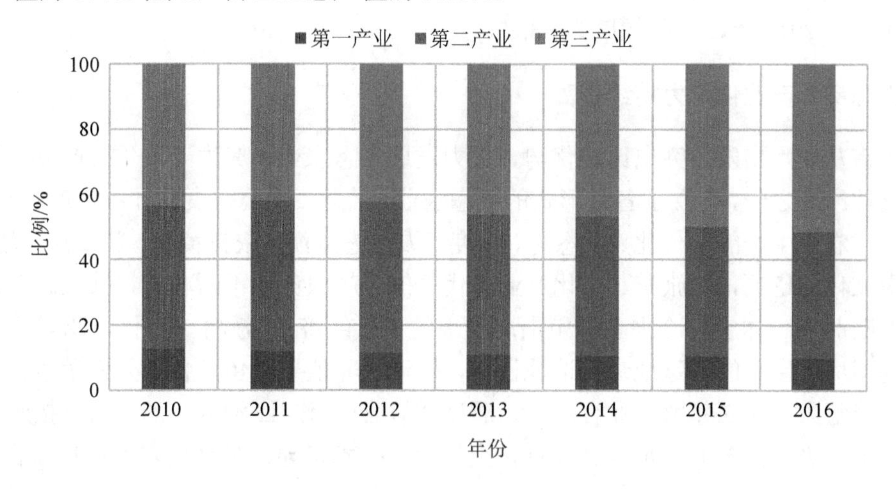

图 17 三次产业结构比例图

4.2.1.2 **单位 GDP 能耗有所降低**

2011—2016 年，黄山市单位地区生产总值能耗与单位工业增加值能耗总体呈下降趋势，反映了黄山市经济发展对能源的依赖程度逐渐降低，也间接反映了产业结构状况正在逐步优化。与安徽省平均水平相比，黄山市单位地区生产总值能耗、单位工业增加值能耗均低于安徽省平均值（表 9）。

表 9 黄山市及安徽省主要年份能耗消耗指标值 单位：t 标准煤/万元

年份	单位地区生产总值能耗			单位工业增加值能耗		
	黄山市	绩溪县	安徽省	黄山市	绩溪县	安徽省
2011	0.456	0.498	0.754	0.3	0.609 1	1.2
2012	0.447	0.470 7	0.722	0.251	0.532 1	1.09
2013	0.428	0.447 8	0.676	0.199	0.465 6	1.03
2014	0.408	0.414 5	0.636	0.17	0.421 4	0.94
2015	0.365	0.402 3	0.6	0.167	0.400 4	0.88
2016	0.326	0.359	0.531	0.173	0.388	0.9

数据来源：《2017 年黄山市统计年鉴》《2016 年绩溪县统计年鉴》《安徽统计年鉴 2017》

4.2.1.3 **主要行业污染物排放强度明显下降**

对黄山市化学原料和化学制品制造业，酒、饮料和精制茶制造业，造纸和纸制品业，农副食品加工等行业的废水、COD、氨氮等污染物排放量进行分析，化学原料和化学制品制造业虽然一直稳居 COD 排放首位，但其工业废水、COD、氨氮的排放量及排放强度明显呈现下降趋势。

2010—2016 年，化学原料和化学制品制造业产值相较于其他产业一直位于较高水平，保持在 33 亿元左右，但其废水、COD、氨氮排放强度在 2012 年以后呈明显下降趋势，且下降幅度较大。2016 年，废水排放强度为 7.08 万 t/万元，相较于 2010 年，下降幅度为 71.0%；COD 排放强度为 1.03 t/万元，相较于 2010 年，下降幅度为 73.1%；氨氮排放强度为 0.02 t/万元，相较于 2010 年，下降幅度为 98.2%。

4.2.2 生态资源产业化能力持续提高

黄山市从实际出发，突出比较优势，大力发展生态农业，努力开发生态产品，绿色食品成为支柱产业之一，建立了各种形式的生态农业试点区、无公害食品和绿色产品基地等，逐步实现了农业生产的现代化、生态化。深度开发生态旅游，依托黄山、新安江环境优势，加强对徽文化的挖掘，以旅游、文化产业为代表的三产服务业不断壮大，其生态友好的产业特质不断凸显。休宁县冷水鱼养殖渐成当地的“热经济”，板桥、汪村、鹤城等乡镇的农户，利用房前屋后的特殊地势，造池挖塘，引流水养殖泉水鱼，备受外来游客青睐。同时，一些养殖大户成立养殖专业合作社，通过“基地+合作社+渔农”的方式，按照山泉流水养鱼标准，吸引更多渔农加入合作社，全程给予技术指导，带动更多养鱼户增收致富。

4.3 资金拉动效果增强

4.3.1 水环境保护工程项目投资对经济的拉动作用

参考《水污染防治行动计划》进行投资经济效益分析，水环境保护工程项目投资对全国 GDP 的拉动乘数约为 1.28。截至 2017 年，黄山市新安江流域水环境补偿项目完成投资 120.6 亿元，保守测算，若按照 1.25 的拉动乘数，带动 GDP 增加约 150.8 亿元。绩溪县新安江流域水环境补偿项目完成投资 6.56 亿元，带动 GDP 增加约 8.2 亿元。

4.3.2 中央投资“种子资金”引导和放大效应

按照《实施方案》《新安江流域上下游横向生态补偿试点实施方案（2015—2017)》要求，新安江流域水环境补偿试点资金采用财政专项转移支付形式，由中央财政、浙江和安徽省级财政共同投入支付给上游黄山市和绩溪县。2010—2017 年，中央财政及两省共下达补偿资金 39.5 亿元。在此基础上，安徽省、黄山市政府加强市县两级融资平台建设，提高新安江流域综合治理融资能力。认真落实与国开行签订的 200 亿元新安江流域综合治理融资协议，发挥好试点补偿资金的引导作用和放大效应，积极筹措各方资金，确保新安江流域补偿机制试点有力有序推进。截至 2017 年年底，黄山市新安江流域水环境补偿试点项目已完成投资 120.6 亿元。其中，试点资金 35.8 亿元，放大效应为 3.35 倍。

4.4 流域投资效率总体较高

采用 DEA 模型对生态补偿投入与产出进行了投资效率分析。模型运行结果表明，新安江生态补偿规模效率平均值为 0.93，补偿资金投入效率高；其技术效率平均值为 0.62，由于生态效益的释放是缓慢的，工程项目发挥效果具有一定滞后性，就其目前技术效率值来讲，属于较好水平。

采用贝叶斯模型对新安江流域水环境保护投资方向进行分析。计算结果发现，增加不同类型项目的投资金额，总氮、总磷面源负荷减排量均有所增加，总氮面源负荷变化量更大一些。六类项目中，控肥减药类项目和畜禽养殖污染治理类项目的变化率最高，总氮减排量变化率均超过10%，总磷减排量变化率也接近10%。因此，未来投资方向应继续注重农村面源污染治理。

5 社会效益评估

5.1 助推政府转变发展理念

5.1.1 政绩考核由重GDP向重生态环境保护转变

试点的实施不仅带来直接的环境效益和经济效益，对社会进步也做出一定的贡献，主要体现在试点实施营造的社会氛围，促进了地方党委政府发展理念的转变，提升了社会各界保护环境自觉性，还形成了“政府提倡、全民保护、企业参与、从我做起”的良好社会风气，带动流域上下游民众环保意识的提高，得到了社会各界广泛关注和积极评价，对全社会环境保护事业起到积极、正面、引导性的影响，取得了良好的社会效益。

安徽省委、省政府把新安江流域综合治理作为建设生态强省的“一号工程”。自2011年起，安徽省委、省政府在制定市县政府分类考核办法时，把黄山单独作为四类地区，加大生态环保、现代服务业等考核权重，引导支持黄山市进一步加强生态环境保护，努力促进新安江流域经济社会科学发展。

2013年淳安被列为“美丽杭州”唯一试验区，杭州市对淳安县进行单列考核，取消GDP等多项经济指标，加强对水质、空气质量等生态保护指标的考核。淳安县对乡镇综合考评做出重大改革，全县仅设置生态保护、生态经济、改善保障民生3类考核指标，其中两项生态指标得分占到发展指标得分的70%。

5.1.2 全力打造新安江生态经济示范区

试点实施以来，黄山市已跻身国家主体功能区建设试点示范名单，入选为首批国家生态文明先行示范区，已有116个流域综合治理项目完成投资超百亿元。截至2014年年底，黄山市已启动国家公园试点创建工作，全力打造“国家与民族的圣地、风景名胜与生态保护的重地、旅游与休闲的福地”。黄山市国家公园的建立不仅保护了区域生态系统，更加强了黄山风景区的科学保护、促进生态资源可持续利用。2016年，以入选首批国家全域旅游示范区为契机，积极推进“旅游+”行动计划，全面拓展旅游深度和广度，大力发展全域旅游，构建“大旅游、大市场、大产业”。2017年，从国家建设生态文明战略全局和经济社会长远发展出发，黄山市建设新安江生态经济示范区，编制了《新安江生态经济示范区建设总体规划》，落实“既要金山银山，也要绿水青山，绿水青山就是金山银山”的发展理念。

5.1.3 舆情信息沟通平台更加完备

试点期间，黄山市充分发挥政府门户网站中新安江保护专栏信息平台作用，及时公布试点工作动态，同时密切关注政府网站的民生热线栏目，针对网民发表的与新安江保护相关的留言，认真做好宣传疏导和跟踪督办工作，及时解决市民反映强烈的热点和焦点问题。黄山市在中国黄山、黄山新闻网等多个相关网站开展新安江流域生态保护征求意见活动，从水源涵养、农业生产减肥降药、城乡生活垃圾和污水整治、畜禽养殖污染治理、河道修复、工业企业污染防治等多个方面征集可操作性的策略；开通了微信公众平台，便于公众随时参与到生态环境建设和反映环境问题的献言献策之中。

5.2 促进企业自觉环保履责

黄山市和绩溪县在降低工业企业污染排放总量和强度的同时，严格环境监管，提升了企业履行环保责任的自觉性。

5.2.1 企业环境行为得到进一步规范

企业认真履行了排污申报职责，国、省控企业均按要求实施在线监控，落实自行监测和第三方监督性监测管理措施，建立了重点行业企业环境行为报告制度，在政府、环保部门和企业网站及时公布和披露企业环境处罚等动态信息。

5.2.2 企业清洁生产水平得到进一步提高

试点实施以来，黄山市共有 33 家企业实施了清洁生产审核，45 家企业通过了 ISO 14001 环境标志管理认证，清洁生产的推进促进了企业工艺、设备、管理的改进，达到了节能降耗、增效减污的目的，提升了企业自觉履责的积极性。

5.2.3 严格环保准入

黄山市牢固树立“生态立市”的理念，积极优化产业结构，走发展低碳、绿色、高新的科学发展之路。近 3 年来，没有新上一个“两高”项目；全市共否定外来投资项目 180 个，投资总规模达 160 亿元；优化升级工业项目 290 多个，总投资为 95.5 亿元。2010—2014 年，黄山市新、扩、改建项目和企业 2 088 家，环评执行率达 100%，“三同时”执行率达 90%以上，流域内 6 个省级工业园区均通过规划环评，明确园区产业定位。

绩溪县严格按照“四个不批，三个严格”的规定，以高点定位、高端嫁接、高位切入为战略，注重把优化布局、调整结构、促进转型贯穿环评全过程，提出了“引来好项目才是真本事”的招商引资新口号，杜绝“捡到篮里都是菜”，2010 年以来否决了 89 个不符合国家产业政策、达不到总量控制指标要求、布局不合理和无成熟可靠治污技术的项目入境，以开放的心态把环评摆到一个更便于公众监督的位置，使源头防控走上科学化、正规化、法制化轨道，有效地避免了边治理边污染的怪圈。

5.2.4 实施园区集中治污

试点实施以来，黄山市已关停 170 多家污染企业，90 多家工业企业已陆续搬迁至循环经济园中，优化升级项目 510 多个。黄山市加快了循环经济园集中治污等环境基础设施项目建设，实现了供热、脱盐、治污“三集中”，累计完成投资 57.78 亿元，其中政府基础设施投资 11.9 亿元。提升了治污的效率，使企业更加清醒地认识到治污主体的职责。其中 2017 年，编制完成黄山市 2017—2020 年工业行业清洁生产技术改造项目导向计划，加快企业技术改造转型升级，强化项目支持，全年实施技术改造转型升级项目 112 个，完成“腾笼换鸟”企业 54 户，清理闲置低效用地 1 691 亩。

2015 年以来，绩溪县强力推进不锈钢、化工和小电镀生产线等重污染行业环境整治，并取得历史性突破，一批长逾十数年的环境隐患得到根本解决。园区不锈钢企业由 37 户整合提升为 6 户，投入 2 000 多万元用于清洁生产技改和环境污染整治，建设了先进的污防设施，工业废水达标回用。同时，开展园区化工等企业清洁生产审核，先后投入 7 000 万元对原有环保治理设施进行了升级改造，大大减少了污染物排放量。

5.3 激发公众参与环保意愿

5.3.1 试点影响力显著提升

安徽省内，以新安江流域生态补偿为模式，积极推广省内生态补偿试点。河北、天津、广东、江西等省份以新安江生态补偿为试点示范，先后来黄山市考察学习试点工作。同时，黄山市积极学习国际河流治理经验，与多瑙河国际保护委员会等进行交流，在国际层面提高新安江生态补偿试点影响力。此外，黄山市采用媒体报道、举办新安江论坛等多种形式大大提升了生态补偿试点工作的影响力，得到了社会各界的广泛关注。

新安江流域首轮试点绩效评估报告得到国家有关部委充分肯定，试点工作入选 2015 年中央改革办评选的全国十大改革案例，得到央视、人民日报、新华社、经济日报等主流媒体的深入报道和高度评价。试点工作成果在“砥砺奋进的五年”国家大型成就展展出。2017 年 7 月 29 日，中央第四环境保护督察组在向安徽省反馈督察通报中，特别肯定了安徽省积极探索建立生态补偿机制，为全国生态补偿工作提供了经验。

5.3.2 生态环保意识逐步增强

试点开展期间，黄山市建立健全了“志愿服务、社会监督、投诉热线、有奖举报、媒体曝光、河长包保、村规民约”7 项工作，通过媒体等渠道广泛宣传教育，让群众认识环保、了解环保、参与环保、监督环保工作。黄山市政府及环境保护部门开通了多种公众参与渠道、途径：①定期公布环保信息，鼓励群众监督，开通网上互动平台，及时解答各类环保问题；②定期做各种环保宣传教育，积极培养群众主动参与维护环境的意识与行为；③制定生态环保村规，提升环保自觉性和主动性。在黄山市的各个乡镇中，依据与水环境生态补偿试点相关内容，结合本村实际和存在的问题，在广泛协商的基础上制定出本村的村规民约，形成由全体村民共同遵守的民间社会规范，促使公众切实转变了传统的生活和生产方式，公众的环保意识得到大大激发。

5.3.3 公众满意度不断提升

全流域以生态建设、污染治理、景观营造为主要内容，以城市、乡镇、村庄和道路、河流沿线为重点，采取有效措施，着力治脏、治乱、治差，使城乡群众生活环境更卫生、更有序、更优美，群众生活质量得到提升，群众人居环境进一步优化，公众对新安江流域生态环境保护工作满意度不断提升。同时，组织建立的村级保洁队伍，优先聘请贫困户和困难户，共解决 2 790 多名农村人口就业。这些保洁员也是环境保护的宣传员和监督员，使试点工作深入人心。复旦大学一项“黄山市新安江生态保护社会公众调查问卷知晓率、满意率统计”结果显示，群众对新安江生态补偿试点政策知晓率为 95.69%，政策满意度达到 86.65%。

5.3.4 生态文化得到充分挖掘

在新安江流域综合治理过程中，黄山市将生态环境保护、美好乡镇建设和历史文化传承相结合，人与自然和谐发展的理念不断提升。2009 年，黄山市委、市政府在充分调查研究和广泛征求意见的基础上，决定在全市组织实施“百村千幢”古民居保护利用工程。通过工程实施，守住了古村落、古民居“筋、骨、肉”，传承了徽州文化“精、气、神”，充分挖掘和彰显了徽州文化底蕴，打造出黄山文化产业特色品牌。“百村千幢”古民居保护利用工程对于传承徽州文化、提升城市魅力、壮大旅游经济、繁荣文化产业、促进农村发展具有重大的现实意义和深远的历史意义。同时，黄山市委、市政府做出发展摄影艺术经济的重大决策，与时俱进地兴起了“摄影产业”，进一步宣传了黄山的生态文化，带动了摄影点的旅游热，使之成为一项富民工程。

5.3.5 促进精准脱贫

黄山市扎实推进生态保护脱贫工程。通过实施退耕还林工程脱贫，结合林业精准扶贫，新一轮退耕还林工程建设优先安排符合退耕条件的贫困村和建档立卡贫困户参与；在天然林保护、公益林管护、护林防火等生态保护用工中，优先聘用 76 名有劳动能力的贫困人口为生态护林员，确保人均年收入在 5 000 元以上，实施选聘生态护林员脱贫。在加大林业特色种养业扶贫方面，发展木本油料及特色经济林种植，2017 年以来，全市共打造油茶、香榧、毛竹等示范基地 13 个，年度安排市级财政补助 150 万元，涉及贫困户 486 户，面积为 1 205 亩；同时，建设贫困村特色产业基地，通过向贫困村倾斜，加快特色产业基地建设。2017 年全市共有 74 个贫困村，建设香榧、山核桃、毛竹中药材等特色产业基地，面积达 25 803 亩，并积极开展覆盆子特色产业扶贫试点，涌现出产业扶贫的“田川模式”和“板桥模式”。截至 2017 年年底，全市共预算安排财政专项扶贫资金 1.01 亿元，多措并举，努力把“大水漫灌”变成“精准滴灌”，促进贫困人口精准脱贫。

6 结论与建议

6.1 评估结论

6.1.1 新安江流域生态补偿试点是财政部、生态环境部推进生态文明建设、用制度保护生态环境、积极探索环境保护新路的重要举措

党的十九大报告指出，“建立市场化、多元化生态补偿机制。”党的十八届三中全会提出，“实行资源有偿使用制度和生态补偿制度。按照谁受益谁补偿的原则，推动地区间建立横向生态补偿制度”。2010 年年底，财政部、环境保护部启动了全国首个跨省流域新安江生态补偿机制试点，财政部、环境保护部负责顶层设计，统筹协调，制定并出台了系统完备、科学规范、运行有效的流域生态补偿实施方案等政策文件，为试点的高效实施和整体推进提供了政策保障。从试点实施情况来看，新安江流域生态补偿试点工作实现了环境效益、经济效益与社会效益多赢，有力地推动了皖浙两省进一步加强水环境保护的协调与合作，有效地缓解了新安江流域经济社会发展与生态环境保护的矛盾，体现了“成本共担、效益共享、合作共治”的理念，初步形成了“政府统领、企业施治、市场驱动、公众参与”的水污染防治新机制。

6.1.2 试点对转变政绩考核理念、落实跨界水质保护目标责任制、建立上下游水污染防治联动机制起到了较好的推动作用和示范效果

试点强化了安徽省委、省政府把以生态补偿机制为核心的新安江综合治理作为建设生态强省“一号工程”，省政府对黄山市的考核实行差别化设计，不再单纯以 GDP 作为主要考核指标，纠正了单纯以经济增长速度评定政绩的偏向，加大了生态环保、现代服务业等的考核权重。为加强新安江流域生态建设保护工作，黄山市专门成立了新安江流域生态建设保护局，专门负责新安江流域水环境保护的日常工作，优化了政府机构设置与职能配置，完善了与环保、水利等部门相互协调的行政运行机制。同时，黄山市以规章制度规范新安江各项工作，以信息公开促使公众参与保护新安江，使新安江水环境治理成为政府领导真正关心和重点落实的工作。试点还有力促进了流域上下游政府间沟通协作，积极建立跨区域水污染防治联动机制，统筹推进全流域联防联控，明确建立黄山市和杭州市联合监测、汛期联合打捞、联合执法、应急联动等机制，并就新安江流域综合治理情况进行交流协商，促进两地合作共建，互利共赢。

6.1.3 流域上下游坚持实行最严格生态环境保护制度，倒逼发展质量不断提升，实现了环境效益、经济效益、社会效益多赢

流域上游严格环保准入，通过关停并转淘汰落后产能，通过环境政策倒逼产业转型。

积极发展绿色产业，引导上游人民立足优良的生态资源，以茶叶等现代山区农业为生态农业基础，以旅游发展为经济引擎，深入挖掘和彰显徽州文化底蕴，着力打造黄山文化产业特色品牌，打出前后呼应、相互配合的“组合拳”，实现生态、旅游、文化“三位一体”深度融合，确保经济总体保持较快发展、财政收入和人民生活水平稳步提高。与此同时，流域上游主要污染物排放强度呈现下降趋势，新安江水质稳中趋好，千岛湖水质同步改善，流域生态环境质量总体向好。上游人民守住了天蓝、地绿、水净，走上了环境保护和区域发展和谐共存的道路，经济发展水平和生态文明水平同步提高，初步实现了绿色生态与绿色发展的和谐统一。

6.1.4 补偿试点将新安江生态建设与民生工程有机结合，获得全社会的高度认可和广泛参与，逐步形成政府治理和社会调节、居民自治的良性互动

试点实施以来，黄山市通过推行村级保洁和河面打捞社会化管理，完善城乡均等的公共就业创业服务体系，优先聘请贫困户和困难户，解决了近 3 000 农村人口就业问题。为确保网箱退养“退得出、稳得住，不反弹”，地方政府制定了退养户转产一次性补助、退养户困难救助等扶持政策。通过新安江流域综合治理，以网格化管理、社会化服务为方向，实施市、县、乡、村四级河长制，以城市、乡镇、村庄和道路、河流沿线为重点，采取有效措施，着力治脏、治乱、治差，公众对新安江流域生态环境保护工作满意度不断提升。为及时解决市民反映强烈的热点和焦点问题，黄山市健全基层综合服务管理平台，充分发挥政府门户网站信息平台作用，及时公布试点工作动态。同时通过网站开展的新安江流域生态保护征求意见活动，社会各界积极建言献策，进一步提高公众参与新安江保护积极性。黄山市各乡镇依据与流域生态补偿相关内容，结合本村实际和存在问题，在广泛协商的基础上制定出本村的村规民约，形成由全体村民共同遵守的民间社会规范。

6.1.5 试点工作发挥了中央“种子资金”引导和放大效应，建立了吸引社会资本投入生态环境保护的市场化机制，试点综合效益开始显现。

为推进新安江流域水环境补偿试点，中央财政累计下达补偿资金 38.9 亿元。在此基础上，黄山市为发挥好试点补偿资金的引导作用和放大效应，按照“政府引导、市场推进、社会参与”的原则，充分利用市场配置资源，拓宽新安江流域综合治理投资渠道，与国开行签订了 200 亿元新安江流域综合治理融资协议，确保新安江流域综合治理和补偿机制试点有力有序推进。二轮试点中，黄山市与国开行、国开证券等共同发起全国首个跨省流域生态补偿绿色发展基金，主要投向生态治理和环境保护、绿色产业发展等领域，通过促进产业转型和生态经济发展，推动末梢治理向源头控制转变。通过新安江综合治理，拓展和提升了项目的连带效益、后续效益、经济效益，促进了生态环境与经济社会协调可持续发展。

6.1.6 补偿试点具有显著示范意义，为全国创新并推广流域横向生态补偿提供了良好的样板和经验。

新安江试点取得了较好的经济、社会、生态效益。试点工作入选 2015 年中央改革办

评选的全国十大改革案例，并纳入中央《生态文明体制改革总体方案》和《关于健全生态保护补偿机制的意见》。以补偿试点为核心的新安江流域综合治理工作的开展，不仅对新安江和千岛湖水质改善、调动上游地区源头治理保护积极性、缓解经济社会发展与生态环境保护日益突出的矛盾具有重要意义，也是完善环境保护经济政策的一项重大突破。跨省流域生态补偿机制为促进流域上下游经济社会协调发展开拓了全新路径。在新安江流域生态补偿的试点基础上，桂粤的九洲江、闽粤的汀江—韩江、冀津的引滦入津、赣粤的东江等流域生态补偿试点工作也相继开展，为全国跨流域生态补偿实践提供了良好的样板和经验。

6.2 主要存在问题

6.2.1 补偿方式单一，补偿标准难以满足实际保护需要

两轮新安江流域水环境补偿试点都采用了资金补偿方式，对生态补偿的作用非常直接、有效。但资金补偿仅是补偿方式之一，存在一定局限性，多元化补偿方式尚未开展，未能充分发挥出生态补偿机制的作用。国家及两省在第一轮试点中按照每年平均拨付 5 亿元、在第二轮补偿试点中按照每年平均拨付 7 亿元的补偿标准进行资金补偿，与每年新安江流域水环境保护投入的治理资金相比，补偿额度还存在较大缺口，缺乏对上游地区发展机会成本、污染治理成本以及生态系统服务价值等因素的考虑，生态产品的稀缺性未得到充分反映，上游水环境保护的真正价值尚未得到充分体现。

6.2.2 后续投入压力较大，补偿资金使用范围较窄

新安江上游流域经济发展相对滞后，现有财力较为薄弱，可持续性投入难度较大，在后续水环境保护过程中，还面临着偿还国开行贷款、农村面源污染治理、污染防治设施的日常运行维护等资金问题。由于试点补偿资金只能用于产业结构调整和产业布局优化、流域综合治理、水环境保护和水污染治理、生态保护等方面，对于为新安江水环境保护做出牺牲的生态保护者以及民生等方面，还缺乏直接或间接补偿。

6.2.3 发展与保护矛盾突出，水质“保优”难度加大

目前，流域上下游在人均 GDP、财政收入、城乡居民收入等经济指标上有较大差距。出于水质保护的需要，上游地区在工业企业关停并转、优化结构上付出了很大成本和代价，牺牲了很多发展机会，群众脱贫致富的愿望极其强烈，流域水环境保护的压力持续增加。相较于第一轮试点，第二轮试点中新安江街口断面水质目标比第一轮有所提高，除总氮外，其他指标基本保持在Ⅰ～Ⅱ类，可以继续优化提升的空间进一步缩小。同时，新安江流域以农业及农村面源污染为主，受自然条件影响，年均径流量分布不均，并且上游缺少大型调蓄水库，河道调丰补缺能力薄弱，导致水体自净能力降低，一旦遭遇特殊情况、极端天气，新安江水质各项指标浓度极易出现波动，水质“保优”难度继续加大。

6.2.4 上下游横向生态补偿的长效机制仍不健全

试点的目标是把新安江流域生态补偿做成在我国其他跨省流域可复制、可推广的“新安江模式”。经过两轮对生态补偿机制体制的探索和实践，积累了一些好的经验和做法。但由于我国自然资产产权制度、生态补偿标准等基础性配套制度建设滞后，市场化补偿机制仍在摸索，流域治理还未建立起一套较为稳定的可持续投入机制，“绿水青山就是金山银山”的转化机制仍需进一步深入探索，建立反映市场供求和资源稀缺程度、体现生态价值和代际补偿的资源有偿使用制度和生态补偿制度，健全上下游横向生态补偿长效机制显得尤为迫切。

6.3 评估建议

6.3.1 建立市场化、多元化生态补偿机制

流域生态补偿工作应深入贯彻党的十九大提出的“建立市场化、多元化生态补偿机制”的要求，拓展生态补偿方式，在流域上下游共建共享、产业融合发展、区域协同推进等方面实现创新和深化，构建“黄杭生态文明创建共同体”。两轮试点结束后，建议两省在现有补偿方案和补偿协议的基础上，以建立常态化补偿机制为目标，继续深化合作方式和内容，在产业输出、生态旅游、基础设施建设、人才培训等方面，形成全流域战略合作，打破补偿时间期限，协商确定常态化补偿方案、补偿协议，具体内容可以根据情况变化，上下游协商动态调整，以不断丰富、发展和完善补偿机制，建立成本共担、效益共享、合作共治的跨区域流域生态保护长效机制。

6.3.2 继续深化流域系统治理和保护管理

按照党的十九大提出的“统筹山水林田湖草系统治理”要求，牢固树立“山水林田湖草是一个生命共同体”的理念，认真落实《水污染防治行动计划》各项任务要求，贯彻“安全、清洁、健康”方针，加强科技支撑，推进江河源头生态修复，摸清总氮迁移转化规律，采取针对性控制措施，有效解决流域面源污染。开展资源价值核算，合理评估新安江流域生态系统服务价值，研究建立基于价值核算的生态补偿机制。科学划定生态保护红线，强化水源涵养林及滨河（湖）带生态建设，系统推进新安江流域水污染防治、水生态保护和水资源管理。

重点推进农村面源污染防治，加强乡村和河道清洁社会化管理，健全完善污染治理常态化运行机制；推进上游农村污水、垃圾 PPP 项目建设，实行农村污水、垃圾处理统一规划、统一建设、统一管理；深化农药及生物有机化肥集中配送体系建设，实施禁养区畜禽养殖场关停搬迁整治。推进工业点源污染防治，加大“三集中”循环园区基础设施投入。

6.3.3 充分引导发挥市场作用

在投入机制方面，财政部门要积极推动建立政府引导、市场运作、社会参与的多元化

投融资机制，鼓励和引导社会力量积极参与新安江生态保护建设。研究实行绿色信贷、环境污染责任保险政策，探索排污权抵押等融资模式，稳定生态环保 PPP 项目收入来源及预期，加大政府购买服务力度，鼓励符合条件的企业和机构参与中长期投资建设。探索建立流域内排污权交易和水权交易试点，推行环境污染第三方治理，吸引和撬动更多社会资本参与新安江环境保护和生态建设领域，形成社会化、多元化、长效化的保护和发展模式。

6.3.4 把生态环境优势转化为生态经济优势

结合流域补偿试点，上游应坚持科学发展理念，充分发挥自身和区域优势，积极谋划如何把生态环境优势转化为生态经济优势，推动环境与发展进入良性循环，探索建立新安江流域绿色发展和两山转化示范区。上游地区要立足于优良的生态环境优势和自身发展特色，深入挖掘新安江水生态资源，继续打造水生态文化旅游，结合美丽乡村建设，发展“农家乐”“乡村游”“乡村度假”等生态旅游服务业；着力提升农业和农产品的附加值，发展以茶叶、山珍等为代表的特色产业基地，利用互联网加强绿色有机产品宣传，发展线上和线下多渠道营销；走绿色工业发展道路，以绿色包装、汽车电子、绿色食品等战略性新兴产业为重点，积极引进瓶装饮用水等相关水产业项目，打造饮品生产基地。同时，充分发挥杭黄铁路、合铜黄高速公路等重大交通设施的串联作用，下游应积极考虑在上游设立浙江绿色产业承接区，或以“飞地”形式的经济开发区或产业园，助推上游的绿色发展和民生改善，在良好生态环境基础上促进上下游经济社会持续健康发展。

6.3.5 加强与国际已开展流域补偿区域的合作和交流

在已经举办的首届新安江绿色发展论坛的基础上，积极提升论坛层次，进一步加强与国际环保组织、研究机构和非政府组织合作，相互交流学习流域管理的先进经验，加强流域补偿政策、污染治理技术等方面的互补，与国内国外知名媒体合作、沟通，主动推荐报道题材，共同策划选题，积极对外宣传推介，积极提升新安江流域生态补偿国际影响力，把新安江流域补偿作为“中国模式”推向国际。

参考文献

[1] 中华人民共和国标准，GB 3838—2002，地表水环境质量标准[S]. 2002.

[2] 郑海霞．关于流域生态补偿机制与模式研究[J]．云南师范大学学报（哲学社会科学版），2010，42（5）：54-60.

[3] 王金南，王玉秋，刘桂环，等．国内首个跨省界水环境生态补偿：新安江模式[J]．环境保护，2016，44（14）：38-40.

[4] 聂伟平，陈东风．新安江流域（第二轮）生态补偿试点进展及机制完善探索[J]．环境保护，2017，45（7）：19-23.

[5] 王军锋，侯超波．中国流域生态补偿机制实施框架与补偿模式研究——基于补偿资金来源的视角[J]．中国人口·资源与环境，2013，23（2）：23-29.

[6] 李国光，赵兴华，沙健，等. 面向行政区的总氮污染源解析——以新安江流域重点区县 GWLF 模型应用为例[J]. 水资源与水工程学报，2014，25（6）：118-123.

[7] 赵越，杨文杰，马乐宽，等. 全国首个跨省流域水环境补偿试点——新安江流域水环境补偿探索与实践（2012—2014 年）[M]. 北京：中国环境出版社，2015.

“散乱污”企业的环境成本及其社会经济效益调查分析

Analysis of Environmental Costs and Social-Economic Benefits of “Dispersed and Disrupted” Enterprises in Key Industries

马国霞 彭 菲 於 方 杨威杉 王金南

摘 要 本文利用“2+26”地区“散乱污”企业清单，利用污染物治理成本法，对重点行业“散乱污”企业的社会经济效益和环境污染治理成本进行评估。结果显示：①家具制造与板材加工行业和塑料加工行业是“2+26”地区“散乱污”企业综合整治的重点行业，这两个行业企业数量占“2+26”地区6.2万家“散乱污”企业的比例为35.2%和15.9%。②京津冀地区“散乱污”企业中砖瓦窑行业企业扣除环境污染治理成本后的产值利润率为2%，家具制造与板材加工行业企业扣除环境污染治理成本后的产值利润率为负值（–2%），均低于全国规模以上工业企业的产值利润率。“散乱污”企业以牺牲环境为代价来获得企业利润，扣除环境治理成本后，企业盈利能力很低，需要升级改造或予以淘汰。③规模越小的“散乱污”企业，环保治理设施与投入越少，这些企业也基本不缴税，导致微小型“散乱污”企业的经济效益明显高于规模以上企业。

关键词 “散乱污”企业 环境污染成本 社会经济效益 京津冀地区

Abstract This paper uses the “2+26” regional “dispersed, disrupted and polluted” enterprises list, applies the cost method of pollution control, and evaluate the social and economic benefits of “dispersed, disrupted and polluted” enterprises in key industries. The results show that: ①Manufacture of Furniture and Manufacture of Plastics are the key industries in “2+26” regional “dispersed, disrupted and polluted” enterprises. The number of enterprises in the above two industries accounted for 35.2% and 15.9% of the “2+26” regional “dispersed, disrupted and polluted” enterprises.②In the Jing-jin-ji “2+26” area, the profit rate of the enterprises in the brick kiln industry after deducting the cost of environmental pollution treatment is 2%. The enterprises in the furniture manufacturing and sheet metal processing industry deduct the cost of environmental pollution treatment. The profit margin of the output value is –2%, which is lower than the profit rate of the industrial enterprises above the designated size. “dispersed, disrupted and polluted” enterprises have to obtain corporate profits at the expense of the environment. After deducting the cost of environmental governance, the profitability of enterprises is very low and they need to be upgraded or eliminated. ③The smaller the scale of “dispersed，disrupted and polluted” enterprises，the less environmental protection facilities and investment，and these enterprises basically do not pay taxes，resulting in micro-small “dispersed，disrupted and polluted” enterprises，the economic benefits are significantly higher than the above-scale enterprises.

Keywords “dispersed，disrupted and polluted” enterprises，environmental costs，social and economic benefits，Jing-jin-ji Area

为全面实现国务院印发的《大气污染防治行动计划》既定目标，切实改善京津冀及周边地区环境空气质量，自 2017 年 4 月 7 日起，环保部对京津冀及周边传输通道“2+26”城市，开展为期一年的大气污染防治强化督查。这次强化督查的一项重点任务就是对“2+26”城市的“散乱污”企业进行检查、整改和取缔，对小燃煤锅炉进行“清零”，促进产业结构取得实质性进展。由于“散乱污”企业量大面广，“2+26”城市铁腕治污的“阵痛”对地方经济的短期影响不可避免，但如果把“散乱污”企业的环境成本扣除掉，“散乱污”企业的社会经济贡献又有多大？本报告利用 6.2 万余家“散乱污”企业清单，结合巡查期间对“散乱污”企业的社会经济效益、环境污染治理成本和企业安全防护成本的调查数据，对“散乱污”企业的社会经济效益和环境成本进行评估。从长期的产业结构调整和“散乱污”企业应该承担的环境成本角度，对“散乱污”企业综合整治的科学性和必要性进行分析。

1 “散乱污”企业基本情况分析

“散乱污”企业主要指一些违法违规，不符合产业政策、超标排放，无污染治理设施的小、散、落后且污染严重的企业。惯性思维、技术锁定以及低廉的环境成本，导致这些规模小、工艺差、分布散乱、高污染、低效率的企业长期占据一定市场空间。取缔“散乱污”企业是加快淘汰落后产能、源头治霾的一项重要举措。经过半年的督查检查，“2+26”城市 6.2 万余家“散乱污”企业及集群已全部分类处置，淘汰燃煤小锅炉 4.4 万台，淘汰小煤炉等散煤燃烧设施 10 万多个。

“散乱污”企业从其字意理解，主要表现为“散”“乱”“污”3 个特征。其中，“散”体现在企业不符合城镇总体规划、土地利用规划、产业布局规划，不在工业集聚区内，多分布于农村与城乡接合部，位置较为隐蔽。“污”体现在企业违法违规排放和超标排放，规模小、工艺差，但量大、面广，对环境影响大。企业一般没有污染治理设施，在无排污设施的情况下直接向空气中排放污染物。排放的污染物包含硫氧化物、氮氧化物、一氧化碳、挥发性有机物等多种污染物。“乱”体现在企业违法违规建设、违规生产经营，以及使用闲置非工业用房进行非法生产，多数是家庭作坊式企业或者个体工商户。

按照《京津冀及周边地区 2017 年大气污染防治工作方案》的安排，京津冀及周边“2+26”城市共有“散乱污”清理企业 6.2 万余家。其中，北京市 1 083 家；天津市 3 952 家；河北省 32 489 家（石家庄 6 898 家，廊坊市 6 368 家），河北是这次“散乱污”企业整治的重点区域，“散乱污”清理企业占所有清理企业的比例达到 52.4%；山西省 2 165 家（太原市 970 家、长治市 479 家）；山东省 14 299 家（淄博市 3 908 家，菏泽市 2 304 家）；河南省 8 039 家（郑州市 2 817 家，安阳市 1 402 家）（图 1）。

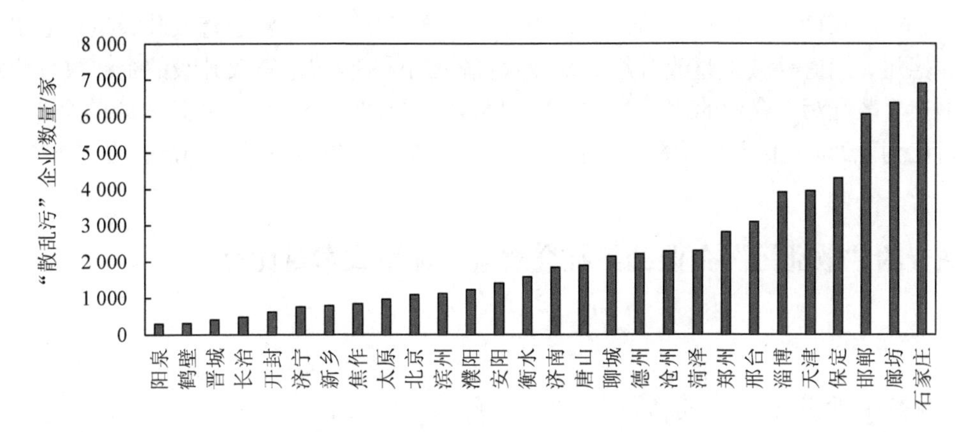

图 1　“2+26”城市“散乱污”企业数

“散乱污”企业具有规模小、工艺差、污染重的特征。6.2 万家“散乱污”企业主要属于家具制造与板材加工业、塑料加工、煤炭销售与加工、锻造、喷塑与喷涂、砖瓦窑、化工与涂料、橡胶生产、印刷与注塑、耐火材料、有色金属熔炼、石灰窑、小冶炼、制鞋业等 23 个小行业。家具制造与板材加工业和塑料加工业是这次“散乱污”企业综合整治的重点行业，其中，家具制造与板材加工业约有 21 824 家企业，占 6.2 万家“散乱污”企业的 35.2%。塑料加工业共有 9 883 家“散乱污”企业，占比为 15.9%。家具制造与板材加工业、塑料加工业在生产过程中都会产生大量的挥发性有机物，挥发性有机物伤害人的肝脏、肾脏、大脑和神经系统，还包含了很多致癌物质。同时，挥发性有机物不仅是光化学反应的决定性前体物，而且是 $PM_{2.5}$ 中二次有机颗粒的重要来源，需要重点整治。综合整治的第三个行业是煤炭销售与加工，共有 6 255 家“散乱污”企业。散煤通常是灰分、硫分含量高的劣质煤，燃烧时往往缺少脱硫、脱硝、除尘处理，直燃直排、点多面广，污染严重（图 2）。

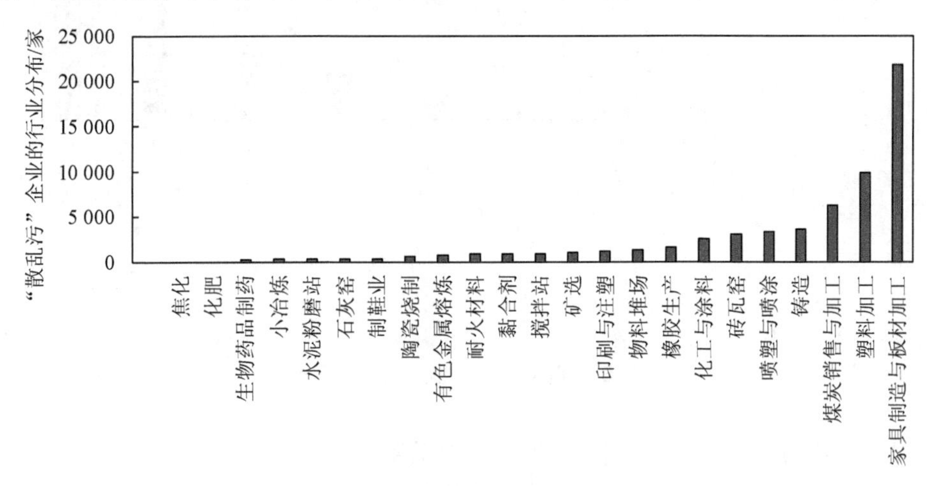

图 2　“散乱污”企业的行业分布量

在 6.2 万家“散乱污”企业中，对大约 4.5 万家企业下令关停取缔，占比约为 73.5%。其中，廊坊、邯郸、保定、天津、石家庄、邢台、郑州等城市关停取缔的企业数量较多，这些城市关停取缔的“散乱污”企业占总关停取缔企业的比重分别为 12.9%、11%、7.6%、7.5%、6.6%、6.1%、5.6%。大概有 1.6 万家，约 25.3%的企业属于整改升级型。沧州、石家庄、德州、淄博等城市整改升级的企业数量较多，这些城市整改升级的企业数量分别占这些城市“散乱污”企业的比重为 56.5%、55.6%、41.3%、59.8%。搬迁入园的企业约 748 家，占比为 1.2%。搬迁入园的企业主要分布在天津，占全部搬迁入园企业的 73.8%。

2 调查的“散乱污”企业经济社会效益与环境成本对比分析

2.1 调查企业基本情况分析

为掌握“2+26”城市“散乱污”企业污染排放和污染治理成本情况，本报告共调查 318 家“散乱污”企业，有效问卷 279 份。有效问卷中，只填报了企业经济效益数据，但无污染物排放数据的问卷共 109 份，既有企业经济效益数据，也有污染物排放数据的问卷 170 份。“散乱污”企业调查表见附件 1。调查企业涉及城市包括安阳市、沧州市、黄骅市、衡水市、石家庄市、淄博市、唐山市、邢台市和聊城市 9 个地市，调查行业主要包括家具制造与板材制造业、塑料加工行业、砖瓦窑行业、耐火材料行业、橡胶生产行业、化工与涂料行业、铸造行业、金属制造和陶瓷烧制等行业（图 3）。

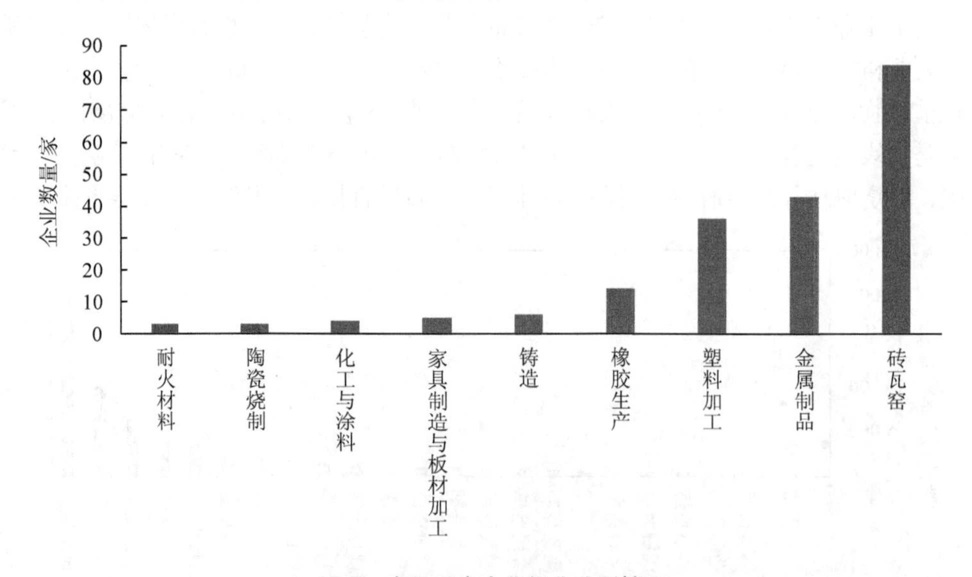

图 3 实际调查企业行业分别情况

从调查企业的就业人数和税收贡献来看，“散乱污”企业多数属于微型企业，解决就业人数有限，缴纳的税费较低，对社会的经济贡献度不高。279 家调查企业工业总产值 23.1

亿元，其中，工业总产值在 1 000 万元以上的企业 22 家，占总调查企业的 7.9%；工业总产值在 1 000 万元以下的企业 257 家，占总调查企业的 92.1%；工业总产值在 200 万元以下的企业有 187 家，占总调查企业的 67.0%（表 1）。279 家企业共有职工 5 038 人，平均每家企业解决的就业人数为 18 人。根据《中小企业划型标准规定》（工信部联企业〔2011〕300 号），工业行业中从业人员 20 人以下或营业收入 300 万元以下的为微型企业。279 家调查企业中缴税的企业 153 家，约有一半的企业没有缴税。税费在 50 万元以上的企业仅有 6 家，其余企业税费均在 50 万元以下。税费在 20 万元以下的企业有 135 家，占缴税企业数量的 88.2%。

表 1　调查企业规模情况

按工业总产值分类	企业数量	主要行业	所占比例/%
亿元以上企业	3	化工行业、陶瓷行业、金属制造行业	1.08
1 000 万元以上企业	19	砖瓦窑、家具制造、金属制造、铸造等行业	6.8
500 万～1 000 万元企业	22	砖瓦窑、塑料、金属制造等行业	7.9
200 万～500 万元企业	48	砖瓦窑、塑料、金属制造等行业	17.2
200 万以下企业（含 200 万元）	187	砖瓦窑、塑料、橡胶、体育器材制造、橡胶生产等行业	67.0
合计	279	砖瓦窑、家具制造、金属制造、塑料、橡胶、铸造等行业	

2.2　调查企业污染治理情况分析

（1）污染治理设施安装运行情况

调查的“散乱污”企业安装的大气污染治理设施主要有除尘设施、VOC_S 处理设施、脱硫和脱硝设施。其中，脱硫设施治理技术主要采用双碱法；脱硝设施治理技术主要是选择性催化还原技术；除尘设施治理技术主要采用布袋除尘法（77 家）；VOC_S 处理设施治理技术主要采用催化氧化法和光催化降解法。

279 家企业除尘设施安装比例最高。调查企业中烟尘排放企业为 134 家，安装除尘设施的企业有 79 家，安装比例为 59.0%；二氧化硫排放企业为 72 家，但安装脱硫设施的企业只有 2 家，安装比例为 2.8%；氮氧化物排放企业为 64 家，安装脱硝设施的企业仅 1 家，安装比例为 1.6%。调查企业中，家具制造与板材加工业、塑料加工行业、化工与涂料行业的企业共有 54 家，这些企业均有 VOC_S 排放，但安装 VOC_S 处理设施的企业只有 28 家，安装比例为 51.9%，而且基本是在 2017 年安装的。“散乱污”企业中，多数企业没有安装治污设施，安装治污设施的主要以布袋除尘设施为主。

（2）污染治理成本

调查企业中，污染处理设施安装年份大多数是 2017 年，以前“散乱污”企业在污染治理方面投入很低，企业污染物基本为直排状态。为核算这些企业在污染治理方面应投入资金的多少，本报告利用污染治理成本法对企业环境污染治理总成本进行核算。

环境污染治理总成本=污染物产生量×单位污染物的治理成本

其中，二氧化硫、氮氧化物单位治理成本来自生态环境部环境规划院出版的图书《中国环境经济核算技术指南》[1]，烟粉尘治理成本来自文献[1-4]。2015 年二氧化硫治理成本为 1 083.8 元/t，氮氧化物治理成本为 3 114.9 元/t，烟粉尘治理成本为 326 元/t；VOCs 治理成本根据文献[5]得到，家具制造行业 VOCs 治理成本为 39.03 元/kg，橡胶及塑料行业 VOCs 治理成本为 28.68 元/kg。

由于 279 家调查企业中有 170 家企业有污染物产生排放数据，所以仅对 170 家企业的环境污染治理成本进行计算，经核算，170 家“散乱污”企业的二氧化硫治理成本为 244.9 万元，氮氧化物治理成本为 369.9 万元，烟粉尘治理成本为 9.0 万元，VOCs 治理成本最高，为 3 352 万元，170 家企业环境污染治理总成本为 3 975.8 万元。

（3）调查企业安全防护情况

调查的“散乱污”企业虽然污染治理设施投入较低，但部分企业有安全防护费用支出，企业安全防护费用主要包括安全防护措施和职业卫生防护措施两部分产生的费用。279 家调查企业中有安全防护支出的企业数量为 155 家，占调查企业总数的 55.6%，约一半企业没有安全防护支出，“散乱污”企业安全防护意识淡薄，职工基本利益受到一定损害。调查企业的安全防护措施费用为 1 188.9 万元，主要防护措施涉及用品有安全帽、手套、口罩、防毒面具、工作服、消防器材、安全门锁等；职业卫生防护措施费用为 631.9 万元，卫生防护措施涉及用品主要有个人防护用品、急救包等；不同行业安全防护支出有所不同，根据调查企业数据，陶瓷制造、耐火材料制造行业的安全防护支出较高，平均每位职工的安全防护费用为 8 333 元，而其他调查行业平均每位职工的安全防护费用为 1 622 元。

2.3 调查企业经济效益与环境污染治理成本综合分析

调查企业中有污染物产生排放数据的 170 家“散乱污”企业利润为 5 859.6 万元，扣除环境污染治理成本后的真实利润为 1 883.8 万元，真实利润与工业总产值的比值为 0.01，即产值利润率仅为 1%（表 2），根据《中国统计年鉴》数据测算，规模以上工业企业产值利润率约为 6%，可见，“散乱污”企业是以牺牲环境为代价，来获取企业利润，若将环境污染治理成本扣除后，企业盈利能力较低，很难维持正常运营。

表 2 调查企业投资和运行费用情况

<table>
<tr><th colspan="2">利润/万元</th><th colspan="2">成本/万元</th><th colspan="2">比值</th></tr>
<tr><td>利润</td><td>5 859.6</td><td>环境污染治理总成本</td><td>3 975.8</td><td>环境污染治理总成本/利润</td><td>0.68</td></tr>
<tr><td>扣除环境污染治理成本后的利润</td><td>1 883.8</td><td colspan="2"></td><td>扣除环境污染治理成本后的利润/工业总产值</td><td>0.01</td></tr>
</table>

3.6.2 万家“散乱污”企业中重点行业环境成本与经济效益分析

为更好地整治“散乱污”企业，总结“散乱污”企业整治的经验，使地方政府在产业发展、产业布局以及环保治理方面的工作更加科学合理，本报告对“2+26”地区 6.2 万家“散乱污”企业的经济效益、污染物排放以及解决人员就业情况进行分析总结。由于实际调查的 279 家“散乱污”企业涉及行业有限，结合 6.2 万家“散乱污”企业的重点行业，报告选择对 6.2 万家“散乱污”企业中的砖瓦窑行业、塑料加工行业和家具制造与板材加工行业进行核算分析。

3.1 “散乱污”企业的环境成本与经济效益分析核算思路

3.1.1 “散乱污”企业的经济效益分析核算思路

根据《中小企业划型标准规定》（工信部联企业〔2011〕300 号），从业人员 1 000 人以下或营业收入 40 000 万元以下的为中小微型企业，其中从业人员 300 人及以上，且营业收入 2 000 万元及以上的为中型企业；从业人员 20 人及以上，且营业收入 300 万元及以上的为小型企业；从业人员 20 人以下或营业收入 300 万元以下的为微型企业。由于实际调查了企业工业总产值指标，未调查企业营业收入指标，工业总产值和营业收入的大部分核算内容是相同的，所以本报告依据《中小企业划型标准规定》，根据工业总产值指标划分实际调查企业的规模，计算不同规模的单位企业工业总产值数据，并利用该数据，对“2+26”地区 6.2 万家“散乱污”企业的工业总产值进行估算。

在估算出“2+26”地区 6.2 万家“散乱污”企业的工业总产值的基础上，通过实际调查获得的单位工业总产值的税费、工资、利润以及职工人数等指标数据，估算“2+26”地区 6.2 万家“散乱污”企业的税费、利润、职工工资和职工人数等数据。

“2+26”地区“散乱污”企业工业总产值=单个调查企业的工业总产值×“2+26”地区的企业个数

“2+26”地区“散乱污”企业税费=调查企业单位工业总产值的税费×“2+26”地区“散乱污”企业工业总产值

“2+26”地区“散乱污”企业利润=调查企业单位工业总产值的利润×“2+26”地区“散乱污”企业工业总产值

“2+26”地区“散乱污”企业工资=调查企业单位工业总产值的工资×“2+26”地区“散乱污”企业工业总产值

“2+26”地区“散乱污”企业职工数=调查企业单位工业总产值的职工数×“2+26”地区“散乱污”企业工业总产值

3.1.2 “散乱污”企业的污染物排放和环境污染治理成本核算思路

（1）污染物排放量核算

根据企业规模的不同，利用实际调查数据和环境统计数据，得到单位工业总产值的污染物排放量（二氧化硫、氮氧化物、烟粉尘）指标数据，进而对“2+26”地区6.2万家“散乱污”企业的污染物排放情况进行估算。在此基础上，利用环境统计中一般工业行业污染物去除率数据，计算得到“2+26”地区6.2万家“散乱污”企业污染物去除量、产生量指标数据。

“2+26”地区“散乱污”企业污染物排放量=调查企业单位工业总产值的污染物排放量×“2+26”地区“散乱污”企业工业总产值

“2+26”地区“散乱污”企业污染物产生量=“2+26”地区“散乱污”企业污染物排放量/（1－一般工业行业污染物去除率）

“2+26”地区“散乱污”企业污染物去除量=“2+26”地区“散乱污”企业污染物产生量－“2+26”地区“散乱污”企业污染物排放量

（2）环境污染治理成本核算

“散乱污”企业环境治理成本可以从两个方面进行核算：一是企业的实际治理成本，即按照一般工业行业污染物去除水平，去除这些污染物所产生的污染治理成本；二是企业的虚拟治理成本，这是对“散乱污”企业排放到环境中的大气污染物，按照现有的治理水平进行完全治理的治理成本。

实际治理成本=污染物去除量×单位污染物治理成本

虚拟治理成本=污染物排放量×单位污染物治理成本

环境污染治理总成本=实际治理成本+虚拟治理成本

其中，二氧化硫、氮氧化物、烟粉尘和VOCs单位治理成本参考调查企业污染治理成本计算部分。

3.2 砖瓦窑行业“散乱污”企业的环境成本与经济效益分析

3.2.1 砖瓦窑行业“散乱污”企业的经济效益分析

“2+26”地区6.2万家“散乱污”企业中有3 039家砖瓦窑企业，其中小型、微型企业2 886家，占比95%。经过计算，“2+26”地区6.2万家“散乱污”企业中砖瓦窑行业的工业总产值约为205.2亿元，其中小型企业工业总产值较大，为125.3亿元，占比为61.1%。全国水泥制造、水泥制品制造、黏土砖瓦及建筑砌块制造行业的工业总产值约为 9 683.2 亿元，“2+26”地区6.2万家“散乱污”企业中砖瓦窑行业工业总产值占行业总量的2.12%（表3）。

表3 砖瓦窑行业工业总产值情况表

企业类型	调查数据		6.2万家“散乱污”企业中砖瓦窑行业数据	
	企业数量	单位企业工业总产值/（万元/个）	企业数量	工业总产值/亿元
大型企业	—	—	2	1.0
中型企业	3	5 200	151	78.5
小型企业	23	440	2 848	125.3
微型企业	58	91	38	0.3
合计	84	5 731	3039	205.1

注：由于调查数据中没有大型企业工业总产值情况，所以对6.2万家企业中的大型砖瓦窑企业产值的估算利用的是调查企业中单位中型企业的工业总产值指标数据。

“2+26”地区 6.2 万家“散乱污”企业中砖瓦窑行业企业税费为 8.2 亿元，占“2+26”城市所在省份（北京、天津、河北、山西、山东和河南）企业所得税的 0.08%；“散乱污”企业利润为 34.9 亿元，占“2+26”城市所在省份规模以上非金属矿物制品业利润总额的 0.92%；“散乱污”企业职工人数为 53.4 万人，占“2+26”城市所在省份规模以上非金属矿物制品业职工总数的 9.1%；“散乱污”企业工资为 41 亿元，占“2+26”城市所在省份劳动者报酬的比例为 0.05%。“2+26”地区 6.2 万家“散乱污”企业中砖瓦窑行业在经济发展和税收贡献方面影响不大，但对解决当地就业有一定影响。

另外，根据调查数据整理结果，规模越小的“散乱污”企业，由于没有环保治理投入和税费缴纳，所以这些企业单位工业总产值的税费、利润、工资等指标都相对较高（表 4）。由于这些企业利润相对较高，为争取市场，其产品价格一般相对较低，这会扰乱市场价格，对正规企业产生不良影响。

表 4 砖瓦窑行业税费、利润、工资和职工人数情况表

企业类型	调查数据				6.2 万家“散乱污”企业中砖瓦窑行业数据			
	单位工业总产值的税费/（万元/万元）	单位工业总产值的利润/（万元/万元）	单位工业总产值的工资/（万元/万元）	单位工业总产值的职工人数/（人/万元）	税费/万元	利润/万元	工资/万元	职工人数/人
中型企业	0.01	0.03	0.03	0.01	12 530	37 590	37 590	12 530
小型企业	0.02	0.07	0.1	0.05	60	210	300	150
微型企业	0.03	0.14	0.17	0.25	61 560	287 280	348 840	513 000
合计					74 150	325 080	386 730	525 680

注：由于调查数据中没有大型企业相关指标情况，所以对 6.2 万家企业中的大型砖瓦窑企业相关指标的估算利用的是调查企业中中型企业的相关数据。

3.2.2 砖瓦窑行业“散乱污”企业的污染物排放量及环境治理成本分析

“2+26”地区 6.2 万家“散乱污”企业中砖瓦窑行业二氧化硫、氮氧化物和烟粉尘排放量估算结果为 12 万 t、4.5 万 t 和 8.9 万 t（表 5），分别占“2+26”城市所在省份排放总量的比例为 2.33%、0.85%和 1.75%，占环境统计中非金属矿制品业二氧化硫、氮氧化物和烟粉尘排放总量的比例分别为 5.9%、1.7%和 3.7%。

在估算“2+26”地区 6.2 万家“散乱污”企业中砖瓦窑行业污染物排放量的基础上，利用非金属矿物制品二氧化硫、氮氧化物和烟粉尘去除率指标（26.1%、25.2%和 99%），计算砖瓦窑行业大气污染物去除量，最终计算得到砖瓦窑行业“散乱污”企业的污染治理的实际治理成本、虚拟治理成本和环境污染治理总成本（表 6）。砖瓦窑行业“散乱污”企业中烟粉尘治理成本最高，占环境污染治理总成本的 88.4%。

表 5　砖瓦窑行业污染物排放情况

企业类型	调查数据			6.2 万家“散乱污”企业中砖瓦窑行业数据/t		
	单位工业总产值的二氧化硫排放量/（kg/万元）	单位工业总产值的氮氧化物排放量/（kg/万元）	单位工业总产值的烟粉尘排放量/（kg/万元）	二氧化硫排放量	氮氧化物排放量	烟粉尘排放量
大型企业	0.3	2.18	0.62	3	21.8	6.2
中型企业	9.1	23.4	28.3	7 143.5	18 369	22 215.5
小型企业	90.2	21.5	53.5	113 020.6	26 939.5	67 035.5
微型企业	40.6	18.1	7.8	121.8	54.3	23.4
合计				120 288.9	45 384.6	89 280.6

表 6　砖瓦窑行业污染物治理成本情况

类别	排放量/t	去除量/t	实际治理成本/万元	虚拟治理成本/万元	环境污染治理总成本/万元
二氧化硫	120 288.9	42 437.5	4 599.4	13 036.9	17 636.3
氮氧化物	45 384.6	15 275.5	4 758.2	14 136.8	18 895.0
烟粉尘	89 280.6	8 452 491.3	275 551.2	2 910.5	278 461.7
合计			284 908.8	30 084.2	314 993.0

3.2.3　砖瓦窑行业“散乱污”企业的经济效益与环境污染治理成本比较

（1）“2+26”地区 6.2 万家“散乱污”企业中，砖瓦窑行业企业的环境污染影响大于其经济效益贡献

根据上述分析可知，“2+26”地区 6.2 万家“散乱污”企业中砖瓦窑行业工业总产值约占全国该行业总产值的 2.12%，企业利润占规模以上非金属矿物制品业利润总额的 0.92%，企业税费占“2+26”城市所在省份企业所得税的 0.08%，企业工资占“2+26”城市所在省份的劳动者报酬的比例为 0.05%，砖瓦窑行业“散乱污”企业对当地经济社会发展贡献有限。但在环境污染方面，“2+26”地区 6.2 万家“散乱污”企业中砖瓦窑行业二氧化硫、氮氧化物和烟粉尘排放量分别占“2+26”城市所在省份排放总量的比例为 2.33%、0.85%和 1.75%，占环境统计中非金属矿制品业二氧化硫、氮氧化物和烟粉尘排放总量的比例分别为 5.9%、1.7%和 3.7%。

（2）扣除环境污染治理成本后，砖瓦窑行业“散乱污”企业的实际利润很低，难以维持企业正常生产活动

经分析，砖瓦窑行业“散乱污”企业实际治理成本与利润的比值为 0.82，环境污染治理总成本与利润的比值为 0.9，要达到环境污染治理要求，“散乱污”企业的环境污染治理投入较大。扣除实际治理成本后的利润与工业总产值的比值为 0.03，扣除环境污染治理总成本后的利润与工业总产值的比值为 0.02（表 7）。而非金属矿物制品业一般工业企业利润与工业总产值的比值为 0.06，“散乱污”企业扣除环境成本后，企业的盈利水平很低，远低于该行业一般工业企业的平均水平。

表 7　砖瓦窑行业环境成本与经济效益分析

利润/万元		成本/万元		比值	
利润	348 630	实际治理成本	284 908.7	实际治理成本/利润	0.82
		环境污染治理总成本	314 993.1	环境污染治理总成本/利润	0.90
扣除实际治理成本后的利润	63 721.3			扣除实际治理成本后的利润/工业总产值	0.03
扣除环境污染治理总成本后的利润	33 636.9			扣除环境污染治理总成本后的利润/工业总产值	0.02

3.3　塑料加工行业“散乱污”企业的环境成本与经济效益分析

3.3.1　塑料加工行业“散乱污”企业的经济效益分析

“2+26”地区 6.2 万家“散乱污”企业中塑料加工行业有 9 883 家，其中小型、微型企业 9 509 家，占比 96.2%。由于调查数据中塑料加工行业只有小型和微型企业数据，所以本报告只对 6.2 万家“散乱污”企业中塑料加工行业的小型和微型企业的相关指标进行估算。“2+26”地区 6.2 万家“散乱污”企业中塑料加工行业的工业总产值约为 388.3 亿元，其中小型企业工业总产值较大，为 385.3 亿元，占比为 99.2%，全国塑料加工行业的工业总产值约为 6 675.4 亿元，“2+26”地区 6.2 万家“散乱污”企业中，塑料加工行业的工业总产值占行业总量的 5.8%（表 8）。

表 8　塑料加工行业工业总产值情况表

企业类型	调查数据		6.2 万家“散乱污”企业中塑料加工行业数据	
	企业数量/家	单位企业工业总产值/（万元/个）	企业数量/家	工业总产值/亿元
小型企业	6	416.7	9 243	385.2
微型企业	16	115	266	3.1
合计	22	531.7	9 509	388.3

“2+26”地区 6.2 万家“散乱污”企业中塑料加工行业企业税费为 7.8 亿元，占“2+26”城市所在省份企业所得税的 0.07%；“散乱污”企业利润为 31.1 亿元，占规模以上橡胶和塑料制品业利润总额的 1.58%；“散乱污”企业职工人数为 15.8 万人，占规模以上橡胶和塑料制品业职工总数的 4.83%；“散乱污”企业工资为 66.1 亿元，占“2+26”城市所在省份的劳动者报酬的比例为 0.08%。“2+26”地区 6.2 万家“散乱污”企业中塑料加工行业在经济发展和税收贡献方面影响不大，但对解决当地就业有一定影响（表 9）。

表 9　塑料加工行业税费、利润、工资和职工人数情况表

企业类型	调查数据				6.2 万家“散乱污”企业中塑料加工行业数据			
	单位工业总产值的税费/（万元/万元）	单位工业总产值的利润/（万元/万元）	单位工业总产值的工资/（万元/万元）	单位工业总产值的职工人数/（人/万元）	税费/万元	利润/万元	工资/万元	职工人数/人
小型企业	0.02	0.08	0.17	0.04	77 031.2	308 124.6	654 764.9	154 062.3
微型企业	0.02	0.09	0.2	0.12	611.8	2 753.1	6 118.0	3 670.8
合计					77 643.0	310 877.7	660 882.9	157 733.1

3.3.2　塑料加工行业“散乱污”企业的污染物排放量及环境治理成本分析

“2+26”地区 6.2 万家“散乱污”企业中塑料加工行业二氧化硫、氮氧化物和烟粉尘排放量估算结果为 6.2 万 t、1.5 万 t 和 3.0 万 t，分别占“2+26”城市所在省份排放总量的比例为 1.21%、0.27%和 0.6%，占环境统计中橡胶和塑料制品业二氧化硫、氮氧化物和烟粉尘排放总量的比例分别为 71.4%、50.7%和 78.1%，塑料加工行业“散乱污”企业污染物排放量占行业排放总量的比例较高。塑料加工行业 VOCs 排放量大，约为 3 623.5 t（表 10）。

表 10　塑料加工行业污染物排放情况

企业类型	调查数据				6.2 万家“散乱污”企业中塑料加工行业数据/t			
	单位工业总产值的二氧化硫排放量/（kg/万元）	单位工业总产值的氮氧化物排放量/（kg/万元）	单位工业总产值的烟粉尘排放量/（kg/万元）	单位工业总产值的VOCs 排放量/（kg/万元）	二氧化硫排放量	氮氧化物排放量	烟粉尘排放量	VOCs 排放量
小型企业	15.6	3.7	7.7	0.94	60 084.3	14 250.8	29 657.0	3 620.5
微型企业	67.7	15	26.8	0.1	2 070.9	458.9	819.8	3.1
合计					62 155.2	14 709.7	30 476.8	3 623.6

在估算“2+26”地区 6.2 万家“散乱污”企业中塑料加工行业污染物排放量的基础上，利用橡胶和塑料制品业二氧化硫、氮氧化物和烟粉尘去除率指标（34.1%、6.45%和 92.7%），得到塑料加工行业大气污染物去除量，最终计算塑料加工行业“散乱污”企业的污染治理的实际治理成本、虚拟治理成本和环境污染治理总成本（表 11）。塑料加工行业“散乱污”企业中烟粉尘治理成本最高，其次为 VOCs 和二氧化硫治理成本。

表 11 塑料加工行业污染物治理成本情况

类别	排放量/t	去除量/t	实际治理成本/万元	虚拟治理成本/万元	环境污染治理总成本/万元
二氧化硫	62 155.2	32 149.3	3 484.3	6 736.4	10 220.7
氮氧化物	14 709.6	1 014.5	316.0	4 581.9	4 897.9
烟粉尘	30 476.8	390 728.3	12 737.7	993.5	13 731.3
VOCs	3 623.5			10 392.3	10 392.3
合计			16 538.0	22 704.1	39 242.2

3.3.3 塑料加工行业“散乱污”企业的经济效益与环境污染治理成本比较

根据上述分析可知，“2+26”地区 6.2 万家“散乱污”企业中塑料加工行业企业利润占规模以上橡胶和塑料制品行业利润的 1.58%，企业税费占“2+26”城市所在省份企业所得税的 0.07%，企业工资占“2+26”城市所在省份的劳动者报酬的比例为 0.08%，塑料加工行业“散乱污”企业对当地经济社会发展贡献有限。而在环境污染方面，“2+26”地区 6.2 万家“散乱污”企业中塑料加工行业二氧化硫、氮氧化物和烟粉尘排放量占环境统计中橡胶和塑料制品业二氧化硫、氮氧化物和烟粉尘排放总量的比例分别为 71.4%、50.7%和 78.1%。“2+26”地区 6.2 万家“散乱污”企业中塑料加工行业对环境污染影响大于对经济效益的贡献。

3.4 家具制造与板材加工业“散乱污”企业的环境成本与经济效益分析

3.4.1 家具制造与板材加工业“散乱污”企业的经济效益分析

“2+26”地区 6.2 万家“散乱污”企业中家具制造与板材加工业企业有 21 824 家，其中小型 20 639 家，占比 94.6%，由于调查数据中家具制造与板材加工业只有小型企业数据，所以本报告只对“2+26”地区 6.2 万家“散乱污”企业中家具制造与板材加工业的小型企业的相关指标进行估算。经过计算，“2+26”地区 6.2 万家“散乱污”企业中家具制造与板材加工业的工业总产值约为 2 012.3 亿元（表 12）。

表 12 家具制造与板材加工行业工业总产值情况表

企业类型	调查数据		6.2 万家“散乱污”企业中家具制造与板材加工业数据	
	企业数量/家	单位企业工业总产值/（万元/个）	企业数量/家	工业总产值/亿元
小型企业	4	975.0	20 639	2 012.3

“2+26”地区 6.2 万家“散乱污”企业中家具制造与板材加工业企业税费为 80.5 亿元，占“2+26”城市所在省份企业所得税的 0.77%；“散乱污”企业利润为 221 亿元，占规模以上家具制造行业利润总额的 43.2%；“散乱污”企业职工人数为 60 万人，占规模以上家

具制造行业职工总数的 50.3%；“散乱污”企业工资为 241 亿元，占“2+26”城市所在省份的劳动者报酬的比例为 0.28%（表 13）。

表 13 家具制造与板材加工行业税费、利润、工资和职工人数情况表

企业类型	调查数据				6.2 万家“散乱污”企业中家具制造与板材加工业数据			
	单位工业总产值的税费/（万元/万元）	单位工业总产值的利润/（万元/万元）	单位工业总产值的工资/（万元/万元）	单位工业总产值的职工人数/（人/万元）	税费/万元	利润/万元	工资/万元	职工人数/人
小型企业	0.04	0.11	0.12	0.03	804 921	2 213 533	2 414 763	603 691

3.4.2 家具制造与板材加工行业“散乱污”企业的污染排放及环境治理成本分析

“2+26”地区 6.2 万家“散乱污”企业中家具制造与板材加工行业二氧化硫、氮氧化物和烟粉尘排放量估算结果为 24.8 万 t、6.4 万 t 和 25.8 万 t，分别占“2+26”城市所在省份排放总量的比例为 4.8%、1.2%和 5.05%，而环境统计中 2015 年家具制造业的二氧化硫、氮氧化物和烟粉尘排放量分别仅为 0.4 万 t、0.1 万 t 和 0.4 万 t，可见大量“散乱污”企业未纳入环境统计调查中，家具制造行业的污染物排放量被低估。利用实际调查数据和《大气挥发性有机物源排放清单编制技术指南》中家具制造行业 VOCs 排放系数，计算出家具制造和板材加工行业 VOCs 排放量为 87.1 万 t（表 14）。

表 14 家具制造与板材加工行业污染物排放情况

企业类型	调查数据				6.2 万家“散乱污”企业中家具制造与板材加工业数据/t			
	单位工业总产值的二氧化硫排放量/（kg/万元）	单位工业总产值的氮氧化物排放量/（kg/万元）	单位工业总产值的烟粉尘排放量/（kg/万元）	单位工业总产值的 VOCs 排放量/（kg/万元）	二氧化硫排放量	氮氧化物排放量	烟粉尘排放量	VOCs 排放量
小型企业	12.3	3.2	12.8	43.3	247 513	64 394	257 575	871 327

在估算“2+26”地区 6.2 万家“散乱污”企业中家具制造与板材加工行业污染物排放量的基础上，利用家具制造业二氧化硫、氮氧化物和烟粉尘去除率指标（0、0 和 77.8%），计算家具制造与板材加工行业大气污染物去除量，最终分别计算得到家具制造与板材加工“散乱污”企业污染治理的实际治理成本、虚拟治理成本和环境污染治理总成本（表 15）。家具制造与板材加工行业“散乱污”企业中 VOCs 治理成本最高，占环境污染治理总成本的 96.7%。

表 15　家具制造与板材加工行业污染物治理成本情况

类别	排放量/t	去除量/t	实际治理成本/万元	虚拟治理成本/万元	环境污染治理总成本/万元
二氧化硫	247 513	0	0	26 825	26 825
氮氧化物	64 394	0	0	20 058	20 058
烟粉尘	257 575	901 512	29 389	8 397	37 786
VOCs	871 327	—		2 498 966	2 498 966
合计			29 389	2 554 246	2 583 635

3.4.3　家具制造与板材加工行业“散乱污”企业的经济效益与环境污染治理成本比较

（1）“2+26”地区 6.2 万家“散乱污”企业中家具制造与板材加工行业大部分污染物排放未纳入环境统计

根据上述分析可知，“2+26”地区 6.2 万家“散乱污”企业中家具制造与板材加工行业企业职工人数约 60 万人，占规模以上家具制造行业职工总数的 50.3%，该行业“散乱污”企业解决就业人数较多。“2+26”地区 6.2 万家“散乱污”企业中家具制造与板材加工行业二氧化硫、氮氧化物和烟粉尘排放量估算结果为 24.8 万 t、6.4 万 t 和 25.8 万 t，而环境统计中 2015 年家具制造业的二氧化硫、氮氧化物和烟粉尘排放量分别仅为 0.4 万 t、0.1 万 t 和 0.4 万 t，大量“散乱污”企业未纳入环境统计调查中，家具制造行业的污染物排放量被低估。

（2）扣除环境污染治理成本后，家具制造与板材加工行业“散乱污”企业的实际利润很低，难以维持企业正常生产活动

家具制造与板材加工行业“散乱污”企业实际治理成本与利润的比值为 0.01，环境污染治理总成本与利润的比值为 1.17，扣除实际治理成本后的利润与工业总产值的比值为 0.11，扣除环境污染治理总成本后的利润为负值，其与工业总产值的比值为−0.02，而家具制造与板材加工行业的一般工业企业利润与工业总产值的比值为 0.07（表 16）。“散乱污”企业在扣除环境污染总成本后，企业的盈利水平很低，远低于该行业一般工业企业的平均水平。

表 16　家具制造与板材加工行业环境成本与经济效益分析

<table>
<tr><th colspan="2">利润/万元</th><th colspan="2">成本/万元</th><th colspan="2">比值</th></tr>
<tr><td rowspan="2">利润</td><td rowspan="2">2 213 532.8</td><td>实际治理成本</td><td>29 389.3</td><td>实际治理成本/利润</td><td>0.01</td></tr>
<tr><td>环境污染治理总成本</td><td>2 583 635.5</td><td>环境污染治理总成本/利润</td><td>1.17</td></tr>
<tr><td>扣除实际治理成本后的利润</td><td>2 184 143.5</td><td colspan="2" rowspan="2"></td><td>扣除实际治理成本后的利润/工业总产值</td><td>0.11</td></tr>
<tr><td>扣除环境污染治理总成本后的利润</td><td>−370 103</td><td>扣除环境污染治理总成本后的利润/工业总产值</td><td>−0.02</td></tr>
</table>

4 下一步“散乱污”企业整治建议

4.1 堵疏结合，对“散乱污”主要行业开展相关产业政策研究

“散乱污”企业整治是一个地区产业行业重新洗牌的过程。一些地方之所以存在“散乱污”企业集群，其中一个重要原因是一些集群企业已经形成了一定的规模效应，拥有固定的市场份额，带来一定的税收，也带动了部分就业。因此，“散乱污”企业综合整治，不是一棒子打死，需要疏堵结合，管放结合，多措并举。对未取得环评批复文件的在建和已建成的“散乱污”企业，要依法严惩。对不符合国家产业政策、不符合行业准入（或规范）条件的企业，由当地政府依据法律法规，彻底做到“两断三清”，坚决进行关停取缔。要把“散乱污”企业集群治理看作产业结构调整的有利契机，进一步优化产业空间布局。

本报告核算结果显示，家具制造与板材加工业以及塑料加工业等“散乱污”企业扣除环境污染治理成本后的真实利润较低，较难维持企业正常运营。目前，绝大多数家具企业仍为中小型企业，行业集中度低，行业龙头企业规模优势尚不突出，较难形成规模效应。应从产业健康发展和绿色低碳消费的角度，对这些产业进行合理引导和政策制定，研究出台塑料行业和家具生产行业的绿色低碳产品生产的政策标准，逐步推行《生产者责任延伸制度推行方案》，实施生产者责任延伸制度，把生产者对其产品承担的资源环境责任从生产环节延伸到产品设计、流通消费、回收利用、废物处置等全生命周期。鼓励企业采用清洁生产技术，开展绿色包装物品研究，支持企业研发生产标准化、绿色化、减量化和可循环利用降解的包装材料，基本淘汰有毒有害物质超标的包装物料，推广环保箱和环保袋使用。建立和完善节能减排市场化机制，推行合同能源管理、绿色标识认证等政策措施。对于一些有发展潜力的企业聚群，要找出环境问题的症结，聘请行业权威专家操刀评审，出台“一揽子”整改计划，加强集中治理，做好产业升级引导。

4.2 坚定“散乱污”企业整治信念，多渠道解决就业问题

虽然部分“散乱污”企业在一些地区形成了一定的规模效应，拥有固定的市场份额，带来一定的税收，也带动了部分就业，但其产生的环境污染问题不容忽视。习总书记说过：“环境就是民生，青山就是美丽，蓝天也是幸福。”老百姓从过去要温饱，到现在要环保，环境保护已成为现阶段人民群众的主动需求，也是建设小康社会的必要条件。因此，要坚定“散乱污”企业整治信念。

对于“散乱污”企业整治造成的人员就业问题，地方政府部门应组织多部门联合解决。第一，各地人力资源与社会保障部门应积极组织力量，摸清“散乱污”企业整治带来的失业人员的区域分布、年龄状况、技能情况，最大限度地在当地开发就业岗位；第二，为“散乱污”企业整治带来的失业人员搭建专门的服务就业平台，利用平台资源，通过召开再就

业招聘会，为失业人员提供就业服务；第三，对积极吸纳就业人员的企业给予岗位和社会保险补贴，鼓励企业吸纳就业人员和开展培训，扎实推进“散乱污”企业整治带来的失业人员的帮扶工作。第四，组织企业到失业人员相对集中的镇街开展座谈，免费提供职业指导和就业引导，帮助有创业愿望的失业人员免费参加创业培训。第五，以农村生态环境综合整治为切入口，吸引“散乱污”企业整治带来的失业人员再就业。农村适龄劳动力短缺是我国农村生态环境保护面临的最大挑战之一，其根本原因在于农村就业渠道少，农村经济收入偏低无法消纳和吸引适龄务农人员在本地扎根生活。健全和优化农业补贴保障机制，吸引“散乱污”企业整治带来的失业人员留在农村，既有助于解决这些人员的就业问题，也为建设环境优良、生态宜居的美丽乡村提供充足劳动力。

4.3 依据相关法律法规，落实地方责任

穷尽法律法规政策赋予的所有手段。对“散乱污”企业问题突出的地区，约谈地方党政负责人，进行区域限批；对不重视、不作为、懒政、怠政的地方党政负责人，向组织、纪检部门按照党纪党规和《党政领导干部生态环境损害责任追究办法》提出问责建议；对环境违法企业，根据违法行为依法依规进行按日计罚、查封扣押、限产停产。

按照《中华人民共和国环境保护法》，地方各级人民政府对本行政区域的环境质量负责。按照属地管理原则，县（市）政府可将“散乱污”企业按污染问题及程度分类造册编号，交由乡镇政府（街道）、园区管委会限期整治。相关部门要按法定职责加强督促，跟踪督查，持续加压，问题整改到位的及时销号验收，通不过的继续整改，直至销号。对于那些手续不全但基础较好的企业，要督促其补办相关手续；对于那些符合国家产业政策、经过治理可达标排放的企业，要督促其完善环保设施并保证正常运行。对于整治规范后的“散乱污”企业，地方政府和有关部门要加强宣传教育，帮助企业提升环境意识。要推行绿色信贷等制度，引导企业走绿色发展道路。

4.4 巩固“散乱污”企业整治成果，逐步开展其他重污染地区“散乱污”企业的综合整治

“2+26”城市为期一年的“散乱污”综合整治工作取得了阶段性成果，但如果监管不严，“散乱污”企业很容易死而复生。因此，必须强化责任，巩固“散乱污”企业整治成果。严格落实生态环境部提出的《攻坚方案》《强化督查方案》《巡查方案》《专项督查方案》《量化问责方案》《信息公开方案》《宣传报道方案》，对于部分地区出现的整改取缔不彻底、虚报完成情况等问题，需不定时检查和抽查，坚决杜绝已取缔“散乱污”企业异地转移和死灰复燃。对已经完成升级改造的企业，确保其污染治理设施稳定运行。对正在进行升级改造的企业要确保其停产整改，按照整改时间表的要求，对其进行监督。没有达到总体整改要求，出现普遍性违法排污情况或区域环境整改不到位的，实施挂牌督办，限期整改。

造成大气污染的工业污染源主要有重点污染源和“散乱污”企业两种。目前，重点污

染源在企业污染治理、强化监督检查、自动监测安装等手段共同作用下，已基本规范管理。“散乱污”企业对环境质量的影响就越来越明显，因此，环境监管的重心需向“散乱污”企业倾斜。许多“散乱污”企业不在生态环境部门的环境统计、环保档案和监管视线范围之中，成为一些地方环境监管的空白区域。全国大气污染重点区域，如成渝地区、长江三角洲地区，应学习“2+26”城市“散乱污”企业治理成功经验，逐步开展对“散乱污”企业的全面排查，掌握“散乱污”企业的数量、名单、地理位置、行业类别、生产工艺、生产规模、产品产量、煤炭消耗、就业人数、有无治污设施、有无环保手续和其他部门相关手续、企业废水和废气等污染物排放现状以及税费、销售收入、产值等详细数据清单，全面掌握企业的环境污染状况，完善各类“散乱污”企业信息管理，为全面整治打下坚实基础。

参考文献

[1] 於方，王金南，曹东，等．中国环境经济核算技术指南．北京：中国环境科学出版社，2009.

[2] 郭高丽．经环境污染损失调整的绿色 GDP 核算研究及实例分析[D]．武汉：武汉理工大学，2006.

[3] 杨建军，董小林，张振文．城市大气环境治理成本核算及其总量、结构分析——以西安市为例[J]．环境污染与防治，2014，36（11）：100-105.

[4] 闫家鹏．大气污染治理设施运行成本分析[J]．黑龙江科技信息，2009（28）：217-217.

[5] 王庆九，李洁，杨峰．南京市 VOCs 治理成本分析与污费征收策略研究[J]．安徽农学通报，2017，23（22）：82-84.

致 谢

本报告 279 家“散乱污”企业的数据调查工作得到了环境规划院参与巡查工作人员的大力支持，特此表示感谢，具体人员名单如下（排名不分先后）：马皓伟、于雷、王夏晖、王慧丽、王燕丽、王兆苏、王东、王成新、王倩、牛韧、史枫鸣、叶子仪、田超、吕红迪、邬波、孙宁、李婕旦、李新、李晓琼、李若溪、朱岗辉、朱振肖、朱媛媛、刘伟、张丽苹、张丽荣、张南南、张箫、张伟、张鸿宇、张红振、余向勇、宋志晓、吴悦颖、吴文俊、肖旸、於方、武跃文、金坦、周欣、周劲松、周游、杨小兰、杨勇、赵康平、饶胜、段扬、徐毅、徐泽升、梅丹兵、逯元堂、崔轩、董战峰、蒋洪强、谢光轩、彭硕佳、雷宇、路瑞、潘哲、熊善高。

附件 1：

“散乱污”企业基本情况调查表（企业填写）

企业基本情况			
*企业名称			
*企业地址	（市） （区/县） （街道） （号）		
*经度	*纬度	*开业时间（年）	
*所属行业		*行业代码	
指标名称	本年实际	指标名称	本年实际
*工业总产值（当年价格）/万元		其他燃料消耗量/t 标准煤	
*年正常生产时间/月		用电量/万 kW·h	
*工业增加值/万元		工业锅炉数/（台/蒸吨）	
*利润/万元		其中：20 蒸吨以上的/（台/蒸吨）	
*税费/万元		安装脱硫设施的/（台/蒸吨）	
*全部职工人数/人		10～20（含）蒸吨的/（台/蒸吨）	
*职工工资/万元		10（含）蒸吨以下的/（台/蒸吨）	
*煤炭消耗量/t		工业窑炉数/座	
其中：燃料煤消耗量/t		*主要原辅材料名称及用量（吨或其他）	
燃料煤平均含硫量/%		（1）	
燃料煤平均灰分/%		（2）	
燃料油消耗量/t		（3）	
燃料油平均含硫量/%		*主要产品名称及产量（吨或其他）	
焦炭消耗量/t		（1）	
焦炭平均含硫量/%		（2）	
焦炭平均灰分/%		（3）	
天然气消耗量/万 m^3			
安全与卫生防护			
*安全防护措施		*安全防护措施费用/（万元/a）	
*职业卫生防护措施		*职业卫生防护措施/（万元/a）	
有机溶剂使用情况			
*是否使用有机溶剂（是/否）		*有机溶剂使用量/（t/a）	
*有机溶剂名称			

填表人：　　　　　　　　　　　　　　　　填表日期：　年　月　日

附件 2

“散乱污”企业大气污染治理情况调查表（企业填写）

处理设施	脱硫设施	脱硝设施	除尘设施	VOCs 治理设施
治理技术（具体见附表 1）				
污染物去除量/（t/a）				
污染物产生量/（t/a）				
污染物排放量/（t/a）				
*治理消耗药剂或物料名称				
*药剂或物料年均使用量/t				
*治理投资额/万元				
*设施投运时间（年份）				
*设施投运率/%				
*设施处理能力/（kg/h）				
*运行费用/（万元/a）				
其中：电费/（万元/a）				
耗电量/（万 kW·h/a）				
运行小时/（h/a）				
水费/（万元/a）				
燃煤/气/油费/（万元/a）				
人工费/（万元/a）				
检修费				
其他费用				

注*：非表 1 中的其他简易治理技术或工艺，请在表格中对技术或工艺做简单描述，并根据实际情况填写总投资额、运行费用等主要指标。

填表人： 填表日期： 年 月 日

附件 3：

“散乱污”企业大气污染治理情况调查表（地方环保局填写）

<table>
<tr><td colspan="6">企业基本情况</td></tr>
<tr><td colspan="3">*企业名称</td><td colspan="3"></td></tr>
<tr><td colspan="3">*企业地址</td><td colspan="3">（市） （区/县） （街道） （号）</td></tr>
<tr><td>*经度</td><td></td><td>*纬度</td><td></td><td>*开业时间（年）</td><td></td></tr>
<tr><td colspan="3">*所属行业</td><td></td><td>*行业代码</td><td></td></tr>
<tr><td colspan="3">指标名称</td><td>本年实际</td><td>指标名称</td><td>本年实际</td></tr>
<tr><td colspan="3">*工业总产值（当年价格）</td><td></td><td>*二氧化硫产生量/t</td><td></td></tr>
<tr><td colspan="3">*年正常生产时间/月</td><td></td><td>*二氧化硫排放量/t</td><td></td></tr>
<tr><td colspan="3">*工业增加值/万元</td><td></td><td>*烟尘产生量/t</td><td></td></tr>
<tr><td colspan="3">*利润/万元</td><td></td><td>*烟尘排放量/t</td><td></td></tr>
<tr><td colspan="3">*税费/万元</td><td></td><td>*氮氧化物产生量/t</td><td></td></tr>
<tr><td colspan="3">*全部职工人数/人</td><td></td><td>*氮氧化物排放量/t</td><td></td></tr>
<tr><td colspan="3">*职工工资/万元</td><td></td><td>*VOCs 产生量/t</td><td></td></tr>
<tr><td colspan="3">*煤炭消耗量/t</td><td></td><td>*VOCs 排放量/t</td><td></td></tr>
<tr><td colspan="3">*主要产品名称及产量/t 或其他</td><td></td><td>*大气污染治理投资额/万元</td><td></td></tr>
<tr><td colspan="3">（1）</td><td></td><td>*大气污染治理运行费用/万元</td><td></td></tr>
<tr><td colspan="3">（2）</td><td></td><td></td><td></td></tr>
<tr><td colspan="6">安全与卫生防护</td></tr>
<tr><td colspan="2">*安全防护措施</td><td colspan="2"></td><td>*安全防护措施费用/（万元/a）</td><td></td></tr>
<tr><td colspan="2">*职业卫生防护措施</td><td colspan="2"></td><td>*职业卫生防护措施/（万元/a）</td><td></td></tr>
<tr><td colspan="6">有机溶剂使用情况</td></tr>
<tr><td colspan="3">*是否使用有机溶剂（是/否）</td><td></td><td>*有机溶剂使用量/（t/a）</td><td></td></tr>
<tr><td colspan="3">*有机溶剂名称</td><td colspan="3"></td></tr>
</table>

填表人： 填表日期： 年 月 日

附件 4：

调查表调查说明：除尘/脱硫/脱硝/脱 VOCs 工艺代码表

代码	除尘方法	代码	脱硫方法	代码	脱硝方法	代码	脱 VOCs 方法
A1	重力沉降法	B1	循环流化床锅炉	C1	选择性催化还原技术（SCR）	D1	冷凝法
A2	惯性除尘法	B2	炉内喷钙法	C2	选择性非催化还原技术（SNCR）	D2	吸收法
A3	湿法除尘法	B3	密相干法	C3	SCR、SNCR 联合脱硝技术	D3	吸附法
A4	静电除尘法（管式、卧式）	B4	石灰石石膏法	C4	其他烟气脱硝方法	D4	直接燃烧法
A5	布袋除尘法	B5	旋转喷雾干燥法	C5	低氮燃烧技术	D5	催化燃烧法
A6	单筒旋风除尘法	B6	双碱法	C6	低氮燃烧+SNCR 联合脱硝技术	D6	催化氧化法
A7	多管旋风除尘法	B7	氧化镁法	C7	低氮燃烧+SCR 联合脱硝技术	D7	催化还原法
A8	电袋除尘法	B8	氨法	C8	低氮燃烧+其他烟气脱硝方法	D8	冷凝净化法
A9	湿法电除尘	B9	海水脱硫法	—	—	D9	生物降解法
A10	其他除尘方法（请注明）	B10	炉内脱硫与烟气脱硫组合法	—	—	D10	光催化降解法
—	—	B11	其他脱硫法（请注明）	—	—	D11	等离子体技术
						D12	植物喷淋
						D13	其他（请注明）

污水处理 PPP 项目投资回报指标研究——基于财政部 PPP 入库项目①

Study on Return Indexs of Investment in Wastewater Treatment PPP Project-Based on the Ministry of Finance PPP storage project

逯元堂　赵云皓　卢　静　徐顺青　宋玲玲
韩　斌[2]　夏颖哲[2]　谢　飞[2]　赵芙卿[2]　谢方舟[2]

摘　要　污水处理是生态环境保护公共服务的重点领域之一。污水处理 PPP 项目由于合理收益回报不明晰，导致在市场公平竞争、工程建设质量、运营服务保障等方面不同程度地产生一些问题，影响了行业健康有序发展。本研究基于全国 PPP 综合信息平台项目库的 278 个污水处理项目，开展了污水处理项目常用的投资回报相关指标对比分析和适用性分析，得出不同地区、投资规模、项目类型、运作模式下的投资回报的市场预期，指出污水处理 PPP 项目全投资财务内部收益率指标应在 5.5%～8%，并验证了该指标区间的合理性，提出污水处理行业应定期发布基准收益率、完善投资回报机制、建立动态定价及调价机制、健全绩效考核机制等建议，为强化污水处理 PPP 项目管理提供参考。

关键词　污水处理　PPP 项目　投资回报　合理区间

Abstract　Wastewater treatment is one of the key areas of public services for ecological protection. Due to the unclear reasonable income return mechanism, sewage treatment PPP project have different problems in fair competition of the market, construction quality, operation and service protection, which affect the healthy and orderly development of the wastewater treatment industry. Based on the 278 sewage treatment projects of the National PPP Integrated Information Platform Project Library, this study carried out comparative analysis and applicability analysis about relevant indicators of investment return which is

---

① 基金资助的研究项目请列示基金项目名称和编号：国家重点研发计划专项：大气环保产业园创新政策机制试点研究。项目编号：2016YFC0209100。
② 财政部政府和社会资本合作中心，北京，100012。

commonly used in sewage treatment projects，and obtained market expectation on investment return under various investment scales，project types，and operation modes from different regions，which indicates that the financial internal rate of return of the entire PPP project for wastewater treatment should be in the range of 5.5% ~ 8%，and the rationality of this indicator range is verified. It is proposed that the sewage treatment industry should publish the benchmark rate of return and improve the investment return mechanism，establish a dynamic pricing and price adjustment mechanism and Improve performance assessment mechanism，which provide suggestions for strengthening management of the PPP project of wastewater treatment.

Keywords sewage treatment，PPP project，investment return，reasonable interval

建立合理的投资回报机制是政府和社会资本开展合作的基础和是否成功合作的重要保障，同时也是 PPP 项目实现管理规范化的重要支撑。国务院《关于创新重点领域投融资机制鼓励社会投资的指导意见》（国发〔2014〕60 号）中明确，平衡好社会公众与投资者利益关系，既要保障社会公众利益不受损害，又要保障经营者合法权益。财政部《关于进一步共同做好政府和社会资本合作（PPP）有关工作的通知》（财金〔2016〕32 号）提出，项目公司在收回投资成本后，应获得与同行业平均收益率相适应的合理收益回报。鉴于 PPP 项目的投资回报率对政府和社会资本合作至关重要，研究 PPP 项目合理投资回报区间十分必要。

1 污水处理 PPP 投资回报对行业的影响分析

1.1 污水处理 PPP 项目存在的主要问题

污水处理是市政基础设施和公共服务的主要领域之一。财政部、住建部、农业部、环保部联合发布的《关于政府参与的污水、垃圾处理项目全面实施 PPP 模式的通知》（财建〔2017〕455 号），要求政府参与的新建项目要全面应用 PPP 模式，有序推进存量项目转型为 PPP 模式。污水处理行业在推行特许经营的基础上，采取 PPP 模式实施，经过几年的发展，污水处理 PPP 模式应用较为广泛，市场竞争较为充分，操作流程相对成熟。

截至 2018 年 5 月底，污水处理行业 PPP 项目数量和投资总量占生态环境保护相关领域（包括市政领域的污水处理、垃圾处置、清洁取暖和排水；能源领域的垃圾发电和生物质能等）PPP 项目数量和投资总量的 36%和 17%，占全部入库 PPP 项目数量和投资总量的 8.4%和 1.9%。但是从实践情况来看，污水处理 PPP 项目由于合理投资回报不明晰，导致在市场公平竞争方面不同程度地产生一些问题，影响了行业健康有序发展。

（1）缺乏投资回报指标控制的情况下，对污水处理项目水价（或是特许经营转让价或服务费）难以科学、客观地核定，备受争议的污水处理 PPP 项目低价或天价中标的报道屡

见不鲜

绝大多数污水处理 PPP 项目沿袭了传统特许经营制度的经验做法，采用水价作为标的。单纯从污水处理单价的角度，无法判断社会资本的投资收益，水价的科学客观性和投资回报的合理性也饱受争议。如温州市中心片污水处理厂迁建工程 BOT 项目第一中标候选人报价 0.73 元/t，与同场竞标的 11 家企业报价差距巨大；安庆污水处理 PPP 项目中标价格 0.39 元/t，兰州城区污水处理厂改扩建 PPP 项目中标价格 11.90 元/t。加之，诸多污水处理 PPP 项目实施前后的项目内容与规模、工艺与成本价格、调价机制及监管等变化较大，以单一综合水价作为付费相关指标，即便是设计了阶梯水价、固定单价或可变单价、基本单价和计量单价等指标，在缺少投资回报相关指标控制的情况下，依然容易与实际差距较大，造成社会资本方亏本或者暴利。

（2）近年来发生的恶意低价竞标中标行为，势必为项目后续的实施留下隐患，影响污水处理项目的建设、运营水平，破坏市场秩序

污水处理行业经过几十年发展已经进入成熟阶段。一方面，城市污水处理项目经历了大规模建设期与提标改造期，新增污水处理项目有所放缓，同时诸多国企、央企、上市企业跨界转型“强行”介入环保产业，“跑马圈地”现象突出，打破了市场供需关系，行业竞争形势加剧。另一方面，随着污水处理 PPP 项目环境技术设备的不断成熟及规模效应的逐步显现，项目成本存在降低的空间，同时，通过后续改扩建再生水、污泥处理处置等建设项目，污水处理 PPP 项目有增加收益的可能。上述原因促使污水处理企业无序的低价竞争进入白热化状态，投资回报率低于行业基准收益的现象普遍。

（3）水环境综合治理项目参考污水处理厂 PPP 项目基准收益率，大大降低了投资回报率，不利于项目财务的可持续，为行业发展带来恶性影响

随着我国市政基础设施建设不断完善，环保投入累计增加，城镇污水处理项目经历了大规模集中建设与提标改造期，现阶段的污水处理项目越来越多地被捆绑打包为涉水综合治理项目，如厂网一体、供排水一体、再生回用一体、污泥处理处置一体、流域治理、黑臭水体整治、农村环境综合整治、园区水环境整治等。项目实施内容的不同带来项目投资回报资金渠道与保障机制、风险及其分担与应对机制等方面的差异，不同项目应对应差异化的投资回报率。然而，仅参考污水处理 PPP 项目基准收益率将令项目收益大打折扣，甚至入不敷出。

从投资回报率指标角度，归结上述问题的成因：①缺乏污水处理行业，尤其是满足新时期污水处理行业 PPP 项目范畴、类型、内容的合理投资回报空间参数。②我国近 10 年经济增长速度、金融市场状况、未来经济走势、污水处理行业竞争情况等均发生了较大变化，过去已发布的税前财务基准收益率参数已不适合当前污水处理行业发展阶段，无法指导污水处理行业投资，参考作用受限。如《建设项目经济评价方法与参数》（第三版，2006 年国家发改委、建设部发布）依据专家调查结果提出市政排水行业全投资税前财务基准收益率为 4%；《城市基础设施项目全投资税前财务基准收益率》（2008 年建设部发布）规定污水处理项目全投资税前财务基准收益率为 5%。

1.2 污水处理PPP项目投资回报研究的必要性

为确定新时期污水处理行业投资合理回报区间，加强对污水处理领域全面实施PPP模式相关工作的指导，避免污水处理项目低质低价恶性竞争，推进行业良性发展，应开展污水处理PPP项目合理投资回报研究。

（1）为确定污水处理行业投资回报提供参考

PPP项目的回报率是吸引社会资本进入该领域的关键因素，决定了一个PPP项目能否落地的关键。PPP项目投资回报率的基准值或合理取值，是社会资本方做出投资决策时的重要依据，是其关注的核心问题之一。污水处理行业作为准经营性项目，除具有公共服务等自然属性外，还具有投资规模大、资金沉淀性强等特点，因此，污水处理行业的投资回报机制的建立，一方面要兼顾当地经济发展水平、居民承受能力，另一方面还应充分考虑社会资本方的投资回报预期，吸引社会资本方进入污水处理领域。

（2）为政府财政能力评判和项目采购提供依据

投资回报率是构建PPP项目投资回报机制最核心的指标，是政府方研究策划PPP项目和制定相关投融资政策的重点内容和依据，同时也是其与社会资本方进行PPP协议谈判时双方博弈的焦点。对于地方政府来说，投资回报率越低，政府财政补贴支出责任越小，同时政府承受的来自社会公众的压力也越小。确定PPP项目合理回报区间，既是评判政府财政能力能否承受的关键，也为政府充分了解社会资本普遍能接受的合理投资回报空间、设计项目采纳边界条件做好充足准备。

（3）为污水处理行业规范发展提供保障

过低的投资回报率或目标收益率不利于社会资本积极性的发挥，甚至将迫使其退出基础设施和公用事业领域，而较高的投资回报率将会给政府带来沉重的财政负担。因此，要通过合理确定投资回报区间、价格和收费标准、合作期限等方式，一方面确保政府补贴适度，防范中长期财政风险，提高资金使用效率。另一方面，要充分挖掘PPP项目后续运营的商业价值，鼓励社会资本创新管理模式，提高运营效率，降低项目成本，提高项目收益。为污水处理行业规范发展提供保障。

2 PPP项目投资回报合理性判定原则

2.1 收益预期稳定原则

投资回报机制的确定是PPP项目未来全生命周期内政府和社会资本方建立真正、持续、良好、稳固的合作关系，确保提供公共产品和服务的重要基础。通过科学地划分风险分担、界定边界条件，有效地建立合理的回报机制，授予项目经营权、核定价费标准、确定投资回报率、给予财政补贴、明确排他性约定等，确保政府补贴适度，防范中长期财政风险，同时，稳定社会资本收益预期，保障项目顺利落地和实施。

2.2 盈利但不暴利原则

污水处理项目属于市政公用设施建设项目范畴，充分考虑其项目的服务公益性、自然垄断性、价格受管制等特点，合理设计项目投资回报机制和调节机制，既要保障公共利益，提高公共服务质量和效率，又要避免企业出现暴利和亏损，实现项目建设运营“盈利但不暴利”的自我平衡。

2.3 风险收益对等原则

本着契约和平等合作的精神，在合理区间范围内，确定政府部门和社会资本都能接受的投资收益率均衡点。对双方都不具有控制力的风险，分配时，综合考虑风险发生概率、政府自留风险时的成本以及社会资本承担风险的意愿。若本应由政府承担或双方共担的风险，交由社会资本方来承担，则政府应给予社会资本方一定的合理的收益补偿，遵从风险收益对等原则。

2.4 投入产出最优原则

污水处理行业投资回报区间不是静态不变的，应随着时间的推移，基于行业风险系数、技术水平、市场竞争程度等内部因素，以及银行利率、国债利率、通货膨胀率等外部情形变化进行动态的适宜性调整。通过建立适宜的行业运营控制和动态调整机制，最终实现投入产出最优。

3 污水处理PPP投资回报指标选择

污水处理 PPP 项目财务分析中，关于投资回报应用较普遍的指标包括财务内部收益率、投资收益率、合理利润率、年利率等指标。本章节对以上指标的含义、计算方法及其适用性进行综合分析，以期为污水处理 PPP 项目投资回报空间指标选择提供参考。

3.1 财务内部收益率

财务内部收益率（IRR）系指能使项目计算期内各年净现金流量累计等于零时的折现率，即 IRR 作为折现率使公式（1）成立。

$$\mathrm{FNPV(IRR)} = \sum_{t=1}^{n}(\mathrm{CI}-\mathrm{CO})_t(1+\mathrm{IRR})^{-t} = 0 \qquad (1)$$

式中：CI——现金流入量；

CO——现金流出量；

$(CI-CO)_t$——第 t 期的净现金流量；

n——项目合作期限。

财务内部收益率指标一般通过计算机软件中配置的财务函数计算，从公式（1）可看出财务内部收益率与净现金流量呈正相关关系。即净现金流量越大，财务内部收益率越高，净现金流量越小，财务内部收益率越低。

财务内部收益率指标本身又包含 3 种模式：一是“项目投资内部收益率”指标；二是“项目资本金财务内部收益率”指标；三是“项目投资各方财务内部收益率”指标。上述 3 个指标均是以 PPP 项目合作期的净现金流量作为动态考察对象的动态指标，当财务内部收益率大于或等于基准收益率（最低可接受的财务内部收益率）时，项目方案在财务上可接受。

3.1.1 投资财务内部收益率

投资财务内部收益率，又称全投资财务内部收益率，是以项目全部投资作自有资金为计算基础，考察项目在未确定融资方案前整个项目的盈利能力。该指标以“项目投资现金流量表”（表 1）为计算基础，包括所得税前投资财务内部收益率和所得税后投资财务内部收益率两项指标，其中所得税前投资财务内部收益率指标不受所得税政策变化影响，仅体现项目方案本身的合理性，而所得税后投资财务内部收益率指标是针对项目具体的所得税政策变化可能产生的影响而选择的指标，是项目公司层面对比参考的标准。所得税前投资财务内部收益率和所得税后投资财务内部收益率的计算公式均参考公式（1），与之不同的是净现金流量分别基于所得税前净现金流量（表 1 中序号为 3 的行）和所得税后净现金流量（表 1 中序号为 6 的行）。该指标可完整反映项目整体盈利能力，适用于不考虑项目公司资金结构、全部股权实行“同股同权”的 PPP 项目。政府方对项目债务不承担筹措、担保、偿还等责任，利息偿还已通过全投资内部收益率指标进行体现。

表 1 项目投资现金流量表样表

序号	项目	第 1 年	第 2 年	……	第 n 年
1	现金流入（CI）				
1.1	营业收入				
1.2	补贴收入				
1.3	回收固定资产				
1.4	回收流动资产				
2	现金流出（CO）				
2.1	建设投资				
2.2	流动资金				
2.3	经营成本				
2.4	营业税金及附加				
2.5	维持运营投资				
3	所得税前净现金流量				

序号	项目	第 1 年	第 2 年	……	第 n 年
4	累计所得税前净现金流量				
5	调整所得税				
6	所得税后净现金流量				
7	累计所得税后净现金流量				

计算指标：项目投资财务内部收益率（所得税前）/%
项目投资财务内部收益率（所得税后）/%
项目投资财务净现值（所得税前）（i_c=%）
项目投资财务净现值（所得税后）（i_c=%）
项目投资回收期（所得税前）/a
项目投资回收期（所得税后）/a

关于项目投资内部收益率基准收益率的取值，国家相关部委曾给出部分行业的参考值：2006 年国家发改委和建设部发布的《建设项目经济评价方法与参数》（第三版）给出了 50 个细分行业参考值，取值范围为 1%～14%（图 1），其中 70%以上行业的基准收益率取值为 5%～12%。50 个细分行业里并未包括污水处理行业，2008 年住房和城乡建设部发布的《市政公用设施建设项目经济评价方法与参数》中界定的污水项目的财务基准收益率（融资前税前）的参考值为 5%。2015 年 8 月，发改委印发的《项目收益债券管理暂行办法》（发改办财金〔2015〕2010 号）中第十七条规定：项目投资内部收益率原则上应大于 8%。对于政府购买服务的项目，或债券存续期内财政补贴占全部收入比例超过 30%的项目，或运营期超过 20 年的项目，对内部收益率的要求可适当放宽，但原则上不低于 6%。

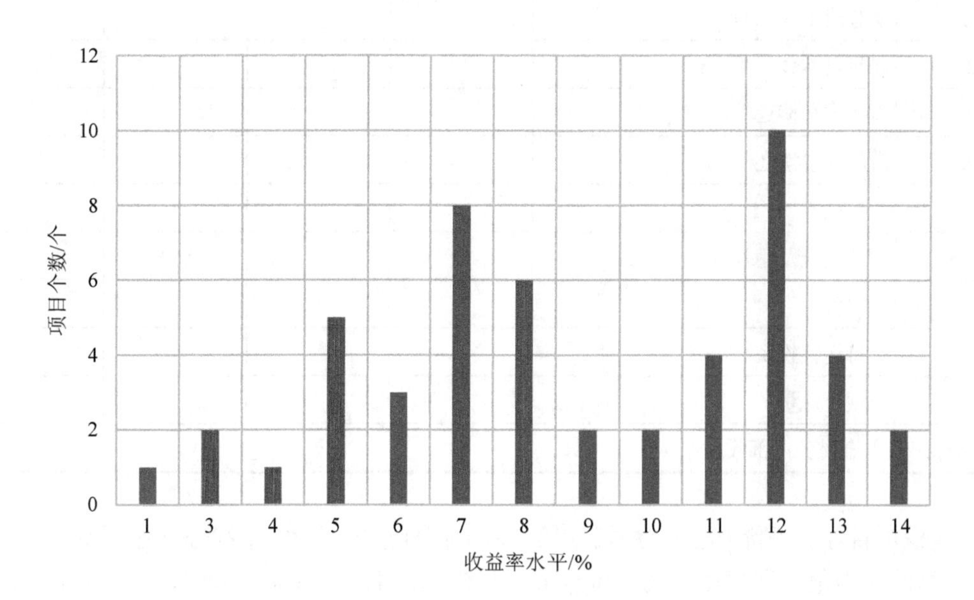

图 1　50 个细分行业项目投资基准收益率水平统计情况

数据来源：《建设项目经济评价方法与参数》（第三版）。

3.1.2 资本金财务内部收益率

“资本金财务内部收益率”指标以项目自有资金为计算基础，考察项目资本金可能获得的投资收益水平。项目资本金是指建设项目总投资中由投资者实缴出资的部分，对于项目来说是非债务性资金，不存在任何利息与债务。该指标计算以“项目资本金现金流量表”（表2）、公式（1）和表2中序号为3的行为基础，属“融资后”分析指标，即在融资方案得到确定的基础上，评判权益资金获得的收益是否有能力还本付息。该指标适用于同股同权的PPP项目。使用该指标的一个潜在风险是社会资本将为PPP项目融资成本变化承担责任，有可能出现社会资本在融资条件发生变化时向政府提出补偿诉求的情况。项目资本金内部收益率高低由贷款比例和贷款利率来决定，贷款的比例越大，贷款利率越低，则资本金内部收益率越高，相应的资本金收益风险程度越高；随着贷款比例的降低，则资本金收益降低，相应承担的风险也随之降低。

表2 项目资本金现金流量表样表

序号	项目	第1年	第2年	……	第 n 年
1	现金流入（CI）				
1.1	营业收入				
1.2	补贴收入				
1.3	回收固定资产				
1.4	回收流动资产				
2	现金流出（CO）				
2.1	项目资本金				
2.2	借款本金偿还				
2.3	借款利息偿还				
2.4	经营成本				
2.5	营业税金及附加				
2.6	所得税				
2.7	维持运营投资				
3	净现金流量				
计算指标：资本金财务内部收益率					

《建设项目经济评价方法与参数》（第三版）同样给出了50个细分行业项目资本金基准收益率的参考值，取值范围为4%～16%（图2），其中66%的行业基准收益率取值为8%～15%。

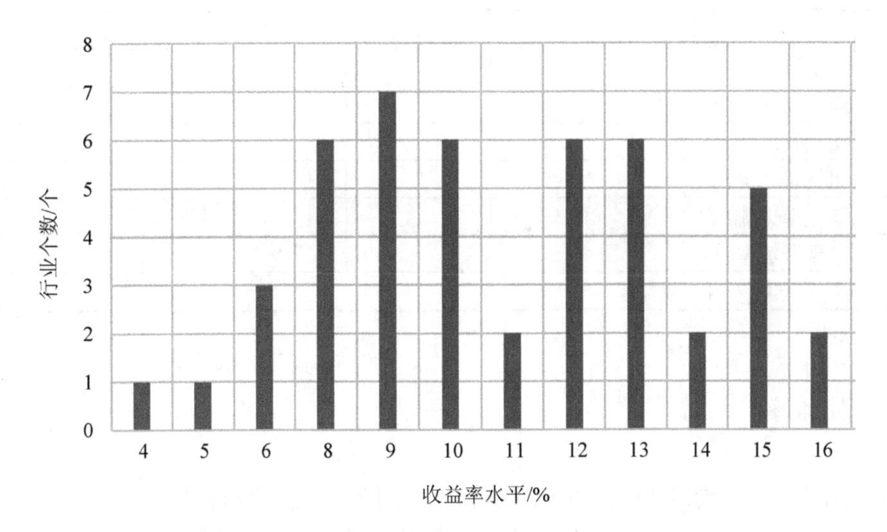

图 2　50 个细分行业项目资本金基准收益率水平统计情况

数据来源：《建设项目经济评价方法与参数》（第三版）。

3.1.3　投资各方财务内部收益率

“投资各方财务内部收益率”指标以投资双方的出资额为计算基础，考察各投资方可能获得的投资收益水平，也属“融资后”分析指标。该指标常应用于项目公司各股东方实行不对称分红情况下（同股不同权），即在政府投资主体不参与项目分红情况下的“社会资本内部收益率”的计算。在此情况下有两种处理方式：①以项目资本金现金流量表为基础，按“社会资本所出的资本金内部收益率”控制项目收益水平，在“项目资本金”科目中扣除政府方资本金后进行测定。此处理方式存在争议，主要有以下问题：首先，该指标计算方法缺少明确的经济财务含义和理论支持；在相同项目条件下，该指标计算值也将高于依托社会资本实际利润分红所计算的“社会资本内部收益率”指标计算值，这存在误导投资决策的可能。因此在操作中建议不用或慎用此处理方式。②运用“投资各方现金流量表”（表 3）进行计算，在表 3 中，现金流入是指社会资本因本项目的实施将实际获得的各种收入，主要包括实分利润、期末资产处置收益分配等现金流入；现金流出是指社会资本因本项目的实施实际投入的股权出资，主要包括实缴资本等现金流出。计算现金流入与现金流出的差值得出项目净现金流量，并依据净现金流量计算得出社会资本方财务内部收益率。

表 3　投资各方现金流量表样表

序号	项目	第 1 年	第 2 年	……	第 n 年
1	现金流入（CI）				
1.1	实分利润				
1.2	资产处置收益分配				
1.3	租赁和技术转让收入				
1.4	回收流动资产				

序号	项目	第 1 年	第 2 年	……	第 n 年
1.5	其他现金流入				
2	现金流出（CO）				
2.1	实缴资本				
2.2	租赁资产支出				
2.3	其他现金流出				
3	净现金流量				
计算指标：投资各方财务内部收益率					

3.2 投资收益率

投资收益率是从静态角度考量项目的综合收益能力，涉及两种指标模式：一是“项目总投资收益率”（ROI）；二是“项目资本金净利润率”（ROE），这两个指标均是以项目达到设计能力后正常年份的运营期内的现金流量做为静态考察对象的指标。

3.2.1 总投资收益率

项目总投资收益率表示总投资的盈利水平，是指项目达到设计能力后正常年份的年息税前利润或运营期内年平均息税前利润与项目总投资的比率，其计算公式为

$$总投资收益率=\frac{年息税前利润}{项目总投资}\times 100 \tag{2}$$

式中，息税前利润=利润总额+支付的全部利息。

在使用总投资收益率指标时，由于贷款部分已包含到项目投资中，在计算政府补贴时不需要单独计算此部分。

该指标适用于不考虑项目公司资金结构，政府方所给回报已覆盖项目全部成本，不承担融资成本变化责任的 PPP 类项目。污水处理 PPP 模式中选用它时，政府财政补贴 = 项目建设投资本金及回报 + 运营成本及合理利润 – 使用者付费。一般情况下取值参考长期贷款基准利率，在基准利率基础上上浮。

3.2.2 资本金净利润率

项目资本金净利润率表示项目资本金的盈利水平，是指项目达到设计能力后正常年份的年净利润或运营期内年净利润或运营期内年平均净利润与项目资本金的比率，其计算公式为

$$项目资本金净利润率=\frac{年净利润}{项目资本金}\times 100\% \tag{3}$$

项目资本金净利润率指标既反映投入项目的资本金的盈利能力，又是衡量项目负债资金成本高低的指标。一般来说，项目资本金净利润率越高越好，如果高于同期银行利率，则适度负债对投资者来说是有利的。

该指标适用于考虑项目公司资金结构、政府方按照贷款利息实际发生额进行偿还的

PPP 类项目。选用它时，政府财政补贴 = 项目资本金及回报 + 融资还本付息金额 + 运营成本及合理利润 – 使用者付费。该模式下，由于贷款部分在资本金中未考虑，因此需要加入融资部分的还本付息金额作为政府补贴的一部分，资本金净利润率一般情况下高于总投资收益率。

3.3 其他指标

3.3.1 合理利润率

合理利润率是财政部为计算 PPP 项目运营补贴专门在《政府和社会资本合作项目财政承受能力论证指引》（财金〔2015〕21 号）中提出的关于项目公司投资回报的新名词，为静态财务分析指标。根据其第十六条，运营补贴支出应当根据项目建设成本、运营成本及利润水平合理确定，并按照不同付费模式分别测算，其计算公式为

$$\text{当年运营补贴支出数额}=\frac{\text{项目全部建设成本}\times(1+\text{合理利润率})\times(1+\text{年度折现率})^{n}}{\text{财政运营补贴周期（年）}}+\text{年度运营成本}\times(1+\text{合理利润率}) \tag{4}$$

《政府和社会资本合作项目财政承受能力论证指引》第十八条对合理利润率的取值进行了明确，合理利润率应以商业银行中长期贷款利润水平为基准，充分考虑可用性付费、使用量付费、绩效付费的不同情景，结合风险等因素确定。该指标适用于不考虑项目公司资金结构，政府方所给回报已覆盖项目全部成本，不承担融资成本变化责任的 PPP 类项目。

3.3.2 年利率

当污水处理 PPP 项目应用等额本息或等额本金方式进行付费偿还时，涉及年利率指标，该指标为静态指标。

等额本息方式是借鉴银行贷款的还款方式，政府将 PPP 项目建设期内社会资本的每年政府补贴费用看成是一种融资贷款，运营期内每年偿还同等数额的贷款（包括本金和利息），其中本金是需偿还的建设总投资，利息是社会投资人的投资收益，如公式（5）所示。等额本金方式类似于等额本息方式，也是借鉴银行贷款的还款方式，不同之处是运营期内把贷款总额等分，每年偿还同等数额的本金（建设总投资）和剩余贷款在该年所产生的利息（投资收益率），这样每年的还款本金额固定，而利息越来越少，如公式（6）所示。

$$A=\frac{P\times i\times(1+i)^{n}}{(1+i)^{n}-1} \tag{5}$$

$$A=\frac{P}{n}+(P-B)\times i \tag{6}$$

式中：A——政府年度补贴费用；

i——年利率；

P——项目建设总投资；

B——已偿还建设投资累计额。

PPP 项目中年利率的取值一般在银行中长期贷款基准利率基础上上浮 2～3 个百分点。选择年利率指标、应用等额本息或等额本金方式进行付费偿还的 PPP 项目同样是不考虑项目公司的资金结构、已考虑全部建设运营成本，政府方不承担融资成本变化责任的项目。

3.4 比较总结

3.4.1 指标对比分析

在污水处理 PPP 项目收益率指标的应用实践中，因认识差异及其他因素影响，不同 PPP 咨询机构对其提供咨询服务的同类 PPP 项目或同一地方政府对其管辖区内的同类 PPP 项目，存在使用不同收益率指标的现象，在一定程度上造成公平性失衡。本节通过前 3 节内容，分析财务内部收益率、投资收益率、合理利润率、年利率 4 种指标的优缺点（表 4），以期为污水处理 PPP 项目收益率指标选择提供决策参考。

表 4 指标对比分析

<table>
<tr><th rowspan="2">类别</th><th colspan="2">财务内部收益率</th><th colspan="2">投资收益率</th><th>合理利润率、年利率</th></tr>
<tr><th>内容</th><th>作用</th><th>内容</th><th>作用</th><th>作用</th></tr>
<tr><td rowspan="3">包含子项</td><td>项目投资财务内部收益率</td><td>考察项目总投资的收益水平</td><td>项目总投资收益率</td><td>考察总投资的获利水平</td><td rowspan="3">考察项目总投资获利水平</td></tr>
<tr><td>项目资本金财务内部收益率</td><td>考察项目资本金的收益水平</td><td>项目资本金净利润率</td><td>考察项目资本金的获利水平</td></tr>
<tr><td>投资各方财务内部收益率</td><td>考察各投资方的收益水平</td><td>—</td><td>—</td></tr>
<tr><td>指标性质</td><td colspan="2">动态指标</td><td colspan="3">静态指标</td></tr>
<tr><td>优点</td><td colspan="2">✧ 考虑资金时间价值，从动态角度直接反映投资项目的实际收益水平；
✧ 不受外部参数影响，完全取决于项目投资过程、经营过程的净现金流量，比较客观</td><td colspan="2">✧ 经济意义明确、直观；
✧ 计算简便</td><td>✧ 经济意义明确、直观；
✧ 计算简便</td></tr>
<tr><td>缺点</td><td colspan="2">计算过程复杂，对于具有非常规现金流量的项目来讲，如当运营期出现大量追加投资时，有可能导致多个 IRR 出现，结果偏高或偏低，缺乏实际意义</td><td colspan="2">✧ 静态考量项目投资回报，未考虑资金时间价值因素，不能正确反映建设期长短及投资方式不同和回收额的有无等条件对项目的影响；
✧ 指标计算的主观随意性太强，分子、分母计算口径的可比性较差；
✧ 无法直接利用净现金流量信息</td><td>静态考量项目投资回报，未考虑资金时间价值因素</td></tr>
</table>

3.4.2 指标适用分析

PPP 模式中各参与主体对指标选取有一定的倾向性，当政府方占据谈判优势时，倾向于采用不考虑资金时间成本的静态指标，即投资收益率指标、合理利润率或年利率指标，此情况下，社会资本将承担更多的风险。相应地，当社会资本方占据谈判优势时，更倾向于采用考虑资金时间成本的动态指标，即财务内部收益率指标。

考虑到 PPP 项目所涉及的周期足够长，建议污水处理 PPP 项目投资决策中应用动态指标，即财务内部收益率指标，而不是静态指标（投资收益率、合理利润率和年利率）。对项目投资财务内部收益率、项目资本金财务内部收益率、项目投资各方财务内部收益率进行分析，其优缺点及适用性对比如表 5 所示。

表 5　三种内部收益率比较分析

类别	项目投资财务内部收益率	项目资本金财务内部收益率	项目投资各方财务内部收益率
适用对象	考核项目总投资收益水平，适用于政府和社会资本同股同权的 PPP 项目	考核项目资本金的收益水平，适用于政府和社会资本同股同权的 PPP 项目	适用于各股东方实行不对称分红情况（如有的 PPP 项目中约定政府投资主体不参与项目公司分红）
优点	受项目融资方案和融资条件变化的影响相对较小，融资成本的增减变化主要体现为股权方（含项目公司）与债权方之间的财务利益格局的此消彼长	在明确融资方案的情况下计算，与项目投资财务内部收益率相比，提高了项目融资部分的透明度，融资成本根据融资方案据实支付，降低社会资本在融资资金方面获取收益的可能	能够反映投资者进行该项投资的获利水平，该指标用以支撑投资者做出更有利的投标报价和谈判条件
缺点	没有考虑融资财务杠杆因素	存在潜在风险，政府方有可能为项目融资成本变化承担责任，社会资本可能在融资条件发生变化时向政府方提出补偿诉求	实践中由于很难实现全部的测算假设条件，如项目全部自由现金流及时分配等，投资方内部收益率往往达不到测算水平
适用情景	适用于不考虑项目公司资金结构、政府方所给回报已覆盖项目全部成本、不承担融资成本变化责任的 PPP 项目，当指标值高于融资成本时，社会资本的融资部分可获得一定收益	适用于考虑项目公司资金结构、政府方按照贷款利息实际发生额进行偿还的 PPP 项目，在采用该项指标的情况下据实支付融资利息，避免社会资本在融资方面获取收益	适用于各股东方实现不对称分红的情况（如约定政府方占股不分红）

在选择财务内部收益率具体指标时，从政府方的角度，如果项目在风险分配时将融资方案和利率风险分配给项目公司或社会资本承担，则在选择社会资本时，适合选择项目投资财务内部收益率作为决策的主要参考依据，可以更充分地发挥社会资本方资金的运作能力。从社会资本方的角度，PPP 项目的财务方案不仅是收益测算，更是以收益测算为基点，辐射项目投融资方案和财务管理方案，包括项目合作期内的融资需求预测、资金安排方案、收益分配方案等。仅考虑项目内部收益率是不够的，资本金财务内部收益率对社会资本投

资项目更具参考价值。

4 污水处理PPP项目投资回报样本分析

4.1 样本情况

截至2017年9月30日，全国PPP综合信息平台项目库中涉及污水处理PPP项目共计1 139个，总投资3 192.26亿元。其中，示范项目66个，总投资417.55亿元；非示范但进入执行阶段的项目212个，总投资592.13亿元。本研究对示范和非示范但进入执行阶段的278个总投资共计1 009.68亿元的项目开展样本分析（图3、表6、表7）。

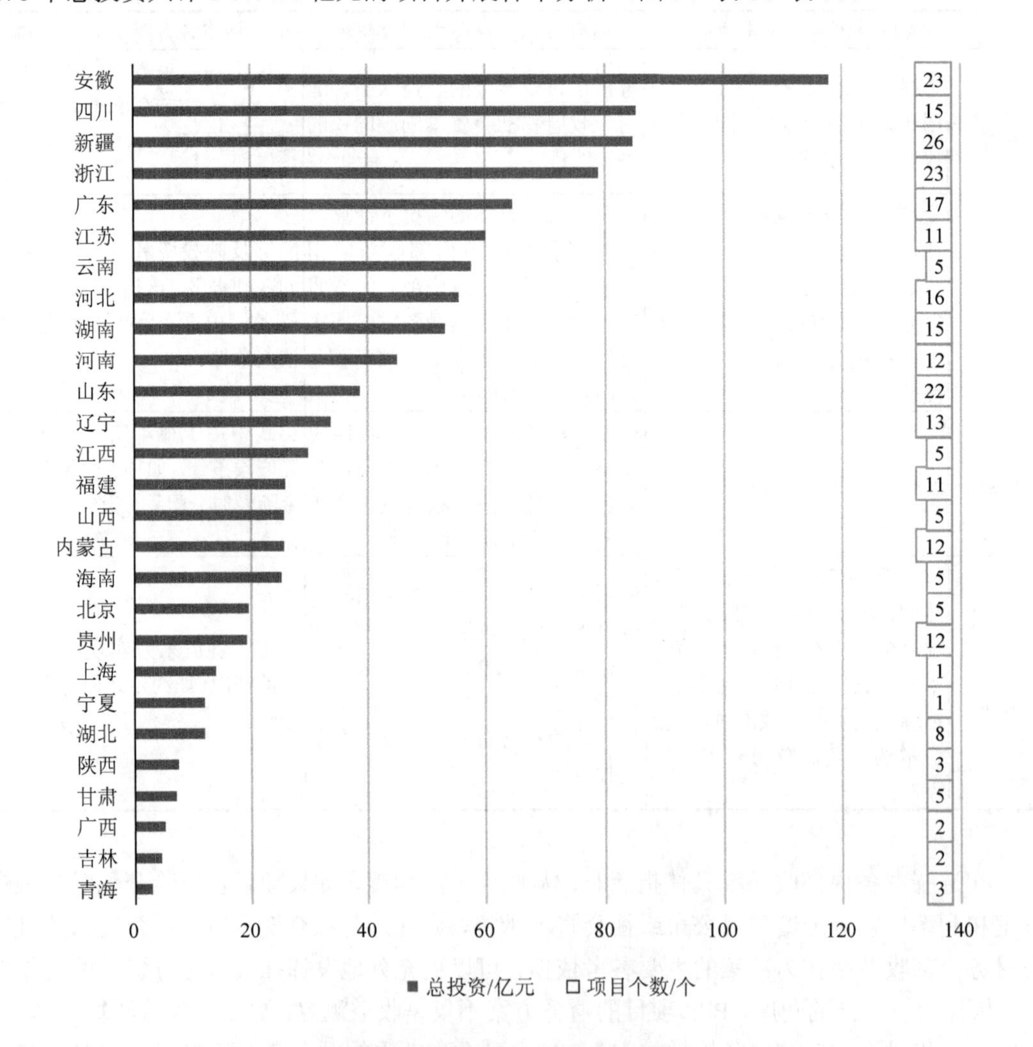

图3 样本项目各省分布情况

表 6　样本项目各地区分布情况

序号	地区	污水处理项目个数/个	投资金额/亿元
1	华北	38	125.891 164
2	东北	15	38.049
3	华东	91	335.244
4	华中	40	19.978
5	华南	24	94.482
6	西南	32	162.145
7	西北	38	113.896

表 7　样本项目东部、中部、西部分布情况

序号	地区	污水处理项目个数/个	投资金额/亿元
1	东部	126	420.48
2	中部	82	313.163
3	西部	70	276.04

注：东部地区包括北京、天津、河北、辽宁、上海、江苏、浙江、福建、山东、广东、广西、海南 12 个省、自治区、直辖市；中部地区包括山西、内蒙古、吉林、黑龙江、安徽、江西、河南、湖北、湖南 9 个省、自治区；西部地区包括四川、重庆、贵州、云南、西藏、陕西、甘肃、宁夏、青海、新疆 10 个省、自治区、直辖市。

通过对 278 个项目实施方案、招标标的、PPP 协议进行投资回报相关指标、数据抓取，分析如下：

投资回报相关指标包括全投资财务内部收益率（IRR）、社会资本自有资本金财务内部收益率、污水处理服务单价、特许经营权转让价、投资收益率（ROI，包括：融资成本和回报率）、合理利润率、资本金净利润率。其中，应用频次最高的是污水处理服务单价和全投资财务内部收益率，分别为 188 次和 110 次；采用社会资本自有资本金财务内部收益率指标 64 次、特许经营权转让价 23 次、投资收益率 42 次、合理利润率 38 次、资本金净利润率 25 次。各项指标应用情况如图 4 所示。

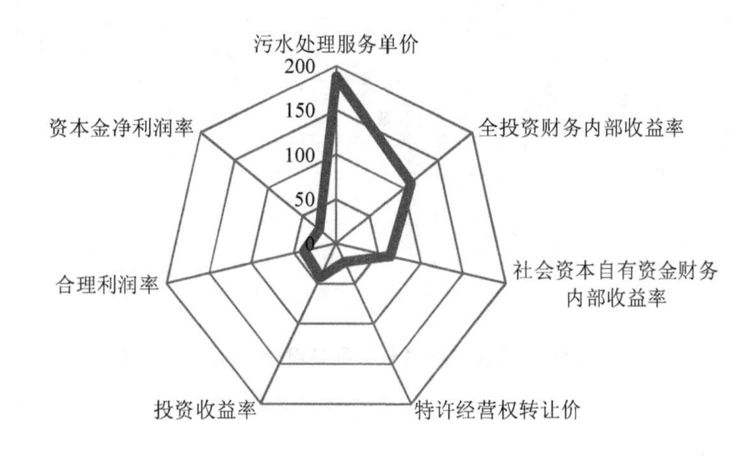

图 4　278 个入库项目投资回报相关指标应用频次

上述投资回报相关指标中可直接体现投资回报率的指标及应用频次为全投资财务内部收益率（110 次）、社会资本自有资本金财务内部收益率（64 次）、投资收益率（42 次）、合理利润率（38 次）、资本金净利润率（25 次）。各项指标值分布情况详见图 5～图 10。

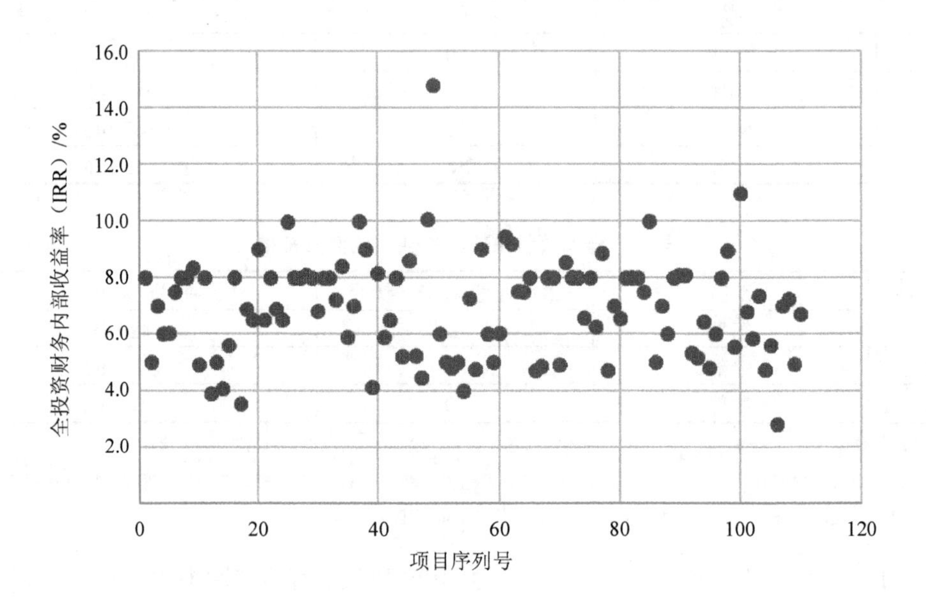

图 5　全投资财务内部收益率指标值

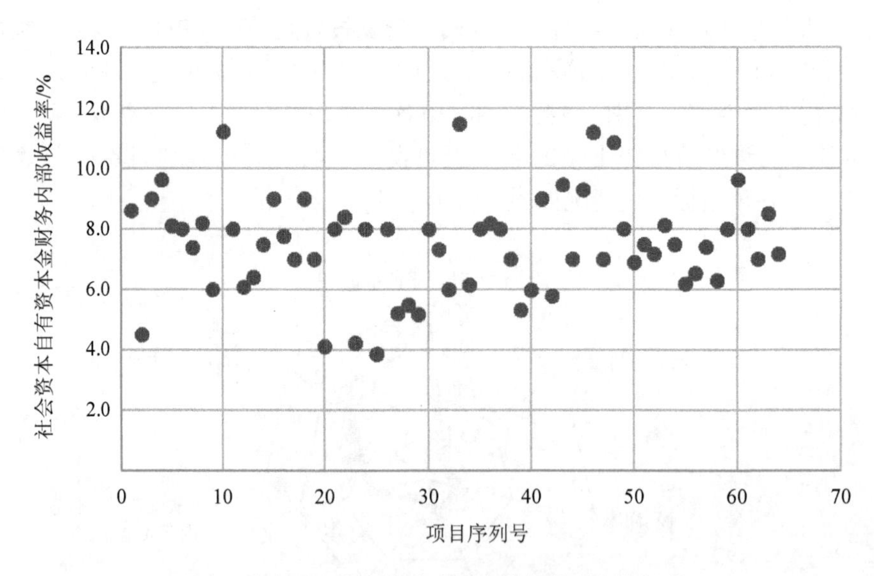

图 6　社会资本自有资本金财务内部收益率指标值

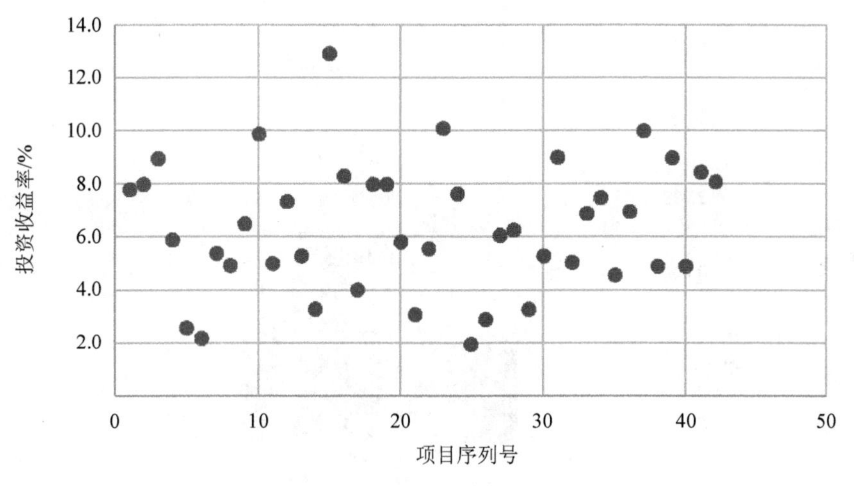

图 7　投资收益率指标值

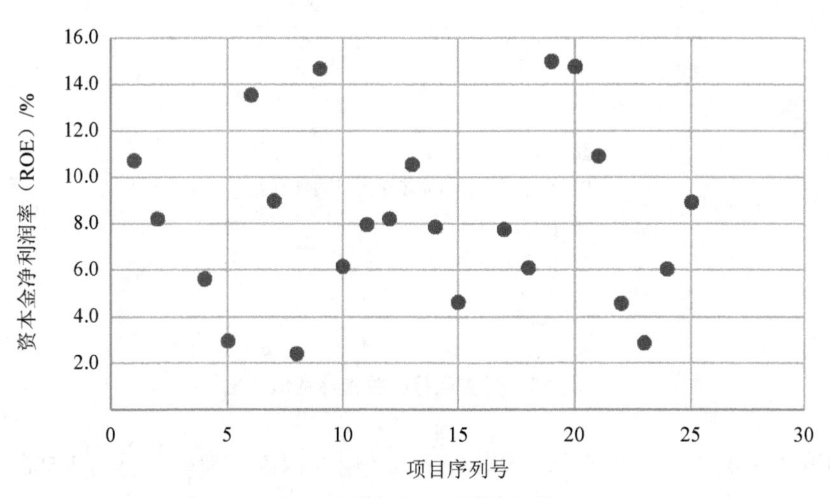

图 8　资本金净利润率指标值

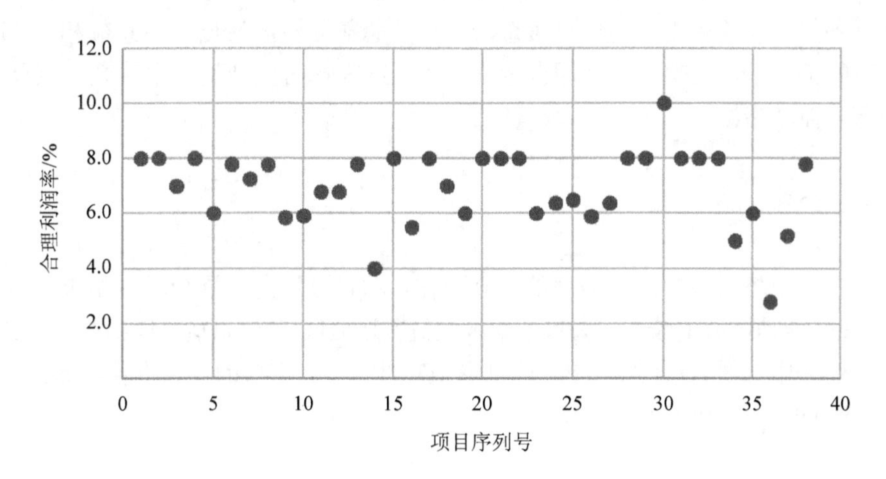

图 9　合理利润率指标值

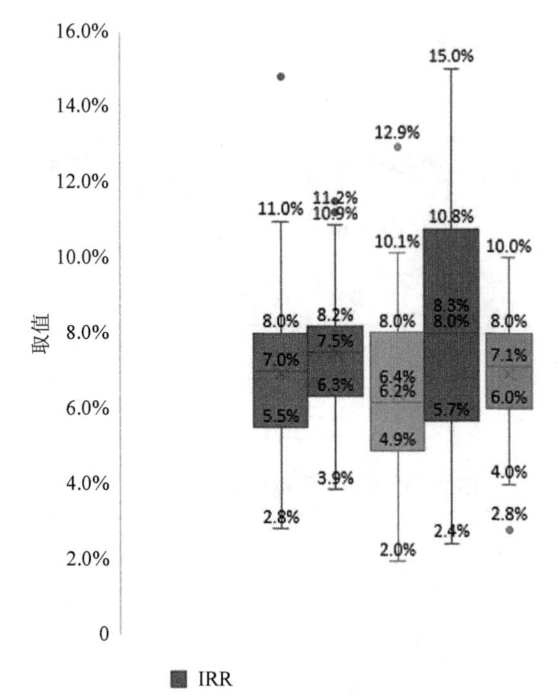

图 10　投资回报相关指标取值情况

通过样本 3/4、1/2、1/4 四分值分析，全投资财务内部收益率指标为 5.5%、7.0%、8%；社会资本自有资本金财务内部收益率指标为 6.3%、7.5%、8.2%；投资收益率指标为 4.9%、6.2%、8%；资本金净利润率指标为 5.7%、8%、10.8%；合理利润率指标为 6%、7.1%、8%。全投资财务内部收益率指标是项目资金流入现值总额与资金流出现值总额相等（净现值等于零）时的折现率，反映了投资回报水平。依据第 3 章研究结论，本研究重点分析全投资财务内部收益率指标。

4.2　地区分布

对涉及全投资财务内部收益率的 110 个样本项目分地区开展分析。结果显示（图 11、图 12）：①东北地区取值较高；②华南地区取值普遍偏低，75%的项目取值不到 6.5%；③西南地区取值集中在 8%；④东、中、西部取值总体一致，75%的项目取值不超过 8%；⑤中部地区 75%的项目取值超过了 6%。

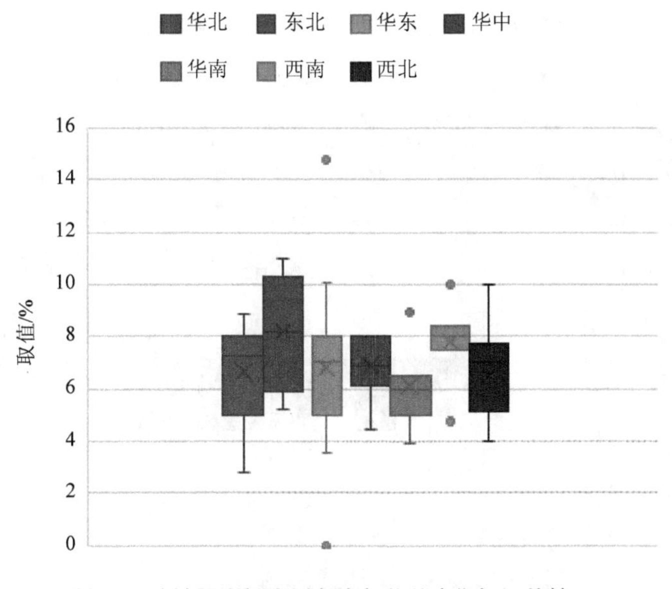

图 11　分地区全投资财务内部收益率指标取值情况

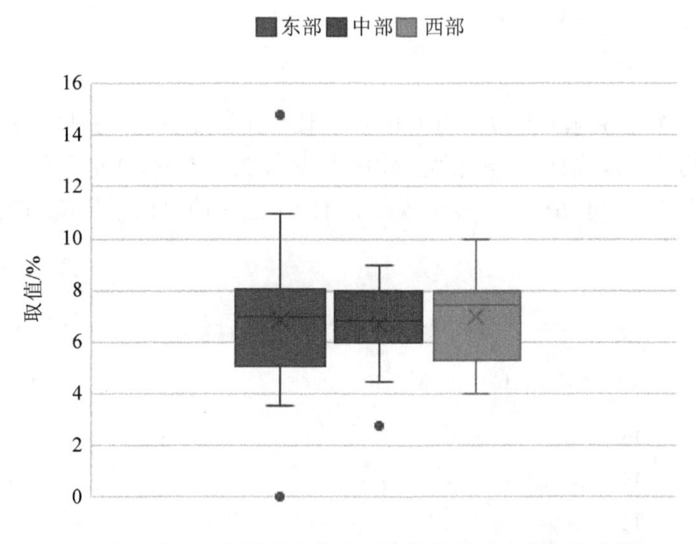

图 12　东、中、西部地区全投资财务内部收益率指标取值情况

4.3　项目类型

对涉及全投资财务内部收益率的 110 个样本项目分类型开展分析。结果显示（图 13）：①供排水一体化、再生回用一体化项目取值集中在 7%；②水环境综合整治类项目取值差异较大，最小取到 3.5%，最高达到 9%。

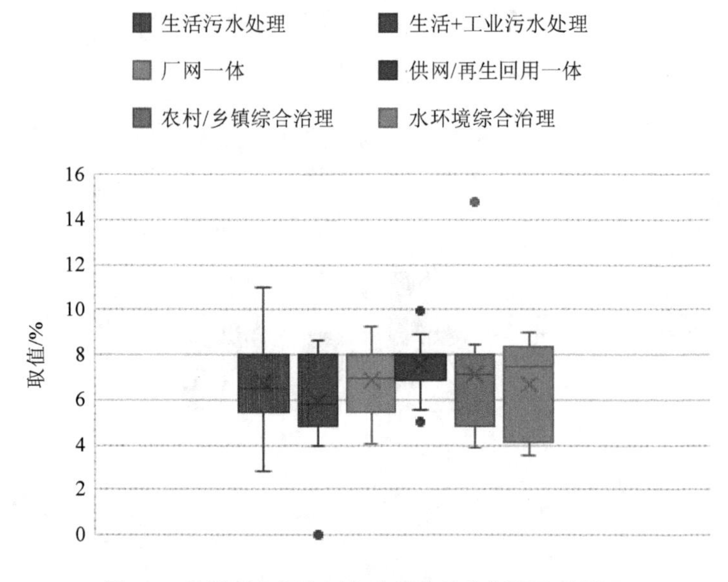

图 13　分类型全投资财务内部收益率指标取值情况

4.4　投资规模

对涉及全投资财务内部收益率的 110 个样本项目分投资规模开展分析。结果显示（图 14）：①不同投资规模，取值差异不大；②投资规模为 5 亿～10 亿元的项目，由于规模效益，50%的项目取值小于 6%；③投资规模大于 10 亿的项目由于风险与效益并存，75%的取值在 6%以上。

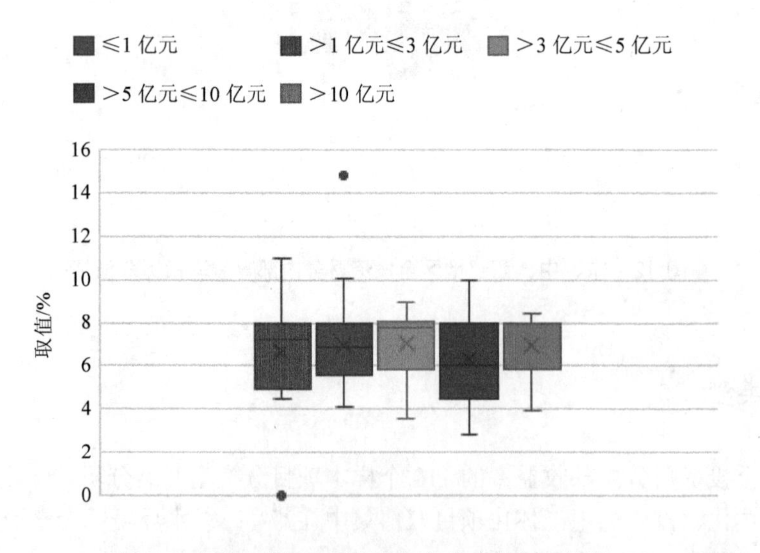

图 14　分类型全投资财务内部收益率指标取值情况

4.5 运作方式

对涉及全投资财务内部收益率的 110 个样本项目分运作方式开展分析。结果显示（图 15）：①存量项目采用 TOT 运作模式，取值普遍较高，75%的项目取值在 7.3%以上，普遍在 7%～10%；②新建项目 BOT 和改扩建项目 ROT 运作模式取值相当，为 5%～8%；③新建+存量项目采用 BOT+TOT 运作模式，全投资财务内部收益率取值也介于 BOT 和 TOT 取值之间。

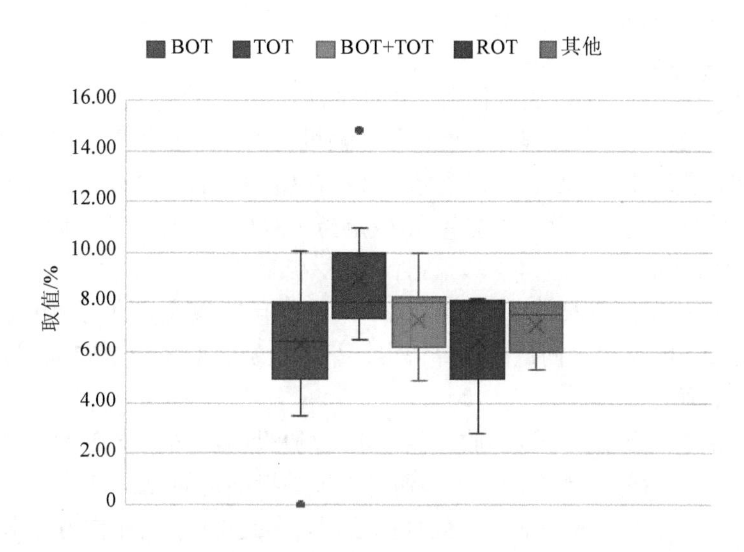

图 15　分运作方式全投资财务内部收益率指标取值情况

5　污水处理行业投资基准收益率测算

基准收益率是项目财务内部收益率的判别标准，是本行业、本地区可允许的最低投资收益率界限，拟投资项目的财务内部收益率高于或等于基准收益率才是可行的。参照《建设项目经济评价方法与参数》（第三版），行业投资的收益情况采用基准收益率指标，具体计算方法为：资本资产定价（CAPM）模型确定资本金资金成本，再应用加权平均资本成本（WACC）模型计算基准收益率。

5.1 资本资产定价法

资本资产定价（CAPM）模型由 Sharpe 及 Lintner 在资产组合理论的基础上提出，是现代金融价格理论的支柱。根据该模型，投资者在对项目进行投资决策时，应要求其投资回报率高于市场无风险产品的投资回报率，以此来补偿其承担了项目风险所应得的收益。

通过该模型可以计算污水处理厂 PPP 项目的资本金成本（预期基本内部收益率），公式如下：

$$R_e = R_f + \beta_e \times (R_m - R_f) \tag{5-1}$$

式中：R_e——资本金的成本（即投资者预期内部收益率）；

R_f——市场中无风险资产收益率；

R_m——市场的平均投资收益率；

β_e——风险系数，与污水行业的系统性风险有关，可通过公式 $\beta_e = \text{cov}(R_m, R_e) / \partial^2(R_m)$ 计算得到。

（1）R_f 值的确定

R_f 为无风险资产收益率，通常使用 5 年期定期存款利率作为无风险资产收益率。经查，自 2014 年 11 月 22 日起人民银行不再公布金融机构人民币 5 年期定期存款基准利率，参考 3 年期定期存款利率 2.75%。同时参考 2017 年 10 月发行的 5 年期国债利率 3.89%。综合以上信息，此处将无风险资产收益率 R_f 确定为 3.32%（上述两值平均值）。

（2）R_m 值的确定

R_m 为市场的平均投资收益率，采用 2014—2017 年 10 家主营业务为污水处理的环保上市企业的平均投资收益率来衡量。计算得出，平均投资收益率为 7.57%，以该值作为 R_m。

（3）β_e 值的确定

β_e 即风险系数，反映某个证券收益相对于市场平均收益的变动程度。通过查询，在污水处理板块内共有 58 家上市公司，为与通过上证综指确定的 R_m 相互统一，本节在沪指公司中选择个股，剔除主营业务非污水处理的公司，得到 10 家企业作为样本，时间为 2012 年 1 月 31 日至 2016 年 12 月 30 日。根据公式 $\beta_e = \text{cov}(R_m, R_e) / \partial^2(R_m)$ 得出 β_e 值如表 8 所示。

表 8　污水处理上市企业的 β_e 值情况

个股名称及代号	$\text{cov}(R_m, R_e)$	$\partial^2(R_m)$	β_e
首创股份（600008）	0.007 513	0.005 638	1.33
国中水务（600187）	0.005 877	0.005 638	1.04
重庆水务（601158）	0.007 576	0.005 638	1.34
武汉控股（600168）	0.004 723	0.005 638	0.84
创业环保（600874）	0.005 906	0.005 638	1.05
江南水务（601199）	0.005 051	0.005 638	0.90
洪城水业（600461）	0.004 702	0.005 638	0.83
瀚蓝环境（600323）	0.004 369	0.005 638	0.77
远达环保（600292）	0.006 078	0.005 638	1.08
钱江水利（600283）	0.006 608	0.005 638	1.17
均值			1.04

（4）R_e 值的计算

根据 CAPM 模型确定上述参数后，根据公式 $R_e=R_f+\beta_e\times(R_m-R_f)$，计算可得 $R_e=3.32\%+1.04\times(7.57\%-3.32\%)=7.74\%$。即污水处理 PPP 项目资本金基准内部收益率为 7.74%。

5.2 加权平均资本成本法

加权平均资本成本（WACC）模型考虑了企业在项目投资中不同类型的资金来源，通过加权平均的方式得出项目的综合资金成本（期望内部收益率）。在运用 CAPM 模型计算资本金成本的基础上，可用该模型确定不同资金组合情况下的全投资内部收益率情况。公式如下：

$$\text{WACC}=R_e\times\frac{E}{V}+R_d\times\frac{D}{V}\times(1-T_c) \tag{8}$$

式中：R_e——资本金的成本；

R_d——债务资金成本；

$\frac{E}{V}$——资本金占投资总额的比例；

$\frac{D}{V}$——债务资金占投资总额的比例；

T_c——企业税率。

采用以上 CAPM 模型得到了污水处理 PPP 项目资本金内部收益率，而一个项目的资金结构除股本资金外，还需要配套有不同形式的债务资金，可通过 WACC 模型计算得到项目的不同组合的资金比例内部收益率情况。

根据《国务院关于调整和完善固定资产投资项目资本金制度的通知》（国发〔2015〕51 号），固定资产投资项目资本金最低比例为 20%，此处以 20%为基准，分别依据 20%、25%、30%的资本金比例进行测算。公式中涉及的贷款利率按照现行银行中长期贷款利率上浮 20%（5.88%）计算。企业所得税率为 25%，根据公式（8）测算得出不同资金比例下的全投资基准收益率情况，详细如表 9 所示。

表 9　不同资本金和债务资金比例情况下全投资基准内部收益率情况

单位：%

资本金：债务资金	20%：80%	25%：75%	30%：70%
全投资收益率值	5.1	5.2	5.4

由计算结果可知，污水处理 PPP 项目的全投资基准内部收益率约为 5.2%。

通过计算得出的污水处理 PPP 项目的财务基准收益率，属于较低收益率水平，由此要求社会资本在参与污水处理厂 PPP 项目的过程中，不能以追求暴利为目的，而是应保持长期稳定但微利的现金流收入，并通过内部管理的优化提升投资回报，或者以证券化等手段实现资产增值。

6 污水处理 PPP 项目合理投资回报分析

通过对 278 个样本分析，得出污水处理 PPP 项目全投资财务内部收益率指标取值集中在 5.5%～8%。客观上来讲，PPP 项目投资回报受到同期银行利率、国债利率、通货膨胀率等外部因素，以及风险水平、市场竞争程度等行业内部因素的影响。合理利润空间的确定通常需要综合考虑上述影响因素。本章在分析污水处理 PPP 项目投资回报影响因素的基础上，对样本分析结论的合理性予以分析，并选取示范项目典型案例，采用案例项目模拟法进一步验证污水处理 PPP 项目全投资财务内部收益率指标的合理区间。

6.1 影响因素分析

影响污水处理 PPP 项目投资回报空间的因素分为外部因素和内部因素。外部因素包括同期银行利率、国债利率、通货膨胀率、所得税税率等，具有普适性，不仅影响污水处理 PPP 项目的投资回报，而且影响所有投资项目的投资回报。内部因素包括风险水平、行业市场竞争程度、合作周期、融资结构等因素，这些因素是由行业特性或项目特征决定的，与其他行业或其他项目的内部因素具有明显的差异。

6.1.1 外部因素

（1）同期银行利率

当前 PPP 项目融资方式主要是银行贷款，银行利率的高低直接影响了 PPP 项目融资成本。当银行基准利率调整时，PPP 项目融资成本也随之发生变化，从而会影响 PPP 项目的投资回报。因此，污水处理 PPP 项目投资回报空间设定也应该考虑银行贷款利率，当银行贷款利率提高时，污水处理 PPP 项目投资回报空间应随之提高，当银行贷款利率下降时则随之下降。图 16 是 2011 年以来央行 5 年以上贷款基准利率调整变化情况，自 2011 年 7 月 7 日以来，贷款基准利率在逐步下降。

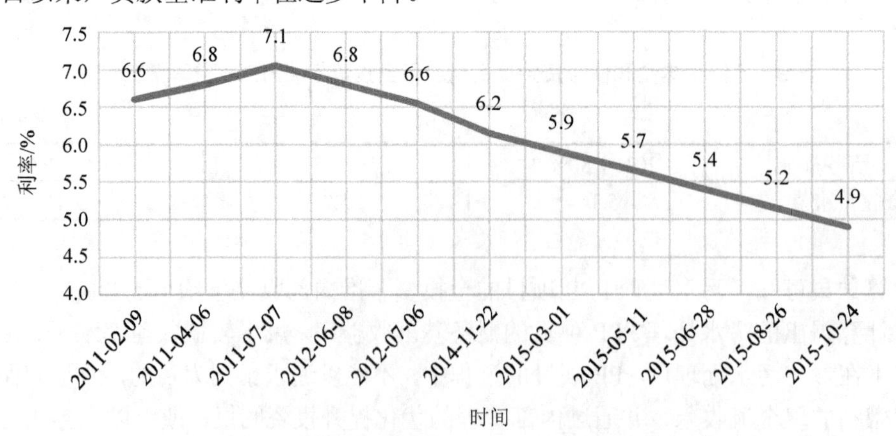

图 16 2011—2017 年央行 5 年以上贷款基准利率走势

（2）国债利率

国债利率以银行利率为基准，一般要略高于同期银行储蓄存款利率，由于国债风险非常低，所以国债利率反映了无风险的投资回报。对于污水处理 PPP 项目，投资回报空间一定要高于国债利率，以利于吸引社会资本投资污水处理行业。图 17 是 2011—2017 年 5 年期、10 年期、30 年期国债利率变化走势图，总体上呈现了先降后升又降再升的趋势，变化范围为 2.5%～4.5%。

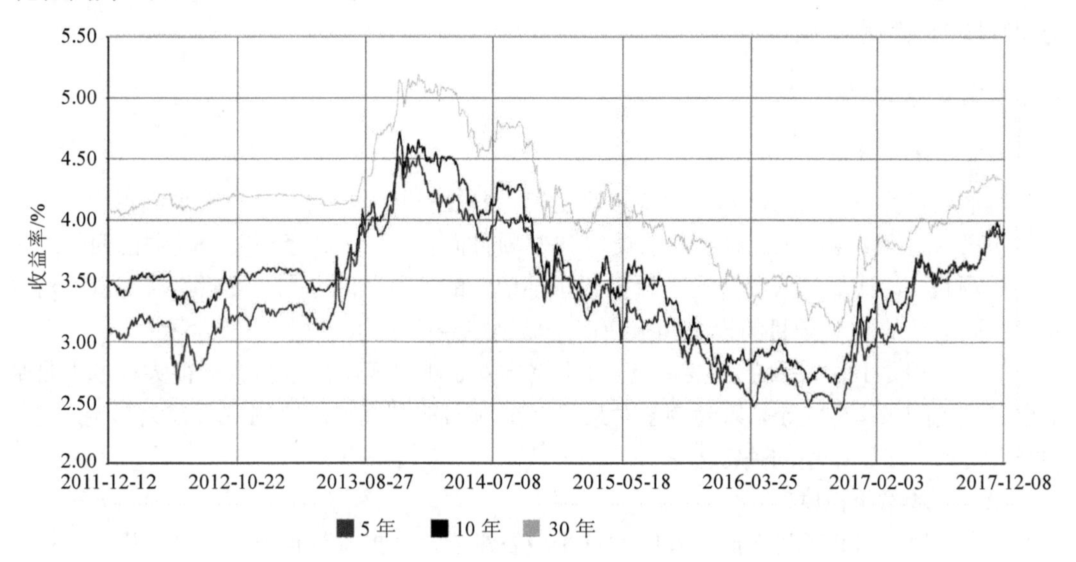

图 17　2011—2017 年国债利率变化走势

（3）通货膨胀率

通货膨胀率反映了物价平均水平的上升幅度，世界各国基本上均用消费者价格指数（我国称居民消费价格指数），即 CPI，来反映通货膨胀的程度。CPI 不仅决定着消费者花费多少钱来购买商品和服务，左右着商业经营的成本，而且影响着投资者的投资回报期望。CPI 越高，意味着未来资金购买力下降得越明显，当前投入的资金只有获得更高的回报才值得。因此，CPI 越高，投资回报期望越高。图 18 是 2011—2016 年当年 CPI 变化情况，CPI 范围在 1.4%～5.4%波动，总体上呈下降趋势。

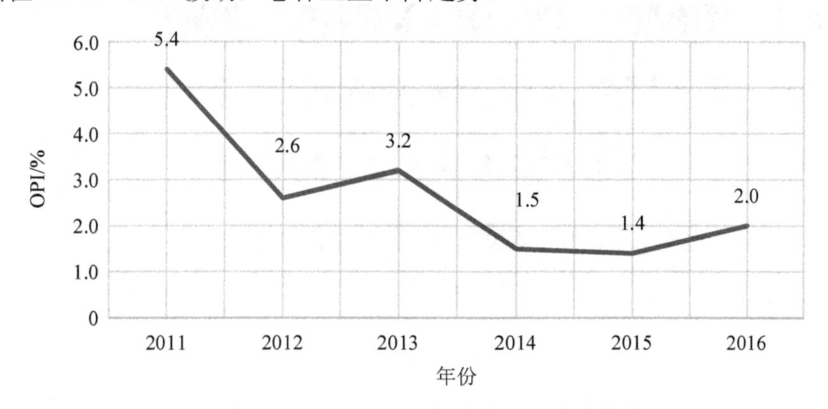

图 18　2011—2016 年当年 CPI 变化趋势

（4）所得税税率

投资回报分为税前投资回报和税后投资回报两种，社会资本真正关心的是税后投资回报，所得税税率会影响税后的投资回报空间。所得税税率越高，在税前回报不变的情况下税后回报越低。因此，为获得同样的税后回报，所得税税率越高税前回报期望就越高。根据《中华人民共和国企业所得税法》（2008 年 1 月 1 日实施），企业所得税的基本税率为 25%，居民企业中符合条件的小型微利企业减按 20%税率征税，国家重点扶持的高新技术企业减按 15%税率征税。

6.1.2 内部因素

（1）风险水平

通常项目投资收益与承担的风险水平对等，即投资回报空间与风险水平成正比，高风险高回报、低风险低回报。对于污水处理 PPP 项目而言，村镇或经济实力较弱的西部地区的 PPP 项目，相比城镇或经济实力较强的东部地区的支付风险会高，按照收益与风险对等原则，该地区的 PPP 项目的投资回报应高于城镇或经济实力较强的东部地区。

风险共担是 PPP 项目的重要特点，社会资本对于项目风险的承担意愿很大程度上是基于项目投资回报率的大小，风险因素对最终 PPP 项目的利润分成比例有着较大影响，是影响社会资本投资回报率的关键因素。

（2）市场竞争程度

数据表明，PPP 项目在同行业中的竞争越发激烈，回报条件也愈发苛刻，投资回报率相应便有了下降的趋势。近年来已落地的 PPP 项目中标社会资本的投资回报率总体呈现出下降的趋势。如图 19 所示，随着交通运输领域 PPP 项目的成熟和市场竞争程度的加剧，2016 年行业平均投资回报率水平相比 2015 年下降幅度明显；而社会事业与其他类项目（包括教育、科技、文化、旅游、医疗卫生、养老、体育等领域）是国家政策鼓励与扶持的行业，政策性融资途径较多，且需要有特殊资质和专业运营能力的社会资本参与，竞争程度相对较弱，从数据上看这类项目行业平均回报率总体比较平稳。

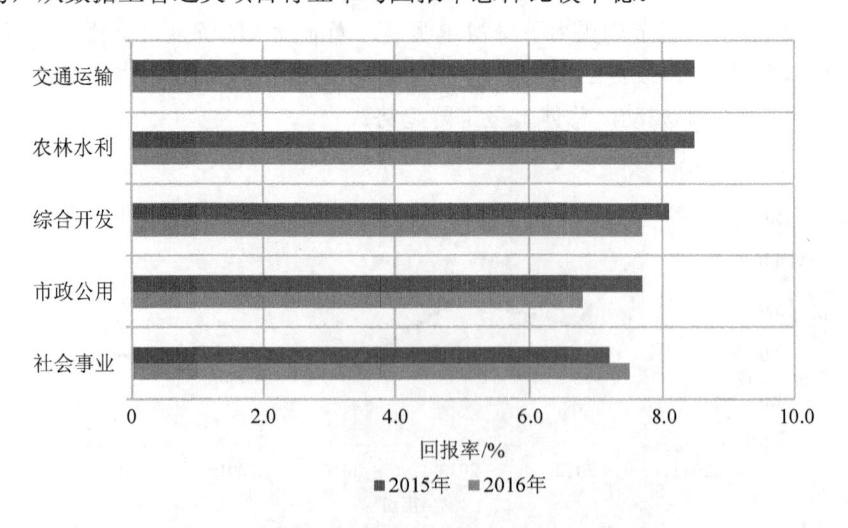

图 19 不同行业 PPP 项目投资回报率变化趋势

（3）合作周期

合作周期对投资回报期望的影响体现在项目风险上：合作周期越长，项目不确定风险就越高，根据风险与收益对等原则，社会资本就有更高的投资回报期望，反之，则相反。

（4）融资结构

融资结构对投资回报期望的影响体现在资金成本上，表现在两方面：一方面，资本金占比不同，对应资金成本就不同，从而导致社会资本的投资回报期望不同；另一方面，非资本金的融资结构不同，如分别来自银行贷款、行业发展基金、债券等，也会导致资金成本不同，因此，也会影响社会资本的投资回报期望。

6.2 合理回报分析

依据第 6.1 节研究，污水处理 PPP 项目投资回报空间设置的影响因素包括同期银行利率、国债利率、通货膨胀率、所得税税率等外部因素，风险水平、市场竞争程度、合作周期、融资结构等行业内部因素。污水处理属于市政基础设施建设领域，合作周期通常为 25～30 年，资本金占投资金额的 20%～30%，投资回报方式通常为使用者付费或可行性缺口补助，项目的投资风险相对更小，投资回报更有保障，同时行业市场竞争充分，项目融资相对成本较低。

在这种情况下，对“使用者付费”的 PPP 项目，投资回报率可以选择在长期贷款基准利率的基础上加 2～3 个风险点。如按中国人民银行发布的现行 5 年期银行贷款基准利率约为 5%计算，合理的投资回报率可以定在 7.0%～8.0%。这一回报率水平应该作为现阶段“使用者付费”PPP 项目投资回报率的重要参考。“使用者付费”PPP 项目合理投资回报率的另一个重要参考标准是全国的现价国内生产总值（GDP）增速。现价 GDP 增速反映的是全社会平均投资回报水平，2014—2015 年大约是 7.0%，未来则存在进一步下降趋势。社会资本方投资建设或运营 PPP 项目，理应获得全社会的平均投资回报率。如果 PPP 项目的各类风险得到合理分担，其投资回报率应与这个水平相当。

对政府提供可行性缺口补助或政府付费的 PPP 项目，由于地方政府的信用总体上比较高或至少理论上地方政府“赖账”的可能性较小（实际上有的地方政府诚信未必如此），项目的投资风险相对更小，投资回报更有保障，则其合理投资回报率的参照标准应通过在金融市场上无风险收益率（通常为同期限国债利率）的基础上再加 2～3 个风险点来确定。按照 10 年期国债固定利率 4%左右、30 年期约为 4.4%估算，这类 PPP 项目的合理投资回报率最好设定为 6%～7.5%，比同期银行贷款基准利率稍高。

278 个污水处理 PPP 样本项目中，“使用者付费”项目数量为 70 个，占比约为 25%，其他均为可行性缺口补助或政府付费项目。按照上述方法，合理投资回报率可设定为 6%～7.5%。考虑污水处理行业竞争充分，全投资财务内部收益率（税后）指标取值范围的低值下浮 0.5 个百分点，加之现阶段污水处理项目通常打包其他建设内容，增加了项目实施的风险，全投资财务内部收益率（税后）指标取值范围的高值上浮 0.5 个百分点。由此可见，通过样本分析得到结论，污水处理 PPP 项目全投资财务内部收益率指标取值 5.5%～8%，较为合理。

6.3 案例项目验证

采用案例项目模拟法验证全投资财务内部收益率。案例项目的选取原则：①进入执行阶段的国家污水处理 PPP 示范项目；②项目内容单纯，仅为城镇污水处理；③新建项目；④实施方案财务测算边界条件清晰、具体、明确，投资与运行成本的确定依据充分；⑤PPP 协议投资回报方式及金额易于确定。

模拟测算方法：采集案例项目信息，包括 PPP 协议中约定的合作期限、服务内容和政府付费方式及金额确定方法，以及已批复的实施方案中的财务测算边界条件及模型方法等。采用 PPP 协议约定条件，调整财务测算模型中价格、营业收入等有关参数，计算全投资财务内部收益率。

依据上述案例项目选取原则，选取山东省烟台市招远市金都污水处理厂三期新建 PPP 项目。经模拟测算，山东省烟台市招远市金都污水处理厂三期新建 PPP 项目实施方案中总投资为 1.9 亿元，水价为 2.05 元/t，全投资财务内部收益率为 7.22%。中标后，总投资调整为 1.79 亿元，水价调整为 1.88 元/t，全投资财务内部收益率为 7.78%，详见表 10。该收益率落在了研究确定的指标区间内，验证了结论的合理性。

表 10 案例项目全投资现金流量表

单位：万元

序号	项目	建设期	经营期											
		1	1	2	3	4	5	6	7	8	9	10	11	12
1	现金流入		3 431	2 745	3 088	3 431	3 431	3 431	3 431	3 431	3 431	3 431	3 431	3 431
1.1	营业收入		3 431	2 745	3 088	3 431	3 431	3 431	3 431	3 431	3 431	3 431	3 431	3 431
1.2	补贴收入													
1.3	回收固定资产余值													
1.4	回收流动资金													
2	现金流出	17 889	1 438	1 161	1 312	1 464	1 464	1 464	1 464	1 464	1 464	1 464	1 464	1 464
2.1	建设投资	17 889												
2.2	流动资金													
2.3	经营成本		1 431	1 144	1 288	1 431	1 431	1 431	1 431	1 431	1 431	1 431	1 431	1 431
2.4	营业税金及附加		8	16	25	33	33	33	33	33	33	33	33	33
2.5	维持运营投资													
3	所得税前净现金流量	−17 889	1 993	1 584	1 776	1 967	1 967	1 967	1 967	1 967	1 967	1 967	1 967	1 967
4	累计所得税前净现金流量		1 993	3 577	5 353	7 320	9 287	11 255	13 222	15 189	17 156	19 124	21 091	23 058

序号	项目	建设期	经营期											
		1	1	2	3	4	5	6	7	8	9	10	11	12
5	调整所得税		0	0	0	160	109	133	313	313	313	313	313	313
6	所得税后净现金流量	–17 889	1 993	1 584	1 776	1 808	1 859	1 835	1 654	1 654	1 654	1 654	1 654	1 654
7	累计所得税后净现金流量	–17 889	1 993	3 577	5 353	7 160	9 019	10 854	12 508	14 163	15 817	17 471	19 126	20 780

表 10　案例项目全投资现金流量表（续）

序号	项目	经营期												
		13	14	15	16	17	18	19	20	21	22	23	24	25
1	现金流入	3 431	3 431	3 431	3 431	3 431	3 431	3 431	3 431	3 431	3 431	3 431	3 431	3 431
1.1	营业收入	3 431	3 431	3 431	3 431	3 431	3 431	3 431	3 431	3 431	3 431	3 431	3 431	3 431
1.2	补贴收入													
1.3	回收固定资产余值													
1.4	回收流动资金													
2	现金流出	1 464	1 464	1 464	1 464	1 464	1 464	1 464	1 464	1 464	1 464	1 464	1 464	1 464
2.1	建设投资													
2.2	流动资金													
2.3	经营成本	1 431	1 431	1 431	1 431	1 431	1 431	1 431	1 431	1 431	1 431	1 431	1 431	1 431
2.4	营业税金及附加	33	33	33	33	33	33	33	33	33	33	33	33	33
2.5	维持运营投资													
3	所得税前净现金流量	1 967	1 967	1 967	1 967	1 967	1 967	1 967	1 967	1 967	1 967	1 967	1 967	1 967
4	累计所得税前净现金流量	25 025	26 993	28 960	30 927	32 895	34 862	36 829	38 796	40 764	42 731	44 698	46 665	48 633
5	调整所得税	313	313	313	313	313	313	313	313	313	313	313	313	313
6	所得税后净现金流量	1 654	1 654	1 654	1 654	1 654	1 654	1 654	1 654	1 654	1 654	1 654	1 654	1 654
7	累计所得税后净现金流量	22 434	24 089	25 743	27 397	29 052	30 706	32 360	34 015	35 669	37 323	38 978	40 632	42 286

7 结论与建议

7.1 研究结论

通过资本资产定价模型和加权平均资本成本模型计算得出，现阶段污水处理 PPP 项目全投资基准内部收益率约为 5.2%、资本金基准内部收益率为 7.7%。

基于全国 PPP 综合信息平台项目库中污水处理项目样本统计分析，现阶段污水处理 PPP 项目全投资财务内部收益率指标市场预期及合理区间为 5.5%～8%。

7.2 相关建议

（1）定期发布污水处理行业基准收益率

鉴于投资基准收益率是政府和社会资本 PPP 项目谈判的“基准”，对 PPP 项目落地实施至关重要，建议由作为投资综合管理部门的国家发展改革委会同财政、金融以及住建、环保部门等行业或行业主管部门、行业组织制定和发布适用于现阶段的污水处理行业基准收益率，并提出统一且富有弹性的投资收益率上下区间幅度，为地方政府和社会资本合作提供一定的空间。项目收益率选择时结合项目实际，综合考虑风险、规模、周期等因素。建立基于外部因素变化的污水处理行业投资基准收益率和投资收益率区间的调整机制，增强社会资本对投资回报的可预见性和投资回报的相对稳定性。各地在具体实施 PPP 项目时，应改变政府强势主导的格局，本着契约和平等合作的精神，在国家确定的区间幅度范围内，确定政府部门和社会资本都能接受的投资收益率均衡点，并随时间推移进行合理动态调整，最终实现项目全生命周期最优。

（2）推动完善污水处理领域投资回报机制

扩大污水处理 PPP 项目的付费方式范围，采取资本注入、直接投资、投资补助、贷款贴息，以及政府投资股权少分红、不分红等方式支持 PPP 项目的实施，提高社会资本投资回报率，增强 PPP 项目的吸引力。酌情打包污水处理、供水项目、截污工程、河道治理、水生态修复等相关项目，依据环境质量改善效果付费，并根据项目风险提高程度予以更高的投资回报率。依据污水处理项目规模、现金流量、风险等级、信誉程度等，合理确定收益权和资产价格，推行污水处理 PPP 项目资产证券化、收益权转让等机制，扩大融资渠道，提高资金运作效率，实现投资回报。

（3）完善污水处理动态定价及调价机制

在项目论证和签约环节，应按照项目投资收益率和测算的全生命周期成本，采用污水处理成本加成、污水处理单价边际成本计算等方法合理测算运营收入，编制项目现金流量流，并据此确定使用者付费定价或政府付费的标准。在项目实际运营中，为解决年度投资运营成本性支出的波动性与运营收入相对固定性不相匹配问题，政府部门应建立完善年度政府付费或财力补助及时调整机制，稳定项目现金流和年度收益。同时，应着眼项目全生命周期，在建立PPP项目中期财政预算管理制度的同时，完善PPP项目中期使用者付费动态调价机制，以实现PPP项目全生命周期的收益稳定。

（4）建立污水处理PPP项目绩效考核机制

开展PPP项目运营绩效考核评价既是提高PPP项目运营效率的重要保证，也是建立激励相容机制的重要内容。建议研究制定污水处理PPP项目相关绩效考核评价指标体系，出台PPP项目绩效考核评价具体办法，明确以绩效考核评价的结果作为项目付费多寡的依据，并制定提高投资回报的激励机制。加强对污水处理PPP项目运行成本、产出标准的跟踪监测和动态检查，确保阶段性目标与项目付费相匹配。加强绩效考核评价队伍建设，引入第三方专业咨询机构，建立专业咨询机构激励约束机制，以提高绩效评价的科学性、公正性和权威性。

附：有关 PPP 政策文件

（1）国务院《关于创新重点领域投融资机制鼓励社会投资的指导意见》（国发〔2014〕60 号）中明确提出要平衡好社会公众与投资者利益关系，既要保障社会公众利益不受损害，又要保障经营者合法权益。

（2）财政部《关于规范政府和社会资本合作合同管理工作的通知》（财金〔2014〕156 号）规定，要切实遵循公平效率原则，在 PPP 项目合同中要始终贯彻物有所值原则，在风险分担和利益分配方面兼顾公平与效率，既要通过在政府和社会资本之间合理分配项目风险，实现公共服务供给效率和资金使用效益的提升，又要在设置合作期限、方式和投资回报机制时，统筹考虑社会资本方的合理收益预期、政府方的财政承受能力以及使用者的支付能力，防止任何一方因此过分受损或超额获益；项目公司在收回投资成本后，应获得与同行业平均收益率相适应的合理收益回报。

（3）发改委《关于开展政府和社会资本合作的指导意见》（发改投资〔2014〕2724 号）规定，要建立健全政府和社会资本合作的工作机制，规范价格管理。按照补偿成本、合理收益、节约资源以及社会可承受的原则，加强投资成本和服务成本监测，加快理顺价格水平。加强价格行为监管，既要防止项目法人随意提价损害公共利益、不合理获利，又要规范政府价格行为，提高政府定价、调价的科学性和透明度。

（4）财政部《PPP 项目合同指南（试行）》中对公共交通类项目“保证合理回报原则”的规定提出，项目公司在收回投资成本后，应获得与同行业平均收益率相适应的合理收益回报，并强调收费不得过分高于使用者可承受的合理范围。

（5）根据《政府和社会资本合作项目财政承受能力论证指引》（财金〔2015〕21 号）规定，政府每年直接付费金额包括社会资本方承担的年均建设成本（折算成各年度现值）、年度运营成本和合理利润的合计再减去每年使用者付费的数额。其中，年度折现率应考虑财政补贴支出发生年份，并参照同期地方政府债券收益率合理确定；合理利润率应以商业银行中长期贷款利率水平为基准，充分考虑可用性付费、使用量付费、绩效付费的不同情景，结合风险等因素确定。

（6）根据《基础设施和公用事业特许经营管理办法》（第 25 号令）的规定，基础设施和公用事业特许经营应当坚持公开、公平、公正，保护各方信赖利益，并遵循以下原则：发挥社会资本融资、专业、技术和管理优势，提高公共服务质量效率；转变政府职能，强化政府与社会资本协商合作；保护社会资本合法权益，保证特许经营持续性和稳定性；兼顾经营性和公益性平衡，维护公共利益。

（7）《关于进一步共同做好政府和社会资本合作（PPP）有关工作的通知》（财金〔2016〕32 号）规定，建立完善合理的投资回报机制。各地要通过合理确定价格和收费标准、运营年限，确保政府补贴适度，防范中长期财政风险。要通过适当的资源配置、合适的融资模式等，降低融资成本，提高资金使用效率。要充分挖掘 PPP 项目后续运营的商业价值，鼓励社会资本创新管理模式，提高运营效率，降低项目成本，提高项目收益。要建立动态可调整的投资回报机制，根据条件、环境等变化及时调整完善，防范政府过度让利。

（8）《国家发展改革委 农业部关于推进农业领域政府和社会资本合作的指导意见》

（发改农经〔2016〕2574 号）规定，通过合理约定，建立风险分担和投资回报机制，确保社会资本投入回报，推进社会资本参与项目投融资、建设和管护。

（9）《项目收益债券试点管理办法（试行）》中关于项目经济效益评价作出规定，在项目收益债券存续期内的每个计息年度，项目收入应该能够完全覆盖债券当年还本付息的规模。项目内部收益率（税后）应该大于现阶段社会折现率（8%）。

（10）2002 年国家计委在审定发布的《投资项目可行性研究指南》（计办投资〔2002〕15 号）中，对投资项目的财务基准收益率的设定作出了如下原则规定：如果有政府部门发布的本行业基准收益率，即以其为项目的财务基准收益率；如果没有行业规定，则由项目财务评价人员自行设定。设定方法有二：一是参考本行业领域一定时期的平均收益水平并考虑项目的风险系数确定；二是按项目占用的资金成本加一定的风险系数确定。2006 年国家发展改革委和建设部联合发布的《建设项目经济评价方法与参数》（第三版）也体现了这一原则。这一原则规定反映了投资项目决策的基本规律和要求，对现阶段设定 PPP 项目的合理投资回报率具有指导意义。

参考文献

[1] 鲍睿宁．关于完善 PPP 项目投资回报机制的若干思考[J]．财务与会计，2017（5）：63-64.
[2] 陈宏能，肖靓．如何正确选用 PPP 项目收益率指标[J]．中国投资，2016（9）：66-68.
[3] 蔡晓琰，周国光．PPP 项目政府和社会资本合作的投资回报机制研究[J]．财经科学，2016（12）：101-109.
[4] 黄晓．基础建设 PPP 项目财务评价指标体系的构建及其应用研究[J]．成都师范学院学报，2017，33（5）：89-95.
[5] 李满坡，陶伦康．城市基础设施中政府规制行为研究——以浮动投资回报率担保为视角[J]．西南石油大学学报（社会科学版）），2014，16（6）：29-34.
[6] 吴亚平．科学设定 PPP 项目投资回报率[J]．中国投资，2016（6）：76-77.
[7] 相亚成．基于政府管制视角的 PPP 项目民间资本投资回报率研究[D]．杭州：浙江工业大学，2015.
[8] 伊然．国家两部委要求建立 PPP 动态投资回报机制[J]．工程机械，2016，47（7）：58.
[9] 杨震．政府付费类 PPP 项目投资回报财务模型的对比研究[J]．工程经济，2017，27（2）：40-42.
[10] 张海乐．环保利废投资项目评价指标体系及应用研究[D]．成都：西华大学，2008.
[11] 袁紫月．PPP 项目大数据-投资回报率分析[EB/OL]，http://huanbao.bjx.com.cn/news/20161012/779654-2.shtml，2016-10-12.

全国环境-经济景气指数（EEPI）构建与应用研究

Research on Construction and Application of National Environmental-Economic Prosperity Index（EEPI）

李 新 秦昌波 张南南 万 军 关 杨 储成君 杨丽阎
刘玉红 祁京梅 董静媚 张前荣[①]

摘 要 基于国际通用的景气指数分析方法，构建了环境-经济景气指数，该指数共分为环保基准指数、先行指数及滞后指数3类，包括由6种主要排放物合成的基准指标、10个先行指标及9个滞后指标。基于2015年以来各项指标的月度数据，运行环境-经济景气指数。运行规律显示，先行指数大致领先环保基准指数9个月，预计到2018年第四季度或2019年年初，生态环境状况将有所改善。随后进入新一轮周期，经济发展带来的环保压力有所增加。基于此本文提出了环境经济协调发展的政策建议。

关键词 环境-经济景气指数 基准指数 先行指数 滞后指数

Abstract Based on the internationally used prosperity index analysis method，an environmental-economic prosperity index is constructed，which mainly includes three categories: the environmental protection benchmark index，the leading index and the lagging index. The composite index of six major emissions is used as the benchmark index. 10 leading indicators and 9 lagging indicators. Based on monthly data for various indicators since 2015，the environmental-economic boom index was run. The results show that the leading index is roughly 9 months ahead of the environmental protection benchmark index. It is predicted that the ecological environment will improve in the fourth quarter of 2018 and early 2019. Then entering a new cycle，the environmental protection pressure brought by economic development has increased，and policy recommendations for coordinated environmental and economic development have been put forward.

Keywords environmental-economic prosperity index，benchmark index，leading index，lagging index

① 国家信息中心经济预测部，北京，100045

景气指数方法是国际上普遍使用的对经济周期波动转折点进行测定、分析和预测的方法[1]。主要通过在各领域中筛选一批对景气变动敏感、有代表性的经济指标，用数学方法合成为一组景气指数（先行、一致、滞后），以此观测和判断宏观经济波动状况。随着研究深入，景气指数分析的使用范围已由国家层面的宏观经济领域拓展到地区层面、行业层面，但结合其他系统如环境系统与宏观经济的景气分析等的研究基本处于空白与探索阶段。当前，我国生态环境保护工作受经济形势的影响较大，精细化、现代化环境治理要求日益提升，亟待研究建立环境-经济景气系统，补齐相关领域空白，为前瞻性定量分析生态环保面临的外部经济形势、提前谋划生态环保政策提供依据。为此，生态环境部环境规划院联合国家信息中心经济预测部，初步研究构建了环境-经济景气指数，以期创新完善环境经济形势分析技术方法，为形势预判和政策制定提供基础支撑。

1 景气指数构建的基本理论

1.1 景气指标的选取

1.1.1 指标筛选方法

随着经济发展、统计体系及统计方法的不断完善，统计种类越来越多，统计指标数目庞大，信息资源规模巨大。同时，由于数据处理、存储、传递等运用了通信技术、光电子、计算机等最先进的技术手段，能够实现从巨大的信息资源中，及时准确地加工提炼出反映经济运行状态的特征信息，如美国先行、一致、滞后景气指标从近千个经济指标中筛选得出。目前，国际几种常用的筛选方法有 K-L 信息量、时差相关分析、马场方法、聚类分析、峰谷对应法、评分系统等。

1.1.2 指标筛选原则

形成并影响景气波动的不仅有产业活动，还包括就业、金融、财政、消费、物价、库存、贸易等领域广泛的经济活动，因此收集的数据应涵盖上述领域。指标选择主要考虑以下几条原则：

（1）经济重要性。所选指标在把握景气上特别重要，并且代表经济活动的一个领域，所选指标合起来代表经济活动的主要方面。

（2）统计充分性。所选指标是月度（或季度）统计数据，并且数据区间较长、较完整、覆盖面大、可信度高。

（3）统计适时性。数据能够及时定期地统计并予以公布，在每月（季度）后的 1～2 个月（季度）内可以使用。

（4）与景气波动对应性。所选指标的峰、谷应与经济周期波动的基准日期的峰、谷一一对应，并有稳定的对应关系（超前、一致或滞后）[2]。

1.1.3 景气指数构建技术路线

景气指数构建过程如图 1 所示。

（1）从基础数据库中，根据专家意见确定备选指标，一般有上百种，再根据指标经济意义将其粗分为先行指标组、一致指标组和滞后指标组；

（2）对其进行整理，建立初选指标数据库，并根据所研究问题确定或合成一个基准指标，作为指标分析的基准；

（3）使用时差相关分析、K-L 信息量等方法，确定初选指标数据库中各个指标与基准指标的先行、滞后关系，结合各方面因素分析，形成终选指标数据库；

（4）使用合成方法分别合成先行、一致和滞后合成指数，使用合成指数进行经济分析和景气转折点预测。

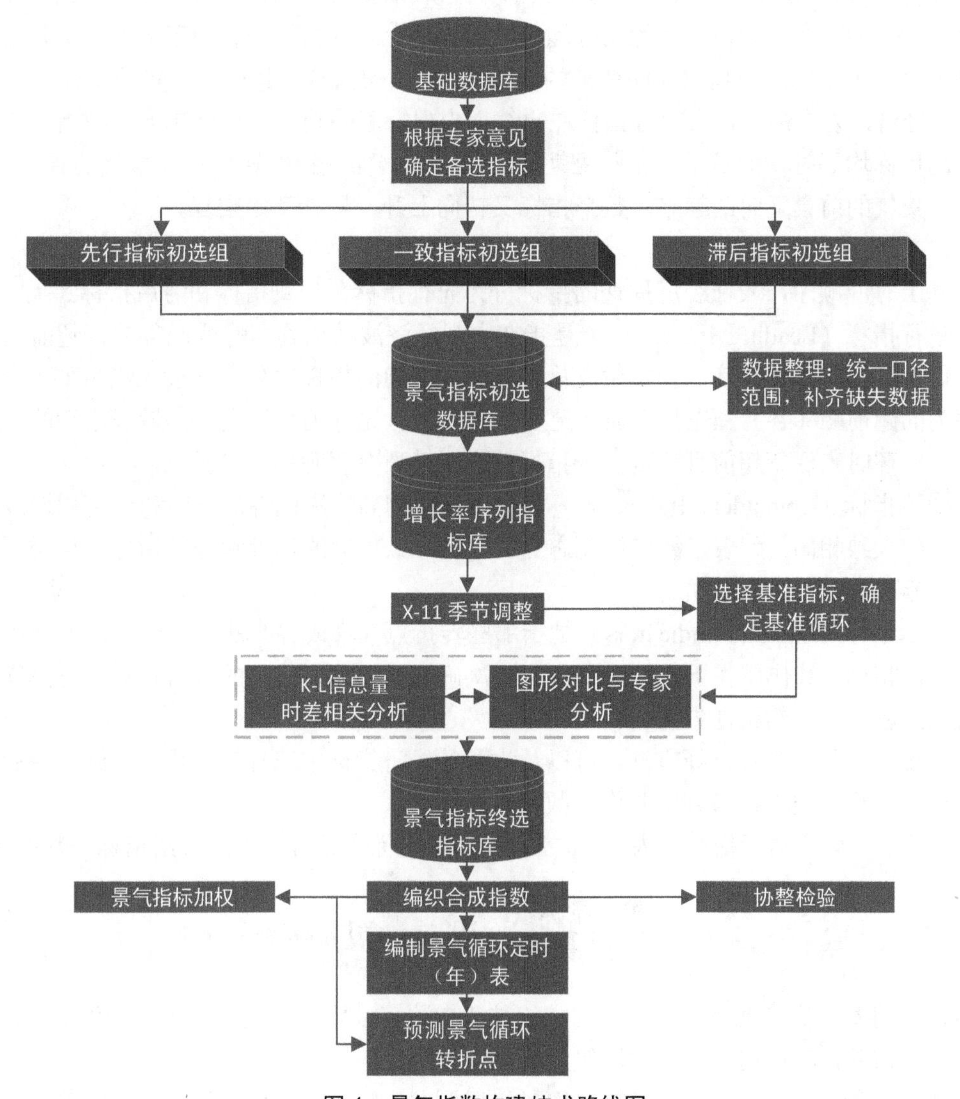

图 1　景气指数构建技术路线图

1.2 景气指数的分析方法及应用

扩散指数（Diffusion Index，DI）和合成指数（Composite Index，CI）是最常用的两种景气分析方法，日本以 DI 为主对景气状况进行分析和预测，美国侧重于 CI，经济合作与发展组织（OECD）主要利用增长循环的思想构造先行指数。

1.2.1 扩散指数

扩散指数是指把保持上升（或下降）的指标占上风的动向，看作景气波及、渗透的过程，将其用来把握整个景气。

（1）景气的扩张与收缩

经济繁荣时，各种经济活动活跃，大部分经济指标持续上升。当景气迎来成熟阶段后，几个指标开始改变方向，下降的指标增多，当保持上升的指标与转为下降的指标均等时，即是景气由扩张局面向收缩局面变换的转折点（景气的峰）。其后，下降的指标逐渐占了上风，经济进入了萧条，大部分指标在收缩期内保持下降趋势，当仍在下降的指标和转而回升的指标均等时，即是景气由收缩期局面向扩张局面变换的转折点（景气的谷）。达到谷后，景气的前景又明朗起来，数个指标又转向上升，景气开始恢复。

（2）经济周期指标分类

基于时间顺序，表征经济周期的指标分为先行指标、一致指标和滞后指标 3 类[3]。

先行指标（Leading Indicators）是指在宏观经济波动达到高峰或低谷前，超前出现高峰或低谷的指标，是经济周期发生变化之前转变方向的指标序列。一般应满足如下条件：①序列的超前峰（谷）领先基准循环至少 3 月以上且先行关系稳定；②最近连续的两次循环中，循环时点保持超前且稳定；③指标的经济性质有明确的先行关系。

一致指标（Coincident Indicators）是指指标达到高峰和低谷的时间和经济周期波动的基准时间大致相同，代表了经济周期态势。确定一致指标的标准和先行指标大体类似，但一致指标更强调其经济性质。

滞后指标（Lagging Indicators）是指那些转折点（峰或谷）滞后于经济周期波动基准转折点的指标，其作用在于它的峰和谷可再次确认经济周期波动的转折，有助于提醒人们在发展过程中出现结构性失衡。

利用各种景气指标选择方法，可以从大量的经济指标中选择出先行、一致、滞后 3 类指标组。对这 3 类指标组分别制作扩散指数。

先行、一致或滞后指标组内 t 月扩张（上升）指标个数占组内所采用指标个数的比率：

$$\mathrm{DI}_t = \frac{\text{扩张指标数}t}{\text{采用指标数}} \times 100\%\text{，} t=1\text{，}2\text{，}\cdots\text{，}n \tag{1}$$

由于用本月值与上月值的比例制成的扩散指数有可能因不规则变化而产生偏差，为了避免这种偏差，考虑用 3 个月做比较间隔。

如图 2 所示，首先是先行指标出现景气局面发生转换的苗头，经过若干时差，逐渐向一致指标、滞后指标波及、渗透。因此，扩散指数是反映经济运动方向的一种综合尺度，定期地分析先行、一致、滞后扩散指数，可以较早地预测到经济周期波动的变化方向和转折点出现的时机。

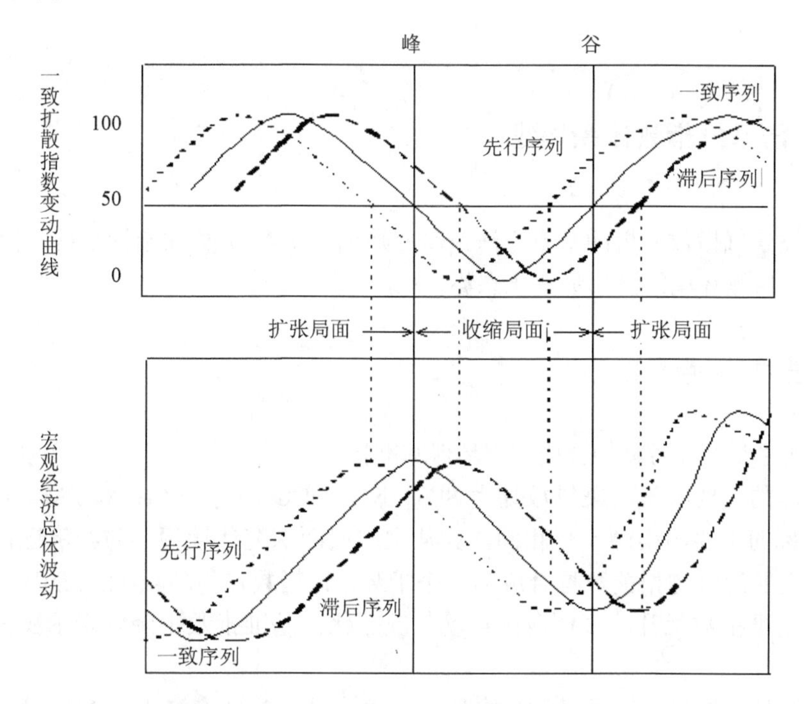

图 2　先行、一致、滞后扩散指数的变动与宏观经济总体波动

1.2.2　合成指数

合成指数（CI）也是从反映各种经济活动的主要经济指标中选取一些对景气敏感的指标，用合成各指标变化率的方式，把握景气变动的大小。但相较于扩散指数，合成指数能够反映经济周期波动的振幅。目前国际常用的合成指数有 3 种计算方法：

（1）美国商务部利用合成指标变化率的方式合成景气指数；

（2）日本经济企划厅调查局计算合成指数的方法与美国商务部的计算方法在思想上是一致的，但是在方法上略有不同；

（3）经济合作与发展组织依据“增长循环的概念”，用景气分析方法对其成员国的经济状况进行分析和预测。

1.2.3　先行、一致、滞后扩散指数的应用

当扩散指数（DI）大于 50%时，表明有过半数的指标所代表的经济活动活跃，反之，扩散指数低于 50%时，有过半数的经济活动萎缩。DI 为 50%时，代表经济活动的指标的上升趋势与下降趋势平衡，表示该时刻是景气的转折点。

在确定扩散指数的转折点时，为了避免不规则因素影响，一般采用移动平均后的扩散指数（MDI）序列确定扩散指数的峰、谷日期。当 MDI 由上方向下方穿过 50%线时，取

前一个月作为扩散指数峰的日期。而当 MDI 由下方向上方穿过 50%线时，取前一个月作为扩散指数谷的日期。扩散指数的极大值点和极小值点比宏观经济总体波动的峰和谷先行一段时间，这是扩散指数的特点之一。利用这一性质可以提前预测景气的峰、谷出现的时间。

2 环境-经济景气指数体系构建

基于上述景气指数分析的基本方法，研究筛选环境-经济关联指标数据，构建环境-经济景气指数，监测环境经济形势变化态势。

2.1 环保基准指标设定

（1）6 项主要大气污染物合成作为环保基准指标

我国监测的主要大气污染排放物为 SO_2、NO_2、CO、O_3、$PM_{2.5}$和 PM_{10} 6 项指标。由于每项指标的主要污染源不尽相同，为从生产层面探究环境污染与经济运行之间的关系，将 6 种主要污染物相关数据合成为一个指数，该指数作为环境-经济景气指数的环保基准指数。基准指数上升，表明我国环境状况恶化，基准指数下降则表示我国环境状况好转。

转折点分析方法计算结果显示，按照谷-谷对应法，2016 年 1 月—2017 年 6 月，我国环保基准指数经历了由上升到下降的一个完整循环。第二个循环始于 2017 年 6 月，目前处于第二个循环的上升期（表 1）。

表 1 我国环保基准指标的转折点

	谷	峰	谷	时间（月）		
				扩张期	收缩期	全循环
第 1 个循环	2016 年 1 月	2016 年 10 月	2017 年 6 月	9	9	17
第 2 个循环	2017 年 6 月	2018 年 3 月		9		

（2）剔除气象因素影响

由于环境质量受到自然因素的影响较大，为客观准确分析宏观经济与生态环保关联响应关系，研究验证剔除和未剔除天气因素两种情景下基准指标的变动态势[4]。结果显示，2017 年 6 月以前，两种情景下合成的环保基准指数走势基本同步，只是波动幅度略有不同。但 2017 年下半年以后，两个指标走势出现了明显分化：剔除天气因素影响的排放指数逐渐回升，未剔除天气因素影响的排放指数仍保持了下降走势（图 3）。这表明 2017 年下半年，受气象条件同比较好影响，天气因素对污染物排污指数波动产生较大的下拉影响，而剔除天气因素后，实际生产活动使相关的排放指数大幅回升，而从实际经济发展状况看，2017 年下半年我国经济增长尤其是基础原材料工业增长较快。可见，剔除天气因素后的环保基准指数更能真实反映经济活动与环境之间的关系。因此，在指数拟合过程中，与气象科学研究院合作，将逐月气象条件对污染物浓度的贡献进行扣除分析。

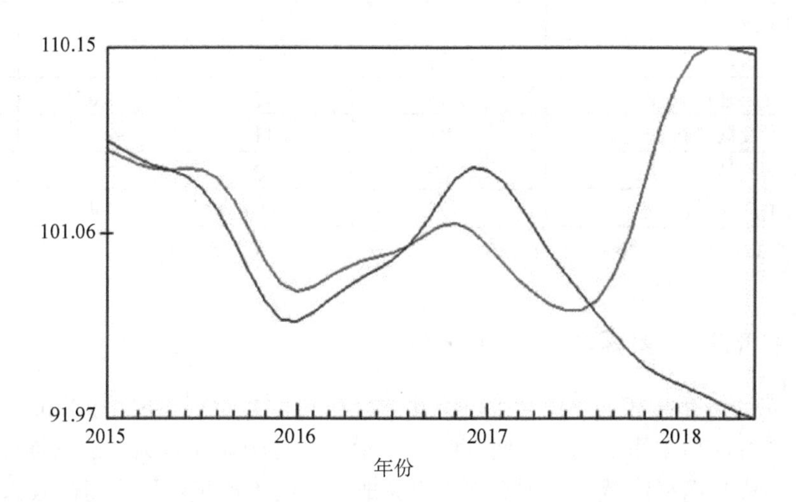

图 3　剔除（红）和未剔除（蓝）天气影响的环保基准指数走势

2.2　先行指标筛选

研究遵循重要性和数据可获得性等原则，选取环境-经济景气指数指标，主要包括主要工业产品产量、增加值、效益等指标，财政、金融、货币等宏观政策指标，以及投资、消费和外贸三大需求指标，特别着重考虑了分行业用电量的指标。利用合成的环保基准指标，采用时差相关分析和 K-L 信息量等方法，计算了备选指标与基准指标之间的先行滞后关系以及相关系数[5]。在计算结果的基础上，利用画图比照峰谷的方法，对指标进行进一步的筛选。

2.2.1　高耗能产业与环保关系密切

受我国传统增长方式的影响，工业企业的生产经营活动是造成我国环境污染的主要原因，特别是高耗能产业的波动与环保之间则更为密切。通过画图比对，结果显示，化学原料及化学制品制造业、非金属矿物制品业、黑色金属冶炼及压延加工业、有色金属冶炼及压延加工业、石油加工炼焦及核燃料加工业、电力热力的生产和供应业 6 个高耗能行业中，有 5 个与环保基准指数具有较强的先行滞后关系，说明高耗能行业与污染之间具有很强的互动联系（表 2）。其中，非金属矿物制品业是先行指标，黑色金属冶炼及压延加工业、有色金属冶炼及压延加工业、石油加工、炼焦及核燃料加工业和化学原料及化学制品制造业是环保的滞后指标，电力、热力的生产和供应业与污染之间并不具有相关性。

表 2　高耗能行业增加值与环保基准指标的计算结果

指　标	时差相关系数	先行/滞后期	K-L 统计值	先行/滞后期
非金属矿物制品业	0.88	−10	0.22	−10
黑色金属冶炼及压延加工业	0.94	9	0.51	9
有色金属冶炼及压延加工业	0.86	12	1.05	12
石油加工、炼焦及核燃料加工业	0.83	11	1.18	11
化学原料及化学制品制造业	0.79	12	1.54	12
电力、热力的生产和供应业	0.07	−10	5.41	−12

注：计算区间为 2015 年 1 月—2018 年 3 月，所有指标均为同比增长率，经过季节因素调整剔除不规则要素和季节要素影响。

2.2.2　主要经济指标与环保之间相关性分析

筛选宏观经济指标中与生态环保关联性较大的指标，并与环保基准指标进行画图比对，分析其先行滞后关系及周期。研究结果显示，具有明显先行关系的指标为原煤产量、天然气产量、成品钢材产量、固定资产投资完成额、汽车产量、国家财政收入和金融机构各项贷款；滞后指标为布产量、造纸及纸制品业产量和 10 种有色金属产量（表 3）。

表 3　部分经济指标与环保基准指标的计算结果

指　标	时差相关系数	先行/滞后期	K-L 统计值	先行/滞后期
原煤产量	0.74	−12	5.39	−12
布产量	0.51	−12	0.84	−12
水泥产量	0.75	12	5.06	12
天然气产量	0.51	−10	1.49	−12
工业锅炉产量	0.6	−9	12.63	11
成品钢材	0.63	−4	1.1	−5
工业增加值：造纸及纸制品业	0.61	−11	0.62	−12
工业增加值：制造业	0.71	−10	0.77	−9
发电设备产量	0.45	−2	66.88	−1
固定资产投资完成额：制造业	0.98	7	0.65	7
工业增加值：汽车	0.97	−6	0.32	−6
CPI	0.58	12	0.85	−9
10 种有色金属产量	0.91	3	1.04	3
社会消费品零售总额	0.61	5	0.89	−8
天然原油	0.82	7	2.16	7
发电设备产量	0.45	−2	66.88	−1
国家财政收入	0.72	5	1.01	−12
固定资产投资完成额	0.78	7	1.58	−5
金融机构各项贷款	0.92	10	0.72	−12
汽车产量	0.29	−6	18.32	−6

从构成的指标组看，先行指标组包含的主要是与污染相关性比较强的行业相关的指标，以及代表财政金融政策的国家财政收入和金融机构各项贷款，表明我国宏观经济政策会通过影响实体经济进而影响我国环境状况。在本次筛选中，消费者物价指数（CPI）是环保基准指数的滞后指标，这与我国当前价格传导特点有关。由于供给过剩，我国市场更多表现为买方市场的特征，这导致我国的生产资料价格向生活资料价格的传导渠道不畅，生产价格指数（PPI）不能传导至CPI，但由于在买方市场下，决定需求的是CPI的价格，这也意味着决定企业未来生产活动的是当期CPI，因此将CPI逆转，作为我国环保基准指数的先行指标。

2.2.3 主要用电量指标的筛选

由于电力行业的特殊性，用电量的变动基本能够直观反映行业生产活动的变动，并且用电量的指标是需求端的直接衡量指标。本次筛选选择了分行业的用电量、电力行业投资和效益、6 000 kW 发电设备容量等共 118 个指标，从用电量角度衡量其与环保之间的关系[6-8]。部分主要行业的统计结果如表 4 所示。

有些行业覆盖面太小，本次筛选不予考虑，从筛选结果看，我国分行业发电量与环保之间的联系并不紧密。表 4 中，经过画图比对，只有化学原料及化学制品制造业是环保基准指数的先行指标，电力、热力的生产和供应业利润总额、火电投资完成额和石油及天然气开采业用电量是环保基准指数的滞后指标。考虑到经济含义，当期利润是企业下期的先期投资，因此这里将逆转后的电力、热力的生产和供应业利润总额作为先行指标。

表 4 主要发电量指标与环保基准指标的计算结果

指 标	时差相关系数	先行/滞后期	K-L 信息量	先行/滞后期
全社会用电量：第一产业	0.64	−10	2.69	−10
农、林、牧、渔业用电量	0.78	−10	5.15	8
农业用电量	0.87	−11	2.26	9
化学原料及化学制品制造业用电量	0.91	−10	28.86	−12
火电投资完成额	0.92	3	11.41	−8
燃气生产和供应业利润总额	0.89	12	3.24	12
电力、热力的生产和供应业利润总额	0.88	12	74.67	−12
电力、热力、燃气及水的生产和供应业投资	0.75	12	6.23	−12
电力、燃气及水的生产和供应业用电量	0.75	−11	9.96	8
电厂生产用电量	0.6	−12	4.87	4
农副食品加工业用电量	0.7	−2	3.68	−2
石油及天然气开采业用电量	0.94	7	0.78	7
电力、热力的生产和供应业用电量	0.78	−10	33.65	6
管道运输业用电量	0.82	−9	20.36	10

注：计算区间为 2015 年 1 月—2018 年 5 月，所有指标均为同比增长率，经过季节因素调整剔除不规则要素和季节要素影响。

3 环境-经济景气指数实证分析

课题组采用国际上通用的经济景气指数方法分析我国环境-经济周期运行态势和景气波动状况。以6种主要排放物的合成指数为基准指标，采用K-L信息量方法、时差相关分析方法、峰谷对应法等多种方法进行筛选，最终筛选出19个反映环境-经济景气周期波动的指标，其中先行指标10个，滞后指标9个，分别构成了我国环境-经济景气周期的先行和滞后景气指标组，建立了反映环境-经济周期波动的景气指标体系。环境-经济景气指数构成如表5所示。

表5 我国环境-经济景气指数的构成指标组

序号	先行指标	滞后指标
1	非金属矿物制品业工业增加值	黑色金属冶炼及压延加工业工业增加值
2	原煤产量	有色金属冶炼及压延加工业工业增加值
3	天然气产量	石油加工、炼焦及核燃料加工业工业增加值
4	成品钢材产量	化学原料及化学制品制造业工业增加值
5	汽车行业增加值	布产量
6	CPI*	造纸及纸制品业工业增加值
7	国家财政收入	10种有色金属产量
8	金融机构各项贷款	火电投资完成额
9	化学原料及化学制品制造业用电量	石油及天然气开采业用电量
10	电力、热力的生产和供应业利润总额*	

注：有*号的指标是逆转指标。

3.1 环保基准指数继续下行，先行合成指数处于新一轮周期上升通道

结合环保基准指数，利用表5中的先行构成指标组，获得环境-经济景气指数的先行合成指数，拟合分析环境-经济先行和基准指数走势，结果如图4所示。

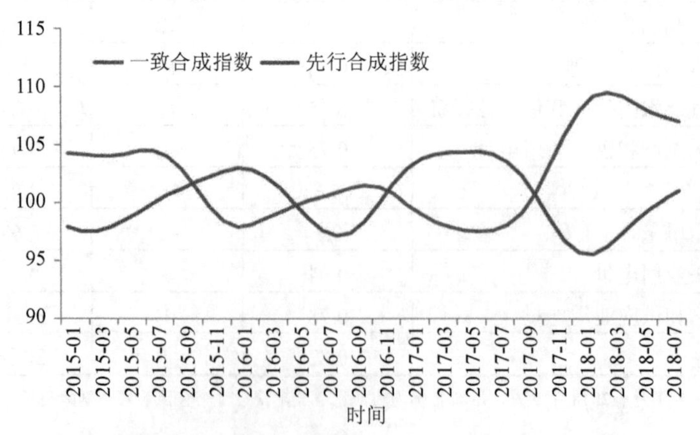

图4 我国环境-经济景气指数先行（红）和基准指数（蓝）

从环境-经济先行合成指数看，前一轮周期波动的峰出现在 2017 年 6 月，与之对应的环保基准指数的峰出现在 2018 年 3 月，表明先行指数领先期为 9 个月。此轮先行合成指数的下行周期为 8 个月，2018 年 2 月先行合成指数进入了新一轮周期波动的上升期，截至 2018 年 8 月，已经在新周期中上行了 6 个月。先行合成指数的 10 个构成指标中，8 月 5 升 5 降，与 6 月的 8 升 2 降相比，上升动力明显减弱，这也是当前先行合成指数上涨速度明显放缓的原因。

从环保基准指数看，截至 2018 年 8 月，环保基准指数在 2018 年 3 月出现峰，目前已经连续回落 5 个月，下降速度有所减缓。与 6 月走势相比，6 个构成指标中，O_3 继续保持上涨趋势，SO_2 由升转降，CO 则由降转升，其他 3 个指标 PM_{10}、$PM_{2.5}$ 和 NO_2 继续下行，6 个指标中有 4 个指标下降，带动环保基准指数下行。

3.2 2018 年第四季度环保基准指数持续回落，但明年环保压力可能会再次加大

当前我国环境-经济景气指数的峰已经出现，结合环境-经济景气的先行合成指数和宏观经济未来走势，预期第四季度环保指数将继续在下行周期，环保压力有所减弱。

3.2.1 按照峰-峰对应，环境-经济景气指数的峰已经出现

本轮环保景气基准指数的谷出现在 2017 年 6 月，对应的先行合成指数的谷出现的时间为 2016 年 8 月，先行合成指数先行期为 10 个月。先行合成指数在 2017 年 6 月出现峰，此轮先行合成指数先行期为 9 个月，一致合成指数从 2017 年 6 月到 2018 年 3 月，连续回升了 9 个月，与先行合成指数的上行期持续时间接近，因此可以确定 2018 年 3 月为本轮环境-经济景气指数的峰，环境-经济景气拐点出现，开始步入下行周期。

3.2.2 宏观经济景气继续下行，带动环保基准指数下行

根据宏观经济景气指数，截至 2018 年 8 月，我国宏观经济的先行、一致合成指数双双下降，表明 2018 年下半年我国一致合成指数仍将呈现下降走势，下半年我国经济将继续处于下行周期。综合警情指数的变化特征也提示了经济的下行风险，2018 年 3 月以来综合警情指数快速下跌，5 月数值跌破绿灯区下限，这是自 2015 年 8 月以来首次步入浅蓝灯区。从构成指标近几个月的走势看，部分指标出现了从上个灯区向下个灯区移动的现象，如 M1、主营业务收入和进出口贸易总额增速，表明我国经济运行在个别领域出现了下滑的风险。

3.2.3 工业产品产量大幅增长态势难以持续，缓解环保压力

从构成指标看，2018 年上半年环保基准指数的上涨更多源于最近几个月工业产品产量的大幅增长，6 月成品钢材、汽车等都出现了两位数的增长。但预计到第四季度工业产品产量的大幅增长难以持续，一方面，我国 2018 年春节较晚导致工业复工推迟，加上基数原因，导致 3 月以来产量增长较快，随着错峰复工和基数效应消失，工业产品产量增长速度将会回落；其次，企业进入主动减库存阶段。2018 年以来，我国需求逐渐回落，企业

生产成本提高，而工业品出厂价格持续降低，严重挤占工业企业利润空间。在这样的背景下，我国企业进入主动减库存阶段，工业企业产量增速必将回落。另外，下半年投资需求持续疲软，外部需求高位回落，需求减弱，也将对工业企业产生压力。工业企业产量增速放缓，有利于带动环境-经济景气指数下行，缓解环保压力。

3.3 明年我国生态环保压力再次增加

本轮我国环境-经济先行合成指数的先行期为 9 个月，目前先行合成指数已经在新一轮周期的上行期内运行 6 个月，从构成指标走势看，先行合成指数上涨动力有所减弱，预计还将继续上行 3 个月左右。结合先行合成指数的先行期计算，2018 年年底至明年年初，我国环境-经济景气基准指数的谷将出现，本轮周期结束，进入新一轮周期的上行通道，环保的经济压力有所增加，需要环保部门提前做好预案。

4 主要结论

4.1 高污染行业相关指标及宏观政策等是环境-经济景气指数的主要构成指标

从环境-经济景气指数的构成指标组看，高污染行业仍是影响环境污染的重要因素。6 个高耗能行业中，有 5 个行业与环保基准指数具有较强的先行滞后关系。从先行指数构成指标组来看，主要包括两类指标：一类是与污染相关性较强的指标，包括原煤产量、天然气产量、成品钢材产量、汽车行业增加值、化学原料及化学制品制造业用电量等；另一类是通过宏观经济政策影响实体经济的指标，包括国家财政收入、金融机构各项贷款、CPI 等。

4.2 环境-经济景气指数运行规律显示，先行指数大致领先环保基准指数 9 个月

基于 2015 年以来各项指标的月度数据，运行环境-经济景气指数。结果显示，环境-经济先行指数的最近一轮周期波动的峰出现在 2017 年 6 月，领先环保基准指数 9 个月，下行周期持续 8 个月，目前处于新一轮周期波动的上升期。从先行指数 10 个构成指标看，截至 2018 年 8 月，季节因素调整后先行指标 5 升 5 降，上涨动力比 6 月份的 8 升 2 降明显减弱，导致先行合成指数上涨速度明显放缓。

环保基准指数在 2018 年 3 月出现峰后持续回落，上半年下降速度较快，进入下半年后下降速度有所趋缓。截至 8 月，6 个构成指标中，O_3、CO 上升，其他 4 个指标下行，带动环保基准指数整体下行。

4.3 基于先行指数预测，2018 年第四季度及 2019 年年初，生态环境状况有所改善

2018 年 3 月为我国环境-经济景气指数的拐点，从先行合成指数领先 9 个月左右规律来看，第四季度我国环保基准指数将延续下行趋势。从我国宏观经济走势来看，截至 2018 年 8 月，我国宏观经济的先行、一致指数双双下降，表明第四季度我国一致指数仍将呈现下降走势，第四季度我国宏观经济将延续下行趋势，带来的环境压力可能趋缓。从环境-经济景气构成指标来看，第一季度环保基准指数上涨主要是受工业产品产量大幅增长影响。受外部经济环境不确定风险增加、错峰生产等影响，第四季度我国工业企业生产增速将继续放缓，外部经济增长带来的环保压力持续减弱。

4.4 基于周期运行规律，预期 2019 年中后期，环境保护压力有所增加

由于我国环境-经济先行合成指数的先行期较长，目前先行指数已经在新一轮周期波动的上行期内运行 6 个月，从构成指标走势来看，先行指数上涨动力已经开始减弱，预计上行周期还会持续 3 个月左右时间，这意味着明年中后期，我国环保基准指数将结束下行走势，再次上行，需要提前做好应对预案。

5 政策建议

（1）实施精细化治理，防止“一刀切”影响企业正常生产

“散乱污”治理及秋冬季限产停产等成为部分地区、部分行业生产波动的原因之一，环境治理的社会舆论负面影响强烈。根据环境-经济景气指数结果，2018 年第四季度我国生态环保面临的经济压力有望减弱。建议本季度在重点关注秋冬季气象条件变动影响基础上，利用经济对环境压力有所减弱的有利时机，强化政策的差异化设计实施，统筹兼顾、综合施策，避免督查、巡查、执法简单粗暴的“一刀切”行为[9]。统一“散乱污”企业治理标准、执法尺度，给产业升级改造足够的时间。进一步加强生态环保标准、技术创新和环境经济政策机制等长期性工具的研究应用，提升生态环保精细化管理水平。

（2）密切关注经济形势动态变化，提前部署生态环保应对机制

我国宏观经济下行压力加大，但基础原材料等环保重点行业增长态势较好，中美贸易摩擦升级，预期效果将在明年有所显现，生态环保面临的经济形势更加复杂，因“稳增长”等要求平衡高水平保护与高质量发展的难度将明显增加。结合研究结果，明年我国生态环保基准指数有可能进入上升期，因相关的经济指标增长带来的外部环境压力可能增加。需要进一步加强环境与经济关联响应分析，以深化生态环保“放管服”、强化排污许可证管理、推进生态环保工程治理等为抓手，提前制定好经济下行压力下，生态环保优化促进高质量发展的对策措施。

（3）中长期强化结构调整与绿色技术创新，走高质量发展道路

生态环保的经济压力根源在于发展方式粗放，产业结构、能源结构、交通结构等不合理，环境-经济景气指数的构成指标也反映了这一特征。因此，中长期推动生态环境保护、建设美丽中国，需要切实转变经济增长方式，大力推动绿色发展，加快四个结构调整，用生态环保倒逼生产方式、产业结构转型升级。以提高资源利用效率为目标，持续降低污染物排放强度，淘汰、关停落后的工艺、设备和企业，用高新技术和生态技术改造能耗高、污染重的传统工业。大力发展节能、降耗、减污的高新技术产业。加快发展环保产业，开发推广先进的环保设备和技术，提升生态环保推动高质量发展的能力。

参考文献

[1] 陶传敏．我国经济周期波动的特征分析[D]．大连：东北财经大学，2016.

[2] 刘畅，王哲，高铁梅．中国石油行业周期波动的分析与预测[J]．统计与决策，2007（23）：91-94.

[3] 刘道学，池仁勇，金陈飞．景气指数：中小企业领域一项开拓性基础研究——中国中小企业景气指数研究综述（2011—2017）[J]．浙江工业大学学报（社会科学版），2018，17（2）：191-197.

[4] 谢志英，刘浩，唐新明，等．北京市近 12 年空气污染变化特征及其与气象要素的相关性分析[J]．环境工程学报，2015，9（9）：4471-4478.

[5] 吴卫华，王红玲．工业企业景气指数和预警信号系统构建研究——基于工业景气企业财务调查数据[J]．浙江金融，2016（6）：51-55.

[6] 史雷，王莹．基于电力景气指数的电力市场需求预测实践[J]．企业管理，2017（S2）：356-358.

[7] 李赋欣，罗晓伊，沈军．基于电力数据的经济景气指数模型研究[J]．四川电力技术，2018，41（4）：64-68.

[8] 孙润晗，杨萌，白宏坤．基于多维大数据的区域电力景气预警体系构建及应用[J]．电力大数据，2018，21（9）：52-60.

[9] 李干杰．持续深化“放管服”改革 推动实现经济高质量发展和生态环境高水平保护——在全国生态环境系统深化“放管服”改革 转变政府职能视频会议上的讲话[J]．中国环境监察，2018（9）：6-19.

2015年全国经济-生态生产总值（GEEP）核算研究报告

Research Report on National Gross Economic-Ecological Product（GEEP）Accounting in 2015

王金南　马国霞　於　方　彭　菲　周夏飞　周　颖　杨威杉　赵学涛

摘　要　本文在多年关于绿色国民经济核算体系的理论和实践探索研究的基础上，构建了经济-生态生产总值（GEEP）综合核算体系，对2015年我国31个省份的经济-生态生产总值进行核算。核算表明，2015年全国经济-生态生产总值（GEEP）为122.78万亿元，是GDP的1.7倍。31省份中，GEEP最高为广东9.3万亿元，最低为宁夏0.4万亿元。基于GEEP计算的区域基尼系数为0.43，比GDP计算的区域基尼系数小0.12。

关键词　GEEP　生态系统调节服务　生态破坏成本　污染损失成本

Abstract　On the basis of many years of theoretical and practical research on green national economic accounting system，this paper constructs a comprehensive accounting system of gross economic-ecological product（GEEP），which accounts for the economic ecological gross product of 31 provinces and autonomous regions in 2015. According to the accounting，in 2015 GEEP is 122.78 trillion yuan，1.7 times of GDP. Among the 31 provinces and cities，the highest GEEP is 9.3 trillion yuan in Guangdong，the lowest GEEP is 0.4 trillion yuan in Ningxia. The regional Gini coefficient calculated based on GEEP is 0.43，which is 0.12 smaller than that calculated based on GDP.

Keywords　GEEP，ecosystem regulation services，ecological damage cost，environmental degradation cost

现有的国民经济核算体系没有考虑经济增长对自然资源和环境的消耗，也没有将生态系统为经济系统提供的生态服务价值纳入核算体系。为把资源消耗、环境损害、生态效益纳入社会经济发展评价体系，践行“绿水青山”就是“金山银山”的理念，本课题组通过多年关于绿色国民经济核算体系的理论和实践探索研究，在对经济-生态生产总值综合核算体系构建的理论基础、核算框架、核算原则、关键指标等进行深入探讨的基础上，综合绿色 GDP 1.0 版本和绿色 GDP 2.0 版本的研究体系和核算方法，提出构建经济-生态生产总值（gross economic-ecological product，GEEP）综合核算框架体系，并利用构建的经济-生态生产总值核算体系，对 2015 年我国 31 个省份的经济-生态生产总值进行核算应用。与 GDP 相比，GEEP 更能表征地区可持续发展实现程度，是相对更为科学的地区绩效考核指标。

1 经济-生态生产总值核算体系构建的必要性

GDP 作为考察宏观经济的重要指标，是对一国总体经济运行表现做出的概括性衡量。但现行的国民经济核算体系有一定的局限性，一是它没有反映经济增长的资源环境代价；二是不能反映经济增长的效率、效益和质量；三是没有完全反映生态系统对经济增长的贡献度和福祉，没有包括经济增长的全部社会成本；四是不能反映社会财富的总积累以及社会福利的变化。

为此，国际上从 20 世纪 70 年代开始研究建立绿色国民经济核算体系，它在传统的 GDP 核算体系中扣除自然资源耗减成本和污染损失成本，以期更真实地衡量经济发展成果和国民经济福利。联合国统计署（UNSD）于 1989 年、1993 年、2003 年和 2013 年先后发布并修订了《综合环境与经济核算体系（SEEA）》，为建立绿色国民经济核算体系、自然资源和污染账户提供了基本框架。本课题组遵从 SEEA 框架体系，自 2006 年以来，持续开展绿色 GDP 1.0（GGDP）研究，定量核算我国经济发展的生态环境代价，完成了 2004—2015 年共 12 年的年度环境经济核算报告，有力地推动了我国绿色国民经济核算体系研究。

目前，我国非常重视生态文明建设，逐步放弃唯 GDP 考核目标。党的十八大提出把资源消耗、环境损害、生态效益等指标纳入经济社会发展评价体系，党的十九大进一步强调加快生态文明体制改革，建设美丽中国，推进绿色发展，着力解决突出环境问题，加大生态系统保护力度，改革生态环境监管体制，践行“绿水青山”就是“金山银山”的理念，坚持节约资源和保护环境的基本国策，实行最严格的生态环境保护制度。绿色 GDP 核算扣除了经济系统增长的资源环境代价，但并没有把生态系统为经济系统提供的全部生态福祉都进行核算，只做了“减法”，没有做“加法”，无法体现“绿水青山”就是“金山银山”的绿色理念。

2015 年环境保护部启动了绿色 GDP 2.0 版本，开展了生态系统生产总值（GEP）的核算，对生态系统每年提供给人类的生态福祉进行全部核算，包括产品供给服务、生态调节服务、文化服务三个方面。但生态系统生产总值（GEP）只是从生态系统的角度考虑，单独把生态系统给经济系统提供的福祉全部进行核算，并没有把生态系统和经济系统完全纳入同一核算体系中。为把资源消耗、环境损害、生态效益纳入社会经济发展评价体系，本报告在绿色 GDP 1.0 和绿色 GDP 2.0 版本的基础上，构建经济-生态生产总值（GEEP）综合核算指标体系。

GEEP 既考虑了人类活动产生的经济价值，也考虑了生态系统每年给经济系统提供的生态福祉，还考虑了人类为经济系统付出的生态环境代价。经济-生态生产总值是一个有增有减、有经济有生态的综合指标。GEEP 同时考虑了人类活动和生态环境对经济系统的贡献，纠正了以前只考虑人类经济贡献或生态贡献的片面性。这一指标把“绿水青山”和“金山银山”统一到一个框架体系下，是“两山论”的集成，是践行“绿水青山”就是“金山银山”理念的重要支撑。与GDP相比，GEEP更有利于体现地区可持续发展程度，是相对更为科学的地区绩效考核指标。

2 经济-生态生产总值核算框架与关键指标

2.1 经济-生态生产总值理论基础

2.1.1 弱可持续发展理论

自1987年世界环境与发展委员会（WECD）在其报告《我们共同的未来》中提出可持续发展概念以来[1]，可持续发展已成为人类理想的发展模式和指导世界各国发展的行动纲领。许多学者从不同角度给出了可持续发展的定义，从已有的可持续发展概念定义可看出，可持续发展可以分为强可持续发展和弱可持续发展两种类型。

强可持续发展主要指自然资本存量不随时间而下降，管理自然资本维持资源服务的可持续性产出。强可持续发展认为不是所有的自然资本都可以用人造资本来代替，强调如果自然资本对生产是必要的，而又不能由其他生产资本替代，意味着发展不能损害资源基础，现在资源的使用不能影响到将来资源的可持续供应[2]。自然资本存量不随时间而下降，在世代之间保持或增加自然资本存量，就可实现可持续发展[3]。

强可持续性（strong sustainability）强调自然资本存量不随时间而下降的可持续性状态，但在大多数情况下，自然资本和人造资本之间是具有互补性（complementarity）和可替代性（substitutability）的[4]，自然资本和人造资本的特定形式的总体组合产生了特定层次的福利。因此，弱可持续发展理论更适合社会经济发展系统。

弱可持续发展（weak sustainability）的可持续性状态是效用或消费不随时间而下降，弱可持续发展又叫“Hartwick-Solow”可持续性准则。哈特维克（Hartwick）和索卢（Solow）是这一可持续概念的倡导者。弱可持续发展认为资本存量在不同要素之间可以互相替代，允许人造资本替代自然资本[5]。哈特维克通过建立模型，假定模型中只有一种消费品，这种消费品是效用函数的唯一因素，以特定的储蓄准则作为推导条件，确定了实现非下降消费的条件，这个条件被称为哈特维克准则。该准则认为，把开发不可再生资源得到的收益储蓄作为生产资本投入，在这一条件下，产生和消费的水平在时间上将保持为常数。如果遵循该准则，在一个消耗可再生资源的经济中，可以实现长时间恒定的消费。

Hartwick-Solow准则并未提出非下降消费的初期水平是多少[6]，即便在生活水平相当低的情况下，只要生活水平不是变得更低，这种经济就是可持续的，Hartwick-Solow可持续性准则是一个容易达到的最低消费水平，这有悖于可持续发展理论提出的初衷。

本报告认为经济-生态生产总值基于弱可持续发展理论，但应在满足生态系统时间上的稳定性和弹性的基础上，其中，稳定性是一个种群受到干扰后回到某种平衡态的倾向；弹性是生态系统受到系统干扰后，保持其功能和有机结构的倾向。经济活动应对整个生态系统的弹性受到威胁的程度需控制在相当低的水平[7]，这样自然资本和人造资本才可以相互替代。任何减少生态系统弹性的行为都是潜在不可持续的[8]，需要把生态环境系统的破坏损失进行扣减。弱可持续发展理论使生态系统和经济系统建立起了替代关系，体现了经济发展的福利水平。

2.1.2 福利经济学理论

人类需求的满足程度可以用社会福利来度量，这种福利不仅取决于个人所消费的私人物品以及政府提供的物品和服务，还取决于其从生态环境系统得到的非市场性物品和服务的数量与质量，如生态环境的生态调节服务、生态文化娱乐服务、清洁环境带来的各种健康服务等。因此，福利经济学的相关理论是生态环境价值核算的理论基础。

福利经济学认为经济活动的目的是增加社会中个人的福利。如果一个社会想让它的所有资源都发挥最大的效用，它就必须在环境变化和资源使用所带来的效益与将这些资源和要素用于其他用处所带来的成本之间进行权衡。根据权衡的结果，社会必须对环境和资源的配置进行适当的调整，以使个人福利得到增加。同时，假设每个人能够绝对正确地判断自己的偏好（福利状况），这些偏好都有其替代物，即偏好具有可替代性。

可替代性理论是经济学价值核算的核心，因为它在人们所需的各种物品之间建立了相应的替代率[9]。一种货物或服务（A）的数量减少x，将导致社会福利降低。根据偏好的可替代性，如果存在另一种货物或服务（B），其数量增加y可使社会福利保持不变。x数量的A与y数量的B具有相同的价值，x与y的比例关系就是两者的替代率。如果将A理解为一种有明确价值的基准商品，则根据B与A的替代率，就可以明确地得到B的价值，用货币形式表示，就意味着获得了B的价格。

根据替代率的思想，可以对生态环境变化进行价值评估。以货币或某种有明确货币价格的物品作为基准商品，当生态环境的数量或质量发生变化时，只需要确定此时基准商品需要多大规模的变化能使社会福利保持不变，就可以根据基准商品的变化规模确定生态环境变化的价值量，从而给出生态环境变化所带来的货币价值[9]。

生态环境价值核算的基本思路是生态环境服务被居民和企业享受，并把其分别处理为效用函数与生产函数的变量。通过分析标准的消费者与生产者行为理论，得到生态环境服务价值定价的方法[10]。生态环境政策涉及的主要是非市场性的生态环境物品和服务的数量或质量变化，其重要特征是它们的有效性取决于其数量固定且不可改变，这些数量在每个人对消费组合进行选择时起着约束作用。

生态环境定价涉及补偿剩余（CS）和等量剩余（ES）两个基本概念。补偿剩余（CS）指如果有机会购买新的商品C_1''，且其价格已经改变，为了使之与初始位置所带来的个人福利相等，需要支付多少进行补偿。CS的大小是指在新的商品C_1''处两条无差异曲线之间的垂直距离，即图1中b到e点之间的距离。等量剩余（ES）指在给定初始价格及消费水平C_1的情况下，为了使个人福利在新的价位和消费点b保持不变，收入需要变化多少。图1中ES的大小是指商品C_1的消费保持在初始水平时，两条无差异曲线之间的垂直距离，

即 a 点到 g 点的垂直距离。

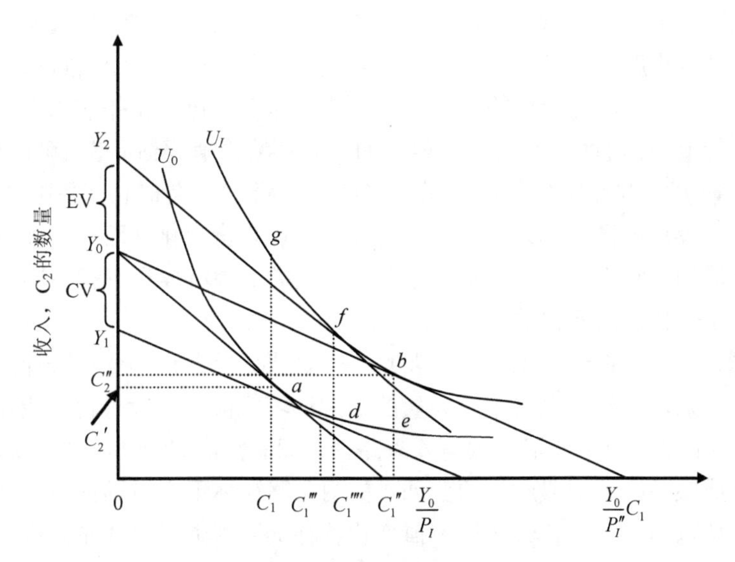

图 1　价格下降的收入和替代效应[10]

根据替代率的思想，就可以对资源环境变化进行价值评估。这种以可替代性为基础的价值评估，可进一步引入支付意愿（willingness to pay，WTP）和接受补偿意愿（willingness to accept compensation，WTA）两个概念。支付意愿和接受补偿意愿可以根据人们愿意用来替换被评价物品的其他任何物品来确定。支付意愿指人们为了得到像环境舒适性这样的物品而愿意支付的最大货币量。接受补偿意愿是指人们要求自愿放弃本可体验到的改进时获得的最小货币量。这两个价值计量方法都是以偏好的可替代性这一假设为基础的，但它们对福利水平采用了不同的参考点。支付意愿以没有改进作为参考点，接受补偿意愿则是以存在作为福利或效用的参考点。在原则上，支付意愿和接受补偿意愿不必相等。支付意愿受个人收入的限制，但是当人们因放弃改进而要求补偿时，其数量却没有上限。支付意愿和接受补偿意愿是对资源环境变化和基准商品变化之间替代关系的细化，是由理论到实际操作过程中的一个重要环节。根据资源环境系统变化影响社会福利的不同途径，福利经济学对支付意愿和接受支付意愿各自的适用范围以及测度方法进行了深入研究。

如果考虑环境退化（E），分析补偿剩余（CS）和等量剩余（ES）的情况，可以发现 CS 是因 E 的降低所愿意接受的补偿，而 ES 是因避免 E 的降低而愿意支付的数量（表 1）。

表 1　环境质量变化的货币计量

	CS	ES
环境改善	对变化发生的 WTP	对变化不发生的 WTA
环境退化	对变化发生的 WTA	对变化不发生的 WTP

弗里曼认为资源环境价值取决于 3 组函数关系。第一组函数关系的因变量是资源环境数量和质量水平，自变量是人类的干预活动，该组函数关系用以估计人类活动对资源环境

的影响；第二组函数关系以资源环境的用途为因变量，表现为人类利用资源环境的水平，自变量为资源环境数量和质量水平以及利用资源环境的投入，这组函数关系反映人类对资源环境系统的依赖程度；第三组函数关系的因变量是资源环境系统的货币价值，自变量为资源环境的用途，反映环境用途的经济价值。依据这 3 组环环相扣的函数关系，可以得到进行资源环境价值评估的程序。对于一般性的资源环境价值评估而言，可以分为两个阶段。第一阶段主要研究资源环境数量或质量水平的变化将对人类福利产生哪些影响以及影响的程度。第二阶段是选择具体方法将对人类福利的影响货币化；而对于评价政策、项目或工程对资源环境的影响而言，则首先还需要研究人类干预将导致资源环境数量和质量水平在哪些方面产生变化以及变化的程度[9]。

资源环境价值评估在理论上有两个要点：一是依据社会福利变化来计量价值；二是根据可替代性的原则，以替代率将难以计量的资源环境价值与一般等价物货币联系在一起。资源环境价值变化影响社会福利主要有 4 条路径：商品价格的变动、生产要素价格的变动、非市场性物品或服务的数量或质量的变动。前两条路径体现在市场体系之内，而后两条路径则发生于市场范围之外。资源环境价值变化往往会同时通过这 4 条路径影响社会福利。需要说明的是，以上叙述都是着眼于资源环境变化来进行价值评估，未涉及资源环境存量的价值评估。

2.2 经济-生态生产总值核算框架

经济-生态生产总值（GEEP）是在经济系统生产总值的基础上，考虑人类在经济生产活动中对生态环境的损害和生态系统对经济系统的福祉。其中，对生态环境的损害主要用人类活动对生态系统的破坏成本和环境的污染损失成本表示，生态系统对人类的福祉用生态系统调节服务指标表征。经济-生态生产总值的概念模型如公式（1）所示。

$$GEEP=GDP-EnDC-EcDC+ERS \tag{1}$$

式中，GDP（gross domestic production）——国内生产总值；

EnDC（environmental damage cost）——环境退化成本；

EcDC（ecological degradation cost）——生态破坏成本；

ERS（ecosystem regulation service）——生态系统调节服务效益。

课题组自 2006 年开展绿色 GDP 1.0（GGDP）核算工作以来，已对污染损失成本、生态破坏成本核算的方法进行了研究，并基于省域单元，对我国 2004—2015 年的污染损失成本和生态破坏成本进行了核算。GGDP 只是把经济系统对生态环境的损害进行了扣减，但没有对生态系统进入经济系统的生态服务效益进行核算，无法完全反映人类享受到的消费福利。GEEP 核算理论框架体系是在 GGDP 的基础上，考虑了生态系统为经济系统提供的生态服务效益（图 2），从价值核算的角度，把经济系统和生态环境系统有机地联系起来。

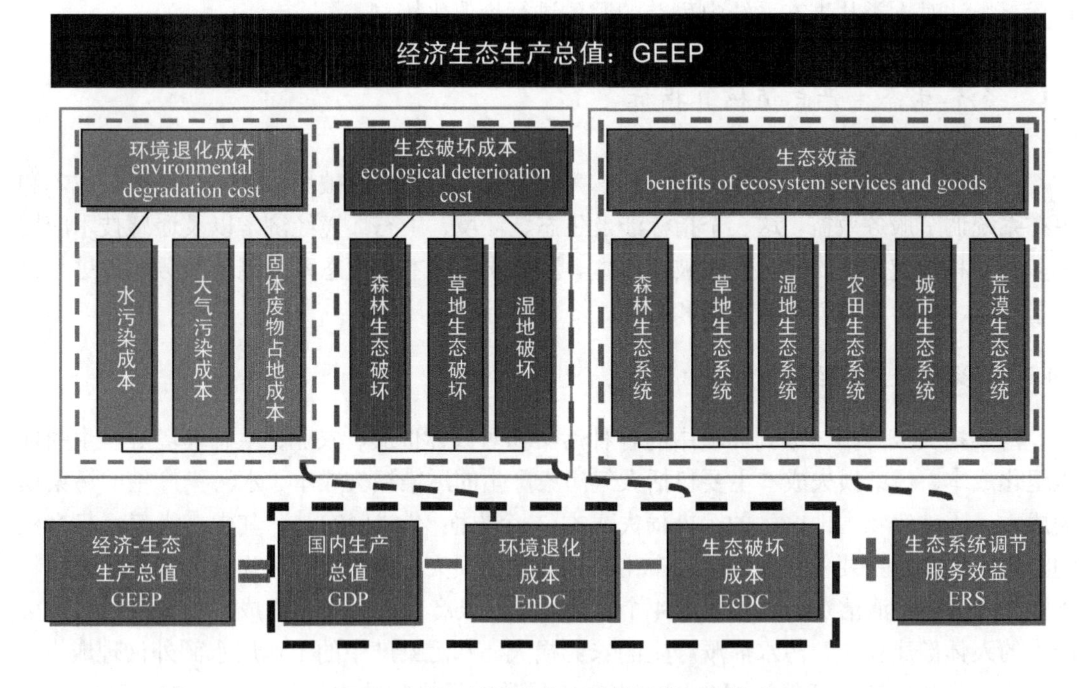

图 2 生态经济系统生产总值核算框架体系

2.3 经济-生态生产总值核算原则

GEEP 是对 GDP 的修正，其核算原则基本与 GDP 保持一致。GDP 是指一个国家或地区所有常驻单位在一定时期内生产的所有最终产品和劳务的市场价值。依据 GDP 核算原则，衍生出 GEEP 的核算原则如下。

1）GEEP 的核算时间为一年。与 GDP 保持一致，GEEP 是对一定区域年度的所有最终产品和劳务的价值核算。

2）GEEP 核算对象为最终产品。GDP 是对最终产品和劳务的核算，中间产品不在其核算范围。GEEP 核算也是对最终产品的核算，不包括中间产品。其公式中的生态系统调节服务主要是对生态系统给经济系统提供的最终产品服务进行核算，因此不包括支持服务这种中间过程。

3）GEEP 是流量概念。GDP 是增加值的概念，是对一定时期内“新”增加的最终产品和提供的劳务价值进行核算，往期不在核算范围内。GEEP 也是一个流量概念，其生态系统调节服务、污染损失成本和生态破坏成本都是一年内生态环境提供的生态效益和人类不合理利用导致的生态环境损害核算，因此生态资产的价值核算不包括在 GEEP 核算范围中。

4）GEEP 是价值量概念。国内生产总值是一个市场价值的概念。GEEP 中的生态环境产品在现实中很多是没有市场交易的，没有市场价值。但从福利经济学的角度，人类每年都从生态系统中惠益，这些惠益的服务应该被价值化。因此，课题组尽量用直接市场法或替代市场法对人类从生态系统中惠益的服务进行价值化核算。

2.4 经济-生态生产总值核算指标

根据 GEEP 核算框架体系，GEEP 核算的关键指标是生态破坏成本、污染损失成本和生态系统调节服务效益。这 3 个指标涉及生态、环境、生态环境经济学以及遥感技术应用等多个学科的交叉。如何对生态破坏成本、污染损失成本和生态系统调节服务效益进行价值量核算，是计算 GEEP 的关键和难点。

2.4.1 污染损失成本核算指标

污染损失成本指排放到环境中的各种污染物对人体健康、农业、生态环境等产生的环境退化成本。污染损失成本主要包括大气污染产生的污染损失成本、水污染产生的污染损失成本、固体废物占地产生的污染损失成本 3 个方面[公式（2）]。其中，大气污染产生的污染损失成本主要包括大气污染产生的人体健康损失、种植业产值损失、室外建筑材料腐蚀损失、生活清洁费用增加成本 4 个部分。水污染产生的污染损失成本主要包括水污染产生的人体健康损失、污水灌溉产生的农业损失、水污染产生的工业用水额外治理成本、水污染产生的城市生活经济损失以及水污染导致的污染型缺水等指标（表 2）。环境污染损失成本具体指标的核算方法，请参考课题组已出版的图书《中国环境经济核算技术指南》[11]。

$$PDC = APDC + WPDC + SPDC \tag{2}$$

式中，PDC——污染损失成本；

APDC——大气污染损失成本；

WPDC——水污染损失成本；

SPDC——固体废物占地损失成本。

表 2 污染损失成本核算具体内容和方法

危害终端		核算方法
大气污染	人体健康损失	修正的人力资本法/疾病成本法
	种植业产量损失	市场价值法
	室外建筑材料腐蚀损失	市场价值法或防护费用法
	生活清洁费用增加成本	防护费用法
水污染	人体健康损失	疾病成本法/人力资本法
	污灌造成的农业损失	市场价值法或影子价格法
	工业用水额外处理成本	防护费用法
	城市生活用水额外处理成本	防护费用法
	水污染引起的家庭洁净水成本	市场价值法
	污染型缺水损失	影子价格法
固体废物占地损失成本		机会成本法

2.4.2 生态破坏损失核算指标

生态破坏损失核算指标是指生态系统生态服务功能因人类不合理利用，导致的生态服务功能损失的核算。该指标是在生态系统调节服务核算的基础上，考虑不同生态系统的人为破坏率，对森林、草地、湿地三大生态系统的生态破坏成本进行的核算[公式（3）]。报告在进行 2015 年生态破坏损失核算时，以森林超采率作为森林生态系统的人为破坏率，森林超采率通过第八次全国森林资源清查获得的森林超采量和森林蓄积量计算而得。湿地人为破坏率根据第二次全国湿地资源调查结果，利用湿地重度威胁面积占湿地总面积的比例进行计算。草地人为破坏率根据 2016 年全国草原监测报告中的六大牧区省份及全国重点天然草原平均牲畜超载率进行计算。

$$EDC=ERS \times HR \tag{3}$$

式中，EDC——生态破坏成本；

ERS——生态系统生态调节服务效益；

HR——人为破坏率。

2.4.3 生态系统调节服务核算指标

生态系统为人类经济活动提供各种生态价值惠益，具体包括生态产品供给服务、生态调节服务和生态文化服务等 3 项服务，欧阳志云等把这 3 项服务的和称为生态系统生产总值（GEP）。因生态系统提供的生态产品供给服务和生态文化服务已经在 GDP 中有所体现。为避免重复，GEEP 只对生态系统给经济系统提供的生态调节服务价值进行核算。根据对 Costanza[12]、千年生态系统评估（MA）[13]、联合国 SEEA 的实验生态账户（EEA）[14]、欧阳志云[15]、森林生态系统服务功能评估规范[16]等开展的生态系统服务核算采用的指标的总结，结合数据的可得性、核算指标的不重复性、方法的合理性等原则，提出本报告生态调节服务具体指标主要包括气候调节、水流动调节、固碳释氧、水质净化、大气环境净化、土壤保持、病虫害防治、防风固沙等，这些指标的具体计算方法请参考本课题组发表在《中国环境科学》[17]上的文章，这里不再赘述。采用公式（4）计算生态调节服务。因不同生态系统提供的生态调节服务有所不同，且核算指标的选取与核算地区的区域特征有关，具体指标的选取需根据核算地区有所差别（表 3）。

$$ERS=CRS+WRS+SMS+WPSF+CFOR+WCS+ACS+EDIP \tag{4}$$

式中，ERS——生态调节服务；

CRS——空气调节服务；

WRS——水流动调节服务；

SMS——土壤保持功能；

WPSF——防风固沙功能；

CFOR——固碳释氧功能；

WCS——水质净化功能；

ACS——大气环境净化；

EDIP——病虫害防治。

表 3 不同生态系统生态调节服务功能核算表

指标	森林	草地	湿地	农田	城市	荒漠
气候调节	√	√	√	×	×	×
固碳功能	√	√	√	×	√	√
释氧功能	√	√	√	×	√	√
水质净化功能	—	—	√	—	—	—
大气环境净化	√	√	√	√	√	√
水流动调节	√	√	√	—	—	—
病虫害防治	√	×	×	—	—	—
土壤保持功能	√	√	√	√	√	√
防风固沙功能	√	√	√	√	√	√

注：√拟评估，×未评估，—不适合评估。

3 经济-生态生产总值核算应用

3.1 数据来源

利用构建的GEEP核算框架，对我国2015年31个省份GEEP进行核算应用。其中，生态破坏成本中的人为破坏率指标主要来自第八次全国森林资源清查、第二次全国湿地资源调查以及2016年全国草原监测报告。污染损失成本核算数据主要来自《中国统计年鉴2016》《中国环境统计年报2015》《中国城乡建设统计年鉴2015》《中国卫生统计年鉴2016》《中国乡镇企业年鉴2016》《2008中国卫生服务调查研究：第四次家庭健康询问调查分析报告》《中国环境状况公报2015》以及31个省份的2016年度统计年鉴，环境质量数据和环境统计基表数据由中国环境监测总站提供，全国10 km×10 km网格的$PM_{2.5}$遥感卫星反演浓度数据由中科院遥感与数字地球研究所提供。

生态系统生态调节服务数据主要来自2016年的《中国统计年鉴》《中国农业统计资料》《中国畜牧业统计年鉴》《中国林业统计年鉴》《全国农产品成本收益汇编》《中国能源统计年鉴》等。遥感数据来自中国科学院资源科学数据中心提供的2015年土地利用类型和DEM数据、2015年的MOD13A3的NDVI数据和MOD17A3的NPP数据、中科院南京土壤研究所的土壤类型数据，气象数据来自中国气象数据网，其他数据来自《中国2008年温室气体清单研究》《2006 IPCC Guidelines for National Greenhouse Gas Inventories》《森林生态系统服务功能评估规范》（LYT 1721—2008）、《全国地表水化学需氧量和氨氮环境容量计算与分析》《基于全国城市$PM_{2.5}$达标约束的大气环境容量模拟》《中国环境经济核算技术指南》《中国湿地资源系列图书》《内蒙古自治区草地植被恢复费征用使用管理办法》、全国化肥价格网、美国EPA的碳社会成本报告等。

3.2 经济-生态生产总值结果分析

3.2.1 生态环境退化成本核算结果

生态环境损失核算主要包括生态破坏成本和污染损失成本两部分。2015 年我国生态破坏成本为 6 297.5 亿元，森林、草地、湿地生态系统破坏的价值量分别为 1 519.8 亿元、1 613.4 亿元、3 164.3 亿元，分别占生态破坏成本总价值量的 24.1%、25.6%、50.2%。从各类生态系统破坏的经济损失看，湿地生态系统破坏的经济损失相对较大，其次是森林和草地生态系统。湿地是自然界最富生物多样性的生态系统和人类最重要的生存环境之一，被称为“地球之肾”的湿地在抵御洪水、调节径流、调节气候、防治侵蚀等方面具有其他系统不可替代的作用。第二次全国湿地资源调查（2009—2013 年）结果表明，全国湿地总面积 5 360.26 万 hm^2，湿地率为 5.58%，其中，自然湿地面积 4 667.47 万 hm^2，占 87.37%。调查表明，我国目前河流、湖泊湿地沼泽化，河流湿地转为人工库塘等情况突出，湿地受威胁压力进一步增大，威胁湿地生态状况的主要因子已从 10 年前的污染、围垦和非法狩猎三大因子，转变为现在的污染、过度捕捞和采集、围垦、外来物种入侵以及基建占用五大因子，这些原因造成了我国自然湿地面积削减、功能降低。

2015 年，我国污染损失成本为 20 179.1 亿元，其中，水污染损失成本为 8 277.7 亿元，大气污染损失成本为 11 402.6 亿元，固体废物占地损失为 375.6 亿元。大气污染损失成本和水污染损失成本是主要的组成部分，占比分别为 56.5%和 41%。从空间尺度看，我国东部地区的污染损失成本较大，占总污染损失成本的 53.7%。河北（1 993.7 亿元）、山东（1 992.7 亿元）、江苏（1 763.1 亿元）、河南（1 564.8 亿元）、广东（1 199.5 亿元）、浙江（1 019.2 亿元）等省份的污染损失成本较高，占全国污染损失成本比重的 42.5%。除河南外，这些省份都位于我国东部沿海地区。云南（288.4 亿元）、新疆（217.7 亿元）、宁夏（172.7 亿元）、青海（85.6 亿元）、西藏（48.2 亿元）、海南（35.0 亿元）等省份的污染损失成本较低，占污染损失成本比重的 4.2%。这些省份除环境质量本底值好的海南省外，其他都位于西部地区（图 3）。

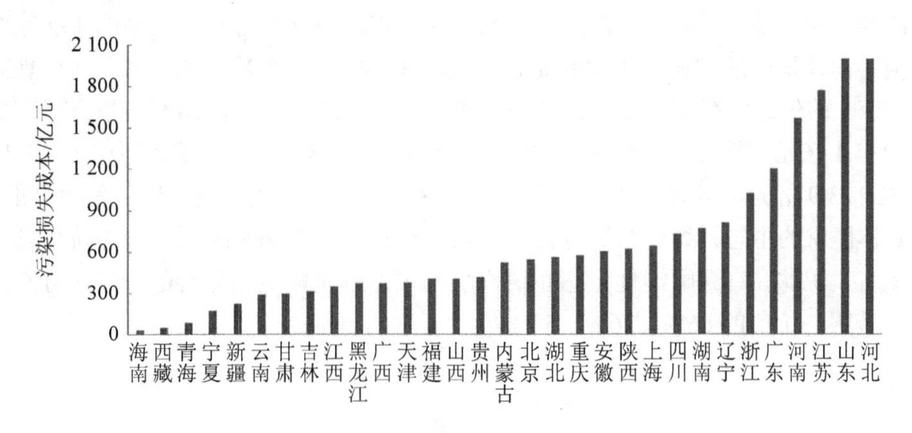

图 3　2015 年我国 31 个省份污染损失成本

3.2.2 生态系统调节服务核算结果

2015 年，生态系统调节服务价值为 53.1 万亿元，从具体的生态调节服务指标看，气候调节服务价值量大，占比为 59.7%，其次是水流动调节，占比为 20.2%，固碳释氧占比为 11.1%，土壤保持占比为 7.7%（图 4）。在气候调节服务价值中，湿地生态系统的气候调节价值大，为 20.25 万亿元，占气候调节服务的 63.9%。其次是森林和草地，占比分别为 25.3%和 10.8%。2015 年，我国森林和草地的水源涵养价值为 7.23 万亿元，其中，森林生态系统的水源涵养价值为 5.39 万亿元，草地生态系统的水源涵养价值为 1.85 万亿元。

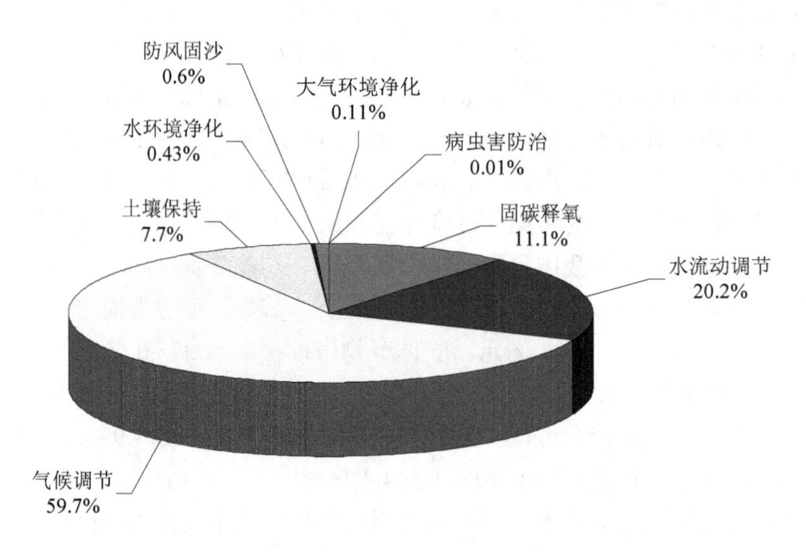

图 4 生态系统生态调节服务具体指标占比

生态系统调节服务较高的省份主要有华北地区的内蒙古、东北地区的黑龙江、青藏高原的西藏、西南地区的四川和华南地区的广东。除此之外，西南地区的云南，华南地区的广西、江西，华中地区的湖南、湖北，青藏高原的青海也都具有相对较高的生态系统调节服务价值。西北地区的宁夏，华北的北京、天津和山西，华东地区的上海、华南地区的海南等省（市）的生态系统调节服务价值则相对较低。2015 年，我国内蒙古生态调节服务价值为 63 284.4 亿元，黑龙江为 59 367.6 亿元，西藏为 47 383.2 亿元，四川为 32 616.7 亿元，云南为 32 123.9 亿元，青海为 29 866.5 亿元（图 5）。在生态系统调节服务价值高的省份，湿地、森林提供的生态系统调节服务价值总值和单位面积生态系统调节服务价值都相对较高，内蒙古、黑龙江、西藏湿地生态系统提供的生态系统调节服务价值最高，分别占总生态系统调节服务价值的 66%、76%、52%。

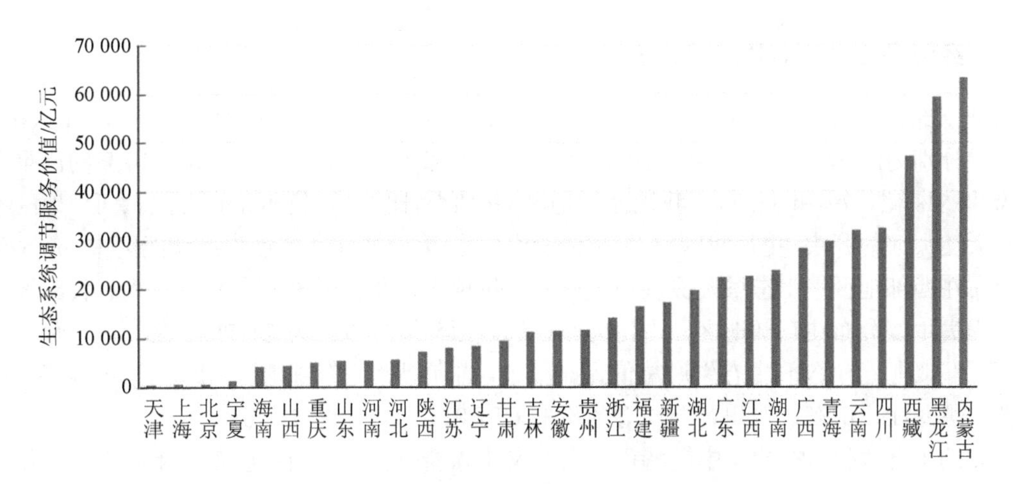

图5 2015年31个省份生态系统调节服务价值

3.2.3 经济-生态生产总值核算结果

2015年，我国GEEP是122.78万亿元。其中，GDP为72.3万亿元，生态破坏成本为0.63万亿元，污染损失成本为2万亿元，生态系统生态调节服务价值为53.1万亿元。生态系统调节服务价值对经济-生态生产总值的贡献大，占比为43.3%；生态系统破坏成本和污染损失成本占比约为2.1%。

从相对量来看，2015年我国单位面积GEEP为1 278万元/km^2，人均GEEP为8.9万元/人，是人均GDP的1.7倍。西藏、青海、内蒙古、黑龙江和新疆等省份是我国人均GEEP最高的省份，这5个省份的人均GEEP都超过11万元/人（图6）。这5个省份的人均GEEP与其人均GDP的倍数都超过了2.8倍，尤其是西藏和青海，其人均GEEP与人均GDP的倍数都超过了12倍。除黑龙江外，其他4个省份都分布在我国西部地区，属于地广人稀、生态功能突出，但生态环境脆弱敏感的地区。

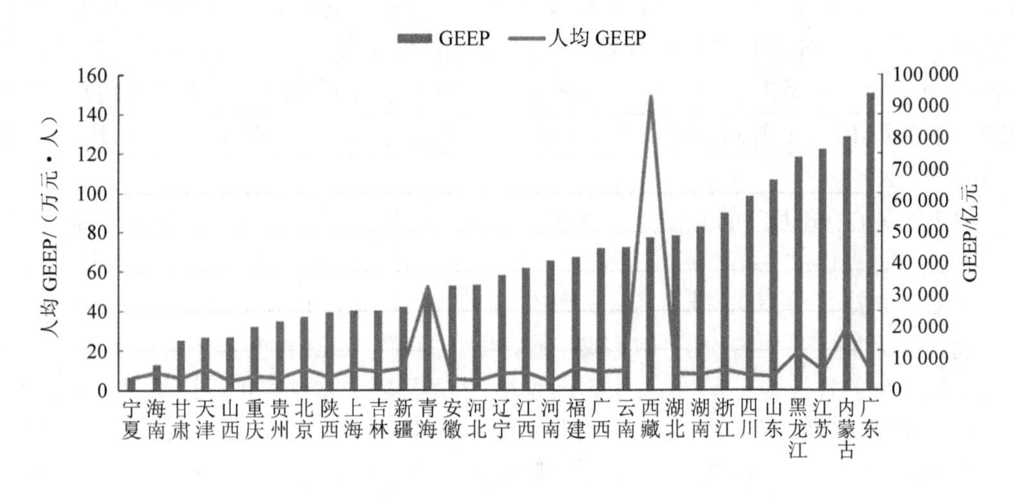

图6 2015年我国31省份GEEP与人均GEEP

3.2.4 经济-生态生产总值空间分布

从东部、中部、西部3个区域看，2015年，我国东部、中部和西部GDP占全国GDP的比重分别为55.6%、24.4%和20.1%。而东部、中部和西部GEEP占全国GEEP的比重分别为38.8%、26.7%和34.5%。我国西部地区GEEP占比明显高于GDP占比。西部地区不仅是大江大河的源头，更是我国重要的生态屏障区，第一批国家重点生态功能区中，有67%都分布在西部地区。生态系统提供的生态服务价值大，环境污染损失又相对少。我国环境污染损失主要分布在东部地区，占比为53.7%，西部地区占比为21.7%。在一正一负的拉锯下，西部地区的经济-生态生产总值提高很大，占比已接近东部地区。我国广东、内蒙古、江苏、黑龙江、山东、四川、浙江等省份的GEEP大，占比为41.36%。

党的十九大报告提出，中国特色社会主义进入新时代，我国社会主要矛盾已经转化为人民日益增长的美好生活需要和不平衡不充分的发展之间的矛盾。我国经济发展不平衡，区域之间经济差异大。按照联合国有关组织提出的基尼系数规定，低于0.2，收入绝对平均；0.2～0.3，收入比较平均；0.3～0.4，收入相对合理；0.4～0.5，收入差距较大；0.5以上，收入差距悬殊。本报告以31个省份的GDP和人口两个指标，计算我国区域基尼系数，2015年基于GDP计算的区域基尼系数为0.55。基于GEEP计算的区域基尼系数为0.43。如果采用GEEP进行一个地区经济-生态生产总值核算，我国的区域差距将趋于缩小。当然，这个前提是需要把生态系统的生态调节服务的价值市场化。

3.2.5 不同核算体系下的省份排名变化

对比分析我国31个省份GDP与GGDP、GDP与GEEP的排名情况，发现我国省份的排名变化幅度逐步加大。GGDP是在GDP核算的基础上，扣减了生态破坏损失和污染损失成本。对比分析我国31个省份的GGDP和GDP排序可知，除个别省份外，多数省份的GGDP与GDP排名基本一致（图7）。河北环境污染损失严重，生态环境退化成本占GDP的比重为7.2%，导致GGDP排名比GDP排名降低了2位，由GDP排名第7位降低到GGDP排名的第9位。湖南（由第9变成第10）、江西（由第18变第19）、四川（由第6变成第7）等省份GGDP排名相对GDP排名分别降低1位。天津、湖北、辽宁的GGDP排名比GDP排名有所提前，天津由GDP排名的19位上升到GGDP排名的18位，辽宁由GDP排名的第10位上升到GGDP排名的第8位，湖北由GDP排名的第8位上升到GGDP排名的第6位。

GEEP是在GGDP的基础上，增加了生态系统给人类经济系统提供的生态服务价值。生态系统提供的生态服务价值较大，生态系统分布的省份不均衡性导致我国31个省份的GEEP排名和GDP排名相比，变化幅度较大。除广东、贵州、四川3个省份的排序没有变化外，其他省份的排序都有所变化（图8）。GEEP核算体系对生态面积大、生态功能突出的省份排序有利，对生态面积小、生态环境成本又高的地区排序不利。GEEP排名比GDP排名低且降低幅度大的省份主要有北京、上海、天津、河北、河南等省份。北京从GDP排名第13位降低到GEEP排名第24位，上海从GDP排名第12位降低到GEEP排名第22位，天津从GDP排名第19位降低到GEEP排名第28位，河北从GDP

排名第 7 位降低到 GEEP 排名第 17 位，河南从 GDP 排名第 5 位降低到 GEEP 排名第 14 位。

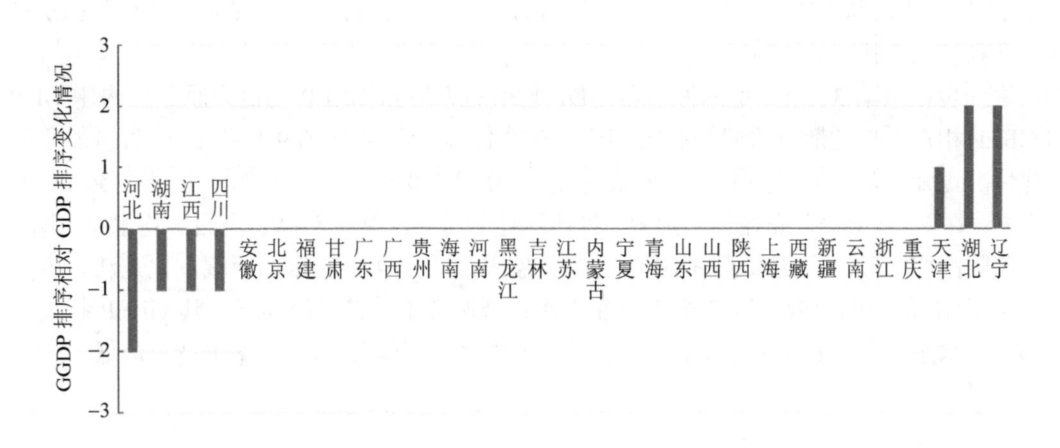

图 7　2015 年我国 31 个省份的 GGDP 排序相对 GDP 排序变化情况

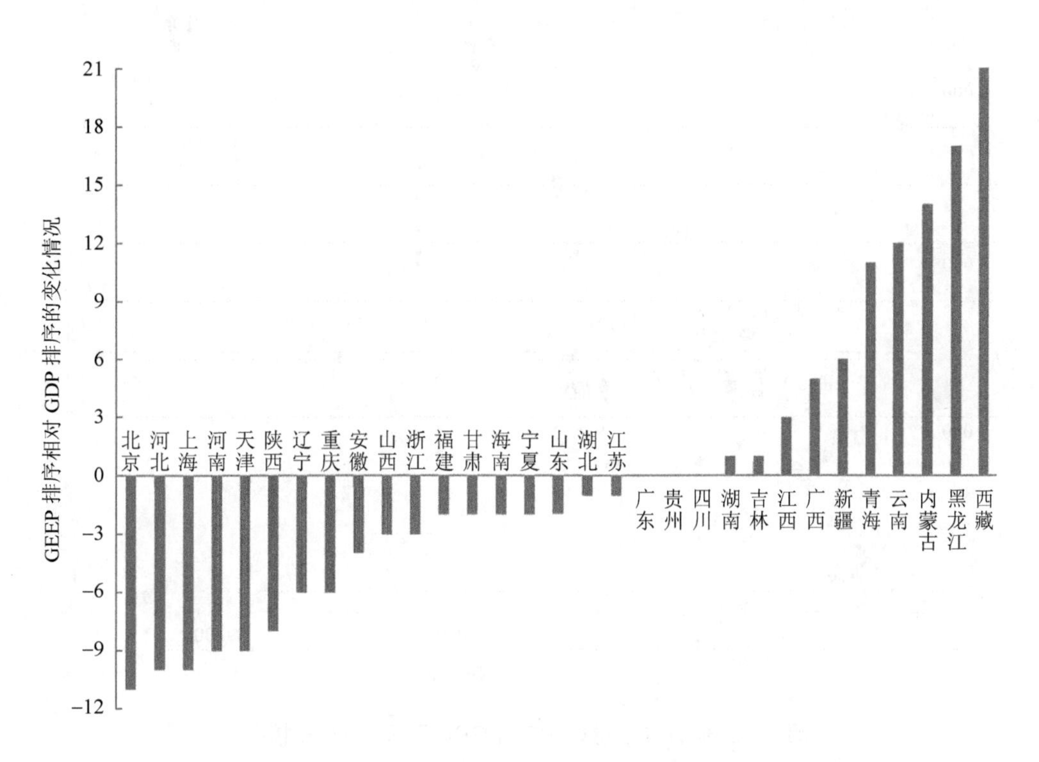

图 8　2015 年我国 31 省份的 GEEP 排序相对 GDP 排序变化情况

内蒙古、黑龙江、云南、青海、西藏等省份都是我国重要的生态功能区，生态面积大，生态功能突出。这些省份的 GEEP 的核算结果都远高于其 GDP。其中，内蒙古的 GEEP 是 GDP 的 4.5 倍，黑龙江的 GEEP 是 GDP 的 4.9 倍，云南的 GEEP 是 GDP 的 3.3 倍，西藏的 GEEP 是 GDP 的 46.9 倍，青海的 GEEP 是 GDP 的 12.8 倍。这些省份的 GEEP 排名比

GDP 排名有较大幅度提高。内蒙古从 GDP 排名第 16 位上升到 GEEP 排名第 2 位。黑龙江从 GDP 排名第 21 位上升到 GEEP 排名第 4 位。云南从 GDP 排名第 23 位上升到 GEEP 排名第 11 位。青海从 GDP 排名第 30 位上升到 GEEP 排名第 19 位。西藏从 GDP 排名第 31 位上升到 GEEP 排名第 10 位。

进一步以全国 31 个省份的人口和 GDP 均值、人口和 GEEP 均值为原点，构建 GDP 和 GEEP 相对人口的散点象限分布图（图 9 和图 10）。通过对比图 9 和图 10 中省份的象限变化情况可知，除河北由图 9 第一象限变成图 10 第二象限外，图 9 第一象限的经济和人口大省，在图 10 中仍分布在第一象限，说明这些省份 GEEP 仍都高于全国平均水平。图 9 第二象限的广西和云南跃入了图 10 中的第一象限，图 9 第三象限的西藏、黑龙江、内蒙古移至图 10 的第四象限，这 5 个省份在生态调节服务正效益的拉动下，其 GEEP 超过了全国平均水平。北京和上海的 GDP 超过全国平均水平，但其经济-生态生产总值低于全国平均水平。

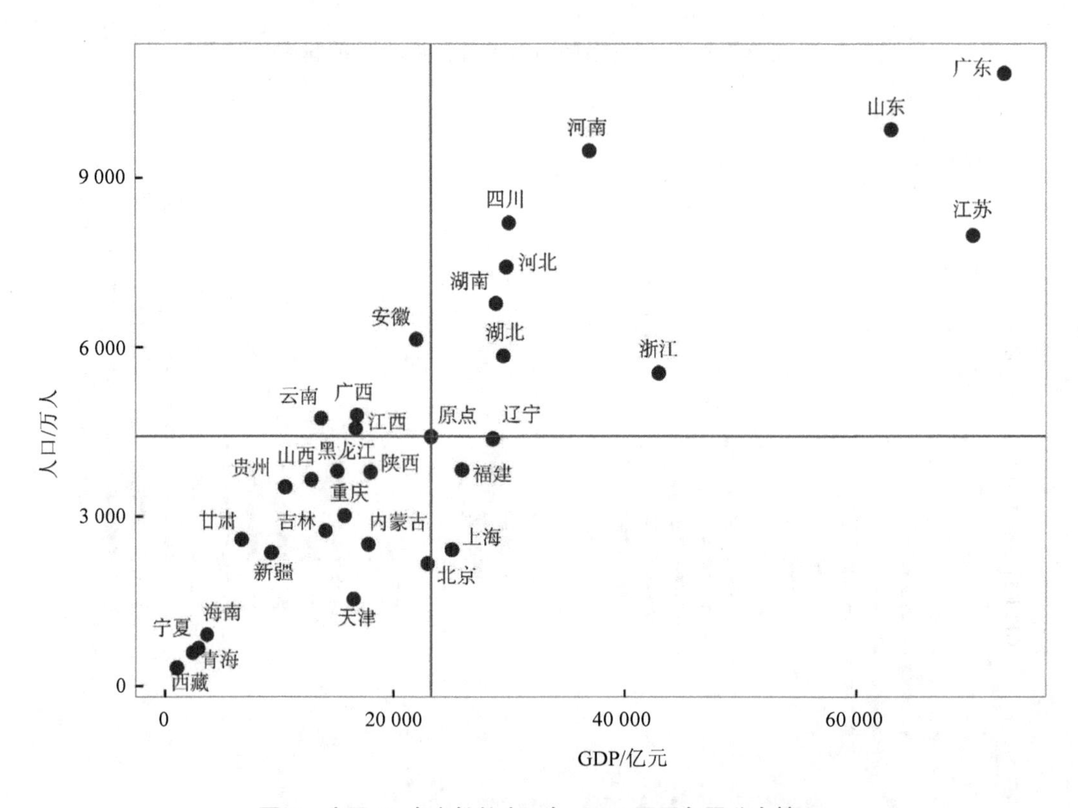

图 9 我国 31 个省份的人口与 GDP 不同象限分布情况

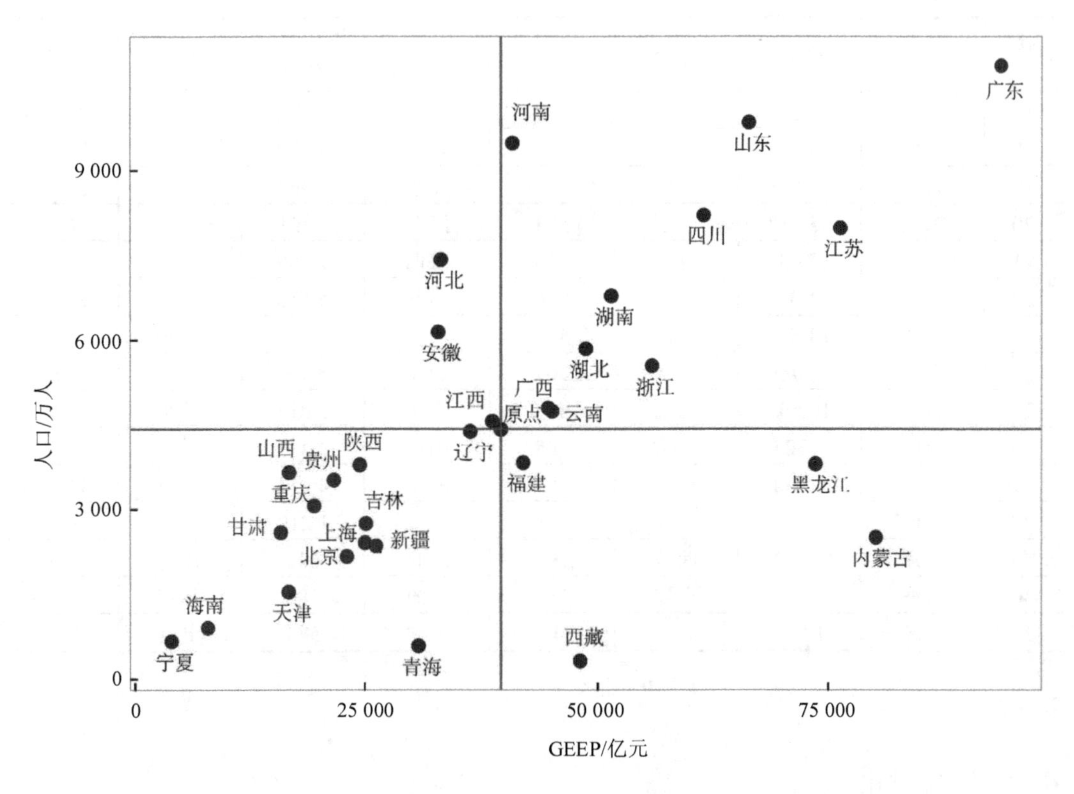

图 10　我国 31 个省份的人口与 GEEP 不同象限分布情况

表 4　2015 年全国 31 个省份不同核算结果排序表

单位：亿元

排序	省份	GDP	省份	生态环境退化成本	省份	生态调节服务价值	省份	GEEP
1	广东	72 813	河北	2 158	内蒙古	63 284	广东	93 907
2	江苏	70 116	山东	2 039	黑龙江	59 368	内蒙古	80 271
3	山东	63 002	江苏	1 945	西藏	47 383	江苏	76 292
4	浙江	42 886	河南	1 617	四川	32 617	黑龙江	73 637
5	河南	37 002	青海	1 456	云南	32 124	山东	66 359
6	四川	30 053	湖南	1 383	青海	29 867	四川	61 464
7	河北	29 806	广东	1 363	广西	28 494	浙江	55 907
8	湖北	29 550	浙江	1 217	湖南	23 911	湖南	51 430
9	湖南	28 902	四川	1 206	江西	22 597	湖北	48 736
10	辽宁	28 669	辽宁	880	广东	22 458	西藏	48 118
11	福建	25 980	内蒙古	845	湖北	19 827	云南	45 144
12	上海	25 123	黑龙江	814	新疆	17 418	广西	44 714
13	北京	23 015	安徽	729	福建	16 542	福建	41 984
14	安徽	22 006	陕西	698	浙江	14 237	河南	40 836
15	陕西	18 022	上海	664	贵州	11 732	江西	38 691
16	内蒙古	17 832	湖北	641	安徽	11 635	辽宁	36 353

排序	省份	GDP	省份	生态环境退化成本	省份	生态调节服务价值	省份	GEEP
17	广西	16 803	重庆	633	吉林	11 436	河北	33 204
18	江西	16 724	江西	630	甘肃	9 499	安徽	32 912
19	天津	16 538	云南	599	辽宁	8 564	青海	30 827
20	重庆	15 717	广西	583	江苏	8 121	新疆	26 234
21	黑龙江	15 084	贵州	558	陕西	7 160	吉林	25 144
22	吉林	14 063	北京	546	河北	5 556	上海	25 046
23	云南	13 619	福建	538	河南	5 451	陕西	24 483
24	山西	12 766	新疆	509	山东	5 395	北京	23 070
25	贵州	10 503	山西	437	重庆	5 014	贵州	21 676
26	新疆	9 325	甘肃	408	山西	4 439	重庆	20 098
27	甘肃	6 790	天津	383	海南	4 254	山西	16 769
28	海南	3 703	吉林	354	宁夏	1 210	天津	16 729
29	宁夏	2 912	西藏	292	北京	602	甘肃	15 881
30	青海	2 417	宁夏	186	上海	586	海南	7 913
31	西藏	1 026	海南	44	天津	573	宁夏	3 936

4 结论与讨论

经济-生态生产总值（GEEP）是基于弱可持续发展理论和福利经济学的综合生态环境核算体系。GEEP 基本遵循 GDP 的核算原则，对生态和经济系统的最终产品进行价值量核算，是一个流量的概念。GEEP 与已有的绿色 GDP（GGDP）、生态系统生产总值（GEP）等核算体系相比，更能体现人类得到的生态经济福利，更全面地反映了经济系统和生态系统的联系。GEEP 不仅包含了人类经济系统一年的增加值产出，还包括了生态系统一年给人类经济系统提供的生态调节服务价值，还包括了人类经济生产过程中不合理利用导致的生态环境退化成本。从核算的框架体系和可持续发展理论上看，GEEP 更为完整。

利用构建的 GEEP 核算框架体系，对我国 31 个省份 2015 年 GEEP 进行核算。2015 年我国 31 个省份 GEEP 为 122.78 万亿元，是 2015 年 GDP 的 1.7 倍。其中，生态破坏成本为 0.63 万亿元，污染损失成本为 2 万亿元，生态系统生态调节服务价值为 53.1 万亿元，生态系统调节服务对 GEEP 的贡献大，占比为 43.3%。

GEEP 核算框架体系有利于化解我国人民日益增长的美好生活需要和不平衡不充分的发展之间的矛盾。首先，把生态环境退化成本和生态服务价值纳入国民经济核算体系中，是对人民日益增长的美好生活需求的量化反映。其次，GEEP 是“金山银山”和“绿水青山”的综合反映，有利于缩小区域差距。基于 GEEP 计算的区域基尼系数为 0.43，比基于 GDP 计算的区域基尼系数小 0.12。从省份排名来看，生态面积大、生态功能突出的内蒙古、黑龙江、云南、青海、西藏等省份 GEEP 排名相较于 GDP 排名上升较大，而北京、上海、天津、河北、河南等省（市）GEEP 排名相比 GDP 排名降幅较大。

GEEP 核算体系是一个相对复杂的核算体系，生态系统调节服务、生态破坏成本和污染损失成本是 GEEP 核算的关键内容。这 3 项内容又分别包括很多的具体核算指标，每个指标都涉及实物量和价值量两种核算方法。生态环境成本和生态系统调节服务效益中，很多指标都没有直接市场化的价格，每种生态功能价格核算方法都不同，且每种生态功能可能都有多种核算方法。我国 20 世纪 90 年代就开始开展生态系统服务功能核算，但因核算方法、关键参数、核算范围、指标体系、核算内容等不同，不同学者核算的生态系统服务功能结果差距很大。因此，需要发布 GEEP 核算技术指南，对 GEEP 核算方法、关键参数、核算范围、指标体系等方面进行规范，实现核算方法标准化。同时，设立试点地区，进行不同区域、不同时间的 GEEP 核算，实现 GEEP 核算结果的可比性和系统性。

GEEP 核算体系不仅扣减了经济活动的生态环境成本，还把生态系统提供给经济系统的生态效益加入经济系统中。从理论层面，更能全面反映区域的可持续发展状态，是地方政府政绩考核的重要指标。但 GEEP 也只是一种“名义”收入，不是“实际”收入，只是一张“支票”。生态补偿（eco-compensation）机制是实现这张支票变现的有利抓手。生态补偿是以保护和可持续利用生态系统服务为目的，以经济手段为主调节相关者利益关系的制度安排。2005 年，党的十六届五中全会发布的《关于制定国民经济和社会发展第十一个五年规划的建议》就提出建立生态补偿机制，但目前我国生态补偿机制的构建还不尽完美，还需要进一步加强对生态补偿金额、补偿标准、补偿对象等问题的深入研究。

参考文献

[10] WECD（World Commission on Environment and Development）. Our Common Future[M]. Oxford：Oxford University Press，1987.

[11] Sagar A D，Najam A. The Human Development Index：A Critical Review[J]. Ecological Economics，1998，25（3）：249-264.

[12] Pearce D，Barbier E.Blueprint for Sustainable Economy[M]. London：Earthscan Pulication Ltd，2000.

[13] Edwards Jones G，Davies B，Hussain S. Ecological Economics：An Introduction[M]. Oxford：Blackwell Science Ltd，2000.

[14] Tisdell C.Conditions for Sustainable Development：weak and strong. Sustainable Agriculture and Env[M]. Cheltenham：Edward Elgar Publishing Ltd，1999.

[15] Perman R，Ma Yue，McGilvray J，et al. Natural Resources and Environmental Economics[M]. 2 nd edition. Pearson Education Ltd，1999.

[16] Sagar A D，Najam A. The Human Development Index：A Critical Review[J]. Ecological Economics，1998，25（3）：249-264.

[17] Common M S，Perrings S C. Toward an Ecological Economics of Sustainability[J]. Ecological Economics，1992，6（1）：7-34.

[18] 高敏雪. 资源环境统计[M]. 北京：中国统计出版社，2004.

[19] 罗杰・珀曼，马越，詹姆斯・麦吉利夫雷，等. 自然资源与环境经济学[M]. 侯元兆，译. 北京：

中国经济出版社，2002.

[20] 於方，王金南，曹东，等．中国环境经济核算技术指南[M]．北京：中国环境科学出版社，2009.

[21] Costanza R，D'arge R，Groot R D，et al. The value of the world’s ecosystem services and natural capital[J]. Nature 1997，387（6630）：253-260.

[22] Assessment M E. Ecosystems and Human Well-Being：General Synthesis[M]. Island Press：Washington D.C.，2005.

[23] United Nations. The System of Environmental-Economic Accounting 2012 Experimental Ecosystem Accounting[R]. New York，2014.

[24] 国家林业局．森林生态系统服务功能评估规范（LY/T 1721—2008）[S].

[25] 马国霞，於方，王金南，等．中国 2015 年陆地生态系统生产总值核算研究[J]．中国环境科学，2017，37（4）：1474-1482.

2016 年全国经济-生态生产总值（GEEP）核算研究报告

Research report on National Economic and Ecological Gross Product（GEEP）Accounting in 2016

王金南　於 方　马国霞　彭 菲　杨威杉

摘　要　本文在多年关于绿色国民经济核算体系的理论和实践探索研究的基础上，构建了经济-生态生产总值（GEEP）综合核算体系，对 2016 年我国 31 个省份的经济-生态生产总值进行核算。核算表明，2016 年我国生态环境退化成本为 2.8 万亿元，扣除生态环境退化成本的"金山银山"绿色 GDP 为 75.2 万亿元。生态系统提供的"绿水青山"GEP 价值为 73.2 万亿元。经济-生态生产总值（GEEP）为 126.6 万亿元，是 GDP 的 1.6 倍。

关键词　GEEP　生态系统调节服务　生态破坏成本　污染损失成本

Abstract　On the basis of many years of theoretical and practical research on green national economic accounting system, this paper constructs a comprehensive accounting system of economic ecological gross product（GEEP）, which accounts for the economic ecological gross product of 31 provinces and autonomous regions in 2016. In 2016, the cost of ecological environment degradation in China was 2.8 trillion yuan, and the green GDP after deducting the cost of ecological environment degradation was 75.2 trillion yuan. The GEP value provided by ecosystem is 73.2 trillion yuan. According to the accounting, in 2016 GEEP is 126.6 trillion yuan, 1.6 times of GDP.

Keywords　GEEP, ecosystem regulation services, ecological damage cost, environmental degradation cost

1 经济-生态生产总值核算框架体系

1.1 经济-生态生产总值核算意义

国内生产总值（GDP）作为考察宏观经济的重要指标，是对一国总体经济运行表现做出的概括性衡量。但现行的国民经济核算体系有一定的局限性，一是它没有反映经济增长的资源环境代价；二是不能反映经济增长的效率、效益和质量；三是没有完全反映生态系统对经济增长的贡献度和福祉，没有包括经济增长的全部社会成本；四是不能反映社会财富的总积累以及社会福利的变化。

为此，国际上从 20 世纪 70 年代开始研究建立绿色国民经济核算体系，它在传统的 GDP 核算体系中扣除自然资源耗减成本和污染损失成本，以期更真实地衡量经济发展成果和国民经济福利。联合国统计署（UNSD）于 1989 年、1993 年、2003 年和 2013 年先后发布并修订了《综合环境与经济核算体系（SEEA)》，为建立绿色国民经济核算总量体系、自然资源和污染账户提供了基本框架。本课题组遵从 SEEA 框架体系，自 2006 年以来，持续开展绿色 GDP 1.0（GGDP）研究，定量核算我国经济发展的生态环境代价，完成了 2004—2016 年共 13 年的年度环境经济核算报告，有力地推动了我国绿色国民经济核算体系研究。

目前，我国非常重视生态文明建设，逐步放弃唯 GDP 考核目标。党的十八大提出把资源消耗、环境损害、生态效益等指标纳入经济社会发展评价体系，党的十九大进一步强调加快生态文明体制改革，建设美丽中国，推进绿色发展，着力解决突出环境问题，加大生态系统保护力度，改革生态环境监管体制，践行“绿水青山”就是“金山银山”的理念，坚持节约资源和保护环境的基本国策，实行最严格的生态环境保护制度。绿色 GDP 核算扣除了经济系统增长的资源环境代价，但并没有把生态系统为经济系统提供的全部生态福祉都进行核算，只做了“减法”，没有做“加法”，无法体现“绿水青山”就是“金山银山”的绿色理念。

2015 年环境保护部启动了绿色 GDP 2.0 版本，开展了生态系统生产总值（GEP）的核算，对生态系统每年提供给人类的生态福祉进行全部核算，包括产品供给服务、生态调节服务、文化服务 3 个方面。但 GEP 只是从生态系统的角度考虑，单独把生态系统给经济系统提供的福祉全部进行核算，并没有把生态系统和经济系统完全纳入同一核算体系中。为把资源消耗、环境损害、生态效益纳入社会经济发展评价体系，本报告在绿色 GDP 1.0 和绿色 GDP 2.0 版本的基础上，构建经济生态生产总值（GEEP）综合核算指标体系。

GEEP 既考虑了人类活动产生的经济价值，也考虑了生态系统每年给经济系统提供的生态福祉，还考虑了人类为经济系统付出的生态环境代价。GEEP 是一个有增有减、有经济有生态的综合指标。GEEP 同时考虑了人类活动和生态环境对经济系统的贡献，纠正了以前只考虑人类经济贡献或生态贡献的片面性。这一指标把“绿水青山”和“金山银山”统一到一个框架体系下，是“两山论”的集成，是践行“绿水青山”就是“金山银山”理念的重要支撑。与GDP相比，GEEP更有利于体现地区可持续发展程度，是相对更为科学的地区绩效考核指标。

本报告由生态环境部环境规划院完成，环境质量数据由中国环境监测总站和中科院遥感与数字地球研究所提供。感谢生态环境部、国家统计局等部委与中国宏观经济学会等机构的有关领导一直以来对本项研究给予的指导和帮助。

专栏1 2016年经济生态生产总值核算数据来源

2016年核算主要以环境统计和环境监测等数据为依据，对2016年全国31个省份的环境退化成本、生态破坏损失及其占GDP的比例、物质流、GEP、GEEP进行核算。报告基础数据来源包括《中国统计年鉴2017》《中国城市建设统计年鉴2016》《中国卫生统计年鉴2017》《中国农村统计年鉴2017》《中国矿业年鉴2017》《中国国土资源年鉴2017》《中国能源统计年鉴2017》《中国口岸年鉴2017》《2008中国卫生服务调查研究：第四次家庭健康询问调查分析报告》《中国环境状况公报2016》以及31个省份2017年度统计年鉴，环境质量数据由中国环境监测总站提供，全国10 km×10 km网格的$PM_{2.5}$遥感卫星反演浓度数据由中科院遥感与数字地球研究所提供。

生态破坏损失核算基础数据主要来源于全国第8次森林资源清查（2009—2013年）、第2次全国湿地调查（2009—2013年）、全国674个气象站点数据、中国农业科学院MODIS/NDVI遥感数据、《中国土壤志》、美国NASA网站数字高程数据、全国草原监测报告、国家价格监测中心、碳排放交易价格、市场调查以及相关研究数据。

生态系统生产总值核算中，土地利用类型图来源于中国科学院资源科学数据中心（http://www.redc.cn），温度和降雨量数据来自中国气象数据网（http://data.cma.cn/），NPP数据来自美国NASA EOS/MODIS 2016年MOD17 A3数据集（http://www.ntsg.umt.edu/ project/MOD17），NDVI数据来源于美国国家航空航天局（NASA）的EOS/MODIS数据产品（http://e4ftl01.cr.usgs.gov），土壤类型数据来源于中科院南京土壤研究所等。

1.2 经济-生态生产总值核算框架

经济-生态生产总值（GEEP）是在经济系统生产总值的基础上，考虑人类在经济生产活动中对生态环境的损害和生态系统对经济系统的福祉。即在绿色GDP核算的基础上，增加生态系统给人类提供的生态福祉。其中，生态环境的损害主要用人类活动对生态系统的破坏成本和环境的污染损失成本表示，生态系统对人类的福祉用GEP表示，因GEP中的产品供给服务和文化服务价值已在GDP中进行了核算，为减少重复，需进行扣除（图1）。经济生态生产总值的概念模型如公式1所示。

$$\begin{aligned} GEEP &= GGDP + GEP - (GGDP \cap GEP) \\ &= (GDP - PDC - EDC) + (EPS + ERS + ECS) - (EPS + ECS) \\ &= (GDP - PDC - EDC) + ERS \end{aligned} \quad (1)$$

式中，GGDP（green gross domestic product）为绿色GDP，GEP（gross ecosystem product）为生态系统生产总值，GGDP∩GEP为GGDP与GEP的重复部分，GDP（gross domestic product）为国内生产总值，PDC（pollution damage cost）为污染损失成本，EDC（ecological degradation cost）为生态破坏成本，ERS（ecosystem regulation service）为生态系统调节服务，EPS（ecosystem provision service）为生态产品供给服务，ECS（ecosystem culture service）为生态系统文化服务。

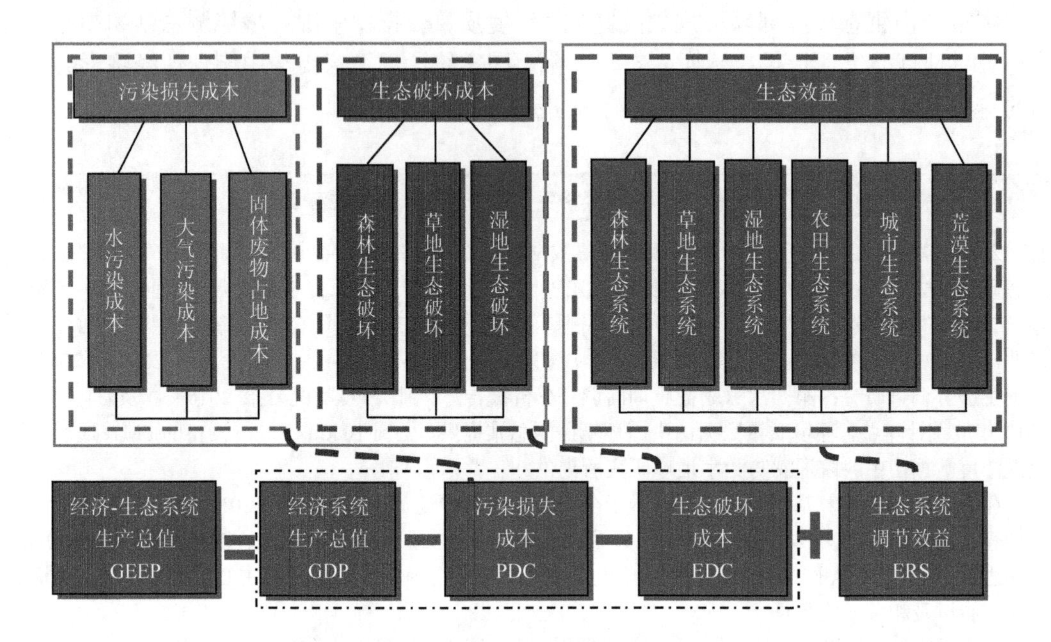

图 1 生态经济系统生产总值核算框架体系

1.3 经济-生态生产总值核算指标

根据 GEEP 核算框架体系，GEEP 核算的关键指标是生态破坏成本、污染损失成本和生态系统调节服务。这 3 个指标涉及生态、环境、生态环境经济学以及遥感技术应用等多个学科的交叉。如何对生态破坏成本、污染损失成本和生态生产总值进行价值量核算，是计算 GEEP 的关键和难点。

1.3.1 污染损失成本核算指标

污染损失成本指排放到环境中的各种污染物在人体健康、农业、生态环境等方面产生的环境退化的成本。污染损失成本主要包括大气污染、水污染、固体废物占地 3 个方面的环境污染损失成本[公式（2）]。其中，大气污染导致的污染损失成本主要包括大气污染导致的人体健康损失、种植业产值损失、室外建筑材料腐蚀损失、生活清洁费用增加成本 4 部分。水污染导致的污染损失成本主要包括水污染导致的人体健康损失、污水灌溉导致的农业损失、水污染造成的工业用水额外治理成本、水污染造成的城市生活经济损失以及水污染导致的污染型缺水等（表 1)。环境污染损失成本具体指标的核算方法如公式（2）所示，具体方法请参考课题组已出版的图书《中国环境经济核算技术指南》。

$$PDC = APDC + WPDC + SPDC \tag{2}$$

式中，PDC——污染损失成本；

APDC——大气污染损失成本；

WPDC——水污染损失成本；

SPDC——固体废物占地损失成本。

表 1 污染损失成本核算具体内容和方法

危害终端		核算方法
大气污染	人体健康损失	修正的人力资本法/疾病成本法
	种植业产量损失	市场价值法
	室外建筑材料腐蚀损失	市场价值法或防护费用法
	生活清洁费用增加成本	防护费用法
水污染	人体健康损失	疾病成本法/人力资本法
	污灌造成的农业损失	市场价值法或影子价格法
	工业用水额外处理成本	防护费用法
	城市生活用水额外处理成本	防护费用法
	水污染引起的家庭洁净水成本	市场价值法
	污染型缺水损失	影子价格法
固体废物占地		机会成本法

1.3.2 生态破坏损失核算指标

生态破坏损失核算指标是指因人类不合理利用生态系统生态服务功能导致的生态服务功能损失的核算。该指标是在生态系统调节服务核算的基础上，考虑不同生态系统的人为破坏率，对森林、草地、湿地三大生态系统的生态破坏成本进行核算，如公式（3）所示。在核算 2016 年生态破坏损失时，以森林超采率作为森林生态系统的人为破坏率，森林超采率通过第八次全国森林资源清查获得的森林超采量和森林蓄积量计算而得。湿地人为破坏率根据第二次全国湿地资源调查结果，利用湿地重度威胁面积占湿地总面积的比例进行计算。草地人为破坏率根据 2017 年全国草原监测报告六大牧区省份及全国重点天然草原平均牲畜超载率进行计算。

$$EDC = \sum_{i=1}^{3} ERS_i \times HR_i \tag{3}$$

式中，EDC——生态破坏成本；

i——草地、森林和湿地三大生态系统；

ERS_i——草地、湿地和森林三大生态系统的生态调节服务；

HR_i——这三大生态系统的人为破坏率。

1.3.3 生态系统生产总值核算指标

GEP 是分析与评价生态系统为人类生存与福祉提供的产品与服务的经济价值。生态系统生产总值是生态系统产品价值、调节服务价值和文化服务价值的总和。根据生态系统服务功能评估的方法，生态系统生产总值可以从生态系统功能量和生态经济价值量两个角度核算。生态系统功能量的获取需要借助遥感影像解译数据，本报告利用中科院地理所解译的 2016 年空间分辨率 1 km 的土地利用数据，并结合 MODIS NDVI 数据，对我国 2016 年 31 个省份的森林、湿地、草地、荒漠、农田、城市、海洋七大生态系统 GEP 进行核算。具体指标和生态系统见表 2。因生态系统提供的生态产品供给服务和生态文化服务已经在 GDP 中有所体现。为避免重复，GEEP 只对生态系统给经济系统提供的生态调节服务价值进行核算[公式（4）]。这些指标的具体计算方法请参考本课题组发表在《中国环境科学》上的文章，这里不再赘述。

表 2 不同生态系统生态服务功能核算方法

指标	功能量核算方法	价值量核算方法
产品供给	统计调查法	市场价值法
气候调节	蒸散模型法	替代成本法
固碳功能	固碳机理模型法	替代成本法
释氧功能	释氧机理模型法	替代成本法
水质净化功能	污染物净化模型法	替代成本法
大气环境净化	污染物净化模型法	替代成本法
水流动调节	水量平衡法	替代成本法
病虫害防治	统计调查法	替代成本法
土壤保护功能	通用水土流失方程（RUSLE）	替代成本法
防风固沙功能	修正风力侵蚀模型（REWQ）	替代成本法
文化服务功能	统计调查法	旅行费用法

$$ERS=CRS+WRS+SMS+WPSF+CFOR+WCS+ACS+EDIP \quad (4)$$

式中，ERS——生态调节服务；

CRS——空气调节服务；

WRS——水流动调节服务；

SMS——土壤保持功能；

WPSF——防风固沙功能；

CFOR——固碳释氧功能；

WCS——水质净化功能；

ACS——大气环境净化；

EDIP——病虫害防治。

2 2016年污染损失成本核算

污染损失成本又称环境退化成本，它是指在目前的治理水平下，生产和消费过程中所排放的污染物对环境功能、人体健康、作物产量等造成的实际损害，利用人力资本法、直接市场价值法、替代费用法等环境价值评价方法评估计算得出的环境退化价值。基于损害的污染损失评估方法可以对污染损失进行更加科学和客观的评价。

在本核算体系框架下，环境退化成本按污染介质分，包括大气污染、水污染和固体废物污染造成的经济损失；按污染危害终端分，包括人体健康经济损失、工农业（工业、种植业、林牧渔业）生产经济损失、水资源经济损失、材料经济损失、土地占用丧失生产力引起的经济损失、污染事故经济损失和对生活造成影响的经济损失。

2.1 水污染损失成本

2016 年，我国水污染损失成本为 9 005.4 亿元，占总污染损失成本的 42.3%，水环境退化指数为 1.15%。在水污染损失成本中，污染型缺水造成的损失最大。2016 年全国污染型缺水量达到 1 149.1 亿 m^3，占 2016 年总供水量的 19.3%，污染已经成为我国缺水的主要原因之一，对我国的水环境安全构成严重威胁，成为制约经济发展的一大要素。其次为水污染对农业生产造成的损失，2016 年为 1 523.5 亿元。2016 年水污染造成的城市生活用水额外治理和防护成本为 566.9 亿元，工业用水额外治理成本为 414.6 亿元，农村居民健康损失为 347.2 亿元（图 2）。

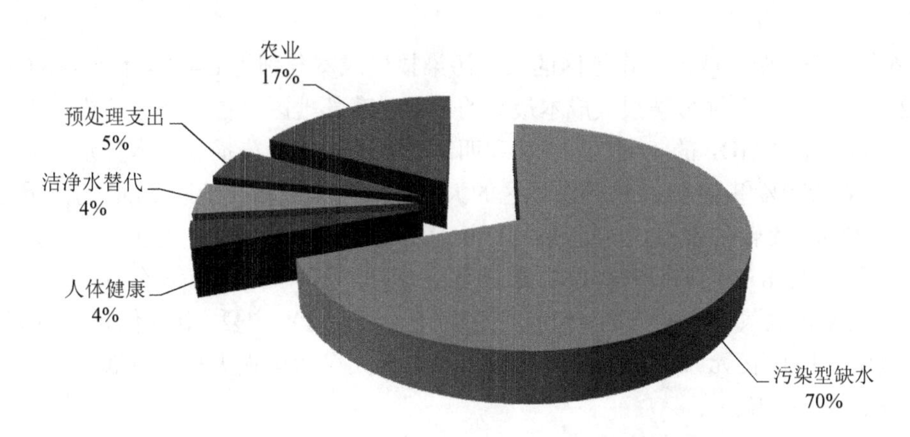

图 2　各种水污染损失类型占总水污染损失比重

2016 年，东、中、西部三个地区的水污染损失成本分别为 4 852.0 亿元、2 034.2 亿元和 2 119.3 亿元，分别比上年增加 14.3%、3.0%、3.0%。东部地区的水污染损失成本最高，约占水污染损失成本的 53.9%，占东部地区 GDP 的 1.1%；中部和西部地区的水污染损失成本分别占总水污染损失成本的 22.6%和 23.5%，占地区 GDP 的 1.07%和 1.35%。

2.2 大气污染损失成本

2016 年我国大气污染损失成本为 11 724.0 亿元，占总污染损失成本的 55.1%。大气环境退化指数为 1.5%。利用中国科学院遥感与数字地球研究所提供的 2016 年 $PM_{2.5}$ 遥感影像反演数据，对全国范围的大气污染导致的人体健康损失进行核算。2016 年，我国大气污染导致的人体健康损失为 9 305.3 亿元，占大气污染损失的 81.6%。在 SO_2 减排政策的作用下，大气环境污染造成的农业损失大幅下降。2016 年农业减产损失为 87.9 亿元，比 2015 年减少 108%，农业减产损失仅占大气污染损失的 1%（图 3）。材料损失为 98.6 亿元，比 2015 年减少 51.8%。随着车辆和建筑物的快速增加，额外清洁费用增速较快，从 2006 年的 416.4 亿元增加到 2016 年的 1 856.3 亿元，年均增长 14.6%。

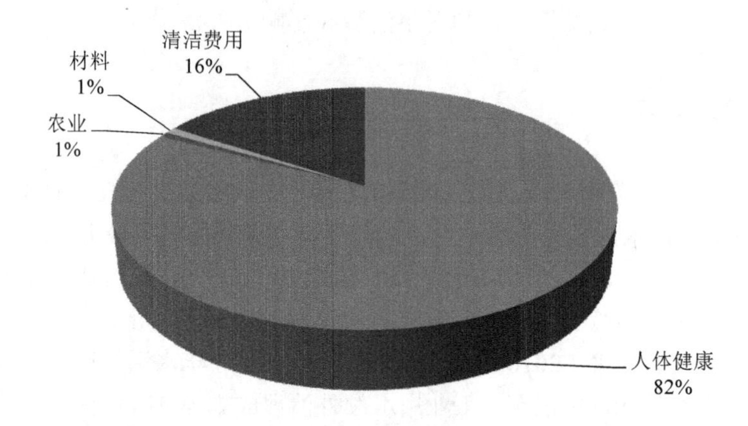

图 3 各种大气污染损失占总大气污染损失比重

2016 年，东、中、西部三个地区的大气污染损失成本分别为 6 458.4 亿元、3 041.5 亿元和 2 224.1 亿元。大气污染损失成本最高的仍然是东部地区，占大气总污染损失成本的 55.1%，占东部地区 GDP 的 1.49%；中部和西部地区的大气污染损失成本分别占大气总污染损失成本的 25.9%和 19.0%，这两个地区的大气污染损失成本占地区 GDP 的比重分别为 1.59%和 1.42%。比较各省份，江苏（1 223.9 亿元）、山东（1 157.2 亿元）、广东（938.6 亿元）、河南（752.8 亿元）、浙江（623.7 亿元）、河北（574.6 亿元）6 个省份的大气污染损失较高，占全国大气污染损失的 45.0%。甘肃（101.8 亿元）、宁夏（48.6 亿元）、青海（31.9 亿元）、海南（16.0 亿元）、西藏（8.3 亿元）等省份大气污染损失相对较低，占全国大气污染损失比例的 1.8%。

2.3 固体废物侵占土地损失成本

2016 年，全国工业固体废物侵占土地约 21 535.4 万 m^2，丧失土地的机会成本约为 379.7 亿元，比上年增加 27.3%。生活垃圾侵占土地约 2 421.9 万 m^2，丧失的土地机会成本约为 65.9 亿元，比上年减少 14.6%。两项合计，2016 年全国固体废物侵占土地造成的污染损失成本为 445.6 亿元，占总污染损失成本的 2.1%。2016 年，东、中、西部三个地区的固体废物污染损失成本分别为 149.4 亿元、154.0 亿元、142.2 亿元。

2.4 污染损失成本

2016 年我国污染损失成本为 21 292.9 亿元，污染损失成本比 2015 年增加 5.5%，污染损失成本增速有所放缓。在总污染损失成本中，大气污染损失成本和水污染损失成本是主要的组成部分，2016 年这两项损失分别占总退化成本的 55.1%和 42.3%，固体废物侵占土地退化成本和污染事故造成的损失分别为 445.6 亿元和 117.8 亿元，分别占总退化成本的 2.09%和 0.55%。

从空间角度看，我国区域污染损失成本呈现自东向西递减的空间格局（图 4）。2016 年，我国东部地区的污染损失成本较大，为 11 459.7 亿元，占总污染损失成本的 54.1%，中部地区为 5 229.7 亿元，西部地区为 4 485.7 亿元。从 31 个省份的污染损失成本来看，河北（2 110.4 亿元）、山东（2 084.6 亿元）、江苏（1 736.1 亿元）、河南（1 595.2 亿元）、浙江（1 392.8 亿元）、广东（1 208.1 亿元）等省份的污染损失成本较高，合计占全国污染损失成本的 47.8%。除河南外，这些省份都位于我国东部沿海地区。云南（292.8 亿元）、新疆（232.9 亿元）、宁夏（194.5 亿元）、青海（94.5 亿元）、西藏（55.3 亿元）、海南（35.2 亿元）等省份的污染损失成本较低，合计占污染损失成本的 4.3%。这些省份除环境质量本底值好的海南省外，其他都位于西部地区。

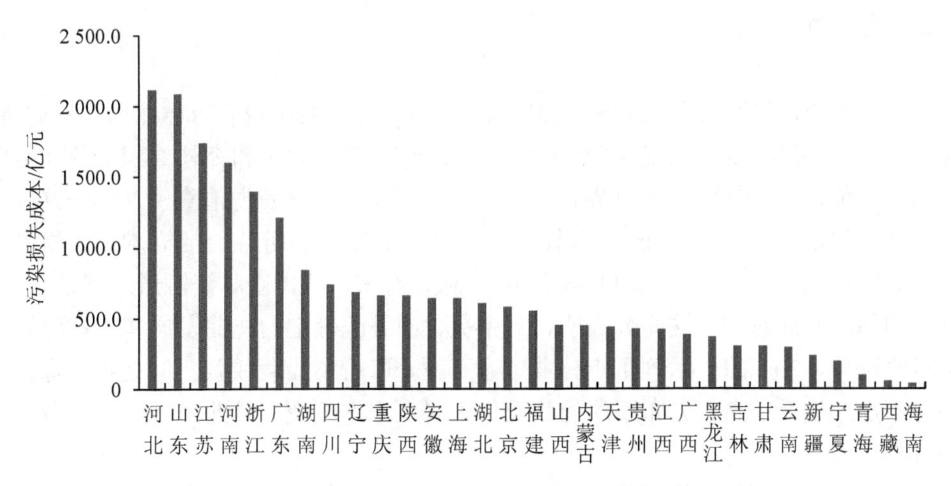

图 4 2016 年中国 31 个省份污染损失成本空间分布图

3 2016 年生态破坏损失核算

生态系统可以按不同的方法和标准进行分类，本报告按生态系统特性将生态系统划分为五类，即森林生态系统、草地生态系统、湿地生态系统、农田生态系统和海洋生态系统。

由于不掌握农田生态系统和海洋生态系统的基础数据及相关参数，本报告仅核算了森林、草地和湿地三类生态系统的生态调节服务损失。

专栏 2　生态破坏损失核算说明

首先，报告利用中科院地理所解译的 2016 年空间分辨率 1 km 的土地利用数据，结合 MODIS NDVI 数据进行不同生态系统不同生态功能指标的实物量计算。

其次，在不同生态系统生态服务功能实物量核算的基础上，通过计算不同生态系统服务功能实物量与不同生态系统人为破坏率的乘积，进行不同生态系统生态破坏实物量核算。

其中，森林生态系统根据全国第 8 次森林资源清查结果，核算了我国森林生态系统的固碳释氧、水流动调节、土壤保持、大气净化、防风固沙 5 种生态调节服务的功能量，利用森林超采率（根据第 8 次全国森林资源清查获得的森林超采量和森林蓄积量计算得到）计算不同生态功能的森林损失功能量，再利用价值量方法将损失功能量转换为损失价值量。

湿地生态系统根据第二次全国湿地资源调查结果，核算了我国湿地生态系统的固碳释氧、水流动调节、土壤保持、水质净化、大气净化 5 种生态调节服务的功能量，利用湿地重度威胁面积占湿地总面积的比例计算不同生态功能的湿地损失功能量，再利用价值量方法将损失功能量转换为损失价值量。

草地生态系统核算了固碳释氧、水流动调节、土壤保持、大气净化、防风固沙 5 种生态调节服务的功能量，利用草地人为破坏率（根据 2017 年全国草原监测报告六大牧区省份及全国重点天然草原平均牲畜超载率计算获得）计算不同生态功能的草地损失功能量，再利用价值量方法将损失功能量转换为损失价值量。

3.1　森林生态破坏损失

全国第 8 次森林资源清查（2009—2013 年）结果显示，我国现有森林面积 2.08 亿 hm^2，森林覆盖率为 21.63%，活立木总蓄积量 164.33 亿 m^3。森林面积和森林蓄积量分别居世界第 5 位和第 6 位，人工林面积居世界首位。与全国第 7 次森林资源清查（2004—2008 年）相比，森林面积增加 1 223 万 hm^2，森林覆盖率上升 1.27 个百分点，活立木总蓄积量和森林蓄积量分别增加 15.20 亿 m^3 和 14.16 亿 m^3。总体看来，我国森林资源进入了数量增长、质量提升的稳步发展时期。这充分表明，党中央、国务院确定的林业发展和生态建设一系列重大战略决策、实施的一系列重点林业生态工程，取得了显著成效。但是我国森林资源总量相对不足、质量不高、分布不均的状况仍未得到根本改变，林业发展还面临着巨大的压力和挑战。

根据全国第 8 次森林资源清查结果，森林面积增速开始放缓，现有未成林造林地面积比上次清查少 396 万 hm^2，仅有 650 万 hm^2。同时，现有宜林地中质量好的仅占 10%，质量差的多达 54%，且 2/3 分布在西北、西南地区。2016 年我国森林生态破坏损失达到 989.1 亿元，占 2016 年全国 GDP 的 0.13%。从损失的各项功能看，固碳释氧、水流动调节、土壤保持、大气净化、防风固沙功能损失的价值量分别为 239.3 亿元、479.6 亿元、266.6 亿元、2.7 亿元和 1.0 亿元。其中，水流动调节功能损失所造成的破坏损失最大，占森林总损失的 48.5%（图 5）。

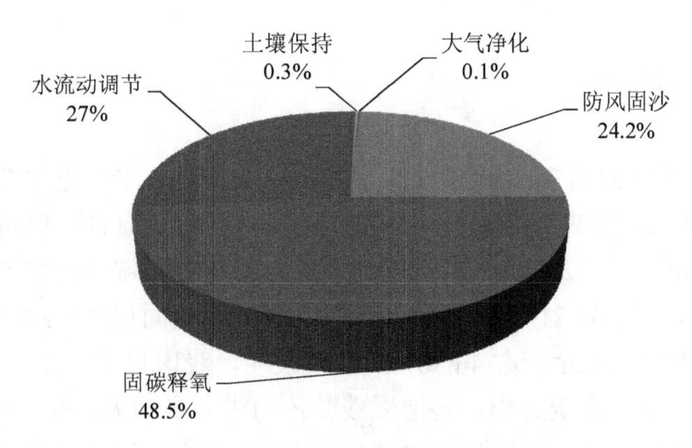

图 5　森林生态破坏各项损失占比

从森林生态破坏损失的地域分布看，2016 年湖南省森林生态破坏造成的经济损失最大，为 275.8 亿元，其森林的超采率为 4.7%；其次是江西、广东、浙江、广西、云南、贵州、四川、黑龙江等地，森林生态破坏造成的经济损失均超过 40 亿元，这些省份除云南、四川、广西的森林超采率小于 1%以外，其他省份的森林超采率都大于 1%，其中江西的森林超采率为 2.0%，广东为 1.7%，贵州为 1.5%，黑龙江为 1.2%；青海、上海、宁夏、北京、天津等地森林生态破坏损失较小；内蒙古、福建、海南、陕西等地森林超采率为 0，森林生态系统破坏损失为 0。总体上，中国森林生态破坏损失主要分布在东南和西南地区，西北各省（区）森林生态破坏损失相对较小（图 6）。云南、广西、四川主要由于森林资源比较丰富，核算得到的生态系统服务功能量较大，所以其生态破坏的损失价值也较高；湖南、江西、广东、贵州、安徽等省份则是由于森林超采率较高，造成森林生态破坏的损失价值增高；西北各省份在退耕还林政策的影响下，森林超采率普遍较低，森林生态破坏损失相对较低。

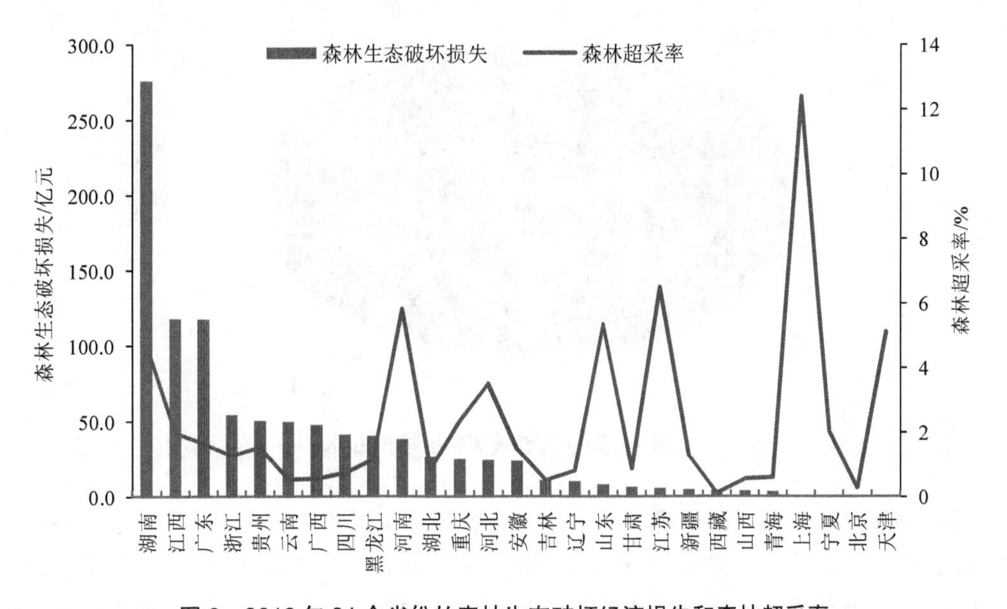

图 6　2016 年 31 个省份的森林生态破坏经济损失和森林超采率

3.2 湿地生态破坏损失

全国第 2 次湿地资源调查（2009—2013 年）结果表明，全国湿地总面积 5 360.26 万 hm^2，湿地率为 5.58%。自然湿地面积 4 667.47 万 hm^2，占湿地总面积的 87.37%；人工湿地面积 674.59 万 hm^2，占 12.63%。自然湿地中，近海与海岸湿地面积 579.59 万 hm^2，占 12.42%；河流湿地面积 1 055.21 万 hm^2，占 22.61%；湖泊湿地面积 859.38 万 hm^2，占 18.41%；沼泽湿地面积 2 173.29 万 hm^2，占 46.56%。调查表明，我国目前河流、湖泊湿地沼泽化，河流湿地转为人工库塘等情况突出，湿地受威胁压力进一步增大，威胁湿地生态状况的主要因子已从 10 年前的污染、围垦和非法狩猎三大因子，转变为现在的污染、过度捕捞和采集、围垦、外来物种入侵和基建占用五大因子，这些原因造成了我国自然湿地面积削减、功能下降。

本报告涉及的湿地生态破坏是指在人类活动的干扰下，由于人为因素造成的湿地生态系统的生态服务功能退化，污染、过度捕捞和采集、围垦、外来物种入侵和基建占用均为人为因素，因此，以湿地重度威胁面积占湿地总面积的比例这一指标作为湿地生态系统的人为破坏率。根据核算结果，2016 年湿地生态破坏损失达到 4 540.6 亿元，占 2016 年全国 GDP 的 0.58%。湿地的固碳释氧、水流动调节、土壤保持、水质净化、大气净化、防风固沙功能损失的价值量分别为 90.9 亿元、4 121.1 亿元、60.3 亿元、260.6 亿元、2.4 亿元和 5.4 亿元。在湿地生态破坏造成的各项损失中，水流动调节的损失贡献率最大，约占总经济损失的 90.8%（图 7）。

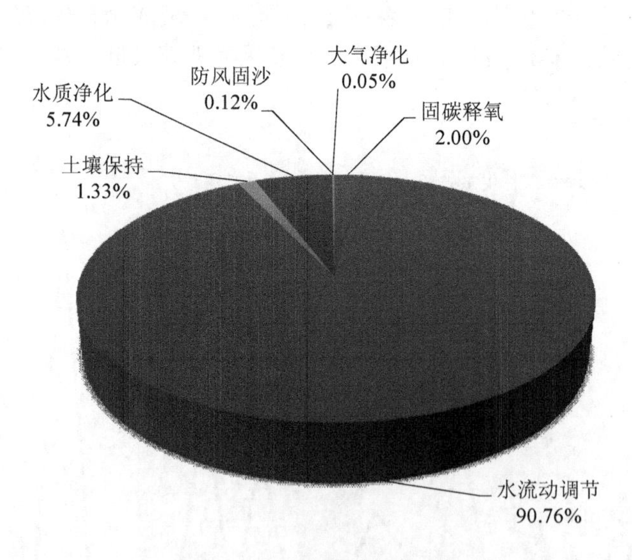

图 7 湿地生态破坏各项损失占比

受自然条件的影响，湿地类型的地理分布表现出明显的区域差异。从湿地生态破坏损失的地域分布看，2016 年青海省湿地生态破坏损失最高，为 1 269.5 亿元，占湿地总损失的 28%，其中水流动调节服务功能损失最高，为 1 247 亿元，主要是由于青海省湿地资源丰富，根据核算结果，青海湿地生态系统价值位于全国第二位，同时青海省的重度威胁面积占湿地总面积的比例较高，为 22.2%，位于全国第四位；黑龙江、浙江、辽宁、四川、湖南、河北等省份的生态破坏损失也较高，均高于 200 亿元，其中黑龙江主要是由于湿地生态系统价值较高，位于全国第一位，而河北、湖南、四川、浙江、辽宁由于重度威胁面积占湿地总面积的比例较高（分别为 38.1%、18.4%、14.6%、25.7%和 21.5%），分别为全国第七位、第五位、第六位、第三位和第四位（图 8）。天津、重庆湿地生态系统破坏损失较低，小于 2 亿元。

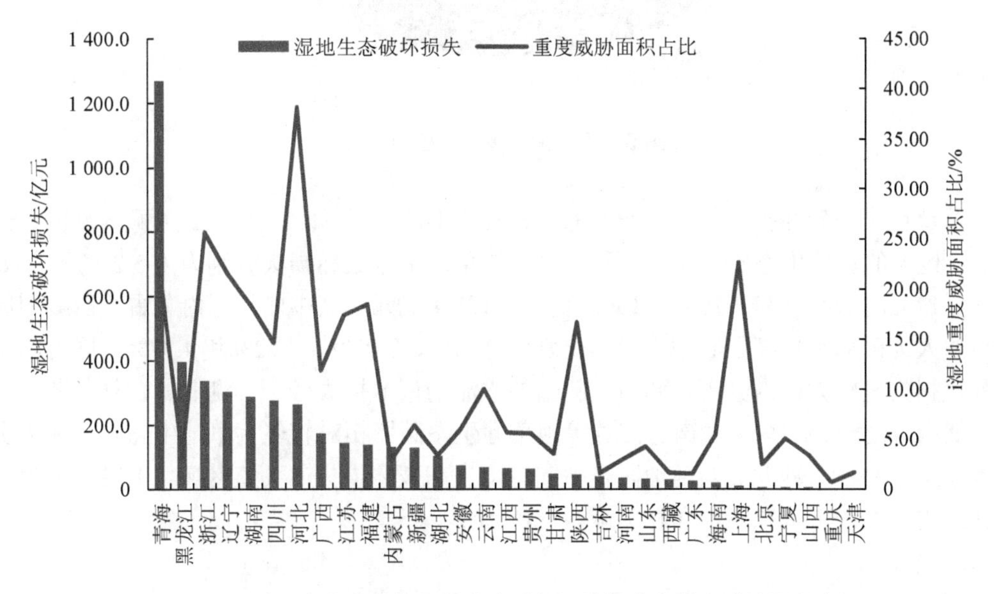

图 8　2016 年 31 个省份的湿地生态破坏经济损失和重度威胁面积占比

注：内蒙古、福建、海南和陕西森林超采率为零，不存在森林生态破坏损失，所以未在图中标出。

3.3　草地生态破坏损失

草地生态破坏是指在人类活动的干扰下，由于人为因素造成的草地生态系统的生态服务功能退化。影响草地生态系统生态服务功能退化的人为因素主要是不合理的草地利用，包括过度放牧、开垦草原、违法征占草地、乱采滥挖草原野生植被资源等。报告核算结果显示，2016 年中国草地生态系统的固碳释氧、水流动调节、土壤保持、大气净化、防风固沙功能损失的价值量分别为 481.7 亿元、579.5 亿元、184.8 亿元、4.0 亿元和 106.9 亿元，合计 1 356.9 亿元。在草地生态破坏造成的各项损失中，水流动调节功能损失的贡献率最大，占总经济损失的 42.7%（图 9）。

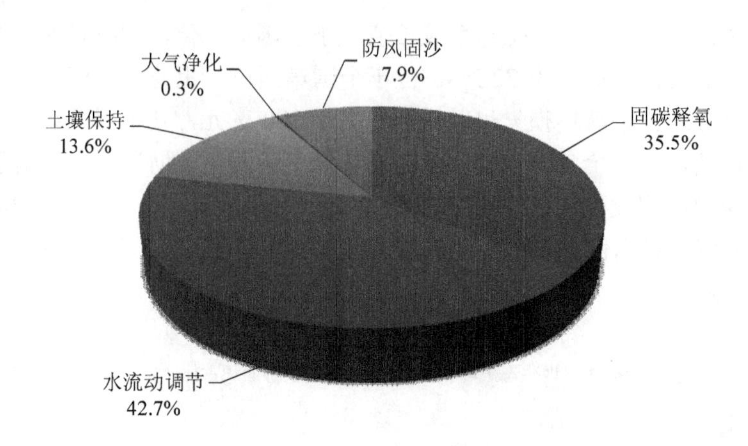

图 9　草地生态破坏各项损失占比

从草地生态破坏损失的地域分布看，2016 年四川、青海、内蒙古、西藏、新疆、云南等省（区）的草地生态破坏相对严重，对应的草地生态破坏损失分别为 195.2 亿元、188.8 亿元、176.5 亿元、134.4 亿元、130.5 亿元、109.4 亿元，其中四川、内蒙古、西藏和新疆的草原人为破坏率均高于其他省份，分别为 4.17%、3.91%、4.62%和 4.37%，同时四川固碳释氧损失量较大，内蒙古、西藏、新疆的水流动调节损失较大。湖北、吉林、浙江、山东、河南、辽宁、宁夏、海南、江苏等地草地生态破坏相对较轻，草地生态破坏损失少于 10 亿元。总体上，西北、西南地区是中国草地生态破坏损失的高值区域，主要表现为草地净初级生产力的下降和草地面积的减少（图 10）。

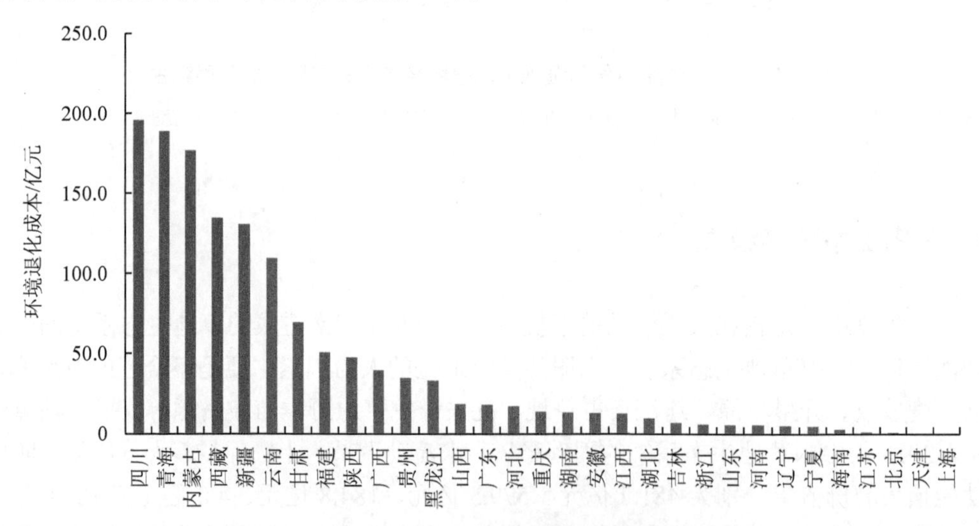

图 10　2016 年 31 个省份的草地生态破坏经济损失

3.4　总生态破坏损失

2016 年中国生态破坏损失的价值量为 6 886.6 亿元。其中，森林、草地、湿地生态系统破坏的价值量分别为 989.1 亿元、1 356.9 亿元、4 540.6 亿元，分别占生态破坏损失总价值量的 14.4%、19.7%、65.9%。从各类生态系统破坏的经济损失看，湿地生态系统破坏的经济损失相对较大，其次是森林和草地生态系统。2016 年生态破坏损失与 2015 年相比，仍呈增加趋势，增加了 9.4%。2016 年生态破坏损失主要来自湿地损失的增加，草地和森林生态破坏损失均呈下降趋势。2016 年我国湿地生态破坏损失比 2015 年增加了 43.5%；森林生态破坏损失比 2015 年减少了 34.9%；草地生态破坏损失比 2015 年减少了 15.9%。

从各类生态服务功能破坏的经济损失看，2016 年固碳释氧、水流动调节、土壤保持、水质净化、大气净化、防风固沙损失的价值量分别占生态破坏损失总价值量的 11.8%、75.2%、7.4%、3.8%、0.13%、1.6%。其中，水流动调节功能破坏损失的价值量相对较大，其次是固碳释氧和土壤保持，环境净化（水质、大气）破坏损失的价值量相对较小。生态破坏会对生态系统的水流动调节、固碳释氧和土壤保持等生态服务功能产生影响，进而破坏生态系统的稳定性。

从各省份生态破坏损失的价值量看，2016 年青海生态破坏损失价值最高，为 1 461.7 亿元，占青海 GDP 的 56.8%，主要是由于青海省湿地人为破坏率较高，造成湿地生态系统损失价值较高，占其总生态破坏损失的 93.3%；湖南、四川、黑龙江、浙江、辽宁、内蒙古等地生态破坏损失的价值量相对较大，分别为 576.3 亿元、512.3 亿元、468.7 亿元、398.1 亿元、318.9 亿元和 307.2 亿元，其中，湖南主要是由于森林生态系统破坏损失价值较高，黑龙江主要是由于湿地生态系统破坏损失较大，云南主要由于草地生态系统破坏损失较大，四川、内蒙古主要是由于草地和湿地生态系统破坏损失价值均较高。河北和新疆等地生态破坏损失次之，对应的价值量分别为 304.4 亿元、264.1 亿元。山东、重庆、山西、海南、宁夏等地生态破坏损失价值较小，均不足 50 亿元；上海、北京和天津生态破坏损失价值不足 10 亿元（图 11）。

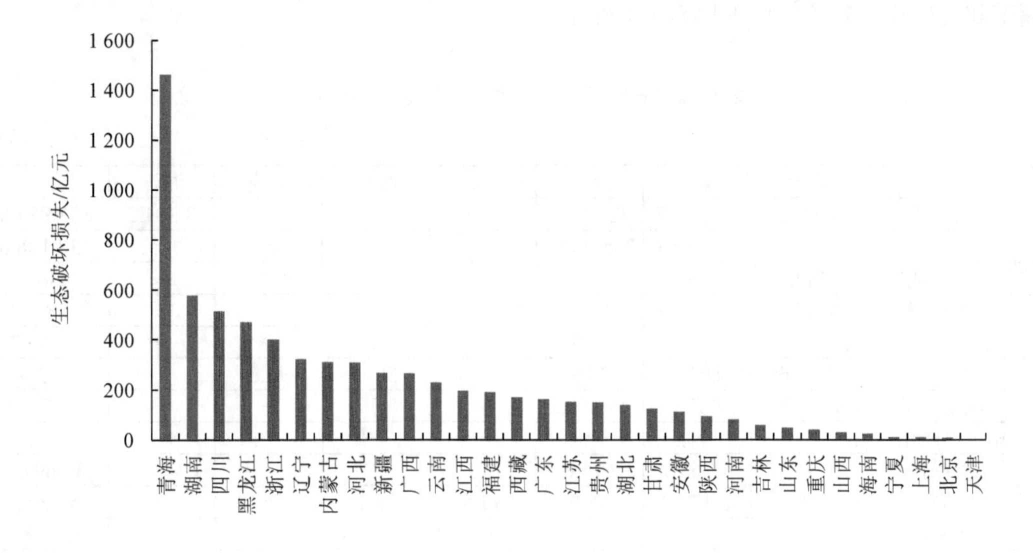

图 11　2016 年生态破坏损失空间分布图

4 2016年GEP核算

4.1 不同生态功能GEP占比

2016年，我国GEP为73.15万亿元，绿金指数（GEP与GDP比值）是0.94。2015年，我国GEP为72.81万亿元，绿金指数为1.01，2016年GEP略高于2015年。在2016年GEP中的固碳服务价值量核算时，固碳价格采用了碳交易市场价格法，2015年采用的是美国环保署的碳机会成本法，碳机会成本价格远高于碳交易市场价格。从不同生态系统提供的生态服务价值看，2016年，湿地生态系统的生态服务价值最大，为30.00万亿元，占比为45.9%；其次是森林生态系统的生态服务价值，为16.31万亿元，占比为24.97%；草地生态系统的生态服务价值为11.7万亿元，占比为17.90%；农田生态服务价值为6.25万亿元，占比为9.57%；荒漠和城市生态系统提供的生态服务价值最小，分别为0.26万亿元和0.01万亿元，占比为0.40%和0.01%（表3）。与2015年相比，湿地生态系统、草地生态系统和农田生态系统的生态服务价值量占比有所增加，而森林、荒漠和城市生态系统生态价值量占比有所降低。从全部生态系统提供的不同生态服务价值看，2016年，全部生态系统提供的产品供给服务为13.89万亿元，占比为19.00%；调节服务为51.44万亿元，占比为70.32%；文化服务为7.82万亿元，占比为10.68%（图12）。在调节服务中，气候调节服务价值最大，为33.81万亿元；其次是水流动调节，为10.27万亿元，固碳释氧价值合计为3.35万亿元。与2015年相比，产品供给和文化服务的生态服务价值占比有所增加，调节服务价值占比下降。在调节服务中，气候调节服务价值占比有所增加，而水流动调节和固碳释氧功能价值占比有所降低。

表3 2016年不同生态系统的生态服务价值量

单位：亿元

指标	森林	草地	湿地	农田	城市	荒漠	海洋	合计
产品供给	1 176.9	30 333.7	42 553.1	56 616.9	—	—	8 304.2	138 984.8
气候调节	80 287.3	52 619.3	205 202.2	×	×	×	—	338 108.8
固碳功能	389.3	229.1	18.0	×	×	×	—	636.4
释氧功能	20 125.2	11 843.3	931.1	×	×	×	—	32 899.6
水质净化	—	—	2 316.2	—	—	—	—	2 316.2
大气环境净化	201.6	102.3	25.2	199.9	39.9	44.5	—	613.4
水流动调节	40 067.7	14 323.1	48 350.2	—	—	—	—	102 741.0
病虫害防治	71.5	×	×	—	—	—	—	71.5
土壤保持	20 707.7	4 768.9	616.6	5 601.5	×	×	—	31 694.7
防风固沙	115.8	2 472.0	55.0	93.5	16.1	2 568.1	—	5 320.5
文化服务	—	—	—	—	—	—	—	78 158.5
合计	163 143.0	116 691.7	300 067.6	62 511.8	56.0	2 612.6	8 304.2	731 545.4

注：文化服务无法分解到不同生态系统，只有合计。大气环境净化服务以不同生态系统的面积为依据进行分解。×表示未评估，—表示不适合评估。

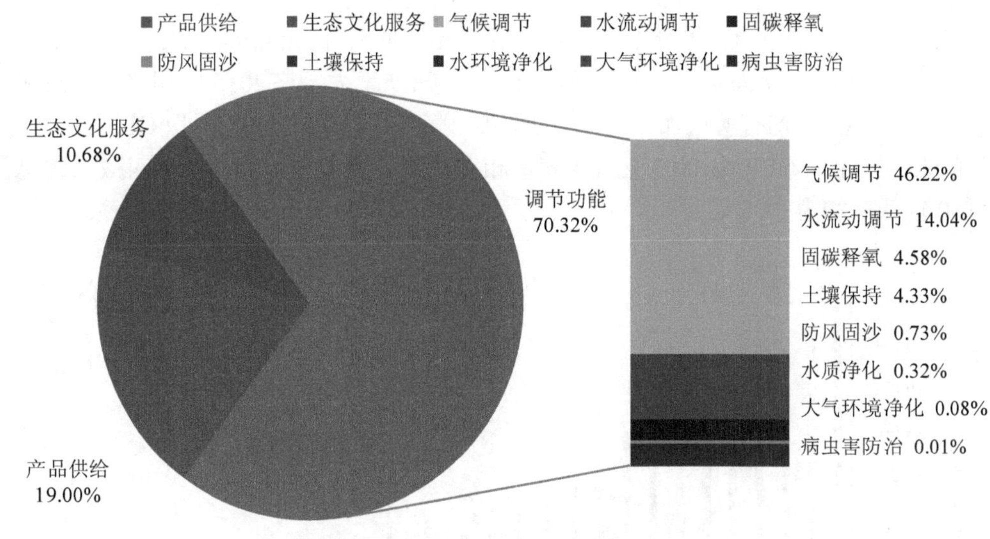

图 12 不同生态服务功能价值占比

4.2 不同省份 GEP 核算

2016 年，全国 GEP 较高的省份包括西南地区的西藏和四川、东北地区的黑龙江、华北地区的内蒙古、华南地区的广东。除此之外，西北地区的新疆和青海，华中地区的湖南、湖北，西南地区的云南，华南地区的广西，华东地区的江西等地的 GEP 也都相对较高。西北地区的宁夏、华北的北京和天津、华东地区的上海、华南地区的海南等省（市）的 GEP 则相对较低。2015 年西藏的 GEP 为全国第三高，2016 年由于内蒙古和黑龙江地区 GEP 的下降，西藏成为全国 GEP 最高的省份。

从各省份 GEP 排序情况看（图 13），西藏 GEP 最高，达到 4.96 万亿元，与 2015 年相比增加 0.28 万亿元；其次是黑龙江，GEP 为 4.49 万亿元，与 2015 年相比，下降 2.40 万亿元。内蒙古、广东、四川 3 省的 GEP 相对接近，均在 4.0 万亿～4.3 万亿元。内蒙古的 GEP 由 2015 年的 7.22 万亿元下降到 2016 年 4.21 万亿元，下降幅度是全国最大的，广东和四川 GEP 总值变化不大。GEP 位于 3.0 万亿～3.6 万亿元的省份有新疆、青海、湖北、云南、湖南、广西 6 个省份；GEP 位于 1.0 万亿～2.8 万亿元的省份有江西、江苏、福建、山东、河南、浙江、安徽、吉林、辽宁、河北、贵州、陕西、甘肃和山西 14 个省份；重庆、海南、北京、天津、上海和宁夏 6 个省（市）的 GEP 低于 1 万亿元。

GEP 较高的省份中，湿地、森林提供的 GEP 和单位面积 GEP 都相对较高。黑龙江、西藏和广东湿地生态系统提供的 GEP 较高，分别占总 GEP 的 64.7%、52.1%、36.5%（图 13、图 14，图 16）。四川和广东两省森林生态系统提供的 GEP 最高，分别占这两省总 GEP 的 32.3%和 32.2%（图 16、图 17）。与 2015 年相比，黑龙江、内蒙古、西藏等省份湿地生态系统提供的 GEP 比例均有一定程度的下降，广东湿地生态系统提供的 GEP 比例有所增加，其他省份湿地生态系统提供的 GEP 比例变化不大。从单位面积 GEP 看，GEP 总值最高的这 5 个省份中，提供的湿地单位面积 GEP 都是最高的。西藏、黑龙江、内蒙古、广东和四川湿地单位面积 GEP 分别为 0.28 亿元/km^2、0.57 亿元/km^2、0.23 亿元/km^2、2.30 亿元/km^2 和 1.16 亿元/km^2，广东湿地单位面积的 GEP 最大。与 2015 年相比，西藏和广东湿地单位面积 GEP 均有所增加，而内蒙古、黑龙江和四川湿地单位面积 GEP 有所下降。西藏草地单位面积 GEP 为 0.02 亿元/km^2，相对较低。内蒙古、黑龙江和西藏森林单位面积 GEP 较低，均为 0.05 亿元/km^2。

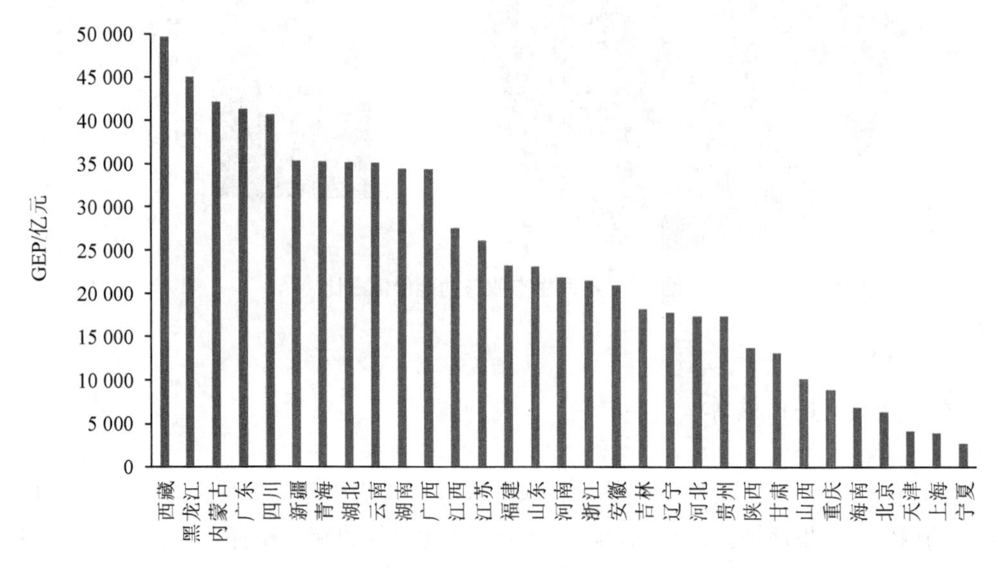

图 13　2016 年全国 31 个省份 GEP 价值

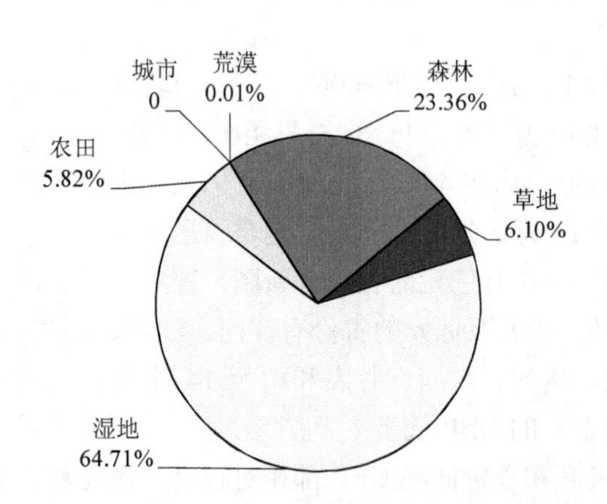

图 13　黑龙江不同生态系统价值占比

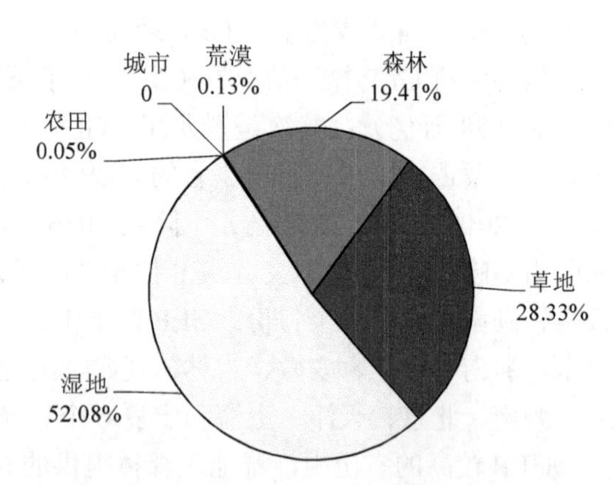

图 14　西藏不同生态系统价值占比

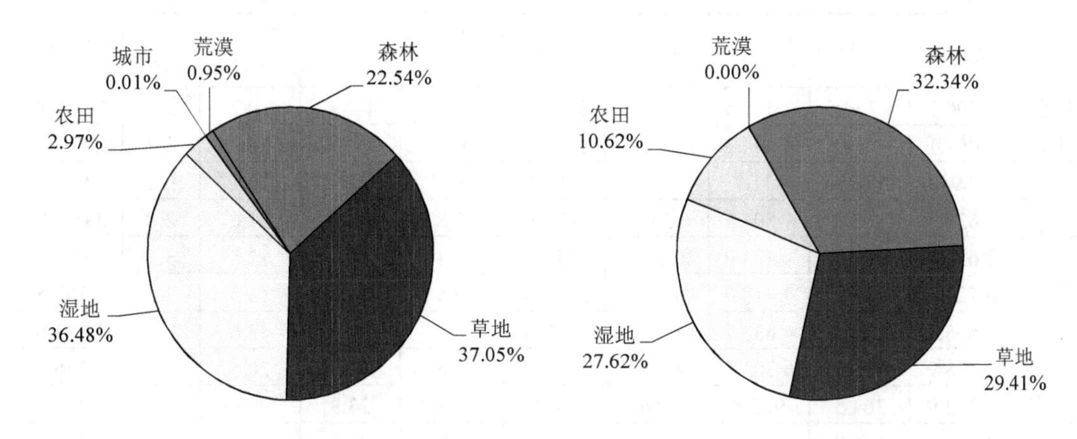

图 15　内蒙古不同生态系统价值占比

图 16　广东不同生态系统价值占比

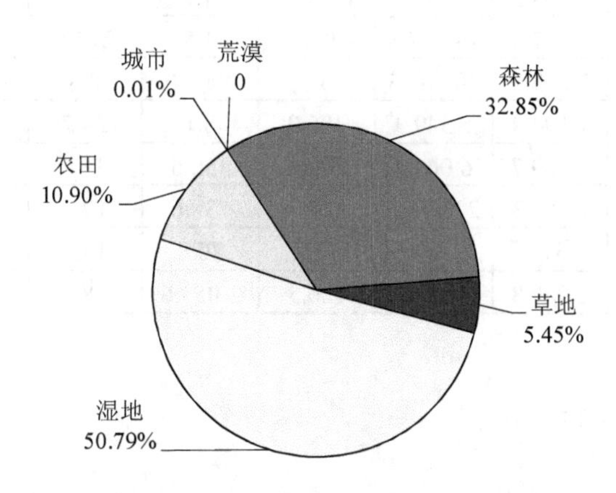

图 17　四川不同生态系统价值占比

表 4　2016 年 31 个省份不同生态服务功能价值核算

单位：亿元

省份	产品供给	固碳释氧	水流动调节	气候调节	土壤保持	防风固沙	水质净化	大气环境净化	病虫害防治	文化服务
北京	1 887.3	90.7	340.3	668.4	22.2	0.6	1.6	2.9	0.2	3 258.3
天津	1 119.4	13.6	86.9	1 049.7	2.8	0.2	3.7	4.8	0.0	1 792.2
河北	7 122.3	600.1	1 086.3	5 883.2	173.7	12.3	8.4	24.0	2.9	2 430.3
山西	2 134.3	591.3	607.0	4 005.5	201.9	11.5	1.8	33.7	1.0	2 454.7
内蒙古	4 487.3	3 516.3	7 525.0	23 636.2	361.0	959.6	42.1	57.6	7.7	1 519.9
辽宁	5 129.0	685.0	1 896.9	6 972.4	230.0	8.9	32.2	29.8	4.6	2 801.1
吉林	3 516.2	979.4	3 472.7	8 233.2	265.6	15.8	20.9	19.3	2.3	1 618.0
黑龙江	4 796.0	1 385.3	14 297.6	23 025.1	397.0	37.2	95.0	24.3	4.6	878.8
上海	771.9	3.4	8.9	322.4	108.4	0.0	24.2	9.7	0.0	2 609.8
江苏	8 209.3	80.0	717.4	10 165.2	318.1	0.5	71.1	28.8	0.1	6 426.3
浙江	4 202.3	623.3	3 345.3	6 064.7	1 997.1	0.3	95.2	20.7	1.1	5 000.2
安徽	5 628.5	385.2	2 076.9	9 472.6	667.0	0.4	129.8	13.6	2.6	2 522.3

省份	产品供给	固碳释氧	水流动调节	气候调节	土壤保持	防风固沙	水质净化	大气环境净化	病虫害防治	文化服务
福建	6 590.7	1 234.5	3 471.5	5 787.3	3 577.2	0.2	144.6	20.2	2.2	2 367.8
江西	4 003.1	1 210.0	4 244.5	13 300.0	2 024.4	0.2	122.0	18.9	3.2	2 551.4
山东	10 594.0	176.7	811.7	6 338.0	117.4	3.1	21.5	29.1	0.2	4 922.4
河南	9 636.7	361.0	1 504.5	6 538.8	173.8	3.8	42.0	21.6	2.8	3 498.9
湖北	5 631.4	961.5	4 494.0	20 037.3	984.3	1.4	91.5	12.8	3.3	2 904.4
湖南	6 723.1	1 297.1	4 418.0	16 903.5	2 133.7	0.5	230.0	13.5	3.6	2 707.5
广东	8 565.4	1 496.5	4 633.7	15 419.6	3 780.7	0.5	106.4	45.6	2.1	7 203.6
广西	5 338.9	2 267.5	6 303.7	14 877.8	2 911.6	0.6	271.6	20.5	2.9	2 346.7
海南	1 342.9	364.5	905.8	3 106.1	661.9	1.3	23.3	3.3	0.1	414.7
重庆	2 302.9	365.7	801.2	2 996.6	687.6	0.3	20.6	11.8	2.0	1 648.7
四川	8 428.3	3 233.1	5 894.3	15 214.1	3 296.6	30.5	277.1	13.7	6.0	4 189.7
贵州	3 107.5	1 284.6	2 943.3	5 002.9	1 290.0	0.7	108.0	16.1	1.5	3 532.1
云南	4 562.2	4 068.8	5 122.6	14 517.3	4 010.7	4.5	213.5	24.9	5.2	2 537.3
西藏	196.8	2.2	7 553.9	40 709.5	0.2	946.2	8.3	1.4	2.4	168.7
陕西	3 280.2	1 109.5	1 194.4	5 349.3	405.0	8.1	29.7	24.0	3.1	2 239.1
甘肃	2 224.2	1 216.6	2 069.7	6 064.2	282.8	456.6	35.6	18.8	1.0	682.9
青海	538.8	2 347.3	7 806.3	23 171.6	423.7	738.6	12.6	5.3	0.5	176.8
宁夏	883.2	89.0	137.1	1 380.6	11.9	20.8	13.3	16.6	0.0	130.3
新疆	6 030.5	1 496.1	2 969.8	21 895.5	176.5	2 055.6	18.6	26.3	2.3	623.8

4.3 GEP 核算综合分析

采用单位面积 GEP 和人均 GEP 两个指标，对 GEP 进行综合分析。GEP 作为生态系统为人类提供的产品与服务价值的总和，其大小与不同生态系统的面积有直接关系，利用单位面积 GEP 这个相对指标更能反映区域提供生态服务的实际能力。单位面积 GEP 最高的省份主要有上海（6 124.8 万元/km^2）、北京（3 733.6 万元/km^2）、天津（3 604.6 万元/km^2）、江苏（2 535.8 万元/km^2）、广东（2 291.9 万元/km^2），上海、北京、天津等省份的 GEP 虽然相对较小，但因其面积也比较小，导致其单位面积的 GEP 相对较高。与 2015 年相比，上海、北京、天津和江苏的单位面积 GEP 有所增加，增加量超过 500 万元/km^2。2015 年浙江的单位面积 GEP 相对较高，约为 2 288.8 万元/km^2，但 2016 年下降到 2 093 万元/km^2。单位面积 GEP 最低的省份主要有新疆（212.6 万元/km^2）、甘肃（287.3 万元/km^2）、内蒙古（356.4 万元/km^2）、西藏（403.8 万元/km^2）和宁夏（404.1 万元/km^2）等西部地区（图 18）。与 2015 年相比，新疆、甘肃、西藏和宁夏的单位面积 GEP 均有一定幅度的增加，内蒙古单位面积 GEP 有一定幅度的下降，由 2015 年的 586.4 万元/km^2 下降到 2016 年的 356.4 万元/km^2。

人口相对较少，但自然生态系统提供的生态服务价值相对较大的西部地区，其人均 GEP 相对较高。人均 GEP 最高的省份主要有西藏（149.82 万元/人）、青海（59.4 万元/人）、内蒙古（16.7 万元/人）、新疆（14.72 万元/人）、黑龙江（11.83 万元/人）。与 2015 年相比，西藏、青海的人均 GEP 均有一定程度的增加，内蒙古、黑龙江、新疆的人均 GEP 有一定程度的下降。内蒙古人均 GEP 下降幅度最大，由 2015 年的 27.6 万元/人下降到 2016 年的 16.7 万元/人。人均 GEP 最低的省份主要有上海（1.6 万元/人）、河南（2.3 万元/人）、山东（2.3 万元/人）、河北（2.3 万元/人）、天津（2.6 万元/人）（图 19）。与 2015 年相比，上海、河南、河北、天津和山东的人均 GEP 均有一定程度的增加。从绿金指数（GEP/GDP）看，绿金指数大于 1 的省份有 15 个，与 2015 年持平，主要分布在西部地区。绿金指数较高的省份主要有西藏（43.07）、青海（13.7）、新疆（3.7）、黑龙江（3.0）、云南（2.4）和内蒙古（2.3）。西藏和青海位于我国青藏高原，经济发展相对较弱，但生态服务价值相对较大。绿金指数小于 0.5 的省份主要有上海（0.14）、天津（0.23）、北京（0.24）、江苏（0.34）、山东（0.34）和浙江（0.45）等（图 20）。

从 GEP 核算的角度看，大小兴安岭森林生态功能区、三江源草原草甸湿地生态功能区、藏东南高原边缘森林生态功能区、若尔盖草原湿地生态功能区、南岭山地森林及生物多样性生态功能区、呼伦贝尔草原草甸生态功能区、科尔沁草原生态功能区、川滇森林及生物多样性生态功能区、三江平原湿地生态功能区等国家重点生态功能区的生态服务价值相对较大，但按照主体功能区划要求，这些地区都是限制开发区，其社会经济发展水平严重受限。其中，以西藏和青海为主体的生态功能区，无论是 GEP，还是人均 GEP，都相对较高。但其经济落后，西藏和青海绿金指数 GGI 分别为 43.1 和 13.7，远高于其他省份（图 20）。这些地区需以 GEP 核算价值为基础，像保护眼睛一样保护生态环境，像对待生命一样对待生态环境。同时，也需要寻找变生态要素为生产要素、变生态财富为物质财富的道路，提高绿色产品的市场供给，争取国家的生态补偿，转变社会经济发展的考核评估体系，实现“青山绿水”就是“金山银山”的重要转变。

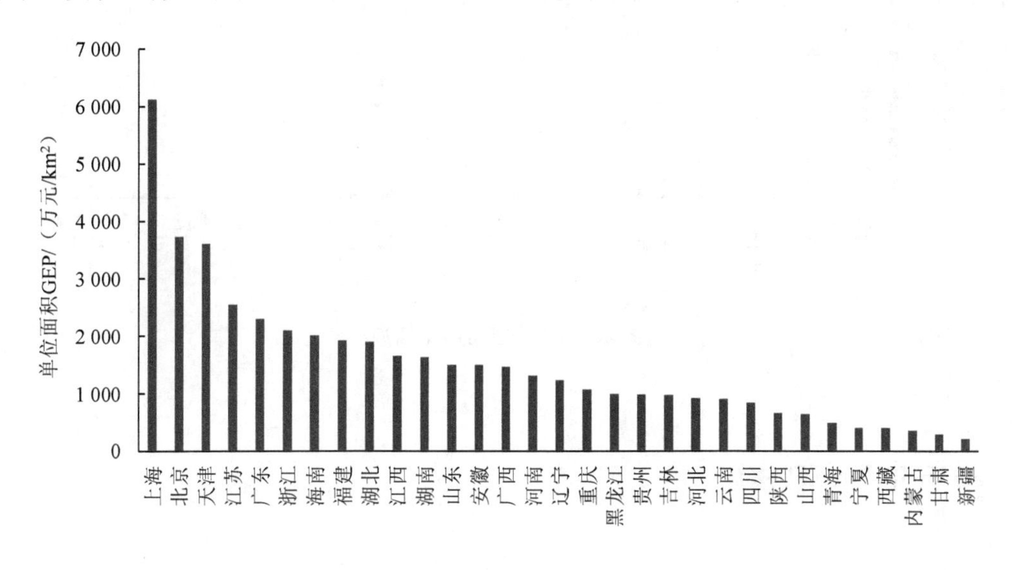

图 18　31 个省份单位面积的 GEP 核算

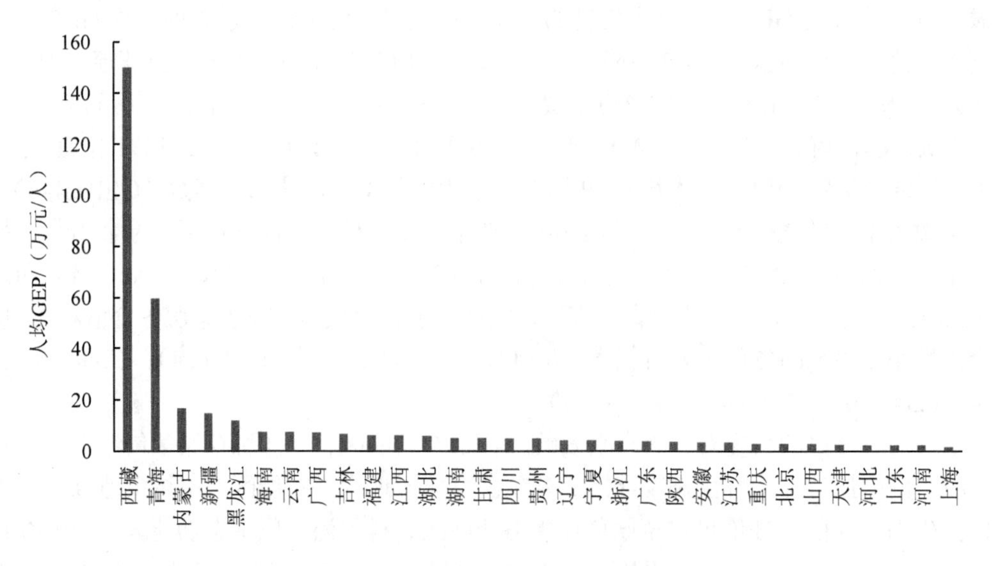

图 19　31 个省份人均 GEP 核算

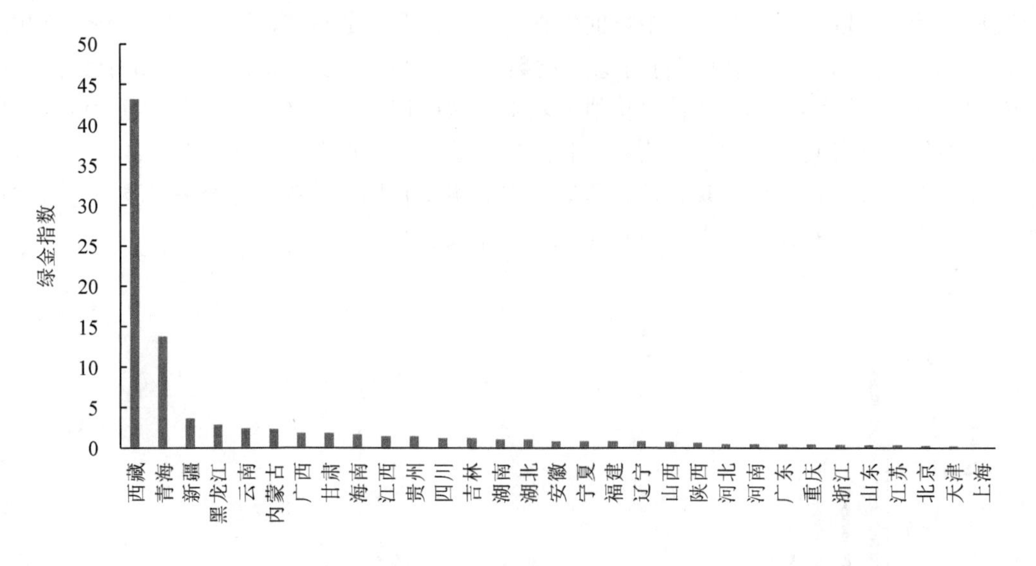

图 20　31 个省份绿金指数

5　2016 年 GEEP 核算

5.1　GEEP 核算结果

2016 年，我国 GEEP 是 126.64 万亿元，比 2015 年增加 3.14%。其中，GDP 为 78 万

亿元，生态破坏成本为 0.69 万亿元，污染损失成本为 2.12 万亿元，生态环境成本比 2015 年增加了 6.8%。生态系统生态调节服务价值为 51.4 万亿元，比 2015 年下降 3.2%。生态系统调节服务价值对经济生态生产总值的贡献大，占比为 40.6%；生态系统破坏成本和污染损失成本占比约为 2.2%。

从相对量来看，2016 年我国单位面积 GEEP 为 1 319 万元/km^2，人均 GEEP 为 9.2 万元/人，是人均 GDP 的 1.6 倍。西藏、青海、内蒙古、黑龙江和新疆等省份是我国人均 GEEP 最高的省份，这 5 个省份的人均 GEEP 都超过 14 万元/人（图 21）。这 5 个省份的人均 GEEP 与其人均 GDP 的倍数都超过了 3.5 倍，尤其是西藏和青海，其人均 GEEP 与人均 GDP 的倍数都超过了 14 倍。除黑龙江外，其他 4 个省份都分布在我国西部地区，属于地广人稀、生态功能突出，但生态环境脆弱敏感的地区。

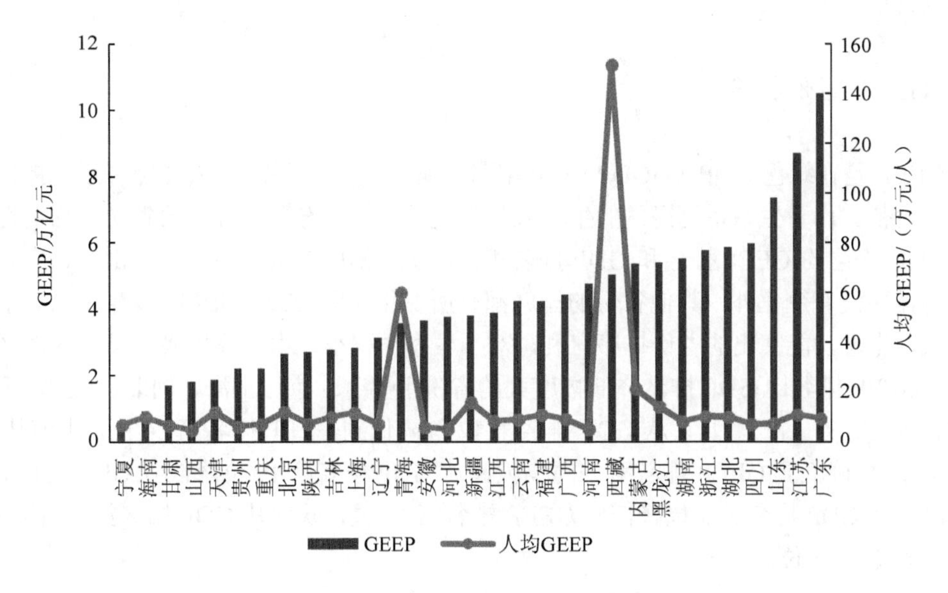

图 21　2016 年我国 31 个省份 GEEP 与人均 GEEP

5.2　GEEP 空间分布

从东、中、西三个区域看，2016 年，我国东部、中部和西部 GDP 占全国 GDP 比重分别为 55.4%、24.5%和 20.1%。而东部、中部和西部 GEEP 占全国 GEEP 比重分别为 40.7%、26.5%和 32.8%。我国西部地区的 GEEP 占比明显高于其 GDP 占比。西部地区不仅是大江大河的源头，更是我国重要的生态屏障区，第一批国家重点生态功能区中，有 67%都分布在西部地区。西部地区生态系统提供的生态服务价值较大，污染损失成本相对较低。我国污染损失成本主要分布在东部地区，占比为 54.1%，西部地区占比为 21.2%。在一正一负的拉锯下，西部地区的经济生态生产总值提高很大，占比已接近东部地区。我国广东、江苏、山东、四川、湖北、浙江等省份的 GEEP 较大，占比为 34.8%。

党的十九大报告提出，中国特色社会主义进入新时代，我国社会主要矛盾已经转化为人民日益增长的美好生活需要和不平衡不充分的发展之间的矛盾。我国经济发展不平衡，区域之间经济差异大。按照联合国有关组织提出的关于基尼系数的规定，基尼系数低于0.2，收入绝对平均；基尼系数为0.2～0.3，收入比较平均；基尼系数为0.3～0.4，收入相对合理；基尼系数为0.4～0.5，收入差距较大；基尼系数在0.5以上，收入差距悬殊。基尼系数假定一定数量的人口按收入由低到高顺序排队，分为人数相等的*n*组，从第1组到第*i*组人口累计收入占全部人口总收入的比重为*wi*，利用定积分的定义对洛伦茨曲线的积分（面积B）分成*n*个等高梯形的面积之和进行计算。本报告利用31个省份的GDP和人口两个指标，计算我国基于GDP的区域基尼系数，2016年基于GDP计算的区域基尼系数为0.51，基于GEEP计算的区域基尼系数为0.44。如果采用GEEP进行一个地区经济-生态生产总值核算，我国的区域差距将趋于缩小。当然，这个前提需要把生态系统的生态调节服务的价值市场化。

5.3 GEEP省份排名

GEEP是在绿色GDP（GGDP）的基础上，增加了生态系统给人类经济系统提供的生态服务价值。由于生态系统提供的生态服务价值较大，生态系统分布的省份不均衡性，导致我国31个省份GEEP排名和GDP排名相比，变化幅度较大。除江苏、山东、广东3个省份的排序没有变化外，其他省份的排序都有所变化（图22）。GEEP核算体系对于生态面积大、生态功能突出的省份排序有利，对于生态面积小、生态环境成本又高的地区排序不利。GEEP排名比GDP排名降低幅度大的省份主要有北京、上海、河北、天津、陕西、辽宁、河南等省（市）。北京从GDP排名第12位降低到GEEP排名第24位，上海从GDP排名第11位降低到GEEP排名第21位，天津从GDP排名第19位降低到GEEP排名第27位，河北从GDP排名第8位降低到GEEP排名第17位，陕西从GDP排名第15位降低到GEEP排名第23位。

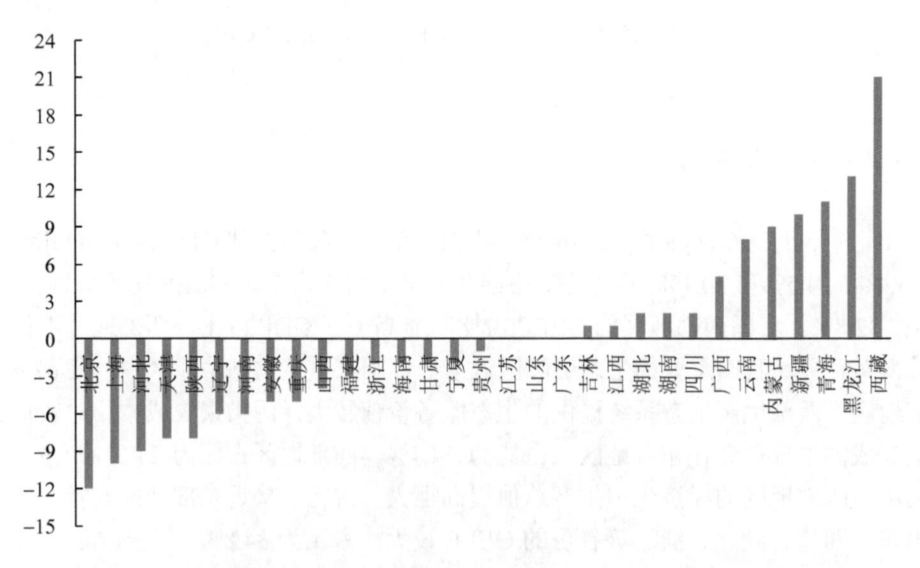

图22　2016年我国31个省份GEEP排序相对GDP排序变化情况

内蒙古、黑龙江、云南、青海、西藏等省份都是我国重要的生态功能区，生态面积大，生态功能突出。这些省份 GEEP 的核算结果都远高于其 GDP。其中，云南 GEEP 是 GDP 的 2.8 倍，内蒙古 GEEP 是 GDP 的 2.9 倍，新疆 GEEP 是 GDP 的 3.9 倍，青海 GEEP 是 GDP 的 13.8 倍，西藏 GEEP 是 GDP 的 43.6 倍。这些省份的 GEEP 排名比 GDP 排名有较大幅度增加。内蒙古从 GDP 排名第 18 位上升到 GEEP 排名第 9 位。黑龙江从 GDP 排名第 21 位上升到 GEEP 排名第 8 位。云南从 GDP 排名第 22 位上升到 GEEP 排名第 14 位。青海从 GDP 排名第 30 位上升到 GEEP 排名第 19 位。西藏从 GDP 排名第 31 位上升到 GEEP 排名第 10 位。

进一步以全国 31 个省份人口和 GDP 均值、人口和 GEEP 均值为原点，构建 GDP 和 GEEP 相对人口的散点象限分布图（图 23 和图 24）。通过对比图 23 和图 24 中省份的象限变化情况可知，除河北的相对人口的散点由图 23 第一象限移至图 24 第二象限外，图 23 第一象限的经济和人口大省，在图 24 中仍分布在第一象限，说明这些省份经济生态生产总值仍都高于全国平均水平。图 23 第二象限的广西和云南跃入了图 24 中的第一象限，图 23 第三象限的西藏、黑龙江、内蒙古移至图 24 的第四象限，这 5 个省份在生态调节服务正效益的拉动下，其经济生态生产总值超过了全国平均水平。北京和上海的 GDP 超过全国平均水平，但其经济生态生产总值低于全国平均水平。

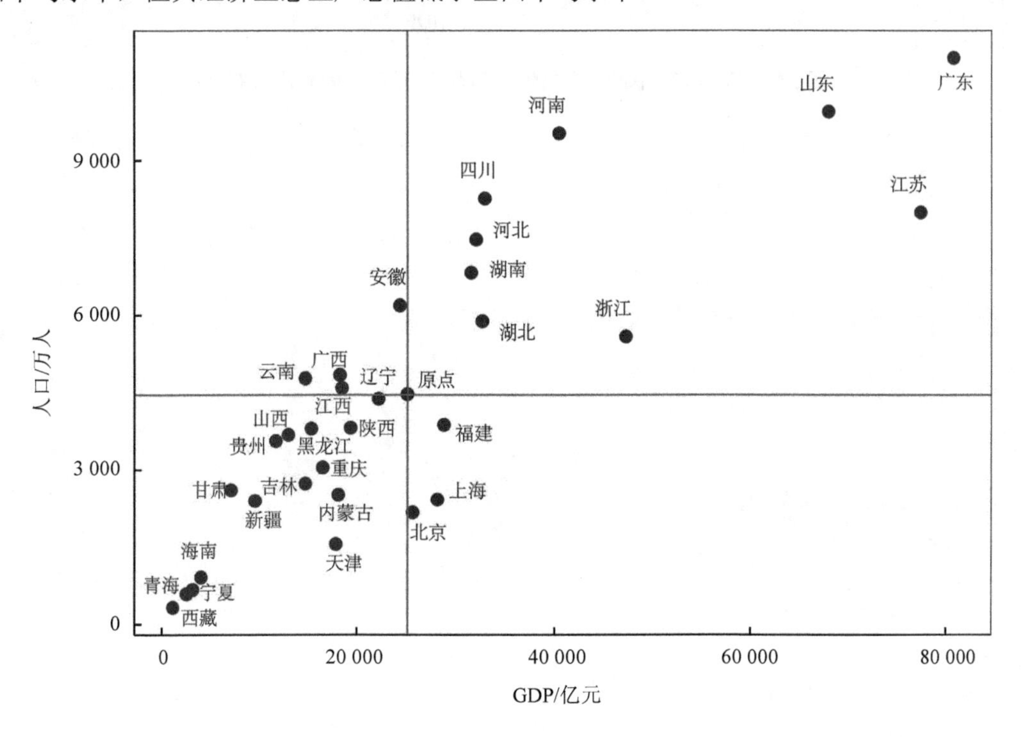

图 23　2016 年我国 31 个省份人口与 GDP 不同象限分布情况

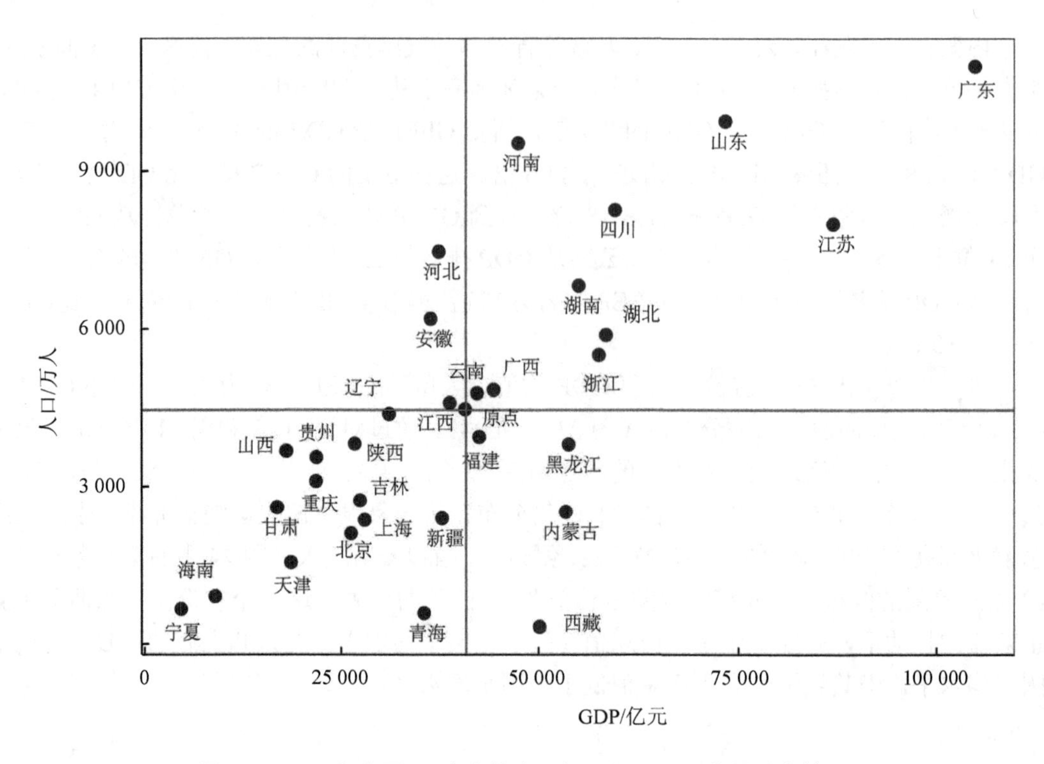

图 24　2016 年我国 31 个省份人口与 GEEP 不同象限分布情况

附录　2016 年各地区核算结果

地区		地区生产总值/亿元	污染损失成本/亿元	环境退化指数/%	生态破坏损失/亿元	生态破坏指数/%	GEP/亿元	绿金指数	生态调节服务/亿元	GEEP/亿元
东部	北京	25 669.13	578.8	2.3	8.2	0.03	6 272.5	0.2	1 126.9	26 209.0
	天津	17 885.39	436.7	2.4	2.1	0.01	4 073.2	0.2	1 161.6	18 608.1
	河北	32 070.45	2 110.4	6.6	304.4	0.95	17 343.5	0.5	7 790.8	37 446.4
	辽宁	22 246.90	684.4	3.1	318.9	1.43	17 789.9	0.8	9 859.8	31 103.4
	上海	28 178.65	640.4	2.3	11.0	0.04	3 858.6	0.1	476.9	28 004.2
	江苏	77 388.28	1 736.1	2.2	151.5	0.20	26 016.8	0.3	11 381.2	86 881.9
	浙江	47 251.36	1 392.8	2.9	398.1	0.84	21 350.1	0.5	12 147.7	57 608.1
	福建	28 810.58	552.3	1.9	190.5	0.66	23 196.3	0.8	14 237.8	42 305.6
	山东	68 024.49	2 084.6	3.1	46.2	0.07	23 014.2	0.3	7 497.8	73 391.5
	广东	80 854.91	1 208.1	1.5	160.8	0.20	41 254.1	0.5	25 485.2	104 971.3
	海南	4 053.20	35.2	0.9	22.4	0.55	6 823.9	1.7	5 066.2	9 061.9
	小计	432 433.34	11 459.18	2.7	1 614.1	0.37	190 993.1	0.4	96 231.9	515 591.4
	在全国占比	55.4	54.1		23.4		26.1		18.7	40.7
中部	山西	13 050.41	450.6	3.5	28.2	0.22	10 042.8	0.8	5 453.8	18 025.4
	吉林	14 776.80	303.6	2.1	56.8	0.38	18 143.4	1.2	13 009.2	27 425.6
	黑龙江	15 386.09	368.0	2.4	468.7	3.05	44 941.0	2.9	39 266.2	53 815.6
	安徽	24 407.62	642.4	2.6	109.8	0.45	20 898.8	0.9	12 748.0	36 403.5
	江西	18 499.00	422.0	2.3	195.4	1.06	27 477.5	1.5	20 923.1	38 804.7
	河南	40 471.79	1 595.2	3.9	79.7	0.20	21 783.8	0.5	8 648.2	47 445.1
	湖北	32 665.38	606.1	1.9	139.4	0.43	35 121.8	1.1	26 586.0	58 505.9
	湖南	31 551.37	841.7	2.7	576.3	1.83	34 430.4	1.1	24 999.9	55 133.2
	小计	190 808.46	5 229.6	2.7	1 654.3	0.87	212 839.5	1.1	151 634.4	335 559.0
	在全国占比	24.5	24.7		24.0		29.1		29.5	26.5
西部	内蒙古	18 128.10	448.9	2.5	307.2	1.69	42 112.7	2.3	36 105.5	53 477.4
	广西	18 317.64	383.9	2.1	262.2	1.43	34 341.7	1.9	26 656.1	44 327.7
	重庆	17 740.59	661.0	3.7	39.6	0.22	8 837.3	0.5	4 885.7	21 925.7
	四川	32 934.54	737.9	2.2	512.3	1.56	40 583.4	1.2	27 965.4	59 649.8
	贵州	11 776.73	422.6	3.6	148.9	1.26	17 286.7	1.5	10 647.1	21 852.3
	云南	14 788.42	292.8	2.0	225.9	1.53	35 066.9	2.4	27 967.5	42 237.1
	西藏	1 151.41	55.3	4.8	168.2	14.61	49 589.6	43.1	49 224.1	50 152.0
	陕西	19 399.59	659.2	3.4	92.7	0.48	13 642.4	0.7	8 123.1	26 770.7
	甘肃	7 200.37	302.1	4.2	124.2	1.72	13 052.5	1.8	10 145.4	16 919.5
	青海	2 572.49	94.5	3.7	1 461.7	56.82	35 221.5	13.7	34 505.9	35 522.2
	宁夏	3 168.59	194.5	6.1	11.3	0.36	2 682.9	0.8	1 669.4	4 632.1
	新疆	9 649.70	232.9	2.4	264.1	2.74	35 295.0	3.7	28 640.7	37 793.4
	小计	156 828.17	4 485.6	2.9	3 618.3	2.31	327 712.6	2.1	266 535.9	415 259.9
	在全国占比	20.1	21.2		52.5		44.8		51.8	32.8
全国		780 069.97	21 175	2.7	6 886.7	0.88	731 545.2	0.9	514 402.2	1 266 410.3

环境管理与执法监督

- 中国生态环境保护重大工程实施与管理模式优化研究
- 2017 年全国涉水行业排污许可证发放管理评估研究
- 2016 年全国环境执法大练兵执法案卷评估报告
- 生态环境损害责任的统筹与衔接制度研究
- 新生态环境管理体制下的农业面源污染监测体系构建分析

中国生态环境保护重大工程实施与管理模式优化研究*

Study on the Optimization of Implementation and Management Mode of Major Environmental Protection Projects in China

逯元堂 王佳宁 赵云皓 何 军 宋玲玲 卢 静 陶 亚 辛 璐

摘 要 本文回顾和总结了我国生态环境保护重大工程实施与管理模式发展历程，归纳提炼了不同阶段生态环境保护重大工程实施与管理模式的特征与存在的问题。基于模式内涵分析和典型案例研究，提出了建立与当前以环境质量改善为核心的环境管理相适应的4种重大工程实施与管理模式，并对环保工程配套财政资金使用提出优化建议。

关键词 PPP模式 EOD模式 按效付费模式 财政资金

Abstract The development course of implementation and management modes of major environmental protection projects in China is reviewed and analyzed . Characteristics and problems of the modes in different stages are summarized and refined. Based on the analysis of mode connotation and typical case study，four major project implementation and management modes which are suitable for the requirement of environmental quality improvement in China are proposed. Suggestions for optimizing the use of supporting financial funds for environmental protection projects have been brought forward.

Keywords public-private-partnership mode，ecology-oriented-development mode，pay for performance mode，financial fund

生态环境保护重大工程项目的实施对我国环境质量改善发挥了至关重要的作用，工程实施与管理模式经历了从无序管理到分散实施的粗放管理、以建设为主的阶段整合实施管理、衔接运行维护的建设运维一体化实施管理，以及以效果为导向的按效付费实施管理等不同阶段，各阶段具有鲜明的时代特征。为适应当前以环境质量改善为核心的环境管理战略转型，应进一步强化生态环境保护重大工程项目实施与管理模式，提高工程项目实施的环境效益与效率。

* 此文撰写于2018年11月。

1 生态环境保护重大工程项目实施与管理模式回顾分析

我国的生态环境保护重大工程项目实施管理是伴随着国家经济发展水平和综合国力不断提高的过程而不断发展进步的，工程实施模式经历了从无序管理到分散实施的粗放管理、以建设为主的阶段整合实施管理、衔接运行维护的建设运维一体化实施管理，以及以效果为导向的按效付费实施管理等不同阶段，各阶段具有鲜明的时代特征。

1.1 第一阶段：从无序管理到分散实施的粗放管理阶段

改革开放初期，我国环境形势相当严峻。全国污染物排放总量很大，污染程度处在相当高的水平，生态环境恶化加剧，环境污染和生态破坏在一些地区已成为危害人体健康、制约经济发展和社会稳定的一个重要因素。在此期间，我国生态环境保护工程项目重点是全国工业污染控制和重点城市环境污染治理。为有效防治工业污染，我国政府提出了“三同时”等环境管理制度，有效地减少了城市工业的新增污染。1978 年我国建成的城市污水处理厂仅 37 座。全国环保治理投资每年为 25 亿～30 亿元，约占同期国内生产总值的 0.51%。

这一时期的环保建设项目逐渐从无序管理状态过渡到分散实施的传统项目管理模式。主要特点是设计、设备采购、工程施工、运行维护等各个环节脱节，各自独立分散实施。工程建成后，由政府组建单位负责运营；工程延期和预算超标等现象较为严重；工程责任主体不明确，设计与施工脱节，项目经常不能满足需求。项目得到审批和资金后，有的工程无设计、无施工图纸就匆匆上马；有的工程设计方案不审查、不论证，工程无预算；有的工程无设计合同和施工合同，施工中的责、权、利分不清，项目达不到指标要求，无法验收，原因无处查找等。这种粗放的项目管理方式存在很多弊端。

1.2 第二阶段：以建设为主的阶段整合实施管理阶段

20 世纪 80 年代中期，云南鲁布革水利工程是我国第一个实行国际招标的水电建设工程，工程建设实行全过程总承包方式的项目管理，最终实现了工期短、成本低、质量好的效果。1987 年 9 月，国务院召开的全国施工工作会议提出推行鲁布革经验。“鲁布革冲击波”对中国建筑业的影响和震撼是空前的，它对我国传统的投资体制、施工管理模式都提出了挑战，开启了真正意义上的中国建设工程项目管理时代的元年。这一时期的工程项目管理模式不断完善和发展，项目建设环节逐步整合，形成了以工程总承包为主的项目管理模式，如 EPC 模式。EPC 模式是指工程总承包企业按照合同约定，承担工程项目的设计、采购、施工、试运行服务等工作，并对承包工程的质量、安全、工期、造价全面负责，是我国目前推行的总承包模式中最主要的一种。交钥匙总承包是设计、采购、施工总承包业务和责任的延伸，最终是向业主提交一个满足使用功能、具备使用条件的工程项目。

截至 1999 年年底，中国 EPC 累计完成 540 亿美元，签订合同额 750 亿美元。有对外承包工程和劳务合作经营权的公司增加到 1 000 余家。2000—2008 年是快速发展阶段。一方面，中国 EPC 企业在竞争激烈的国际市场中不断提高经营水平；另一方面，政策支持体系为中国 EPC 的发展注入了新动力。EPC 逐渐成为主流业务形式。自“一带一路”倡议被提出并逐渐落地展开后，中国 EPC 产业得到了系统化的战略性助推，实现了更加高速的发展。其中，按照过程内容划分的典型模式有 EPC 模式（设计采购施工/交钥匙总承包）、以及 EPC 的多种衍生模式，如 EPCM 模式（设计采购与施工管理总承包）、E-P 模式（设计—采购总承包）、P-C 模式等（采购—施工总承包）、DB 模式（设计、施工一体化）、F+EPC 模式、D-B-B 模式（设计—招标—建造）、BT 模式（建设—转让）等。

这一阶段的主要特点是在项目实施中实现了设计、建设等环节的整合，摒弃了以往分散实施模式带来的弊端，在建设环节实现了有机的统筹，提高了建设的效率。以 EPC 模式为例，EPC 模式是从 1987 年推广云南鲁布革水电站经验时开始引入，国际上也比较普遍采用的总承包模式。30 年来，这种工程项目总承包管理模式在我国环境保护工程项目建设中普遍推行。这一模式在节约资源、保障质量安全、节省投资、缩短工期等方面显示了明显优势，取得了显著成效。EPC 模式可以使设计和施工紧密结合；保证工程质量按期望设计值达标，还可以根据现场实际情况，深化设计，优化施工方案，节约投资；专业化的施工队伍，可以提高项目的效率及效益，更可以弥补业主管理方的管理不足。但是，由于该种模式重视建设过程，轻视后续的运营维护，导致一些工程建设完工后未能持续发挥作用，甚至成为闲置的“晒太阳”工程。其主要原因包括：①在工程建设中存在重视新建、轻视运营维护的问题。新建项目对经济增长有直接的拉动作用，而维护则不具有这样的效果，这一问题直接导致已建工程的效益得不到有效的发挥。②在工程建设中普遍存在注重建设阶段，对决策、设计和运营阶段重视不够的情况。由于决策阶段、设计阶段没有按照可持续发展的管理方式进行决策和设计，导致项目过度投资，有的还不得不改建，甚至重建，造成了巨大的浪费。

1.3 第三阶段：衔接运行维护的建设运维一体化实施管理阶段

随着大量环保工程项目的建成，项目运行维护不足的问题日渐突出。2004 年，原国家环保总局和全国人大常委会执法检查组的调查统计资料显示，在我国已建成的 709 座污水处理厂中，正常运行的只有 1/3，低负荷运行的有 1/3，还有 1/3 开开停停甚至根本就不能运行，可见我国污水处理设施的闲置现象普遍，浪费严重。为了更好地保障环境保护工程项目的持续运行，使环保工程切实发挥改善环境质量的作用，同时积极引入民间资本，2004 年原建设部出台《市政公用事业特许经营管理办法》，标志着环保工程管理进入建设运维一体化管理阶段。建设运维一体化管理模式主要包括 BOT 模式及其多种变种模式。BOT 模式，即建设—经营—移交（Build-Operation-Transfer）模式，指政府授予项目公司以特许权，由该公司负责融资和组织建设，建成后负责运营及偿还贷款，在特许期满时将工程移交给政府。有时，BOT 模式被称为“暂时私有化”过程（tempo-rary privatization）。BOT 模式可演化的方向有很多种：例如，①BOO 模式（build-own-operate），即建设—拥有—经营。项目一旦建成，项目公司对其拥有所有权，当地政府只是购买项目服务。② BOOT 模式（build-own-operate-transfer），即建设—拥有—经营—转让。项目公司对所建项目设施拥有所有权并负责经营，经过一定期限后，再将该项目移交给政府。③ BLT 模式（build-lease-transfer），即建设—租赁—转让。项目完工后一定期限内出租给第三者，以租赁分期付款方式收回工程投资和运营收益，之后再将所有权转让给政府。④ BTO 模式（build-transfer-operate），即建设—转让—经营。项目的公共性很强，不宜让私营企业在运营期间享有所有权，须在项目完工后转让所有权，其后再由项目公司进行维护经营。⑤ROT 模式（rehabilitate-operate-transfer），即修复—经营—转让。项目在使用后，发现损毁，项目设施的所有人进行修复恢复整顿—经营—转让。⑥ BOOST 模式（build-own-operate-subsidy-transfer），即建设—拥有—经营—补贴—转让。⑦ ROMT 模式（rehabilitate-operate-maintain-transfer），即修复—经营—维修—转让。⑧ ROO 模式（rehabilitate-own-operate），即修复—拥有—经营。⑨ DBFO 模式（design-build-finance-operate），即设计—建设—融资—经营。DBFO 模式是指从项目的设计开始就特许给某一机构进行，直到项目经营期收回投资和取得投资效益。

这一阶段的建设运维一体化管理模式在很大程度上确保了环保工程的长效稳定运行，有效解决了工程建设与运行维护脱节的问题，避免了各环节相互推诿扯皮的现象。但尚未将工程与环境效果衔接，绩效管理的思路尚未得到充分体现。

1.4 第四阶段：以效果为导向的按效付费实施管理阶段

对于环境保护工程项目而言，环境质量改善是最终目的，基于环境质量改善效果的按效付费模式，对于政府和环境管理者而言是更为有利的工程管理模式。2014 年以来，国务院以及财政部、发改委等相关部门，先后发布一系列政策文件，指导、推进、监管各地 PPP（public-private-partnership，PPP）项目实施，标志着以效果为导向的按效付费的工程项目实施管理新阶段的开启。

2014 年 9 月，财政部出台的《关于推广运用政府和社会资本合作模式有关问题的通知》（财金〔2014〕76 号）明确提出：财政补贴要以项目运营绩效评价结果为依据，综合考虑产品或服务价格、建造成本、运营费用、实际收益率、财政中长期承受能力等因素合理确定。地方各级财政部门要从“补建设”向“补运营”逐步转变，探索建立动态补贴机制，将财政补贴等支出分类纳入同级政府预算，并在中长期财政规划中予以统筹考虑。稳步开展项目绩效评价，建立政府、服务使用者共同参与的综合性评价体系，对项目的绩效目标实现程度、运营管理、资金使用、公共服务质量、公众满意度等进行绩效评价。绩效评价结果应依法对外公开，接受社会监督。同时，要根据评价结果，依据合同约定对价格或补贴等进行调整，激励社会资本通过管理创新、技术创新提高公共服务质量。2017 年，《关于规范政府和社会资本合作（PPP）综合信息平台项目库管理的通知》（财办金〔2017〕92 号）提出，通过政府付费或可行性缺口补助方式获得回报，但未建立与项目产出绩效相挂钩的付费机制的项目不得纳入 PPP 库。并进一步明确，项目建设成本不参与绩效考核，或实际与绩效考核结果挂钩部分占比不足 30%，固化政府支出责任的项目不得入库。在财政部、生态环境部等部门的积极推动和政策引导下，PPP 模式得到了较快的发展。根据财政部政府和社会资本合作中心PPP综合信息平台数据统计结果显示，截至2018年5月底，生态环境领域PPP项目管理库入库项目共计1 695项，涉及总投资额共计12 531.36亿元，分别占总项目数量和总投资额的23.37%和10.97%。

除PPP模式以外，政府购买服务模式和环境绩效合同服务模式也是按效付费模式的主要表现形式，其中，政府购买服务模式是指通过发挥市场机制作用，把政府直接提供的一部分公共服务事项以及政府履职所需服务事项，按照一定的方式和程序，交由具备条件的社会力量和事业单位承担，并由政府根据合同约定向其支付费用。与PPP模式的区别在于，政府购买服务模式，是政府向社会力量购买公共服务，偏重智力、体力服务；PPP模式是遴选社会资本进行公共产品建设并在此基础上提供公共运营服务，偏重基础设施和公共产品。环境绩效合同服务模式是环境综合服务领域的一种商业模式，是指合同双方以环境质量的持续改善为目标，用合同的形式约定双方的环境服务效果关系，并按照经过考核的环保成效支付费用。与PPP模式相比，环境绩效合同服务模式更加强化的是付费的机制，而PPP模式涵盖面更广，除要求效果导向的付费机制外，更加强化引入社会资本。

按效付费管理模式有效地解决了长期困扰环保领域的工程环境效益不佳、重复建设和浪费资源的现象，为政府组织节约了大量的工程建设费用，同时能够有效激励社会资本治污动力，提高了项目实施的环境效果，大幅提升了环保投资效率。然而，由于环境问题的复杂性强、技术难度高、不同项目差异性大，按效付费模式设计难度大。绩效目标的设立不能一概而论，要因地制宜，充分考虑项目边界条件、绩效目标影响因素、绩效目标的阶段性与动态性、技术经济可行性与目标可达性。因此，实施按效付费，还需建立科学合理的绩效考核指标体系、完善的绩效监测系统和报告系统，能够完善政府PPP项目监管系统，强化政府对PPP项目的监管，实现监管的制度化、规范化和常态化。

2 生态环境保护重大工程项目实施与管理问题分析

尽管我国生态环境保护重大项目实施管理经历了四个不同的发展阶段，但在具体的工程项目实施中依然是多个阶段的多种模式并行实施，环保投资效率不高、项目实施环境效益不显著的问题仍然存在。尤其是在当前推行以环境质量改善为核心的管理要求下，生态环境保护重大工程项目实施与管理模式并未得到充分的重视。真正落实以环境质量改善为核心的管理要求，除在环境目标设定、目标下达和考核环节进行转变之外，也要在重大工程项目实施与管理模式上进行优化调整。当前生态环境保护重大工程项目实施与管理模式尚存在以下几个方面的突出问题。

2.1 项目实施与环境质量改善要求割裂，工程项目分散实施与环境质量改善为核心的要求不适应

（1）缺乏区域环境质量改善目标下工程项目实施的统筹

环境质量改善是一个系统的工程，需要多管齐下、多措并举，单一的项目实施难以实

现区域环境质量的改善。但目前生态环境保护重大工程项目大多为分散实施，即使能够实现同一绩效目标的多个项目也尚未统筹实施。如在河道黑臭水体的治理项目中，污水处理设施、管网、截污、河道疏浚、水体生态修复等多种类型的项目独立实施，缺乏统筹建设与运行维护的措施，导致项目实施的环境效果与河道水质改善要求之间的关系难以定量反映，因此造成环境质量改善考核难以与项目实施效果之间建立关联，环境质量改善的责任难以下沉落实到项目层面。

（2）统筹实施的项目中未充分识别绩效目标的同一性

尤其是在环境综合整治类项目中，以生态环境保护名义捆绑不相关建设内容的情况普遍存在。在实施过程中，个别地方把诸如道路、景观、绿化、广场等与环境质量改善相关性较弱或无相关性的建设内容也捆绑打包，造成项目投资规模大、建设内容庞杂，加大了项目实施的难度，延长了实施周期，降低了项目实施的环境效果，难以将有限的环境保护资金用于急需实施的项目上。

（3）项目实施环境绩效目标设定与区域环境质量改善缺乏必要的衔接

项目实施中往往就项目论项目，环境绩效目标设定不合理，过于侧重项目本身和过程性管理目标，缺乏结果导向，与区域环境质量改善指标和要求衔接不紧密。同时，即使是捆绑实施的项目，其实施的绩效目标也未充分考虑与环境质量改善之间的关系，造成项目实施与环境质量改善之间的割裂。如在部分带有黑臭水体的河道的水环境综合治理项目中，就出现即便污水处理厂出水水质达标、河道清淤工程运维绩效打分合格，河道整体黑臭状况并未彻底改观的情形。

2.2 建设和运维割裂，工程建设目标和项目实施成效不统一

目前，我国生态环境治理项目大都采用建设运营分离模式，即由实施机构作为主体招标建设，由建设单位分段、分项目总承包施工，竣工验收后向运营单位“交钥匙”。这种模式人为地把项目的建设与运营两个阶段割裂开来，建设方只管建设，以项目竣工为首要目标，竣工验收后即撤离。这导致大量项目建成后，由于运营维护不善或项目设计与运营不匹配等问题，污染处理设施或环境保护项目的实际效果难以发挥。同时项目运营管理者也会以工程建设不匹配为由掩盖运营效率低下等潜在问题，运营管理绩效很难考核，相互推诿扯皮，不利于调动运维单位在技术创新、成本管理优化等方面的积极性。主要问题体现在：

（1）前期设计缺乏合理评估，项目设计与运营不匹配

地方政府认识不足，把环境整治项目当成了地方形象工程，民生工程的意义未落实，只重面子，不注重实效。环保设施建设过程中，以项目是否建成作为衡量标准，而项目设施的工程质量及长效运维保障等得不到重视。在规划设计方面脱离实际，过度强调先进技术，没有针对项目当地实际情况进行合理评估，导致一些环保设施建成后长期无法投运。

（2）现有政策偏重前端建设，后端运维成效关注不足

目前，地方政策往往更注重建设资金层面，资金支持往往侧重前端建设补贴，缺乏对后期运营维护的支持。同时，由于生态环境领域市场存在准入门槛缺乏、人员资质参差不

齐、恶性低价竞争等诸多问题，项目后期运维不容乐观。

（3）社会资本偏好工程利润，项目运营实效重视不够

大部分环保项目具有较强的公益性质，无法产生稳定的现金流，项目收益较低。由于缺乏建运一体的投资回报和绩效考核机制，社会资本更偏好高投资收益、短回报期的项目，均未将项目运营的环境效果作为其考虑的出发点，造成部分项目在实施过程中偏离规范要求，在项目实施后的环境效果难以保障。

2.3 环境治理与产业发展割裂，以财政投入为主的环境公益性项目难以持续实施

生态环境系统功能是地球生命系统的支持系统，是人类赖以生存的物质基础，区域生态系统是区域社会经济与环境可持续发展的基本要素。长期以来，处理生态环境和经济发展之间的关系主要是通过控制人类活动和实施污染治理与生态修复工程项目两种手段，工程项目的实施主要是通过用发展经济积累的资金支付对环境的投资建设和治理来完成，忽视了生态系统为社会经济提供的服务功能是一种资源，是一种基本的生产要素。生态环境保护具有较强的外部经济性，在将目光聚焦于如何实现外部不经济性内部化的时候，却忽略了生态环境保护带来的外部经济性如何内部化的问题。这种观念和做法导致的问题主要体现在：

（1）城乡建设、经济发展与生态环境保护各自为战，难以融合

人类在自然利用和改造过程中，往往只注重自然资源的直接消费价值，而忽略了生态系统的生态功能服务效益价值，城乡建设和经济发展与生态环境保护相割裂，产业发展和环境治理难以融合，走“先污染、后治理”或者“边污染、边治理”的粗放式的资源消耗发展方式，发展与环境之间的矛盾得不到根本解决，“绿水青山就是金山银山”的理念难以真正落实到行动中。

（2）生态保护与环境治理投入不足且难以持续

目前，除工业企业污染治理投资、污水垃圾处理收费等渠道外，污染治理与生态修复工程项目资金来源主要为财政投入，财政资金的环保投资规模难以支撑当前的投资需求。除环境和社会效益外，生态环境保护带来的资源价值提升难以内化到生态环境保护活动中，通过生态环境改善释放的资源环境价值体现在了其他产业开发活动中，生态环境保护活动却难以直接受益，生态环境保护的资金难以保障。迫切地需要创新项目运作模式，充分发挥市场主体的作用，引入多元化的投融资机制，改变财政资金为主的投入方式，破解以财政投入为主的环境公益性项目难以持续实施的突出问题。如成都曾经做过“府南河治理”，或者叫“锦江治理”。有一条流经整个成都市区的河流，在没有治理之前，河两岸的一亩土地是 30 万元人民币，整治之后，变成 300 万元。增加的这 270 万元是因为治理了府南河，环境好了，地就值钱了。但府南河治理产生的溢价却难以直接转化为生态环境治理的投入。

2.4 生态环境要素间的污染治理割裂，保护修复项目各自为战

当前，我国以工业企业为主体的生态环境治理仍多以传统的“散点式”污染防治模式为主，即不同的行业企业仅关注解决自身的废弃物排放问题，在水、气等各要素间的污染治理被割裂，不同行业之间物质、能量交流较弱。这种治理模式难以适应生态文明思想下的生态环境治理与修复。

（1）生态环境各要素相互关联，需要整体保护、系统修复、综合治理

受持续增长的人口压力、工业化粗放型发展、高强度的国土开发建设活动、自然资源大范围开发利用等因素影响，环境污染逐渐从局部蔓延到大范围的区域内，成为影响区域生态环境的突出问题。一定区域内，生态环境具有整体性、系统性、关联性的特征，某一类环境污染可能引起生态环境整体恶化，如水污染可能引发土壤污染；某个区域农田焚烧秸秆可能殃及周边城市的空气环境；过度的探采矿活动，会造成流域植被破坏、水土流失、地表塌陷等生态环境问题。在过去多部门管理的行政体制下，同一区域的不同环境要素归属不同部门管理，在生态环境不同要素保护治理过程中条块分割现象突出、工作协同不足。由于不同部门实施的生态环境保护治理工程之间缺乏系统性、整体性考虑，存在各自为战、要素分割、局地效果较好但整体效应弱的突出问题，生态系统服务功能并没有得到有效恢复和提升。生态环境污染跨区域性问题日益严重，增加了生态环境治理的复杂性和不确定性。区域生态环境治理涉及多个生态环境要素、多元环境治理主体间的复杂关系，需要统筹兼顾、整体施治、系统修复。

（2）以要素条块治理为主的模式不利于环境各要素间的协同治理效应，生态环境治理成本较大

受行业间信息壁垒以及环境治理技术和环境污染治理企业专业性的影响，目前鲜有水、气、土等各要素间的协同治理，各要素间的环境协同治理共生网络难以建立，导致治水只治水，治气只治气，治理大气的副产物及能量流难以应用到废水治理和土壤治理领域，造成资源和能源的浪费，同时也增加了污染治理的成本。因此，仅以要素条块治理的模式难以适应当前环境质量改善的要求，更不具有治理的经济性。

现阶段我国正处于解决生态环境突出问题的窗口期，环境污染防治攻坚形势严峻。多年来形成的以末端治理为导向的环境管理，使得在实际的环境管理中末端达标排放成为优先选择的技术路径，从而造成污染治理多采取单兵作战、单一目标污染物治理、末端治理、“一刀切”治理等模式，多污染物的协同控制、不同要素之间的系统治理以及区域之间统筹治理的措施缺失。

2.5 投资回报与环境效果割裂，投资效率和环境效果难以保障

虽然近几年已进入效果导向的按效付费阶段，尤其是在PPP项目中逐步强化按效付费的建立，但是生态环境保护项目在项目设计、项目采购及项目实施各个环节上仍未体现按效付费理念，仍存在注重程序规范化、轻视环境治理效果的问题，投资回报与环境质量改

善未挂钩，投资效率和环境效果不佳。

（1）在项目设计阶段，对环境治理的专业要求体现不够，在PPP项目中体现得尤为明显

当前，环保PPP项目实施方案主要体现了法务、商务和财务等一般特征，对环保专属特性反映不够。忽视环保专业技术与考核要求，对项目实施后的环境效果与环境质量改善缺乏系统考虑，导致在项目实施中难以对社会资本进行有效考核和约束。大部分项目未明确技术与工艺，绩效考核指标和目标不合理，且对其目标可达性缺乏分析判断，有的甚至在设计中未建立绩效考核体系或仅是提出后续制定，为环境治理效果和双方合同履行留下隐患。如某河段生态综合整治项目，合同文本中仅提出绩效考核概念，未设立绩效考核指标。某城市生活垃圾焚烧发电项目，合同文本中甚至连绩效考核的概念都未提出。

（2）在项目采购阶段，过于看重报价，对项目实施后的环境改善效果的持续性关注不够

绝大多数项目在采购评标环节，对报价分值设置较高，由于后期缺乏绩效考核要求，造成对专业技术门槛限制较低，后期服务效果难以保障。如某污水处理PPP项目，其报价分值所占比重为60%，工艺设备等技术分值所占比重较低（仅为15%），且未对污水处理效果设定分值，社会资本遴选主要取决于报价高低，而非污水处理技术与效果，后期服务质量难以得到保障。过重看中报价，往往导致不重视技术路线选择、低价中标，中标单位在建设期会致力于节约成本，甚至采用不可持续的工程措施，严重影响工程质量和环境质量改善效果。

（3）在项目实施阶段，缺少环境服务价格与治理效果有效挂钩机制

以政府付费、可行性缺口补助PPP项目为例，政府付费一般分为可用性付费和运营绩效付费两部分，且通常情况下项目运营绩效付费占比较小。部分项目未明确与治理效果挂钩的付费标准，而大多数项目与治理效果挂钩的仅为运营绩效付费部分，对社会资本制约较小。如某河道治理与环境改善PPP项目，实施方案中仅提出运行服务费与运营绩效相挂钩，采用每季度考核、半年付费的方式支付，而可用性服务费根据投资人投报的运营期合理利润率进行测算确定，与运营绩效并无任何衔接，在这样的制度安排下，运营期间河道治理与环境质量改善目标即使达不到考核要求，项目公司仍将获得固定的可用性服务费，所扣减的付费只针对有限的运维费用，投资回报完全与环境效果割裂。2017年，《关于规范政府和社会资本合作（PPP）综合信息平台项目库管理的通知》（财办金〔2017〕92号）提出，项目建设成本不参与绩效考核，或实际与绩效考核结果挂钩部分占比不足30%，固化政府支出责任的不得入库。这一问题在PPP项目中逐步得到解决。

3 优化生态环境保护重大工程项目实施模式的建议

优化生态环境保护重大工程项目组织实施与管理模式，是推进生态环境保护规划与项目实施效果相统一的重要途径。以实现生态环境保护目标与项目实施效果相统一为核心，以强化效益、提高效率、降低成本、持续发展为目标，在实施模式、运行模式、商业模式、治理模式和付费模式上进行优化和创新，全面提升生态环境保护项目实施的环境效益、经

济效益和社会效益，建立真正适应以环境质量改善为核心环境管理要求的工程项目实施与管理模式，实现生态环境治理的可持续。与环境质量改善为核心的管理要求相适应，就要强化基于环境绩效的项目统筹实施，推进项目建设运维统筹和按效付费机制，将环境质量改善要求与重大工程项目实施成效挂钩。实现生态环境治理的可持续，一方面要探索环境治理成本下降的有效途径，另一方面要通过模式创新拓宽可持续化的融资渠道。

3.1 推行适应环境质量改善为核心的绩效关联捆绑实施模式

3.1.1 模式内涵

绩效关联捆绑实施模式，是指在一定区域内基于多个生态环境保护工程所实现的同一环境绩效目标，将具有实施条件的多个项目捆绑实施，以确保整体环境绩效目标的实现，体现环境质量改善为核心的管理要求。其核心是多个项目对实现同一环境绩效目标具有贡献作用，如为实现某河段水质改善，将截污、污水处理、河道清淤、湿地、河道水体修复等多个有利于河道水质改善的项目捆绑后整体实施，以实现河道水环境质量的改善。

3.1.2 典型案例

（1）临沂市中心城区水环境综合整治工程河道治理 PPP 项目

临沂市中心城区内河流众多，近几年来，随着经济快速发展、城市建设步伐加快、城区人口不断增长，以及受多种因素影响，中心城区部分河流水体黑臭、水质超标问题突出，水环境质量亟待改善提升。经调查，排入村居沟渠、细小支流等的村镇生活污水，局部区域畜禽养殖废水，以及沿线工业企业偷排直排污水等是造成河流水体黑臭的主要污染源。临沂市中心城区水环境综合整治工程将农村治污与城镇治污并重、点源治理与面源控制并重，确立了环境质量改善为核心的绩效关联捆绑实施模式，该项目包括涑河河道整治工程、青龙河河道整治工程、陷泥河河道整治工程、柳青河河道整治工程、祊河河道整治工程、李公河南京东路主污水管线工程和大学城污水处理厂尾水人工湿地深度净化工程等，通过工程捆绑实施，实现了处理后的污水变成中水后再补充到河流中，同时实现了就近利用中水洒水、城市绿化的作用，万亩荷塘等人工湿地工程集污水治理、中水利用、节能减排、生态恢复、旅游观光、就业增收为一体，处理后的尾水用于灌溉、养鱼等，既解决了周边污水横流问题，又改善了周围环境。该项目涉及截污纳管、黑臭水体治理、湿地公园、河道周边景观改造等诸多市政领域，项目以 6 条黑臭水体的水质改善作为绩效考核目标，将水质改善目标落实到项目实施主体。2018 年 1—8 月，工程涉及的 10 个国控、3 个省控断面考核指标均值达标率为 100%。黑臭水体治理项目存在区域环境技术集成的必要性和运营绩效压力，通过强化可用性付费和运营绩效的捆绑可实现长期运营绩效的刚性化，使专业水务运营公司的核心能力得以发挥。该项目要素之间的关联性较强，可实施性也较高，考虑了海绵城市、黑臭水体治理等难点领域的先试先行、农村供排水领域的尝试及思考、可用性服务费与运维绩效挂钩创新等，较具借鉴价值。

（2）南宁市竹排江上游植物园段（那考河）环境综合整治工程

那考河是南宁市 18 条城市内河之一的竹排江上游的支流，随着城市的发展、人口的增长，以及受多种因素影响，河流水体黑臭问题非常严峻。那考河上游沿河有 40 多个污水直排口，河道基本上成为纳污河，加上垃圾及施工弃土堆放挤占河道，河道行洪断面狭窄，行洪不畅，经常造成上游内涝，河流水质恶化。南宁市竹排江上游植物园段（那考河）流域整治 PPP 项目是广西首个采用政府与社会资本合作（PPP 模式）的流域整治项目，也是南宁市海绵城市建设示范区内的项目。项目治理主河道全长 6.35 km，投资约 11 亿元。该项目按照“控源截污，内源治理、活水循环、清水补给、水质治理、生态修复”的技术路径，将全流域的污水直排口和黑臭水体截流引入河道上游的污水处理厂进行处理，并经过生态湿地净化成为那考河的补充水源。通过项目捆绑实施，实现了水利、市政治污、园林景观、水生态、海绵化建设、信息化管理等内河整治各个环节的同步协调发展，也实现了水系上游与下游的水生态、水循环、水景观、水安全的有机统一，达到城市水环境与周边人居环境协调发展、人水和谐共生。项目采取“流域治理”和“海绵城市”的捆绑实施的建设理念，是水环境治理的 PPP 示范性项目。该项目采用 PPP 模式中 DBFOT（设计—建造—投融资—运营—移交）运作方式，无论是在项目建设还是运营阶段，捆绑实施模式有助于形成规模经济效益，如成本下降、人员专业化以及新技术的开发等。其成功经验主要包括：首先，改变了以往采取单一河道部分河段治理的分散治理模式，采用绩效关联捆绑实施模式，对流域内多条主河道及支流展开综合治理，实现全面统筹；其次，在传统的截污清淤、生态补水、堤防稳固等河道治理工程基础上，统筹纳入针对那考河的污水处理及市政排水管网工程建设，对已建污水处理厂实施提标改造、促进中水回用，此外对城区排水管网的雨污分流管道进行改造，提高污水收集率及处理率，实现“截污—治水—补水”等各类项目的关联互动。整体上，该项目采用污水处理业务为流域综合治理提供前端保障。污水处理厂在前端可净化污水、从源头阻止污水进入河道（中间湿地保障、末端曝气修复）；可针对污水排放采用深度处理，使出水达到地表Ⅳ类水，并作为生态补水。捆绑项目之间的关联性较强，可实施性也较高。

该项目在那考河干流及支流共设 4 个监控断面和 4 个监控点位，用于考核河道治理效果及污水厂运行状况。监控断面数据作为绩效考核依据，监控断面考核的各项指标每月抽检两次并取其平均值作为当月的成绩，防止偶然因素和为考核而突击维护；具体由政府方和项目公司共同委托环保监测中心，按照相关规定进行取样检测，期间发生的相关费用计入项目运营成本。根据《南宁市竹排江上游植物园段（那考河）流域治理 PPP 项目协议》及其附件《产出说明及绩效考核》的有关约定，河道运营服务费与考核结果挂钩，按季度付费。

目前，那考河的河道水质指标已接近或基本满足地表Ⅳ类水水质指标，河道行洪能力达标，明显提升了河道景观效果，借助那考河河道综合整治，带动了周边房产增值、土地升值，实现了综合效益。

3.1.3 实施建议

（1）开展同类型项目区域协同治理

针对农村环境综合整治项目规模小、布局分散、投资和运营成本高的特点，鼓励城镇和农村污水收集和处理、垃圾收集转运与处置项目以县（市、区）或乡镇为单元，优化整合项目，对同一区域内同类型项目整体捆绑推进，降低建设和运营成本，提高社会资本收益能力。

（2）开展同一绩效目标下多类型项目协同治理

在项目实施主体一致、项目规模适当的情况下，鼓励以区域或流域环境质量改善为目标，对同一区域/流域环境目标具有实质贡献的污水处理、垃圾处置、河道清淤、生态修复等多类型项目进行整体施策、协同推进，统筹山水林田湖草系统治理与修复，强化环境治理的综合效益，适应以环境质量改善为核心的环境管理要求。鼓励实施城乡供排水一体化、厂网一体模式开发建设，强化上下游产业链优化整合。

（3）项目捆绑实施要强调项目之间的关联性

对于由多个项目打捆实施的综合整治项目，在项目整合过程中要充分考虑项目之间的关联性，避免将相互之间缺乏绩效关联的项目整合成一个综合整治项目实施。避免以生态环境保护的名义，将与生态环境质量改善不相关的景观打造、广场建设等纳入项目中实施，人为拉大生态环境保护投资规模，降低投资效益。

（4）绩效关联捆绑实施项目的绩效目标要与区域环境质量改善目标要求充分衔接

环境 PPP 项目的绩效考核指标要充分考虑环境管理的特点，绩效目标的设定要充分考虑与区域环境质量改善需求的衔接，要更加强化结果导向而非过程管理，要更加强化环境质量改善而非仅仅达标排放，以确保政府对社会资本的绩效考核要求与环境管理要求方向相一致。此外，绩效目标的确定要充分考虑阶段动态性。按照相关规范要求，PPP 项目合作周期一般不少于 10 年，多则 30 年。在如此之长的项目合作周期内，环境质量改善目标具有阶段性的动态调整，短期内可能是实现环境质量一定幅度的改善，长期而言环境质量要与环境功能区目标要求相适应。绩效目标的设定不但要考虑目标的可达性，更要充分考虑不同阶段目标要求的动态性。

3.2 推行以环境治理责任落实为目标的建运一体 PPP 模式

3.2.1 模式内涵

政府和社会资本合作（PPP）是在基础设施及公共服务领域建立的一种长期合作关系。PPP 模式不仅是融资模式，更是公共服务供给和项目组织管理的创新模式，对提升公共产品和服务的供给质量与效率具有重要意义。

PPP 模式的应用与操作通常具有以下几个特征：①公共服务特征明显。PPP 项目本身通常具有服务公益性、自然垄断性、价格受管制等特点，其方式是通过公共部门购买私人部门提供的产品或者服务。②长期契约关系。PPP 项目具有长期性，合作期限一般在 10～30 年，PPP 模式更加强化项目的运营属性和运维绩效考核，公私双方通过合同对权利和义务关系进行明确，私人部门在此基础上达到服务或产品标准获得相应回报。③风险共担，利益共享。PPP 模式与传统方式的重要区别在于，PPP 模式中公私部门按照最有能力控制原则来分担风险，不仅能够有效地降低各自所承受的风险，还能加强对整个项目的风险控制。同时，根据风险收益对等原则，公共部分应给予私人部门相应合理收益补偿。④更高效率，实现物有所值。政府通过 PPP 模式将更专业的私人部门引进公共基础建设领域，私人部门更关注项目的可融资性和全生命周期的降本增效，充分利用其专业技能优势，以更少的资源，实现更好的产品或服务的供给，一方面体现了 PPP 模式更高融资效率、更高时间效率的优势，另一方面有效地降低政府财政支出，实现了项目的真正物有所值。

实施建运一体的 PPP 模式是适应当前以环境质量改善为核心的项目组织与管理的创新模式。主要优势体现在：①建设与运营无缝承接，保证公共服务的优质供给。社会资本充分利用自身的资金和技术优势，建设污染治理工程，建设完工并不代表任务完成，还要继续提供后期的运行管理服务。PPP 模式下的定期考核、定期付费的资金支付机制，将促进社会资本持续关注并提高运营效果，提高社会资本在项目合作全周期的积极性和项目的可持续性。②提高行业整体技术水平和运营管理水平。通过实施 PPP 模式，可充分发挥市场调节作用，引进良性竞争机制，有效地吸引有经验的承包商，更加强化专业性服务，提高项目整体技术水平和运营管理水平。③有助于转变政府监管职能，推进生态环境质量改善。PPP 模式有利于强化政府对 PPP 项目的持续监管，实现监管的制度化、规范化和常态化，促进政府履行职责，确保项目持续实施。总体来看，PPP 模式实现了从重建设到重项目全生命周期的转变，从而提高政府资金使用效率和污染治理效果。

从目前生态环境领域 PPP 项目实施情况来看，还存在以下几个方面的突出制约：①生态环境 PPP 项目与环境保护规划目标任务不衔接。表现在以景观打造、植树绿化等为主的项目对生态环境保护目标支撑不强，部分项目建设与当前环境保护重点不符。②鼓励和限制并存制约生态环境 PPP 项目实施。由于生态环境项目公益性强、投资回报机制不健全，大多项目以政府付费为主，在当前审慎开展政府付费类项目的要求下，有的地方甚至“一刀切”，但凡政府付费类项目均不予入库，使生态环境尽管作为重点推进领域但在项目入库中的准入门槛反而更高。③生态环境 PPP 项目入库周期普遍较长。污染防治攻坚战实施周期仅为 3 年，各地 PPP 项目由于大多固定时间审查，造成项目入库周期普遍较长，与生态环境 PPP 项目实施的时效性要求不匹配。④政府、社会资本等各参与方行动目标不一致。政府大多重视项目融资及项目建设，社会资本一般注重项目回报，均未将 PPP 项目运营的环境效果作为其考虑的出发点，造成部分项目实施中偏离规范要求，项目实施后的环境效果难以保障。⑤支持政策不协调、针对性不强。对 PPP 模式实质性支持的政策不具体、难落地。

3.2.2 典型案例

贵州省贵阳市南明河水环境综合整治二期 PPP 项目，是水环境流域治理领域的国内首例 PPP 项目。南明河是贵阳市的“母亲河”，位于长江上游生态敏感区，是贵阳市工业、生活和农业灌溉的主要水源，也是重要的行洪通道。贵阳市城镇化起步较晚，从 2004 年开始进入高速发展阶段，南明河沿河 200 多家工业企业及生活污水每天向河中排放大量污水，河水逐渐变差、变黑、变臭，南明河及上游市西河等支流水质变成劣Ⅴ类，河道丧失自然净化能力，严重影响了沿河居民的生产和生活。

通过采取 PPP 模式治理南明河，南明河流域污水处理率将提升至 95%以上，实现支流、干流水质及感官效果进一步提升，水生动植物种类明显增多，生态系统明显改善。通过实施PPP模式，有效推动政府观念和职能转变，重视项目组织保障；有效激励社会资本更加重视项目建设运营质量和水平；有效建立公众参与的全社会共治体系。

政府监管职能方面。政府转变观念，改变过去大包大揽、承担主体角色的做法，打破“条块分割、多头治水”的传统治理模式，从重投资、重建设到重运营和过程监管。项目前期阶段，严格审批项目建设方案、可研、初设、施工图等，确保项目建设科学、合理；项目招标阶段，重视设计、建设、运营、融资等综合实力的评审；项目建设阶段，聘请第三方跟踪审计机构对工程质量、造价、进度等实施全过程监管；项目运营阶段，根据相关合约建立全过程监管和绩效考核办法，将服务费支付与社会资本服务质量挂钩，并根据物价上涨指数，对服务的运营成本进行动态监审调整。

社会资本职责方面，通过建立政府监管的常态化管理机制和项目绩效考核机制，引导和倒逼社会资本从过去偏好工程建设向重视项目全生命周期的建设运维绩效的转变。项目前期阶段，社会资本充分结合南明河所在地的地形、地貌、土地资源特点，优化规划设计方案，在保证治理效果的基础上，有效节省管网收集系统等建设、征地投资约 11 亿元，每年节省生态调水费用1.58亿元，调水补水的运行电费约3 000万元，专业性体现出巨大的经济效应；项目建设阶段，通过引入社会资本，系统谋划、统筹推进河道整治、污水处理及资源化利用等系统工程，以大厂为中心，合理配置邻近小厂资源，大大提高投资、运营效率，降低了项目的全生命周期成本和建设周期；项目运营阶段，在绩效考核机制和动态调整模式下，社会资本高度重视项目运维效果，并持续通过技术创新、优化管理、提高效率等方式获得合理利润。

公众监督方面，为长期持续监督项目运转，政府开通“12319”环保投诉平台，通过社会群众和新闻媒体进行 24 小时实时监督，督促项目公司提供优质公共服务，确保政府付费有效利用。利用即将开通公众微信号“守护南明河”，公众可通过其了解南明河治理的最新进展、进行环保投诉、加入志愿者联盟等，呼吁更多的人参与南明河的保护。公众即是公共服务的受益者，也是环境治理的监督者，更是爱护环境、保护环境的践行者。使社会公众真正参与PPP项目监督，最终让老百姓享受到生态文明建设的成果。

3.2.3 实施建议

《中共中央 国务院关于全面加强生态环境保护 坚决打好污染防治攻坚战的意见》（2018年6月16日）中指出，要推进社会化生态环境治理和保护，采用直接投资、投资补助、运营补贴等方式，规范支持政府和社会资本合作项目。结合目前国家推进PPP模式的各项规范措施，在确保合法合规实施的前提下，基于生态环境PPP模式的目标导向、过程导向和问题导向，建议从以下五个方面力争实现生态环境保护领域PPP项目政策和机制的创新与突破：

（1）加强PPP对污染防治攻坚战目标的支撑

一是以打赢蓝天保卫战、打好柴油货车污染治理、城市黑臭水体治理、渤海综合治理、长江保护修复、水源地保护、农业农村污染治理七大攻坚战为重点，识别和明确大气污染治理、水污染治理、土壤与生态保护修复、智慧环保等领域作为推行PPP模式的重点领域。

二是重点支持对污染防治攻坚战目标支撑作用强、生态环境效益显著的项目采用 PPP 模式，优先支持中央环保投资项目储备库中的生态环境 PPP 项目纳入财政部 PPP 综合信息平台项目库。三是鼓励各地区结合污染防治攻坚战作战方案、生态环境保护规划以及项目储备库，制定 PPP 项目实施规划，做好项目储备，明确年度及中长期项目开发计划，确保生态环境 PPP 项目有序推进。

（2）优化生态环境 PPP 项目入库审查要求

一是加大对生态环境 PPP 项目入库支持。充分考虑生态环境 PPP 项目特点，在满足财政承受能力论证要求的前提下，不以政府付费作为生态环境 PPP 项目的入库限制条件。二是鼓励在城镇与农村生活污水处理、生活垃圾处置、污泥处置、畜禽养殖污染治理等领域采取资源化处理处置技术，拓宽收益渠道，降低政府付费依赖，推进付费方式由政府付费向可行性缺口补助转变。

（3）建立生态环境 PPP 项目入库评审绿色通道

着力解决由于 PPP 项目入库周期长而带来的实施时效性差问题。针对地方 PPP 项目大多在每年固定时间集中审查而造成入库周期长，进而影响生态环境 PPP 项目实施进度的问题，建立生态环境 PPP 项目入库评审绿色通道，缩短入库评审周期，做到即报即审，适应生态环境 PPP 项目实施的时效性要求。

（4）落实生态环境 PPP 项目各方主体责任

严格落实项目各方主体责任，倒逼参与主体行动目标一致化。一是对于促进政府方而言，要定期开展实施效果评估，生态环境 PPP 项目进入运营期后，定期开展阶段性评估，重点对项目绩效目标实现程度、生态环境公共设施和服务的数量和质量、资金使用、价格调整、项目运营管理、公众满意度以及政府方履约等情况进行综合评价，建立公开透明、奖优罚劣、追责问责的机制与动态调整机制，并将实施效果评估结果进行信息公开，倒逼政府重视 PPP 项目规范实施和运营环境绩效，真正实现 PPP 项目的物有所值。二是引导社会资本方重视生态环境 PPP 项目运维的环境绩效，严格落实按效付费机制，全面建立生态环境 PPP 项目按效付费机制，加大对运营维护效果的考核，将考核评价结果与可用性服务费及运营服务费挂钩，项目建设成本与绩效考核结果挂钩部分占比不低于 30%，倒逼社会资本方通过提高项目运维环境绩效获得合理收益。

（5）强化生态环境 PPP 项目政策保障力度

以价格、财政、金融等多种政策，多管齐下，支持生态环境 PPP 项目，着力解决政策不协调、针对性不强问题。一是以污水处理、垃圾处理、再生水、垃圾资源化、农村污染治理电价等为重点，完善价格机制与收费政策。二是加大财政资金对生态环境 PPP 项目倾斜支持力度，在中央环保投资项目储备入库、资金项目支持等环节，加大财政资金对生态环境 PPP 项目倾斜支持力度。三是优化财政资金支持方式，以运营补贴作为财政资金投入的主要方式，建立对生态环境 PPP 项目运营费用的滚动支持机制，进一步发挥财政资金引导作用，提高财政资金使用效益。四是创新金融支持，鼓励开发性、政策性金融机构金融支持，创新融资担保模式与金融产品。

3.3 创新以实现生态环境可持续发展为目的的 EOD 模式

3.3.1 模式内涵

EOD（ecology-oriented development）模式即为以生态为导向的发展模式。在我国现阶段，EOD 模式是以生态文明建设为引领，以新时代“生态+”为理念，以可持续发展为目标，以生态保护和环境治理为基础，以特色产业运营为支撑，以区域综合开发为载体，采取产业链延伸、联合经营、组合开发等方式，将饮用水水源地保护、地下水污染治理及修复、区域流域综合整治、生态修复与保护等公益性较强、没有直接收益但外部收益性较好的生态环境治理项目与供水、生态农业、林下经济、周边土地开发、生态旅游等有收益的产业融合，通过生态优化，聚集优势资源，带动区域环境、经济、社会价值提升，实现可持续发展。EOD 模式以新的理念和思路将生态建设、产业建设、创新金融手段有机融合，为城乡建设和产业落地提供保障，开创了生态环境保护可持续发展的新路径。

EOD 模式的核心在于将生态环境保护带来的外部经济性（周边资源的溢价增值）内部化，特征主要体现在：①EOD 模式以生态建设作为区域发展的首要任务，用优良的生态基底，吸引产业、人口的聚集，使区域整体溢价增值，实现生态建设、经济发展相互促进，推进绿色可持续发展，提升人民群众获得感和满意度，实现生态环境保护的外部经济性内部化。②EOD 模式重点在于找寻经济发展与环境保护之间的平衡点，把环境资源转化为发展资源、把生态优势转化为经济优势。③采取产业链延伸、联合经营、组合开发等方式，将公益性较强、没有直接收益但外部收益性较好的生态环境治理项目与有收益的产业融合，实现溢价增值部分对生态环境保护投入的反哺，解决环保公益性项目财政投入不足的突出问题。④以引入专业的项目承担单位作为重要的实施路径，吸纳社会投资，有效地提升生态、公共服务、产业建设和运营能力。

EOD 模式重点突破的问题包括：①EOD 模式旨在强调生态建设在城乡建设中的引领作用，解决了城乡建设、经济发展与环境的矛盾，实现人与自然的和谐统一；②创新了产业落地模式，改变粗放式的资源消耗发展方式，促进经济结构优化调整；③保护了生态环境，同时又让生态的价值得到最大的体现，解决了环保公益性项目财政投入不足，生态保护与环境治理难以持续的问题；④创新了项目运作模式，充分发挥市场主体的功能作用，引入多元化的投融资机制，改变政府负债型发展方式。

3.3.2 典型案例

库布齐沙漠治理与沙产业发展项目很好地体现了 EOD 模式的基本要求。库布齐沙漠是中国第七大沙漠，总面积 1.86 万 km^2。亿利集团围绕从沙漠到城市生态环境修复，大力发展“生态修复、生态工业、生态光能、生态牧业、生态健康、生态旅游”“六位一体”互促共进的生态产业，以生态产业发展弥补生态修复投入，实现了生态修复治理和一、二、三产业融合发展，为沙漠生态修复和产业发展蹚出新路子、锻造新模式。其中，在生态修复方面，通过引种、驯化、扩繁适宜沙漠干旱地区生长的沙柳、柠条、沙地柏、杨柴、花棒等 1 000 多个植物品种建立了种质资源库。创新“气流法植树”、豆科混交植物固氮改土、甘草半野生化栽培等 100 多种治沙栽培管理技术，提供从沙漠到城市的生态环境修复整体解决方案及工程技术服务。目前，已成功输出至科尔沁毛乌素沙地、河北坝上、新疆南疆、蒙古国等荒漠化地区。在生态工业方面，利用生物和生态技术，大力发展有机饲料、有机肥料等生态工业，形成低碳、循环、无污染的整体产业链。在生态光能方面，库布其一期生态光伏项目已并网发电，日发电 65 万 kW·h，治沙规模 300 hm^2。在生态牧业方面，充分遵循人与自然和谐相处的自然法则，按照“宜草则草、草畜平衡、静态舍养、动态轮牧”的原则，依托生态建设成果——沙柳、柠条、甘草、羊柴、花棒、沙打旺、紫穗槐、紫花苜蓿等高蛋白沙生灌木及草本资源，创新生物菌技术，规模化发展了有机饲料产业。同时以“公司+农户”的合作形式，在生态修复区适度养殖了牛、羊、地鹈等本土化畜禽，示范推进沙漠绿化、灌木平茬复壮、饲草化利用生态牧业建设，使“农、林、牧、草、畜”循环利用和良性互动发展。动物产生的粪便对沙漠土壤改良产生良好作用，经济效益与社会效益兼得。在生态健康方面，依托库布其围封补种和半野生栽培的 220 万亩 GAP 甘草基地和 30 多万亩苁蓉中药材，建立甘草、苁蓉等中药材规模化生产基地。在生态旅游方面，依托库布其国家沙漠公园特有的自然风光和生态建设成果，对库布其做进一步保护性开发，年接待旅客 20 多万人次。同时，库布齐沙漠相关旗区政府出台政策激发全社会共同参与治理。推行“掏钱买活树”的约束机制和“以补代造”“以奖代投”等激励机制，鼓励引导企业、农牧民通过承包、入股、租赁以及投工投劳等方式参与防沙治沙。

3.3.3 实施建议

目前，推行 EOD 模式存在四个方面的问题：一是以绿色生态为导向的发展思路有待强化贯彻；二是区域生态环境保护与产业发展统筹规划不够；三是区域各部门组织联动实施 EOD 经验不足；四是提供 EOD 服务的市场主体有待培育。地方政府推行 EOD 模式建议如下：

（1）转变观念，深化改革路径，创新突破体制机制

以绿色生态优先的理念推动生态环境治理与区域开发的 EOD 模式创新，应强调可持续发展的思路导向，需首先转变思想观念，深入理解“创新、协调、绿色、开放、共享”的新发展理念，通过体制机制改革创新，为 EOD 理念的落地生根创造条件。例如，如何以生态可持续发展为导向？如何根据生态发展的成果来构建回报机制？必须强调通过改革来推动发展，破除体制机制方面的制约因素，包括价格改革、环境产权改革、绿色资产价值评价机制的创建等。通过改革消除利益驱动机制，确保回归到可持续发展的轨道上。

（2）做好生态环境与城乡发展及产业体系的协同规划

典型 EOD 模式规划思路如图 1 所示，以 EOD 模式推动生态保护与环境治理，要跳出环保行业视野，坚持以系统性发展思路统筹生态保护与环境治理、产业开发与城乡发展空间规划，根据生态保护与环境治理需求、城乡发展空间布局、相关产业培育等进行系统性思考和整体谋划。目前，我国的生态保护与环境治理与城乡布局与产业发展严重缺乏系统规划，治污就是单纯的资金、技术、人力投入，产业发展就是急功近利追求效益。以城市污水处理为例，目前各地热衷于引入 PPP 模式开展城市排水基础设施项目建设，将注意力

放在城市排水项目上，不能将整个城市的水环境和涉水产业统筹考虑，并不能为居民提供一个良好的水生态环境，产业链的割裂也造成了巨大的资源浪费，迫切地需要做好水环境功能的整体设计，以及治污与发展的系统性规划。

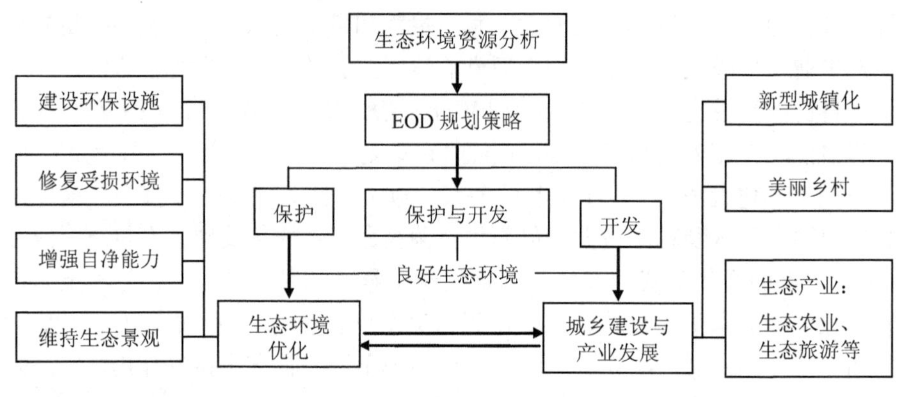

图 1　EOD 规划思路

（3）策划优质项目方案，强化财务筹划，注重实施联动

EOD 项目是发展项目（development project），不是商业项目（business project），因此应该按照发展项目的规律进行评价、筛选和运作。发展项目，或者叫开发项目，如世界银行（国际复兴开发银行）及亚洲开发银行支持的项目，应遵循一些共同的规则，要关注项目的发展导向，要从项目所带来的发展效果来评价项目自身的价值。EOD 模式强调生态环境治理作为城乡建设和产业发展的重要基础，是为城乡可持续发展服务的，项目本身也必须具备可融资性。同时，以生态为导向的 EOD 项目的市场化运作，必须要研究有关资源环境的价格成本形成机制，考虑生态资源的资产属性、价值判断、产权界定等重要概念，挖掘生态资产的经济价值，创新生态环保 PPP 项目的回报机制，推动绿色金融等融资工具的应用，促进 EOD 模式的健康发展。要从长远发展的战略视角来平衡生态环保 EOD 项目的投资回报，按照“谁受益，谁负担”的原则设计回报机制，要着眼于未来数十年乃至数百年的可持续发展目标导向，而不是寄希望于短期回收项目投资。其次，要通过 EOD 项目的实施整合各种资源，当地经发、规划、环保、住建、财政等部门协调联动，推动 EOD 项目高质量建设、高效率运营，促进区域的价值增高，同时，坚持保护性开发，避免打着 EOD 的名义过度开发。

（4）开展 EOD 模式试点，培育专业化、综合型环境服务企业

EOD 模式下，要求承担开发项目的企业具备综合的实力、专业化的技术水平、产业营运管理经验，并且具备开创的精神和资源整合能力，或者通过多家企业联合实施。鼓励现有环境治理和生态保护领域的龙头企业，联合相关产业优势企业，承接区域 EOD 项目。建议在资源开发区域、旅游景区等具备资源开发价值的区域，开展 EOD 模式试点，通过商业性、开发性资源配套，项目“肥瘦搭配”、捆绑实施，推进生态环境治理项目与生态旅游、生态农业、林下经济等相关产业深度融合，与乡村旅游、休闲娱乐、养老度假、观光农业，开发农家乐、渔家乐等经营性项目组合实施，在不同领域打造标杆示范项目，实现经营性项目对生态环境公益性项目的收益反哺，降低生态环境治理项目对政府付费的依

赖性。进一步总结推广试点经验，进行更大范围的推进。

3.4 探索以降低环境治理成本为主的多要素环境协同治理模式

3.4.1 模式内涵

环境多要素协同治理模式是指根据生态经济学、循环经济、系统工程等理论，以区域生态环境质量总体改善为目标，通过物质在不同要素治理工程之间的资源优化利用，实现水污染防治、大气污染防治、固体废物污染防治以及生态修复等领域一种或多种污染物的全过程多要素协同治理，从而实现降低污染减排成本、提高区域环境效益的一种生态环境保护工程实施与管理模式。其核心是在生态环境整体保护、系统修复的思想下，通过不同行业间相互利用污染治理副产品的合作关系，构建跨领域、多要素、全过程的环境治理共生网络，达到多种污染物的协同控制的效益高于单一污染物控制，从而实现低成本的区域生态环境综合治理与改善。

生态环境污染防治是一个跨领域、多要素、全过程的系统综合工程。环境协同治理能够推动技术进步、降低社会治理成本、提高区域总体环境质量改善效果。环境协同治理模式主要表现出以下特点：

（1）坚持全过程污染防控，推动环境技术进步

国家环保重大工程坚持清洁生产和全过程控制原则，有效地推动了全过程污染防控的技术进步，污染企业生产“源头—过程—末端”防控的清洁生产技术、污染物全生命周期过程防控的废物资源化循环利用技术、化学品和危险废物等风险管理与过程控制技术等全过程污染防控技术是当前和未来一段时期发展的重点。

（2）促进行业间协同合作，降低环境治理成本

协同治理既包括不同行业之间物质能源循环利用，也涵盖环保产业内部污染治理产物的再利用。通过生态环境保护及相关领域技术的创新融合，实现物质在不同领域的充分利用，既有效解决了上游环节污染物处理处置的场地、费用等问题，又可以减少下游环节污染治理的原料成本，提高环境效益。

（3）创新环境管理模式，明晰环境治理责任

协同治理过程中，将面临不同环节治理责任界定的问题，为减少或避免多协同主体之间存在的责任推诿的情况，培育区域生态环境改善系统解决方案供应商、开展环境综合治理托管，将是协同治理模式中管理的一大特点。

3.4.2 典型案例

（1）污染治理与生态修复协同——广西鸿生源污水厂污泥制剂与矿山土壤修复

广西地貌属喀斯特地貌，土地较为贫瘠，喀斯特石山砂石地分布广，废弃矿场点多面大，矿山土地修复任务艰巨。目前广西 109 座城镇污水处理厂污泥产量约为 3 000 t/d，但污泥无害化处理率仅有 60%左右。全区 14 个地级市城镇污水处理厂污泥有机质和氮、磷、钾含量较高；除个别城市污泥的锌含量轻度超标外，其他城市污泥的重金属含量均符合农

用泥质、园林绿化用泥质和林地用泥质标准。因此，开发一种将污泥好氧消化后进行土地利用的污泥资源化处置技术路线，符合广西污泥处理处置的现状与需要。从“十二五”末开始，广西鸿生源公司以微生物技术为核心开发了“污泥压滤+微生物处理及产物土地利用”的技术路线，通过用污水处理厂污泥制成的土壤调节剂修复改良相关土质，使经过改良后的土地逐步达到农业用地的不同标准。既解决矿山石膜化的问题，又实现污泥产物的资源循环利用，最终实现“让污泥来源于土地，让产物安全回归于土地”的目标。通过其自主创新的技术手段，污泥好氧发酵时间短、无恶臭，同比发酵周期可减少 5 d，每吨污泥处理成本降低 20 元，技术已实现工业化、产业化。2015 年，鸿生源公司建立了 3 个总占地面积为 2 000 亩的污泥产物土地利用试验示范基地。利用城镇污水处理厂污泥产物土地利用制备土壤调节剂，修复治理平果县太平镇内洪村的 2 000 余亩的废弃矿场，每亩施以约 6 t 营养土，使原来寸草不长、没有养分、不适合耕种的土地，得以增加了有机质、调节了酸碱度，土壤水分保养充足，复垦种植糖料蔗实现了高产，达到低成本治理废弃矿山或土地改良的目的。鸿生源把污泥处理处置产业与农民就地转移就业相结合，通过承租土地并雇用附近的农民务工，以“基地+农户”的模式，每年付给农民废弃矿地的租金，并雇用农民在修复改良后的土地里种植糖料蔗，所获得的收成也按一定的比例分给农民一部分，既解决了农民的就业生活问题，增加了农民收入，也推动发展了农村的产业，为振兴乡村战略的实施探索新路径。

通过污泥处理与矿山修复的有机结合，一是大大降低了污泥处理处置和土壤修复的成本，达到低成本治理废弃矿山或土地改良的目的；二是探索打通了“水、泥、土”的全产业链，在各个环节都具有良好的生态效应与经济效应，具有可持续性；三是实现了 A 级污泥产物可以用于农业土地改良，解决污泥产物的消纳和出路问题，突破了污泥土地利用“最后一公里”的瓶颈问题；四为探索治理广西废弃矿场和桂西北石漠化修复作示范试验，具有建设性意义；五是项目采用“公司+农户”合作模式，实现了生态环境治理和扶贫的有机结合与生态环境治理修复的产业化。

（2）跨行业环境治理共生网络——广西来宾造纸厂“白泥”固体废物与热电厂脱硫治理

造纸企业每生产 1 t 纸或 1 t 浆时，平均会产生 0.8～1.0 t 名叫“白泥”的固体废物。出于造纸厂处理白泥的成本及技术限制，多数企业将其择地填埋或堆放。随着雨水冲刷，白泥中的杂质会渗入地下，给周围的土壤及地下水资源造成严重的二次污染。来宾市每年的白泥固体废物约有 23 万 t，需使用占地约 300 亩的回填库方将其填埋处理，这些白泥的处理方式不但浪费了土地资源，而且造成了严重的二次污染。传统火电企业的脱硫技术石膏法所用的石灰石粉可用“白泥”固体废物替代，在相同的工况下，10 t 石灰石粉能达到的脱硫效果，白泥只用 8 t 即可达到，且生成的石膏品质完全相同。而白泥价格远低于石灰石粉，来源也比石灰石粉更加稳定，用白泥替代石灰石作为吸收剂，实现以废治废，达到白泥与二氧化硫双向治理和资源综合科学利用的目的，对企业自身节能降耗、提升经济效益意义非同寻常。实施白泥“以废治废“脱硫方式替代石粉脱硫后，在现有无偿使用、运输自理的模式下，电厂每年可节约脱硫成本约 1 000 万元；制浆企业处理白泥包括运输、填埋费用、租地费用约 25 元/t，每年可节约成本 575 万元。

“白泥废渣完全替代脱硫石粉”实现了不同行业副产品循环再利用，起到了“以废治废”的综合利用效应，在电力与造纸行业搭建起跨行业循环经济产业链。将造纸业的废物白泥巧妙运用于电厂烟气脱硫后，充分实现了资源的综合利用，不但有效减少了火电厂的能耗，降低了生产成本，提高了经济效益，而且带动了糖业废物资源再利用，促进了相关企业的健康可持续发展。白泥脱硫是“以废治废”的有效措施，在一定程度上它将创新来宾循环经济产业链，实现不同行业的循环利用，取得较好的环境效益、社会效益和经济效益。

3.4.3 推行建议

环境污染治理是一个综合过程，需要各个主体的共同参与，各施其力，形成合力。协同治理不是单向从合作或是简单的协调意义上理解，而是一种基于合作与协调更深程度的伸展，是一种比合作与协调更高层次的多元主体集体行动。联合协同治理的多元主体，落实各自具体责任，有效发挥各自功能，形成环境污染治理的共生网络。目前，协同治理模式的推广应用面临着以下问题：一是不同行业间物质循环利用空间仍需不断探索，污水、固体废物等资源化再利用空间可进一步提高；二是协同治理模式管理创新不足，多行业间的协同以传统的经济生产为主；三是区域环境治理效果责任主体不明确。

（1）加强生态修复与污染治理技术创新，突破不同环境要素间环境协同治理的技术屏障

随着污染物协同控制的现实需要不断凸显，多要素、跨领域之间的环境协同治理与生态修复的技术研发、工程设计是重点研发的方向。区别于传统的以单一污染物减排为目标的单项技术研发，目前急需开展的是基于“多污染物系统控制”目标的系统性工程技术研发。区域环境协同治理技术路线专注的是不同领域、不同要素生产过程各环节的有效控制和相互匹配，而不是单纯的“末端治理”，达到总体技术经济性能优良。以“系统控制”思想为指导，创新大气污染防治、水污染防治过程中产生的固体废物资源化利用技术，加强研发生活固体废物与危险废物的安全处理处置与减量化技术，充分挖掘生态修复过程中的新技术利用。在区域生态环境治理与修复过程中，模拟自然生态系统，在不同环境要素、不同行业间建立“生产者—消费者—分解者”的物质循环技术网络。深入研发生态环境治理与修复过程各环节废弃物资源化利用技术，增强高效可靠的关键设备研发与应用的力度，不断提高污染治理与资源化利用的经济可行性。

（2）以降低治理成本为动力，延展资源循环利用链条，构建环境治理共生网络

环境治理共生网络是不同行业之间基于技术经济关联性形成的环环相扣的物质—能量循环再利用的状态描述。环境污染跨领域协同治理就是将不同行业间或各企业内部从源头到终端的各个环节密切相连，视为有机联系的可控整体，从源头开始对环境治理共生网络各个环节的污染物质进行有效掌控和协同防治。通过技术创新，实现不同环节物质的排放的减量化、资源化，充分探索并构建“大气污染防治—水污染防治—固体废物污染防治—生态修复”协同治理共生网络，寻求物质闭环循环、能量多级利用和废弃物减量化、资源化。改变不同行业之间或不同要素污染治理各环节被人为割裂的“散点式”污染防治模式，在不同行业各个生产环节开展环境污染治理的系统协作，是环境污染协同治理的重要方式。构建区域生态环境协同治理共生网络，能够更好地实现不同行业各个生产环节的清洁生产，有利于克服区域内单一治理主体的能力不足，培育其综合治理能力；有利于理顺

区域内多元治理主体的协同关系，提升区域生态环境治理效力；有利于整合以及合理配置区域内多元要素，促进区域生态环境要素合理流动，实现区域生态环境的可持续发展。

（3）试点开展环境综合治理托管模式试点，创新协同治理模式管理思路

以改善环境质量为核心，遵循减量化、再使用和再循环原则，在小城镇、园区开展环境综合治理托管服务模式试点，探索全区域、全过程的多介质、多要素、多领域协同处理处置技术及模式，涉及系统解决方案、工程建设投融资、设计与施工、调试运营及后期维护管理等长周期的系统服务，服务付费与环境质量改善或污染减排效果挂钩，推进建立环境服务绩效评价考核机制，促进建立区域环境综合治理和环境服务业发展新机制。

强化政府的顶层设计，环境治理项目部署时充分考虑生态系统的整体性和系统性，区域环境保护规划与产业规划应统筹考虑区域污染物的协同治理，构建生态环境治理共生网络。构建多元主体参与的协同治理模式，强化政府各部门的协同联动，充分发挥社会力量在资金、技术、市场、管理等方面的优势，各方形成合力，共同推进区域的环境质量改善。开展区域环境污染全过程一体化治理探索，构建并打通环境治理产业链，充分发挥在链条化、协同化、信息化管理的优势，提出区域生态环境协同治理方案，有效降低区域环境综合治理成本、减少治理孤岛效应、增强监管准确度，为区域提升整体环境治理水平，更好更快地实现环境治理目标，发挥积极的作用。

（4）培育综合服务龙头企业，提供系统性解决方案。

环境服务业正从以往单一要素、单一环节的服务逐步发展为环保产业上下游及横向整合，提供多要素、多领域协同治理的一站式服务的综合环保服务模式转变，对环保企业的综合服务能力要求进一步提升，缺乏核心技术和创新能力企业将逐步淘汰退出。要大力提升环保企业提供环境咨询、工程、投资、装备集成等综合环境服务的能力，鼓励环保企业为流域、城镇、园区、大型企业等提供定制化的系统环境解决方案和综合服务。鼓励环保企业紧跟世界科技发展趋势，注重大数据、人工智能技术、生物、新材料等新技术与生态环境保护领域的产业融合，支持环保企业通过兼并、联合、重组等方式延伸产业链条，为用户打造综合解决方案，从而提升环境服务能力。瞄准未来环境技术发展制高点，加强技术力量储备，坚持“引进来”“走出去”，消化吸收再升级，真正产生中国环境保护的自主创新技术。大力培育环保企业的“工匠精神”，引导环保企业专业化、精细化发展，形成一批拥有自主知识产权和专业化服务能力的专精特新企业。

3.5 实施以提高资金使用效率为目标的按效付费模式

3.5.1 模式概念

按效付费模式是一种与项目产出绩效相挂钩的付费模式，是一种以结果为导向的合同机制。按效付费模式一般由绩效考核或评价体系、监测与报告体系、付费标准三部分构成。绩效考核或评价体系是实施按效付费的基础，是绩效考核工作开展重要工具方法，包括绩效指标、绩效目标和绩效评价方法。绩效监测与报告系统为绩效考核或评价提供基础信息，是绩效考核或评价的科学基础。依据绩效监测与报告系统，在项目运营过程中，政府或者

委托的第三方对绩效指标及有关内容进行监测和报告，并定期对社会资本的投资治理和运行效果进行评价。按效付费标准是根据项目绩效考核结果的不同设置不同的付费标准，是按效付费机制的关键构成。

实施按效付费模式能够节省费用、实现风险共享、提高、激励创新、实现可持续管理、提高项目的灵活性和透明度，是提高项目效果、资金使用效益的重要机制。近年来，随着环境污染治理第三方治理和PPP模式的实施，按效付费机制在国内越来越受重视。

3.5.2 典型案例

目前，按效付费模式已在美国、澳大利亚、新西兰、英国、芬兰、阿根廷、巴西、乌拉圭等国家广泛应用，并在提高项目效果、资金使用效益发挥了积极作用。例如，巴西污水处理厂项目，1999年，巴西全国污水收集率不足50%，处理率仅有1/3。2001年，国家水利局启动流域清洁计划，激励废水处理投资（包括新建项目和改扩建项目）是其目标之一。考虑到过去废水处理领域的投资浪费行为，国家水利局采用按效付费方式为正在提供服务的废水处理厂支付补贴，而不是支付工程建设。合同价格基于项目预期的最终环境效益（污染物的去除），这个做法激励了废水处理投资建设者优化项目建设，降低项目建设成本，维持良好的项目运营，提高项目效益。每个项目的资金存在国家托管账户上，如果项目不能够满足支付的绩效指标，资金自动返回到国库里。2001—2009年，流域清洁计划实施了42个废水处理项目，仅有5%的项目没有按时完工，大大减少了各类污染物的排放，受益居民达600万，计划非常成功。

按效付费模式在国内刚刚起步，浙江、江苏、山东、广东等发达地区较早地在农村污染治理、河道治理、工业污染第三方治理等领域开展了按效付费实践。例如，宁波内河治理实施的“按月考核、依效付款”按效付费模式。2011—2012年，宁波市在主要景观河道、一般河道、城中村河道三类9条河道上开展水质长效提升试点工作，实施按效付费模式，随后逐步扩大试点范围。水质长效提升机制采取了政府购买服务+按效付费模式，推行全面市场化运作。由城管局城区内河管理处按照“一次招标、三年维护，第三方监测”的方式，公开招标确定水质监测单位和维护单位，各区内河管理单位按照考核办法和第三方水质监测数据，对水质维护单位进行考核，考核内容包括水质提升程度、运行管理费用、设施设备初期投资费用等方面，考核合格后再支付水质维护提升费用。自2011年实施按效付费模式以来，水质提升初见成效，主要内河水质在逐年好转，水体黑臭现象基本消除。水质定期监测的数据表明，河道COD、氨氮、总氮、总磷等污染物出现大幅下降，最为直观的水体透明度也有了明显的提升。

3.5.3 实施建议

国内推进按效付费模式仍存在一些问题，包括对按效付费的认识存在偏差、考核内容与指标设置不合理、治污成本与治污效果的评价标准与评估机制尚不健全、考核过于频繁、缺乏激励等。为此，提出以下推进建议：

（1）加强生态环保领域按效付费模式的全过程研究

针对农村污水治理、垃圾收运、河道治理、工业污染治理等细分领域分别研究建立绩效考核内容、指标体系建立原则及指标参考体系，确保不同类型项目绩效考核指标具备针对性、系统性、可行性。研究建立不同细分领域绩效跟踪监测与报告机制，包括监测内容、方法与频率、报告内容与报告频率等，为按效付费模式过程实施提供支撑。科学制定细分领域绩效考核办法，强化付费标准的“奖优罚劣”原则，并将其与资金支付进行紧密挂钩。

（2）生态环境领域 PPP 项目建立环境部门与财政、发改等部门的联审机制

地方政府要在环保 PPP 项目实施方案与物有所值评估审查等环节强化环保部门的参与。环保部门要结合本地区污染物排放标准、总量控制要求和环境质量改善要求，对环保 PPP 项目按效付费机制设立情况进行综合评估，并对环保 PPP 项目实施方案与物有所值评估实行一票否决。环保 PPP 示范项目与推介项目评审要强化绩效审查。不断提高环境保护领域 PPP 示范与推介项目准入门槛，强化项目实施后的环境效果，将环境绩效考核体系合理性和按效付费模式建立情况作为审查的重要内容。对于尚未考虑绩效考核或按效付费机制不合理的环保 PPP 项目，不予示范或推介。

（3）在按效付费模式试点工作基础上全面推行按效付费模式

重点在河道治理、农村污水治理、垃圾收运及处理、工业污染治理等领域实施按效付费试点。积极借鉴研究成果针对具体项目优化绩效考核指标体系设计、监测与报告系统、考核标准等，检验按效付费考核评估机制。根据试点结果，编制发布按效付费模式的典型成功案例，加大宣传力度和信息公开，推广成熟经验及做法。待条件成熟后全面实施以提高资金使用效率为目标的按效付费模式，全面推行绩效考核评价，将按效付费作为生态环境治理项目主要付费机制。

（4）加强对实施按效付费项目的政策引导和支持力度

中央财政下达各地的环保专项资金、国家专项建设基金等要优先对按效付费机制设计完善、实施后环境效果较好的按效付费项目给予倾斜支持。对政府实施的生态环境治理项目，公共财政资金的支付必须同治理绩效挂钩，逐步将运营补贴作为环保专项资金的主要使用方式。切实扭转重建设、轻运营的局面，实现环保工程项目由“买工程”向“买效果”转变，倒逼项目质量和资金效率的提高。

4 生态环境保护重大工程配套财政资金使用优化建议

建立与当前环境质量改善为核心相适应的生态环境保护重大工程项目实施与管理模式，需要同步优化目前财政资金使用管理方式，以确保项目实施管理与资金使用政策相协调。

4.1 健全环保投资项目储备制度

结合目前正在开展的《水污染防治行动计划》《土壤污染防治行动计划》《打赢蓝天保卫战三年行动计划》《农业农村污染治理攻坚战行动计划》等，以打好污染防治攻坚战为目标，提前谋划大气、水、土壤、农村环保、山水林田湖生态工程等领域重大工程项目。

建立规范的项目储备制度，加强工程项目储备统筹，充分考虑绩效关联捆绑、环境协同治理、EOD 模式等，自上而下开展项目谋划，避免自下而上堆积项目，由此造成项目分散、资金分散。尽快开展重大工程项目立项，扎实推进前期工作，加快储备一批对污染防治攻坚战支撑作用显著、环境效益良好的重大工程项目。建立环保投资项目储备平台，加强项目实施的全过程管理，建立项目储备约束机制，做到“无储备无资金、多储备多得补助资金”，倒逼地方提前做好项目储备。加强专业技术指导与培训，提高地方项目管理能力，指导各地项目入库工作，提高项目申报质量。制定关于加强生态环境保护重大工程项目实施管理的指导意见，明确项目实施管理要求，加强对重大工程项目实施的指导，提高项目实施的环境效果。

4.2 优化财政环保专项资金使用方式

《国务院关于创新重点领域投融资机制鼓励社会投资的指导意见》（国发〔2014〕60 号）、《中共中央　国务院关于全面加强生态环境保护　坚决打好污染防治攻坚战的意见》、《关于政府参与的污水、垃圾处理项目全面实施 PPP 模式的通知》（财建〔2017〕455 号）、《关于推进水污染防治领域政府和社会资本合作的实施意见》（财建〔2015〕90 号）以及正在制定的《关于推进生态环境领域政府和社会资本合作，助力打好污染防治攻坚战的实施意见》均提出了逐步以运营补贴作为财政资金投入的主要方式。同时，随着污染治理存量设施的不断增加，运行维护资金需求增大，为强化建设运维效果，适应按效付费机制、PPP 模式、政府购买服务等新模式的要求，积极推进财政资金以建设补助为主的使用方式的转变，综合采用财政奖励、建设补助、资本金注入、运营补贴、政府付费等方式，推进财政资金由“买工程”向“买服务”“买效果”转变，提升财政资金使用效率。加强财政环保专项资金对 PPP、环境污染第三方治理、EOD 模式、环境综合治理托管模式等模式创新的支持，在项目储备入库中予以倾斜，充分发挥财政资金对构建多元化投融资格局的引导作用，逐步建立吸引社会资本投入生态环境保护的市场化机制。

4.3 加强财政环保专项资金绩效考核

建立健全资金使用的绩效考核体系，实施以绩效为导向的全过程管理。完善各专项资金绩效评价制度，建立大气污染防治、土壤污染防治、农村环境整治、重点生态保护修复治理等专项资金绩效评价制度，定期开展财政环保专项资金支持项目的绩效评价工作。完善绩效评价结果反馈与应用渠道，强化评价结果与资金分配机制的挂钩，拓展绩效评价结果反馈与应用途径，加强对大气污染防治、水污染防治、土壤污染防治、生态保护等领域政策制定的支撑。通过系统科学的绩效管理，不断提高投资决策水平和项目管理水平，促进环保投资绩效的不断提升。

4.4 优化财政环保专项资金分配方式

资金分配中加强与各地区污染防治攻坚任务的衔接，加大对项目储备情况较好地区的倾斜，确保项目环境效益与中央既定环境目标的符合性、一致性，强化资金的合力并突出资金使用重点，解决以往项目遍地开花、预期效益与实际效果落差较大的局面，避免在范围上过散、在项目上过全、在资金分配上过于注重平均性等问题。建立基于绩效的财政资金分配方式。打破资金原有分散疲软格局，建立基于绩效导向的专项资金分配机制与奖惩机制，在资金分配建议中将项目实施绩效作为资金因素分配的考虑因子，将项目实施成效与地方资金安排、项目投资补助额度、竞争立项等挂钩，建立联动机制。

参考文献

[1] OECD. Guidelines for performance-based contracts between water utilities and municipalities-Lessons learnt from Eastern Europe，Caucasus and central Asia[R]. 2011.

[2] Hyman W A. Performance-based contracting for maintenance-a synthesis of highway practice[R]. 2009.

[3] Gunter Zietlow. Implementing performance-based road management and maintenance contracts in developing countries - an instrument of German technical cooperation[R]. 2004.

[4] 王金南，逯元堂，程亮，等．国家重大环保工程项目管理的研究进展[J]．环境工程学报，2016，10（12）：6801-6808.

[5] 王金南，逯元堂，程亮，等．国家环境保护重大工程管理：模式与展望[J]．重要环境决策参考．2017，9（13）．

[6] 何军，逯元堂，徐顺青，等．国家重大污染治理工程实施机制研究[J]．环境工程．2017，12（35）．

[7] 简迎辉，包敏．PPP 模式内涵及其选择影响因素研究[J]．项目管理技术，2014，12（12）：24-28.

[8] 宋玲玲，程亮，孙宁．DBO 模式在污水处理行业的应用研究[J]．中国环境管理，2016，8（4）：96-100.

[9] 查勇，梁云凤．在公用事业领域推行 PPP 模式研究[J]．中央财经大学学报，2015（5）：19-25.

[10] 财政部政府和社会资本合作中心，E20 环境平台．PPP 示范项目案例选编——水务行业[M]．北京：中国财经出版传媒集团，2017：126-163.

[11] 姜爱华，刘家豪．PPP 项目实施过程中的财政激励约束机制研究[J]．烟台大学学报（哲学社会科学版），2017，30（4）：100-107.

[12] 宋连朋，魏连雨，赵乐军，等．我国城镇污水处理厂建设运行现状及存在问题分析[J]．给水排水，2013，39（3）：39-45.

[13] 李学锋，包红霏，赵伟．中国对外工程承包行业存在的主要问题和对策研究[J]．沈阳建筑大学学报，2015，17（4）：389-394.

[14] 汤爱萍，万金保，李爽，等．环境系统工程在农业非点源污染控制中的应用[J]．江苏农业科学，2013，41（6）：353-356.

[15] 杨郁琼．试论环境系统工程现阶段的实践方向[J]．系统工程，1989（5）：68-70，73.

[16] 叶玉瑶，张虹鸥，周春山，等．“生态导向”的城市空间结构研究综述[J]．城市规划，2008，32（5）：69-74．

[17] 陈海涛．生态导向发展模式（EOD）下的城市绿地系统规划应对策略研究[D]．武汉：华中科技大学，2012.

[18] 范媛．EOD 模式如何引领新时代生态文明建设[N]．中国经济时报，2018-01-15（5）.

[19] 李开孟．以 EOD 理念推动城市排水领域 PPP 模式创新[J]．城乡建设，2018（14）：8-11.

[20] 王闻，赖文波，王崇宇．EOD 模式下乡镇旅游发展景观规划策略初探——以神农架新华镇为例[J].建筑与文化，2017（6）：167-168.

[21] 陈宏能．PPP 项目绩效评价机制应以目标为导向[J]．中国投资，2017（15）：84-85.

2017 年全国涉水行业排污许可证发放管理评估研究

Study on the Management Evaluation Issuance of Pollutant Discharge Permits for Nationwide Water-related Industries in 2017

叶维丽　薛鹏丽[①]　张文静　王　东　刘雅玲　韩　旭　郭黎卿　彭硕佳　高　涵

摘　要　2017 年，造纸、电镀、纺织印染、原料药制造、制革、农药制造、制糖、氮肥等涉水行业陆续发布了行业排污许可证申请与核发技术规范，开始排污许可证的核发管理工作，截至 2019 年年底已经核发排污许可证 15 万张。本研究以造纸行业为重点，结合其他涉水行业许可证发放管理情况进行调查与评估，认为以行业为单元的排污许可证管理体系基本建立，排污许可法律法规及制度设计已初步成型，但是造纸行业企业对排污许可证管理认识依然不足，企业认为排污许可申报信息过于复杂，企业环保管理水平难以满足许可证精细化管理要求，履证排污普遍存在困难。涉水行业排污许可证实施在制度设计与管理执行层面也存在诸多问题，主要体现为偏重涉气管理，间接排放、雨水排放、节水等排放问题未妥善解决，持证履证排污的监管及宣教不足等。研究建议涉水行业排污许可管理应注重排污过程，强化涉水行业特征，尽快从“发证管理”转变为“持证管理”。

关键词　排污许可证　涉水行业　固定源　环境管理　污染减排

Abstract　In 2017，water-related industries such as papermaking，electroplating，textile printing and dyeing，bulk pharmaceutical manufacturing，leather manufacturing，pesticide manufacturing，sugar and nitrogen fertilizer successively issued technical specifications for application and issuance of pollutant permit，and began the administration of the issuance of pollutant permits. By the end of 2019，150 000 pollutant permits had been issued. With the emphasis on the paper industry，and in combination with other wading pollutant permit management situation investigation and evaluation，we consider the pollutant permit management system based on industry as a unit has been basically established，the laws and regulations of pollutant permit design is preliminary already forming，but paper industry enterprises still insufficient understanding of pollutant permit management，enterprise think the application information of pollutant permits is too complex，the level of environmental management is difficult to meet the

① 中国轻工业清洁生产中心，北京，100012。

requirement of pollutant permit that review common difficulties. There are also many problems in the system design and management implementation of pollutant permit for water-related industries, mainly reflected in the emphasis on gas-related management, indirect discharge, rainwater discharge, water saving and other discharge problems have not been properly resolved, and lack of supervision and education of pollutant permit. We suggests that the management of pollutant permit for water-related industries should focus on the process of pollutant discharge, strengthen the characteristics of water-related industries, and it batter change from "license-issuing management" to "license-holding management" as soon as possible.

Keywords pollutant permit, water-related industries, stationary source, environmental management, pollution reduction

国务院《控制污染物排放许可制实施方案》印发以来，按照《固定污染源排污许可分类管理名录（2017年版）》要求，2017年，造纸、电镀、纺织印染、原料药制造、制革、农药制造、制糖、氮肥等涉水行业陆续发布行业的排污许可证申请与核发技术规范，开始排污许可证的核发工作。截至2017年12月31日，共计核发涉水行业排污许可证12 139张，其中造纸行业排污许可证3 048张，其他涉水行业排污许可证9 091张。截至2019年，造纸行业排污许可证是涉水行业排污许可证中发放最为完整、实施时间最久的，因此本研究主要以造纸行业为例，辅以其他行业相关情况分析，对涉水行业排污许可证发放管理情况开展了调查与评价，总结排污许可证核发管理过程中存在的问题，形成相关对策建议。

1 排污许可制度改革情况概述

通过2016—2017年环境保护部密集发布的各项法律法规规章文件，排污许可制度从法律法规及制度设计方面已经初步成型，构建了以行业管理为单元的固定源管理体系，规范了排污单位自行监测要求，初步建设了具备申请、核发、信息公开功能的管理平台系统。

1.1 法律法规

2015年1月1日《中华人民共和国环境保护法》修订案发布生效；同年《中华人民共和国大气污染防治法》修订，于2016年1月1日起生效；2017年6月，《中华人民共和国水污染防治法》修订生效。这三部法律的修订案均明确规定，国家实行排污许可管理制度，企事业单位和其他生产经营者应当按照排污许可证的要求排放污染物；未取得排污许可证的，不得排放污染物。这奠定了排污许可证的固定污染源管理核定地位，为排污许可制度的改革与建设提供了强有力的法律支撑。

2016年11月国务院办公厅发布《控制污染物排放许可制实施方案》（国发〔2016〕81

号），成为排污许可制度改革的纲领性文件，揭开了以行业为单元的排污许可证申请与核发体系建设的帷幕。此后，环境保护部密集发布了系列文件，从制度设计、行业管理、监督监测、系统建设等角度对排污许可制度改革提供了管理支撑。

1.2 制度设计

制度设计方面，环境保护部于2016年年底发布《排污许可证管理暂行规定》，对排污许可证的内容、申请与核发程序、实施与监管要求等进行了规定，并规范了企业承诺书、排污许可申请表和排污许可证样式。2018年1月，环境保护部发布《排污许可管理办法（试行）》（环境保护部令第48号），对排污许可证的申请、核发、执行以及与排污许可相关的监管和处罚等行为进行了更为详细的规定。

《排污许可管理办法（试行）》明确规定了排污许可证申请与核发的管理权限、管理平台、核发程度，明确了排污许可证申请、审核、发放的完整周期以及变更、延续、撤销、注销、遗失补办等各种情形，对一些排污许可证申请与核发实践开展以来悬而未决的问题提出了解决之道，进一步完善了排污许可管理体系。远期，正在编制的《排污许可条例》将成为排污许可制度的指导性法规文件。总体来看，排污许可制度的法规制度已经初步形成。

1.3 行业管理

排污许可制度的改革是以工业行业为基本单元的。2016年，环境保护部在造纸、火电两个行业试行编制了排污许可证申请与核发技术规范，首次对行业的排污许可证申请、核发相关细节进行了规定。两份技术规范首次确立了以排污单位基本情况、产排污节点及许可排放限值、污染防治可行技术、自行监测管理要求、环境管理台账与执行报告要求、实际排放量核算方法、合规判定方法为主体的技术规范体例，该体例已经覆盖了排污许可申请、核发、管理中的重要节点，对企业申请许可证以及按证排污有重要指导意义。仅2017年，环境保护部发布了钢铁、水泥、石化、平板玻璃、焦化、电镀、纺织印染、有色金属冶炼、原料药制造、制革、农药、制糖、氮肥13个行业的排污许可证申请与核发技术规范。这些行业技术规范以国家标准的形式发布，沿袭并完善了造纸、火电排污许可技术规范奠定的技术框架与内容，为排污许可证将来按照行业开展精细化的固定源管理奠定了基础。

1.4 自行监测

固定污染源的自行监测是本次排污许可制度改革中的重要内容之一，也是体现固定污染源持证排污、按证排污的重要凭据。在文件制定方面，环境保护部于2017年4月连续发布了《排污单位自行监测技术指南　总则》《排污单位自行监测技术指南　造纸工业》《排污单位自行监测技术指南　火力发电及锅炉》三项监测技术指南，成为指导排污单位开展自行监测的重要文件。其中，《排污单位自行监测技术指南　总则》规定了所有排污单位开展自行监测的基本要求，包括了监测点位、监测频次、监测方法、采样方法、监测记录等各方面要求，为排污许可相关管理中的自行监测要求提供了技术指导与实施路径。自2017年4月以来，制革、制药、纺织印染等行业的排污单位自行监测技术指南也在陆续编制并征求意见中，行业监测要求的逐步完善为排污许可证按证排污、合规判定奠定了重要的监管基础。

1.5 平台系统

2017年，全国排污许可证管理信息平台上线，作为全国开展排污许可证申请与核发管理的唯一平台，该平台分为企业端、管理端与公开端。排污单位通过信息平台企业端可进行网上申报、申请许可证前的信息公开、许可证信息公开以及注销、撤销、遗失声明等公告行为；环境部门可通过信息平台管理端对排污单位的申请进行审核、批复，核发排污许可证；公众则可以在平台公开端上查询到排污单位排污许可证副本的所有信息。该平台是环境保护部首次将业务全流程在网上公开办理的尝试，开创了环境管理信息公开的先河，对固定源的环境管理具有历史性的突破意义。

2 造纸行业排污许可证核发状况分析

本章节从核发对象以及发证企业的数量、空间分布、许可排放量等角度对造纸行业排污许可证核发的数量情况进行了分析。同时对湖南、四川、河北、山东等造纸行业重点省的核发情况进行了案例调查。

2.1 核发数量分析

2.1.1 核发对象确定

根据《固定污染源排污许可分类管理名录（2017年版）》（环境保护部令第45号），造纸行业排污许可证发放的覆盖范围如表1所示。目前造纸行业发放排污许可证的对象为：所有制浆、造纸及浆纸联合企业、2015年环境统计范围内的纸制品企业。纳入2015年环境统计数据的约1 000家纸制品制造企业[①]，主要产品类型为物理加工、复合及浸渍纸制品，其水污染物排放相对较少，实行简化管理。

① 数据来源：2015年环境统计数据库。

表 1　目前我国造纸行业排污许可证的发放对象

序号	行业类别	实施重点管理的行业	实施简化管理的行业	实施时限
20	纸浆制造 221	以植物或以废纸为原料的纸浆生产		2017 年 6 月
21	造纸 222	纸浆或者矿渣棉、云母、石棉等悬浮在流体中的纤维，经过造纸机或者其他设备成型，或者手工操作而成的纸及纸板的制造（包括机制纸及纸板制造、手工纸制造、加工纸制造）		2017 年 6 月
22	纸制品制造 223		有工业废水、废气排放的纸制品制造企业	纳入 2015 年环境统计范围内的 2017 年 6 月实施；未纳入 2015 年环境统计范围内，但有工业废水直接排放或间接排放的 2020 年实施

2.1.2　发证企业数量分析

2015 年全国造纸行业企业约 4 180 家，主要分布在广东、山东、浙江、江苏、福建、河南、湖南、河北、重庆、安徽、天津、湖北、广西、四川、江西和海南 16 个省（区、市），产量合计 10 226 万 t①，占全国纸及纸板总产量的 95.5%。

2017 年 6 月 30 日造纸行业排污许可证填报截止日，造纸和纸制品业（C22）发放 2 618 张排污许可证，其中包括 2 178 张制浆、造纸及浆纸联产企业，440 张实施简化管理的纸制品企业②。截至 2017 年 12 月 31 日，已有 3 048 家造纸和纸制品企业完成排污许可证的核发工作③，约占 2015 年环境统计造纸和纸制品企业的 72.9%。部分造纸企业由于位于法律法规明确规定禁止建设区域内、属于国家或地方已明确规定予以淘汰或取缔的企业等原因，未核发排污许可证。

2.1.3　发证企业空间分布

2015 年全国纳入环境统计的造纸和纸制品企业共计 4 180 家，其中企业数量分布较多的省份为广东（619 家）、浙江（463 家）、湖南（344 家）、四川（271 家），约占全国的 40.6%；污染物排放量较多的省份为广东、山东、湖南、浙江（化学需氧量、氨氮、总氮、总磷四项污染物综合考虑）。

从各省份分布来看，填报与申请造纸和纸制品企业排污许可证较多的省份为广东、浙江、山东和河北，分别为 430 家、388 家、211 家和 209 家④，占全国发证企业数量的 40.73%（图 1 和表 2）。

① 数据来源：造纸行业协会 2015 年统计数据。
② 数据来源：截至 2017 年 6 月 30 日国家排污许可信息公开系统数据。
③ 数据来源：截至 2017 年 12 月 31 日国家排污许可信息公开系统数据。
④ 数据来源：截至 2017 年 12 月 31 日国家排污许可信息公开系统数据。

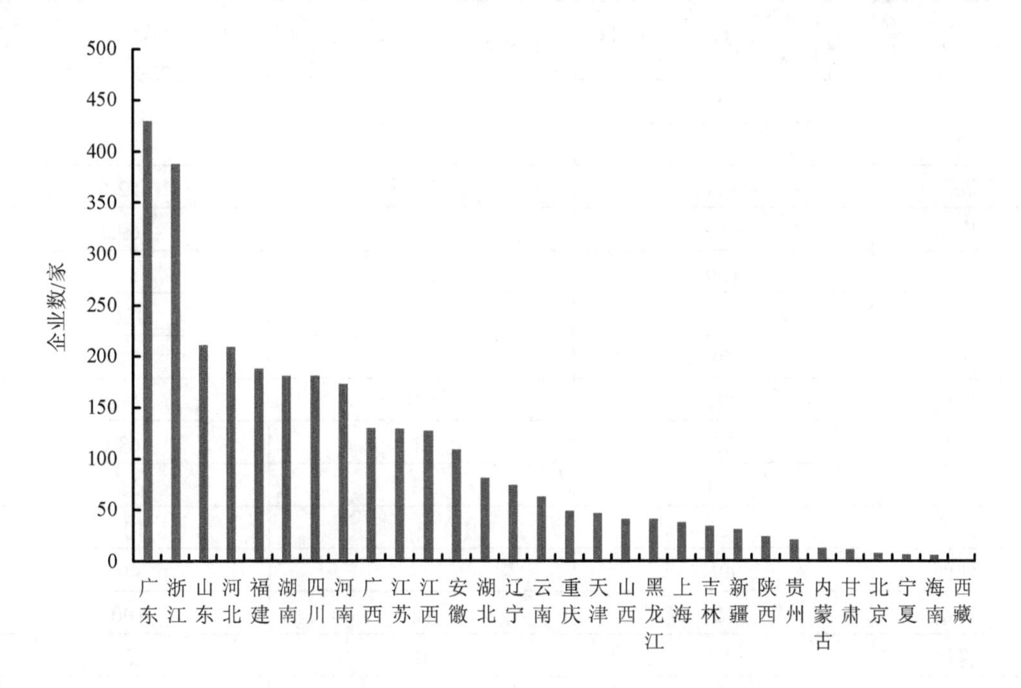

图 1　全国各省份造纸行业排污许可证发放情况

纳入排污许可和环境统计的造纸和纸制品企业对比情况见表 2。

表 2　排污许可与环境统计纳入的造纸和纸制品企业数对比

省份	2015 年环境统计企业数/家	排污许可核发企业数/家	排污许可企业数占 2015 年环境统计的比例/%
北京	11	8	72.7
天津	66	47	71.2
河北	268	209	78.0
山西	46	41	89.1
内蒙古	28	13	46.4
辽宁	96	74	77.1
吉林	45	34	75.6
黑龙江	44	41	93.2
上海	53	38	71.7
江苏	194	129	66.5
浙江	463	388	83.8
安徽	125	109	87.2
福建	265	188	70.9
江西	148	127	85.8
山东	262	211	80.5

省份	2015 年环境统计企业数/家	排污许可核发企业数/家	排污许可企业数占 2015 年环境统计的比例/%
河南	203	173	85.2
湖北	92	81	88.0
湖南	344	181	52.6
广东	619	430	69.5
广西	159	130	81.8
海南	5	6	120.0
重庆	69	49	71.0
四川	271	181	66.8
贵州	33	21	63.6
云南	114	63	55.3
西藏	2	2	100.0
陕西	49	24	49.0
甘肃	12	12	100.0
青海	0	0	0.0
宁夏	14	7	50.0
新疆	80	31	38.8
全国	4 180	3 048	72.9

从许可证发放的行业类别看，主要省份的分布情况如图 2～图 9 所示。

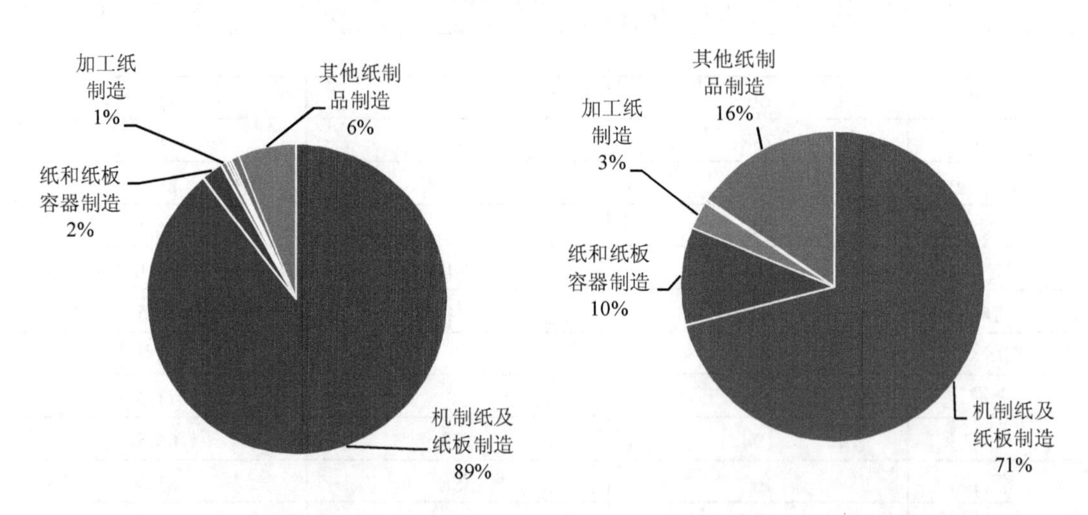

图 2　浙江造纸行业排污许可证类别分布

图 3　广东造纸行业排污许可证类别分布

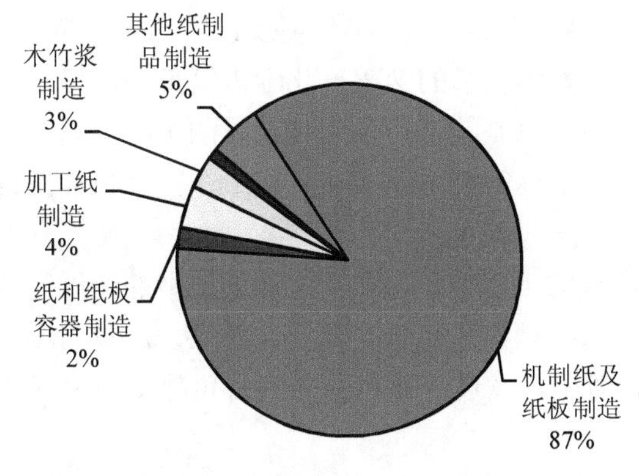

图 4　山东造纸行业排污许可证类别分布

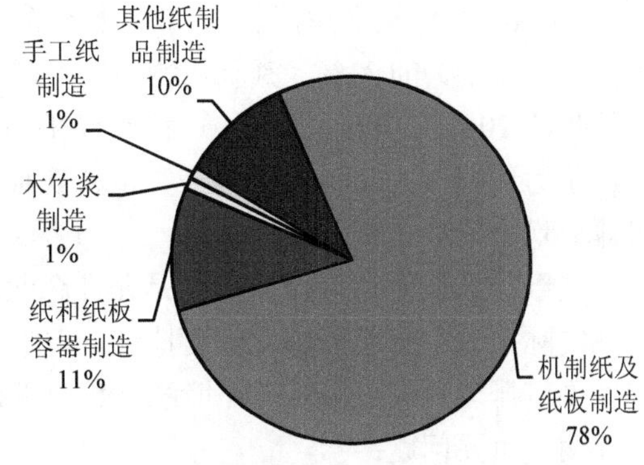

图 5　福建造纸行业排污许可证类别分布

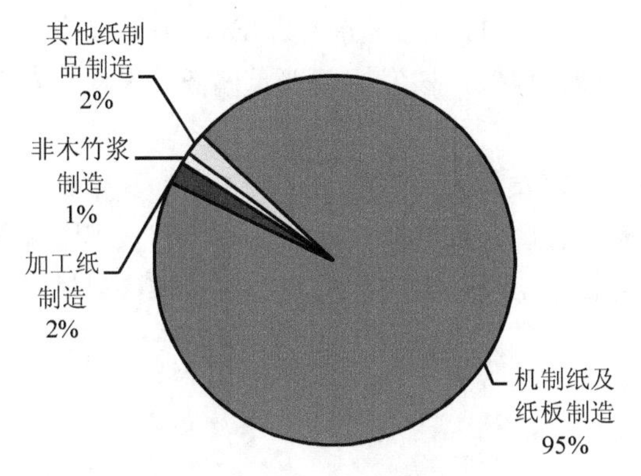

图 6　河北造纸行业排污许可证类别分布

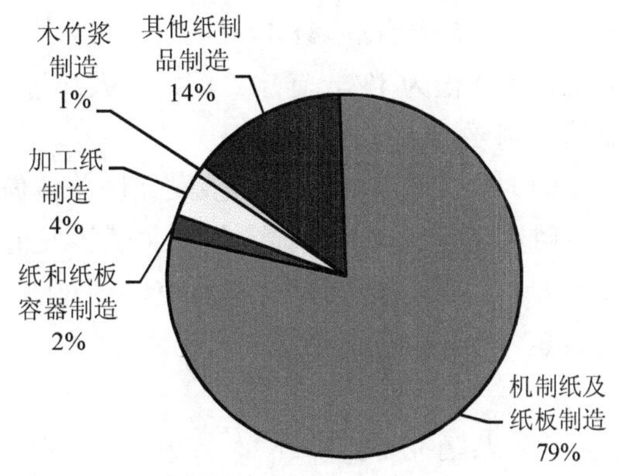

图 7　四川造纸行业排污许可证类别分布

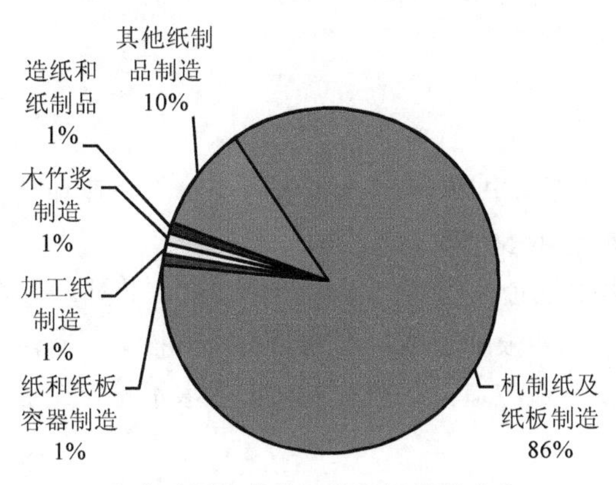

图 8　湖南造纸行业排污许可证类别分布

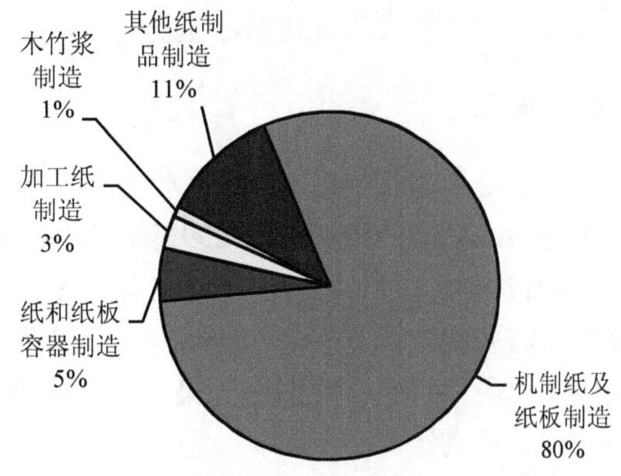

图 9　江西造纸行业排污许可证类别分布

2.1.4　许可排放量分析

根据全国排污许可证申请核发快报数据，截至 2017 年 7 月 25 日，全国已核发的造纸行业排污许可证中，年许可排放量分别为颗粒物 29 158.7 t、二氧化硫 115 115.9 t、氮氧化物 133 473.3 t、挥发性有机物 201.3 t、化学需氧量 684 922.0 t、氨氮 21 712.4 t、总氮 3 349.6 t、总磷 175.8 t[①]（详见文后附表）。二氧化硫的许可排放量为 2015 年环境统计实际排放量（以下简称环统量）的 31%，氮氧化物的许可排放量为环统量的 79%，化学需氧量的许可量为环统量的 204%，氨氮的许可量为环统量的 176%，总氮的许可量为环统量的 18%，总磷的许可量为环统量的 24%。化学需氧量、氨氮两项指标的许可量大于环统量，其余指标的许可排放量小于环统量。

造纸行业核发的许可排放量是允许企业排放的上限值，与环境统计数据中的造纸行业企业实际排放量情况原本并无可比性。但将涉水的化学需氧量、氨氮、总氮、总磷四项指标的许可排放量与 2015 年环境统计数据进行对比，发现造纸行业核发许可排放量过程中存在两个重要问题：

（1）全国造纸行业总氮核发比例总体偏低，核发量为 0 的省份共 19 个。其中沿海城市对总氮有总量控制要求，但从沿海省份的总氮核发情况统计来看，除山东总氮核发的许可排放量占环统量的 81%，广西为 40%外，广东仅为 11%，江苏仅为 8%，上海仅为 4%，浙江、福建仅为 1%，辽宁、河北、天津等省份则为 0%，核发比例严重偏低，未体现对总氮的控制要求。

（2）全国造纸行业总磷核发比例总体偏低，核发量为 0 的省份共 22 个。其中长江经济带磷污染问题逐步凸显，但从总磷核发情况来看，上海总磷核发的许可排放量仅占环统量的 6%，湖南为 8%，云南为 2%，浙江、安徽、江西、重庆、贵州等省总磷许可排放量均为 0，对总磷的管控要求未能体现。

2.2 重点省份调查

本研究通过现场调研与座谈，对湖南、四川、河北等造纸行业重点省份的造纸行业排污许可证申请核发状况进行了调查。

2.2.1 湖南

湖南是再生纸制造大省，“水十条”发布之后，湖南清理排查了“十小”企业和其他严重污染水环境的生产项目 299 家，其中小型造纸 50 家。

2017 年 6 月 30 日前，湖南共有 132 家再生纸企业申请到了排污许可证。此外，有 64 家企业需要整改：有些是部分设备不符合要求，要限期取缔；有些是群众有投诉，有污染问题需要限期解决；有些是污染治理设施需要升级改造；另外还有 70 多家不符合企业政策，将直接淘汰。

2.2.2 四川

四川有竹浆造纸企业 11 家、生活用纸原纸生产企业 90 家，生活用纸加工企业 350 家，共 451 家。截至 2017 年 6 月 30 日，共发放排污许可证企业 162 家，未领证企业 289 家。

四川在发证过程中清理把关，对不符合条件的企业，如落后淘汰产能、没有生产许可证的企业或作坊式的造纸企业，通过发放排污许可证进行了整合和取缔。

① 数据来源：全国排污许可证申请核发快报（截至 2017 年 7 月 25 日）

全省近300台窄幅、低速小卫生纸机（纸制品生产企业）等属于产业结构调整淘汰目录中的淘汰关闭范围。四川乐山15家造纸企业中只有1家符合发证条件获得了排污许可证，其余14家全部面临着整改或关停。

2.2.3 河北

截至2017年6月29日，河北共核发282张排污许可证，其中火电行业109家，造纸行业173家，对另外178家企业因为不符合发证条件，未核发许可证。截至2017年9月，河北造纸行业发放排污许可证175家，增加2家整改完毕企业。

未核发排污许可证的企业中，部分为进行煤改燃气改造的造纸企业，正在进行环评，尚未取得批复；还有部分为不在2015年环境统计范围内的纸制品企业。

2.2.4 山东

山东是造纸行业大省。截至2017年6月30日，山东符合排污许可证核发条件的火电、造纸企业共599家，已经全部完成排污许可证核发工作。

2017年5月31日，山东天阳纸业获得山东首张造纸行业排污许可证，此后1个月内，日照、菏泽、青岛、邹城、济宁等城市相继完成了排污许可证的核发工作。其中青岛实际应核发排污许可证的造纸企业为11家，但青岛丰彩纸制品有限公司等7家造纸企业长期停产，未申请排污许可证，实际核发4家造纸企业排污许可证。

2.3 小结

（1）总体而言，造纸行业基本完成了环境统计数据库中造纸企业排污许可证的核发工作，核发许可证基本覆盖了造纸行业的主要产能。

（2）未能核发许可证的企业，主要原因包括长期停产、关停整改、环评清理、产业政策淘汰、不在名录范围等，也有少量企业因不符合核发条件未获得排污许可证。

（3）从污染物覆盖面来看，总氮、总磷等具有区域性总量控制要求的指标许可排放量核发情况不理想。

3 造纸行业排污许可证实施状况评估

造纸行业是目前涉水行业中排污许可证实施时间最早、发证数量最多、提交了最多执行报告的行业，造纸行业的排污许可证实施状况对其他行业排污许可证实施有指导意义。本章节从造纸排污许可的制度衔接设计、企业对排污许可及主体责任的执行管理两个层面对2017年造纸行业排污许可证实施状况进行了评估。

3.1 制度衔接设计

3.1.1 环评制度衔接：实际产能与环评产能、许可产能不一致现象普遍

《造纸行业排污许可申请与核发技术规范》（以下简称《造纸技术规范》）中规定："生产能力及计量单位为必填项，生产能力为主要产品及设计产能，并标明计量单位。产能与经过环境影响评价批复的产能不符的，应说明原因。"按照《造纸技术规范》要求，造纸企业在产能填报时应该与环评批复的产能保持一致。

通过实际调研发现，造纸企业实际产能与环评产能、许可产能不相符的现象较普遍。不同省份在处理企业产能填报问题上口径不同，导致部分省份企业按照环评产能申请许可产能；部分省份企业按照实际产能申请许可产能；还存在部分企业按照设计产能申请许可产能，但实际生产过程中却以延长工作时间的方式超过设计产能运行。

由于产能是确定企业许可排放量与实际排放量的重要参数，产能数据统计口径的不统一可能带来全国各地造纸行业许可产能数据无法横向比较，为宏观数据分析及行业排污许可量管理带来困难。

2009 年 2 月 20 日，环境保护部发布 2009 年第 7 号公告，公布了《环境保护部直接审批环境影响评价文件的建设项目目录（2009 年本）》及《环境保护部委托省级环境保护部门审批环境影响评价文件的建设项目目录（2009 年本）》，其中规定年产 10 万 t 以上纸浆项目由环境保护部直接审批环评，这两项目录自 2009 年 3 月 1 日起实施。2015 年 3 月 13 日，《环境保护部审批环境影响评价文件的建设项目目录（2015 年本）》中年产 10 万 t 以上纸浆项目已经不在其范围，其环评审批权限已下放。

2015 年 1 月 1 日，新修订的《中华人民共和国环境保护法》第十九条规定，应"编制有关开发利用规划，建设对环境有影响的项目，应当依法进行环境影响评价。未依法进行环境影响评价的开发利用规划，不得组织实施；未依法进行环境影响评价的建设项目，不得开工建设"。

2015 年环评审批权限下放之前，造纸企业产能 10 万 t 以上的需要由环境保护部审批环评，部分企业为了获得在省内的审批权，选择将较大规模的生产线分解为小规模产能，试图尽快获取环评审批。2015 年新修订的《中华人民共和国环境保护法》发布后，全国各省市开展了清理违规产能的行动，将实际产能超环评产能的进行环评变更和备案。但各省力度和进度有较大的不同，很多企业生产扩大规模的手续来不及或者无法合法化，导致了实际产能普遍超过环评产能的历史遗留问题。

经实际调研与访谈，只有部分省市区域对 2015 年 1 月 1 日前产能超过环评的企业进行了清理备案。调研省市将超产能企业进行清理或备案的情况如表 3 所示。以山东为例，2017 年 4 月 7 日《山东省生态环境保护"十三五"规划》提出制浆造纸等高耗水行业实行不新增产能、不新增污染物排放总量、不新增取水许可的相关规定。因此，山东并未对违规产能企业进行清理或备案。

表 3　调研省份清理产能情况

省份	是否进行了备案	省份	是否进行备案
浙江	是	四川	是
山东	否	江苏	否
河北	否	广东	否
湖北	否	山西	否

数据来源：课题组座谈调研。

在实地调研的 15 家造纸企业中，仅有一家企业的产能与实际产能相符，其余企业的产能可能根据企业订单等实际情况发生变化。超产能的主要原因为生产时间、生产周期的延长。

3.1.2　总量控制衔接：许可排放量填报质量及口径差异较大

山东是造纸产能大省，截至 2017 年 12 月 31 日，已经核发 211 张造纸行业排污许可证。本研究以这 211 家造纸工业企业为案例研究对象进行了数据调研分析[①]。211 家企业中，制浆造纸企业 96 家，单纯造纸企业 97 家，纸制品企业 18 家；按排放类型分，直接排放企业 60 家，间接排放企业 105 家，零排放企业 46 家。46 家零排放企业中，制浆造纸企业 19 家，单纯造纸企业 18 家，纸制品企业 9 家。山东造纸企业核发情况如图 10 所示。

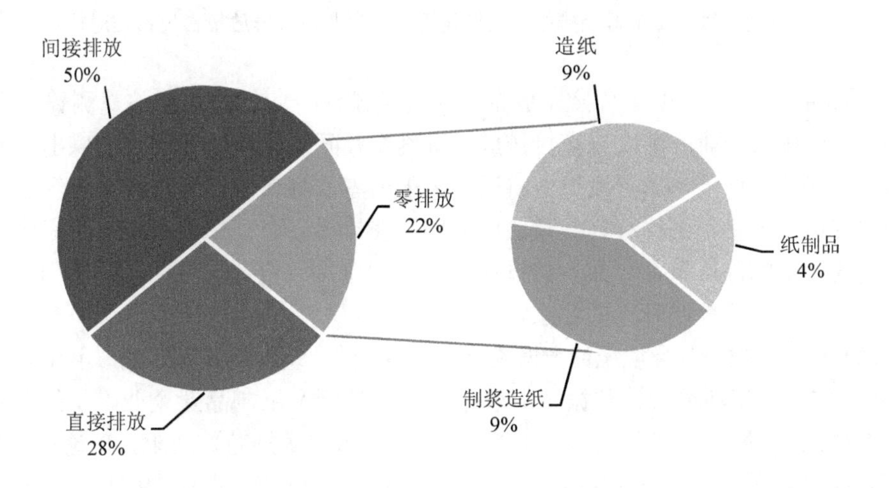

图 10　山东造纸企业核发排污许可证情况

案例研究发现以下问题：

（1）许可证中未载明间接排放企业直排入环境的排放量，直接排放许可量与间接排放许可量不可比，无法满足区域总量控制管理要求

对山东已发证造纸企业排污许可证中的许可排放量情况进行统计分析。以化学需氧量为例，山东获得排污许可的造纸企业化学需氧量总许可排放量为 22.42 万 t，其中直接排放

① 数据来源：国家排污许可信息公开系统，截至 2017 年 12 月 31 日数据。

企业 1.45 万 t，间接排放企业 20.97 万 t。但 105 家间接排放企业中，邹平汇泽实业有限公司、枣庄市恒宇纸业有限公司、山东荣华纸业有限公司、山东秦世集团有限公司、山东晨鸣纸业集团股份有限公司、山东省寿光市鲁丽纸业有限公司 6 家企业的间接排放许可量即达到 16.41 万 t，占 105 家企业总排放量的 78.3%，见图 11。氨氮的排放也存在类似情况。

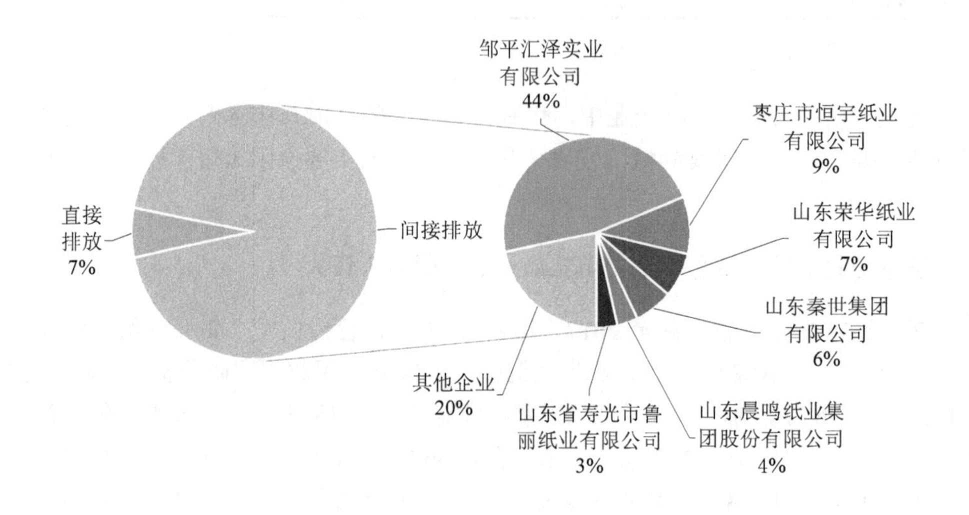

图 11　山东直接排放企业与间接排放企业许可排放量占比数据对比

《造纸技术规范》中，直接排放企业与间接排放企业的许可排放量测算依据存在较大差别，直接排放企业的浓度以直接排放标准确定，间接排放企业的浓度以出厂界的排放浓度确定，同等条件下，后者测算值将远远大于前者。测算可知，直接排放企业与间接排放企业的许可排放量也同样存在数量级的差距，在排污许可证中，未能载明间接排放企业排入环境的污染物许可量，导致直接排放企业与间接排放企业无法在同一层面上进行比较，无法满足区域总量控制管理的要求。

（2）许可排放量与环境统计数据统计口径不一致、统计结果不匹配，不存在直接可比性

根据 2015 年环境统计数据，山东有 262 家造纸及纸制品业企业，其化学需氧量排放量为 1.81 万 t，氨氮排放量为 1 370 t[①]。根据《造纸技术规范》要求，理论上应当在这 262 家企业中进行排污许可证的核发，实际核发 208 张许可证，占比 79.3%。结合表 5 分析，考虑间接排放的许可量，山东造纸行业化学需氧量许可量为 22.2 万 t，已经是 2015 年全国造纸行业排放量（33.54 万 t）的 66.8%，与环境统计数据无法进行比较；如仅考虑直接排放企业，则许可排放量为 1.45 万 t，仅为 2015 年实际排放量的 80.1%，也未能覆盖所有排放情况。

分析表明，已经核发的造纸行业许可排放量无法与环境统计数据进行直接对比。

（3）山东省核发的排污许可证中总氮、总磷许可排放量指标填报普遍缺失

山东省 2015 年造纸行业总氮排放量为 1 782 t，总磷排放量为 71.2 t，涉及企业数量分

① 数据来源：2015 年环境统计数据库。

别为 165 家与 53 家[①]。根据《“十三五”生态环境保护规划》要求，56 个沿海地级及以上城市或区域实施总氮总量控制，山东省涉及的城市为滨州市、东营市、潍坊市、烟台市、威海市、青岛市、日照市；29 个富营养化湖库汇水范围内实施总磷总量控制，山东省涉及的为南四湖流域。

但在山东省核发了排污许可证的造纸企业中，核发了总磷排放许可的为 0 家，核发了总氮排放许可的为 5 家，这 5 家全部为济宁市环保局核发，仅占济宁市核发造纸行业排污许可证的 62.5%。核发的总氮许可排放量为 539 t，仅为 2015 年行业总氮排放量的 30.2%。

3.1.3 排放浓度合规：案例区域实际排放浓度远低于企业申请执行的许可浓度

根据《造纸技术规范》相关要求，“废水直接排放外环境的现有制浆、造纸及制浆造纸联合企业水污染物许可排放浓度限值按照《制浆造纸工业水污染物排放标准》（GB 3544）确定；省级环保部门如确定了其他需要执行特别排放限值的区域，所在区域企业执行相应的特别排放限值要求。地方污染物排放标准有更严格要求的，从其规定”。

案例省份山东造纸工业直排企业污染物排放主要执行的标准见表 4。

表 4 执行标准中 COD 的排放限值对比

单位：mg/L

<table>
<tr><th>标准名称</th><th colspan="3">排放限值</th></tr>
<tr><td rowspan="2">制浆造纸工业水污染物排放标准（GB 3544—2008）</td><td>制浆</td><td>浆纸联产</td><td>造纸</td></tr>
<tr><td>100</td><td>90</td><td>80</td></tr>
<tr><td rowspan="2">山东省小清河流域水污染物综合排放标准（DB 37/656—2006）</td><td>木浆</td><td>草浆</td><td>其他</td></tr>
<tr><td>150</td><td>300</td><td>100</td></tr>
<tr><td rowspan="2">山东省南水北调沿线水污染物综合排放标准（（DB 37/599—2006））</td><td colspan="2">重点保护区</td><td>一般保护区</td></tr>
<tr><td colspan="2">60</td><td>100</td></tr>
<tr><td rowspan="2">山东省海河流域水污染物综合排放标准（DB 37/675—2007）</td><td colspan="2">一级标准</td><td>二级标准</td></tr>
<tr><td colspan="2">60</td><td>100</td></tr>
<tr><td rowspan="2">山东省半岛流域水污染物综合排放标准（DB 37/676—2007）</td><td colspan="2">一级标准</td><td>二级标准</td></tr>
<tr><td colspan="2">60</td><td>100</td></tr>
</table>

根据调研，约 65%的直排造纸企业废水排放浓度申请执行 60 mg/L 的标准；约 35%的直排企业申请执行 50 mg/L 的标准，均严于制浆造纸工业水污染物排放标准（GB 3544—2008）中的制浆企业 100 mg/L、90 mg/L 的相关标准限值。

对山东部分造纸企业国控污染源直接排放企业的监督性监测数据、在线监测数据与许可浓度数据做统计及对比[②]，如表 5、图 12 所示。

---

① 数据来源：2015 年环境统计数据库。
② 数据来源：企业、环保局座谈及数据收集。

表 5　山东造纸工业国控源直接排放企业监督性监测、在线监测与许可浓度对比

单位：mg/L

序号	企业名称	许可浓度	监督性监测浓度	在线监测浓度（2017 年 11 月 23 日日均值）
1	山东庞疃纸业有限公司	50	20（2017 年 9 月）	—
2	远通纸业（山东）有限公司	50	29	—
3	日照华泰纸业有限公司	60	29	29
4	亚太森博浆纸有限公司	60	59	—
5	亚太森博（二期）	60	—	49
6	山东辰龙纸业股份有限公司	60	22	—
7	山东博汇纸业股份有限公司	50	30	—
8	山东天和纸业有限责任公司	60	22	—
9	山东泰安中泰纸业	60	15	—
10	山东华泰纸业股份有限公司	60	32	—
11	山东江河纸业有限公司	60	58	—
12	山东平原方源纸业	60	54	—
13	山东枣庄华润纸业	60	32	33
14	山东腾州华闻纸业	50	26	33
15	山东龙口玉龙纸业有限公司	50	19	20
16	山东太阳纸业兴隆分公司	60	8	10
17	山东太阳纸业股份有限公司	60	—	43
18	山东江河纸业有限公司	60	—	36
19	山东德派克纸业有限公司	60	28	30
20	山东泉林纸业有限公司	60	—	24
21	山东单县天元纸业	60	—	38
22	山东泉润纸业	60	44	38
23	中冶纸业银河有限公司	60	32	—
24	山东丰元纸业	60	16	—
25	山东百伦纸业	60	29.25	—
26	山东光华纸业	60	48	—

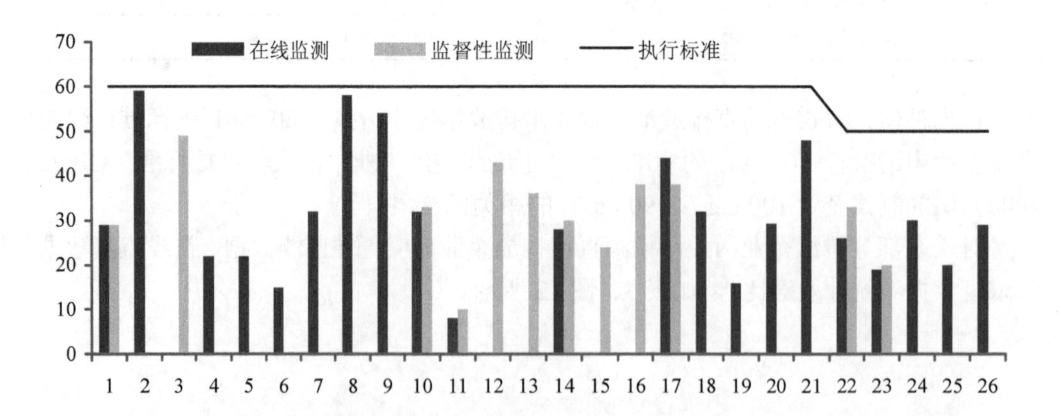

图 12　山东省主要国控源直接排放造纸企业监督性监测、在线监测与许可执行浓度对比

由图 12 可知，山东造纸工业国控污染源直接排放企业监督性监测数据均小于 60 mg/L，主要监测浓度集中在 29～45 mg/L；在线监测浓度最低监测值为 10 mg/L，最大的监测浓度为 49 mg/L，均远小于目前企业执行的许可浓度 60 mg/L。

3.2 企业执行管理

3.2.1 自行监测：企业监测成本增加，自行监测设施建设缺乏标准化管理

3.2.1 1 《造纸技术规范》发布前造纸企业自行监测状况

根据《制浆造纸工业水污染物排放标准》（GB 3544—2008）中的相关要求，造纸企业废水监测项目包括 10 项：pH 值、色度、悬浮物、五日生化需氧量（BOD_5）、化学需氧量（COD）、氨氮、总氮、总磷、可吸附有机卤素（AOX）、二噁英，其中 AOX、二噁英适用于含氯漂白工艺的情况。

2013 年 7 月 30 日，环境保护部发布了关于印发《国家重点监控企业自行监测及信息公开办法（试行）》和《国家重点监控企业污染源监督性监测及信息公开办法（试行）》的通知。通知中第五条要求企业自行监测内容应当包括：①水污染物排放监测；②大气污染物排放监测；③厂界噪声监测；④环境影响评价报告书（表）及其批复有要求的，开展周边环境质量监测。该通知公告发布之后，一些企业开展了自行监测，主要因子及监测频次如表 6 所示。

表 6 《造纸技术规范》实施前企业自行监测因子及频次

序号	监测对象	监测因子	监测频次
1	废水	化学需氧量（COD）、生化需氧量（BOD_5）、悬浮物、氨氮、总氮、总磷	季度监测
2	废气	NO_x、SO_2	季度监测

本研究分析了 2015 年 525 家开展自行监测的造纸企业的公开信息①，得出分析结果：监测 1～3 项指标（主要是 COD、氨氮、pH 值）的企业合计 126 家，占开展自行监测企业总数的 24.0%；监测 4 项、5 项、6 项、7 项指标的企业数分别为 33 家、45 家、83 家、16 家，合计 177 家，占 33.7%；监测 8 项指标（仅 AOX、二噁英两项指标未监测）的企业为 194 家，占企业总数的 37.0%；监测 9 项指标（仅二噁英未监测）的企业 27 家，占企业总数的 5.1%；仅 1 家企业监测 10 项指标（表 7）。各项监测指标中，总氮、总磷的监测率均不足 50%，悬浮物、BOD_5、色度的监测率分别为 75.4%、66.7%、61.9%。造纸行业排污许可证实施前的企业自行监测状况表明，目前企业自行监测还难以全面反映造纸企业的排放达标情况，也无法符合造纸行业规范中的自行监测要求。

① 数据来源：山东、广西、湖北、湖南四省 2015 年国家重点监控企业自行监测信息发布平台。

表 7　2015 年 525 家造纸行业自行监测指标情况分析

序号	监测指标数量（项）	监测指标名称	企业数量/家	占比/%
1	1～3	COD、氨氮、pH 值	126	24.0
2	4～7	COD、氨氮、BOD_5、pH 值、氨氮、总氮、总磷	177	33.7
3	8	COD、氨氮、BOD_5、pH 值、氨氮、总氮、总磷、色度	194	37.0
4	9	COD、氨氮、BOD_5、pH 值、氨氮、总氮、总磷、色度、AOX	27	5.1
5	10	COD、氨氮、BOD_5、pH 值、氨氮、总氮、总磷、色度、AOX、二噁英	1	0.2

根据 2015 年对山东、广西、湖北、湖南 4 个省份造纸行业抽测结果：46 家造纸企业中有 16 家出现超标排放情况，排放达标率仅为 65.2%，AOX、色度、化学需氧量、悬浮物、总氮、BOD_5 六项指标为主要超标因子，AOX 单项达标率仅为 60.9%。

3.2.1.2 《造纸技术规范》发布后造纸企业自行监测要求

《造纸工业排污自行监测技术指南　造纸工业》（HJ 821—2017）（以下简称《造纸监测指南》）对造纸企业废水、废气自行监测的相关要求如表 8、表 9 所示。

表 8　造纸工业废水自行监测相关内容

排污单位级别	监测点位	监测指标	监测频次	备注
重点排污单位[1]	企业废水总排放口	流量、pH 值、化学需氧量	自动监测	—
		氨氮[2]	日	
		悬浮物、色度	日	—
		总氮、总磷[2]	周（日）	水环境质量中总氮（无机氮）/总磷（活性磷酸盐）超标的流域或沿海地区，或总氮/总磷实施总量控制区域，总氮/总磷最低监测频次按日执行
		五日生化需氧量	周（日）	—
		挥发酚、硫化物、溶解性总固体（全盐量）	季度	选测
	元素氯漂白车间废水排放口	可吸附有机卤素（AOX）、二噁英、流量	年	可吸附有机卤素（AOX）、二噁英监测结果超标的，应适当增加监测频次
	脱墨车间废水排放口	环境影响评价及批复或摸底监测确定的重金属污染物指标	周	若无重金属排放，则不需要开展监测
非重点排污单位	企业废水总排放口	pH 值、悬浮物、色度、五日化学需氧量、化学需氧量、氨氮、总氮、总磷、流量	季度	—

注：1. 制浆造纸行业全部按重点排污单位管理。

2. 设区的市级及以上环保主管部门明确要求安装自动监测设备的污染物指标，须采取自动监测。

表 9 造纸工业废气自行监测相关内容

污染源	监测点位	监测指标	监测频次
碱回收炉	碱回收炉排气筒或烟道上	氮氧化物、二氧化氮	自动监测
		颗粒物、烟气黑度	季度
石灰窑	石灰窑排气筒或烟道上	颗粒物、氮氧化物、二氧化硫	季度

注：排气筒废气监测要同步监测烟气参数。

目前，造纸行业废水在线监测设备安装率高，连续监测污染物（流量、COD）基本可实现，常规污染物（BOD_5、氨氮、总氮、总磷等）自行监测以企业自测为主；挥发酚、硫化物、溶解性总固体（全盐量）以委托第三方监测为主；AOX、二噁英监测以委托第三方监测为主。

《造纸监测指南》中要求碱回收炉对氮氧化物和二氧化硫开展自动监测，碱回收炉排气筒颗粒物、烟气黑度；石灰窑排气筒的颗粒物、二氧化硫、氮氧化物以委托第三方监测为主；无组织排放废气监测以委托第三方监测为主。

3.2.1.3 造纸企业监测费用成本情况对比

从监测技术上看，AOX 监测相对成熟，但二噁英的异构体多，且检出限极低，需要高灵敏度及高分辨率的仪器和规范的取样方法，这些高端的设备投资大，运行成本高。目前我国有二噁英监测能力的实验室约 10 家左右，主要为中国环境监测总站，广西、河南、湖南省环境监测中心，四川省环境科学研究院以及环境保护部华南环境科学研究所等。

根据相关调研，我国目前 54 条制浆生产线中，21 条木浆生产线中有 6 条采用氯漂工艺；10 条竹浆生产线中有 3 条采用氯漂工艺；13 条蔗渣浆生产工艺中有 7 条氯漂工艺；10 条草浆生产线中有 4 条氯漂工业。

全国共 20 条氯漂制浆工艺需要在企业自行监测时对废水中 AOX 和二噁英进行监测，且主要集中在小企业。已有的二噁英监测中心很难满足这些小企业的二噁英监测服务，而小企业本身由于技改资金缺乏等原因，对二噁英的监测也较被动。

造纸工业排污许可证实施前后，根据各单项污染物调研的市场报价测算年度监测费用如表 10 所示。

表 10 造纸工业排污许可证实施前后企业自行监测费用对比测算

情景	监测因子		监测频次	年度监测费用/万元
核发许可证前	在线	pH 值、COD		10.00（运营费）
	废水	色度、悬浮物、BOD_5、氨氮、总氮、总磷	季度	0.32
		AOX、二噁英	无	—
	废气	NO_x、SO_2	—	—
	总价			10.32

情景	监测因子		监测频次	年度监测费用/万元
核发许可证后	在线	废水+废气（二氧化硫、氧化物）	在线	30.00（运营费）
	废水	氨氮、色度、悬浮物	日	1.00
		总氮、总磷	周（日）	0.96（6.72）
		五日生化需氧量	周	0.86
		挥发酚、硫化物、溶解性总固体	季度	0.20
		AOX、二噁英	年	2.00
		脱墨车间重金属监测	周	0.72
	废气	颗粒物、烟气黑度、二氧化硫（石灰窑）、氧化物（石灰窑）	季度	0.60
	总价			36.34（42.10）

数据来源：根据各单项污染物调研的市场报价，乘以要求的监测频次测算所得。

为获得排污许可实施前后，企业监测费用及监测情况的相关对比情况，对企业自行监测情况进行了实地座谈和问卷调研，问卷形式见表 11。

表 11　排污许可实施前后企业自行监测情况对比问卷调查示意表

项目	排污许可实施前	排污许可实施后
主要监测因子		
各因子监测频次		
自行监测因子		
第三方监测因子		
企业是否有自建实验室	是（　）、否（　）	是（　）、否（　）
是否有在线监测设备	废水（　）、废气（　）	废水（　）、废气（　）
在线监测设备投资		
实验室管理制度	有（　）、无（　）	有（　）、无（　）
年监测费用（万元）		
实验人员数		

根据问卷收集情况及企业的实地调研，调研企业在排污许可证实施后监测费用统计如表 12 所示。

表 12　排污许可实施前后第三方监测费用对比（企业调研）

单位：万元

企业序号	企业名称	排污许可实施前监测费用/万元	排污许可实施后监测费用/万元
1	山东晨鸣纸业集团	1	20
2	山东太阳纸业股份有限公司	5	100
3	四川金福竹浆造纸有限公司	2	20
4	玖龙纸业有限公司	20	150
5	芬欧汇川公司	10	80
6	海南金海浆纸业有限公司	15	60

排污许可实施后，企业自行监测的监测因子及监测频次都有明显增加，按照《排污许可自行监测技术规范 造纸工业》中的相关规定，企业自行监测以企业自测及第三方监测为主，调研企业监测的年均费用约 70 万元。

进一步以某企业为例，调研该企业排污许可证实施后监测费用构成及汇总，如表 13 所示。可见，该企业共 3 个厂区，同时开展在线监测、第三方监测以及自行手动监测。企业在线监测运营费用每年约 81 万元，第三方监测费用每年约为 8.8 万元，在线设备升级改造费用约为 238 万元，废水自行监测费用约为 83 万元。自行监测成本较高的为大气污染物指标的监测与相关设备的改造。

表 13 某企业获取排污许可证后自行监测费用构成统计

项目	金额/元	备注
在线监测运营费用（年度）	660 000	股份、兴隆（7 气 2 水）
在线监测运营费用（年度）	150 000	宏河（1 气 1 水）
第三方监测费用	39 000	股份（全面监测）
第三方监测费用	19 000	兴隆（全面监测）
第三方监测费用	30 000	宏河
烟气在线升级改造费用（超净设备）	1 200 000	股份
烟气在线升级改造费用（超净设备）	1 180 000	两个生物质锅炉
企业自行监测费用（废水）	130 000	源头水监测（中心化验室），含两个化验员人工费用
企业自行监测费用（废水）	350 000	宏河水处理各工序监测，含 5 化验员人工费用，1 人，5 万/a
企业自行监测费用（废水）	350 000	徐营水处理各工序监测，含 5 化验员人工费用，1 人，5 万/a
合计	4 108 000	三个厂区，除仪器购置外，仍需要 1 718 000 元

注：表中的股份、兴隆、宏河为该企业的三个厂区，徐营指的是股份厂区。

3.2.1.4 **存在问题**

根据前述数据分析与实地调研、座谈情况，造纸企业在实施自行监测的过程中，存在下述问题。

（1）部分企业在申请排污许可证时，尚未意识到监测费用的显著增加

造纸行业排污许可证申请核发工作较早，时间紧迫，且是第一批核发排污许可证的行业之一，初期对排污许可证中落实企业主体责任理念的宣传还不到位。2016 年 7 月对玖龙纸业、太阳纸业、金光纸业、华泰集团等造纸企业进行造纸行业排污许可实施方案座谈时发现，企业对排污许可的理念较为陌生，认为自己能够满足企业自行监测要求，主要是由于未意识到发证后对全指标监测要求严格，监测费用显著增加。如企业意识到监测成本有较高提升，可能存在潜在的违证风险。2017 年 11 月对太阳纸业等部分造纸企业再次开展监测费用相关座谈，企业反映自行监测要求较高，给企业带来了较高的环保成本。

（2）企业自行监测工作量大，第三方监测费用明显增加

据调研，排污许可实施后造纸企业监测费用成本显著增加。某些大型企业自行监测的

费用可能高达上百万元，其中人工费用占比较高。监测费用的增加可能导致监测数据的合理性、真实性受影响。在此背景下，企业更倾向于选择专业的第三方监测。表 12 显示，6 家调研企业第三方监测费用在许可证核发前后由 53 万元增至 430 万元。

（3）涉气监测费用较高，主要为监测设备购置与运营

造纸行业排污许可证实施前，行业内对锅炉、碱回收炉、工业炉窑等涉气产排污节点的排放并不重视。排污许可证实施后，涉气监测费用激增，一方面包括在线监测设备的购置、改造，另一方面包括第三方监测项目增加带来的费用增长。表 13 显示，某企业在核发排污许可证后，购置了 238 万元烟气在线监测设备，在线监测相关运营费用也增长至 81 万元（8 气 3 水）。

（4）企业自行建设实验室缺乏专门规范管理，自行监测数据质量难以保障

《排污单位自行监测实验室建设及运行管理规范》（DB 11/T 1319—2016）中对自行监测的企业实验室基础条件、实验人员、监测方法、实验数据记录都有明确规定，实验室建设必须满足相关标准要求。但是我国自行监测实验室等平台的建设标准、相关标准技术规范中对废水废气采样、监测等技术规范专业性都较强，企业普及难度大，企业很难完全按照相关标准技术规范做日常监测。除北京之外，其他省市并未对自行监测的实验室建设及运行管理规范等做更多的规定。由于缺乏企业自行建设实验室的相关规范性文件，企业的实验室建设千差万别、参差不齐，实验人员配置无法统一，自行监测数据质量难以保障。

3.2.2 执行报告：企业提交的执行报告数量与质量均存在较大差距

3.2.2.1 《造纸技术规范》中的执行报告要求

执行报告是基于台账的信息总结提炼的结果，是企业自证守法的凭证，其中的企业实际排放量是企业提交环境税的主要依据。根据《造纸技术规范》要求，执行报告至少应该包括如下几个部分：

1）基本信息；

2）遵守法规情况；

3）污染治理设施运行情况（含运行数据记录总结情况）；

4）自行监测情况（含监测数据记录总结情况）；

5）台账管理等情况；

6）实际排放量及达标分析情况（所有工况）；

7）排污费缴纳情况；

8）信息公开情况；

9）许可证规定的其他内容执行情况。

从报告执行频次上看，造纸企业应包括年度、半年、月或季度执行报告，其中月或季度执行报告应至少包括全年报告中的第 6）部分中的实际排放量报表、达标判定分析说明及第 4）部分中“治污设施异常情况汇总表”。半年报告至少向环境保护主管部门上报全年报告中的第 1）、第 3）至第 6）部分。

3.2.2.2 造纸企业排污许可执行情况

按照规定，已经发证的造纸企业执行报告应提交月报、季报。根据对某重点省份近 200 家已核发排污许可证的造纸企业调研结果，约 70 家企业提供了执行报告，占调研企业总数的 35%，剩余 130 家企业并没有在排污许信息公开系统中提供任何执行报告信息，图 13 为某企业无执行报告填报情况的示意。

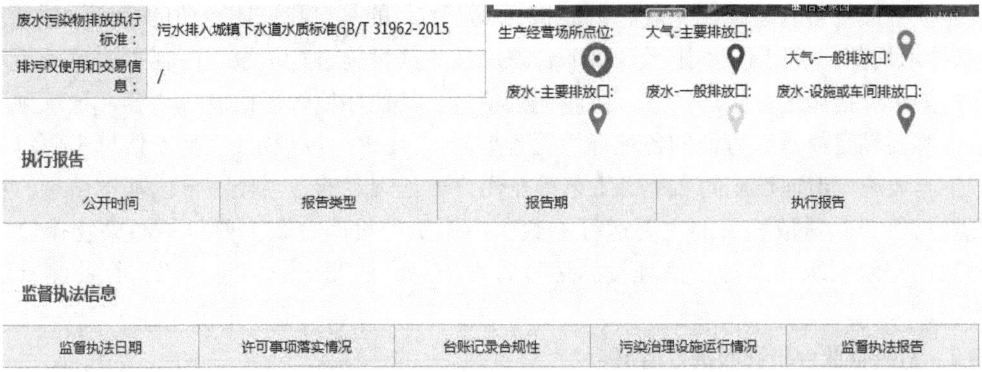

废水污染物排放执行标准：污水排入城镇下水道水质标准GB/T 31962-2015
排污权使用和交易信息：/
生产经营场所点位：大气-主要排放口：大气-一般排放口：
废水-主要排放口：废水-一般排放口：废水-设施或车间排放口：

执行报告

公开时间	报告类型	报告期	执行报告

监督执法信息

监督执法日期	许可事项落实情况	台账记录合规性	污染治理设施运行情况	监督执法报告

图 13　某重点排污单位排污许可信息公开系统无执行报告填报情况

在提供执行报告的 70 家企业中，80%的企业执行报告内容十分简单，无法构成企业自证清白的证据，企业提供的执行报告内容质量不佳。较少的企业提供的执行报告中有企业污染排放的相关内容，但仅提交了企业实际排放量，无推导过程与监测数据，无法判定实际排放量是否合规（图 14）。此外污染物治理设施运转情况等并没有在执行报告的内容中体现，达标判定分析说明、治污设施异常情况汇总表等内容基本缺失。排污许可证信息公开管理系统尚未开放执行报告其他信息的填报权限，这已经成为证后管理的重要缺失环节和迫切需求。

废水排放量表				
排放口名称	排放口编码	污染物	年许可排放量/t	实际排放量/t
废水排放口	DW001	色度	/	
		流量	/	54 264.21
		化学需氧量	46.67	2.22
		总磷（以 P 计）	/	
		悬浮物	/	
		氨氮（NH_3-N）	8.0	0.67
		pH 值	/	
		总氮（以 N 计）	/	
		五日生化需氧量	/	
全厂合计		流量	/	54 264.21
		氨氮（NH_3-N）	/	0.67
		化学需氧量	/	2.22

图 14　某重点排污单位排污许可信息公开系统执行报告中有内容的仅为实际排放量一栏

总体来看，企业执行报告内容与《造纸技术规范》中执行报告的内容相差甚远，远不能成为企业自证守法的证据链。

3.2.3 台账管理：企业对环保台账记录存在误解，对台账管理模块存在需求

3.2.3.1 《造纸技术规范》中的台账管理要求

企业开展环境管理台账记录、编制执行报告的目的是自我证明企业的持证排放情况。《造纸技术规范》中规定："排污许可证台账应按生产设施进行填报，内容主要包括基本信息、污染治理措施运行管理信息、监测记录信息、其他环境管理信息等内容，记录频次和记录内容要满足排污许可证的各项环境管理要求。"还进一步规定："基本信息主要包括企业、生产设施、治理设施的名称、工艺等排污许可证规定的各项排污单位基本信息的实际情况及与污染物排放相关的主要运行参数；污染治理设施台账主要包括污染物排放自行监测数据记录要求以及污染治理设施运行管理信息。监测记录信息按照自行监测管理要求实施。"

3.2.3.2 造纸企业台账管理执行情况

与执行报告相对应，台账管理也是企业自证守法的重要环节。根据对已经核发了排污许可证的造纸企业抽查及调研结果，发现台账管理存在下述问题。

（1）企业对台账记录没有概念，虽填报了申请表，但没有记录台账的意识

《造纸技术规范》虽然对企业的台账记录有所要求，但相比于之后发布的其他行业台账管理要求，系统性相对较弱，表格设计不够合理，台账记录要求也不够明确。根据调研，发现部分造纸企业对台账记录没有概念，虽然填报了台账记录的申请表，但并不理解申请表中相关数据记录频次要求代表的工作量，也并没有记录台账的意识。

（2）部分企业将环保台账与生产台账混淆，未正确评估台账记录需要耗费的人力与精力

据调研，部分企业认为排污许可证要求的台账即日常管理中的生产台账，没有意识到环保台账需要单独记录、单独成册、单独保管，部分企业甚至认为电脑自动生成的中控系统等管理记录便能够替代环保台账。在《造纸技术规范》征求意见之初，部分企业过分乐观地认为自己已经能够满足台账记录要求，从而极大地低估了正确地、系统地记录企业排污许可证台账所需要耗费的人力与精力。这同样与对企业的培训、宣讲不足密切相关。

（3）信息公开平台缺乏台账管理模块，企业迫切需要规范化的台账记录指导

在企业填写排污许可证申请表时，便要求企业填写台账记录的相关内容及频次。根据调研，企业并不理解申请表中相应内容的含义，填写申请表时或原文照抄《造纸技术规范》中的相关表述，或简单填写表格名称，未告知台账记录的频次或记录方式等必要信息。而排污许可信息公开平台尚未设计台账管理模块，相关台账信息也尚无法与排污许可证相关信息进行衔接管理，企业迫切需要相关模块功能的实现，并需要环保部门提供专门的培训，进行规范化的台账记录填报指导。

3.2.4 信息公开：已有的在线监测数据库尚未与许可平台对接

3.2.4.1 《造纸技术规范》对在线监测数据记录的要求

《造纸技术规范》对数据记录的相关规定如下："手工监测的记录和自动监测运维记录

按照《排污单位自行监测技术指南　总则》执行。对于无自动监测的大气污染物和水污染物指标，企业应当定期记录开展手工监测的日期、时间、污染物排放口和监测点位、监测频次、监测方法和仪器、采样方法等，并建立台账记录报告，手工监测记录台账至少应包括《造纸技术规范》中表 9 的内容。”

此外，在《造纸技术规范》的执行报告部分企业基本生产信息部分，明确要求企业基本生产信息至少应包括“四、自行监测管理要求”中数据记录要求的各项内容。

3.2.4.2　国家重点监控企业在线监测数据尚未能与排污许可系统平台对接

对于在线监测，我国企业在线监测数据可直接和各省国控源在线监测信息公开系统相匹配。企业在线监测的数据如化学需氧量、氨氮、流量等可直接导入在线监测信息公开系统平台，如图 15 所示。

国家重点监控企业废水自动监控情况发布

监测日期:2017年12月10日

企业名称	监控点名称	监测因子	日均值	排放标准限值	超达标情况	最近一次有效性审核合格情况	最近一次有效性审核时间	查看历史数据
淄博中轩生化有限公司	中轩生化	COD	停产	500	--	合格	2014-04-08	查看
		废水流量	停产	--	--	--	--	
山东兰雁纺织服装有限公司	鹏丰新区	氨氮	1.0 mg/L	--	--	合格	2016-10-24	查看
		COD	120 mg/L	200	达标	合格	2017-08-14	
		废水流量	4823314 m³/d	--	--	--	--	
中国石化催化剂有限公司齐鲁分公司	齐鲁催化	氨氮	0.0 mg/L	25	达标	合格	2017-08-15	查看
		COD	47 mg/L	300	达标	合格	2017-08-15	
		废水流量	159494 m³/d	--	--	--	--	
山东博丰利众化工有限公司	--	--	--	--	--	--	--	查看
山东博汇纸业股份有限公司	博汇纸业	氨氮	1.0 mg/L	5	达标	合格	2017-07-13	查看
		COD	22 mg/L	50	达标	合格	2017-07-13	
		废水流量	2942043 m³/d	--	--	--	--	
山东辰龙纸业股份有限公司	金海洋纸业	氨氮	0.0 mg/L	5	达标	合格	2017-07-21	查看
		COD	40 mg/L	50	达标	合格	2017-07-21	
		废水流量	2890217 m³/d	--	--	--	--	
山东海力化工股份有限公司	海力化工	氨氮	1.0 mg/L	5	达标	合格	2017-08-01	查看
		COD	23 mg/L	50	达标	合格	2017-08-01	

20 第6 共31页　显示101到120,共616记录

图 15　国家重点监控企业自动监测信息公开平台

在线监测数据除导入污染源环境信息公开系统外，理论上，在线监测的相关数据（包括自动监测和手工监测）都需要进行记录和保存，作为台账和执行报告中的一部分内容，在排污许可的台账和执行报告中体现。

企业在线监测的数据上传系统无法和排污许可信息公开系统平台实现对接，在线监测的相关数据需要手工导入或记录才能在排污许可中台账和执行报告中使用。由于在线监测数据的数据量大、数据更新快，手工导出或记录需要企业投入大量的人力物力、配备专人对在线监测的数据进行手工记录。从调研企业情况来看，尚未有企业对在线监测的数据进行人工记录。

我国已开展重点污染企业的在线监控，应加快固定污染源在线监测数据与排污许可证信息管理平台的对接，通过企业排污许可证编号、排放口编号实现数据关联，通过信息管理平台实现相关数据的批量提取。

3.3 小结

（1）企业对排污许可证认识不足

对于此轮排污许可证的申请工作，部分企业并没有意识到排污许可将来可作为固定源核心管理制度的重要性，意识中依然认为是提交一个基础数据表，与以往的排污许可证并没有本质的区别，忽略了排污许可证将来作为结合环境影响评价、竣工环保验收及环境监管的纽带作用，思想上的不重视导致企业的填报质量不高。

（2）排污许可申报信息过于复杂

对于此轮排污许可证的系统申请与填报工作，大部分企业均反映系统需要申报的信息过于复杂，部分信息企业掌握不完全，部分信息企业根本不知道应当如何填报，相关培训教材也难以应对企业实际存在的五花八门的情景或状况，因此耗费了企业大量的人力、物力、财力在许可申请与系统填报上。

（3）企业的环保管理精细化水平不高

通过此次排污许可填报，发现企业的环保管理精细化普遍不高，甚至大部分企业对于自己的情况也不是很熟悉，这种水平不高不仅体现在填报过程中对企业的生产设施及环保设施情况不了解，经常出现漏填，错填的现象，另外企业对以往环评批复的建设项目具体包括内容不清晰，在填报过程中对于实际项目存在批建不符情况，普遍均未进行说明，给企业后期的正常运行带来潜在风险。

（4）排污许可执证普遍存在困难

排污许可是一个系统化的工程，通过申请拿到许可证书只是第一步，更重要的是排污许可的执行情况，这其中包括了自行监测的开展、环境管理台账的规范记录，尤其重要的是，还包括排污许可执行报告的编制。以上各项工作，从企业实际情况来看，执行起来均有难度。大型企业目前普遍配套了废水及废气主要污染物的在线监测，另外也具备一定的废水监测能力，但中小企业基本没有监测能力；台账记录方面，企业仅有部分环保设施的运行记录，缺乏系统、统一的台账记录；执行报告对于企业而言更是新兴事物，还需要重新开始学习。

4 涉水行业排污许可证核发、管理存在的问题

本研究除针对造纸行业排污许可证发放管理进行评估外，还对部分区域的制革、纺织印染、制糖、氮肥、电镀、制药等涉水行业排污许可证核发、管理情况进行了调研，主要从制度设计、管理执行、系统填报三个方面梳理汇总了涉水行业排污许可证核发、管理存在的问题。

4.1 制度设计

4.1.1 间接排放企业的许可排放量测算及管理成为涉水行业普遍反映的问题

造纸、制革、纺织印染、制糖、氮肥、电镀、原料药制造、农药等典型涉水行业的排污许可技术规范中，对间接排放许可浓度与许可量的规定如表 14 所示。可以看出，除造纸、电镀行业技术规范发布时间不同、规定内容也不同外，其余涉水行业同批发布的技术规范中，对间接排放企业的许可排放浓度和许可排放量核定规定也各有不同。

除纺织印染行业明确规定“还需根据城市污水处理厂、工业废水集中处理设施执行的外排标准，核算排入外环境的排放量，并载入排污许可证中”外，其他行业对间接排放企业的许可浓度取值及许可排放量测算基本按照企业出厂界浓度进行测算，或根本不作说明。据调研，制革、农药行业未对间接排放进行说明，是为了配合间接排放统一规定的要求，但由于通用水处理程序的排污许可技术规范尚未开展编制，给这些行业的实际排污许可证发放工作带来了困难。

表 14 部分涉水行业排污许可申请与核发技术规范中对间接排放许可浓度与许可量的规定

行业	发布时间	间接排放许可浓度规定	间接排放许可量规定
造纸	2016-12-28	废水排入集中式污水处理设施的造纸企业，其污染物许可排放浓度限值按照《制浆造纸工业水污染物排放标准》（GB 3544）或地方污染物排放标准规定，由企业与污水处理设施运营单位协商确定；如未商定的，按照《污水综合排放标准》（GB 8978）中的三级排放限值、《污水排入城镇下水道水质标准》（GB/T 31962）以及其他有关标准从严确定	无特别说明
电镀	2017-09-12	电镀工业排污单位向专门处理电镀废水的集中式污水处理厂排放废水时，各类水污染物的间接排放许可浓度，按照电镀工业排污单位与专门处理电镀废水的集中式污水处理厂协商确定	按照产能（产量）×基准水量×浓度的方法计算，无特别说明
纺织印染	2017-09-29	废水排入城镇污水处理厂或工业集中污水处理设施的排污单位，应按相应排放标准规定执行	对于纺织印染工业排污单位生产废水排入城市污水处理厂、工业废水集中处理设施的情况，除核算排污单位许可排放量外，还需根据城市污水处理厂、工业废水集中处理设施执行的外排标准，核算排入外环境的排放量，并载入排污许可证中。生产单位产品的水污染物排放量限值，按照喷水织造单元、成衣水洗单元分直接排放、间接排放给定限值

行业	发布时间	间接排放许可浓度规定	间接排放许可量规定
制糖	2017-09-29	对于制糖排污单位废水排入城镇污水处理厂的情况，按企业与城镇污水处理厂负责单位商定值确定许可排放浓度，无商定值时，按照 GB 8978 中的三级排放限值、GB/T 31962 以及其他有关标准从严规定。对于制糖排污单位废水排入工业废水集中处理设施的情况，按照 GB 8978 中的三级排放限值以及其他有关标准从严确定	按照产能×基准水量×浓度的方法计算，无特别说明
氮肥	2017-09-29	（排污单位）向公共污水处理系统排放的废水，其污染物许可排放浓度按照 GB 13458 表 2 间接排放标准确定	按照产能（产量）×基准水量×浓度的方法计算。向公共污水处理系统排放废水的排污单位，如有协商废水排放量，可按照协商排水量（折算为单位产品排水量）计算，但不应超过 GB 13458 的要求
原料药制造	2017-09-29	排污单位向设置污水处理厂的城镇排水系统排放废水时，有毒污染物总镉、烷基汞、六价铬、总砷、总铅、总镍、总汞应在车间或生产设施排放口执行相应的排放限值；其他污染物的排放控制要求由排污单位与城镇污水处理厂根据其污水处理能力商定或执行相关标准，并报当地环境保护主管部门备案	按照产能（产量）×基准水量×浓度的方法计算，无特别说明
制革	2017-09-29	无特别说明	无特别说明
农药	2017-09-29	无特别说明	无特别说明

据调研，以造纸、制革、印染等行业为主的工业园区，在排污许可申报过程中对间接排放的许可问题反映最多。主要体现在：

（1）间接排放企业按照出厂界浓度测算许可排放量无现实管理意义，无法用于与直接排放企业分析对比

本研究第 2 部分已经举例说明，山东省获得排污许可的造纸企业化学需氧量总许可排放量为 22.42 万 t，其中直接排放企业 1.45 万 t，间接排放企业 20.97 万 t。但 105 家间接排放企业中，有 6 家企业的间接排放许可量即达到 16.41 万 t，占 105 家企业总排放量的 78.3%。该省间接排放企业许可排放量最高的为邹平汇泽实业有限公司，化学需氧量许可排放量为 99 200 t；直接排放企业许可排放量最高的为亚太森博（山东）浆纸有限公司，化学需氧量许可排放量为 2 667.73 t。首先这两者存在数量级的差距；其次直接排放企业与间接排放企业许可排放量指代的内容完全不同，前者是排环境量，后者是排入集中式污水处理设施的量，不存在可比性。因此按照出厂界浓度测算许可排放量无管理意义，也无法满足企事业单位总量控制的管理需求。

（2）间接排放企业如不同时约束排水量与出厂界浓度，仅约束许可排放量无法约束企业排放行为

课题组调研发现，间接排放企业如不同时约束排水量与出厂界浓度，仅约束许可排放量与出厂界浓度，无法约束企业的排放行为。在仅确定企业许可排放量的情况下，企业可能存在降低排放浓度、增加排水量，但排放总量满足许可要求的情况，这对于受纳的集中式污水处理设施具有较大冲击。一方面，进水污染物浓度的降低会影响污水处理效率，严重时甚至需要补充碳源提高脱氮处理效果；另一方面，企业排水量的增加可能导致集中式污水处理设施超负荷运行，带来环境风险。

（3）部分工业园区存在企业直接排放至集中处理设施，进行集中预处理的情况，无法适用目前任何间接排放要求

在以单一排放行业为主的工业园区中，近年来存在过关于集中预处理还是企业各自分散预处理的争论。课题组曾对一些印染园区开展实际调研、数据测算及企业座谈，研究结果显示企业直接排放至集中处理设施进行预处理的模式，相较于企业各自预处理达到行业间接排放要求后再纳管排放的模式，存在一次性投资成本低、排放达标情况更有保障、污染去除效率更高、运行成本低、污泥产排效率高、药剂节约、减少土地占用成本、人员配置更为专业等优势。

但集中预处理模式往往要求企业直接排放至集中预处理设施中，无法执行间接排放标准，因此无法适用于排污许可技术规范中的任何间接排放要求。这种现象在单一排放行业为主的工业园区内体现得较为明显，例如浙江、广东的印染园区，河北、黑龙江的制革园区，上海的化工园区等。这些园区企业目前面临按照技术规范中的间接排放要求无法获取排污许可证的困境。

4.1.2 排污单位对雨水的监测、标准、监管成为普遍难题

制革、电镀、印染等行业排放的雨水中可能存在重金属等污染物，其主要来源是厂界内转移、贮存原辅材料、废弃物（如原材料、污泥）过程中可能存在的“跑、冒、滴、漏”情况。从环境安全与风险防范的角度出发，应当对雨水进行管理，其中管控的重点应当是初期雨水。管控的主要方式应当包括采取措施减少雨水中污染物的含量，以及要求排污单位对雨水开展自行监测。目前部分行业对转移、贮存原辅材料、废弃物已经有相应的标准要求，在行业相应的排污许可申请与核发技术规范中已经予以体现；但目前涉水行业普遍缺乏对雨水开展监测的具体法律法规依据，无法将监测要求落实到可操作的层面。

根据对制革、印染、制糖等涉水行业的调研，涉水行业中并没有对雨水及初期雨水管理提出具有法律法规效用的管理要求。如何界定、收集初期雨水，如何对初期雨水进行收集、处理及采样，如何对雨水进行采样并确定监测频次，如何界定南方多雨地区监测频次、采样要求等关键问题无法明确，导致对雨水的管理缺乏依据及可操作性，这是涉水行业的共性问题。

另外，有色金属矿采选、冶炼以及电镀等行业同样存在雨水中含重金属的问题；煤矿等部分行业存在申报废水零排放的企业，但在雨季将污水与雨水混合排放的情况，同样面临缺乏相关法律法规要求的困境，无法在相应行业的排污许可证技术规范中提出具体的管

理要求。

本研究认为，综合考虑涉水行业的雨水及初期雨水管理问题，出台统一的雨水管理与监督监测技术文件已经是迫切的管理需求。

4.1.3 以规模区分重点管理及简化管理企业，提出不同的监测、许可、管理要求不合理

（1）部分行业以规模区分重点管理与简化管理企业不尽合理

《排污许可证管理暂行规定》（环水体〔2016〕186 号）规定“对不同行业或同一行业的不同类型排污单位实行排污许可差异化管理，对污染物产生量和排放量较小、环境危害程度较低的排污单位实行排污许可简化管理，简化管理的内容包括申请材料、信息公开、自行监测、台账记录、执行报告的具体要求”。

配套发布的《固定污染源排污许可分类管理名录（2017 年版）》中，对实行重点管理与简化管理的企业进行了划分。部分行业划分的依据是生产中是否带有某些重污染工艺，例如皮革鞣制加工行业规定含鞣制工序的实施重点管理，其他实施简化管理；纺织印染行业规定含前处理、染色、印花、整理工序的，以及含洗毛、麻脱胶、缫丝、喷水织造等工序的实行重点管理，其他实施简化管理。

但部分行业划分重点管理与简化管理的依据是企业的规模，例如屠宰及肉类加工行业规定实施重点管理的是“年屠宰生猪 10 万头及以上、肉牛 1 万头及以上、肉羊 15 万头及以上、禽类 1 000 万只及以上的”，其余实施简化管理。实际上根据调研，一些城乡接合部的屠宰作坊规模较小，但污水直接排放，对城市水体的环境影响十分恶劣，却未纳入重点管理，不许可排放量，不要求安装在线监测设施，手工监测频次等要求也远低于重点管理排污单位，实际上未能对这部分企业产生有效监管。

（2）排污单位自行监测技术指南等文件与排污许可的重点、简化管理要求未匹配衔接

根据《排污单位自行监测技术指南　总则》（HJ 819—2017）中的表 2 要求，重点排污单位废水主要监测指标按日/月监测，其他监测指标按季度/半年监测；而非重点排污单位主要监测指标按季度监测，其他监测指标按年监测。指南中将重点排污单位定义为“由设区的市级及以上地方人民政府环境保护主管部门商有关部门确定的本行政区域内的重点排污单位”，与《排污许可证管理暂行规定》《固定污染源排污许可分类管理名录（2017 年版）》中的重点管理企业不一致，需要进行统一。

本研究梳理了近期发布的 9 项行业《排污单位自行监测技术指南》征求意见稿，将这些指南中监测要求的分类与《固定污染源排污许可分类管理名录（2017 年版）》中的分类标准进行对比，详见表 15。

表 15 可以看出，9 项行业《排污单位自行监测技术指南》征求意见稿中，对监测项目频次的分类主要有两种，以石油炼制、电镀、氮肥、城镇污水处理厂为代表的 4 个行业未划分重点和非重点排污单位，对企业提出了统一的监测要求；以制革、纺织印染、三类制药行业为代表的 5 个行业按照重点排污单位和非重点排污单位确定了不同监测频次。但与《固定污染源排污许可分类管理名录》中的实施重点管理、简化管理的分类不匹配。例如电镀、氮肥、城镇污水处理厂有简化管理的企业划分，其监测要求是一视同仁的；纺织印染、制药行业未界定简化管理，但在监测指南中却划分了非重点排污单位，指向不明。

表 15 部分行业不同文件中排污单位分类对比

<table>
<tr><th rowspan="2">序号</th><th rowspan="2">行业</th><th colspan="2">《固定污染源排污许可分类管理名录》中分类</th><th rowspan="2">《排污单位自行监测技术指南》（征求意见稿）中涉水监测项目分类</th></tr>
<tr><th>实施重点管理</th><th>实施简化管理</th></tr>
<tr><td>1</td><td>石油炼制</td><td>原油加工及石油制品制造、人造原油制造的</td><td>—</td><td rowspan="4">未划分重点和非重点排污单位，对所有排污单位提出统一监测要求</td></tr>
<tr><td>2</td><td>电镀</td><td>有电镀、电铸、电解加工、刷镀、化学镀、热浸镀（溶剂法）以及金属酸洗、抛光（电解抛光和化学抛光）、氧化、磷化、钝化等任一工序的，专门处理电镀废水的集中处理设施，使用有机涂层的（不含喷粉和喷塑）的为重点管理</td><td>其他</td></tr>
<tr><td>3</td><td>氮肥</td><td>化学肥料制造（不含单纯混合或者分装的）</td><td>生产有机肥料、微生物肥料的企业（不含其他生产经营者），单纯混合或者分装的化学肥料</td></tr>
<tr><td>4</td><td>城镇污水处理厂</td><td>工业废水集中处理厂，日处理 10 万 t 及以上的城镇生活污水处理厂</td><td>日处理 10 万 t 以下的城镇生活污水处理</td></tr>
<tr><td>5</td><td>制革</td><td>含鞣制工序的</td><td>其他</td><td rowspan="5">按照重点排污单位和非重点排污单位确定不同监测频次</td></tr>
<tr><td>6</td><td>纺织印染</td><td>含前处理、染色、印花、整理工序的，以及含洗毛、麻脱胶、缫丝、喷水织造等工序的</td><td>—</td></tr>
<tr><td>7</td><td>制药（化学合成类）</td><td rowspan="3">进一步加工化学药品制剂所需的原料药的生产，主要用于药物生产的医药中间体的生产的</td><td rowspan="3">—</td></tr>
<tr><td>8</td><td>制药（发酵类）</td></tr>
<tr><td>9</td><td>制药（提取类）</td></tr>
</table>

4.1.4 以排污单位的环评与总量控制指标从严确定许可排放量，企业普遍不认可“鞭打快牛”

已经发布的排污许可技术规范均规定：“依据总量控制指标及本标准规定的方法从严确定许可排放量，2015 年 1 月 1 日（含）后取得环境影响评价文件批复的排污单位，许可排放量还应同时满足环境影响评价文件和批复要求。总量控制指标包括地方政府或环境保护主管部门发文确定的排污单位总量控制指标、环境影响评价文件批复中确定的总量控制指标、现有排污许可证中载明的总量控制指标、通过排污权有偿使用和交易确定的总量控制指标等地方政府或环境保护主管部门与排污许可证申领排污单位以一定形式确认的总量控制指标。”

据调研，以环境影响评价文件、总量控制指标进行许可排放量的确定，在地方实践过程中存在下述问题：

（1）未体现对积极主动开展污染削减企业的鼓励

部分企业提前完成了污水处理设施的提标改造，并将其固定在了总量控制指标中。在技术规范的规则下，其获得的许可排放量反而小于未进行提标改造的企业，比较之下存在“鞭打快牛”的现象。据调研，不少企业对此意见较大。

（2）未对环境影响评价批复的“零排放”企业予以纠正

部分企业在 2015 年前批复的环境影响评价零排放企业，其总量控制指标也据此确定为零，但企业实际不可能达到零排放水平，在本次核发许可证时，按照技术规范要求对其许可零排放，与企业实际排放情况不匹配。

（3）未对实际存在的不合规产能进行清理

部分企业以往按照环评产能批复总量控制指标，实际产能却远远大于环评产能。部分区域未对这部分产能进行清理，导致发证时这部分企业的许可产能与实际产能差异过大，企业合规困难。

4.1.5 涉水行业的涉气管理起步偏低，碱回收炉等工业炉窑缺乏专门排放标准

排污许可制度实施是涉水行业首次对涉气内容开展管理。造纸行业的碱回收炉以及各涉水行业的工业炉窑、供热锅炉等是以往环境管理的盲点，开展排污许可管理起步低，管理水平不足。

（1）对碱回收炉开展氮氧化物治理，起点低、成本高

以造纸行业的碱回收炉为例，碱回收炉属于清洁生产的环保设备，目前并没有单独的大气污染物排放标准，但在《造纸技术规范》中碱回收炉烟囱被列为主要排放口，需要核定大气污染物许可排放量。《造纸技术规范》中要求：“根据《关于碱回收炉烟气执行排放标准有关意见的复函》（环函〔2014〕124 号），65 蒸吨/h 以上碱回收炉废气中烟尘、二氧化硫、氮氧化物许可排放浓度限值可参照《火电厂大气污染物排放标准》（GB 13223）中现有循环流化床火力发电锅炉的排放控制要求确定；65 蒸吨/h 及以下碱回收炉废气中烟尘、二氧化硫、氮氧化物许可排放浓度限值参照《锅炉大气污染物排放标准》（GB 13271）中生物质成型燃料锅炉的排放控制要求确定。”

碱回收炉是采用顶喷方式以氢氧化钠溶液进行浓缩碱的工序，正常工作时脱硫效率接近 100%，二氧化硫直接排放能够达标。碱回收炉的氮氧化物排放浓度在 200～300 mg/m^3，但因生产设备不同而有差异，生产草浆等低端纸浆的碱回收炉二氧化硫排放浓度较低，生产木浆等高级纸浆品种的碱回收炉炉温较高、二氧化硫浓度较高。

当前碱回收炉的大气污染物没有单独的排放标准，如执行火电、锅炉行业标准，氮氧化物的浓度将无法达标；目前并没有经济有效的碱回收炉氮氧化物削减措施，如需要对氮氧化物进行脱硝，二氧化硫的浓度将有所提高，脱硝成本十分不经济，并且会影响碱回收炉生产效果。根据对山东省某企业的调研，为达到地方氮氧化物 100 mg/m^3 的排放新要求，计划投资 2 亿～3 亿元进行碱回收炉污染治理设施改造，另外一家企业的碱回收炉规模较小，达标相对容易，提标之后计划直接拆除；四川省某企业氮氧化物 2018 年 6 月 1 日之后要执行 200 mg/m^3 的氮氧化物地方新标准，投资了 1 500 万元进行提标改造。调研企业认为，对碱回收炉的改造经济负担较重。

（2）碱回收炉建议按规模计算许可排放总量，而非按浆的产能来算

《造纸技术规范》规定：“碱回收炉废气中污染物许可排放量依据许可排放浓度、单位

产品基准排气量和产品产能核定。”根据部分造纸企业反映，碱回收炉的规模与浆的产能并非完全匹配，按照产品产能及经验取值的基准烟气量确定碱回收炉的污染物排放情况并不合理。某企业指出，他们为降低废水处理难度，将化机浆的一些废液放在碱回收炉中进行焚烧，因此浆的产能不能代表碱回收炉的实际处理情况，企业提出希望按照碱回收炉的规模进行许可排放量测算。

4.2 管理执行

4.2.1 对企业持证排污的宣教培训不足，企业尚未意识到证后监管的重要性

现阶段，对企业开展的排污许可培训主要为许可证申请与系统填报。企业普遍反映系统填报占据大量精力，而对于企业获得排污许可证后应当如何持证排污的培训严重不足。企业尚未意识到排污许可证中的载明内容是对企业的管理要求，依然停留在“获得了排污许可证即可排污”的过往理念中，未意识到证后监管的重要性。

4.2.2 自行监测、台账记录、执行报告等持证管理内容存在不足，尚未开展许可证持证专项督查

（1）自行监测成本提升，带来企业违证风险

企业对执证排污的理解不足首先体现在自行监测方面。在申请排污许可证时，企业未意识到需要按照自己申报的自行监测计划开展监测，或对监测指标的理解不够全面，认为监测了化学需氧量、氨氮等主要污染物指标便履行了自行监测义务，导致持证后企业才发现监测成本激增。尤其是部分涉水企业持证后需要花费大量财力、人力新增涉气污染物的监测，进一步提高了监测成本，这为今后企业不按照许可证要求开展监测带来违证风险，而环保部门对企业开展自行监测的具体监管还存在不足。

（2）企业对台账记录存在理解误区，迫切需要环保部门提供统一模块

造纸行业面对的困境对于其他涉水行业同样存在。大部分持证企业对台账记录存在误区，或认为生产台账即排污许可台账，或沿用以往的环境管理台账而未能按照排污许可要求进行记录，或苦于在线监测数据等部分电子版本数据还需要同时保存纸质版本。调研企业均表示，迫切需要环保部门在国家排污许可信息公开系统平台上提供统一的台账记录模块。

（3）执行报告内容不足，执行报告与实际排放量的关联尚未建立

执行报告是企业重要的守法凭据和证据链，造纸行业作为重点排放单位，应当提交排污许可证执行报告的季报、年报，部分企业还需要提交月报。但根据对造纸行业排污许可证执行报告模块的抽查来看，《造纸技术规范》中要求执行报告提交的内容均无法上传至系统，目前企业提交月报、季报仅能够提交实际排放量数据，排放量测算过程、相关监测数据、企业检修维护记录等相关信息均无法上传提交。执行报告与企业实际排放量的关联关系实际上尚未建立，也缺乏排污许可证持证情况专项督察，排污许可证尚未能发挥持证排污功能。

4.2.3 间接排放企业与污水厂协商浓度指标缺失，污水处理厂缺乏管理权限与约束手段

本研究表 14 分析了部分涉水行业排污许可技术规范中关于间接排放企业许可排放浓度的确定方法。造纸、电镀、制糖、原料药制造等行业均要求企业与污水处理厂协商确定。

（1）间接排放企业与污水处理厂协商的浓度指标缺失

根据课题组对部分工业园区的调研，工业园区企业与污水处理厂之间的协议普遍只有化学需氧量与水量，个别地方仅协商水量而不管质量；仅有极少数园区企业有氨氮及更多控制指标；按照行业排放标准进行全指标协商的行业或园区非常少。

（2）污水处理厂对间接排放企业的监管手段有限，难以保障间接排放企业的纳管排放能够达到协议要求

首先，污水处理厂无权限要求间接排放企业安装出水在线监测设备、流量计或要求持续性的手工监测，无法实时获取企业出水数据；其次，污水处理厂受纳污水非“一企一管”，一旦发生负荷冲击的情况，无法判断是由哪家企业造成的；最后，污水处理厂与企业之间以民事协议进行约束，污水处理厂并无行政管理权限，一旦企业违约，污水处理厂很难及时对企业提出整顿要求。

4.2.4 涉水行业超产能生产情况比较普遍，实际监管要同时关注排放浓度与水量

对于一些涉水行业而言，超产能生产情况较为普遍。根据对造纸、制革行业企业的现场调研发现，产能是企业生产上限的观点是“伪命题”。对于大部分的涉水行业而言，产能并非企业生产的天花板，企业设计产能是最合适的产能，未必是最大产能，环评批复产能也是如此。不同行业的生产条件不同，一些行业只需通过延长生产时间等手段就可以使实际产量超过最大设计产能。例如制革行业鞣制阶段，虽然要求企业填报转鼓数量和尺寸，也填报企业环评审批的产品产能，但由于转鼓同时用于染色、鞣制、复鞣等工段，只需要调整各工段的时间，就可能突破环评产能。例如在江苏的某些企业，除环评手续外还需要发改委批复可研手续，可研中认为超过 10%的产能也是正常情况。对涉水行业进行实际排放量监管时，要同时关注排放浓度与水量。

4.2.5 涉水行业排污许可证系统设计过分关注生产过程与证后监管不足

（1）行业差异被简化为生产设备差异，系统设计过分关注设备而非生产过程

各涉水行业在生产过程方面与涉气行业存在较大差异，但这种差异被简化为生产设备差异，在系统设计时过分关注设备情况，却忽略了涉水行业生产特征。例如，制革行业生产设施中最重要的设备为转鼓，但转鼓规模与企业实际生产能力非线性关系。转鼓可以同时用于染色、鞣制、复鞣等工段，无法简单通过转鼓数量评估企业生产规模与废水特征，但在系统中仅要求填报转鼓数量、尺寸等简单设计参数，而无法设计每台转鼓的特定时段用途。例如印染行业是用水大户，有单位产品基准排水量限制要求，大部分印染企业都进行高度节水以增加产品产量，导致了废水浓度过高难以处理。但在系统设计时对行业节水设施与节水过程未作要求，重点却在定型设施的布幅宽度、染色设施的容量等设备参数上，

无法掌握企业实际产量情况。总体来看，涉水行业的生产排污状况不仅与设备有关，还与生产方式有关，这部分在系统设计中还存在不足，无法体现实际产品生产过程与产量。

（2）系统执行报告、监督执法等模块尚不能满足管理需求

自行监测、台账记录、执行报告是排污单位持证排污需要履行的企业主体责任，应当是排污单位获得排污许可证后的重要管理环节。

自行监测方面，目前重点污染源在线监测信息已有平台，系统尚未能与相关平台对接，在线监测数据等尚未与排污许可证关联，按照自行监测判定企业达标合规情况尚无法实现。

台账记录方面，系统设计的台账记录模块进度严重滞后，行业排污许可证申请与核发技术规范中的台账表格未能在企业予以落实，也未能形成可供证明企业持证排污的合规台账。

执行报告方面，系统设计的执行报告仅能填写实际排放量，年度执行报告所需要企业提交的各方面信息均无法在年报模块中填写，执行报告设计进度落后于管理需求。

4.3 小结

（1）制度设计中部分问题不够明确给发证、持证带来困惑

通过研究调查发现，间接排放企业的排污许可量如何核定、雨水如何在无标准的情况下开展监测监管、如何按照环评及总量控制指标要求从严确定许可排放量等问题，均为排污许可证核发管理过程中遇到的争议最大的问题。究其根源，在于制度顶层设计时对这些管理过程中细节但关键的问题预期不足，问题显露后未能尽快出台明确的解释说明，为地方环保部门发证以及排污单位持证带来迷惑。

重点管理及简化管理的监测要求不同的问题，反映了目前制度设计过程中依然秉承“抓大放小”的思路，如不能将“散乱污”企业以排污许可证监管起来，排污许可证将无法与环境质量响应。

涉水行业的涉气管理起步太低等问题，反映了制度设计过程中对企业的预期过高，未充分估计企业现阶段的环境管理水平及环保意识，导致在相关排放标准不成熟的情况下，企业无法完全实现按证排污要求。

（2）政策实施过程中培训人员、发证人员、企业申请人员水平参差不齐，导致实施标准不统一，规范性不足

本研究对培训人员、发证人员、企业申请人员均开展了访问座谈，分析发现这些人员水平参差不齐，对技术规范及系统填报的具体操作理解各不相同，导致传达的管理信息不够统一，出现同一省份、同一地区、同类企业处理方式不同的问题。

（3）排污许可证监督管理模块缺失严重，许可证中的内容尚无法支撑环境管理需求

通过对监测、台账、执行报告等许可证管理要点实际实施情况的调研，以及对系统设计中的问题梳理，发现目前的许可证监督管理模块缺失严重，地方环保部门对如何监管排污许可证尚无抓手，对排污许可证的持证要求依然停留在许可排放量与许可排放浓度两项指标上，企业填报过于简单的执行报告内容尚远远无法支撑环境管理需求。截至 2018 年 1 月中旬，依然有企业反馈排污许可证的后续监督管理模块功能缺失，执行报告与台账记录模块均为空白页，部分企业无法输入，部分企业即使输入也仅能填写实际排放量数据，无

法填写许可技术规范要求的其他信息。目前许可证的执行报告、台账记录及监测数据等信息尚不足以支撑对固定源的环境管理需求。

5 对策及建议

5.1 制度设计层面，涉水行业排污许可管理应强化涉水行业特征，与水质改善密切结合

5.1.1 建议改变固定源分类管理要求，根据水环境质量确定管理重点

建议在开展固定源管理时淡化重点管理与简化管理的分类概念，不应继续实施“抓大放小”的管理思维。应当贯彻落实“核发一个行业、清理一个行业、规范一个行业、达标排放一个行业”的思路，对行业内企业一视同仁。大量案例显示，散乱污企业对水质尤其是支流水质的影响不可忽视，在部分城市水体中污染贡献率甚至超过大的固定源，这些企业不应当因为监管难度高而被列入简化管理范畴，放松管理要求。在 2018 年及以后修订固定污染源分类管理名录时，建议不以管理难易程度或规模大小进行分类管理，而是根据企业所处流域的环境质量状况确定管理重点，避免将固定源污染环境管理思路退回到“只要减污就对环境质量改善有作用”的粗放式管理水平。

5.1.2 建议识别固定源为水质超标主要原因的控制单元，作为开展排污许可证管理的重点

涉水行业的排污许可证管理应当与涉气行业有所区别，以控制单元为主体，将固定源落到控制单元，实行区别化的许可排放控制要求。首先将控制单元划分为超标控制单元与水质维持控制单元，固定源管控重点应为超标控制单元。其次应当论证控制单元超标问题与固定源的关联性。涉气行业的环境质量是否超标与区域内电厂等重点固定源的排放相关度较高；但在流域控制单元管理中，控制断面不达标的情况未必能与固定源之间直接挂钩。一方面，根据污染状况不同，以固定源污染为主的控制单元应当是许可证管理重点，需要加强排污许可证的监督执法，提高对固定源的管控要求；另一方面，区域环境质量与许可证管理要求应当对应，区域内氮、磷或其他指标超标的，在排污许可证的管控要求中应当突出体现对固定源的脱氮除磷要求。实施地方特征污染物总量控制的，应当将相关管控要求在所有排放该类污染物的企业中予以体现。

5.1.3 建议涉水行业生产环节更关注排污过程和节水等清洁生产要求等，突出涉水行业特征

建议进一步完善涉水行业生产环节申请填报内容。与涉气行业逐台设备进行许可不同，涉水行业排污过程往往以生产线或生产单元为单位，各生产线或生产单元所附加的节水、回用水设施对生产线末端的废水排放有重大影响，因此抄纸机、染色设施、转鼓等单台设备对生产线废水排放并不起决定作用。

建议进一步完善涉水行业中对节水、回用水及“浓水”处理处置的要求。为推动污染削减、满足强制清洁生产审核要求，大部分涉水行业在生产过程中都会实行节水、回用水等清洁生产措施。这些措施的初衷是节约工业企业新鲜用水，减少污染排放。但回用水也会出现新的环境治理问题：企业回用水一般是简单的物化或生化处理后回用于生产，这类水经多次回用后，含盐量高、有机物含量高、有毒有害物质的浓度也高，相对难以处理且容易腐蚀管道设备，一般称之为“浓水”。造纸、印染行业都是用水大户，提高回用水率就可以在单位产品基准排水量一定的前提下多生产产品，因此企业非常有动力开展清洁生产与中水回用，从而带来了比较普遍的“浓水”处理问题。根据对造纸、印染、制革等涉水行业排污许可证的核发与实施调研来看，一方面，这些节水、回用水措施与设备并未完全纳入许可证生产环节管理范畴，企业的节水设施、节水量、回用水量等情况尚未掌握；另一方面，企业过于追求节水、回用水带来的浓水处理问题未在管理过程中予以体现。

5.1.4 建议排污许可核发管理中贯彻公平性原则，保持行业间与行业内的公平

从行业间公平角度出发，建议论证按排放标准申报许可量能否达到环境质量要求，根据流域或控制单元实际情况确定是否需要执行更严格的排放要求。在以环境质量为核心的流域污染管制体系中，决定许可排放要求的不仅是企业所处的行业，还应当考虑所处的位置、周边敏感区域、对应的断面水质等。现阶段排污许可实施是基于各行业治理技术水平确定的排放标准，如在水质恶劣或有退化趋势的流域，应当考虑制定基于环境质量需求的全行业排放标准。建议选取部分以固定源污染为主的试点地区，对流域的水环境质量与固定源排放量关联情况进行模拟。论证在这类控制单元中，仅按照行业排放标准申报许可量是否能够覆盖企业全部的排污内容。对于行业排放标准无法满足水环境管理要求的，应当试点开展以流域所有固定源为对象的、更严格的排放标准限值制定工作，或者对固定源提出更加严格的许可排放量要求。

从行业内公平角度出发，建议对行业内的所有企业提出相同的管控要求，不应以规模大小、直接排放或者间接排放去向作为区别管理的依据。第一，建议加强对散乱污企业纳入排污许可证的工作，从自行监测、台账记录、执行报告三个方面加强对这些企业的排污许可管理，与重点管理的固定污染源一视同仁。第二，直接排放企业与间接排放企业应当履行相同的企业责任。间接排放企业应当对其出厂界废水的水量、水质负责，履行同样的监测、台账记录、执行报告义务，与纳管的污水处理设施应当明确各自权责，签署完备的纳管协议，不应当将污染治理的压力完全推给纳管的污水处理设施。第三，应当充分重视申报废水零排放的企业，加强对这类企业的监督管理，确保废水实际无外排，不应当认为这类企业没有废水排放口便放松排污许可证要求以至于放松监管。

5.2 制度衔接层面，排污许可制度设计应为其他相关管理制度留下衔接接口

5.2.1 排污许可相关数据应与污染减排相结合

建议完善排污许可数据库，将其与总量控制的管理需求相衔接。根据排污许可数据库

中的副本数据提取各企业核发的主要污染物许可排放量，从而可以统计得到全国、各地区、各流域的主要污染物许可排放总量；根据执行报告数据则可提取每年/季度的各企业实际产生的主要污染物排放量，从而统计得到全国、各地区、各流域的年/季度主要污染物实际排放总量。

衔接主要体现在以下三个方面：

一是提供全国、各地区、各流域的污染物许可排放量和实际排放量。目前，根据排污许可证副本可统计得出对已核发排污许可证的排污单位废气主要排放口的烟尘、二氧化硫和氮氧化物和废水排放口的COD、氨氮的许可排放量。随着年度执行报告的上报，可以统计出废气主要排放口的烟尘、二氧化硫和氮氧化物和废水排放口的COD、氨氮的实际排放量。

二是提供全国及各地区重点行业污染物的许可排放浓度。目前，可统计得出对已核发排污许可证的排污单位废气主要排放口的烟尘、二氧化硫和氮氧化物和废水排放口的COD、氨氮的许可排放浓度，建议下一步将总氮、总磷等特征污染物纳入统计范畴，作为我国固定污染源精细管理的重要支撑。

三是为管理部门制定污染物总量减排目标及实施方案等提供依据。通过行业排污许可证的核发管理数据，可以掌握全国及各地区的重点行业主要污染物的实际排放水平，以及与许可排放量之间的差异。通过分析各地区的主要污染物许可浓度限值、实际排放量、许可排放量等数据，摸清各地区的实际排放水平及可减排的空间，为管理部门制定污染物总量减排目标及实施方案等提供数据支持。

5.2.2 排污许可实际排放量应为环境保护税核算留下接口

根据《环境保护税法》，应税污染物包括大气污染物、水污染物、固体废物和噪声。应税大气污染物和水污染物计税按照污染物排放量折合成污染当量数确定。对于具体的征税污染因子，每一排放口或没有排放口的应税大气污染物按照污染当量数从大到小排序，对前三项污染物征收环境保护税；对每一排放口的应税水污染物，区分第一类水污染物和其他类水污染物，按照污染当量数从大到小排序，对第一类水污染物按照前五项污染物征收环境保护税，对其他类水污染物按照前三项征收环境保护税。环境保护税按月计算，按季申报缴纳。

通过排污许可数据库可直接获取各行业企业的废气和废水排放口的信息，作为环境保护税征收依据。此外，通过执行报告数据可为环境保护税提供各季（月）度的二氧化硫、氮氧化物、颗粒物、COD、氨氮等污染物排放量，作为环境保护税的计税依据。

建议下一步要将排污许可中的污染物与环保税应税污染因子进行衔接，解决两者之间不完全衔接的问题。建议明确排放方式与环保税之间的关系，明确涉水行业间接排放企业如何征缴环保税、向何种污水处理设施排放的需要征缴环保税等关键问题。建议管理平台增加环境保护税应纳税额自动计算等功能，减轻企业填报负担，提高管理效能。

5.2.3 排污许可管理应为排污权交易留下接口

排污权交易政策是排污许可证的附属经济政策，交易的实施有助于实现排污权资源的优化配置，促进企业进行污染削减。排污许可管理应为排污权交易留下接口。建议在出台排污许可条例或排污许可管理办法时，对排污权、可交易排污权的定义进行明确，要求基于排污许可证确定排污单位排污权。依托排污许可证监督管理体系，加强对排污权交易监督管理，要求参加排污权交易的持证企业必须按照排污许可证管理有关规定持证排污、按证排污。当排污单位发生排污权购买或出让行为时，排污权交易完成后，交易双方应在规定时限内向地方环境保护主管部门报告，并申请变更其排污许可证。每家排污单位在年度结束时，拥有的排污权应不少于其上报的年实际排放量。

5.3 管理执行层面，应尽快从"发证管理"转变为"持证管理"，成为固定源管理抓手

5.3.1 尽快开展许可证核查，随许可证发放清理相应行业，检查发证质量

建议尽快建立排污许可证持证监督管理体系。该体系应当包括排污许可证质量管控体系、监测核算体系、监督执法体系。

应建立排污许可证质量管控体系。建议加强对持证企业、申领企业、发证单位、技术支撑单位的技术培训，形成"持证排污"的统一思路。地方环保部门负责定期对所辖企业的持证排污情况进行自查，并向上级环保部门提交自查结果；开展排污许可证核发质量检查，对核发有问题的许可证应予以废止并重新启动申请程序；每年年末对企业提交的执行报告进行质量抽检，对未提交执行报告的、存在明显违证情况的企业进行现场核查，向上级环保部门提交抽检结果。

应建立排污许可证监测核算体系。依托各行业已经发布的排污许可技术规范中关于自行监测、实际排放量核算及合规判定要求等相关规定，构建各区域、各流域持证企业的自行监测数据库、实际排放量统计数据库，以此为基准支撑总量减排、环境统计等工作开展。尽快出台企业自行监测的相关技术标准要求及企业自建实验室的技术规范要求等，对企业自行监测结果进行质量管控，使其能够应用到监督管理中来。

应建立排污许可证监督执法体系。根据法律规定对持证单位开展监督执法，重点针对超标、超总量排污的行为予以处罚。结合当前开展的总量核查、"水十条"核查、"河长制"检查等，融入排污许可证管理相关内容，随许可证发放清理相应行业的违法排污行为。加强对企业日常持证排污的监督监管，将排污许可证履证情况与日常督察相结合。企业的执行报告全部信息公开，通过进一步宣传培训，鼓励民众参与到企业排放行为的日常监督监管中。

5.3.2 对影响发证、持证管理的相关重要问题，尽快书面规范说明

建议尽快对影响发证、持证管理的相关重要问题进行说明，对相关要求统一规定，避免各地执行尺度不一的问题。主要问题包括：

（1）间接排放企业管理问题，如是否对间接排放企业的出厂界污水开展监测，是否需要安装在线监测设施，间接排放企业许可证上是否应当备注排环境的许可量等。

（2）雨水监测监管问题，如初期雨水的界定范围，如何对雨水开展监测，雨水监测执行何种标准等。

（3）污水处理设施管理问题，如数家企业合资的工业污水处理设施如何发证，直排入聚集区污水处理厂的企业能否发证，污水处理设施如何与间接排放企业签署协议，污水处理设施运营单位如何对企业进水水质水量开展监管等。

5.3.3 完善行业排污许可数据库，实现大数据共享

建议尽快完善行业排污许可数据库，督促持证企业上报执行报告与相关监督执法信息，并将相关信息进行大数据共享。

目前已核发排污许可证的造纸与纸制品企业中，存在大部分企业未按时提交第三季度排污许可证执行报告的现象，截至 2018 年 1 月 15 日，年度执行报告提交情况也并不理想。已提交的执行报告质量参差不齐，相关数据的完整性和准确性不能保证。因此亟须提高企业取证后的执行报告的上报进度和质量，完善排污许可数据库，从而获取实际排放数据进一步统计分析。

从在线监测数据与排污许可自行监测数据看，我国已开展重点污染企业的在线监控。建议加快固定污染源在线监测数据与排污许可证信息管理平台的对接，通过企业排污许可证编号、排放口编号实现数据关联，通过信息管理平台实现相关数据的批量提取。

从排污许可的执法功能分析，目前排污许可管理平台执法模块已启用，执法人员在信息平台上记录检查企业名单、检查内容和结果。但执法检查信息、处罚情况等内容均为文字记录，不便实现批量提取，建议设置专门的执法监测模块及数据接口，将执法监测相关数据信息按照排放口编号等对接信息平台，可实现批量提取及数据关联，执法监测相关数据可作为在线监测、企业自行监测（监测结果可在执行报告中提现）的补充和交叉印证。

从环境影响评价数据看，环境影响评价基础数据库实现了环境影响评价报告书的收集储存，但大多以报告书的文字形式储存，仅对环境保护部受理审查的环境影响评价文件中的部分指标进行了录入，主要包括污染源强、污染物排放相关指标等，指标类型不全，且收录范围较小。建议进一步完善录入指标，扩大收录范围，优化环评数据库，实现批量提取。未来可考虑通过企业统一社会信用代码与排污许可证编号做关联，将环评和排污许可的企业信息关联起来；建议环评数据库按照相关编码规则对相关设施和排放口进行编码，与排污许可数据库对应，实现两个数据库所有数据信息的关联。

5.3.4 规范企业自行监测相关管理文件，指导企业持证排污

排污许可重在后期监管，尤其是作为企业自证守法证据链的重要组成部分、自行监测、台账记录及执行报告有重要意义，委托专业的第三方进行排污许可的后期执行工作，首先可以按照排污许可技术规范及行业自行监测规范的要求，制定合理的自行监测方案，对企业的监测数据是否符合要求做出判断，另外可以委托其他有资质的监测单位开展监测工作，对企业环境管理台账进行设计，查漏补缺，针对目前台账记录的主要方式，开发信息化程度高、记录高效的方式，以满足不断提高的台账管理记录要求，在后期排污许可执行

过程中，能够按照要求提供有效、完善及正确的材料；技术单位在对企业的生产情况、主要污染物的排放情况等进行细致充分的调研基础上，在目前执行报告的提纲要求下，结合企业的实际情况，编制真实可信的排污许可报告。

建议尽快出台企业自建实验室的相关规范及操作管理制度、企业实验室人员的管理、资质等管理规范、企业委托第三方监测机构的资质等管理要求。

参考文献

[1] 贺蓉."自证守法"的本意应是"合规证明"[J]. 环境经济，2017（8）：28-31.

[2] 纺织印染企业下半年核发排污许可证[J]. 纺织检测与标准，2017（5）：56-57.

[3] 蒋洪强，张静，周佳. 关于排污许可制度改革实施的几个关键问题探讨[J]. 环境保护，2016，44（23）：13-16.

[4] 张亮. 关于造纸行业排污许可证实施过程的想法探讨[J]. 环境与发展，2017，29（5）.

[5] 张波，Wayne Davis，王争萌. 环境管理的信息化视角——美国环境信息生命周期模型研究[J]. 中国环境管理，2016，8（6）：65-69.

[6] 黄文飞，卢瑛莹，王红晓，等. 基于排污许可证的美国空气质量管理手段及其借鉴[J]. 环境保护，2014，42（5）：63-64.

[7] 蒋洪强，王飞，张静，等. 基于排污许可证的排污权交易制度改革思路研究[J]. 环境保护，2017（18）.

[8] 卢瑛莹，冯晓飞，陈佳. 基于排污许可证的企业全生命周期环境管理研究[J]. 生态经济（中文版），2016，32（1）：102-104.

[9] 李挚萍，焦一多. 论排污许可制度实施的法律保障机制[J]. 环境保护，2016，44（23）：21-25.

[10] 李义松，刘金雁. 论中国水污染物排放标准体系与完善建议[J]. 环境保护，2016，44（21）：48-51.

[11] 刘伊曼. 排污许可证的 "归一"与"归真"[J]. 环境经济，2017（16）：54-55.

[12] 赵中平. 四步曲奏响，集中度提升中国造纸行业格局[J]. 中华纸业，2017（19）：55-62.

[13] 陈瑶，刘红磊，卢学强，等. 我国行业水污染物排放标准的制定现状、问题及建议[J]. 环境保护，2016，44（19）：51-55.

[14] 刘吉源. 新时期排污许可证制度实际操作中的问题与对策[J]. 中国环境管理干部学院学报，2016，26（2）：23-25.

[15] 赵玉强，荆勇，苗永刚，等. 以排污许可证制度为统领的环境管理概念重塑[J]. 环境保护科学，2016，42（5）：40-44.

[16] 冉丽君，马强. 造纸行业排污许可管理技术要点解析[J]. 环境影响评价，2017，39（3）：20-23.

[17] 山丹，吴悦颖，叶维丽，等. 造纸行业重点污染源排污许可证管理案例分析[J]. 中国给水排水，2017（2）：42-45.

附表　造纸行业污染物许可排放量与环境统计量对比情况

单位：t/a

序号	省份	COD_{Cr}			NH_3-N			TN（以N计）			TP（以P计）		
		许可量	环境统计量	许可排放量占比/%	许可量	环境统计量	许可排放量占比/%	许可量	环境统计量	许可排放量占比/%	许可量	环境统计量	许可排放量占比/%
1	北京	1.7	78.8	2	0.1	5.3	2	0.0	5.3	0	0.0	—	—
2	天津	988.7	702.8	141	36.8	42.9	86	0.0	44.9	0	0.0	1.5	0
3	河北	5 526.3	22 695.9	24	416.6	943.1	44	3.3	1 005.7	0	0.2	40.4	0
4	山西	314.6	1 763.1	18	26.1	57.3	46	0.0	87.1	0	0.0	1.6	0
5	内蒙古	1 662.5	1 224.3	136	38.0	135.7	28	0.0	346.7	0	0.0	0.9	0
6	辽宁	1 697.5	7 363.9	23	254.6	388.7	66	0.0	410.0	0	0.0	0.6	0
7	吉林	2 574.4	14 050.9	18	286.1	334.6	86	0.0	380.8	0	0.0	3.7	0
8	黑龙江	2 037.5	11 240.2	18	150.8	157.6	96	0.0	179.7	0	0.0	9.7	0
9	上海	742.4	287.6	258	12.5	44.7	28	3.7	95.6	4	0.5	8.2	6
10	江苏	34 237.2	15 592.0	220	1 296.9	726.5	179	121.6	1 530.1	8	42.0	33.2	126
11	浙江	210 695.7	22 284.9	945	3 639.4	1 084.7	336	9.4	1 702.2	1	0.0	56.8	0
12	安徽	14 104.4	7 465.1	189	1 063.1	317.2	335	0.0	380.9	0	0.0	16.8	0
13	福建	8 542.0	10 404.0	82	885.9	321.6	275	4.4	581.6	1	0.3	28.2	1
14	江西	9 263.6	9 275.8	100	733.9	305.6	240	0.0	375.3	0	0.0	11.8	0
15	山东	222 046.4	18 082.7	1228	5 287.1	1 369.6	386	1 451.7	1 782.3	81	0.0	71.2	0
16	河南	12 740.2	15 830.6	80	1 059.7	560.3	189	0.0	703.7	0	0.0	20.8	0
17	湖北	11 011.1	12 220.3	90	910.0	557.4	163	0.0	623.7	0	65.7	9.4	700
18	湖南	12 669.8	32 384.8	39	765.8	1 198.6	64	62.0	1 647.5	4	4.8	60.0	8
19	广东	60 766.7	42 446.3	143	1 708.2	1 441.2	119	180.9	1 661.3	11	8.7	33.7	26
20	广西	15 060.2	25 818.4	58	1 256.2	808.8	155	647.2	1 636.0	40	11.4	224.2	5
21	海南	3 220.5	2 198.7	146	209.9	76.6	274	512.2	137.1	374	0.0	4.1	0
22	重庆	3 184.7	6 548.3	49	248.0	219.4	113	0.0	563.2	0	0.0	28.3	0
23	四川	10 039.4	12 405.2	81	798.8	378.3	211	323.2	716.4	45	41.3	11.4	363
24	贵州	1 131.9	1 897.6	60	10.8	65.0	17	0.0	158.1	0	0.0	11.2	0
25	云南	2 142.0	9 665.8	22	212.9	193.6	110	5.4	461.7	1	0.4	19.4	2
26	西藏	28.1	55.6	51	7.2	0.2	3000	0.0	0.4	0	0.0	—	—
27	陕西	1 193.0	9 258.0	13	154.1	219.4	70	9.6	531.6	2	0.6	1.3	48
28	甘肃	384.8	373.3	103	39.8	29.0	137	0.0	29.8	0	0.0	2.0	0
29	青海	0.0	0.0	—	0.0	0.0	—	0.0	0.0	—	0.0	0.0	—
30	宁夏	36 538.3	16 129.2	227	151.2	235.7	64	15.0	236.0	6	0.0	0.9	0
31	新疆	357.5	5 091.9	7	49.4	104.2	47	0.0	106.7	0	0.0	8.2	0
32	新疆兵团	19.0	584.4	3	2.4	31.8	8	0.0	39.0	0	0.0	—	—
	全国合计	684 922.0	335 420.4	204	21 712.4	12 354.4	176	3 349.6	18 160.3	18	175.8	719.5	24

2016 年全国环境执法大练兵执法案卷评估报告

Report on the Evaluation of Law Enforcement Files of 2016 National Environmental Law Enforcement Training

田 超　於 方　王 膑　刘 倩　白 英[①]　谢光轩　赵 丹

摘　要　为提升我国环境执法队伍的行政执法能力，环境保护部环境监察局组织全国执法工作人员开展执法练兵活动，对执法中各地报送的执法案卷进行评比，并对表现突出的单位和个人进行表扬。通过对这些执法案卷的分析，课题组总结了执法中存在的问题，提出了下一步执法改进的建议。

关键词　环境执法　案卷评估　执法效果

Abstract　In order to improve the administrative law enforcement capability of China's environmental law enforcement team，the former Environmental Supervision Bureau of the Ministry of Environmental Protection organized national law enforcement personnel to carry out law enforcement training activities，to compare and appraise the law enforcement files submitted by various places in law enforcement，and to praise the units and individuals that have outstanding performance. Through the analysis of these law enforcement files，we summarized the existing problems in law enforcement and put forward suggestions for further improvement of law enforcement.

Keywords　environmental law enforcement，case file evaluation，law enforcement effect

为推动环境监察执法改革，加快全国环境执法队伍建设，进一步提高执法水平，2016 年环境保护部首次在全国范围内开展环境执法大练兵工作，全国 31 个省（区、市）和新疆建设兵团开展了声势浩大的环境执法大练兵活动。为总结和表扬大练兵期间各地取得的工作成绩，在环境保护部环监局的领导下，对大练兵活动中各地报送的 1 110 余份执法案卷，组织地方执法人员和执法司法领域专家分别进行了交叉和专家评审，并将案卷得分作为大练兵活动表现突出的集体和个人评选的重要指标。最终，结合执法案件数量、公众投票等指标，评选出 45 个表现突出的集体和 100 名表现突出的个人。为了深入发掘地方报送执法案卷的价值，推广先进的执法经验，总结执法工作中存在的问题，指导下一步执法

① 甘肃省环境科学设计研究院，兰州，730030。

工作，促进环保执法人员的执法能力提升，课题组对地方报送的案卷进行梳理和分析，并提出相关意见和建议。

1 大练兵活动执法案卷整体情况

1.1 通过大练兵活动的开展，报送参评的执法案卷整体质量较高

整个环境执法大练兵的活动中，共收到上报 5 类案卷 1 110 份，对各地报送的 5 类案卷进行统计。其中，一般行政处罚案卷 646 份，占总案卷的 58%；“按日计罚”案卷 117 份，占总案卷数的 10%；移送行政拘留案卷 141 份，占总案卷数的 13%；申请法院强制执行案卷 107 份，占总案卷数的 10%；环境污染犯罪案卷 99 份，占总案卷数的 9%。从以上数据可以看到，一般行政处罚案卷数量最多，约占总体案卷的 60%，另外 4 类案卷大约各占 10%。从执法上看，“按日计罚”、移送行政拘留、申请法院强制执行和环境污染犯罪移送案件都是行政处罚的处理方式，日常执法活动中，一般行政处罚案件最多，此次案卷报送比例也与实际执法状况一致。

根据评分规则，1 100 份报送参评的案卷中，有效案卷共 1 043 份。课题组对获得有效分数的案卷进行分析，了解此次大练兵活动中各地报送参评案卷的整体质量情况。课题组将案卷分为优秀、良好、及格和不及格 4 类，进行分析比较。其中优秀（≥90 分）案卷 689 份，优秀率为 66.06%；良好（≥75 分，＜90 分）案卷 314 份，占案卷总数量的 30.11%；及格（≥60 分，＜75 分）案卷 29 份，占案卷总数量的 2.78%；不及格（＜60 分）案卷 11 份，占案卷总数量的 1.05%；良好及以上案卷占全部报送案卷的比例超过了 96%。

总体而言，大部分执法案卷都达到良好级别，在一定程度上反映出大练兵期间地方执法水平普遍较高，大练兵活动对各地环保执法能力提升起到了推动作用。

1.2 报送案卷质量在地域上呈现“东高西低”的分布特点，但西部地区在此次大练兵活动中高度重视，也取得了优异的成绩

从区域分布看，东部地区案卷整体得分要高于中西部地区，从大练兵的突出集体排名看，前 5 名的省份（江苏、福建、浙江、安徽、新疆），东部地区占有前 3 席（江苏、福建、浙江）；排名前 20 的市级单位中，东部地区就占有一半数量（10 个），中部、西部地区分别占 4 个、6 个；而排名前 20 的县级单位中，东部地区达到 13 个，而西部地区仅有 1 个（新疆乌鲁木齐县）；得分情况分布大致呈现“东高西低”的特点，和地区执法能力、案件数量等因素均呈正相关。

但是，课题组分别对高分（90 分以上）案卷和低分（60 分以下）案卷进行统计（表 1），发现此次大练兵活动中，西部地区的表现均优于东部和中部地区。西部地区 90 分以上案卷占西部地区报送总案卷比例达到 45.13%，而东部和中部地区分别为 37.44%和 39.50%。

表 1　东部、中部、西部高分案卷占比情况

区域	高分案卷	参评案卷数	高分案卷占比/%
东部	155	414	37.44
中部	141	357	39.50
西部	153	339	45.13

在低分案卷数据（表 2）中发现，西部的低分案卷占整个地区报送案卷总数的 5.60%，也低于东部和中部地区的 8.45%和 6.44%。

表 2　东部、中部、西部低分案卷占比情况

区域	低分案卷	参评案卷数	低分案卷占比/%
东部	35	414	8.45
中部	23	357	6.44
西部	19	339	5.60

为防止 60 分以下案卷存在不确定性，将分数扩展至 70 分以下案卷（表 3），进行地域分析，发现仍得出和 60 分以下案卷地域分析一致的结果。从高分和低分案卷的分析可以发现，案卷质量表现为“西高东低”，与大练兵活动中东部优秀省份多，西部优秀省份少的现象不符，也与执法案卷质量“东高西低”现象不符。

表 3　东部、中部、西部 70 分以下案卷占比情况

区域	70 分以下案卷	参评案卷数	70 分以下案卷占比/%
东部	52	414	12.56
中部	38	357	10.64
西部	28	339	8.26

为分析以上数据“倒挂”现象，对案卷数量占大多数的中间段案卷进行了分析，通过对 70～90 分案卷（表 4）的数据分析，发现东部的中间段分数案卷高于西部地区，表明东部地区的执法案卷整体质量要略高于西部地区。

表 4　东部、中部、西部 70～90 分案卷占比情况

区域	70～90 分案卷	参评案卷数	案卷占比/%
东部	216	414	52.17
中部	186	357	52.10
西部	167	339	49.26

以上结果表明，环境执法案卷质量整体上呈现“东高西低”的特点，但由于新疆等西部地区对此次大练兵活动给予了较高的重视，报送参评的低分案卷较少，也在一定程度上

反映了西部执法人员能力的提升。

1.3 报送案卷得分在执法层级上表现为“上高下低”的特征，而且上下级之间的案卷质量存在正相关性

从行政层级的纵向来看，此次大练兵活动中，呈现出“上高下低”的特征，省级报送的执法案卷的平均得分要高于市县级执法案卷的平均得分。

全国 32 个省级执法单位平均得分 68.7 分，前五名分别是江苏省（92.8 分）、新疆维吾尔自治区（90.8 分）、浙江省（89.9 分）、福建省（89.4 分）、河南省（88.7 分）；排名靠后的分别是甘肃省（53.0 分）、河北省（52.3 分）、宁夏回族自治区（30.5 分）、新疆建设兵团（16.23 分）、西藏自治区（5.9 分）。

市级案卷平均得分 63.8 分，其中排名靠前的分别是浙江省宁波市（93.6 分）、新疆维吾尔自治区昌吉州（93.1 分）、广西壮族自治区梧州市（92.2 分）、福建省三明市（92.0 分）、福建省漳州市（91.9 分）；排名靠后的分别是新疆建设兵团农十三师（27.1 分）、甘肃省张掖市（24.3 分）、甘肃省金昌市（20.8 分）、西藏自治区日喀则市（19.7 分）、西藏自治区拉萨市（17.9 分）。

县级案卷平均得分 67.49 分，其中排名靠前的分别是福建省漳州市南靖县（94.3 分）、新疆维吾尔自治区乌鲁木齐市乌鲁木齐县（94.3 分）、江苏省常州市武进区（92.7 分）、福建省三明市尤溪县（92.4 分）、内蒙古自治区包头市九原区（92.2 分）；得分较为靠后的是云南省大理白族自治州洱源县（36.9 分）、黑龙江省黑河市五大连池市（27.1 分）、甘肃省定西市安定区（25.6 分）、黑龙江省伊春市铁力县（20.2 分）、河北省邢台市南宫市（14.6 分）。

根据以上数据的分析，从执法案卷质量的平均得分来看，省级案卷质量要高于市、县两级，在一定程度反映出，执法队伍的执法能力存在“上高下低”的情况，另外，素质较高的执法人员配置也存在“上多下少”的现象。

总体来看，福建、江苏、浙江、新疆等地的省级执法案卷质量得分排名靠前的地区，其市县的执法案卷质量得分排名也相对靠前，而甘肃、西藏和兵团等地的省级执法案卷质量得分排名靠后的地区，其市县的执法案卷质量得分也相应靠后。

1.4 各类型案卷的整体质量相对均衡，涉嫌环境污染犯罪案卷的规范程度较高

此次环境执法大练兵活动报送的 5 类案卷中，一般行政处罚案卷平均得分 84.1 分；“按日计罚”案卷平均得分 82.2 分；移送行政拘留案卷平均得分 82.7 分；申请法院强制执行案卷平均得分 80.3 分；环境污染犯罪案卷平均得分 83.6 分。各类案卷的平均得分均在 80～84 分，案卷质量相对均衡。

根据统计数据，一般行政处罚参评案卷数量最多，移送犯罪参评案卷数量最少。一般行政处罚案件是执法部门的主要工作内容，其他类型案件所占比例相对较小。

根据表 5 案卷得分数据情况，高分案卷中一般行政处罚案卷数比例最高（42.57%），

我们认为，一般行政处罚案件是地方执法中的常规性内容，也是执法的主要内容，地方的执法经验比较丰富，规范化程度也比较高。

表 5 低分和高分案卷占比

案卷类型	低分案卷数	参评案卷数	低分案卷占比/%
行政处罚	42	646	6.50
按日计罚	8	117	6.84
移送行政拘留	11	141	7.80
环境污染犯罪	2	99	2.02
申请强制执行	12	107	11.21
案卷类型	高分案卷数	参评案卷数	高分案卷占比/%
行政处罚	275	646	42.57
按日计罚	48	117	41.02
移送行政拘留	57	141	40.43
环境污染犯罪	33	99	33.33
申请强制执行	36	107	33.64

整体上，大练兵活动参评的各类型低分案卷数量较少。从低分案卷所占参评案卷比例看，申请强制执行的案卷数比例最高（11.21%），涉嫌环境污染犯罪的案卷数比例最低（2.02%）。这与近年来对环境污染犯罪的重视有关，最高人民检察院和环境保护部就环境行政执法与刑事司法的“两法衔接”比较畅通，各地环保和公安部门加强对环境污染犯罪的联系沟通，建立了相对有效的工作机制，另外，涉及污染环境犯罪，关系人身自由，环保部门比较重视和慎重，对程序要求更为严谨、细致，也是这类案卷程序规范的原因。申请强制执行的低分案卷虽然占比最高，但结合专家评审情况来看，申请强制执行案卷主要问题集中在行政诉讼时效上，因《行政诉讼法》修改，时效由 3 个月改为 6 个月，行政执法案卷中仍将诉讼时效按修改前法律规定计为 3 个月，申请法院强制执行。随着新法的实施，这一问题应当会随着执法人员对这一新规定的熟悉，得到有效解决。

1.5 各地报送的案卷体现出执法部门对案件实体合法性把握能力略强于程序规范性的特点，但仍然存在普遍性问题需要改进

根据专家评审的结果，课题组将案卷中事实判定、法律适用等实体部分得分情形和立案、勘察、询问等程序得分情形分别进行统计，通过分析每类执法案卷的实体和程序平均分占实体和程序总分中的比例（表 6），判断案卷的实体合法性和程序规范性情况，从而进一步分析案卷所反映的执法能力水平情况。

通过对不同类别案卷的实体和程序得分进行比较，发现此次大练兵活动中，地方报送的 5 类执法案卷的实体得分率差距较小，说明此次上报参评案卷的实体合法规范，在一定程度上反映出地方执法人员和法制审查部门工作人员的专业素养较高。一般行政处罚案卷的实体和程序得分率在 5 类案卷中最高。

表 6　各类案卷实体和程序平均得分情况

案卷类型	实体总分	实体平均分	得分率/%	程序总分	程序平均分	得分率/%
行政处罚	55	50.4	91.6	35	32.2	92.0
按日计罚	55	47.1	85.6	35	30.3	86.5
移送行政拘留	70	62.3	89.0	30	24.0	79.9
申请强制执行	50	43.6	87.1	30	26.7	79.9
环境污染犯罪	65	58.4	89.9	35	31.5	90.0

一般行政处罚案件、“按日计罚”案件和涉嫌环境污染犯罪案件的实体和程序得分比较均衡。程序的得分率上，移送行政拘留和申请强制执行的得分率相对于其他 3 类执法案卷较低，移送行政拘留涉及公安机关，申请强制执行涉及人民法院，在涉外单位的案件中，移送交接程序容易产生问题，环保部门需要进一步强化与公安、法院的联系沟通，构建更为紧密的联络机制。从得分率数据上可以看出涉嫌环境污染犯罪案卷的程序得分较高，虽然涉嫌环境污染犯罪案件也需要与公安部门进行衔接，但程序问题相较于移送行政拘留的问题明显偏低，这与上面对案卷类型分析中得出涉嫌环境污染犯罪案卷低分案卷率最低的结果也具有一致性。

同时，课题组着重分析了 75 分以下的案卷（表 7），对 5 类案卷的实体和程序的平均分进行统计，分析每类案卷实体和程序得分情况，判断存在的问题。

表 7　75 分以下案卷实体和程序平均得分情况

案卷类型	实体总分	实体平均分	得分率/%	程序总分	程序平均分	得分率/%
行政处罚	55	34.5	62.73	35	26.75	76.43
按日计罚	55	30.2	54.91	35	20.8	59.43
移送行政拘留	70	47.36	67.66	30	18.32	61.06
申请强制执行	50	38.9	77.80	30	21.15	70.50
环境污染犯罪	65	50.5	77.69	35	27.61	78.89

从每类案卷的得分率来看，“按日计罚”案卷的实体和程序得分率在 5 类案卷中最低，存在的问题较多，根据专家对案卷的评判，“按日计罚”案卷的主要问题集中在两次处罚的期限、责令改正通知的下达、复查等方面。其他 4 类案卷的实体和程序得分率并不太低，其中，涉嫌环境污染犯罪低分案卷和申请强制执行低分案卷的实体和程序得分率均在 70% 以上，和高分案卷中具有一定的对应关系，与上面案卷类型情况和实体程序对比分析中，涉嫌污染环境犯罪案件的办理上更严格规范的结论相一致。

1.6　小结

通过以上分析，环境保护部开展的全国执法大练兵活动取得了比较显著的效果。在活动中，很多地方取得了不少具有指导意义的执法经验，但也存在不少亟待解决的问题。

（1）大练兵活动对全国执法队伍的能力提升起到了促进作用。从各地报送参评的执法案卷来看，整体质量较高，90 分以上的优秀案卷占总案卷数超过了 66%，反映了大练兵活动期间的执法水平，提升了地方的环境执法能力。地方在大练兵活动中取得了积极的成果和经验，值得我们总结和学习。

（2）环境执法案卷的成绩基本客观地反映了地方在大练兵活动期间的执法水平。由于此次大练兵活动评审的案卷是由地方筛选报送的，地方对大练兵活动的重视程度、有选择性提供参评案卷等因素均影响着评审的结果，因此，执法案卷的质量与实际执法水平可能并不完全吻合。

（3）部分案卷反映出环境执法过程中普遍存在的问题。从低分案卷占比分析，结合专家对此次大练兵案卷的评判来看，低分案卷和其他案卷中存在的问题仍比较多，而且具有普遍性。即使在一些高分案卷中，也有或多或少的程序瑕疵和实体问题，我们将在下面对相关问题进行梳理和分析。

2　执法大练兵活动案卷的经验

经过梳理和分析地方报送的环境执法大练兵活动期间办理的执法案卷，发现很多值得研究学习的环境执法经验和方法。经过归纳总结，可以为地方环境执法工作提供一定的业务指导。

2.1　执法文书总体规范

通过专家评审发现，得分较高的执法案卷的共同特点是资料完备，条理清晰，调查和执法使用了法言法语，文书和笔录逻辑严谨、用词规范，执法程序合理，证据充实完整，决定书和集体讨论笔录等文书说理比较充分，对违法行为的法律定性准确。

部分地方报送案卷从立案审批表、现场勘查笔录、调查报告、责令改正决定书、处罚告知书、处罚决定书，第一次处罚与复查经过描述翔实。比较清晰完整地反映出整个调查执法的过程，明确规范地反映出合法、合规、严谨的执法态度和优秀的执法能力。尤其是江苏、福建、浙江等地报送的执法案卷规范整洁，电子化程度较高，如现场检查（勘验）笔录、询问笔录和集体讨论笔录均进行了电子化处理。

2.2　执法程序比较严密

从评审可以看到，较好的行政处罚案卷从立案、调查取证、勘验、询问、监测检测、责令改正、处罚、执行、移送等过程均注重程序公正，对执法程序记录十分完整，从亮证执法、监测站监测人员采样并添加保存剂、样品封存，到采样记录单和样品交接单记录，均有拍照留证，程序合理、证据链严密完整。

2.2.1 依法立案

从评审来看，大部分执法案卷的立案程序能够按照《行政处罚法》和《环境行政处罚办法》规定的法定程序进行，在初步审查需要追究处罚责任的违法行为的 7 d 内予以立案，对于紧急案件在先行调查取证后的 7 d 内，也补办了立案手续。

对于立案，法制审查意见也比较详尽具体，管辖明确、事实清楚、于法有据，并在立案后，向行政相对人出具了立案决定书。

2.2.2 现场勘查细致

（1）现场勘查采取措施得当。规范的执法案卷中调查取证程序规范，工作细致。部分涉嫌污染环境犯罪的案件由环境监察执法部门和公安机关共同办案，勘查工作细致严谨；在部分案件的调查过程中，执法部门发挥主观能动性，积极清除污染，管控风险，防止污染进一步扩大，如浙江某跨境倾倒危险废物案件，执法部门在接到群众举报的当日就开展现场调查，并及时委托相关机构测算危险废物数量和清理倾倒的危险废物，防止了污染后果进一步扩大，处理妥当。

（2）调查过程程序严密。所取证据完整性较好，能够形成严谨的证据链，对环境违法行为进行有效的锁定。如浙江某跨境倾倒危险废物案件中，执法部门在嫌疑人已经离开现场的情况下，通过调取路段监控，找到涉事车辆，并进一步锁定污染嫌疑人。通过现场的物证线索，结合涉案多名嫌疑人的询问笔录，追溯到污染物产生的源头企业。整个调查过程严谨、环环相扣。

（3）勘验笔录清晰明确。评审时发现，部分得分较高的案卷的勘验笔录条理清晰，认定事实明确。如四川某企业暗管排污案的现场勘验笔录的检查情况条理清晰，从企业基本情况、环评批复情况、生产情况、工艺情况、污染产生原因、污染物流向路径、暗管位置、排放方式等进行了清晰的描述；同时，为了直观表示现场情况，绘制了清晰的勘验图，并附注说明，标明了以上勘验笔录描述的情况。

2.2.3 取证全面规范

（1）取证程序合法。评审发现，大部分案卷材料反映地方在执法过程中，调查取证比较规范，人数符合要求，出具执法证件，收集证据记录清晰，并有拍照，取证手段合法。涉及现场取样的，依法做了取样记录，有照片记录取样经过。在安徽宣城某企业非法排污案件中，执法人员通过调取在线监控，获取了相关视频证据，取证程序合法、完整。

（2）取证手段丰富。部分执法过程中，借助先进的技术手段取证，及时获取了较为确凿的证据。如福建厦门环保局查办的某热电企业超标排放污染物的案件中，采用无人机航拍执法，并运用在线监测数据作为处罚证据，体现了与时俱进的执法理念，丰富了取证手段。

（3）相关证据规范。部分优秀案卷对涉及其他证明违法事实的证据形式合法性进行了审查，如监测报告的机构、计量认证标志、监测字号、报告的审核、签发、盖章等形式完整；与违法行为相关的监测项目名称、委托单位、监测时间、监测点位、监测方法、检测仪器、检测分析结果等内容全面，对监测报告证据的效力起到了有效的保障作用。

2.2.4 询问规范全面

（1）询问笔录形式规范。从表现较好案卷的询问笔录来看，公文形式规范，文书格式符合环保部印发的《环境行政执法文书制作指南》要求，有执法的环保部门名称，清晰地记录了询问的起止时间和地点，询问人（执法人员）姓名、执法证号、单位等基本信息完整，被询问人的姓名、年龄、身份证号、工作单位、职务、联系方式及涉案身份等信息明确，告知当事人申请回避权利清楚。

（2）询问笔录内容完整。执法人员的询问能够紧扣案件事实、时间、地点、违法行为、情节、动机及后果等情况开展。如杭州某渗坑排污案，询问笔录比较详细，对涉案企业五金件喷塑的碱洗、磷化、漂洗等工艺掌握清楚。执法人员对该企业厂长和操作人员进行了详细的询问，询问笔录紧紧围绕废水产生、处置、渗坑等情况开展，过程记录详细。两份询问笔录互相印证，彼此衔接，较清晰地反映了违法事实。

（3）询问方式恰当。询问中，执法人员注意提问方式，要求被询问人介绍企业基本情况和污染事实，从被询问人回答中寻找线索和突破口，进行追问，体现出执法人员认真的态度和良好的执法调查能力。还能够通过分别询问多个涉案当事人，互相印证违法行为，达到查明违法事实的目的。如在福建泉州某五金企业环境污染犯罪案件查办过程中，执法人员不仅询问了企业法定代表人，还对污水处理设施工人和操作工人进行了详细的询问，询问内容包括生产时间、产品产量、污水的产量等，特别是排除了其他厂家排污的可能性，充分体现了执法人员的办案水平和工作素养。

2.2.5 集体讨论清晰

根据《环境行政处罚办法》要求，重大、复杂案件应当由执法的环保主管部门负责人集体审议决定。通过评审发现，少数执法案卷的内部集体讨论笔录对案件事实说明清晰，证据列举明确，案件涉及的法律、法规和规章表述清楚，提出的处罚建议意见准确，参与讨论的人员意见表达有针对性，案件处理结论明确。如四川泸州某不正常运行污染防治设施案中，集体讨论笔录的讨论过程清晰，参会人员均对案情进行了深入讨论，有针对性地发表了意见建议，对自由裁量权的行使、从轻从重情节进行了详细的说明，相对于其他大部分参评案卷流于形式的集体讨论，类似该案卷的详细集体讨论是相对较少的，体现了行政处罚集体讨论应该具有的慎重、认真和严谨的工作作风。

2.2.6 强制措施丰富

经过专家评审发现，部分典型案件的执法手段丰富，有效地惩处了环境违法行为，取得了较好的执法效果，如在福建南靖县某企业涉嫌超标排放水污染物的案件，执法人员依据《环境保护法》《水污染防治法》《建设项目环境保护管理条例》《行政主管部门移送适用行政拘留环境违法案件暂行办法》以及《环境保护主管部门实施查封、扣押办法》等法律法规，采取了罚款、停产整治、查封扣押、移送公安行政拘留等多种强制措施。在内蒙古鄂尔多斯某企业未批先建案件中，除了责令停止违法行为，处以罚款之外，执法人员还依据《环境影响评价法》，采取了责令拆除已建项目，恢复原状等措施，充分体现了对环境违法行为的零容忍态度。

2.2.7 后督查程序完整

在专家评审的典型案卷中，绝大多数的案件都履行了环境保护后督查程序，尤其是在河南省新密市某公司堆放石灰石未采取有效扬尘污染防治措施一案中，环保部门不仅采用现场检查的方式进行了环境保护后督查，并制作了行政处罚后回访表，由案件承办人如实填写相对人是否改正了违法行为的情况，同时征求了行政相对人的意见，包括案件承办人在办理案件过程中是否存在违规行为，对环保部门的建议和需要环保部门帮助解决的问题等内容。这不仅能保证环境执法的效力，更为环境执法过程提供了监督的方式，在执法人员与相对人之间形成良性互动，真正做到“案结事了”。

2.3 处罚决定合法规范

（1）调查报告准确翔实。从部分得分较高的案卷中可以看到，执法人员完成调查后，撰写的调查报告非常翔实，为案件的处理奠定了坚实的基础，如杭州某五金配件厂违法排污案卷中，不仅有完整的案情描述，违法事实的认定也很清楚，相关行政相对人的基本情况、环境违法事实、环境影响分析、责任人的调查都比较充分，而且有相关证据的展示及说明。值得肯定的是调查意见能够结合法律法规逐一对多个违法事实进行详尽的分析认定，明确处理意见。

（2）处罚通知规范清晰。根据行政处罚的规定，执法机关在作出行政处罚决定前，依法告知了当事人有关环境违法事实、拟做出处罚的理由、依据和当事人依法享有的陈述、申辩和听证等权利，执法程序规范，依法保障了行政相对人的合法权益。

（3）处罚程序合法规范。在处罚决定做出之后，面向处罚对象的文书均附有送达回证，同时，送达回证附有送达机关和受送达人的签名，送达日期清楚。在甘肃定西某企业违反环境保护“三同时”制度一案中，受送达人拒绝签收行政处罚告知书时，环保执法人员及时采取拍照等方式，确保了环境执法程序的合法性。

（4）处罚决定合法合理。大部分得分较高的执法案卷中决定书事实清楚、证据充分、法律适用准确，能够正确行使自由裁量权，并充分考虑经济社会发展的实际需要。在少数卷宗中还有处罚前约谈记录和案件回访表，值得肯定。如在新疆维吾尔自治区乌鲁木齐县某公司违反建设项目环保“三同时”案件中，执法人员行使行政处罚自由裁量权方面符合立法目的，并参照了《新疆维吾尔自治区环境行政处罚自由裁量权细化参照标准（试行）》，考虑了违法行为人改正违法行为的态度和效果以及违法行为人对处罚的承受能力，对处罚的幅度进行了综合考虑。涉案公司提交了《申请报告》进行申辩并请求减轻经济处罚，乌县环保局考虑到涉案公司主动整改、积极配合调查，在做出《行政处罚决定书》时将原拟罚款人民币 3 万元降低至 1 万元，既体现了环保法律的严肃性、环境行政执法的权威性，又充分考虑了经济社会发展的实际需要。

2.4 执法细节创新

在此次大练兵执法活动中，还有很多执法创新的地方，体现了一线执法人员在实践中发挥主观能动性，积极破解执法难题，创造性地采用了很多实用、管用和好用的手段和方法。

（1）引入第三方法律意见，把关处罚决定。在河南郑州某企业大气污染设施不正常运行一案中，由于案情和处罚程序相对复杂，为应对可能的法律风险，环保执法单位委托第三方（律师）对拟处罚的违法事实和拟处罚的法律依据进行法律审查，并出具法律意见，保证了行政处罚的合法性与合理性。

（2）编制社会风险评估报告，降低发生社会不稳定事件的可能性。在甘肃定西环保局申请法院强制执行某企业违反“三同时”制度的案件中，环保部门结合案件的基本情况，从合法性、合理性和可控性三个方面分析申请法院执行的决定没有法律错误，不会引发社会稳定风险。这种行政行为的事前风险评估，有助于维护社会安定。

另外，报送案卷中有的地方还采用《环境现场检查约见通知书》、公证送达，移动电子执法等手段，是各地在执法实践过程中对执法手段的创新和完善，较为合理地解决了行政相对人拒不配合调查取证、否认收到执法文书的情况，也为解决企业柔性拒绝检查、逃避监管的行为，提供了一个可行的方式。

3 执法大练兵活动案卷存在的问题

在研究大练兵活动期间地方报送的执法案卷时，也发现不少反映了执法中具有代表性和普遍性的问题，特别是在案件的调查、取证等重要程序上存在的问题，值得执法部门高度重视和积极改进。

3.1 参评案卷材料不规范

此次大练兵参评案卷仍存在比较突出的问题，主要集中体现在低分案卷中，但是在得分较高的案卷中也有部分程序或环节存在不规范或瑕疵的地方。其中，低分案卷共有 69 份，其中所有案卷都存在缺少案卷材料的情形，反映出地方在行政处罚文书制作、案卷归档和案卷报送的环节中存在规范化建设不足的问题。通过专家评审发现，案卷中还存在以下不足。

3.1.1 文书制作不规范

（1）文书制作水平存在不足。现场勘查笔录和询问笔录书写马虎，现场执法文书比较简单粗糙，如黑龙江省齐齐哈尔市报送的某案卷中，现场勘验笔录中检查人员工作单位和执法证件号未填写，笔录字迹潦草难以识别，且仅有一位询问人，不符合法律要求。

（2）文书制作和表述不规范。由于案件材料比较多，审查不仔细的情况下，有错别字和笔误的情况，如海南省澄迈县报送的某案卷，照片说明中“堵住”写成了“赌住”，不够细致严谨。少数参评案卷的表述未使用专业术语，准确性不足，易导致歧义和误解；有的案卷存在自创名词的情况，如“新环评法”“新环保办法”等表述不够严谨。部分低分案卷所附现场勘察取证中的照片、书证复印件等证据材料没有按照《环境行政执法文书制作指南》要求进行描述说明，有的说明非常简单，难以判断照片所反映的事实情况。

3.1.2 报送材料不规范

参评案卷报送不规范的问题比较突出，尤其是 60 分以下的案卷，几乎都存在这一问题，原因可能为初次开展大练兵执法活动，涉及省、市、县三级案卷报送，地方工作安排准备不足。

（1）部分案卷材料报送不全。部分报送案卷缺失目录、立案登记表、责令改正违法行为决定书、行政处罚决定书、相关证据材料或未完整提供上述材料；另外，报送案卷材料杂乱无章，案卷材料顺序各异，内容零碎、混乱，影响专家评审。反映出部分地方对该活动的认识不足，重视不够。

（2）案卷电子化处理水平不高。部分低分案卷的制作缺乏统一格式，有的上传 PDF 文件，有的上传照片，也有电子文档格式；还有极少数案卷的扫描件非常模糊，或者案卷扫描正反倒置，难以辨识，影响阅读。

3.2 执法程序不规范

执法过程存在缺失程序、架空程序、违反程序等现象，反映出部分地方执法过程中存在程序意识淡薄，把执法程序当成流于形式的过程，对程序违规的追责不力等问题。

3.2.1 立案阶段的问题

（1）立案程序规范性不足。从相当一部分案卷材料发现，部分地方执法部门不重视立案的规范性，执法部门把立案程序当成形式过场，评审中发现湖北鄂州报送的某份参评案卷中甚至没有立案审批程序；立案审批表形式不符合法律要求，兵团的某案卷立案审批表只有环保部门负责人签发，而无明确审批意见。

（2）立案审批不符合法律要求，缺失相关内容，违反法律要求。如黑龙江省五大连池市的 3 份行政处罚案卷，立案登记表中，承办人意见、法制部门意见、领导审批意见均未填写；立案审批超出法定时限，如广东省深圳市、湖南省常德市等地报送的某些案卷均存在案件立案时间超过法规规定的调查取证后 7 日期限的要求等问题。

3.2.2 调查取证阶段的问题

（1）现场勘查。执法活动的核心环节就是调查取证，调查是查明事实的主要活动，取证是固定事实确认违法和进行处理的基础，因此，调查取证工作决定了整个执法活动的成败。评审中发现，调查取证的过程中还存在一些比较突出的问题。一是未做到“亮证执法”，违反法定程序，如兵团某案卷的勘验笔录中记录人没有执法证件，书证提取无提取人、提取时间的说明；二是现场取证程序存在缺陷，影响证据效力，如广西南宁报送的某企业违反“三同时”的案卷由无采样证的执法人员现场勘察时进行采样，而且现场采样无采样记录和采样时的照片记录；三是现场勘查笔录不完整，多数低分案卷的现场勘验笔录未附勘查图，没有清晰展示企业的违法行为；四是现场勘查附图模糊，部分执法案卷的勘查图示不够清晰，有部分案卷中仅绘制了污染企业厂区的基本建筑物分布，但对污染物产生和排放的路径没有标注，无法清楚、直观地判断污染物走向；五是缺乏监测检测或鉴定等重要证据，部分执法案卷材料中未附监测报告，只在勘验笔录中提及超标结果，由行政相对人对监测结果进行回答确认，以当事人的口供确认代替监测报告证据；六是缺少现场证据材料，部分低分案卷中还存在调查企业违法生产行为时，未提取企业生产时的视频或照片及生产报表等证据，不能客观反映企业违法生产的事实。

（2）调查询问。对违法人员的调查询问是执法人员的一项主要执法活动，也是调查事实的重要手段，但多数低分案卷的询问笔录比较简单粗糙。一是对案件违法事实询问方式机械，采取简单的一问一答直接锁定违法行为，没有针对污染物涉及的原材料与产品、生产工艺、产生排放环节等细节深究。二是有的询问笔录证明力明显不足，如宁夏吴忠县报送的某份案卷中，现场监察笔录地点在办公室进行，调查询问笔录中显示，被询问人对违法事实回答“不在场，不清楚”，因而对违法事实认定缺乏证明力，与指向的违法行为和事实关联性弱，不能够充分证明违法的情形。三是少数案卷材料中只有一份询问笔录，询问没有达到全面调查的作用，如四川某超标排污案卷中，仅对法定代表人进行了询问，没有询问直接管理污染物处理设施的操作人员。四是询问笔录中存在诱供嫌疑，如在浙江某份执法案卷笔录中，执法人员询问行政相对人：“2016 年 7 月 11 日晚 19:08 左右，你是否驾驶该车辆前往某镇某村某区块？”“2016 年 7 月 11 日晚，你在做什么？有无去过某镇某村？”这种带有明显指向性的询问是不恰当的，执法人员在询问时不应当做提示性问话，而同样在案卷中发现有的笔录的询问是比较恰当的，如“2016 年 7 月 11 日，你在做什么？”五是有些询问笔录，存在程序上的缺陷，询问人在同一时间段同时询问了不同的行政相对人，存在“分身”的冲突。如杭州某非法倾倒案中同一名执法人员在同一时间内在 2 份不同的询问笔录上签字，2 份询问笔录存在时间上的矛盾。其中，第一份询问笔录询问时间为 22:40—23:59，第二份询问笔录的询问时间是头日 23:05 至次日凌晨 0:30，同一执法人员在重叠的 23:05—23:59 的时间内，分别询问了 2 名不同的当事人。据分析，可能是询问时没有按照法律要求同时由 2 名执法人员进行询问，而是由 1 个执法人员进行询问，为符合法律规定，由另一名执法人员事后补了签字。

3.2.3 处罚阶段的问题

处罚阶段的集体讨论是明确重大案件处罚定性定量的重要环节，但通过专家评审也发现存在比较突出的问题。

（1）评审中发现较多的案卷材料中集体讨论笔录存在形式主义特点，没有真正发挥集体讨论的作用。为数不少的集体讨论笔录内容均由法规审查人员撰写调查事实和处理意见，领导签字同意，对案件的事实没有进行讨论，对处罚的从重或从轻情节也未详查，整个笔录缺乏实质讨论过程和内容，参会人员仅签字确认，空走形式。

（2）处罚决定书的罚款金额与其他审批材料和集体讨论材料中金额不一致。如在甘肃省金川县报送的一份行政处罚案卷中，审议记录中建议罚款 10 261 元，与最后处罚决定中的 11 136 元不一致，案卷材料中并没有找到自由裁量的依据和理由。

（3）处罚程序不规范。少量报送执法案卷的处罚部分缺失处罚审批手续、处罚告知程序、送达回证等关键材料，影响了处罚的合法性和程序正当性。

3.2.4 执行阶段的问题

（1）执行过程不够规范。从评审来看，在执行程序中存在缺陷也比较突出，缺失执行前法定的催告程序的情况比较多见，如在湖北省阳新县报送的某超标排污案卷中，申请强制执行前未依法向行政相对人送达督促履行义务催告书。

（2）法定的复查、责令改正等程序缺失。如在湖南省石门县报送的一份“按日计罚”的参评案卷中，环境执法机关对违法排污进行复查，发现企业在未改正的情况下，未再送达责令改正违法行为决定书，也没有对未改正的违法排污行为再次进行复查。

3.3 案卷反映执法中存在法律和事实认定问题

通过此次大练兵参评案卷的评审，发现部分地方执法中还存在事实认定、法律适用不准确等情况，直接导致案件定性错误的问题，说明地方在事实调查、法律适用上的规范化和专业化有待提高。

3.3.1 事实认定错误

（1）错误判定违法事实。如天津市滨海新区报送的某份案卷中，行政相对人的行为是没有编制应急预案，却依据《水污染防治法》第七十一条“违反本法规定，建设项目的水污染防治设施未建成、未经验收或者验收不合格，主体工程即投入生产或者使用的，由县级以上人民政府环境保护主管部门责令停止生产或者使用，直至验收合格，处五万元以上五十万元以下的罚款”的条文进行处罚。

（2）对发现的违法行为未做处罚。如调查中发现多个违法行为，而行政处罚决定书只适用部分法律，对部分违法行为进行处罚；如河南郑州某规避监管非法排污案中，只对企业规避污染源自动监控设施监控进行了调查处理，而针对规避监控进行排污是否存在超标排放的问题没有进行调查处理。此外，还有发现多个违法行为，只处理了其中部分污染的问题，如陕西省汉中市报送的某份案卷，现场勘察笔录中发现有 4 项问题：一是年产 10 万 t 电解锌项目环评变更未通过审批，未通过环保部门验收；二是年产 1.5 万 t 氧化锌生产线项目未通过环保竣工验收；三是年产 10 万 t 电解锌废水在线监控设施未通过环保竣工验收；四是冶炼废渣无三防措施。但行政机关仅针对其中的第 3 项进行调查、处罚，对其他违法事实没有处理。

（3）无效证据的使用。如使用在线监控数据进行处罚的案件，在线监控设施比对报告已经显示未通过有效性审核，仍将当季在线数据作为处罚依据，且在证据中多次自证未通过比对。证据必要形式缺失导致证据无效，如云南省报送的某份参评案卷，烟气在线监测日报表负责人、报告人、报告日期均空白，记录不详细。

（4）证据不充分。通过案卷发现，证据收集不足，难以充分证明违法事实，如缺少询问笔录或勘查笔录等执法文书是低分案卷普遍存在的问题。勘查笔录未附现场图示、采样未附采样记录等现象在低分案卷所占比例高达百分之百，反映出执法人员对证据搜集过程的疏忽。在部分涉嫌污染犯罪移送案件中缺乏有力的鉴定意见，调查所设证据对犯罪事实证明力不足，导致公安机关立案困难。

3.3.2 法律适用错误

（1）适用法律错误。法条对应罚则引用错误，如在浙江省义乌市某纺织企业污染案卷中，被处罚的行政相对人因其操作工忘记给自动加碱装置补充碱液导致排放超标，其行为违反了《大气污染防治法》第十八条的规定，而非通过不正常运行大气污染防治设施这一逃避监管的方式排放大气污染物的违法行为，故被处罚人的行为并未违反《环境保护法》第四十二条和《大气污染防治法》第二十条。因此，处罚机关依照《环境保护法》第六十三条作出处罚决定是不恰当的，同时从案卷材料看，处罚部门也未按照《环境保护法》第六十三条的规定将案件移送公安机关处理。

（2）超出法条规定范围做出处罚。部分责令改正书将不属于责令改正范围的内容纳入责令改正决定书，如甘肃某超标排污案卷中，责令改正决定书依据《环境影响评价法》第三十一条做出责令改正违法行为的决定，但该法条的责令范围是停止建设，限期补办手续，改正决定的要求超出了法条的规定。

（3）对新修订法律掌握滞后。如责令改正决定书、行政处罚决定书、按日计罚决定书存在诉权期限告知错误，如依据 2015 年 5 月 1 日生效的《行政诉讼法》规定，行政诉讼的起诉期为当事人收到相关行政书后 6 个月内。在本次参评的案卷中，有很多案卷中的行政文书存在告知诉权期限仍为“15 天”或者“3 个月”的问题，如山西省太原市某按日计罚案卷中，责令改正决定告知诉权“3 个月”错误；行政处罚决定告知诉权“15 天”错误。

（4）对法律法规理解和执行存在偏差。“按日计罚”按规定属于重新处罚，因此应分别做出责令改正告知、决定，行政处罚（听证）告知、决定及相应送达程序。但基层执法部门会减少甚至没有按日计罚（即第二次处罚）的责令改正告知、决定，直接进行行政处罚（听证）告知，程序不严密，如在安徽省临泉县的某份案卷中就没有连罚的责令改正及送达回执。另外，还存在将两次独立行政处罚拼凑成“按日计罚”案件的情形。

3.3.3 自由裁量权行使问题

（1）部分地方在做出行政处罚时，没有运用自由裁量。如在天津市南开区报送的某份案卷中，污染企业多次警告仍不改正，情节较重，但处罚较轻，自由裁量的处罚幅度明显不合理。

（2）自由裁量权行使缺少依据。如在广东省四会县报送的某份行政处罚案卷中，罚款“十万元以上一百万元以下”的自由裁量随意性很大，且案卷材料中缺乏确定处罚金额的依据和必要说明。另外，立案建议是罚款 10 万元，处罚决定是罚款 10.2 万元，这个变化在集体会议审议也没有涉及。

（3）自由裁量的结果与处罚结果不一致，并且没有合理的说明。如在上海市闵行区报送的某份案卷中，行政机关根据自由裁量权相关规定进行计算，得出处罚 6 万元的处理结果，但是最后决定处罚 2 万元，但从案卷材料中并没有说明理由，存在不当行使自由裁量权的情况。

3.3.4 立法缺陷带来的执法困难

通过评审发现面对“未批先建”并且已经建成的污染项目，各地环保部门在进行处理时不尽相同。究其原因，现有《环境保护法》《环境影响评价法》对未批先建中已经建成行为的规定存在遗漏，只是考虑到项目正在建设，未考虑到已经建成投入生产情形，导致适用环评法难以责令停止生产，而只能变通的借助《建设项目环境保护管理条例》第二十八条进行处理，实际上是对建成违法行为进行处理的一种无奈选择。出现这种情况时，涉及需要移送的行为，环保部门如果按照未批先建行为正在实施，可以移交公安拘留，但对未批先建并已经建成的违法行为，环保部门责令停止生产而行政相对人拒绝停产的，移交公安机关反而不受理的尴尬。另外，对于未批先建已经建成并投产排污的行为，究竟是“一罚”，还是“多罚”，是按照违反环评制度、“三同时”制度还是无证排污制度进行处罚都需要立法予以明确。

4 提升环保执法水平和能力的建议

环保执法是改善人民群众生产生活环境的主要途径，是落实党的十八届四中全会依法行政、实施依法治国方略的关键性环节，是环保部门实现国家保护环境职能的重要方式。而环保执法案卷是执法活动的载体，是执法能力和水平的表现。提高环保执法案卷质量对促进环保执法队伍执法能力和素养具有极其重要的意义。在不断完善的法治环境下，通过各方面的努力，促进依法行政、规范执法，实现有法可依、有法必依、执法必严、违法必究的执法目标。

通过此次大练兵执法案卷的评审，发现了很多优秀的执法经验，也暴露了不少执法中的不足。建议从以下方面逐步提高环保执法案卷的质量，促进执法能力的提高。

4.1 建立规范严格、明确细化的执法指导体系

围绕规范细化调查取证的执法核心工作，总结大练兵活动和其他执法活动中好的执法经验做法，及时上升为规范制度或指导文件，细化落实到日常执法监管当中。

（1）针对评审中发现的案卷材料制作混乱的情况，进一步细化执法文书制作细节，编制执法文书制作指南的说明，并附注示范，在执法中推进案卷规范化、格式化和标准化。

（2）加快配备移动执法现场端，逐步实现人员全覆盖，实现移动执法平台统一化建设。

移动执法平台整合法律法规、执法程序、处罚标准、企业信息等数据查询和执法文书制作功能，促使执法人员的现场检查、信息查询、执法文书制作的规范化、标准化，从而提高办案质量，减少因工作失误产生的瑕疵和错误。同时也便于执法人员在现场调查中快速固定证据，提高了环境执法效率。通过信息化武装，全面提高执法水平和工作效率。

（3）针对环保执法涉及水、气、土、辐射、噪声、环评等法律较多，按日计罚、查封扣押、移送拘留等规章体系庞杂的特点，分门别类地系统全面梳理执法法律规定，编制执法法律法规汇编，加强执法人员对法律法规的学习，指导执法人员熟练掌握法规体系。

（4）针对环保执法对象复杂的特点，针对化工、冶炼、火电、造纸等污染行业的生产排污特征，构建细化的行业执法流程和指南，明确不同污染行业的执法过程中勘验询问、证据采集、笔录制作等流程细则，建立以证据调查为核心的执法程序体系，严格要求，严格执行。

（5）推动环境损害鉴定评估纳入日常环保执法工作，完善证据链条，提升证明效力。针对处罚金额巨大、涉嫌环境污染犯罪移送等重大案件的行政处罚，应当强化执法人员的证据意识，委托有资质有能力的第三方鉴定评估机构开展环境损害鉴定评估，确定案件的污染损害因果关系、损害程度范围，为案件的处罚和移送构建完善的证据链条，做好扎实的证据工作。

4.2 强化对执法人员培训，全面提高执法能力

汇总大练兵活动中行之有效的经验，梳理执法中的突出问题，针对实际案件办理中的情况，开展有针对性的执法培训，全面提升环保执法人员的能力。

（1）及时总结经验分析问题，指导和改进执法活动。根据此次大练兵活动和其他执法活动中好的执法经验做法，将执法活动中的典型案件汇编成册，将执法经验总结成文，供环境执法人员学习交流，通过以案说法等形式，指导各地规范开展环境执法。

（2）将各种执法活动中的执法能手，表现突出的个人纳入各地的环境监察人员岗位培训师资库，在监察人员培训时，讲授执法经验，以点带面，全面提升环境执法队伍能力素质和执法水平。

（3）有针对性地开展专项培训，环境执法面对的对象比较复杂，不同的行业，不同的法律规定，加大培训力度，确保课程质量，针对现场勘查、询问、调查取证、法律适用、文书制作等专题开展专题培训；针对化工、火电、水泥、有色金属冶炼等特定行业的污染特征，聘请相关行业的技术专家授课，进行分行业的针对性培训。

（4）借助执法网络平台，动员广大执法人员积极参与平台学习讨论互动，将自己在执法中遇到的各种问题困难、特定污染行业污染调查的技巧以及调查取证经验方法等工作体会在网络平台上进行交流，互相学习，互相促进，共同提升执法能力。创新新形式的传帮带，为基层培养执法骨干。

（5）开展形式灵活多样执法训练活动，丰富活动形式，将执法活动目标细分到每个执法环节。各地各部门可以采取分任务、分步骤的方式开展。各地应对本地区执法环境、执法对象和自身执法问题进行梳理分类，明确阶段目标，分清轻重缓急，分步有序开展文书

规范、调查询问、笔录制作、移动执法、法律适用等专项活动，采取“小步快跑”的方式，逐步实现环境行政执法合法、系统、严格的目标。

4.3 加强监督，严格稽查，落实责任

通过加强监督，落实地方政府和环保部门的执法责任，提升环境执法能力。

（1）严格对地方各级政府及有关部门的环境监管责任进行稽查，督促环保执法部门严格执行国家环境保护的法律、法规、技术标准、政策和规划等要求，做好大气、水、土壤污染防治、危险废物管理、生态保护等目标任务，切实提高依法行政水平。

（2）提升稽查人员的执法能力素养，监督检查下级环保部门在污染源现场检查、环保行政许可执行情况检查、建设项目违法行为检查等执法工作中的依法行政、依法执行的情况。

（3）及时发现纠正执法不规范的问题。对存在问题、拒不改正的市县进行通报或移送有关部门处理；加强稽查督查，切实解决职责履行不到位、处理处罚不到位、监督执行不到位等问题。

4.4 加强与司法部门的沟通，强化联动执法

为做好行政拘留、涉嫌犯罪移送的环保执法工作，应当持续深化和完善两法衔接机制，形成环保、公安部门日常联合执法常态化。进一步加强各级环保部门与公、检、法等司法机关的衔接配合力度，按照相关衔接配合机制制度要求，通过定期召开联席会议，加大信息共享力度，对重大、复杂、典型案件实施案件会商和联合挂牌督办，与公安机关、检察机关开展联合联动执法等方式，形成环保部门与司法机关联合打击环境违法犯罪行为的合力，严厉惩处和打击生态环境违法犯罪行为。

4.5 信息公开，阳光执法

按照环境保护部的部署要求，继续加大典型案件公开力度，及时公开行政处罚信息、超标企业名单及处理情况、行政处罚文书等，充分发挥典型案件的震慑作用。实施企业环保信息强制性公开制度，将企业环境违法行为纳入社会信用体系，引导企业自觉履行环保责任和义务。推行“阳光执法”，主动公开环境监管执法信息，接受社会监督。

生态环境损害责任的统筹与衔接制度研究

Research on the System of Coordination and Connection of Environmental Damage Liability

於方 田超 齐霁 汪劲[①]

摘 要 随着我国生态环境保护的法律责任制度越来越完善，生态环境行政处罚手段不断丰富，处罚金额也明显提高，环境刑事责任也加大了对污染环境犯罪的打击力度。与此同时，生态环境损害赔偿的民事责任也逐步完善。但是生态环境行政处罚、刑事责任追究和损害赔偿责任之间缺乏有效的衔接，出现了责任人实际承担能力不足，影响受损生态环境及时有效修复的情况。因此，需要加强制度之间的统筹，构建合理的生态环境法律责任体系。

关键词 环境行政处罚 污染环境犯罪 生态环境损害赔偿

Abstract As the legal liability system for environmental protection in our country is becoming more and more perfect, the means of environmental administrative punishment are constantly enriched, and the amount of punishment is obviously increased. Environmental criminal liability has also increased the crackdown on environmental pollution crimes. At the same time, the civil liability for compensation for damages to the ecological environment has been gradually improved. However, there is a lack of effective connection between environmental administrative punishment, criminal liability for damages, resulting in the fact that the responsible person has insufficient actual bearing capacity, which affects the timely and effective restoration of the damaged ecological environment. Therefore, it is necessary to strengthen the overall planning between systems and construct a reasonable legal responsibility system for ecological environment.

Keywords environmental administrative punishment, environmental pollution crime, compensation for environmental damage

党的十八届三中全会明确提出对造成生态环境损害的责任者严格实行赔偿制度。2017年12月中共中央办公厅、国务院办公厅印发了《生态环境损害赔偿制度改革方案》，提出

① 北京大学资源能源与环境法研究中心，北京，100871。

了包括“完善相关诉讼规则”等在内的 8 项试点内容。与此同时，《环境保护法》和《刑法》污染环境犯罪司法解释和生态环境损害赔偿责任都在各自领域探索如何消除“违法成本低，守法成本高”的污染和生态破坏问题，但是相关的制度之间却缺乏有效的衔接，出现了责任人实际承担能力不足，影响受损生态环境得到及时有效修复的情况。

污染环境犯罪相关的法律规定除刑法修正案（八）外，2016 年 12 月两高修改颁发了《关于办理环境污染刑事案件适用法律若干问题的解释》；2017 年 1 月环境保护部、公安部、最高检联合印发了《环境保护行政执法与刑事司法衔接工作办法》；2007 年 5 月国家环保总局、公安部和最高检曾颁布了《关于环境保护行政主管部门移送涉嫌环境犯罪案件的若干规定》；2001 年 7 月国务院还颁发了《行政执法机关移送涉嫌犯罪案件的规定》。这些司法解释和行政法规规定都原则性涉及生态环境损害赔偿与行政刑事手段及其衔接问题。

从实践上看，造成生态环境损害的行为大多同时具有既违反国家法律法规，又损害生态环境和他人合法权益等行政或者刑事违法以及民事违法等双重属性。因此，需要进一步分析研究并按照国家现行法律法规规定，对上述要求从法的层面对生态环境损害责任进行统筹，对赔偿与行政刑事手段的衔接做出制度安排。

1 生态环境损害赔偿和行政刑事处罚关系

1.1 现状

我国环境行政处罚制度发展较早，法律依据主要是《环境保护法》及相关法律、《行政处罚法》及相关法律，是一种行政处罚；生态环境损害赔偿制度发展来源于《海洋环境保护法》，是一种民事权利。相关法律法规规定及其立法背景如下。

1.1.1 生态环境损害赔偿的法律依据

1982 年 8 月 23 日，全国人大常委会通过的《海洋环境保护法》第四十一条最早强调了污染者的责任形式包含“凡违反本法，造成或者可能造成海洋环境污染损害的，本法第五条规定的有关主管部门可以责令限期治理，缴纳排污费，支付消除污染费用，赔偿国家损失”。1999 年 12 月 25 日，全国人大常委会通过的《海洋环境保护法》 第九十条第二款规定“对破坏海洋生态、海洋水产资源、海洋保护区，给国家造成重大损失的，由依照本法规定行使海洋环境监督管理权的部门代表国家对责任者提出损害赔偿要求”。2009 年 8 月 27 日，修改的《民法通则》第一百二十四条规定了“违反国家保护环境防止污染的规定，污染环境造成他人损害的，应当依法承担民事责任”。2009 年 12 月 26 日，全国人大常委会通过的《侵权责任法》第八章规定了“环境污染责任”，第六十五条“因污染环境造成损害的，污染者应当承担侵权责任”，以上二者构成生态损害赔偿的基础。2014 年 10 月 21 日，国家海洋局发布《海洋生态损害国家损失索赔办法》，规定了可以提出国家损失索赔的情形以及海洋生态损害国家损失的范围。

2015 年 9 月 21 日，中共中央、国务院发布《生态文明体制改革总体方案》中第七部分的“建立健全环境治理体系”第 39 项指出“严格实行生态环境损害赔偿制度。强化生产者环境保护法律责任，大幅提高违法成本。健全环境损害赔偿方面的法律制度、评估方法和实施机制，对违反环保法律法规的，依法严惩重罚；对造成生态环境损害的，以损害程度等因素依法确定赔偿额度；对造成严重后果的，依法追究刑事责任”，第十部分的“生态文明体制改革的实施保障”第 54 项“完善法律法规。制定完善……生态环境损害赔偿等方面的法律法规，为生态文明体制改革提供法治保障”。

2015 年 12 月 3 日，中共中央办公厅、国务院办公厅发布《生态环境损害赔偿制度改革试点方案》，规定了发生生态环境损害时，即“因污染环境、破坏生态造成大气、地表水、地下水、土壤等环境要素和植物、动物、微生物等生物要素的不利改变及上述要素构成的生态系统功能的退化”时，在满足特定的条件后，试点地方省级政府经国务院授权后作为赔偿权利人对“违反法律法规，造成生态环境损害的单位或个人”进行索赔。2017 年 12 月 17 日，中共中央办公厅、国务院办公厅发布《生态环境损害赔偿制度改革方案》，规定在满足特定的条件后，省级、市地级政府（包括直辖市所辖的区县级政府，下同）经国务院授权后作为赔偿权利人对“违反法律法规，造成生态环境损害的单位或个人”进行索赔。

1.1.2 环境行政处罚的法律依据

（1）《行政处罚法》和《环境保护行政处罚办法》

我国环境保护行政处罚在法律法规层面上开始于 1992 年 7 月 7 日国家环境保护局发布的《环境保护行政处罚办法》，其中第一条指出环境保护行政处罚的目的是“为保障环境保护行政主管部门在查处违反环境保护法律、法规和规章的行为（以下简称违法行为）时，正确行使行政处罚权”。

1996 年 3 月 17 日，全国人民代表大会通过了《中华人民共和国行政处罚法》（以下简称《行政处罚法》）。《环境保护行政处罚办法》相应于 1999 年被第一次修正。

2003 年 11 月 5 日，国家环境保护总局将《环境保护行政处罚办法》进行了第二次修正。

2009 年 8 月 27 日，全国人大常委会对《行政处罚法》进行了修正。相应《环境保护行政处罚办法》由环境保护部于 2010 年 1 月 19 日进行第三次修正。修订后的办法加强了污染责任人的行政处罚力度。其中，第二十五条规定了对违反法律法规规定排放污染物，造成或者可能造成严重污染的，环境保护主管部门和其他环境保护监管部门，可以查封、扣押造成污染物排放的设施、设备。第五十九条规定违法排放污染物，受到罚款处罚，被责令改正，拒不改正的，可以按照原处罚数额按日连续处罚。按日计罚对违法企业的处罚力度极大加强，行政罚款金额也有了质的跃升。

（2）《环境保护法》及环保单行法律

2014 年 4 月 24 日，全国人大常委会通过的新修订的《环境保护法》第六章规定了法律责任。

2008 年 2 月 28 日，全国人大常委会通过的《水污染防治法》第八十三条规定了造成水污染事故的行政处罚规则。

2015 年 8 月 29 日，全国人大常委会通过的《大气污染防治法》第七章规定了法律责任，第一百二十二条规定了造成大气污染事故的行政处罚规则。

2013 年 12 月 28 日，全国人大常委会通过的《海洋环境保护法》第九章规定了法律责任，第九十一条规定了造成海洋污染事故的行政处罚规则。

1.1.3 环境刑事罚金的法律依据

2017 年 11 月 4 日，修正的《刑法》第五十二条依然规定了对罚金数额的裁量，即“判处罚金，应当根据犯罪情节决定罚金数额”。另外，《刑法》第六章“妨害社会管理秩序罪”第六节“破坏环境资源保护罪”的罪名中都规定了对污染环境、破坏生态的单位或个人单处罚金或者并处罚金。

2002 年 11 月 15 日，最高人民法院发布的《最高人民法院关于适用财产刑若干问题的规定》对于刑事罚金的适用进行了更为详细的规定。

环境污染犯罪司法解释和环境公益诉讼司法解释有关生态环境损害的范围存在一定差异。刑事司法解释中“生态环境损害”包括生态环境修复费用，生态环境修复期间服务功能的损失和生态环境功能永久性损害造成的损失，以及其他必要合理费用。环境损害赔偿范围包括停止侵害、排除妨碍、消除危险采取合理预防、处置措施而发生的费用；生态环境修复费用；生态环境修复期间服务功能的损失；检验、鉴定费用，合理的律师费及其他为诉讼支出的费用等。两个司法解释关于“生态环境损害”的解释范围有所不同，刑事司法解释中，生态环境损害不包括清除污染的费用，一般归于“公私财产损失”，因此，在赔偿金和刑事罚金的责任衔接中应当注意这一差别。

1.2 生态环境损害法律责任缺乏统筹的问题与分析

生态环境损害赔偿责任是建立在责任人损害范围基础上，承担赔偿或修复受损生态环境。环境行政处罚是在《行政处罚法》和环境保护法律有关行政处罚规定体系下建立的，主要是由法律授权的环境监督管理部门对违反环境保护法律的行为所实施的处罚。环境刑事罚金是在《刑法》的规定和相关司法解释的体系下建立的，是人民法院判处犯罪分子向国家缴纳一定数额金钱的刑罚方法。

（1）行政罚款和刑事罚金的标准问题

《环境保护法》第五十九条规定按日连续计罚是依照“直接损失”“违法所得”等进行处罚；《大气污染防治法》针对进口、生产、销售、使用等行为以“货值”为标准进行处罚，对造成大气污染事故的，以事故造成“直接损失”为基准计算罚款；《水污染防治法》第七十三条不正常使用水污染物处理设施是按照“应缴纳排污费数额”进行罚款，第八十三条是以水污染事故造成的“直接损失”为基准确定罚款额。《固体废物污染防治法》中有“应缴纳危险废物排污费”“代为处置费用”“违法所得”“直接损失”等处罚计算标准。其中直接损失没有明确的规定，定量化的指标也相应缺失，不利于执法部门精确核定罚款数额。另外，执法处罚标准内部缺乏一致性，也没有考虑和刑事罚金以及损害赔偿数额之间的平衡问题，容易导致责任加重的问题。

刑事犯罪的罚金刑标准有 3 类，普通罚金制、倍比罚金制和无限额罚金制，污染环境犯罪的刑事罚金属于无限额罚金。最高人民法院《关于适用财产刑若干问题的规定》对罚金数额的规定是根据犯罪情节，如违法所得数额、造成损失的大小等，并综合考虑犯罪分子缴纳罚金的能力判处罚金。但在实践中，大量的案件在罚金刑的科处上实际把污染环境行为造成的环境修复费用大小作为一个极其重要的考量因素。刑事罚金标准中除了违法所得数额、造成损失的大小等定性的指标，还缺少定量的指标，以及指标的适用条件和要求，容易导致同罪不同罚的问题。如浙江金帆达生化股份有限公司等污染环境案中，以污染环境罪判处被告单位罚金就高达 7 500 万元，其他的环境污染犯罪案件中罚金从几万元到几百万元不等。

（2）行政罚款、刑事罚金和赔偿款的关系

三种责任在计算数额时，表面上看并没有直接关系，而且相互并不影响，但三者实质上在实践中适用时产生的效果会有一部分的重叠而实际上在三者之间发生关联性。2017 年以来试点省份一系列生态环境损害赔偿案都涉及这个问题。

例如，在审理受托排污企业污染环境罪案中，鉴于重庆市环保部门未对首旭公司予以行政处罚，为此法院在刑事判决中对构成污染环境罪的首旭公司判处罚金 8 万元（另一违法企业藏金阁公司被行政处罚 580 余万元）。之后法院又在环境民事公益诉讼中判决赔偿义务人首旭公司和藏金阁公司连带赔偿生态环境修复费用 1 441 余万元。

在南京德司达公司（赔偿义务人）偷排废酸案审理过程中，赔偿义务人虽未受到环保部门给予的行政处罚，但在法院刑事判决中被判处 2 000 万元罚金，之后的民事判决又被判赔偿环境修复费用 2 428.29 万元人民币。假如本案环保部门此前也依法按照水污染事故造成直接损失的 20%～30%予以罚款，赔偿义务人可能还需承担更高额的制裁费用。

再如，在审理山东金诚公司和山东弘聚公司污染环境罪中，刑事判决书分别判处两被告 20 万～100 万元不等的罚金；而之后在山东省人民政府诉金诚公司和弘聚公司等生态损害赔偿索赔案中，山东省人民政府请求法庭依法判令两被告连带承担应急处置费用、生态损害赔偿费用和其他支出费用合计 2.3 亿余元。

因此在计算生态环境损害赔偿数额和确定行政处罚数额、刑事罚金数额时应当考虑到三者之间可能的联系。

根据《行政处罚法》第七条第一款的规定，“公民、法人或者其他组织因违法受到行政处罚，其违法行为对他人造成损害的，应当依法承担民事责任”。生态环境损害赔偿中，已经将赔偿权利人作为普通民事主体，因而属于本条中的“他人”，应当承担民事责任，并不受到行政处罚的影响。

《刑法》第五十二条规定，“判处罚金，应当根据犯罪情节决定罚金数额”。另外，《最高人民法院关于适用财产刑若干问题的规定》第二条对刑事罚金的适用进行了更为详细的规定：“人民法院应当根据犯罪情节，如违法所得数额、造成损失的大小等，并结合考虑犯罪分子缴纳罚金的能力，依法判处罚金。”但是并没有明确刑事罚金数额是否对民事责任的承担具有影响。

不过，《行政诉讼法》在第二十八条对行政处罚与刑罚合并适用做出了如下规定：“违法行为构成犯罪，人民法院判处拘役或者有期徒刑时，行政机关已经给予当事人行政拘留的，应当依法折抵相应刑期。”“违法行为构成犯罪，人民法院判处罚金时，行政机关已经给予当事人罚款的，应当折抵相应罚金。”

同时，根据《侵权责任法》第四条第一款，“侵权人因同一行为应当承担行政责任或者刑事责任的，不影响依法承担侵权责任”。重申了在侵权领域下行政责任不影响依法承担侵权责任的基本原则，也表明了在侵权领域下刑事责任不影响依法承担侵权责任的基本原则。

另外，根据《生态环境损害赔偿制度改革试点方案》，“赔偿义务人因同一生态环境损害行为需承担行政责任或刑事责任的，不影响其依法承担生态环境损害赔偿责任”。这一规定从另一个角度肯定了承担行政责任、刑事责任的，不影响其承担生态环境损害赔偿的责任。

虽然行政罚款与刑事罚金以及赔偿金三者在性质上有别，三者在不同公权力机关依法计算数额时形式上不存在直接关联且相互不受影响，但三者在实际执行时会产生部分重叠的效果。为此，当赔偿义务人已受到行政处罚且愿意承担生态环境损害赔偿责任的，人民法院应当依照《行政处罚法》第二十八条规定将罚款折抵相应罚金或者根据犯罪情节（如违法所得数额、造成损失的大小等）考虑减少罚金的数额。

生态环境损害赔偿首先应承担治理修复责任，由于备选治理修复方案的执行成本存在差异，所以当事人依然对修复的执行实施成本，即损害赔偿数额有磋商的余地。实践中，赔偿权利人在磋商中或者人民法院在审理中参酌行政罚款额最终决定生态环境损害赔偿索赔数额等情况也是合理的。

此外，无论是从行政处罚、刑事罚金还是从生态环境损害赔偿的角度出发，行政处罚、刑事罚金均不影响民事责任的承担。也就是说，行政处罚数额、刑事罚金数额无论多少，均不影响生态环境损害赔偿索赔的数额。生态环境损害赔偿数额和环境行政处罚数额、环境刑事罚金均应当独立计算。

但是事实上由于违法者或侵权人财产实力有限，无法同时承担行政处罚和侵权责任的情形，此时独立计算行政责任和民事责任，便会涉及财产有限的情况下，面临“财产不足以全部支付”或“财产不足以支付”“财产不足以同时支付”的情形时，应当先执行何种责任。

在这种情况下，依照《侵权责任法》第四条第二款，“因同一行为应当承担侵权责任和行政责任、刑事责任，侵权人的财产不足以支付的，先承担侵权责任”。此条确立的是“侵权责任优先原则”，也就是民事责任优先于行政责任。

相似地，在《刑法》第三十六条第二款中也规定了“承担民事赔偿责任的犯罪分子，同时被判处罚金，其财产不足以全部支付的，或者被判处没收财产的，应当先承担对被害人的民事赔偿责任”。其中规定了民事责任优先于刑事责任。对于民事责任优先于行政责任和刑事责任的前提下，相关部门法也均肯定了民事责任优先原则，例如《公司法》《证券法》《食品安全法》《合伙企业法》《产品质量法》《证券投资基金法》《个人独资企业法》等均有相关表述。

因此，在生态环境损害赔偿和环境行政处罚、环境刑事罚金的执行上，应当依照侵权责任优先原则或民事赔偿责任优先原则，在当事人财力不足的情况下，优先保障生态索赔的执行。立法建议中应当规定，同时承担生态环境索赔责任、行政责任和刑事责任罚金时，如果当事人财力不足以支付全部费用，应当优先支付生态环境损害赔偿费用。

但是事实上，由于侵权责任优先原则仅仅规定在实体法中，缺乏相应的程序法保障，实践中很难实施。在《侵权责任法》草案的讨论过程中，有些法官提出，在实践中，当侵权人的财产不足以支付时，往往刑事责任、行政责任借助其强制性已优先承担。若没有程序衔接，很难确保承担民事责任的优先性。在我国有关食品、药品、证券等案件领域中的大量实例表明，民事赔偿责任优先难以实现；大多数案件进入民事诉讼程序之前已完成了行政处罚，没有能力进行民事赔偿。

因此，事实上，侵权责任优先原则被限缩到了在民事赔偿发生时尚未进行行政处罚或者刑事责任追究的情形。一旦已经进行行政处罚或进行了刑事审判，将无法保障侵权责任优先。只有在行政处罚尚未做出的情况下，侵权责任才得以依照该原则受到优先保障。

有一些学者从学理上提出了一些对侵权责任优先原则保障的建议，但都仅仅停留在建议层面，未得到实际的肯定。在制定生态索赔数额和行政处罚数额、刑事罚金衔接的程序时，可以考虑采纳相关的立法建议。

例如：①将是否要承担生态赔偿责任纳入行政处罚、刑事诉讼调查程序中，提前调查当事人的财产状况，在确定行政处罚数额、刑事罚金数额时给生态索赔留下相应的空间；②将当事人的赔偿能力纳入行政罚款与刑事罚金减、免、缓的情形中；通过立法赋予生态环境损害索赔机关进行行政处罚执行异议的权利，通过执行异议和执行中止制度来实现生态环境损害索赔的优先顺序；③确立生态环境损害索赔先于环境刑事诉讼审理并判决的规则，并且将赔偿义务人履行生态环境损害赔偿义务的情况作为减轻刑罚的酌定情节。

当然，上述建议尚未得到采纳。因而在现有框架下，如果行政机关先行进行行政处罚，法院先行审结刑事诉讼，而生态索赔时间在后，将在程序上无法保障生态索赔的优先受偿。

2 生态环境损害赔偿诉讼与刑事诉讼的管辖规则和顺位规则

实践中，造成生态环境损害的行为大多同时具有既违反国家法律法规，又损害生态环境和他人合法权益等刑事违法以及民事违法等双重属性。因此，尚需要进一步分析研究并按照国家现行法律法规规定，对上述要求从法的层面对生态环境损害赔偿程序与刑事诉讼之间的衔接做出制度安排。主要包括两个方面：一是管辖规则；二是顺位规则。

2.1 生态环境损害赔偿诉讼与环境刑事诉讼的管辖规则

2.1.1 相关程序法律与司法实践的现状

2.1.1.1 生态环境损害赔偿诉讼案件的管辖权

就生态环境损害赔偿案件的管辖而言，《民事诉讼法》（全国人民代表大会 1991 年 4 月 9 日通过，全国人民代表大会常务委员会 2017 年 6 月 27 日第三次修正）第十八条规定："中级人民法院管辖下列第一审民事案件：（一）重大涉外案件；（二）在本辖区有重大影响的案件；（三）最高人民法院确定由中级人民法院管辖的案件。"《民事诉讼法》第二十八条规定："因侵权行为提起的诉讼，由侵权行为地或者被告住所地人民法院管辖。"《最高人民法院关于适用〈中华人民共和国民事诉讼法〉的解释》（最高人民法院 2015 年 1 月 30 日发布）第二十四条规定："民事诉讼法第二十八条规定的侵权行为地，包括侵权行为实施地、侵权结果发生地。"

因此，生态环境损害赔偿第一审民事案件应属于《民事诉讼法》第十八条规定的在本辖区有重大影响的案件，由生态环境侵权行为发生地、损害结果地或者被告住所地的中级以上法院管辖。

2.1.1.2 环境刑事诉讼案件的管辖权

就环境刑事诉讼的管辖而言，《刑事诉讼法》（全国人民代表大会 1979 年 7 月 1 日通过，全国人民代表大会 2012 年 3 月 14 日第二次修正）第十九条规定："基层人民法院管辖第一审普通刑事案件，但是依照本法由上级人民法院管辖的除外。"下面具体分析由上级人民法院管辖的情形。

《刑事诉讼法》第二十二条："最高人民法院管辖的第一审刑事案件，是全国性的重大刑事案件。"根据审判实践，环境刑事诉讼的一审案件直接由最高人民法院管辖的非常少。《刑事诉讼法》第二十一条规定："高级人民法院管辖的第一审刑事案件，是全省（自治区、直辖市）性的重大刑事案件。"根据审判实践，环境刑事诉讼的一审案件直接由高级人民法院管辖的也非常少。

《刑事诉讼法》第二十条规定："中级人民法院管辖下列第一审刑事案件：（一）危害国家安全、恐怖活动案件；（二）可能判处无期徒刑、死刑的案件。"但是，环境刑事诉讼一般不涉及危害国家安全、恐怖活动案件；根据《刑法》第六章第六节破坏环境资源保护罪的相关规定，并没有涉及无期徒刑、死刑的情形，而涉及破坏环境资源保护罪的案件在环境刑事诉讼中占据了很大的比重。大部分环境刑事诉讼案件由基层人民法院管辖。

《刑事诉讼法》第二十四条规定："刑事案件由犯罪地的人民法院管辖。如果由被告人居住地的人民法院审判更为适宜的，可以由被告人居住地的人民法院管辖。"《最高人民法院关于适用〈中华人民共和国刑事诉讼法〉的解释》第二条第一款规定："犯罪地包括犯罪行为发生地和犯罪结果发生地。"

因此，一般而言，环境刑事诉讼第一审刑事案件由犯罪行为发生地、犯罪结果发生地或者被告人居住地的基层人民法院管辖。

2.1.1.3 小结

通过对比可以发现，一般而言，生态环境损害赔偿第一审民事案件由生态环境侵权行为发生地、损害结果地或者被告住所地的中级以上法院管辖，环境刑事诉讼第一审刑事案件由犯罪行为发生地、犯罪结果发生地或者被告人居住地的基层人民法院管辖。

目前，涉及生态环境损害赔偿诉讼的案件相对较少，公开报道的案例更是少之又少。因此，仅以江苏省人民政府提起的一起生态环境损害赔偿诉讼为例，该环境案件的一审刑事诉讼由江苏省扬州市高邮市人民法院审理，二审刑事诉讼由江苏省扬州市中级人民法院审理，而生态环境损害赔偿诉讼由江苏省南京市中级人民法院审理，该环境案件所涉及的生态环境损害索赔诉讼与环境刑事诉讼是由不同级别、不同地域的法院分别进行管辖的。

2.1.2 实践中存在的问题

2.1.2.1 不同法院分别管辖不利于充分救济生态环境损害

由于生态环境损害赔偿诉讼和环境刑事诉讼由不同法院分别管辖，会导致信息不畅。

例如，在江苏省人民政府提起的一起生态环境损害赔偿诉讼中，环境刑事诉讼已经审结了，而被告污染环境残留的部分危险废物并没有得到妥善处理，但是由于生态环境损害赔偿诉讼是由其他法院管辖的，审理生态环境损害赔偿一审诉讼的法院对此情况并不了解，也没有同负责该环境案件的环境刑事诉讼的公安机关、检察院、法院进行沟通、了解相关情况，使得生态环境损害赔偿诉讼审结之后，负责该环境案件的环境刑事诉讼的公安机关、检察院、法院仍然不知道该生态环境损害赔偿诉讼的存在，被告污染环境残留的危险废物也没有得到妥善处理。

现实中还存在大量的这种情况，不是管辖权不一致造成的，而是环境刑事判罪在前造成的，应补充这部分内容。

2.1.2.2 不同法院分别管辖不利于事实认定和法律适用的统一

生态环境损害赔偿诉讼一般由中级人民法院一审管辖，而环境刑事诉讼一般都由基层人民法院一审管辖。污染行为地、损害结果地、被告所在地等法院均有管辖权，由此会导致因同一生态环境损害事实而引发的不同性质的诉讼管辖权分散在不同级别、区域的人民法院，这就很难保证它的一致性，不同法院对同一生态环境损害案件因诉讼性质不同而出现证据认定的不一致造成审判认定的事实出现不一致，不利于事实认定和法律适用的统一，实际上法院做出不同判决的概率是非常高的，有损司法权威。

2.1.2.3 不同法院分别管辖降低司法效率、提高司法成本

生态环境损害赔偿诉讼和环境刑事诉讼由不同法院分别管辖，从而降低了司法效率，提高了司法成本。主要体现在两个方面：一是时间成本的增加；二是财务成本的增加。

关于时间成本，后审理该环境案件的法院需要花费一定时间去了解之前审理该环境案件的法院已经花费了一定时间所了解的相关情况，导致了时间成本的增加；当事人在参与诉讼上也需要花费更多的时间；不同的诉讼对证据有不同的认定标准，因此在证据的收集上可能会做不同的工作，需要更多的时间成本。

关于财务成本，不同的诉讼对证据有不同的认定标准，因此在证据的收集上可能会做

更多的工作，另外，还会增加路费、律师费、鉴定费用等，无论是对原告还是被告来说，都会花费更多的经费去参与诉讼，导致了财务成本的增加。

2.2 生态环境损害赔偿诉讼与环境刑事诉讼的顺位规则

2.2.1 相关程序规定与司法实践的现状

关于生态环境损害赔偿诉讼与环境刑事诉讼的顺位规则，要先区分两种情形：一是生态环境损害赔偿诉讼与环境刑事诉讼为两个相互独立的诉讼；二是生态环境损害赔偿诉讼与环境刑事诉讼为一个诉讼，即生态环境损害刑事附带民事诉讼。

在我国的现行立法中，对于涉及生态环境类的刑民交叉案件，并没有一个明确具体的顺位规则，只有《民事诉讼法》第一百五十条第五项做了相关的规定，“有下列情形之一的，中止诉讼：（五）本案必须以另一案的审理结果为依据，而另一案尚未审结的”，但是该项规定较为模糊，没有一个明确具体的界定，因此，有必要对生态环境损害索赔诉讼与环境刑事诉讼的顺位规则在立法上予以明确。

《刑事诉讼法》第九十九条第二款规定，“如果是国家财产、集体财产遭受损失的，人民检察院在提起公诉的时候，可以提起附带民事诉讼”。根据《刑事诉讼法》的规定，国家财产、集体财产遭受损失时，人民检察院可以提起附带民事诉讼。另外，根据《最高人民法院、最高人民检察院关于检察公益诉讼案件适用法律若干问题的解释》第二十条规定：人民检察院对破坏生态环境和资源保护、食品药品安全领域侵害众多消费者合法权益等损害社会公共利益的犯罪行为提起刑事公诉时，可以向人民法院一并提起附带民事公益诉讼。因此，检察机关提起附带民事公益诉讼时生态环境部门、公益组织在附带民事诉讼中可以发挥支持诉讼的作用，把相关证据材料或对诉讼请求范围的意见转交检察机关。行政机关发现检察机关提起的附带民事诉讼请求不足的，可以提出相关建议，如果建议不被采纳，可以就检察机关未提起的部分另行提起赔偿修复磋商和诉讼。

由于生态环境损害刑事附带民事诉讼同两个相互独立的生态环境损害赔偿诉讼与环境刑事诉讼在民刑顺位问题上也存在类似问题，即采取“先刑后民”“刑民分离”“先民后刑”哪种模式更有利于诉讼目的的实现，而且同一个环境案件所涉及的两个相互独立的生态环境损害赔偿诉讼与环境刑事诉讼在试点实践中发生的不多，而刑事附带民事诉讼已经实行了很多年，可以提供很好的借鉴，因此下文便不再区分这两种情形，而是一并讨论。

目前，涉及生态环境损害赔偿诉讼的案件相对较少，公开报道的案例更是少之又少。因此，仅以江苏省人民政府提起的一起生态环境损害赔偿诉讼为例，2016 年 7 月 13 日，江苏省扬州市高邮市人民法院做出一审刑事判决，2016 年 10 月 8 日江苏省扬州市中级人民法院做出二审刑事裁定，维持一审判决；2017 年 7 月，江苏省南京市中级人民法院对生态环境损害赔偿诉讼做出一审判决，被告未上诉。由此可见，该案的生态环境损害索赔诉讼与环境刑事诉讼采用的是先刑后民的顺位。

2.2.2 问题分析

关于生态环境损害赔偿诉讼与环境刑事诉讼的顺位问题，有三种模式：一是“先刑后民”模式；二是“民刑分离”模式；三是“先民后刑”模式。

（1）先刑后民

为了避免诉讼的过分拖延，法律允许被害人在法院对公诉案件做出判决之后，再向同一审判组织提起民事诉讼。由于这种附带民事诉讼制度采取了“刑事优先于民事”的裁判原则，法院对民事诉讼的裁判在刑事审判结束之后进行，而且民事裁判要以刑事裁判所认定的事实为依据，因此，我们可将这种附带民事诉讼视为一种“先刑后民”模式。[①]在生态环境损害赔偿诉讼与环境刑事诉讼为两个相互独立的诉讼的情形下，环境刑事诉讼先于生态环境损害赔偿诉讼审结，自然也是一种“先刑后民”模式。

长期以来形成的绝对的“先刑后民”的做法，使得我国的刑事案件的审理结果对民事案件的审理具有绝对的既判力，不允许作为后诉的民事程序做出与其相反的事实判断。[②]由于刑事诉讼对证据的认定标准要严于民事诉讼，因此很可能出现两个诉讼对事实的认定存在不一致的情况。

在试点实践中，采取的是“先刑后民”模式，显示出一些问题。而在环境刑事诉讼审结之前，赔偿义务人很积极地履行清理污染、开展修复等责任，但是在环境刑事诉讼审结之后，赔偿义务人在履行生态环境损害赔偿诉讼的意愿就下降了。

（2）刑民分离

由于传统的“先刑后民”模式在实践过程中存在诸多问题，因此一些学者和司法人员提出了“刑民分离”模式。

目前，绝大多数同意“刑民分离”的人士都坚持一种“相对分离主义”的观点，认为至少应当抛弃那种法院强制被害人接受附带民事诉讼的做法，赋予被害人选择民事诉讼方式的权利。[③]

在涉及生态环境损害赔偿的诉讼中，应当允许赔偿权利人自愿选择以下三种诉讼方式：一是认为附带民事诉讼更有利于保障其诉权实现的，可以选择附带民事诉讼程序；二是在环境刑事诉讼做出生效裁决之前的任意时段，都可以提起生态环境损害赔偿诉讼；三是在环境刑事诉讼做出生效裁决之后的任意时段，都可以提起生态环境损害赔偿诉讼。

但是，中国法院附带民事判决“执行难”的问题至今没有得到根本解决，大多数附带民事判决最终都形成了“空判”，既然如此，法院对这种从刑事公诉中独立出来的民事侵权案件假如继续采取判决结案的方式，也难以避免“执行难”的问题[④]。而且，当赔偿权利人选择在环境刑事诉讼做出生效裁决之后提起生态环境损害赔偿诉讼，即选择“先刑后民”模式，则又会面临本报告上文所提到的那些问题。

---

① 陈瑞华. 刑事附带民事诉讼的三种模式[J]. 法学研究，2009（1）：94.
② 王福华，李琦. 邢事附带民事诉讼制度与民事权利保护[J]. 中国法学，2002（2）：137.
③ 陈瑞华. 刑事附带民事诉讼的三种模式[J]. 法学研究，2009（1）：99.
④ 陈瑞华. 刑事附带民事诉讼的三种模式[J]. 法学研究，2009（1）：101.

（3）先民后刑

近年来，各地法院为避免附带民事诉讼“空判”现象的发生，都优先选择调解结案的处理方式。而在这种调解结案方式中，一种“先民后刑”的程序模式逐渐被创造了出来，成为法院克服传统的“先刑后民”模式之缺陷的一种新的程序选择。①

这种在刑事诉讼审结前对民事问题调解结案的方式在涉及生态环境损害赔偿的案件中表现为赔偿权利人与赔偿义务人就生态环境损害赔偿磋商达成一致意见，除此以外，“先民后刑”模式还体现在生态环境损害赔偿诉讼先于环境刑事诉讼审结这一方面。

作为这一模式的核心环节，法院对于与被害方达成赔偿协议并积极履行赔偿义务的被告人，适当做出从轻量刑的刑事裁决，使被告人因为积极赔偿而受到某种量刑上的“优惠”，同时也使那些拒不履行赔偿义务的被告人无法获得从轻量刑的机会，甚至可能受到从重量刑。②

但是，也有反对者认为，赔偿金变成了“买命钱”，这是一个危险的先例。首先，在刑法规定的“可以从轻处罚”的法定情节中，根本没有“赔偿被害人损失”一项。同时，依据刑事诉讼法的相关规定，赔偿被害人因犯罪行为所遭受的物质损失，是被告人应尽的法定义务，应当无条件地履行，不能作为从轻处罚的一个情形。③

3 生态环境损害索赔中政府、执法与司法机关间的联动和信息共享机制

2017 年 12 月中共中央办公厅、国务院办公厅印发《生态环境损害赔偿制度改革方案》，明确要求该制度于 2018 年 1 月 1 日起在全国范围试行。各试点省份已有一些成功的案例和经验。通过对这些经验进行分析，笔者发现，生态环境损害赔偿往往同时涉及行政处罚与刑事诉讼，这在其他领域是很少见的。

因此，在生态环境损害索赔中行政机关做好磋商诉讼和行政执法之间的衔接安排，构建政府、执法与司法机关间的联动和信息共享机制是非常必要且具有重要意义的。本报告认为应当在政府规范性文件、司法解释等文件中对此做出规定：一方面可以使国家财产得到充分保障，准确制裁赔偿义务人；另一方面也可以保障赔偿义务人的合法权利。

3.1 磋商的内部衔接机制

（1）情况介绍

2017 年年底，《生态环境损害赔偿制度改革方案》发布，正式在全国试行。根据前期试点情况，对磋商的内容进行了调整。方案规定，经调查发现生态环境损害需要修复或赔偿的，赔偿权利人根据生态环境损害鉴定评估报告，就损害事实和程度、修复启动时间和期限、赔偿的责任承担方式和期限等具体问题与赔偿义务人进行磋商，统筹考虑修复方案

---

① 陈瑞华. 刑事附带民事诉讼的三种模式[J]. 法学研究，2009（1）：102.
② 陈瑞华. 刑事附带民事诉讼的三种模式[J]. 法学研究，2009（1）：102.
③ 参见李国民. 杜绝“法律白条”，“赔偿从轻”不是办法[N]. 检察日报，2007-02-01.

技术可行性、成本效益最优化、赔偿义务人赔偿能力、第三方治理可行性等情况，达成赔偿协议。对经磋商达成的赔偿协议，可以依照民事诉讼法向人民法院申请司法确认。经司法确认的赔偿协议，赔偿义务人不履行或不完全履行的，赔偿权利人及其指定的部门或机构可向人民法院申请强制执行。磋商未达成一致的，赔偿权利人及其指定的部门或机构应当及时提起生态环境损害赔偿民事诉讼。生态环境损害赔偿制度改革方案的规定对《生态环境损害赔偿制度改革试点方案》进行了调整，删除了试点方案磋商和诉讼的可选性，将磋商作为诉讼的前置条件。

（2）重点问题

生态环境损害赔偿磋商制度的设计初衷就是为了提高生态环境损害纠纷的解决效率，尽量避免把纠纷拖入烦冗的诉讼程序，节省时间和司法诉讼成本，使责任人尽快对受损生态环境进行修复。《生态环境损害赔偿制度改革方案》赋予地方政府及相关部门的赔偿权利和行政机关法定的行政执法存在主体上的重合，因此，磋商赔偿工作和环境行政执法也因此有着密不可分的联系，如果不做好相关的制度衔接安排，导致效率低下，将与改革初衷相违背。因此磋商制度在行使赔偿权利的行政机关之间和行政机关的执法与索赔的内部关系也应当做好统筹协调。

试行的方案要求磋商前置，进一步强化了磋商制度的运行，这种设置对作为赔偿权利人的政府及其工作部门的勤勉尽责和工作能力提出了更高的要求，政府要穷尽各种可能，努力同污染、破坏的责任人开展磋商。通过磋商前置可以减少诉累，提高环境损害纠纷的解决效率和受损环境修复的效率。

3.2 环境行政与司法联动和信息共享机制的发展

（1）历史沿革

在我国，有关行政执法机关移送涉嫌犯罪案件的问题源于 21 世纪初叶。2001 年年初党中央、国务院决定在全国范围内开展一场整顿市场经济秩序的专项行动，各地区、各部门积极行动、协调配合，在全国迅速掀起了一场声势浩大的专项行动，取得了显著成果。但是，在整顿市场经济秩序中也暴露出一些法律上的问题，主要是行政执法机关对查获的涉嫌构成犯罪的行政违法案件如何向司法机关移送，缺乏明确的法律规定。尽管此前国家和地方政府行政执法机关会同司法机关制定了一些规定，但是大部分都比较简单、笼统，尤其是缺乏统一的案件移送标准，不能适应全面开展行政执法机关移送涉嫌犯罪案件工作的需要。

同时，有些行政执法机关因受部门利益的驱使，往往将应向司法机关移送的涉嫌构成犯罪的案件而不移送或者以行政处罚代替刑事处罚。凡此等等，不仅影响了行政执法的效果，而且使有些犯罪分子得不到及时的惩处。这对整顿市场经济秩序行动的开展是十分不利的。为此，国务院于 2001 年 7 月 9 日公布了《行政执法机关移送涉嫌犯罪案件的规定》。

2001 年 8 月 21 日，公安部为了贯彻落实《行政执法机关移送涉嫌犯罪案件的规定》要求，进一步加强公安机关与行政执法部门的执法衔接和协作，提高公安机关打击经济犯罪的能力和水平，推进公安机关整顿和规范市场经济秩序工作的深入开展，发布了《公安部关于贯彻落实国务院〈行政执法机关移送涉嫌犯罪案件的规定〉加强案件受理、立案工作有关事项的通知》。

2001 年 12 月 3 日，最高人民检察院根据《中华人民共和国刑事诉讼法》的有关规定，结合《行政执法机关移送涉嫌犯罪案件的规定》，就人民检察院办理行政执法机关移送涉嫌犯罪案件的有关问题发布了《人民检察院办理行政执法机关移送涉嫌犯罪案件的规定》。

《行政执法机关移送涉嫌犯罪案件的规定》《公安部关于贯彻落实国务院〈行政执法机关移送涉嫌犯罪案件的规定〉加强案件受理、立案工作有关事项的通知》《人民检察院办理行政执法机关移送涉嫌犯罪案件的规定》率先在全国范围明确了行政执法与刑事司法的衔接的规定，为推动行政执法司法发挥了重要作用。

（2）环境行政与司法联动和信息共享机制的发展

2008 年 5 月 28 日，为了建立无锡市两级法院与政府法制办部门关于环境保护审判和行政复议、执法监督等情况的工作联系制度，协调有关事务，全面提升无锡市两级法院环保审判司法能力和各级行政机关依法环保行政水平，江苏省无锡市中级人民法院、无锡市人民政府法制办公室发布了《无锡市两级法院与政府法制部门关于建立环境保护有关联系工作制度的规定》，率先建立了环境行政执法司法联动机制。

2011 年，中共中央办公厅、国务院办公厅转发《关于加强行政执法与刑事司法衔接工作的意见》，意见在完善衔接工作机制方面要求“各地区各有关部门要针对行政执法与刑事司法衔接工作的薄弱环节，建立健全衔接工作机制，促进各有关单位之间的协调配合，形成工作合力”“各地要根据实际情况，确定行政执法与刑事司法衔接工作牵头单位。牵头单位要发挥综合协调作用，组织推动各项工作顺利开展”“建立行政执法与刑事司法衔接工作联席会议制度”“健全案件咨询制度”“建立衔接工作信息共享平台”等。

2013 年 5 月 20 日，无锡市环保局、市公安局、市中院、市检察院、市监察局共同出台《关于建立环境行政执法与司法联动工作机制的意见》，成立环境行政执法与司法联动工作联席会议，设立“执法联动工作办公室”，启动“环境执法与司法联动月”，通过加强环境行政执法与刑事司法衔接，畅通合作渠道，及时移送信息，整合执法资源，形成及时、快捷、高效制止和打击涉嫌环境违法和犯罪活动的工作机制。无锡市环境执法联动机制建立以来，环保行政机关与司法机关有了固定的商讨案件的平台，相互之间的互联互通明显加强，对案件证据的把握更加精准，取得了明显的成效。

2013 年 8 月 30 日，贵阳市人民政府办公厅印发了《贵阳市生态环境保护联动工作方案》，综合运用法律、经济、行政、司法手段，建立健全法院、检察院、公安机关等司法机关与各职能管理部门及社会公众环境保护联动工作机制，成立了贵阳市生态环境保护联动工作领导小组，包括法院生态保护审判庭、检察院生态保护检察局、生态文明委、工业和信息化委、公安局生态保护分局、督办督查局、国土资源局、规划局、住房城乡建设局、卫生局、城管局、安监局、法制局、工商局、森林公安局、依法治市办等部门。

2013 年 11 月 4 日，环境保护部、公安部发布《关于加强环境保护与公安部门执法衔接配合工作的意见》，意见要求“建立联动执法联席会议制度，解决重大联动事项”“建立联动执法联络员制度，强化日常联动执法”“建立完善案件移送机制，规范联动执法程序”“建立重大案件会商和督办制度，加强案件风险研判”“建立紧急案件联合调查机制，做到执法工作无缝衔接”“建立案件信息共享机制，提高联动执法效率”。

2017 年 1 月 25 日，环境保护部、公安部、最高人民检察院发布《环境保护行政执法与刑事司法衔接工作办法》，就“建立健全环境行政执法与刑事司法衔接的长效工作机制”“积极建设、规范使用行政执法与刑事司法衔接信息共享平台”等方面在程序上进行了更为详细的规定。

3.3 实践中存在的问题

3.3.1 职能联动不完善

目前，在我国除环境保护主管部门具有环境监管行政职权外，国土资源、环境保护、住房城乡建设、水利、农业、林业等众多部门在各自的管辖范围内具有相应的环境监管的行政职权。

为此，如果只在环境保护主管部门同公安机关等部门之间联动，在诸如农业部门负责的渔业保护、水利部门负责的水资源保护以及海洋环保等很多环境保护监管领域，一旦出现环境问题则难以通过现有的环境保护主管部门同公安机关等部门的联动机制对不同环境监管领域全面发挥作用。

随着生态文明体制改革的深入推进，大部制改革的完成，生态环境部门和自然资源部门的成立，相关污染防治和生态环境保护职能的集中与整合。国土资源、住房城乡建设、水利、农业等污染防治职能通过生态环境部门统一与公安机关的联动会更加简明化。

3.3.2 联动机制的规定不够明确

目前，虽然很多省份已经出台了相关的环境执法与环境司法联动机制的相关文件，但因生态环境损害赔偿制度设立不久，所以实践中所遇到的很多问题还没有明确，特别是伴随生态环境损害赔偿权利人的加入，会在现有联动机制方面增加了一个新的权利主体，因而需要对赔偿修复与行政执法、刑事责任追究的联动机制进行更为系统、明确、具体的规定，以保障联动机制的顺利实施。

另外，通过联动机制的建立和运行，也可以促进环境案件所涉及的调查取证、鉴定、危险废物处置等问题的解决。

4 生态环境损害责任统筹与衔接的建议

4.1 统筹协调生态环境损害责任制度体系

4.1.1 有机协调行政、刑事处罚与生态环境损害赔偿责任

在生态索赔领域，由于生态索赔的赔偿权利人也是行政机关，实践上要求生态索赔先于行政处罚做出是可行的，可以制定程序要求生态索赔机关优先估算生态索赔可能的数额，交由行政机关实施减、免、缓相应的处罚。确立生态环境损害索赔先于环境刑事诉讼审理并判决的规则，并且将赔偿义务人履行生态环境损害赔偿义务的情况作为减轻刑罚的酌定情节，也可以保障生态索赔先于刑事判决做出。

另外，如果生态损害赔偿在环境行政处罚前做出，生态环境损害赔偿对行政处罚数额会有影响。根据《环境保护行政处罚办法》（2010 修订）第六条第 1 款，行使行政处罚的自由裁量权必须符合立法目的，并综合考虑：“（一）违法行为所造成的环境污染、生态破坏程度及社会影响；（二）当事人的过错程度；（三）违法行为的具体方式或者手段；（四）违法行为危害的具体对象；（五）当事人是初犯还是再犯；（六）当事人改正违法行为的态度和所采取的改正措施及效果。”其中的（一）、（六）都与生态环境损害赔偿有关，即承担了生态环境损害赔偿的责任后，环境污染、生态破坏程度和社会影响当然会减小，而且进行生态环境损害赔偿本身是一种改正违法行为所采取的改正措施。因此，行政机关行使自由裁量权在确定行政处罚数额时应当考量是否存在生态环境损害赔偿的情形。

如果生态损害赔偿在环境刑事罚金前做出，《最高人民法院关于适用财产刑若干问题的规定》第二条对刑事罚金的适用进行了更为详细的规定：“人民法院应当根据犯罪情节，如违法所得数额、造成损失的大小等，并结合考虑犯罪分子缴纳罚金的能力，依法判处罚金。”对于积极履行生态环境损害赔偿责任的，可以视为犯罪情节较轻的，罚金数额可以少些。

环境行政处罚、环境刑事罚金的决定虽然不影响生态环境损害赔偿，但实际上生态环境损害赔偿会影响环境行政处罚数额和环境刑事罚金数额的确定。因此，行政机关行使自由裁量权在确定行政处罚数额、法院行使自由裁量权在确定刑事罚金数额时应当考量是否存在生态环境损害赔偿的情形，以保障法律适用的公平性、合理性和适当性。在三者同时适用的情况下，应当保障生态索赔的优先受偿。

综上所述，环境行政处罚、环境刑事罚金的确定虽然不影响生态环境损害赔偿，但实际上生态环境损害赔偿会影响环境行政处罚数额、环境刑事罚金的确定。因此在制度设计中，在计算三者数额时，应当构建某种协调机制，将三者有机衔接起来。

4.1.2 罚款数额标准的明确与统筹

在行政罚款和刑事罚金标准明确的基础上应当注意以下几点：一是行政执法处罚标准的内部一致性和统筹考虑，涉及各部门法处罚标准的"直接损失""违法所得""货值""应缴纳危险废物排污费""代为处置费用"等标准应当考虑相对的平衡性，避免"宽严不均"；二是标准的指标细化要结合各地执法自由裁量权细化制定明确的定性和定量指标，尤其是"直接损失"的范围应当通过立法或执法解释予以细化并采取列举的方式阐明；三是刑事罚金标准应当制定明确的规定，刑事罚金标准中除了违法所得数额、造成损失的大小等定性的指标，还应包括定量的指标，以及指标的适用条件和要求；四是从统筹赔偿修复和行政处罚、刑事罚金的整体性高度，根据社会经济发展情况，综合统筹罚款、罚金和损害赔偿比例，确定适用条件，既要充分发挥罚款和罚金的惩戒、警示和教育的作用，也应争取做到确保受损环境的修复得到充分保障，还能兼顾企业的负担能力和罚款罚金与赔偿款的可执行性。

4.1.3 统筹责任数额的关系

在司法审判实践中，赔偿数额的计算及其最终确定与不同诉讼程序及其判决的先后有着很大的关系。在数额的关系方面，确认刑事罚金在环境损害赔偿之后更好。对于积极履行生态环境损害赔偿责任的，可以视为犯罪情节较轻的，罚金数额可以少些。

由于在法律层面，刑事罚金数额和行政处罚数额并没有过多的联系，因此就刑事罚金数额和行政处罚数额的关系，应当进一步明确。因为刑事罚金与行政罚款都是为了对赔偿义务人污染环境、破坏生态的行为予以处罚，本质上是一致的，因此为避免过分加重赔偿义务人的负担，可以确立刑事罚金和行政罚款相应折抵的原则。赔偿义务人构成犯罪，人民法院判处罚金时，实施环境行政处罚的部门已经给予赔偿义务人罚款的，应当折抵相应罚金。赔偿义务人构成犯罪，实施环境行政处罚的部门给予赔偿义务人罚款时，人民法院已经判处罚金的，应当折抵相应罚款。

就生态环境损害赔偿数额与行政罚款数额的关系，按照实践的做法可以设立如下三种情况进行处理。

一是损害赔偿数额确定在先，行政处罚数额确定在后。

首先，考虑完全理想的状态，即在决定环境行政处罚数额时，生态环境损害赔偿数额已经确定，并且赔偿权利人已经与赔偿义务人达成生态环境损害赔偿协议或赔偿义务人明确表示愿意赔偿、仅对赔偿数额有异议的。根据《环境保护行政处罚办法》第六条的规定，当存在"（一）违法行为所造成的环境污染、生态破坏程度及社会影响；……（六）当事人改正违法行为的态度和所采取的改正措施及效果"的情形时，行政机关可以行使行政处罚的自由裁量权，以及"同类违法行为的情节相同或者相似、社会危害程度相当的，行政处罚种类和幅度应当相当"。因此，在当事人进行过生态环境损害赔偿之后，其社会危害、造成的社会影响均减轻，也已经完成或愿意完成改正措施，因而在计算环境行政处罚数额时可以从轻或减轻处罚，具体数额要考察当事人的态度及协议情况。

其次，在决定环境行政处罚数额时，生态环境损害赔偿数额已经确定，但赔偿权利人尚未与赔偿义务人达成生态环境损害赔偿协议，且赔偿义务人明确表示不愿意赔偿的。此时由于赔偿权利人依然可以向法院提起民事诉讼来实现生态环境损害赔偿的目的，造成的社会危害、社会影响有一定程度减轻，然而当事人的态度并不积极，因而可以适当减轻处罚。在当事人未实际履行前，行政机关可以酌情考虑减轻处罚。

二是行政处罚数额确定在先，损害赔偿数额确定在后，且赔偿权利人在行政处罚数额确定前已确定将进行生态损害赔偿。

此时，行政处罚机关在做出环境行政处罚决定时，仍然应当正常计算并决定行政处罚数额，同时可以考虑之后即将启动的生态环境损害索赔程序酌定具体处罚数额。

三是行政处罚数额确定在先，损害赔偿数额确定在后，且赔偿权利人在环境行政处罚数额确定前未确定将进行生态损害赔偿。

在决定环境行政处罚数额时，未确定要进行生态环境损害赔偿的，但是在处罚之后确定要进行生态环境损害赔偿的，会对赔偿义务人带来更多的负担。这种情形下，如果依旧正常计算环境行政处罚数额和生态环境损害赔偿数额，其计算的数额总数将高于先进行生态环境损害赔偿的情形，如果生态环境损害赔偿的时间延后是由赔偿权利人造成的，这将不利于赔偿义务人。因此在这种情况下，应当赋予赔偿权利人一定的救济手段。

如在赔偿义务人确定需要进行生态环境损害赔偿前，赔偿义务人认为可能需要进行生态环境损害赔偿的情形下，可以通知赔偿权利人审查是否需要进行生态环境损害赔偿，并对赔偿权利人设置合理的审查期限。

（1）在赔偿权利人做出是否需要进行生态环境损害赔偿前或审查期限期满前，环境行政处罚机关不得做出处罚决定。

（2）赔偿权利人在审查期限内认为不需要进行生态环境损害赔偿或审查期限期满未做出决定的，环境行政处罚机关可以做出行政处罚决定，做出处罚决定后，如果赔偿权利人又认为需要进行生态环境损害赔偿的，赔偿义务人应当对赔偿数额进行减免，其减免数额不得低于行政处罚可能从轻或减轻处罚的数额。

（3）赔偿权利人在审查期限内认为需要进行生态环境损害赔偿后，行政处罚机关在做出环境行政处罚决定中，仍然正常计算行政处罚数额但可以酌定减少（减轻）处罚（数额）。

通过上述分析，环境行政处罚与生态环境损害赔偿之间并无直接的关联性，但是进行生态环境损害赔偿后将构成环境行政处罚从轻或减轻处罚的情形，会直接影响赔偿义务人的利益。若生态环境损害赔偿因赔偿权利人原因导致在确定环境行政处罚数额前未确定将进行生态环境损害赔偿时，应当赋予赔偿义务人相应的救济手段。判断二者关系时应当遵循以下规则：

首先，生态环境损害赔偿数额应当独立进行判断，是否进行环境行政处罚并不影响生态环境损害赔偿数额的计算。行政处罚机关在处罚前通知赔偿权利人审查，而赔偿权利人认为不需要进行生态环境损害赔偿或在审查期限内未做出答复，此时在计算生态环境损害赔偿数额时应当在不低于赔偿权利人本应享有的环境行政处罚的从轻或减轻处罚数额对生态环境损害赔偿数额进行减免。

其次，计算环境行政处罚数额时，如果当事人有从轻或减轻处罚的情形，应当进行从轻或减轻处罚。从轻或减轻处罚的情形包括但不限于：①主动通知赔偿权利人审查是否进行生态环境损害赔偿；②主动表示愿意承担生态环境损害赔偿义务；③与赔偿义务人达成生态环境损害赔偿协议；④实际履行生态环境损害赔偿义务。

最后，实体法上应当在当事人同时面临生态索赔责任和行政处罚责任时，确立生态索赔优先的原则，同时应当制定相关的保障程序。

4.1.4 逐步摸索从法律层面将罚款和罚金引入生态修复

无论是行政处罚的罚款还是刑事罚金都是为了惩戒、警示和预防环境损害行为，保护生态环境免受损害，抑制潜在的环境破坏行为。因此，基于同一个保护生态环境的目标，赔偿也是为了尽快修复受损生态环境。如果经过磋商或者诉讼，赔偿金仍然无法满足生态环境损害赔偿需求的，实施环境行政处罚的部门及其上级部门是赔偿权利人的，赔偿权利人可以决定将罚款部分或全部拨付用于生态环境损害赔偿。因此，为保障受损的生态环境得到及时有效的修复，确保资金的保障作用，最终需要在不断实践探索的基础上，从法律顶层来统筹行政罚款和刑事罚金的使用，将部分或者全部的罚款和罚金纳入生态环境损害修复的资金范围，保证修复资金的充足。

4.2 生态环境损害赔偿与行政刑事手段衔接规则的建议

4.2.1 探索和推进生态环境损害案件集中管辖

由于生态环境损害赔偿诉讼和环境刑事诉讼由不同法院分别管辖存在诸多问题，如果能够采用集中管辖的方式，则能够很好地避免这些问题。

首先，集中管辖非常有意义，如刑事案件由扬州法院审理，生态环境损害赔偿诉讼由南京法院审理，这就很难保证它的一致性，实际上法院做出不同判决的概率是非常高的。如果实现集中管辖，由同一个审判组织审理生态环境损害赔偿诉讼和环境刑事诉讼，就不存在这样的问题。

而且，可以避免前边谈到的环境案件的生态环境损害赔偿诉讼和环境刑事诉讼都已经审结了，被告污染环境剩下的一些危险废物却仍然没有得到妥善处理的情况的发生。

其次，现行的法律制度下，可以实现由同一法院集中管辖。

一般而言，生态环境损害赔偿第一审民事案件由生态环境侵权行为发生地、损害结果地或者被告住所地的中级以上法院管辖，环境刑事诉讼第一审刑事案件由犯罪行为发生地、犯罪结果发生地或者被告人居住地的基层人民法院管辖。但是根据《刑事诉讼法》第二十三条的规定："上级人民法院在必要的时候，可以审判下级人民法院管辖的第一审刑事案件；下级人民法院认为案情重大、复杂需要由上级人民法院审判的第一审刑事案件，可以请求移送上一级人民法院审判。"根据《刑事诉讼法》第二十六条："上级人民法院可以指定下级人民法院审判管辖不明的案件，也可以指定下级人民法院将案件移送其他人民法院审判。"

因此，在现行的法律制度下，可以通过级别管辖的变通或者上级法院指定管辖实现由同一法院集中管辖。

最后，实现集中管辖的方式需要考虑以下几个问题：①由哪一级法院审理比较好？是由一个审判庭审理还是由多个审判庭分别审理？②如果是由一个审判庭审理，是由一个合议庭审理还是由多个合议庭分别审理？如果是由一个合议庭审理，是由一个合议庭一起审理还是分别审理？

因为生态环境损害赔偿的联动机制建立在设区的市一级，而且生态环境损害赔偿涉及的环境案件一般较为复杂，影响较大，涉及地域较广，涉及部门较多，所以更适合由中级人民法院审理。

关于环境案件的集中审理，在我国主要有两种模式：一种是设立环保审判庭，如2008年3月，无锡市中级人民法院设立了环境保护审判庭（环境保护庭）；另一种是设立环保审判合议庭，如2012年12月，无锡市中级人民法院决定在崇安区、北塘区、南长区、开发区四家基层法院成立环保审判合议庭。

如果只由一个合议庭负责审理生态环境损害赔偿诉讼和环境刑事诉讼，合议庭的法官既要熟悉刑事诉讼，也要熟悉民事诉讼，对法官的要求较高，且工作量较大，负担较重，还是由一个审判庭审理更为妥当。

假如由一个合议庭审理，可以考虑由负责刑事诉讼的法官和负责民事诉讼的法官专门组成该合议庭，一起审理生态环境损害赔偿诉讼和环境刑事诉讼，判决书可以分开写或者一起写，采取这种审理模式的好处在于，既减轻了法官的负担，也降低了诉讼的时间成本和金钱成本，有利于诉讼尽快完结。当然这种模式对于现有法律制度有着较大的突破，还不宜直接开展，有待论证和观察，需要循序渐进。

4.2.2 诉讼顺位的立法建议

赔偿生态环境损害是赔偿义务人应当无条件履行的义务，积极履行生态环境损害赔偿义务不应作为从轻或者减轻赔偿义务人刑事责任的情形。但是试点实践证明，环境刑事诉讼对生态环境损害索赔的实现具有重要和积极的保障作用。

如果刑事诉讼判决在先，生态环境损害索赔诉讼判决在后，那么赔偿义务人会在得知不利刑罚后果的情况下产生消极履行赔偿义务的心态，从而影响其与赔偿权利人就索赔事项进行积极磋商。如果生态环境损害索赔诉讼判决在先，刑事诉讼判决在后，那么赔偿义务人为了争取在刑事诉讼中从轻或者减轻处罚，则会及时采取相应的修复措施并积极履行赔偿义务。

因此，确立生态环境损害索赔诉讼先于环境刑事诉讼审理并判决的规则，并且将赔偿义务人履行生态环境损害赔偿义务的情况作为减轻或者从轻予以刑事处罚的酌定情节，这样不仅有利于维护国家利益，而且有利于保护环境公益。

当检察院提起环境刑事诉讼，政府尚未提起生态环境损害赔偿诉讼时，如果是基层检察院提起的，基层检察院应当上报市级检察院由市级检察院通知市生态索赔办，由市级生态索赔办决定或者上报省级生态索赔办由省级生态索赔办决定是否提起生态环境损害赔偿诉讼，决定提起时，应当中止环境刑事诉讼；如果是市级检察院提起的，市级检察院应当通知或者上报省级检察院由市级检察院通知市生态索赔办，由市级生态索赔办决定或者上报省级生态索赔办由省级生态索赔办决定是否提起生态环境损害赔偿诉讼，决定提起时，应当中止环境刑事诉讼。

4.3 衔接的立法建议

（1）在设区的市一级及以上部门建立联动机制

2013 年 5 月 20 日，无锡市环保局、市公安局、市中院、市检察院、市监察局共同出台《关于建立环境行政执法与司法联动工作机制的意见》，并成立环境行政执法与司法联动工作联席会议，设立“执法联动工作办公室”，区级不能解决的问题通过联动平台在市级都得到了很好的处理。环保局希望公安帮助收集证据，公安希望环保局帮助检测，各部门之间是平级的在协调问题方面就更为容易。

因此，根据实践经验，应当在设区的市一级及以上部门建立联动机制。

（2）在生态环境大部制改革基础上扩展联动内容

在联动机制中，试点地方的贵阳市人民政府将国土资源、生态环境、住房城乡建设、水利、农业、林业等具有相应的环境监管行政职能的相关部门增加进来，在环境污染或生态破坏事件发生后，做好各业务部门的协调衔接，将各部门行政执法的案件和证据、赔偿进行衔接。各执法部门开展行政执法时，发现符合生态环境损害赔偿启动条件的，及时将案件情况和证据等材料移交给赔偿权利人，并由赔偿权利人指定磋商部门。在大部制改革基础上，涉及国土资源、住房城乡建设、水利、农业、林业的自然资源部门和生态环境部门加强生态环境损害赔偿的衔接，做好案件信息、证据的衔接，相互配合做好生态环境损害赔偿工作。

（3）履行赔偿具体工作的生态环境主管部门内部做好衔接

由于磋商前置对权利人的要求较高，而生态环境管理部门在开展赔偿磋商工作时需要统筹环境行政执法和生态环境损害赔偿两项职能，做好衔接工作。可以根据实际情况，将赔偿和执法放在一个部门。也可以制定联络工作机制，把赔偿权设置由法制部门行使，环境行政执法部门发现符合赔偿启动条件的案件，将案件信息通知赔偿权力部门提起磋商。

需要注意的是，为避免行政执法权和损害赔偿权的选择使用，回避执法问题赔偿解决的质疑，应当明确属于环境违法行为，按照相关环境保护法律法规和行政处罚法的规定，需要追究行政责任的，应当给予处罚，同时发现符合赔偿条件的违法行为，积极开展损害赔偿磋商，督促责任人修复受损环境，防止赔偿权取代执法。

（4）建立突发环境事件应当报告赔偿权利人的程序和实体规则

在发生较大及以上突发环境事件或者证据容易灭失、嗣后难以取得等情况时，事件发生地设区的市级或者县级人民政府生态环境行政主管部门经过初步认定，若认为该案件可能导致生态环境损害赔偿程序的启动，则该部门应在两个小时内逐级上报省级索赔办公室。此时，赔偿权利人在接到突发环境事件的通知后，应迅速派出应急处置人员，准确、全面地掌握案件的基本情况、数据和材料，并尽快保存相应的证据。

在发生其他生态环境严重受损的事件后，有管辖权的事件发生地设区的市级或者县级人民政府生态环境行政主管部门，应依法对涉嫌违反环境保护法律法规的行为进行初步审查，并确定是否作为行政处罚案件立案。在此过程中，若认为案件可能符合提起生态环境损害赔偿的条件，则应在 24 小时内将案件的基本情况逐级上报赔偿权利人，以尽到勤勉通知的义务。

在此，生态环境行政主管部门通知程序的考量基准是该案件满足生态环境损害赔偿的条件，而不是行政处罚要件。因此，即使该部门在初步审查之后发现相对人的行为并不存在违法性，但可能满足索赔条件时，此时仍应当通知赔偿权利人，并由赔偿权利人最终决定是否启动生态环境损害赔偿程序。

发生跨省、自治区、直辖市行政区域的生态环境损害赔偿事件的，省级索赔办公室应当在接到报告，并初步核实后1小时内报告国务院。

索赔办公室收到通知后，要立即启动审查立案程序，在7个工作日内决定是否立案，并将立案的决定抄送给实施环境行政处罚权的部门。对符合立案条件的，赔偿权利人应当启动索赔程序。

（5）建立生态环境损害主体涉嫌环境违法犯罪行为追究的衔接程序和实体规则

对于可能造成生态环境损害的单位或个人涉嫌环境违法犯罪行为的，公安机关应当提前介入；如有需要，司法机关也应当及时提前介入并提供司法服务。对于环境案件所涉及的调查取证、鉴定、危险废物处置等问题，相关联动部门要积极配合环境案件所涉环境领域的生态环境主管部门，所需经费，应当列入该机关的行政经费预算，由同级财政予以保障，如果经费不足，可由环境案件发生地的乡镇政府及上级政府的行政经费予以保障。

实施环境行政处罚权的部门向公安机关移送涉嫌环境违法犯罪案件，应同时附送规定所需的材料。公安机关应当依法接受，立即出具接受案件回执或者在涉嫌环境犯罪案件移送书的回执上签字，并及时做出立案或者不予立案决定，书面告知该部门，同时抄送人民检察院；公安机关在日常工作中发现的未构成犯罪的环境违法案件，应当及时移送依法实施环境行政处罚权的部门做出行政处理，同时抄送人民检察院。

实施环境行政处罚权的部门以及公安机关在处理生态环境损害案件的过程中，发现国家工作人员贪污贿赂或者渎职等犯罪线索的，应当根据案件的性质，及时向人民检察院移送。

另外，生态环境损害索赔办公室、实施环境行政处罚的部门、公安机关、人民检察院应当积极建设、规范使用行政执法与刑事司法衔接信息共享平台，逐步实现生态环境损害赔偿案件的网上移送、网上受理和网上监督。

参考文献

[1] 全国人大常委会法制工作委员会民法室. 侵权责任法立法背景与观点全集[M]. 北京：法律出版社，2010.

[2] 吕忠梅，等. 环境司法专门化——现状调查与制度重构[M]. 北京：法律出版社，2017.

[3] 陈瑞华. 刑事附带民事诉讼的三种模式[J]. 法学研究，2009（1）.

[4] 王福华，李琦. 刑事附带民事诉讼制度与民事权利保护[J]. 中国法学，2002（2）.

[5] 高遥生，等. 聚焦刑事附带民事诉讼[J]. 法制资讯，2008（2）：28-30.

附录

关于确立生态环境损害赔偿与行政刑事手段衔接规则的立法建议

一、【立法目的规定的建议】

为正确处理生态环境损害赔偿案件索赔诉讼审理与行政处罚、刑事诉讼的衔接关系，明确不同类型证据在生态环境损害案件审理中的适用规则，制定本建议。

【建议说明】党的十八届三中全会明确提出对造成生态环境损害的责任者严格实行赔偿制度。2015 年 12 月中共中央办公厅、国务院办公厅印发了《生态环境损害赔偿制度改革试点方案》。该方案提出了包括“完善相关诉讼规则”等在内的 8 项试点内容。2016 年 4 月经国务院同意环境保护部印发了《关于在部分省份开展生态环境损害赔偿制度改革试点的通知》，确定吉林、江苏、山东、湖南、重庆、贵州、云南 7 个省（市）为生态环境损害赔偿制度改革试点省份。2016 年 8 月，中央全面深化改革领导小组第二十七次会议审议通过了吉林等 7 省（市）生态环境损害赔偿制度改革试点工作的实施方案。

目前，与污染环境犯罪相关的法律规定除刑法修正案（八）外，2016 年 12 月两高修改颁发了《关于办理环境污染刑事案件适用法律若干问题的解释》；2017 年元月环保部、公安部、最高检联合印发了《环境保护行政执法与刑事司法衔接工作办法》；2001 年 7 月国务院还颁发了《行政执法机关移送涉嫌犯罪案件的规定》。这些司法解释和行政法规规定都原则性涉及生态环境损害赔偿与行政刑事手段及其衔接问题。

从实践看，造成生态环境损害的行为大多同时具有既违反国家法律法规、又损害生态环境和他人合法权益等行政或者刑事违法以及民事违法等双重属性。因此尚需要进一步分析研究并按照国家现行法律法规规定，对上述要求从法的层面对生态环境损害赔偿与行政、刑事手段的衔接做出制度安排。

【参考法规】依据《行政处罚法》（全国人民代表大会 1996 年 3 月 17 日通过，全国人民代表大会常务委员会 2017 年 9 月 1 日第二次修正）、《环境保护法》（全国人民代表大会常务委员会 2014 年 4 月 24 日修订）、《民事诉讼法》（全国人民代表大会 1991 年 4 月 9 日通过，全国人民代表大会常务委员会 2017 年 6 月 27 日第三次修正）、《生态环境损害赔偿制度改革方案》（中共中央办公厅、国务院办公厅 2017 年 12 月 17 日印发）、《生态环境损害赔偿制度改革试点方案》（中共中央办公厅、国务院办公厅 2015 年 12 月 3 日印发）、《关于加强行政执法与刑事司法衔接工作的意见》（中共中央办公厅、国务院办公厅 2011 年转发）、《行政执法机关移送涉嫌犯罪案件的规定》（国务院 2001 年 7 月 4 日公布）、《环境保护行政执法与刑事司法衔接工作办法》（环境保护部办公厅 2017 年 1 月 25 日印发）、

《关于加强环境保护与公安部门执法衔接配合工作的意见》（环境保护部、公安部 2013 年 11 月 4 日发布）、《最高人民法院关于适用〈中华人民共和国刑事诉讼法〉的解释》（最高人民法院 2012 年 12 月 20 日发布）、《最高人民法院、最高人民检察院关于办理环境污染刑事案件适用法律若干问题的解释》（最高人民法院、最高人民检察院 2016 年 12 月 8 日通过）。

二、【规定生态环境损害赔偿、行政执法与刑事司法衔接和信息共享机制的建议】

省（自治区、直辖市）政府成立生态环境损害赔偿制度改革工作领导小组，省级、市地级政府设立生态环境损害索赔办公室负责生态环境损害赔偿具体工作。

在健全国家自然资源资产管理体制试点区，受委托的省级政府可指定统一行使全民所有自然资源资产所有者职责的部门负责生态环境损害赔偿具体工作；国务院直接行使全民所有自然资源资产所有权的，由受委托代行该所有权的部门作为赔偿权利人开展生态环境损害赔偿工作。

生态环境损害索赔办公室、实施环境行政处罚的部门、公安机关、人民检察院应当建立健全生态环境损害索赔、环境行政执法与刑事司法衔接的长效工作机制。确定牵头部门及联络人，定期召开联席会议，通报衔接工作情况，研究存在的问题，提出加强部门衔接的对策，协调解决生态环境损害赔偿问题，开展部门联合培训。联席会议应明确议定事项。

实施环境行政处罚的部门、公安机关、人民检察院应当建立双向案件咨询制度。实施环境行政处罚的部门可以就刑事案件立案追诉标准、证据的固定和保全等问题咨询公安机关、人民检察院；公安机关、人民检察院可以就案件办理中的专业性问题咨询实施环境行政处罚的部门。受咨询的机关应当认真研究，及时答复；书面咨询的，应当在 7 日内书面答复。

生态环境损害索赔办公室、实施环境行政处罚的部门、公安机关、人民检察院应当积极建设、规范使用行政执法与刑事司法衔接信息共享平台，逐步实现生态环境损害赔偿案件的网上移送、网上受理和网上监督。

【建议说明】详见报告论述。

【参考法规】参照《生态环境损害赔偿制度改革方案》（中共中央办公厅、国务院办公厅 2017 年 12 月 17 日印发），《环境保护行政执法与刑事司法衔接工作办法》（环境保护部办公厅 2017 年 1 月 25 日印发）第二十三条、第二十四条、第三十三条的规定。

三、【确立发生生态环境损害事件后实施处罚部门通知义务与索赔办公室报告义务的建议】

发生省、自治区、直辖市行政区域内跨市地的生态环境损害，由省级政府管辖，其他工作范围划分由省级政府根据本地区实际情况确定。

生态环境损害事件发生地有管辖权的设区的市级或者县级人民政府依法实施环境行政处罚权的部门在发现或者得知生态环境损害事件信息后，应当在决定是否立案的同时，进行生态环境损害的初步审查。认为符合启动生态环境损害索赔条件的，应当在 24 小时内逐级上报省级人民政府或市地级政府（包括直辖市所辖的区县级政府，下同）生态环境损害索赔办公室。

在发生突发环境事件、证据可能灭失或者嗣后难以取得的情况下，发生地设区的市级或者县级人民政府依法实施环境行政处罚权的部门经过初步审查，认为符合启动生态环境损害赔偿索赔条件的，应当在两小时内逐级上报省级人民政府或市地级政府（包括直辖市所辖的区县级政府，下同）生态环境损害索赔办公室。

发生跨省、自治区、直辖市行政区域的生态环境损害赔偿事件的，省级索赔办公室应当在接到报告，并初步核实后1小时内报告国务院。

【建议说明】详见报告论述。

【参考法规】参照《生态环境损害赔偿制度改革方案》（中共中央办公厅、国务院办公厅 2017 年 12 月 17 日印发）、《突发环境事件信息报告办法》（环境保护部 2011 年 4 月 18 日发布）、《国家突发环境事件应急预案》（国务院办公厅 2014 年 12 月 29 日印发）、《突发环境事件应急管理办法》（环境保护部 2015 年 4 月 16 日发布）和《环境保护行政处罚办法》（环境保护部 2010 年 1 月 19 日发布）的规定。

四、【规定索赔办公室审查立案程序的建议】

生态环境损害索赔办公室在发现或接到生态环境损害赔偿案件后，应当进行审查，在 7 个工作日内决定是否立案，并将立案的决定抄送给实施环境行政处罚权的部门。对符合立案条件的，赔偿权利人应当启动索赔程序。

【建议说明】详见报告论述。

【参考法规】参照《环境保护行政处罚办法》（环境保护部 2010 年 1 月 19 日发布）的规定。

五、【规定刑事司法提前介入生态环境损害赔偿案件条款的建议】

实施环境行政处罚权的部门认为造成生态环境损害的单位或个人涉嫌环境违法犯罪行为的，应当立即向公安机关通报，并建议公安机关提前介入。公安机关接到通报后，应当立即派人进入现场，配合调查取证，即时制止违法犯罪行为，并根据需要控制违法犯罪嫌疑人或暂扣作案工具等。

实施环境行政处罚权的部门认为需要司法机关同时介入的，应当及时向司法机关（人民检察院和人民法院）通报。司法机关应当及时提前介入并提供司法服务。

【建议说明】详见报告论述。

【参考法规】参照《关于建立环境行政执法与司法联动工作机制的意见》（无锡市环境保护局办公室 2013 年 5 月 20 日印发）的规定。

六、【规定生态环境损害赔偿案件移送条款的建议】

实施环境行政处罚权的部门向公安机关移送涉嫌环境违法犯罪案件，应同时附送规定所需的材料。公安机关应当依法接受，立即出具接受案件回执或者在涉嫌环境犯罪案件移送书的回执上签字，并及时做出立案或者不予立案决定，书面告知该部门，同时抄送人民检察院；公安机关在日常工作中发现的未构成犯罪的环境违法案件，应当及时移送依法实施环境行政处罚权的部门做出行政处理，同时抄送人民检察院。

实施环境行政处罚权的部门以及公安机关在处理生态环境损害案件的过程中，发现国家工作人员贪污贿赂或者渎职等犯罪线索的，应当根据案件的性质，及时向人民检察院移送。

【建议说明】详见报告论述。

【参考法规】参照《关于加强行政执法与刑事司法衔接工作的意见》（中共中央办公厅、国务院办公厅2011年转发）、《环境保护行政执法与刑事司法衔接工作办法》（环境保护部办公厅 2017 年 1 月 25 日印发）第七条，《河北省关于加强行政执法与刑事司法衔接工作的实施意见》（河北省委办公厅、省政府办公厅 2011 年 6 月转发）、《关于建立环境行政执法与司法联动工作机制的意见》（无锡市环境保护局办公室 2013 年 5 月 20 日印发）的规定。

七、【规定生态环境损害赔偿磋商与行政处罚程序衔接规则的建议】

赔偿权利人应当综合考虑生态环境损害鉴定评估结果、修复方案技术可行性、成本效益最优化、赔偿义务人赔偿能力、第三方治理可行性等因素，制定《生态环境损害赔偿磋商告知书》，并将《生态环境损害赔偿磋商告知书》送达赔偿义务人。义务人在收到《生态环境损害赔偿磋商告知书》后 15 日内应当向赔偿权利人提交同意或者不同意磋商的书面意见。

赔偿义务人同意磋商的，赔偿权利人应在 10 日内启动磋商程序。

磋商的参加人包括赔偿权利人、赔偿义务人、专家、律师及与生态环境损害事件有利害关系的公民、法人、其他组织等。

在环境行政处罚决定做出前，若赔偿权利人已就该生态环境损害赔偿事件立案，实施环境行政处罚的部门在做出行政处罚决定时应考虑其对生态环境损害赔偿数额的影响。在实施环境行政处罚的部门对赔偿义务人做出罚款的处罚决定后，赔偿权利人在根据鉴定评估报告编制修复方案，确定生态环境损害赔偿数额时，应当与实施环境行政处罚的部门交换意见，考虑行政处罚决定对赔偿义务人的赔偿能力造成的影响。

【建议说明】详见报告论述。

【参考法规】参照《生态环境损害赔偿制度改革方案》（中共中央办公厅　国务院办公厅 2017 年 12 月 17 日印发）的规定。

八、【规定生态环境损害赔偿诉讼与行政处罚程序衔接规则的建议】

赔偿义务人明确拒绝磋商、在收到书面通知后十五日内未做出答复或者赔偿权利人与义务人经磋商未达成最终赔偿协议的，赔偿权利人应当向生态环境损害发生地的人民法院提起生态环境损害赔偿民事诉讼。

在环境行政处罚决定做出前，若赔偿权利人已就该生态环境损害赔偿事件提起诉讼，实施环境行政处罚的部门在做出行政处罚决定时应考虑其对生态环境损害赔偿数额的影响。在实施环境行政处罚的部门对赔偿义务人做出罚款的处罚决定后，人民法院确定生态环境损害赔偿数额时，应当与实施环境行政处罚的部门交换意见，考虑行政处罚决定对赔偿义务人的赔偿能力造成的影响。

【建议说明】详见报告论述。

【参考法规】参照《生态环境损害赔偿制度改革方案》（中共中央办公厅　国务院办公厅 2017 年 12 月 17 日印发）的规定。

九、【确立行政与刑事处罚环节对生态修复/恢复责任追究条款的建议】

实施环境行政处罚的部门向公安机关移送涉嫌环境犯罪案件，已做出的警告、责令停产停业、暂扣或者吊销许可证的行政处罚决定，不停止执行。未做出行政处罚决定的，原则上应当在公安机关决定不予立案或者撤销案件、人民检察院做出不起诉决定、人民法院做出无罪判决或者免予刑事处罚后，再决定是否给予行政处罚。涉嫌犯罪案件的移送办理期间，不计入行政处罚期限。

对尚未做出生效裁判的案件，实施环境行政处罚的部门依法应当给予或者提请人民政府给予暂扣或者吊销许可证、责令停产停业等行政处罚，需要配合的，公安机关、人民检察院应当给予配合。

赔偿义务人构成犯罪，人民法院判处拘役或者有期徒刑时，实施环境行政处罚的部门已经给予赔偿义务人行政拘留的，应当依法折抵相应刑期。

赔偿义务人构成犯罪，人民法院判处罚金时，实施环境行政处罚的部门已经给予赔偿义务人罚款的，应当折抵相应罚金。赔偿义务人构成犯罪，实施环境行政处罚的部门给予赔偿义务人罚款时，人民法院已经判处罚金的，应当折抵相应罚款。

赔偿义务人财产不足以同时承担生态索赔责任和缴纳罚款、罚金时，先承担生态索赔责任。

赔偿义务人因就同一事件履行环境行政处罚责任而显著缺乏金钱赔偿能力的，赔偿权利人可以做出要求赔偿义务人采用分期支付等方式履行赔偿责任的决定。仍然无法满足生态环境损害赔偿需求的，实施环境行政处罚的部门及其上级部门是赔偿权利人的，赔偿权利人可以决定将罚款部分或全部拨付用于生态环境损害赔偿；实施环境行政处罚的部门及其上级部门是国务院组成部门的，赔偿权利人可以向相应部门申请将罚款的部分或全部拨付用于生态环境损害赔偿。

【建议说明】详见报告论述。

【参考法规】参照《生态环境损害赔偿制度改革方案》（中共中央办公厅　国务院办公厅 2017 年 12 月 17 日印发）、《行政处罚法》（全国人民代表大会 1996 年 3 月 17 日通过，全国人民代表大会常务委员会 2017 年 9 月 1 日第二次修正）第二十八条、《环境保护行政执法与刑事司法衔接工作办法》（环境保护部办公厅 2017 年 1 月 25 日印发）第十六条的规定。

十、【规定生态环境损害赔偿程序与刑事诉讼衔接规则的建议】

生态环境损害赔偿诉讼与刑事诉讼由不同人民法院审理的，审理顺序，互不影响。除非本诉讼必须以另一诉讼的审理结果为依据，而另一诉讼尚未审结的，方可中止诉讼。审理生态环境损害赔偿诉讼与刑事诉讼的不同人民法院应当加强信息共享，并召开联席会议。

生态环境损害赔偿诉讼与刑事诉讼由同一人民法院审理的，应当由同一审判组织一并审判或先审理生态环境损害赔偿诉讼，只有为了防止刑事案件审判的过分迟延，才可以在刑事案件审判后，由同一审判组织继续审理生态环境损害赔偿诉讼；同一审判组织的成员确实不能继续参与审判的，可以更换。

【建议说明】详见报告论述。

【参考法规】参照《民事诉讼法》（全国人民代表大会 1991 年 4 月 9 日通过，全国人民代表大会常务委员会 2017 年 6 月 27 日第三次修正）第一百五十条、《最高人民法院关于适用〈中华人民共和国刑事诉讼法〉的解释》（最高人民法院 2012 年 12 月 20 日发布）第一百五十九条的规定。

十一、【规定刑事案件移送与法律监督条款的建议】

人民检察院对实施环境行政处罚的部门移送涉嫌环境犯罪案件活动以及公安机关对移送案件的立案活动和移送审查起诉活动，依法实施法律监督。

上级人民检察院认为涉嫌环境犯罪案件应当起诉而不起诉的，可以要求下级人民检察院起诉或直接起诉。

公民、法人和其他组织对实施环境行政处罚的部门违反规定应当向公安机关移送涉嫌犯罪案件而不移送，公安机关违反规定应当立案而不立案或应当向人民检察院移送审查起诉而不移送，以及人民检察院应当向人民法院起诉而不起诉的，有权向人民检察院或者上级机关举报。

接受举报的机关应当对举报人的相关信息予以保密，保护举报人的合法权益。

【建议说明】详见报告论述。

【参考法规】参照《环境保护法》（全国人民代表大会常务委员会 2014 年 4 月 24 日修订）第五十七条、《行政执法机关移送涉嫌犯罪案件的规定》（国务院 2001 年 7 月 4 日公布）第十四条、《环境保护行政执法与刑事司法衔接工作办法》（环境保护部办公厅 2017 年 1 月 25 日印发）第四条的规定。

十二、【规定各类证据的收集与使用规则的建议】

赔偿权利人、实施环境行政处罚的部门、公安机关、人民检察院应当及时、全面、准确收集、提取、监测、固定生态环境损害案件的污染物种类、浓度、数量等各类证据。

赔偿权利人、实施环境行政处罚的部门向公安机关、人民检察院提供的证据材料须由证据材料的收集人或制作人签名，并加盖赔偿权利人或实施环境行政处罚的部门印章。如赔偿权利人、实施环境行政处罚的部门设有勘验、监测、被测、鉴定、化验、评估职能专业技术机构的，该专业技术机构应当在提交的技术报告上加盖印章。公安机关、人民检察院认为赔偿权利人或实施环境行政处罚的部门提供的证据材料不符合要求的，可以要求赔偿权利人或实施环境行政处罚的部门重新提供或补充提供有关证据材料。

公安机关、人民检察院办理涉嫌环境污染犯罪案件，需要实施环境行政处罚的部门提供环境监测或者技术支持的，可以向实施环境行政处罚的部门发出《协助提供环境监测及技术支持通知书》，实施环境行政处罚的部门在收到《协助提供环境监测及技术支持通知

书》后，应当按照上述部门刑事案件办理的法定时限要求积极协助，及时提供现场勘验、环境监测及认定意见。所需经费，应当列入本机关的行政经费预算，由同级财政予以保障。

【建议说明】详见报告论述。

【参考法规】参照《关于加强环境保护与公安部门执法衔接配合工作的意见》（环境保护部、公安部 2013 年 11 月 4 日发布）、《环境保护行政执法与刑事司法衔接工作办法》（环境保护部办公厅 2017 年 1 月 25 日印发）第二十五条、《关于在环境民事公益诉讼中具有环保行政职能的部门向检察机关提供证据的意见》（无锡市法院、市检察院、市法制办 2008 年 12 月联合发布）的规定。

十三、【规定确立各类证据的采用规则与证明力效力的建议】

赔偿权利人在生态环境损害赔偿诉讼过程中以及实施环境行政处罚的部门在行政执法和查办案件过程中，依法收集制作的物证、书证、视听资料、电子数据，具备相关资格的司法鉴定机构出具的鉴定意见，或者由实施环境行政处罚的部门推荐的机构出具的检验报告、检测报告、评估报告或者监测数据等证据材料，在刑事诉讼中可以作为证据使用。

公安机关、人民检察院在办理涉嫌环境污染犯罪案件过程中单独或者会同实施环境行政处罚的部门依法收集制作的物证、书证、鉴定意见、勘验笔录、检查笔录、辨认笔录、侦查实验笔录、视听资料、电子数据等证据材料，在生态环境损害赔偿诉讼中可以作为证据使用。

赔偿权利人、实施环境行政处罚的部门、公安机关、人民检察院收集的证据材料，经法庭查证属实，且收集程序符合有关法律、行政法规规定的，可以作为定案的根据。

【建议说明】详见报告论述。

【参考法规】参照《民事诉讼法》（全国人民代表大会 1991 年 4 月 9 日通过，全国人民代表大会常务委员会 2017 年 6 月 27 日第三次修正）第六十三条，《刑事诉讼法》（全国人民代表大会 1979 年 7 月 1 日通过，全国人民代表大会 2012 年 3 月 14 日第二次修正）第四十八条，《最高人民法院、最高人民检察院关于办理环境污染刑事案件适用法律若干问题的解释》（最高人民法院、最高人民检察院 2016 年 12 月 8 日通过）第十二条，《环境保护行政执法与刑事司法衔接工作办法》（环境保护部办公厅 2017 年 1 月 25 日印发）第二十条、第二十一条的规定，《山东省高级人民法院关于审理山东省人民政府提起生态环境损害赔偿案件若干问题的意见》（山东省高级人民法院 2017 年 6 月 5 日发布）。

新生态环境管理体制下的农业面源污染监测体系构建分析

Under the New Opportunity of Institution Reform to Build a Monitoring System of Agricultural Non-Point Source Pollution

王 波 何 军 王夏晖 张笑千 郑利杰 张晓丽 曹 东

摘 要 当前，全国水污染防治形势呈现新特征和新变化，来源于农业面源的总磷和总氮持续成为重点湖泊、近岸海域的首要污染物。国务院机构改革后，将原农业部的监督指导农业面源污染治理职责，整合纳入生态环境部。新形势下，如何全面加强农业面源污染监测评估，构建覆盖全国、要素齐全、科学合理的农业面源污染监测网络和预警体系，是近期生态环境部门比较关注的热点问题。本文系统梳理了国内外农业面源污染监测研究进展，研判当前农业面源污染监测面临的主要问题，分析了农业面源污染监测典型案例的方法和特点，并提出了机构改革背景下加强农业面源污染监测的对策建议。

关键词 农业面源污染 监测体系 机构改革

Abstract At present，the situation of water pollution prevention and control in China presents new characteristics. Total phosphorus and total nitrogen from agricultural non-point sources pollution have been the primary pollutant in key lakes and coastal waters. After the institutional reform of the State Council，the responsibility of the former Ministry of Agriculture to supervise and guide the control of agricultural non-point source pollution is integrated into the Ministry of Ecology and Environment. Under the new situation，how to comprehensively strengthen the monitoring and assessment of agricultural non-point source pollution，and how to construct a scientific and reasonable monitoring network and early warning system，which covers the whole country，is a major topic in the future. This paper systematically reviews the research progress of agricultural non-point source pollution monitoring in China and abroad，judges the existing problems of agricultural non-point source pollution monitoring，analyzes the methods and characteristics of typical cases，and puts forward some suggestions to strengthen agricultural non-point source pollution monitoring under the background of institutional reform.

Keywords non-point source pollution，monitoring system，institution reform

当前，全国水污染防治形势呈现新特征和新变化，一些河流、湖泊和近岸海域等水系首要污染物已不再是化学需氧量和氨氮，转而成为总磷和总氮。例如，长江干流总磷污染超标，已经上升为主要污染物，相关数据显示七成左右来自农业面源污染；由于面源污染尚未得到有效治理，一些重点湖泊、近岸海域总磷和总氮等营养性物质持续成为首要污染物，湖泊富营养化问题突出。面对水污染防治形势的新特征和新变化，加强农业面源污染监测，掌握农业面源污染过程和成因机理，有针对性地提出加强农业面源污染防治措施势在必行。

为整合分散的生态环境保护职责，统一行使生态和城乡各类污染排放监管与行政执法职责，《深化党和国家机构改革方案》提出，将原农业部的监督指导农业面源污染治理职责，整合纳入生态环境部。机构改革之前，原农业部在农业面源污染监测方面做了大量工作，初步建立了全国农业面源污染国控监测网络，开展了长期定位监测工作，基本掌握了全国农业面源污染状况。机构改革之后，开展农业面源污染监测评估是生态环境部四大职能之一，统一负责农业环境监测工作，评估农业环境状况，统一发布农业环境信息。与农业农村部相比较，生态环境部在农业面源污染监测方面尚处于空白。新形势下，如何全面加强农业面源污染监测评估，构建覆盖全域、要素齐全、布局合理的农业面源污染监测体系，担负起履行农业面源污染监管的神圣职责，是近期生态环境部比较关注的热点话题。

本文系统梳理了国内外农业面源污染监测研究进展，研判当前农业面源污染监测面临的主要问题，分别从化肥农药、农膜秸秆、畜禽和水产养殖等方面，分析了农业面源污染监测典型案例的方法和特点，并提出了机构改革背景下加强农业面源污染监测的对策建议。

1 国内外农业面源污染监测进展

1.1 国外农业面源污染监测研究进展

1.1.1 化肥农药

20 世纪 40 年代以来，随着氮肥大量施用造成的环境问题逐渐凸显，氮素流失问题逐渐受到科学家的重视。1976 年，美国最早提出了面源污染的概念，并进行了面源污染监测研究。根据污染物的迁移途径，农田面源污染监测可分为地表径流监测、地下淋溶监测、壤中流监测。农田地表径流指借助降雨、灌水或冰雪融水将农田土壤中的氮、磷等污染物向地表水体径向迁移的过程，监测方法包括人工模拟和野外监测两类。农田地下淋溶是借助降雨、灌水或冰雪融水将农田土壤表面或土体中的氮、磷等污染物向地下水淋洗的过程，监测方法包括室内模拟和田间监测两类。壤中流发生在离地面很近的具有孔隙的、透水性相对较弱的土层临时饱和带内，常用的监测方法是利用坡面径流小区的技术原理，进行人工模拟降雨，监测壤中流的发生，或在自然降雨条件下，野外现场监测并收集壤中流。

早前的面源污染监测主要针对降雨造成的径流污染，随着研究的深入，面源污染的内涵丰富起来，在借鉴水土保持监测方法的同时，面源污染监测方法不断发展和改进。1917年，美国密苏里农业试验站首先开展了径流小区监测，随着农田氮素环境问题的日益严峻，径流小区监测方法开始应用于养分流失监测，并以径流小区方法原理为基础，根据不同的研究目的，发展形成了径流场、径流池等方法。在氮素淋失监测上，渗滤计是较为成熟的监测方法，1950年开始应用于土壤化学研究，但此时土壤必须是饱和状态下才能工作；为解决该问题，1961年出现了吸力渗滤计，它由真空泵及与之相连接的采水多孔陶土头组成，利用负压通过陶土头抽吸回收土壤孔隙水。此后，基于氮素渗滤抽滤原理发展起来的田间原位渗滤计、渗滤池、淋溶盘、田间渗滤池等监测设备及技术不断应用于农田面源污染监测，但大都各自为战，缺少统一的标准。

人工模拟降雨器的发明和改进为监测农田地表径流、模拟农业面源污染的发生过程提供了保障。1958年，美国科学家首先研制了槽式人工模拟降雨机，应用于与土壤侵蚀相关的科学研究。20世纪90年代以来，随着人工模拟降雨机的改进，模拟降雨机逐渐应用到了农业面源污染研究领域。降雨与野外实地监测针对的自然降雨径流事件不同，人工模拟地表径流的重点在于模拟不同的降雨事件，该系统一般包括模拟降雨器系统和径流发生采集系统两部分，不同学者根据具体研究条件可采用不同规格的设备。

鉴于野外环境的复杂性和实地监测的高成本、长周期，除人工模拟和实地监测外，建立数学模型也是监测农业面源污染的一种重要手段。有代表性的模型如美国农业部研究所开发的化学污染物径流负荷和流失模型CREAMS（Chemicals，Runoff and Erosion from Agricultural Management Systems）、农田系统地下水污染负荷效应模拟模型GLEAMS（Groundwater Loadings Effects of Agricultural Management Systems）、区域性面源集水环境响应的模拟模型ANSWERS（Area Non-point Source Watershed Environment Response Simulation）、农业面源污染模型AGNPS（Agricultural Non-Point Source Pollution Model）、流域水文评价模型SWAT（Soil and Water Assessment Tool）等。

1.1.2 秸秆

目前，秸秆焚烧火点监测技术逐渐完善，主要来源于国际上森林火灾等火点监测技术。国际上最早被用于火点监测的卫星包括美国航空航天管理局（National Aeronautics and Space Administration，NASA）的地球同步业务环境卫星（Geostationary Operational Environmental Satellite，GOES），以及美国海洋与大气管理局（National Oceanic and Atmospheric Administration，NOAA）的极轨卫星。两个卫星系列设计的主要目的是提供环境和气象的业务化监测，其搭载的中红外通道（3.7～4 μm）和热红外通道（10～11 μm）可被用于监测火点。从20世纪80年代初至今，已积累了近40年连续的区域及全球火点分布数据，被广泛用于森林火灾的监测与预警。为了更好地监测全球火点，NASA 充分借鉴 NOAA 卫星的监测经验，设计的中分辨率成像光谱仪（Moderate-resolution Imaging Spectroradiometer，MODIS）设有专门用于火点探测的中红外通道，具有更高的辐射分辨率且不易饱和，同时在可见～近红外谱段具有更多通道以提高火点识别的精度。MODIS 分别于 1999 年和 2002 年搭载于 Terra 和 Aqua 两颗极轨卫星发射升空，每日可对全球大部分地区进行多次观测，目前已成为全球火点监测最主要的卫星数据源之一。

1.2 我国农业面源污染监测工作进展

近年来，我国农业面源污染防治工作取得积极进展，突出表现为农业面源污染监测能力不断加强，逐步建立了全国农业面源污染国控监测网络，开展了农业面源污染长期定位监测工作，基本掌握了全国农业面源污染状况，形成了常态化、动态化、制度化的长效机制。截至 2014 年年底，我国农业部门在全国设置了农田面源污染氮、磷流失监测点 273 个（地表径流国控监测点 182 个，地下淋溶国控监测点 91 个）、地膜残膜监测点 210 个、畜禽粪污监测点 25 个，以及 2 万个农田调查点。

1.2.1 化肥农药

20 世纪 80 年代初，农田面源污染监测主要是以科学研究为目的的小流域监测试验。如天津市环境保护科学研究所在于桥水库汇水区进行了水质和水量同步监测，开展了农田面源污染负荷定量研究，通过汇水区水质、水量的同步监测，估算了面源污染负荷，这种方法目前已得到普遍运用。20 世纪 90 年代以后，随着化肥、农药、地膜等农业化学品投入的增加和畜禽养殖业的快速发展，我国的污染问题逐步凸显，农业面源污染实地监测也开展了起来。

由于降雨对面源污染的产生影响最大，通过人工降雨可以模拟面源污染机制从而监测面源污染。我国将人工模拟降雨应用于科学研究是从研究黄土高原水土流失开始的，1965 年，中国科学院地理研究所最早研制了轻便的人工模拟降雨器，此后模拟降雨器不断改进，性能不断改善。单喷头变雨强模拟降雨装置、SB-YZCP（野外移动、组合、侧向、喷洒式）人工降雨模拟装置、SR 型人工降雨装置等人工模拟降雨装置的研发为模拟不同的降雨条件提供了保障。2008 年，长江科学院水土保持研究所研发了水土流失移动实验室，克服了野外水土流失监测设备流动性差，装配控制复杂，试验费时、费力的缺点。

2007 年，第一次全国污染源普查启动，为了配合农田面源污染测算工作，农业部组织全国农科教系统农业环保领域相关单位，建成我国农田面源污染监测网络，全面、系统地监测我国不同区域主要种植模式农田面源污染发生规律，评估我国农田面源污染状况。从地表径流和地下淋溶两条途径出发，从田间监测设施建设技术规范、监测技术规范、田间记录规范和样品分析测试方法等方面全面介绍了坡耕地、平原旱地、水旱轮作、水田等不同类型农田的面源污染监测方法，并制定了《农田面源污染监测技术规范》《农田地下淋溶面源污染监测设施建设技术规范》《水田地表径流面源污染监测设施建设技术规范》《水旱轮作农田地表径流面源污染监测设施建设技术规范》《坡耕地农田径流面源污染监测设施建设技术规范》《平原旱地农田地表径流面源污染监测设施建设技术规范》6 个技术规范。2012 年，农业部启动了大规模的全国农业面源污染调查，要求将农业面源污染调查与监测作为常态化和制度化工作，在全国建立一批国控监测点，持续开展定位监测工作，每两年开展一次全国农业面源污染调查工作。

1.2.2 农膜

我国大规模农田残留农膜监测始于第一次全国污染源普查。2007 年，国务院开展第一次全国污染源普查，在全国布设 432 个地膜残留系数测算试验点，通过 1 年的定点调查监测，获取不同区域、种植类型和地膜处置方式下的监测点基本信息和地膜残留量等参数，计算出相应的地膜残留系数。为巩固第一次全国污染源普查工作，农业部制定了《全国地膜残留监测网国控监测点建设方案》，要求在全国建立一批国控监测点，持续开展定位监测工作，主要监测地膜覆盖量、地膜回收量、土壤残膜量等，到 2014 年年底，在全国设置了 210 个地膜残膜监测点。为落实《第二次全国污染源普查部门分工》（国污普〔2017〕4 号），推进第二次全国农业污染源普查工作，农业部办公厅印发了《关于做好第二次全国农业污染源普查有关工作的通知》，以典型地块为单元，开展农田地膜当季残留量、累积残留量监测。

1.2.3 秸秆

20 世纪 80 年代，国内学者利用卫星遥感进行火点监测。经过近 40 年的发展已在森林火灾、秸秆焚烧等生物质燃烧的遥感监测方面积累了丰富的技术方法与应用经验，国内火点监测应用广泛使用 NOAAAVHRR 及 Terra/Aqua MODIS 等卫星数据，相关算法与国际上的主流方法基本一致；同时，我国的风云（FY）系列极轨、地球同步卫星，以及环境一号 B 星（HJ-1B）的观测数据也已成为国内火点监测的常用数据源。

利用遥感影像技术监测秸秆焚烧点。2004 年，国家环保总局环境监察局利用气象卫星数据，对全国主要农作物区域实施秸秆焚烧在线监控。“十二五”期间，环保部门主要围绕秸秆禁烧等环境突出问题开展监管，在秸秆禁烧季，每日发布环境卫星和气象卫星秸秆焚烧火点监测日报数据，定期发布卫星秸秆焚烧火点核定月报数据。2013 年，国家发改委印发《关于加强农作物秸秆综合利用和禁烧工作的通知》（发改环资〔2013〕930 号），提出“强化基层环保部门禁烧监管执法能力建设，开发建设基于卫星应用平台的禁烧监管信息系统，进一步加强秸秆禁烧监管”。2015 年，国家发改委发布了《关于进一步加快推进农作物秸秆综合利用和禁烧工作的通知》（发改环资〔2015〕2651 号），明确提出“强化卫星遥感、无人机等应用，提高秸秆焚烧火点监测的效率和水平。健全秸秆资源评估、综合利用和焚烧监测的统计、评价体系。逐步建立以过火面积、焚烧量和综合利用量为核心的秸秆禁烧工作评价、考核方法和奖惩机制”。2017 年，环境保护部基于 TERRA/MODIS（过境时间每日上午 10:30 左右）和 AQUA/MODIS（过境时间每日下午 13:30 左右）卫星遥感数据，定期公布卫星秸秆焚烧火点监测月报。

农业部门开展了秸秆资源调查与评估。2007 年，农业部印发了《农业生物质能产业发展规划（2007—2015 年）》，通过草谷比测算，2005 年，按草谷比计算秸秆产量约

6 亿 t，除用于肥料、饲料、基料以及造纸等工业原料外，约 3 亿 t 农作物秸秆资源没有被利用，可折合成 1.5 亿 t 标准煤。同年，农业部规划设计院开展农作物秸秆资源能源化利用调查与评价工作，通过收集、分析文献和问卷调查，发现我国焚烧及废弃秸秆量占 20%。为落实国务院办公厅《关于加快推进农作物秸秆综合利用意见》（国办发〔2008〕105 号）“开展秸秆资源调查，进一步摸清秸秆资源情况和利用调查”的精神，2009 年 1 月起农业部正式启动了全国秸秆资源调查与评价工作，制定了《农作物秸秆资源调查与评价工作方案》和《农作物秸秆资源调查与评价技术规范》，开展农作物生产和利用情况调查。

2 农业面源污染监测面临的主要问题

当前，我国农业面源污染监测面临四个方面的问题：

一是农业面源污染监测管理体制尚未调整到位。机构改革之前，农业部农业生态与资源保护总站牵头组织全国性农业环境监测工作，参与组织全国农业环境监测网络建设，组织拟定农业环境监测技术方案、技术规范，开展基本农田等农产品产地环境污染、农业面源污染监测与评价；农业部环境监测总站设在农业部环境保护科研监测所，是全国农业环境监测网络牵头单位和业务指导单位。机构改革之后，如何整合设立农业面源污染监测管理机构，目前尚不明晰。

二是农业面源污染监测网络体系不完善。目前，全国耕地面积 20.24 亿亩，农业面源污染长期定位监测点共 508 个，平均每亿亩耕地上仅 25 个国控监测点位，远不能满足农业面源和农村水环境管理需要。监测项目涉及农田化肥农药流失、地膜残留、畜禽粪污，尚未纳入水产养殖污染、秸秆焚烧等监测项目。

三是农业面源污染监测制度和方法尚不规范。全国农业面源污染监测工作制度不完善，农业面源污染状况信息发布制度未建立。不同农业面源类型污染特征差异较大，化肥农药流失氮磷监测方法与地膜残留、秸秆焚烧、畜禽和水产养殖污染监测方法迥异。目前，农田面源污染监测、监测设施建设等方面已有相关技术规范，但尚未覆盖农业面源污染监测全部类型。根据典型案例分析，监测方法主要有实地监测、抽样调查、物料衡算、模型模拟等方法，但需要进一步统一规范。

四是农业面源污染监测能力十分薄弱。尽管农业农村部已初步建立了全国农业面源污染国控监测网络，但农业面源污染量大、面广、随机性强，现有监测能力与农业面源污染防治需求相比较仍十分薄弱。生态环境部在工业源、城乡生活源、集中式污染处理设施、移动源等方面，建立起了较为完善监测制度、监测网络和预警体系，在农业面源污染监测方面属于空白，未设立专门机构和专职队伍，工作基础薄弱，监管能力有待全面加强。

3 农业面源污染监测案例做法

为解决好当前我国农业面源污染在监测方法存在的问题，本文分别从化肥农药、农膜秸秆、畜禽和水产养殖等方面，梳理了国内外典型案例的经验和做法，以期为我国构建农业面源污染监测体系提供借鉴和参考。

3.1 化肥农药

农田化肥农药流失监测方法主要有实地监测、销量统计、抽样调查和模型模拟 4 种。

3.1.1 实地监测

实地监测主要包括监测小区法和模拟降雨法。监测小区法是指在研究区域内选择一块面积不大又有代表性的典型径流小区，同步监测降雨径流的水量和水质，以小区的污染单位负荷量估算整个研究区域的面源污染负荷量。模拟降雨法是指利用人工模拟降雨器模拟出各种类型的自然降雨，获取人为控制条件下模拟各种自然条件下的面源污染。

案例 1：湖南省种植业面源污染监测调查

（1）案例特点

该案例为小区监测法，综合考虑地形、气候、土壤、作物种类与布局、种植制度、耕作方式、灌排方式等主要影响化肥、农药污染的因素，依据地形和气候特征，选择最具区域代表性的地块设置为监测小区，重点对农业面源污染中的种植业污染产排污情况进行调查，以监测小区代表各市州种植业生产的产排污情况。目前实地监测仍然作为一种辅助的手段，用于各类模型的验证和模型参数的校正。

（2）基本情况

湖南省以 14 个市州作为农业面源污染的排污对象，充分考虑各市州地形、气候、土壤、作物种类与布局、种植制度、耕作方式、灌排方式等主要影响化肥、农药对农业面源污染的影响因子，每个市州设置一个监测小区。

1）监测点设置原则。第一，所选监测点在土壤类型、地块坡度、种植制度、耕作方式、栽培模式、灌排方式等要有一定代表性，地块土壤肥力和作物产量水平应为当地平均水平。第二，所选监测地块兼顾当地主要土壤类型、种植制度、地块坡度、栽培方式、作物种类等。第三，监测点需进行周年监测，选择监测地块时要兼顾交通、工程建设和监测设施安全维护。

2）监测点的设计与构造。地表径流实验设置对照不施任何肥料和农药与常规 2 个处理水平，每个处理水平重复 3 次，共 6 个小区，采用随机区组排列，每个小区 25 m^2。两个处理除施肥、施药不同以外，其他田间管理措施完全相同。径流水采用管收集，各小区之间、小区与径流池之间设置田埂，防止串水。

3）监测点分布。综合考虑种植业面源污染的主要影响因素如地形、气候、土壤、作物种类与布局、种植制度、耕作方式等的基础上，全省共设置地表径流监测小区 14 个，具体情况见表 1。

表 1　湖南省地表径流监测点所属分区

地区	地点	所属区域	种植模式
衡阳地区	湖南省衡南县宝盖镇	南方湿润平原区	双季稻
益阳地区	湖南省桃江县浮邱山乡	南方湿润平原区	旱地种植模式
张家界地区	湖南省慈利县高峰乡	南方山地丘陵区	旱地种植模式
长沙地区	湖南省长沙县黄兴镇	南方湿润平原区	旱地种植模式
郴州地区	湖南省桂阳县燕塘乡	南方山地丘陵区	旱地种植模式
岳阳地区	湖南省华容县宋家嘴镇	南方湿润平原区	双季稻
常德地区	湖南省汉寿县沧港镇	南方湿润平原区	旱地种植模式
娄底地区	湖南省新化县桑梓镇	南方湿润平原区	水稻
永州地区	湖南省祁阳县浯溪镇	南方湿润平原区	水旱轮作
湘潭地区	湖南省湘潭县易俗河镇	南方湿润平原区	双季稻
湘西地区	湖南省花垣县茶洞镇	南方湿润平原区	水旱轮作
怀化地区	湖南省怀化市溆浦县低庄镇	南方湿润平原区	水稻
邵阳地区	湖南省邵东县黑田乡	南方湿润平原区	旱地种植模式
株洲地区	湖南省株洲市故县新市镇	南方湿润平原区	水旱轮作

4）监测点径流水采样及测试分析方法。每次降水并产生径流以及水稻晒田期人为排水后，记载各径流池水面高度（mm），计算径流量。在记录径流量后即可采集径流水样。采样前，先用清洁工具充分搅匀径流池中的径流水，然后利用清洁容器在径流池不同部位、不同深度多点采样，置于清洁的塑料桶或塑料盆中。用清洁量筒从塑料桶中准确量取径流水样，用定量滤纸过滤，滤纸及泥沙经烘干、称重后用信封保存，滤液分装到各样品瓶中，每瓶水样 500 mL，其中一个供分析测试用，另一个作为备用。样品监测分析方法选用标准方法（表 2）。

表 2　径流水样测试方法及标准号

测试指标	标准检测方法	标准号
pH 值	玻璃电极法	GB 6920—86
总磷	铝酸铵分光光度法	GB 11893—89
总氮	碱性过硫酸钾消解分光光度法	GB 11894—89
铵态氮	靛酚蓝法	GB 17378.4[37.1]
硝态氮	酚二磺酸分光光度法	GB/T 7480—87

（3）启示

原农业部开展的农业面源污染国控监测点采用的就是小区监测方法，是掌握农田面源污染、地膜残留、畜禽养殖场污染产排系数和估算区域农业面源污染负荷的主要手段。但全国国控监测点位仅 500 多个，不能全面反映全国农业面源污染形势。

案例 2：美国模拟降雨监测农田径流氮磷流失量

（1）案例特点

该案例为人工模拟降雨试验，可以获得大量野外工作中无法得到的数据，解决了传统研究方法周期长、耗资高等缺陷。目前，人工模拟试验主要用于面源污染机理和模型的研究。

（2）基本情况

美国国家环保局（U.S.EPA）开展了大田中暴雨条件下农田径流中氮、磷等养分的流失规律研究，由美国农业部国家土壤侵蚀研究实验室（USDA NSERL）负责，监测小区地点为美国印第安纳州普渡大学 TPAC（Throckmorton Purdue Agricultural Center）农场，内容为在人工模拟降雨条件下监测化肥施用后的养分流失情况，监测周期为两年。模拟降雨发生在肥料施用后的 24 h 之内，目的是在极端条件下评估施用化肥对地表水环境、土壤环境的风险。

1）农田监测区概况。大田模拟降雨实验研究设 2 个不同施肥处理，随机区组设计，4 次重复，共 8 个小区。不同施肥处理分别为空白对照处理（Unfertilized Control，UC），不施用任何肥料；化肥对照处理（Fertilized Control，FC），施用无机化学肥料，尿素作氮肥，磷酸二氢钾（KH_2PO_4）作磷肥。监测小区面积为 167.23 m^2（18.29 m×9.14 m），小区之间留有 1.5 m 的缓冲区域，以减少邻近小区的相互影响。

2）人工模拟降雨装置系统。模拟降雨装置系统主要包括 3 部分，即供水系统、模拟降雨机、模拟降雨实验土壤小区。供水系统的作用为提供模拟降雨所用的去离子水。模拟降雨机由一个 3 m（长）×3 m（宽）×3 m（高）的金属框架、一个方向向下的喷头和一个调节水压的压力表组成。有效降雨高度为 3 m，降雨方向为重力方向，通过操作水压压力表调至 28 kPa，设定模拟降雨强度为 70 mm/h，降雨雨强分布均匀，雨滴尺寸分布和降雨速率与自然降雨条件类似。模拟降雨实验土壤小区坡度为 2%～4%，水平受水面积为 2 m（长）×1 m（宽），小区两边及顶端加设金属挡板，插入土壤 10 cm 左右，以防止降雨泥沙溅出和监测小区外径流流入，小区下端安装“V”形径流采集端口，并用塑料布覆盖，以防止降雨直接被采集。模拟降雨实验在肥料施用 24 h 之内进行。模拟降雨实验土壤小区边界布置 5 个雨量计，每次降雨结束后以记录每个雨量计的降雨量，取平均值作为每次模拟降雨实验的实际降雨强度，模拟降雨装置系统如图 1 所示。

图 1　人工模拟降雨装置现场照片

3）采样及测试分析。模拟降雨开始前，利用土壤水分速测仪（Spectrum Technologies，Inc.，TDR 300，USA）测定土壤水分。模拟降雨开始后，当有径流从“V”形径流采集端口连续流出时，记录产流时间，之后模拟降雨历时 30 min，每 5 min 采集一次径流样品。其中，用一个 1 L 聚乙烯样品瓶收集径流和径流沉积物，采集时间不超过 2 min，并记录采集时间，利用烘干称重法获得径流量，结合采样时长计算产流排水率；用 1 个 60 mL 样品瓶采集径流水样，用于测定径流水样总氮、磷浓度；用 1 个 20 mL 样品瓶采集径流水样，用于测定可溶性氮浓度。所有样品瓶均用防水标签做标记区分，送回实验室进行处理和测定分析。

用于测定径流水样总凯氏氮（TKN）、总磷（TP）浓度的水样采用凯氏消化法消解后，水样经 0.45 μm 滤膜过滤去除残留沉淀，置于连续流动分析仪（HACH，Lachat Quick Chem 8500，USA）测定分析。水样中 TKN、TP 浓度的测定方法分别是 EPA 351.2、EPA 365.4。用于测定径流水样 NH_4-N、NO_3-N 浓度的水样经 0.45 μm 滤膜过滤后，置于水质自动分析仪（Thermo Electron Corporation，Konelab Aqua 20，USA）测定分析。水样中 NH_4-N、NO_3-N 浓度的测定方法分别是 APHA 4500-NH_3 F、APHA 4500-NO_3 H。

（3）启示

人工模拟降雨方法不受降雨量和降雨时间的影响，可以在人工模拟降雨的条件下，研究农田面源污染发生过程及其特征，结合野外实地监测可以直接量化化肥农药使用造成的农田面源污染。

3.1.2 销量统计

案例 3：福建省化肥农药使用情况监测工作

（1）案例特点

化肥农药使用总量的监测工作以县为单位，根据《化肥使用量统计表》《农药使用量统计表》罗列的化肥农药品种为主要内容，通过采集县级（包括有规模的乡镇）化肥农药经销商销售纪录，统计测算出本区域化肥农药年度使用总量。安排专人负责化肥农药使用情况定点调查工作，加强与化肥农药经销商沟通联系，指导其做好销售记录，定期向化肥农药经销商了解情况。

（2）基本情况

2017 年，福建省农业厅印发《福建省化肥使用情况监测工作方案》《福建省农药使用情况监测工作方案》，各县（市、区）结合当地实际，分别制定了相应的化肥农药使用监测工作实施方案。工作步骤：一是通过登录“福建省农资监管信息平台”的农资安全备案系统，查询本县农资经销商的具体信息，统计当地化肥农药使用总量；二是到各县级（包括有规模的乡镇）化肥农药经销商查询实际化肥销售情况，用于校正通过“福建省农资监管信息平台”估算化肥农药使用总量。《化肥使用量统计表》《农药使用量统计表》每季度填报一次。分别于 3 月 25 日、6 月 25 日、9 月 25 日、12 月 25 日由设区市农业局汇总上报到省农田建设与土壤肥料技术总站。

（3）启示

销量统计法是掌握区域化肥农药施用使用情况的重要监测手段，利用各地农资监管信息平台，收集汇总化肥农药使用总量，同时结合现场抽样查询的方法，再进一步校核区域化肥农药使用总量。

3.1.3 抽样调查

案例 4：福建省农户用肥用药情况抽样调查

（1）案例特点

农户用肥用药抽样调查以设区市为单位，每个设区市确定 3 个重点县（市、区）（简称监测重点县），选择种植大户、家庭农场、农民合作社、农业企业等各类农业经营主体肥料情况进行调查。通过对定点调查对象使用化肥农药情况记载，统计测算出当地主要农作物用肥和用药水平。

（2）基本情况

通过每个设区市选定的重点县开展农户用肥用药情况的跟踪调查，了解当地农户化肥农药使用量具体情况。

1）监测作物。每个监测重点县要综合考虑当地农业主导产业、耕作制度、地力水平、施肥和管理水平等因素，在粮食（以水稻为主、甘薯、马铃薯、花生等）、果树（柑橘、梨、桃、葡萄、龙眼、荔枝等）、蔬菜、茶叶、毛竹、烟草六大类农作物当中选择 6 种本地主栽农作物品种开展化肥农药使用量调查。

2）参与监测农户数。每个监测重点县所选择的 6 种农作物要区分为 2 个主要监测作物和 4 个次要监测作物。主要作物每年需跟踪调查 10 个农户或生产基地，次要作物每年每个作物调查 3 个农户或生产基地。每个调查户的单个作物种植面积不少于 50 亩。

3）农户化肥农药使用调查方法。根据《农户化肥使用情况调查统计表》《农户农药使用情况调查统计表》，要求调查农户在每次施用化肥或农药后，及时按照《农户化肥使用情况调查统计表》《农户农药使用情况调查统计表》所需内容记载，以便在每个作物生长周期结束后进行统计，测算出农户化肥农药使用水平。

《县级农户化肥使用情况统计表》《农户农药使用情况调查统计表》由监测重点县（市区）农业局于年底上报设区市农业局和省农田建设与土壤肥料技术总站，设区市农业局按照《设区市农作物用肥情况汇总表》《农户农药使用情况调查统计表》内容要求汇总后上报省农田建设与土壤肥料技术总站。

（3）启示

利用抽样调查方法，监测农户使用化肥农药情况，根据调查对象类型、主要农作物类型，分区域分类型制定农户农药使用情况调查统计表，充分结合当地种植制度和农业生产特征，确保了抽样调查的代表性和数据的真实性。

案例 5：江苏省靖江市农药使用抽样调查

（1）案例特点

通过定点抽样调查，摸清目前靖江市农药使用的实际状况，全面了解农药使用水平。

（2）基本情况

在靖江市选定 7 个监测点，每个监测点选择 6～10 个可反映当地农药使用水平的种植大户、普通农户，对主要农作物病虫草鼠害防治用药情况进行系统定点调查。调查农户（种植大户）必须按照《靖江市农作物病虫害防治农药使用情况记载簿》的要求，详细记载在农户（种植大户）的全部种植田块上，进行全年、所有作物的用药调查。包括田埂上喷洒除草剂、种子拌种用药等都需要记录在册。调查时间为每年 1 月 1 日—12 月 31 日。

调查内容包括两方面：一是基本情况调查，主要了解监测点农户基本情况，包括家庭成员组成、农作物种植情况等；二是农药购买及使用调查，主要调查全年农药的购买（或有关项目补贴）与使用情况，内容包括调查点全年购买农药的品种及其价格，施药作物的种类名称、防治病虫的种类、防治面积、用药量等信息等。

每个调查农户（大户）或专业化组织每年都给定有固定编码：编码的前 6 位为当地县（市）的行政区划码，7～10 位为调查数据所在年份，第 11～12 位为该农户在当地序号（如靖江市某农户编码为 321282201801）。农户类型在调查表格中以多选项形式选择。原则上应保持调查对象固定。今年继续承担调查的，该农户编码的后两位序号与上年保持相同。如必须更换调查农户，农户编码使用上年相应序号，仅更改原来农户户主姓名及该农户基本情况信息，以保证调查样本总数的准确性。

在农药购回后，请及时填写《靖江市农作物病虫害防治农药使用情况记载簿》，并认真核实农药登记证号。所购农药在所有农作物（包括卫生用药）上的使用去向，须在用药后及时整理、记载，每用药一次、记载一次。填报时要以农药登记证为准。农药无论用量多少均需统计，如矿物油、松脂酸钠、波尔多液等要算入农药之列。自制的石硫合剂登记证号规定为 ZZ0001，波尔多液登记证号为 ZZ0002。如果所施药剂为药肥，则将药剂部分折算出来，肥料不在统计之列。

调查数据采用互联网录入上报，即在专用软件系统支持下，由植保站安排专人进行数据录入。市镇两级植保站负责人员每个季度上门收集、核实并录入到农药使用调查监测项目管理系统网站中。

（3）启示

一是对主要农作物病虫草鼠害防治用药情况进行系统定点调查，可通过多年定点监测，反映农业施药年度变化趋势；二是采取编码、互联网录入上报数据等方式，可以有效提高监测工作效率，并保证监测数据的准确性。

3.1.4 模型模拟

可分为经验模型和物理模型（或过程模型）。经验模型是指通过典型样区的监测实验提取数据，在水质参数与水文（降雨、径流）参数、景观参数（如坡度、植被覆盖状况、农药施用率和土壤性质等）间建立经验关系式。代表性的有 SCS（Soil Conservation Service）模型、土壤侵蚀方程 USLE 等。物理模型是指以某一过程或系统的内在机制为基础，以面源污染的发生、迁移转化和影响的具体过程为框架进行构建，通常包括产流、汇流、污染物转化和水质等子模型，常用的有水文模拟模型（HSPF）、农业面源污染模型（AGNPS）、基于 GIS 的流域水文模型（SWAT）等。

案例 6：基于面源污染综合监测模型的农业面源污染模拟

（1）案例特点

该案例为经验模型，基于 2001—2010 年气象资料和地理信息系统数据库，采用水土流失与土壤养分面源污染综合监测的模型方法，通过在南京全市范围土壤的布点采样和分析，对南京地区各区县 10 年期间水土流失与农业面源污染状况进行了定量监测和研究。

（2）基本情况

1）土壤样品采集与分析。为完成水土流失面源污染定量监测，实行了全市范围内的土壤样品采集。依据南京市土壤类型中的 45 种土壤图斑，确定了采集土壤样品的位置和数量。土壤样品取 0～5 cm 的表层土壤，共采集 257 个土样。土壤样品经晾干、研磨和过筛后，进行化验分析。分析项目包括全氮、全磷、碱解氮、有效磷和 pH 值等。

2）数据资料获取。选择的雨量代表站为南京下关、六合、月塘水库和天生桥站。根据获得降雨特征数据计算出各次降雨的侵蚀动能 E 和降雨侵蚀力 R 值。监测所使用的行政区界图、DEM 图、土壤图、土地利用图等基础数据来源于“南京市水土保持地理信息系统”数据库。卫星遥感数据图分别使用了 2008 年 4 月接收的南京地区 CCD 遥感数据和 2000 年 4 月接收的 TM 遥感图像。

3）监测模型与数据统计。土壤年流失量 A 监测模型为

$$A_i=f\cdot R_i\cdot K_i\cdot \mathrm{LS}_i\cdot \mathrm{CP}_i \tag{1}$$

式中，A——土壤年流失量，t/（km^2·a）；

R——降雨侵蚀力因子，MJ·mm/（hm^2·h·a）；

K——土壤可蚀性因子，t·hm^2·h/（hm^2·MJ·mm）；

LS——地形的坡长因子 L 与坡度因子 S 之积，量纲一；

CP——植被、作物覆盖因子 C 与保土措施因子 P 之积，量纲一；

f——转换系数 100，将土壤流失量 A 的单位 t/（hm^2·a）转换为我国常用单位 t/（km^2·a）；

i——栅格像元号。

土壤养分面源污染年增量 WSp 监测模型为

$$\mathrm{WSp}（I，j）=A_i\cdot \mathrm{Sp}_j \tag{2}$$

式中，WSp——土壤养分面源污染年增量，kg/km^2；

A_i——所监测土壤利用类 i 像元被侵蚀进入水域的土壤年流失量，单位为 t/km^2；

Sp_j——土壤 j 种（分别有全氮、全磷、铵态氮、有效磷）养分在所监测土壤利用地类中的含量，全氮和全磷的单位为 g/kg，铵态氮和有效磷的单位为 mg/kg。

（3）启示

通过区域范围内土壤样品的采集与分析，结合降雨数据获取与计算，采用“监测水土流失的定量新方法”，是基于模型模拟开展区域面源污染监测的重要方法之一。

案例 7：基于 SWAT 模型的农业面源污染模拟

（1）案例特点

该案例为过程性模式，选用美国农业部农业研究所开发的 SWAT 模型，以沙河水库流域为典型区开展研究，通过面源污染调查、监测和模拟分析，从时间和空间两个角度分析了研究区农业面源污染的输出规律和分布特征。

（2）基本情况

1）研究区数据库构建。利用流域水文站点、雨量站点资料以及 15 m 分辨率数字高程地图、1∶100 万土壤类型图和 1∶10 万土地利用图等构建沙河水库流域空间数据库和属性数据库。模型自动划分子流域 72 个，根据土地利用阈值 10%和土壤阈值 10%定义水文响应单元 145 个。利用 1999—2008 年水文资料对沙河水库流域进行径流模拟，1999—2001 年用于模型预热，2002—2006 年和 2007—2008 年沙河闸水文站实测数据分别用于模型率定和验证。

2）模型参数率定与验证。模型调试主要以流域出口流量过程拟合度为判断标准，主要分析流域出口处沙河闸水文站的月平均流量和污染负荷汇集过程。选用相对误差 *Re*、Nash-Sutcliffe 效率系数 *Ens* 和确定性系数 R^2 作为模型参数率定的标准。使用 LHS-OAT 方法（Latin Hypercube Sampling One-factor-At-a-Time）对 SWAT 模型进行参数敏感性分析，分析对径流和水质计算有重要影响的 28 个参数，选取最敏感的 15 个参数作为参数率定的重点。在验证期，采用 18 个月的实测资料对模型进行验证。

3）情景分析。设置情景有不同水文年型（丰、平、枯水年），点源排污状况（现状、达标排放），化肥施用量（现状、减少 25%和 50%）及农业措施（退耕还林、退耕还草），根据其相互组合，按代表性和实施的难易程度，选取 7 种情景进行分析。将各情景下的点源排放量、化肥施用量、农业措施数据库输入到 SWAT 模型中，模拟预测沙河水库流域出口站点沙河闸水文站的径流量、总氮和总磷输出量变化。

（3）启示

通过数学模型的情景模拟，可研究不同肥料农药管理措施对农业面源污染的影响，从而为流域水资源保护规划提供科学依据。

3.2 农膜

目前，农膜残留量监测主要有物料衡算和实地监测 2 种方法。物料衡算法是指按照物料衡算的原理，通过年鉴查询或农膜销售量统计获取农膜使用总量，“以旧换新”等方式注册登记确定农膜回收量，农膜使用总量与农膜回收量之差即为农膜残留量。实地检查法是指通过实地监测获取单位农田农膜残膜量（农膜残留系数），再根据区域农田覆膜面积，估测区域农田农膜残留量。

3.2.1 物料衡算

案例 8：宁夏同心“以旧换新”统计残膜回收量

（1）案例特点

加大政策扶持力度，通过农膜“以旧换新”等方式，引导种植大户、农民合作社、龙头企业等新型主体开展地膜回收，登记注册、记录残膜回收量。

（2）基本情况

近年来，宁夏同心县通过加强源头治理、开展“以旧换新”、建立健全回收网络、扶持农膜加工企业等措施，推进废旧农膜污染防治。

加强源头治理。推广使用厚度为 0.01～0.012 mm 抗拉强度性能好的地膜，降低农用残膜的捡拾难度。严禁各类生产加工销售企业、经济合作组织向种植农户提供使用 0.01 mm 以下的超薄地膜；实行机械覆膜，规范覆膜标准，推广“一膜两季”技术、适时揭膜技术，推广残膜回收机械化技术，从源头上促进农用残膜回收利用。

开展“以旧换新”。依托旱作节水农业地膜补贴项目，全面开展覆膜“以旧换新”。县里按照新旧地膜 1∶2 的比例，采取先交旧膜后换新膜的办法。以 2014 年秋季覆膜和 2015 年春季覆膜的农户登记册为依据，按照回收标准全面进行“以旧换新”且登记造册，并督促农户将所换取的地膜适时全部覆在地里。

建立健全回收网络。在覆膜种植面积大、使用较集中的乡镇，结合新农村建设和农村清洁工程建设，以行政村为单元，建立农用残膜回收站（点），方便农民交售残膜；对农用残膜进行定点回收堆放、集中处理，建立完善回收服务网络。

扶持残膜加工企业。鼓励企业加强技术创新，引进废旧农膜加工再生颗粒、生产防水防漏材料、生产塑料编织袋等残膜再生加工技术，延伸产业链条，提高残膜回收加工产品附加值，提升产值效益。

（3）启示

一是通过“以旧换新”政策可以调动农户回收农田残留农膜的积极性，减少农膜残留；二是在“以旧换新”政策落实过程中，通过登记、造册等方式，建立起了农膜回收量的监测体系，便于了解和掌握农膜污染情况。

3.2.2 实地监测

案例 9：新疆维吾尔自治区地膜残留监测

（1）案例特点

在主要覆膜区域、覆膜作物、典型田块，设立长期定位监测点，获取地膜残留污染的系统数据，详细调查和记载监测田块的种植制度、覆膜年限、覆膜方式、覆膜比例、揭膜时间、地膜回收方式等信息。

（2）基本情况

新疆维吾尔自治区地膜监测在每年采样监测一次，时间在春季覆膜前，选择棉花、玉米、小麦、蔬菜等 1～3 种主要覆膜作物开展地膜残留污染定位监测。

监测布局：全区地膜残留污染区控监测网拟在 40 个示范县（市）开展。每个示范县（市）设置 5 个监测点，全区共 200 个监测点位。各示范县（市）选择 1～3 种主要覆膜作物开展地膜残留污染定位监测工作。

监测方案：①开始时间：2017 年春季覆膜前开始。②监测地块选择：选择本县主要覆膜区域、覆膜作物、典型田块（面积不小于 5 亩）作为监测地块，监测田块应远离村庄、建筑、河流、沟渠等，确保 15 年不被征用。③地膜铺设量计量：每次铺设地膜均需准确计算地膜铺设量。首先，精确计量地块面积，利用铺设前、后地膜卷的重量（精确至 0.01 kg）变化，计算平均每亩地膜铺设量。④地膜厚度测定：要求测量所用地膜的实际厚度。⑤采样方法：每个监测地块选择 5 个规格为 100 cm×100 cm（即面积为 1 m^2）样方，测定 0～30 cm 耕作层地膜残留量。同时，做好样方标记，避免年度间采样样方的重复。⑥土壤残膜量测定：划定采样样方后，边挖土边清捡残留地膜。首先去除附着在残膜上的杂物，然后带回实验室清洗，洗净后用吸水纸吸干残膜上的水分，小心展开卷曲的残膜，防止残膜破裂，放在干燥处自然阴干，再利用万分之一的电子天平称重，即为地膜残留量，估算每单位地块的总残膜量。

（3）启示

一是通过长期定点监测农膜残留情况，获取区域农田残膜系数，提高区域农田农膜残留量测算准确性；二是农业部结合第一次全国污染源普查农业源系数测算工作，已经初步建立起地膜残膜监测体系，为下一步开展全国地膜残膜监测工作奠定了基础。

3.3 秸秆

秸秆监测方法包括实地监测、遥感监测 2 种方法。实地监测是指通过实地采样测试等手段，获得不同农作物的草谷比例，结合主要作物产量统计情况，估算农作物秸秆产生量。遥感监测是指利用卫星遥感数据，开展对地表异常热源的监测，及时监测农作物秸秆焚烧情况。

3.3.1 实地监测

监测案例 10：2009 年全国农作物秸秆资源调查与评价

（1）案例特点

以县为单位，通过座谈会、问卷调查、实地采样测试等方法，获得不同农作物的草谷比例，结合主要作物产量统计情况，全面了解稻谷、小麦、玉米、薯类、油料和棉花等大宗农作物秸秆资源产量和利用现状。

（2）基本情况

我国农作物秸秆数量大、种类多、分布广。但近年来，随着秸秆产量的增加、农村能源结构改善和各类替代原料应用，秸秆出现了地区性、季节性、结构性过剩，大量秸秆资源未被利用，不仅浪费了资源，更污染了环境。为提高秸秆资源化利用，开展秸秆资源情况和利用调查与评价工作。

采用县、乡、村三级座谈。①县级座谈：参与的部门包括农技推广、土肥、畜牧和农村能源等部门，通过了解所调查县的秸秆资源现状，选出典型调查乡镇；②乡（镇）座谈：了解所选乡镇的秸秆资源现状，并在每个乡镇挑选 2 个以上具有代表性的自然村进行调查；③村级座谈：了解所选村的秸秆资源，根据情况选择至少 15 户进行入户调查。

开展问卷调查。分别选取总乡镇数量 20%～25%的乡镇，每个乡镇选取 1～2 个自然村，每个自然村选取不少于 15 户农民进行问卷调查。调查人员携带调查表入户调查，确保获得准确、完整的数据。其中，选择所调查乡镇和村时，需考虑经济（发达、较发达、不发达）、农民收入（高、中、低）、农作物品种及播种面积是否具有典型性等因素。

开展实地采样。①调查时间：农作物收获期直接取样。②取样地块：当地栽培面积最大、普遍推广，且其播种期、栽培期在当地也最适宜的品种，选择当地具有代表性的地形、地势、耕作制度和栽培水平的大田，且周围无障碍和特种小气候影响的地块进行取样。

③取样方法：按照 GB 5262 进行取样，平作和垄作作物，每点取 1 m^2 面积内的植株，垄作作物在一条陇上割取，平作作物每点割取 5 行 5 次，具体取样方式按当地实际条件进行调整。④取样过程：根据农作收货方式的不同，分别测量各种收货方式的秸秆割茬高度；在取样地块里采用对角线分割 5 点进行取样，将每点的农作秸秆地上部分整株割下，测量株高并记录；将农作物收割保存，待全部收货后将收割的样本晾晒、烘干、脱粒后，分别称取秸秆和籽粒的重量；首先按照 GB 3523 测定籽粒的含水量和杂质率，再测定秸秆的含水量；分别计算各样品的草谷比，并取平均值。

通过对我国各地农作物机械收获和人工收获的留茬高度进行调查，2009 年全国农作物秸秆可收集资源量 6.87 亿 t，占理论资源量的 83.8%。秸秆作为肥料使用量约为 1.02 亿 t，占可收集资源量的 14.78%；作为饲料使用量约为 2.11 亿 t，占 30.69%；作为燃料使用量为 1.29 亿 t，占 18.72%；作为种植食用菌基料量约为 1 500 万 t，占 2.14%；作为造纸等工业原料量约为 1 600 万 t，占 2.37%；扣除秸秆资源化利用量，废弃及焚烧量约为 2.15 亿 t，占 31.31%。

（3）启示

通过秸秆产生量实地监测，获得不同农作物的草谷比例，结合各地主要农作物年度产量，可进一步核对各地上报的农作物秸秆产生量。根据农户调查情况，可掌握农作物秸秆不同利用形式的比例。

3.3.2 遥感监测

监测案例 11：河北秸秆焚烧火点天地空一体化监测

（1）案例特点

河北省地理信息局利用航天遥感及低空航测相结合的天地空一体化技术，对全省小麦主产区秸秆焚烧进行动态监测。利用 MODIS 卫星数据作为数据源，开展对地表异常热源的监测，利用无人机航拍，实时监测麦收区的秸秆焚烧情况，利用北斗卫星导航系统定位火点具体点位信息。根据以上监测结果，形成麦收秸秆焚烧情况报告，送报主管部门和各市县。

（2）基本情况

河北省大气环境污染治理任务很重，焚烧秸秆会使大气中的一氧化碳、可吸入颗粒物等污染物浓度急剧增高，加重大气污染。同时，还极易引发火灾，造成安全隐患。由于秸秆焚烧具有流动性大、隐蔽性强、难以监控等特点，常出现“明知有人烧秸秆，各地却都不认账”的情况。为让每一处秸秆焚烧着火点都一清二楚，省地理信息局成立了应急保障中心，对全省小麦主产区实施了动态监测。在“天”上，河北省地理信息局利用 MODIS 卫星数据作为数据源，开展对地表异常热源的监测，并将当天的卫星数据及时进行分析处理，得出分析报告。地理信息局在“空”中部署了 4 架三角翼飞机，随麦收由南向北推进，实时监测麦收区的秸秆焚烧情况。每架三角翼飞机上都装有图像采集系统和北斗卫星导航系统移动终端。如果发现着火点，可随时拍照，并同步记录着火点地理坐标。之后，系统自动将照片和地理坐标信息实时传回位于河北省地理信息局的控制中心。控制中心根据传回的信息将着火点标识在全省三维地理信息系统中，从而实现对小麦主产区秸秆焚烧着火点的天地一体实时监测。

（3）启示

秸秆焚烧火点天地空一体化监测体系通过卫星遥感数据、无人机航拍图片、导航定位系统的有机融合，实现了实时动态对秸秆焚烧火点的监测，是未来一个时期农作物秸秆焚烧火点监测的发展方向。

3.4 畜禽养殖

畜禽养殖污染监测主要有实地取样监测、在线监测 2 种方法。

3.4.1 实地监测

案例 12：规模化畜禽养殖污染监测国控点位

（1）案例特点

对规模化畜禽养殖场开展实地监测，初步构建了规模化畜禽养殖国家重点监控网络，完善了畜禽养殖污染物排放系数等体系，为区域畜禽养殖污染防治奠定了基础。

（2）基本情况

目前，畜禽养殖产生的污染已经成为我国农村地区的主要污染源。为了满足全面、协调、可持续发展的要求，加强畜禽养殖业的污染监测防治管理，原农业部在北京、天津、河北、重庆等省市建设 25 个规模化畜禽养殖国家重点监控点，对全国规模化畜禽养殖企业进行监测管理，全面了解掌握我国畜禽养殖企业的排污情况。

废水监测要求。对畜禽养殖场、养殖小区排放废水的采样，应根据监测污染物的种类，在规定的污染物排放监控位置进行，有废水处理设施的，应在该设施后监控。在污染物排放监控位置须设置永久性排污口标志。新建畜禽养殖场、养殖小区和现有畜禽养殖场、养殖小区安装污染物排放自动监控设备的要求，按有关法律和《污染源自动监控管理办法》的规定执行。对对畜禽养殖场、养殖小区污染物排放情况进行监测的频次、采样时间等要求，按国家有关污染源监测技术规范的规定执行。畜禽养殖场、养殖小区应按照有关法律和《环境监测管理办法》的规定，对排污状况进行监测，并保存原始监测记录。

固体废物监测要求。畜禽养殖场、养殖小区产生的固体废物中测定的污染物主要有有机物、蛔虫卵死亡率、粪大肠菌值。

（3）启示

目前，规模化畜禽养殖场（小区）对农业面源污染的形成机理尚不明确，而全国规模化畜禽养殖国家重点监控点仅 25 个，急需进一步加密规模化畜禽养殖国家重点监控点，完善监测网络。

3.4.2 在线监测

案例 13：浙江省三门县畜禽养殖污染线上防控平台

（1）案例特点

线上防控平台的投入运行，使三门县由传统规模养殖场管理向现代规模养殖场信息化管理转变，由原来只能靠人工巡查的监管模式，过渡到远程视频监控、地面巡查相结合的全方位、全天候、立体式监测模式。

（2）基本情况

为加大畜禽养殖污染监管力度、巩固治理成效，根据浙江省农业厅提出的“实现规模养殖场线上线下网格化监管全覆盖”的工作要求，2017 年 5 月，三门县开展了畜禽养殖污染线上防控平台建设。作为源头管控的重要举措，该线上防控平台使三门县实现了对畜禽养殖污染的 24 h 实时监控和倒查。

建设主体为三门县存栏在 50 头生猪及以上、并通过生态化治理验收的 112 家规模养殖场。通过采用视频监控的方式，在养殖场的污染治理关键位置安装高清视频探头，对异地消纳的养殖场配备液位监测设备，实时记录养殖场处理设施运行、饲养防疫管理、病死畜禽处置、畜禽排泄物处理等情况，视频源实时存储。同时，这些在线监测数据和视频通过专线连接至环保智能化监管平台、浙江省畜禽养殖污染线上防控平台、浙江省智慧农业云平台和三门县智慧农业平台，监管部门可以在手机和电脑上随时随地查看猪场情况，还可以对已存储的数据进行查看和回放，实现省市县级畜牧业 24 h 实时监控和倒查（图 2）。

图 2　养殖场监测画面

（3）启示

在有条件的地区，可率先启动畜禽规模化养殖场（小区）污染在线监测工作，重点监测养殖场（小区）废水、粪便等处理处置情况。

3.5　水产养殖

3.5.1　实地监测

案例 14：水产养殖业污染源产排污系数手册

（1）案例特点

根据水体类型、养殖模式、养殖类别的不同，第一次比较全面地梳理了全国水产养殖业污染源产排系数，为核算全国水产养殖污染排放情况奠定了基础。

（2）基本情况

为使第一次全国污染源普查工作顺利实施，确保普查数据质量，根据国务院批准的《第一次全国污染源普查方案》，由农业部和环境保护部委托中国水产科学研究院（农业部渔业生态环境监测中心）负责开展全国污染源普查水产养殖业污染源产排污系数测算项目。中国水产科学研究院（农业部渔业生态环境监测中心）组织全国渔业生态环境监测网等42家成员及科研单位，经过历时一年多的辛勤工作，完成了《第一次全国污染源普查水产养殖业污染源产排污系数手册》（以下简称手册）。

根据养殖产品类别，将产污系数和排污系数各分为两类，即成鱼养殖和苗种培育。在同类养殖产品类别中，根据养殖水体的不同，将产污系数和排污系数各分为两类，即淡水养殖和海水养殖。而对同类水体养殖，主要划分为池塘、工厂化、网箱、围栏、筏式和滩涂养殖几种模式。全国共设置了98个监测区、196个监测点（每个区选择两个养殖场/户进行监测），涵盖了我国目前的主要养殖品种（30个大类）和主要养殖类型（47个类型）。

手册在编制过程中，首先对野外监测及饵料与生物体检测所获得数据结果，进行了认真的分析研究，最终取得96组产污系数，其中包括池塘、工厂化养殖等模式系数63组，网箱、围栏养殖等模式系数33组。对于池塘养殖等模式，采用直接水质指标监测方法来分析计算系数，因此，每组系数中包括了总氮、总磷、COD、铜、锌5个指标。

（3）启示

近期，对重点水产养殖大县、集中区域等地区，开展水产养殖污染定点监测试点；在总结试点经验和做法的基础上，逐步建立起全国水产养殖业污染监测网络。

4 加强农业面源污染监测重大对策建议

在当前国务院机构改革背景下，为打好农业农村污染治理攻坚战，加强生态环境部对农业面源污染治理监督指导，推进农业面源污染监测机构调整，建立健全农业面源污染监测制度和监测网络，提出以下对策建议。

4.1 建立生态环境部和农业农村部关于农业面源污染监测和统计信息共享机制，整合提升农业面源污染监测能力

（1）推进机构和队伍转隶。结合国务院机构改革，建议将原农业部农业生态与资源保护总站、农业部环境监测总站有关农业面源污染监测职能、机构和人员转隶到生态环境部，充实农业面源污染监测机构和队伍。

（2）整合设立农业面源污染监测网络。如果转隶难度较大，建议建立共享机制，设立监测预警管理平台，整合生态环境部和农业农村部有关监测制度、监测网络、监测数据，评估农业面源污染状况，统一发布农业面源环境信息。

（3）加强农业面源监管能力。结合省以下生态环境机构监测监察执法垂直管理制度改革，加强农业面源污染监测网络顶层设计和制度安排。建议生态环境部新增农业面源污染监测管理机构，充实人员力量，保障工作经费。研究制定和发布《关于加快构建农业面源污染监测网络的指导意见》，明确各地农业面源污染监测工作的总体思路、主要目标和重点任务。

4.2 建立农业面源污染监测制度，将农业面源污染状况纳入年度《中国生态环境状况公报》予以发布

（1）建立工作制度。在农业农村部已有工作基础上，出台全国农业面源污染监测工作制度和技术规范，建立涵盖农田化肥农药流失、畜禽和水产养殖污染、地膜残留和秸秆焚烧等方面的农业面源污染监测评价指标体系，出台农业面源污染状况评价办法，指导全国农业面源污染监测工作。

（2）建立发布制度。逐步建立农业面源污染监测技术体系、网络体系和预警体系，逐步摸清农业面源污染状况，掌握潜在的环境风险，发布农业面源污染状况报告，并纳入年度《中国生态环境状况公报》予以发布。

4.3 综合运用实地监测、统计调查、模型模拟等手段，完善农业面源污染监测和统计技术路径

（1）完善监测技术路径。鉴于农业面源污染监测网络不健全的现状，现阶段农业面源污染监测需要将实地监测和统计调查有机结合起来，利用物联网、大数据、模型模拟等技术，摸清全国农业面源污染状况。

（2）化肥农药。以县域为单元，分类设置农田监测点位，获取产排污系数；通过销量统计和抽样调查，获取县域农业生产活动数据；研发适合国情、数据可获、实时动态的模型，摸清农田面源污染的组成、特征和影响。

（3）畜禽和水产。在养殖场（小区）设置监测点位和调查点位，获取产排污系数和养殖量，开展例行监测；有条件的，借鉴浙江线上防控平台做法，构建县、乡、村三级污染网格化防控网络。

（4）农膜残留。在西北等农膜用量大县，分类设置监测点位和调查点位，获取产排污系数，构建监测网络；通过农膜“以旧换新”等方式，记录地膜回收量，结合销售统计量，估算地膜残留量。

（5）秸秆焚烧。依托卫星遥感火情监测技术，加强重点时段监测频次，开展实时动态监测；结合发改、农业农村等部门秸秆产生和利用情况，核对秸秆焚烧情况。

4.4 加快补齐农业面源污染监测网络建设短板，构建覆盖全域、要素齐全、科学合理的农业面源污染监测体系

（1）建设监测网络。建议生态环境部会同有关部门统一规划、整合设立农业面源污染

监测点位和调查点位，加快建设涵盖农田化肥农药流失、畜禽和水产养殖污染、地膜残留和秸秆焚烧等要素，布局合理、功能完善的全国农业面源污染监测网络。2020 年年底前，率先完成全国种粮大县、畜禽和水产养殖大县的农业面源污染监测点位设置，建立健全农业面源污染监测体系。

（2）农田监测点位。根据农田耕作制度、作物类型、立地条件等的差异性，分别设置水田地表径流、水旱轮作地表径流、坡耕地农田径流、平原旱地地表径流以及农田地下淋溶等农田面源污染监测类型。

（3）畜禽和水产养殖监测点位。可重点监测畜禽养殖场（小区）排放的废水和尾水，有条件的地区可开展在线监测。

（4）地膜监测点位。华北、西北地区以及农膜使用量较大的地区，可率先开展农田地膜残留情况监测。

（5）秸秆焚烧监测点位。城镇建成区、机场、交通干线、旅游景区、自然保护区等大气环境敏感地区，结合秸秆产生时段，通过卫星遥感技术开展秸秆焚烧情况监测。

（6）建立预警机制。加快农业面源污染监测信息传输网络与大数据平台建设，开展农业面源污染形势预测，建立预警机制，为实现农业面源“一控两减三基本”目标提供数据支持。

参考文献

[1] 毕于运，高春雨，王亚静，等. 中国秸秆资源数量估算[J]. 农业工程学报，2009，25（12）：211-217.

[2] 陈洁，郑伟，高浩，等. 多源卫星遥感农作物秸秆焚烧过火区面积估算方法[J]. 农业工程学报，2015，31（3）：207-214.

[3] 陈文亮，唐克丽. SR 型野外人工模拟降雨装置[J]. 水土保持研究，2000，7（4）：106-110.

[4] 黄血训. 对日本农用地膜与农业科技动向的考察[J]. 新疆农垦科技，1989（3）：47-48.

[5] 黄毅，曹忠杰. 单喷头变雨强模拟侵蚀降雨装置研究初报[J]. 水土保持研究，1997，4（4）：105-110.

[6] 金继运. “精准农业”及其在我国的应用前景[J]. 植物营养与肥料学报，1984，4（1）：1-7.

[7] 刘昌明，洪宝鑫，增明煊，等. 黄土高原暴雨径流预报关系初步实验研究[J]. 科学通报，1965，（2）：158-161.

[8] 刘洪斌，邹国元，范先鹏，等. 农田面源污染监测——方法与实践[M]. 北京：科学出版社，2015.

[9] 刘素媛，韩奇志，聂振刚，等. SB-YZCP 人工降雨模拟装置特性及应用研究[J]. 土壤侵蚀与水土保持学报，1998，4（2）；47-53.

[10] 唐文雪，马忠明，魏焘. 甘肃省农田地膜残留监测技术规程[J]. 甘肃农业科技，2015，（11）：81-83.

[11] 王红彦，王飞，孙仁华，等. 国外农作物秸秆利用政策法规综述及其经验启示[J]. 农业工程学报，2016，32（16）：216-222.

[12] 魏鑫. 无人机航拍监测秸秆焚烧技术的发展及前景[J]. 电子世界，2017（4）：15-16.

[13] 薛联青，郝振纯，李丹，等. 农业非点源污染随机监测方法的探讨[J]. 水电能源科学，2008（2）：34-36.

[14] 张灿强，金书秦. 做好中国农业面源污染监测管理与负荷评估工作的探讨[J]. 环境污染与防治，2014，36（4）：102-105.

[15] 张春霞，文宏达，刘宏斌，等. 优化施肥对大棚番茄氮素利用和氮素淋溶的影响[J]. 植物营养与肥料学报，2013，19（5）：1139-1145.

[16] 张磊，杨俊华，韩永连，等. 德宏州主要覆膜作物地膜使用与残留情况调查[J]. 中国热带农业，2015（4）：35-37.

[17] 赵营，张学军，罗健航，等. 施肥对设施番茄、黄瓜养分利用与土壤氮素淋失的影响[J]. 植物营养与肥料，2011，17（2）：374-383.

[18] 邹春辉，赵学斌，刘忠阳，等. 卫星遥感技术在秸秆焚烧监测业务中的应用[J]. 河南气象，2005（3）：24-26.

[19] Arnold G，Srinavasan R，Muttiah R S，et al. Large Area Hydrologic Modeling and Assessment. Part I. Model Development [J]. Journal of the American Water Resources Association，1998，34：73-89.

[20] Behrendt H. Inventories of Point and Diffuse Sources and Estimated Nutrient Loads-A Comparison for Different River Basins in Central Europe [J]. Water Science and Technology，1996，33（4-5）：99-107.

[21] Brandi-Dohrn F M，Dick R P，Hess M，et al. Field evaluation of pasive capillary samplers [J]. Soil Science Sociey of America Journal，1996，60：1705-1713.

[22] Leonard R A，Knisel W G，Still D A. GLEAMS：Groundwater Loading Effects of Agricultural Management Systems [J]. Transactions of ASAE，1987，30：1403-1418.

[23] Meyer L D，McCune D L. Rainfall simulator for runoff plots [J]. Agricultural Engineering，1958，39（1）：644-648.

[24] Mutehler C K，Hermsmeier L I. A review of rainfall simulators [J]. The Transactions of America Society of agricultural Engineers，1965，8（1）：67-68.

环境评估与调查

- 丹江口库区及上游流域总氮污染负荷来源解析研究
- 上市公司环境信息披露评估报告（2016—2017 年）
- 《二氧化碳捕集、利用与封存环境风险评估技术指南（试行）》实施两年（2016—2018 年）评估

丹江口库区及上游流域总氮污染负荷来源解析研究

Study on the Source of Total Nitrogen Load in Danjiangkou Reservoir and Its Upstream Watershed

赵 越 马乐宽 王 东 陆 军 杨文杰 续衍雪 路 瑞

徐 敏 谢阳村 姚瑞华 文宇立 沙 健 李 雪

摘 要 针对丹江口水库总氮偏高、存在水华发生风险的问题，利用历史监测数据对丹江口库区及上游流域总氮浓度时空分布情况进行了分析，运用 SPARROW 模型对不同河流、不同行政区对丹江口水库总氮的贡献大小和来源构成进行了解析，并对下一步丹江口库区总氮污染防治提出了建议。

关键词 丹江口水库 总氮 SPARROW 模型

Abstract In view of the problem of high total nitrogen concentration and the risk of water bloom in Danjiangkou reservoir, the temporal and spatial distribution of total nitrogen concentration in Danjiangkou reservoir and its upstream watershed is analyzed by using historical monitoring data. The contribution of the mainstream and its tributaries, as well as administrative regions, to total nitrogen load in Danjiangkou reservoir and the source composition are analyzed by using SPARROW model. Some suggestions were put forward for prevention and control of total nitrogen pollution in Danjiangkou reservoir.

Keywords Danjiangkou reservoir, total nitrogen, SPARROW model

丹江口库区及上游流域是南水北调中线工程水源区，水质安全保障不容有失。李干杰部长在 2017 年 7 月 10 日部常务会议上，明确提出将丹江口水库、洱海、白洋淀作为“新三湖”，着力推进流域水生态保护和水污染防治。尽管水源区水质总体为优，但现场已观测到库区局部区域出现水华现象，流域内总氮负荷普遍偏高可能是主要原因。为超前谋划水源区总氮污染防控，有效防范丹江口水库水华风险，全面解析水源区总氮负荷时空变化特征及来源比例构成十分必要，可为下一步总氮污染防控研究和实践提供基本的方向指引。

1　丹江口库区及上游流域现状与问题

1.1　流域概况

丹江口库区及上游流域是指汉江流域在丹江口水库大坝以上的范围，是南水北调中线工程水源区（以下简称“水源区”）。其北部以秦岭与黄河流域边界为界，东北以伏牛山与淮河流域边界为界，西南以米仓山与嘉陵江流域边界为界，东部是南阳盆地，南部有大巴山脉。地形由西北向东南倾斜，在河源处海拔由 2 000 m 下降到丹江口库区海拔 143 m 左右，除汉中盆地外，多为中山、低山、丘陵和河谷型地貌。流域区域属北亚热带季风区的温暖半湿润气候，冬暖夏凉，四季分明，雨量充沛，降水分布不均，立体气候明显。

本研究范围主要涉及陕西、湖北、河南三个省级行政区。其中，陕西省境内主要涵盖了汉中市、安康市、商洛市。汉中市污染负荷全部进入汉江；安康市污染负荷主要进入汉江，小部分进入南江河，最终也要汇入汉江；商洛市所辖区域面积的 55%属于汉江流域，所产生的污染物会进入汉江，另外 45%面积上的污染物则会进入丹江。湖北省境内范围主要集中在十堰市，包括其下属或代管的丹江口市和神农架林区。河南省境内范围主要位于南阳市。此外，研究范围还涵盖了重庆市、四川达州市等小部分区域。

丹江口水库的主要入库河流为汉江和丹江。汉江干流较大的支流左岸有沮水、褒河、湑水河、酉水河、子午河、月河、旬河、金钱河、丹江、老灌河等，右岸有玉带河、漾家河、牧马河、任河、岚河、黄洋河、坝河、堵河等。丹江较大支流有银花河、武关河、淇河、界河、石鼓河、白石河等。此外，还有老灌河、滔河、天河、犟河、泗河、神定河、剑河、官山河、浪河等直接入库的河流。上述河流的流域汇水范围，构成了对丹江口水库造成污染负荷的区域，作为本研究的研究区域，对其开展相关的总氮污染源解析研究。

1.2　水源区保护进展

南水北调工程作为我国重要的战略性基础设施，是实现我国水资源优化配置、促进经济社会可持续发展、保障和改善民生，解决水资源空间分布不均问题的重要途径。丹江口水库作为南水北调中线工程的水源地，保护好丹江口库区水质，持续改善库区及上游生态环境，对于保障南水北调中线工程平稳运行，确保“一泓清水永续北送”，促进区域经济社会可持续发展，具有十分重要的意义。

为确保南水北调中线调水水质安全，国务院先后批复了《丹江口库区及上游水污染防治和水土保持规划》《丹江口库区及上游水污染防治和水土保持“十二五”规划》《丹江口库区及上游地区经济社会发展规划》等一系列相关文件，以促进丹江口水库库区及上游地区的经济社会发展与水环境保护相协调，维持并改善水源区生态环境和水体水质状态。“十二五”期间，水源保护取得了明显成效：一是污染源进一步得到控制，污染物减排能力大幅提升，污水和垃圾处理处置设施覆盖县级和水库周边重点乡镇，关停规模以上污染严重的企业500多家，取缔“十小”企业千余家，同时叫停和否决了新上项目300多个，重污染企业基本关停或实现达标排放。二是生态建设成效明显，累计治理水土流失面积超过2万km^2，森林、灌木面积比2010年增加1.9万hm^2，水源涵养能力有所增强。三是部分流经城区的重污染河流治理力度不断加大，黑臭水体明显减少。四是严格丹江口库区及周边地区水资源管理，完成丹江口库区水功能区划，将水源区纳入第一批全国重要饮用水水源地保护目录。通过“十二五”的努力，水源区的水质考核断面的达标率提高到90%以上。

南水北调中线工程已成为维系京津冀豫沿线大中城市供水安全的生命线，水资源、水生态和水环境效益日益显著，水源区水质安全保障不容有失。南水北调中线一期工程自2014年12月12日正式通水以来，截至2017年10月31日，累计向河南供水37.82亿m^3，向河北供水11.68亿m^3，向天津供水22.84亿m^3，向北京供水28.44亿m^3；工程惠及北京、天津、石家庄、郑州等沿线19座大中城市，为5 310多万居民提供了饮水。

南水对北京市水资源、水生态和水环境保护的作用日益显著。北京市日取用南水150多万m^3，占北京城区供水量六成，直接受益人口超过1 100万；密云水库出库水量从2014年的6.41亿m^3减少至2016年的0.7亿m^3，蓄水量2017年年底达到20亿m^3；通过用南水置换自备井取水、压采地下水等措施，北京市地下水埋深同比回升0.25 m；通过控源截污、再生水循环利用、生态基流保障等措施，北京市水环境承载能力显著增强，2016年Ⅰ～Ⅲ类断面比例较2014年提高了12个百分点；2017年北京市水质持续改善，1—9月水质指数同比改善38.9%。

1.3 水环境现状与问题

流域水质总体为优。按照《地表水环境质量评价办法（试行）》，根据2016年国控断面水质监测数据，南水北调中线水源区40个考核断面中，Ⅰ～Ⅲ类水质断面37个，占92.5%，Ⅳ类水质断面1个，占2.5%，劣Ⅴ类水质断面2个，占5.0%。其中，Ⅳ类和劣Ⅴ类水质断面主要分布在湖北的剑河、神定河和泗河，主要污染指标为氨氮、总磷和化学需氧量。

流域总氮浓度偏高。2006—2016年，南水北调中线水源区总氮浓度普遍较高且呈上升趋势。2016年，有总氮监测数据的39个断面中，总氮为Ⅰ～Ⅲ类的13个，占33.3%，Ⅳ～Ⅴ类的14个，占35.9%，劣Ⅴ类的12个，占30.8%。其中，丹江口库区的坝上中断面、取水口的陶岔断面和汉江的羊尾断面总氮浓度较2006年分别上升了13.9%、51.9%和49.5%，丹江的荆紫关断面总氮浓度较2012年上升了36.5%。

库区营养水平不高，但已有水华现象发生，总氮浓度偏高可能是主要原因。按照《地表水环境质量评价办法（试行）》，2006—2016年丹江口库区水质稳定保持为Ⅱ类，综合营养状态指数为30.6～35.7（贫营养与中营养的界限是30），总体处于中营养偏贫营养的水平。随着库区蓄水带来的水体流动性变缓以及部分入库河流上拦水坝的建设，导致水体交换能力变差，2016年5月，现场观测到丹江口水库大坝一带出现数十千米的藻类异常增殖带，虽然很快消失，但敲响了水华风险的警钟。从影响富营养化的高锰酸盐指数、总磷、总氮等几项水质指标来看，2006—2016 年，丹江口水库高锰酸盐指数、总磷稳定保持Ⅱ类，而总氮自 2008 年以来在 1.09～1.46 mg/L 波动，总氮浓度偏高可能是丹江口水库水华发生的主要原因。2016 年，112 个国控重点湖库总氮平均浓度在 0.11 mg/L（泸沽湖）～6.62 mg/L（艾比湖），按由低到高排序，丹江口水库位于第 68 位，总体不容乐观。

总氮防控基础工作相对薄弱，有待深入研究。现有环境统计数据以 COD 和氨氮为主，总氮指标在污染源排放、断面水质监测中均有所缺失，尚不足以支撑精准制定防控措施。考虑到水库生态系统演替一般需要 10 年以上的时间尺度，丹江口水库自 2014 年通水以来，尚未达到规划设计的正常蓄水位 170 m、近期有效调水量 95 亿 m^3 的稳定运行状态，库区生态系统还未达到平衡状态，水华可能是演替过程中的偶然现象，也不能排除水库调度常规化后，更易发生水华。不同湖库发生水华的临界条件不同，关于丹江口水库水华发生机理尚不明确，研究有待深入。

1.4 主要研究问题

科学开展丹江口水库入库水体总氮污染负荷来源解析研究，准确掌握库区及上游流域总氮浓度及通量等水环境状态和趋势特征，系统分析总氮污染物浓度与通量的时空变化特征，评估重点区域总氮污染源构成特点及变化规律，识别总氮控制的重点区域与方向，提出污染防治任务措施建议，是维护与改善丹江口水环境质量，保障“南水北调”水源安全的重要途径，对于提升流域水环境管理的系统化、科学化、精细化水平，提高水污染治理效率，具有重要的现实意义。为此，本研究充分利用现有资料，主要围绕以下两方面内容开展研究。

1.4.1 基于历史监测数据的总氮浓度及通量时空变化特征分析

本研究对丹江口库区及上游流域的基础环境信息进行收集和整理，基于历史数据分析了流域总氮浓度及通量的时空变化特征，对目标研究区域的水体总氮污染现状及问题进行初步识别与诊断，并为进一步使用模型技术开展相关污染源解析与管理措施效果情景分析构建了基础数据库。同时，基于流域内可获取的历史水质浓度监测数据，结合河网、子流域等空间基础信息，分析流域总氮污染的时空变化特征，初步识别总氮污染变化趋势及重点区域，并结合流域土地利用类型变化对目标区域水环境变化关键问题进行了初步诊断。

1.4.2 针对丹江口库区及上游流域的总氮污染负荷来源构成解析

选用流域空间属性关联模型（SPAtially Referenced Regressions On Watershed attributes，SPARROW）作为流域模型分析工具，用以解析丹江口库区及上游流域的总氮污染负荷来源构成特征。基于 SPARROW 模型构建的模型架构及参数集，针对进入丹江口水库水体中的总氮污染物负荷开展溯源分析。通过模型分析，可以得到各子流域对丹江口水库的总氮污染贡献强度。在此基础上，根据 SPARROW 模型对丹江口水库入库总氮污染物溯源分析结果，进一步针对不同河流和不同行政区域分别评估其对水库的总氮污染贡献量以及其污染源构成特征。针对汉江、丹江、库周各直排入库小河流，以及库周面源，分别解析其对水库造成的污染贡献量，以及污染源结构特征；针对陕西省、湖北省、河南省，分别核算其对丹江口水库总氮污染的贡献量，并解析其污染源构成；针对贡献量较大的陕西省汉中市、安康市和湖北省十堰市，评估其对丹江口水库的总氮贡献量以及区域污染源构成特征，为相关管理提供决策支持信息。

2 数据来源与分析方法

2.1 研究技术路线

技术路线如图 1 所示。以丹江口库区及上游流域作为研究对象，在收集流域基础信息并分析流域水体总氮污染特征变化的基础上，利用较为成熟的流域模型工具 SPARROW 对目标流域开展总氮污染负荷来源解析研究，分析丹江口水库入库水体总氮污染负荷来源特征，评估不同行政区域内的总氮污染负荷贡献与来源结构，识别区域污染的关键问题，为不同区域的总氮污染治理提供技术支持与决策建议。

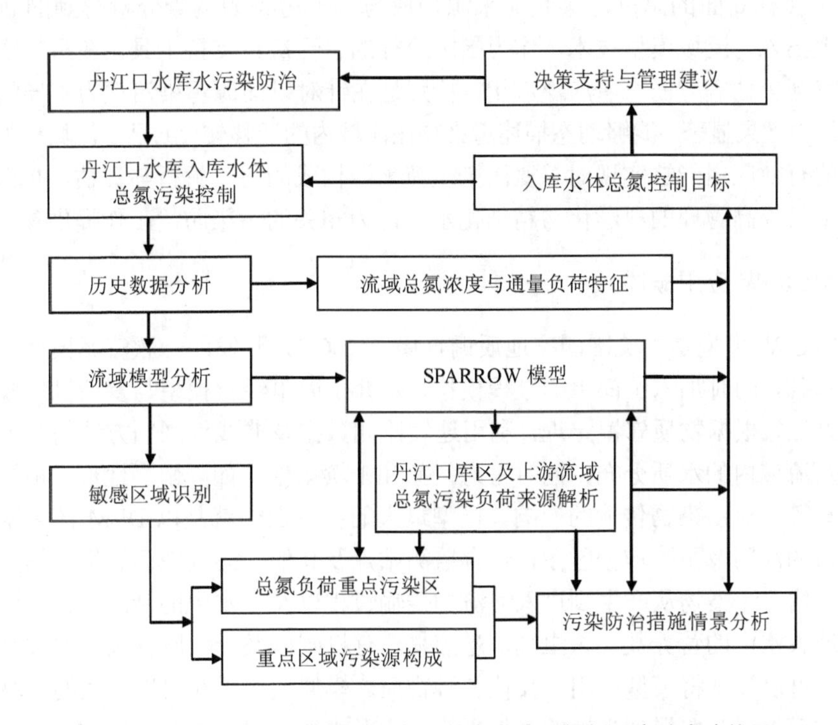

图 1　丹江口库区及上游流域总氮污染负荷来源解析研究技术路线图

2.2 基础数据来源

本研究分析所用的数据和资料主要包括基础空间属性数据，污染源普查数据，统计年鉴数据，以及水文、水质等监测数据。主要包括：GDEM V2 30M 分辨率数字高程数据，SRTM SLOPE 90M 分辨率坡度数据，2015 年中国土地利用现状遥感监测矢量数据，中国气象背景——年平均降水量数据，中国气象背景——年平均气温（经 DEM 校正）数据，2010 年全国人口空间分布千米网格数据，《中国城市统计年鉴 2016》《城市供水统计年鉴 2016》《陕西统计年鉴 2015》《汉中统计年鉴 2015》《安康统计年鉴 2015》《商洛统计年鉴 2015》《湖北统计年鉴 2015》《十堰统计年鉴 2015》《南阳统计年鉴 2013》《中华人民共和国水文年鉴 2015》第 6 卷第 14 册，《中华人民共和国水文年鉴 2015》第 6 卷第 15 册，《长江流域 2015 年水资源质量公报》等。

2.3 水源区总氮 SPARROW 模型构建

丹江口流域总氮污染负荷以面源污染为主，具有间接性、多重性、动态性等特征，且与流域水文过程关系紧密，在流域陆域及水域范围均有复杂的迁移转化关系与途径，这使得面向特定目标断面的总氮污染负荷来源构成与基于污染源调查分析得到的静态统计结果具有较大出入。流域模型技术，作为国际流行的管理决策支持工具，在污染物来源解析与源负荷特征评估等方面有着广泛应用，特别是在针对以面源污染治理为主导的流域水环境管理工作中效果显著，能够动态描述污染物在流域内的迁移转化过程。流域模型技术在丹江口流域的有效应用能够实现对总氮污染负荷来源构成的科学解析与评估，并作为可靠的决策支持工具提高管理的科学化与精细化水平，为相关的污染防治工作提供参考和依据。

2.3.1 SPARROW 应用概述

SPARROW 模型是由美国国家地质调查局（USGS）开发的一款流域模型，它以统计学方法为基础，同时加入了简单的过程模拟，是介于简单经验模型与复杂机理模型之间的一种预测方法，根据物质守恒定理，利用连续监测数据及非线性回归方法估算地表水的污染源构成及流域内的水质分布，同时考虑气象和土壤条件（如降雨、地形、植被、土壤类型、渗透率等）对污染物传输的影响。模型最大的特点之一就是以 DEM 图为基础，生成研究区域内的河网及子流域分区图，包含监测站点及其他一系列空间属性数据，建立河网拓扑关系，估算污染物从产生到进入河流的传输过程以及在水中的衰减过程。模型的研究对象包括地表水中的营养盐，杀虫剂，悬浮物，有机碳以及粪大肠杆菌，通过修改模型的传输公式，可以尝试将模型应用于其他各种物质。模型适用于在尺度较大的流域进行较长时间尺度的模拟，获取得到当地的多年平均污染及水质状况，同时可以设置敏感区域，例如跨界断面、湖库、饮用水取水区等，进行污染物传输分析。

模型最主要的目的之一是利用有限水质监测站点过去一段时间的监测数据外推流域内其他未监测河段的水质情况，由于布设监测站点成本较高，而且缺乏对流域水质的整体了解，因此监测网络的设置往往存在点位数量少且代表性较差的问题，利用 SPARROW 模型构建过程方程推算流域内各个河段的水质，找出可能存在风险的“可疑”点位，能够有效优化监测点网的布置。相对于只能静态评价各理化指标的监测站点数据，包含过程的 SPARROW 流域模型则可以综合考虑流域内的地理、气象要素等，通过监测数据追溯污染来源，分析来自不同污染源的污染量和比例，有目标地对水质进行控制和管理。为了实现这一目的，模型主要从以下几方面进行设计：①收集流域内的各种属性数据，以及污染源的位置、大小等信息，模型通过扩展多方面的信息对监测点位不足的问题进行弥补，基于多种数据进行流域内的整体水质描述比单独使用监测数据要更加准确；②利用模型进行敏感区域的水质以及污染来源分析，有效避免了在这些地区大量设置监测点位，耗时耗力的同时造成监测网络的分布偏差；③模型能够模拟一些不易设置监测站点地区的水质状况，给出是否需要加设监测站点的管理意见。

SPARROW 模型的另一个重要功能是定性和定量地分析对水质造成影响的污染来源。对污染源进行描述的过程中，首先应用“污染源类别”确定污染源的个数，例如点源、农业源、畜禽养殖源等，随后针对每个独立的污染源进行过程分析，探索其从产生到入河的陆上运动过程以及进入河流以后的衰减过程。利用 SPARROW 模型的溯源功能，可以将每个河段的污染量进行定量分配，计算得到各个污染源的贡献量及贡献比例，以每个子流域为单位进行估算。根据管理目标设置削减方案，针对不同污染源的贡献量制定不同的管理方案，提高水质改善效率。为了保证预测结果的可靠性，需要对校准参数进行各种有效性的检验，作为以统计学为基础的模型，SPARROW 主要通过验证不同模型形式得到的拟合参数的各种统计学指标作为确定参数的依据，例如进行 p 值检验确定某一污染源或传输参数是否显著，利用 R^2 描述预测结果与监测结果之间的拟合程度。当模型中所有的污染源和传输过程都能够通过检验时，则认为模拟结果真实可靠，可以利用它们进行污染源和水质的估算。

与其他各种描述物理世界的模型相似，SPARROW 模型以物质守恒定律作为其建立的基础。尽管水质模型中的物质在空间或时间尺度会发生变化，但是它们始终需要遵循几个法则：①在某一点进行汇流的两条河流中的物质总和，等于从该汇流点离开的物质总量；②各个污染源的污染贡献量之和等于污染贡献总量；③如果每个污染源的贡献量增加 1 倍，则所有位置的污染通量预测值也都应增加 1 倍。由于 SPARROW 模型的因变量（某一段时间内通过某一特定点位的污染通量）在数学表达式中与污染源数据线性相关，因此以上的所有准则都应对其适用。SPARROW 模型中考虑的空间传输过程同样满足质量守恒，其他类似的经验模型中一般将污染量对数化之后进行叠加，但是由于数据对数化处理后并不满足叠加定理，因此汇流前的物质总和与离开汇流点的物质量并不相等，SPARROW 模型则是对污染量叠加计算后再进行对数化处理，严格遵循物质守恒定律，保证模拟结果的可靠性。应用物质守恒方法作为模型建立基础，有利用对模型拟合系数进行合理的物理解释，例如针对不同级别的河流拟合得到的系数可以解释为一级衰减速率，点源污染直接排放入河，因此它的系数应该接近于 1，其他系数的物理意义依据其对应参数的不同能够进行不同的合理解释。同时，基于物质守恒能够对污染物的空间传输进行解析，例如通过分析不同区域对墨西哥湾的总氮贡献量，按照大小进行排序，利用模型结果在减排方案的制定过程中提供依据和指导。

在水质模型中表现物质守恒常用的方法一般有两种：第一种方法也被称为传统方法，认为物质守恒过程是动态变化的，应用这个方法需要获得在 t 时刻从上游进入某一河段的污染量，以及在 t 时刻从该河段所在子流域内的污染源排放的污染量，二者相加的结果等于在 $t+d$ 时刻离开该河段的污染量，d 为河流流经该河段的时间，这个方法在较为复杂的机理模型中被广泛使用，例如 TOPMODEL 以及 USEPA 建立的 BASINS 系统中的相关模型，它能够详细地描述污染物在水中的运动迁移过程，但是同时也增加了模型的复杂度，需要大量的空间时间数据进行支持，对于大尺度流域模型很难实现。另一种方法采用的是平均物质守恒，去除时间因素的影响，这种方法要求忽略时间影响满足平衡要求，而忽略时间影响最简单的方法便是将数据进行平均，例如长时间尺度的年平均通量，或者多年某一季节的平均通量，SPARROW 模型应用的便是这种方法，它对于长时间尺度下的自然或人类活动的影响十分敏感，所以这种方法并不适合进行较短时间尺度下的定量分析。

SPARROW 模型一般用来描述长时间尺度拥有稳定的水质和流速的河流，基于监测点位收集得到的多年水质和流量数据估算平均污染通量。污染源的输入量与估计的沉积量和监测的输出量应该是保持平衡的，也就是说模型中应包含输入量的位置、传输率和不确定性分析，污染物传输过程以及污染物在水体中的变化率。在 SPARROW 模型中，污染物的年际变化在监测数据中进行体现，在输入数据前进行处理和模拟。模型的稳态物质平衡结构能够有效分析物理化学性质以及水文状况对污染物传输的长期影响，尤其针对水体中的营养盐、杀虫剂、粪大肠杆菌、有机碳以及悬浮物等物质。这些物质在传输过程中可能发生化学反应、衰减，也可能在短时间或长时间条件下发生累积，由于模型使用的是多年甚至几十年的水质监测数据，因此各种反应过程都可认为已达到稳态，例如美国东部流域绝大部分（75%以上）的总氮污染物在年际传输过程中都被水体永久性地去除或贮藏。

SPARROW 模型的解释变量一般都代表各种来自自然或人类活动的污染源，以及传输过程中的物理、化学、生物反应，由用户通过对各种数字化地图的处理获取相应数据，点源和非点源污染量可能通过直接测量得到，例如工厂和污水处理厂的污染物排放量、大气沉降量、施肥量等，其他流域空间属性数据（如气象、地形、土地利用数据等需要借助 GIS 系统的处理利用面积加权公式进行计算：

$$S_{n,j} = \sum_{k \epsilon P(j)} S_{n,k} (A_{j,k} / A_k^*) \tag{1}$$

式中，$S_{n,j}$——第 n 个污染源在子流域 j 中的量；

$P(j)$——河段 j 所对应的子流域中所有表示该源的多边形；

$S_{n,k}$——源 n 在多边形 k 中的量；

$A_{j,k}$——多边形 k 在子流域 j 中的面积；

A_k^*——多边形 k 的总面积。

气象、地形数据处理方法与污染源数据类似，但是根据数据物理意义的不同，该类数据需计算子流域中各个多边形所代表数值的均值而非加和数值。

从概念上讲，离开某一子流域的污染物的总量由两部分组成：上游传输至本河段的污染物的量+本河段所在子流域内产生的污染物的量，利用数学表达式进行表示如下式所示：

$$F_i^* = (\sum_{j\in J(i)} F'_j)\delta_i A(Z_i^S, Z_i^R;\theta_S,\theta_R) + [\sum_{n=1}^{N_S} S_{n,i}\alpha_n D_n(Z_i^D;\theta_D)]A'(Z_i^S, Z_i^R;\theta_S,\theta_R) \quad (2)$$

式中，F_i^*——流经子流域 i 的污染通量，kg/a；

J（i）——与河段 i 相邻的上游河段；

δ_i——上游通量传输至河段 i 的比例；

A（•）——污染物沿着河道的传输衰减函数，针对河流和湖泊分别有不同的方程形式，如果水体是河流则对应 Z_i^S 与 θ_S，如果水体是水库或湖泊则对应 Z_i^R 与 θ_R，其中 θ 表示待拟合的系数；

N_S——子流域 i 中包含的污染源总个数；

$S_{n,i}$——每个污染源的产生量，既可以代表污染源的实际排放量也可以代表不同类型土地的面积；

α_n——污染源的排放系数；

D_n（•）——土水传输因子；

Z_i^D——参数矩阵；

θ_D——参数 D 对应的系数，像点源之类直接排放入河的污染源传输系数为 1；

A'（•）——本地产生的污染物在本段河流中衰减的函数。

虽然函数 A 与 A'形式上相似，但是二者考虑的河流保留时间不同，前者认为污染物受整个河段的衰减作用，后者认为污染物河段 i 半程进入，仅受半程衰减作用。土水传输因子 D_n（•）的数学表达式如下式所示：

$$D_n\left(Z_i^D;\theta_D\right) = \exp\left(\sum_{m=1}^{M_D}\omega_{nm} Z_{m,i}^D \theta_{Dm}\right) \quad (3)$$

式中，$Z_{m,i}^D$——河段 i 中的传输变量 m；

θ_{Dm}——相应的需要拟合的系数；

ω_{nm}——传输变量 m 是否对污染源 n 产生影响，若有影响则该值为 1，若无影响则该值为 0；

M_D——传输变量的个数。

在模拟过程中，为了减小各变量间的量纲影响，一般进行对数化处理，以自然对数的形式进行方程拟合。

SPARROW 模型中认为污染物在河流中满足一阶衰减方程，如下式所示：

$$A\left(Z_i^S;\theta_S\right) = \exp\left(-\sum_{c=1}^{C_S}\theta_{Sc} T_{c,i}^S\right) \quad (4)$$

式中，$T_{c,i}^S$——第 c 级的河段 i 的保留时间；

θ_{Sc}——对应需要拟合的系数。

根据每个河段的流量大小不同可以将河流进行分级，系数 θ 的个数由 c 决定，河流保留时间利用河段长度除以流速计算得到。除能够利用保留时间计算河流衰减程度外，还可

以利用河段长度进行估算，待拟合的系数的单位即为长度单位的倒数。如果水体形式为水库或湖泊，则衰减函数为

$$A(Z_i^R;\theta_R)=\frac{1}{1+\theta_{R0}(q_i^R)^{-1}} \tag{5}$$

式中，q_i^R——表面水力负荷函数的倒数，湖库表面水力负荷一般通过湖库的出流量除以湖库表面积计算得到；

θ_{R0}——待拟合的湖库衰减系数。

根据待拟合的流域与目标污染物的不同，方程形式也可以随之改变，只要满足质量守恒定律即可。

根据流域内监测站点的数量，可以建立相应个数的非线性方程，假设模型误差项是以 0 为均值，与观测值相互独立的。观测值的误差则需要单独进行计算，模型的拟合算法选择的是不需要定义残差精确分布的非线性加权最小二乘法（NWLS），直接调用 SAS 软件中的相应算法进行计算。与线性方程容易计算得到精确结果不同，仅依靠有限数据很难对一系列非线性方程组求得准确结果，因此解方程的过程即为寻优过程，当结果能够满足最初设定的寻优标准时即认为实现拟合目标。但是由于监测数据数量有限，寻优过程中存在大量的不确定性，因此模型中引入 Bootstrap 不确定性分析方法，利用多次有放回的重采样过程计算得到一组参数结果，通过计算这组结果的均值、标准差以及分位数等相关数据估计模型的不确定性。当模型拟合参数能够通过一系列的统计学检验及进行不确定性分析后，即可以用来估算和预测流域内的污染源及水质分布，设置不同的情景指导管理策略的制定等。

SPARROW 模型需要的数据类型主要包括污染源数据、影响污染物传输的地理及气象数据以及监测站点数据（水质浓度、流量），基于这些数据和统计学校准方法进行模型参数的拟合。校准后的参数能够用于进行污染通量及浓度的预测，每个污染源的贡献量及空间分布，及其加和后的总量和分布。

水体污染通量基于监测站点多年的水质浓度及流量数据估算得到，其数量由监测站点的个数决定，作为模型的因变量，通量数据决定了模型联立方程的个数。模型的基本单位是“子流域”与“河段”，污染源数据和传输参数数据基于子流域范围进行切割和提取，河段编码是建立河网拓扑关系的基础，其长度和流速决定了污染物在河流中的衰减速率。利用处理后的数据建立联立方程组，在 SAS 平台下应用非线性最小二乘法进行参数拟合，根据能够通过统计学检验的参数结果计算污染分布及水质数据，基于子流域和河段编码与 GIS 软件进行结合，将拥有空间属性的数据进行空间统计与直观显示，进一步分析得到相应的评估结果。

2.3.2 SPARROW 模型校准结果

SPARROW 模型使用非线性最小二乘法作为参数拟合工具，需要在估算过程中保证一定的自由度，因此监测站点数据需要比待拟合的参数个数更多，以增加模拟精度和可信度。研究区域内的总氮监测站点共计 49 个，因此利用拟合方程计算得到适宜的参数个数不宜超过 10 个。依据数据库中已有数据，经过反复的尝试和校准，最终选择了 4 类污染源、2 级河流衰减系数，以及 1 个水库衰减系数，共 7 个参数进入模型进行计算。其中点源数据

包括了工业点源、生活污水点源，以及畜禽养殖源，模型潜在地认为上述源有相同的传输削减行为，而其各自的贡献特征和比例可以基于各自的源数据拆分得到。通过模型的参数校准得到各个系数的估计值，通过对比实测值与监测值之间的关系，评估模拟结果。

分析结果可知，模型模拟值与实测值之间有较好的一致性，效率系数（R^2）可达 0.93，调整 R^2 为 0.91，纳西相关系数为 0.92，如图 2 所示。虽然模拟结果基本能够通过统计学检验指标，但是为了进一步确定结果的可靠性，对残差分布进行了分析，如图 3 所示。依照 SPARROW 模型要求，只有当残差满足独立性假设时，才能证实结果的可靠性。分析预测值的自然对数与残差的自然对数之间的关系，可以发现二者之间无明显的相关关系，其相关系数仅为 0.031，可以认为残差相对于预测值独立，不包含任何与预测通量相关的因子。更进一步地，根据监测站点的编码，将残差分布进行空间展示以验证其空间独立性，可以看出整个流域的残差分布并没有明显的空间趋向性，残差能够通过独立性检验。

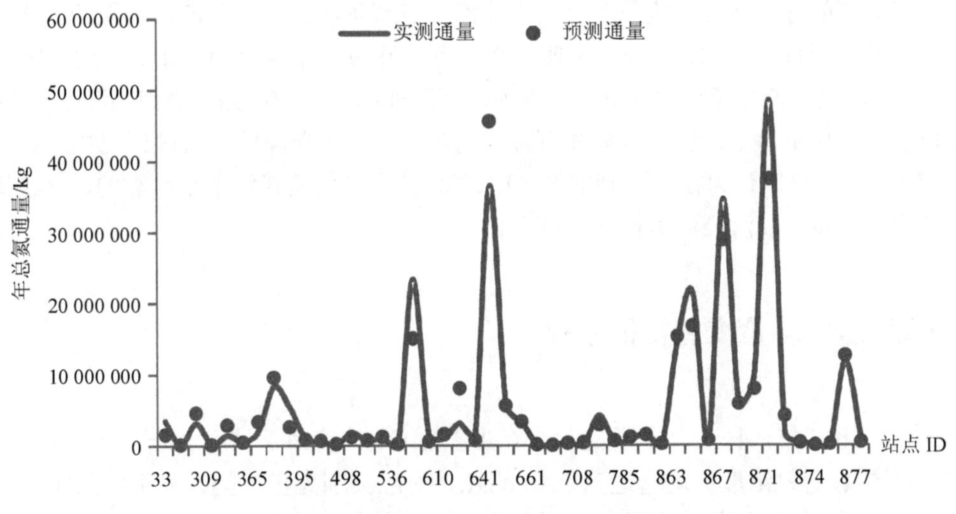

图 2　SPARROW 模型的预测值与监测值结果比较图

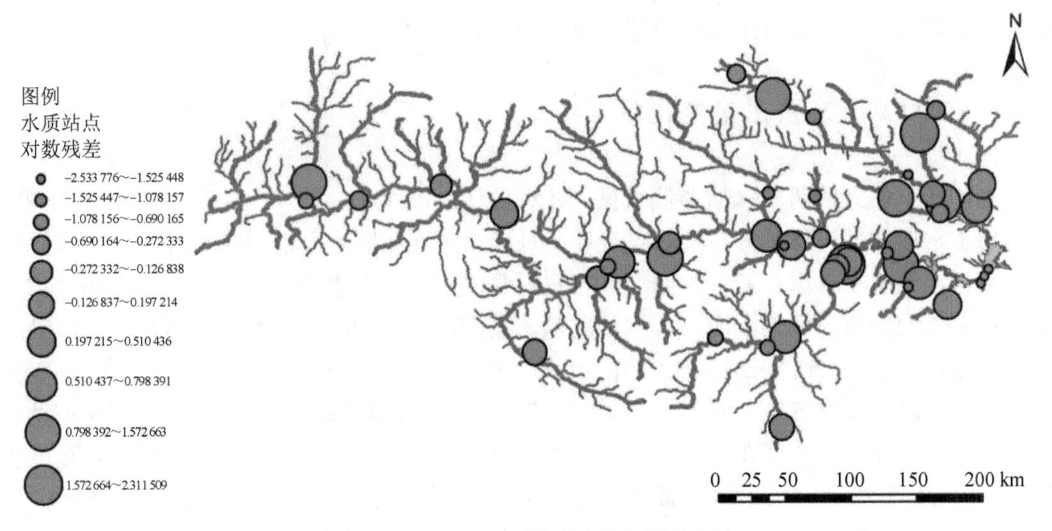

图 3　SPARROW 模型残差空间分布图

不同土地利用类型的输出系数单位为 kg/（hm^2·a），其物理解释为每公顷特定土地类型上每年的总氮输出量。耕地的输出系数为 8.36 kg/（hm^2·a），自然用地的输出系数为 3.19 kg/（hm^2·a），均在美国和欧洲的文献报道范围内［耕地 2.1～79.6 kg/（hm^2·a），林地 1.0～6.3 kg/（hm^2·a）］，其中耕地输出系数接近经验值的下限。流域内的点源数据包含工厂、城市生活污水以及集中式畜禽养殖源，数据来源不同，精度各异，点源模拟系数为 3.33，大于理论值 1，点源排放通量的估计结果偏高，可能存在某些未被统计的点源排放源。农村人口的输出系数为 3.01 kg/（人·a），该系数反映了尚未普及污水集中处理设施的农村生活污水排放情况，大量未经处理的农村生活污水直接排入河道，是总氮污染的重要来源之一。

不同流量河段的衰减系数分别为 0.13 d^{-1} 和 0.02 d^{-1}，二者均处于 SPARROW 已有案例的结果范围内，其中河流分级依据主要为河段流量，本研究中根据模型拟合结果选取 7 m^3/s 作为两级河流的分级标准，流量较小的支流河段衰减系数远远高于流量较大的干流河段。安康水库的降解系数为 11.3 m/a，表明该水库有较好的自净能力，丹江口水库的降解系数为 1.10 m/a，根据国外经验数据分析，湖库的沉降速率低于 10 m/a 一般表示该湖库的总氮衰减以反硝化作用为主，生物摄取和沉降作用较小，水体自净能力有限或已接近极限。

综上所述，可以认为校准得到的 SPARROW 模型参数及其结果是可靠的，能够基于该模型架构进一步开展污染源解析与空间分析。

3 水源区总氮浓度变化特征分析

2012—2015 年，丹江口库区及上游流域总氮年均浓度值保持在 2.2～2.7 mg/L，其中，2015 年全流域总氮浓度年均值达到 2.54 mg/L，对应类别为劣Ⅴ类。从主要入库河流到丹江口库区，总氮浓度均保持在较高水平，作为导致水库富营养化风险的重要指标，应予以重点关注。针对丹江口水库库内、直接入库小河流，以及汉江、丹江、老灌河三大支流上的关键水质监测点，分析了水体总氮浓度的变化趋势特征。

3.1 丹江口库区总氮浓度变化特征

利用所收集到的历史水质监测数据，针对丹江口水库库内的坝上中和陶岔水质监测断面的历史水质数据进行了分析。结果表明，丹江口水库库区水体总氮浓度偏高，但有缓慢下降趋势，如图 4 所示。其中，坝上中监测断面位于丹江口水库库内东南角，是湖北省十堰市控制单元的出口控制断面，其水体总氮浓度在 2012—2015 年整体呈现出小幅波动状态，浓度在 1.14～1.527 mg/L。除 2012 年外，在年内的浓度变化趋势较一致，在 3—6 月呈现出上升趋势，在 5 月、6 月达最高值，7 月浓度则相对降低，在其他月份则呈波动状态。坝上中断面总氮浓度在 2013 年达最大后呈现缓慢下降趋势，2015 年总氮年均浓度较 2013 年下降 5.5%，但仍未达到Ⅲ类水标准，全年均可达到Ⅳ类水标准。陶岔监测断面位于丹江口水库库区东侧，是河南省南阳市控制单元的出口控制断面，同时也是南水北调工程取水口，具有极重要意义。陶岔断面总氮浓度在年内总体保持小幅波动状态，总氮浓度随月份变化趋势不明显。比较其年间变化，可以看到断面总氮浓度呈持续缓慢下降趋势，且较2012年有较明显下降，2015年总氮年均浓度较2012年下降了18%，水质浓度在2015年年初已接近Ⅲ类水标准，但仍处于Ⅳ类水标准水平。

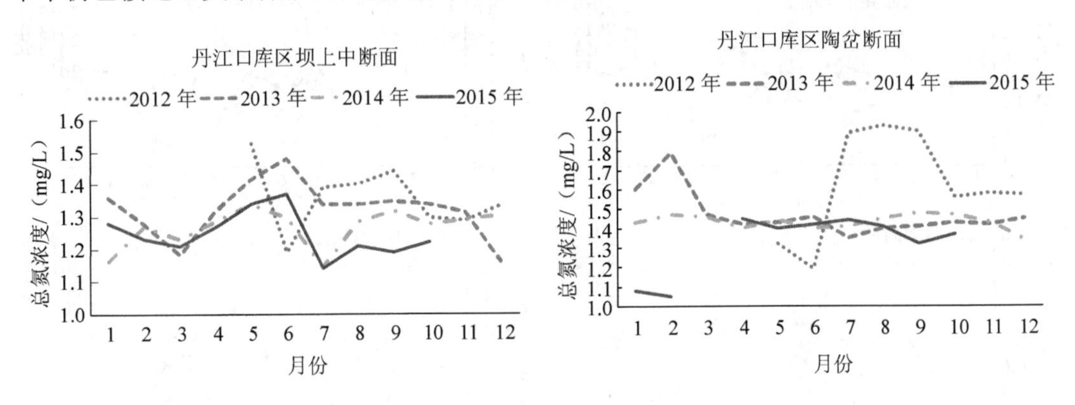

图4 丹江口水库库区总氮浓度变化

3.2 汉江及其支流总氮浓度变化特征

汉江是丹江口水库的第一大源头，位于水库西侧。本研究首先根据汉江干流2015年的总氮浓度数据，分析了其总氮浓度空间变化情况，如图5所示。分析结果可知，汉江干流以安康水库（瀛湖）为界，其上游自源头起总氮浓度不断上升，至汉中市城固县南柳渡断面水质已达劣Ⅴ类。安康水库出库水体总氮浓度可达Ⅲ类水标准，之后不断上升，至出陕西羊尾断面水质已达Ⅳ类，行至入库断面陈家坡总氮浓度进一步升高。

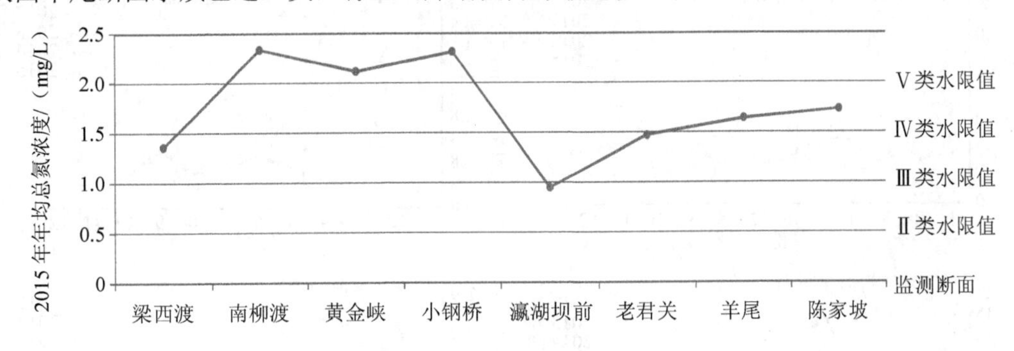

图5 汉江干流2015年总氮浓度分布图

更进一步地，针对汉江干流及主要支流上的水质监测断面，分析了水体的总氮浓度变化特征，如图6所示。分析结果可知，汉江干流上两个断面年内的总氮浓度变化特征基本一致，在7—8月浓度最高，9—10月浓度最低，下游陈家坡断面的总氮浓度整体略高于其上游羊尾断面总氮浓度。分析年间变化可以发现，汉江干流总氮浓度在2013年达最高，到2015年略有下降，其中羊尾断面2015年年均总氮浓度较2013年下降了3.3%，陈家坡断面2015年年均总氮浓度较2013年下降了3.5%，但均高于2012年的水平，且整体超过国家地表水Ⅳ类标准，处于Ⅴ类水状态，污染形势不容乐观。

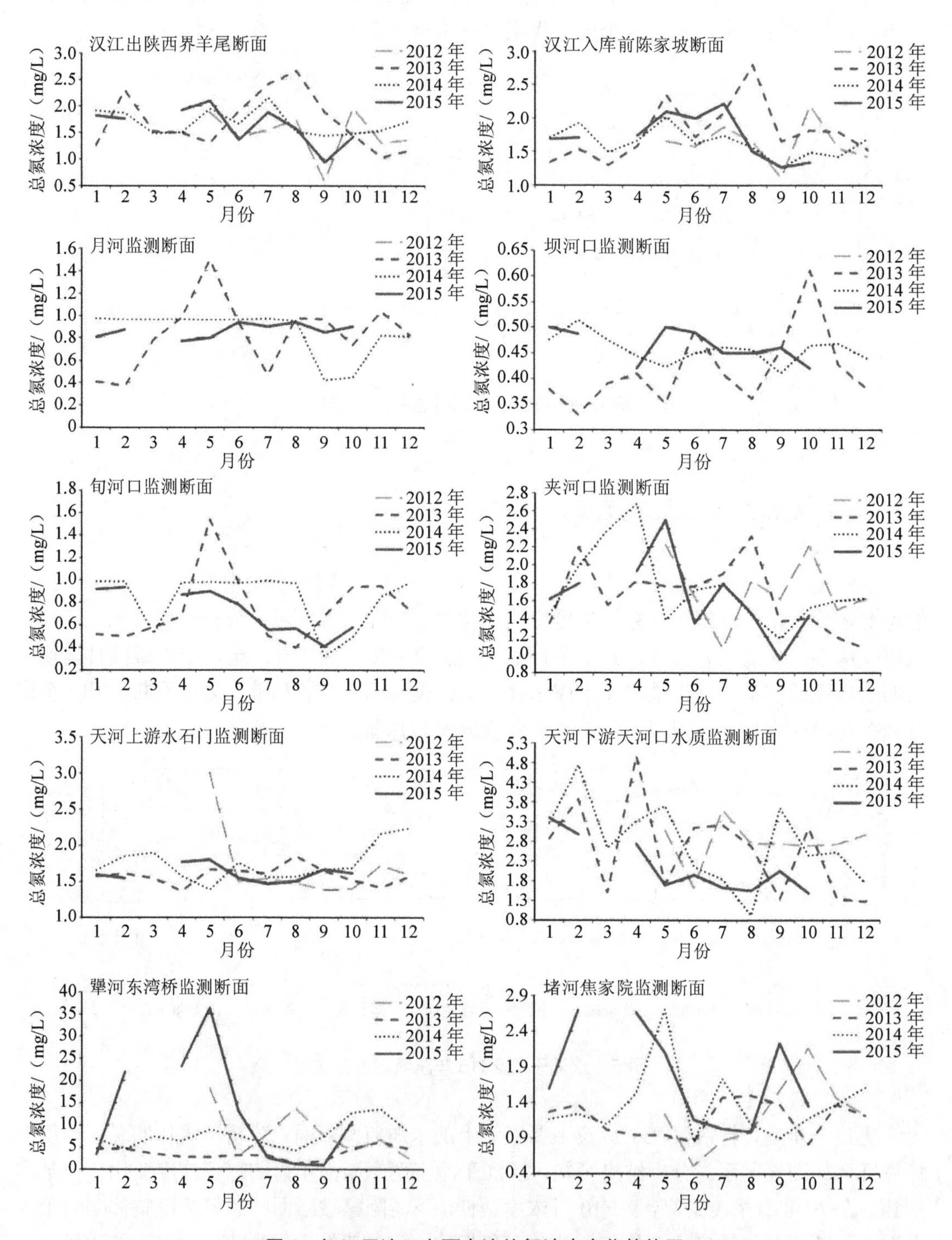

图6　汉江干流及主要支流总氮浓度变化趋势图

另外，汉江上中游支流水体水质较好，下游支流水体水质逐渐恶化。其中，月河水体整体水质良好，达到了地表水Ⅲ类标准，但水体中总氮浓度呈现缓慢上升趋势，2015 年月河断面年均总氮浓度较 2013 年上升了 4.0%；坝河水体整体水质良好，达到了地表水Ⅱ类标准，但水体中总氮浓度呈现出一定程度的上升趋势，2015 年坝河口断面年均总氮浓度较 2013 年上升了 11.4%；旬河水体整体水质良好，达到了地表水Ⅲ类标准，水体总氮浓度在 2014 年有显著上升，但 2015 年又恢复以往水平，2015 年旬河口断面年均总氮浓度较 2014 年下降了 13.3%，较 2013 年下降了 3.3%；夹河整体水质处于Ⅴ类水水平，其中上游陕西段玉皇滩断面水体水质劣于下游湖北段夹河口断面，玉皇滩和夹河口断面的总氮浓度均在 2014 年有显著增高，而后在 2015 年有一定程度下降，其中玉皇滩断面 2015 年年均总氮浓度仍较 2013 年高 4.2%，夹河口断面则与 2013 年总氮浓度水平持平。

天河上游陕西段的水石门断面水体水质整体处于Ⅴ类水平，而下游湖北段的夹河口断面水体水质则处于劣Ⅴ类水平，水石门和夹河口的断面总氮浓度均在 2014 年有显著增高，而后在 2015 年呈现下降趋势，其中水石门断面 2015 年年均总氮浓度仍较 2013 年高 1.8%，而天河口断面 2015 年总氮浓度则有显著下降，较 2013 年年均总氮浓度水平下降了 16.3%；堵河干流水体总氮浓度自上游至下游逐渐升高，下游支流犟河的总氮浓度极高，受其影响堵河入汉江前的焦家院水质监测点总氮浓度整体处于Ⅴ类水体，峰值浓度条件下已属劣Ⅴ类水体，且受犟河东湾桥断面水质持续恶化影响焦家院断面总氮浓度持续升高，2015 年年均总氮浓度较 2013 年上升了 49.0%。

3.3 丹江及其支流总氮浓度变化特征

丹江是丹江口水库第二大源头，位于水库北岸。本研究针对丹江干流上的淅川荆紫关、淅川史家湾，以及支流淇河上的上河和淅川高湾监测断面，分析了其总氮浓度变化特征，如图 7 所示。分析结果可知，作为丹江陕西省界控制单元控制断面的荆紫关断面的总氮浓度在 2015 年有显著上升，其年均总氮浓度较 2012 年增加了 59.2%。入库断面淅川史家湾的总氮浓度较荆紫关断面有所下降，但两个断面的总氮浓度均远超过国家地表水Ⅴ类标准，属于劣Ⅴ类水体。另外，丹江支流淇河水体中的总氮浓度在 2014 年有显著上升，到 2015 年有一定下降，但仍高于 2012 年水平，其中，2015 年上河监测断面年均总氮浓度较 2012 年升高了 27.7%，2015 年高湾监测断面年均总氮浓度则较 2012 年升高了 19%，两个断面水质均超过了国家地表水Ⅴ类标准，属劣Ⅴ类水体。

3.4 其他入库河流总氮浓度变化特征

最后，针对直接入丹江口水库的 5 条小河流，利用所收集到的历史水质监测数据，分析了断面水质浓度的变化。五条所分析的河流包括了老灌河、神定河、泗河、官山河（剑河）、浪河。结果表明，5 条入库河流水质的总氮浓度偏高，其中 4 条河水质为劣Ⅴ类，除老灌河外其余 4 条位于湖北省境内的河流总氮浓度均呈现不同程度的下降趋势，如图 8 所示。

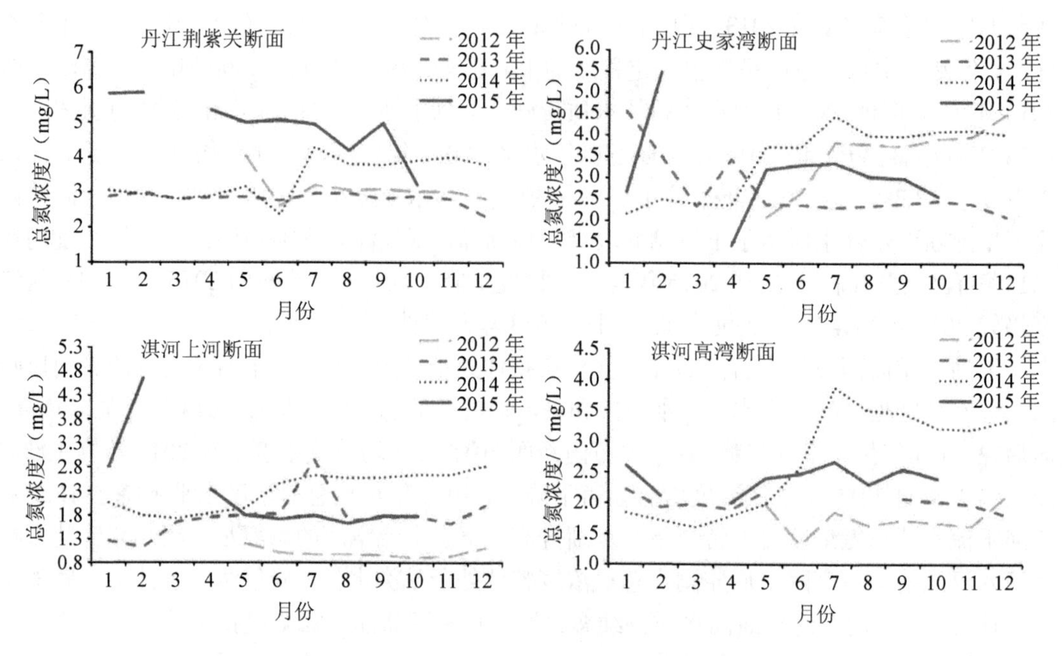

图 7　丹江干流及主要支流总氮浓度变化趋势图

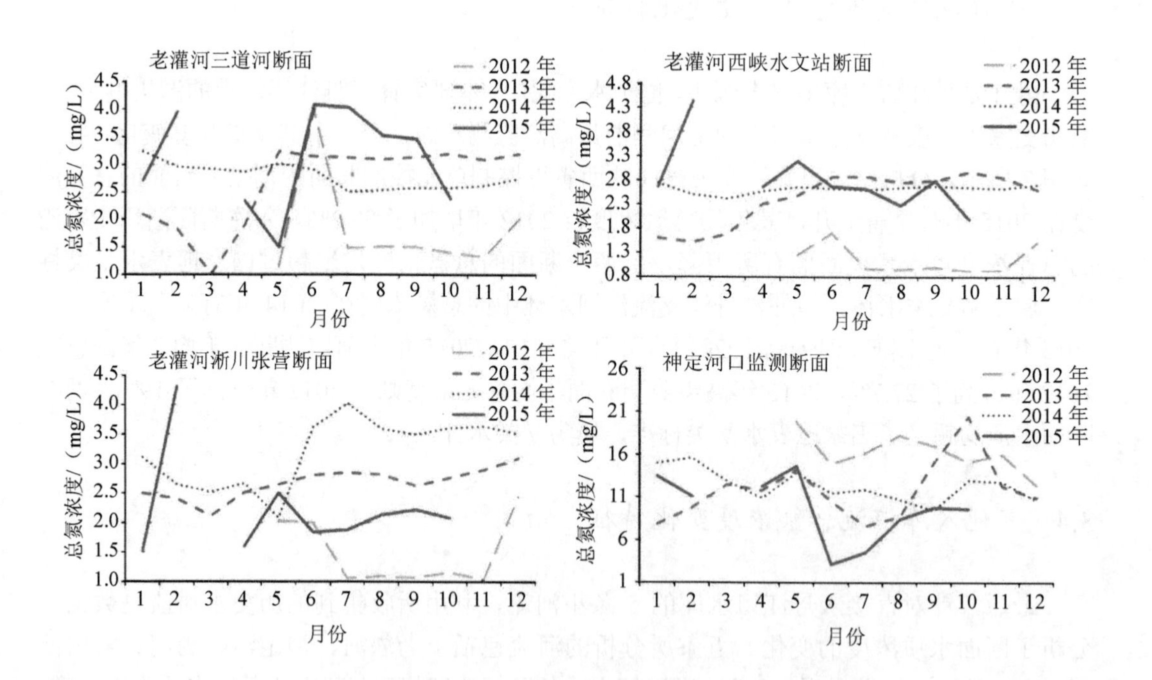

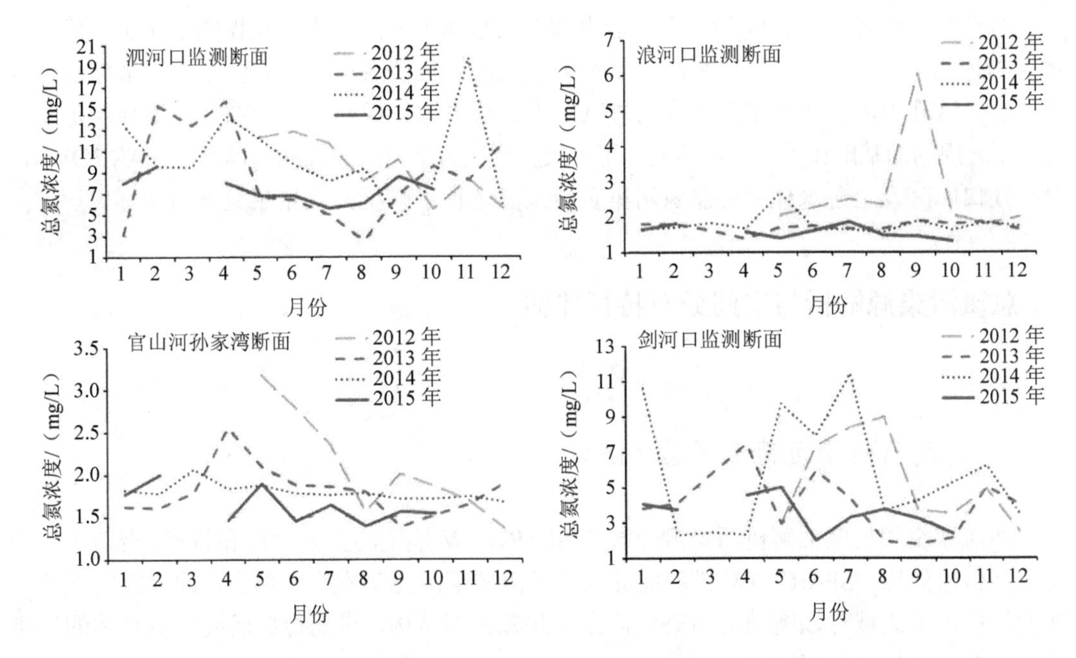

图 8 直接入丹江口水库小河流总氮浓度变化趋势图

分析结果可知，老灌河总氮浓度随河流传输逐渐下降，表现为上游浓度高，下游浓度低，基于 2015 年年均浓度分析，下游入丹江口水库前淅川张营断面总氮浓度较上游三道河断面下降了 28.3%。从年际变化上看，老灌河上游三个断面的总氮浓度在 2013 年和 2014 年均呈上升趋势，到 2015 年略有下降但仍高于 2012 年水平。其中，三道河断面 2015 年年均总氮浓度较 2012 年上升了 73.4%，西峡水文站断面 2015 年年均总氮浓度较 2012 年上升了 145.9%，淅川张营断面 2015 年年均总氮浓度较 2012 年上升了 50.1%，总氮浓度显著升高，三个断面水质从 2012 年的Ⅳ类或Ⅴ类水平下降至 2015 年的劣Ⅴ类水平。神定河断面总氮浓度下降趋势显著，2015 年总氮年均浓度较 2013 年下降了 18%，但仍处于劣Ⅴ类标准水平，且距离水质标准差距显著。泗河断面总氮浓度呈现出下降趋势，2015 年总氮年均浓度较 2013 年下降了 14.7%，但在 2014 年 11 月份有一次明显的升高，泗河口断面总氮浓度总体较神定河稍好，但仍处于劣Ⅴ类标准水平。官山河孙家湾监测断面水质浓度呈现显著下降，且断面总氮浓度有持续缓慢下降趋势，2015 年总氮年均浓度较 2013 年下降了 9.4%，且部分月份已接近或能够满足Ⅳ类标准，整体满足Ⅴ类标准，而官山河下游支流剑河的总氮浓度则较高，其汇入官山河前的剑河口监测断面总氮浓度在 2014 年有显著回升，但到 2015 年总体浓度呈下降趋势，其年均总氮浓度较 2013 年下降了 13.6%，整体仍处劣Ⅴ类水平。浪河断面总氮浓度呈现下降趋势，2015 年总氮年均浓度较 2013 年下降了 8.2%，且已接近Ⅳ类标准，浪河口监测断面总氮浓度总体较好，部分月份水质总氮指标已能满足Ⅳ类标准。

综上所述，丹江口水库入库水体水质整体较差，其中直接入库的小支流水体水质普遍较差，其中神定河、泗河水质极差，三大支流中丹江和老灌河总氮污染严重，入库水体水质已属劣Ⅴ类，汉江入库水体总氮浓度也属Ⅴ类水体。

丹江口水库体现出了较强的净化能力，库区水体水质能够稳定在Ⅳ类水平上，但由于水库纳污能力有限，必须尽快削减入库水体总氮污染负荷通量，以确保丹江口水库水体水质安全。这其中，评估入库水体中的总氮污染负荷来源构成与空间分布，是指导制定相关污染治理规划的基础和前提。本研究是用大尺度流域污染空间属性回归模型（SPARROW），对丹江口库区及上游水体中的总氮污染负荷来源进行了解析，其结果见下节所述。

4 总氮污染源解析与空间分布特征评估

4.1 入库总氮污染负荷来源总体解析

在流域空间尺度上解析污染源分布是 SPARROW 模型的重要功能和特点。得益于完善的空间传输架构，SPARROW 模型能够以其子流域范围为基本空间单位，面向特定的控制断面解析各子流域对该断面的污染负荷强度和源比例结构，进而得到研究区域整体的污染空间分布与源构成特征。

利用已构建的流域模型架构及校准得到的模型参数集，基于所分析的 877 个河段对应子流域为基础空间单位，以丹江口水库各条入库河流的入库断面为控制断面，对最终进入丹江口水库的总氮污染物负荷通量进行了溯源分析，实现了对目标研究区域整体水平上的总氮污染负荷空间分布评估，同时解析了入库水体总氮污染的负荷来源构成，其结果如图 9 所示。

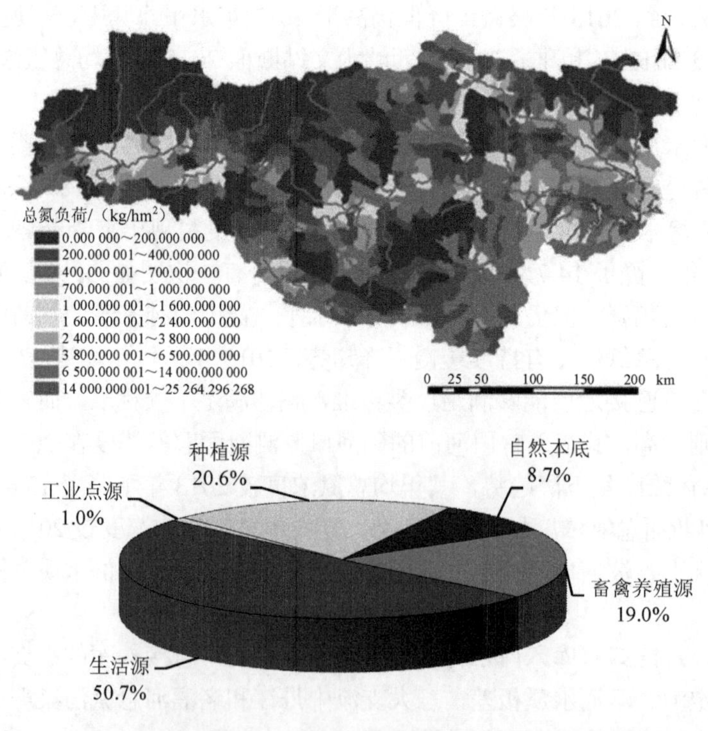

图 9 丹江口水库入库水体总氮污染负荷来源空间分布及其源比例构成

分析结果可知，丹江口水库年入库总氮污染物通量约为 5.2 万 t，其中种植源占 20.6%，生活源占 50.7%，畜禽养殖源占 19.0%，工业点源占 1.0%，自然本底占 8.7%。

研究中所提及的种植源包括耕地、水田、果园等土地利用类型区域上所产生的总氮污染排放来源，反映了人类种植行为对水环境的影响。生活源指城镇和农村居民日常生活所导致的总氮污染物排放，后文中在某些数据情况较好的区域源解析中进一步划分了城镇生活源和农村生活源。其中，城镇生活源包括污水处理厂排放的处理后的生活污水部分，以及根据模型测算的生活污水未被收集处理的城镇人口的面源生活源；农村生活源则指农村人口的面源生活源。畜禽养殖源指流域内的规模化养殖场的养殖行为所导致的总氮污染排放。工业点源指流域内的工业企业污水经污水处理厂处理后留存于出水中的总氮污染物排放。自然本底指流域内非典型人类活动行为导致的自然本底性总氮污染负荷，包括自然用地（林地、草地）上的泥土有机质释放、大气氮沉降等。

另外，从空间来源上分析，进入丹江口水库的总氮污染物来源主要集中在汉江上游干流周边，以及汉江下游支流，丹江上游，老灌河及其他直接入河水系周边。其中，汉江上游对丹江口水库的总氮负荷贡献主要来自陕西省汉中市，包括汉台区、城固县，以及西乡县的部分区域，中游安康市的总氮负荷贡献显著，下游整体对丹江口水库的污染风险更高，其中以十堰市竹山县、郧阳区为代表，其总氮负荷贡献最为明显。

丹江对丹江口水库的总氮负荷贡献主要来自其上游源头区域以及下游入库前的区域。其中，丹江上游商洛市商州区和丹凤县西北部对丹江口水库的总氮负荷贡献显著，下游区域对丹江口水库的总氮负荷贡献则主要集中在十堰市郧阳区对滔河下游的负荷输出，以及南阳市淅川县对淇河以及丹江下游干流的负荷输出。

直接入库的小河流由于距离水库较近，具有较强的潜在污染风险。其中，老灌河入丹江口水库的总氮负荷来源主要集中在下游入库前的西峡县和淅川县境内；神定河和泗河入丹江口水库的总氮负荷通量主要来自湖北省十堰市，而官山河和浪河的总氮负荷通量主要来自湖北省丹江口市。从负荷强度上看，神定河流域对丹江口水库总氮污染通量的贡献强度最高，老灌河流域下游城关镇，泗河流域上的六里坪镇，以及官山河流域上的官山镇和其下游支流剑河上的武当山镇等均对丹江口水库有较为显著的总氮污染负荷。

在分析了水库整体总氮污染负荷来源空间分布和比例构成的基础上，本研究进一步分析了各入库水体的总氮污染通量贡献及其来源比例构成，如下节所述。

4.2 不同河流入库总氮污染负荷来源解析

丹江口水库的水体来源主要包括汉江、丹江两大干流的注入，以及库周若干小河流的注入，包括老灌河、神定河、泗河、官山河、浪河等。依据 SPARROW 模型分析结果可知，汉江是丹江口水库入库总氮污染物的主要来源。2015 年，进入丹江口水库中的总氮污染负荷通量有 67.7%来自汉江贡献，12.3%来自丹江贡献，9.8%来自若干直接入库的小河流，其余部分则来自水库周边面源，如图 10 所示。

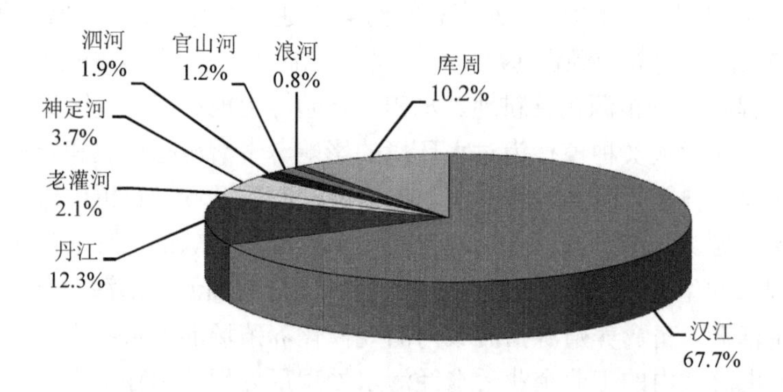

图 10　各入库河流对丹江口水库总氮污染负荷的贡献比例

在此基础上，利用 SPARROW 模型进一步分析了经由各条入库河流所排进丹江口水库的总氮污染负荷的来源比例构成，其结果如图 11 所示。分析结果可知，不同河流的总氮污染源特征不尽相同，受其所处区域的污染结构特征影响而存在差异，但生活源均为首要污染源。

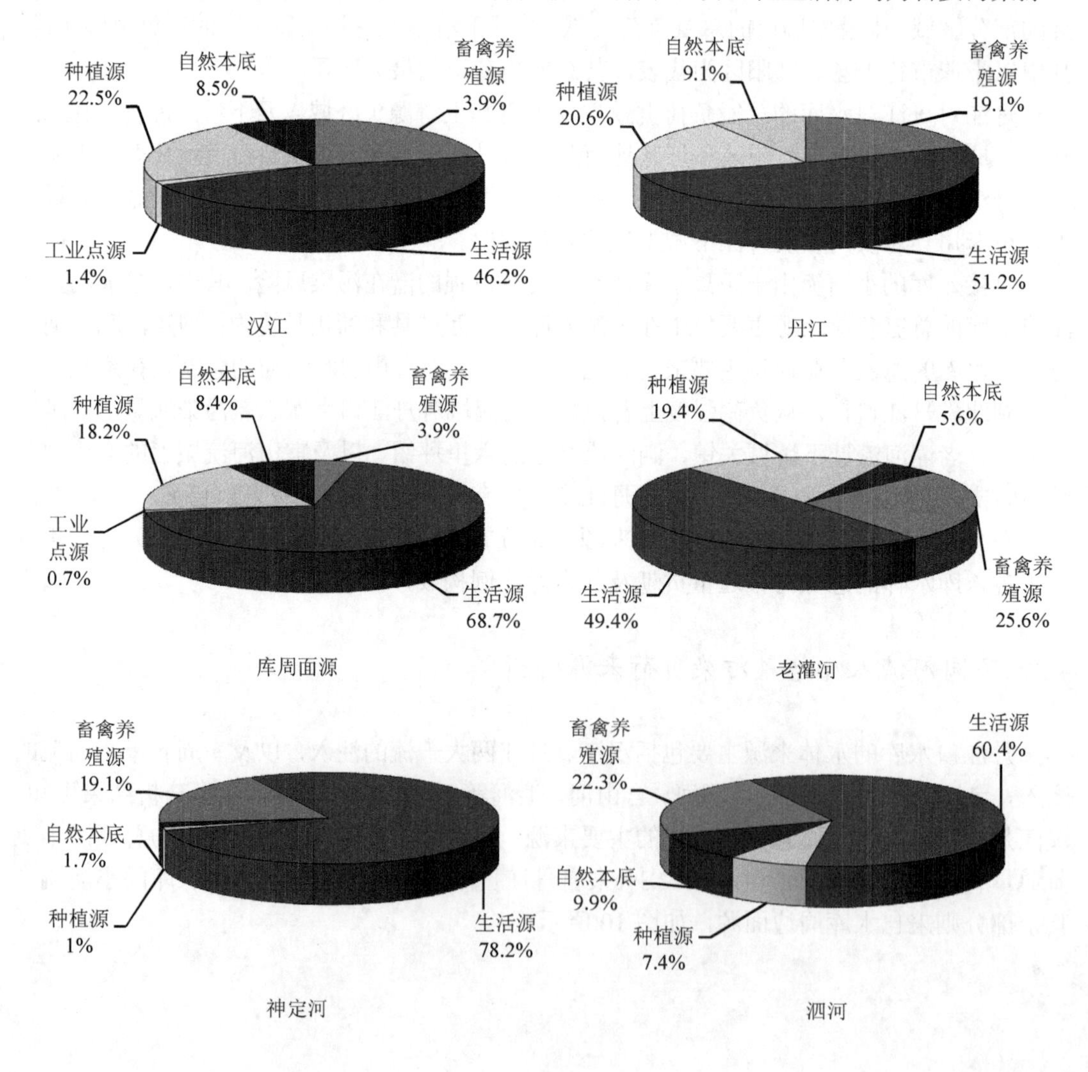

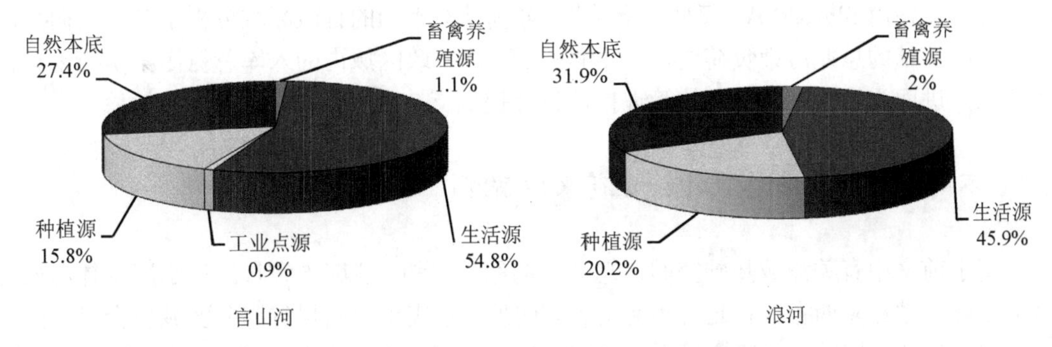

图 11　丹江口水库各条入库河流的总氮污染负荷来源比例构成

其中，经由汉江进入丹江口水库的总氮污染物有 46.2%来自生活源，为汉江的首要污染源；其次有 22.5%来自种植源，21.5%来自畜禽养殖，共同为汉江的次要污染源；而工业点源仅占 1.4%，对汉江入丹江口水库的总氮污染负荷通量的贡献并不显著；其余 8.5%则来自自然本底贡献，主要来自干流及各条支流的源头区域。

类似地，经由丹江进入丹江口水库的总氮污染物的首要来源是生活源，占到全部负荷总量的 51.2%，而种植源和畜禽养殖源则共同为丹江入库水体总氮的次要污染通量来源，分别占 20.6%和 19.1%，其余 9.1%来自自然本底。

库周面源受丹江口市人类活动影响，其主要污染源是生活源，占到全部库周面源总负荷量的 68.7%。其次，有 18.2%的总氮污染物来自种植源，为库周面源的次要污染源。此外，还有 8.4%的库周面源来自自然本底，3.9%的库周面源来自畜禽养殖排放。

在各条库周直接入库的小河流中，入库总氮污染负荷贡献最大的是神定河，其主要污染源为生活源，占其全部负荷量的 78.2%，这与神定河所处十堰市中心区域人类活动密集的流域特征相一致。神定河对丹江口水库总氮污染贡献的次要污染源是畜禽养殖源，占其全部负荷量的 19.1%。此外种植源和自然本底分别占 1.0%和 1.7%，对水库总氮贡献较小。

老灌河的入库总氮污染源构成与丹江类似，其中生活源占 51.2%，为首要污染源。老灌河的畜禽养殖源比例在各条入库河流中相对比例最高，占到其全部总氮贡献量的 25.6%。此外，种植源占老灌河入库总氮贡献量的 19.4%，其余 5.6%的贡献来自自然本底。

泗河排入丹江口水库的总氮污染物中有 60.4%来自生活源，22.3%来自畜禽养殖源，与该流域处于十堰市下属县级区，农村人口相对密集的特征一致。此外，种植源占泗河入库总氮负荷量的 7.4%，其余 9.9%来自自然本底。

浪河是官山河的支流，二河汇合后进丹江口水库。其中，官山河上游人类活动较少，水质良好，入库总氮通量的 27.4%来自自然本底，而生活源、和种植源分别占 54.8%、15.8%，主要来自下游支流剑河的贡献。此外，还有 1.1%的贡献来自畜禽养殖，0.9%的贡献来自工业点源。

浪河入库水体水质相对较好，其对丹江口水库的总氮污染负荷贡献中有 45.9%来自生活源，31.9%来自自然本底，20.2%来自种植源，其余 2.0%则为畜禽养殖源贡献。

综上所述，丹江口库区及上游流域不同区域对丹江口水库入库水体中的总氮污染通量贡献具有空间差异，且不同区域的污染物负荷来源构成各具特点。面向管理需求出发，本研究进一步使用 SPARROW 模型分析结果，分别针对不同的行政区域分析了其各自向丹江口水库所贡献的总氮污染负荷通量，并解析了不同行政区域内的入库总氮污染负荷来源构成特征，进而为指导有针对性的管理措施设计提供支持信息。

4.3 不同行政区入库总氮污染负荷来源解析

基于前文中有关流域基础空间信息分析的结果可知，能够导致丹江口水库水体污染的区域主要集中在陕西省、湖北省和河南省。此外，重庆市和四川省部分区域也会对汉江支流仁河水质造成影响。本研究综合 SPARROW 模型污染源解析以及污染物溯源分析结果，评估了各省份对丹江口水库入库总氮污染负荷通量的贡献比例，以及 3 个主要省份对丹江口水库总氮污染贡献的负荷来源构成，其结果如图 12 所示。

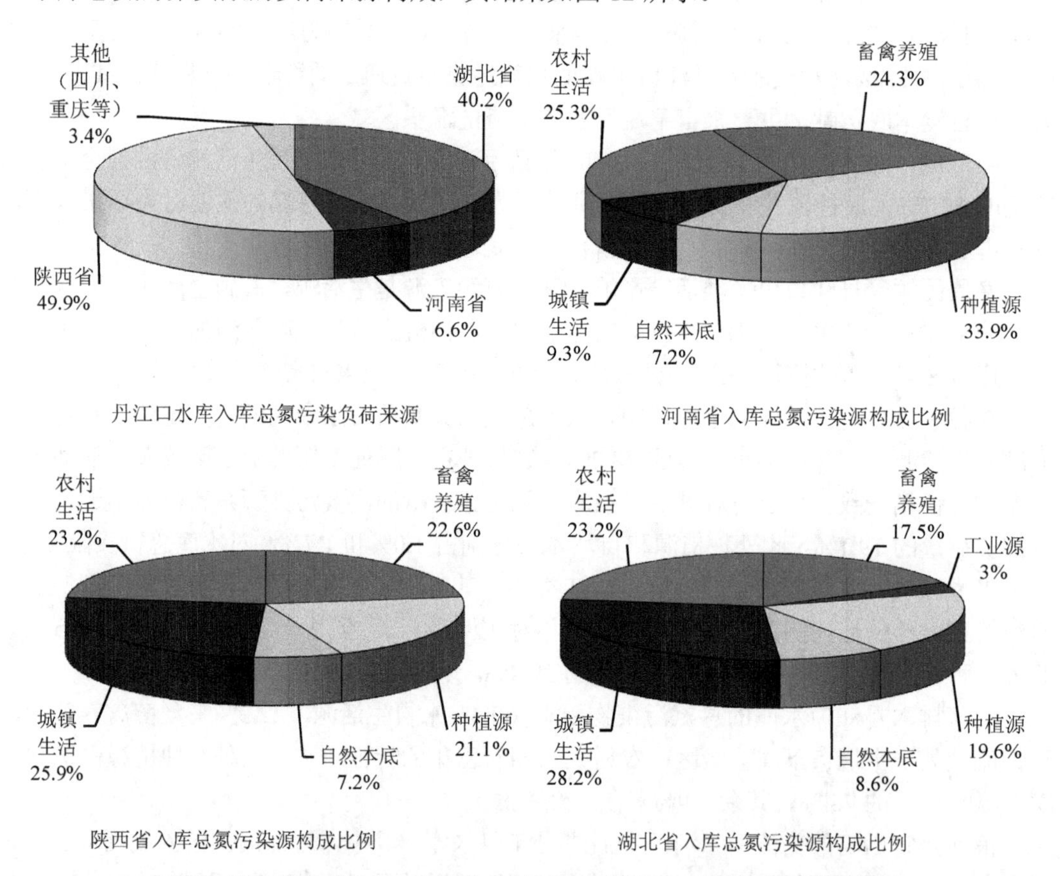

图 12 不同省份对丹江口水库的总氮污染贡献比例及其各自的污染源构成

由分析结果可知，2015 年进入丹江口水库的总氮污染物中有 49.9%来自陕西省，40.2%来自湖北省，陕西省和湖北省是丹江口水库总氮污染的主要来源。此外，还有 6.6%的入库总氮污染物来自河南省，其余 3.4%的贡献来自其他省份，主要包括仁河上游的四川省和重庆市。

其中，陕西省对丹江口水库的总氮污染主要来自生活源。据模型结果显示，2015 年陕西省对丹江口水库入库水体总氮污染贡献的 25.9%来自城镇生活，23.2%来自农村生活，22.6%来自畜禽养殖，21.1%来自种植源，7.2%来自自然本底。这其中，88.2%的总氮污染物经汉江汇入水库，11.8%经丹江汇入水库。

湖北省对丹江口水库的总氮贡献同样以生活源为主。据模型分析结果显示，2015 年湖北省对丹江口水库的总氮污染负荷贡献中，城镇生活源占 28.2%，农村生活源占 23.2%，为主要污染源；种植源和畜禽养殖源分别占 19.6%和 17.5%，为次要污染源。此外，工业源占 3.0%，其余 8.6%为自然本底。

河南省的种植源和畜禽养殖源对丹江口水库的总氮污染贡献较为显著。基于模型解析结果可知，2015 年河南省对丹江口水库的总氮污染贡献中有 33.9%来自种植源，25.3%来自农村生活，24.3%来自畜禽养殖，与当地农业活动活跃有关。此外，城镇生活源占 9.3%，其余 7.2%来自自然本底。

更进一步地，本研究以市级行政区为单位，评估了研究区域内各城市对丹江口水库入库总氮污染负荷通量的贡献比例，其结果如图 13 所示。

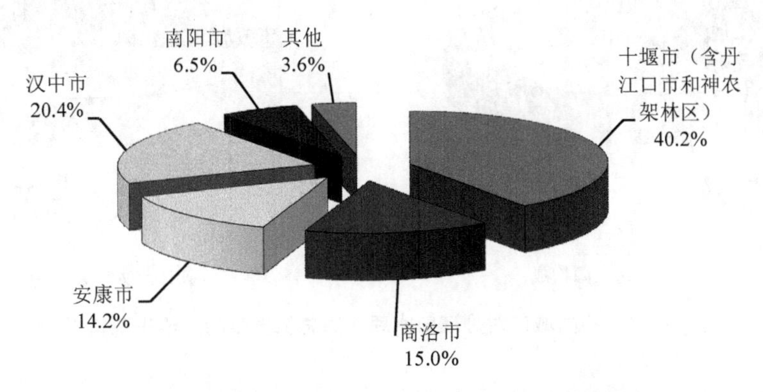

图 13　不同城市对丹江口水库的入库总氮污染通量贡献比例

由分析结果可知，十堰市是对丹江口水库入库总氮污染负荷贡献最大的城市，占到全部入库总氮量的 40.2%，这一比例与湖北省的占比相同，说明湖北省对丹江口水库的总氮贡献全部来自十堰市。这里所指的十堰市包含了其代管下辖的丹江口市和神农架林区位于丹江口水库流域汇水区范围内的部分。陕西省内的汉中市、安康市和商洛市分别占丹江口水库全部入库总氮量的 20.4%、14.2%和 15.0%。此外，河南省南阳市占全部入库总氮量的 6.5%，其余 3.6%的贡献来自其他城市，包括重庆市、达州市、宝鸡市以及三门峡市等。

利用 SPARROW 模型源解析结果，本研究进一步针对各主要城市对丹江口水库总氮污染贡献的负荷来源构成进行了解析，其结果如图 14 所示。其中，十堰市对丹江口水库的总氮污染负荷来源构成与湖北省的比例完全相同，这里不再赘述。由分析结果可知，不同城市受其经济发展结构的影响，其总氮污染负荷来源构成也不尽相同。

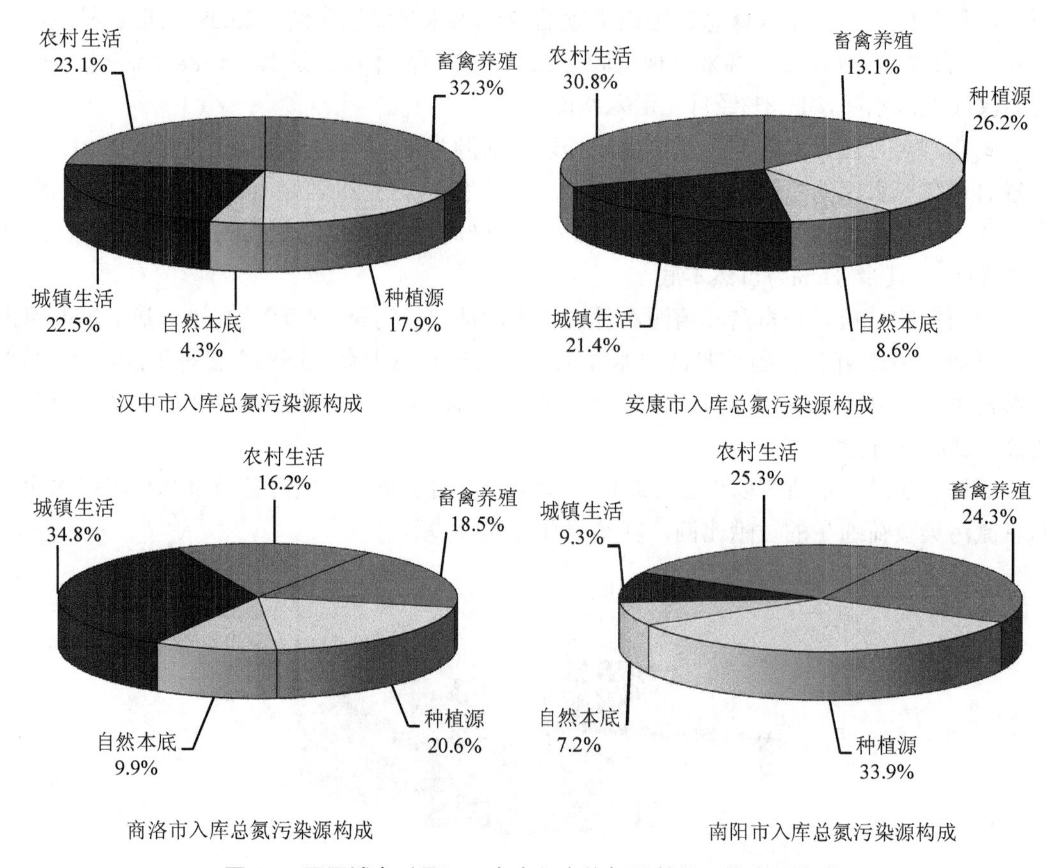

图 14　不同城市对丹江口水库入库总氮贡献的污染来源构成

汉中市对丹江口水库的年总氮贡献量约 1.05 万 t，其全部经由汉江汇入丹江口水库。分析其污染负荷来源构成可知，畜禽养殖源是其首要污染源，占该区域全部入库总氮负荷的 32.3%。城镇生活源、农村生活源和种植源分别占 22.5%、23.1%和 17.9%，为次要污染源。其余 4.3%的贡献来自自然本底，主要源自干流和支流的源头区域。

安康市对丹江口水库的年总氮贡献量约 0.73 万 t，其中 94.3%直接进入汉江干流，5.7%进入安康市南部的南江河，再经堵河汇入汉江。分析安康市对丹江口水库的总氮污染负荷来源构成可知，有 30.8%的入库总氮贡献来自农村生活，为该区域的首要污染源。种植源和城镇生活源分别占安康市全部入库总氮贡献量的 26.2%和 21.4%，为该城市所辖区域内的次要污染源。此外，还有 13.1%的贡献来自畜禽养殖，8.6%的贡献来自自然本底。特别地，在安康市南部的南江河流域，其对丹江口水库的总氮贡献的 55%来自畜禽养殖源，认为与当地镇坪县生猪养殖业较发达有关。

商洛市对丹江口水库的年总氮贡献量约 0.77 万 t，其中 42.5%经由汉江入库，57.5%经由丹江入库。从整体上看，商洛市对丹江口水库总氮污染贡献以城镇生活源为主，占到全部贡献的 34.8%，种植源占比 20.6%，畜禽养殖源和农村生活源比例分别为 18.5%和 16.2%，自然本底占比 9.9%。分别针对商洛市汉江片和丹江片对丹江口水库的总氮污染负荷贡献来源构成进行解析可知，商洛市不同区域对水库总氮负荷贡献的污染源结构特征不尽相同。

其中，商洛市丹江片的入库总氮贡献中有 38.1%来自城镇生活源，为该区域的首要污染源；农村生活源、种植源和畜禽养殖源分别占 18.7%、19.1%和 17.9%，为次要污染源；自然本底占全部负荷贡献的 6.3%。商洛市汉江片的入库总氮贡献中有 30.3%来自城镇生活源，为该区域的首要污染源；种植源和畜禽养殖源分别占全部贡献量的 22.6%和 19.4%，为该区域的次要污染源；此外农村生活源占 12.9%，自然本底占全部负荷贡献的 14.9%。综合来看，商洛市丹江片表现为以人类生活污染为主，而商洛市汉江片的城镇生活源和农村生活源比例较丹江片有所下降，种植源和畜禽养殖源比例有所上升，表现为农业活动较活跃。

南阳市对丹江口水库的年总氮贡献量约 0.34 万 t，经由丹江汇入丹江口水库。分析其污染负荷来源构成可知，种植源是其首要污染源，占该区域全部入库总氮负荷的 33.9%。农村生活源和畜禽养殖源分别占 25.3%和 24.3%，为该区域的次要污染源。此外，有 9.3%的入库总氮贡献来自城镇生活源，其余 7.2%的贡献则来自自然本底。南阳市对丹江口水库总氮贡献的污染源结构表现出典型的以农业活动为主导的特征。

综上所述，不同省份、不同城市对丹江口水库入库总氮负荷的贡献量及其污染物来源构成均不尽相同，与其各自所处区域的自然条件和经济发展特点有关。在管理上应面向不同地区，针对其总氮污染的主要来源与特点，分别制定有针对性的治理措施，提升管理效能。

5 总氮污染物空间传输削减分析

基于空间传输对污染物在流域内的产生、传输与衰减过程进行综合性描述，是 SPARROW 模型的重要功能和特点。SPARROW 模型能够基于其空间架构，对各个子流域上产生并入河的污染物进行传输分析，描述其在流域内的迁移转化过程，以实现针对任意目标断面的污染物溯源分析，得到研究区域内不同区域所产生的污染物中能够最终到达目标断面的比例，进而面向目标断面评估不同区域的污染贡献强度。本研究选取了各条河流进入丹江口水库的入库断面作为目标断面，分别使用 SPARROW 模型进行了溯源分析，得到了汇水区域范围内不同子流域上的总氮污染入河量最终进入丹江口水库的贡献比例，其结果如图 15 所示。

从全流域整体上看，2015 年研究区域内的总氮污染物约 10.5 万 t，其中有 5.2 万 t 最终进入了丹江口水库，即有 50.5%的污染物在传输过程中被削减。分析 SPARROW 模型溯源分析比例空间分布可知，总体上经由距离水库较远的上游子流域入河的总氮污染物，其最终进入水库的比例较低，而距离水库较近的下游子流域汇入的总氮污染物则有较高的比例会最终进入到丹江口水库中。特别地，汉江干流上的安康水库对汉江总氮污染负荷体现出了显著的削减作用。

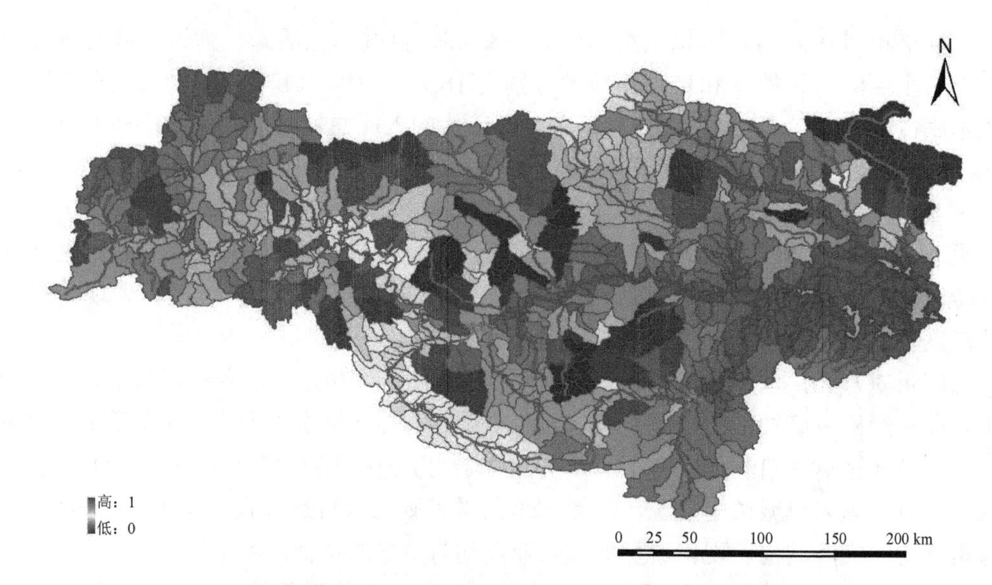

图 15　不同区域的总氮污染物最终进入丹江口水库的比例空间分布

基于 SPARROW 传输与溯源分析结果，汉江干流的年总氮通量由进入安康水库前的 2.85 万 t 下降到出库后的 1.69 万 t，削减了 40.9%。受益于安康水库及其下游河段的削减作用，进入安康水库的总氮污染物仅有 40.1%会最终进入丹江口水库，而综合上游的水体传输削减，安康水库上游总的入河总氮污染物仅有 29.1%会最终进入丹江口水库。

然而，安康水库上游流域对水体有很大的总氮污染物入河量输出，虽经安康水库衰减，但从 SPARROW 溯源分析结果中可以发现上游部分重点区域仍体现出对丹江口水库有较强的贡献强度。从另一个角度看，上述结果表明安康水库承受了汉江上游较大的总氮通量贡献压力。分析 SPARROW 模型对安康水库总氮降解过程评估，其降解系数为 11.3 m/a，表明该水库对总氮的削减包括反硝化作用、生物摄取以及沉降作用，水库水体具有较好的自净能力，对汉江水体水质的整体改善具有重要作用。

但是，水库的自净能力是有限的，持续性高强度的污染负荷输入会导致水库自净能力的下降，甚至达到极限后会经由底泥等向水体中反向释放输出污染物。基于 SPARROW 模型传输架构分析，若安康水库对总氮污染物的削减率下降 50%，则汉江下游水质将进一步恶化，由汉江入丹江口水库的水体中的总氮年总通量将会增加 11.3%。因此，在关注汉江上游对丹江口水库总氮通量贡献的同时，应当综合考虑安康水库的水体安全，削减汉江上游的总氮污染排放。

6　主要结论

本研究针对丹江口水库库区及上游流域，使用 SPARROW 模型对其总氮污染问题进行了源解析与空间分布特征评估，初步研究结果表明：

（1）SPARROW 模型能够在丹江口库区及上游流域开展有效应用，其模拟结果能够达到预期分析效果，能够作为评估工具为管理提供可靠的决策支持信息。建议基于已构建的SPARROW模型参数架构，不断面向管理的新需求、新条件、新状态，及时更新污染源及水质数据，实现针对丹江口水库入库总氮负荷通量控制与污染源结构特征调控的流域模型滚动模拟与解析。

（2)丹江口水库上游来水整体总氮浓度整体偏高。汉江干流整体处于Ⅳ～Ⅴ类水平，丹江整体处于Ⅴ～劣Ⅴ类水平，两大干流入库断面水质2015年均值均属劣Ⅴ类水平。水库南岸直排入库小河流中，神定河和泗河总氮浓度较高，北岸老灌河入库断面总氮浓度也处于劣Ⅴ类水平。建议对丹江口水库上游来水总氮污染问题予以重点关注，开展相关污染源调查解析与水环境问题识别研究，采取有针对性的措施改善流域整体水质状态。

（3）汉江是丹江口水库入库总氮通量的主要贡献途径，而生活源是丹江口水库入库总氮污染物的主要来源。丹江口水库全部入库总氮量的67.7%经由汉江入库，其中生活源占46.2%，种植源占22.5%，畜禽养殖源占21.5%，自然本底占8.5%，工业点源占1.4%。丹江向丹江口水库输入的总氮负荷量占全部入库总氮量的12.3%，其中51.2%为生活源，20.6%为种植源，19.1%为畜禽养殖源，另外9.1%来自自然本底贡献。建议关注流域内的生活源总氮污染控制，提高生活污水处理率。其中，在人口相对集中的地区修建污水处理厂，完善生活污水收集管网；在山区及人口分散，管网建设收益较低的地区修建形式多样的分散式生活污水处理设施，整体上避免生活污水直排入河现象的发生。

（4）丹江口库区及上游流域不同区域对丹江口水库入库水体中的总氮污染通量贡献具有空间差异性，且不同区域的污染负荷来源构成各具特点。陕西省和湖北省是丹江口水库总氮污染的主要贡献来源，陕西省占全部入库总氮的49.9%，湖北省占40.2%。陕西省对丹江口水库入库水体总氮污染贡献的25.9%来自城镇生活，23.2%来自农村生活，22.6%来自畜禽养殖，21.1%来自种植源，7.2%来自自然本底。湖北省对丹江口水库入库水体总氮污染贡献的28.2%来自城镇生活，23.2%来自农村生活，19.6%来自种植源，17.5%来自畜禽养殖源，3.0%来自工业源，8.6%来自自然本底。其中，汉江上游汉中市区域的畜禽养殖源贡献相对显著，汉江中游安康市和商洛市汉江片的种植源贡献相对显著，库周直接入库河流周边十堰市区域的城市生活源贡献相对显著。建议基于不同行政区域范围开展针对性总氮污染控制，以面向控制单元管理为手段，在重点控制断面考核中逐步引入总氮浓度指标。

（5）丹江口水库上游流域体现出了一定的水体自净能力，进入河道水体中的总氮污染物有50.5%在向丹江口传输的过程中被削减。其中，安康水库对总氮污染负的削减作用显著。汉江干流过安康水库前后的总氮负荷通量下降了40.9%，安康水库上游流域总的入河总氮负荷量仅有29.1%会最终到达丹江口水库。若安康水库对总氮的削减效率下降50%，则汉江排入丹江口水库的总氮通量将会增加11.3%。建议加强上游水生态保护建设，在客观自然条件适宜的支流流域修建植滨带、人工湿地等面源污染控制设施，提高河道对总氮污染的削减效率。另外，实施农村综合水污染管控，逐步关停无环境保护措施的小型养殖场，提升改造规模化养殖场粪便处理工艺，开展科学化农业种植技术推广，优化山区农业种植方式，合理施肥，修建截污沟渠，避免河道周边农田灌溉水直接入河，减少总氮污染入河量。同时，要关注安康水库水体水质安全，加强对安康水库的水质管控，开展相关措施削减入库总氮污染通量，加强水质趋势分析评估及预警监测，确保安康水库水体水质安全。

7 建议

本研究仅为利用已有资料开展的初步探索。为有效防控丹江口库区总氮，建议下一步加强丹江口库区水华发生机理及总氮迁移转化基础研究，做好水华应急防控，试点推进生活源和农业源总氮污染防治，为“十四五”水源区水污染防治夯实基础。

（1）加强总氮监测研究，夯实管理决策基础。加强水体和污染源总氮指标的监测与统计，为进一步细化分析总氮来源和迁移转化规律提供翔实的数据基础。开展丹江口水库富营养化机理研究，摸清氮磷浓度、水动力条件等影响因子阈值，为有效防范丹江口水库富营养化提供依据。研究建立水环境承载能力监测评价体系，试点开展承载能力监测预警。研究建立南水北调中线工程水源区总氮排放总量控制制度。探索南水北调中线水源区和受水区生态补偿机制，将水源区生态保护成本纳入受水区水价，建立生态补偿长效机制。

（2）推进流域生态保护，强化水华应急防控。进一步加大小流域治理、水土流失、环库生态隔离带、石漠化治理力度，入库河流因地制宜建设人工湿地水质净化工程，提高水环境承载力。严格执行保护区空间开发保护制度，对生态保护红线范围内的、非法挤占水域岸线的以及对水质影响大的村庄、农业用地、企事业单位和建筑等限期退出。按照“一源一档”的原则建立风险源档案，并实施动态化管理。建立水源区突发性水污染事件应急管理机制，科学制定应急预案并开展应急演练。加强水华应急能力建设和应急物资储备，制定水华应急预案并定期演练，有效防范支流水华发生。

（3）加强基础设施建设运营，深化面源污染综合防治。加快完善已建污水厂配套管网，城镇新建区实行管网雨污分流。整治雨污水管道接口、检查井等渗漏，解决管网清污混流造成的溢流污染、初期雨水污染等问题。因地制宜地推进水源区污水处理厂提标改造，强化氮磷污染物削减。全面开展城镇污水处理设施总氮排放的监测与统计，将总氮作为日常监管指标。按照“种养平衡、循环发展”的理念，采取畜禽养殖废弃物资源化利用、种植业污染防治、农村生活污染治理等综合措施，推广科学化农业种植技术，优化山区农业种植方式，合理施肥，降低总氮污染物排放。

参考文献

[1] 马乐宽，杨文杰，续衍雪，等. 丹江口库区及上游水污染防治和水土保持“十三五”规划研究报告[M]. 北京：中国环境出版社，2016.

[2] 徐敏，陈岩，赵琰鑫，等. 流域空间属性关联模型（SPARROW 模型）理论方法与应用案例[M]. 北京：

中国环境出版社，2013.

[3] 张高丽主持召开南水北调工程建委会全会并讲话[EB/OL]. http://www.gov.cn/guowuyuan/2017-11/02/content_5236637.htm.

[4] 赵永平. 南水北调中线年度调水启动 57.84 亿立方米江水解渴北方[N]. 人民日报，2017-11-03.

[5] 南水进京两年累计接收 19.3 亿方　供水比例占六成[EB/OL]. http://news.xinhuanet.com/photo/2016-12/27/c_129421432.htm.

[6] “保供水　多调水　用好水”北京提前完成 2016—2017 年度调水任务[EB/OL]. http://www.bjnsbd.gov.cn/nsbd/glyx/gcjs/39975/index.html.

上市公司环境信息披露评估报告（2016—2017 年）

The Assessment Report on the Environmental Information Disclosure of Listed Company（2016–2017）

葛察忠 李晓亮 田 雪 李婕旦 贾 真 吴嗣骏
佘 婷 王 青 张 炳 汤亚茹 吴 爽

摘 要 上市公司是我国国民经济主力军，其中重污染行业①上市公司，是污染排放重要贡献者，是环境政策优先试用对象、潜在的环境守法模范及生态文明建设创新引领者，扎实推动上市公司环境信息披露对于强化环保监管与优化资本市场具有双重重要作用[1-2]。近年来，国家出台了一系列政策、标准，改革以上市公司环保核查制度为核心的政府主导的绿色证券政策模式，建立基于公开信息的市场主导的绿色证券政策模式。证监会修订《公开发行证券的公司信息披露内容与格式准则第 2 号——年度报告的内容与格式》等标准规范，对需强制披露环境信息的上市公司范围、披露内容等提出了细化要求。为评估上市公司通过定期报告披露环境信息的工作进展、成效与问题，受政法司委托，筛选母公司属重点排污单位的上市公司，基于定期报告内容，严格对照现行披露规范要求，对其通过定期报告披露环境信息的形式合规性进行了评估，对上市公司披露环境信息的特征与问题进行了识别，并提出了完善建议。

关键词 上市公司 环境信息披露 合规性

Abstract Listed companies are the main force of China's national economy. Among them，listed companies in heavily polluting industries are important contributors to pollution emissions. They are priority test targets for environmental policies，potential models of environmental compliance，and leaders in the innovation of ecological civilization. Firmly promoting the disclosure of environmental information

① 2010 年环境保护部公布的《上市公司环境信息披露指南》（征求意见稿）将火电、钢铁、水泥、电解铝、煤炭、冶金、化工、石化、建材、造纸、酿造、制药、发酵、纺织、制革和采矿业 16 类行业划分为重污染行业，本文以此为基础，将 2017 年 2 季度上市公司行业分类结果中电力、热力生产和供应业，纺织服装、服饰业，纺织业，非金属矿采选业，非金属矿物制品业，黑色金属矿采选业，黑色金属冶炼及压延加工业，化学纤维制造业，化学原料及化学制品制造业，金属制品业，酒、饮料和精制茶制造业，开采辅助活动，煤炭开采和洗选业，皮革、毛皮、羽毛及其制品和制鞋业，汽车制造业，燃气生产和供应业，石油和天然气开采业，石油加工、炼焦及核燃料加工业，铁路、船舶、航空航天和其他运输设备制造业，通用设备制造业，橡胶和塑料制品业，医药制造业，有色金属矿采选业，有色金属冶炼及压延加工业，造纸及纸制品业，专用设备制造业 26 个行业划分为重污染行业，企业数共计 1 520 家。

of listed companies has a dual important role in strengthening environmental supervision and optimizing the capital market [1-2]. In recent years, the state has issued a series of policies and standards, reformed the government-led green securities policy model centered on the environmental protection verification system of listed companies, and established a market-led green securities policy model based on public information. The CSRC revised standards such as the "The Standard No.2 for the Contents and Formats of Information Disclosure by Companies Offering Securities to the Public-Contents and Formats of Annual Reports", and maked detailed requirements for the scope and disclosure of listed companies that require mandatory disclosure of environmental information. In order to evaluate the progress, effectiveness and problems of listed companies' disclosure of environmental information through periodic reports, the company was entrusted by the Secretary of Political Science and Law to screen listed companies whose parent companies are key pollutant discharge units. Based on the content of regular reports, strictly in accordance with the requirements of current disclosure regulations, the form compliance of environmental information disclosure through regular reports was evaluated, the characteristics and problems of environmental information disclosure by listed companies were identified, and suggestions for improvement were put forward.

Keywords listed company, environmental information disclosure, compliance

1 背景

1.1 企业环境信息公开的意义

在我国经济高速发展的进程中，环境污染问题日益严峻，受到越来越广泛的社会关注。环境保护需要政府、企业及公众的多方面共同参与。对公众而言，环境污染与人民生活息息相关，公众有权了解环境现状及重要污染源的排污情况，也有权监督其他个体及单位的环境行为。企业作为环境污染行为的重要主体，有义务公开其排污信息、防治污染设施的建设和运行情况以及其他应当公开的环境信息，以保障公众的知情权与监督权。环境信息披露行为可以提升企业的环境守法意愿和守法认识；也可以帮助管理部门和机构投资者及时准确地掌握污染主体排污和污染治理的真实情况，并通过市场行为反馈激励污染主体加强污染管控、提升环境绩效；对于公众而言，信息公开有助于拓宽信息获取途径，从而提升公众对环境问题的认识、加强公众对决策的参与，最大限度地调动社会公众参与环境监督的积极性；上市公司依法进行环境信息公开，也是对投资者权益的尊重和保护[3]。

上市公司的环境信息公开是环境信息公开制度的重要组成部分，督促上市公司履行社会责任，披露环境信息，不仅可以促进上市公司改进环境表现，更有助于保护投资者利益。证监会副主席姜洋表示，上市公司是资本市场的基石，在落实环境保护责任方面责无旁贷，建立强制性环境信息披露制度有助于提升上市公司质量，也是资本市场稳健发展的重要制度、促进环境质量改善的新举措。

然而，尽管我国近年在污染监管方面的力度不断增强，对上市公司环境信息披露也做出了具体要求，但是部分重污染行业和企业的超标排放问题仍然较为显著[4]。同时，上市公司出于企业形象及企业信息考虑，往往不愿意完整披露自身的环境信息，而市场固有的信息不对称和管理的不完善、设备技术的滞后等问题也进一步为企业隐瞒部分环境信息提供了可能性。此外，上市公司环境信息公开的形式、内容等方面也存在诸多问题。不完善的环境信息公开影响了公众对于企业环境表现的认知和掌握，削弱了公众参与企业环境公共监督的能力，同时也使得市场对于污染企业的反馈力度降低，在一定程度上为污染企业继续排污、忽视环境规制以攫取经济利益带来了激励。基于这一认识，当前对于上市公司信息环境公开的工作要着眼于加强监管和规制，完善市场信息以敦促企业完整地公开自身环境信息，同时建立和完善上市公司环境信息公开制度[5]。只有做好上述两方面研究及实践，才能在保证上市公司如实且完整地公开环境信息的同时最大限度地调动社会公众对环境监督的积极性，也为政府评估企业环境绩效并有效实施环境规制提供了支持。

评估上市公司的环境信息公开程序、内容及其环境表现，完善上市公司环境信息公开制度体系，对于推动上市公司更有效地公开环境信息和促进企业改善环境表现具有重要现实意义。

1.2 国外的发展历程

美国是较早开始研究环境信息披露的国家之一，也是最早确立专门的上市公司环境信息制度的国家[6]。20 世纪 70 年代，美国出现零星的环境信息披露，90 年代迅速增加。经过发展，在国会、国家环保局（EPA）、证券交易委员会（SEC）、财务会计准则委员会（FASB）和学者们的共同努力下，美国的上市公司环境信息披露制度已经基本成熟。从 20 世纪 90 年代后期开始，EPA 对石化、钢铁、造纸等重污染行业强制实施环境信息披露，并与 SEC 建立公司环境信息协调、沟通机制，使 SEC 在监管上市公司环境信息披露方面能够发挥更好的作用。美国的环境法规分为联邦、州两级，主要由环境监测与污染防治和环境清理与复原责任两大类构成，前者主要有《清洁空气法》《清洁水法》和《资源保护和恢复法》，后者主要有《环境反应、赔偿和责任法》等。这些法律法规都有专门条款对环境信息披露作出规定。针对上市公司，除遵循上述法律法规外，还必须按照 SEC 的要求披露环境信息。主要涉及的法律法规相关文件有《S-K 规则》（1934 年）、《应急计划和社区知情权法》（1986 年）、《有毒化学物质排放清单》（1986 年）、《92 号财务会计报告》（1993 年）、《作为经营管理手段的环境会计：基本概念及术语》（1995 年）等。

下面从公开主体、公开方式、公开内容三个方面梳理总结国外（主要是美国）的环境信息公开政策。

（1）公开主体

国外需要披露环境信息的企业范围广泛。美国要求上市公司均要披露环境信息，包括外国私人发行者，但对不同规模大小的公司披露要求的严格程度不同。

（2）公开方式

主板或创业板上市公司收购或出售物业而刊发的通函，其中必须披露相关环境事宜。证券上市后，主板上市公司在年度报告内需刊载环境、社会及管治报告，创业板上市公司要在其董事会报告及年度财务报表内刊发环境、社会及管治报告。此外，公司发行人须每年披露环境、社会及管治数据，有关资料所涵盖的期间须与其年报内容涵盖的时间相同。环境、社会及管治报告可以登载于发行人的年报中，一份独立的报告中又或发行人的网站上。无论采纳何种形式，环境、社会及管治报告都应同时发布于港交所及该发行人的网站上。美国公司的证券申请上市登记表、年度报告和其他报告、私人事务声明、收购要约的声明、对证券持有者的年度报告以及代理和信息声明以及其他证券交易法要求的文件，均需要根据 *Regulation S-K* 披露相应的环境信息。此外，公司档案的 MD&A（管理层讨论分析）中需要披露有关的环境信息，公司的财务报告和报表中也需要披露环境会计信息。

（3）公开内容

国外对环境信息披露的内容规定很详细。美国上市公司在年度报告中需要公开的信息包括环境因素对公司的成本、收益及竞争力的影响，公司在环境污染防治设施方面的重要资本支出，由环境引起的行政或司法诉讼（包括私人侵权诉讼和公益集团诉讼），环境因素可能带来的未来运营结果或财务状况的不确定性影响，公司的合同义务中所产生的环境责任，可以为投资带来投机机会和风险的环境风险因子，与环境责任有关的损失，环境修复责任等。规定中特别强调，对于风险因子的讨论必须是具体的，不能泛泛而谈。外国私人发行者需要提供"关于任何实际有形固定资产，包括租赁资产的信息"，包括对"任何可能影响公司对资产利用的环境问题"的描述，这项条款要求披露所有与实际资产有关的问题。

1.3 国内的发展历程

自 2006 年《环境统计管理办法》发布以来，我国已出台了一系列法律法规以促进企业信息公开制度的发展，包括《全国污染源普查条例》（2007 年）、《清洁生产促进法》（2012 年）、《环境保护法》（2014 年）、《企业事业单位环境信息公开办法》（2014 年）、《环境保护公众参与办法》（2015 年）、《环境影响评价法》（2016 年）等。其中，《企业事业单位环境信息公开办法》规定了重点排污单位所需公开的环境信息内容、公开途径、惩罚措施，是我国企业环境信息公开的最主要法律依据。2017 年发布的新版《企业事业单位环境信息公开办法（征求意见稿）》提出，为便于社会公众查询，国务院环境保护行政主管部门建立统一的企事业单位环境信息公开平台，集中发布重点排污单位的环境信息。

上市公司的环境信息公开是环境信息公开制度的重要组成部分。早在 2007 年，证监会就已发布了《上市公司信息披露管理办法》，但相关制度还很不完善。2008 年，国家环境保护总局正式发布了以上市公司环保核查制度和环境信息披露制度为核心的《关于加强上市公司环保监管工作的指导意见》，时任国家环境保护总局副局长潘岳表示，当前中国的资本市场环境准入机制尚未成熟，上市公司环保监管依然缺乏，导致某些“双高”企业或利用投资者资金继续扩大污染，或在成功融资后不兑现环保承诺，环境事故与环境违法行为屡屡发生。在国家宏观调控和节能减排政策不断强化的大趋势下，潜伏着较大的资本风险，并在一定程度上转嫁给投资者。因此，加强对上市公司的环保核查，并督促上市公司履行社会责任，披露环境信息，不仅可以促进上市公司改进环境表现，更有助于保护投资者利益。潘岳说，从2007年的情况来看，上市公司环保审核制度已经基本成型，下一步，就是要重点推进已上市公司的环境信息披露，加大公司上市后的环境监管。2010年《上市公司环境信息披露指南（征求意见稿）》对上市公司环境信息披露的准确性、及时性和完整性做出了相应要求，但并未得以实施。证监会出台的《上市公司重大资产重组管理办法》、《公开发行证券的公司信息披露内容与格式准则第1号——招股说明书》(2015年修订)、《首次公开发行股票并上市管理办法》等一系列文件中，也均有涉及企业环境信息公开的部分。

2016年，中央深改小组会议审议通过的《关于构建绿色金融体系的指导意见》，全面部署了绿色金融的改革方向，并由我国首次倡导将绿色金融纳入G20议程。该意见专门明确要“逐步建立和完善上市公司和发债企业强制性环境信息披露制度”。12月9日，证监会发布了《公开发行证券的公司信息披露内容与格式准则第2号——年度报告的内容与格式》（2016年修订）和《公开发行证券的公司信息披露内容与格式准则第3号——半年度报告的内容与格式》(2016年修订)，明确规定重污染行业上市公司在年报和半年报中需要披露的九项环境信息。2017年6月12日，环保部与证监会联合签署了《关于共同开展上市公司环境信息披露工作的合作协议》。证监会副主席姜洋也表示，上市公司是资本市场的基石，在落实环境保护责任方面责无旁贷，建立强制性环境信息披露制度有助于提升上市公司质量，也是资本市场稳健发展的重要制度、促进环境质量改善的新举措。合作协议着眼于执行层面，有利于形成完整的环境信息披露监管链条。证监会将进一步深化与环境保护部的合作，坚持依法、全面、从严监管，践行绿色发展理念，不断完善上市公司环境信息披露制度，督促上市公司切实履行信息披露义务，引导上市公司在落实环境保护责任中发挥示范引领作用，牢牢扛起国家责任、社会责任。

国内关于上市公司环境信息公开的法律法规文件主要有《环境统计管理办法》、《清洁生产促进法》、《环境保护法》、《企业事业单位环境信息公开办法》、《上市公司重大资产重组管理办法》、《公开发行证券的公司信息披露内容与格式准则第1号——招股说明书》（2015年修订）、《首次公开发行股票并上市管理办法》、《公开发行证券的公司信息披露内容与格式准则第23号——公开发行公司债券募集说明书》（2015年修订）、《中华人民共和国证券法》、《关于开展绿色公司债券试点的通知》、《公开发行证券的公司信息披露内容与格式准则第2号——年度报告的内容与格式》(2016年修订)、《公开发行证券的公司信息披露内容与格式准则第3号——半年度报告的内容与格式》(2016年修订)等。政策发展历程如图1所示。

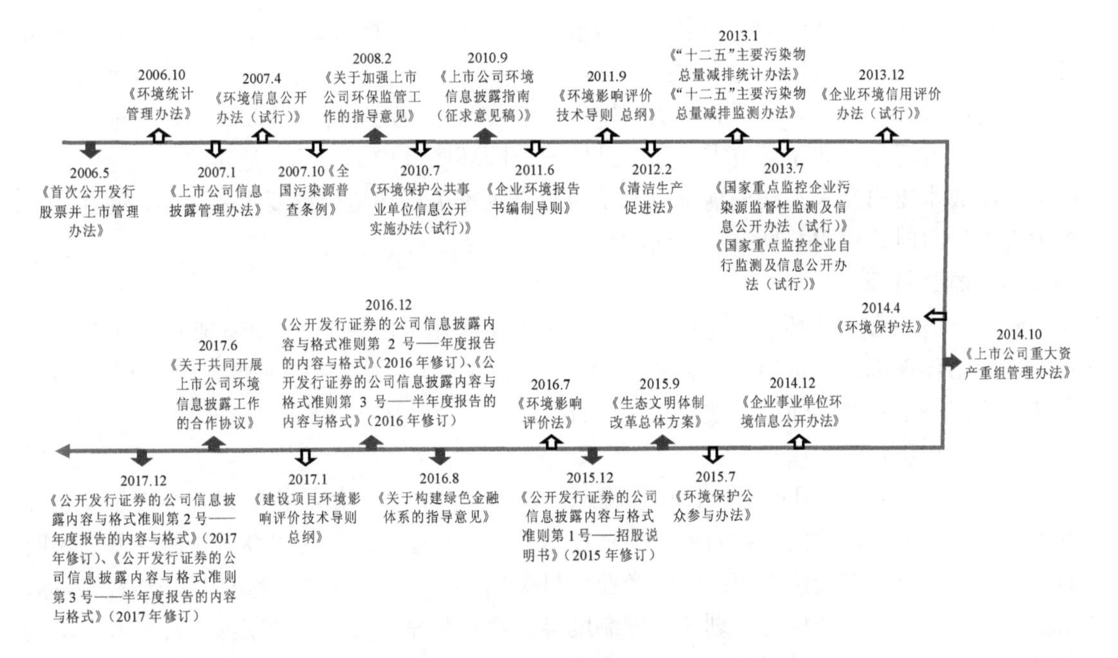

图 1 国内政策发展历程

基于以上相关法律法规，可将我国企业环境信息披露政策做如下梳理：

（1）公开主体

我国重点关注重污染行业上市公司的环境信息披露情况，此外，若企业发生突发环境事件或受到重大环保处罚，也应公开相关信息；鼓励其他行业的上市公司参照相关文件披露环境信息，但不进行强制规定。虽有规定首次公开发行股票并在创业板上市的企业生产经营活动需符合环境保护政策，主板及中小板上市企业应积极从事环境保护、落实环保工作，但并未对其环境信息披露作出明确规定。

（2）公开方式

我国的上市企业信息公开主要有以下几种形式：招股说明书、募集说明书与上市公告书；定期报告，包括年度报告、中期报告（半年度）和季度报告；临时报告，即发生重大事件时应立即披露。招股说明书或债券募集说明书中应披露环境保护政策变化可能带来的风险因素，此外，重污染行业的招股说明书中还需披露环境守法情况及相关支出。首次公开发行股票的公司招股说明书应全文刊登于中国证监会指定的网站，并置备于发行人住所、拟上市证券交易所、保荐人、主承销商和其他承销机构的住所，以备公众查阅。证券上市后，发生突发环境事件或受到重大环保处罚时企业应发布临时环境报告，重污染行业上市公司应披露年度环境报告。上市公司在年度报告中应披露环境信息。上市公司实施重大资产重组时，也应披露其环境守法情况。

（3）公开内容

根据《公开发行证券的公司信息披露内容与格式准则第 2 号——年度报告的内容与格式》和《公开发行证券的公司信息披露内容与格式准则第 3 号——半年度报告的内容与格式》，属于环境保护部门公布的重点排污单位的公司及其子公司，应当在年报及半年报中披露主要污染物及特征污染物的名称、排放方式、排放口数量和分布情况、排放浓度和总量、超标排放情况、执行的污染物排放标准、核定的排放总量，以及防治污染设施的建设和运行情况等环境信息。在招股说明书中，上市公司应披露环境保护政策变化可能带来的风险因素，重污染行业还需披露污染治理情况、因环境保护原因受到处罚的情况、近 3 年相关费用成本支出及未来支出情况以及是否符合国家关于环境保护要求的说明。而在实施重大资产重组时，仅需要披露环境违法信息。

（4）监督管理

我国未对上市企业环境信息披露的监督管理事项作专门规定，上市企业的环境信息公开工作可由环保部门、证监会、证券公司等依照《中华人民共和国证券法》《上市公司信息披露管理办法》及其他相关法律法规进行监管。

（5）试点工作

上交所于 2016 年开始绿色公司债券试点工作。绿色公司债券指募集资金用于支持绿色产业的公司债券，绿色债券的环境信息披露要求较其他上市公司更高。在债券募集说明书中应当披露募集资金拟投资的绿色产业项目类别、项目认定依据或标准、环境效益目标、绿色公司债券募集资金使用计划和管理制度等内容。在绿色债券存续期内，发行人在定期报告中、绿色公司债券受托管理人在年度受托管理事务报告中均应当披露资金使用情况、绿色产业项目进展情况和环境效益等内容。此外，鼓励发行人按年度披露由独立评估认证机构出具的，对绿色产业项目进展及其环境效益等持续跟踪评估报告。

总结来看，我国上市公司环境信息公开制度在主体、方式、内容、监管等方面总结见表 1。

表 1　我国上市公司环境信息公开制度总结

方面	现状
公开主体	主要关注重污染行业及发生突发环境事件或受到重大环保处罚企业，对其他企业要求较低
公开方式	在企业上市各环节中，持续信息披露为环境信息主要披露环节，IPO、融资再融资和并购重组环节相关规定还需进一步完善
公开内容	公开内容涵盖企业基本的环境信息，但与发达国家相比公开内容仍不够详尽
监督管理	尚无专门的环境信息公开的监督管理办法
其他	开展了绿色债券试点工作

1.4　其他机构相关评估工作情况概述与对比

随着绿色金融的发展、环境信息披露政策制度的相继出台以及公众环保意识的增强，上市公司环境信息披露引起学者、机构以及社会公众的广泛关注，多家相关机构从多个角度对上市公司环境信息披露状况进行了评估。公众环境研究中心评价了上市公司污染源在线监测由于超标排放带来的风险，制定发布了《上市公司污染源在线监测风险排行榜》；中国环境新闻工作者协会发布的《中国上市公司环境责任信息披露评价报告》，以上市公司社会责任报告和环境责任报告中披露的环境信息为基础，揭露了上市公司环境信息披露质量水平的现状，并提出了相关的政策建议；复旦大学环境经济研究中心针对在上交所上市的上市公司环保核查制度所界定的14个重污染行业的172家上市公司，从愿景、经济、治理、排放以及碳指标等视角来审视企业内部环境信息的公开披露情况，并发布了《企业环境信息披露指数》。各相关工作的异同与特点，如表2所示。

表2 社会机构的相关评估内容

机构	公众环境研究中心	中国环境新闻工作者协会	复旦大学环境经济研究中心
报告名称	《上市公司污染源在线监测风险排行榜2015年度总结》	《中国上市公司环境责任信息披露评价报告》	《企业环境信息披露指数》
报告目的	为投资者识别上市企业正在累积的环境风险提供工具；通过责任投资引导上市企业节能减排	推进我国上市公司环境信息披露的总体水平提升；促进更多上市公司及时发布环境报告和企业社会责任报告	为相关学术研究及政策实践提供参考
评估依据	2013年7月《国家重点监控企业自行监测及信息公开办法（试行）》	我国环境保护法律法规的相关要求及企业环境责任相关研究成果	2010年9月《上市公司环境信息披露指南（征求意见稿）》
评估范围	部分安装并公开在线监控数据的上市公司及其分、子、控关联公司	上交所和深交所747家发布了社会（环境）责任报告的上市公司	在上交所上市的14个重污染行业的172家上市公司
评价指标	企业名称、排口名称、排放物质、排放浓度标准、排放时间、排放浓度值、超标排放倍数等	环境管理、环境绩效、利益相关方环境信息沟通3个一级指标，下分18个二级指标	愿景、经济、治理、排放以及碳指标5个一级指标，下分20个二级指标
数据来源	污染源在线监测数据	2015年公司的环境责任报告、可持续发展报告或社会责任报告	2016年年度报告及企业社会责任报告、可持续发展报告、环境报告书等公开披露资料

1.5 本报告的主要工作和目的

前期工作已经系统梳理了我国上市公司环境信息公开的政策体系，并与国外相关政策作对比，从公开主体、公开方式、公开内容、监督管理等方面分析了我国上市公司环境信息公开制度的特点与不足。基于此，本报告主要工作是评估我国上市公司环境信息公开现状：收集沪深两市上市公司公开的环境报告，包括年度财务报告、年度环境报告和临时环境报告等，对比相关政策文件的要求，评估我国上市公司环境信息公开的现状。具体研究内容如下：

（1）企业环境信息公开现状评估：利用国泰安数据库、Wind、Choice等金融数据库，搜集沪深两市上市公司的企业基本情况、财务报告、年度环境报告和临时性环境报告等披露信息，结合相关政策与现有研究，建立上市企业环境信息公开评价指标体系，对重点企业的环境信息公开行为进行系统性评估。

（2）上市公司环境信息公开特征分析与问题识别：分析不同行业公司（如污染密集型

和非污染密集型行业、资源依赖型和非资源依赖型行业），不同性质公司（如国有企业和非国有企业、区域性企业和全国性企业）环境信息公开行为特征。关注重点企业环境信息公开行为的历史沿革及重要节点，厘清上市公司环境信息行为的行业差异性、主体异质性及其时空演变特征。在此基础上，从公开内容、公开方式等方面识别上市公司环境信息公开面临的问题，形成此报告。

本报告的目的是，基于以上研究，并结合国内外企业环境信息公开政策的对比分析，根据上市公司所处不同地域的发展水平、环保要求，不同行业的污染水平等差异，从上市公司环境信息公开的内容和方式、社会监督、反馈整改机制等方面提出上市公司环境信息公开制度改进的政策建议。

2 评估方法

2.1 研究对象与信息来源

将收集整理的3.2万余家全国2016年重点排污单位名录，与沪深A股主板3 253家上市公司（截至2017年6月7日万得资讯数据）的母公司及其6.8万余家子公司的名称进行逐一对比，共得到264家属重点排污单位的上市公司名单，并通过社会信用代码、组织机构代码等其他相关信息进行了逐一核对。

此264家上市公司，除264家母公司本身外，另包含205家子公司，名单具体见附表1。仅母公司一家属重点排污单位的上市公司173家，其中，国控企业86家，省/市控企业87家。母公司属于且同时至少有一家子公司属于重点排污单位的上市公司共91家，其中子公司与母公司均为国控重点的有57家，母公司为国控重点、子公司为省/市控重点的有22家，子公司与母公司均为省/市控重点的企业有12家。不同类型的企业占比如图2所示。

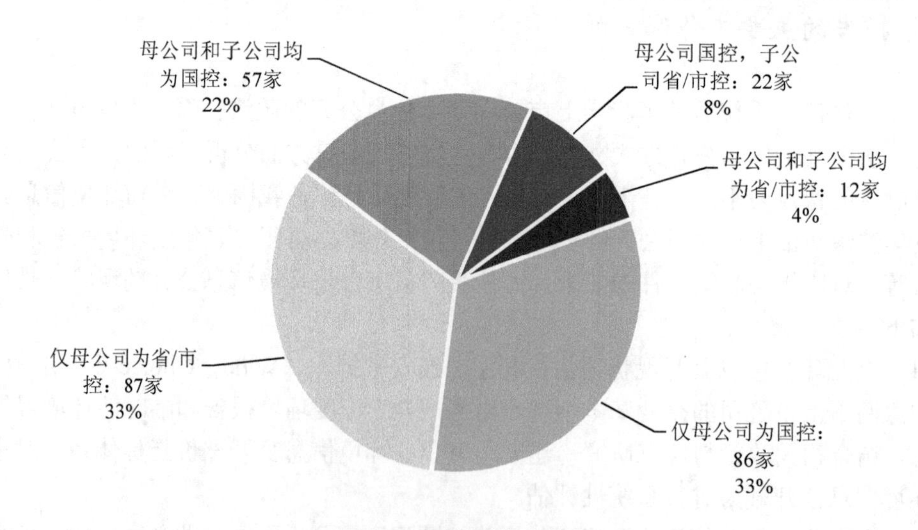

图2 不同类型企业分布

本次评估的时间范围为 2016 年和 2017 年，主要评估企业的 2016 年年度报告、2016 年社会责任报告、2017 年半年度报告和企业官方网站上公布的其他环境信息。

报告的主要来源包括上市公司自身的官方网站、证券交易所网站和其他财经网站。上市企业按法规规定须在证券交易所网站披露定期报告。在交易所网站上可以找到几乎所有公司的年报和半年报以及企业有披露的社会责任报告。大部分上市公司的官方网站会披露企业年度报告和半年度报告，其中部分企业同时也会披露社会责任报告。此外，少量企业还会在网站上披露环境监测报告、环境监测方案等信息。部分企业不在官方网站上披露信息，只在证券交易所网站披露。除官网和证券交易所网站外，企业还会通过其他财经类网站如巨潮资讯网、中国证券网等披露信息。

2.2 评估依据与评估方法

证监会于 2016 年 12 月份发布更新了《公开发行证券的公司信息披露内容与格式准则第 2 号——年度报告的内容与格式》(2016 年修订)、《公开发行证券的公司信息披露内容与格式准则第 3 号——半年度报告的内容与格式（2016 年修订）》(以下简称《准则》)，其中第 42 条、第 40 条要求“属于环境保护部门公布的重点排污单位的公司及其子公司，应当根据法律、法规及部门规章的规定披露相关环境信息，具体包括：主要污染物及特征污染物的名称、排放方式、排放口数量和分布情况、排放浓度和总量、超标排放情况、执行的污染物排放标准、核定的排放总量，以及防治污染设施的建设和运行情况等环境信息等 9 方面内容”。

以上述 9 方面法定信息披露的内容要求，作为此次评价国控重点排污上市公司环境信息公开的评价指标。评估目标是逐一分析上市公司是否依据《准则》基本合规披露了 9 项必须披露的环境信息，合规披露 1 项计 1 分，得分在 0～9 分。零披露是指单一企业或群体得分为 0 分，即未披露《准则》中所要求披露的任何环境信息。

9 项法定指标中，每一项的评判标准如下：

（1）主要污染物及特征污染物的名称

须明确说明污染物的名称，若仅公布排放因子（废气、废水、噪声等），该项不得分。若仅是在披露其他信息（如环保处罚信息、环保设施运行状况等）时提及污染物名称，不得分。

（2）排放方式

提及污染物有组织（无组织）排放、连续（间断）排放、排放去向（接入城市污水管网、直接排入河流等）等任意一点，该项即可得分。若出现“总排口”的表述，也算公布排放方式（直接排入河流）。

（3）排放口数量

须明确说明数量，有具体数字。仅披露总数或分子公司、污染物、污染因子等，均可得分。公布监测点位不算作公布排放口数量（例如，北京盛通印刷股份有限公司 2016 年环境监测年度报告）。

（4）排放口分布情况

交代排放口在厂区内的分布（如厂区南侧、××楼楼顶等）或地理位置（××河），该项得分。若仅笼统交代“厂区内”，也可得分。

（5）排放浓度和总量

主要污染物或特征污染物的排放浓度或排放总量任意公布一项即可得分，必须有具体浓度或数量。排放浓度必须公布相应的污染物名称；排放总量仅按排放因子公布（如大气污染物排放量）也可得分。公布二氧化碳排放总量可得分；公布固体废物总量不算公布排放总量，不得分。

（6）超标排放情况

只要有达标、超标、符合标准、无超标排放或其他类似表述，即可得分。若只有“加大环保投入，确保排放达标”或其他类似的较为空洞的表述，不算公布超标排放情况。

（7）执行的污染物排放标准

须公布具体的标准方可得分，如水污染物综合排放标准、锅炉大气污染物排放标准等，公布标准名称或编号皆可。仅笼统地说“按照国家标准”不得分。若不公布具体文件，公布标准限值，也可得分。

（8）核定的排放总量

须具体到污染物，仅按排放要素公布排放量（如大气污染物排放量）不得分。

（9）防治污染设施的建设和运行情况

防治污染设施的建设和运行情况披露一项即可得分。只要提及公司已建设了污染防治设施（污染处理设施、环境保护设施、在线监测设备或其他类似表述），或相关设备的改造升级（如污水处理改造工程），即认为披露了防治污染设施的建设情况；只要提到环保设施运行正常（或其他类似表述）即认为披露了防治污染设施的运行情况。此外，如果提及公司通过技术升级、生产线改造等方式减少污染物的产生和排放（如锅炉煤改气工程、引进先进加工线减少排放等），也可得分。

3 评估结果

3.1 整体结果

本次评估的企业共 264 家，其中有 2 家为 2017 年新上市的企业。环境信息披露的均分为 3.89 分（满分 9 分）。2016 年的企业均分为 3.43 分，标准差为 3.47 分；2017 年的 264 家企业均分为 4.34 分，标准差为 3.99 分。总体来看，企业环境信息披露情况不容乐观，2016 年的均分不足 4 分；2017 年虽然有所改善，但平均得分仍不到满分的一半。2016 年和 2017 年均约有 30%的企业得分为 0 分，即未公布《准则》中所要求公布的任何环境信息；虽然 2017 年企业总体得分高于 2016 年，但 2017 年的 0 分企业更多，达到了 34%；这可能是由于部分企业在 2016 年的社会责任报告中披露少量环境信息，而 2017 年社会责任报告尚未发布。两年均有半数以上企业得分在 3 分及 3 分以下。以披露 8 项以上环境信息作为企业环境信息披露的合格标准，2016 年合格的企业仅有 67 家，占总企业数的

25.57%；2017 年达标企业数量有所增加，共 109 家，占比 41.39%。绝大部分企业均未按照证监会的要求披露环境信息，相关部门应进一步加强监管，落实惩罚措施，督促企业依法披露环境信息。

此外，从图 3 中可以直观地看出，企业信息披露的两极分化现象严重。2016 年得 0 分和满分的企业占企业总数的 45.8%，2017 年更是达到了 64.39%。在其他各分值中，2016 年得 1～2 分的企业较多，占总数的近 1/4，可能是由于部分企业在社会责任报告中提及少量环境信息；而 2017 年的 1～2 分企业相对较少，可能是由于 2017 年尚无社会责任报告发布。此外，2017 年得 8 分的相对较多，占企业总数的近 10%。在实际评估过程中也可以发现，企业年报、半年报中若有环境信息公开，则通常以表格形式罗列全部 9 项指标，说明《准则》对企业信息披露行为有着显著影响，但需要进一步推广、落实。

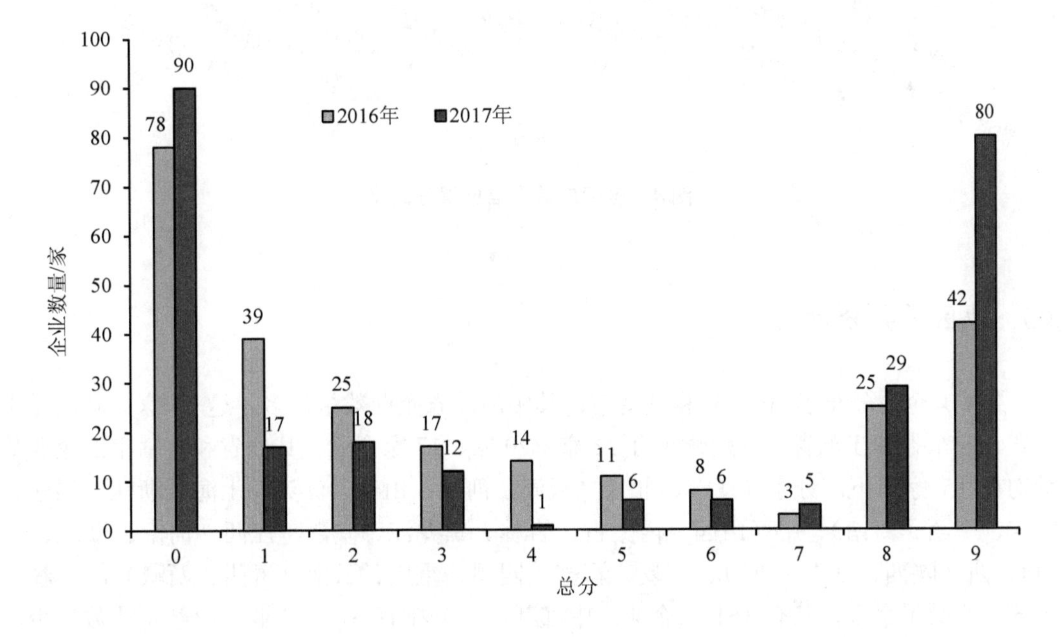

图 3　整体得分情况与评估结果

3.2　各项得分比较

分类别看环境信息披露情况（图 4），9 项指标中“防治污染设施的建设和运行情况”的披露情况最好，2016 年和 2017 年均有超过半数的企业公开；其次是“超标排放情况”，2016 年和 2017 年分别有 48.66%和 57.58%的企业公开；其他指标披露企业 2016 年占比在 20%～46%，2017 年占比在 37%～52%。除“防治污染设施的运行情况”外，2017 年每项指标的披露情况较 2016 年均有所提高，但整体披露企业占比不高，情况不容乐观。9 项指标中“排放口分布情况”“核定的排放总量”和“排放口数量”披露情况较差，特别是 2016 年这 4 项披露企业均不足 28%；2017 年披露情况有所改善，但企业数仍不足 45%，相关部门应予以重视，加强此方面监管。

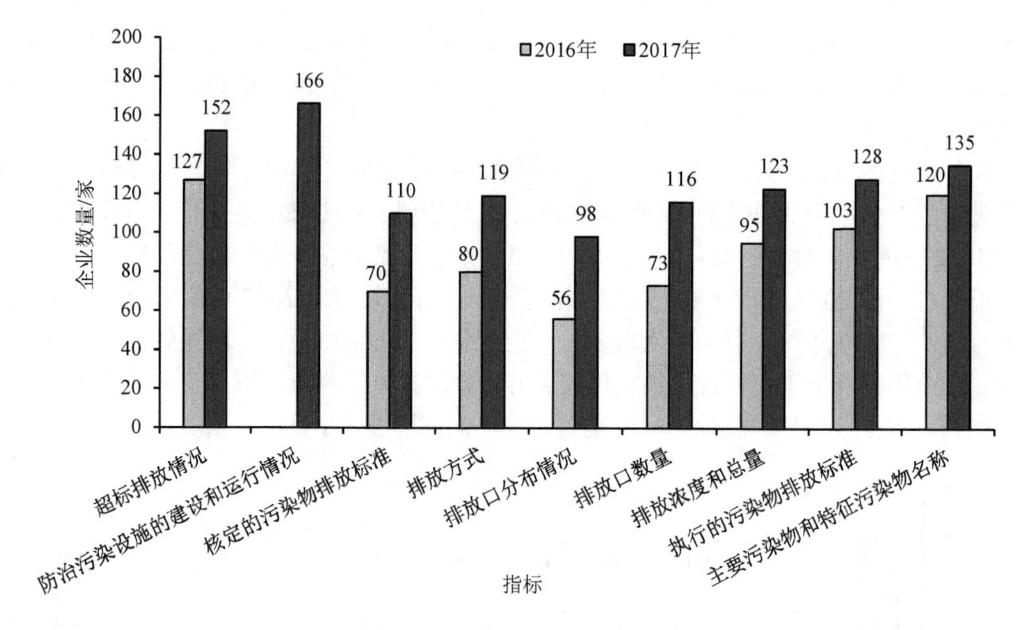

图 4　各项应披露信息得分比较

3.3　地区差异分析

264 家企业分布于 30 个省和直辖市，其中浙江省企业数量最多，达 58 家，其次是山东省、广东省和江苏省，分别分布有 22 家、20 家、17 家企业，其他省和直辖市的企业数量均在 15 家以下。分东（辽宁、北京、天津、河北、山东、江苏、上海、浙江、福建、广东、广西、海南）、中（山西、内蒙古、吉林、黑龙江、安徽、江西、河南、湖北、湖南）、西（陕西、甘肃、青海、宁夏、新疆、四川、重庆、云南、贵州、西藏）部来看，东部企业数量最多，共有 161 家企业；中部其次，分布有 61 家企业；西部企业数最少，仅 42 家。企业地区分布情况如表 3 所示。

表 3　此次评估的上市公司地区分布情况

地区	企业数量/家	地区	企业数量/家	地区	企业数量/家
浙江	58	安徽	8	云南	4
山东	22	吉林	7	新疆	4
广东	20	河北	7	上海	4
江苏	17	贵州	7	黑龙江	3
辽宁	12	山西	6	陕西	2
河南	12	湖南	6	青海	2
湖北	10	重庆	5	内蒙古	2
福建	10	天津	5	广西	2
江西	9	宁夏	5	海南	1
四川	8	北京	5	甘肃	1
合计	264				

从得分情况来看（图 5），内蒙古和陕西的得分较高，2016 年和 2017 年平均得分均在 8 分以上，其中内蒙古 2017 年得到满分，是两年中唯一一个平均分达到满分的省份。甘肃、广西、上海、海南两年的平均得分均在 2 分及以下，披露情况较差。甘肃省 2016 年和 2017 年平均分为均为 0 分，披露情况最差，其他省份两年均高于 0 分。2016 年平均分 5 分以上的省份有 6 个，有 23 个省份有 9 分的企业；2017 年平均分 5 分以上的有 12 个，有 22 个省份有 9 分的企业；全国的平均分也从 3.00 分上升至 4.34 分，整体上各省环境信息披露情况有所好转。湖北的得分提高最多，2017 年均分比 2016 年提高 2.7 分；其次是河北和天津，均分提高 2 分。

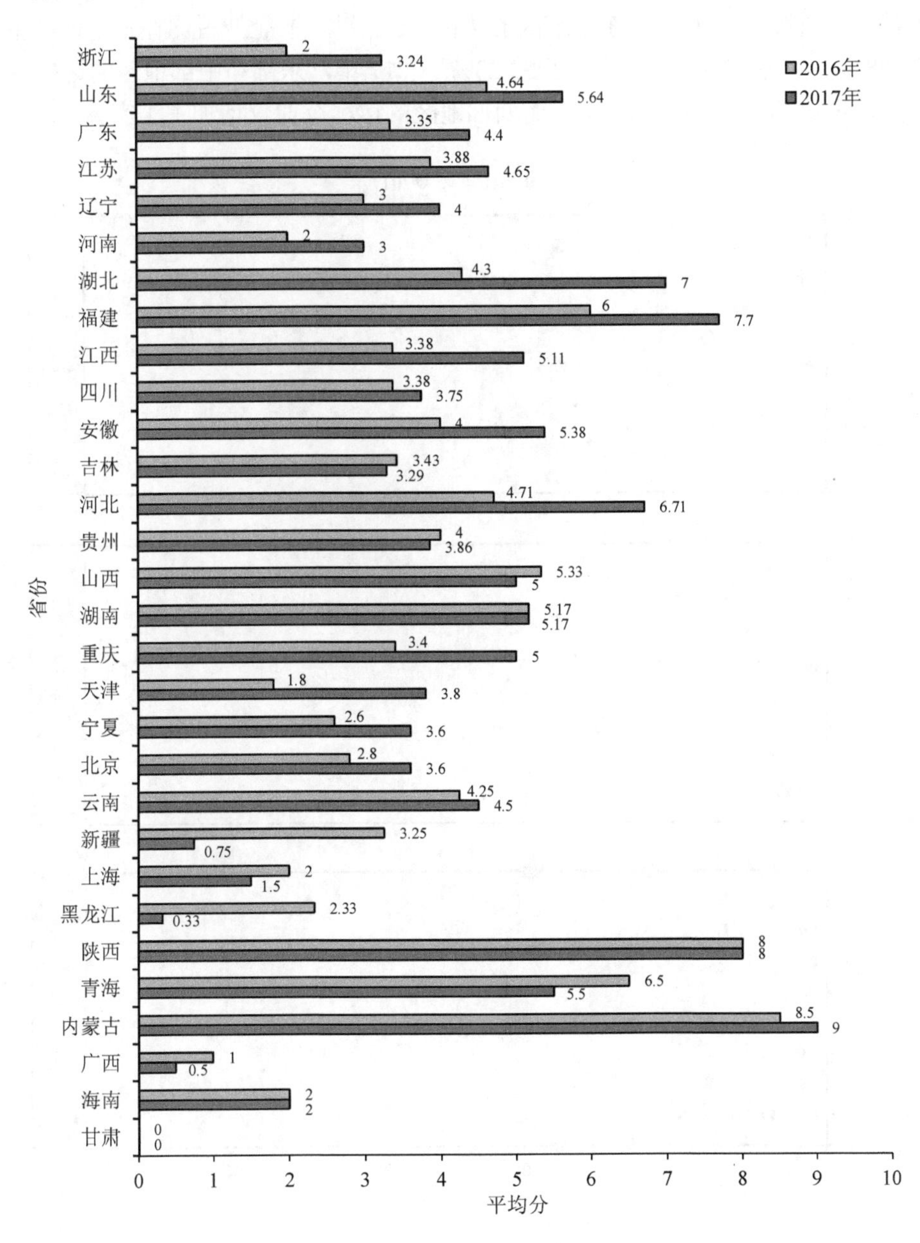

图 5　各省份环境信息披露变化情况

从不同地区来看，东部地区企业 2016 年平均得分为 3.21 分，2017 年平均得分为 4.35 分；中部地区企业两年的平均得分分别为 3.68 分和 4.57 分；西部地区两年的平均得分分别为 3.88 分和 3.98 分。2016 年，西部地区企业环境信息披露情况最好，中部地区次之，东部地区最差。但 2017 年，东部地区和中部地区平均得分都有了较大的提高，尤其是东部地区均分提高了 1 分以上，而西部地区的均分仅提高了 0.1 分。

从各地区不同得分的企业分布来看（图 6），2016 年东部地区得 0 分和 1 分的企业较多，占到了近一半；到 2017 年东部地区 0 分和企业减少了 10 家。中部和西部地区虽然 2016 年的 0 分和 1 分企业相对东部地区较少，但 2017 年并没有显著减少，西部地区的低分企业数量甚至有所增加。2016 年东部地区的达标（8 分以上）企业占比在三个地区中最少，仅有 22.98%；西部地区最多，达到了 33.23%。2017 年，东部和中部地区的达标企业数都显著增加，占比都达到了 40%以上，而西部地区的达标企业仅增加了 1 家。

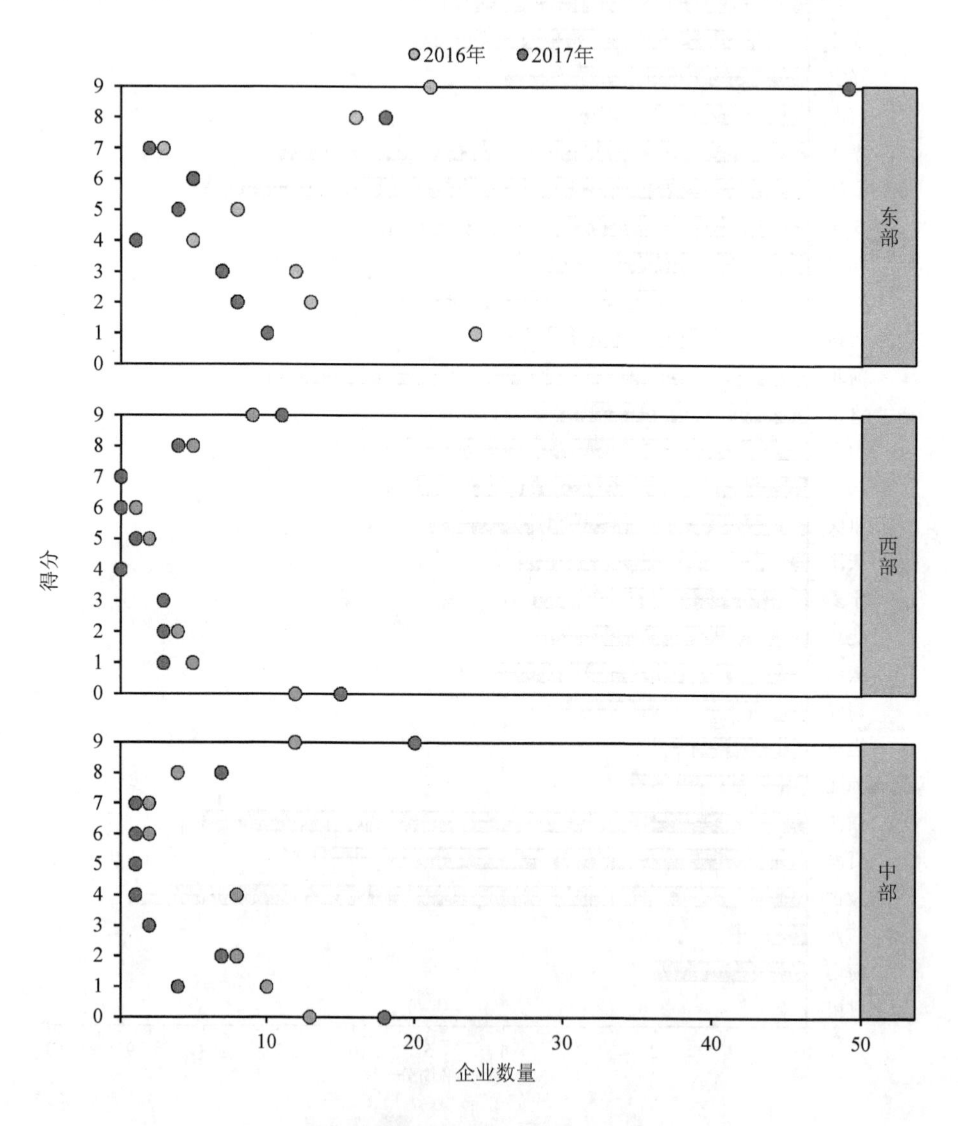

图 6　各地区环境信息披露变化情况

总体说来，2016年东部地区信息披露情况最差，其次为中部地区，西部地区的信息披露情况最好。但到了2017年，东部地区的企业信息披露情况改善最多，中部地区企业也有很大改善，而西部地区企业信息披露情况没有明显的改善，其中0分和1分企业数量还有所增加。由此可以看出，《准则》在东部和中部地区得到了较好的推行；而西部地区虽然在《准则》发布前上市公司的环境信息披露情况整体较好，但《准则》发布后并没有显著的改善，说明《准则》在西部地区并没有很好地发挥其作用。

3.4 分行业比较

根据中国证监会的行业分类标准［上市公司行业分类指引（2012年修订）］，264家企业分别分布在7个行业门类和33个行业大类中，其中96%（254家）的企业均属于制造业门类。从行业大类来看，化学原料及化学制品制造业企业数量最多，达53家；其次是医药制造业，计算机、通信和其他电子设备制造业，有色金属冶炼及压延加工和汽车制造业，分别分布有31家、20家、18家和16家企业，其他行业的企业数量均少于15家。

从得分情况来看，畜牧业、互联网和相关服务、纺织服装、服饰业和木材加工及木、竹、藤、棕、草制品业环境信息披露平均分均为0分。2016年，农副食品加工业、造纸及纸制品业、石油加工、炼焦及核燃料加工业、纺织业、其他制造业和皮革、毛皮、羽毛及其制品和制鞋业6个行业环境信息披露平均分达到5分以上；2017年5分以上的行业增至10个，分别有石油加工、炼焦及核燃料加工业、电力、热力生产和供应业、铁路、船舶、航空航天和其他运输设备制造业、造纸及纸制品业、纺织业、化学原料及化学制品制造业、印刷和记录媒介复制业、其他制造业、农副食品加工业和皮革、毛皮、羽毛及其制品和制鞋业。

从各行业最高分情况来看（图7），2016年，畜牧业、互联网和相关服务、纺织服装、服饰业和木材加工及木、竹、藤、棕、草制品业最高分为0；2017年，畜牧业、互联网和相关服务、纺织服装、服饰业和木材加工及木、竹、藤、棕、草制品业、专用设备制造业和保险业最高分均为0分；其中畜牧业、互联网和相关服务、纺织服装、服饰业和木材加工及木、竹、藤、棕、草制品业4个行业两年时间内没有企业公开任何环境信息。2016年19个行业的最高分在8分及以上，其中14个行业的最高分是满分9分；2017年23个行业的最高分在8分及以上，其中19个行业的最高分是满分9分。

3.5 国控、非国控企业比较

本次评估的企业中母公司为国控重点的企业有165家，母公司为省/市控重点的企业有99家（若母公司为国控企业、子公司为省/市控企业，算作国控企业）。国控企业的信息披露情况远远好于非国控企业。国控企业的两年均分都在4.5分以上，总均分在5分以上，其中2017年均分高达5.73分；而非国控企业两年均分仅在2分左右，尤其是2016年均分仅为1.19分，总均分仅有1.61分（表4）。

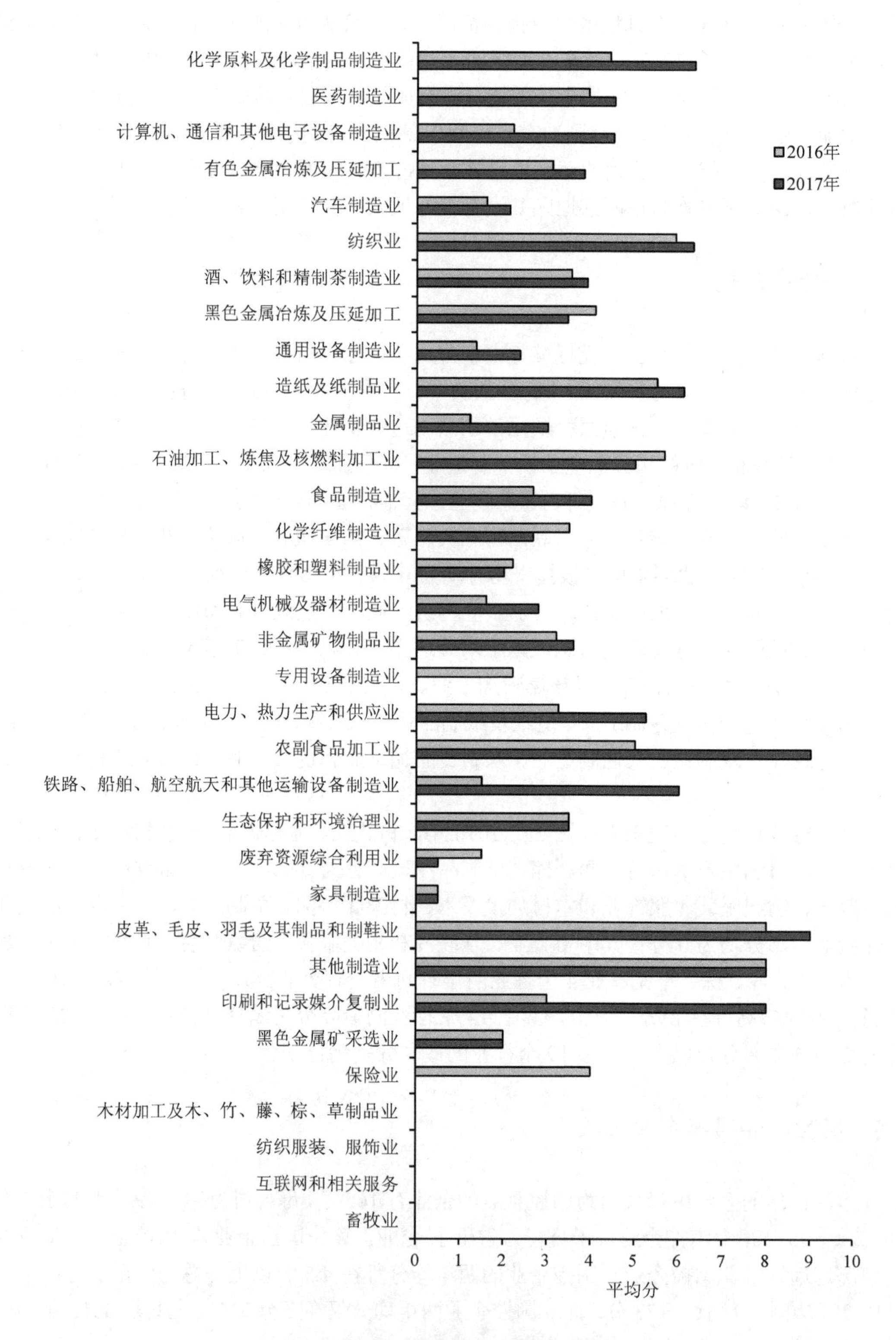

图 7　各行业环境信息披露变化情况

表 4　国控、非国控均分比较

类型	国控		非国控	
	均分	标准差	均分	标准差
2016 年	4.75	3.47	1.19	2.04
2017 年	5.73	3.65	2.03	3.43
总计	5.24	3.59	1.61	2.86

从企业得分分布来看（图 8），国控企业 2016 年达到标准（得 8 分或 8 分以上）的企业占 48.12%，2017 年更是高达 64.55%；而非国控企业 2016 年达标企业仅有 4 家，占比仅有 4.12%，2017 年情况有所好转，但达标企业仍不足 20%。绝大部分非国控企业得分都在 1 分或 1 分以下；连续两年非国控企业中都有半数以上企业得 0 分。国控企业每年也都有超过 10%的企业得 0 分。

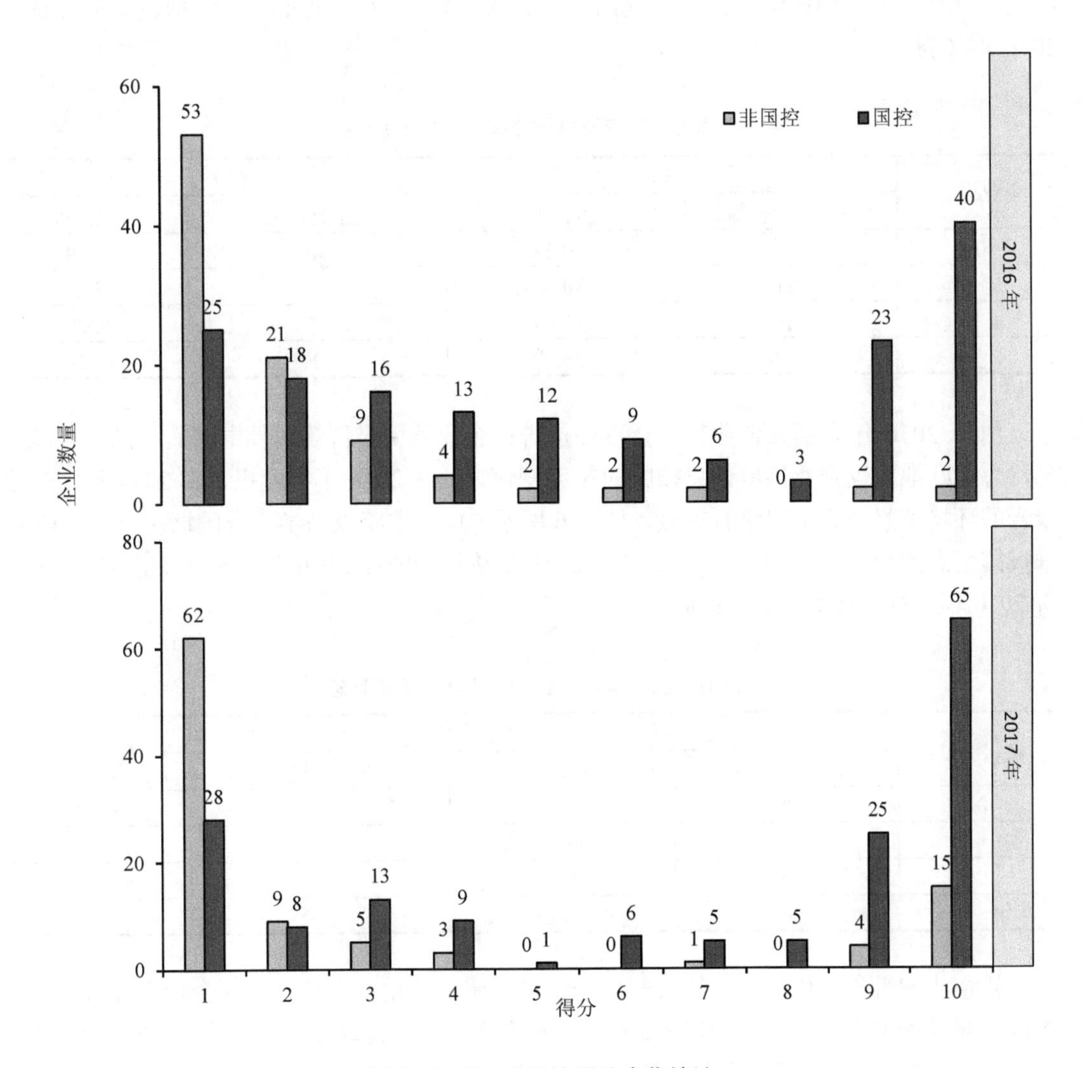

图 8　国控、非国控得分变化统计

政府应当重点加强对非国控企业的监管，同时也需要督促部分环境信息披露较差的国控企业做好披露工作。此外，在评估过程中笔者还发现，许多非国控企业在年度报告中声称该企业不属于环保部门重点监控企业，因而不需要进行环境信息公开。因此，地方环保部门在发布重点监控企业名单后，还应做好信息公开和通知工作，告知相关企业。

3.6 不同年份对比

从汇总数据可以看出，在2016年中，得0分的企业高达78家，占企业总数的约30%，而且得分主要集中在0～3分；得8分以上的企业仅有67家，仅占约1/4；2017年中，得0分的企业为90家，占企业总数36.59%，较2016年增加了12家，这可能是由于部分企业在2016年社会责任报告中披露了环境信息，而2017年尚未发布社会责任报告。2017年仍有半数以上的企业得分在0～3分，但是得分在8～9分的企业数量为109家，超过了40%，较2016年有很大的提高。总体说来，2017年企业环境信息披露情况优于2016年（表5）。

表5 环境信息披露得分情况汇总表

企业得分	2016年		2017年	
	企业数量/家	占比/%	企业数量/家	占比/%
0	78	29.55	90	36.59
1～3	81	30.68	47	17.80
4～7	36	13.64	18	6.82
8～9	67	25.38	109	41.29

由于2016年有部分企业在社会责任报告、企业环境报告等文件中披露了部分环境信息，为更好地比较企业环境信息披露的年度变化，仅对2016年年度报告和2017年半年度报告的环境信息披露情况进行比较。如表6所示，仅考虑年报与半年报的情况下，2017年未披露信息的企业较2016年略有减少；2017年达标企业比2016年显著增加，多44家，占2016年达标企业数的67.69%。

表6 2016年年报、2017年半年报比较

企业得分	2016年		2017年	
	企业数量/家	占比/%	企业数量/家	占比/%
0	98	37.12	90	36.59
1～3	74	28.03	47	17.80
4～7	25	9.47	18	6.82
8～9	65	24.24	109	41.29

从企业的得分变化来看，绝大部分企业没有明显变化。半数以上的企业在2016年和2017年的得分相同；有49家企业得分有微小变化，分值浮动了1分，占总数的18.56%；得分提高的企业明显多于得分降低的企业。此外，还有33家企业在2017年得分显著增加，

增幅高达 8 分以上，即这些企业在 2016 年几乎未披露信息，而在 2017 年披露了较为完整的环境信息（表 7 和图 9）。

表 7　企业得分变化（仅年报、半年报）

企业得分	2016 年		2017 年	
	企业数量/家	占比/%	企业数量/家	占比/%
0	78	29.55	90	36.59
1～3	81	30.68	47	17.80
4～7	36	13.64	18	6.82
8～9	67	25.38	109	41.29

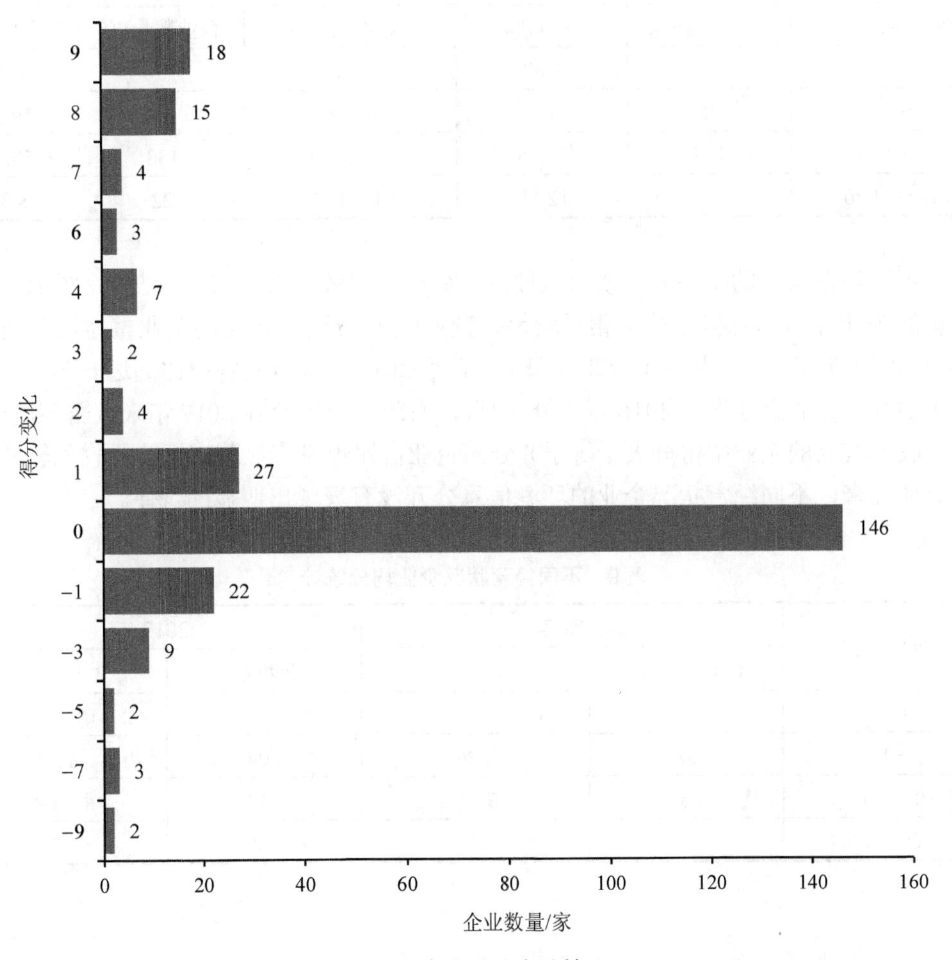

图 9　企业得分变动情况

企业两年得分的变化情况与《准则》的出台不无关系。证监会于 2016 年 12 月发布《准则》的修订本，绝大部分企业的 2016 年年度报告于 2017 年 4 月发布。2016 年的年度报告中，一些企业已按《准则》要求披露了相关环境信息，还有一些企业在 2017 年半年度报告中才披露了环境信息，说明政策的作用具有滞后性。

3.7 根据企业经营状况分析

以企业 2016 年的全年营业收入与 2017 年的上半年营业收入表征企业的经营状况。本次评估的 264 家企业 2016 年全年的营业收入主要集中在 11 亿～100 亿元，分布于此区间的高达 225 家，占企业总数的 85.23%；企业 2017 年上半年的营业收入主要集中在 1 亿～100 亿元（表 8）。

表 8 企业经营状况统计表

2016 年			2017 年		
营业收入/亿元	企业数量/家	占比/%	营业收入/亿元	企业数量/家	占比/%
<1	5	1.89	<1	5	1.89
1～10	58	21.97	1～10	104	39.39
11～100	167	63.26	11～100	133	50.38
101～1 000	34	12.88	101～1 000	22	8.33

对不同经营状况的企业的环境信息披露得分进行比较分析，结果如表 9、图 10 所示。小规模的企业环境信息披露情况相对较差，营业收入小于 1 亿元的企业整体均分较低，2016 年和 2017 年均分分别仅有 2.8 分和 1 分，且 2017 年 0 分企业占比高达 60%。营业收入高于 100 亿元的企业虽然 2016 年均分较高，但有近一半的企业 2017 年未披露环境信息。在营业收入较高的企业中得分大于等于 8 分的企业占比也没有显著高于营业收入较低的企业。总体说来，不同经营状况企业的环境信息公开没有表现出明显的规律。

表 9 不同经营状况企业均分统计

营业收入/亿元	2016 年		2017 年	
	企业数量/家	均分/分	企业数量/家	均分/分
<1	5	2.8	5	1
1～10	58	3.26	104	2.55
10～100	167	3.38	133	4.68
100～1 000	34	4.56	22	3.27

3.8 不同企业类型比较

本次评估的 264 家上市公司中共有央企 15 家、国企 71 家、私企 178 家。综合两年得分，央企总均分为 4.93 分，国企总均分为 4.05 分，私企总均分为 3.73 分，整体呈央企—国企—私企得分递减的趋势。各年度不同类型企业的均分如表 10 所示。2016 年央企均分与国企均分差不多，但 2017 年均分则远高于国企与私企。

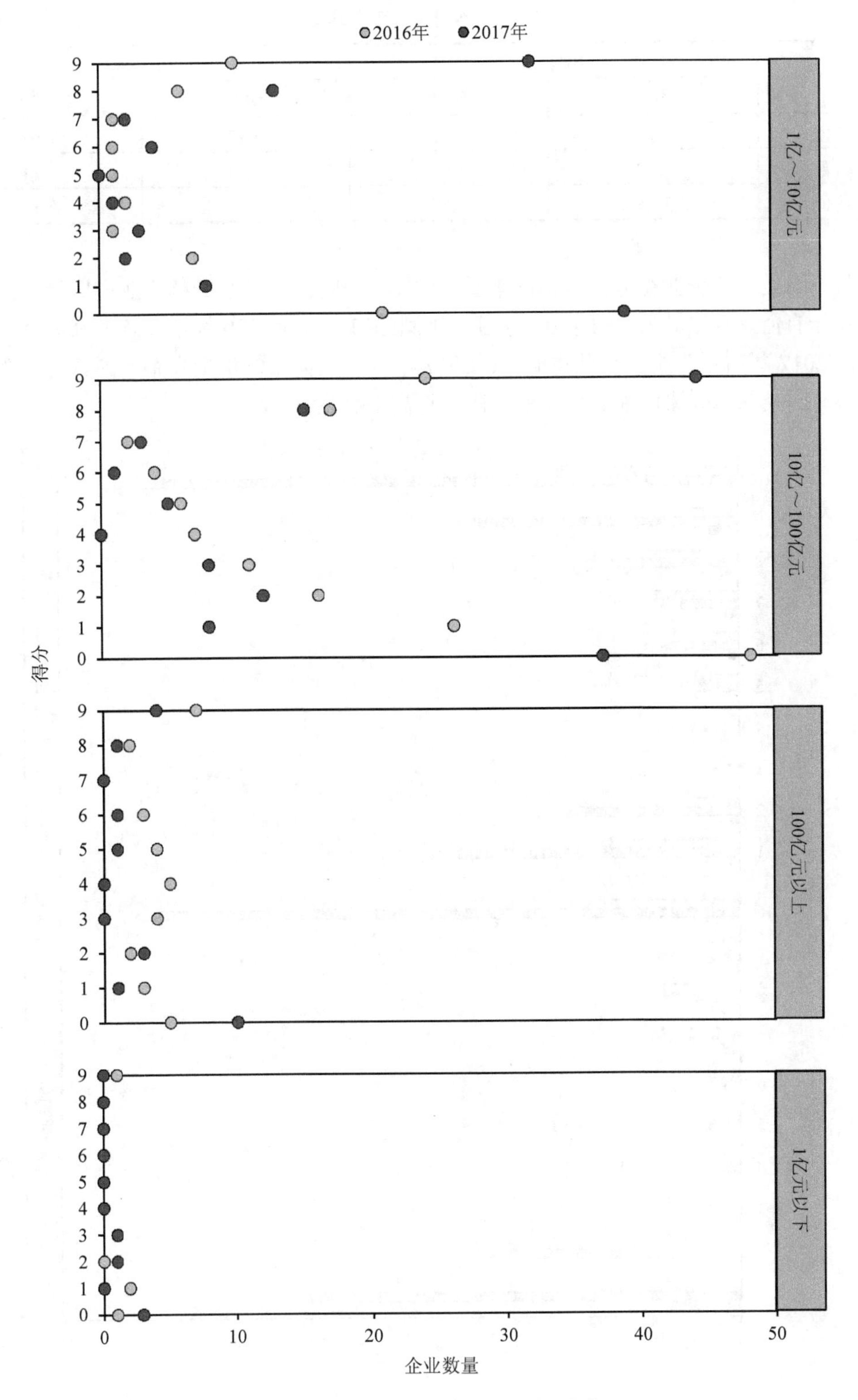

图 10　不同经营状况企业得分分布

表 10　不同类型企业均分

企业类型	2016 年		2017 年	
	均分	标准差	均分	标准差
央企	3.73	2.71	6.13	3.50
国企	3.73	3.35	4.37	3.90
私企	3.28	3.59	4.18	4.04

从不同类型的企业得分分布情况来看（图 11），央企中得 0 分的企业占比最小；私企中得 0 分的企业占比最大，两年 0 分企业占比均在 1/3 以上。2016 年仅有 1 家央企得到满分，但 2017 年有近一半央企获得满分；2017 年企业达标比例也呈央企—国企—私企递减的趋势。国企的达标比例和满分企业占比一直高于私企。

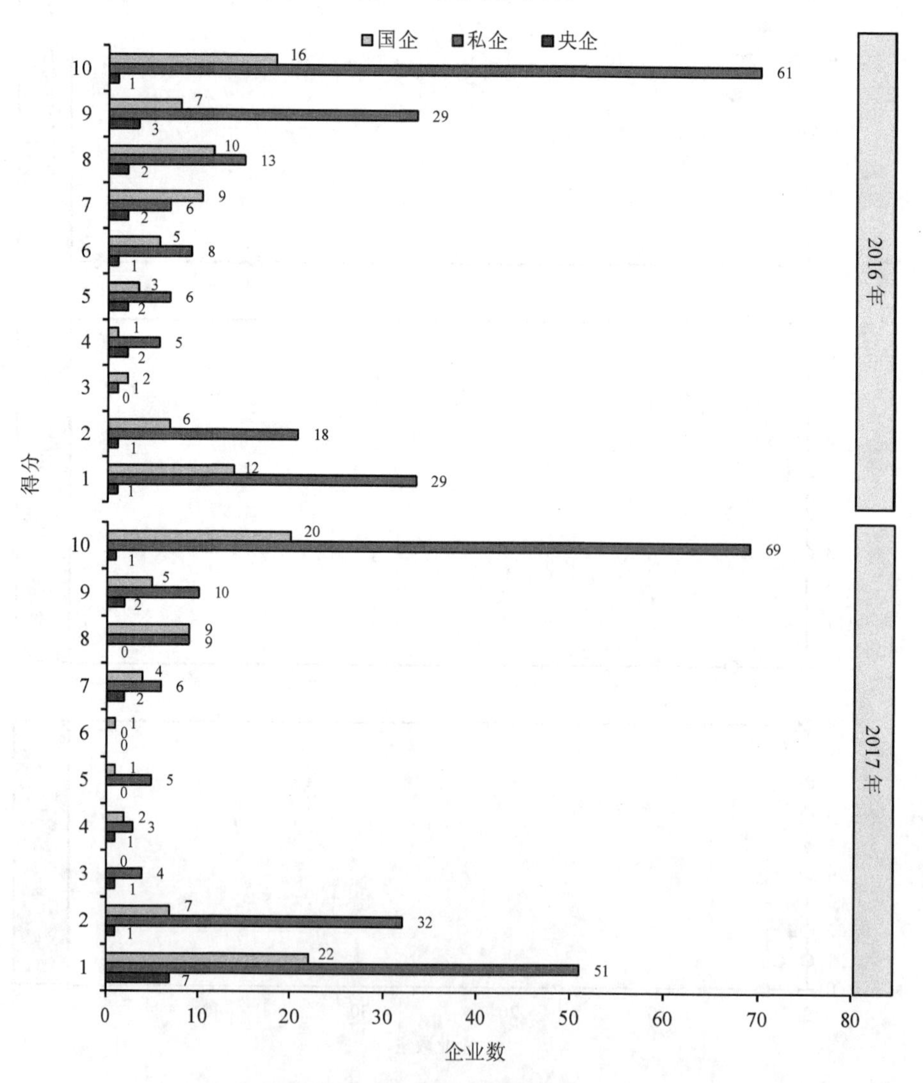

图 11　不同类型企业得分分布

总体说来，央企和国企的环境信息披露情况优于私企；央企 2017 年较 2016 年得分有较大提升，说明《准则》的出台对央企的环境信息披露行为有较大的影响。这可能由于央企和国企自身性质导致其环保意识相对较高；也可能因为央企和国企受到的关注更多，企业出于形象的考虑在信息披露方面更为重视；还可能与央企及国企中的国控、非国控重点占比有关。央企全部为国控重点，国企中国控重点也超过了 80%，而私企中仅有 51.69% 为国控重点。政府应重点关注私企的环境信息披露情况，加强监管。

3.9 不同证券交易所企业比较

本次评估的企业中有 108 家在上海证券交易所（以下简称上交所）上市，156 家在深圳证券交易所（以下简称深交所）上市。分别对上交所和深交所上市公司环境信息披露水平进行分析。总体说来，深交所的企业环境信息披露优于上交所。上交所的上市公司 2016 年、2017 年均分分别为 3.35 分和 2.81 分；深交所两年的均分分别为 3.46 分和 5.40 分，远高于上交所。2017 年上交所的企业环境信息披露水平低于 2016 年，而深交所的信息披露水平则有较大的提高。

表 11 和图 12 为不同证券交易所的企业得分情况统计。2016 年，上交所得 0 分的企业占比为 23.15%，而深交所得 0 分的占比为 33.97%；但是深交所 8 分以上的企业较多，约占总数的 30%。2017 年，上交所的 0 分企业增加了 15 家，0 分企业占比达到了 37.04%，8 分以上的企业则有所减少。深交所 2017 年的 0 分企业减少了 3 家，且 8 分以上的企业大幅增加，达到了 2016 年的 2 倍。

深交所的上市公司环境信息披露水平远好于上交所，且 2017 年深交所达标企业数量大幅增加，而上交所达标企业数量减少，说明深交所企业对《准则》的执行更好，可能是由于深交所的环境信息披露监管较上交所更为严格。政府应督促上交所完善其监督管理机制，监督企业按规定披露环境信息。

表 11 不同交易所企业得分统计

交易所	企业得分/分	2016 年		2017 年	
		企业数量/家	占比/%	企业数量/家	占比/%
上交所	0	25	23.15	40	37.04
	＞8	21	19.44	17	15.74
深交所	0	53	33.97	50	32.05
	＞8	46	29.49	92	58.97

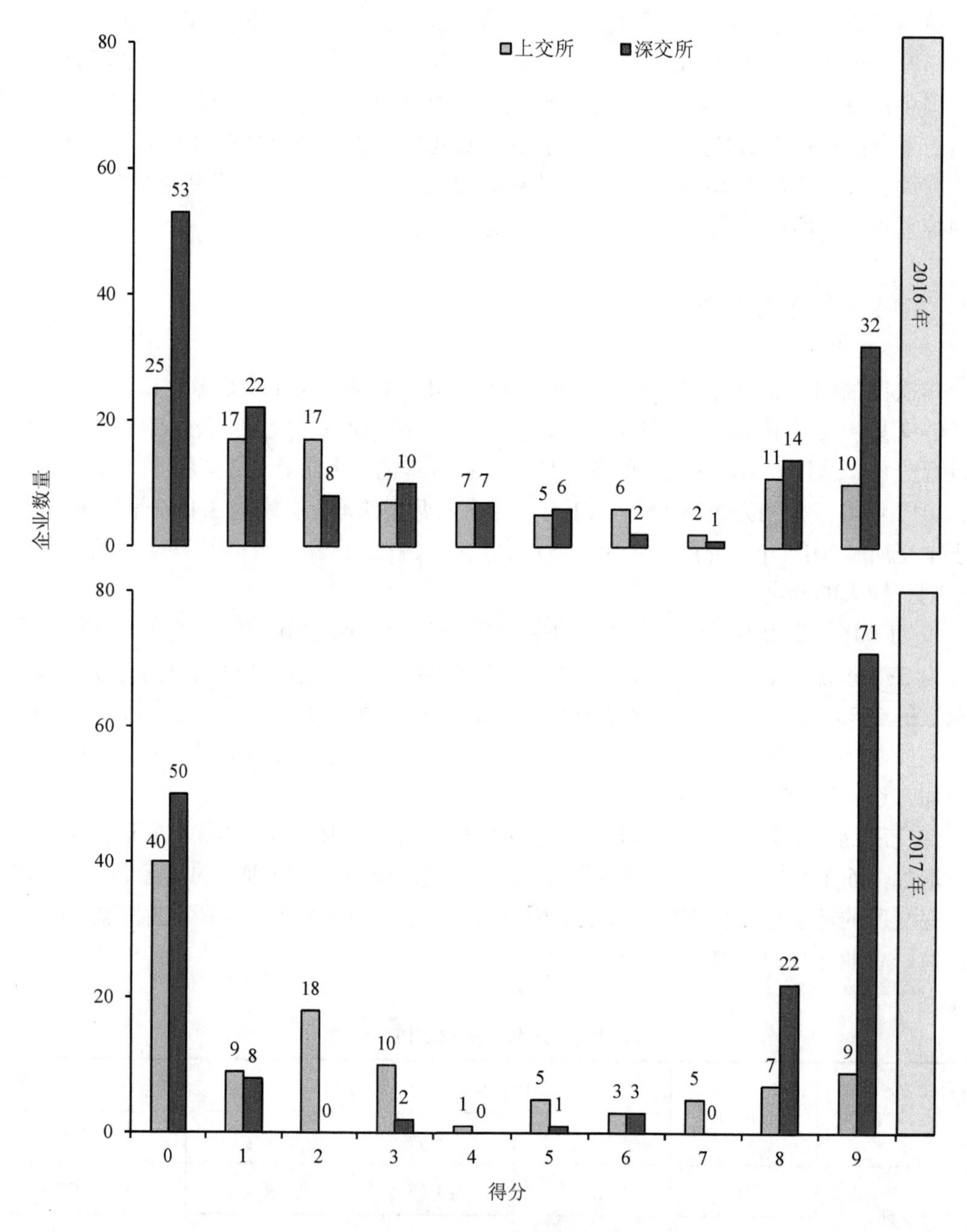

图 12　不同交易所企业披露情况

3.10　各因素对企业得分影响分析

为更好地分析不同因素对上市公司环境信息披露情况的影响，采用以下模型对结果进行回归分析。

$$S_{it} = \alpha + \beta_1 G_{it} + \beta_2 X_{it} + \beta_3 Z_{it} + \beta_4 H_{it} + \beta_5 C_{it} + \beta_6 R_{it} + \varepsilon_{it}$$

式中，S_{it}为企业 i 在第 t 年的评估得分；G_{it}为表征企业是否为国控企业的虚拟变量；X_{it}为企业性质（央企、国企、私企）；Z_{it}为上市公司上市的证券交易所（上交所、深交所）；H_{it}为企业行业；C_{it}为企业所在地区（东部、中部、西部）；R_{it}为企业营业收入，以对数形式表示；ε_{it}为残差项。

表 12 为回归分析的结果。在各因素中，是否为国控重点和上市公司上市的证券交易所两个因素对企业环境信息披露影响最为显著。与此前分析结果类似，国控企业的环境信息披露状况显著优于非国控企业，在深交所上市的公司环境信息披露状况优于在上交所上市的公司。在控制其他因素的情况下，国控企业的环境信息披露得分比非国控企业高 4.042 分，在深交所上市的公司环境信息披露得分比在上交所上市的公司高 1.602 分，且该结果在 0.001 的统计水平上显著。此外，企业经营状况与其环境信息披露也存在一定关联，营业收入每提高百分之一，企业得分降低 0.265，但该结果仅在 0.05 的统计水平上显著。描述性统计结果分析发现，央企和国企的环境信息披露状况优于私企，但回归分析并没有发现企业性质对其得分的显著影响，可能由于央企和国企中国控重点占比较高，在控制企业是否为国控企业后，企业性质对得分的影响不再显著。

表 12 各因素对企业得分影响分析

因素	得分	因素	得分
是否为国控企业	4.042**	地区	−0.293
	（10.16）		（−1.22）
企业性质	0.308	营业收入	−0.265*
	（0.96）		（−2.31）
所在证券交易所	1.602**	常数项	1.720
	（4.44）		（0.89）
行业	−0.001 11	—	—
	（−0.05）		—

注：括号内为 t 检验值，**、*表示结果在 0.001、0.01 的统计水平上显著。

4 结论及建议

4.1 结论

（1）上市公司环境信息披露主体责任与意识有一定提高，部分企业、区域、行业上市公司环境信息披露有明显改善，但企业环境信息披露的整体情况存在明显的两极分化。

（2）国控企业的信息披露情况显著优于省/市控企业，央企、国企的信息披露情况优于私企。

（3）分行业来看，虽然同属重点排污单位，但是各行业信息披露情况仍有较大差距，那些看似污染更严重的行业如造纸及纸制品业、石油加工、炼焦及核燃料加工业、纺织业等会公开更多信息，而比如互联网、木材加工等行业的披露情况较差。

（4）就不同地区而言，2016 年东部地区信息披露情况最差，到 2017 年改善最多，中部地区企业也有很大改善，但仍有 20 个省份 2 次得分均在 6 分以下，3 个省份均分显著降低。

（5）在上交所上市的企业环境信息披露水平低于在深交所上市的企业。

（6）政策法规对上市公司在环境信息披露方面的要求不全面、不清晰、不细致，定量化程度不足、标准不统一，仍缺乏相关技术文件，难以真实评判企业环境守法程度、评估企业环境绩效优劣等的众多方面重要信息。

（7）现有披露内容与监管，普法与宣传工作未能到位，利益相关者缺乏全局观念和责任意识，上市公司披露的环境信息未能引起公众、投资者以及上市公司真正的关注与实质使用。

4.2 建议

（1）建议积极配合证监会联合制定发布《上市公司环境信息披露管理办法》，提升环境信息披露的政策层级与效力，以部门规章的形式，系统、全面地规定上市公司环境信息披露的要求、形式、内容、违法处罚等相关内容。

（2）为进一步落实党的十九大精神，建议联合证监会研究在现有以财务信息披露为主的定期报告体系基础上，平行建立针对上市公司全流程、各方面的独立的环境信息披露定期报告体系，要求上市公司在首次公开发行（IPO）、上市后持续运营等阶段，对日常运营、兼并重组、发行债券等行为，提出独立、明确的环境信息披露要求。

（3）建议积极配合证监会联合制定发布《上市公司环境信息披露技术指引》，配合并与我部已有或在建的国家排污许可信息公开系统、部监控中心在线监控系统、全国污染源监测信息管理与共享平台、各省级与市级重点监控企业自行监测信息发布平台等信息公开渠道进行衔接，充分突出上市公司环境信息披露定位与目的的差异性，进一步明晰和规范上市公司披露环境信息的指标、标准等技术内容，推动所披露的环境信息能够为监管者、公众和投资者实质使用。

（4）进一步完善两部门间信息交流沟通机制和联合执法机制。扎实推动两部门已联合签订的《关于共同开展上市公司环境信息披露工作的合作协议》落实，在此基础上，建立重点排污上市公司名单、相关上市公司环境违法信息、污染排放与环境绩效信息定期交流机制，使上市公司相关环境监管与污染排放信息能够及时提供给相关管理机构与市场主体，为推动上市公司环境信息及时有效披露提供保障。

（5）加强政策宣贯与辅导，提升上市公司守法意识与能力。通过书籍手册、培训宣传等方式加强对上市公司环境信息披露合规的守法辅导与援助，让企业充分了解其环境保护与信息披露的责任与义务。

（6）探索建立市场化的约束与激励机制，提升企业披露动力。建议在环保领跑者、绿色供应链等政策机制中专门设计对于上市公司主体的激励机制，诸如遴选环保领跑上市公司、编制重污染行业环保领跑100绿色股票指数等，并对相关环保优秀的上市公司提供实质性的政策支持，如鼓励机构投资者将养老基金等长期资金投向绿色股票指数产品等；努力推动使规范、真实披露环境信息成为上市公司享受各种鼓励性政策的前提条件，激发上市公司全面、真实、规范披露自身环境信息的内生动力。

（7）建议每年编制与发布《上市公司环境信息披露（环境绩效）评估蓝皮书》，加强系统、全面跟踪评估，扎实有效地推动上市公司环境信息披露与环境治理水平真实稳步提升，有效发挥先进的示范与引领作用，带动相关行业生态文明水平整体提升。

参考文献

[1] 陈思宏．我国环境信息需求与上市公司环境信息披露的相关性研究——基于网络搜索数据的分析[D]．广州：华南农业大学，2016.

[2] 许谦．上市公司环境信息披露制度研究[D]．北京：北京交通大学，2017.

[3] 范贤瑶．上市公司环境信息披露制度法律研究[D]．合肥：安徽大学，2016.

[4] 范莹莹．企业社会责任报告视角的上市公司环境信息披露问题研究[J]．内蒙古财经大学学报，2017，15（3）：25-32.

[5] 杨玲．绿色金融发展对上市公司环境信息披露的启示[J]．现代企业，2018（1）：45-46.

[6] 王珏．美国上市公司信息披露监管体系研究[D]．上海：华东政法大学，2015.

附表（请扫二维码查看）

附表1：评估企业名单

附表2：上市公司环境信息披露状况评估结果——以鞍钢股份有限公司为例

附表3：2016年和2017年上市企业环境信息披露得分表

附　表

《二氧化碳捕集、利用与封存环境风险评估技术指南（试行）》实施两年（2016—2018年）评估①

Implementation Effects Assessment of China's CCUS Environmental Risk Assessment Technical Guidelines (Trial) (2016–2018)

蔡博峰 庞凌云 曹丽斌 李 琦 刘桂臻 仲 平 张 贤
杨 扬 陈 帆 李 清 杨晓亮 孙 彦 李 杨 张 徽

摘 要 《二氧化碳捕集、利用与封存环境风险评估技术指南（试行）》（以下简称《指南》）发布2年（2016—2018年）以来，在国内外CCUS领域产生了重要影响。本文通过分析企业调研、专家研判、培训宣教、访谈测试的结果，表明《指南》实施2年来，在国际标准、科学文献和国际研讨会等领域产生了重要影响，激发了中国CCUS环境风险评估研究热情，推动了和规范了中国CCUS示范项目建设，提高了企业和环境管理者对《指南》的认知，提高了中国对CCUS技术和环境的重视，并提出进一步完善《指南》、加强其内容与应用成果的宣传、提高其国际影响力的建议。

关键词 《指南》 CCUS 实施影响 评估

Abstract *China's CCUS Environmental Risk Assessment Technical Guidelines* (*Trial*) (for short, the Guideline) has exerted an significant influence on the international and domestic CCUS field since its publication two years ago (2016–2018). Based on the analysis of the results of enterprise investigation, expert research, training, propaganda and education, interview and testing, this paper holds that the implementation of the Guideline has had an important effect on international standards, scientific literature and international symposiums in the past two years, which has as well aroused the enthusiasm of China's CCUS environmental risk assessment research and promoted and standardized the construction of China's CCUS projects. It has enhanced the understanding of the Guideline to enterprises and environmental managers, and highlighted the importance China attaches to CCUS technology and environment and the government's executive power. Suggestions are put forward to further improve the Guideline, strengthen

① 全文已发表于《环境工程》2019年第2期。

the publicity of its contents and application results，and enhance its international influence.

Keywords *the Guideline*，CCUS，implementation effects，assessment

二氧化碳捕集、利用与封存（Carbon Dioxide Capture，Utilization and Storage，CCUS或者 CCS）是指将二氧化碳从工业或相关能源产业的排放源中分离出来，封存在地质构造中或加以利用，长期与大气隔绝的过程，是以减少人为二氧化碳排放为目的的技术体系，其能够实现化石能源利用的二氧化碳近零排放，受到国际社会的重视。从国际经验看，环境影响和环境风险是影响甚至决定 CCUS 项目实施的关键因素之一，也是公众关心的焦点问题，诸多国际大型 CCUS 项目都是由于环境问题而进展受阻。

我国十分重视 CCUS 技术的发展，也高度重视 CCUS 项目的环境影响和环境风险。2016 年 6 月 21 日环境保护部（现生态环境部）发布《二氧化碳捕集、利用与封存环境风险评估技术指南（试行）》（以下简称《指南》），对中国 CCUS 项目的环境友好发展提出了明确要求和技术指导。

《指南》迄今历时整两年（2016—2018 年），本文旨在评估其发布后发挥的作用和产生的影响，进而提出下一步的工作重点和政策建议。

1 前言

CCUS 作为一项新兴的应对气候变化技术，它在实施过程中面临着高能耗、高投入和环境风险不确定性等挑战。特别是 CCUS 的地质复杂性带来的环境影响和环境风险的不确定性严重地制约着政府和公众对这一最有效的二氧化碳减排技术的认知和接受程度。

我国十分重视 CCUS 技术，已经先后资助吉林油田、神华集团、胜利油田和延长油田等开展 CCUS 示范项目。我国同样面临封存的环境风险问题，例如在示范项目的选址、建设、运营和地质利用与封存场地关闭及关闭后的环境风险评估、监控等方面均缺乏相关的法律法规，对地质利用和封存等过程的环境影响与环境风险也缺乏必要的监管。

2013 年环境保护部印发《关于加强碳捕集、利用和封存试验示范项目环境保护工作的通知》（环办〔2013〕101 号），提出“探索建立环境风险防控体系”“推动环境标准规范制定”等要求。为落实该要求，环境保护部科技标准司组织环境保护部环境规划院、中国科学院武汉岩土力学研究所、环境保护部环境工程评估中心、中国地质调查局水文地质环境地质调查中心等单位，开展了《指南》研究与制定工作，并于 2016 年 6 月 21 日发布。

《指南》作为发展中国家第一个 CCUS 环境风险评估技术文件，不仅填补了发展中国家在这一领域的空白，而且展现了我国在应对气候变化方面负责任的大国形象。《指南》明确了二氧化碳捕集、利用与封存环境风险评估的流程，推荐以定性评估为主的风险矩阵法，提出了环境风险防范措施和环境风险事件的应急措施，对于加强二氧化碳捕集、运输、利用和封存全过程中可能出现的各类环境风险的管理具有里程碑式的意义，是对我国建设项目环境风险评估技术法规的补充和完善。

2 评估方法和技术路线

本文综合分析了2016—2018年全球CCUS项目进展以及主要机构对CCUS的看法，全球CCUS环境政策法规进展，中国CCUS项目现状以及未来发展预期。在上述国内外背景下，通过专题会议、企业调研、全国培训、专业测试和访谈等方法，评估《指南》发挥的作用和产生的影响，评估技术路线见图1，具体评估方法和手段有：

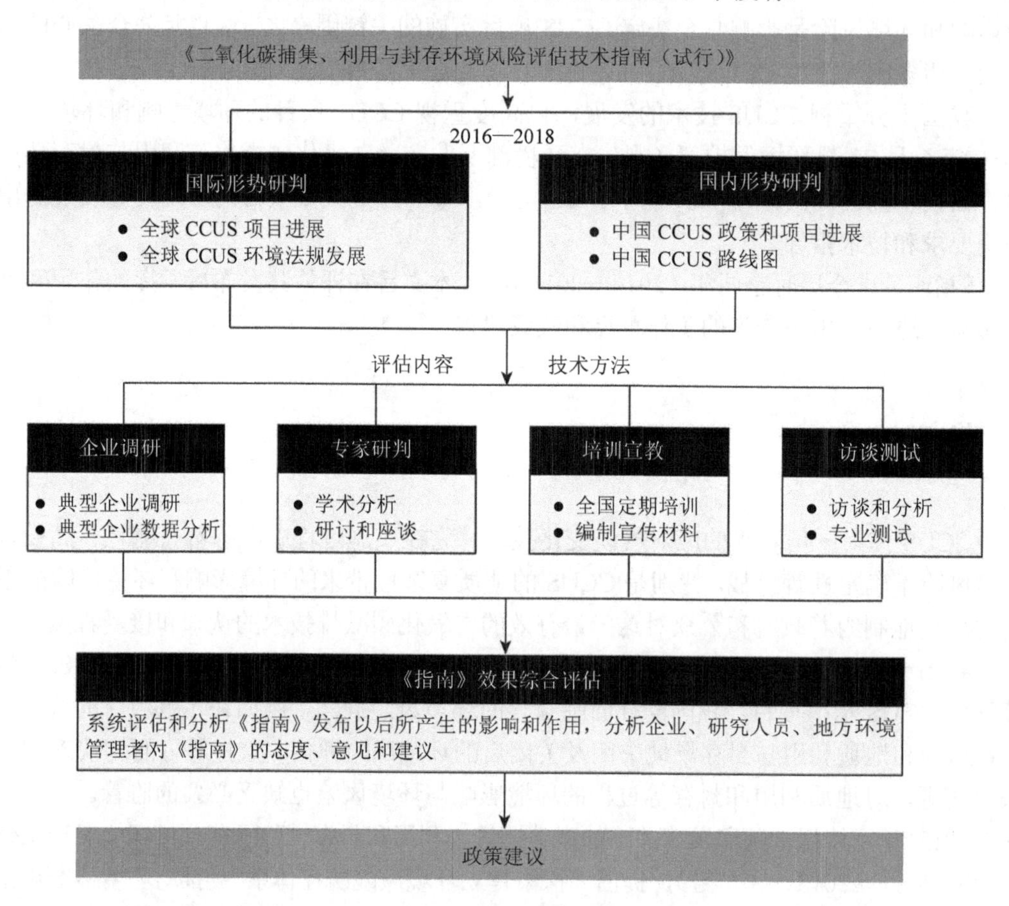

图1 评估技术路线图

（1）国内外文献检索：全面检索国内外CCUS相关材料，侧重CCUS环境影响和环境风险在2016—2018年的进展；重点关注和《指南》相关的材料和信息；

（2）典型企业和研究机构调研：调研开展CCUS项目的典型企业和进行CCUS相关研究的科研机构，了解《指南》的应用情况与存在的不足和问题；

（3）学术研讨会：2016—2018年，共召开针对《指南》的各种类型学术研讨会7次，重点讨论《指南》存在的科学和操作问题，提出深化和完善《指南》的重点方向；

（4）全国培训：围绕《指南》，举办全国规模的培训2次，接受培训人员累计192人次；

（5）专业人员访谈：开展各类访谈（线上和线下），了解环境管理者、科研工作者以及企业对于 CCUS 环境风险和《指南》的态度和认知程度；

（6）专业测试：环境保护部环境规划院联合中国科学院心理研究所和北京工商大学，进行国际经典心理学测试——内隐联想测试（implicit association test，IAT）。内隐联想测试可探测过去经验和已有态度积淀下来的无意识痕迹，它能在无意识层面识别个体对社会客体对象的情感倾向、认识和行为反应。

3 国际形势研判

3.1 全球 CCUS 项目进展

2016—2018 年，全球 CCUS 项目增长势头放缓，进入相对平稳阶段。据 GCCSI（全球碳捕捉与封存组织）统计，2016 年年底，全球共有 38 个大型 CCUS 项目，其中 21 个处于运行或建设阶段，至 2017 年年底，处于运行或建设阶段的大型 CCUS 项目数量降为 37 个，截至 2018 年 8 月，在 37 个大型 CCUS 项目中，共有 22 个项目处于运行或建设阶段，综合捕集能力约为 3 700 万 t/a。目前正在运行的 17 个大规模项目中，已向地下注入约 2.2 亿 t 二氧化碳。

世界上第一个钢铁行业 CCUS 项目正式实施。世界上第一个钢铁行业大规模应用 CCUS 的项目是位于阿拉伯联合酋长国阿联酋钢铁厂的阿布扎比 CCUS 项目。阿布扎比 CCUS 项目从阿联酋钢铁厂所用的直接还原铁工艺中每年捕集约 80 万 t 二氧化碳，然后用于阿布扎比国家石油公司经营油田的 EOR 作业，二氧化碳注入于 2016 年一季度开始。

3.2 国际主要机构对 CCUS 态度

CCUS 能够实现化石能源利用产生的二氧化碳近零排放，在各类减排技术中，被认为未来将填补能效和可再生能源技术减排的不足。联合国政府间气候变化专门委员会（IPCC）在第五次评估报告中指出，CCUS 对于全球温室气体减排具有非常重要的意义（表 1）。

表 1 国际主要组织/机构对 CCUS 的态度

组织/机构	主要观点
IPCC 第五次评估报告	● CCUS 对全球温室气体减排具有非常重要的意义； ● 如果没有 CCUS，实现 450 情景目标的成本将会上升 1.5～4 倍
《2017 年能源技术展望》（IEA）	● 国际能源署（IEA）认为只要化石燃料和碳排放密集型产业继续在经济中发挥主导作用，CCUS 就是一项重要的温室气体减排解决方案； ● CCUS 是实现 2℃途径的关键技术，至 2060 年累计减排量的 14%必须来自 CCUS
美国环境保护局	● 美国环境保护局新污染源行为标准（New Source Performance Standards，NSPS）：煤电机组的部分 CCUS，大约有 40%进行二氧化碳捕集，在技术上是“可行的”

组织/机构	主要观点
CSLF（碳收集领导人论坛）	● CCUS 是实现大幅削减大气二氧化碳排放的广泛投资组合战略的一部分； ● CCUS 是一个有前景的选择，有助于保持煤和其他必需的化石燃料作为碳约束世界的重要能源贡献者
GCCSI	● 没有 CCUS，全球气候变化目标就无法实现； ● CCUS 比间断的可再生能源更为便宜，并且随着更多设施的商业化运营其成本也会不断降低； ● 将 CCUS 纳入低碳技术组合不仅是实现全球去碳化最具成本效益的途径，还保证了能源可靠性

3.3 CCUS 环境政策法规进展

2018 年美国国会修改《美国能源改进与推广法案》下 45Q 条款，推动 CCUS 项目快速发展。该 45Q 条款针对捕集特定地点特定数量二氧化碳并实施二氧化碳安全地质封存的纳税企业，提高税收补贴的额度，主要内容包括：①税收补贴给予实施捕集的企业；②对用于地质封存的二氧化碳补贴额为 50 美元/t（之前的补贴额为 20 美元/t），对于提高石油采收率的 CCUS 项目，二氧化碳补贴额为 35 美元/t（之前的补贴额为 10 美元/t）；③税收补贴的实施年限为 12 年；④主要针对 2024 年之前开始的 CCUS 项目。对于该税收法案的实施，美国财政部、环境保护局、内政部与能源部未来将制定配套的相关法规。

美国伊利诺伊 ADM 项目成为首个申请美国环境保护局《地下注入控制计划》Ⅵ类井许可类型并开始执行的二氧化碳地质封存项目。美国 2017 年新投产的两个项目包括 PETRA NOVA CCS（THOMPSONS，TX）和 ADM ETHANOL FACILITY（DECATUR，IL），前者采用三菱重工燃烧后二氧化碳捕集技术，通过捕集 240MW 烟气流中 90%的二氧化碳排放量，预期每年可捕获或封存 140 万 t 二氧化碳，捕集的二氧化碳将用于得克萨斯州杰克逊县的西牧场油田的 EOR 项目，该项目总成本预计为 10 亿美元，其中美国能源部出资 1.67 亿美元。ADM 项目则捕集乙醇生物燃料生产过程中的 100 万 t 二氧化碳并储存在深部盐水层中，该项目总成本为 2.08 亿美元，能源部出资 1.415 亿美元。

针对二氧化碳地质封存，美国联邦层级主要有三类监管法律：一是关于水的保护；二是关于监测与报告；三是联邦土地的使用。在对水的保护方面发挥作用的是《安全饮用水法》及其项下的《地下注入控制计划》。一直以来美国环境保护局监管的是以提高原油/气采收率为目的而开展的二氧化碳注入建井活动，这种类型的井在《地下注入控制计划》中被列为Ⅱ类井进行监管。2011 年，针对长期二氧化碳地质封存项目，美国环境保护局设立了一种新的井的级别——Ⅵ类。针对Ⅵ类井的监管相较于Ⅱ类井的要求更加严格。该法规主要针对二氧化碳地质封存的四大独特性质，包括二氧化碳对水的相对浮力、地下流动性、在水存在下的腐蚀性和地下注入量大等性质。在该法规下，二氧化碳地质封存对场地特征的要求更严格；对注入井构造要求更严格；注水井的操作要求更严格；对监测的要求更全面，包括注入操作和注入后井的完整性；项目生命周期内，执行方需要持续提供项目信息，以评估Ⅵ类井操作，并确保对地下水的保护。

4 国内形势研判

4.1 中国 CCUS 政策和项目进展

《指南》发布后，国务院在 2016 年 10 月 27 日印发的《"十三五"控制温室气体排放工作方案》中明确指出"推进工业领域碳捕集、利用和封存试点示范，并做好环境风险评价"，强调了 CCUS 环境风险评价的重要性。《指南》的出台，对于国家政策引导 CCUS 环境健康发展起到了积极的推动作用。

中国 CCUS 技术快速发展，研发与应用也处于不断的创新升级中。在政府的大力支持下，企业积极开展 CCUS 技术研发与示范，已建成多套十万吨级以上二氧化碳捕集和万吨级二氧化碳利用示范装置，并完成了 10 万 t/年陆上咸水层二氧化碳地质封存示范。同时，开展了多个二氧化碳驱油与封存工业试验。总体来看，中国 CCUS 各技术环节都已具备一定基础。中国主要 CCUS 工程项目的基本情况详见表 2。

表 2 中国 CCUS 工程基本情况

序号	项目名称	示范内容				投运年份	规划年捕集/封存量/万 t	2018 年状况
		排放源	捕集技术	运输方式	封存或利用方式			
1	中石油吉林油田 CO_2-EOR 研究与示范	天然气净化	燃烧前	管道（～50 km）	EOR	2007	20	运行中
2	华能高碑店电厂	燃煤电厂	燃烧后	—	—	2008	0.3	运行中
3	华能石洞口电厂	燃煤电厂	燃烧后	—	—	2009	12	运行中
4	中石化胜利油田燃煤电厂 CO_2 捕集与 EOR 示范	燃煤电厂	燃烧后	罐车（～80 km）	EOR	2010	4	运行中
5	中联煤层气公司 CO_2-ECBM	—	外购气	罐车	ECBM	2010	0.1	闭场
6	中电投重庆双槐电厂碳捕集示范项目	燃煤电厂	燃烧后	—	—	2010	1	运行中
7	神华集团煤制油 10 万 tCO_2 捕集和示范封存	煤制油	燃烧前	罐车（～13 km）	咸水层封存	2011	10	闭场中
8	华中科技大学 35MW 富氧燃烧技术研究与示范	燃煤电厂	富氧燃烧	—	—	2011	10	建设中
9	国电集团天津北塘热电厂	燃煤电厂	燃烧后	—	—	2012	2	运行中
10	延长石油陕北煤化工 5 万 t/年 CO_2 捕集与 EOR 示范	煤化工	燃烧前	罐车	EOR	2013	5	运行中
11	中石化中原油田 CO_2-EOR	化工厂	燃烧前	罐车	EOR	2015	10	运行中
12	华能绿色煤电 IGCC 电厂捕集利用和封存示范	燃煤电厂	燃烧前	罐车	EOR 及咸水层封存	捕集装置建成，封存工程延迟	10	运行中

注：本表未考虑化工利用、生物利用项目，只考虑捕集和地质利用与封存的分环节或全流程试验项目；"～"指大概值。

CCUS 技术将在中国 2030 年后的快速去峰阶段发挥重要作用。中国可再生能源迅速发展，但是比例增长较为缓慢，按照已有规划，2020 年、2030 年可再生能源分别占比 15%、20%。CCUS 可以在避免能源结构过激调整、保障能源安全的前提下完成减排。

4.2 中国 CCUS 技术发展路线图更新

鉴于 CCUS 技术对应对气候变化和碳减排的重要作用，2011 年，科技部社会发展科技司和中国 21 世纪议程管理中心发布了《中国碳捕集、利用与封存（CCUS）技术发展路线图研究》报告，初步明确了中国 CCUS 技术的定位、目标和研究重点，提出了进行优先技术示范的建议，支撑了“十二五国家碳捕集利用与封存科技发展专项规划”的编制和发布。为明确新形势下 CCUS 技术的发展重点和方向，中国 21 世纪议程管理中心启动了《中国碳捕集、利用与封存（CCUS）技术发展路线图研究（2 018 版）》的更新工作。

中国 CCUS 技术发展路线图（2018）综合考虑经济发展、能源转型、排放达峰等约束因素，以及新的机遇和挑战，初步研究提出到 2050 年中国发展 CCUS 技术的总体愿景：构建低成本、低能耗、安全可靠的 CCUS 技术体系和产业集群，为化石能源低碳化利用提供技术选择，为应对气候变化提供技术保障，为经济社会可持续发展提供技术支撑。并在充分考虑 CCUS 技术近远期定位的前提下，初步提出了几个关键时间节点的阶段性目标：到 2025 年，完成工业规模集成示范项目，具备工程化能力，部分二氧化碳利用技术实现规模化运行，第一、二代技术与目前相比均有重大突破；到 2030 年，现有 CCUS 技术具备商业应用及产业化能力，部分技术进入商业化运行，第一、二代技术向更低成本、能耗发展；到 2035 年，部分新型技术实现大规模运行，尤其是封存技术得到进一步发展，部分技术具备产业化能力，建成大规模示范项目，第二代技术实现商业应用；到 2040 年，CCUS 系统集成与风险管控技术得到突破，CCUS 集群建成，CCUS 的综合成本大幅降低；到 2050 年，CCUS 技术实现广泛部署，多个产业集群建成。

5 《指南》影响评估结果

5.1 国际影响

《指南》颁布后，在国际标准（ISO/TC 265）、科学研究（学术文章和专著）和国际性温室气体控制研讨会（GHGT-13 和 CAGS 等）等领域产生了显著影响。

国际标准化委员会二氧化碳捕集、运输与封存专业委员会（ISO/TC 265）颁布的 ISO/TR 27918 标准文件 *CCS — Lifecycle risk management for integrated CCS project* 引用并详细介绍了《指南》，作为国家层面推动 CCUS 发展的重要成果。

在瑞士召开的第 13 届温室气体控制技术国际会议（13 th International Conference on Greenhouse Gas Control Technologies - GHGT）上，《指南》作为专题内容向全球发布和介

绍，引起国际机构和学术团体的广泛关注；中澳二氧化碳地质封存（China-Australia CO_2 Geological Storage，CAGS）国际合作十周年会议上，《指南》被 CAGS 澳大利亚方执行主任 Andrew Feitz 博士作为亮点在大会上做重点介绍；国际相关学术研究密切关注，如被 *Geologic Carbon Sequestration：Understanding Reservoir Behavior* 等专著详细介绍（图 2），《指南》中的方法被诸多学术文章使用和引用。

4.5.10 Technical guidelines for CCS in China

CCS environmental risk assessment technical guidelines were developed by the Ministry of Environmental Protection (MEP, 2015) of China. The MEP guidelines define the utilization and storage area under review as 'that area surrounding the project which may be threatened by the injection activity'. The time scale defined includes the pre-injection, injection, closure, and post-closure periods. A risk matrix is recommended in this guideline, and the risk level is divided into three categories (low, moderate and high), based on the impact level of receptors and the possibility/likelihood of the risk happening. A more detailed description of the MEP Guidelines is shown in Box 6.

3.4 Technical Guidelines of MEP (China) for the Environmental Risk Assessment of CCUS

Exposure draft of technical guidelines for a CCUS environmental risk assessment were developed by the Ministry of Environmental Protection (MEP) of China. In the guidelines, the risk assessment process was based on the ISO 31000, including [14]:

(i) Systematically identify potential sources and critical receptors of environmental risk;
(ii) Determine environmental risk assessment methods, defining impacts and possibilities;
(iii) Assess the impacts and likelihood of environmental risks and estimate the environmental risk level of each source and receptor of risk; and
(iv) Identify the environmental risk management measures that will be taken to reduce the environmental risk to an acceptable level.

The MEP guidelines define surrounding area of a project may be threatened by the injection activity as the assessment space of utilization and storage of CO_2, and the time scale for the risk assessment is divided into the pre-injection, injection, closure, and post-closure periods. A risk matrix is recommended in this guideline, and the risk level is divided into three categories, i.e., low, moderate, and high. The potential levels of impacts on the receptors are divided into five categories, i.e., light, serious, major, severe, and extreme. The possibility of adverse effects divided into five categories, i.e., very likely, likely, medium likelihood, unlikely and very unlikely (Table 1).

nature.com > scientific reports > articles > article

MENU

SCIENTIFIC REPORTS

Article | OPEN | Published: 08 August 2017

Environmental concern-based site screening of carbon dioxide geological storage in China

图 2 《指南》产生的国际影响

5.2 对中国 CCUS 环境研究的推动

《指南》引发 CCUS 领域研究的高度重视和深入研究热情。环境保护部环境规划院气候变化与环境政策研究中心先后两次组织中国科学院武汉岩土力学研究所、中国 21 世纪议程管理中心、中国地质调查局水文地质环境地质调查中心、中国科学院南海海洋研究所、中国地质大学（武汉）、华中科技大学、中国石油大学（北京）、环境保护部环境工程评估中心、中国石油吉林油田分公司二氧化碳捕集埋存与提高采收率开发公司、神华鄂尔多斯煤制油分公司等 19 家在 CCUS 一线开展研究和实践的权威专家（26 名），撰写《中国二氧化碳地质封存环境风险评估》专著（2017 年和 2018 年出版两版），用精准、活泼的方式介绍 CCUS 的基本原理和过程，高时效地反映国内外 CCUS 的最新进展，综合系统地介绍中国 CCUS 项目的详细材料（大量一手数据），深入解读《指南》内容并且分析《指南》应用中的关键问题。《中国二氧化碳地质封存环境风险评估》受到了 CCUS 领域的广泛好评，并激发了科研人员对 CCUS 环境问题的重视和环境风险评估关键问题研究的热情。

《指南》由于对 CCUS 项目环境影响和环境风险的明确要求，进一步优化了中国 CCUS 技术发展路线图中封存量的评估和情景分析，推动了中国 CCUS 路线图的发展和版本更新（最新 2018 年版）。《指南》也为准噶尔等盆地二氧化碳地质储存综合地质调查、新疆准东地区二氧化碳驱水野外先导性试验等 CCUS 地质评估工作提供了积极的指导。

为了集中反映《指南》出台后相关科研和实践工作的进展，北大中文核心期刊《环境工程》2018 年第 2 期开辟“中国 CCUS 环境风险研究”专栏，优选 9 篇和《指南》及 CCUS 环境风险相关的学术文章，全面介绍《指南》相关学术和实践成果。研究主题涉及 CCUS 环境信息上报制度、环境应急预案编制与备案制度、监测管理和资金保障制度；基于《指南》的 CCUS 项目环境监测；《指南》定义的二氧化碳地质利用与封存环节的评估范围；CCUS 项目环境风险强度计算方法；《指南》在中国神华煤制油深部咸水层二氧化碳捕集与地质封存项目和胜利油田驱油封存项目应用等（图 3）。

综合分析研究成果，《指南》的出台引发了 CCUS 政策研究者、科研工作者和企业的高度重视，影响了中国 CCUS 技术发展路线图的更新和再版。研究人员围绕《指南》涉及的科学问题和技术应用开展了深入的理论探讨和实践，这些研究不仅推动了《指南》的应用，而且对《指南》的进一步完善具有非常重要的作用。

5.3 对中国 CCUS 项目的规范和推动

《指南》对中国 CCUS 项目，尤其是在国内外具有较大影响力的地质利用与封存项目产生了重要的影响。中国 CCUS 项目负责方或者参与方，根据《指南》进行了相关研究，还有一些项目依据《指南》建立了相应的环境风险管理体系（表 3）。

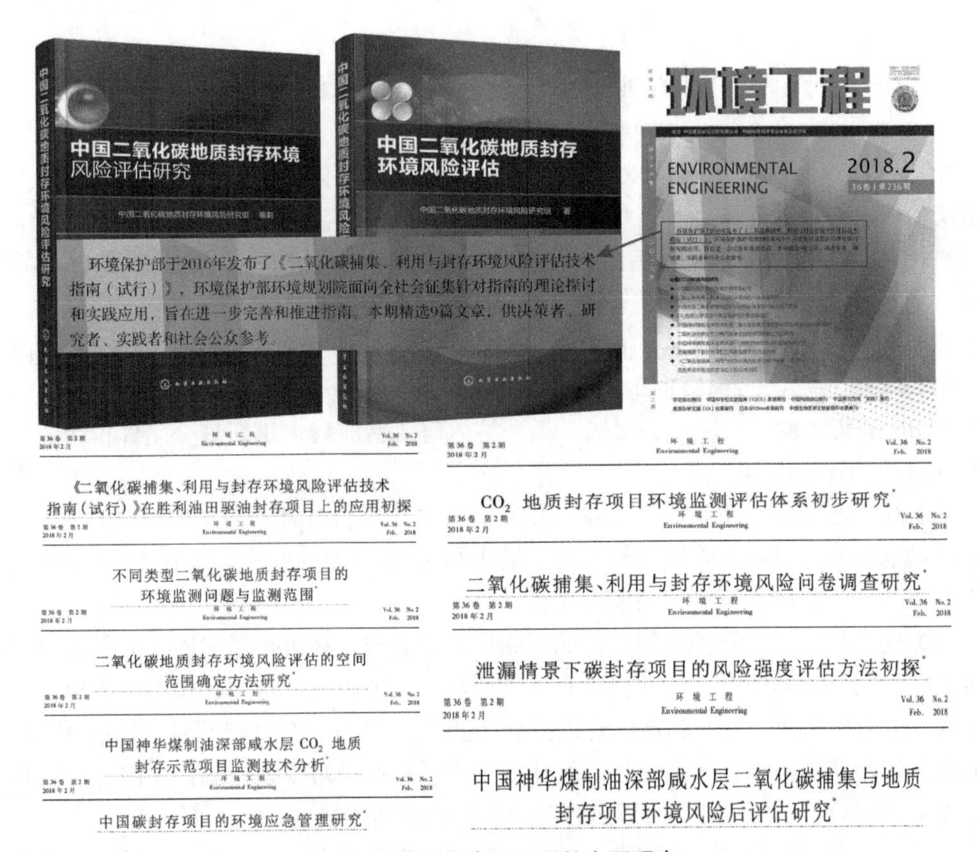

图 3 围绕《指南》开展的主题研究

表 3 《指南》对中国 CCUS 项目的作用

项目名称	累积捕集/封存量/万 t	《指南》的作用
中石油吉林油田 CO_2-EOR 研究与示范	～100	● 依据《指南》建立环境风险管理制度/规范 ● 依据《指南》开展环境风险相关研究 ● 项目单位、项目所在省份环境主管部门参加《指南》培训
华能高碑店电厂	～3	● 项目单位、项目所在省份环境主管部门参加《指南》培训
华能石洞口电厂	＜50	● 项目单位、项目所在省份环境主管部门参加《指南》培训
中石化胜利油田燃煤电厂 CO_2 捕集与 EOR 示范	～30	● 项目单位、项目所在省份环境主管部门参加《指南》培训 ● 依据《指南》开展环境风险相关研究
中联煤层气公司 CO_2-ECBM	0.1	● 项目单位、项目所在省份环境主管部门参加《指南》培训
中电投重庆双槐电厂碳捕集示范	1	● 项目单位、项目所在省份环境主管部门参加《指南》培训
神华集团煤制油 10 万 t CO_2 捕集和示范封存	30	● 项目单位、项目所在省份环境主管部门参加《指南》培训 ● 依据《指南》开展环境风险相关研究
华中科技大学 35MW 富氧燃烧技术研究与示范	＜1	● 项目单位、项目所在省份环境主管部门参加《指南》培训 ● 依据《指南》开展环境风险相关研究
国电集团天津北塘热电厂	＜2	● 项目单位、项目所在省份环境主管部门参加《指南》培训
延长石油陕北煤化工 CO_2 捕集与 EOR 示范	＜10	● 项目单位、项目所在省份环境主管部门参加《指南》培训
中石化中原油田 CO_2-EOR	～36	● 项目单位、项目所在省份环境主管部门参加《指南》培训
华能绿色煤电 IGCC 电厂捕集利用和封存示范	＜10	● 项目单位、项目所在省份环境主管部门参加《指南》培训

注：“～”指大概值。

5.4 《指南》对中国 CCUS 典型工程的作用

中国石油吉林油田分公司 CCS-EOR 项目建成了二氧化碳捕集、CCS-EOR 工业化应用等五类 CCS-EOR 示范区，注气井组 69 个，目前累计注气 112 万 t，累增油 12 万 t，年埋存二氧化碳能力 60 万 t。在《指南》发布后，中国石油吉林油田分公司 CCS-EOR 项目按照相关要求，进一步完善了相关管理要求和防控措施。具体内容如下：

（1）完善了环境风险评估的内容及分级管理。按照《指南》中评估内容、评估流程、风险分级要求，结合吉林油田二氧化碳捕集埋存与提高采收率开发公司管理现状及 CCS-EOR 捕集、输送、注入、集输、循环注入等工艺流程，重新划分了评价单元，确定了有针对性的评价内容；

（2）优化了基础监测指标。根据《指南》要求，结合吉林油田 CCS-EOR 项目技术及所在区域的特点，以及现阶段监测目的、要求和手段，精选 29 个参数作为基础监测指标，其中 9 个为重点指标，开展相关监测工作；

（3）建立环境风险管控措施。按照《指南》的要求，评价环境风险，并针对这些风险确定了项目实施过程中井口、井筒、套外水泥环、集输管线、地面设备五项关键点，从腐蚀防控、压力控制两个方面制定出管控措施，包括：井口与井筒风险防控措施；集输管线、地面设备风险防控措施；采油伴生二氧化碳处理措施；日常管理措施。中国石油吉林油田分公司 CCS-EOR 开发公司将《指南》对环境风险评估的要求，融入 QHSE（质量、健康、安全和环境）管理体系中，并作为一个重要管理要素进行全面风险管理；纳入履职能力评估工作中，进行全员考核。

5.5 对环境管理者和企业 CCUS 认知的影响

环境保护部环境规划院在《指南》发布的两年内，根据环境保护部科技标准司的要求，每年定期承办《指南》培训班（CCUS 环境风险评价技术培训班），分别为 2017 年 5 月在内蒙古呼和浩特市举办的第一期和 2018 年 7 月在湖南省长沙市举办的第二期。参训人员主要来自全国各省、自治区、直辖市环境保护厅（局），以及科研院所、高校和企事业单位，几乎涵盖了国内各种 CCUS 机构；而且参训人员数量呈逐年增加趋势，从第一期的 82 人增加到第二期的 110 人。

通过两次系统培训，显著提高了地方环境管理机构和 CCUS 从业人员对《指南》的了解和掌握程度，为推进《指南》的实践应用奠定了良好的基础，并且进一步拓展了《指南》的受众范围（图 4）。

图4 《指南》两期培训

5.5.1 CCUS和《指南》认知和态度专业访谈

两期培训过程中，针对CCUS和《指南》开展了专业访谈，访谈对象包括地方环境管理者（地方环境省厅/局的政府人员）、CCUS科研工作者和CCUS实践企业。结果显示：被访谈者普遍认同CCUS的积极作用，并且认为其可以长期大规模推广，但是对其经济效益持保留态度。

2018年第二期中，86.5%的被访谈者在培训之前听说过CCUS技术，比第一期（2017

年）(68%)有明显提高，说明 CCUS 被更多的业内人员了解。来自企业的被访谈者对 CCUS 技术最为了解，所有人都听说过，并且有 79%对 CCUS 技术有所了解；来自科研机构及高校的被访谈者“非常了解”CCUS 技术的人数占比最高；来自政府部门的被访谈者全部不太了解 CCUS 技术。

CCUS 项目大规模实施后对环境的负面影响程度评估中，6.3%的被访谈者认为 CCUS 大规模实施对环境会产生严重的负面影响，41.7%的被访谈者认为对环境的负面影响程度一般，33.3%的被访谈者认为不会对环境造成负面影响，另外 18.8%的被访谈者表示不清楚其对环境的影响。

认为影响严重和影响一般的被访谈者比例有所增高。培训前就非常了解 CCUS 技术的被访谈者对影响程度的判断两极分化比较严重，12%认为影响严重，53%认为基本没有影响；培训前对 CCUS 技术比较了解的被访谈者，多数认为影响程度一般（图 5），在一定程度上说明，对于 CCUS 环境风险的研究方法和评估技术尚不完善，因而对于结果的预期产生较大差异。

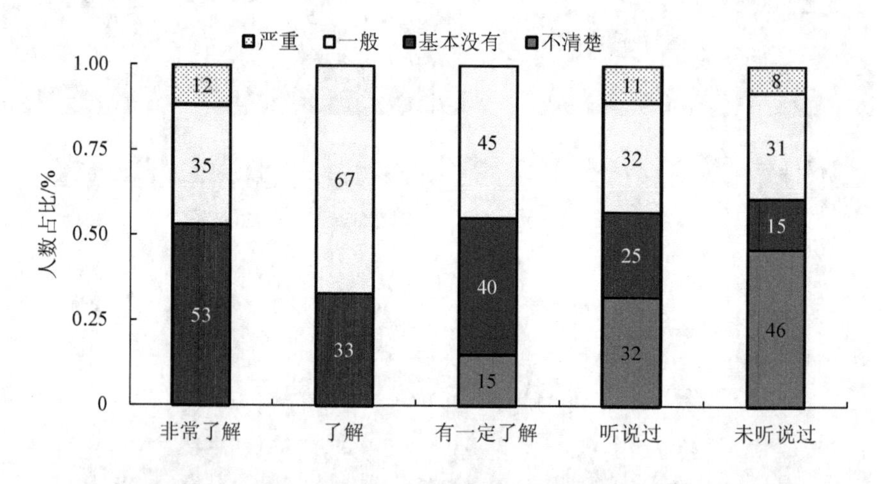

图 5 CCUS 环境风险专业访谈结果

5.5.2 专业心理测试结果

内隐联想测试（IAT）结果显示，经过 CCUS 的培训，中国环境利益相关者对 CCUS 基本持正面的态度，他们肯定了 CCUS 的环境价值以及对国家和企业形象的积极推动作用，同时也相信 CCUS 在技术应用方面具有可靠性和可持续性的特征。中国环境利益相关者认为 CCUS 技术的价值略高于核能利用技术的价值，CCUS 技术的风险略低于核能利用技术的风险。

受测试者对 CCUS 的态度相对积极，但需要注意的是，受测试者内心对 CCUS 技术的潜在风险还存在担忧，人们认为 CCUS 技术的价值和风险并存。担忧的核心问题是：CCUS 是否能够实现投入和收益的均衡。中国环境利益相关者担心高投入的 CCUS 技术，无法带来同等价值的生态环境的改善。

内隐态度测试受试者的 d 值（表征 IAT 的显著性）平均为 0.17，高于 d 值的显著水平

（0.15）。由此可以看出，当 CCUS 技术与核能利用技术对比时，受测试者认为 CCUS 技术的价值略大于核能技术，而风险略小于核能技术。

图 6 展示了受试者在 CCUS 与正面效果（价值）和负面效果（风险）联系环节的反应时。反应时越短，说明两者的概念联结越紧密。可以看出，受试者在 CCUS 与价值联系环节中的反应时略短于风险，但两者之间没有显著的差异（$t=-1.435$，sig>0.162）。也就是说，参与测试的环境利益相关者们认为，CCUS 的价值和风险并存，且价值并没有占据主导地位。

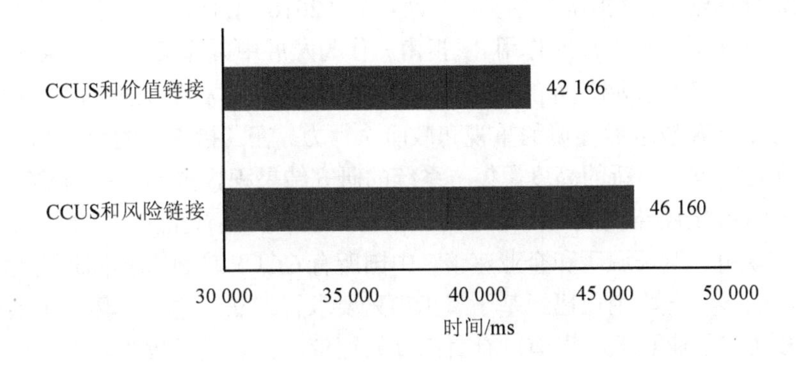

图 6　受试者的反应时

通过内隐态度和外显态度的对比可以看出，受试者肯定了 CCUS 的环境、功能和社会价值（图 7），但是内在却依然对 CCUS 的潜在风险存在担忧。

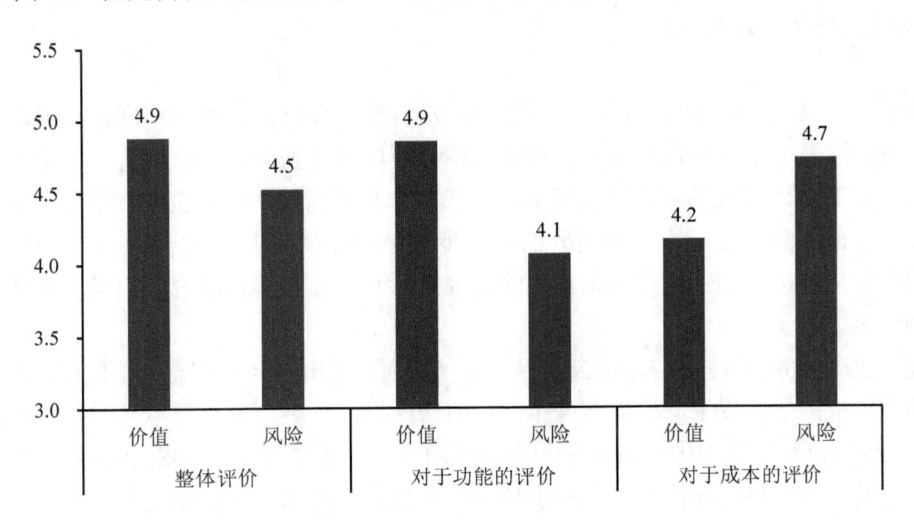

图 7　受试者对于整体、功能和投入的评价均值

6 结论和政策建议

6.1 《指南》在国际产生了显著影响，在国内发挥了积极作用

根据综合评估结果，《指南》在发布的两年间（2016—2018 年），在国际上产生了显著影响，在国内发挥了非常积极的作用。《指南》作为发展中国家第一个 CCUS 官方环境指南，受到了国际 CCUS 领域各界的关注，多次被国际标准、科学文献和国际研讨会引用，凸显了中国对 CCUS 技术和环境的重视和政府执行力。在《指南》的引导和驱动下，中国 CCUS 环境研究进入一个新的高度，集中系统的研究结果积极推动了中国 CCUS 环境友好发展和中国 CCUS 发展路线图，同时也为《指南》进一步完善指出了方向。

根据专家研讨、现场调研和企业座谈，中国所有 CCUS 项目都不同程度地受到了《指南》的规范和引导，一些企业已经基于《指南》要求和方法，建立了环境风险管理规范和制度。CCUS 实施企业对于《指南》有着高度的评价，在实践过程中，企业也发现了《指南》技术方法中存在的一些不足，希望生态环境部能进一步完善和细化《指南》中的技术方法和规范，进一步加强 CCUS 项目的环境风险评估和管理。

6.2 进一步完善《指南》，出台 CCUS 环境风险技术规范标准，推动中国 CCUS 项目环境友好发展

2016—2018 年两年间，《指南》编制单位从各种途径收到针对《指南》的很多具体建议和意见，涉及环境风险评估流程、评估范围、环境风险强度、暴露阈值和风险定量判断等。国家 CCUS 研究人员和企业实践者对《指南》有很高的期待，也在《指南》研究和应用中发现了问题和不足，为《指南》的下一步完善和升级提供大量宝贵的基础材料。《指南》编制单位坚持长期针对《指南》中的关键问题开展各类深入研究，积累了丰富的基础数据和成果。

建议进一步完善《指南》，结合各界针对《指南》提出的问题和意见、建议，以及《指南》编制单位的研究成果，将当前《指南》的试行版本升级为生态环境部的技术规范和标准，进一步规范和指导中国 CCUS 项目环境友好发展，满足国内 CCUS 项目在设计、选址、可研、建设、运行和闭场各个阶段对于环境技术规范的需求，并将相关内容纳入环境影响评价和建设项目环境风险评价等环境常规管理中。同时，以《指南》为开端，开展应对气候变化工程和项目的环境影响评估工作。

6.3 提升《指南》的国际高度，加强在国际社会的宣传力度，以中国 CCUS 环境管理技术和经验为契机，推动中国在国际应对气候变化中的引领作用

中国是 CCUS 项目大国，且各类 CCUS 技术项目种类齐全，囊括了深部咸水层封存、二氧化碳驱提高石油采收率，二氧化碳驱替煤层气等各种 CCUS 关键技术，并且在设计、选址、可研、建设、运行和闭场各个阶段都有相应项目，《指南》出台后，中国每个 CCUS 项目和地方环境管理者都先后依据《指南》开展了相关环境管理工作，这为中国乃至全球 CCUS 环境管理积累了非常宝贵的经验和数据，尤其在当前世界 CCUS 运行项目日益增多，环境基础数据缺乏的情况下，《指南》引导和驱动下的基础成果弥足珍贵。

建议针对国际社会，加强《指南》内容与应用成果和经验的宣传力度，提升《指南》的国际地位，积极总结和提炼《指南》在中国 CCUS 各类项目和项目各个阶段的基础数据和环境管理经验，为全球 CCUS 环境友好发展提供非常宝贵的技术支持和管理经验，彰显中国在国际应对气候变化中的引领作用。

参考文献

[1] Cai B，Li Q，Liu G，et al. Environmental concern-based site screening of carbon dioxide geological storage in China[J]. Scientific Reports，2017，7（1）：7598.

[2] Canadian Standards Association. CSA Z741-12 geological storage of carbon dioxide[M]. Mississauga，Ontario，2012.

[3] Global CCS Institute. Appendix C：CO_2 as a working fluid for enhanced geothermal systems（EGS）[R]//Accelerating the uptake of CCS：industrial use of captured carbon dioxide. Global CCS Institute，Melbourne，Australia，2011.

[4] Global CCS Institute. The Global Status of CCS：2016. Volume 2：Projects，Policy and Markets[R]. Melbourne，Australia，2016.

[5] IEA. 20 Years of Carbon Capture and Storage Accelerating Future Deployment[M]. Paris，OECD/IEA，2016.

[6] IEA. Carbon capture and storage：Legal and regulatory review - edition 3[M]. Paris，OECD/IEA，2012.

[7] IEA. Energy Technology Perspectives 2014[M]. Paris，OECD/IEA，2016.

[8] IEA. World Energy Outlook 2014[M]. Paris，OECD/IEA，2016.

[9] IPCC. Climate Change 2014：Mitigation of Climate Change. Contribution of Working Group Ⅲ to the Fifth Assessment Report of the Intergovernmental Panel on Climate Change[M]. Cambridge，UK and New York，USA，Cambridge University Press，2014.

[10] IPCC. IPCC Special Report on Carbon Dioxide Capture and Storage[M]//Metz B，Davidson O，de Coninck H C，et al. Cambridge，UK，and New York，USA，Cambridge University Press，2005.

[11] Li Q，Liu G，Cai B，et al. Public awareness of the environmental impact and management of carbon

dioxide capture，utilization and storage technology：The views of educated people in China[J]. Clean Technologies and Environmental Policy，2017，19（8）：2041-2056.

[12] Li Q，Liu G. Risk Assessment of the Geological Storage of CO2：A Review [M]//Vishal V，Singh T N. Geologic Carbon Sequestration：Understanding Reservoir Behavior. New York，Springer. 2016：249-84.

[13] Li Q，Shi H，Yang D，et al. Modeling the key factors that could influence the diffusion of CO_2 from a wellbore blowout in the Ordos Basin，China[J]. Environmental Science and Pollution Research，2017，24（4）：3727-3738.

[14] Li Q，Song R，Liu X，et al. Monitoring of carbon dioxide geological utilization and storage in China：A review[M]//Wu Y，Carroll J J，Zhu W. Acid Gas Extraction for Disposal and Related Topics. New York，USA；Wiley-Scrivener. 2016：331-358.

[15] Li Q，Wei Y N，Dong Y. Coupling analysis of China's urbanization and carbon emissions：Example from Hubei province[J]. Natural Hazards，2016，81（2）：1333-1348.

[16] Li Q，Li X，Liu G，et al. Application of China's CCUS Environmental Risk Assessment Technical Guidelines（Exposure Draft） to the Shenhua CCS Project[J]. Energy Procedia，2017，114：4270-4278.

[17] Liu H，Were P，Li Q，et al. Worldwide status of CCUS technologies and their development and challenges in China[J]. Geofluids，2017（8）：1-25.

[18] Liu L C，Li Q，Zhang J T，et al. Toward a framework of environmental risk management for CO_2 geological storage in China：Gaps and suggestions for future regulations[J]. Mitigation and Adaptation Strategies for Global Change，2016，21（2）：191-207.

[19] SBC Energy Institute. Low Carbon Energy Technologies Series：2016Carbon Capture and Storage at a crossroads[R]. 2016.

[20] Technical Committee ISO/TC265，Carbon dioxide capture，transportation，and geological storage. Lifecycle risk management for integrated CCS projects[R]. ISO/TR27918：2018，2018，p.72.

[21] Xu C，Dowd P，Li Q. Carbon sequestration potential of the Habanero reservoir when carbon dioxide is used as the heat exchange fluid[J]. Journal of Rock Mechanics and Geotechnical Engineering，2016，8（1）：50-59.

[22] 国际能源署．世界能源展望中国特别报告（2017 中国能源展望）[M]．北京：石油工业出版社，2017.

[23] 中国 21 世纪议程管理中心，中国地质调查局水文地质环境地质调查中心，等．中国二氧化碳地质封存选址指南研究[M]．北京：地质出版社，2012.

[24] 中国 21 世纪议程管理中心．《第三次气候变化国家评估报告》特别报告：中国二氧化碳利用技术评估报告[M]．北京：科学出版社，2014.

[25] 国家环境保护总局环境影响评价管理司．HJ/T 169—2004 建设项目环境风险评价技术导则[S]．北京：中国环境科学出版社，2004.

[26] 曹丽斌，周颖，李琦，等．推动中国二氧化碳捕集、利用与封存项目环境风险管理[J]．环境经济，2017，16：28-31.

[27] 李琦，刘桂臻，蔡博峰，等．二氧化碳地质封存环境风险评估的空间范围确定方法研究[J]．环境工程，2018，36（2）：27-32.

[28] 李琦，石晖，杨多兴．碳封存项目井喷 CO_2 扩散危险水平分级方法研究[J]．岩土力学，2016，37：

2070-2078.

[29] 李小春，张九天，李琦，等. 中国碳捕集、利用与封存技术路线图（2011 版）实施情况评估分析[J]. 科技导报，2018，36：85-95.

[30] 刘桂臻，李琦，周冏，等.《二氧化碳捕集、利用与封存环境风险评估技术指南（试行）》在胜利油田驱油封存项目上的应用初探[J]. 环境工程，2018，36（2）：42-47.

[31] 科学技术部社会发展科技司，科学技术部国际合作司，中国 21 世纪议程管理中心. 中国碳捕集、利用与封存（CCUS）技术发展路线图研究[R]. 北京，2017.

[32] 科学技术部社会发展科技司，科学技术部国际合作司，中国 21 世纪议程管理中心. 中国碳捕集、利用与封存（CCUS）技术进展报告[R]. 北京，2011.

[33] 石晖，刘兰翠，李琦. 二氧化碳地质封存与高放射性核废物地中处置的环境影响对比分析[J]. 中国人口资源与环境，2015，25：203-207.

[34] 周颖，蔡博峰，曹丽斌，等. 中国碳封存项目的环境应急管理研究[J]. 环境工程，2018，36：1-5.